토질 및 기초기술사
합격 바이블 1권

개정판

이 책은 기본 이론을 바탕으로 토질 및 기초 기술사 시험에 대비한 각종 논문 및 학회지의 최신 경향을 반영하여 작성하였다. 특히 최근 기출문제의 경향을 분석하여 응용형 문제의 해결이 가능하도록 구성하였다.

토질 및 기초기술사 합격 바이블

1권

개정판

류재구 저

씨아이알

본 수험서의 자세한 설명은 http://www.gneng.com에 있습니다.

개정판 머리말

토질 및 기초를 간단히 요약하여 말한다면 "**지구를 덮고 있는 암반과 흙에 대하여 인위적이든 자연적이든 어떤 물리적 변형과 관계한 역학적 관계를 규정하는 학문**"이라고 표현할 수 있다.

이는 토목공학에서 다루는 도로, 터널, 댐, 하천, 항만, 상하수도 등 우리가 일상에서 하루도 벗어나서는 생활할 수 없는 대중적이고 유용한 토목시설과 구조물이 지반이라는 기본적인 지지기반을 통해 존재할 수 있으며, 이러한 지반을 무시한 토목 관련 시설과 구조물은 존재할 수 없으므로 **그 중요성에 대해서는 두말할 필요가 없을 것이다.**

이렇듯 토목 분야에서 가장 기본이 되는 토질 및 기초공학에 대하여 처음으로 접하거나 **토질 및 기초기술사 시험에 응시**하여 실무능력을 배가시키고자 하는 독자 분들에게 본 서는 쉽고 명쾌하게 기본적인 이론과 실무적 접근능력을 배양하고자 다음과 같은 분야에 중점을 두고 구성하였다.

첫째, 쉽고 기억에 남도록 일반적인 암기방법보다 효과적인 학습 흐름을 유도하였다.

둘째, 단순암기가 아닌 요구하는 문제의 풀이과정을 상세히 기술하여 독자적인 학습능력의 향상에 심혈을 기울였다.

셋째, 자격시험에서 합격의 노력을 최소화하도록 출제경향과 난이도에 부합되도록 반복적인 유사문제를 다양하게 제시하였다.

따라서 저자는 독자 분들께서 본 수험서를 통하여 **토질 및 기초에 대한 기본적인 지식의 습득과 응용능력 배양을 보다 손쉽게 달성**할 수 있으리라 기대하며 최선의 노력을 다하여 집필하였다. 그러나 본래 토질 및 기초에 대한 학문은 지금도 끊임없이 발전하고 연구되는 분야로서 부족한 부분 또한 많을 것으로 생각되는 바, 미흡한 분야는 계속적인 수정과 보완을 해나갈 계획이다.

이 수험서가 완성되기까지 관심을 기울여주신 씨아이알 출판사 김성배 사장님을 비롯한 출판부 직원여러분께 깊은 감사를 드리며, (주)강산 최홍식 사장님과 토질부 기돈회 이사, 그리고 토질 및 기초에 대한 학계 및 실무진에 종사하시면서 미천한 저자를 이끌어주시고 도와주신 선배제현 여러분에게도 감사를 드린다. 끝으로 이 책을 구독하고 탐독하여 주신 모든 수험생 여러분에게 토질 및 기초기술사 자격 취득의 영광이 함께 하기를 기원드립니다.

2020. 3. 著者 柳 在九

목차 Contents

제 1 권

CHAPTER 01 흙의 성질

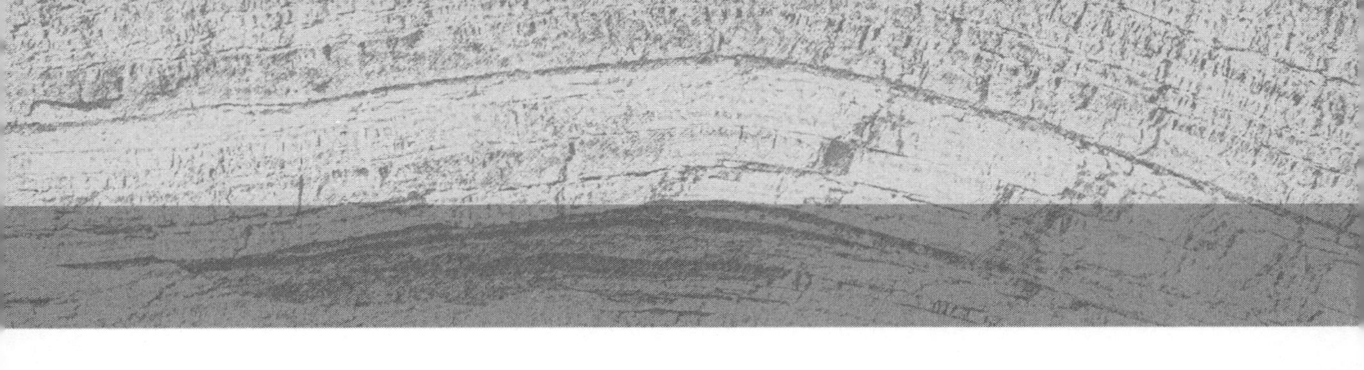

CHAPTER 02 흙 속의 물

CHAPTER 03 유효응력과 지중응력

CHAPTER 04 흙의 압밀

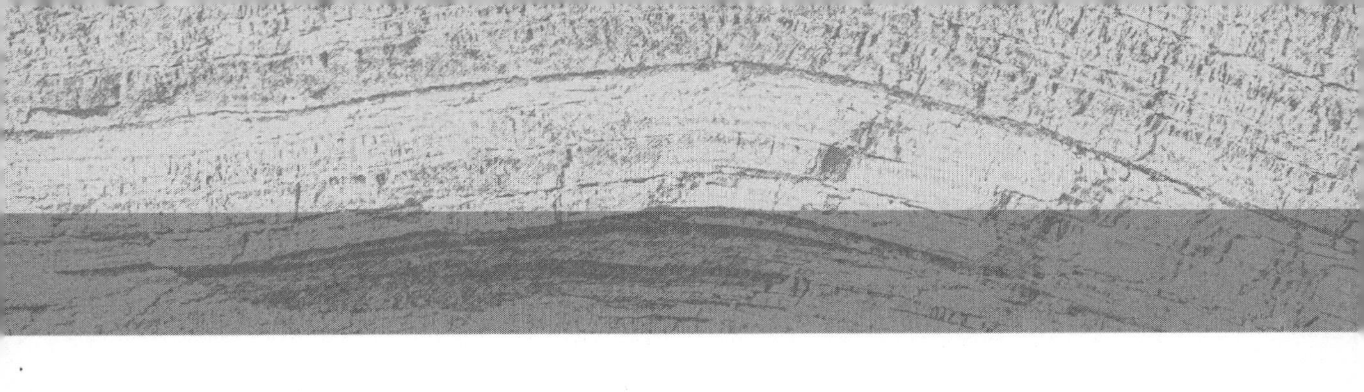

CHAPTER 05 전단강도

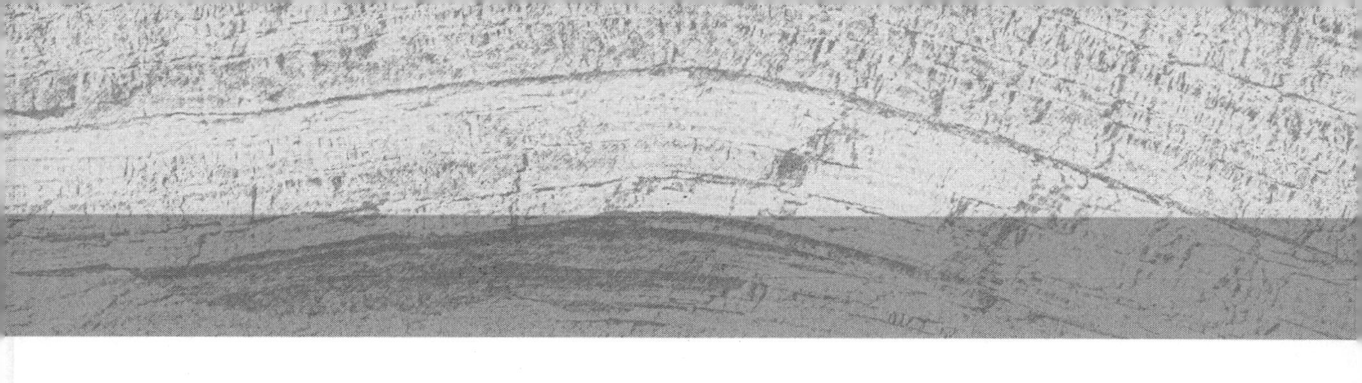

CHAPTER 06 토 압

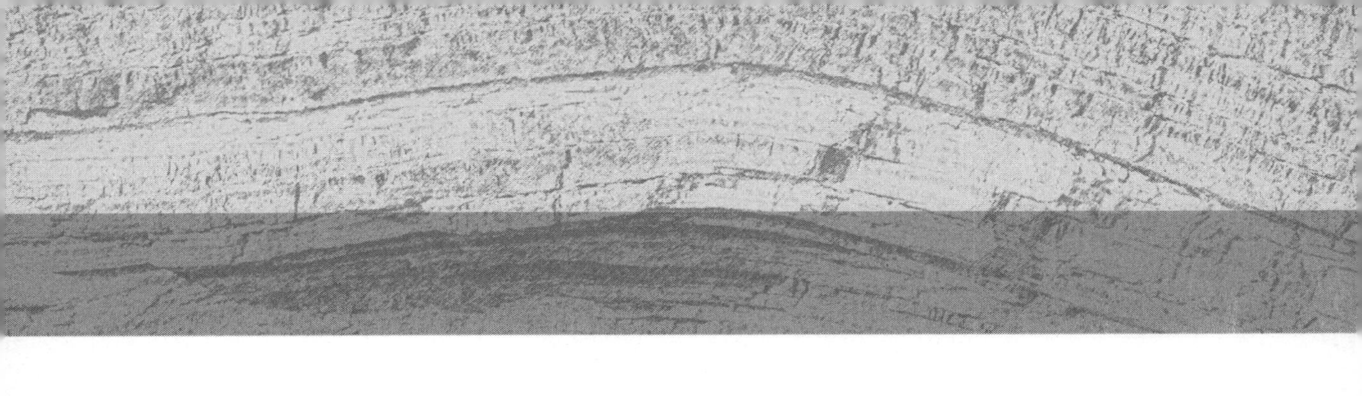

CHAPTER 07 흙막이

CHAPTER 08 사면안정

CHAPTER 09 흙의 다짐

▶▶▶▶ 제 2 권 목차

CHAPTER 10 진동, 내진

CHAPTER 11 지반조사

CHAPTER 12 얕은기초

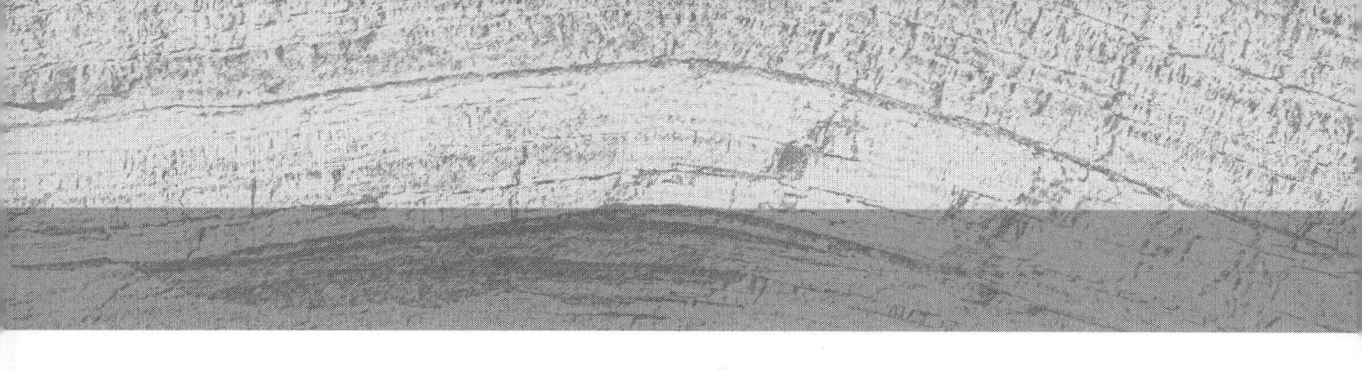

CHAPTER 14 연약지반의 개량

CHAPTER 15 암반 및 터널

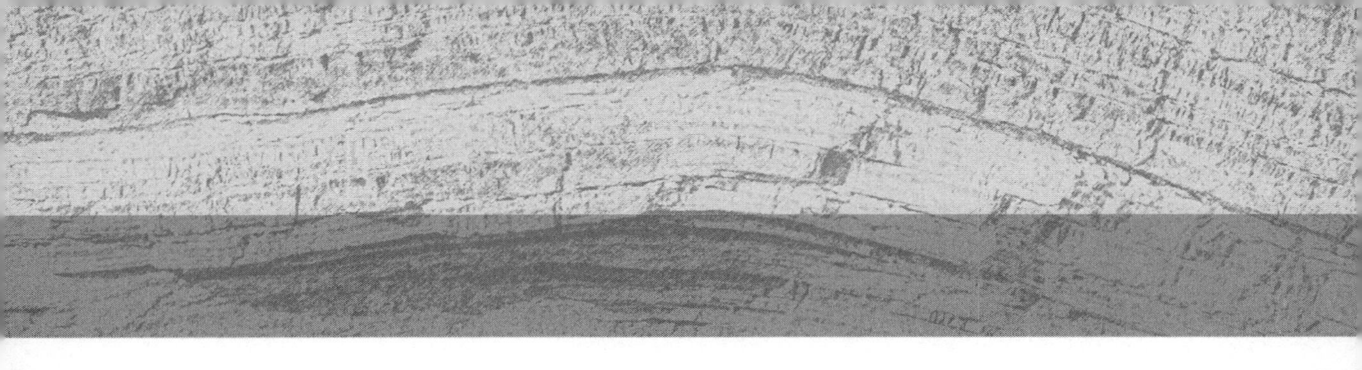

CHAPTER 01

흙의 성질

이 장의 핵심

- 지반공사를 수행할 때 발생하는 문제를 풀기 위해서 흙의 성질을 기본적으로 이해하고 있는지와
- 기본적인 공식을 2~3개 조합하여 흙의 공학적 특성을 전체적으로 이해하고 있는지를 질문하기 때문에 충분히 공부하여 숙지하고 있어야 한다.

CHAPTER 01 흙의 성질

[핵심] 일반적으로 공학적인 관점에서 흙이라 함은 고체 입자 사이의 빈 공간을 채우는 액체와 가스, 그리고 부패된 유기물질(고체입자)과 비교착 광물입자의 혼합물을 말한다.
그러므로 건설공학자는 흙의 특성, 다시 말해서 흙의 기원, 입도분포, 투수성, 압축성, 전단강도, 하중지지력 등에 대하여 연구하여야 한다. 토질역학은 흙의 물리적인 특성과 여러 형태의 하중하에서 흙의 거동을 연구하는 학문의 한 분야이며, 이러한 토질역학의 원리들을 실무에 적용하는 것이 소위 토질공학(*Soils Engineering*)이다.
현대의 토질역학은 1925년 *Karl Terzaghi*의 *Erdbaumechanik*의 출판으로부터 시작되었으며, 흙의 고체 부분에 해당하는 광물입자는 암석이 풍화하여 생긴 것으로 각 입자의 크기는 천차만별이다. 흙의 물리적 특성은 입자의 크기, 모양 및 화학적 구성에 따라 달라지며 이러한 요소들을 보다 잘 이해하기 위해서는 지구표피를 형성하는 암석의 기본형태, 암석을 형성하는 광물질, 풍화과정을 잘 알고 있을 필요가 있다.

01 흙의 생성과 종류

1. 흙의 생성원인

(1) 흙은 암석이 풍화되어 생성되었기 때문에 모암에 따라 성질을 달리한다.
(2) 지각으로 둘러싸인 지구 표면에 형성된 암석은 크게 화성암, 퇴적암, 변성암으로 구별되며
(3) 여기서 암석은 그림과 같이 순환작용에 의해 변화된다.
(4) 우리가 보는 흙은 암석이 물리적 풍화, 화학적 풍화, 용해작용(*Solution*)에 의해 미세한 조각으로 쪼개진 것을 말한다.

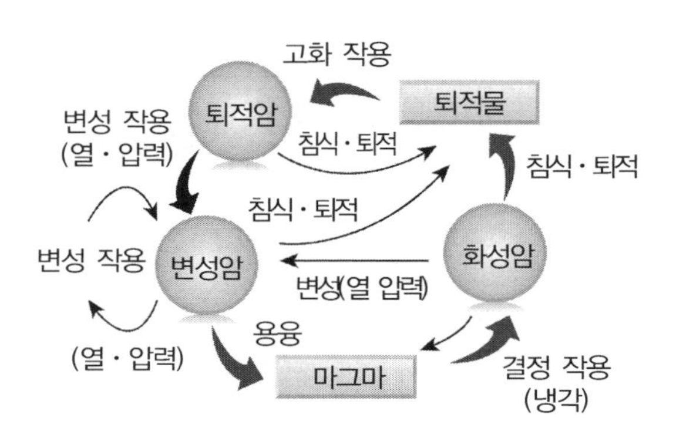

✓ **풍화결과** 자갈, 모래, 실트는 주로 물리적 풍화작용에 의해 생성되고 점토의 경우는 암반의 화학적 풍화작용에 의해 생성된다.

2. 생성원인에 따른 암의 종류

흙은 암석이 풍화하여 생성된 물질이므로 모암의 성질을 그대로 가지고 있다.

구 분			내 용
화성암 ① 지하의 마그마가 분출되면 화산암, 지하에 남으면 심성암으로 구분 ② 조암광물은 석영, 운모, 장석이며 ③ 석영은 모래로, 운모와 장석은 화학적 풍화에 의해 점토가 된다.	화산암 (분출된 마그마)		**안산암** ① 풍화에 강하며 ② 투수성이 작고 ③ 풍화 후 점토가 된다.
			현무암 ① 석영이 주성분 ② 다공성이고 조직이 치밀하다.
			유문암 ① 화강암의 광물 성분과 유사 ② 조직은 전혀 다르며 풍화에 강하며 투수성이 작다.
	심성암 (마그마가 지표면 아래 서서히 냉각된 것)		**화강암** ① 우리나라에서 제일 흔하고 ② 이것이 풍화되면 화강풍화토가 되며 ③ 토목공사에서 사면절취 시 절리가 많고 물에 약하여 사면활동에 의한 피해가 가장 많은 암이다.
			섬록암, 반려암(화강암과 유사)
퇴적암 ① **수성암, 성층암**이라고 부른다. ② 점토, 모래, 자갈이 장시간 물속에서 퇴적되어 물리적, 화학적으로 고결된 것으로 풍화되면 원상태로 돌아가며 특징으로는 **층리와 화석**이 있다.	쇄설성	화산회	① 적갈색의 흙으로 층리가 없고 투수성이 큰 실트계 흙이다.
		응회암	① 화산회, 모래, 자갈이 퇴적 고결된 암석으로 ② 층리가 없고 풍화되기 쉬우며 투수성이 크다. ③ 풍화되면 비중이 작은 **실트질 점토**가 된다.
		혈 암	① 장석이 풍화를 받아 생성된 점토가 물속에서 운반 퇴적된 암석으로 석리가 발달되어 있다. ② 석리(*Texture*)는 잘 쪼개지며 연약 점토층에 전석으로 끼어 있는 경우가 많으며 풍화되면 **점토**가 된다.
		사 암	① 석영질의 모래가 물속에서 석회암의 응결작용으로 만들어진 암석이다. ② 사암은 풍화되면 공학적으로 안정적인 실트질 모래가 된다.
		역 암	① 자갈이 석회암의 응결작용으로 만들어진 것으로 공학적으로 안정적이다.
	비쇄설성		**석회암** ① 겉보기엔 암질이 견고하게 보이나 내화학성이 약하고 물에도 약하다. ② 풍화되면 실트가 되며 시멘트의 원료로 쓰인다. ③ 제천, 문경, 단양, 문경지역에 분포한다.

<table>
<tr><th colspan="3">구 분</th><th>내 용</th></tr>
<tr><td rowspan="4">변성암</td><td colspan="2">특 징</td><td>① 화성암, 퇴적암, 변성암들이 강한 압력과 고온의 암장과 접촉하여 만들어진 암석으로
② 지각변동으로 인해 다른 암석으로 변질된 것을 광역변성암이라 하고, 마그마와 접촉하는 부분에 마그마의 열로 인해 국부적으로 변질하여 생성된 암을 접촉변성암이라 한다.
③ 견고하고 치밀하며 판상의 엽리를 갖고 있다.</td></tr>
<tr><td rowspan="2">종 류</td><td>광 역
변성암</td><td>① 엽리에 따라 이방성을 보임, 즉 엽리와 평행한 방향으로 하중을 가하면 강도는 떨어지나 변형이 작고, 엽리와 수직한 방향으로 하중을 가하면 강도는 높아지나 변형이 커진다.
② 엽리를 따라 암반사면 붕괴우려 및 풍화되면 이방성 영향이 더욱 커진다.
응력 / 수직 / 평행 / 변형
평행하중 / 수직하중</td></tr>
<tr><td>접 촉
변성암</td><td>① 규암과 호온펠스는 풍화에 강하고 강도가 크다.
② 규암은 규칙적인 절리 발달이 많아 사면 형성이나 터널 굴착 시 낙반위험이 많다.
③ 암종 : 셰일 → Honfels / 석영질 사암 → 규암 / 석회암 → 대리석</td></tr>
</table>

3. 생성원인에 따른 흙의 종류

(1) 잔적토(*Residual soil*) : 풍화작용으로 쪼개진 흙이 운반되지 않고 그 자리에 남은 흙

① 잔류토(풍화토)　　② 유기질토

(2) 운적토(퇴적토) : 풍화작용으로 쪼개진 흙이 물, 빙하, 바람, 중력 등에 의해 다른 장소로 운반된 흙

① 충적토　　② 풍적토　　③ 빙적토

④ 해성퇴적토　　⑤ 붕적토　　⑥ 화산토

(3) 매립토

(4) 특수토

① 유기질토　　② 붕괴토　　③ 팽창토

④ *Quick Clay*　　⑤ 폐기물 지반

4. 잔류토

(1) 보통 실트질 모래나 점토질 모래로서 깊이가 깊어질수록 입자의 형상이 모가 나타나며 암편을 포함한다.

(2) 공학적 성질

① 다짐 시 파쇄현상인 과다짐(*Over compaction*) 우려

② 투수성은 보통, ϕ는 대략 20～35° 정도이고 $C=10\sim30kN/m^2$

5. 유기질토

(1) 유기질토는 동·식물이 부패되어 형성된 흙으로 한랭하고 습윤한 지역에 발달되어 있다.

(2) 공학적 특성

① 함수비가 200～300%로 고함수비이다.

② 압축성이 크나 투수성은 낮다.

③ 2차 압밀침하량이 크다.

(3) 판 정

① 냄새나 색깔로 판정한다.

② 유기물 함유량 50%를 기준으로 많으면 강열감량법, 작으면 중크롬산법으로 판정한다.

02 잔류토(풍화토)

1. 잔류토란

(1) 잔류토는 잔적토, 즉 풍화속도가 중력, 빙하, 침식에 의해 이동되는 속도보다 빠를 때 형성되는 잔적토의 일종으로

(2) 풍화작용에 의해 제자리에 형성된 흙을 말하며 보통 점토질 모래나 실트질 모래로 구성된다.

2. 특 징

(1) 모암의 광물 성분을 그대로 가지고 있다.

① 현무암이 풍화되면 망간철 광물 성분인 몬몰리노나이트와 같은 점토광물로 변한다.

② 화강암이 풍화되면 운모나 카오리나이트군의 점토광물을 포함하는 황갈색의 흙이 된다.

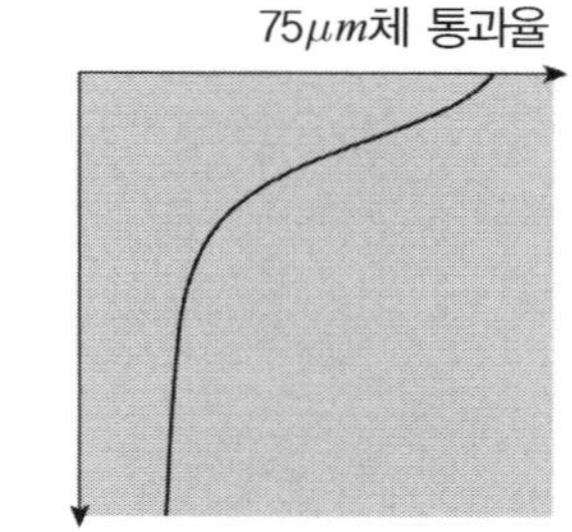

(2) 입자의 크기는 깊이에 따라 계층화되어 있다.

(3) 깊이가 깊어질수록 입자의 형상이 모가 나고 암편의 존재가 발달한다.

(4) 서울 서초동, 인천, 이천, 여주, 대전 둔산동에서 30~50m의 두꺼운 분포를 보인다.

(5) 전라도 지역에서는 고온 다습한 기후 영향으로 홍토(*Laterite*)가 분포하며 적갈색을 띤다.

3. 특 성

(1) 공학적 특성

① 강도정수 ϕ는 20~30° 정도이며 $C=10\sim30kN/m^2$의 범위를 가진다.

② 투수계수는 $\alpha\times10^{-3}\sim\alpha\times10^{-4}cm/sec$로서 보통의 투수성을 가진다.

③ 경우에 따라 다짐 시 파쇄로 인한 강도저하 현상인 *Over compaction*에 유의한다.

(2) 물리적 특성

① 통일분류상 대체로 *SM*, *SC*로 분류되며 75μm체 통과율은 15~40%가 우세하다.

② 소성은 비소성(*NP*)에서 소성지수 20% 이하로 사질토와 점성토의 성질을 나타낸다.

③ 풍화도 표현 : 화학적 풍화지수(*CWI* : *Chemical weathering index*)로 나타낸다.

$$CWI=\frac{Al_2O_3+Fe_2O_3+TiO_2+H_2O}{\text{모든 화학성분}}\times100\%$$

④ 입도와 소성으로부터 잔류토는 모래와 점토의 중간 형태로서 취급상 불편하므로 *Headche soil*로 부른다.

4. 실무취급 시 유의사항

(1) 절 토

① 절토 시 구배는 1 : 1～1 : 1.5 정도가 요구되며, 강우 시 사면붕괴가 발생하기 쉬우므로 표면보호, 표면보강, 지표수배제, 지하수배제 등 조치가 필요하다.

② 차별풍화(*Differential weathering*)지역은 조사빈도를 조밀하게 하여야 하며, 부분적으로 핵석(*Core stone*)이 분포 가능함에 따라 유의해야 한다.

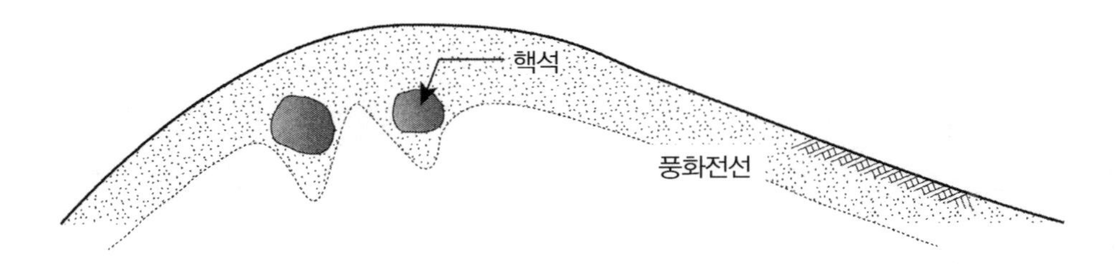

(2) 성 토

① 대체로 성토재료로 양호하나 75μm체 통과율이 클 경우 부적합할 수 있으므로 유의한다.

② 다짐 시 과다짐에 유의한다.

③ 법면은 절토와 같이 유수침식으로 인한 세굴에 대비하여 표면보호공이 필요하다.

(3) 기초지반

① 교란으로 인한 강도와 침하가 크게 발생할 수 있으므로 유의한다.

② 깊은기초의 경우에도 프리보링의 경우 지반교란으로 인한 강도 저하에 유의한다.

(4) 터 널

① 갱구부에 주로 분포되므로 *Ground arch* 형성이 곤란하다.

② 지하수유출로 인한 시공 시 붕괴가 우려되므로 강도 및 차수보강이 요구된다.

③ 굴착공법 적용 시 전단면은 위험하므로 *Ring cut*, 상하반 분할, 중벽분할, 측벽 선진도갱, *Short bench*에 의한 조기 폐합관리가 되도록 요구된다.

5. 평 가

(1) 풍화 잔류토는 건설현장에서 가장 흔하게 접하는 토질중 하나이나 공학적 특성이 특이한 점에 유념하여 조사, 설계, 시공이 되도록 관리가 요구된다.

(2) 풍화 정도, 모암에 따라 전단, 투수성 등에 영향을 미치므로 시험에 의한 지반정수가 선정되도록 경험치는 지양해야 한다.

(3) 국내에 분포하는 잔류토에 대한 체계적인 연구가 진행될 필요성이 있다.

03 Over Compaction(과다짐)

1. 정 의

(1) 흙에 전단강도를 증대시키고 투수계수를 감소시키기 위해 흙 속의 공기를 빼고 입자를 치밀하게 하기 위해 시행하는 다짐공사에서

(2) 화강 풍화토의 경우에 *OMC WET SIDE* 측에서 과다한 중량으로 다지게 되면, 다짐면의 흙 표면 입자가 깨지면서 강도가 오히려 저하되는 현상을 *Over compaction*이라고 한다.

2. 다짐에너지와 함수비 변화에 따른 강도의 변화

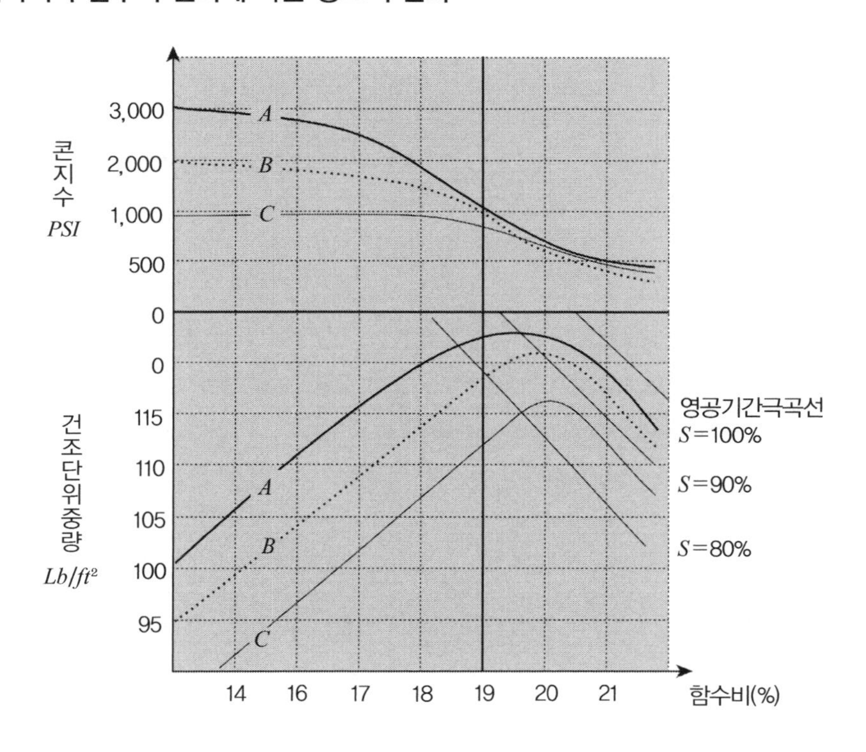

3. 문제점

(1) 단위중량 저하로 다짐도 미달

(2) 재시공 등 경제적 시공관리 불량

(3) 투수성 증가로 인한 다짐 목적 달성에 문제 발생

(4) 구조변화(면모구조 → 이산구조)로 공학적 성질 저하

4. 대 책

(1) 시험시공으로 과다짐 여부를 판정한다.

(2) 포설두께, 횟수, 다짐기종, 다짐폭, 다짐속도 등 시공관리를 철저히 한다.

04 Talus(애추 : 崖錐)

1. 정 의

풍화로 쪼개진 암편들이 급경사면에 중력의 작용으로 사면저부에 쌓이거나 다소 이동하여 쌓인 원추형의 퇴적 지형이다.

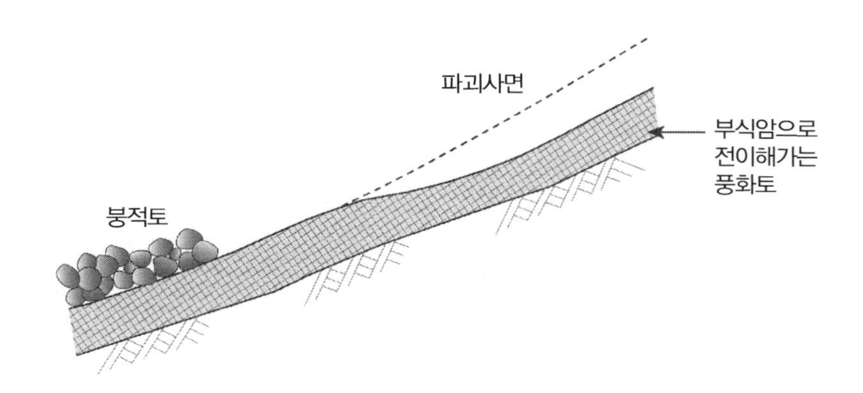

2. 일반적 성질

(1) 애추사면은 사면하단부 또는 사면하단부에서 멀리 떨어진 지역에 형성된다.
(2) 차별풍화로 인한 애추사면은 핵석과 함께 존재할 가능성이 크다.
(3) 핵석이 존재할 경우 강도정수 선정 시 핵석에서 구한 강도정수는 의미가 없으며 토사에서 구한 강도정수를 적용해야 함에 유의해야 한다.
(4) 붕적토는 풍화토에 비해 기초지반으로 부적합하며 절토, 성토 시 대단히 위험하다.
(5) 터널갱구부에 특히 붕괴의 위험이 매우 크다.

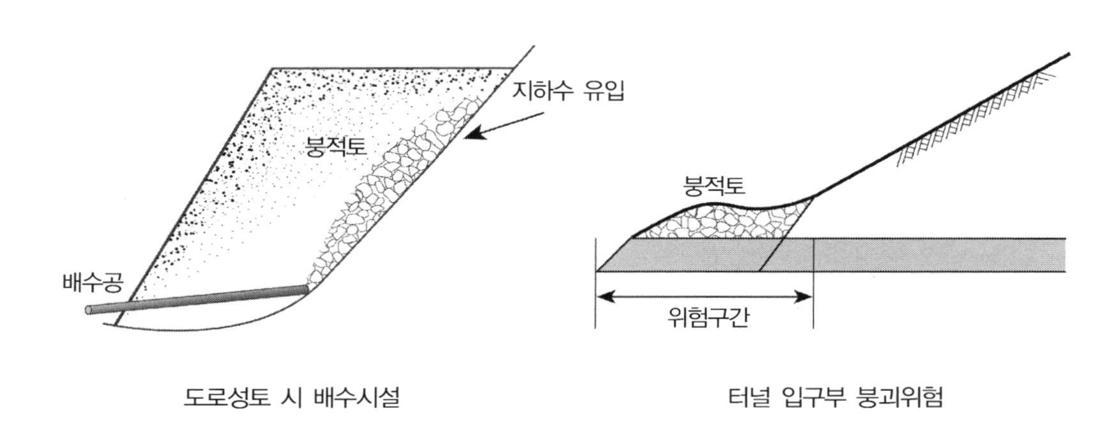

도로성토 시 배수시설　　　　터널 입구부 붕괴위험

3. 공학적 특성

(1) 붕적층이 존재하는 사면은 불안한 사면이며, 사면이 붕괴되고 있는 중이므로 추가사면 붕괴에 유의하여야 한다.
(2) 투수계수가 낮을 경우 우기 시 간극수압의 증가로 인한 사면이 불안해진다.
(3) 붕적토 하단부는 충적층이 존재하는 경우가 많으며 추가 하중을 가할 경우 충적층 자체의 연약성으로 인해 침하나 지반파괴가 발생할 수 있으므로 유의해야 한다.

4. 대 책

(1) 낙석울타리, 낙석방지 옹벽
(2) 피암터널
(3) *Ring net*

5. 평 가

(1) 낙석의 이동양상을 판단한다.
(2) 현장시험을 통한 적정공법을 채택한다.

TIP | 애추의 유형 |

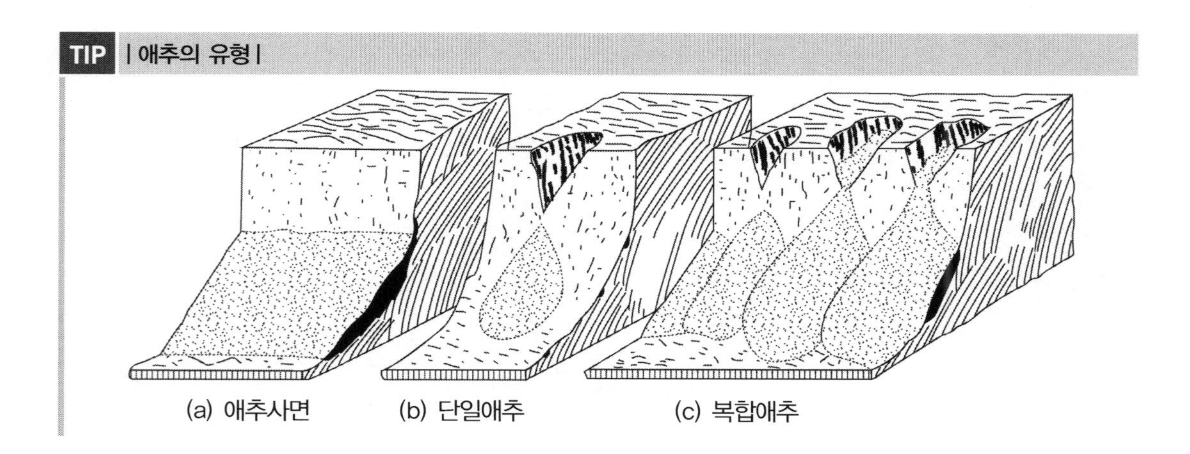

05 홍적토와 충적점토

1. 홍적층과 홍적점토

(1) 생성원인

약 2만 년 전 홍적세 말기의 빙하기에 빙하가 녹아 홍수가 범람하여 퇴적된 지층이다.

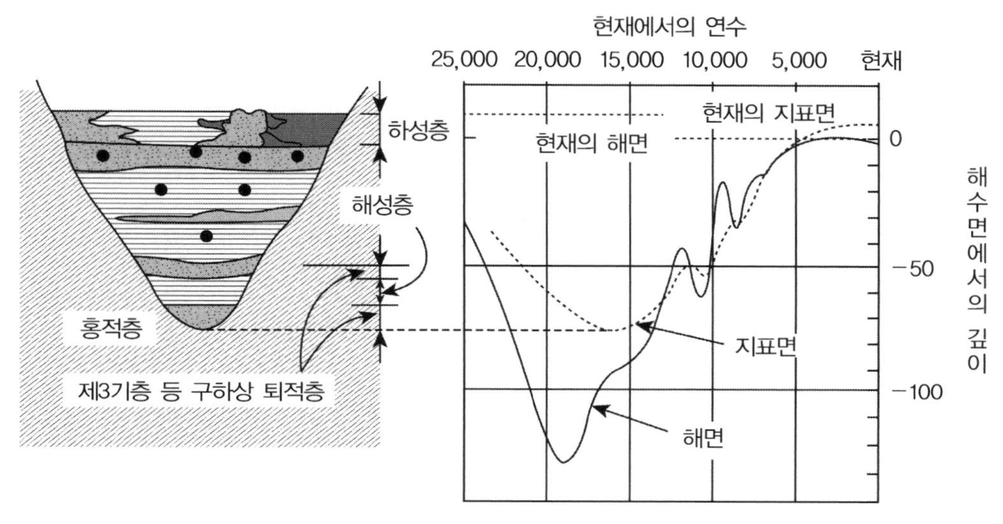

(2) 공학적 특징

① 약 2만 년 전 빙하기에 퇴적된 지층으로 해면 아래 퇴적되어 오랜 시간 압밀이 완료된 상태이다.

② 하천유역의 상습적인 홍수범람지에 퇴적된 점질토양이다.

③ 홍적토를 절개하면 지층에 따라 쐐기(*Soil Wedge*)가 형성되어 있는 것이 많다.

④ 신생대 제 4기에 형성된 붉은 색깔을 띤 퇴적토이다.

2. 충적점토

(1) 생성원인

① 약 1만 년 전 충적세에 퇴적한 충적저지는 흙의 13%에 이르고 충적층 두께도 크다.

② 홍적층 위에 해성층이 오랜 기간 퇴적되고, 해성층 위에 충적층(하성층)이 유수에 의해 운반되고 퇴적된 지층으로 홍적층에 비해 연대가 짧고, 지표층에 존재하여 강도 특성이 연약하다.

(2) 공학적 특징

① 세립토의 경우 주로 압축성이 크고 토질 상태는 위치에 따라 변한다.

② 변형계수는 (E_{50})은 6% 이하이다.

③ 완류하천과 하구삼각주에 접한 해저지반은 대체로 홍적층 위에 고르지 않게 하상 퇴적물이 충적되어 공학적 성질이 불량하다.

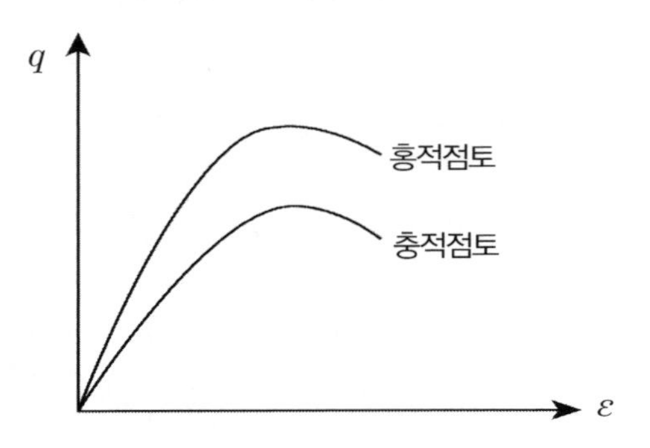

3. 충적평야의 구성

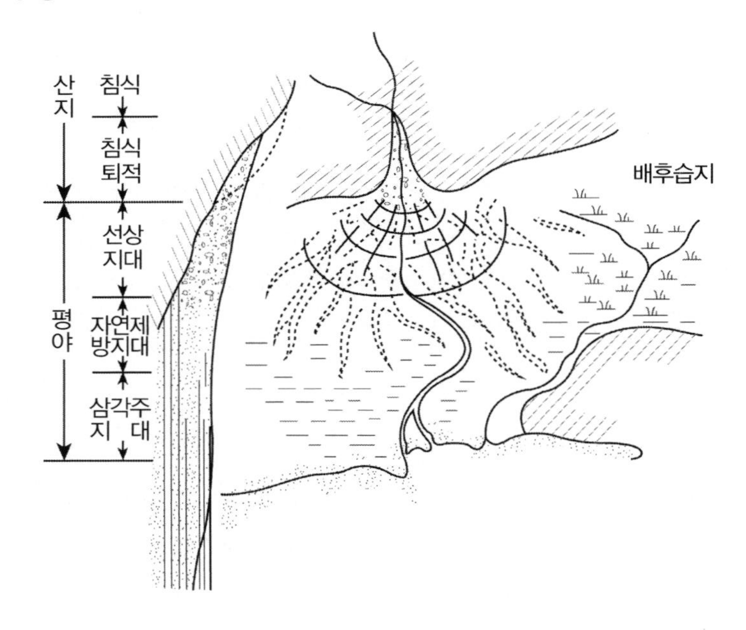

06 풍적토 / 황토 / 붕괴토 : Loess, Sand Dune

1. 개 요

(1) 바람에 의하여 운반 퇴적된 것으로 운적토의 일종이다.

(2) 입경에 따른 구분

① *Loess* : 0.05*mm* 이하의 입경을 갖는 실트크기 이하의 토립자가 대기 중에 날려서 운반· 퇴적된다.

② 사구(*Sand dune*) : 모래 크기보다 큰 조립토가 지표면상에서 움직이면서 운반· 퇴적되어 쌓인 언덕이다.

2. 공학적 성질

(1) 주로 황색을 띠고 있으며 점성이 없기 때문에 물에 포화되면 쉽게 붕괴된다.

(2) 봉소구조이며 연직방향으로 균열이 생기고 연직방향 투수계수가 수평방향 투수계수보다 크다.

(3) 간극비가 크고 단위중량이 작으며 0.01 ~0.05*mm*의 일정한 입경을 가진다.

(4) 이러한 흙 구조는 물이 공급되어 포화될 경우 기초부에 큰 침하가 발생한다.

3. 붕괴 포텐셜 : 붕괴 가능성 판단

$$C_p = \frac{e_1 - e_2}{1 + e_0} \times 100\%$$

여기서, C_p : 붕괴 포텐셜(*Collapse potential*)

e_0 : 자연상태에서의 간극비

e_1 : 물을 공급하기 전 간극비

e_2 : 물을 공급한 후의 간극비

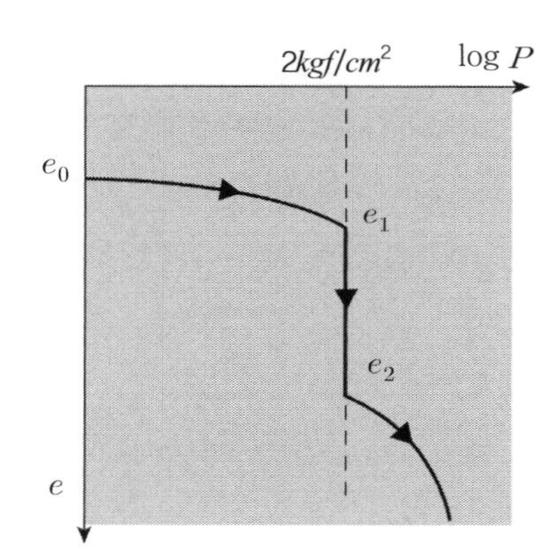

✓ 붕괴 포텐셜 값이 클수록 기초지반으로 곤란하며 C_p 값이 5 이상인 경우 기초지반으로 부적당하다.

4. 붕괴성 흙에 대한 기초대책

(1) 기초면을 규산나트륨이나 염화칼슘 등 첨가제에 의한 화학적 고결

(2) 붕괴 가능깊이가 얕은 1.5 ~2.0*m*의 경우에는 물을 뿌리면서 다지는 방법으로 사전에 침하를 유도하는 방법으로 시행한다.

(3) 토층이 30*m* 이상인 경우에는 진동다짐 공법으로 다진 후 기초를 설치한다.

(4) 또는 말뚝기초를 설치한다.

07 유기질토(Organic Soil)

1. 개 요

(1) 유기질토는 동물, 식물이 부패되어 형성된 흙으로 한랭하고 축축한 지역에서 잘 발달한다.
(2) 우리나라에서는 주로 동해안 해안도로에서 발견되며 빙하작용으로 인해 형성된 지역에 출현한다.

2. 판정방법

(1) 독특한 냄새가 나며 암회색, 암갈색의 색깔을 나타낸다.

(2) $\dfrac{\text{노건조 시료의 액성한계}}{\text{공기건조 시료의 액성한계}} > 0.75$ 이면 무기질토

① 통일 분류법상에 분류방법으로 제시된 방법이다.
② 소성도표에서 액성한계가 50%를 기준으로 50% 이상이면 *OH*로, 50% 이하이면 *OL*로 표기한다.

3. 유기물 함유량 시험방법

(1) 유기물 함유량이 50% 이하인 흙 : 중크롬산법(화학적 방법으로 비교적 정확함)
✓ 국내 유기질토의 경우는 5% 이하로 중크롬산법을 주로 사용
(2) 유기물 함유량이 50% 이상인 흙 : 강열강량법
① 채취된 유기질토를 노건조시켜 무게를 측정한다.
② 오븐에서 꺼낸 시료를 700～800℃로 2～4시간 태워 손실된 유기물 함량을 측정한다.
③ 유기물 함유율 $C(\%) = \dfrac{\text{손실무게}}{\text{노건조무게}} \times 100$

4. 공학적 특성

(1) 국내의 경우 국부적으로 발견되며 강릉, 속초, 묵호, 포항지역에서 공사 중 발견된다.
(2) 함수량이 많아 자연 함수비가 200～300% 이상 정도의 범위를 보인다.
(3) 전단강도가 점토보다 약하다.
(4) 압축, 투수성 측면에서 공학적으로 불리하다.
(5) 2차 압밀에 의해 준공 후 지속적인 침하로 인한 공사품질에 문제가 발생할 수 있다.

5. 대 책

(1) 깊지 않으므로 치환공법을 우선 적용
(2) 치환이 곤란할 정도로 깊을 경우에는 *Pile net*, 교량식 구조물을 적용
(3) 심층혼합처리 공법처리

08 해성점토(Marine Clay)

1. 정 의

(1) 물에 의해 이동하되 강이나 하천을 따라 고요한 바다로 흘러내려가서 쌓인 흙으로 염분은 입자 간의 반발력을 감소시키는 역할을 하므로 면모구조형태로 쌓여 있다.

(2) 이것은 간극비와 압축성이 대단히 크고 연약하여 가벼운 하중을 지지할 능력밖에 없으며, 우리나라에서는 서해, 남해, 동해안 해안가에 약 20~50m 깊이로 존재한다.

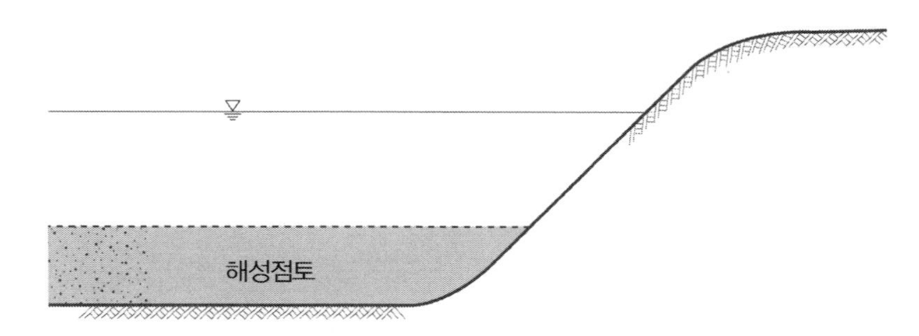

✓ 낙동강 해성점토는 약 70m 두께로 형성되어 있으며 약 1만 년 전부터 쌓여 왔으므로 오랜 시간이 경과되지 않은 연약한 상태이다.

2. 공학적 성질

(1) 통일 분류상 흙의 종류는 CL, ML, CH가 주로 많으며 간혹 MH도 발견된다.

(2) 군산 이북 쪽으로는 CL, ML이 우세하나 남해안 동해안은 CH가 우세하고 CL이 혼재한다.

(3) 물리적 성질로서 점착력 $C=20\sim40kN/m^2$, 함수비는 30~50%, 간극비는 0.8~1.2, 압축지수는 0.2~0.3, 압밀계수는 $\alpha\times10^{-3}cm^2/sec$으로 대체적으로 연약지반에 해당한다.

3. 설계 및 시공 시 유의사항

(1) 해성점토지반에 매립공사 시 매립성토로 인한 압밀침하, 호안에 대한 사면안정, 부마찰력 발생 등 공학적으로 검토가 많은 토질로서

(2) 토질조사, 시험 등이 철저히 이루어져야 하며, 지반전문가에 의해 신중하게 설계 및 시공이 이루어져야 한다.

(3) 시공 시 계측 및 연약지반 시공관리를 통한 설계타당성 검증과 합리적인 공법변경을 위한 제반 검토사항이 이루어질 수 있도록 심층 깊은 검토를 해야 한다.

09 흙의 구조

1. 흙의 구조

(1) 흙의 구조란 흙 입자 간의 배치상태와 입자 사이에 작용하는 여러 가지 힘을 통틀어 일컫는 말로서 흙 입자를 조성하는 광물 성분, 입자표면에 작용하는 전기력 또는 흙 입자 사이에 존재하는 간극수의 물리적 성분이나 이온 성분들에 따라 비점성토와 점성토로 나뉜다.

(2) 비점성토의 구조

단립구조 : 모래, 자갈	봉소구조 : 실트
① 입자 간 점착력이 없이 마찰력만 존재 ② 상대밀도를 기준으로 공학적 성질을 평가	① 아주 가는 모래나 실트가 물속에 침강하여 형성된 아치모양의 구조 ② 정적하중에는 비교적 안정되나 진동하중은 쉽게 파괴됨

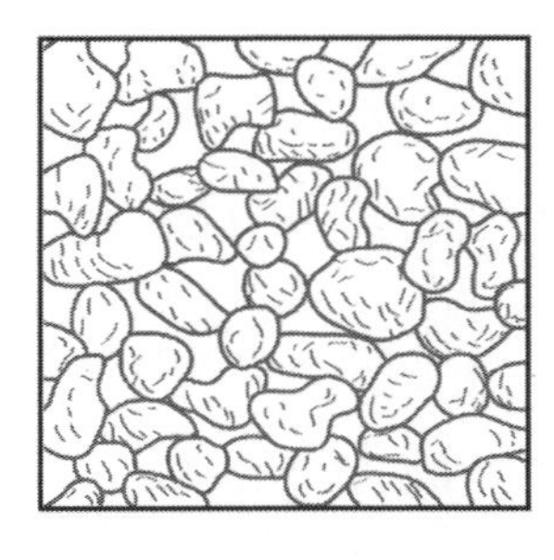

단립구조

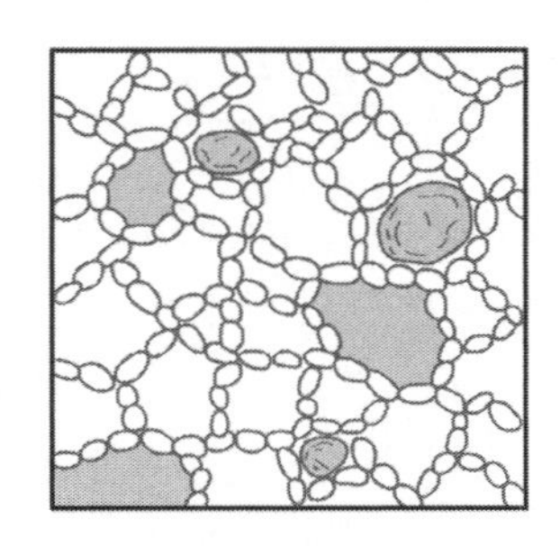
봉소구조

(3) 점성토의 구조

점성토는 평면이나 바늘모양으로 전기적인 힘이 입자 간 결합력으로 작용하며, 확산이중층 내에 흡착된 흡착수에 의해 점성을 유지하게 된다. 점성토 표면에는 양이온 농도가 많고 표면에서 멀어지면 양이온 농도는 감소된다.

① 면모구조
- ㉠ 불교란 상태
- ㉡ 두께 < 폭, 길이가 대단히 큰 상태
- ㉢ 입자 간의 서로 받혀주고 있는 상태로 안정

② 분산(이산)구조
- ㉠ 교란상태
- ㉡ 두께 > 폭, 길이
- ㉢ 입자 간 서로 받혀주지 못한 평형상태로 불안정

2. 면모구조와 이산구조 비교

구 분	면모구조	이산구조(분산구조)
구 조	느슨하게 엉킨 면대 단의 구조	면대 면의 구조
전기력	인력 우세	반발력 우세
형 성	바닷물 자연퇴적 / 건조 측 다짐	침강퇴적 / 습윤 측 다짐
강도 / 투수	강도, 투수계수 큼	강도, 투수계수 작음
이중층 두께	이중층 두께 얇음	이중층 두께 두꺼움
특 성	강도는 크나 압축성이 크므로 기초지반으로 개량이 필요	자연상태의 점토를 교란시키면 이산구조로 바뀜

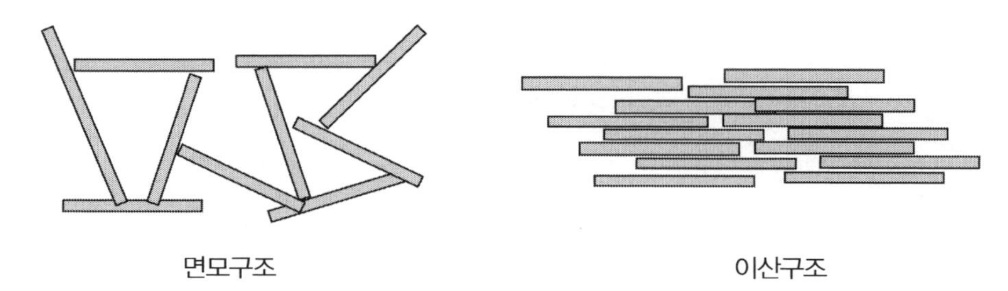

면모구조 이산구조

3. 대표적인 3대 점토광물

(1) 카올리나이트(*Kaolinite*)

(2) 일라이트(*Illite*)

(3) 몬모릴로나이트(*Montmorillonite*)

4. 3대 점토광물 공학적 특성 비교

구 분	몬모릴로나이트	일라이트	카올리나이트
비표면적	큼	중 간	작 음
투수성	작 음	중 간	큼
활성도	큼	중 간	작 음
강 도	작 음	중 간	큼
차수성	큼	중 간	작 음

10 상대밀도(Relative Densiti, D_r)

1. 정 의

(1) 조립토에서 토립자의 조밀한 정도를 나타내는 것으로 느슨한지 조밀한지를 판정하는 기준

(2) 공 식

$$D_r = \frac{e_{\max} - e}{e_{\max} - e_{\min}} \times 100(\%) = \frac{\gamma_d - \gamma_{dmin}}{\gamma_{dmax} - \gamma_{dmin}} \times \frac{\gamma_{dmax}}{\gamma_d} \times 100(\%)$$

여기서, $e_{\max}$: 가장 느슨한 상태에서의 간극비, 이때 건조단위중량은 γ_{dmin}

e : 자연상태의 간극비, 이때 건조단위중량은 γ_d

$e_{\min}$: 가장 조밀한 상태에서의 간극비, 이때 건조단위중량 γ_{dmax}

2. 상대밀도 개념도

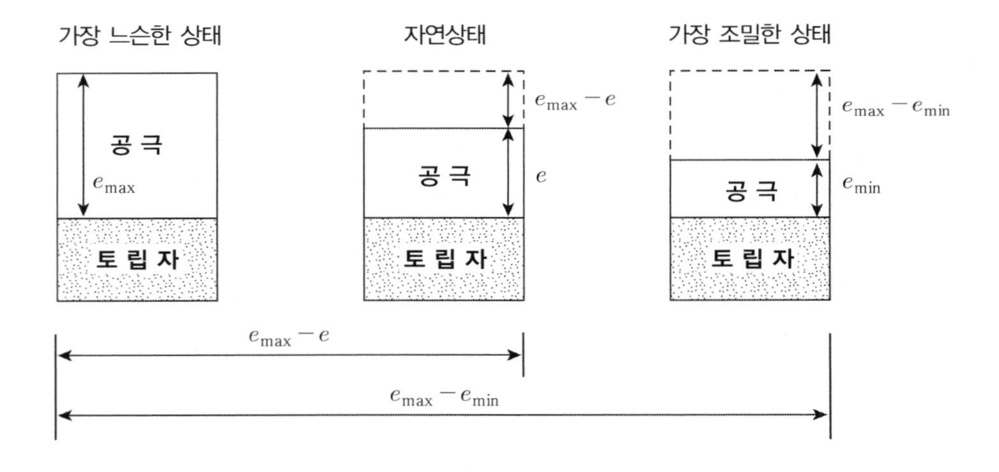

3. 상대밀도와 ϕ와 N관계

상대밀도(%)	조밀 정도	전단저항각 ϕ(°)	N치	비 고
0~40	느슨한 상태	0~35	0~10	현장에서는 주로 **표준관입시험**에 의해 상대밀도를 측정한다.
40~60	보통	35~40	10~30	
60~100	조밀한 상태	40~45	30~50	

4. 상대밀도, 간극비, 전단저항각과의 관계(*NAVFAC*, 1971)

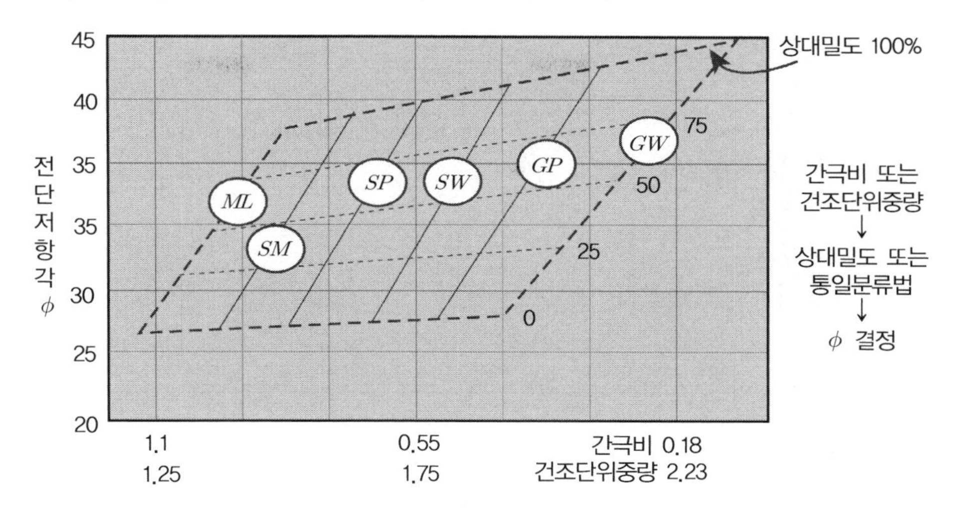

5. 시험방법

(1) 가장 느슨한 상태의 간극비(γ_{dmin}, $e_{\max}$)

13*mm* 높이에서 흙 입자를 떨어뜨리거나 물속에서 침전시켜 구한다.

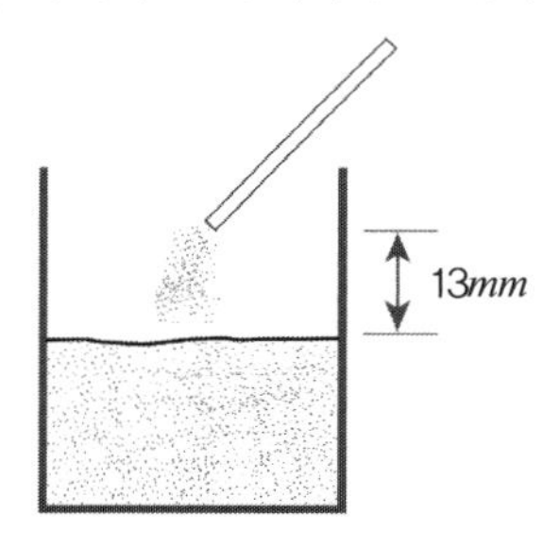

(2) 가장 조밀한 상태의 간극비(γ_{dmax}, $e_{\min}$)

흙을 용기에 넣어 압력과 진동을 동시에 가하거나 흙 표면에 충격을 가하여 구한다.

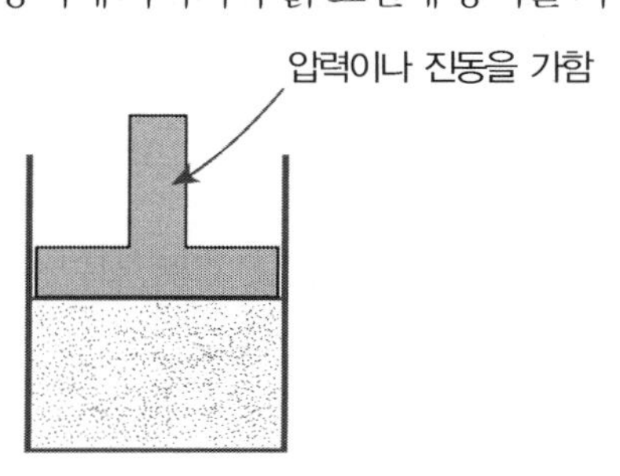

6. 이 용

(1) 액상화 판단(D_r <40)

(2) 조밀도 판단 : 다짐 관리 시

(3) 내부 마찰각 추정

(4) 얕은기초의 파괴형태

(5) 얕은기초 지지력 판정

7. 상대밀도와 얕은기초의 파괴형태

(1) 전반전단파괴

(2) 국부전단파괴

(3) 관입전단파괴

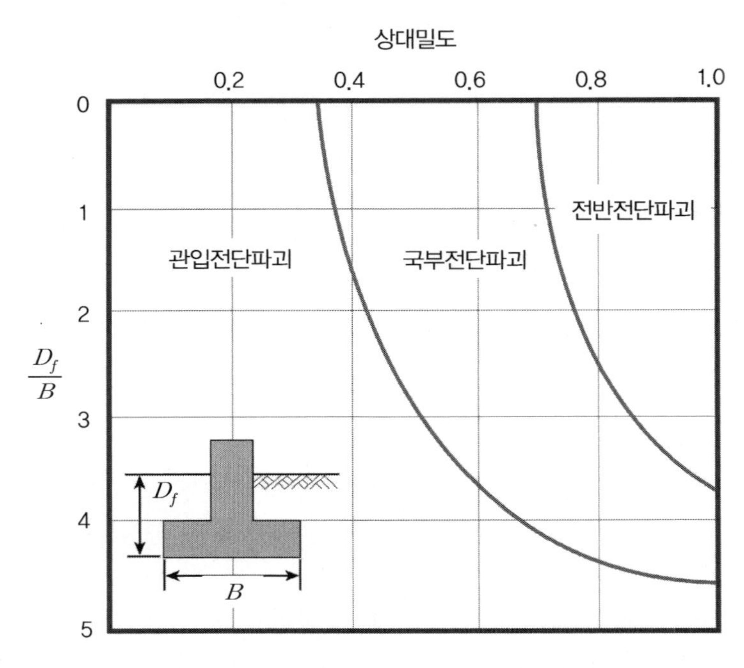

상대밀도에 따른 얕은기초의 파괴형태

11 흙의 성질을 대표하는 기본공식

1. 흙의 구성

흙의 3성분과 3상도 : 흙은 흙 입자, 물, 공기로 이루어진 3상체이다.

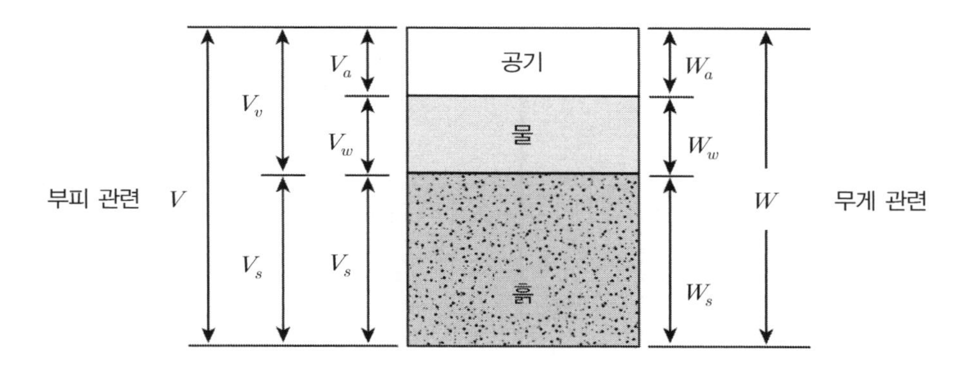

- 시료의 전 체적 : $V = V_s + V_v$,　　여기서, V_s : 흙 입자만의 체적　V_v : 간극의 체적
- 시료의 전 중량 : $W = W_s + W_w$,　여기서, W_s : 흙 입자만의 중량　W_w : 물의 중량
- 공기의 중량은 무시한다고 가정한다.

2. 부피 관련식

(1) 간극비(*Void ratio, e*) : 흙 입자만의 체적에 대한 간극의 체적에 대한 비를 표시한 것

$$e = \frac{V_v}{V_s}$$

여기서, V_s : 흙 입자만의 체적　V_v : 간극의 체적

① 간극비의 범위는 0에서 ∞이며　　② 단위는 무차원임

(2) 간극률(*Porosity, n*) : 흙 전체의 체적에 대한 간극의 체적을 백분율로 표시한 것

$$n = \frac{V_v}{V} \times 100(\%)$$

여기서, V : 흙 전체의 체적　　V_v : 간극의 체적

① 간극비의 범위는 0에서 100%이며　　② 단위는 %임

(3) 간극비와 간극률의 관계식

$$e = \frac{V_v}{V_s} = \frac{V_v}{V - V_v} = \frac{V_v / V}{1 - V_v / V} = \frac{n}{100 - n} \quad \rightarrow \quad n = \frac{e}{1+e} \times 100$$

(4) 포화도(*Degree of saturation, S*) : 간극 속에 물이 차지하는 정도를 백분율로 표시한 것

$$S = \frac{\text{물의 체적}}{\text{간극의 체적}} \times 100(\%) = \frac{V_w}{V_v} \times 100(\%)$$

① 포화도의 범위는 0에서 100%이며

② 단위 : %

③ 지하수위 이하에 존재하는 흙은 포화도가 100%임 ⇨ $V_w = V_v,\ V_a = 0$

3. 무게 관련식

(1) 함수비(*Water content, w*) : 흙만의 무게에 대한 물의 무게를 백분율로 표시한 것

$$w = \frac{\text{물의 중량}}{\text{흙 입자만의 중량}} \times 100(\%) = \frac{W_w}{W_s} \times 100(\%)$$

여기서, W_w : 물의 무게 W_s : 흙만의 무게

① 함수비의 범위는 0에서 ∞이며, 100%를 초과할 수 있다.

② 단위 : %

③ 항온 건조기로 물의 중량을 측정한다.

㉠ 흙 속의 자유수만을 증발시키며 온도는 110 ± 5℃로 유지한다.

㉡ 점성토는 24시간, 사질토는 12시간 이상 유지한다.

㉢ 석고나 유기물은 80℃ 이상이 되면 결정수나 유기물이 상실되므로 그 이하의 온도에서 장시간 증발시켜야 한다.

④ 시험방법(*KSF* 2306) : 시료를 담은 캔의 중량과 시료의 무게를 측정하면 쉽게 구할 수 있다.

4. 비중(*Specific Gravity*, G_s)

(1) 비중이란 흙 입자만의 중량과 동일한 체적의 15℃에서의 물의 중량의 비를 말한다.

$$G_s = \frac{\gamma_s}{\gamma_w} = \frac{W_s}{V_s \gamma_w}$$

여기서, γ_s : 흙 입자만의 단위중량(kgf/cm^3, $tonf/m^3$)

γ_w : 물의 단위중량(kgf/cm^3, $tonf/m^3$)

(2) 일반적으로 흙의 비중은 2.65 정도인데, 흙 속에 주성분인 석영을 기준으로 판단했기 때문이다.

(3) 시험방법(*KSF2308*)

① 시료채취 : 9.5*mm*체를 통과한 시료를 사용한다.

② T°C에서의 흙 입자의 비중(G_T)

$$G_T = \frac{W_s}{W_s + (W_a - W_b)}$$

여기서, W_s : 비중병에 넣은 흙의 노건조 중량(g)

W_a : T°C에서의 (비중병+증류수)의 중량(g)

W_b : T°C에서의 (비중병+노건조 흙+증류수)의 중량(g)

k : 보정계수(T°C에서의 비중을 15°C의 물의 비중으로 나눈 값)

$$W_a = \frac{T\text{℃ 에서의 물의 비중}}{T'\text{℃ 에서의 물의 비중}} \times (W_a' - W_f) + W_f$$

여기서, W_a' : T'°C에서의 (비중병+증류수)의 무게(g)

W_f : 비중병의 무게(g)

5. 포화도, 간극비, 함수비 관계(부피와 무게의 관계)

$$G_s w = Se \rightarrow w = \frac{W_w}{W_s} = \frac{V_w \gamma_w}{G_s V_s \gamma_w} = \frac{S V_v}{G_s V_s} = \frac{Se}{G_s}$$

6. 단위중량, 간극비, 함수비 사이의 관계

(1) 흙의 3상과 관계한 밀도

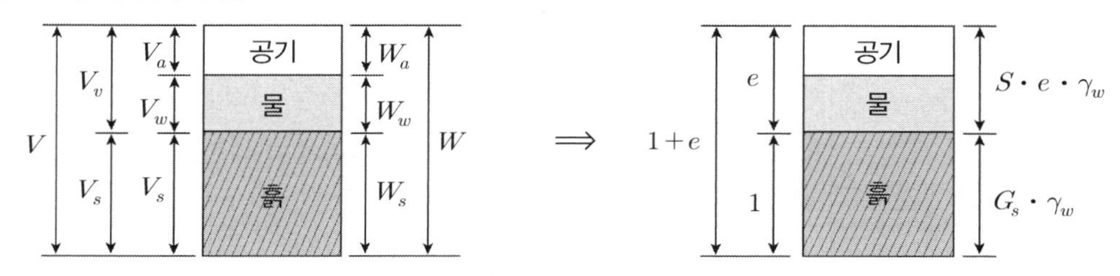

① 습윤밀도(*Total unit weight, Moist unit weight*, γ_t) : 흙덩어리의 중량을 그 체적으로 나누어준 값이다.

$$\gamma_t = \frac{W}{V} = \frac{W_s + W_w}{V_s + V_v} = \frac{G_s \cdot \gamma_w + S \cdot e \cdot \gamma_w}{1+e}$$

$$\therefore \ \gamma_t = \frac{G_s + S \cdot e}{1+e} \gamma_w$$

② 건조밀도(*Dry unit weight*, γ_d) : 물을 제외한 흙 입자만의 중량을 체적으로 나눈 값이다.

$$\gamma_d = \frac{W_s}{V} = \frac{G_s}{1+e}\gamma_w$$

✓ 건조밀도로부터 간극비를 구한다.

$$e = \frac{G_s \gamma_w}{\gamma_d} - 1$$

✓ 함수비와 습윤단위중량을 알면 건조밀도를 구할 수 있다.

$$\gamma_d = \frac{\gamma_t}{1 + w/100}$$

③ 포화단위중량(*Saturation unit weight*, γ_{sat}) : 간극에 물이 꽉 차 있을 때 전체중량을 체적으로 나누어준 값이다.

$$\gamma_{sat} = \frac{G_s + e}{1+e}\gamma_w$$

④ 수중단위중량(*Submerged unit weight*, γ_{sub}) : 흙이 지하수위 아래에 있는 경우 부력에 의해 가벼워진 상태의 단위중량을 의미한다.

$$\gamma_{sub} = \frac{G_s - 1}{1+e}\gamma_w$$

✓ 단위중량의 대소

$$\gamma_{sat} > \gamma_t > \gamma_d > \gamma_{sub}$$

12 연경도(Consistency)

1. 아터버그한계(*Atterberg Limits*), *Consistency* 한계

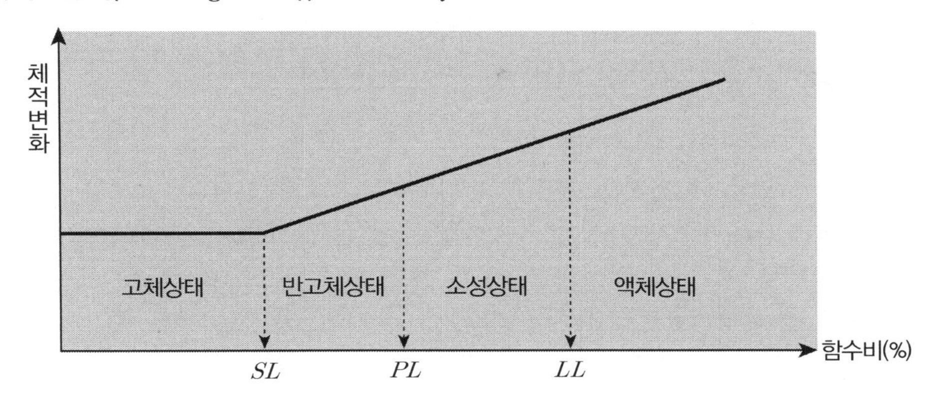

함수량이 많은 세립토를 건조시켜 가면 액성, 소성, 반고체, 고체의 4단계를 거치면서 성상이 변화한다. 이들이 변화할 때의 경계가 되는 함수비를 *Consistency* 한계라고 한다. 점토의 *Consistency* 한계는 외력에 대한 저항의 정도를 나타내는 것으로 흙의 거동을 판단하는 개략적 기준으로 이들의 함수비는 다음과 같다.

(1) 액성한계(*LL* : *Liquid Limit*, *WL*)

액성한계시험기

✓ **공학적 특성**
- 점토분이 많을수록 액성한계(*LL*)와 소성지수(*PI*)가 크다.
- 점토분이 많을수록 함수비 변화에 따른 수축과 팽창이 크다.
- 점토분이 많을수록 압밀침하가 발생하므로 노상의 재료로써 부적합하다.
- 자연함수비가 액성한계(*LL*)보다 크거나 같은 경우라면 대단히 연약한 지반이다.

① 흙이 액성에서 소성으로 변화하는 경계의 함수비
② 소성을 나타내는 최대함수비
③ 점성유체가 되는 최소의 함수비
④ 시험방법(*KSF*2303)
㉠ *No*40체(425μm) 통과 시료를 증류수로 반죽한 후
㉡ 표준 액성한계 시험접시에 넣고
㉢ 홈파기 날로 홈을 판 다음

㉣ 낙하높이 : 1*cm*

㉤ 낙하속도 : 1초에 2회

㉥ 합쳐진 길이 : 1.5*cm*

㉦ 시험횟수 : 함수비를 조금씩 변화시켜가면서 4회 이상 반복

㉧ 유동곡선 작도 → 낙하횟수 25회에 해당하는 액성한계를 구함

(2) 소성한계(PL : *Plastic Limit*, W_p)

① 흙이 소성에서 반고체로 변화하는 경계의 함수비

② 손가락으로 짓눌러 여러 가지 모양을 만들 수 있는 소성을 나타내는 최소의 함수비

③ 시험방법(*KSF*2304)

㉠ 반죽된 시료를 유리판에 올려 넣고

㉡ 손바닥으로 밀어서 지름이 3*mm* 국수 모양으로 되면서 막 끊어지려는 상태의 함수비

㉢ 비소성(*NP* : *Non Plastic*) : 소성한계와 액성한계가 일치하여 소성영역이 없는 흙을 말함

(3) 수축한계(SL : *Shrinkage Limit*, W_s)

① 흙이 반고체에서 고체로 변화하는 경계의 함수비

② 수축한계 이하로 함수비를 감소하여도 체적의 변화가 발생하지 않음

③ 시험방법(*KSF*2305) : 수은을 이용 노건조시료의 체적을 구함

수축한계 시험 *SET*

✓ **수축한계 시험의 결과 이용**

- 수축비
- 체적변화
- 선수축
- 동상성의 판단
- 흙의 주요 성분 판별

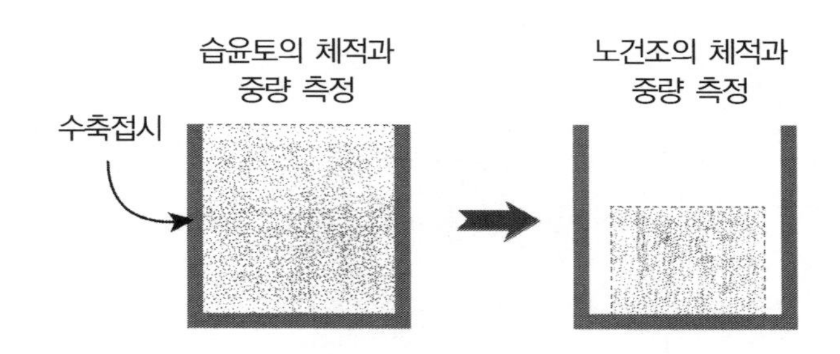

시험의 모식도

2. 연경도에서 구해지는 각종 지수

(1) 소성지수(PI : *Plastic Index*)

① 흙이 소성상태로 존재할 수 있는 함수비의 범위

② PI가 클수록 점토가 많고 소성이 크다.

$$PI = LL - PL$$

(2) 액성지수(LI : *Liquid Index*)

① 점토의 유동화, 즉 예민한 정도를 판단 : LI기 → *Quick clay*

$$LI = \frac{W_n - PL}{PI}$$

여기서, W_n : 자연 함수비

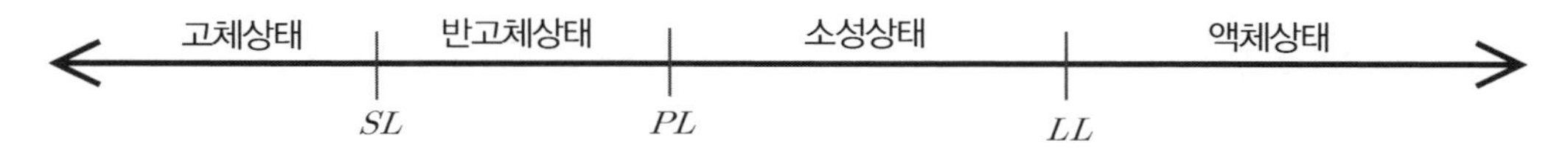

② 액성지수는 0에 가까울수록 단단한 흙이다.

㉠ 예민한 점토 $LI > 1$

㉡ 정규압밀점토 $0 < LI < 1$

㉢ 과압밀점토 $LI < 0$

(3) 연경지수(IC : *Consistency Index*) : 점토의 상대적인 굳기를 판단하여 흙의 안정성을 판단

$$IC = \frac{LL - W_n}{II}$$

여기서, W_n : 자연 함수비

IC가 0에 가까울수록 흙은 불안정하며 1에 가까울수록 안정상태에 있다.

(4) 수축지수(SI : *Shrinkage Index*) : 흙이 반고체상태로 존재할 수 있는 함수비의 범위

$$SI = PL - SL$$

(5) 유동지수 (FI : *Flow Index*, If) : 유동곡선의 기울기

$$FI = \frac{w_1 - w_2}{LogN_2 - LogN_1}$$

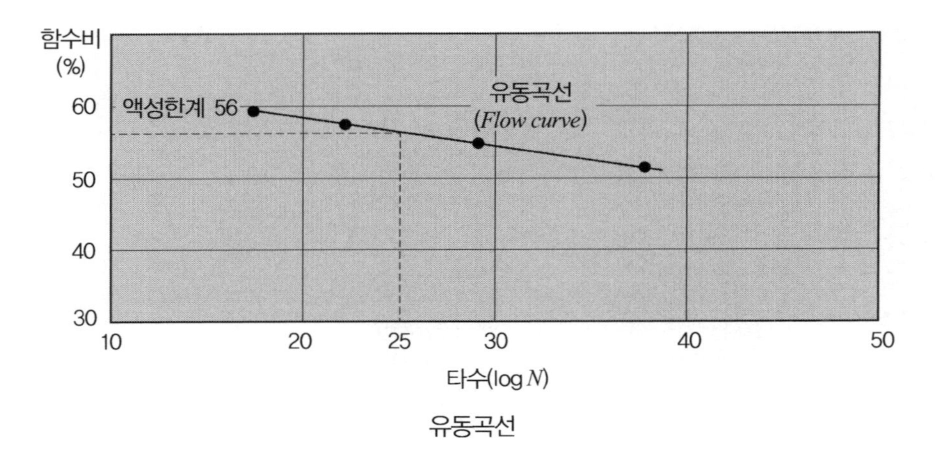

유동곡선

(6) 터프니스 지수(*TI* : *Toughness Index, If*)

① 유동지수에 대한 소성지수의 비를 터프니스 지수라 한다.

$$TI = \frac{PI}{FI}$$

② 단위는 무차원

③ 특성

㉠ 점토분이 많으면 유동지수는 작아지고, 소성지수는 커지므로 터프니스 지수는 커진다.

㉡ 즉, 점토분(*Coloid*가 많은 흙)이 많을수록 터프니스 지수와 활성도가 커지므로 공학적으로 불리한 흙이다.

3. 액성한계와 소성한계 결과의 이용

(1) 흙 분류에 이용(1장 20번 흙의 공학적 분류방법 소성도 참조)

① 액성한계를 이용 세립토의 흙 분류에 이용($LL < 50$: L, $LL \geq 50$: H)한다.

② 소성지수는 소성도로부터 세립토의 흙 분류에 이용한다.

(2) 액성한계와 소성지수로 전단강도증가율을 구함

① *Hansbo* 식 : $\alpha = \dfrac{C_u}{P'} = 0.45LL$

② *Skempton* 식 : $\alpha = \dfrac{C_u}{P'} = 0.11 + 0.0037PI$(단, PI는 10 이상)

(3) 액성지수는 점토의 유동성을 판단

① 보통점토 1을 기준으로 작으면 단단(과압밀)

② 크면 예민한 점토

(4) 소성지수로부터 활성도를 구함

① 활성도 : 값이 클수록 공학적으로 불안(전단, 압밀, 투수)

$$A = \frac{PI}{2\mu \text{ 이하의 점토분에 대한 중량백분율(\%)}}$$

② 활성도에 따른 흙의 분류

㉠ $A < 0.75$: 비활성 점토(*Kaolinite*)

㉡ $0.75 \le A \le 1.25$: 보통 점토(*Illite*)

㉢ $A > 1.25$: 활성 점토(*Montmorillonite*)

(5) 연경지수, *Consistency Index*(*IC*)를 구하여 점성토의 상대적인 굳기 판단 : *IC*가 0에 가까울수록 흙은 불안, 1에 가까우면 안정

$$IC = \frac{LL - W_n}{PI}$$

✓ 자연함수비가 시험에 의해 구해진 *Consistency Limit*를 기준으로 소성한계에 근접하여 있으면 안정하나 액성한계근처에 있으면 불안

(6) 액성한계를 이용하여 압축지수와 압밀계수 추정

① 흐트러지지 않은 시료

$$C_c = 0.009(LL - 10)$$

② 흐트러진 시료

$$C_c = 0.007(LL - 10)$$

③ 압밀계수 추정(도표 활용)

④ 압밀침하량과 압밀소요시간 계산

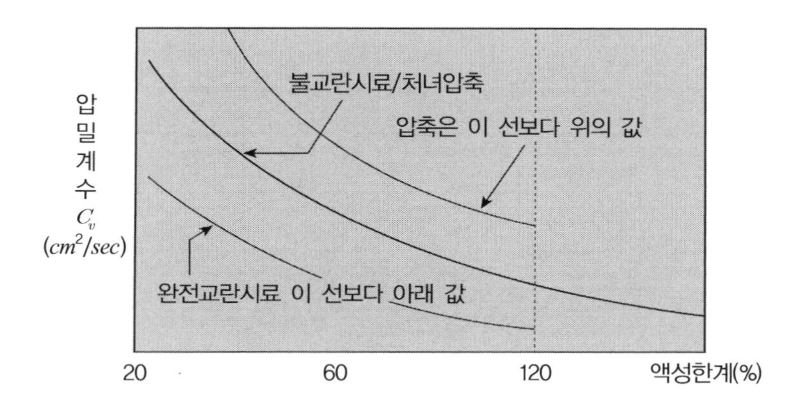

(7) 정지토압계수를 추정하여 토압계산에도 활용

$N.C$	$K_0 = 1 - \sin\phi'$ $K_0 = 0.19 + 0.233\log(PI)$	$O.C$	$K_0 = K_{0(NC)}\sqrt{OCR}$

4. 분석 / 특징

(1) 흙의 액성한계는 점토함유량과 유기물함유량의 증가에 따라 비례하며 이들 값이 클수록 압축성이 증가한다.

(2) 자연함수비가 액성한계를 초과하게 되면 *Slurry* 상태로 변화되어 전단강도를 상실하고, 유동화하는 거동을 보인다.

(3) 소성지수나 액성한계가 높은 실트는 소성실트라 부르며, 연약점토와 유사한 거동을 보이므로 설계 및 시공 시 취급에 유의하여야 한다.

(4) 소성지수는 소성상태를 유지하기 위한 함수비의 범위로서 소성지수가 크다는 것은 공학적으로 불안정한 것이다. 소성지수는 세립토의 함유율, 즉 점토의 함유량이 클수록 크게 나타난다.

(5) *Atterberg* 한계는 교란된 점토를 시험하여 얻은 값이므로 자연상태에서의 입자배열이나 입자 간의 부착력 등 전단강도와 관련되는 모든 요소를 신뢰성 있게 구한 값이 아니므로 이에 대한 공학적 판단을 근거로 활용해야 한다.

13 활성도(Activity, A)

1. 정 의

광물 성분이 일정한 점토가 어떤 흙에 얼마나 함유하였는지에 대한 그 흙의 소성지수에 대한 비율, 즉 기울기를 말하는 것으로 이 값의 많고 적음에 따라 흙의 수축과 팽창에 관계한다.

$$A = \frac{PI}{2\mu m \text{ 이하의 점토 백분율}}$$

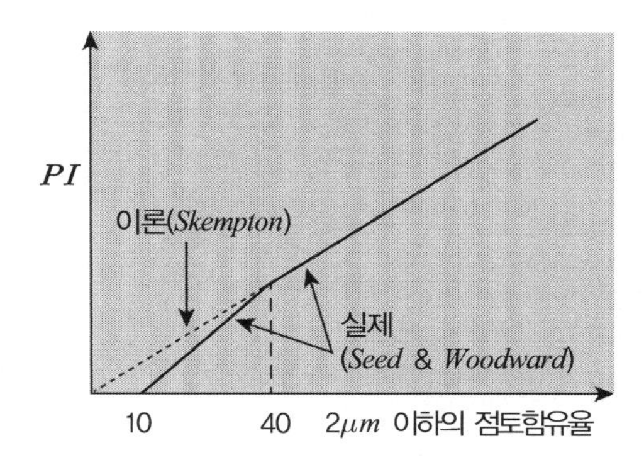

2. 특 징

(1) 활성도가 큰 점토는 팽창성이 크다.

(2) 활성도가 큰 점토의 경우는 소성지수가 크게 되어 공학적으로 불리하다.

(3) 미세한 점토분이 많거나 유기질이 많이 함유된 경우 활성도는 크다.

(4) 활성도에 따른 점토의 분류

구 분	활성도	점토광물	수축팽창
비활성 점토	$A < 0.75$	*Kaolinite*	없 다
보통 점토	$0.75 \le A \le 1.25$	*Illite*	보 통
활성 점토	$A > 1.25$	*Montmorillonite*	크 다

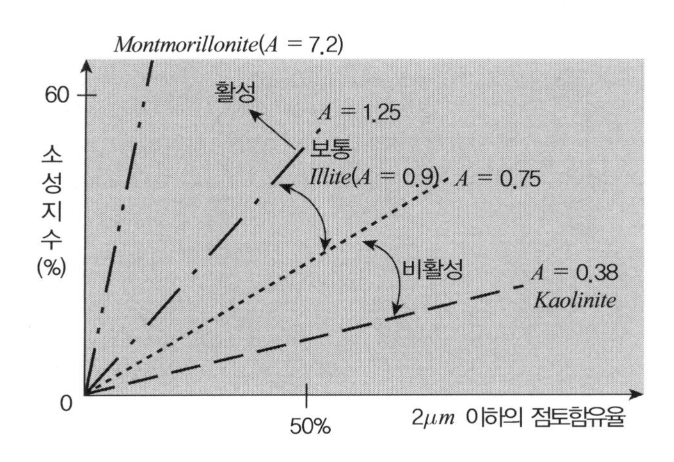

3. 점토함유율 증가 시 활성도 증가 이유

(1) 세립분이 많을수록 비표면적 증가로 소성한계로 존재할 함수비가 증가한다.

(2) 점토함유율이 증가할수록 액성한계는 선형적으로 증가하나 소성한계는 비선형으로 증가하게 되며, 두 한계의 차이가 소성지수이므로 점토함유율이 증가할수록 소성지수는 증가하게 되므로 활성도는 소성지수에 비례하여 증가한다.

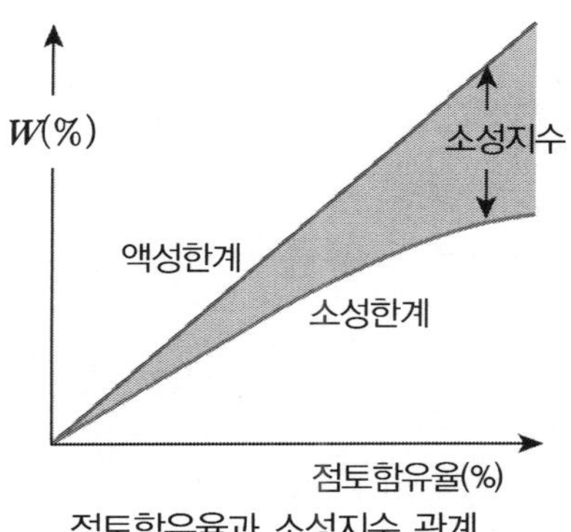

점토함유율과 소성지수 관계

4. 이 용

(1) 점토광물의 종류 추정

(2) 지층변화의 구분

(3) 활주로, 도로의 건설재료 판단

(4) 팽창, 수축 가능성 판단

(5) 점토의 강도가 점착력에 의존하는지 마찰각에 의존하는지 구별

① A가 높은 점토는 강도의 대부분이 점착력에 의존 : *Bentonite*

② A가 낮은 점토는 강도의 대부분이 마찰력에 의존 : *Kaolinite*

5. 평 가

(1) 흙에 소성은 점토입자 주변의 흡착수에 관계하며

(2) 흙 속 점토의 종류(*K.I.M*)와 액성한계 소성한계에 관계한다.

(3) 즉, LL과 PI는 2μm 미만 입자 함량에 정비례하며, 관계곡선을 그리면 다음과 같은 직선의 기울기가 활성도가 된다.

(4) 활성도에 따라 정규압밀과 과압밀로 구별되면 각각의 응력경로는 다음 그림과 같다.

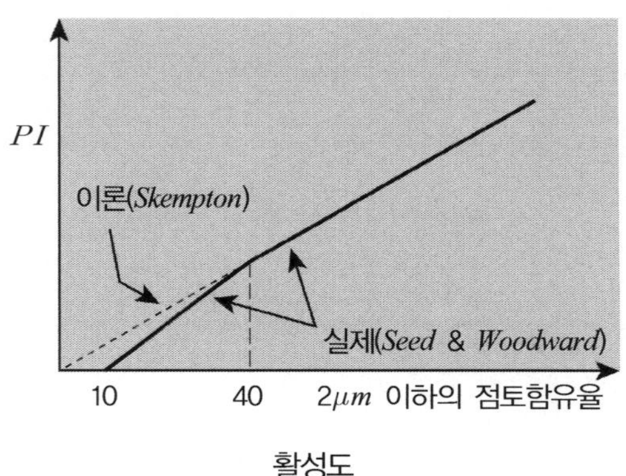

활성도

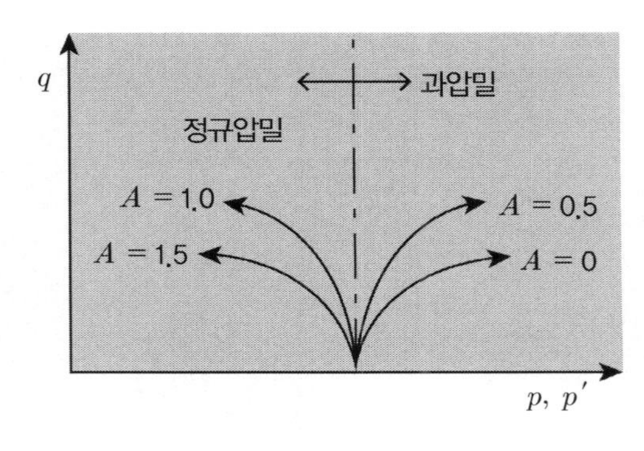

활성도에 따른 응력경로

14 점토의 기본구조

1. 점토광물의 기본단위

(1) 점토광물의 기본단위는 1개의 규소원자와 4개의 산소원자로 둘러싸여 구성된 4면체인 테트라헤론(*Tetrahedron*)끼리 횡방향으로 산소결합하여 형성된 **규소판**(*Sillica sheet*)과

(2) Al, Mg, Fe를 중심으로 6개의 수산기(*OH*)로 둘러싸여 8면체를 이루고 있는 *Octahedron*으로 구성되어 있고, *Octahedron*끼리 횡방향으로 결합하여 형성된 것을 *Octahedron sheet*라 하며

(3) 중심원소인 *Al*, *Mg*의 성분에 따라 *Gibbsite*, *Brucite*라고 하며

(4) 규소판(*Sillica sheet*)은 사다리꼴로, *Gibbsite*, *Brucite*는 직사각형으로 표시한다.

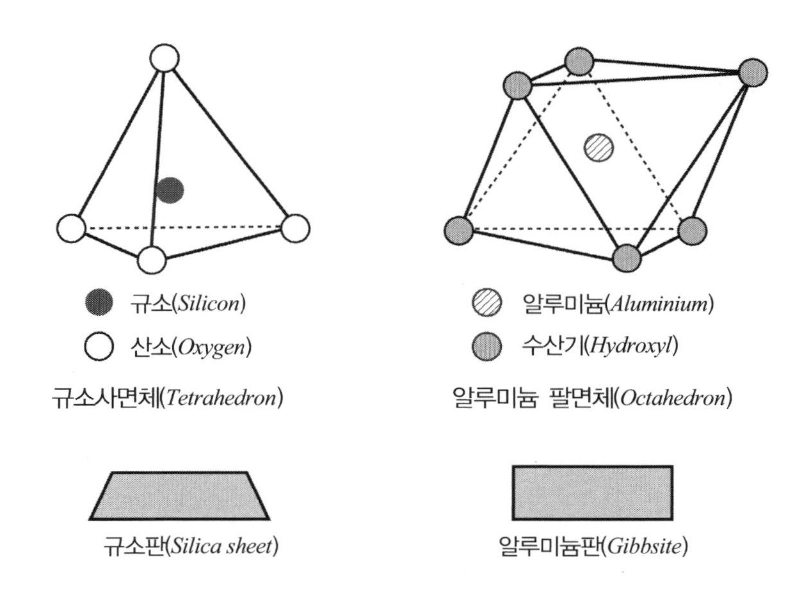

규소사면체(*Tetrahedron*)　　알루미늄 팔면체(*Octahedron*)

규소판(*Silica sheet*)　　알루미늄판(*Gibbsite*)

2. 점토광물의 영향요소

(1) 전기적인 힘

(2) 이중층

(3) 활성도

(4) 구조(면모 / 이산구조)

(5) 동형치환

3. 동형치환

(1) 규소판(*Sillica sheet*)과 *Gibbsite*, *Brucite*끼리 쌓이면서 점토가 형성되는 과정에서 발생하는 현상이다.

(2) 동형치환이란 점토를 구성하는 원자끼리 상호치환하는 것을 의미한다.

(3) *Kaolinite*를 형성하는 과정에서 수산기 내에 존재하는 *Al* 원자가 충분하다는 조건하에 Si^{+4} 원자가 자리 잡고 있어야 할 자리에 Al^{+3}이 대신 들어간다.

(4) 그러면 4가(價)의 *Si* 대신 3가(價)의 *Al*이 들어갔으므로 +1가(價)가 부족하게 되어 음(陰)으로 대전하게 되는 것이다.

(5) 점토광물이 음으로 대전되는 이유가 바로 동형치환 때문에 발생한다.

4. 점토광물의 기본구조

구 분	*Kaolinite*	*Illite*	*Montmorillonite*
활성도	$A < 0.75$	$0.75 \le A \le 1.25$	$A > 1.25$
수축팽창	없 다	보 통	크 다
구 조	G / S / 수소 / G / S	S / G / S / +K / S / G / S	S / G / S / H_2O / S / G / S
동형치환	$Si^{+4} \rightarrow Al^{+3}$	$Si^{+4} \rightarrow Al^{+3}$	$Al \rightarrow Mg$
세립토	*ML*	*CL*	*CH*
이중층 두께	小	中	大

15 소성지수(Plastic Index)

1. 정 의

(1) 흙이 소성상태로 존재할 수 있는 함수비의 범위로

(2) 액성한계에서 소성한계를 뺀 함수비의 값이다. 즉, $PI = LL - PL$

2. 소성지수 활용

(1) 흙 분류 : 소성도표를 이용한 세립분이 있는 조립토, 점토, 실트의 흙 분류

(2) 점성토와 사질토의 구분

① 점토 : $PI > 10$ ② 사질토 : $PI < 10$

(3) 활성도

$$A = \frac{PI}{2\mu m \text{ 이하의 점토백분율}}$$

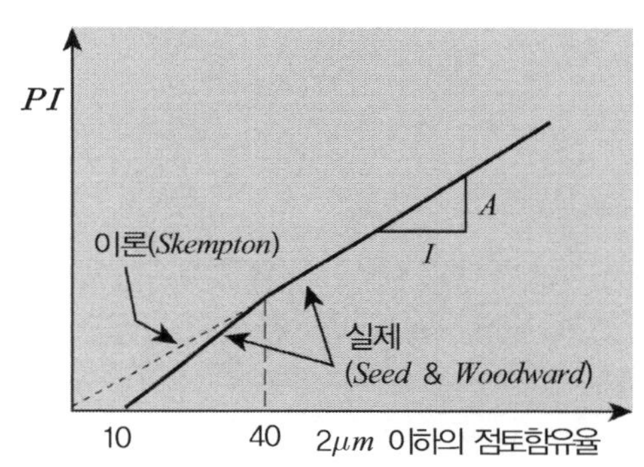

(4) 강도 증가율 추정

$$\alpha = \frac{C_u}{P'} = 0.11 + 0.0037PI$$

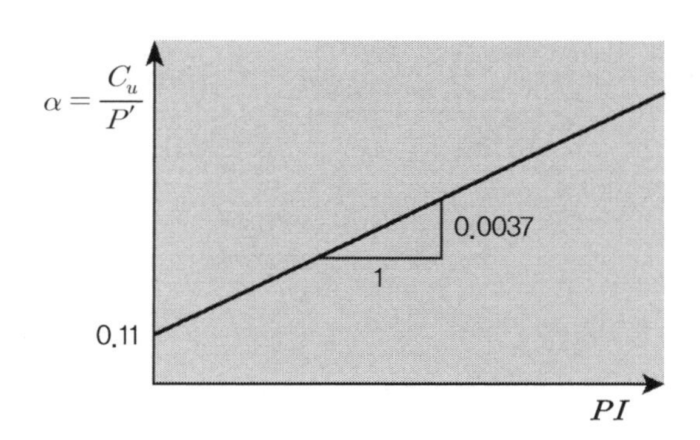

(5) 차수재 판정

① 제방 *Core* : $PI > 10$

② *Dam core* 차수재 : $PI > 15$

3. 평 가

(1) 소성지수가 크면 소성상태로 머물기 위한 함수비의 범위가 크므로 자연함수비가 액체상태나 소성상태에서 반고체, 고체상태로 개량하기 위해 탈수시켜야 할 물의 양이 많아지므로 실무적이나 공학적으로 불리한 흙이 된다.

(2) 소성지수에 따른 공학적 특성

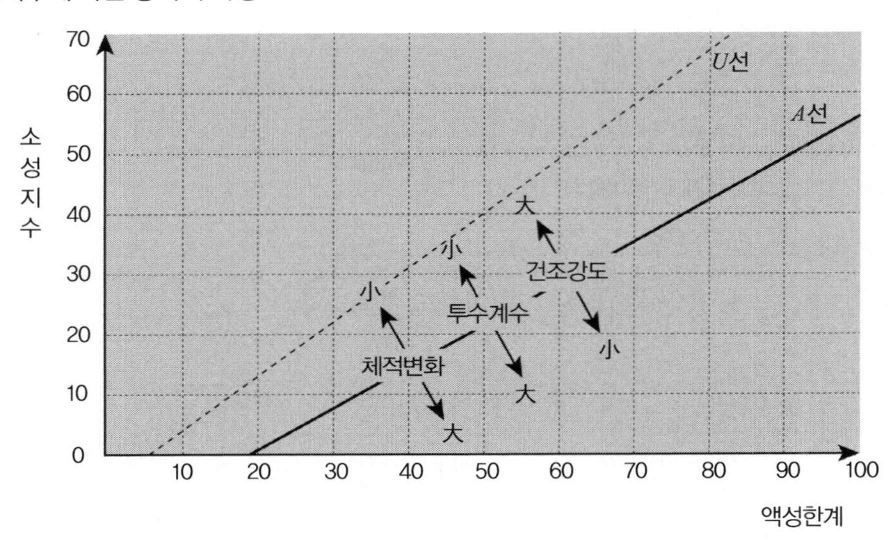

(3) 도로공사용 재료

① 노상, 동상방지층 : $PI < 10$

② 보조기층 : $PI < 6$

TIP | 새로운 소성지수 |

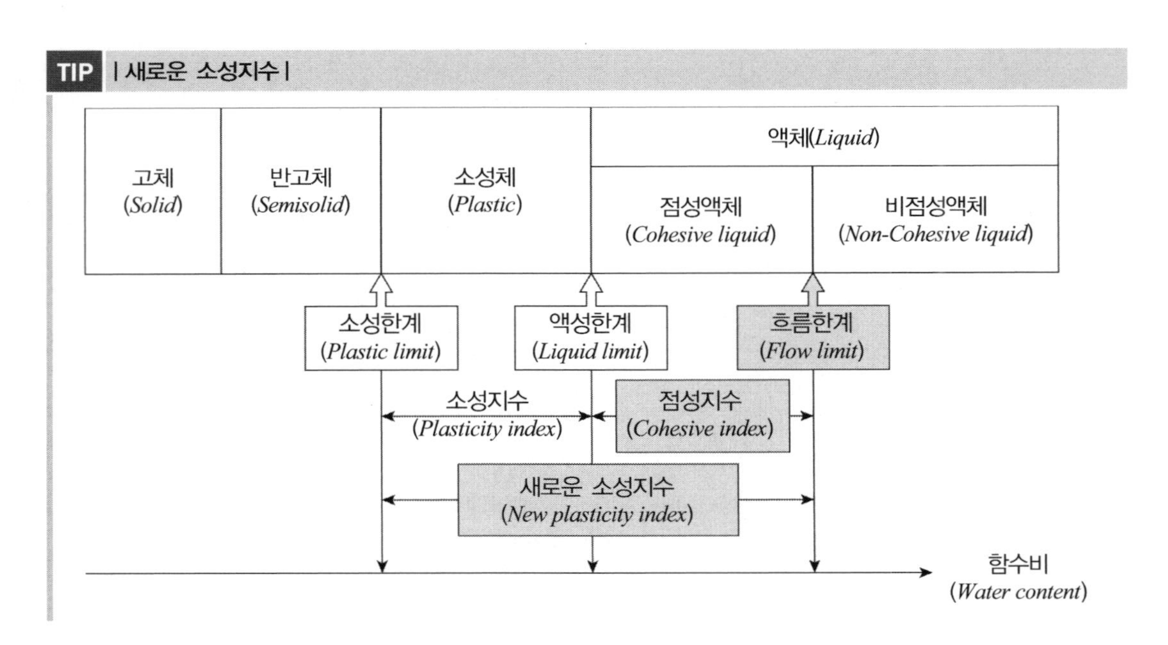

16 비소성(Non Plastic)

1. 정 의

(1) 소성지수란 다음 그림과 같이 액성한계에서 소성한계를 뺀 값으로 흙이 소성상태로 머물 수 있는 함수비의 범위이다.

(2) 비소성은 이러한 소성상태로 머물 수 있는 함수비의 범위가 존재하지 않는 흙으로 소성상태(반죽가능)가 되지 않는 모래를 그 예로 들 수 있다.

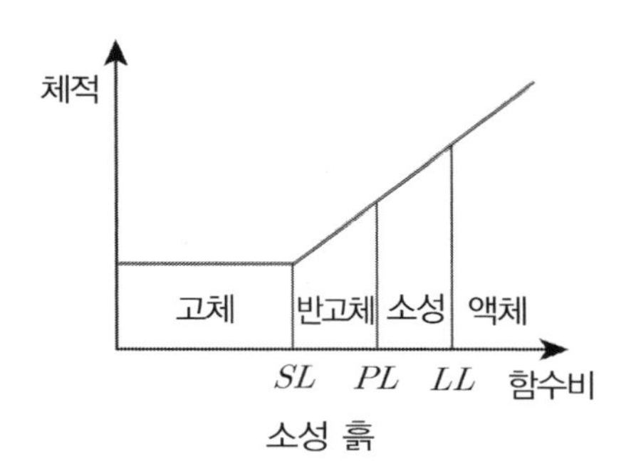

소성 흙

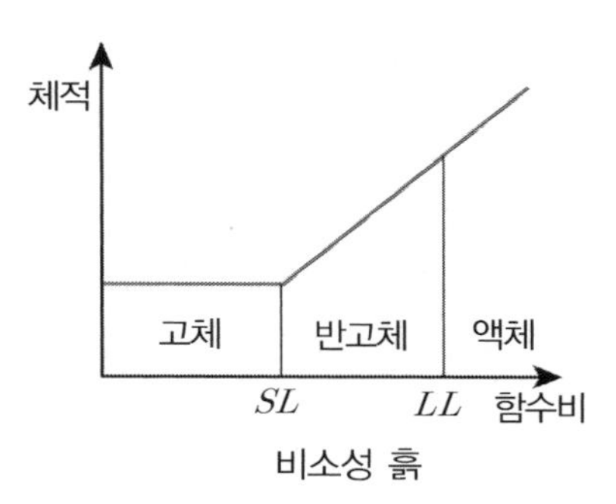

비소성 흙

2. 비소성 증명

(1) 액성한계와 소성한계값이 동일한 경우

(2) 함수비 변화에 따라 반고체상태에서 액체상태로 즉시 변화

(3) 소성체(반죽) 형성이 불가

3. 특 징

(1) 공학적 성질

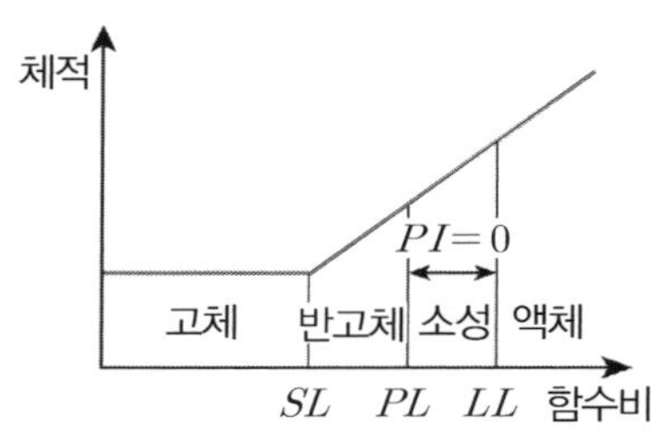

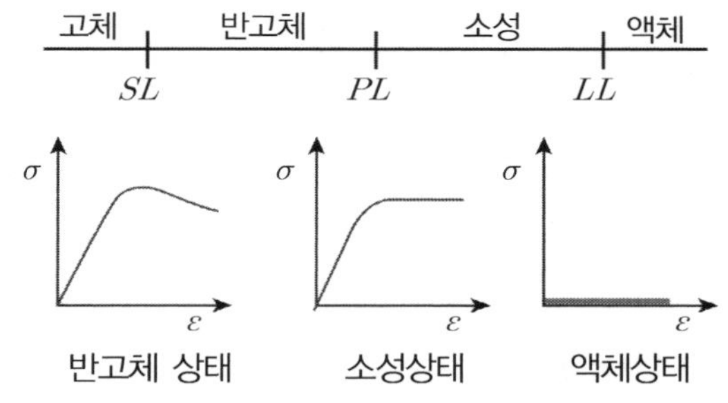

(2) 점착성이 없는 흙으로 모래가 해당됨

(3) 투수성이 큼

(4) 동적응력에 대한 거동 특성 검토 대상

(5) 액상화 고려

(6) 전단강도가 큼 : $\tau = f(\sigma)$

(7) 압축성이 작음

(8) 다짐재료로 우수

17 확산 이중층(Double Layer)

1. 정 의

(1) 점토입자는 (−)의 전하를 가진 입자이며 점토입자의 주변은 이온의 평형을 유지하기 위해 물을 끌어들이게 되며, 점토입자 주변에는 (+)이온이 다음과 같이 집중하게 된다.

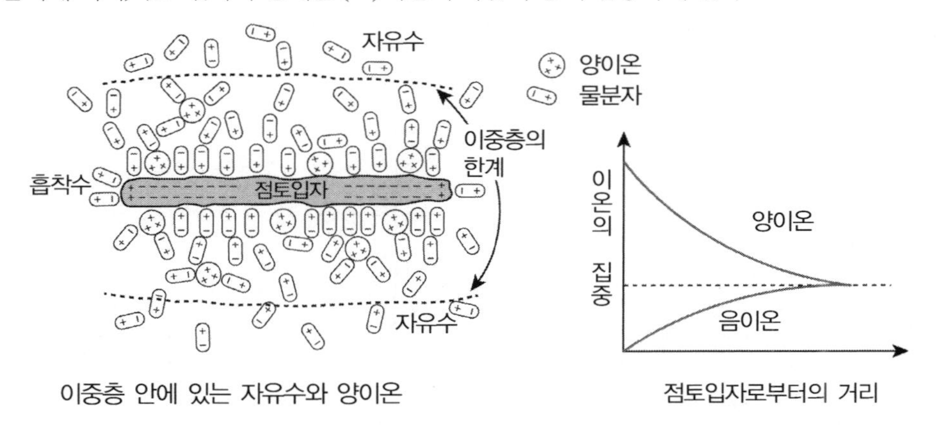

이중층 안에 있는 자유수와 양이온　　점토입자로부터의 거리

(2) 위와 같이 입자표면으로부터 거리가 멀어짐에 따라 (+)이온은 감소하고 (−)이온이 증가하게 되어 (+)(−)이온농도가 같아지는 한계범위(*Limit state line*)를 이중층이라 한다.

2. 이중층수와 자유수

(1) 이중층수 내에 있는 물을 흡착수(*Absorbed water*)라 하며 이중층수 바깥에 있는 물을 자유수(*Free water*)라 하고 흡착수는 물이라기보다 고체에 가까운 성질을 가지고 있다.

(2) 흡착수

① 노건조에 의해 건조해야만 비로소 제거되므로 흡착수는 흙 입자로 간주하며, 지반개량에서의 탈수는 자유수만을 제거하기 위함이다.

② 점토가 점성을 갖는 것은 이중층 내의 흡착수에서 기인한다.

③ 흡착수 중에서 강하게 흡착된 것을 고정층, 고정층보다 다소 약하게 흡착된 것은 이온층이라 하며 이 둘을 합쳐 이중층이라고 한다.

(3) 자유수

① 지반개량(배수, 탈수) 시 제거 대상

② 간극수압으로 작용

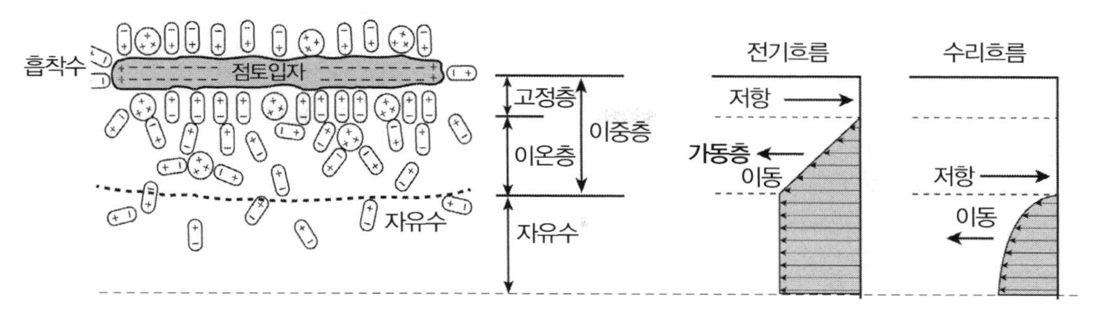

전기침투원리 모식도

(4) 특 징

① 점토의 *Consistency* 한계, 투수성, 압축성, 팽창성, 전단강도 등 공학적 성질은 흡착수에 깊은 관계가 있다.

② 이중층 두께에 따른 공학적 특성

구 분	구 조	강 도	투수성	압축성
두꺼운 이중층	**이산(반발)**	**작 다**	**작 다**	**크 다**
얇은 이중층	**면 모**	**크 다**	**크 다**	**낮 다**

18 입도분포곡선(입경가적 곡선, Grain Size Distribution Curve)

1. 정 의

체 분석과 비중계분석을 하여 입경에 대한 통과율을 측정하여 흙의 입경의 범위와 그 분포를 도시한 곡선을 입경가적곡선이라 하며, 이 곡선을 이용하여 입도분포를 판단하는 데 사용하고 입경가적곡선의 경사가 완만하면 입도분포가 좋다고 하고 경사가 급하면 입경의 범위가 균등하여 나쁘다고 판단한다.

2. 입도분포곡선

(1) 가로축에는 입자지름을 대수(*log*)눈금으로 작도한다.

(2) 세로축은 통과중량백분율(누가통과율)을 산술눈금으로 표시한다.

(3) 아래 표와 같이 시험된 누가통과율은 세로축에 체 크기는 가로축에 *Plot*한다.

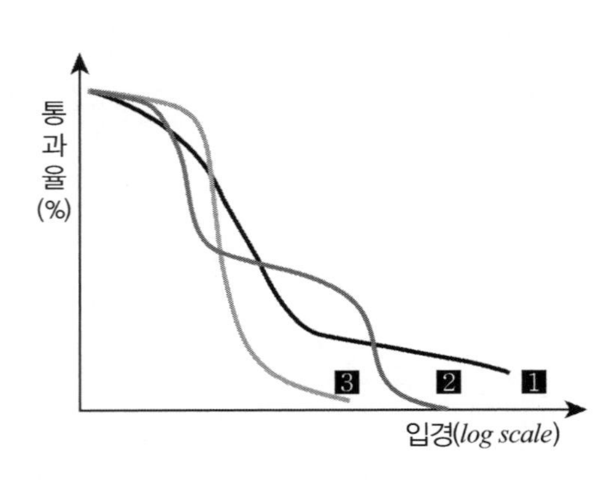

체 크기	잔류량 (g)	잔류율 (%)	누가 잔류율 (%)	누가 통과율 (%)
4.75*mm*	10	10	10	90
2.0*mm*	10	10	20	80
⋮	50	50	70	30
425μm	10	10	80	20
74μm	10	10	90	10
Pan	10	10	100	0
계	100	100		

위 그림에서 1 : 입도분포가 좋은 흙

2 : 입도분포가 좋지 않은 흙(균등계수는 크지만 곡률계수가 만족하지 못함)

3 : 입도분포가 균등한 흙

✓ 위 그림에서처럼 입도분포곡선의 중간에서 요철(凸) 부분은 존재할 수 없다.

3. 입도분석

구 분	입 경			
	자 갈	모 래	실 트	점 토
KSF 2301	4.76*mm* 이상	0.074~4.76*mm*	0.005~0.074*mm*	0.005*mm* 이하
입도분석	체분석(***Sieve analysis***)		비중계 분석(***Hydrometer analysis***)	

(1) 체 분석법(*Sieve analysis*) / 체가름 시험

① 0.074*mm*체 위에 노건조 시료를 맑은 물이 나올 때까지 세척한 후 다시 노건조하여 체에 넣고 진동기로 흔들어 각 체에 남은 흙의 중량을 측정한다.

② 분 석

체 번호 (*No*)		눈금 크기	잔류량(*g*) : W_{sr}	잔류율(%) : P_r	누가잔류율(%) : P_r'	누가통과율(%) : P
7개	4	4.76*mm*	각 체별 W_{sr}	각 체별 P_r = 각 체별 W_{sr} ÷ Σ각 체별 W_{sr}	$P_r' = \Sigma$각 체별 P_r	$P = 100 - P_r'$
	10	2.0*mm*				
	20	0.84*mm*				
	40	0.42*mm*				
	60	0.25*mm*				
	140	0.105*mm*				
	200	0.074*mm*				
계			Σ각 체별 W_{sr}			

(2) 비중계 분석법(*Hydrometer analysis*) = 침강분석

① 비중계 분석시험은 0.074*mm*체보다 작은 세립토의 입경을 분석하는 것으로 수중에 흙 입자를 침강시켜 구한다.

✓ **침강의 원리** : 정수 중에 침강하는 입자의 속도는 입자직경의 제곱에 비례한다.

② 시험법 및 종류

㉠ 시험방법

50*g*의 시료를 건조시킨 후 → 분산제를 넣고 24시간 방치 후 잘 흔들어서 비커에 넣는다. → 측정용 비커에 넣고 잘 흔든 후 → 침강시간별 비중계를 넣고 시간과 비중계의 유효깊이를 구하여 현탁되어 있는 최대지름을 도표 / 계산식을 이용하여 구한다.

㉡ 시험법 종류 : 비중계, *Pipet method*, 광투과법

㉢ 결과의 정리

– 현탁되어 있는 입자의 최대지름

$$d(mm) = \sqrt{\frac{0.018\eta}{(G_s - 1)\gamma_w} \times \frac{L}{t}}$$

여기서, η : T°C에서 물의 점성계수($g \cdot sec/cm^2$)

L : 비중계의 유효깊이(*mm*)

G_s : 흙 입자의 비중

t : 침강시간(*sec*) / 측정시간

– 비중계 유효깊이 산정

$$L(mm) = L_1 + \frac{1}{2} \cdot \left(L_2 - \frac{V_B}{A}\right) \times 10$$

– 가적통과 백분율(P)

각 시간대별 비중계의 읽음에 대한 유효깊이 L에서의 1ml 속에 현탁되어 있는 흙의 무게 백분율

$$P(\%) = \frac{100}{\frac{W_s}{V}} \frac{G_s}{G_s - 1} (\gamma' + F) \cdot \gamma_w$$

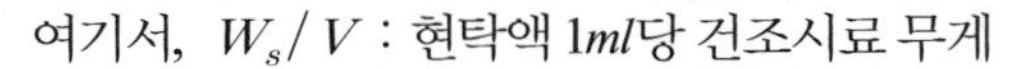

여기서, W_s / V : 현탁액 1ml당 건조시료 무게

W_s : 건조시료의 무게

V : 현탁액의 체적

G_s : 흙 입자의 비중

γ' : 비중계 읽음의 소수 부분(매니스커스에 대한 보정값)

F : 온도보정계수

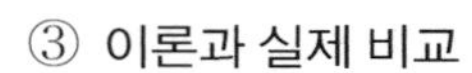

③ 이론과 실제 비교

*Stokes*의 법칙

$$V = \frac{(\gamma_s - \gamma_w) d^2}{18\eta}$$

여기서, V : 침강속도(cm/sec)

γ_s : 흙 입자의 단위중량(g/cm^3)

γ_w : 물의 단위중량(g/cm^3)

η : 물의 점성계수(푸아즈)

d : 입자의 직경(cm)

이 론	실 제
독립침강	**전기적 힘 작용 → 응집 → 중력지배**
입자는 완전한 구	**판상, 봉상**
입경일정	**입경 각기 다름**

④ 이용

㉠ 입경가적곡선 마무리

㉡ 체적비

㉢ 자중압밀

㉣ 분류(세립토)

⑤ 평가

㉠ 이론 침강속도보다 실제 침강속도 빠름

㉡ #200체 부분에서 입경가적곡선은 매끄럽지 않음

㉢ 자중압밀 침강속도 : *Stokes* 법칙 < 실제 준설토 침강속도

4. 입도시험결과의 이용

(1) 모래와 자갈의 분류(제1장 20 흙의 공학적 분류 참조) : 75μm(#200체), 4.75mm체

(2) 동상성의 판정

> 1. 균등계수가 5 미만이고 0.02mm 이하의 입경을 10% 이상 함유한 경우
> 2. 균등계수가 15 미만이지만 0.02mm 이하의 입경을 3% 이상 함유한 경우

(3) 액상화 가능성 판정

① 실트 및 점토 함유량이 10% 이하인 지반 ② 평균입경 D_{50}=0.074~2.0mm 지반

③ 균등계수가 10보다 작은 빈입도의 모래 ④ 소성지수(PI)가 10 이하인 지반

⑤ 느슨하고 포화된 사질토 퇴적지반

(4) 필터 재료의 적정 여부 판정

간극이 충분이 커서 물이 빠져 나갈 수 있는 기능과 간극의 크기가 작아서 인접해 있는 흙의 유실이 방지될 수 있는 기능을 만족하여야 한다.

$$(D_{15})_f / (D_{85})_s < 5,\ \ 4 < (D_{15})_f / (D_{15})_s < 20,\ \ (D_{50})_f / (D_{50})_s < 25$$

(5) 균등계수, 곡률계수로부터 입도분포의 양부를 판정

① 균등계수

$$C_u = \frac{D_{60}}{D_{10}}$$

여기서, D_{60} : 통과중량백분율 60%에 해당하는 입자의 지름

㉠ 자갈의 경우는 $C_u \geq 4$ 이상이어야 입도분포가 좋다고 하고,

㉡ 모래의 경우는 $C_u \geq 6$ 이상이어야 입도분포가 좋다고 한다.

㉢ **균등계수가 크다는 것은 입도분포곡선의 경사가 완만한 것이므로 입도분포가 좋다.**

㉣ 반대로 균등계수가 작은 것은 입도분포곡선의 경사가 급한 것이므로 동일한 입경이 집중적으로 분포한 것이므로 입도분포가 불량함을 의미한다.

② 곡률계수 : C_g=1~3일 때 입도분포가 양호하다.

$$C_g = \frac{{D_{30}}^2}{D_{10} \times D_{60}}$$

여기서, D_{30} : 통과중량백분율 30%에 해당하는 입자의 지름

(6) 투수계수의 산정 : 하젠(*Hazen*)의 순수한 모래에 대한 시험

$$K = C \cdot D_{10}^2 \ (cm/sec)$$

여기서, D_{10} : 유효경(cm)

C : 비례정수로서 100～150까지 변화하는데 둥근 입자는 150이다.

(7) 그라우팅의 주입성 판단

$$\frac{D_{15}}{G_{85}} \geq 15$$

여기서, D_{15} : 지반 자체의 누가통과율 15%에 해당하는 입경

G_{85} : 그라팅재의 누가통과율 85%에 해당하는 입경

✓ 그라우팅의 성패에 큰 영향을 미치며 주입재의 시멘트에 종류를 결정하는 데 G_{85}는

- 보통 시멘트는 50μm
- 마이크로 시멘트는 15μm
- 수퍼파인 시멘트는 5μm

(8) 모관 상승고(H_c)

$$H_c = \frac{0.3}{\frac{1}{5} \cdot D_{10}}$$

여기서, D_{10} : cm

(9) 구성 흙의 중량비율

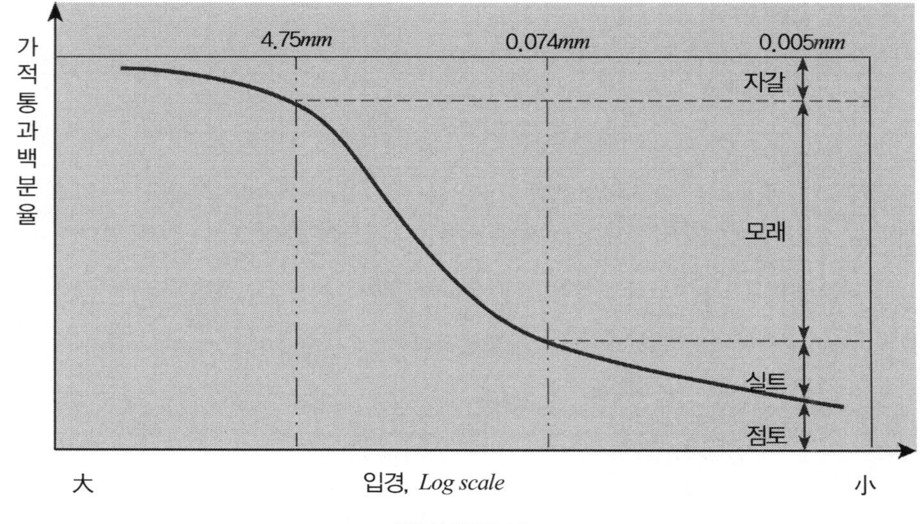

입도분포곡선

5. 평 가

(1) 체분석 시험을 위해 채취한 시료가 건설하고자 하는 지반의 특성을 대표하지 않을 수도 있으므로, 지반조사가 적정하게 수행되었는지 검토 후 적용하여야 한다.

(2) 실제 입도분포곡선에서 비중계분석과 체분석의 경계에서 불연속면 보정
입도분포곡선에서 모래와 실트 / 점토가 매끈하게 연결되지 않는 이유는 입자의 형태에 따라 삐죽한 형태의 입자가 경우에 따라 넓은 면이 수평 방향으로 되어서 빠져 나오지 못하거나 빠져 나오는 경우가 실험에 따라 다르기 때문이다.

TIP | 입도분포곡선 : Semi-log scale |

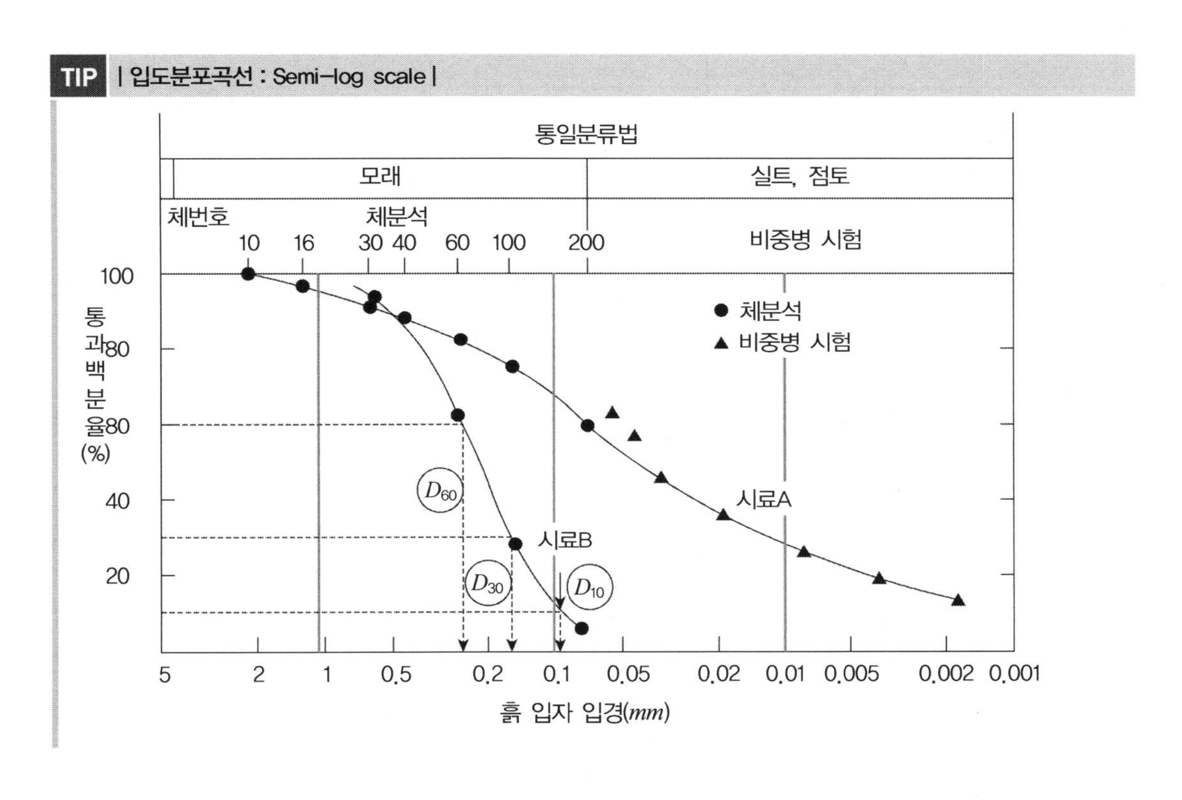

19 용적팽창(Bulking) 현상 → 겉보기 점착력

1. 정 의

일반적인 다짐시험에서의 다짐곡선과는 달리 건조상태에 있는 모래나 실트에서 다짐곡선은 함수비의 증가에 따라 모래입자의 표면에 표면장력이 발생하여 전체 체적이 증가(팽창)하여 느슨하게 되는 현상이 발생하는데, 이러한 현상을 벌킹(*Bulking*) 현상이라고 한다.

2. 발생원인

(1) 흙 입자 사이에 표면장력으로 인해 체적이 커짐 : 벌집구조와 유사

(2) 체적변화의 영향요인은 입자의 크기(비표면적)와 함수비에 의존함

3. 벌킹 현상과 겉보기 점착력

(1) 벌킹 현상 : 모래의 다짐시험

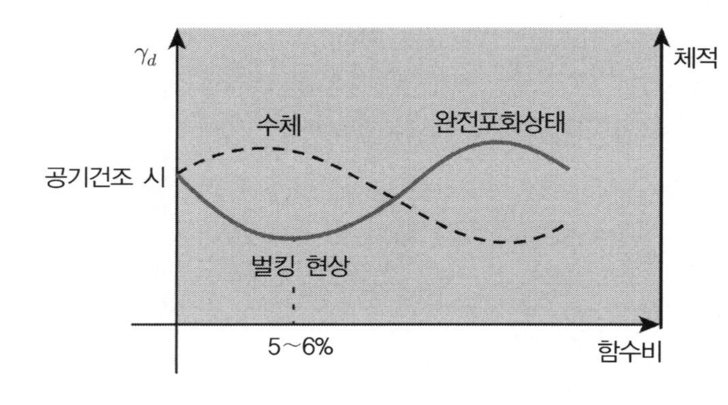

- 5~6% 함수비 다짐 → 모래 입자에 표면장력 → 체적팽창 → 벌킹
- 계속 함수비 증가에 따른 체적변화의 관계를 나타낸 것 : 수체

① 공기 건조상태의 흙에 물을 약간 가하면 벌킹 현상에 의해 체적이 팽창하게 되어 느슨한 상태가 되며, 이때 건조단위중량은 공기 건조상태보다 감소한다.

② 모래의 다짐 시 표면장력이 최대가 되는 경우 토립자의 이동을 방해하여 조밀하게 다져지는 것을 방해한다.

③ 그러나 물을 계속 가하게 되면 표면장력이 감소되어 건조단위중량은 계속 증가하게 되고 공기 건조 시와 같아지거나 약간 커질 수도 있다.

④ 이때 최적 함수비는 모래이기 때문에 완전포화 시의 함수비와 거의 같으며, 그 이상 물을 가하게 되면 배수가 되므로 건조밀도의 증가는 발생하지 않는다.

(2) 모래에서의 겉보기 점착력(건조, 함수비 증가에 따라 사라지는 점착력)

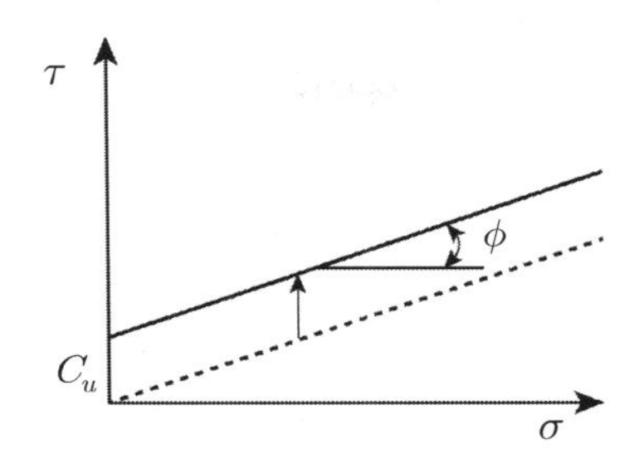

벌킹 고려 시 겉보기 점착력 발생

4. 이 용

(1) 물다짐 공법 : 수체현상 이용

(2) 콘크리트 배합설계에서 모래 계량 시 부피를 사용하지 않고 무게를 사용

(3) *GW*, *GP*, *SW*, *SP* 등 다짐 → *OMC*를 기준으로 다지지 않는다.

(4) 즉, 사질토의 다짐관리는 상대밀도, 포화도에 의한 방법을 이용한다.

TIP | 콘크리트 배합설계 시 잔골재의 부피 증가 |

잔골재의 부피 증가 현상
부피 증가 ∝ 표면수량
잔골재 표면에 수막이 형성되는 부분
포화상태(습윤상태)에서 부피 증가 최대

잔골재의 현상배합 보정 시
함수비(습수량, 표면수량)
관리가 중요

(a) 건조상태

(b) 부분 포화상태
(습윤상태)

(c) 완전 포화상태

(a) (b) 37~38% 부피 증가 (c)

Increase in volume over dry sand (%)

가는모래

왕모래

Surface moisture(wt.%)

20 흙의 공학적 분류방법

1. 흙 분류의 목적

(1) 흙 분류는 유사한 거동을 보이는 그룹으로 구분하여 개략적인 투수성, 압축성, 전단 특성과 같은 공학적 성질과 동상가능성, 토공재료의 품질, 다짐장비 선정 등을 판단할 수 있다.
(2) 입도시험과 액성, 소성한계 시험 등 물리적 시험결과로부터 역학적 거동을 추정한다.
(3) 기준에 의한 분류로 객관적인 자료가 되고 기술자들 간에 의사전달이 명확해진다.
(4) 분류된 흙은 흙의 종류별 적정한 시험계획과 시공계획을 유용하게 해주므로 업무의 효율성을 증진시킨다.

2. 흙의 분류

일반적인 분류	통일분류법	아쇼토 분류법	기 타
• **조립토** : 호박돌(큰돌), 자갈, 모래 등 비점착성 흙 • **세립토** : 실트, 점토 • **유기질토** : 동·식물의 부패물이 함유되어 있는 흙 (한랭하고 습윤한 지역에 발달)	• 체 분석 • 비중계 분석	노상토 적부 판정	삼각좌표분류법 (농학적 분류)

3. 통일분류법(*USCS : Unified Soil Classification System*)

통일분류법은 제2차 세계대전 당시 미공병단의 비행장 활주로를 빨리 건설할 목적으로 *Casagrande* 교수가 고안한 분류법으로, 1969년 *ASTM*에서 흙을 공학적 목적으로 분류하는 표준 방법으로 채택되어 세계적으로 널리 사용되고 있다.

(1) 흙을 분류하기 위한 기본 요소
① 입도(0.074*mm*체 통과율, 4.75*mm*체 통과율)
② 소성도(소성지수, 액성한계)

(2) 분류방법
① 조립토의 경우는 입도분포에 의해 분류되고, 세립토의 경우는 소성도에 의해 분류한다.
② 즉, 입도에 의해 먼저 조립토인지 세립토인지를 구별하며
③ 이 중 조립토는 입도와 조립토 중 함유된 세립분에 대한 소성도로 구별된다.
④ 세립토는 소성도표상 어느 위치에 흙이 존재하는지에 따라 구분된다.
⑤ 흙 분류는 알파벳을 이용하여 표시하며, 제 1문자는 흙의 종류, 제 2문자는 흙의 입도, 소성, 압축지수를 나타낸다.

구 분	제1문자		제2문자		비 고
	기 호	설 명	기 호	설 명	
조립토	G	자 갈	W	입도 양호	입 도
			P	입도 불량	
	S	모 래	M	실트질 혼합	소 성
			C	점토질 혼합	
세립토	M	무기질 실트	L	점성이 낮음	저압축성
	C	무기질 점토	H	점성이 높음	고압축성
	O	유기질 실트 및 점토			
P_t		이탄(*Peat*)	–	–	고유기질토

TIP | 통일분류법에 의한 흙의 분류 방법 |

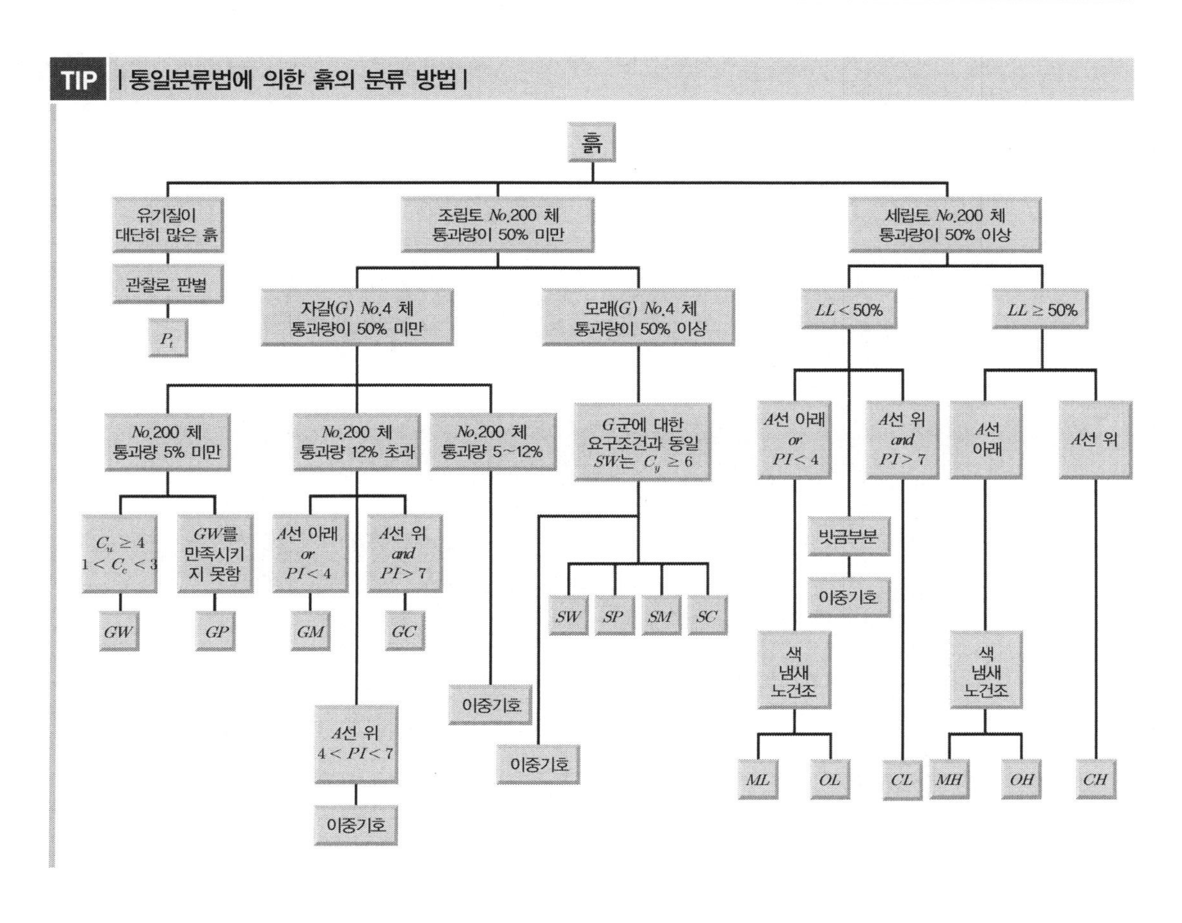

(3) 분류기호에 대한 설명

① 제1문자

㉠ 조립토 : 0.074*mm* 통과량이 50% 미만 ———————— *G*, *S*

- *G*(자갈) : 4.75체 통과량이 50% 미만
- *S*(모래) : 4.75*mm*체 통과량이 50% 이상

㉡ 세립토 : 0.074*mm* 통과량이 50% 이상 ———————— *M*, *C*, *O*

- 입경에 의한 분류가 아닌 소성도를 이용 분류

② 제2문자

㉠ 조립토의 표시

- 0.074*mm*체 통과량이 5% 미만 : C_u와 C_g에 의해 ———————— *W*, *P*
- 0.074*mm*체 통과량이 5～12% 또는 12～50%인 경우 : 소성도에 의해 ——— 이중기호 *M*, *C*

㉡ 세립토의 표시

- 액성한계(*LL*) > 50% ———————— *H*
- 액성한계(*LL*) ≤ 50% ———————— *L*

(4) 소성도표(*Plastic chart*)

① *Casagrande*가 액성한계는 횡축에 소성지수는 종축으로 도표를 만든다.

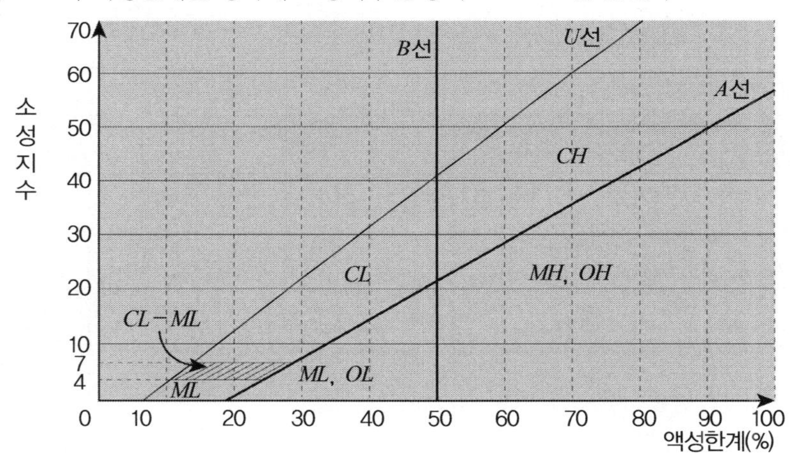

② 세립토 분류에 이용됨

③ 각 선의 설명

㉠ *A*선 : $PI = 0.73(LL - 20)$

✓ A선 위는 점토(*C*)를 아래는 실트(*M*), 유기질토(*O*)를 구분해주는 기준선 역할을 한다.

㉡ *B*선 : 압축성 정도를 표현

✓ $LL = 50\%$를 나타내는 선으로 50% 미만은 저압축성을 50% 이상은 고압축성을 의미한다.

㉢ *U*선 : $PI = 0.9(LL - 8)$

✓ LL과 PI의 한계를 나타내는 선으로 실험결과 U선 밖의 흙은 존재하지 않으므로 실험결과의 적부판단에도 도움이 된다.

(5) 소성도표(*Plastic chart*)의 이용

① 세립토의 분류 활용

② 수축한계결정

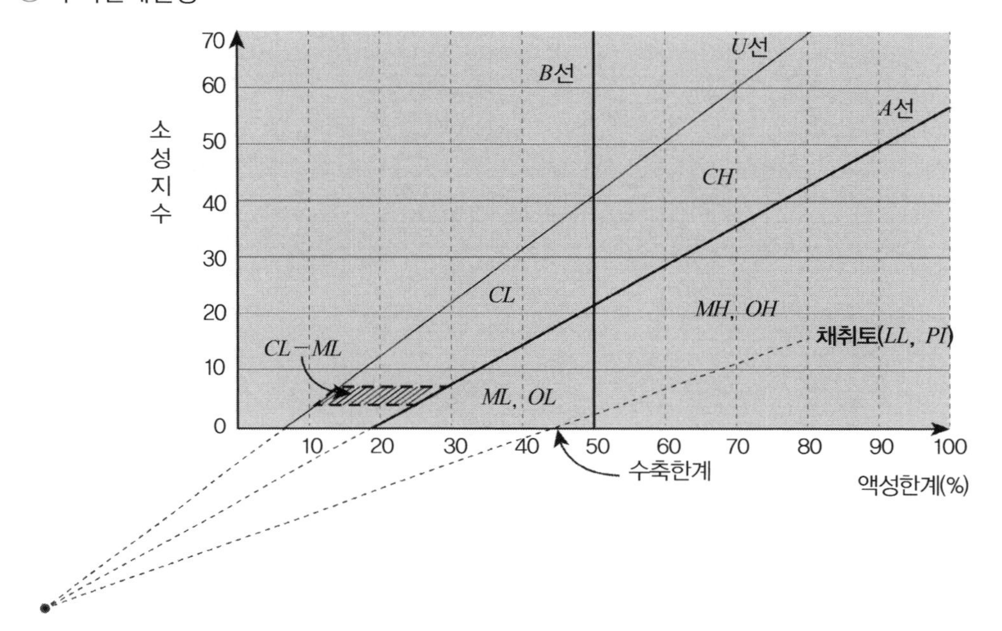

③ 전단 특성 파악

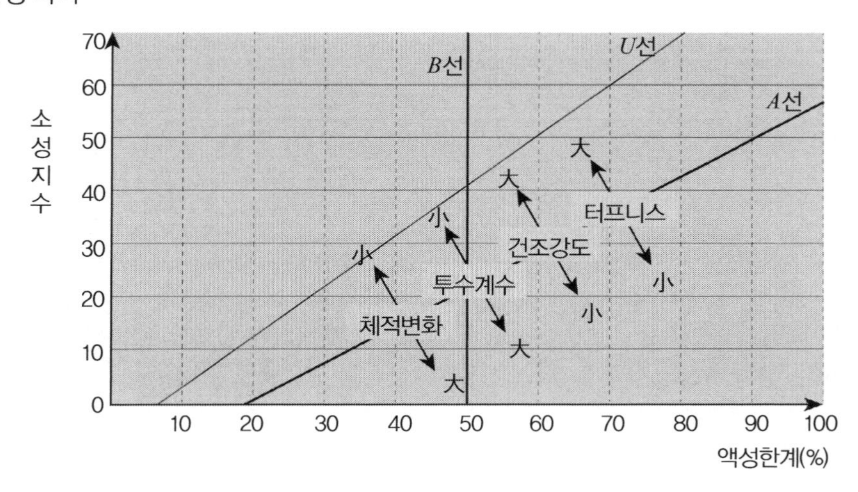

④ *AASHTO* 분류 : 실트 – 점토 흙의 분류

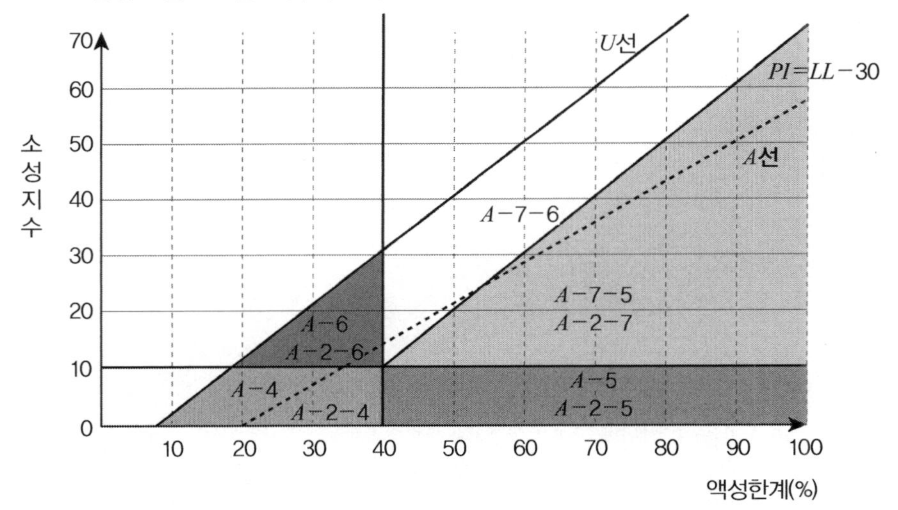

⑤ 점토광물의 구분

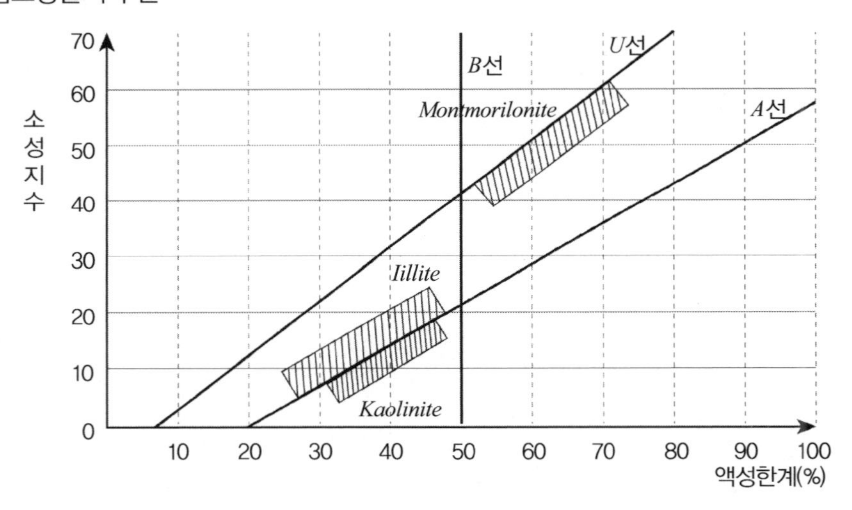

4. *AASHTO* 분류법 : 개정*PR*법(*American Association of State Highway and Transportation Official*)

> *ASSHTO* 분류법은 통일분류법의 분류인자인 입도, 액성한계, 소성지수에 더하여 군지수에 따라 흙을 분류하며 주로 도로, 활주로의 노상토 재료 적부판정에 활용한다.

(1) 중요 골자

제안자	목 적	분류요인	비 고
*Terzaghi*와 *Hogentogler*	도로 **노반재료의 적부** 판정	입도, 액성한계, 소성지수, **군지수**	*A*−1∼*A*−7의 7군으로 분류하고 다시 세분하여 총 12개의 군으로 분류

여기서, 군지수란 입도, 액성한계, 소성지수에 의해 결정된 값으로서 군지수 값이 클수록 세립토이며 도로노상에는 팽창과 소성이 큼을 의미하므로 노상토 재료로서 좋지 않음을 의미한다.

① $A-1 \sim A-7$ 7가지 군으로 분류

② $A-1 \sim A-3$: 0.074*mm* 통과율이 35% 이하로써 조립토(모래, 자갈) 분류

③ $A-4 \sim A-7$: 0.074*mm* 통과율이 36% 이상으로써 세립토(실트, 점토) 분류

[표 *AASHTO* 분류법]

구 분	조립토 (*No*200체 통과율 35% 미만)							세립토 (*No*200체 통과율 35% 이상)			
분류기호	A−1		A−3	A−2				A−4	A−5	A−6	A−7
	A−1−a	A−1−b		A−2−4	A−2−5	A−2−6	A−2−7				A−7−5 A−7−6
군지수	0		0	0		4이하		8이하	12이하	16이하	20이하
체분석 통과율의 %											
*No*10체	50이하										
*No*40체	30이하	50이하	51이하								
*No*200체	15이하	25이하	10이하	35이하	35이하	35이하	35이하	36이상	36이상	36이상	36이상
*No*40체 통과분의 성질											
액성한계				40이하	40이상	40이하	40이상	40이하	40이상	40이하	40이상
소성지수	6이하		*NP*	10이하	10이하	11이상	11이상	10이하	10이하	11이상	11이상
주요구성 재료	석편, 자갈, 모래		가는 모래	실트질 또는 점토질 자갈 모래				실트질 흙		점토질 흙	
노상토 적부	우수 또는 양호							가능 또는 불가능			
비고	※ $A-7-5 : PI \leq LL-30$, $A-7-6 : PI \geq LL-30$										

(2) 군 지수(*GI* : *Group Index*)

① 흙의 성질을 나타내는 지수로서 0~20의 정수로서 다음과 같이 표시한다.

$$GI = 0.2a + 0.005ac + 0.01bd$$

여기서, a = 0.074*mm*체 통과율 − 35(a : 0~40의 정수)

b = 0.074*mm*체 통과율 − 15(b : 0~40의 정수)

$c = LL - 40$(c : 0~20의 정수)

$d = PI - 10$(d : 0~20의 정수)

② 군지수를 결정하는 규칙

㉠ 만일 *GI*값이 음(−)의 값을 가지면 0으로 처리한다.

㉡ *GI*값이 소수점인 경우는 가까운 정수로 반올림 처리한다.

(예를 들어 $GI=3.3$이면 3으로, $GI=3.5$이면 4로 반올림 처리)

(3) 통일분류법과 *AASHTO*분류법의 비교

구 분	통일분류법(*USCS*)	*AASHTO*	비 고
분류인자	입도, 액성한계, 소성지수	USCS에 군지수 추가	노상토 적부 판정목적
조립토, 세립토 구분	0.074*mm*체 통과율 50%	0.074*mm* 통과율 35%	*AASHTO*가 적절
모래, 자갈의 구분	4.75*mm*체	2*mm*체	
모래와 자갈의 세부적 분류	세부적	확실하지 않음	
분류기호	흙 종류별 기호표시 → 의사소통 가능	분류표 → 전문적 식견 요망	
유기질토	개략적 분류 가능	취급 안함	

① 조립토와 세립토의 구분에서 통일분류법이 0.074*mm*체 통과량을 기준으로 50% 이상인 경우 세립토로 분류하나 *AASHTO* 분류에서는 0.074*mm*체 통과율 35% 이상인 경우 세립토로 분류한다.

② 실제 흙의 거동은 약 35%의 세립토를 함유할 경우 세립토의 거동을 한다. 이유는 조립토 사이의 간극을 충분히 채우며 각각의 조립토를 감싸고 있기 때문이다.

③ 따라서 *AASHTO* 분류가 통일분류법보다 합리적이다.

④ 모래와 자갈의 구분에서 *AASHTO* 분류에서는 2*mm*체를 기준으로 구분하는데 모래와 자갈만을 입자 크기로 구분한다면 합리적이지만 보다 세부적인 구분은 통일분류법이 세부적이다.

5. 통일분류법(*USCS*)의 문제점

(1) 실험실에서 시험한 값이므로 교란된 시료이다. 특히 점성토의 경우 입자의 구조나 잔류결합은 고려되지 못한다.

(2) 흙의 분류 자체를 가지고 역학적 성질과 관계함에 있어 지나치게 맹신하는 경우 공학적 오류를 범할 수 있으므로 예비 판단자료로 활용해야 한다.

(3) 통일분류법에서 취급하지 않는 특수지역에 대한 흙이 추가로 필요할 경우에는 해당지역의 흙 분류를 추가해야 한다.

(4) 세립토의 거동측면에서 0.074*mm* 통과율과 모래와 자갈의 입경기준은 *ASSHTO* 분류가 합리적이므로 흙 분류 목적에 따라 합리적으로 선택하여 사용하여야 한다.

[삼각좌표 분류법]

(1) 농학적 흙의 분류방법 중 가장 대표적 방법

(2) 모래, 실트, 점토의 3성분으로 구분하여 각 성분의 함유량에 의하여 삼각좌표의 어느 한 점을 정하여 흙을 분류하는 방법이다.

(3) 점의 위치에 의해 모래, 롬(*Loam*), 점토 등 10종류의 이름이 붙여져 있다.

(4) 주로 농학적인 분류에 이용되고 공학적인 분류법으로는 이용하지 않으며, 자갈이 섞인 흙에는 부적합하다.

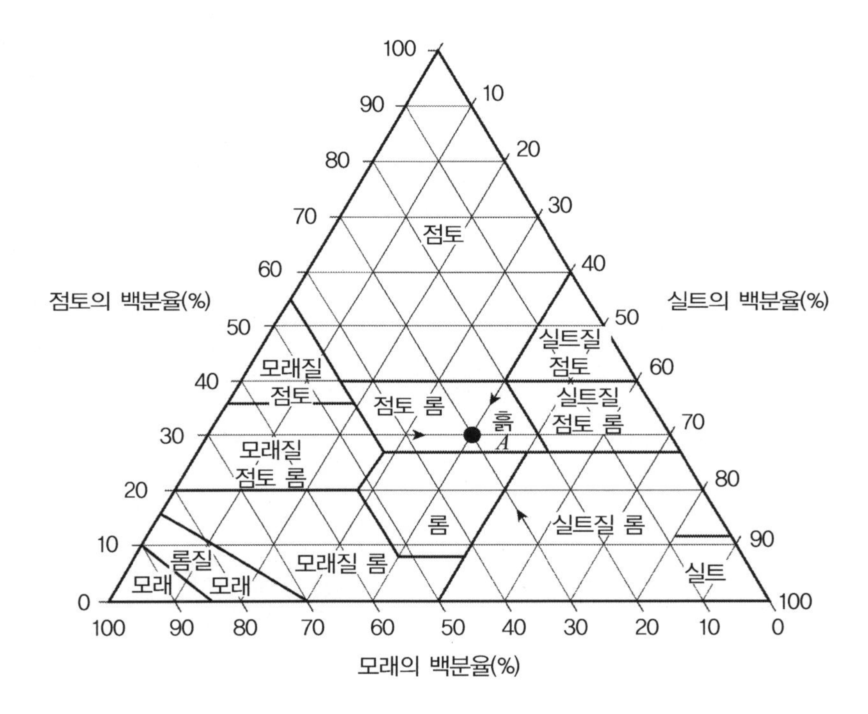

[별표 통일분류법(*ASTM D* 2487, 2488, *KS F* 2324)]

주요 구분			분류기호	대표적 명칭	분류 방법		
조립토 *No.* 200체 통과분 50% 이하	자 갈 *No.*4체 잔류량이 조립분의 50% 이상	깨끗한 자 갈	*GW*	입도분포가 양호한 자갈 또는 자갈·모래혼합토, 세립분이 없거나 아주 조금	• #200 잔류분에 대한 입도곡선으로부터 모래와 자갈을 구분함 • 세립분(No200체 통과량)의 백분율을 근거로 분류함 −5% 미만 : *GW, GP, SW, SP* −12% 이상 : *GM, GC, SM, SC* −5~12% : 이중기호로 표기되는 경계 부분의 분류	$C_u = \dfrac{D_{60}}{D_{10}}$: 4 이상 $C_g = \dfrac{(D_{30})^2}{D_{10} \times D_{60}}$: 1~3	*GW*
			GP	입도분포가 불량한 자갈 또는 자갈·모래 혼합토, 세립분이 없거나 아주 조금		*GW* 조건을 모두 만족시키지 못하면 *GP*	
		세립분이 있는 자 갈	*GM*	실트질 자갈, 자갈 모래 실트의 혼합토		소성도 *A*선 아래 또는 *PI*<4 : *GM*	소성도의 사선 부분은 이중기호로 분류한다.
			GC	점토질 자갈, 자갈 모래 실트의 혼합토		소성도 A선 위 그리고 *PI*>7 : *GC*	
	모 래 *No.*4체 통과량이 조립분의 50% 이상	깨끗한 모 래	*SW*	입도분포가 양호한 모래 또는 자갈질의 모래 세립분이 없거나 아주 조금		$C_u = \dfrac{D_{60}}{D_{10}}$: 6 이상 $C_g = \dfrac{(D_{30})^2}{D_{10} \times D_{60}}$: 1~3	*SW*
			SP	입도분포가 불량한 모래 또는 자갈질의 모래 세립분은 약간 또는 결여		*SW* 조건을 모두 만족시키지 못하면 *SP*	
		세립분이 있는 모 래	*SM*	실트질 모래, 모래 실트의 혼합토		소성도 *A*선 아래 또는 *PI*<4 : *SM*	소성도의 사선 부분은 이중기호로 분류한다.
			SC	점토질 모래, 모래 점토의 혼합토	*GW−GM,* *GP−GC,* *SW−SM,* *SP−SC*	소성도에서 *A*선 위 그리고 *PI*> 7 : *SC*	
세립토 *No.* 200체 통과분 50% 이상	실트 및 점토 *LL* < 50		*ML*	무기질 실트, 극세사, 암분 실트 또는 점토질 세사	※ 관련 규격 *KS F* 2301~2303, *KS F* 2309 *KS F* 2317~2319, *KS F* 2341 〈통일분류법에 의한 소성도〉		
			CL	저·중소성의 무기질 점토, 자갈질 점토, 모래질 점토, 실트질 점토, 저소성 점토			
			OL	저소성 유기질 실트 및 실트질 점토			
	실트 및 점토 *LL* ≥ 50		*MH*	무기질 실트, 운모질 또는 규조질 세사 및 실트, 탄성이 큰 실트			
			CH	고소성 무기질 점토, 점토입자 많은 점토(부점토)			
			OH	소성이 보통 이상인 유기질 점토			
유기질이 매우 많은 흙			*Pt*	이탄 및 기타 고유기질 토	육안관찰 : *KS F* 2430 참조		

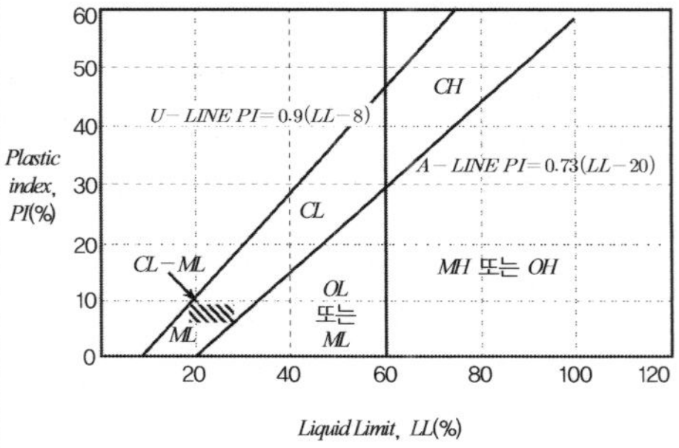

21 흙의 이방성

1. 정 의

(1) 한 위치에서 방향에 따라 공학적 성질이 달라지는 것을 비등방(*Anisotropy*)이라 하며 비균질과는 개념을 달리한다.

(2) 이방성은 초기이방성과 유도이방성으로 구분되며 초기이방성(*Inherent anisotropy*)은 흙의 생성과 관련된 흙의 구조상 차이로 인한 이방성이며

(3) 유도이방성은 인위적으로 힘을 가하여 변형을 줄시 방향에 따른 이방성을 의미한다.

2. 이방성의 종류

(1) 초기 이방성

① 정지토압　　② 초기 비배수 전단강도

③ 압밀계수　　④ 침투유량

(2) 유도이방성

① 토압(주동, 수동)　　② 절토

③ 성토　　④ 기초　　⑤ 흙막이

3. 토 압

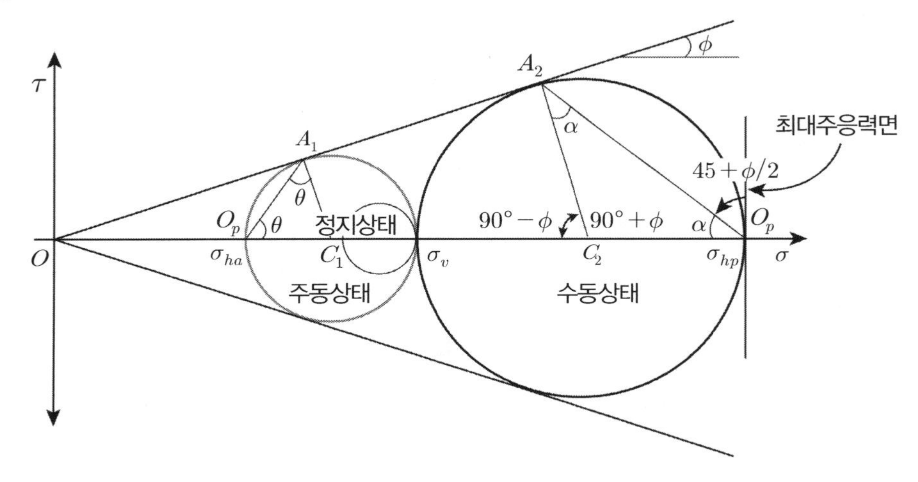

(1) 정지토압 : K는 주동, 수동, 정지상태에 따라 변하며 $\sigma_h \neq \sigma_v$ 인 이방성을 보인다.

$$\sigma_h = K_o \cdot \sigma_v$$

(2) **주동토압계수** : 연직방향의 응력은 동일하나 수평방향 응력이 점차로 감소하여 흙이 팽창하여 파괴될 때를 주동상태라 하며, 이때의 토압계수를 주동토압계수라 한다.

$$K_a = \frac{\sigma_h}{\sigma_v} < 1$$

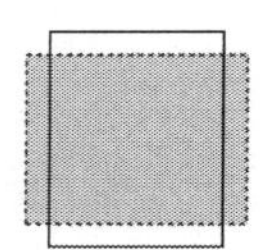

(3) **수동토압계수** : 연직방향의 응력은 동일하나 수직방향 응력이 점차로 증가하여 흙이 압축되어 파괴될 때를 수동상태라 하며, 이때의 토압계수를 수동토압계수라 한다.

$$K_p = \frac{\sigma_h}{\sigma_v} > 1$$

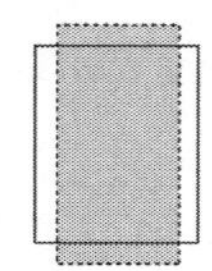

4. 초기 비배수 전단강도

(1) 강도 이방성 원인

① 점토가 퇴적되면 압밀이 발생하고 압밀상태는 정규압밀 또는 과압밀상태가 된다.

② 이때 주응력의 방향은 정규압밀일 경우 연직방향이 최대가 되고, 침식이나 지하수 상승 등 원인에 의해 과압밀이 되는 경우에는 수평방향의 응력이 최대주응력 방향이 될 수도 있다.

③ 또한 *Sand seam*과 같은 층상구조의 경우 하중작용방향에 따라 강도를 달리한다.

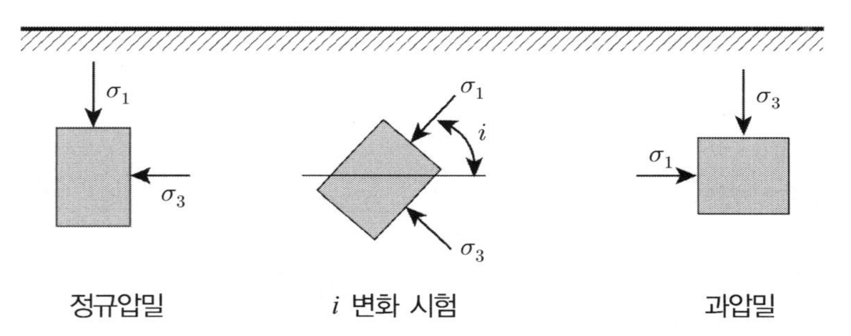

(2) 이방성에 따른 강도변화

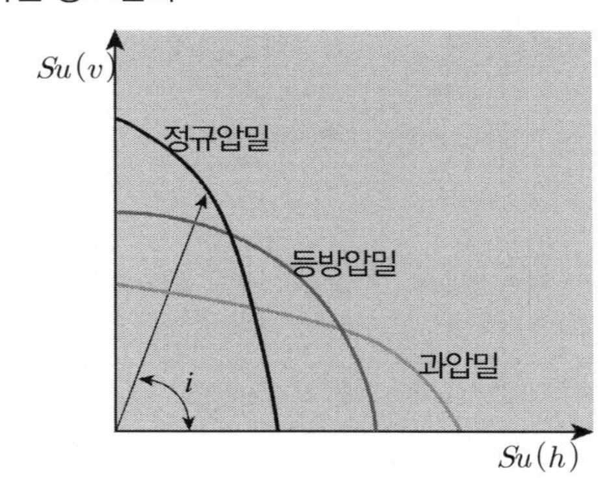

여기서, $Su(v)$: 최대주응력 방향이 수직인 경우 전단강도
$Su(h)$: 최대주응력 방향이 수평인 경우 전단강도
$Su(i)$: 하중방향이 수평면과 i 각도인 경우 전단강도

① $Su(v) = Su(h) = Su(i)$: 등방
② $Su(v) > Su(h)$: 정규압밀
③ $Su(v) < Su(h)$: 과압밀
④ 이방성계수

$$K = \frac{Su(v)}{Su(h)}$$

보통 $K = 0.75 \sim 2$ 정도이며 과압밀토는 일반적으로 1보다 작다.

(3) 이방성 확인 시험
① *Vane* 모양변형　　② i 변화 실내시험

5. 압밀계수 : 교란 C_h ≒ 불교란 C_v

$$C_h = (2 \sim 10)C_v$$

6. 투수계수

(1) 성층에 따른 연직 및 수평방향 투수계수

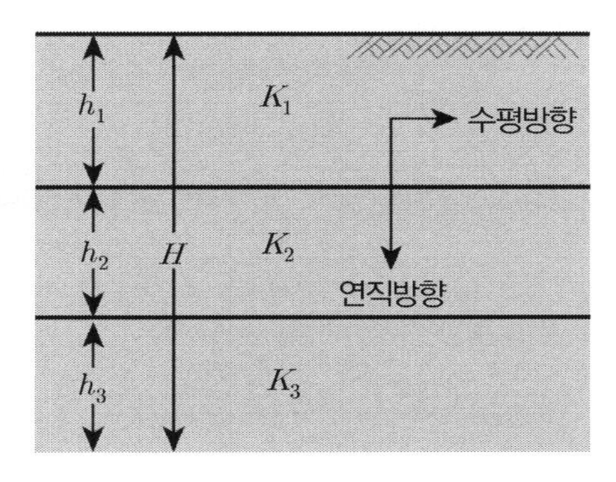

① 수평방향 투수계수

$$K_h = \frac{1}{H}(K_1 \cdot h_1 + K_2 \cdot h_2 + K_3 \cdot h_3)$$

② 수직방향 투수계수

$$K_v = \frac{H}{\frac{h_1}{k_1} + \frac{h_2}{k_2} + \frac{h_3}{k_3}}$$

(2) 자연퇴적토 보통 평행한 층을 이루면서 쌓이므로 수평방향 투수계수가 연직방향 투수계수보다 약 10배 정도 크다.

(3) 풍적토인 *Loess*는 연직균열로 연직방향 투수계수가 수평방향 투수계수보다 크다.

7. 침투 유량

(1) 등방인 경우

$$Q = K \cdot H \cdot \frac{N_f}{N_d}$$

(2) 비등방인 경우

$$Q = \sqrt{K_h \cdot K_v} \cdot H \cdot \frac{N_f}{N_d}$$

8. 기초 / 굴착

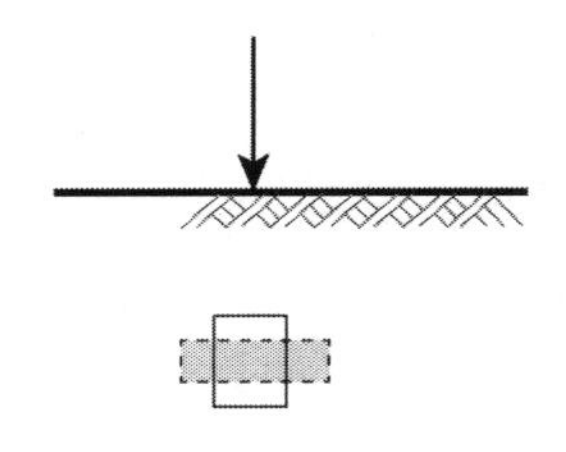

원형 및 독립기초(삼축압축시험)

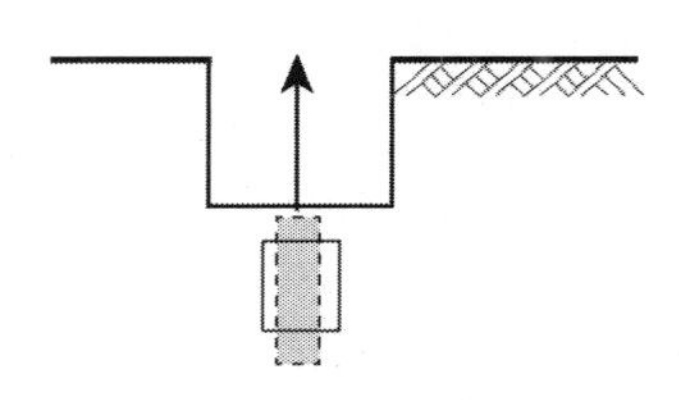

수직구 굴착(삼축인장시험)

9. 사면안정

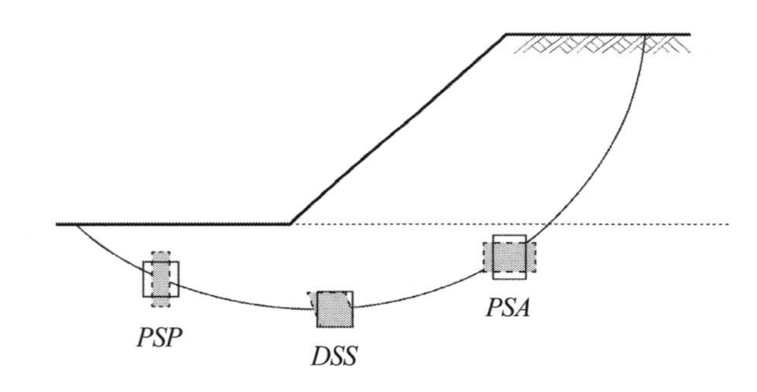

PSA : 평면변형 주동시험
DSS : 단순전단시험
PSP : 평면변형 수동시험

10. 성토, 굴착, 옹벽, 흙막이 앵커의 응력경로

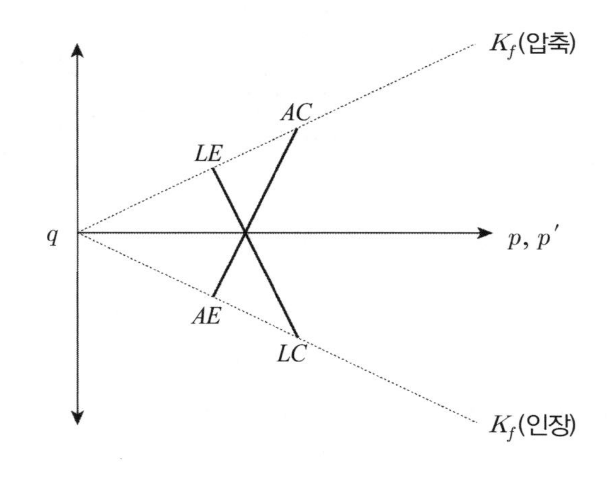

AC : 축압축 → 성토, 건물
AE : 축인장 → 터파기
LE : 측인장 → 옹벽(주동토압)
LC : 측압축 → 앵커(수동토압)

22 암반의 이방성

1. 정 의

암반이방성은 방향에 따라 강도, 투수계수, 변형계수, 초기지압비등 성질이 바뀌는 것이다.
이방성을 고려해야 하는 경우는 *Shale*, 점판암(*Slate*), 편암, 편마암, 천매암 등이며 모든 암에 대하여 이방성을 고려한다는 것은 현실적으로 어려우며 보통 등방으로 취급한다.

2. 이방성의 원인

(1) 지각운동으로 인한 단층, 습곡형성
(2) 차별풍화(*Differential weathering*)
(3) 퇴적작용
(4) 변성작용(고온, 고압)

3. 이방성으로 인한 고려사항

(1) 강도
(2) 투수계수
(3) 변형계수
(4) 초기지압비

4. 강 도

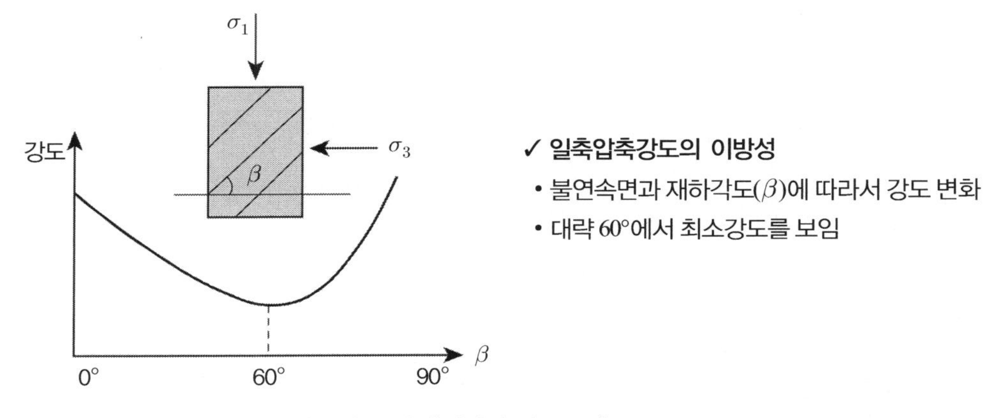

불연속면의 경사각 변화에 따른 강도 변화(이방성 강도곡선)

5. 투수계수

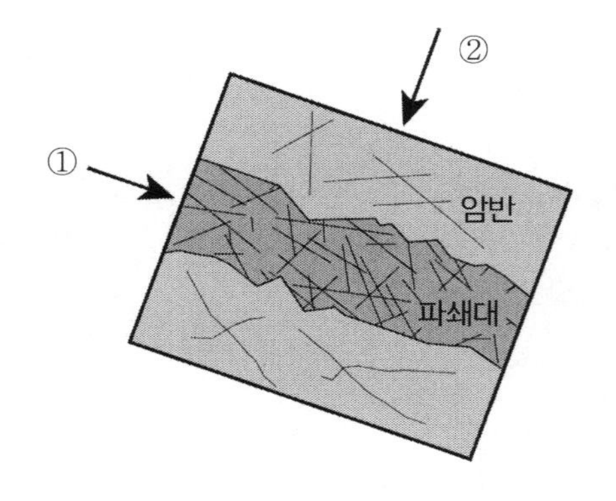

① : 파쇄대 투수계수에 지배

② : 암반투수계수 크기에 지배

6. 변형계수

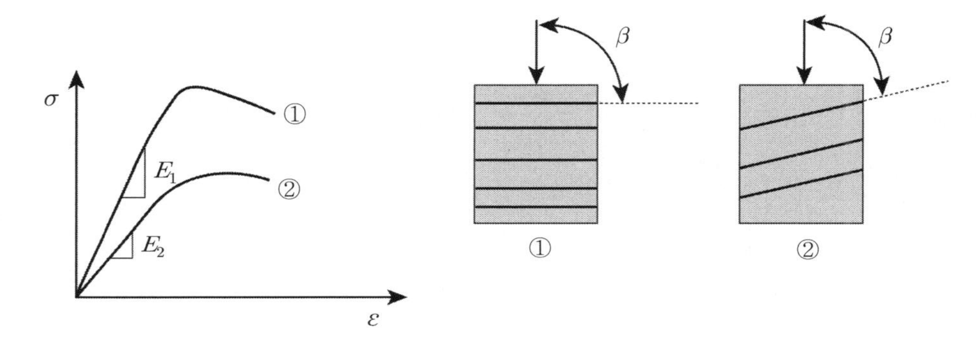

(1) 그림은 하중재하 방향과 불연속면의 각도에 따른 변형계수의 차이를 보이고 있다.

(2) 불연속면의 방향과 재하각도의 차이가 클수록 큰 변형계수를 나타낸다.

7. 초기지압

(1) 초기지압비(K) 변화에 따른 원형공동의 천단 및 바닥, 측벽의 경계응력 변화

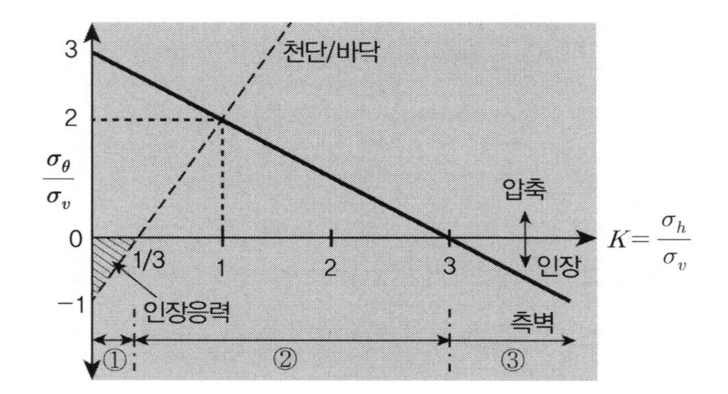

①		$K < 1/3$
②		$1/3 < K < 3$
③		$K > 3$

(2) 초기지압은 터널 등 지하공동을 굴착하기 전에 암반에 작용하고 있던 지압으로 암석의 지각변동, 퇴적작용, 변성작용에 의한 물리적, 화학적 변화가 원인이다.
(3) 초기지압비(또는 응력비) $K < 1/3$ 인 경우는 변위형태가 천정 또는 바닥에서 크게 되므로, 이 부분에 대한 보강이 필요함을 알 수 있게 된다.
(4) 반대로 $K > 3$ 인 경우는 측면에 변위가 많을 것이므로 이에 대한 보강을 하여야 한다.

8. 지중응력 : 무절리, 수평절리, 경사절리, 연직절리

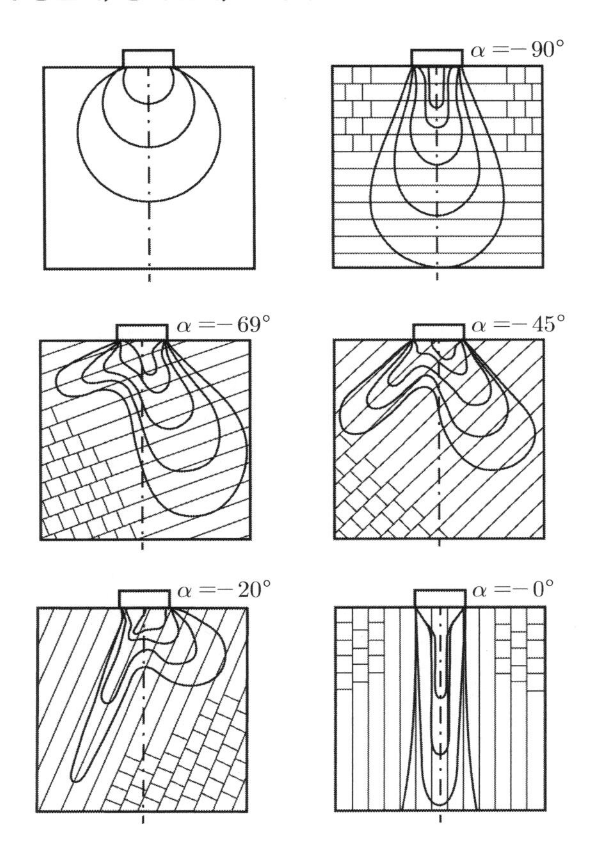

9. 시 험

(1) 일축압축시험
(2) 삼축압축시험
(3) 직접전단시험
(4) 인장시험
(5) 절리면전단시험

10. 평 가

(1) 암반이방성은 방향에 따라 강도, 투수계수, 변형계수, 초기지압비등 성질이 바뀌므로

(2) *Shale*, 점판암(*Slate*), 편암, 편마암, 천매암 등 이방성에 역학적으로 민감한 암반에 대해서는 하중방향과 불연속면의 특성에 따른 시험이 필요하다.

(3) 따라서 암반의 상태에 따라 이방성을 고려해야 할 경우 설계와 시공 시 주의를 기울여 역학적 특성을 반영해야 한다.

참고사항

1. *Fall cone* 시험

액성한계와 소성한계를 구하는 시험으로 무게가 다른 2개의 추를 자유낙하시켜 관입량과 함수비의 관계를 통해 정량적으로 LL과 PL을 구하는 시험이다.

① 시험장치와 절차

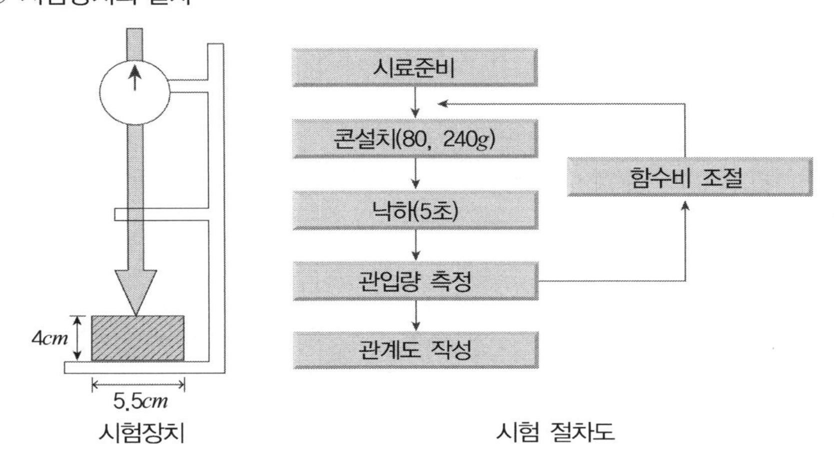

시험장치 시험 절차도

② 시험결과

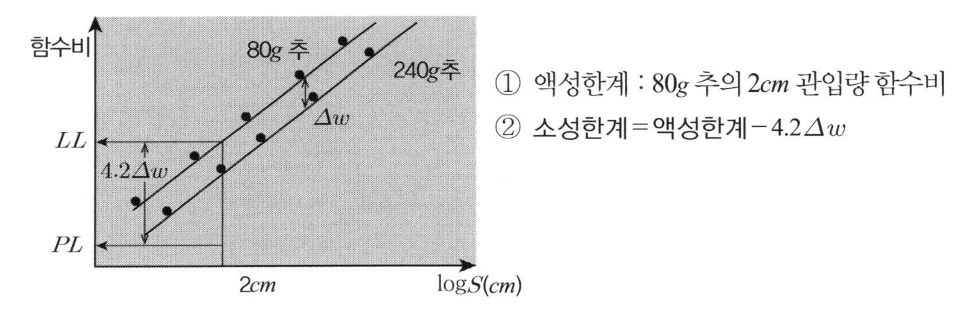

① 액성한계 : 80*g* 추의 2*cm* 관입량 함수비

② 소성한계 = 액성한계 − $4.2\Delta w$

2. 유효입경의 이용

① 투수계수 산출 : 사질토만 활용(경험공식)

$k = CD_{10}^2$ C : 100~150

② 균등계수(C_u) : $C_u = D_{60}/D_{10}$

통일분류법(*USCS*) : 자갈($C_u > 4$) → GW / 모래($C_u < 6$) → SW

③ 곡률계수(C_g) = $(D_{30})^2 / (D_{10} \times D_{60})$ 여기서, GW, SW : $1 < C_g < 3$

④ 모관상승고(H_c)

$$H_c = \frac{0.3cm}{\frac{1}{5}D_{10}}$$

3. *Swelling*

점토의 경우 간극에서 물을 흡수 후 점토광물 자체에서 흡수하여 체적이 증가되는 현상으로 팽창압이 발생한다.

4. *Slaking*

점착력이 있는 흙을 물속에 담그면 고체 → 반고체 → 소성 → 액체의 단계를 거치게 되나 이 경우는 각 단계를 거치지 않고 고체상태에서 바로 액체상태로 변화되어 갑자기 붕괴가 되는 현상을 말한다(전단강도 감소).

5. 함수당량 시험

① 현장 함수당량 시험(*FME* : *Field Moisture Equivalent*) *KSF*2307 : 습윤시료를 매끈하게 한 표면에 떨어뜨린 한 방울의 물이 흡수되지 않고 30초간 없어지지 않으며 미끈한 표면상에서 광택이 있는 모양을 띠면서 퍼질 때의 함수비

② 원심함수당량 시험(*CME* : *Centrifuge Moisture Equivalent*) *KSF*2315

㉠ 물로 포화되어 있는 흙이 중력의 1,000배와 같은 힘(원심력)을 1시간 동안 받게 된 후의 시료에서 측정된 함수비

㉡ 목적 : 흙의 보수력(保水力)을 알기 위한 시험

㉢ 시료채취 : 0.425*mm*체(일명 No.40체)를 통과한 흐트러진 시료 사용

㉣ 성질

- *CME* > 12%이면 투수성이 작고 보수력, 모관작용이 커서 팽창, 동상의 위험이 크다.
- *CME* < 12%이면 투수성이 크고 보수력, 모관작용이 적으며 팽창, 동상의 위험이 작다.

㉤ 공식

$$CME = \frac{(A_1 - B_1) - (A_2 - B_2)}{A_2 - (C + B_2)} \times 100$$

여기서, A_1 : 원심분리한 후의 도가니 및 내용물의 중량(*g*)

A_2 : 건조 후의 도가니 및 내용물의 중량(*g*)

C : 도가니의 중량(*g*)

B_1 : 젖은 여과지의 중량(*g*) B_2 : 건조한 여과지의 중량(*g*)

CHAPTER 02

흙 속의 물

CHAPTER 02

흙 속의 물

01 투수계수(Cofficient of Permeability)

1. 투수계수

(1) 투수계수의 정의

투수계수는 표준 온도에서 단위 동수구배($i = \Delta h / L$)에 의해 단위면적당 간극 사이를 통과한 단위 시간당 물의 빠르기로서 *cm/sec*로 표시한다.

(2) 투수계수 대표식 : *Taylor* 식

$$K = D_{10}^2 \cdot \frac{\gamma_w}{\eta} \frac{e^3}{(1+e)} C$$

여기서, D_{10} : 토립자의 유효입경(*cm*)

γ_w : 물의 단위중량(g/cm^3)

η : 물의 점성계수($g \cdot sec/cm^2$)

C : 형상계수(입자 사각형 0.3, 원형 0.5)

2. 투수계수 측정방법

(1) 적용대상별 시험방법

<table>
<tr><th colspan="2">시험방법</th><th>적용지반</th><th>개략 K값</th><th>비 고</th></tr>
<tr><td rowspan="3">실 내
시 험</td><td>정 수 위
투수시험</td><td>투수계수가 큰 모래지반</td><td>$10^{-2} \sim 10^{-3} cm/sec$</td><td></td></tr>
<tr><td>변 수 위
투수시험</td><td>투수성이 작은 점토지반</td><td rowspan="2">$10^{-6} \sim 10^{-7} cm/sec$</td><td>시간이 많이 소요</td></tr>
<tr><td>압밀시험</td><td>투수성이 작은 점토지반</td><td>변수위 투수시험의 대체
(시간 절약)</td></tr>
<tr><td rowspan="3">현 장
시 험</td><td>수위변화법</td><td colspan="3" rowspan="3">• 중요하고 대규모공사에서는 현장투수시험으로 투수계수 산출
• 실내시험의 경우는 실제 현장 흙의 상태를 재현하기가 곤란하며
• 특히 사질토의 경우 불교란된 시료의 채취가 불가능하므로 현장시험에 의한 투수계수의 산출에 의존하는 경우가 많다.</td></tr>
<tr><td>압력주수법</td></tr>
<tr><td>관 측정법</td></tr>
</table>

(2) 실내 투수시험

① 정수위투수시험(*Constant head permeability test*)

㉠ 적용 토질 : $K=10^{-3}cm/sec$ 이상의 투수계수가 큰 모래지반에 적용

㉡ 시험방법 : 일정수두를 유지하면서 시료를 통과한 물의 양(Q)과 통과시간(t)을 측정하여 투수계수를 얻는다.

㉢ 투수계수

$$Q = A \cdot V = A \cdot K \cdot i \cdot t \text{에서 } i = h/L$$
$$\therefore\ K = \frac{QL}{AHt}$$

여기서, Q : 침투수량(cm^3)
L : 시료의 길이(cm)
A : 시료의 단면적(cm^2)
h : 수위차(cm)
t : 측정시간(sec)

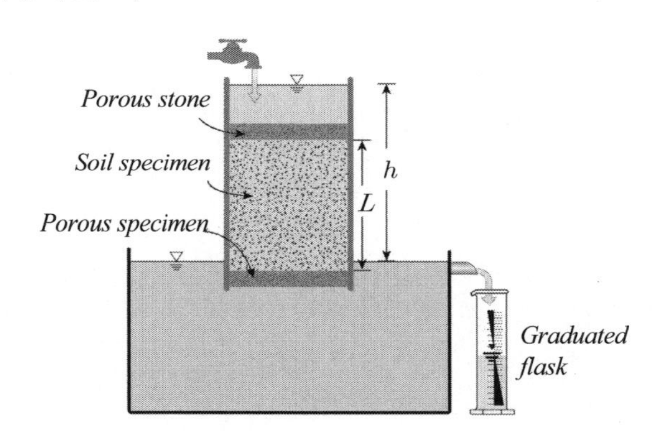

② 변수위투수시험(*Falling head test*)

㉠ 적용 토질 : $10^{-3}cm/sec$보다 작은 점토질

㉡ 시험방법 : 불포화토의 경우에는 포화시킨 상태에서 그림처럼 *Stand pipe* 내에 들어 있는 물이 흐르며 내려가는 시간을 측정하여 K를 구한다.

㉢ 투수계수 : 스탠드 파이프를 통해 흙 속으로 유입되는 단위시간당 유입유량 $\frac{-a \cdot dh}{dt}$은 유출유량이 동일하므로

$$-a\frac{dh}{dt} = K\frac{h}{L}A \rightarrow -a\frac{dh}{h} = K\frac{A}{L}dt \rightarrow -a\int_{h_1}^{h_2}\frac{dh}{h} = K\frac{A}{L}\int_{t_1}^{t_2}dt$$

적분하면 $$K = \frac{aL}{A(t_2 - t_1)} \ln\left(\frac{h_1}{h_2}\right)$$

여기서, a : 스탠드 파이프의 단면적(cm^2)

A : 시료의 단면적(cm^2)

L : 시료의 길이(cm)

T : 측정시간 sec : $(t_2 - t_1)$

h_1 : t_1 에서의 수위(cm)

h_2 : t_2 에서의 수위(cm)

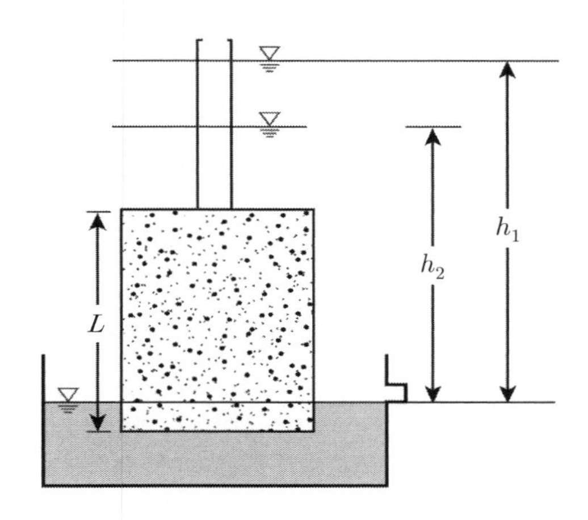

③ 압밀시험

㉠ 적용 토질 : 10^{-7} cm/sec 이하의 불투성 흙에 적용한다.

㉡ 시험목적 : 변수위 투수시험의 경우 시험시간이 과다하므로 간접적인 방법이다.

㉢ 투수계수

$$K = C_v \cdot m_v \cdot \gamma_w = C_v \cdot \frac{a_v}{1 + e_1} \cdot \gamma_w$$

여기서, C_v : 압밀계수(cm^2/sec)

m_v : 체적변화계수(cm^2/kg)

a_v : 압축계수(cm^2/kg)

(3) 현장 투수시험

실험실에서 투수계수를 측정하는 경우에는 실제 현장 흙의 상태를 재현하기가 곤란하기 때문에 실험결과에 대한 신뢰성이 작을 수 있다. 따라서 사질토와 같이 시료채취, 운반, 성형과정에서 교란되므로 일반적으로 현장시험에 의존하는 경우가 많다.

① 수위 변화법 : 보링공을 이용하여 *Strainer*를 대수층에 관입한 후 지하수를 양수하여 시간대별 변화 수위를 측정하여 투수계수를 산정한다.

$$K = \frac{D^2}{8L(t_2 - t_1)} \cdot \ln\left(\frac{2L}{D}\right) \cdot \ln\left(\frac{h_1}{h_2}\right)$$

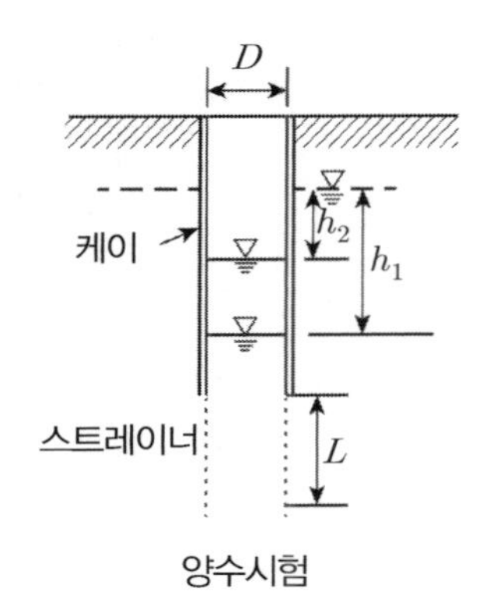

양수시험

② 압력 주수법(수압시험)

㉠ 보링공을 이용하여 시험대상 구간에 패커를 설치하고 압력을 가하여 물을 주입하고 단위시간당 주수량을 측정하여 투수계수를 구한다.

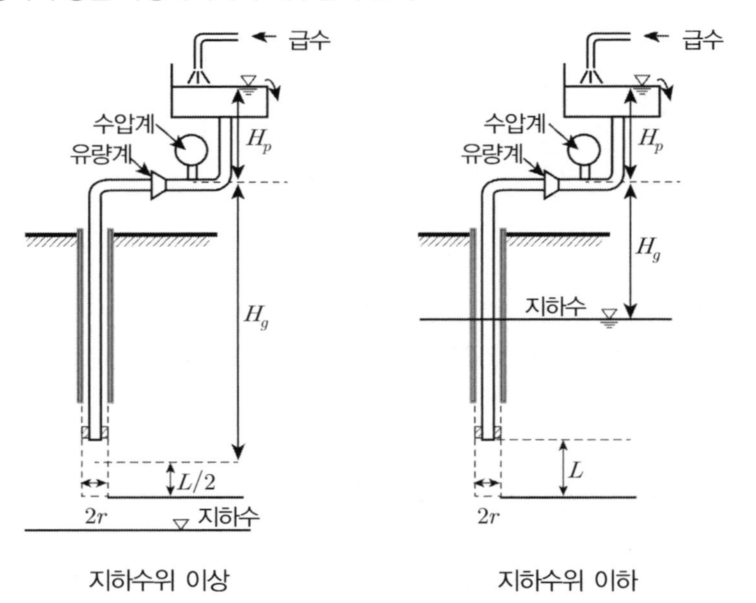

지하수위 이상 지하수위 이하

㉡ 암반의 투수계수 측정을 위한 방법으로 수압시험 *Lugeon test*라고 한다.

$$K = \frac{Q}{2 \cdot \pi \cdot L \cdot H} \cdot \ln\left(\frac{L}{r}\right)(L \geq 10r) \quad 1Lugeon = \frac{10Q}{P \cdot L}$$

여기서, K : 투수계수(cm/sec)　　Q : 주입수량(cm^3/sec)
r : 시험공 반경(cm)　　L : 시험구간(cm)
H : $H_g + H_p$

✓ 1 $Lugeon = 10Q/PL$(여기서, Q : 유량/분, P : 주입압력 (kgf/cm^2), L : 시험구간(m))

1 $Lugeon$ 이란 1분 동안 $10kgf/cm^2$의 압력으로 깊이방향 단위 m당 $1L$를 주입하였을 때의 단위를 의미한다.

㉢ 암반의 절리를 포함한 암반의 투수성 평가

L_u치 < 5 : 완전 불투수성

$5 < L_u$치 < 100 : 차수에 대한 검토 필요

L_u치 > 100 : 그라우팅 처리가 요구되는 암반층

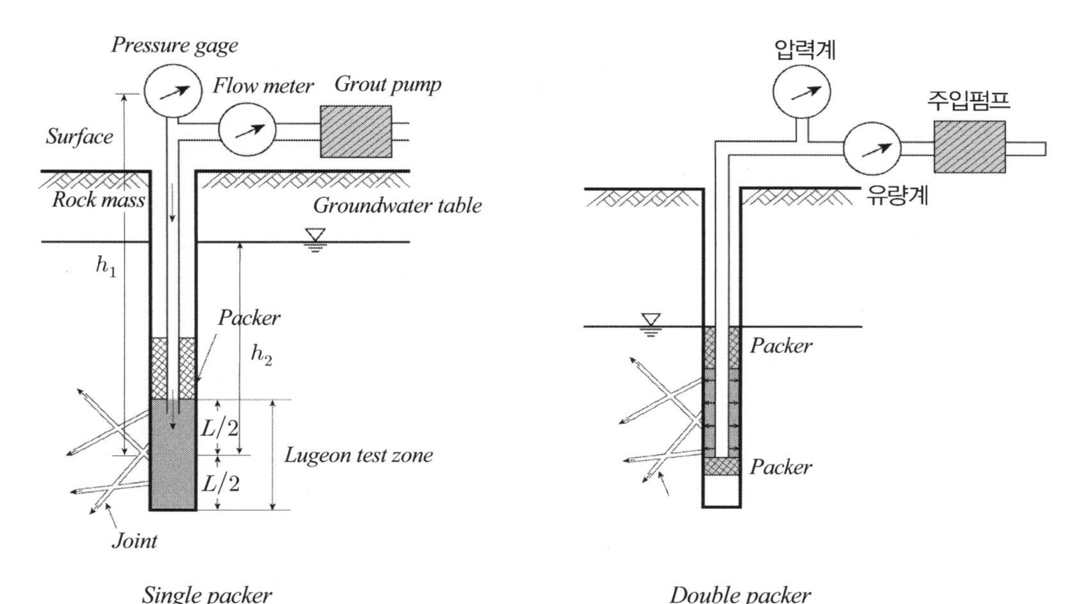

Single packer　　　　Double packer

③ 관측정법 = 깊은 우물(Deep well)에 의한 방법

시험정에서 양수하여 관측정의 수위변화로부터 투수계수를 산출한다.

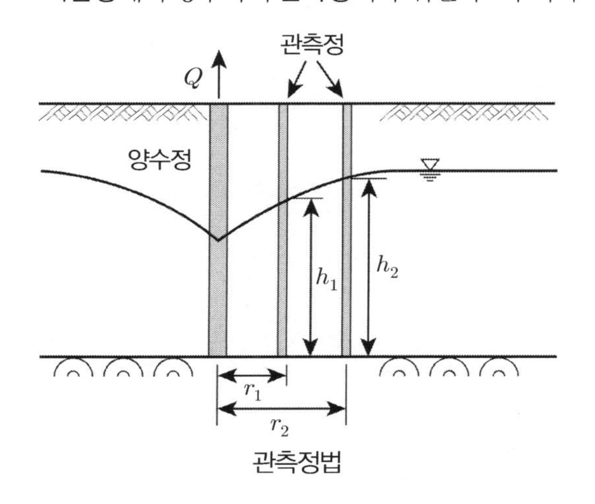

관측정법

$$K = \frac{Q}{\pi(h_2^2 - h_1^2)} \cdot \ln\left(\frac{r_2}{r_1}\right)$$

(4) 경험공식 = *Hazen*의 공식

① 적용범위 : 입경이 비교적 균등한 사질토에 적용(균등계수 C_u가 5 이하)

$$K = C \cdot D_{10^2}$$

여기서, C : 100~150, D_{10} : 유효입경(cm)

즉, 조립토의 투수계수는 일반적으로 그 흙의 유효입경의 제곱에 비례한다.

3. 다층지반에서의 투수계수 산정법

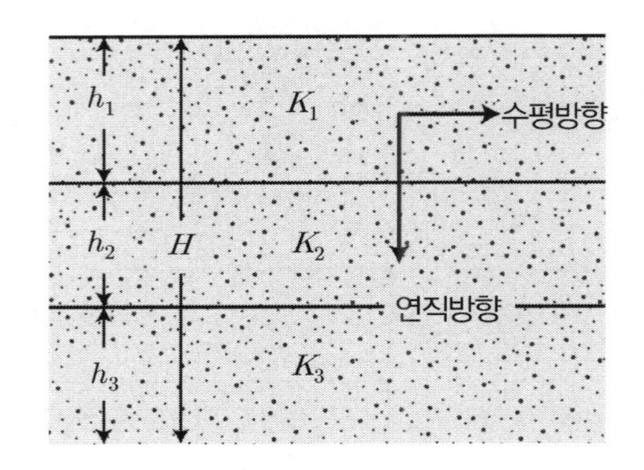

(1) 수평방향 투수계수

$$K_h = \frac{1}{H}(K_1 \cdot h_1 + K_2 \cdot h_2 + K_3 \cdot h_3)$$

(2) 수직방향 투수계수

$$K_v = \frac{H}{\frac{h_1}{K_1} + \frac{h_2}{K_2} + \frac{h_3}{K_3}}$$

4. 투수계수에 영향을 미치는 요소

(1) *Taylor* 식

*Taylor*는 물과 흙의 모든 영향을 반영한 투수계수 관련식을 다음과 같이 제안하였다.

$$K = D_s^2 \cdot \frac{\gamma_w}{\mu} \frac{e^3}{(1+e)} C$$

여기서, D_s : 토립자의 유효입경(cm)

γ_w : 물의 단위중량(g/cm^3)

μ : 물의 점성계수($g/cm \cdot sec$)

C : 형상계수(입자 사각형 0.3, 원형 0.5)

(2) 흙에 의한 영향

① 입경의 크기는 입경의 제곱에 비례 : *Hazen*의 공식(조립토만 해당)

② 흙입자의 구조 : 면모 구조 > K > 이산구조

③ 간극비

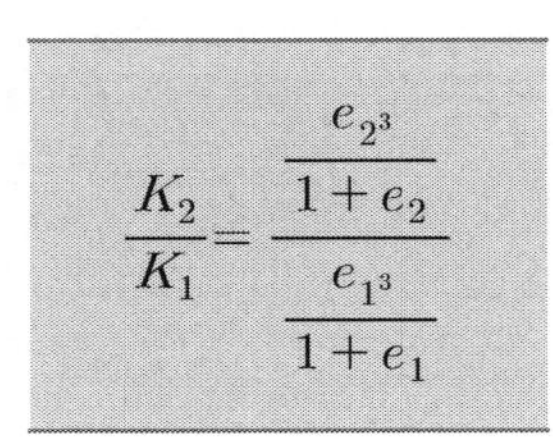

$$\frac{K_2}{K_1} = \frac{\frac{e_{2^3}}{1+e_2}}{\frac{e_{1^3}}{1+e_1}}$$

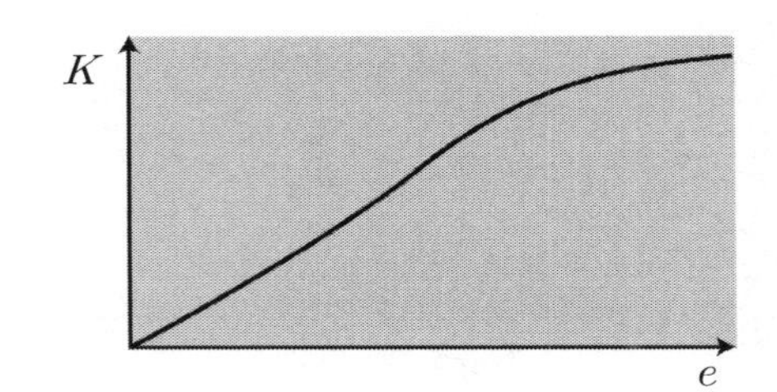

(3) 물에 의한 영향

① 물의 점성계수

$$K_{15} : L_t = \mu_t : \mu_{15}$$

여기서, K_{15} : 15°C에서의 투수계수　　K_t : T°C에서의 투수계수

μ_t : T°C에서의 점성계수　　μ_{15} : 15°C에서의 점성계수

✓ 온도가 증가함에 따라 물의 점성계수는 감소하므로 투수계수도 온도증가와 더불어 증가한다. 따라서 점성계수는 수온에 따라 변화하므로 투수계수는 표준상태인 15°C 때의 투수계수로 한다.

② 포화도에 의한 영향 : 흙이 포화되지 않았다면 기포의 존재로 인해 물의 흐름을 방해하기 때문에 포화도가 높을수록 투수계수는 커진다.

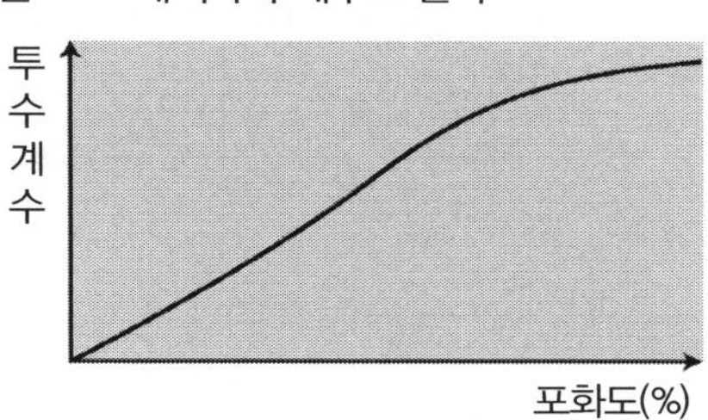

5. 이 용

(1) 압밀계수 산정

$$C_v = \frac{K}{m_v \cdot \gamma_w}$$

(2) 유량, 유속측정 : $v = K \cdot i$　　$Q = A \cdot v = K \cdot i \cdot A$

(3) 침투속도 및 오염확산거리

$$V_s = \frac{K \cdot i}{n}$$

(4) *Piping* 검토 : 한계유속이용

6. 결 론

(1) 실내시험의 한계성 = 현장투수시험의 필요성

① *Size effect* : 실내시험은 현장의 *un-known facter* 파악 곤란

② 교란으로 인해 현장시험보다 K값이 작게 산정

③ 사질토의 경우 시료채취 곤란 → 실내시험 불가

④ 물 : 현장의 물리, 화학적 성질 차이

(2) 투수계수와 현장 관련성(밀접함)

① 제방 및 댐 축조공사 시 침투와 관련된 성토재료 선정

② 지하수위와 관계한 굴착공사 시 적정공법 선정

③ 연직배수공법 선정 시 적정 설계

02 Darcy의 법칙

흙 속에서의 물의 흐름을 이해하여야 하며 수두 차에 대한 개념을 알고 침투유량을 구하기 위한 *Darcy*의 법칙과 실제 침투속도에 대한 차이를 숙지하여 정리하여야 한다.

1. *Darcy*의 법칙

흙 속이 물로 포화되고 층류상태일 때 침투유량 Q는 동수구배(i)와 투수단면적(A)에 비례한다. 이러한 관계를 *Darcy*(1856년 프랑스)의 법칙이라 한다.

$$Q = V \cdot A = K \cdot i \cdot A = K \cdot (\Delta h / L) \cdot A$$

여기서, V : 유출속도(접근속도)
K : 투수계수(*cm/sec*)
i : 동수경사($i = \Delta h / L$)
L : 물이 흐른 거리
Δh : 물이 흐른 거리에 대한 수두손실
A : 흐름방향에 직교하는 흙의 단면적

(1) 적용범위 = 가정조건

① 층류로 가정

*Darcy*의 법칙은 레이놀즈수가 1~10 이하인 층류에 성립하며, 지하수는 *Re* ≒ 1이므로 적용대상이 된다.

② 물의 점성은 일정하다고 가정

③ 자갈과 같이 투수계수가 커서 유속이 빠른 경우에 *Darcy*의 법칙은 적용 곤란

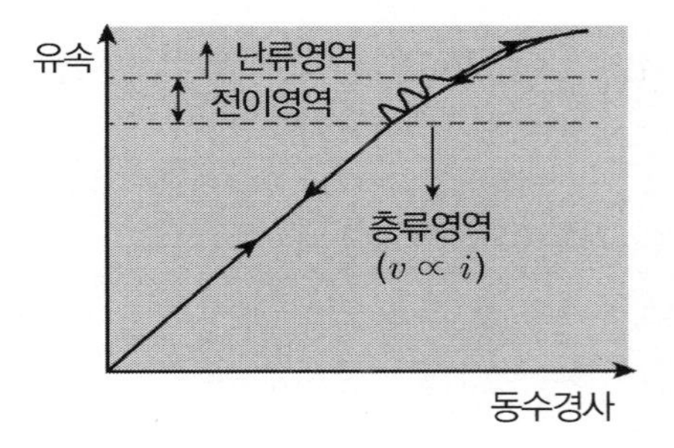

(2) 실제 침투속도(*Seepage velocity*)

*Darcy*의 법칙에서 구한 침투유량은 접근속도(겉보기유속)이나 실제 간극 속을 흐르는 유속(침투속도)은 다음과 같이 구할 수 있다.

$$Q = K \cdot i \cdot A = v \cdot A = V_s \cdot A_v$$

$$\therefore \ V_s = v \cdot \left(\frac{A}{A_v}\right) = v \cdot \left(\frac{A \cdot L}{A \cdot L}\right) = n \cdot \frac{V}{V_v} = \frac{v}{n}$$

여기서, V_s : 실제 침투속도(*cm/sec*)
v : 접근속도(*cm/sec*)
A_v : 간극의 단면적(cm^2)
A : 시료의 전 단면적(cm^2)
n : 간극률

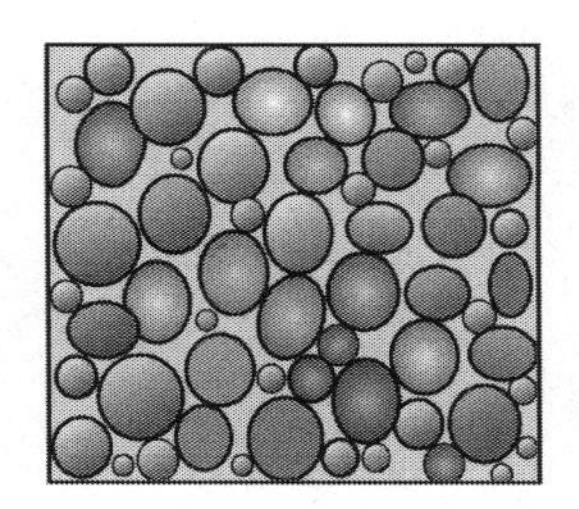

A : 시료의 전 단면적(cm^2)

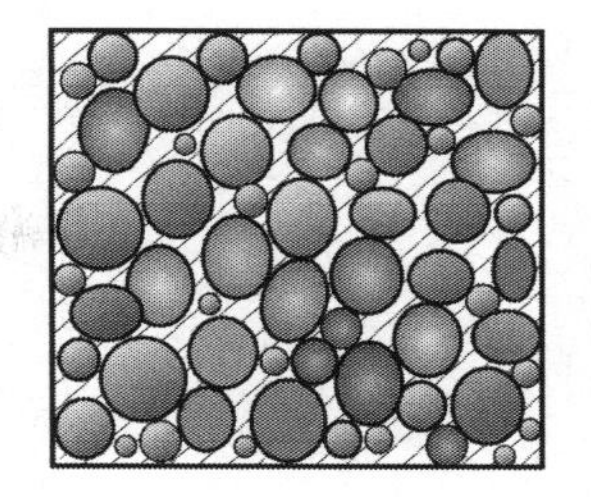

A_v : 간극의 단면적

✓ 접근속도(평균유속)와 침투속도와 관계 : 간극률(n)은 0~100% 범위이므로 $V_s > V$

2. 동수경사(동수구배, *Hydraulic Gradient*)

(1) 전수두

① 유압관로에서 정상류의 경우 *Bernoulli*의 방정식

어느 한 점에서의 전수두(h_t)

h_t = 압력수두(h_p) + 위치수두(h_e) + 속도수두(h_v)

$$h_t = \frac{P}{\gamma_w} + Z + \frac{v^2}{2g} = h_p + h_e + h_v$$

여기서, P : 압력 (kgf/m^2) z : 위치수두

V : 유속(m/sec) g : 중력가속도($9.8m/sec^2$)

② 흙 속에서의 침투는 점성저항으로 인한 침투유속이 배수 느리기 때문에 속도수두는 무시한다.

③ 따라서 손실수두 Δh를 고려하며 다음과 같이 표시한다.

$$h_t = \frac{P_1}{\gamma_w} + z_1 = \frac{P_2}{\gamma_w} + z_2 + \Delta h$$

여기서, Δh : 손실수두

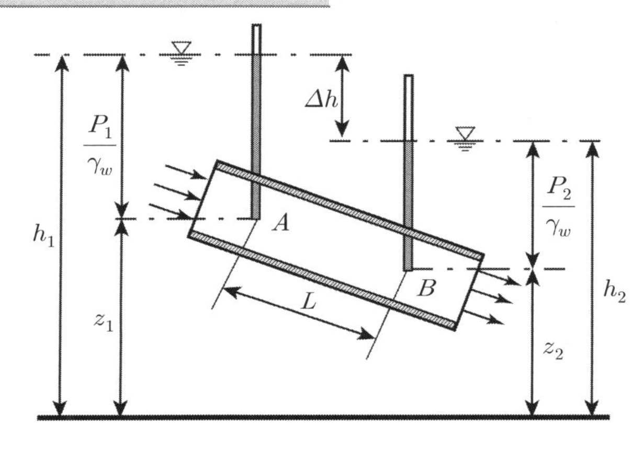

구 분	도해상		개 념
	2번	3번	
전수두	h_1+h_2	0	어느 임의의 점에서 피죠메타의 물기둥 높이
압 력 수 두	h_1	h_3	피죠메타가 설치된 위치에서 피죠메타 물기둥의 높이
위 치 수 두	h_2	$-h_3$	어느 임의의 점에서 피죠메타를 설치한 높이

여기서 임의의 점은 일반적으로 하류면의 수위를 기준으로 정한다.

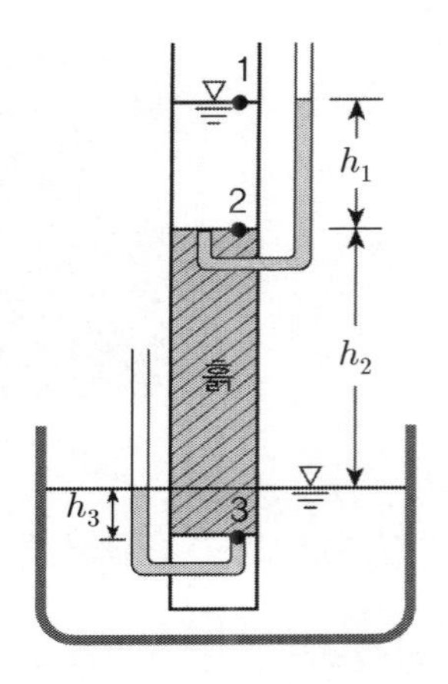

(2) 동수경사

동수경사 i는 두 점 간의 전수두 차(Δh)를 물이 흙 속을 통과한 거리(L)로 나눈 값을 말하며 동수경사는 침투유량이나 침투압계산에 이용된다.

① 동수경사

㉠ 공식 : 동수경사 i =전수두차/이동거리 $=\Delta h/L$

✓ 이동거리(L)는 수평거리가 아니라 실제 물이 이동한 경사거리이다.

㉡ 단위 : 무차원

② 전수두 차(Δh)=물이 흐른 거리에 대한 수두손실

3. 이 용

(1) 손실수두 계산(Δh)

(2) 동수구배 결정(i)

(3) 침투유량 결정

$$Q=K\cdot i\cdot A=K\cdot\left(\frac{\Delta h}{L}\right)\cdot A$$

(4) *Piping* 안정성 검토

(5) 침투압결정

(6) 오염확산 범위(시간, 거리) 예측

[계산 예]

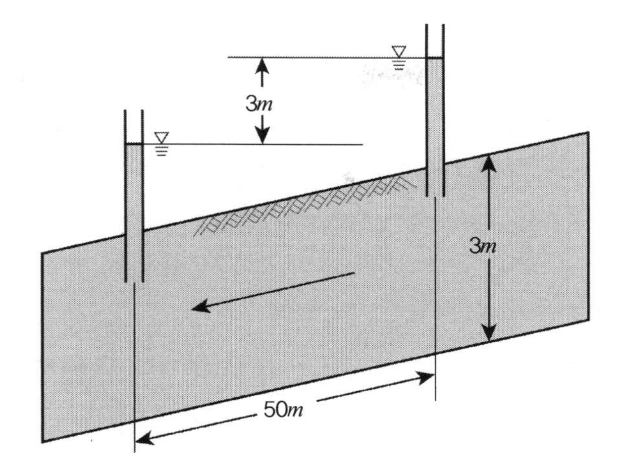

위 그림에서 투수계수 $K = 4 \times 10^{-3} cm/sec$라 할 때 유량은?

(1) 침투유량 공식

$$Q = K \cdot i \cdot A = K \cdot \left(\frac{\Delta h}{L}\right) \cdot A$$

(2) $i = \dfrac{\Delta h}{L} = 3/50 = 0.06$

(3) $A = 3 \times 1 = 3m^2$

$\therefore\ Q = 4 \times 0^{-4} m/sec \times 0.06 \times 3 = 7.2 \times 10^{-5} m^3/sec$

(여기서, $K = 4 \times 10^{-3} cm/\mathrm{sec}$ → $K = 4 \times 10^{-5} m/sec$)

03 비균질 토층에서의 평균투수계수

1. 흙의 이방성과 투수계수

(1) 흙은 비등방 비균질체로서 비등방(*Unisotropy*)이란 한 위치에서 방향에 따라 투수계수가 다름을 의미하며, 비균질이란 여러 위치에서 투수계수가 동일한 값이 아닐 때를 의미한다.

(2) 이방성은 초기(고유)이방성과 유도이방성으로 대별되고 투수계수는 초기이방성에 해당되며, 초기이방성은 흙의 생성과 관련된 흙 구조의 차이에 따른 이방성이다.

(3) 그러므로 자연 지반의 투수계수는 비등방, 비균질성이다.

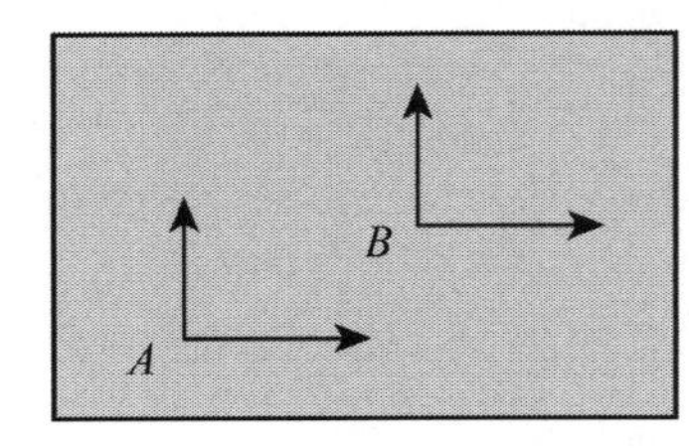

등방, 균질조건

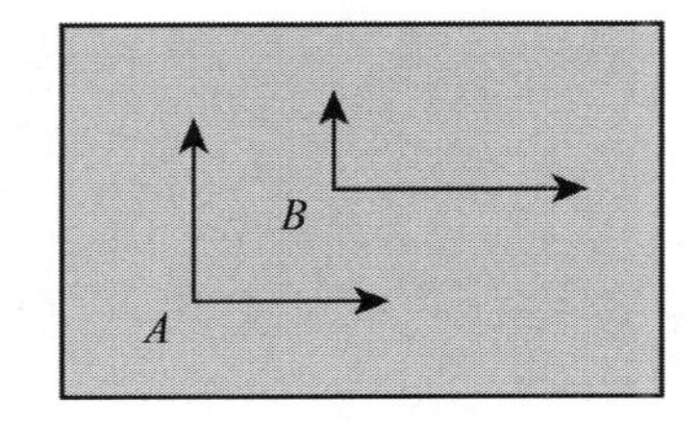

비등방, 비균질 조건

(4) 자연 퇴적토는 대략 평행한 층을 이루면서 퇴적하므로 수평방향 투수계수가 연직방향 투수계수보다 약 10배 정도 크다.

(5) 풍적토인 레스(*Loess*)는 연직 균열로 연직방향투수계수가 크다.

2. 수평방향 평균(등가)투수계수

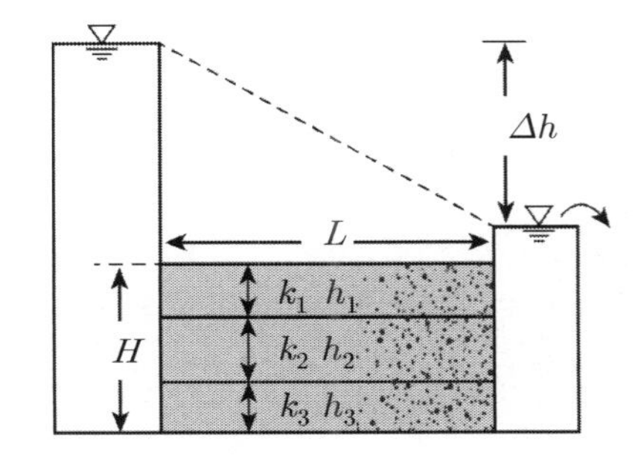

(1) 수평방향으로 물이 흐르는 경우 각층의 동수경사는 동일

$i = i_1 = i_2 = i_3$

(2) 단위시간에 단면적을 통하여 흐르는 전 유량은 각 층 유량의 합임

$Q = K_h \cdot i \cdot H = K_1 i_1 h_1 + K_2 i_2 h_3 + K_3 i_3 h_3$

(3) 공식

$$K_h = \frac{i(K_1 h_1 + K_2 h_2 + K_3 h_{3)}}{i \cdot H} = \frac{K_1 h_1 + K_2 h_2 + K_3 h_3}{H}$$

여기서, $H = h_1 + h_2 + h_3$

3. 수직방향 평균(등가)투수계수

(1) 수직방향으로 물이 흐르는 경우 각 층의 유출 속도는 동일하다.

(2) 전 손실수두는 각 층의 손실수두의 합과 같다.

(3) 착안 : 각 층의 유량은 같다.
→ 유속 같음 → 투수계수 다름
→ 동수경사(i) 다름

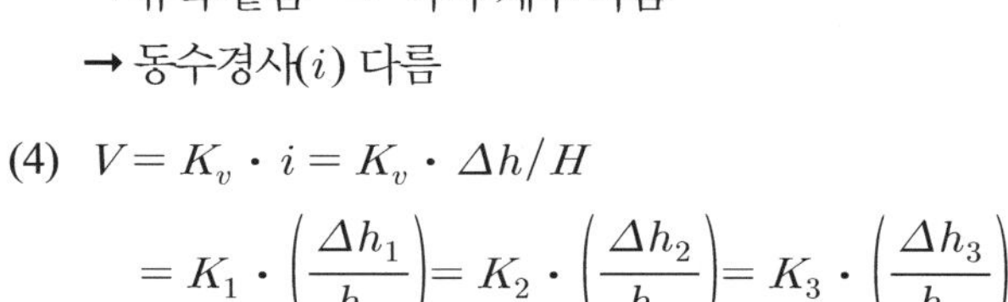
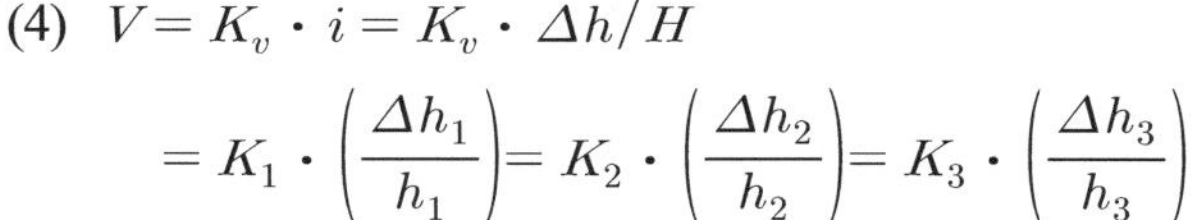

(4) $V = K_v \cdot i = K_v \cdot \Delta h / H$

$$= K_1 \cdot \left(\frac{\Delta h_1}{h_1}\right) = K_2 \cdot \left(\frac{\Delta h_2}{h_2}\right) = K_3 \cdot \left(\frac{\Delta h_3}{h_3}\right)$$

(5) 공 식

$$K_v = \frac{H \cdot V}{\Delta h} = \frac{H \cdot V}{\Delta h_1 + \Delta h_2 + \Delta h_3} = \frac{H \cdot V}{\frac{V \cdot h_1}{K_1} + \frac{V \cdot h_2}{K_2} + \frac{V \cdot h_3}{K_3}}$$

$$\therefore \ K_v = \frac{H}{\frac{h_1}{K_1} + \frac{h_2}{K_2} + \frac{h_3}{K_3}}$$

4. 이방성 투수계수

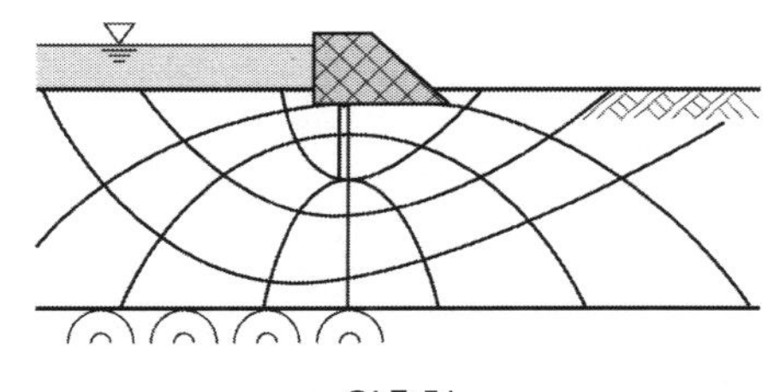

원축척

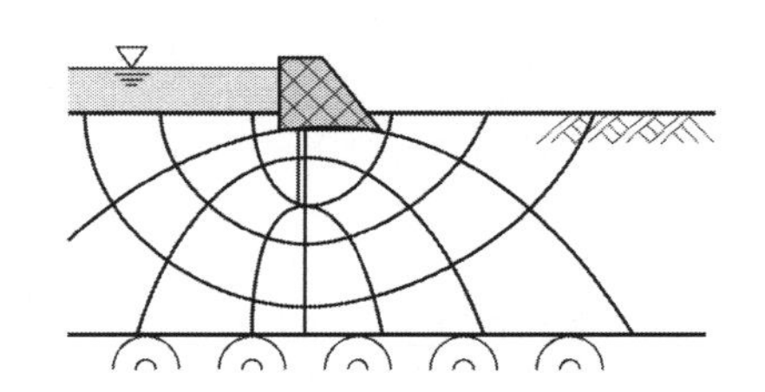

X방향을 축소시킨 축척

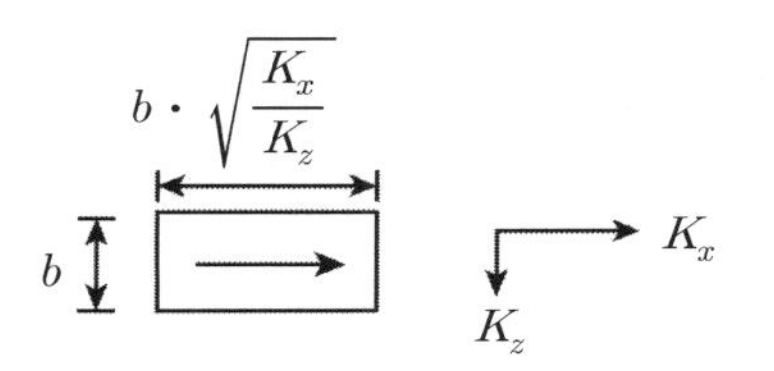

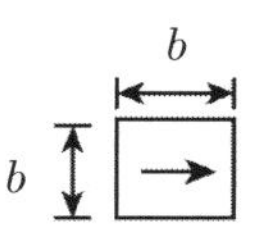

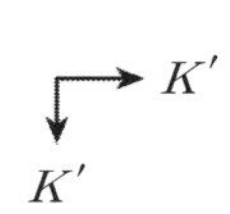

토질이 비등방성일 때 유선망의 작도법

(1) 한 위치에서 수평방향과 수직방향의 투수계수가 다르다.

(2) 유선망을 그릴 경우 수평방향의 투수계수가 보통 수직방향의 투수계수에 비해 10배 정도 큰 만큼 유선망의 격자에서 가로와 세로의 비율이 달라진다.

(3) 따라서 유선망의 성질상 유선과 등수두선을 직교시키려면 정사각형 형태로 변환시켜주어야 하므로 원축척에 등가 등방성 투수계수의 비율로 축소한 축척으로 유선망을 작도하여 침투유량을 구한다.

(4) 이방성 지반에서의 등가투수계수 적용

$$Q = \sqrt{K_h \cdot K_v} \cdot H \cdot \frac{N_f}{N_d} = K' \cdot H \cdot \frac{N_f}{N_d}$$

5. 방향에 따른 투수계수의 차이

(1) 수평방향 투수계수(K_h) > 수직방향 투수계수(K_v)

(2) 수평방향 투수계수(K_h) > 등가 등방성 투수계수(K')

04 유선망(流線網, Flow Net)

1. 용어의 정의

(1) 유선망은 유선(*Flow line*)과 등수두선(*Equipotential line*)으로 이루어진 곡선군이다.

(2) 유선은 물이 지반 내로 침투하는 경로의 경계이다.

(3) 등수두선은 전수두의 높이가 같은 위치를 연결한 선이다.

2. 1차원 흐름에서의 개념도

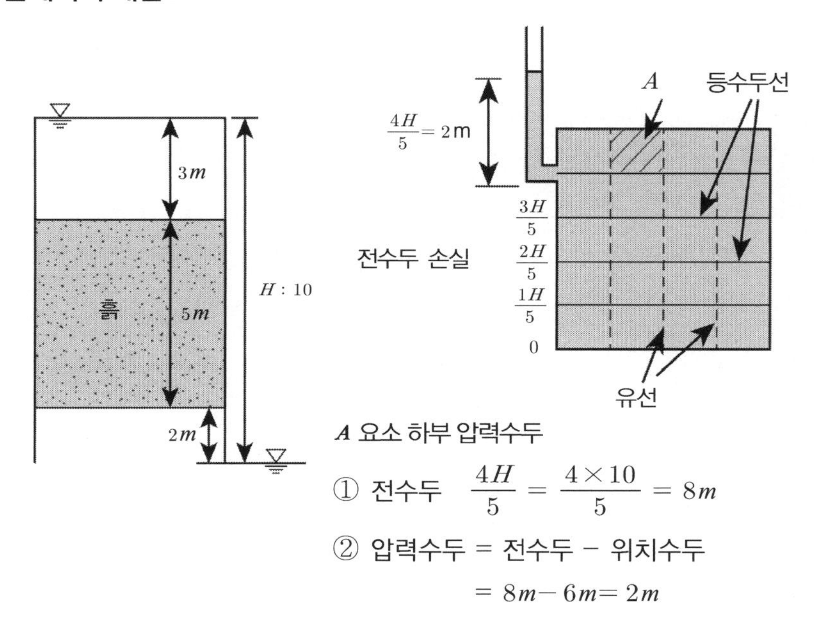

3. 유선망의 특징

(1) 각 유로의 침투유량은 같다.

(2) 인접한 등수두선 간의 수두차는 모두 같다.

(3) 유선과 등수두선은 직교한다.

(4) 유선망으로 되는 사각형은 이론상 정사각형이므로 유선망의 폭과 길이는 같다. 즉, 유선망의 각 사각형은 한 원에 접한다(내접원을 형성).

(5) 침투속도와 동수경사는 유선망 폭에 반비례한다$\left(V = k \cdot i = k \cdot \dfrac{\Delta h}{L} \right)$.

4. 유선망 작도의 기본원리

(1) 기본가정

① *Darcy*의 법칙은 정당하다.

② 흙은 등방이고 균질하다.

③ 흙은 포화되어 있고 모관현상은 무시한다.

④ 흙의 골격은 비압축성이고 물이 흐르는 동안 압축이나 팽창은 일어나지 않는다.

(2) 2차원 흐름에 대한 *Laplace* 방정식

① 등방성인 경우

㉠ 한 요소에 흐르는 물의 속도성분은 수평과 수직으로 각각 V_x, V_z라 하고 이에 대응하는 동수경사를 i_x, i_z라 하면,

$$i_x = -\frac{\partial h}{\partial x},\ i_z = -\frac{\partial h}{\partial z}$$

여기서 단위시간에 한 요소에 유입되는 전유량과 유출되는 유량은 같고 흙은 압축되지 않는다는 가정을 대입하여 풀면,

$$\frac{\partial^2 h}{\partial x^2} + \frac{\partial^2 h}{\partial z^2} = 0$$

㉡ 위의 식은 비압축성의 다공성매체에 있어서 X방향의 동수경사의 변화와 Z방향의 동수경사의 변화의 합이 영(零)이라는 것을 의미하며, 어디까지나 등방이며 균질이라고 가정한 경우에 유선망을 이루는 유선과 등수두선은 서로 직교한다는 이론의 배경이 된다.

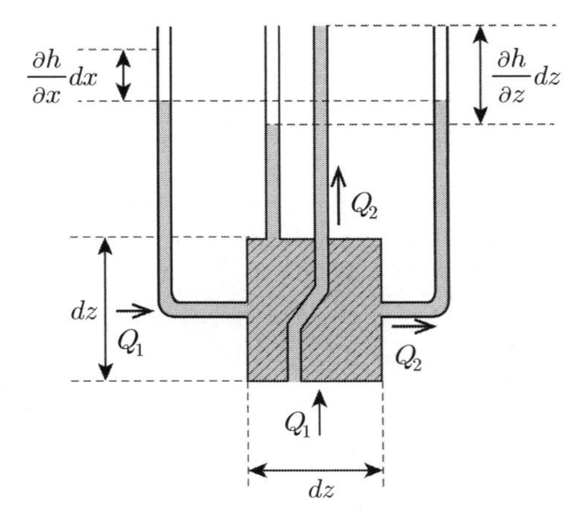

한 요소에서의 물의 흐름

② 비등방성=이방성인 경우

㉠ 위 등방의 경우는 "*Darcy*의 법칙은 정당하며 흙은 등방이고 균질하다"는 가정하에 유선망이 직교한다는 도해적 배경을 설명하고 있으나

㉡ 실제 자연지반은 비균질하고 비등방이므로 수평방향과 연직방향의 투수계수가 일치하지 않는다($K_x \neq K_z$).

㉢ $K_x \neq K_z$ 이면

$$K = \frac{\partial^2 h}{\partial x^2} + K_z \frac{\partial^2 h}{\partial z^2} = 0$$

㉣ 위 식은 *Laplace* 방정식이 아니므로 수정하면

$$\frac{\partial^2 h}{\left(\frac{K_z}{K_x}\right)\partial x^2} + \frac{\partial^2 h}{\partial z^2} = 0$$

㉤ 여기서, X_t를 X방향으로 측정한 새로운 좌표라 하고 *Laplace*의 방정식으로 치환하면 $X_t = \sqrt{\frac{K_z}{K_x}} \times x$로 표시된다.

㉥ 이것은 X_t와 Z의 비율대로 유선망을 그리게 되면 유선과 등수두선은 직교하게 된다.

$$\frac{\partial^2 h}{\partial x_t^2} + \frac{\partial^2 h}{\partial z^2} = 0$$

5. 유선망을 구하는 방법

(1) 종 류

① 도해법 : 비교적 정확, 시행착오적 시행

② 모형시험 : 토질이 균질한 경우(모형토조)

③ 해석적 방법 : *Laplace* 방정식

④ 수치해석 : *Laplace* 방정식을 이용한 컴퓨터 해석

⑤ 전기적 방법 : 전압(수두), 전도성(투수성), 전류(유속)의 원리 이용

(2) 도해법 : 경계조건을 정하여 유선망을 작도

① 경계조건

㉠ 선분 *AB*는 이선을 따라 전수두가 동일하므로 등수두선이다.

㉡ 선분 *CD* 역시 전수두가 동일하므로 등수두선이다.

㉢ 널말뚝을 따라 상류면에서 흐르는 *BEC*는 하나의 유선이다.

㉣ *FG*가 암반선, 즉 불투수층이라면 상당히 먼 거리로부터 흘러들어온 하나의 유선이다.

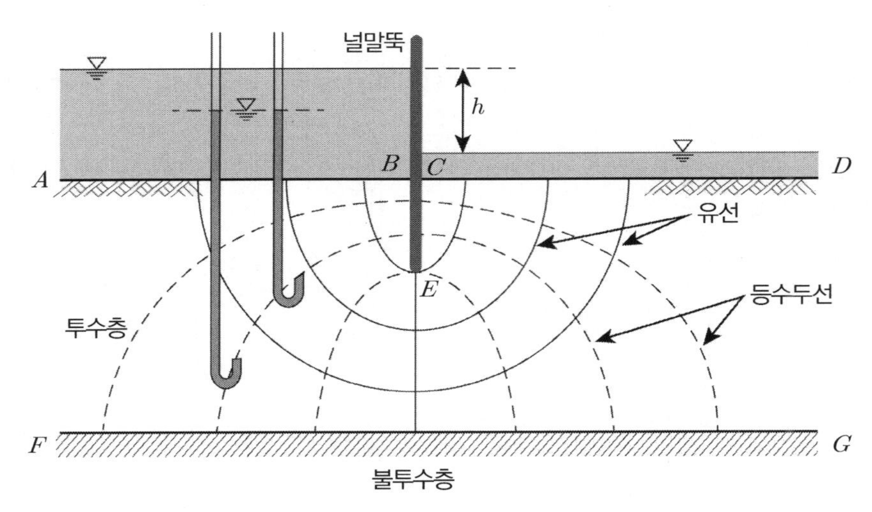

널말뚝 밑의 2차원 흐름

② 그리는 방법

㉠ 유선 2개 결정

㉡ 등수두선 2개 결정

㉢ 유선 2개로부터 적당간격으로 지반 내 유선 작도

㉣ 작도된 유선과 등수두선 2개로부터 지반 내 등수두선 적당 분할 작도

㉤ 유선과 등수두선으로 그려진 4각형은 정방형이 되도록 수정

6. 유선망의 활용

(1) 손실수두(Δh) : 전수두차에 대한 등수두선 간격수만큼 손실되어감

(2) 동수구배 i : $\dfrac{\Delta h}{L}$

(3) 침투수량(Q) : 단위폭당 침투수량($m^3/day/m$)

$$Q = K \cdot H \cdot \frac{N_f}{N_d}$$

① 등방성 흙인 경우 : $K_x = K_z$

(자연지반에는 존재하지 않음. 이론적 침투수량)

$$Q = k \cdot H \frac{N_f}{N_d}$$

② 이방성 흙인 경우 : $K_x \neq K_z$

$$Q = \sqrt{K_x \cdot K_z} \cdot H \frac{N_f}{N_d}$$

여기서, K : 투수계수(cm/sec)　　N_f : 유로의 수

N_d : 등수두선의 수　　H : 상하류의 수두차 = 전수두 차

(4) 임의의 점에서의 간극수압의 결정

① 구하는 목적과 순서 : 구하는 목적은 흙 속의 유효응력을 구하기 위해서이며, 유효응력은 전응력으로부터 간극수압을 빼주어야 하고 간극수압은 전수두로부터 위치수두를 뺀 값으로, 구하는 순서는 ① 전수두, ② 위치수두, ③ 압력수두 순이다.

② 임의의 점에서의 전수두

㉠ 물이 흙 속을 흐르면서 각 등수두선 간의 수두손실은 에너지 손실 전 전수두에서 등수두선 간의 간격에 차이만큼 동일한 수두차(Δh)로 손실된다.

㉡ 이를 식으로 표시하면

$$H_t = \frac{n_d}{N_d} H$$

여기서, H_t : 임의 지점에서의 전수두

H : 전수두 차

n_d : 하류면으로부터 구하는 점까지의 등수두면 수

③ 임의의 점에서의 위치수두 : 위치수두는 하류면을 기준으로 구하는 점이 위에 있으면 (+), 아래에 있으면 (−)값으로 측정한 높이를 말한다.

④ 임의의 점에서의 압력수두 : 전수두 − 위치수두

⑤ 간극수압 : 간극수압(u)=γ_w ×압력수두

⑥ 유효응력 계산 : 유효응력=전 응력 − 간극수압

(5) *Piping*의 유무(널말뚝의 경우)

✓ 유선망을 이용하여 구하는 순서 : 유선망에 의해 파이핑을 일으키려는 침투수력에 대한 흙의 유효중량에 대한 비로 안전율을 판단

$$F_s = \frac{W}{J} = \frac{\frac{1}{2}\gamma_{sub} D^2}{\frac{1}{2}\gamma_w D\ H_{ave}} = \frac{\gamma_{sub} D}{\gamma_w\ H_{ave}}$$

여기서, W : 흙의 유효중량 J : 침투력 H_{ave} : BD면의 평균손실수두

① 유선망으로부터 평균손실수두 계산

공식 $h_t = \frac{n_d}{N_d} H$ 에서 B와 D점의 평균손실 수두는 다음과 같다.

$$H_{ave} = \left(\frac{4}{9} + \frac{2.2}{9}\right) \times \frac{1}{2} \times 4.0 = 1.37m$$

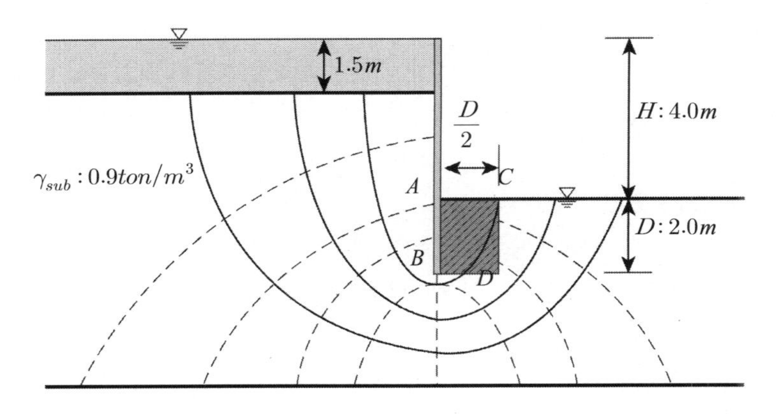

② 동수경사 산출 : $i=\dfrac{H_{ave}}{L}=\dfrac{1.37}{2.0}=0.685$ L : 근입깊이

③ 침투력 산출 : $J=i\cdot\gamma_w\cdot V=0.685\times1.0\times2.0\times\dfrac{2.0}{2.0}=0.37$

④ 유효하중 산출 : $W=\gamma_{sub}\cdot D\cdot\dfrac{D}{2}=0.9\times2.0\times\dfrac{2.0}{2}=1.8ton$

⑤ 안전율을 구한다.

$$F_s=\frac{W}{J}=\frac{1.8}{1.37}=1.31$$

✓ 테르자기의 공식에 대입하여 구한 값이 유선망에서 구한 안전율보다 작은 경향이 있다.

$$F_s=\frac{W}{J}=\frac{\frac{1}{2}\cdot\gamma_{sub}\cdot D^2}{\frac{1}{2}\cdot\gamma_w\cdot D\cdot H_{ave}}=\frac{\gamma_{sub}\cdot D}{\gamma_w\cdot H_{ave}}=\frac{0.9\times2.0}{1.0\times2.0}=0.9$$

여기서, H_{ave}는 전수두차의 절반 : 약산식이다.

(6) 침투수력(*Seepage pressure*) : 제3장 유효응력 상향·하향침투 참조

① 어떤 토체에 물이 상향, 하향으로 흐를 경우 정수압 상태와는 달리 유효응력의 변화가 발생하는데

② 이때 변화된 유효응력의 값을 침투압이라고 표현하고

③ 침투압은 단위면적당 작용하는 물의 압력이므로

④ 힘(t)의 단위인 침투력은 침투압에 해당하는 단면적(A)을 곱한다.

⑤ 이때 침투수력이란 단위체적당 침투력의 준말로서 보일링이나 파이핑을 구하기 위함이며 J로 표시된다.

⑥ 따라서 ④에서 구한 침투력에 물이 통과된 체적을 나누어주면 단위체적당 침투력을 구할 수 있다.

⑦ 보통 널말뚝에서의 파이핑 검토는 파이핑의 발생범위를 널말뚝의 근입깊이의 절반거리에 해당하는 길이로 산출되고 폭은 단위길이당이므로 쉽게 체적을 구할 수 있다.

⑧ 공식으로 나타내면

㉠ 침투수압 = $\Delta h \cdot \gamma_w$

㉡ 침투력 : 침투수압 × 면적

$$j = \Delta h \cdot \gamma_w \cdot A = \Delta h \cdot \gamma_w \cdot \frac{V}{Z} = i \cdot \gamma_w \cdot V$$

여기서, Δh : 전수두차 Z : 토층깊이

㉢ 단위면적당 침투력

$$F = \frac{i \cdot \gamma_w \cdot V}{A} = \frac{i \cdot \gamma_w \cdot (A \cdot Z)}{A} = i \cdot \gamma_w \cdot Z$$

㉣ 단위체적당 침투수력 : 침투력에 통과체적을 나누어준다.

$$J = i \cdot \gamma_w \cdot V \div V = i \cdot \gamma_w$$

✓ 즉, 단위체적당 침투수력은 동수경사에다 물의 단위중량을 곱한 값이다.

TIP | 침투수량 산정의 기본원리 → *Dupit − forchhermer* |

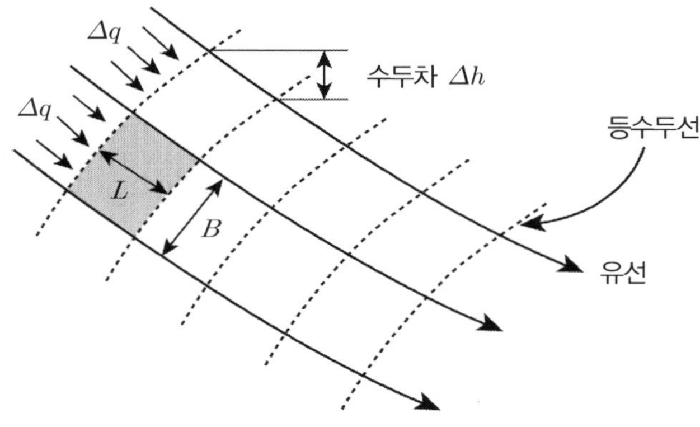

㉠ $\Delta q = K \cdot i \cdot A = K\frac{\Delta h}{L} B \times 1 = K \cdot \Delta h \quad (L = B)$

㉡ $\Delta h = \frac{H}{N_d}$ → $\Delta q = K\frac{H}{N_d}$

㉢ 전체유량 $Q = \Delta q \times N_f$ → $Q = K \cdot H \cdot \frac{N_f}{N_d}$

N_f : 유선으로 나눈 간격수(유로수)

N_d : 등수두선으로 나눈 간격수

05 Dupit-Forchhermer에 의한 유선망

1. 정 의

(1) 유선망의 해석방법으로는 도해법, 모형시험, 해석적 방법, 수치해석, 전기적 방법 등이 있다.

(2) 도해법은 *Dupit-Forchhermer*가 제안하였으며, 경계조건을 정하여 유선망을 그리는 방법으로 가장 많이 사용되고 있다.

2. *Dupit-Forchhermer*의 가정

(1) 각 유로의 침투유량은 같다.

(2) 인접한 등수두선 간의 수두차는 모두 같다.

(3) 유선과 등수두선은 직교한다.

(4) 유선망으로 되는 사각형은 이론상 정사각형이므로 유선망의 폭과 길이는 같다. 즉, 유선망의 각 사각형은 한 원에 접한다(내접원을 형성한다).

(5) 침투속도와 동수경사는 유선망 폭에 반비례한다$\left(V = K \cdot i = k \cdot \dfrac{\Delta h}{L}\right)$.

3. 도해법

(1) 각 임의의 등수두선 사이를 통과하는 유량은 *Darcy*의 법칙에 의하면 다음과 같다.

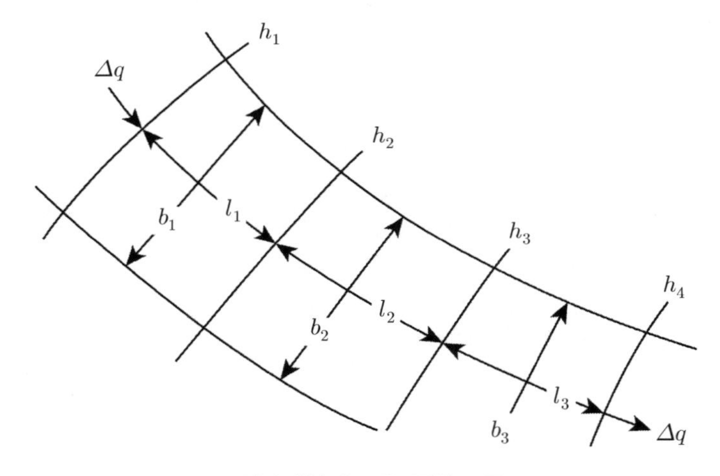

직사각형 유로를 통한 흐름

$$\Delta q = k \cdot i \cdot A = k\left(\frac{h_1 - h_2}{l_1}\right)b_1 = k\left(\frac{h_2 - h_3}{l_1}\right)b_2 = k\left(\frac{h_3 - h_4}{l_1}\right)b_3$$

(2) 등수두선 사이 손실수두

$$h_1 - h_2 = h_2 - h_3 = h_3 - h_4 = \frac{H}{N_d} = \Delta h$$

(3) 임의의 유로를 통과하는 중량(여기서, $l_1 = b_1$)

$$\Delta q = k \cdot \frac{\Delta h}{l_1} b_1 = k \cdot \frac{\Delta h}{l_1} l_1 = k \Delta h = k \cdot \frac{H}{N_d}$$

(4) 하부지반을 통과하는 전체 유량

$$q = \Delta q \times N_f = k \frac{H}{N_d} N_f = k \cdot H \cdot \frac{N_F}{N_d}$$

(5) 제체 폭을 고려한 전체 유량은

$$Q = K \cdot H \frac{N_f}{N_d} L$$

여기서, L : 제체 폭

06 침윤선(Seepage Line, Phreatic Line)

앞 절에서 배운 유선망은 주로 널말뚝의 경우를 산정한 것이나 흙댐에서의 유선망은 흙댐 최상부의 유선을 일컫는 말로서 압력수두가 '0'인 전수두로서 결국 전수두와 위치수두는 동일한 상태이다.

1. 정 의

하천제방이나 흙 댐을 통해 물이 통과 할 때 여러 유선들 중에서 최상부의 유선을 침윤선이라 한다.
= 자유수면을 나타내는 선으로 수압이 '0'이 되는 하나의 유선이다.

2. 침윤선 작도 목적

(1) 침투유량 산정
(2) 파이핑 검토
(3) 유선망 집중 검토 : 제체의 안정성 → 유선망 집중 시 유속이 증가
(4) *Core zone*의 두께 설계

3. 경계조건 4가지

유 선	*AD*, *BC*
등수두선	*AB*, *CD*

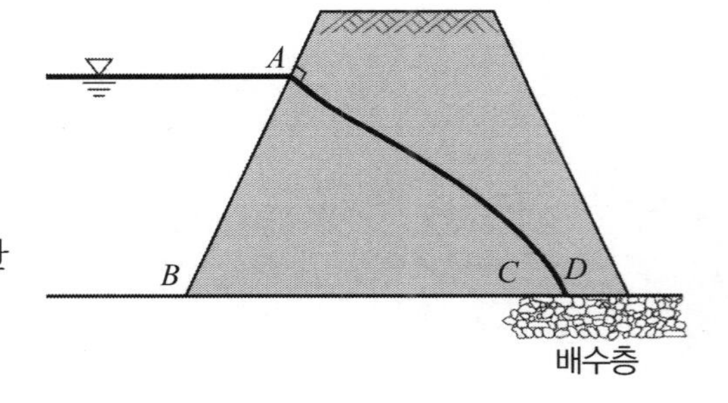

(1) 상류 측 경사는 전수두가 일정하므로 등수두선이다.
(2) 댐 하부는 불투수처리하므로 유로가 되므로 유선이다.
(3) 배수층의 경우는 압력수두가 '0'이므로 전수두 또한 '0'이 된다.

4. 침윤선의 특성

(1) 수면과 사면이 만나는 점에서 침윤선은 직각으로 유입된다.
(2) 하류 경사면 하단에 수평면에 배수재가 없는 경우 유선이 집중되며 경사면으로 침투수가 유출될 수 있다.
(3) 반면 하류경사면 하단부에 수평배수재를 설치할 경우 유선이 배수층으로 집중하므로 하류 경사면으로의 유출을 예방할 수 있다.

5. 작도 방법(*A. Casagrand*)

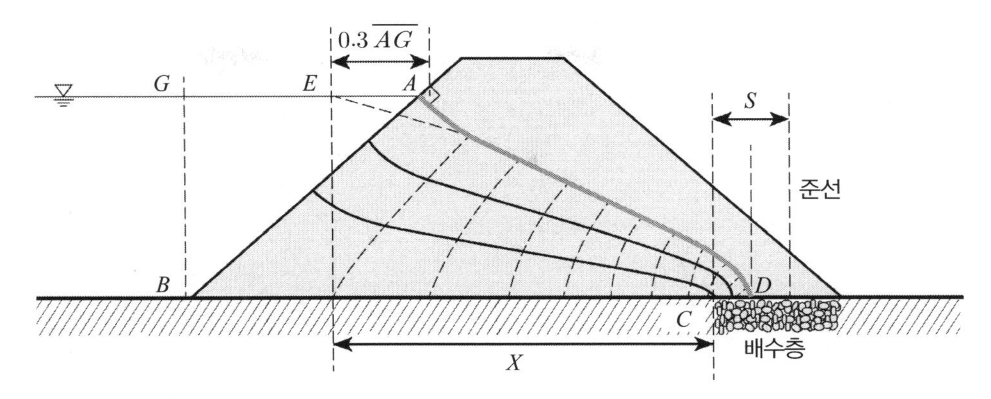

(1) 유입점 : $\overline{AE} = 0.3\,\overline{AG}$

(2) 유출점

① 초점거리 : $S = \sqrt{H^2 + X^2} - X$

② 유출점 : $\overline{CD} = S/2$

(3) 침윤선 결정

$$X = \frac{H^2 - S^2}{2S}$$

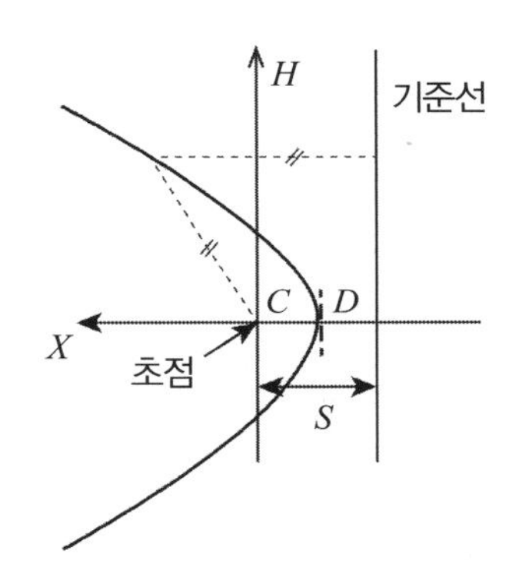

6. 침윤선의 수정

(1) 상류 측 수정 : 앞에서 구한 침윤선은 실제가 아닌 포물선이고, 실제 침윤선은 *AB* 면인 등수두선과 직교해야 하므로 수면과 사면이 만나는 점에서 직각으로 유입하여 기본 포물선과 자연스럽게 접하게 수정한다.

(2) 하류 측 수평방향 배수층을 두지 않았을 경우(*Gilboy* 도표에 의한 방법)

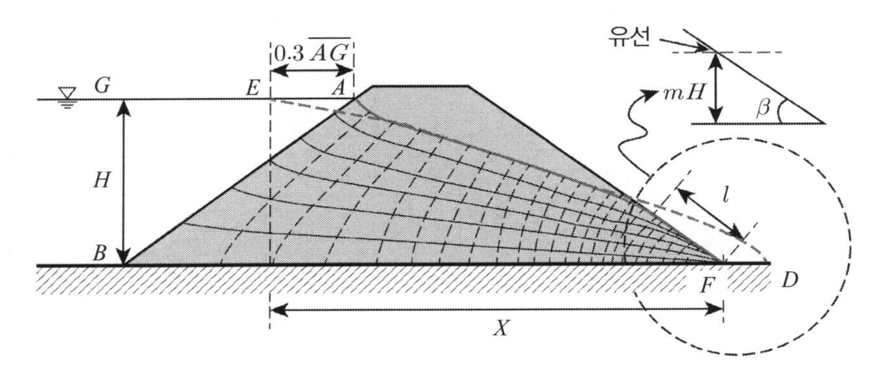

① F점을 초점으로 하는 기본 포물선 작도

② 기본 포물선이 점선에서 보이는 것처럼 하류 경사면을 벗어나므로 실제로 발생할 수 없는 침윤선이 되므로 침윤선과 하류 측 사면이 예각으로 자연스럽게 접하도록 수정한다.

③ *Gilboy*의 도표로부터 하류경사면의 각을 β라 하면 X/H의 값으로부터 m값을 결정하고 다음 식으로부터 L값을 결정한다.

$$L = \frac{mH}{Sin\beta} = mHcosec\beta$$

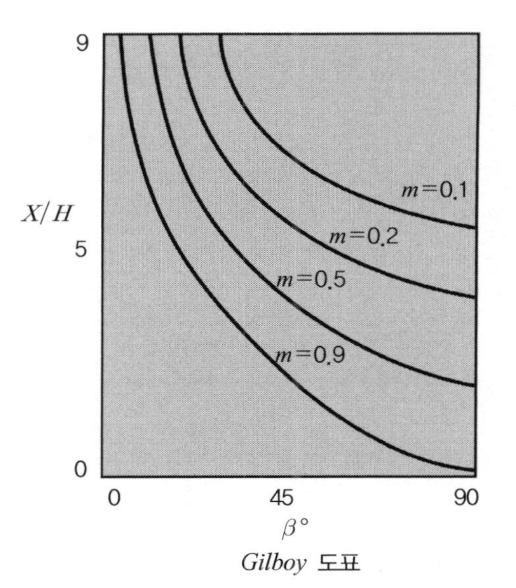

Gilboy 도표

7. 침윤선의 형태

(1) 균일형

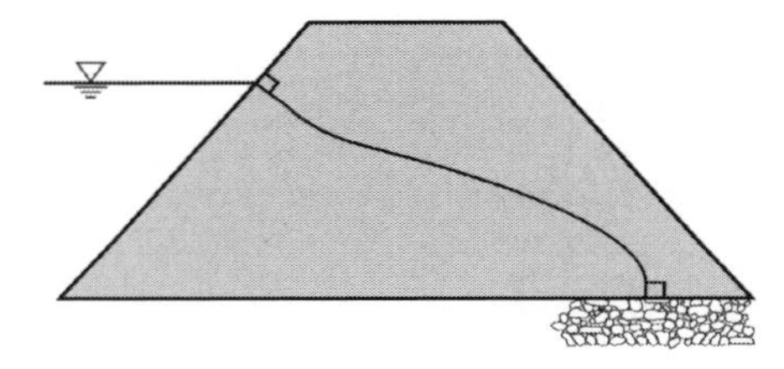

(2) 중심 *Core*형

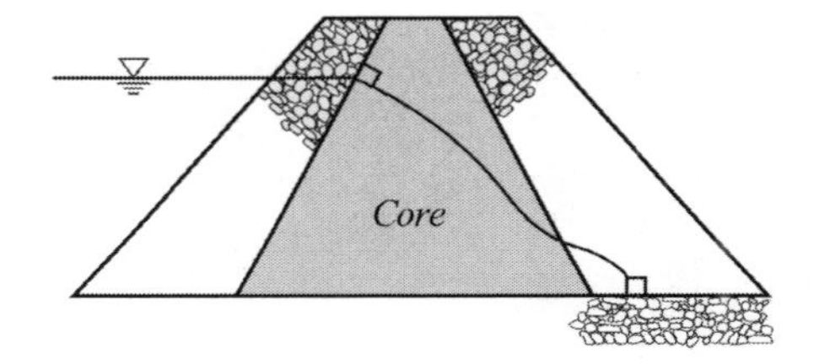

(3) 경사 *Core*형

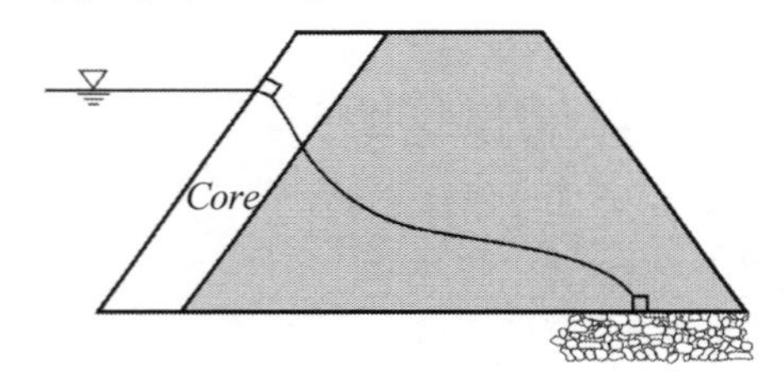

(4) 연직 배수형

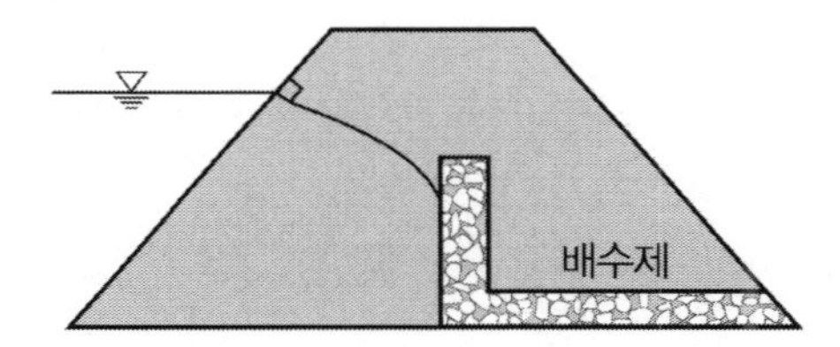

07 배수재(Filter)

1. 목 적

*Dam*이나 제방을 설치 시 *Filter*는 투수성이 현저하게 다른 중간에 위치하며 그 기능은 다음과 같다.

(1) 침투에 의한 토사유출 억제

(2) 침투수 발생 시 조속히 배출 → 제체안정에 문제되는 과잉간극수압 발생 억제

2. 배수재기능 = 필터의 조건(상충조건)

(1) 필터의 간극의 크기는 충분히 작아서 인접해 있는 흙의 손실이 방지되어야 하고

(2) 반대로 필터의 간극크기는 충분히 커서 필터로 유입된 물이 빨리 배수되어야 한다.

3. 필터의 설계

(1) 흙의 입경을 기준으로 정하는 경우

① *NAVFAC* 기준(1971)

$$\frac{(D_{15})_f}{(D_{85})_s} < 5 \qquad 4 < \frac{(D_{15})_f}{(D_{15})_s} < 20 \qquad \frac{(D_{50})_f}{(D_{50})_s} < 25$$

여기서, D_{15}, D_{50}, D_{85} : 입도곡선에서 가적 통과율 15%, 50%, 85%에 해당 입경

첨자 : f(필터), s(필터에 인접해 있는 흙)

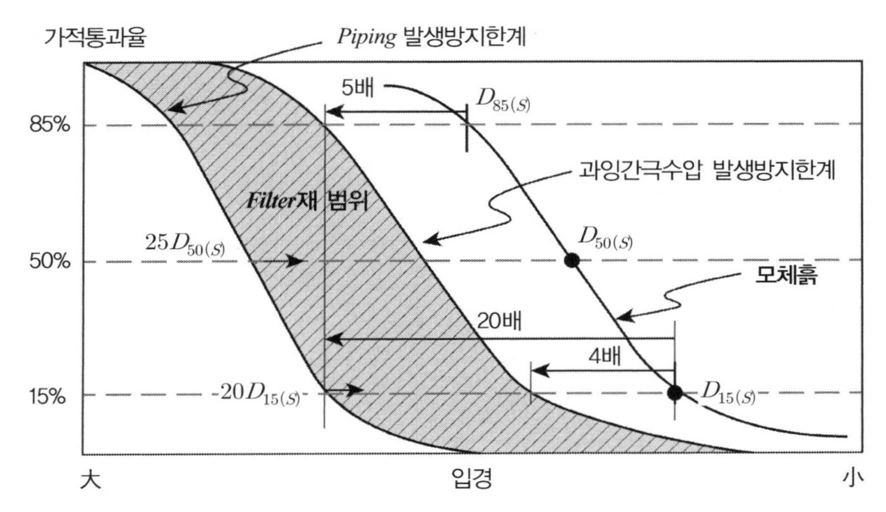

✓ *Terzaghi*에 의하면 *Filter* 재료의 입도곡선은 보호되는 재료의 입도곡선과 평행한 것을 추천한다.

② 유공관 설치 시 *Filter* 설치기준

$$\frac{(D_{85})_f}{\text{배수 } slot\text{의 폭}} > 1.2 \sim 1.4$$

$$\frac{(D_{85})_f}{\text{배수공 직경}} > 1.0 \sim 1.2$$

(2) 토목섬유를 사용하는 경우

① 유효구멍 크기 시험

㉠ 건식 유효구멍 크기 시험

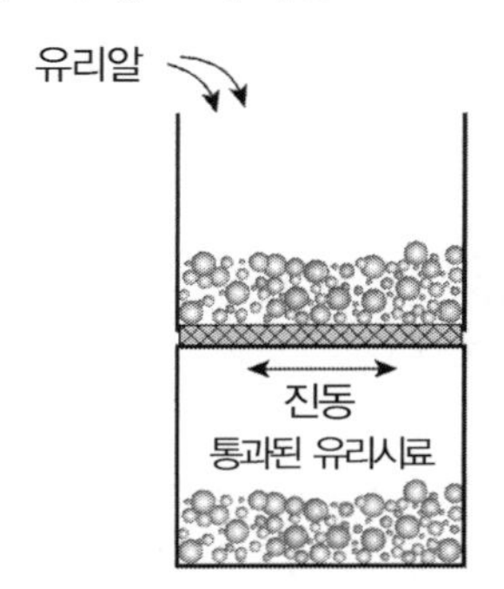

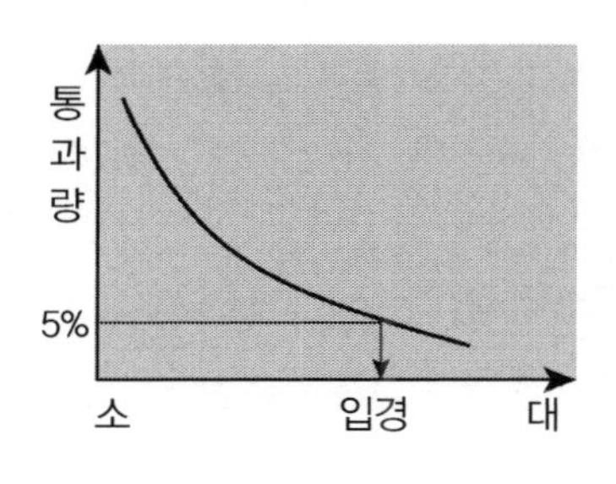

㉡ 습식 유효구멍 크기 시험 ㉢ 수리 동역학 유효구멍 크기(*KSF* 2126)

② 동수경사비 시험 : 구멍막힘(*Clogging*) 시험

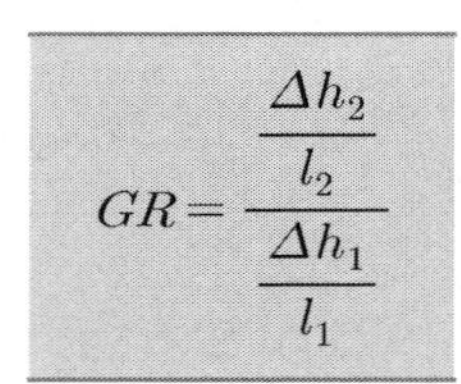

$$GR = \frac{\dfrac{\Delta h_2}{l_2}}{\dfrac{\Delta h_1}{l_1}}$$

⇐ 의미 : 흙 + 토목섬유 통과 때 동수경사에 대한 흙만을 통과한 동수경사비 차이

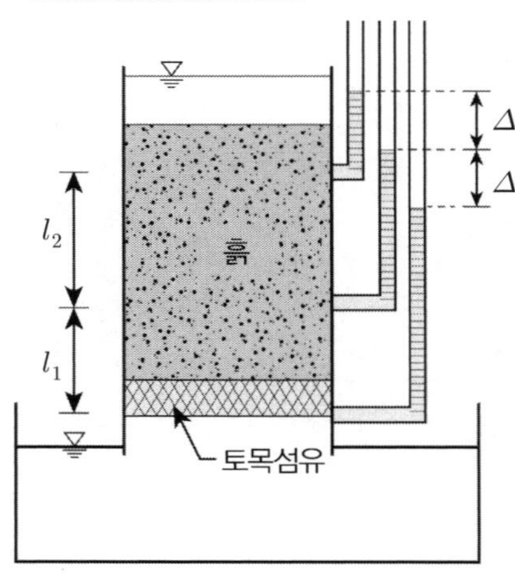

㉠ $GR < 1$: Δh_1 大 → *Piping* 발생

㉡ $GR > 3$: Δh_1 小 → *Clogging* 발생

㉢ $GR = 1 \sim 3$: 정상적

③ 투수성 시험 : 수평, 수직투수 시험

(3) 재료적 구비조건 : *Core*와 비교

구 분	*Core* 재료	*Filter*
소성지수	*PI* > 10	*NP*
투수계수	10−7*cm/sec*	10−2~10−3*cm/sec*
입 경 (0.074*mm*체 통과율)	12% 이상	5% 이하
분 류	***GM, GC, SM, SC***	***GW, GP, SW, SP***
다 짐	***OMC*** 습윤측	***OMC***

4. 필터설계 및 시공 시 유의사항

(1) 흙 입자 유실 억제 : 입경이 너무 크지 않게 설계 및 시공

(2) 과잉간극수압 발생 억제 : 입경이 너무 작지 않게 설계 및 시공

✓ 과잉 간극수압 발생 시 유효응력이 작아져 사면파괴 및 수압파쇄 가능 내재

(3) 토목섬유의 경우 유효구멍크기는 가급적 동수경사비에 의한 시험으로 정함이 필요하다.

08 모관현상

흙 속의 간극은 연결되어 있고 물은 간극 사이로 흐르게 되는데 수두차에 의해서도 물은 흘러가지만 모관현상에 의해서도 아래에서 위로 물이 흘러가게 된다.
이는 입경에 의해 모관상승고는 달라지고 이로 인해 흙의 **유효응력의 변화와 동상현상 등 흙의 성질에 영향**을 미치게 된다. 출제경향은 모관상승고에 대한 이해 여부와 흙에서의 모관상승고에 대한 계산문제가 주로 출제된다.

1. 정 의

(1) 유리관을 물속에 넣으면 물의 **표면장력**(*Surface tension*)에 의해 유리관 속으로 물은 상승하여 어느 높이에서 물기둥을 이루는 현상을 보이는데 이를 **모세관 현상**이라고 한다.

(2) 여기서 물기둥의 높이를 **모관상승고**라고 하며, 물이 상승하는 현상은 유리관과 물 사이에 부착력과 표면장력에 의해 발생한다.

2. 흙 속에서의 물

(1) 흙에 간극은 서로 연결되어 있기 때문에 물은 간극을 통하여 흐르게 되며, 이때 물의 압력을 간극수압이라고 하며 간극수압과 대기압이 같은 수면을 자유수면 또는 지하수면이라고 한다.

(2) 종 류

① 지하수(*Ground water*) : 지하수면 이하에서 흐르는 물로서 *Darcy*의 법칙이 적용됨

② 중력수(자유수, *Gravitation water*) : 중력작용으로 흙 속으로 스며들어가는 빗물이나 지표 위에 존재하는 물

③ 보유수(*Held water*) : **흙의 전단강도와 지지력에 영향(간극수압이 적용)**

㉠ 모관수(*Capillary water*) : 표면장력에 의해 간극사이로 상승된 물을 말함

㉡ 화학적 결합수(흡착수, *Absorbed water*)

- 화학적 결합으로 인해 110±5°C에서 노건조시켜야 비로서 제거되는 결정수로서 공학적으로 흙 입자와 일체로 봄
- 점토의 경우 점토입자에 둘러 싸여진 양이온과 물분자가 전기적으로 평형을 유지할 만큼 결합된 한계를 이중층이라 하고, 이중층 밖의 물을 자유수, 이중층 내의 물을 흡착수(*Absorbed water*)라고 하며 액체라기보다는 고체에 가까운 성질을 보임

✓ 함수비 시험을 위해 노건조한 흙만의 무게는 자유수만을 증발시킨 결과물이다.

3. 모세관 현상

(1) 유리관의 경우 모관상승고

① 유리관 속으로 상승된 물의 중량 = 표면장력이므로

$$\frac{\pi D^2}{4} h_c \cdot \gamma_w = \pi \cdot D \cdot T \cdot \cos a \Rightarrow h_c = \frac{4T \cdot \cos\alpha}{D \cdot \gamma_w}$$

여기서, T : 표면장력(g/cm)　　　a : 관벽과 표면장력의 접촉각

D : 유리관의 지름(cm)

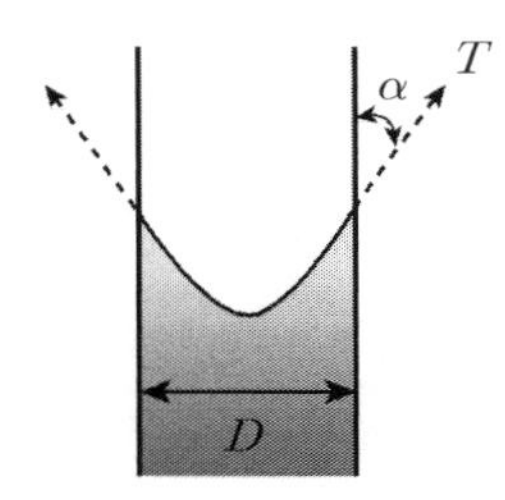

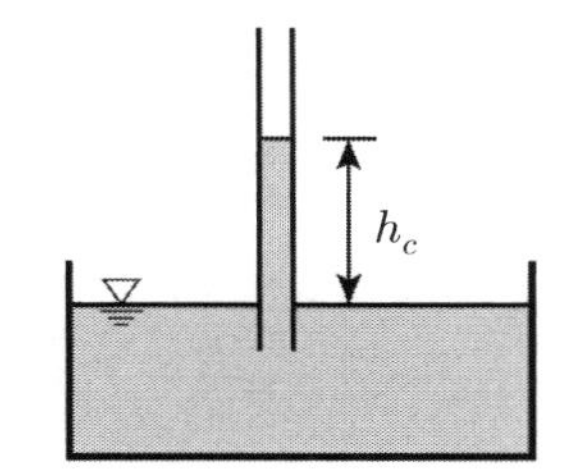

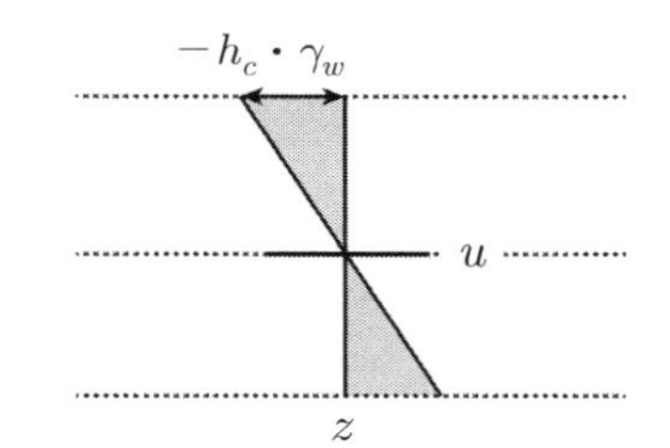

② 표준온도(15°C)에서의 모관상승고

표준온도(15°C)에서 고유한 물의 표면장력 T = 0.075g/cm이고, 접촉각 α는 유리관의 벽면이 매끄러울 경우 0°이고 $\cos 0° = 1$이므로

$$\alpha = 0 \Rightarrow h_c = \frac{4 \cdot T}{D \cdot \gamma_w} = \frac{0.3}{D}$$

단위 : cm

(2) 흙 속의 모세관 현상

① 자연상태에 흙은 그 간극으로 이루어진 관망(冠網)을 가지고 있으나 유리관의 경우와는 다르다.

② 즉, 유리관처럼 관의 단면이 흙의 경우 일정하지 않고 유로도 구불구불하기 때문에 유리관의 경우처럼 모관상승고를 산출하기가 단순하지가 않다.

③ 그러나 모세관 현상의 원리는 유리관과 동일하므로 흙에 있어서는 유리관의 직경 대신 유효입경의 1/5을 모관의 직경으로 가정하여 개략적인 모관상승고를 구할 수 있다.

$$h_c = \frac{0.3cm}{\frac{1}{5} D_{10}}$$

$$Hazen\text{의 제안식 } h_c = \frac{C}{e \cdot D_{10}}$$

여기서, C : 입자의 형상과 표면상태에 따라 정해지는 정수(0.1 ~ 0.5cm^2)

4. 모관 포텐셜(*Capillary Potential*)

(1) 정 의

① 흙이 모관수를 지지하기 위한 힘으로 모관 포텐셜은 (−)간극수압과 같다.

② 즉, 모관수를 자유수면보다 상승시키려면 마치 빨대 속으로 물을 빨아들이는 것과 같은 부압이 필요하다는 뜻이다.

(2) 모관포텐셜=모관압

① 완전히 포화된 흙의 모관 포텐셜

$$\varphi = -\gamma_w \cdot h_c$$

② 부분적으로 포화된 흙의 모관 포텐셜

$$\varphi = \frac{S}{100} \cdot \gamma_w \cdot h_c$$

여기서, S : 포화도

(3) 모관 포텐셜에 영향을 미치는 요소

① 함수비, 입경, 간극비가 작을수록 저포텐셜이다.

② 온도가 낮을수록 표면장력이 증가하므로 저포텐셜이다.

③ 염류가 클수록 저포텐셜이다.

④ 불포화토의 경우 고포텐셜에서 저포텐셜로 흐름이 발생한다.

5. 모관현상 관련된 자연현상

(1) 건조점토(*Desiccated clay*)

① 만일 점토지반의 지하수위가 어떤 원인에 의해 하강되었다면 상당히 강도가 증가된다.

② 왜냐하면 첫째 컨시턴시의 한계에서 배웠듯이 액체에서 고체로 변화되면서 강도가 증가되고

③ 둘째 모관작용으로 인해 유효응력의 증가가 발생하기 때문이다.

⑤ 위와 같은 현상을 보이는 점토를 건조점토라 하며 지하수위 이하의 지반은 여전히 연약한 상태에 있음에 유의하여야 한다.

(2) 모래지반에서의 벌킹현상

가는 모래의 경우 모세관현상에 의해 모래입자 사이 표면장력의 발생으로 함수비가 5~6%일 때 체적이 증가하면서 겉보기점착력이 유발되며, 계속 물을 가하면 체적이 감소하며 겉보기점착력은 사라진다.

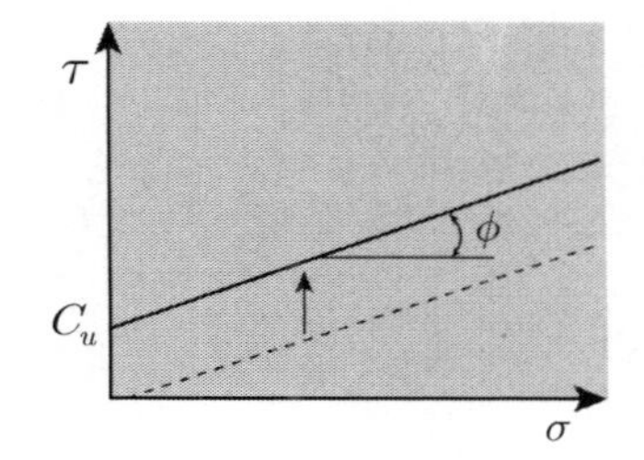

6. 모세관 현상의 영향

(1) 유효응력의 변화 : 제 3장 유효응력 참조

① 모관상승으로 인한 모관상승고를 개략적으로 구한다.

② 모관상승으로 인해 발생된 부압은 $-\gamma_w \cdot h_c$로 부의 간극수압이며 이는 물을 흡수하기 위한 모관 포텐셜로서 포화도에 따라 부의 간극수압 $u = -S \cdot \gamma_w \cdot h_c$이다.

③ 유효응력 = 전응력 − 간극수압이며, 여기서 간극수압은 (−)이므로 모관상승고가 없는 지하수위이상의 어느 지점의 유효응력보다 부의 간극수압만큼 유효응력은 증가한다.

(2) 동상현상

지반에 온도가 0°C 이하의 깊이 이내에 모관상승고가 존재할 경우 모관 현상에 의해 *Ice lense*가 발생되어 지반의 체적이 부풀어 오르는 현상이 발생한다.

(3) 과압밀의 원인

7. 모관 흡수력 < 강도 변화 / 투수성 변화 ⇒ 흙 − 수분 특성 곡선 활용

[Soil water characteristic curve]

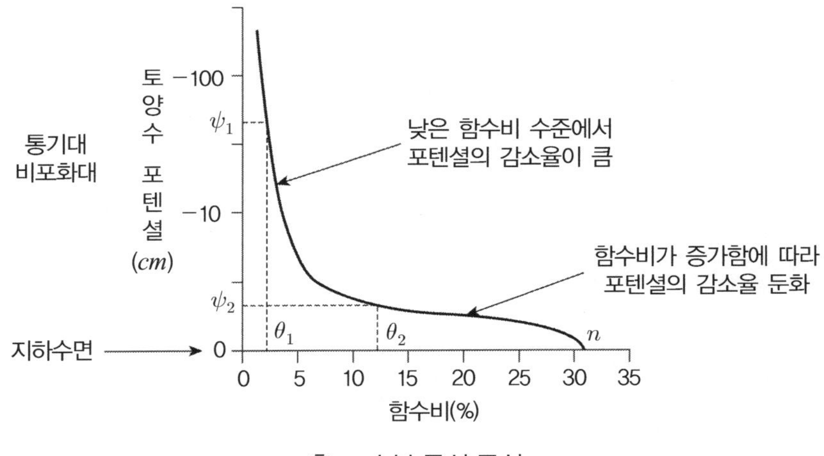

흙 − 수분 특성 곡선

09 지연계수(Retardation Coefficient)

1. 정 의

자연계수란 토양 중 용질과 토양매트릭스 사이의 상호작용에 따라 용질이동이 지연되는 현상을 나타내는 척도이다.

2. 지연계수(R)

$$R = 1 + \frac{\rho_b}{n} K_d$$

여기서, ρ_b : 흙의 건조밀도

n : 공극률

K_d : 분배계수

$$\frac{\overline{V}_x}{V_c} = R = 1 + \frac{\rho_b}{n} K_d$$

여기서, $\overline{V}_x$: 지하수 흐름속도 V_c : 상대농도 0.5인 점 유속

✓ 지연계수 R은 지하수 흐름속도($\overline{V}_x$)와 관련한 오염물질 흡착속도비($\overline{V}_x / V_c$)와 같다.

3. 지연계수 범위

(1) 오염물질의 성분에 따라 1～1,000

(2) 유기성 물질인 경우 2～10 범위에 있다.

4. 지하수오염 시 용질이동 종류

(1) 이류(*advection*) : 오염물질이 다공질 매체를 통하여 지하수 흐름방향에 따라 지하수 동수경사에 의해 이동하는 과정이다.

(2) 확산(*diffusion*) : 확산은 용질의 분자가 용질의 농도가 높은 곳으로부터 낮은 쪽으로 이동하는 과정이다.

(3) 분산(*dispersion*) : 분산은 다공질매체에서 유속을 매개변수로 하여 용질이 혼합되는 과정을 의미하며 오염원으로부터 오염범위가 확장되어 용질의 농도가 희석되는 현상이다.

(4) 흡착(*adsorption*) : 용해성 물질이 흙구조 표면에 부착 또는 밀착하여 막을 형성하거나 흡수되는 현

상을 흡착이라 한다. 이 현상으로 인하여 오염물질의 분산속도가 지연되는 인자를 나타내는 것이 지연계수이다.

(5) 생물학적 감쇠 : 미생물이 부존하는 유기성 오염물에서 유기성 오염물질이 CO_2나 물로 변성되어 오염물의 농도를 감쇠시키는 과정이다.

(6) 화학적 작용에 의해 오염농도가 감쇠되는 현상을 화학적 감쇠라 한다.

5. 이 용

지중 오염물질의 용질이동 해석에 이용된다.

10 동상(Frost Heave)

기온이 0℃ 이하가 되면 흙 속의 물은 얼어 얼음덩어리가 되고 얼음 덩어리는 주변의 간극수를 흡수하여 더욱 체적이 증가하게 된다. 모세관 현상이 있는 경우에 흙은 더욱 얼음덩어리의 체적을 증가시키는 원인을 제공하게 되어 지반이 부풀어 오르는 현상이 발생하게 되는데, 이를 동상이라고 하며 구조물하부 지반의 경우 붕괴위험이 발생할 수 있다. 또한 봄이 되어 얼음 덩어리가 녹을 경우 배수가 안 되는 지반의 경우에는 지반이 연약해지는데 이를 연화현상이라고 한다.

1. 정 의

동상현상이란 흙 속의 간극수가 얼게 되면 부피가 약 9% 팽창되며 이로 인해 지표면이 부풀어 오르는 현상을 말한다.

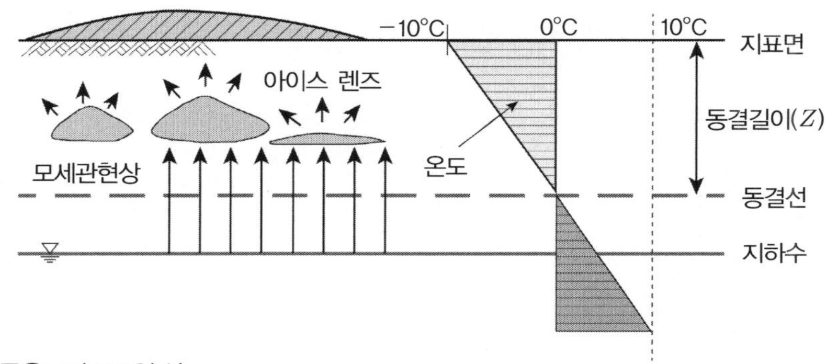

✓ 동결선 : 지중온도가 0℃인 선

2. 동상 발생 3대 조건 : 동시존재 조건

(1) 동상을 받기 쉬운 흙(실트 → 점토 → 모래 → 자갈)이 존재해야 하고

토 질	모관상승고	투수계수	동상을 받기 쉬운 순서
실 트	**크 다**	**점토보다 크다**	1
점 토	**실트보다 크다**	**작 다**	2

✓ 균등계수에 의한 흙의 동상성 판단(*Cassagrande* 방법)

1. 균등계수가 5 미만이고 0.02*mm* 이하의 입경을 10% 이상 함유한 경우
2. 균등계수가 15 미만이지만 0.02*mm* 이하의 입경을 3% 이상 함유한 경우

(2) *Ice lense*를 형성할 수 있는 물의 공급이 충분해야 하며

(3) 0℃ 이하의 동결온도가 지속되어야 한다.

3. 동상량의 요인

(1) 모관상승고가 높을 경우

(2) 투수성이 좋을 경우(지표수 유입)

(3) 지하수위가 동결선보다 깊지 않을 경우

(4) 동결지수가 클 경우(날씨가 춥고 동결되기 쉬운 조건)

4. 동결깊이

(1) 동결지수(*Freezing index*) : F

① 동결지수(*Frost index*)는 동결관입 깊이를 산정하기 위한 대표적 척도로서, 대기온도의 강도와 지속기간의 누가영향(*Cumulative effect*)으로 표시된다.

② 일평균 기온의 누계를 매일 측정하여 적산기온의 최대치와 최소치의 차이를 θ라고 하면 θ에 해당기간을 곱하면 동결지수가 된다.

$$F = \sum(\theta \times t)$$

단위 : °C · *day*

여기서, θ : 0°C 이하의 온도 t : 지속시간

③ 수정동결지수

$$\text{수정동결지수}(°C \cdot day) = F \pm 0.5 \times \text{동결기간} \times \frac{\text{표고차}(m)}{100}$$

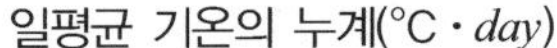

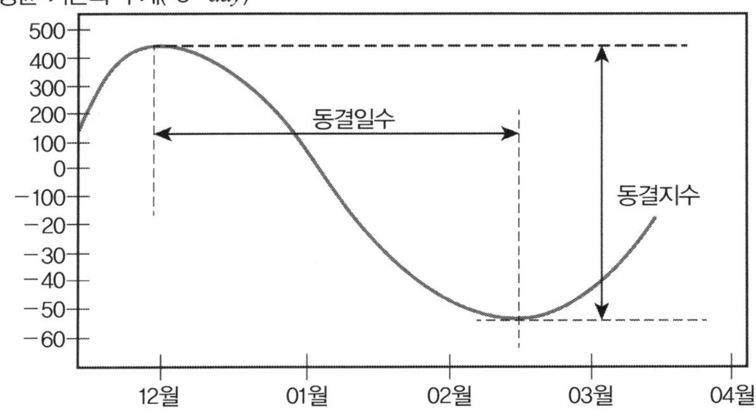

✓ 동결지수의 결정은 대상 지역의 인근 측후소에서 관측한 30년간의 기상자료에서 추위가 가장 심하였던 3년간의 평균동결지수로 정한다. 만일 30년간의 기상자료가 없으면 최근 10년간의 최대동결지수를 설계 동결지수로 정함

(2) 동결심도

지표면에서 동결선(지중온도가 0°C가 되는 점을 이은선)까지의 깊이로 일본의 데레다 공식을 많이 이용한다.

$$Z = C \cdot \sqrt{F}$$

여기서, Z : 동결심도(cm)　　F : 동결지수(°C · day)
C : 햇볕이 쪼이는 조건, 토질, 배수조건 등을 고려하여 3~5의 값

5. 동상 방지대책

(1) 동결심도에 해당되는 토층을 조립토로 치환한다.
(2) 모관현상이 안 생기는 조립토로 차단층을 설치한다.
(3) 지표면 위로 단열재로 덮는다(석탄재, 코크스, 기타).
✓ 지표에 가까운 부분에 전열재료를 매설하는 방법
(4) 지표의 흙을 안정처리 : 시멘트, 석회, 역청제, 화학적 약품처리($CaCl_2$, $NaCl$, $MgCl_2$)
(5) 지하수위 저하 : 배수구 설치

6. 연화현상

동결된 지반이 해빙기에 녹아서 배수가 되지 않게 되면 함수비 증가와 함께 지하수위 상승으로 인한 유효응력의 감소로 지반의 강도가 저하되는 현상을 말한다.

✓ 원인 : 지하수 유입, 지하수 상승, 융해수의 배수 불량
대책 : 동상 방지대책과 같다.

[계산 예]

측후소의 표고는 모두 동일하다고 가정하고, 기존의 측후소인 A, B, C지점 사이에 D지점의 동결지수를 구하시오.

〈조건〉

- 동결지수 : A지점 300°C · 일, B지점 400°C · 일, C지점 500°C · 일
- 측후소까지의 거리 : $A-D$ 20km, $B-D$ 40km, $C-D$ 30km

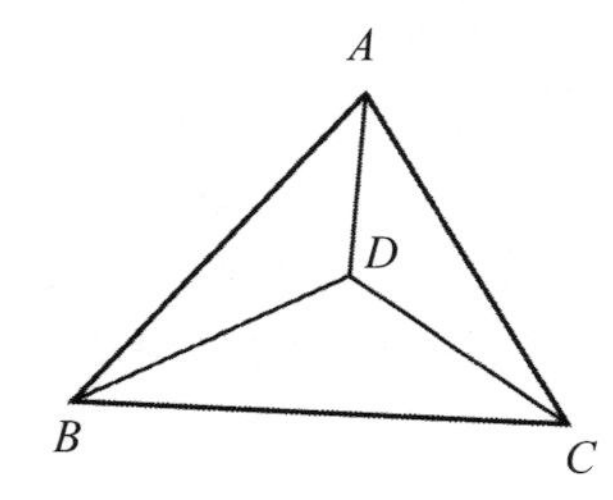

$$F_D = \frac{\frac{300}{20} + \frac{400}{40} + \frac{500}{30}}{\frac{1}{20} + \frac{1}{40} + \frac{1}{30}} = 384\text{°C} \cdot \text{일}$$

[전국 동결지수선도(국토교통부, 2015)]

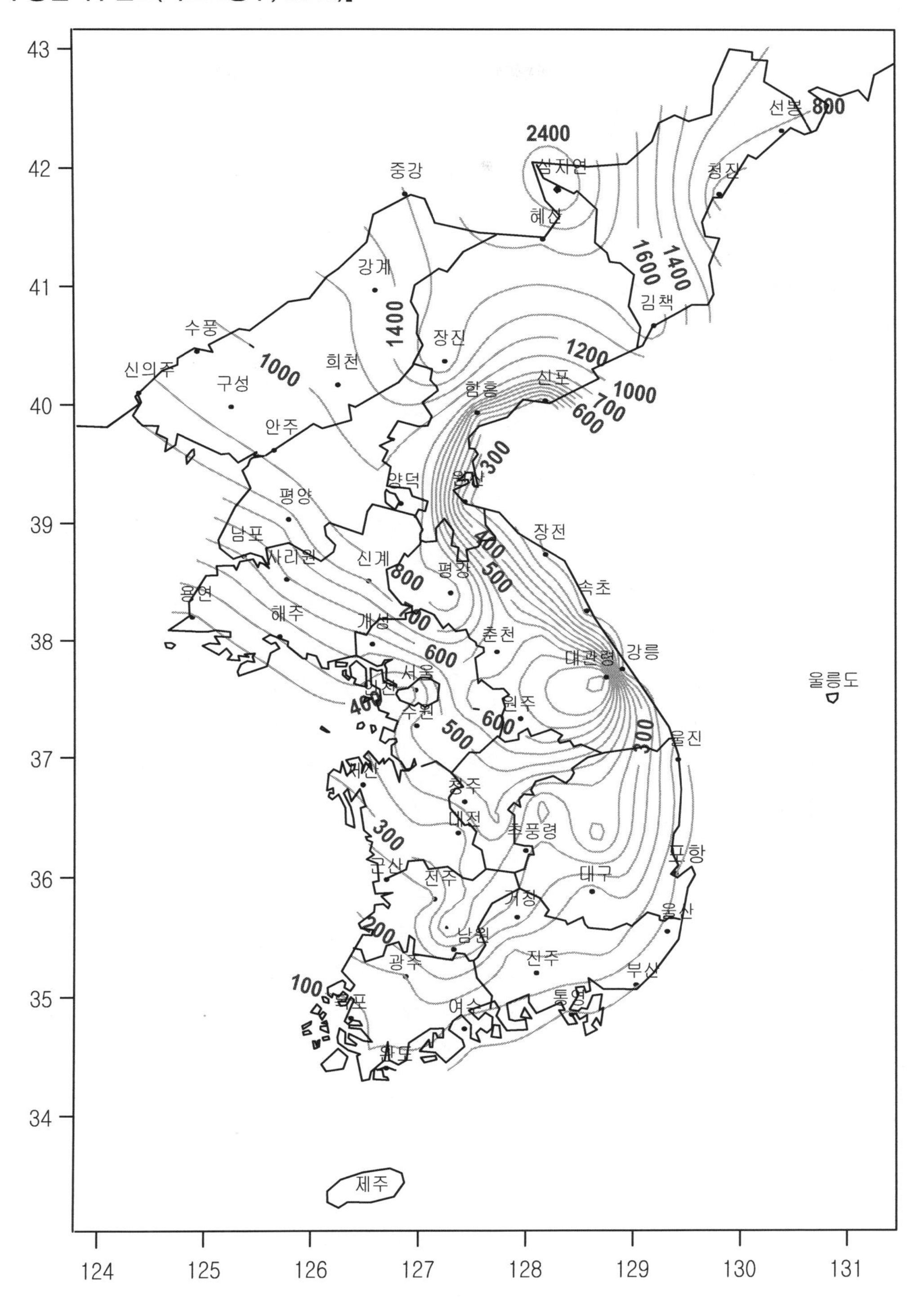

11 저류계수(Cofficient of Storage)

1. 개 요

(1) 포화대의 수리 · 지리적 특성은 흐름(유동) 특성과 저류 특성으로 크게 구별된다.
(2) 흐름 특성의 가장 중요한 인자는 수리전도도(*Hydraulic conductivity*)이고
(3) 저류 특성에서의 공학적 특성은 간극률, 비저류계수, 저류계수, 비산출률이다.

2. 저류계수(*Cofficient of Storage*)

(1) 정 의

① 저류계수란 대수층 내에 저류되어 있던 물이 단위면적을 통해 유입, 유출될 수 있는 양을 무차원 상수로 표시한 것이다. 즉, 중력배수가 가능한 지하수 체적비와 같다.

$$S = \frac{\text{배출된 지하수량(체적)}}{\text{(면적)} \cdot \text{(수두변화)}} = \text{저류계수}(S)$$

② $S = S_s b + S_y$

$$S_y = \frac{\text{중력배수 가능 지하수체적}}{\text{대수층 전체적}}$$

여기서, S_s : 비저류계수 S_y : 비산출률

③ S_s는 S_y에 비해 매우 작은 값이므로 S_s를 생략하면 $S = S_y$가 되고

④ 피압대수층에서는 장시간 지하수를 채수하더라도 수위강하가 피압대수층의 포화두께에 영향을 미치지 않기 때문에 $S_y = 0$이고, $S = S_s \cdot b$로 표현할 수 있다.

3. 비저류계수(S_s)

(1) 대수층이나 자연대수층 내에 저류되어 있던 지하수를 채수면 수위강하에 따른 지하수는 순간적으로 팽창하고, 반대로 대수층은 응력의 변화로 압축을 받아 대수층 내에 저유된 지하수가 배출된다.
(2) 즉, 단위체적의 대수층 내에 저류되어 있던 지하수에 단위수두 강하가 발생되면 지하수 팽창과 대수층 압축현상에 의해 대수층 단위면적을 통해 배출되는 양(체적)
(3) 대수층의 체적대 배출된 지하수(체적)와의 비를 비저류계수라 한다.

$$S_s = \alpha \cdot \gamma_w + n\beta \cdot \gamma_w = \gamma_w(\alpha + n\beta)$$

여기서, α : 피압대수층 압축계수 β : 물의 압축계수
γ_w : 물의 단위중량

4. 비산출률(S_y)

$$S_y = \frac{V_w}{V}$$

여기서, V : 대수층 전체적

V_w : 중력배수에 의해 배출시킬 수 있는 지하수량(체적)

TIP | 저류계수의 개념도 |

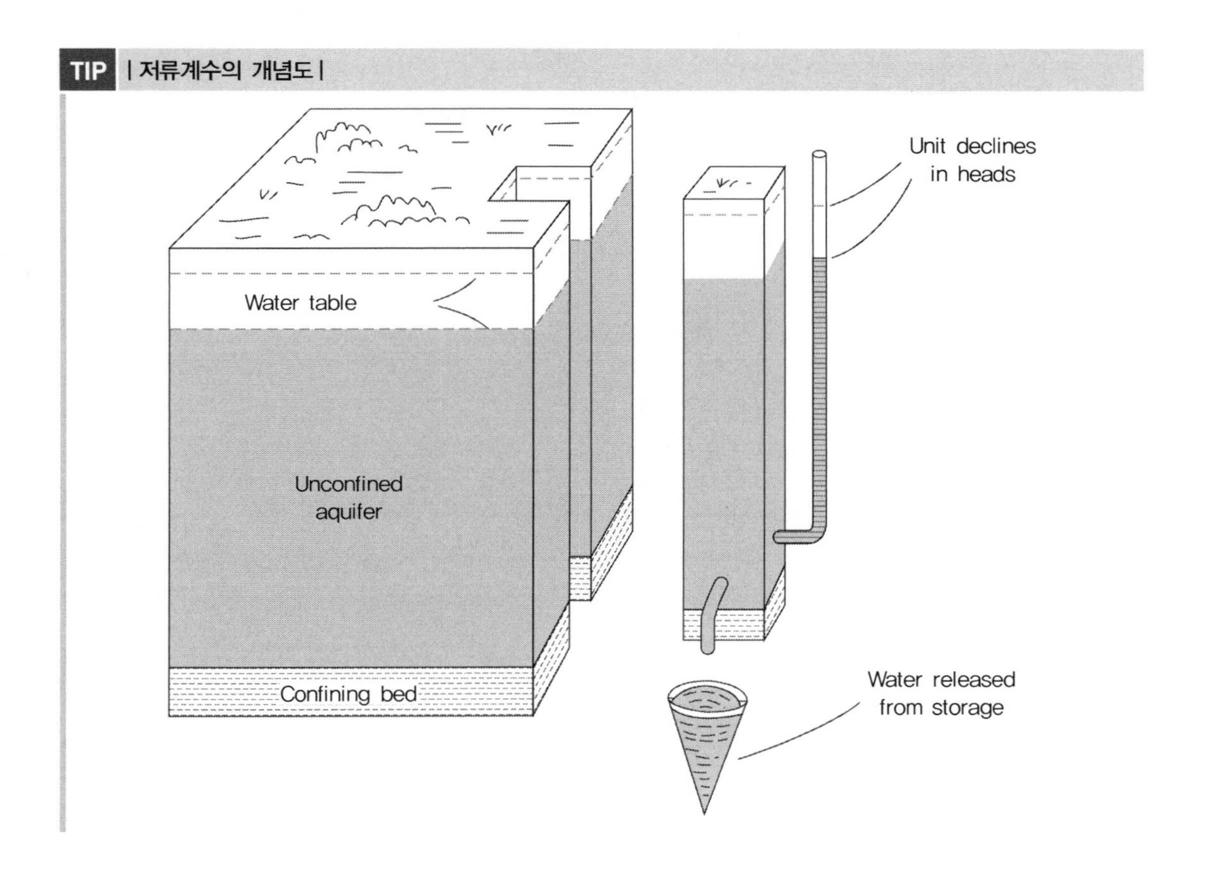

CHAPTER 03

유효응력과 지중응력

이 장의 핵심

- 유효응력이란 흙의 입자 상호 간에 작용하는 압력으로 지반의 변형과 전단에 영향을 미치는 중요한 개념으로서, 토질역학에서 취급하는 압축성, 전단강도, 사면안정과 관련한 안전율의 산정에 가장 근본이 된다.
- 모관현상과 침투로 인한 유효응력의 변화에 대한 개념의 이해는 약간 난해하나 출제에 비중이 높으므로 확실하게 학습해두어야 한다.
- 지중응력은 비교적 쉬운 개념이지만 출제빈도가 높고 실무에서 대단히 중요한 문제이므로 충분히 숙지하여야 한다.

CHAPTER

03 유효응력과 지중응력

01 유효응력과 간극수압

[핵심] 유효응력의 개념을 이해하고 유효응력이 포화 시, 불포화 시, 상향/하향의 침투가 있을 시, 피압 시 등 지반상황에 따라 변화되는 유효응력이 전단강도에 어떻게 영향을 미치는지와 이를 구하기 위한 각종 시험방법과 주의 사항에 대하여 연계성 있는 공부를 하여야 한다.

1. 정 의

(1) 유효응력

지반의 임의의 심도에서 흙 입자 상호 간의 접촉점에 작용하는 단위면적당 압력으로 토립자가 부담하는 응력이다.

(2) 간극수압

토립자의 간극 속에 물, 즉 간극수가 받는 압력으로 지하수위가 일정한 경우는 정수압과 같다.

✓ 간극수압은 지반의 변형과 전단에 관계가 없으므로 중립응력이라고 한다.

(3) 전응력

단위면적당 유효응력과 간극수압의 합으로 정리되며 관계는 다음과 같다.

$$\sigma = \sigma' + u$$

여기서, σ : 전응력 σ' : 유효응력 u : 간극수압

2. 특 성

(1) 유효응력

① 유효응력만이 흙의 변형과 전단에 대해 관련된다.

② 점토지반에서 지반을 개량한다는 것은 유효응력을 증가시키는 행위이다.

③ 불포화토의 경우 포화토의 유효응력보다 크며 이는 포화도와 반비례한다.

④ 모관 상승 시는 (−)의 간극수압이 발생하므로 유효응력이 건조 시보다 크게 된다.

⑤ 상향 침투 시 유효응력은 $\Delta h \cdot \gamma_w$ 만큼 작아진다(Δh : 수두차).

⑥ 하향 침투 시 유효응력은 $\Delta h \cdot \gamma_w$ 만큼 커진다.

(2) 간극수압

① 모래 : 하중 작용 시 짧은 시간에 배수되므로 간극수압이 조기에 소산된다.
유효응력 ≒ 전응력(간극수압 = 0)

② 점토 : 투수성이 적어 서서히 배수되므로 유효응력은 압밀도에 따라 증가되며, 압밀 초기에 하중을 가할 시 정수압보다 큰 간극수압을 과잉간극수압이라고 한다.

㉠ 과압밀점토 : (−)의 간극수압 발생으로 정규압밀보다 유효응력이 크다.

㉡ 정규압밀점토 : 재하 시 체적이 감소하고 (+)의 간극수압이 발생하여 과압밀점토보다 유효응력이 작다.

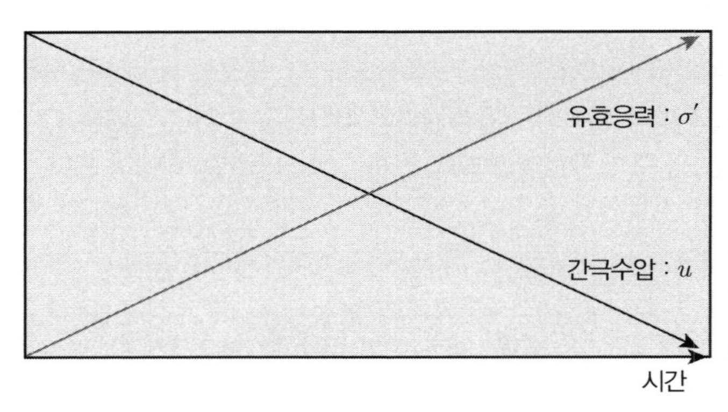

정규압밀점토의 시간에 따른 유효응력 변화

3. 침투가 없는 포화토의 경우 유효응력 계산

(1) 과잉간극수압이 없는 경우

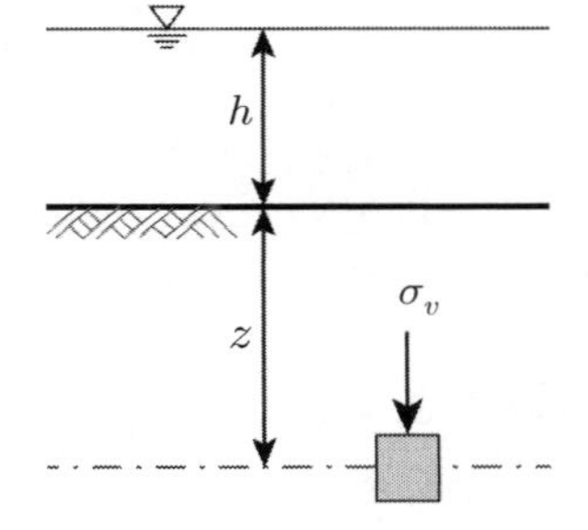

① 전 연직응력은 흙과 물로 전달되는 압력이므로
$\sigma_v = h \cdot \gamma_w + z \cdot \gamma_{sat}$

② 물로 전달되는 압력, 즉 간극수압
$u = (h + z)\gamma_w$

③ 흙 입자로 전달되는 압력은 전 연직응력에서 간극수압만큼 뺀 압력이므로 유효응력은 다음과 같다.

$$\sigma' = \sigma - u = h \cdot \gamma_w + z \cdot \gamma_{sat} - (h + z)\gamma_w = z \cdot \gamma_{sub}$$

✓ 즉, 물에 의해 전응력은 증감되나 유효응력의 변화는 없으며, 이 말은 흙 입자로 전달되는 응력은 흙의 수중단위중량에 그 요소 위에 있는 지반의 높이를 곱하여 구할 수 있으나 지표면 위의 수위와는 아무런 관련이 없음을 시사한다.

(2) 과잉간극수압이 발생하는 경우

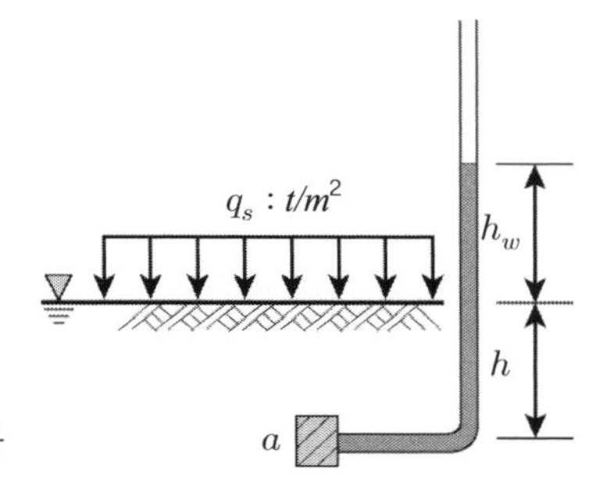

① 전 연직응력은 흙과 물로 전달되는 압력이므로

$\sigma_v = q_s + h \cdot \gamma_{sat}$

② 물로 전달되는 압력, 즉 간극수압

$u = (h_w + h)\gamma_w$

③ 흙 입자로 전달되는 압력은 전 연직응력에서 간극수압만큼 뺀 압력이므로 유효응력은 다음과 같다.

$$\sigma' = \sigma_v - u = q_s + h \cdot \gamma_{sat} - (h_w + h)\gamma_w = q_s + h \cdot \gamma_{sub} - h_w \cdot \gamma_w$$

✓ 점토에 하중을 가하여 발생된 과잉 간극수압은 시간경과와 함께 소산되며, 유효응력은 발생된 과잉간극수압만큼 감소한다.

4. 불포화토의 유효응력

(1) 불포화토는 간극 내에 공기가 존재하므로 간극압은 공기압을 추가해야 한다.

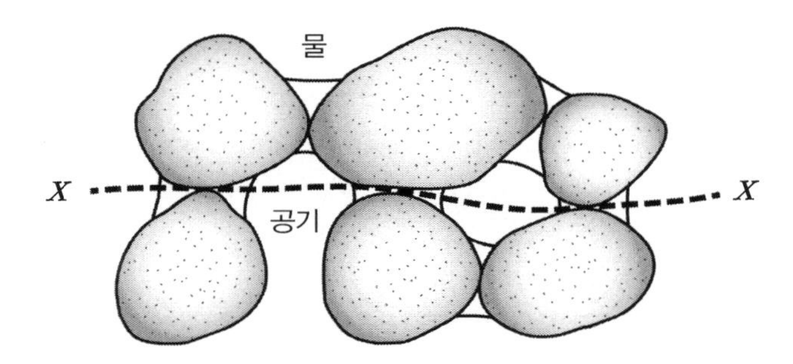

불포화토에 작용하는 간극수압과 공기압

① 전 연직응력은 그림과 같이 흙과 물과 공기로 전달되는 압력이므로

$$\sigma_v = \sigma_v' + u_w\left(\frac{A_w}{A}\right) + u_a\left(1 - \frac{A_w}{A}\right)$$
$$= \sigma_v' + \chi \cdot u_w + u_a(1 - \chi)$$

여기서, $\chi = A_w / A$ (유효응력계수)

A : 전체 단면적

A_w : 수압이 작용하는 면적

✓ 모관흡수력 $= u_a - u_w$

② 여기서, u_a는 간극 공기압으로 실제 계기상의 공기압은 대기압상태와 동일하다고 하면 '0'이 되므로

$\sigma_v = \sigma_v' + \chi \cdot u_w$

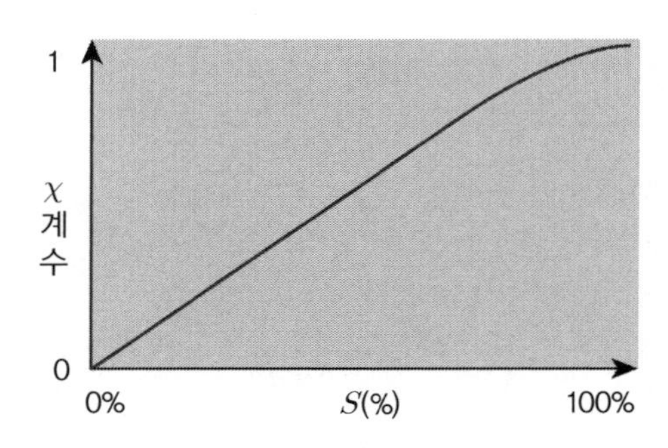

포화도와 χ 와의 관계(*Bishop*, 1960)

③ 건조한 흙은 포화도가 '0'이므로 χ =0이 되어 $\sigma_v = \sigma_v'$ 이 된다.

✓ 전응력과 유효응력이 동일하다.

5. 침투로 인한 유효응력의 변화

(1) 정수압의 경우

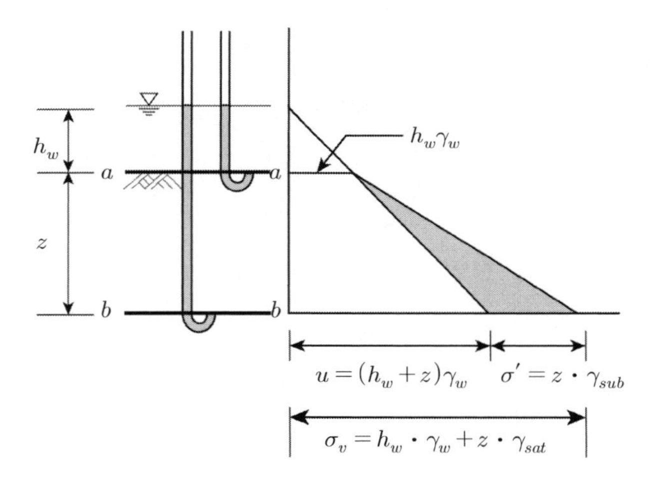

① 정수압의 경우 $b-b$면에 설치된 피죠메타의 수위는 지표면 위의 수위와 같으므로 수두차에 의한 물의 흐름은 발생하지 않으므로 침투현상이 생기지 않는다.

② 이 경우 간극수압은 전수두와 같으며 $u=(h_w+z)\gamma_w$이다.

③ 그러므로 유효응력은 전응력($h_w\cdot\gamma_w+z\cdot\gamma_{sat}$)에서 간극수압을 뺀 $\sigma'=z\cdot\gamma_{sub}$가 된다.

④ 정수압의 경우 동수경사($i=\Delta h/z$)는 물이 흐른 거리 z에 대한 전수두 차($\Delta h=0$)이므로 0이 된다.

(2) 물이 아래로 흐르는 경우

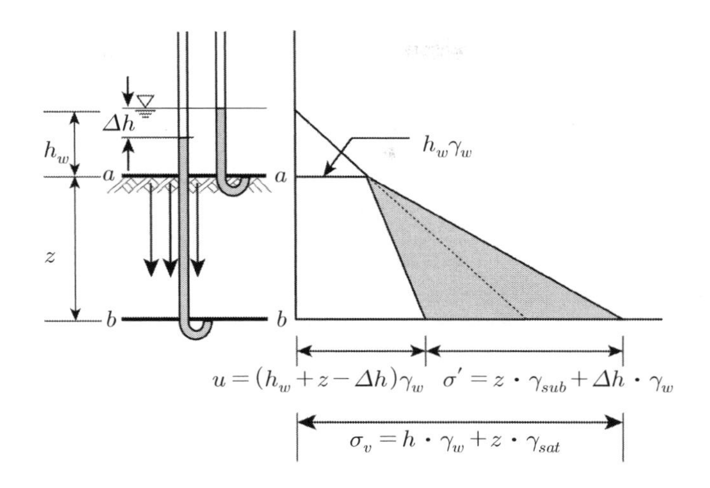

① 물이 아래로 흐르는 경우에는 정수압 상태와는 달리 $b-b$면에서 피조메타에 나타난 전수두와 지표면 위의 수위와 Δh만큼 차이를 보이게 된다.

② 이때, 간극수압은 정수압 시의 간극수압에 비해 전수두차 만큼 감소하며 유효응력은 전수두차 만큼 증가하지만 간극수압과 유효응력의 합은 변화가 없다.

③ 여기서 침투로 인하여 증가된 유효응력을 침투수압(*Seepage pressure*)이라고 한다.

㉠ 침투수압 = $\Delta h \cdot \gamma_w$

㉡ 침투력 : 침투수압 × 면적

$$F = \Delta h \cdot \gamma_w \cdot A = \Delta h \cdot \gamma_w \frac{V}{z} = i \cdot \gamma_w \cdot V$$

여기서, Δh : 전수두차　　　z : 토층깊이

㉢ 단위면적당 침투력

$$F = \frac{i \cdot \gamma_w \cdot V}{A} = \frac{i \cdot \gamma_w (A \cdot z)}{A} = i \cdot \gamma_w \cdot z$$

㉣ 단위체적당 침투수력(J) : 침투력에 통과체적을 나누어준다.

$$J = i \cdot \gamma_w \cdot V \div V = i \cdot \gamma_w$$

✓ **즉, 단위체적당 침투수력은 동수경사에 물의 단위중량을 곱한 값이다.**

(3) 물이 위로 흐르는 경우(분사(噴砂)현상, 상향침투)

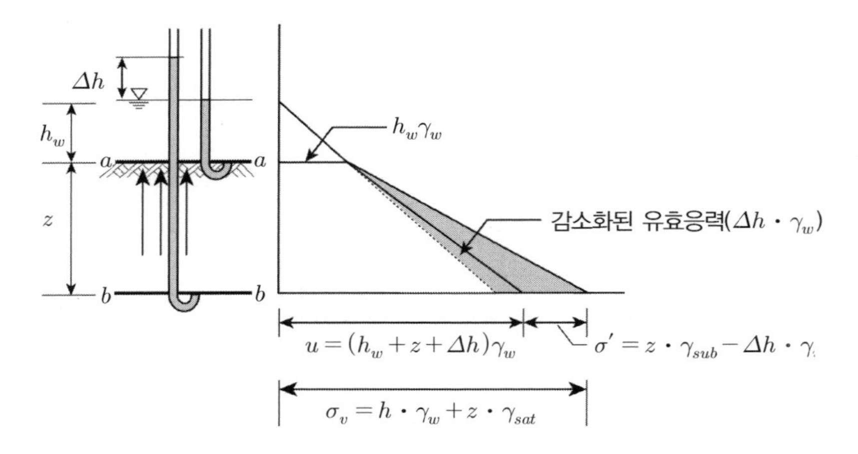

① 그림과 같이 흐름의 방향이 상향이라면 유효응력은 정수압에 비해 $\Delta h \cdot \gamma_w$ 만큼 감소한다.

$$\sigma' = z \cdot \gamma_{sub} - \Delta h \cdot \gamma_w$$

② 만일 침투수압이 점점 커져서 유효응력이 0이 된다면

$$z \cdot \gamma_{sub} = \Delta h \cdot \gamma_w \Rightarrow \quad i_{cr} = \frac{\Delta h}{z} = \frac{\gamma_{sub}}{\gamma_w} = \frac{G_s - 1}{1+e}$$

③ 이때의 동수경사 i_{cr}를 한계동수경사라고 한다. 동수경사가 이 값에 이르면 흙의 유효응력은 0이 되며, 만일 점착력이 없는 흙이라면 전단강도가 존재하지 않는 상태가 되어 흙이 마치 분수처럼 솟구쳐 오르는 현상이 되고 이를 분사현상이라고 한다.

6. 모관상승 시 유효응력

(1) 모관 포텐셜 = 모관압

① 완전히 포화된 흙의 모관 포텐셜

$$\Phi = -\gamma_w \cdot h_c$$

② 부분적으로 포화된 흙의 모관 포텐셜

$$\Phi = -\frac{S}{100}\gamma_w \cdot h_c$$

여기서, S : 포화도

(2) 동상

지반에 온도가 0°C 이하의 깊이 이내에 모관 상승고가 존재할 경우 모관 현상에 의해 *Ice lense*가 발생하여 지반의 체적이 부풀어 오르는 현상이 발생한다.

7. 피압 시 유효응력의 변화

(1) 지반에 피압이 존재 시 이것은 상향의 침투압과 마찬가지로 유효응력은 정수압에 비해 $\Delta h \cdot \gamma_w$ 만큼 감소한다.

(2) 따라서 피압이 존재할 경우 피압이 없을 때에 비해 유효응력은 감소하게 된다.

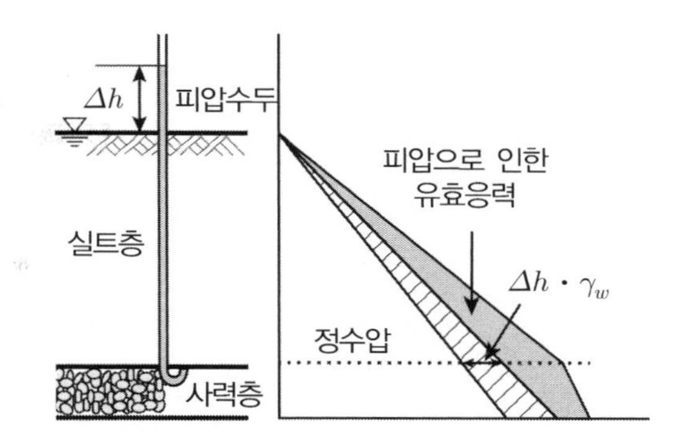

8. 시공조건별 유효응력

(1) 성토재하(지중응력 무시)

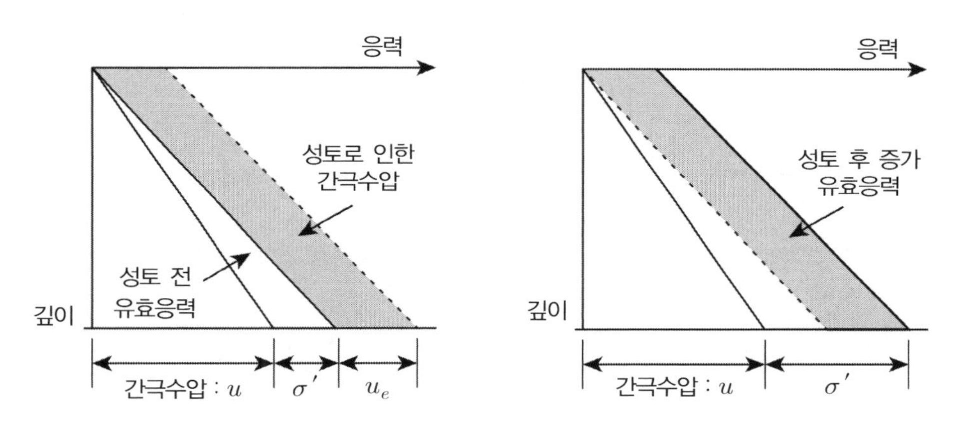

(2) 지하수위 저하

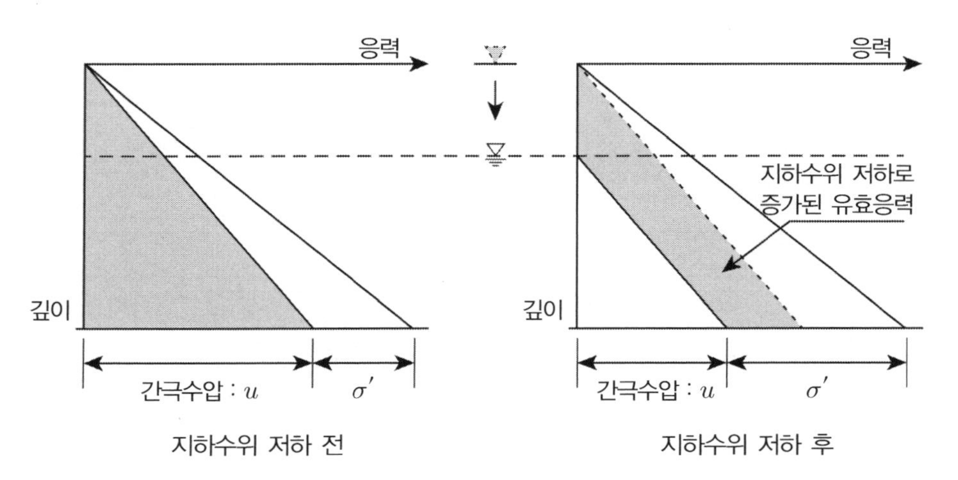

지하수위 저하 전

지하수위 저하 후

(3) 진공압밀

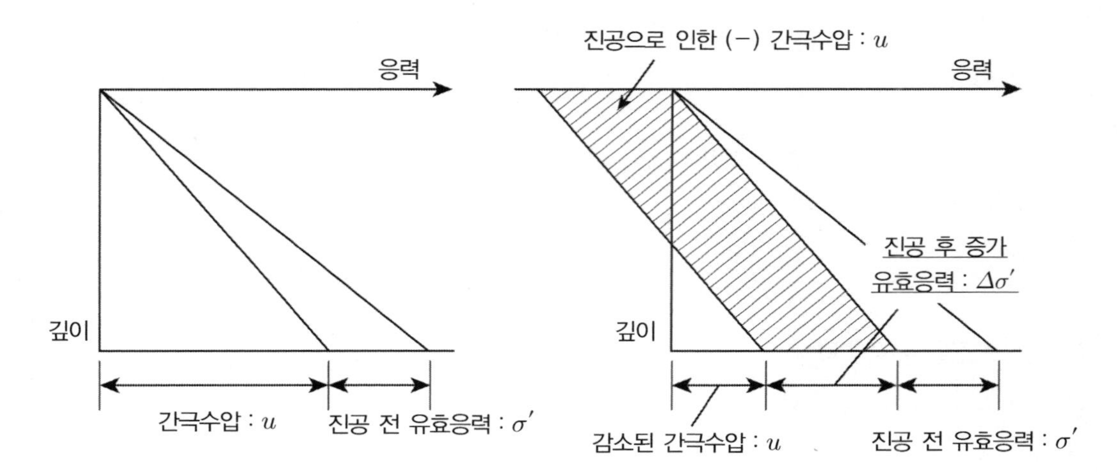

(4) 침투압밀

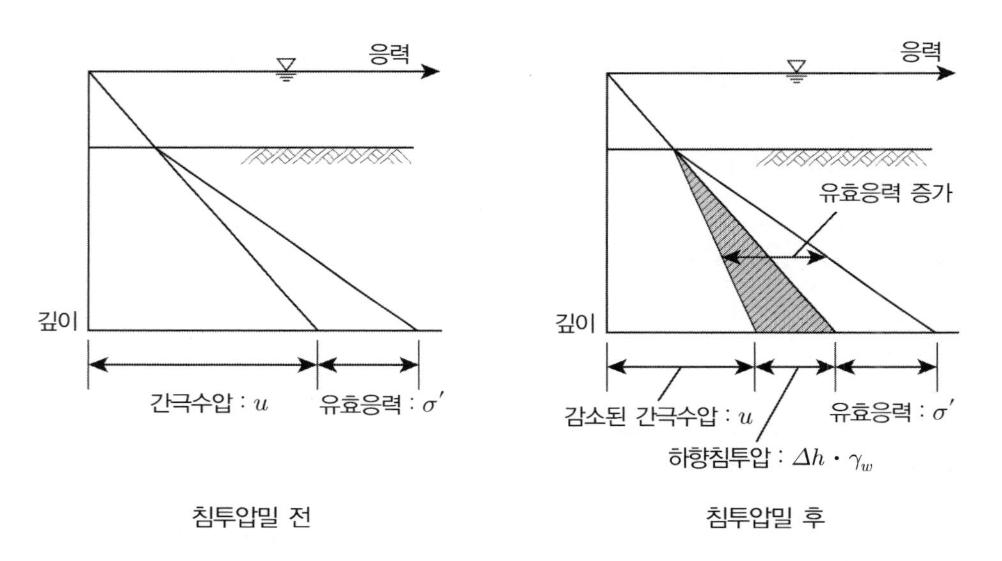

침투압밀 전　　　　　　　　침투압밀 후

9. 유효응력의 의미

전응력 σ와 간극수압 u의 차이에 해당하는 유효응력 σ'는 흙 입자가 부담하는 응력으로서 흙의 압축성과 강도에 영향을 주지만 간극수압 u는 흙의 압축성과 강도에 영향을 끼치지 못한다.

02 침투에 의한 유효응력의 변화

침투란 흙 속으로 물이 흐르는 현상을 말하며 침투로 인해 흙은 흘러가는 물로 인한 마찰로 중력방향을 기준으로 마찰력의 증감이 발생한다. 상향침투의 경우 흙을 들어 올리는 작용으로 인해 그 지점의 압력수두만큼 유효응력의 감소가 발생하며, 하향침투의 경우에는 중력방향과 같은 방향이므로 흙 입자 사이를 흐르는 힘과 같은 방향으로 끌고 내려가는 마찰력의 발생으로 인해 그 지점의 수두차 만큼 유효응력의 증가를 가져온다. 이는 흙에 분사현상과 보일링 등 악영향을 주기도 하지만 하향침투의 경우는 침투 압밀공법에서 압밀을 조기에 완료하는 효과달성에 이용되기도 한다.

1. 개 념

토층 내 어느 위치에서의 유효응력은 정수압일 경우 변화가 없으나 침투가 발생하는 경우에는 그 방향에 따라 유효응력의 변화가 발생한다.

2. 침투압(*Seepage Pressure*) 원리

토층 내 물의 흐름 방향에 따라 측정하고자 하는 위치에 설치한 피죠메타에 나타난 눈금과 지하수위와의 높이 차이만큼의 단위면적당 무게이다.

(1) 정수압의 경우

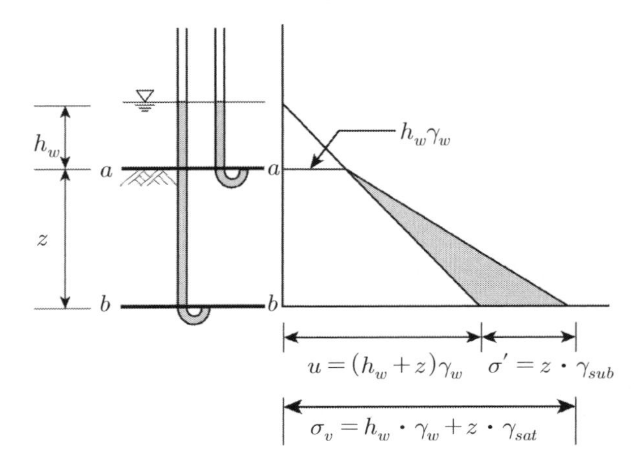

① 정수압의 경우 $b-b$면에 설치된 피죠메타의 수위는 지표면위의 수위와 같으므로 수두차에 의한 물의 흐름은 발생하지 않으므로 침투현상이 생기지 않는다.

② 이 경우 간극수압은 전수두와 같으며 $u=(h_w+z)\gamma_w$이다.

③ 그러므로 유효응력은 전응력($h_w \cdot \gamma_w + z \cdot \gamma_{sat}$)에서 간극수압을 뺀 $\sigma'=z \cdot \gamma_{sub}$가 된다.

④ 정수압의 경우 동수경사($i=\Delta h/z$)는 물이 흐른 거리 z에 대한 전수두 차($\Delta h=0$)이므로 0이 된다.

(2) 물이 아래로 흐르는 경우

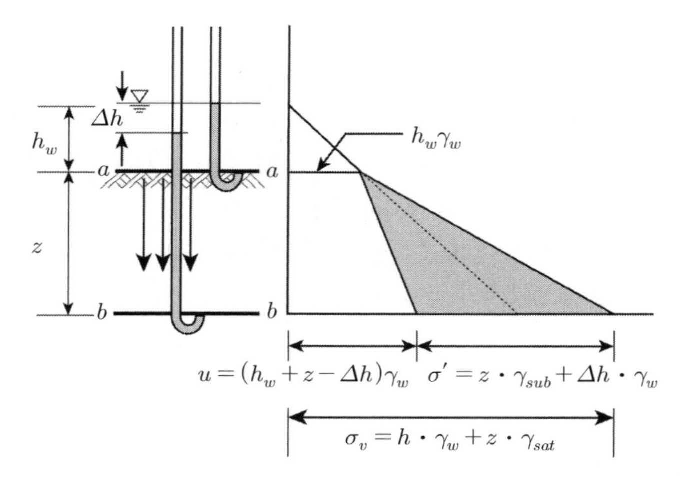

① 물이 아래로 흐르는 경우에는 정수압 상태와는 달리 $b-b$면에서 피죠메타에 나타난 전수두와 지표면 위의 수위와 Δh만큼 차이를 보이게 된다.

② 이때, 간극수압은 정수압시의 간극수압에 비해 전수두 차만큼 감소하며 유효응력은 전수두 차만큼 증가하지만 간극수압과 유효응력의 합은 변화가 없다.

③ 여기서 침투로 인하여 증가된 유효응력을 침투수압(*Seepage pressure*)이라고 한다.
침투수압 = $\Delta h \cdot \gamma_w$

(3) 물이 위로 흐르는 경우(분사현상, 상향침투)

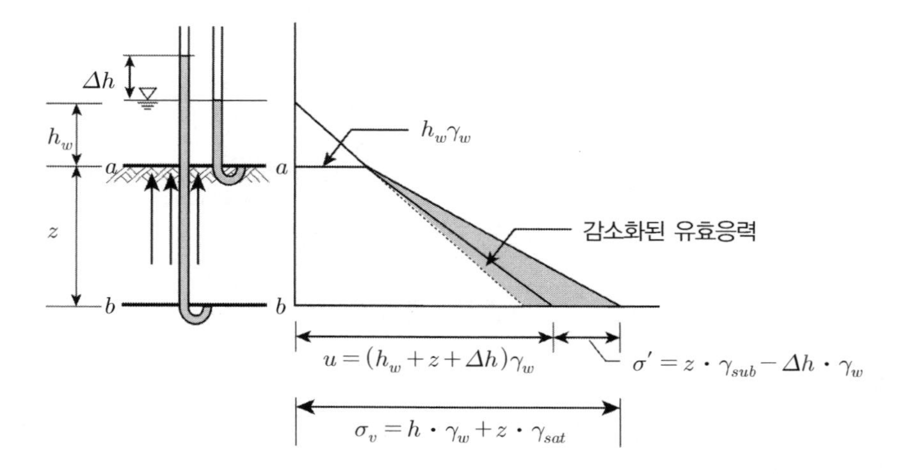

① 그림과 같이 흐름의 방향이 상향이라면 유효응력은 정수압에 비해 $\Delta h \cdot \gamma_w$만큼 감소한다.

$$\sigma'=z \cdot \gamma_{sub}-\Delta h \cdot \gamma_w$$

② 만일 침투수압이 점점 커져서 유효응력이 0이 된다면

$$z \cdot \gamma_{sub} = \Delta h \cdot \gamma_w \Rightarrow \quad i_{cr} \frac{\Delta h}{z} = \frac{\gamma_{sub}}{\gamma_w} = \frac{G_s - 1}{1+e}$$

③ 이때의 동수경사 i_{cr}를 **한계동수경사**라고 한다. 동수경사가 이 값에 이르면 흙의 유효응력은 0이 되며, 만일 점착력이 없는 흙이라면 전단강도가 존재하지 않는 상태가 되어 흙이 마치 분수처럼 솟구쳐 오르는 현상이 되고 이를 **분사현상**이라고 한다.

3. 침투로 인한 어느 지점에서의 유효응력 산출

(1) 구하는 순서 : 전응력 → 간극수압 → 유효응력

(2) 전응력 : 직육면체 하단부에서의 흙과 물의 단위면적당 무게

① 그림과 같이 직육면체의 하단부에 무게는 상단의 물과 하단의 물속의 흙 무게가 될 것이다.

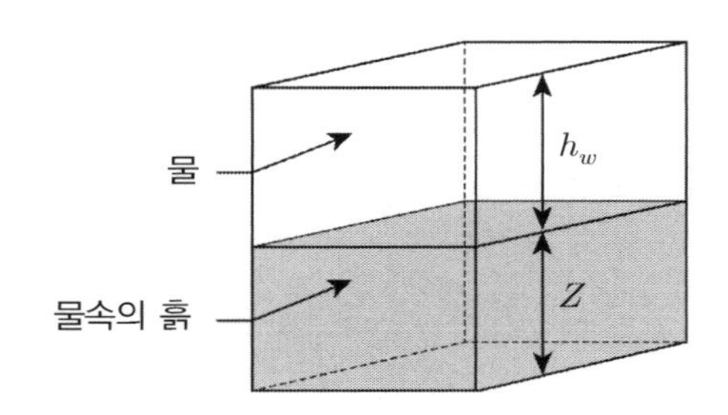

② 여기서, 전응력이란 단위면적당 직육면체 전체무게가 되므로 수위가 일정하다면 **침투로 인한 무게의 변화가 없는 것은 당연하다.**

전응력(σ) = (물 무게 + 물속의 흙 무게) ÷ A

= 물의 단위중량×물의 깊이 + (흙의 포화단위중량 × 흙의 두께)

$$\therefore \ \sigma_v = h_w \cdot \gamma_w + Z \cdot \gamma_{sat}$$

(3) 간극수압 : 직육면체 전체의 단위면적당 물 무게

① 침투가 없는 경우 : 직육면체 전체 물의 압력 $u = (h_w + Z)\gamma_w$

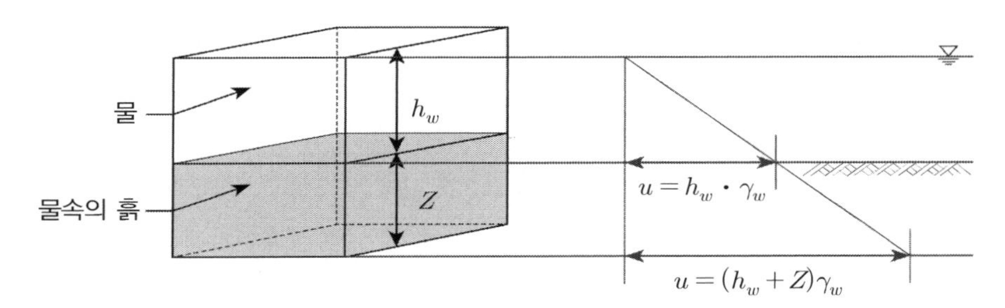

② 침투가 있는 경우 : 지반의 깊이에 따라 지표면의 경우 간극수압은 정수압을 기준으로 침투로 인한 침투압만큼을 가감하여야 한다.

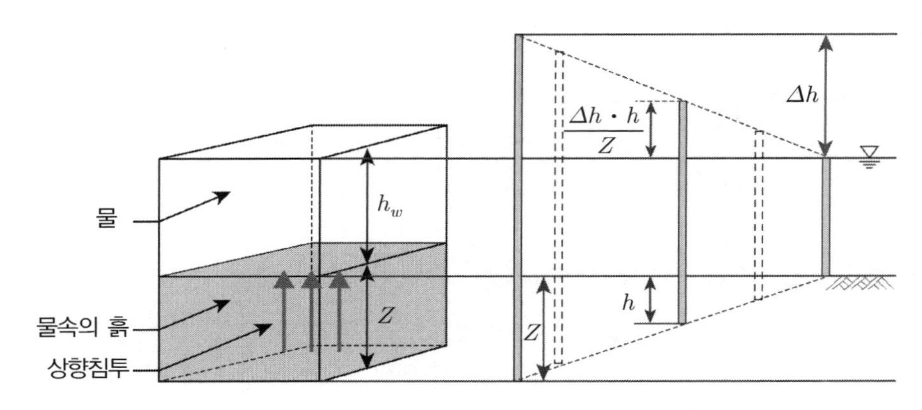

상향 침투 시 피죠메타 변화와 침투압의 관계

✓ **임의 지점에서의 침투압 추정**

$$F = \Delta h \times \frac{h}{z} \times \gamma_w$$

(4) 유효응력 : 전응력으로부터 간극수압(침투압 포함)을 뺀 값

① 직육면체에 있는 흙이 지반에 있다고 가정한다면 마치 호수 속 지반을 연상하게 된다.

② 만일 위와 같은 직육면체의 흙을 떠낸다고 가정한다면 원 토체의 무게보다 가벼운 수중에서의 부력을 받은 만큼의 토체를 떠내기 위한 상향의 가벼워진 힘만이 필요하다.

③ 이때 가해진 토체 고유의 단위면적당 무게가 유효응력의 개념이 된다.

④ 따라서 유효응력 = 전응력 − 간극수압 ± 침투압이 되는 것이다.

4. 평 가

(1) 침투 시 유효응력은 변하며 침투압의 크기와 방향에 따라 증가 또는 감소한다.

(2) 상향침투 시 한계동수경사를 초과하게 되면 흙은 안정성을 잃게 되며 이른바, 보일링(*Boiling*), 분사현상(*Quick Sand*)이 발생한다.

(3) 하향침투는 침투압밀공법(*Hydrauric Consolidation Method*)의 원리에 적용함으로써 준설토의 조기압밀을 촉진한다.

03 압력수두와 유속관계

[하향침투의 경우]

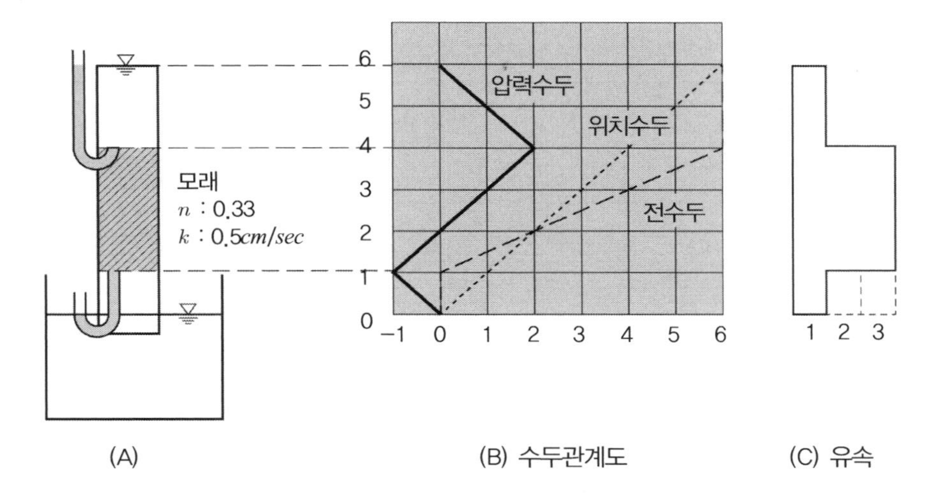

(A) (B) 수두관계도 (C) 유속

1. 수두의 종류와 정의

(1) 전수두 : 임의의 기준면에서 위치수두와 압력수두를 합친 수두

(2) 위치수두 : 임의의 기준면에서 스탠드파이프를 꽂은 위치까지 수두

(3) 압력수두 : 스탠드파이프에서 파이프 속으로 올라간 높이

(4) 수두의 관계 : 전수두 = 위치수두 + 압력수두

2. 압력수두

(1) 전수두

① 기준면을 하류면으로 정하면 높이는 0인 위치가 된다.

② 높이 6.0m : 압력수두가 0이며 위치수두만 6m로 위치수두와 동일하다.

③ 높이 4.0m : 전수두의 손실이 없으며 전수두는 높이 6.0m와 같다.

④ 높이 1.0m와 기준면 : 전수두는 흙을 통과하면서 전부 손실되므로 0이다.

(2) 위치수두 : 기준면을 기준으로 상향으로 0~6m까지이다.

(3) 압력수두 : 전수두 − 위치수두

스탠드 파이프를 꽂은 위치에서 파이프 속으로 수위가 올라간 높이

① 높이 6.0m : 압력수두는 0이 된다.

② 높이 4.0m : 4.0m 이후 물 높이가 될 것이므로 2.0m가 된다.

③ 높이 1.0m : 하류 측 수위와 같으므로 파이프를 꽂은 위치에서 $-2.0m$가 된다.

④ 높이 0m : 기준수면과 동일하므로 0이 된다.

3. 유 속

(1) 유출속도, 접근속도

$Darcy$의 법칙으로부터 $V = K \cdot I$에서 $K = 0.5 cm/sec$이고

$i = H/L = 6/3 = 2.0$, 그러므로 $V = K \cdot I = 0.5 \times 2.0 = 1.0 cm/sec$

(2) 침투속도(V_s)

실제 물의 침투속도는 간극을 통해서만 이루어지므로

$V_s = V/n = 1.0/0.33 = 3.0 cm/sec$

[상향침투의 경우]

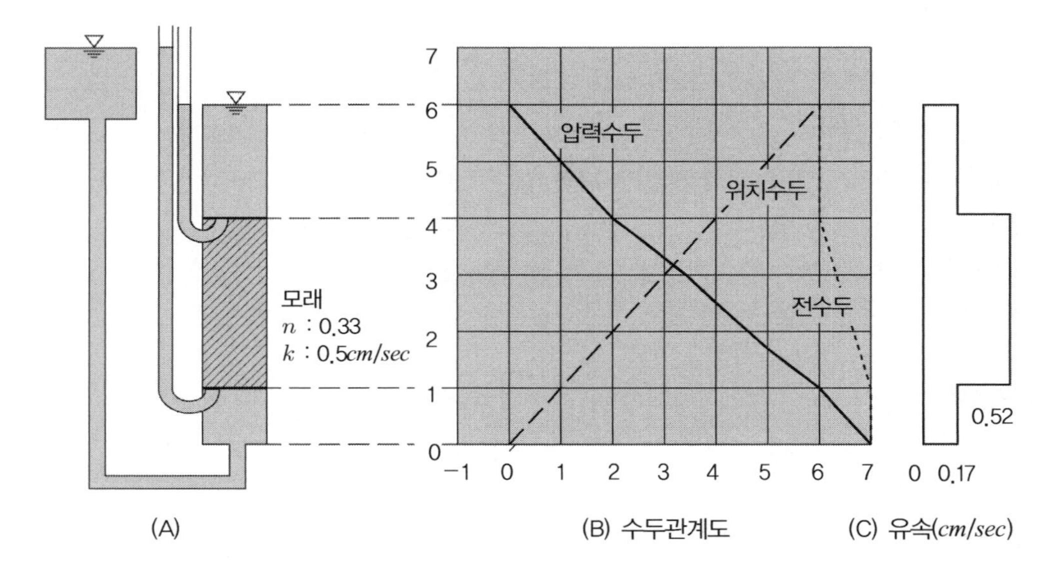

(A) (B) 수두관계도 (C) 유속(cm/sec)

1. 전수두

(1) 기준면의 높이는 0인 위치로 정한다.

(2) 높이 6.0m : 압력수두가 0이며 위치수두만 6m로 위치수두와 동일하다.

(3) 높이 4.0m : 전수두의 손실이 없으며 전수두는 높이 6.0m와 같다.

(4) 높이 1.0m와 기준면 : 높이 1.0m의 수두는 상류면 수두이므로 7.0m가 되며 기준면의 수두 또한 상류면 수두와 동일하므로 7.0m가 된다.

2. 위치수두

기준면을 기준으로 상향으로 0~6m까지이다.

3. 압력수두 : 전수두 – 위치수두

스탠드 파이프를 꽂은 위치에서 파이프 속으로 수위가 올라간 높이

(1) 높이 6.0m : 압력수두는 0이 된다.

(2) 높이 4.0m : 4.0m 이후 물 높이가 될 것이므로 2.0m가 된다.

(3) 높이 1.0m : 상류 측 수위와 같으므로 파이프를 꽂은 위치에서 6.0m가 된다.

(4) 높이 0m : 상류 측 수위와 같으므로 파이프를 꽂은 위치에서 7.0m가 된다.

4. 유 속

(1) 유출속도, 접근속도

*Darcy*의 법칙으로부터 $V = K \cdot I$에서 $K = 0.5\,cm/sec$이고

$i = H/L = 1/3 = 0.33$, 그러므로 $V = K \cdot I = 0.5 \times 0.33 = 0.17\,cm/sec$

(2) 침투속도(V_s)

실제 물의 침투속도는 간극을 통해서만 이루어지므로

$V_s = V/n = 0.17/0.33 = 0.52\,cm/sec$

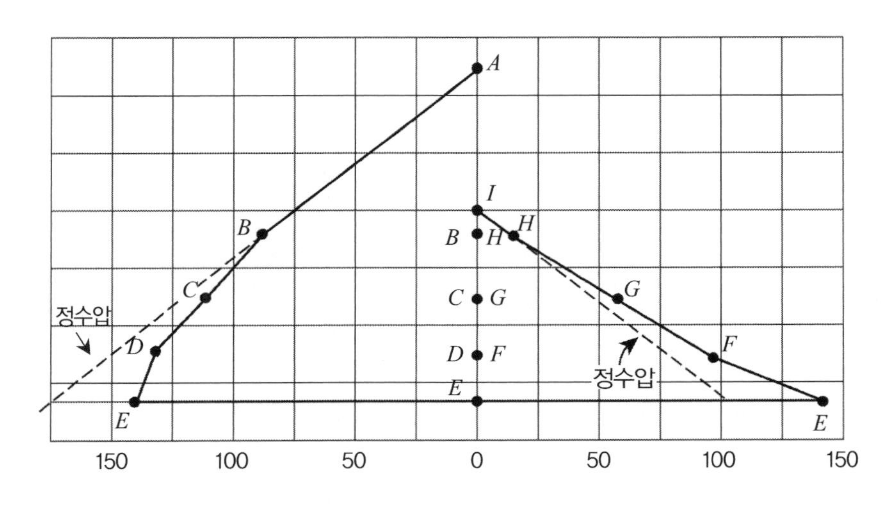

예) 널말뚝에 작용되는 수압(kN/m^2)

04 모관상승 시 유효응력

모세관 현상은 물의 표면장력으로 인해 표면을 따라 물이 상승하는 작용으로 지반에서 지하수위 상승으로 인한 모세관 현상이 발생할 경우에는 유효응력이 증가하게 된다. 여기서 모세관 현상의 원인인 표면장력에 대해 흙의 종류별 현상으로 사질토는 벌킹(*Bulking*)과 겉보기 점착력(*Apparent cohesion*) 현상이 발생되며, 점성토의 지하수위가 하강될 경우 표면은 증발하고 하강된 지하수위로부터 모세관 현상에 의해 강도가 유효응력이 증가되는 거동을 보이는 일명 건조점토(*Desiccated clay*)가 있다.

1. 개 요

흙 속에서 모관수는 지하수위 대기압을 기준으로 이보다 작은 압력에서 상승되어 있으며, 이는 상승된 모관수가 흘러 내려가지 않기 위한 어떤 힘에 의해 유지된다고 볼 때 이 힘은 그 지점의 간극수압과 같으며 모관 포텐셜이라고 한다.

2. 모관 포텐셜(*Capillary potential*)

(1) 흙 속에서 모관수를 지지하는 힘으로 *Suction* = (−) 간극수압이다.

(2) 유리관의 경우는 수면보다 올라온 모관 상승고의 높이에 해당하는 물의 무게이다.

(3) 크기 : 포화도에 따라 결정

$$\phi = -\frac{S}{100} \cdot \gamma_w \cdot h_c$$

여기서, S : 포화도　　h_c : 모관 상승고

(4) 성 질

① 고포텐셜에서 저포텐셜로 시간에 따라 상승한다.

② 입경, 포화도, 간극비에 적을수록 모관상승고는 높다(저포텐셜).

③ 온도가 낮고 염류농도가 큰 경우 모관상승고는 상승한다(저포텐셜).

✓ 모관 포텐셜은 (−)의 차원이므로 (−)값이 작다는 것은 고포텐셜이다(ex : $-5 > -7$).

3. 유효응력의 계산

(1) 모관상승고 계산 : 흙 속의 모관상승고는 간극의 크기가 일정하지 않으므로 다음과 같은 경험식을 사용한다.

유리관의 경우 $h_c = 0.3/d$　여기서, d : 유리관 직경

→ 자연지반의 경우 $h_c = 0.3 \div [D_{10} \times (1/5)]$

(2) 모관 포텐셜 결정 : $\Phi = -S/100 \cdot \gamma_w \cdot h_c = (-)$간극수압

(3) 어느 지점의 유효응력 : $\sigma' = \sigma - u = \sigma - (-S/100 \cdot \gamma_w \cdot h_c)$

4. 계산 예

(1) 구하는 순서

① 모관상승고 산출

② 전응력을 구한다.

③ 간극수압을 구하고 전응력에서 간극수압을 빼면 유효응력이 된다.

$GL-0.0$

모래 $\gamma_d = 1.7tonf/m^3$

$GL-10.00$ 모관상승고

포화도 60% $\gamma_t = 1.8tonf/m^3$

$GL-13.00$

점토 $\gamma_{sat} = 1.9tonf/m^3$

$GL-23.00$

불투수층

(2) 유의사항

① 간극수압 계산 시 지하수위와 일치된 면의 간극수압은 '0'이며, 지하수위는 모관작용으로 인해 상승하지 않음에 유의해야 한다.

② 모관현상은 지하수위 상부에서만 유효하며 (−) 간극수압이다.

(3) 응력의 계산

구 분		전응력	간극수압	유효응력
①	지표면	0	0	0
②	$GL-10.00$ (모관상승고 바로 위)	$1.7tonf/m^3 \times 10m$ $= 17tonf/m^2$	0	$17-0 = 17tonf/m^2$
③	$GL-10.00$ (모관상승고 바로 밑)	$1.7tonf/m^3 \times 10m$ $= 17tonf/m^2$	$-S/100 \cdot \gamma_w \cdot h_c$ $= -0.6 \times 1 \times 3$ $= 1.8tonf/m^2$	$17-(-1.8) = 18.8tonf/m^2$
④	$GL-13.00$	③$+1.8 \times 3$ $= 22.4tonf/m^2$	0	$22.4-0 = 22.4tonf/m^2$
⑤	$GL-23.00$	③+④$+1.9 \times 10$ $= 41.4tonf/m^2$	$1.0t/m^3 \times 10m$ $= 10tonf/m^2$	$41.4-10 = 31.4tonf/m^2$

(4) 응력 분포도

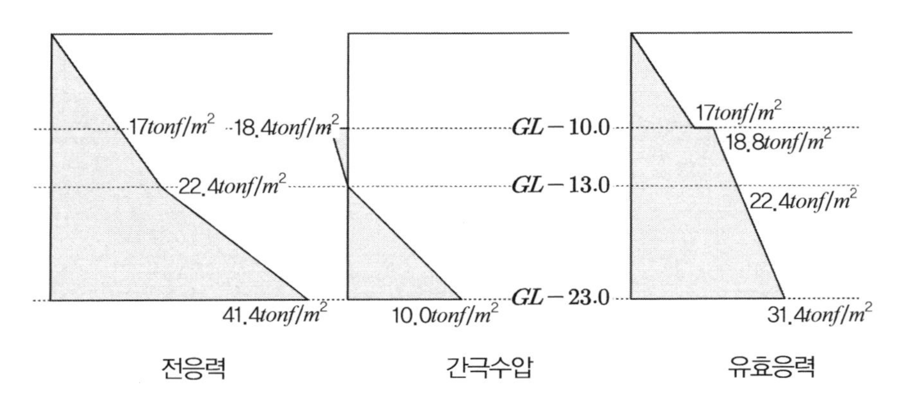

05 동수경사와 한계동수경사

1. 동수경사(*Hydroulic Gradient*)의 정의

(1) 흙 사이를 물이 통과하게 되면 토립자와 물의 마찰로 인해 손실수두가 발생하게 되는데, 이때 통과된 토층의 단위길이(L)에 대한 손실수두(Δh)의 비(比)를 동수경사(i)라 한다.

(2) 즉, 물 흐름의 에너지 변화 기울기를 말한다.

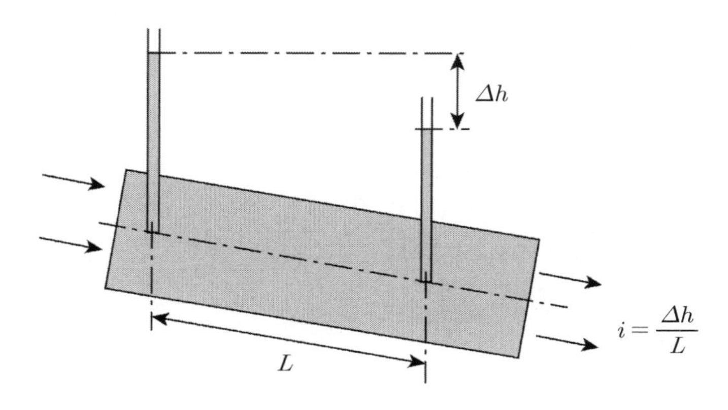

2. 한계동수경사

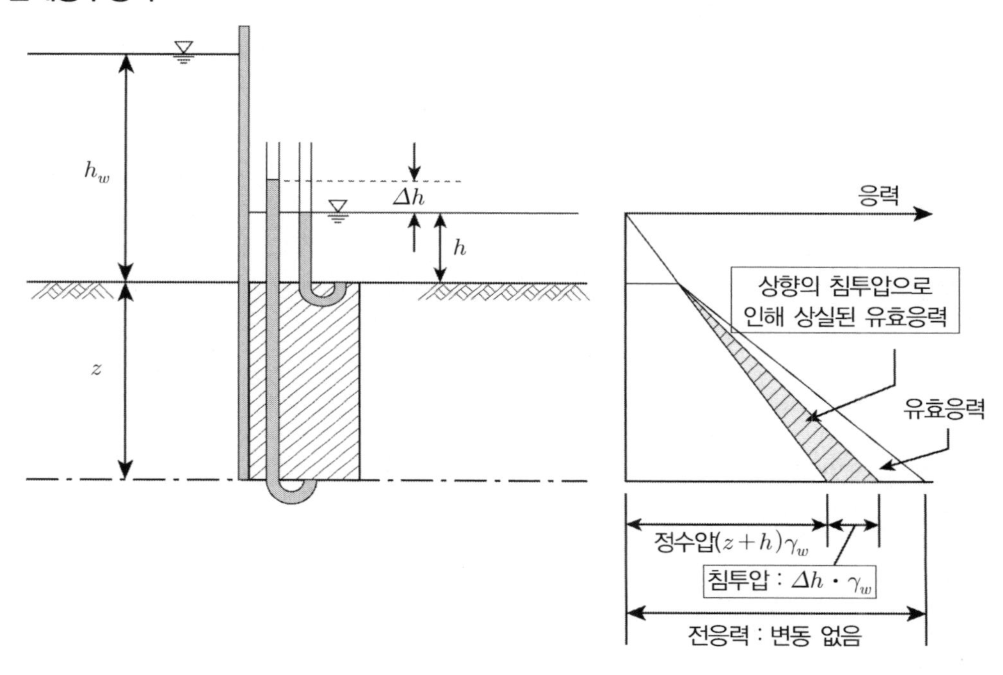

(1) 전수두차에 의한 상향의 침투압과 흙의 유효중량이 같아지게 되면 유효응력이 '0'이 된다.

(2) 즉, 파이핑에서 안전율 '1'일 때의 동수경사를 말한다.

(3) 점토의 경우에는 상향 침투압에 의해 유효응력이 '0'일 때 *Piping* 발생하나 실제는 점착력 때문에 발생하지 않는다.

3. 한계동수경사 산출

(1) 한계동수경사

① 전응력 $\sigma = h \cdot \gamma_w + z \cdot \gamma_{sat}$

② 간극수압 = 정수압 + 침투압 $= (h \cdot \gamma_w + z \cdot \gamma_w) + \Delta h \cdot \gamma_w$

여기서, Δh는 유선망, 간극수압계로 구할 수 있으며 보통 침투압이 발생하는 범위인 근입깊이의 절반 거리에 해당하는 널말뚝 저부의 평균 손실수두와 같은 것으로 가정한 것이다.

③ 유효응력 = 전응력 − 간극수압 $= h \cdot \gamma_w + z \cdot \gamma_{sat} - ((h \cdot \gamma_w + z \cdot \gamma_w) + \Delta h \cdot \gamma_w)$

$= z \cdot \gamma_{sub} - \Delta h \cdot \gamma_w$

④ 분사현상이 발생하기 위한 조건

유효응력 $= 0$ → $z \cdot \gamma_{sub} - \Delta h \cdot \gamma_w = 0$ → $z \cdot \gamma_{sub} = \Delta h \cdot \gamma_w$

⑤ 한계동수경사

$$I_{cr} = \frac{\Delta h}{z} = \frac{\gamma_{sub}}{\gamma_w} = \frac{G_s - 1}{1 + e}$$

(2) 파이핑 대한 안전율(*Harza*법)

$$F_s = \frac{i_{cr}}{i} = \frac{\frac{G_s - 1}{1 + e}}{\frac{h}{L}}$$

여기서, L : 널말뚝을 따라 물이 흐른 거리(그림에서는 $2z$ 임)

∴ 현장 지반의 동수구배가 큰 것은 안전율의 분자이므로 안전율이 작음을 의미하고 이는 불안하다. 즉, 분사현상이 발생됨을 의미한다.

4. 이 용

(1) *Piping* 검토

(2) *Sheet pile* 근입깊이 검토

(3) *Heaving* 검토

06 분사현상

1. 분사현상의 정의

사질토 기초지반에서 전수두 차에 의한 상향의 침투압이 커지게 되면 모래의 중량이 침투압에 저항하지 못하는, 다시 말해 유효응력이 0이 되어 전단강도를 완전히 잃어버리는 현상이 발생하여 모래가 물과 함께 솟구쳐 오르는 현상으로 분사현상 또는 *Quick sand* 현상이라고 한다.

✓ **점성토는 유효응력이 0이 된다 하여도 점착력이 존재하여 전단강도를 완전히 상실하지 않으므로 분사현상은 사질토지반에 대하여 주로 검토한다.**

2. 한계동수경사

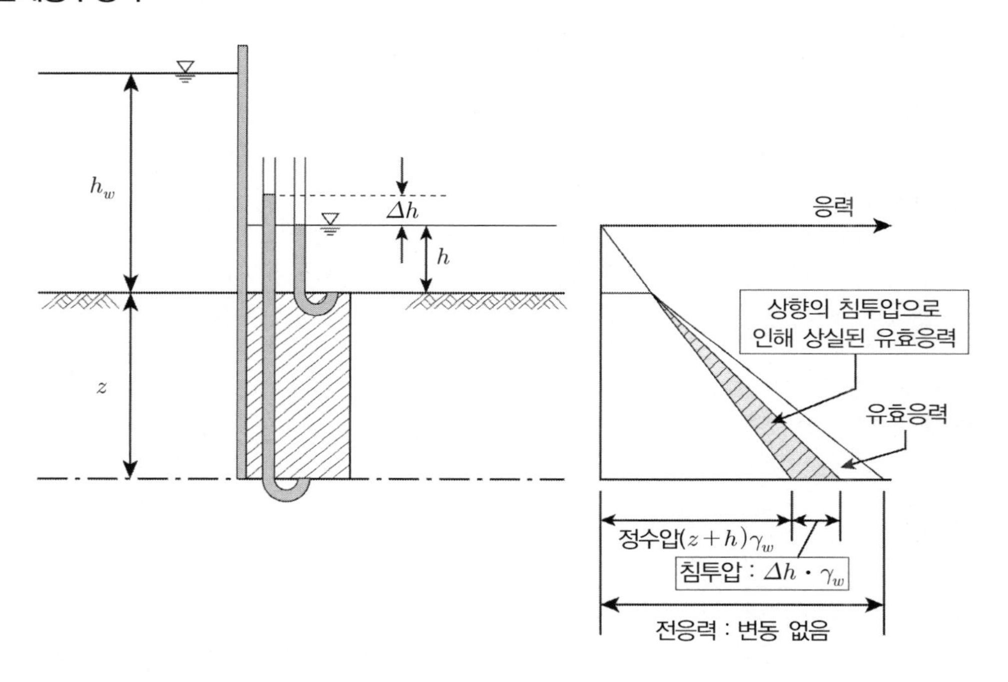

(1) 위 그림과 같이 전수두 차에 의해 상향의 침투압이 발생하면

(2) 전응력의 변화가 없이 유효응력만 침투압에 의해 작아지고 유효응력이 0이 될 때의 물이 흘러간 거리에 대한 전수두 차를 한계동수 경사라고 하는데

(3) 한계동수경사값이 실제 지반의 동수경사보다 크다면 안전함을 의미하며

(4) 한계동수경사값이 실제 지반의 동수경사보다 작다면 분사현상이 발생하고 있는 것이다.

✓ 각 현상별 특징

- *Quick sand* : 전단강도 '0'
- *Boiling* : 흙 입자 붕괴
- *Piping* : 유선집중 후진세굴

3. 한계동수경사와 분사현상의 상관성

(1) 한계동수경사

① 전응력 $\sigma = h \cdot \gamma_w + z \cdot \gamma_{sat}$

② 간극수압 = 정수압 + 침투압 $= (h \cdot \gamma_w + z \cdot \gamma_w) + \Delta h \cdot \gamma_w$

여기서, Δh는 유선망, 간극수압계로 구할 수 있으며 보통 침투압이 발생하는 범위인 근입깊이의 절반 거리에 해당하는 널말뚝 저부의 평균 손실수두와 같은 것으로 가정한 것이다.

③ 유효응력 = 전응력 − 간극수압 $= h \cdot \gamma_w + z \cdot \gamma_{sat} - [(h \cdot \gamma_w + z \cdot \gamma_w) + \Delta h \cdot \gamma_w]$

$= z \cdot \gamma_{sub} - \Delta h \cdot \gamma_w$

④ 분사현상이 발생하기 위한 조건

유효응력 $= 0$ → $z \cdot \gamma_{sub} - \Delta h \cdot \gamma_w = 0$ → $z \cdot \gamma_{sub} = \Delta h \cdot \gamma_w$

⑤ 한계동수경사

$$i_{cr} = \frac{\Delta h}{z} = \frac{\gamma_{sub}}{\gamma_w} = \frac{G_s - 1}{1 + e}$$

(2) 파이핑 대한 안전율

$$F_s = \frac{i_{cr}}{i} = \frac{\dfrac{G_s - 1}{1 + e}}{\dfrac{h}{L}}$$

여기서, L : 널말뚝을 따라 물이 흐른 거리(그림에서는 $2Z$임)

∴ 현장 지반의 동수구배가 큰 것은 안전율의 분자이므로 안전율이 작음을 의미하고 이는 불안하다. 즉, 분사현상이 발생됨을 의미한다.

4. 방지대책

(1) 동수경사를 작게 하기 위한 대책

① 투수거리를 길게 한다.

㉠ 널말뚝을 깊게 박는다.

㉡ 제방의 경우 제방 단면을 넓게 축조하거나 제체 내부에 *Core*를 설치한다.

(2) 근본적으로 물의 이동을 막음

차수벽을 시공(슬러리 월, *SCW*, *LW*)

(3) 제방의 경우 필터는 간극수압상승과 흙 유실을 방지하기 위한 목적이므로 이를 제대로 시공해야 파이핑으로 인하여 유로가 짧아지지 않기 때문에 분상현상을 방지할 수 있다.

07 부력과 양압력

1. 부력(*Buoyancy*)

유체 속에 잠겨 있는 물체의 표면에 상향으로 작용하는 물의 압력을 부력이라 하며, 그 크기는 물속에 잠겨있는 물체의 부피와 같은 유체의 무게(*ton*)이다.
부력은 다음과 같다.

$$B = \gamma_w \times V \fallingdotseq t/m^3 \times m^3 \fallingdotseq ton$$

여기서, B : 부력(t) γ_w : 유체의 단위중량
V : 물체가 유체 속에 잠겨 있는 부분의 체적

2. 양압력(*Up Life Pressure*)

(1) 구조물이 지하수위 이하에 위치하게 되면 구조물 저부에 상향으로 작용하는 물의 압력을 받게 되는데, 이때 작용하는 상향의 물의 압력을 양압력이라고 한다.

(2) 물의 수위차가 없을 때 작용하는 양압력은 정수압의 간극수압과 같고 만일 침투압이 작용할 경우에는 침투로 인한 간극수압과 같다.

(3) 계산(예)

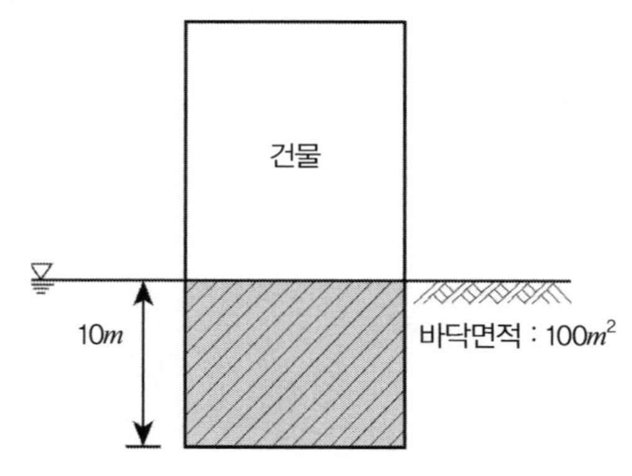

① 부력 : $\gamma_w \times V$
$= 1(tonf/m^3) \times 100m^2 \times 10m$
$= 1,000t$

② 양압력 : $h \times \gamma_w$
$= 10m \times 1(tonf/m^3)$
$= 10(tonf/m^2)$

3. 평 가

(1) 양압력은 부력과 침투압 개념을 고려한 물리력이다.
(2) 부력보다 큰 구조물의 무게로 설계해야 안전하다.
(3) 구조물 설계 시 부력을 우선하고 양압력에 대응하는 바닥부 철근배근에 대하여 병행검토되어야 한다.

08 Dam에서의 차수벽 위치에 따른 침투수량과 파이핑 비교

1. 동일한 댐에서의 차수벽 위치에 따른 침투수량

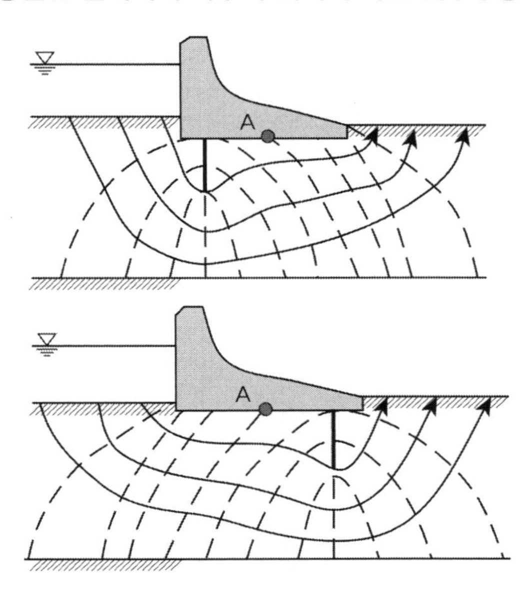

(1) 유선망은 좌측 그림과 같이 대칭이 된다.

(2) 침투수량

$$Q = K \cdot H \cdot \frac{N_f}{N_d}$$

에서 유선망이 대칭이므로 N_f, N_d의 수가 동일하므로 차수벽의 위치가 상류이든 하류이든 침투수량은 동일하다.

2. 파이핑 비교

(1) 한계동수경사에 대한 현재의 동수경사의 비가 작아야 파이핑에서 안전할 것이다.

$$F_s = \frac{i_{cr}}{i_{exit}} > 2$$

(2) 한계동수경사는 차수벽의 위치에 관계없이 동일하다.

$$i_c = \frac{\gamma_{sub}}{\gamma_w} ≒ 1$$

(3) 파이핑에 대한 안전성 평가는 하류부가 기준이므로 댐중앙 저부 A점을 중심으로 상류 측으로 차수벽을 설치하는 경우가 하류에 비해 등수두선의 간격수가 적으므로 하류에 비해 전수두차에 의한 에너지는 작으나 동수경사를 지배하는 요소 중 유로의 길이가 하류 측에 비해 상대적으로 짧으므로 유로가 긴 하류 측으로의 차수벽 설치가 동수경사가 작게 되어 파이핑에 대한 안정성이 커지게 된다.

$$i_{exit} = \frac{\Delta h}{L}$$

✓ **차수벽 위치에 따른 동수경사**

$$\frac{\Delta h(\text{상류 측 작고, 하류 측 큼})}{L(\text{상류 측 짧고, 하류 측 긺})}$$

3. 양압력 비교(수두차 20m 가정)

상류 설치 시 A점의 간극수압 = 양압력	하류 설치 시 A점의 간극수압 = 양압력
① **전수두** $H_t = 20-(8/12)\times 20 = 6.67m$ ② **위치수두** $H_e = -2m$ ③ **압력수두** $H_p = 6.67+2 = 8.67m$ ④ **간극수압** $u = 8.67tonf/m^2$	① **전수두** $H_t = 20-(4/12)\times 20 = 13.3m$ ② **위치수두** $H_e = -2m$ ③ **압력수두** $H_p = 13.3+2 = 15.2m$ ④ **간극수압** $u = 15.2tonf/m^2$

4. 정리

(1) *Piping* : 하류 측 설치가 유리

(2) 양압력 : 상류 측 설치가 유리

✓ 만일 제방하류 측으로 차수벽을 설치한다면 양압력이 커질 것이고 하부 제방기초면을 포함하여 사면안정에 불리하므로 일반적으로 *Piping*을 고려한다면 제방 중앙부가 차수벽 위치로 적절하다.

09 양압력의 영향과 처리대책

1. 개 요

(1) 양압력은 *Dam* 등의 수리구조물 본체 저면 및 기초지반의 간극이나 균열부에서 임의 단면에 연직상향으로 작용하는 내부수압이다.

(2) 또한 호안구조물의 *Caisson*, *block* 등을 대상으로 하는 양압력은 수중에 설치된 케이슨, 블록 등의 저면에 작용하는 상향의 파압력으로서 정수압과 동수압으로 구성된다.

2. 양압력의 성질

(1) *Dam* 저부 양압력

① *Dam*의 저면 상류단에는 전수심에 대한 압력이 작용

② 하류단으로 감에 따라 점차 감소하여 하류단에는 하류 측 수심에 해당하는 압력이 작용한다.

(2) *caisson* 저면 양압력

① *caisson*의 해측 저면이 가장 강하고 육지 측으로 갈수록 직선적으로 감소하는 경향이 있다.

② 이때 파(波)의 성질, 수심 및 *caisson* 저면하의 기초지반성질에 따라 양압력의 분포와 강도가 다르다.

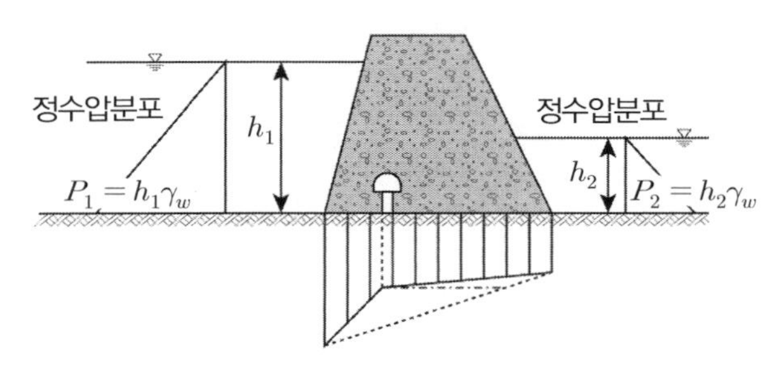

(a) 배수공이 있는 경우

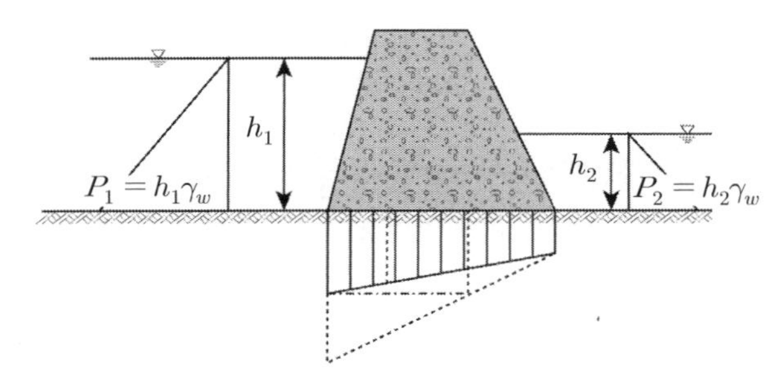

(b) 배수공이 없는 경우

중력식 댐에 작용하는 양압력

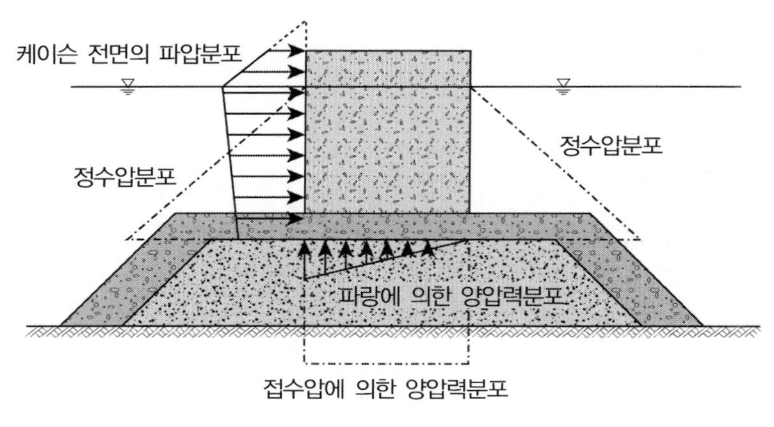

케이슨에 작용하는 양압력

3. 양압력의 영향

(1) *Dam*의 붕괴원인

양압력은 *Dam* 저면의 양압력(揚壓力)에 의해 *Dam*의 붕괴원인이 된다.

(2) 양압력 증대경로

① *Dam*을 떠받쳐주는 기초암반안 모래바위에 금이 가고

② 제체 아래 차수벽이 만들어지지 않으면 이로 인해 *Dam*이 밀어 올려져 붕괴원이 된다.

4. 양압력 처리대책

(1) *Dam*의 양압력 처리방법

① *Curtain grouting*을 실시한다.

㉠ 균일형은 상류 측 제체와 기초지반, *Curtain grouting*을 실시한다.

㉡ *Core zone*형은 *Core zone* 하부에 *Grouting*을 실시한다.

㉢ *CFRD*는 *Plinth* 하부에 *Grouting*을 실시한다.

② *Blanket* 설치 : *Dam* 전면에 차수용 재료로 *Blanket*을 설치한다.

(2) 구조물에 대한 양압력처리 방법

① *Rock anchor* 시공 : 구조물 저부에 *Rock anchor* 시공하여 양압력에 상응하는 힘으로 정착시킨다.

② *Dewatering* 공법 : 육상에서 구조물 양압력 작용 시 수위를 저하시켜 양압력을 해소시키는 방법이 있다.

③ 자중을 증대시키는 방법 : 양압력에 1.25배 되는 자중을 증대시켜 저항시키는 방법이 있다.

10 사질토 지반에서의 보일링, 파이핑, 퀵 샌드

1. 개 요

사질토 기초지반에서 전수두 차에 의한 상향의 침투압이 커지게 되면 모래의 중량이 침투압에 저항하지 못하는, 다시 말해 유효응력이 0이 되어 전단강도를 완전히 잃어버리는 현상이 발생하여 모래가 물과 함께 솟구쳐 오르는 현상으로 분사현상 또는 *Quick sand* 현상이라고 한다.

✓ 점성토는 유효응력이 0이 된다 하여도 점착력이 존재하여 전단강도를 완전히 상실하지 않으므로 분사현상은 사질토지반에 대하여 주로 검토한다.

$$\sigma' = \gamma_{sub} \cdot z - \Delta h \cdot \gamma_w = 0 \quad \Rightarrow \quad \sigma' \cdot \tan\Phi = 0$$

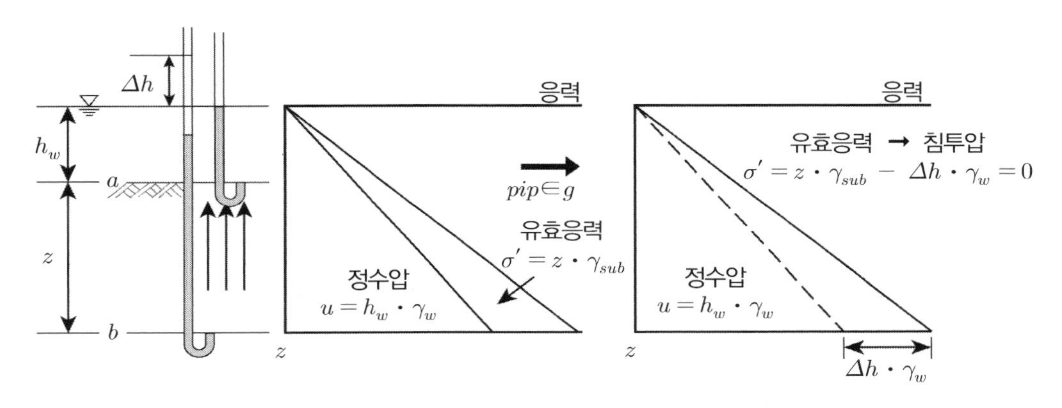

2. 안전율 검토방법

구 분	토류벽	*Dam*, 제체
검토방법	1 ***Terzaghi*법** 2 유선망에 의한 방법 3 한계동수경사법	1 ***Terzaghi*법** 2 유선망에 의한 방법 3 한계 유속에 의한 방법 4 ***Creep* 비 법**

(1) *Terzaghi*법

① 침투력 $J = i \cdot \gamma_w \cdot V$

② 동수경사 $i = H_{ave}/L$

③ $H_{ave} = h_w/2$

④ $L = D$

$$\therefore \ J = \frac{H_{ave}}{L} \cdot \gamma_w \cdot D \cdot \frac{D}{2} \cdot 1$$

$$F_s = \frac{W}{J} = \frac{\frac{1}{2}\gamma_{sub}D^2}{\frac{1}{2}\gamma_w D H_{ave}} = \frac{\gamma_{sub}D}{\gamma_w H_{ave}}$$

여기서, F_s : 안전율　　　　　　W : 흙의 유효중량,
　　　　J : 침투력　　　　　　　H_{ave} : BD면의 평균손실수두

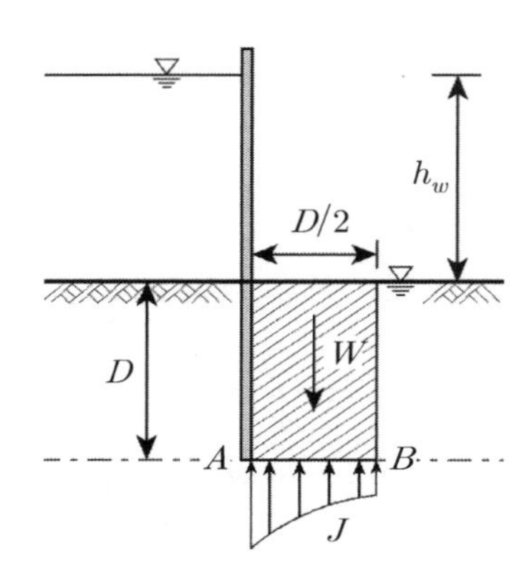

(2) 유선망을 이용하여 구하는 방법

① 유선망으로부터 평균손실수두 계산

공식 $h_t = \frac{n_d}{N_d}H$ 에서 B와 D점의 평균손실 수두는 다음과 같다.

$$h_{ave} = \left(\frac{4}{9} + \frac{2.2}{9}\right) \times \frac{1}{2} \times 4.0 = 1.37m$$

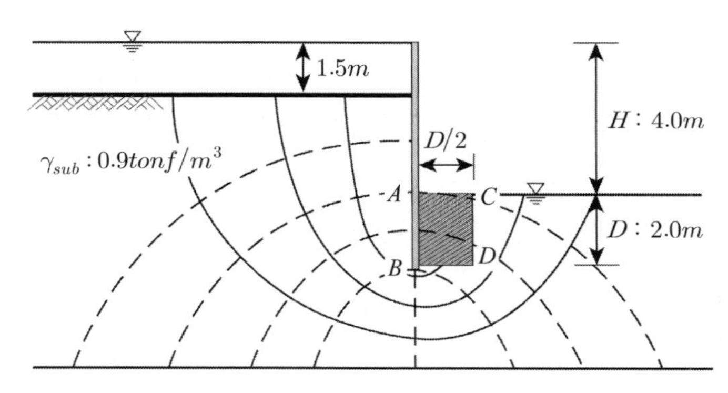

② 동수경사 산출 : $i = \frac{h_{ave}}{L} = \frac{1.37}{2.0} = 0.685$　　L : 근입깊이

③ 침투력 산출 : $J = i \cdot \gamma_w \cdot V = 0.685 \times 1.0 \times 2.0 \times \frac{2.0}{2.0} = 1.37tonf/m$

④ 유효하중 산출 : $W=\gamma_{sub}\cdot D\cdot\dfrac{L}{2}=0.9\times2.0\times\dfrac{2.0}{2.0}=1.8tonf/m$

⑤ 안전율을 구한다.

$$F_s=\frac{W}{J}=\frac{1.8}{1.37}=1.31$$

✓ 테르자기의 공식에 대입하여 구한 값이 유선망에서 구한 안전율보다 작은 경향이 있다.

$$F_s=\frac{W}{J}=\frac{\frac{1}{2}\gamma_{sub}D^2}{\frac{1}{2}\gamma_w DH_{ave}}=\frac{\gamma_{sub}D}{\gamma_w H_{ave}}=\frac{0.9\times2.0}{1.0\times2.0}=0.9<1.31$$

(3) 한계동수경사에 의한 방법

$$F_s=\frac{i_{cr}}{i}=\frac{\dfrac{\gamma_{sub}}{\gamma_w}}{\dfrac{h_w}{\sum L}}=\frac{\dfrac{G_s-1}{1+e}}{\dfrac{h_w}{(L_1+L_2)}}$$

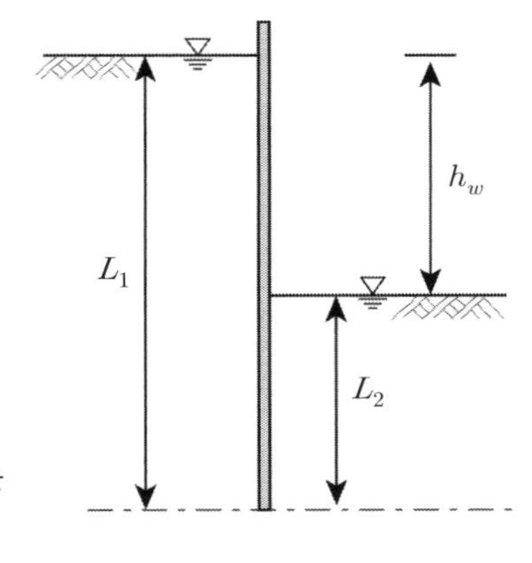

✓ $\sum L$은 물이 흐른 거리를 최단거리로 놓고 계산한다.

(4) 한계유속에 의한 방법

동수경사가 커지면 유속이 빨라지는데 파이핑이 발생되는 경계의 유속을 한계유속이라 한다.

① 한계유속

㉠ $V_c=5\times10^{-2}\times K^{\frac{1}{4}}$ m/sec ······ *Schmider*(1995)

㉡ 입자의 지름과 한계유속 : 도표를 이용(*Justin* 방법)

입자의 지름(*mm*)	V_c, 한계유속(*cm/sec*)
5.0	22.86
1.0	10.22
0.01	1.02

※ 공식에 의한 방법

$$V_c=\sqrt{\frac{W\cdot g}{A\cdot\gamma_w}}=\sqrt{\frac{2}{3}(G_s-1)\cdot d_e\cdot g}$$

여기서, W : 수중중량(g)

A : 물이 흐른 단면적(m^2) g : 중력가속도 d_e : 유효입경

② 현재의 유속 : 동수경사를 구한다 → 유출속도 → 간극률을 고려한 침투속도

③ 판정 : 현재의 유속과 한계유속을 비교하여 파이핑 판단

✓ **실무에서는 유선망, 침투해석 프로그램을 이용하여 유속을 구한다.**

(5) *Creep*비 법

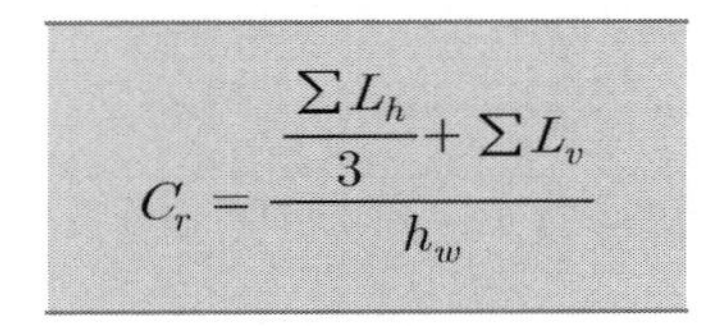

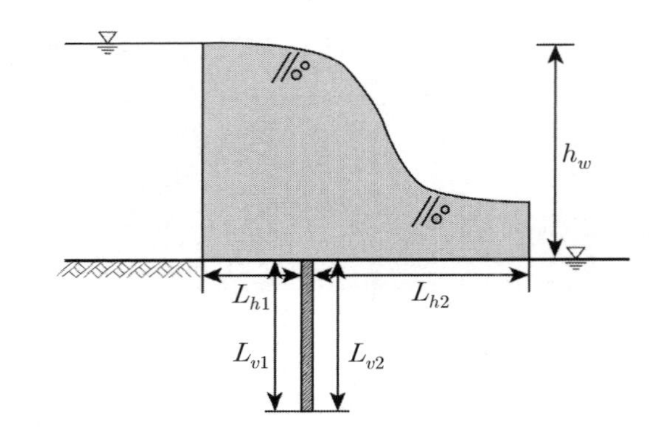

✓ **C_r 값이 클수록 안전함**

위 식에서 가장 짧은 유선이 45°보다 가파르다면 연직으로 간주하고 45°보다 완만하다면 수평거리로 간주하여 유선의 최소거리로 계산한다.

(6) 수압할렬 = 수입파쇄

3. 발생원인

(1) 토류벽의 경우 : 공식에서 유도(L : 大, i : 大 → F_s : 小)

① 근입깊이 부족

② 지반 투수계수가 큰 경우

(2) *Dam*, 제체의 경우

구 분	제 체	기 초 지 반
발생 원인	① 제방폭 부족	① 접촉 불량(제체와 기초)
	② 수압파쇄(부등침하)	② 투수층 존재
	③ 다짐 불량	③ 파쇄대 존재
	④ *Filter* 설계 불량	④ *Grouting* 불량
	⑤ 재료 불량	⑤ 누수 및 세굴
	⑥ 제체 균열	⑥ 기초처리 불량
	⑦ 구멍	

4. 발생방지대책

(1) 토류벽

① 근입깊이 연장

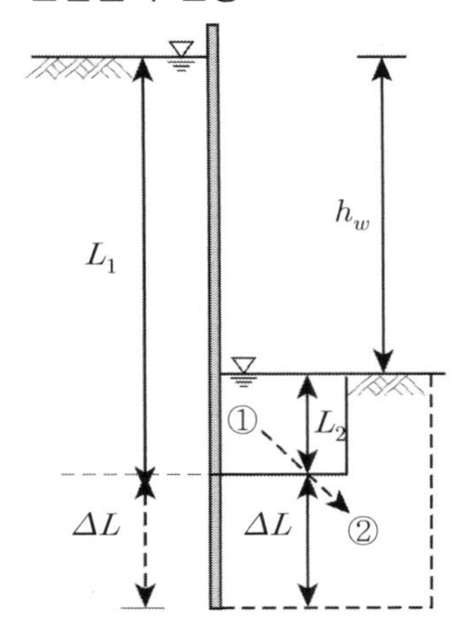

㉠ 저항영역 증대 : ① → ②

㉡ 공식에서 안전율은 다음과 같다.

$$F_s = \frac{i_{cr}}{i} = \frac{\dfrac{\gamma_{sub}}{\gamma_w}}{\dfrac{h_w}{\sum L}} = \frac{\dfrac{G_s - 1}{1+e}}{\dfrac{h_w}{(L_1 + L_2)}}$$

✓ **$\sum L$을 증가시키면 안전율은 커진다.**

② 배수공법 : *Well Point* 공법, *Deep Well* 공법

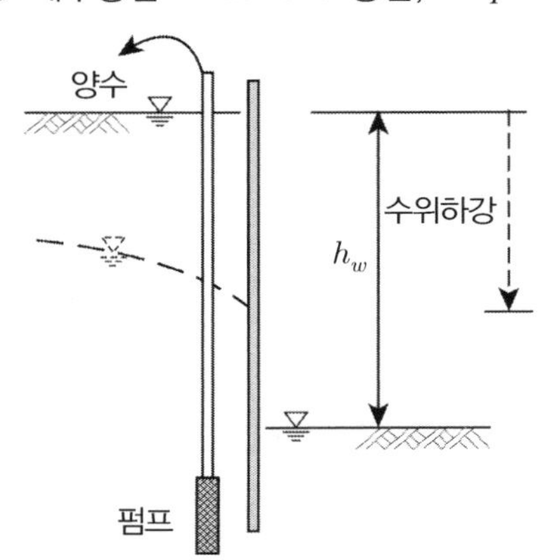

㉠ 배수공법으로 지하수위를 감소시키면

㉡ 공식에서 안전율은 다음과 같다.

$$F_s = \frac{i_{cr}}{i} = \frac{\dfrac{\gamma_{sub}}{\gamma_w}}{\dfrac{h_w}{\sum L}} = \frac{\dfrac{G_s - 1}{1+e}}{\dfrac{h_w}{(L_1 + L_2)}}$$

✓ **그러므로 h_w을 감소시키면 안전율은 커진다.**

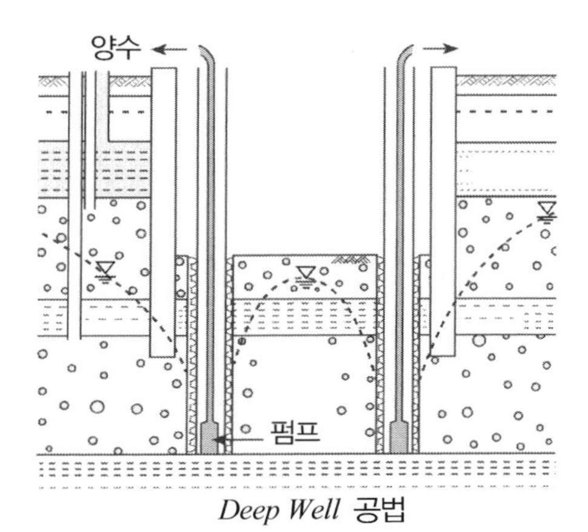

Deep Well 공법

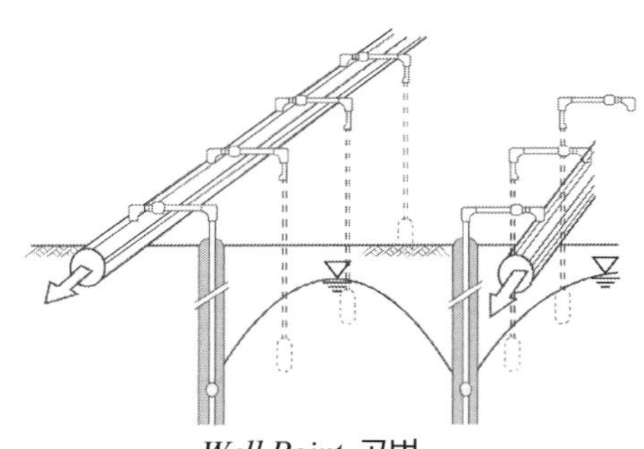

Well Point 공법

③ 저면 및 배면 *Grouting*(지수공법) : *SGR*, *LW*, *JSP*

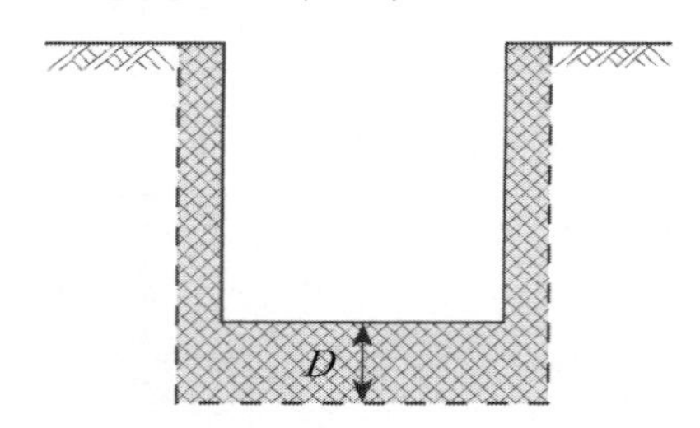

㉠ *Terzaghi* 파이핑 안전율 공식

$$F_s = \frac{W}{J} = \frac{\frac{1}{2}\gamma_{sub}D^2}{\frac{1}{2}\gamma_w D H_{ave}} = \frac{\gamma_{sub}D}{\gamma_w H_{ave}}$$

✓ 주입공법으로 지반의 단위중량을 증대시킴 : γ_{sub}를 증가시킴 → F_s 커짐

(2) *Dam* 및 제방

① 배수시설 및 차수벽 설치

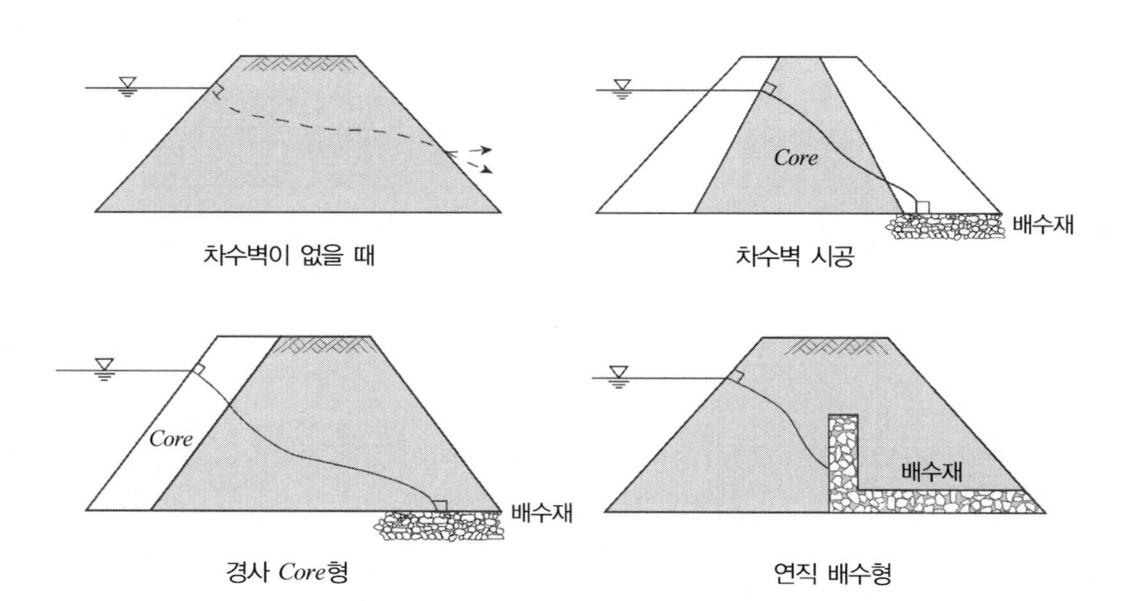

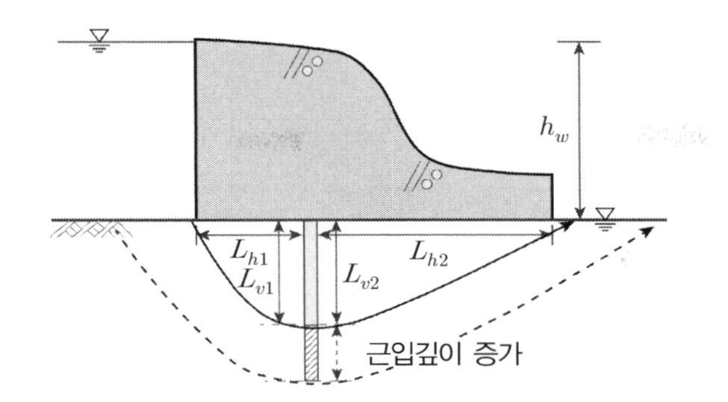

$$C_r = \frac{\frac{\Sigma L_h}{3} + \Sigma L_v}{h_w}$$ 에서

ΣL_v 증가로 크리프비 증가

② 필터의 설계

㉠ 투수계수 : $10^{-2} \sim 10^{-3} cm/sec$

㉡ 적합토질 : GW, GP, SW, SP

㉢ 적정 입도 : 0.074*mm*체 통과율 5% 이내

㉣ 입도설계

$$\frac{(D_{15})_f}{(D_{85})s} < 5 \qquad 4 < \frac{(D_{15})_f}{(D_{15})s} < 20 \qquad \frac{(D_{50})_f}{(D_{50})s} < 25$$

여기서, D_{15}, D_{50}, D_{85} : 입도곡선에서 가적 통과율 15%, 50%, 85%에 해당입경

첨자 : f(필터), s(필터에 인접해 있는 흙)

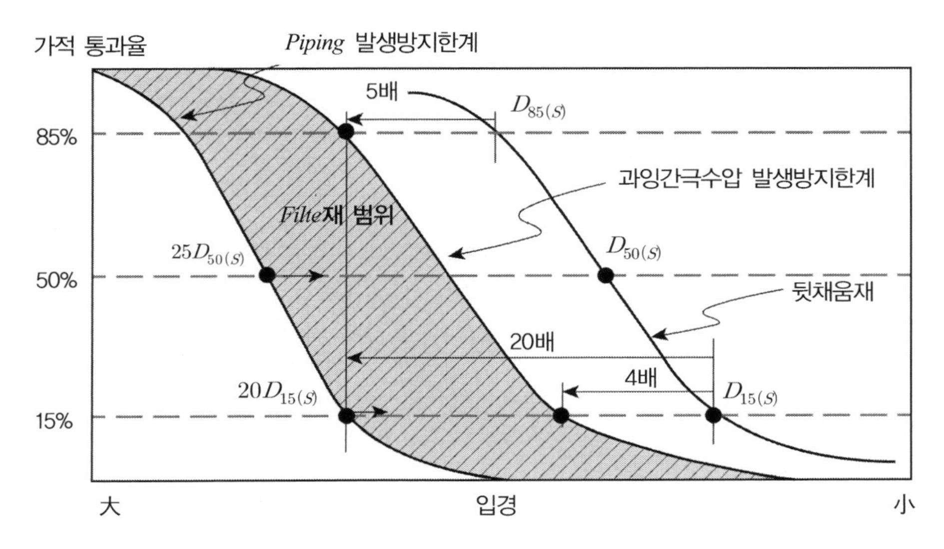

③ *Core* 재료

㉠ 투수계수 : $10^{-5} cm/sec$ 이하

㉡ 소성지수 : 15% 이상인 점성토

㉢ 입도 : 적정입도 사용

㉣ 적합토질 : ***SC***, ***SM***, ***GC***, ***GM***, ***CL***

㉤ 다짐 : 습윤측 다짐

④ *Curtain grouting* 및 파쇄대 처리

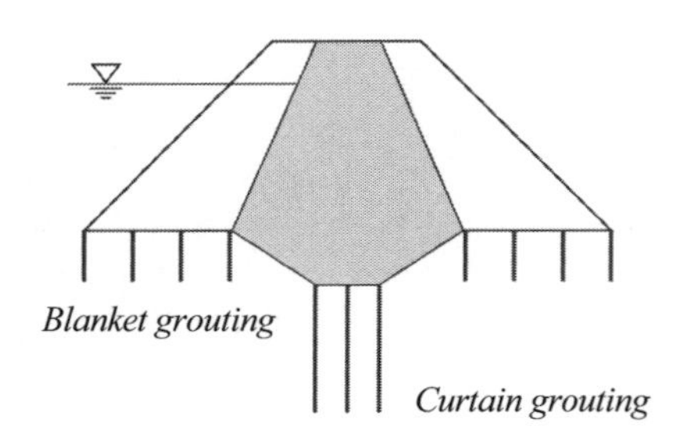

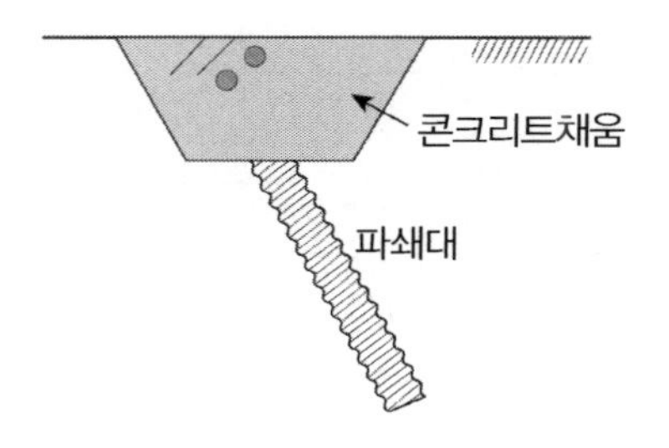

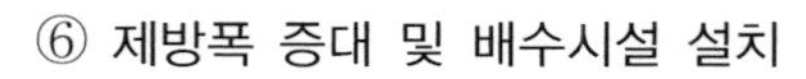

⑤ *Blanket* 설치

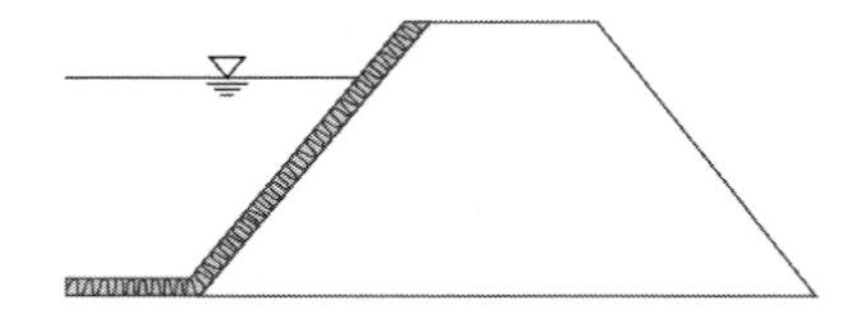

⑥ 제방폭 증대 및 배수시설 설치

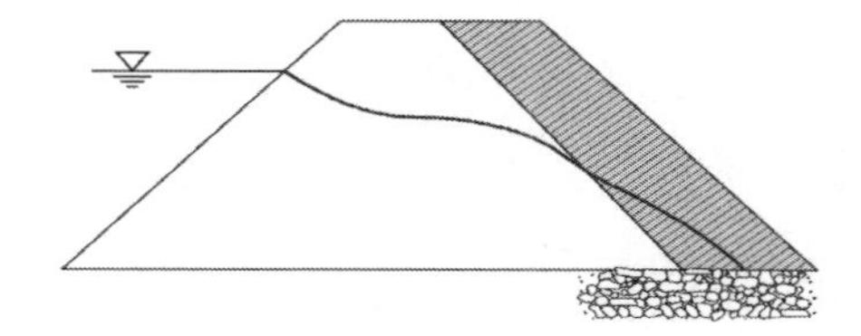

⑦ 압성토

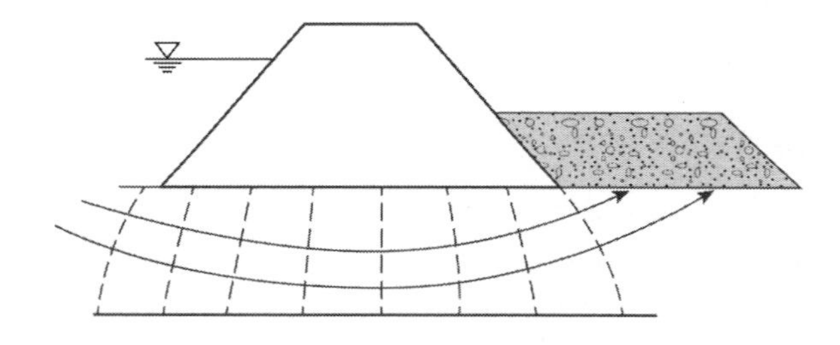

5. 평 가

(1) *Dam*, 저수지에 대한 조사, 설계, 시공, 유지관리 측면에서 지반수리학적 검토도 중요하지만 재해발생 시 비상대처계획(*EAP*) 수립을 통한 발생피해 최소화도 병행하여 검토한다.

(2) *Dam* 제방 축조 후 양압력에 대한 불안정 요인 발생을 최소화하게 위한 기초처리(*Grouting* 치환) 대책이 매우 중요하다.

11 Heaving 방지대책

1. 정 의

(1) 연약한 점토지반을 굴착할 경우 굴착 배면토의 중량과 재하중이 지반의 전단강도를 초과하면 배면 지반이 침하가 되면서 굴착면은 부풀어 오르는 현상이다.

(2) 굴착저면에 점토가 있고 그 하부에 압력수(피압)를 가진 투수층이 존재하여 압력수로 인한 터파기 저면이 부풀어 오르는 현상도 *Heaving* 현상이다.

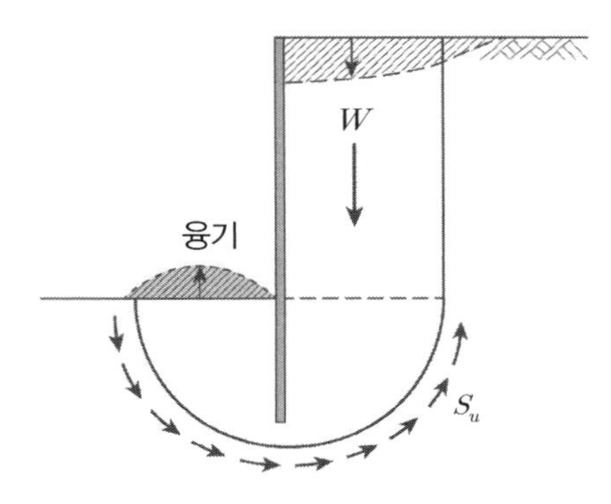

(배면토 + 상재하중) > 비배수 전단강도

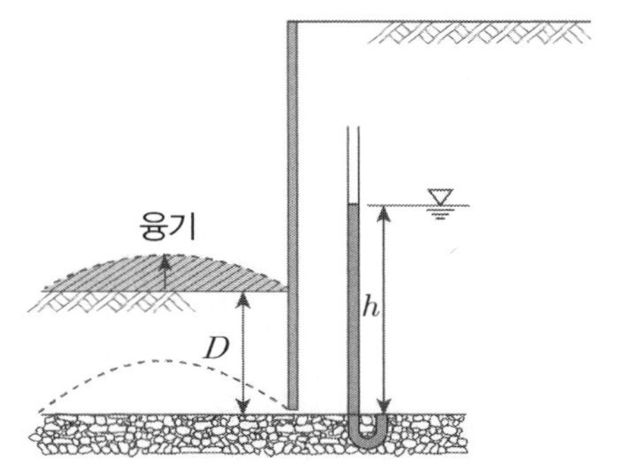

피압 > 비배수 전단강도

2. 히빙 검토 방법

(1) 굴착에 의한 히빙 : 모멘트 균형법에 의한 해석, 지지력에 의한 해석

(2) 피압수에 의한 히빙

3. 모멘트 균형법에 의한 해석

(1) 자립식의 경우

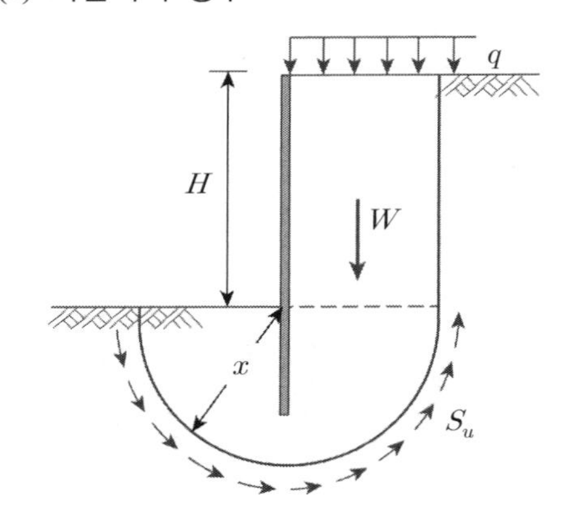

① $M_d = W\frac{x}{2} = (\gamma \cdot H + q)x \cdot \frac{x}{2}$

② $M_r = \pi \cdot x \cdot S_u \cdot x$

③ $F_s = \dfrac{\pi \cdot x \cdot S_u \cdot x}{(\gamma \cdot H + q)x \cdot \dfrac{S}{2}} = \dfrac{2\pi \cdot S_u}{(\gamma \cdot H + q)}$

(2) 버팀대식의 경우

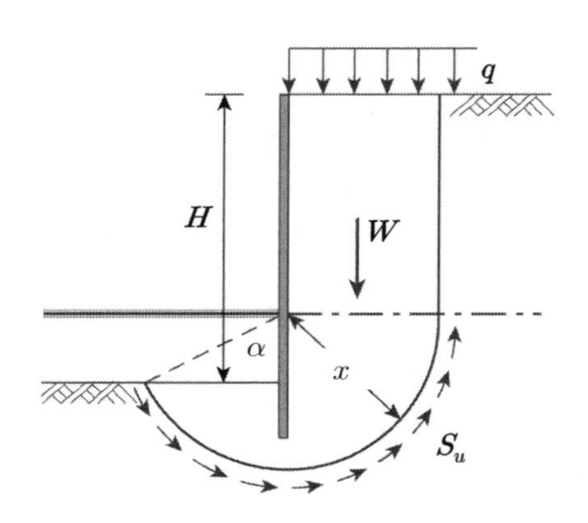

① $M_d = W \cdot \dfrac{x}{2} = (\gamma \cdot H + q)x \cdot \dfrac{x}{2}$

② $M_r = x(\dfrac{\pi}{2} + \alpha)S_u \cdot x$

③ $F_s = \dfrac{x(\dfrac{\pi}{2} + \alpha)S_u \cdot x}{(\gamma \cdot H + q)x \cdot \dfrac{x}{2}}$

$= \dfrac{(\pi + 2a) \cdot S_u}{(\gamma \cdot H + q)}$

여기서, α : 라디안

1라디안(*Rad*) : $360/2\pi = 57.3°$

$90° = \pi/2 = 1.57Rad$

4. 지지력에 의한 해석

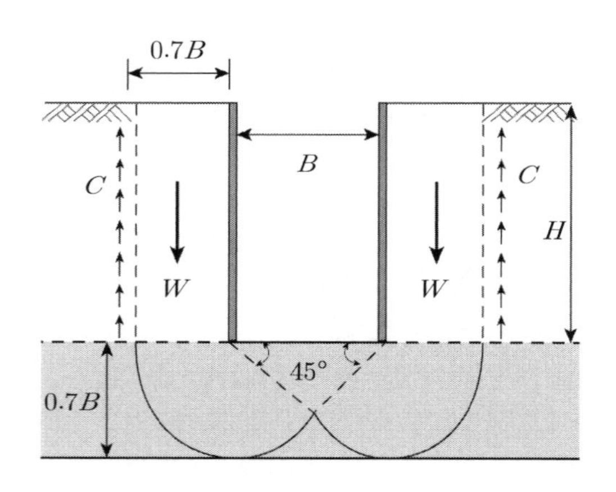

① $Q = \gamma \cdot H \cdot 0.7B - C_u \cdot H$

② $Q_u = 5.7C_u(0.7B)$

③ $F_s = \dfrac{5.7C_u(0.7B)}{\gamma \cdot H \cdot 0.7B - C_u \cdot H}$

$= \dfrac{5.7C_u}{\gamma H - C_u \cdot H/0.7B}$

④ *If* 근입깊이$(d) < 0.7B$

$F_s = \dfrac{5.7C_u}{\gamma \cdot H - C_u \cdot H/d}$

5. 피압수에 의한 *Heaving*

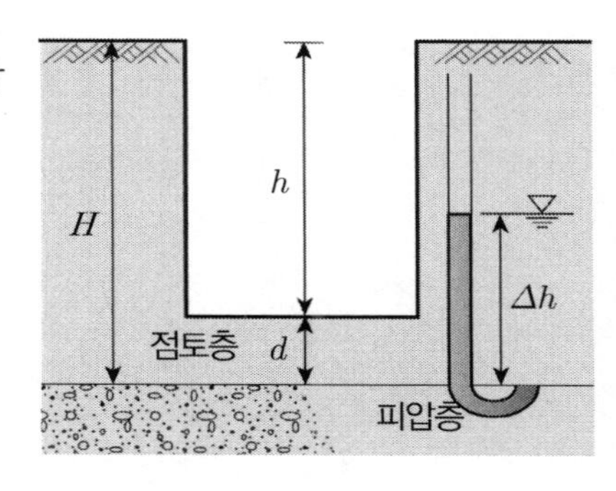

(1) 피압수 상단부에 있는 흙의 유효무게보다 상향의 간극수압이 큰 경우 발생

(2) $\sigma' = \sigma - u = 0$이면 발생

→ $\sigma = \gamma_t \cdot d = \gamma_{sat}(H - h),\ u = \Delta h \cdot \gamma_w$

$\therefore\ \gamma_{sat}(H - h) = \Delta h \cdot \gamma_w$

→ 굴착깊이 $h = H - \dfrac{\Delta h \cdot \gamma_w}{\gamma_t}$

6. 굴착(편재하중)에 의한 *Heaving* 방지대책

(1) 근입깊이 연장 : 저항영역 길이 증대

Sheet pile, S.C.W, C.I.P 등과 같은 연속토류 구조물로 토압에 의한 근입깊이보다 깊게 설치하여 히빙 발생층 관통 또는 깊이에 따른 지반 전단강도를 기대한다.

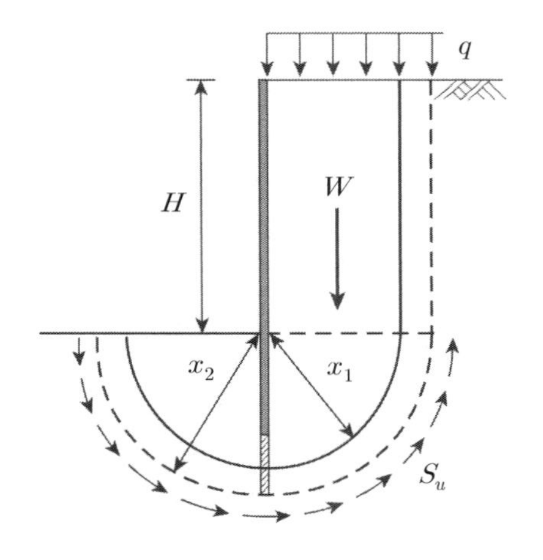

① $M_d = W \cdot \dfrac{x}{2} = (\gamma \cdot H + q)x \cdot \dfrac{x}{2}$

② 초기 $M_{r1} = \pi \cdot x_1 \cdot S_u \cdot x_1$

근입깊이 연장 → $M_{r2} = \pi \cdot x_2 \cdot S_u \cdot x_2$

$\therefore M_{r1} < M_{r2}$

③ $F_s = \dfrac{M_r}{M_d}$에서 M_d에 서 $M_{r1} < M_{r2}$이므로 F_s 증대

④ 근입깊이가 깊어지면 흙 자체의 비배수 전단강도가 커지는 원리를 이용(S_u ⇑)

(2) 지반개량

① *Pre－loading*

(연약층이 얕은 경우, 투수성이 큰 경우)

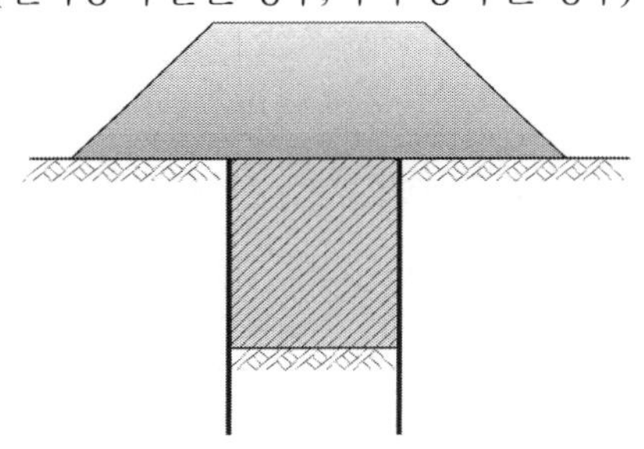

② 압밀배수(탈수, 배수)촉진

(연약층이 깊은 경우)

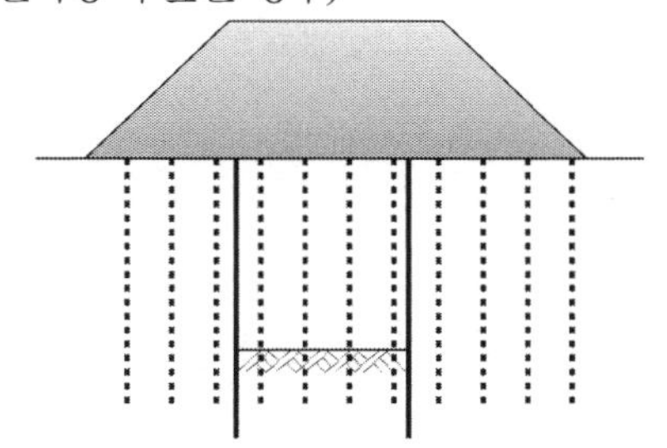

Vertical drain, wellpoint, deep well

③ *Grouting* : 단위중량 증대, 강도 증대

시멘트, 약액주입방법은 맥상주입되므로 혼합처리, 고압분사 방법으로 해야 한다.

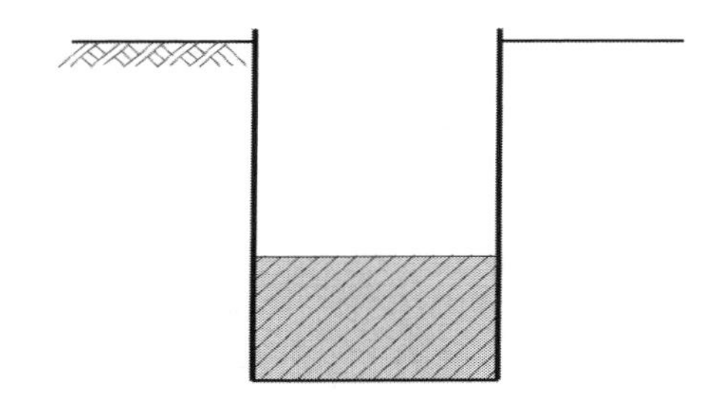

④ 전기침투(배수압밀)

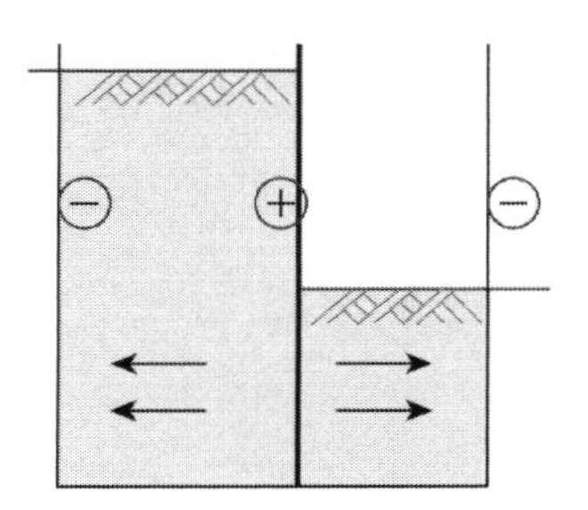

7. 피압수에 의한 *Heaving* 방지대책

(1) *Well point*, *Deepwell*

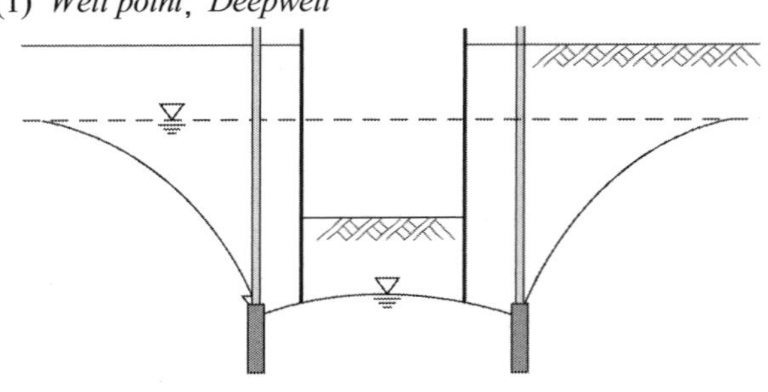

(2) 대수층 *Grouting*

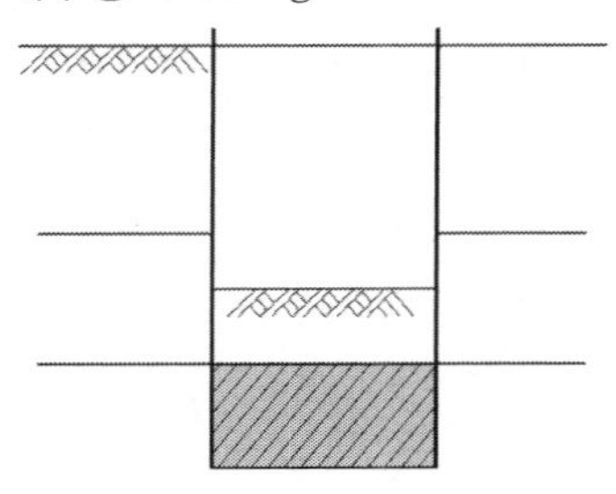

(3) 저면 / 배면 *Grouting*

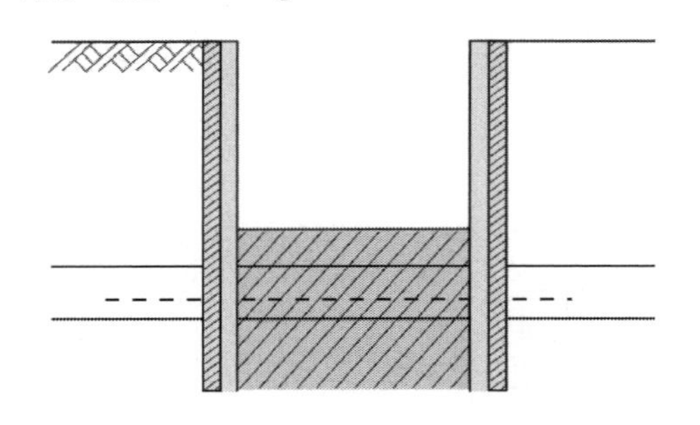

(4) *Sheetpile* → 피압수 관통

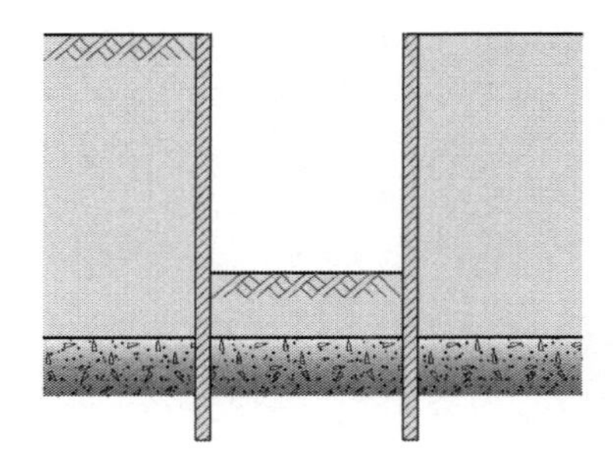

8. 평 가

(1) 굴착에 의한 *Heaving* 방지대책

① 과굴착 금지 → 흙막이 부재 설치단수에 맞추어서 굴착

② 굴착면 압성토

③ *Trench cut*, *Island cut* 검토

(2) 정확한 지반조사 → 계측관리 철저

(3) 설계 : 강성이 큰 흙막이 + *Boiling* 검토

(4) 발생 시 대책

① 상재하중 제거

② 굴착저면 압성토

③ 배면토압 경감 → 배수, *Sheet Pile* 재타입

12 Leaching

1. *Leaching*

(1) 정 의

해성점토와 같이 염분 등 이온을 함유한 지반이 융기되어 지표에 노출 후 강우 등으로 염기(이온)를 상실하여 결합력을 잃고 연약화되는 현상을 말한다.

(2) 발생원인

① 염분상실로 인한 점토입자의 결합력(인력) 상실(담수, 강우)

② 면모구조가 이산구조(점토의 이중층 두께가 두꺼워짐)로 바뀜

(3) *Leaching* 적용 토 : *Marine Clay*

① 해성 퇴적토 ② 준설토 ③ 염기성 흙

✓ 약액주입공법을 적용한 경우 지중에 지하수에 의한 *Silica* 성분이 빠져나가는 현상을 *Leaching*이라 한다.

2. *Quick Clay*

(1) 정 의

① 스칸디나비아, 캐나다 북부지역에서 관찰되며 본래 해저에서 퇴적된 점토가 융기된 후 담수로 인한 용탈현상으로 인해 함수비 변화와 교란에 의해 전단강도의 변화가 큰 흙

② 자연지반 함수비가 액성한계를 초과하는 흙 → *Fall Cone test*

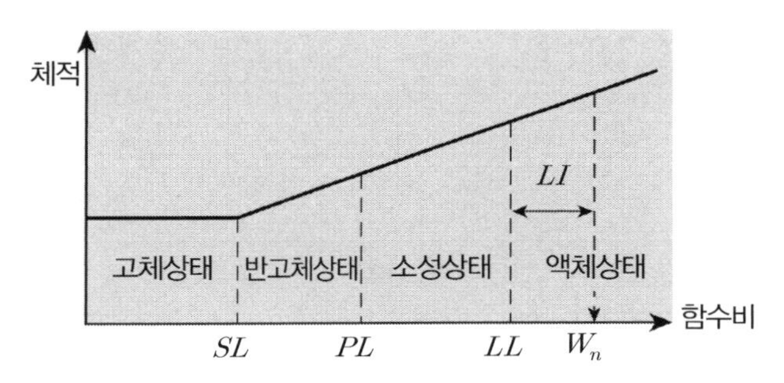

$$LI = \frac{W_n - PL}{PI} > 1$$ 인 흙

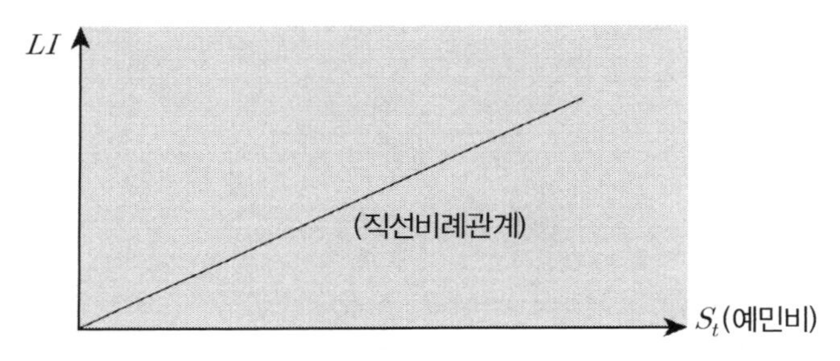

(2) 판 정 ← *Terzaghi* 제한

① $S_t = \dfrac{q_u}{q_{ur}} > 8 \rightarrow Quick\ clay$

② $S_t = \dfrac{q_u}{q_{ur}} > 64 \rightarrow Extra\ Quick\ clay$

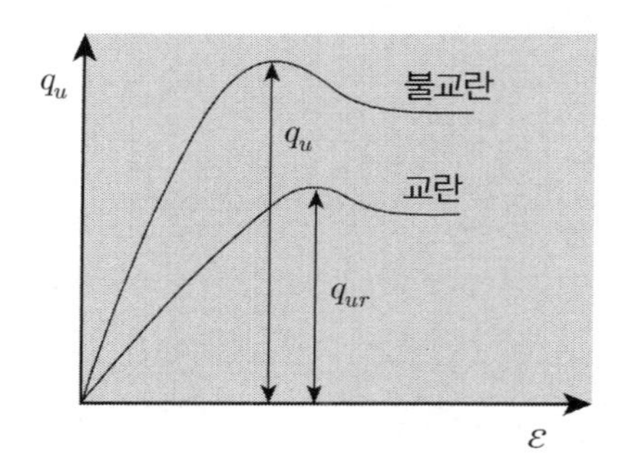

(3) 시 험

① 일축압축시험

② *Aterberg* 한계시험

③ *Vane* 시험

4. *Leaching*의 특징

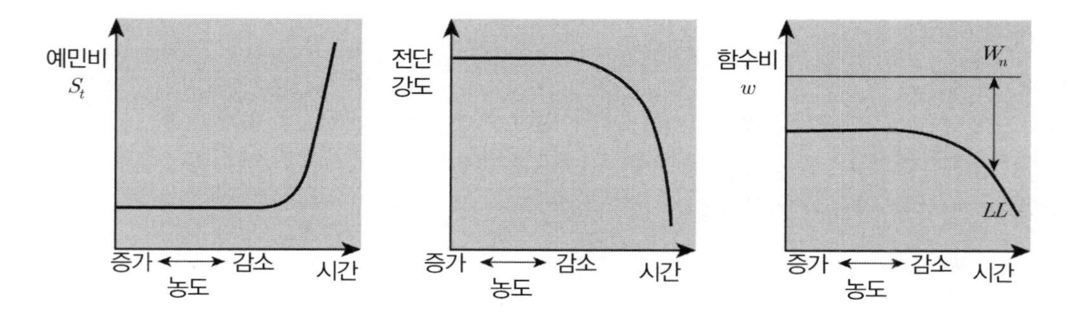

✓ *Quick Sand*와 *Quick Clay* 비교

구 분	*Quick Sand*	*Quick Clay*
정 의	상향의 침투압	해저점토 → 융기 → 세척 → 염분 상실 → 전단강도↓
원 인	상향 침투압	*Leahing*
현 상	*Boiling*, *Piping*, 액상화	충격, 진동 → 교란 → 강도↓
차이점	모래지반, 상향침투압	점토지반, *Leahing*, *Thixotropy*
공통점	원인과 현상은 상이하나 지반강도 저하는 동일	

13 흙-수분 특성 곡선(Soil-Water Characteristic Curve)

1. 개 요

흙 수분 특성 곡선이란 체적함수비(θ)와 부(負)의 간극수압과의 관계곡선을 말하며 탈수와 흡수시험을 통해 시험하고자 하는 지반에 대한 체적함수비에 대응하는 부(負)의 간극수압을 추정할 수 있다.

2. 흙-수분 특성 곡선(*SWCC*)의 특징

(1) 토질별 흙-수분곡선

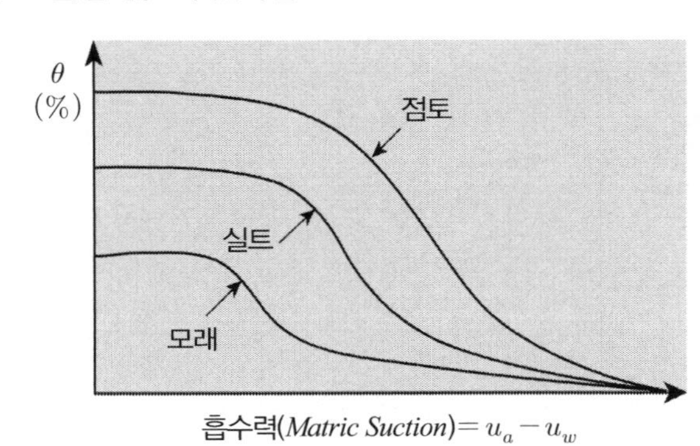

$$\theta = n \cdot S = \frac{V_v}{V} \times \frac{V_w}{V_v} = \frac{V_w}{V}$$

여기서, θ : 체적함수비
n : 간극률
S : 화도

① 흙의 소성이 큰 경우 체적함수비는 증가하며 곡선의 경사는 완만하다.

② 이는 비표면적이 크고 흡착수에 의한 전기적 성질로 인해 함수비를 유지시키기 위한 모관흡수력의 범위가 넓음을 의미한다.

(2) 중요결정인자

① 공기함입값(*Air-entry value*) : 포화된 지반의 간극에 모관 흡수력(공기압)이 증가하여도 간극 속에 물이 유출되지 않는 상한의 모관 흡수력을 말한다.

② 잔류함수비(*Residual water content*, θ_r) : 공기함입값 이후 모관 흡수력의 증가에 따라 흙 속의 물은 계속 배수되나 어느 한계점에 도달하면 더 이상 물이 추출되지 않는 상태가 도래되는데, 이 때의 함수비를 잔류함수비(*Residual water content*, θ_r)라 한다.

③ 흙-수분 곡선 경사 : 체적함수비-흡수력관계에서 공기함입값과 잔류함수비를 연결하면 토질마다의 고유한 곡선의 경사가 결정되며 곡선의 변곡점을 공기함입값과 잔류함수비를 결정하는 중요한 요소가 된다.

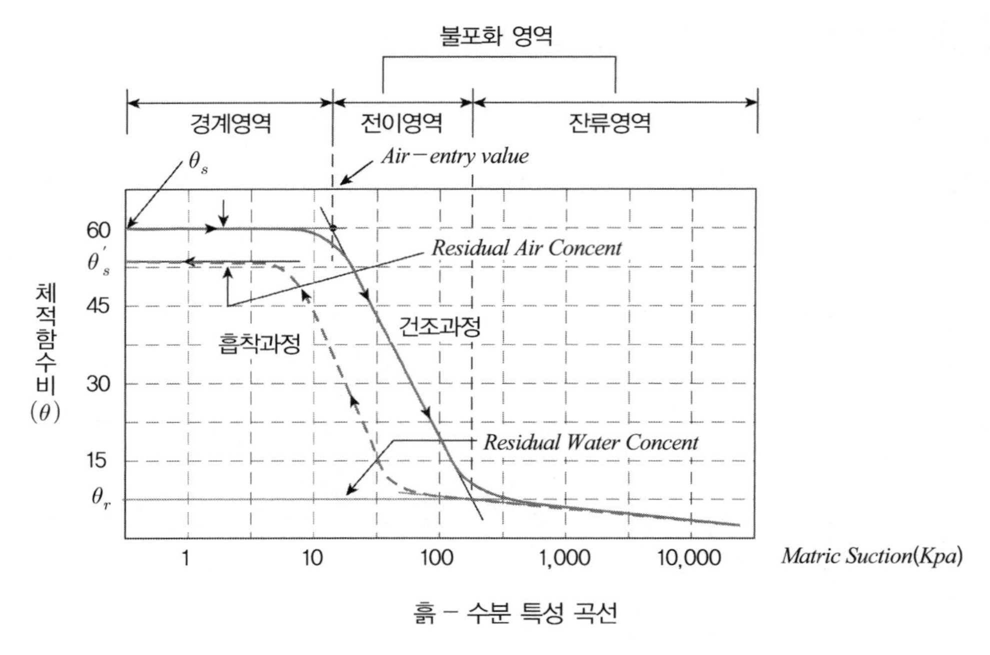

흙 – 수분 특성 곡선

(3) 이력현상 발생

① 모관 흡인력에 따른 함수비 변화

㉠ 경계영역 : 공기함입치를 초과할 때까지는 흙 속의 물은 유출되지 않는 영역

㉡ 전이영역 : 모관흡수력의 증가에 따라 물이 유출되어 함수비의 저하 발생

㉢ 잔류영역 : 모관흡수력이 계속 증가하여도 함수비의 변화가 거의 없는 영역

② 이력현상

㉠ 포화토의 배수 → 흡수과정에서 처음의 포화토에 보유한 함수비만큼 회복하지 못하는 현상 발생

㉡ 이는 잉크병 효과로서 다음 그림과 같음

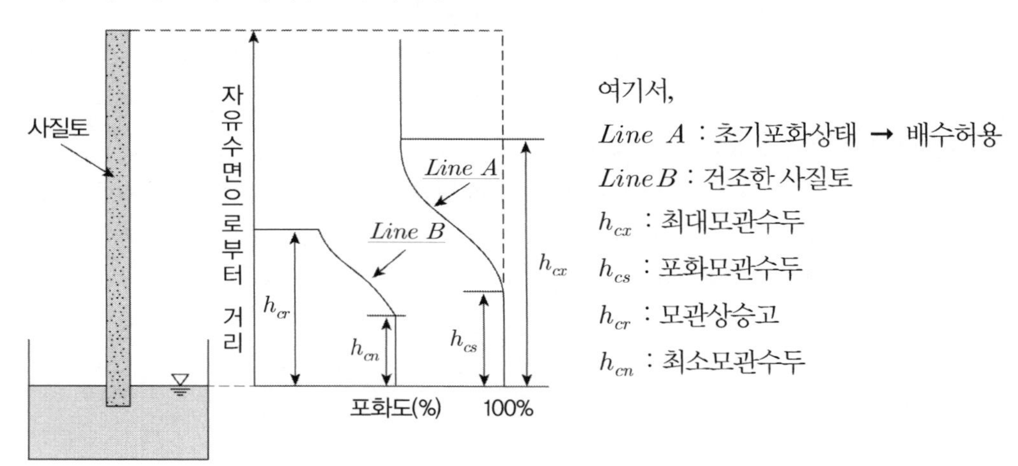

3. 불포화지반의 공학적 성질

(1) 불포화 시 유효응력 증가

① *Bishop's* 방법

$\sigma_v = \sigma_v' + \chi \cdot u_w + u_a(1-\chi)$ $\sigma_v' = \sigma_v - \chi \cdot u_w - u_a(1-\chi)$

여기서, $\chi = A_w/A \rightarrow Bishop$의 유효응력 정수, 흙의 종류, 포화도에 의해 결정

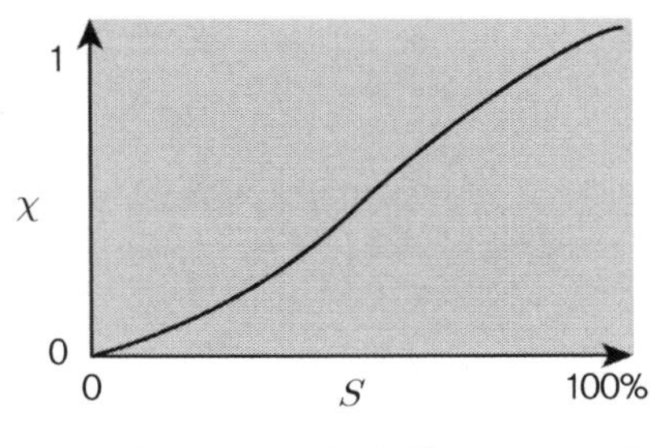

포화도와 χ와의 관계(*Bishop* 1960)

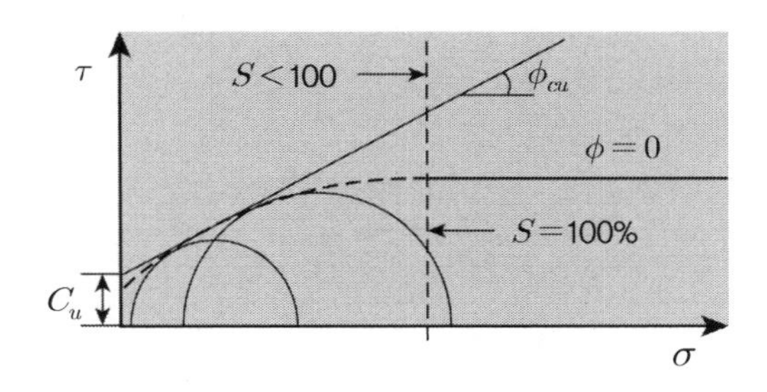

불포화토의 UU시험 결과

✓ 만일 공기압이 대기압과 같다면 $u_a = 0$이며 건조한 흙이라면 $\sigma_v' = \sigma_v$이 되므로 전응력과 유효응력이 동일하게 된다.

② *Fredlund's* 방법 : 순응력과 모관 흡수력을 독립적인 응력의 변수로 취급

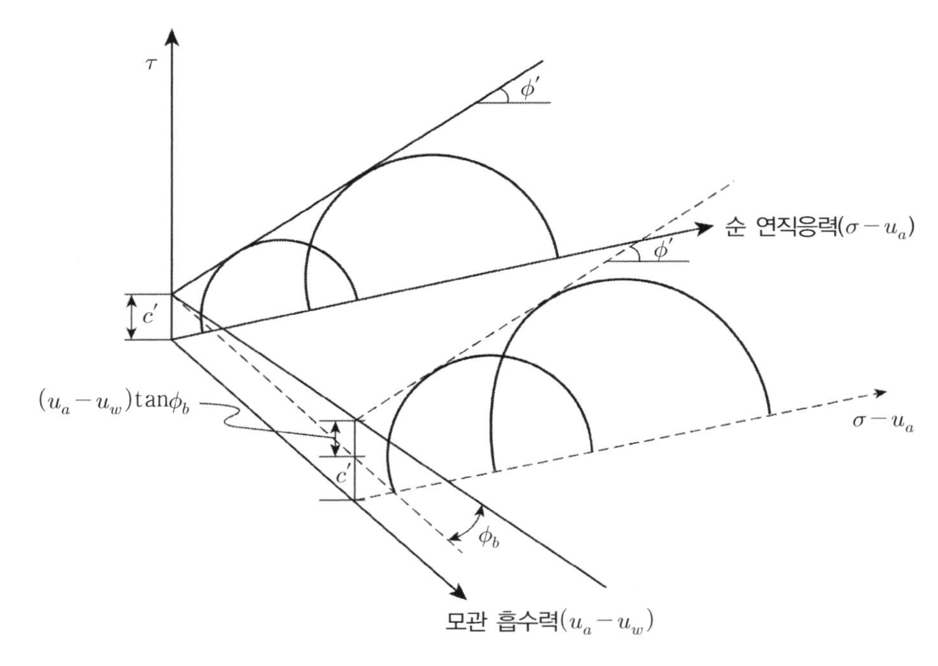

확장된 *Mohr*−*Coulomb* 파괴규준

✓ *Mohr*−*Coulomb*의 2차원 평면 → 3차원 평면화

$$\tau = c' + (\sigma - u_a)\tan\Phi' + (u_a - u_w)\tan\Phi_b$$

여기서, c' : 포화토의 점착력　　　　$\sigma - u_a$: 순 연직응력

Φ' : 포화토의 내부마찰각　　　　$u_a - u_w$: 모관 흡수력

Φ_b : 모관흡수력에 따른 겉보기 점착력의 기울기(흡수마찰각)

(2) 포화도 감소 → 불포화 → 모관현상 → 유효응력 증가

(3) 사면붕괴 메커니즘

강우 → (불포화 → 포화) → 부 간극수압 상실 → 유효응력 저하 → 사면활동 발생

(4) 불포화 → 공기저항 → 투수계수저하

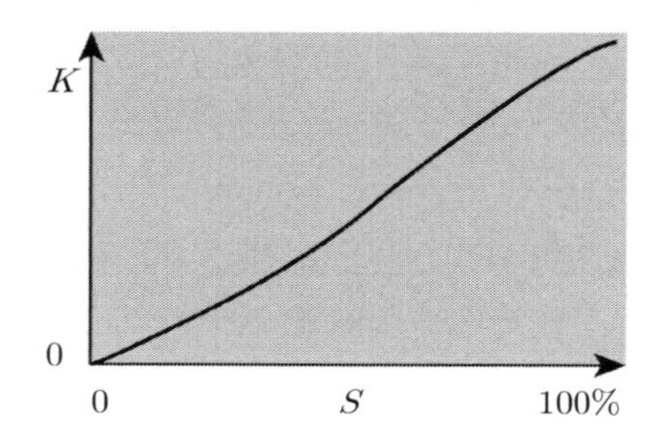

4. 흙-수분 곡선의 이용

(1) 불포화 지반의 강도정수 추정 → 사면안정 해석 활용

① *Fredlund's* 방법에 의한 순응력과 모관흡수력을 독립적인 응력의 변수로 취급함에 있어

② 포화토의 점착력(c')과 내부마찰각(Φ')의 산출은 용이하나 불포화토의 Φ_b를 구하기 위해서는 공기와 물의 배수를 현장응력조건에 맞추어 삼축압축시험, 직접전단실험을 수행하기에는 시간과 비용, 정밀도가 많이 요구된다.

③ 따라서 토질별 함수 특성 곡선을 이용하여 다음 경험식을 사용한 Φ_b를 추정하여 계산할 수 있다.

$$\tan\Phi_b = \tan\phi'\left(\frac{S - S_r}{100 - S_r}\right)$$

여기서, Φ_b : 겉보기 마찰각　　　　ϕ' : 포화점토의 내부마찰각

S : 포화도　　　　S_r : 잔류포화도

✓ 토질별(입도분포곡선, 간극비별) *SWCC* 이용 → Φ_b 추정

$\therefore\ \tau_f = C' + (\sigma - u_a)\tan\phi' + (u_a - u_w)\tan\phi_b$

(2) 불포화 지반의 투수계수 추정 → 침투해석

① 포화토의 경우에는 *Darcy's* 법칙을 따르나 불포화토의 경우에는 함수비와 간극수압에 따라 변화하는 특징이 있다.

② 불포화토의 투수계수를 구하는 방법은 실험적 방법과 간접적 계산에 의한 방법이 있으나 실험적 방법(모관 흡인력과 함수비 조건을 재현한 정수위 투수시험)의 경우 오차가 크며 장시간 소요, 시험 중 공기유입문제 등으로 간접적 계산방법을 많이 사용한다.

③ 간접적 계산방법은 흙-수분 특성 곡선으로부터 체적함수비, 입도분포, 간극수압 등을 이용하여 불포화 지반의 투수계수를 추정할 수 있다.

㉠ *Fredlund's* 제안식 : 체적함수비의 적분을 통해 투수계수 추정

㉡ *Green & Corey* 제안식 : 체적함수비, (−)간극수압을 통한 투수계수 추정

㉢ *Van genuchten* 제안식 : 모관 흡수력의 함수로 투수계수 추정

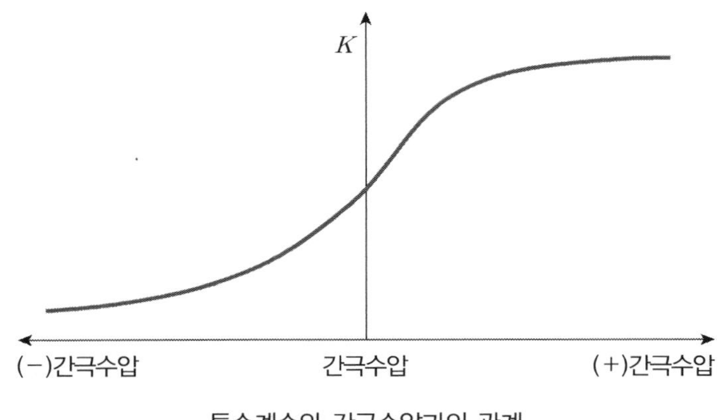

투수계수와 간극수압과의 관계

5. 평 가

(1) 이론과 실제

설계 시 : 포화토 개념 설계 → 실제 현장 : 불포화토

(2) 적 용

① 사면 안정해석

② 제체 침투해석

③ 지반해석 시 부의 간극수압 고려한 유효응력해석

④ 지반개량 후 효과 분석 시 활용

14 모관흡수력(흡입력) 측정 시 문제점과 대책

1. 모관흡수력과 체적함수비 측정

(1) 모관흡수력 측정 계측장비

① 텐션미터(*Soil moisture equipment corporation*)

㉠ 텐션미터는 *Tube*관 끝에 달린 세라믹 *Disk*를 통하여 외부지반의 모관흡수력과 튜브관 내부에 담긴 물의 압력이 동일해진다.

㉡ 이러한 압력은 튜브관 상부에 달린 다이얼게이지나 트랜스듀서에 의하여 측정한다.

㉢ −1기압 이하의 수압이 될 경우 공동현상(*Cavitation*)으로 인하여 80*KPa*까지의 모관흡수력까지만 가능하다.

㉣ 텐션미터에 의한 모관흡수력의 측정은 대부분 0.3∼1.8*m*의 얕은 깊이로 제한된다.

(2) 체적함수비 측정 계측장비

① *WCR*(*Water content reflectometer*, *Campbell scientific inc*)은 전자기파가 프로브 끝에 달린 지반의 수분에 노출된 철봉을 통과하는 데 소요되는 시간을 이용하여 체적함수비를 측정하는 장비이다.

② *WCR*은 *Cable tester*를 요구하지 않아 비용이 저렴한 장점이 있지만 저주파수대역에서 운용되어 흙의 전기전도도에 민감한 문제점이 있으며 토양 특성에 따른 보정방식이 요구된다.

(3) *Data* 수집 : 불포화토사면 핵심요소들을 측정하기 위하여 스마트센서들은 자동계측을 위하여 현장에서 설치되어 데이터 로거로 연결되어 10분마다 측정결과를 폰 형태의 모뎀이 설치되어 있어 매일 저장된 결과들을 모뎀 설치된 컴퓨터로 전송하여 분석한다.

(4) 계측결과 분석

① 계측결과 분석

㉠ 지표면, 내부 모관 흡수력과 함수비 분포 변화가 측정되었다.

㉡ 특정깊이까지 강우가 침투하는 소요시간을 알 수 있다.

㉢ 침윤선 형성과 발달과정을 알 수 있다.

㉣ 강우침투 특성을 파악할 수 있다.

② 모관흡수력 변화

㉠ 강우 직후 모관흡수력은 감소하고 함수비는 증가하는 현상을 알 수 있다.

㉡ 날씨가 지속적으로 좋은 경우 지표면 가까이 위치한 곳에서 높은 모관흡수력 나타나고, 낮은 함수비 상태가 된다.

㉢ 식생지역과 비식생지역에 따라 함수비 변화와 모관흡수력 변화가 발생한다.

㉣ 90*KPa* 이상 모관흡수력 존재하더라도 측정이 곤란하다.

㉤ 지표면에서 모관흡수력이 크게 나타나지만 침투로 인하여 순식간에 낮은 값으로 떨어진다.
㉥ 모관흡수력은 지반의 함수비 변화에 따라 변화하게 된다.

2. 모관흡수력 측정 시 문제점

(1) 측정장비 문제
① 텐셔미터는 −1기압, 수압이 되는 80*KPa*까지만 측정하는 문제
② 측정깊이 문제 : 0.3∼1.8*m* 얕은 깊이로 제한되어 있다.

(2) 토양 특성에 따른 보정문제

(3) *Date* 자료 전송문제
현장측정 센서에 의해 *Data* 로거에 의해 모뎀이 설치되어 있는 자료전송 문제

(4) 현장강우조건 문제
측정시점의 현장강우량과 강우기간 등에 따라 모관흡수력변화가 크다는 문제점이 있다.

(5) 계측기 설치 문제
계측기 설치 시 강관으로 일정 깊이까지 삽입하고 흙을 파낸 후 센서를 설치하고, 외부강우량이 삽입강관 사이로 침투 시 오차가 발생한다.

3. 대 책

(1) 측정장비 문제
① 지속적으로 자동화된 입력측정을 위한 시스템이 개발되어야 하고
② 측정장비의 개발, 도입이 필요하다.

(2) 설계강우기준 산정
현장측정 시 강우조건에 따라 측정값 편차가 발생하므로 사면구조물에 대한 설계 강우기준 산정이 명확히 제시되어야 한다.

(3) 데이터 활용
정확한 데이터 분석 및 활용 또는 기준 등에 대한 자료수집 등 활용방안이 필요하다.

(4) 기 타
① 토양 특성에 따라 보정방정식이 간편한 방법으로 사용할 수 있는 데이터가 개발되어야 하고
② 계측기 설치 및 관리 매뉴얼이 제정되고 정밀한 자료가 나올 수 있도록 개선이 필요하다.
③ 높은 강우 발생 시 얕은 깊이 모관흡수력이 낮아지고 깊은 깊이 모관흡수력 커지는 역전현상 등에 대한 검토도 필요하다.

15 하천제방 재료와 제체의 안전성 평가

1. 하천제방 재료의 구비조건

(1) 사면안정을 확보하기 위한 전단강도가 큰 토질

(2) 압축성이 적어서 간극수압의 발생이 적은 토질

(3) 투수계수가 $10^{-3} cm/sec$ 이하이어야 하며 구득이 어려울 때는 양질의 토사와 혼합하여 사용할 수 있다.

(4) 운반, 포설, 다짐의 시공성이 고려되어야 한다.

(5) 액성한계, 소성지수, 함수비, 입도가 시방규정 이상이어야 한다.

(6) 함수비가 너무 높은 흙은 주변 야적장에 쌓아두었다가 함수비가 낮아진 다음에 사용하도록 관리한다.

(7) 내구성이 우수하여 풍화가 쉽게 되지 않는 토사로 선정한다.

(8) 제방의 균열방지를 위해 포화도에 따른 흙의 수축과 팽창이 적은 재료를 사용한다.

2. 제제의 안정성 평가 방법

(1) 평가항목

① 누수위치 → 누수량 → 파이핑 진행 여부 → 간극수압 → 전단강도

② 수공학적 측면 < 월류 여부, 침식 흔적

(2) 조 사

① 기존자료 수집과 조사

설계보고서, 구조계산서, 지반조사 보고서, 설계도서, 시공 시 변경사항, 관리시험자료와 공사일지 검토 후 현장조사 시행

② 누수와 관련한 현장조사

㉠ 제체에 대한 원인 조사

㉡ 기초지반에 대한 원인조사

㉢ 누수위치, 누수량, 간극수압의 이상 유무와 날짜별 간극수압과 토압의 변화

㉣ 누수위치는 색소를 이용(*Tracer*)하거나 구멍이나 균열이 있는지 육안으로 상세 조사

③ 사면안정과 관련한 현장조사

㉠ 사용재료에 대한 단위중량과 암석의 종류

㉡ 암석의 풍화상태, 변질도 조사

㉢ 토압계, 간극수압계 등 계측자료 분석, 육안에 의한 붕괴흔적, 사면경사, 활동 흔적 등 조사

(3) 사면안정 평가방법

① 정상침투 시

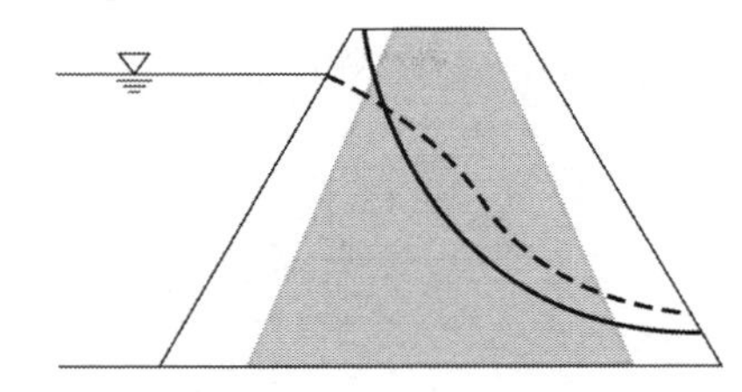

하류 측 위험 → 유효응력해석
(강도정수 c', ϕ' 사용)

② 수위 급강하 시

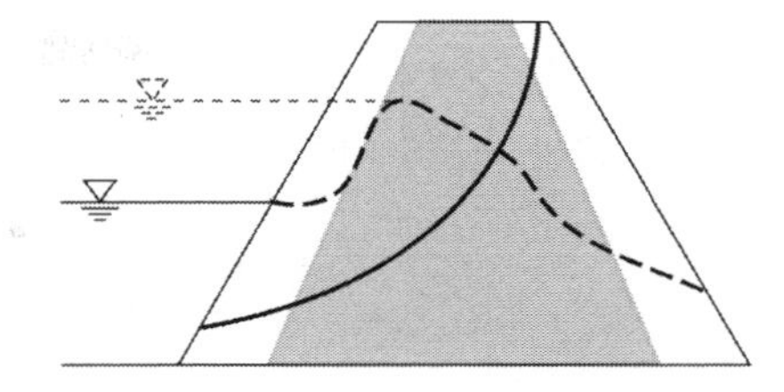

상류 측 위험 → 간극수압 고려한 유효응력해석이나 전응력해석 모두 가능

(4) 구조물 종류에 따른 파이핑 안정성 검토

구 분	토 류 벽	Dam, 제체
검 토 방 법	① *Terzaghi*법 ② 유선망에 의한 방법 ③ 한계동수경사법	① *Terzaghi*법 ② 유선망에 의한 방법 ③ 한계 유속에 의한 방법 ④ *Creep* 비 법

(5) 파이핑 발생원인

구 분	제 체	기 초
발 생 원 인	① 제방폭 부족 ② 수압파쇄(부등침하) ③ 다짐 불량 ④ *Filter* 설계 불량 ⑤ 재료 불량 ⑥ 제체 균열 ⑦ 구멍	① 접촉 불량(제체와 기초) ② 투수층 존재 ③ 파쇄대 존재 ④ *Grouting* 불량 ⑤ 누수 및 세굴 ⑥ 기초처리 불량

3. 평 가

(1) 댐, 하천제방의 제체 안정성

① 누수위치, 누수량 : 허용 누수량 이내

② 간극수압 상승으로 인한 전단강도 감소 : 정상 침투 시 하류 측, 수위 급강하 시 하류 측이 가장 위험

③ 파이핑 발생 검토 : 크리프비, 한계유속, *SEEP/W* 해석

(2) 계측에 의한 역해석 시행 : 간극수압계, 지중경사계, 지하수위계, 전기비저항 탐사

(3) 수치해석 시 고려사항

① 분할요소(*Mesh*)크기 결정 : 침윤선 형태, 유속 등 고려

ex) 일본 : 요소의 두께 = 제방높이의 $\frac{1}{10}$ 이하

② 고수위 지속시간 검토 : 지나치게 짧은 경향이 있음

③ 제체 재료 입력 : 이방성 투수계수(K')

(4) 월류에 대한 안정성 확보 → 보강방안(차수 *Sheet*, *Asphalt* 포장)

✓ 참고(강우 및 하천수의 침투에 의한 하천제방 붕괴의 발생과정)

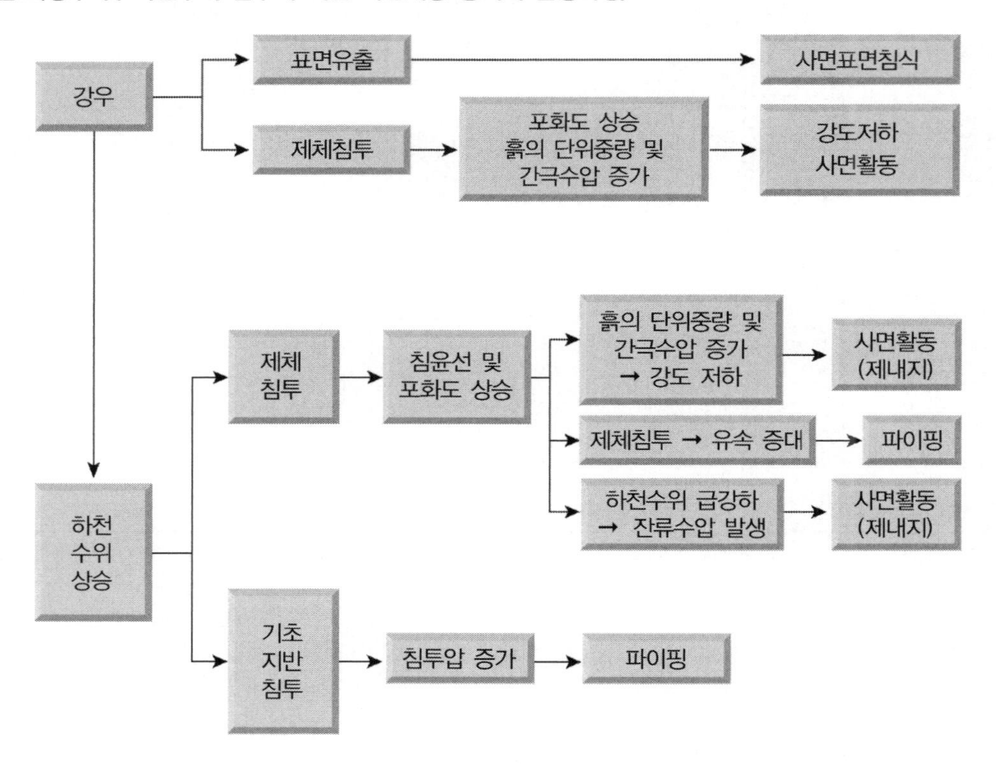

※제방 안정성↓ → 대책

1. 월류 → 제방 여유고 확보 + 단면확대 *or CON'c* , *Asphalt* 피복

2. 침식, 세굴
   - 작용력↓ : 수제(상류부)
   - 저항력↑ : 호안공

3. 누수
   - 제체누수 → 침윤선이 제내지 비탈면 유도 방지
     - 단면폭 大
     - 배수공
   - 기초지반 누수 → 침투압↓
     - *Sheet Pile*
     - *grouting*
     - *Concrete* 피복

* 응급조치 : 수방작업(비닐 덮기, 마대 설치)

4. 사면활동 → 사면경사 완화(차수벽 → 양압력↓)

5. 유지관리 → 계측, 주기적 순찰 관리

16 Earth Dam 심벽의 간극수압(시공단계와 운영단계)

1. 개 요

제체에 과잉간극수압이 발생하면 *Dam*의 안정성에 영향을 주므로 *Dam*의 *core*에 집중적으로 배치하고 *Filter*, *Rock Zone*이나 기초지반에도 설치하여 입체적으로 확인하여야 한다.

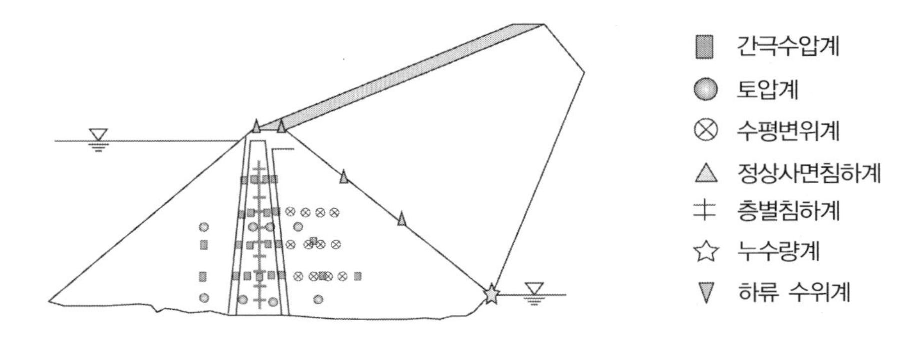

2. 간극수압 측정 목적

(1) 유선집중 : 간극수압 증가량

(2) 사면안정 : 유효응력, 비배수 강도, 안전율

(3) *Filter* 기능 발휘 여부 : 입경이 너무 작은 경우 간극수압 발생

(4) 수압파쇄 : 수평유효응력보다 정수압이 큰 경우

3. 간극수압의 분포(시공 → 운영 중)

(1) 시공 중 간극수압

① 심벽재료는 점성토로 최적 함수비에서 습윤측으로 다지며 포화도는 80～95%에 이른다.

② 이와 같이 포화도가 높은 점성토를 급속하게 다지게 되면 급격한 전응력의 증가로 인한 간극수압의 상승이 유발되므로, 적정 시공속도를 조절하여 과도한 간극수압의 유발을 억제하도록 계측기를 매설하여 심벽재료의 시공함수비와 성토 속도를 조절하면서 시공을 하여야 한다.

③ 시공 중 간극수압의 크기는 시공함수비에 따라 결정되며 각 위치별 간극수압은 심벽 중앙에서 최댓값을 보이며 상하류부로 갈수록 점차 줄어든다. 이와 같이 위치별로 간극수압의 차이를 보이는 것은 필터층까지의 거리에 따른 간극수압의 소산시간이 다르기 때문이다.

※ 시공 중 간극수압 측정 목적 : 시공속도 조정, 성토고 적정성, 축조재료의 적정성 여부
기록 : 측정기간, 빈도, *DAM* 높이별, 위치별 간극수압, 저수위 등

(2) 담수 시

① 담수가 시작되면 저수위를 기준으로 심벽 상류 측에 먼저 간극수압이 영향을 받으며 점차 심벽 중앙부와 하류 측 순으로 간극수압의 영향을 받게 된다.

② 침투류가 정상류 상태에 도달하면 저수위 변화와 동일한 시간에 간극수압은 영향을 받게 된다.

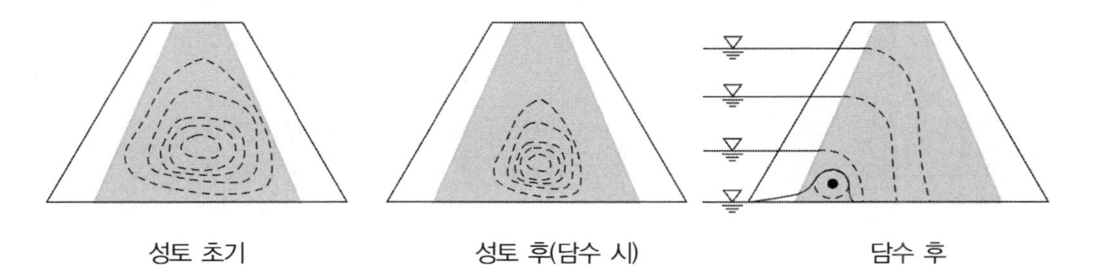

4. 사면안정 위험시기

(1) 상류 측 : 시공 직후와 수위 급강하 시

(2) 하류 측 : 정상침투 시 → 간극수압 측정이 중요

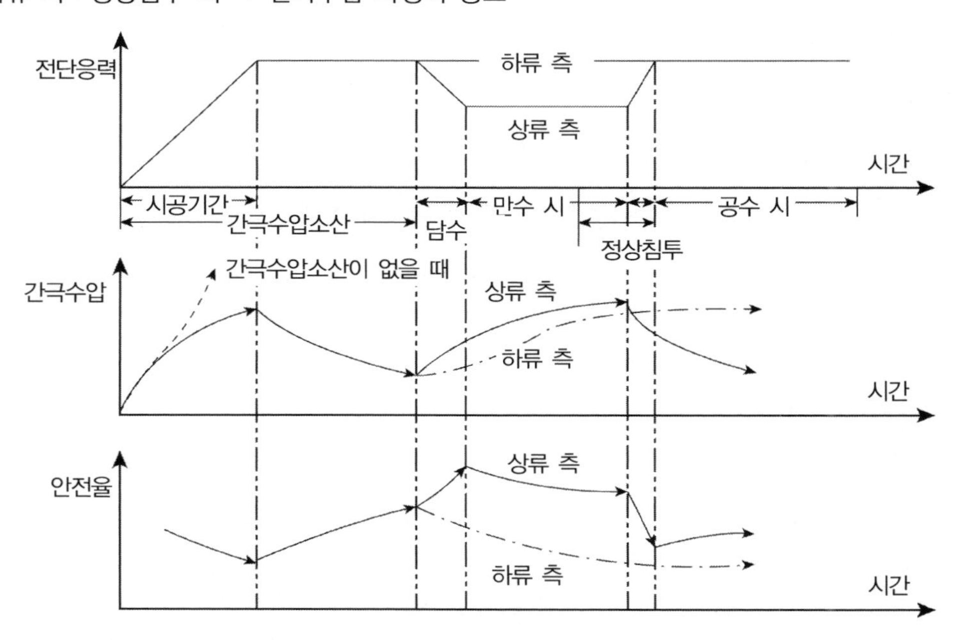

흙댐의 시공 중 및 시공 후의 전단응력, 간극수압, 안전율의 변화

※ 요 약

구 분	시공 직후	수위 급강하	정상 침투	지진 시
상류사면	○	○		○
하류사면	○		○	○

5. 시공 및 운영 중 계측기록 이용

(1) 시공 중 : 간극수압이 발생하지 않도록 성토속도 조정

① 전단강도 확인 : 단계성토 시($\tau = c' + (\sigma - u)\tan\phi'$)

② 사면안정 해석

㉠ 해석 *Program* : *Stable, Slop/w, Talan* 등

㉡ 입력 *Data* : c, ϕ, u

㉢ 해석법 : *janbu, spencer, Fellenius*

㉣ 검토단면 : 상하류 모두 검토

③ 간극수압 측정의 중요성

간극수압이 크면 → 유효응력이 적어짐 → 전단강도 감소 → 안전율 저하

∴ 과잉간극수압이 발생하지 않도록 성토속도를 제어하는 *Data*로 활용

(2) 운영 중

① *Piping* 안정성 평가

유선이 집중되면 간극수압이 높게 측정된다.

② 상류사면 안정성 : 수위 급강하 시

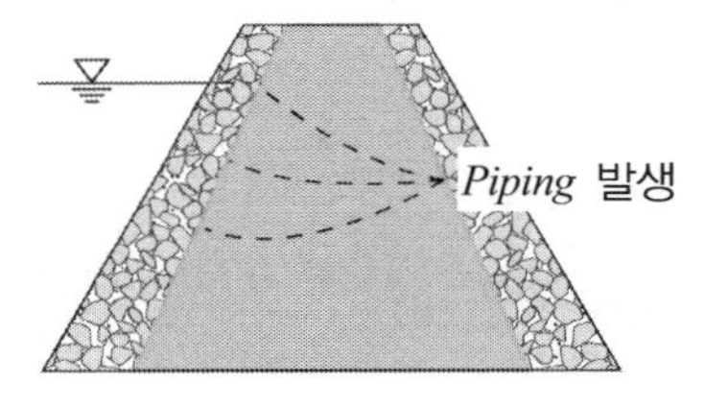

㉠ 수위 강하속도 > 심벽 배수속도가 되므로

㉡ 심벽에 잔류수압이 존재하고 사면의 파괴면 내 중량이 무거워지므로 사면안전율은 저하된다.

㉢ 잔류간극수압은 간극수압계를 이용하여 구하며

㉣ 이론적으로 유선망으로 결정하거나 간극수압비(B)로 개략적으로 결정할 수도 있다.

㉤ 제체의 안정성 평가는 유효응력해석이나 간극수압은 고려하지 않고 압밀 비배수 시험으로 정한 C_{cu}, ϕ_{cu} 값을 적용하여 해석한다.

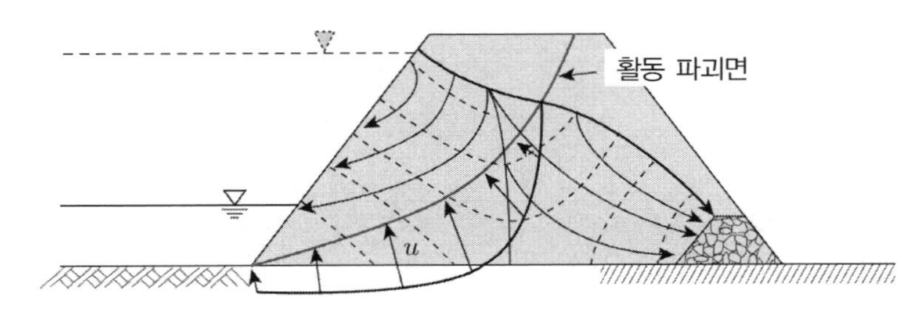

③ 정상침투 시의 간극수압 결정

㉠ 정상침투 시 간극수압의 분포는 그림과 같으며 c'값이 습윤 시보다 50% 정도 저하된다.

㉡ 사면안정해석 : 유효응력해석

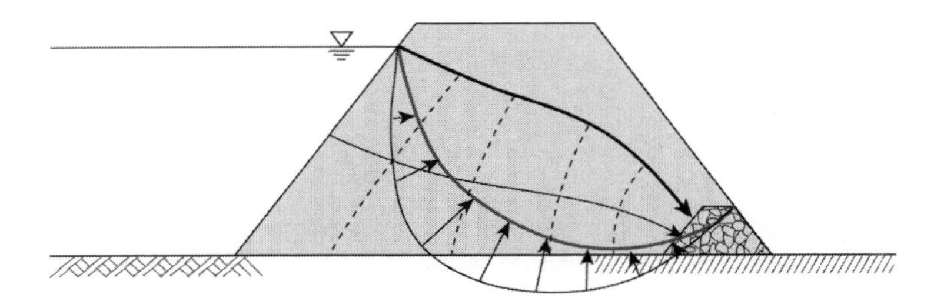

ⓒ 한계평형해석 ⬅ 수치해석 결과 비교

$$F_s = \frac{\sum C' + \sum (W\cos\alpha - u\ell)\tan\phi'}{\sum W\sin\alpha}$$

여기서, 유효응력해석 시 입력변수

- 침윤선 위 : γ_t,   침윤선 아래 : γ_{sat}
- 간극수압 u(위 그림처럼 도넛 모양)

[계측관리 System Sample]

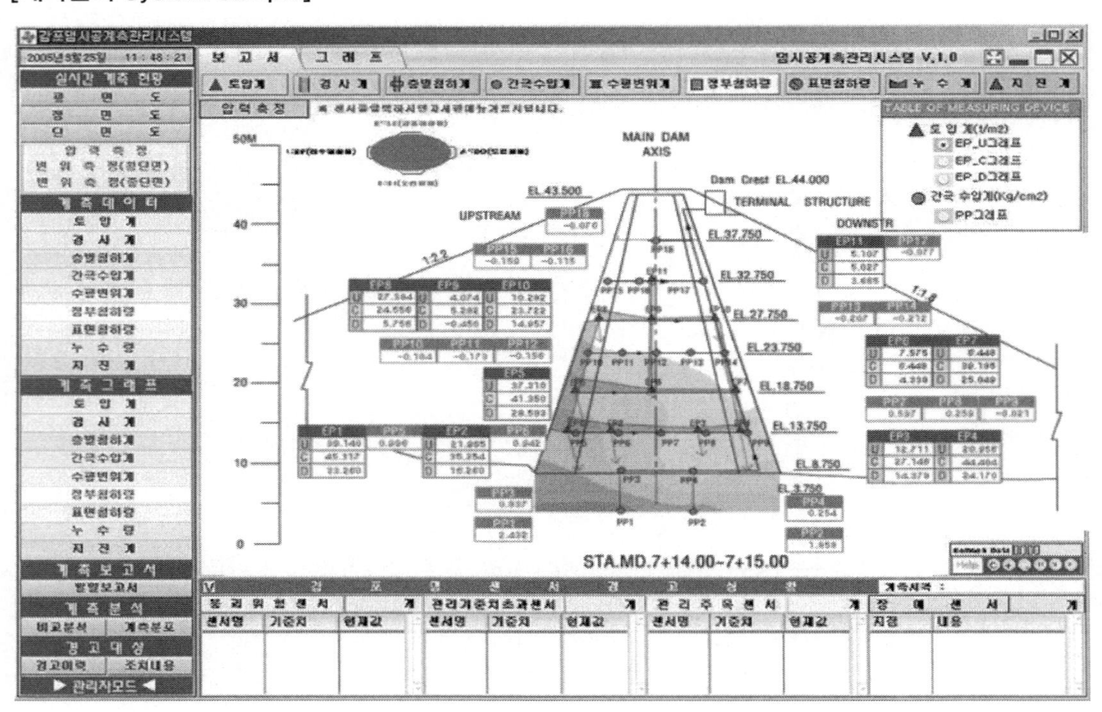

17 사력존 전단강도 시험과 현장 품질관리 방법

1. 사력존의 기능

(1) *Dam* 외곽부 존재 → 세굴과 댐의 사면 안정확보 → *Dam* 단면형상 유지

(2) 따라서 적정 중량과 풍화침식에 대한 내구성과 투수성이 시방규정을 만족하여야 한다.

2. 조립재료의 재료적 특성에 따른 실내시험 방안

(1) 재료적 특성에 따른 실내시험의 제한사항

① 현장에서 사용해야 할 원재료에 대한 전단강도시험을 시행하는 것이 가장 바람직하나

② 기술적, 비용적 측면에서 실제 시행하기란 현재까지 개발된 시험방법으로는 실제 시행하기란 어려움이 많은 실정이다.

(2) 실내시험을 위한 입도조성 방안

① 상사 입도법(평행입자 분포법)

원재료의 입도분포곡선에서 수평방향으로 평행하게 이동한 입도분포곡선에 맞게 인위적으로 입도를 조정하여 전단시험을 시행하는 방법을 말한다.

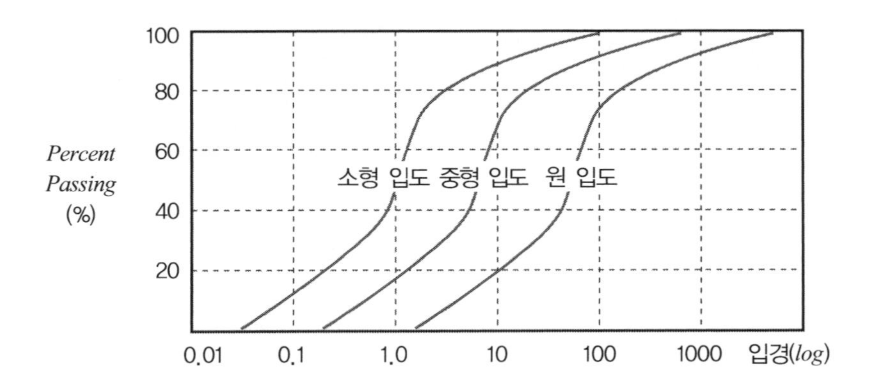

㉠ 실제 현장시료의 최대입경에 대한 시험 종류별 시편직경의 1/5 이하가 되도록 최대입경을 축소시킬 때의 상사비로 재구성하여 현장밀도(상대밀도)로 다짐 성형하여 포화, 압밀, 전단시험을 시행한다.

㉡ 이는 조립토의 입도 특성 중 다짐의 특성에 영향을 미치는 균등계수를 원재료와 동일하게 구사하여 기하학적으로 조립토의 배열이 동일한 효과를 나타내도록 하기 위한 목적을 달성하도록 고안한 방법이나 세립분의 함유량이 많은 경우 원재료의 공학적 특성보다 과다 설계될 수 있는 단점이 있다.

㉢ 상사비의 개념

$$D_i = \frac{D_{bi}}{\alpha}$$

여기서, D_i : 상사입도의 입경 D_{bi} : 원입도의 입경 α : 상사비

② 기타 시험

㉠ 절단 치환법(*Scalping & Replacement method*)

㉡ 입자 모형법(*Matrix Modeling method*)

3. 전단강도 결정방법

(1) 대형 직접전단시험

① 직경이 50~100*cm* 이상되는 대형 전단상자에 사석재를 넣고 봉다짐

② 하부 고정 상부 이동

③ 수직응력 3~4회 바꾸어 수직응력 – 전단응력 구함 → 파괴포락선과 내부마찰각을 구함

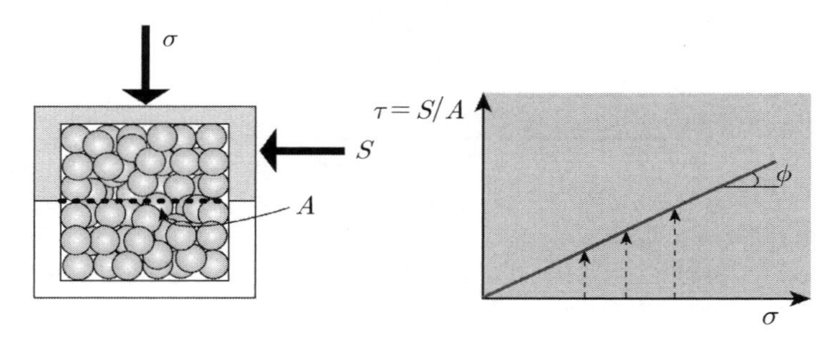

대형 직접전단시험과 시험결과

(2) 대형 삼축압축시험

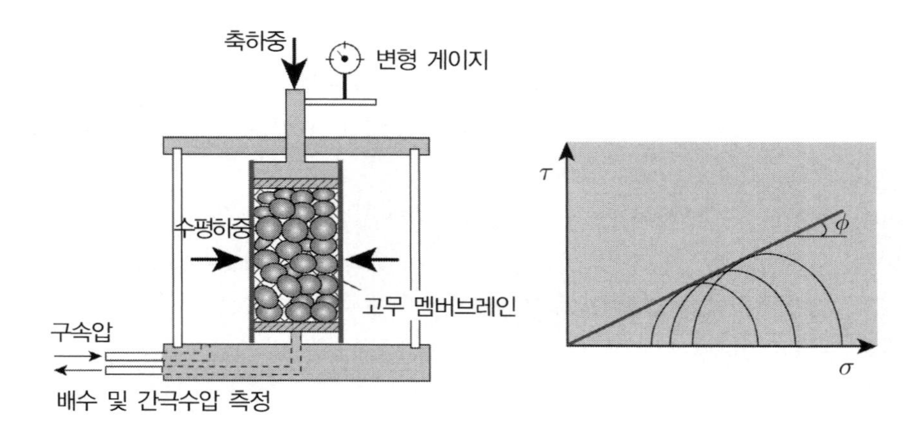

① 직경이 50～100*cm* 되게 사석재의 공시체에 고무막을 씌워 압축실에 안치한다.
② 흙 시료의 실내 삼축압축시험과 같이 구속압력은 일정하게 유지하고 축차응력을 증가시켜 강도 정수를 구한다.
② 3～4개의 공시체에 대해 구속응력을 바꾸면서 모어원을 그려 파괴포락선을 구하고 전단 저항각을 구한다.

4. 현장 품질관리 방안

(1) 원 칙

전단강도 시험법이 원칙이나 시간과 노력이 많이 소요되므로 다음과 같이 관리한다.

(2) 방 향

실내시험 시행 시 현장에서 관리할 수 있는 전단강도와 관계하는 영향인자와의 상관성을 통한 현장관리 방안을 마련한다.

(3) 전단강도 영향요인

① 상대밀도 : 크면 전단강도 큼
② 입자크기
③ 입자분포
④ 물
⑤ 중간주응력
⑥ 구속응력

(4) 영향요인 중 상대밀도와 입자형상, 분포의 영향이 중요하다.

(5) 조립토의 엇물림 효과와 상대밀도는 밀접한 관계가 있으므로 중요하다.

(6) 현장관리 방안

① 동일한 다짐에너지로 다짐 관리할 경우 다짐토의 입도분포에 따라 전단저항을 달리한다.
② 따라서 다음과 같이 세립토 함유율에 따른 입도관리를 통한 적정 전단저항각이 유지되도록 현장관리를 시행한다.

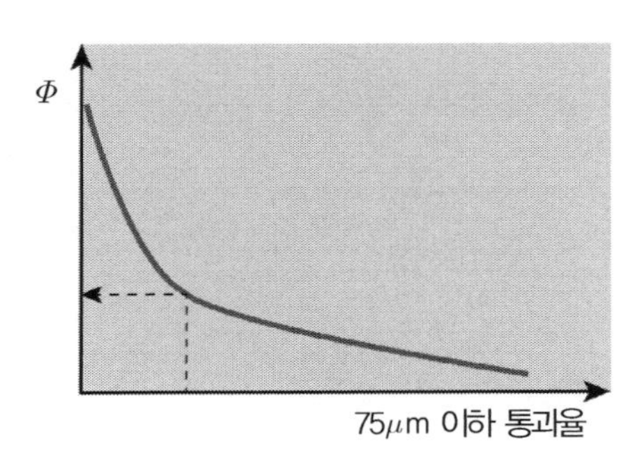

③ 기타 시험

㉠ 대형 *PBT* 시험
㉡ 현장건조밀도시험

5. 평 가

(1) 실내시험 시 착안사항

① 설계조건과 부합되는 전단저항각과 75μm체 통과율 관계를 대형 전단강도 시험에서 사용한 입도를 분석하여 작성한다.

② 실내시험 시 상사입도법에 의한 시료의 최대입경이 큰 것을 사용할 경우 작은 것을 사용한 경우에 비해 상대적으로 다음과 같은 차이가 발생하므로 이에 대한 보정이 필요하다.

㉠ 상대밀도 증가

동일한 다짐에너지로 다진 경우 입자가 큰 시료의 경우 입자파쇄로 인한 입자 간 재배열이 이루어진다.

㉡ 내부마찰각 증가

(2) 현장에서 설계 시 필요한 내부마찰각을 관리치의 기준으로 품질관리를 시행한다.

(3) 만일 사석재가 원설계자가 제시한 채석장과 변경될 경우에는 반드시 재검토를 시행하여 풍화도, 암종 등을 검토 후 제 규정에 부합 여부를 검토 후 사용하도록 하여야 한다.

18 지반 내의 응력

지반 내의 임의의 요소에 대한 전응력과 유효응력을 앞 절에서 공부하였다.
여기에 더하여 지반에 추가적인 하중이 가해질 때 어느 정도의 힘이 임의의 요소에 가해지는지에 대한 내용을 다루는 곳으로, 앞으로 공부하게 될 압밀과 연관되므로 개념적으로 이해하여야 할 것이고 너무 세밀한 것보다는 가볍게 공부하는 것이 바람직한 내용이다.

1. 개 요

지표면에 하중에 대한 지중 임의요소에 대한 응력의 변화에 대한 이론은 탄성론에서 유도된 결과를 주로 이용하며 이는 흙이 등방성(*Isotropic*)이며 탄성(*Elastic*)이라고 가정한 이론이므로 실제 흙과 다른 가정이지만 실제 이론상 결과가 실제와 크게 어긋나지 않는다.
또한 지중응력은 주로 계산, 도표, 그림을 이용하여 결과치를 얻어내므로 이에 대한 이용방법 위주로 기술하고자 한다.

✓ **탄성론의 가정** : 흙은 균질하고 등방성이며, 탄성체이다(응력과 변형률은 비례).

2. 지중응력의 구분

(1) 상재압력(초기하중) : *In－situ mechanics*로부터 오는 요소
흙 자체의 무게로 인한 응력(*Over－burned pressure, Initial stress*)

① 연직방향의 응력 : 전응력 = 간극수압 + 유효응력

② 수평방향 응력
지반이 수평방향으로 힘을 받을 경우 변위의 구속조건에 따라 어느 특수한 상태에서 정지토압, 주동토압, 수동토압을 받게 된다.

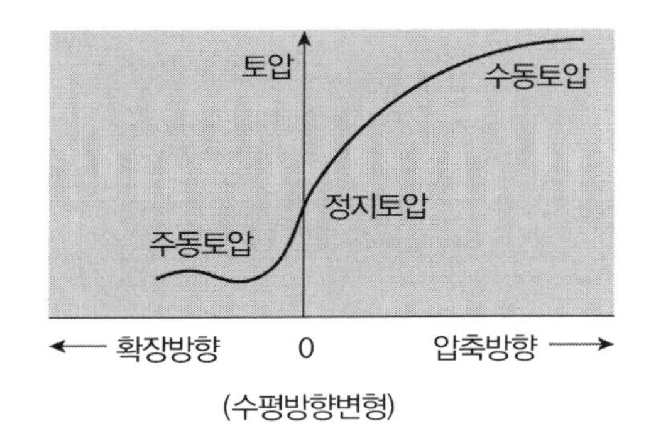

정지토압 $\sigma_h = z \cdot \gamma_w + K_0 \cdot \sigma_v$

여기서, K_0 : 정지토압계수

σ_v : 연직방향 유효응력

(2) 외부 하중으로 인한 응력의 증가분(*Stress increase*)

3. 집중하중으로 인한 응력의 증가

무한히 넓은 지표면상에 작용하는 집중하중으로 유발되는 지중응력의 변화로서 1885년 *Boussinesq* 에 의해 제안되었다.

(1) *Boussinesq* 이론

① 집중하중에 의한 연직응력 증가량($\Delta\sigma_v$)

$$\Delta\sigma_v = \frac{3 \cdot Q \cdot Z^3}{2 \cdot \pi \cdot R^5} = \frac{Q}{Z^2} \cdot I$$

여기서, $R = \sqrt{r^2 + z^2}$

② 영향계수(*Influence value*), *Boussinesq* 계수(I)

하중작용점으로부터 미소 육면체의 수평거리와 수직거리를 모두 고려한 값으로 하중 직하위치인 경우 최대가 되며 그 값은 0.4775가 된다.

$$I = \frac{3Z^5}{2 \cdot \pi \cdot R^5}$$

✓ Z축 바로 아래인 경우 $R = Z$이므로 $I = \frac{3}{2 \cdot \pi} = 0.4775$

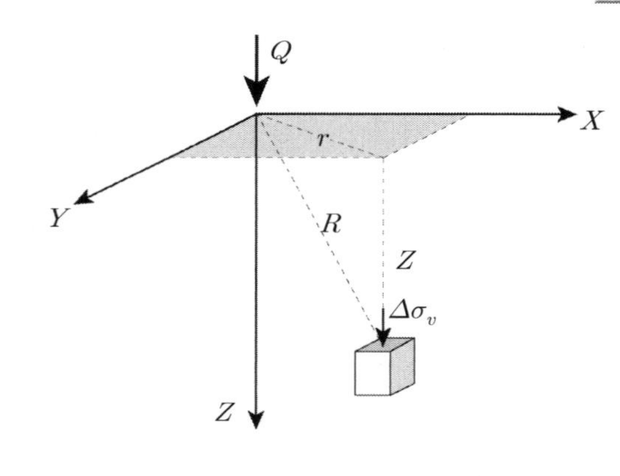

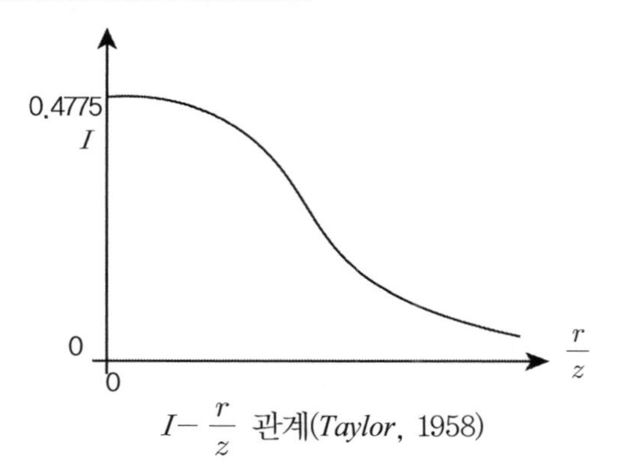

$I - \frac{r}{z}$ 관계(*Taylor*, 1958)

(2) 영향계수의 활용을 통한 지중응력 증가분 계산

영향계수 도표	
r/z	영향계수(I)
0	0.4775
0.1 ~ 2.8	0.4657 ~ 0.0021
2.9	0.0018

⟹ 지중응력 증가분 계산

① 영향계수 도표에서 r/z

② 영향계수(I) 도출

③ $\Delta\sigma_v = I \times \frac{Q}{z^2}$

(3) 특 징

① 연직응력 증가량은 깊이의 제곱에 반비례한다.

② 연직응력 증가량은 하중의 작용점에서 수평방향으로 멀어질수록 작아진다.

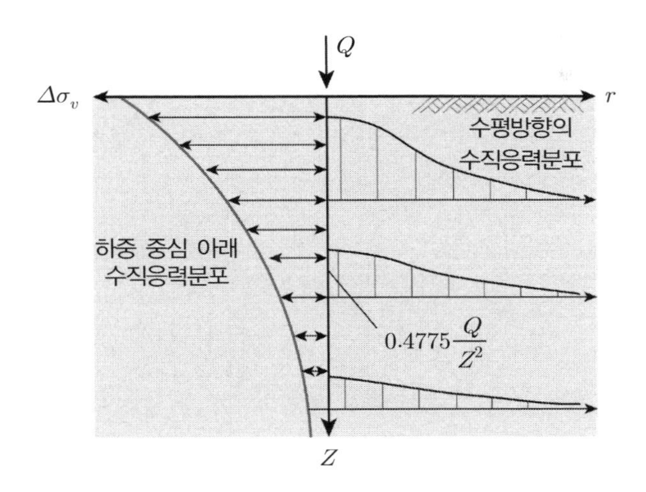

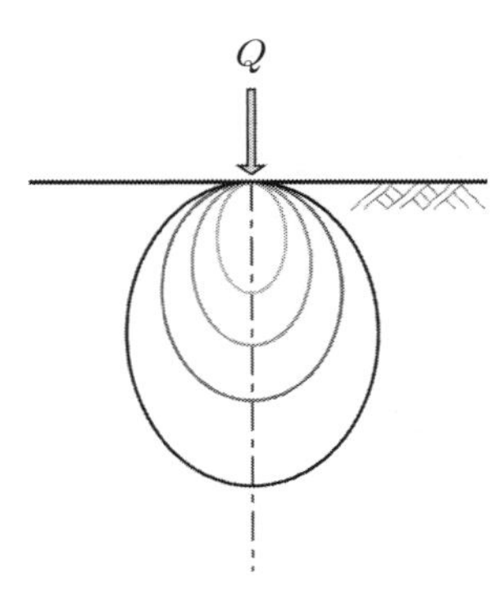

PRESSUREBULB FOR A POINT LOAD

③ 수평응력 증가량은 포아송비와 관계한다.

④ 수평응력 증가량은 변형계수(탄성계수)와 상관없다.

⑤ 전단응력 증가량은 포아송비와 상관없다.

⑥ 전단응력 증가량은 변형계수(탄성계수)와 상관없다.

4. 선하중에 의한 응력 증가

무한히 넓은 지표면상에 길이 방향으로 길게 선하중이 작용할 경우 지반 내의 응력 증가량은 다음과 같이 결정할 수 있다.

(1) 선하중에 의한 연직응력 증가량($\Delta\sigma_v$)

$$\Delta\sigma_v = \frac{2 \cdot Q \cdot Z^3}{\pi(x^2+z^2)^2} = \frac{2Q}{\pi}\frac{Z^3}{R^4}$$

여기서, $R = \sqrt{x^2+z^2}$

(2) 하중 작용선 직하연직응력 증가량($\Delta\sigma_v$)

✓ Z축 바로 아래인 경우 $R = Z$이므로

$$\Delta\sigma_v = \frac{2Q}{\pi}\frac{Z^3}{Z^4} = \frac{2Q}{\pi \cdot Z}$$

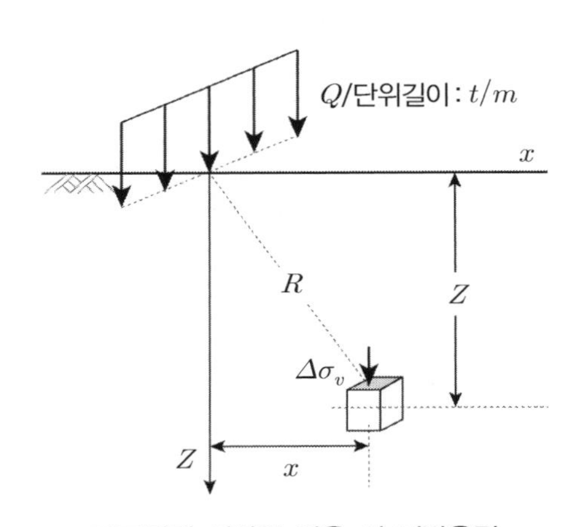

지표면에 선하중 작용 시 지반응력

※ 선하중 → 집중하중에 대한 적분값이다.

✓ 선하중은 단위길이당 하중으로 표시되며 폭에 비해 길이가 긴 도로나 철도, 댐, 옹벽과 같은 구조물로서 길이 방향으로 변형은 발생하지 않는 구조물에 의한 하중을 말한다.

5. 직사각형 단면상에 등분포하중에 의한 응력 증가

직사각형 단면상에 등분포하중이 지표면상에 작용할 경우 지반 내의 응력증가량은 다음과 같이 결정할 수 있다.

(1) 연직응력 증가량($\Delta\sigma_v$)

$$\Delta\sigma_v = q_s \cdot I_s$$

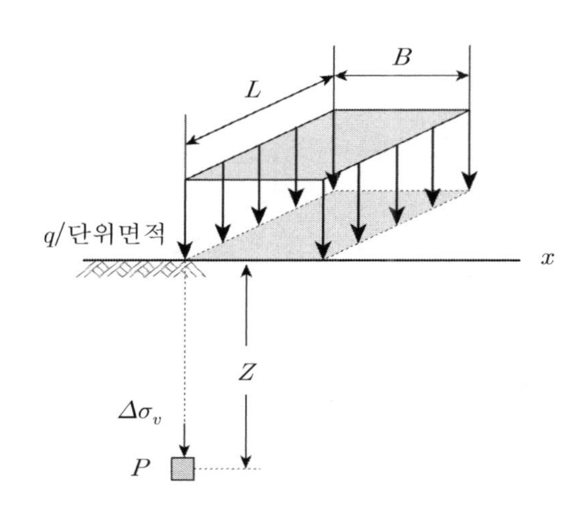

(2) 영향계수

$I_s = f(m, n)$

여기서, $m = B/Z$, $n = L/Z$

m, n은 서로 바뀌어도 $\Delta\sigma_v$는 동일하다.

(3) 구하는 순서

① 직사각형에서 m과 n을 구한다.

② 아래 도표에서 영향계수 I_s를 구한다.

③ 연직응력증가량 $\Delta\sigma_v = (\text{하중}/\text{면적}) \times I_s$

(4) 계산 예(중첩의 원리를 사용한 구형분할법)

① 구하고자 하는 P점이 직사각형 안에 있을 때

$$\Delta\sigma_v = \Delta\sigma_v(\text{면적 }\boxed{1}) + \Delta\sigma_v(\text{면적 }\boxed{2}) + \Delta\sigma_V(\text{면적 }\boxed{3}) + \Delta\sigma_v(\text{면적 }\boxed{4}) = Q(I_1 + I_2 + I_3 + I_4)$$

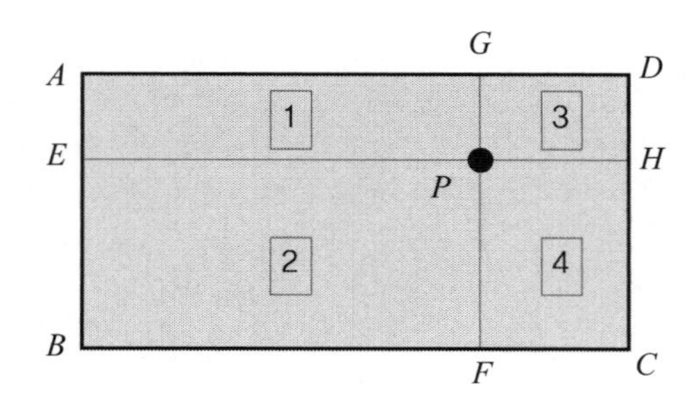

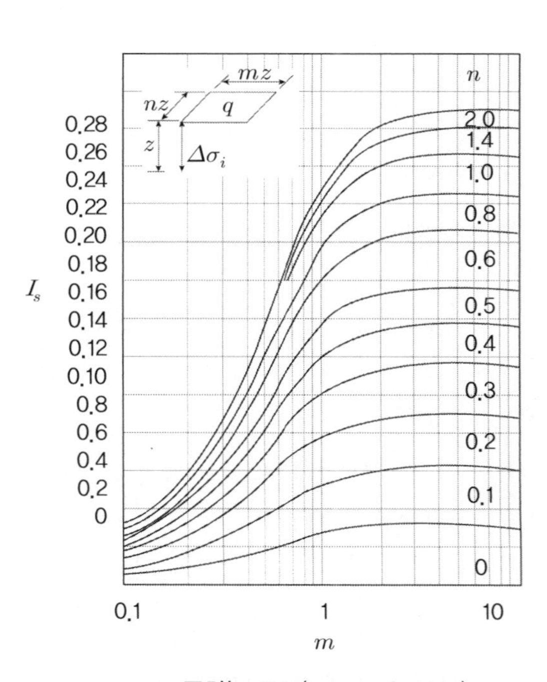

I_s 구하는 도표(*Newmark*, 1935)

② 구하고자 하는 G점이 직사각형 밖에 있을 때

$$\Delta\sigma_v = \Delta\sigma_{v(GEBI)} + \Delta\sigma_{v(GFDH)} - \Delta\sigma_{v(GEAH)} - \Delta\sigma_{v(GFCI)} = Q(I_1 + I_2 + I_3 + I_4)$$

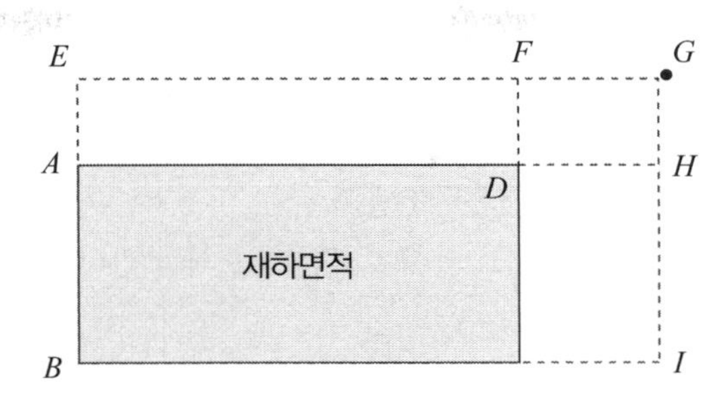

모서리 이외의 점에서의 연직응력 증가량

6. 원형 단면상에 등분포하중이 작용하는 경우

원형 단면상에 등분포하중이 지표면상에 작용할 경우에도 반무한탄성체 내에 생기는 연직응력의 변화를 도표를 이용하여 지반 내의 응력증가량을 결정할 수 있다.

(1) 연직응력 증가량($\Delta\sigma_v$)

$$\Delta\sigma_v = q_s \cdot I$$

여기서, q_s : 단위면적당 하중($tonf/m^2$)

(2) 영향계수

도표를 통해 구한다. $I = f(x/r,\ z/r)$

여기서, x : 원형단면의 반경 r : 반경 z : 구하고자 하는 심도

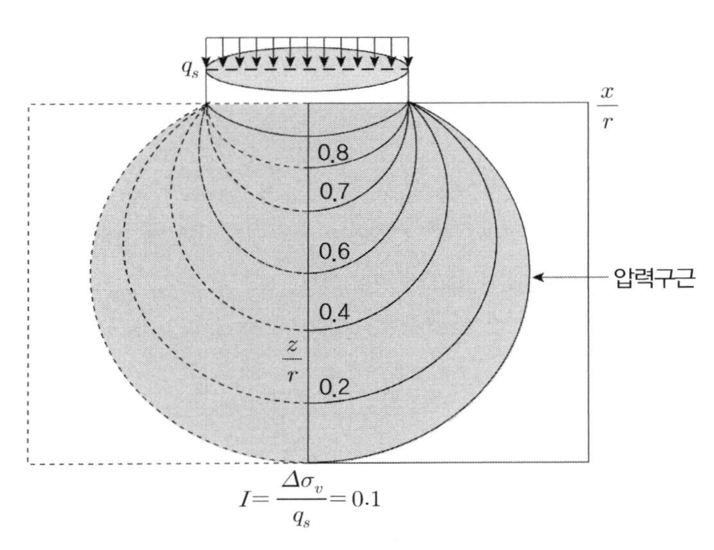

원형단면상에 등분포하중이 작용할 때 생기는 연직응력

(3) 압력구근(*Isobar*)

① 정 의

연직응력의 증가분이 같은 점을 연결한 선은 구(球)의 모양을 하고 있다. 이러한 여러 가지 선중에서 영향계수가 0.1에 해당하는 구의 궤적(軌跡)을 압력구근(壓力球根) 또는 등압선이라고 하며, 압력구근(*Pressure bulb*) 바깥에 있는 연직응력의 증가량은 거의 무시할 수 있다.

② 하중의 작용 바닥 형태에 따른 지중응력 분포

대상하중은 기초폭의 4배까지 지중응력이 분포하나 정사각형 하중에 의한 지중응력의 분포는 2*B*까지 지중응력이 분포한다.

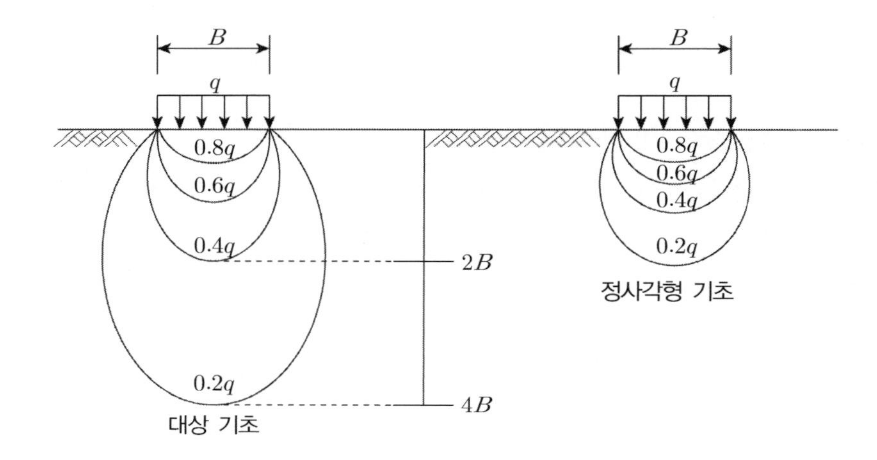

(4) 구하는 순서

① 원형 기초에 가해질 단위면적당 하중을 구한다.

② 구하고자 하는 위치에 대한 x/r, z/r를 구한 후 위 도표에서 영향계수 I를 구한다.

③ 연직응력 증가량 : $\Delta\sigma_v$ = 단위면적당 하중 $\times I$

7. 제방(사다리꼴)하중에 의한 연직응력의 증가

제방, 도로, 흙댐과 같이 사다리꼴 형태의 단면에 의한 하중이 지표면상에 작용할 경우에도 탄성론에 의해 제시된 도표인 *Osterberg*의 도표를 이용하면 편리하다.

(1) 연직응력 증가량($\Delta\sigma_v$)

$$\Delta\sigma_v = q_s \cdot I$$

(2) 영향계수

$I = f(a/z,\ b/z)$: 그림(*Osterberg* 도표) 참조

(3) 구하는 순서(제방의 중앙직하 임의위치)

① 제방의 중앙에 가해질 단위면적당 하중을 구한다.

(q_s =습윤 단위중량× 제방높이)

② 구하고자 하는 위치에 대한 a/z, b/z를 구한 후 아래 도표에서 영향계수 I를 구한다.

③ 연직응력증가량

$\Delta\sigma_v = q_s \cdot I =$ 단위면적당 하중 $\times I \times 2$배

✓ 위 공식에서 2배를 곱한 이유는 제방 중앙이므로 한쪽의 증가량이 아닌 양쪽의 하중에 의한 증가량이기 때문이다.

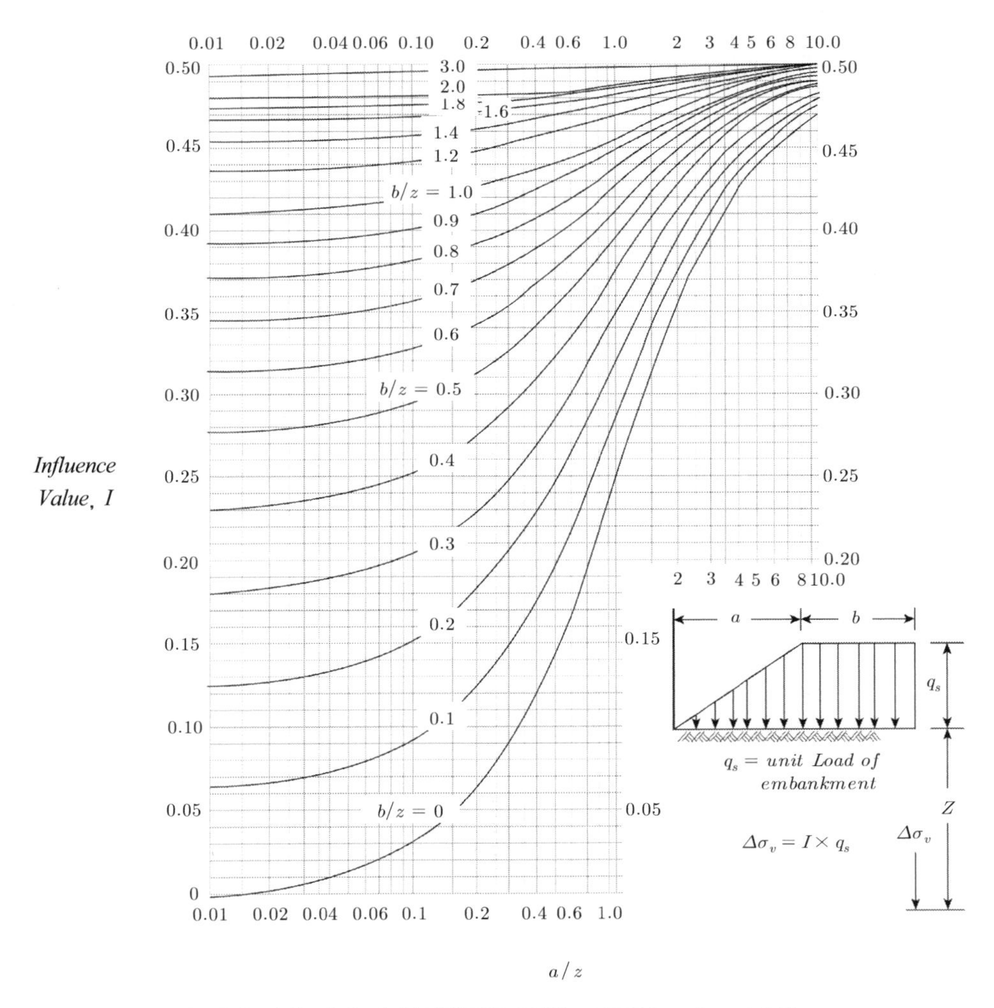

긴 제방 아래 지반 내 연직응력을 구하는 도표(*Osterberg*,1957)

8. *New－Mark* 영향원 법

지표면에 가해지는 하중의 단면이 불규칙할 경우 20개의 방사선과 10개의 동심원으로 그려진 *New－mark* 영향원을 이용하여 어느 지점의 증가된 응력을 구한다.

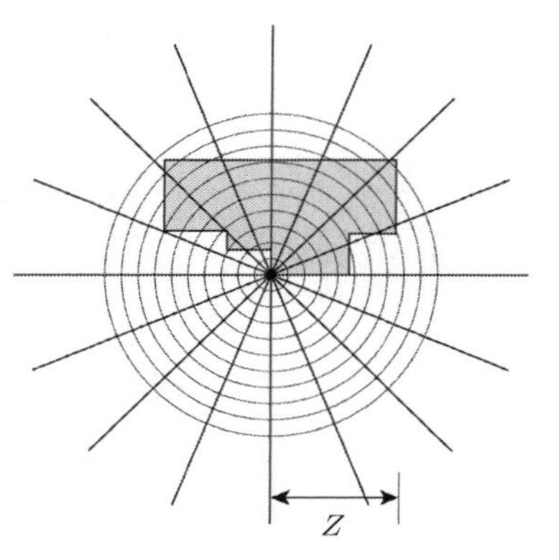

불규칙 재하면의 임의 깊이에서의 연직응력을 구하는 *New－Mark* 영향원

(1) 연직응력 증가량($\Delta\sigma_v$)

$$\Delta\sigma_v = n \cdot I \cdot P$$

여기서, n : 재하면에 해당되는 영향원의 블록 수
I(영향계수) : 0.005＝1/200
P : 작용하중

(2) 구하는 순서

① 지중응력을 구하려는 깊이 Z를 기본축적으로 구하려는 위치를 영향원의 중심에 놓고 재하면을 작도한다.

② 영향원과 재하면이 중복되는 영향원의 블록수를 세어 n이라고 하고 주어진 공식에 대입하여 연직응력 증가량을 구한다.

9. 간편법(2 : 1분포법, *Kögler* 간편법, $\tan\theta = 1/2$법)

지표면에 가해지는 하중의 단면은 구하고자 하는 지중에서는 더 넓게 분산되어 단위면적당 하중이 감소할 것이라는 원리에 의해 지중으로 2 : 1 기울기로 지중응력이 분포된다고 가정한다.

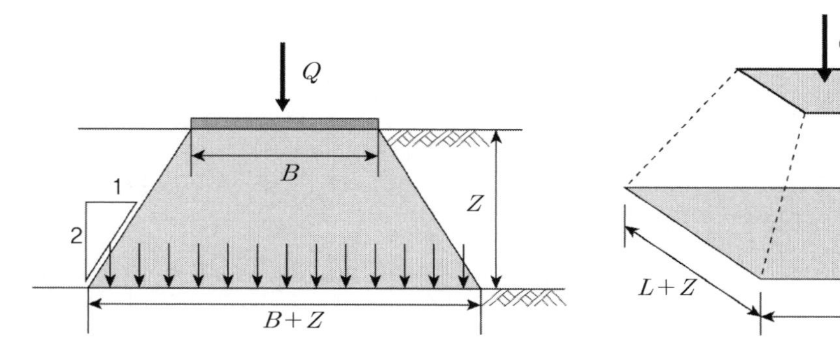

지중응력을 계산하는 간편법

(1) 사각형 등분포 하중 연직응력 증가량($\Delta\sigma_v$)

$$\sigma_v = \frac{Q}{(B+Z)(L+Z)} = \frac{q_s \cdot B \cdot L}{(B+Z)(L+Z)}$$

(2) 대상하중(띠 하중) : $q_s \cdot B \cdot 1 = \Delta\sigma_v \cdot (B+Z)$

$$\therefore \Delta\sigma_v = \frac{q_s \cdot B}{(B+Z)}$$

(3) 구하는 순서

① 재하판에 가해지는 하중(Q)과 면적(a)을 구한다(하중의 단위 : *ton*).

✓ 문제에서 $tonf/m^2$이면 기초판의 넓이를 곱하여 *ton*으로 환산함에 주의

② 구하고자 하는 깊이에서의 2 : 1 분포법에 의해 작도해둔 환산면적(A)을 구한다.

③ $\Delta\sigma_v = P(tonf/m^2) \times a \div A$ 또는 $\Delta\sigma_v = Q(t) \div A$

✓ 케글러(*Kögler*)의 근사해법은 그림과 같이 연직하중이 연직면과 α의 각도로 직선적으로 균일하게 분포된다고 가정하여 계산하는 방법으로 다음 식으로 구한다.

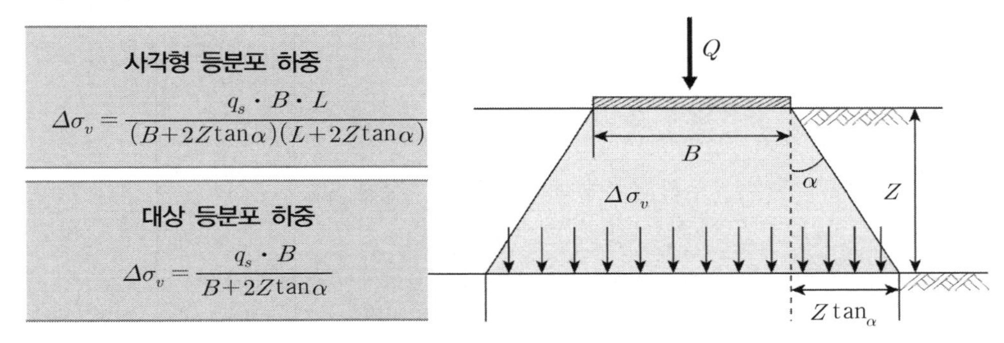

여기서, 지중응력의 분포각 α

보스톤 코드(*Boston Code*)법 : 30°

점성토지반은 45°, 모래지반에서는 30°로 정함

✓ 집중하중

$$\sigma_v = \frac{Q}{\frac{\pi z^2}{4}} = \frac{4Q}{\pi z^2}$$

Q, 2, 1, 2, 1, z, σ_v, $\frac{z}{2}$, $\frac{z}{2}$

집중하중에 대한 2:1 경사법

19 지중응력 영향계수

1. 개 요

지표면에 하중이 가해지면 지중 임의요소에 대한 응력은 변화된다. 이때 가해진 하중에 대한 지중응력의 비를 지중응력 영향계수(*Influnce factor*)라고 한다.

$$\Delta\sigma_v = q_s \cdot I$$

여기서, q_s : 단위면적당 하중
$\Delta\sigma_v$: 증가된 지중응력
q_s : 작용하중(단위면적당 하중)
I : 영향계수

2. 지중응력 영향계수 분포

(1) 지중응력은 재하위치로부터 깊고 모서리로 갈수록 감소한다.
(2) 연속기초는 $4B$(B : 기초폭)까지 직사각형과 원형기초는 $2B$까지 작용하중의 10% 정도 미친다.
(3) 연속기초와 같이 대상하중이 직사각형, 원형기초에 비해 등압선이 깊게 퍼져 있는 이유는 비록 폭은 같지만 대상하중이 무한대로 하중이 작용하는 반면 구형기초의 경우에는 제한된 영역에만 하중이 작용하기 때문이다.
(4) 작용하중의 10%, 즉 $I = 0.1$이 되는 지점을 연결한 선을 압력구근(*Pressure bulb*)이라 한다.

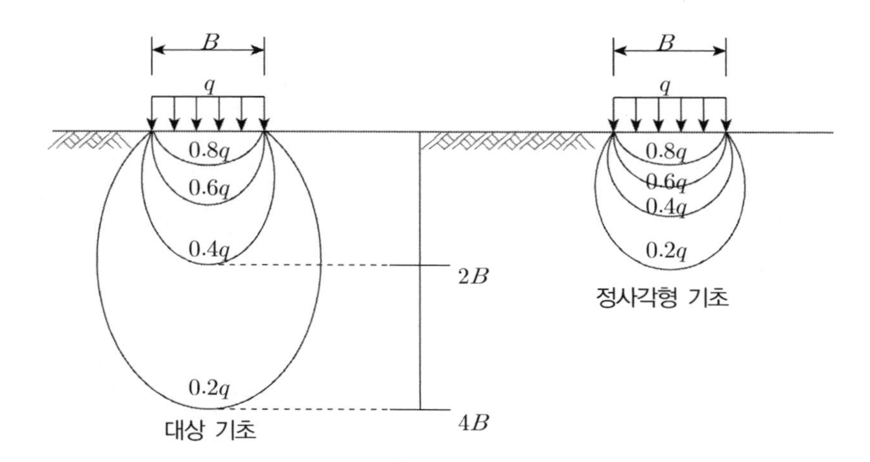

3. 지중응력 영향계수의 활용

(1) 시추조사심도의 판단근거가 된다.

(2) 평판재하시험에서의 유효시험깊이는 $2B$를 적용한다.

(3) 압밀침하량, 즉시침하량 산정 시 응력의 증가분은 지중응력으로부터 구해진다.

(4) 실무적으로는 간편법에 의한 경우 30°, 45°, 2 : 1 분포법 등을 사용한다.

(5) 지표면에 가해지는 하중의 단면이 불규칙할 경우는 *New－mark* 영향원을 사용한다.

TIP | 원형 등분포하중으로 인한 지중응력의 증가 |

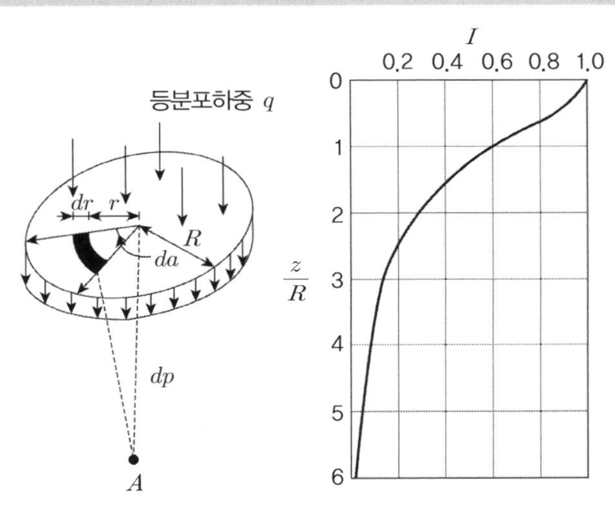

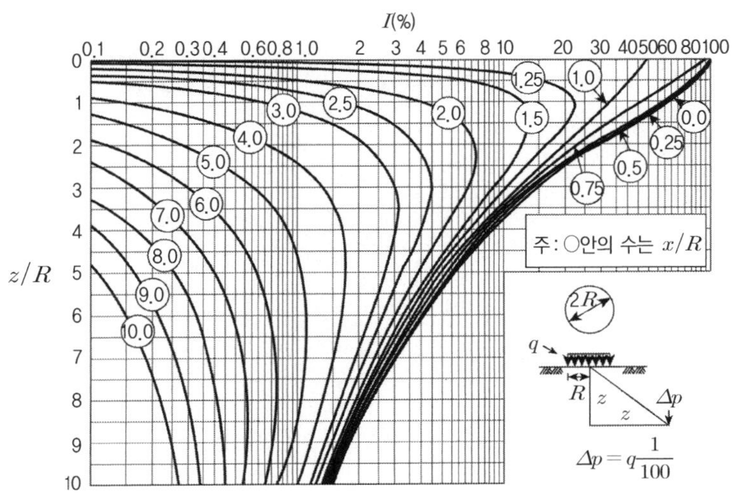

CHAPTER 04

흙의 압밀

이 장의 핵심

압밀에서는 압밀의 원리, 시험절차를 통한 각종 계수에 대한 개념을 기본으로 최종침하량, 시간계수와 압밀도와의 상호관계를 이해해야만 문제해결이 가능하며 원리 중심의 이해를 함으로서 응용문제 해결이 가능하므로 충분히 숙지하여야 한다.

CHAPTER 04 흙의 압밀

01 기본원리

[핵심] 압밀이란 물로 포화된 지반에 하중을 재하 시키면 수두차가 발생하고 시간이 경과하면 과잉간극수압이 줄면서, 즉 물이 빠지면서 천천히 압축되는 현상으로서 발생한 간극수압과 유효응력과의 관계, *Terzaghi*의 1차원 압밀이론에서의 기본가정, 압밀계수와 압축지수, 압축계수에 대한 공식과 이를 통한 침하량과 압밀시간, 시간계수와 압밀도에 대한 문제 등 거의 모든 면에서 골고루 출제되기 때문에 전반적인 이해가 요망된다.

1. 압밀의 정의

포화된 흙에 하중이 가해지면 이로 인하여 간극수압이 발생하게 되고 이 수압으로 인하여 두 지점 간에 수두 차가 발생하기 때문에 흙 속에 물은 흘러나가게 된다. 이때 오랜 시간에 걸쳐 간극 속에 물이 빠져 나와서 흙이 압축되는 현상을 압밀이라고 한다.

2. *Terzaghi*의 1차원 압밀 가정(재하면적이 반 무한한 크기로 재하됨을 의미)

(1) 압축토층은 횡적변위가 구속되어 있다.

(2) 흙 속의 물의 이동은 *Darcy*의 법칙에 따르며 투수계수는 일정하다.

(3) 흙 입자와 물의 압축성은 무시한다.

(4) 흙은 균질하고 완전 포화되어 있다.

(5) 유효응력이 증가하면 간극비는 반비례 감소한다.

(6) 흙의 압밀특성은 압밀하중의 크기와 무관하게 일정하다.

실제 흙의 압밀특성

1) 흙의 본래 위치마다 공학적 성질이 달라 비균질이며 또한 지하수위 아래에 있는 흙이라도 소량의 기포가 존재하므로 포화도가 100% 이하이다.
2) 도로성토와 방파제와 같이 대상하중에서는 2차원 압밀을 보이고, 연약지반의 활동 파괴 또는 측방 유동이 발생할 경우에는 3차원 압밀이 발생한다.
3) 순수한 자갈이나 입자가 큰 모래 층에서는 난류의 흐름이 발생하기 때문에 *Darcy*의 법칙이 적용되지 않는다.
4) 체적압축계수는 압밀압력이 증가할수록 감소하므로 모든 점에서 일정하지 않다.
5) 실제 지반에서 일차 압밀이 끝난 후 *Creep* 변형에 의한 2차 압밀침하가 발생한다.

3. *Terzaghi* 모델에서의 압밀 과정

(1) 구멍의 개폐가 가능하도록 만든 *Terzaghi*의 모델에서 구멍을 막고 포화토에 압력을 가한다면 가해진 하중만큼 처음에는 물이 모든 압력을 받게 되는데, 이때 발생한 초기 물의 압력을 과잉간극수압이라고 한다.

(2) 이때 발생한 과잉간극수압은 하중 P와 같다.

$$u_e = \Delta P = h \cdot \gamma_w$$

여기서, u_e : 과잉간극수압　　ΔP : 가해진 하중　　h : 피죠메타에 나타난 수주높이

(3) 그림처럼 압밀중간단계와 같이 구멍 뚫린 마개를 통해 물의 일부분이 빠져 나온다면 스프링이 압축을 받게 된다. 다시 말해 물이 받던 압력을 스프링이 받게 되서 그 만큼 간극수압은 감소하게 되고 스프링의 압력, 즉 유효응력은 증가하게 된다는 것이다.

(4) 결국, 압밀완료 단계와 같이 간극수압이 다 빠져 나가고 스프링만이 압력을 받게 되면 압밀은 종료하게 된다.

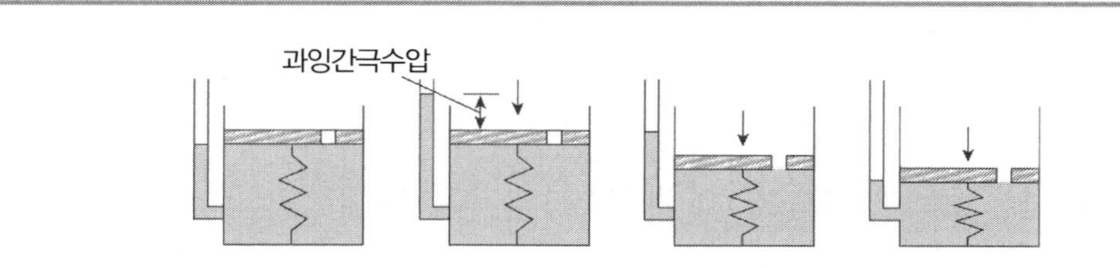

① *The container is completely filled with water, and the hole is closed. (Fully saturated soil)*
② *A load is applied onto the cover, while the hole is still unopened. At this stage, only the water resists the applied load. (Development of excess pore water pressure)*
③ *As soon as the hole is opened, water starts to drain out through the hole and the spring shortens. (Drainage of excess pore water pressure)*
④ *After some time, the drainage of water no longer occurs. Now, the spring alone resists the applied load. (Full dissipation of excess pore water pressure. End of consolidation)*

(5) 시간대별 하중의 분담

경과시간	스프링(흙)=유효응력	물=간극수압	가해진 무게	비 고
재하 초기	0	P	P	비배수 조건
압밀 중간	P_1	P_2	P	Δu 소산
압밀 완료	P	0	P	유효응력=전 응력

✓ 압밀이 종료 시에는 과잉간극수압이 0이 되어 다시 원래의 정수압상태로 돌아오게 되고, 유효응력은 증가된 연직응력(P)만큼 증가하게 된다.

① 간극수압 = 정수압 + 과잉간극수압
② 정수압 : 흐름이 없는 물, 지중에서의 임의 위치에서의 수압으로 중립압력이라 한다.
③ 과잉간극수압 : 배수가 되지 않는 조건에서 지반에 가해진 하중에 의해 정수압보다 높은 수압이 작용 시 이를 일컫는 말이다.

4. 압밀과 침하 : 전체침하 = 즉시침하 + 압밀침하(1차 압밀 + 2차 압밀)

(1) 즉시침하 = 탄성침하(*Immediate settlement*)

① 모래지반 : 배수가 용이하므로 재하, 진동과 동시에 배수가 되면서 침하가 발생되며 전체 침하량의 거의 대부분이 즉시침하량이므로 모래지반에서는 준공 후 침하에 대한 대책에 대하여 염려하지 않아도 된다.

② 점토지반 : 배수가 용이하지 않으므로 단시간에 압밀은 발생하지 않으며, 단지 체적변화에 의한 모양이 변화되어 발생하는 침하가 이에 해당한다.

(2) 압밀침하(포화토에서 체적의 변화를 수반하여 발생되는 침하)

① 1차 압밀침하(*Primary consolidation settlement*, S_c) : 과잉간극수압이 소산되어 빠져나간 체적만큼이 압축되어 발생하는 침하

② 2차 압밀침하(*Secondary consolidation settlement*, S_s) : 과잉간극수압이 완전히 소산된 후에도 시간의 경과와 함께 흙 구조의 재배열로 인한 *Creep* 변형의 일종

✓ 특징 : 연약한 점토일수록, 소성이 클수록, 점토층 두께가 두꺼울수록, 유기물질의 함유량이 많은 흙일수록 2차 압밀침하는 크다.

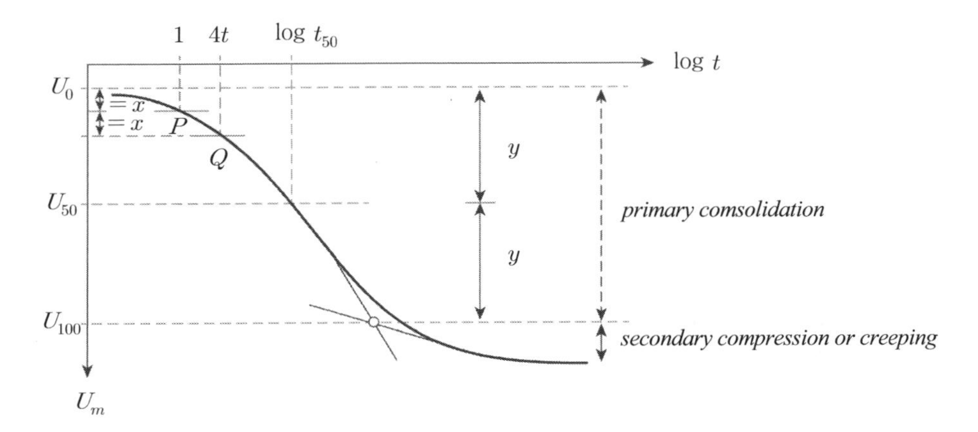

log t (*Casagrande*) 방법

02 압밀이론과 시험

1. 1차 압밀의 기본 미분방정식

(1) *Terzaghi*의 1차원 압밀 기본가정으로부터 출발

✓ 1차원 압밀은 1차 압밀과 완전히 다른 뜻으로 반 무한한 재하면적에 압축토층이 횡방향의 변위가 없이 수직방향으로만 변위가 발생된다는 개념이다. 2차원 압밀은 제방과 같은 선형구조물을 3차원 압밀은 구형기초에 의한 제한된 재하면적에 의한 압밀의 뜻으로 서로 다른 개념이다.

(2) 1차원 압밀의 기본 방정식(압밀의 진행속도는 압밀계수에 비례함을 의미)

*Terzaghi*는 수평점토층 표면에 일정한 하중이 재하되었을 때 과잉간극수압의 분포가 연직방향으로만 변화되며 간극수의 흐름도 연직방향에 한정되는 1차원 압밀을 그림과 같이 모델링하였다.

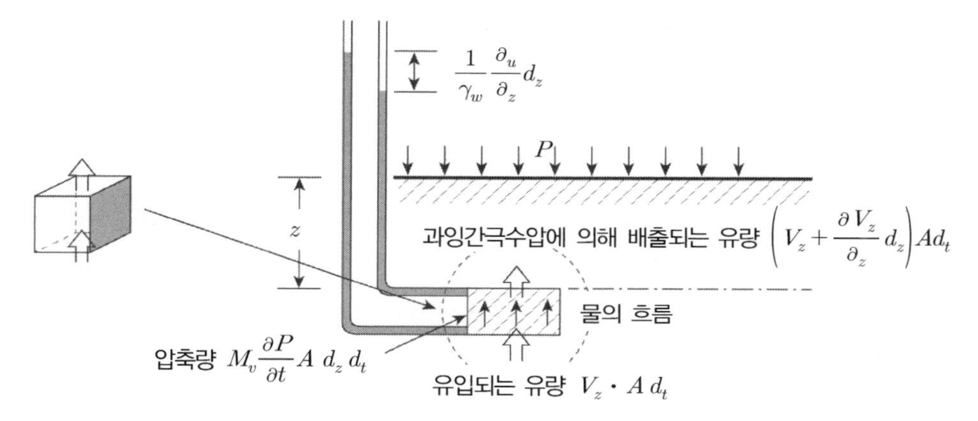

압밀방정식을 유도하기 위한 미소육면체의 압밀 모델링

① 압밀의 기본 미분 방정식(소변형 이론)

위 그림에서와 같이 미소육면체의 변형은 유입되는 물의 양보다 위로 배출되는 물의 양이 많으므로, 그만큼 압축이 이루어지는 평형 방정식을 기본으로 이러한 관계를 과잉간극수압과의 관계로 치환하여 다음과 같은 열전도형의 압밀방정식을 유도하였다.

$$C_v\frac{\partial^2 u_e}{\partial Z^2}=\frac{\partial u_e}{\partial t}$$

여기서, C_v : 압밀계수로서 단위는 cm^2/sec

위 식에서 어느 시간에서의 과잉간극수압의 시간에 따른 변화는 점성토의 미소 부분에서 유출되는 유량과 평형관계에 있음을 알 수 있다.

② 임의 시간에서의 과잉간극수압(깊이에 따라 초기 과잉간극수압이 일정한 경우)

상하면에 모래층이 있어 양면 배수가 되는 점토층의 두께가 $2H$이고, 지표면에 하중 P가 작용하여야 하며, 다음과 같은 초기조건과 경계조건을 만족할 경우

㉠ 초기조건 : $t=0$에서 $u_e = u_i = P$

㉡ 경계조건(점토층의 배수단) : $z=0$에서 $u_e=0$, $z=2H$에서 $u_e=0$

$$u_e = \sum_{m=0}^{m=\infty} \frac{2u_i}{M} \sin\left(\frac{M \cdot z}{H}\right) e^{-M^2 T_v}$$

여기서, $M = \frac{\pi}{2}(2m+1)$ m : 정수

H : 배수길이

z : 점토층 상면에서 하방향으로 잰 거리

u_i : 초기 과잉간극수압

T_v : 시간계수$\left(\frac{C_v \cdot t}{H^2}\right)$

2. 압밀도(*Degree of Consolidation, U*)

(1) 정 의

지반 내의 어느 깊이에 요소에 대한 임의 시간 t 경과 후 간극수압의 소산, 압밀의 진행 정도를 백분율로 표시한 것이다.

(2) 과잉간극수압의 소산정도 ⇨ 압밀도 산정

① 테르쟈기의 모델에서 언급한 바와 같이 포화점토에 가해진 하중은 재하초기에는 물이 다 받지만 압밀이 완료되면 과잉간극수압이 소산되므로 흙이 전부 받게 된다.

② 따라서 다음과 같이 표시할 수 있다.

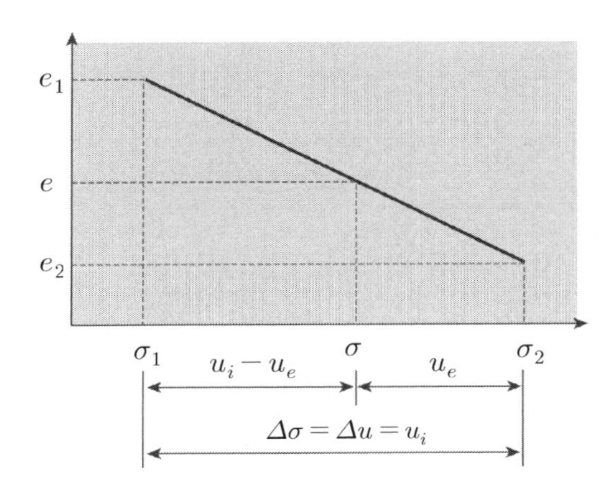

$$U_z = \frac{e_1 - e}{e_1 - e_2} = \frac{\sigma - \sigma_1}{\sigma_2 - \sigma_1} = \frac{u_i - u_e}{u_i}$$

③ 어느 깊이 z에서 임의 시간 t경과 시 존재하는 과잉간극수압

$$u_e = u_i - u_i \cdot U_z = u_i \cdot (1 - U_z)$$

여기서 U_z : 깊이 z에서의 임의 시간에 대한 압밀도
u_i : 초기 과잉간극수압
u_e : 임의 시간 t에서의 과잉간극수압(소산되지 않고 남아 있는 과잉간극수압)
σ_1 : 압밀 전의 유효수직응력
σ : 임의 시간 t에서의 유효수직응력
σ_2 : 압밀 완료 후 유효수직응력

④ 위 식으로부터 압밀의 초기 조건과 경계조건에 따른 미분방정식에 대입한 압밀도에 대한 시간계수와의 함수는 다음과 같다.

$$U_z = 1 - \sum_{m=0}^{m=\infty} \frac{2}{M} \sin\left(\frac{M \cdot z}{H}\right) e^{-M^2 T_v}$$

⑤ 위 식은 실무적으로 구하기가 번잡하므로 다음 도표를 이용하여 실용적으로 구할 수 있다.

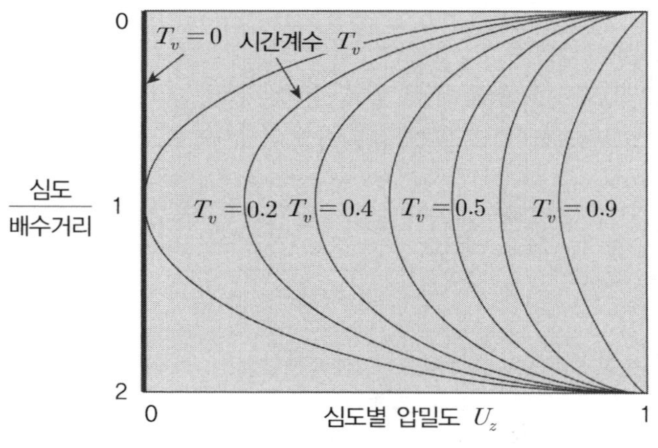

구하고자 하는 심도에서의 과잉간극수압을 측정하여 압밀도를 구하면 시간계수를 구할 수 있다.

압밀도와 시간계수의 관계

(3) 평균압밀도(*Average degree of consolidation* : U)

① 앞에서 구한 압밀도는 깊이별 압밀도로서 압밀의 대상이 되는 전체 토층의 압밀도가 아니므로 전체적인 침하량을 구하기 위해서는 평균압밀도가 필요하게 된다.

② 구하는 방법

㉠ 적분방정식을 통한 평균압밀도 산정

$$\overline{U} = 1 - \frac{\int_0^{2H} U_e \, d_z}{\int_0^{2H} u_i \, d_z}$$

위 식을 (2)의 ④항식에 대입하면 다음과 같다.

$$\overline{U} = 1 - \sum_{m=0}^{m=\infty} \frac{2}{M^2} e^{-M^2 T_v}$$

㉡ *Terzaghi* 시간계수를 통한 평균압밀도 근사식(역산으로 구함)

$$0 < \overline{U} \leq 60\% : T_v = \frac{\pi}{4}\left(\frac{U}{100}\right)^2$$

$$60 < \overline{U} < 100\% : T_v = 1.781 - 0.933 \ Log(100 - U(\%))$$

㉢ 평균압밀도 – 시간계수 곡선으로부터 추정

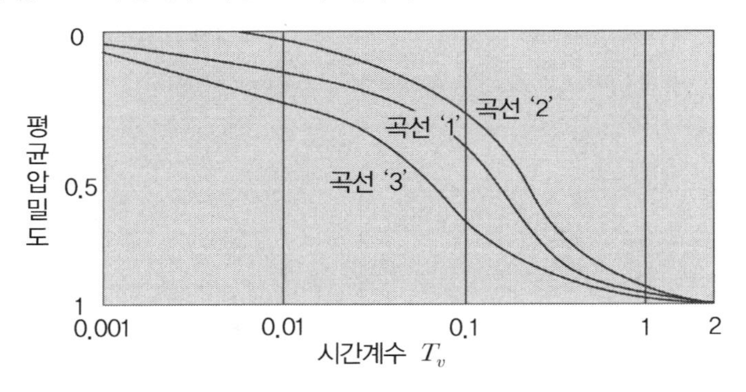

✓ 위 곡선은 다음 식과 같다.

$$\overline{U} = 1 - \sum_{m=0}^{m=\infty} \frac{2}{M^2} e^{-M^2 T_v}$$

㉣ 최종 침하량으로부터 구하고자 하는 침하량의 비

$$\overline{U} = \frac{S_{ct}}{S_c}$$

여기서, $\overline{U}$: 평균압밀도

S_{ct} : t 시간에서의 침하량

S_c : 최종 침하량

㉤ 등시곡선으로부터 평균압밀도 추정

등시곡선이란 시간에 따라 변화되는 과잉간극수압의 크기를 깊이별로 나타낸 선으로서 같은 시간에 따른 깊이별 과잉간극수압의 크기를 연결한 선으로서 배수거리에 따라 다음과 같이 표시할 수 있다.

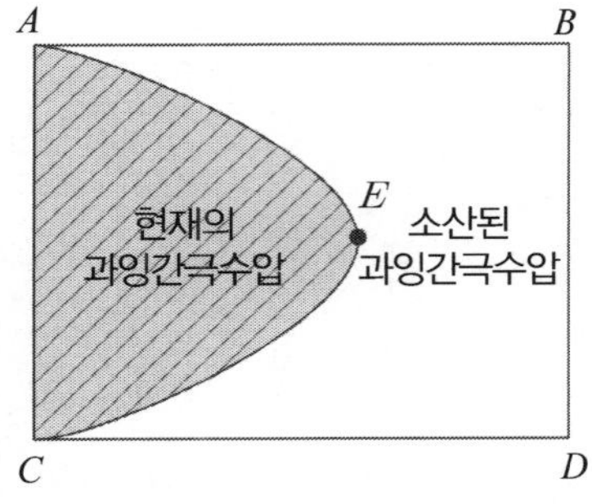

양면배수조건의 아이소크론

ⓐ 압밀도

$u_e = u_i - u_i \cdot U_z = u_i \cdot (1 - U_z)$

여기서, $U_z = 1 - u_e / u_i$

ⓑ 등시곡선의 면적으로 구하면

$$\overline{U} = \frac{\text{소산된 과잉간극수압 면적}(AEC\ \text{면적})}{\text{전체 면적}(AECD\ \text{면적})}$$

ⓒ 경계조건이 다른 대표적 아이소크론 분포

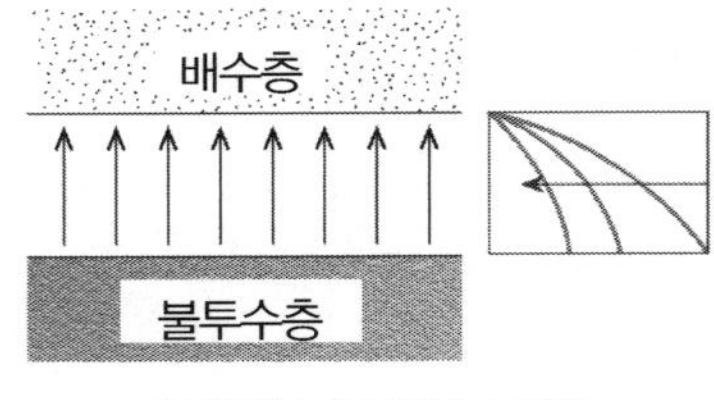

일면배수(곡선(1) 적용)

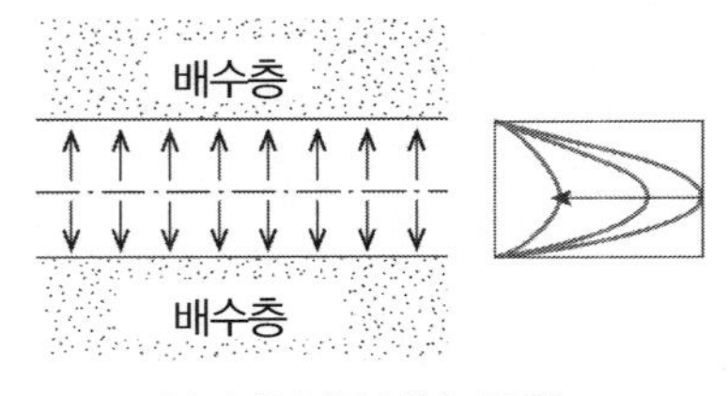

양면배수(곡선(1) 적용)

※ 특수한 경계조건별 아이소크론

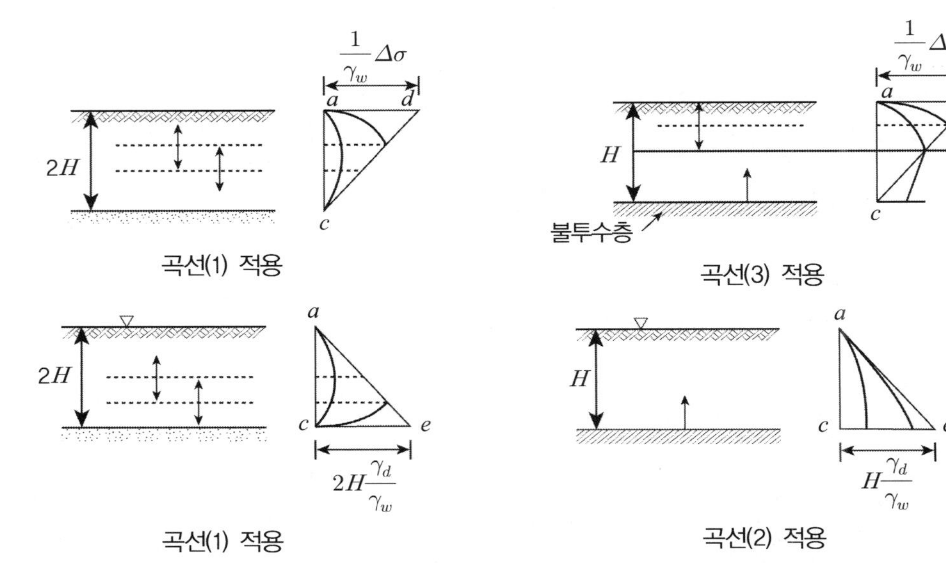

3. 압밀시험

[핵심] 압밀시험은 흙 시료를 놋쇠로 된 링 속에 넣고 상하면에 다공질 판을 설치하여 하중을 가함으로써 하중변화에 대한 간극비, 압밀계수, 체적압축계수의 변화와의 관계를 통하여 우리가 공사하려는 지반에 대한 침하량과 침하시간 등을 구하기 위한 중요한 압밀관련 계수를 알아낼 수 있게 된다.

(1) 압밀시험기의 모습

압밀시험을 위한 장치는 물로 채워진 수침 상자 안에 시료의 횡방향 변위를 구속하는 압밀링과 시료의 상하면을 덮으며 배수를 위한 다공질 판, 하중을 가할 수 있는 가압판, 시료의 두께를 측정할 수 있는 다이얼 게이지 등으로 구성되어 있다.

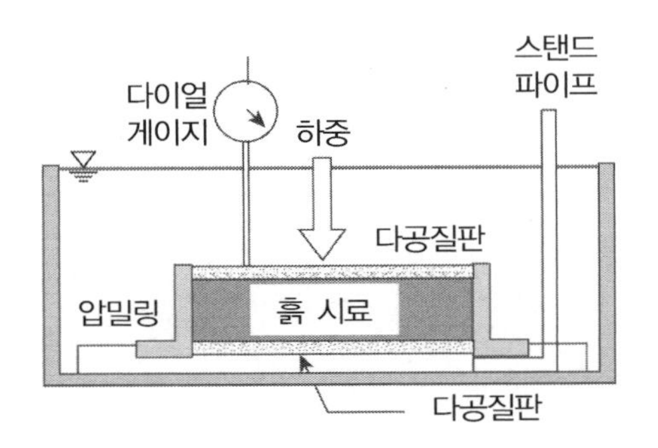

반무한한 평면에 하중이 작용하면 흙의 압축은 연직방향으로만 일어난다. 실험실에서 이러한 조건과 동일한 실험을 위해 다공질판은 배수층의 역할을 압밀링은 시험 중 시료의 횡방향 변위를 구속시킴으로써 현장의 1차원 압밀 상태를 구현시킨다. 이와 같은 상태를 정적상태압밀(K_o 상태압밀)이라 한다.

(2) 시험방법

흙 시료에 가해지는 하중과 흙 시료 두께의 변형량을 측정을 통해 시간에 대하여 직접적으로 얻는다. 대한민국의 경우 국가 표준(*KS F 2316*)의 압밀시험방법을 제정해두고 있다.

시 료	하 중	측정 / 분석
• 현장에서 채취한 **불교란 시료** • 압밀링 크기 지름 *6cm* 높이 *2cm*	• $\Delta P/P=1$이 되게 최초하중을 0.05 또는 0.1kgf/cm^2으로 0.1 → 0.2 → 0.4 → 0.8⋯ **최종 12.8kgf/cm^2씩 단계별로 24시간 간격으로 재하한다.** • 최종압밀이 종료되면 하중을 역으로 단계별로 제거한다.	• 각 단계마다 6초, 9초, 15초, ⋯ 24시간 침하량을 측정한다. • 압밀종료 후 하중을 제거한 뒤 시료의 무게와 함수비를 측정한다. • 각 단계의 하중마다 **압축량−시간곡선**을 그린다. • 전 단계의 하중에 대한 **간극비−하중곡선**을 그린다.

✓ 시험에서 $\Delta P/P=1$이 되게 단계재하하는 이유는 $e-\log P$ 곡선도의 $\log P$ 축에 자료를 등간격으로 표시하기 위함에 있으며, 단계별 재하시간을 24시간으로 정한 것은 편의상 정한 것이다. 2차 압밀까지 충분히 압밀이 이루어질 수 있도록 고려한 것으로 24시간이 경과하여도 압밀이 계속 진행될 경우에는 압밀이 종료될 때까지 단계별 압밀시간을 연장할 수 있다.

(3) 시험의 목적

① 최종침하량 산정(압축지수)

② 침하시간 산정(시간계수, 압밀도)

③ 흙의 이력상태 파악(정규압밀, 과압밀점토)

④ 투수계수($K = C_v \cdot m_v \cdot \gamma_w$)

4. 압밀시험 결과 및 활용

(1) 초기 간극비 산정 ⇨ 최종 침하량을 구하기 위함이다.

① 시료의 실질 부분 높이

건조시킨 시료의 무게와 비중을 알면 흙 입자만의 높이를 추정

$$H_s = \frac{W_s}{A \cdot G_s \cdot \gamma_w}$$

여기서, W_s : 시료의 건조중량 G_s : 흙 입자의 비중

② 초기 간극비(e_0) 산정

$$e_0 = \frac{V_v}{V_s} = \frac{V - V_s}{V_s} = \frac{H \cdot A - H_s \cdot A}{H_s \cdot A} = \frac{H - H_s}{H_s} = \frac{H}{H_s} - 1$$

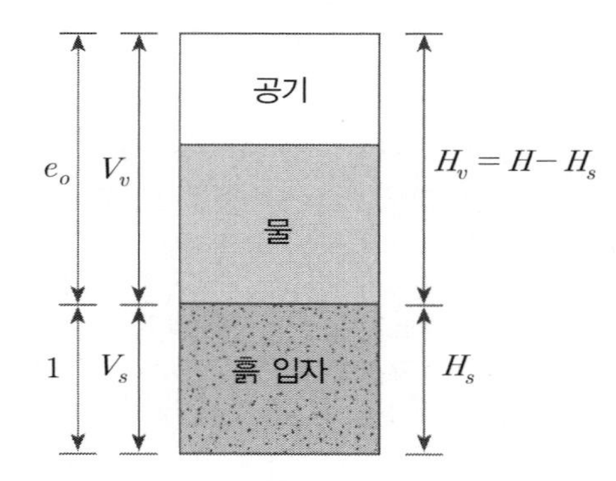

초기 간극비 $e_o = H_v$ 가정한 흙의 3상도

✓ 압밀침하량 유도

$\Delta H / H = \Delta V / V_O = \Delta e / (1 + e_o)$

여기서, $a_v = \Delta e / \Delta P$ → $\Delta e = a_v \cdot \Delta P$

$$\therefore \Delta H = H \frac{a_v}{1 + e_0} \Delta P = H \cdot m_v \cdot \Delta P$$

(2) 시험결과의 정리

① $e-\log P$ 곡선

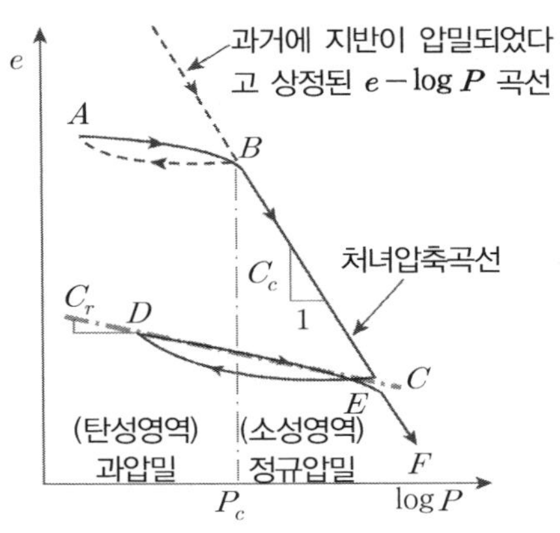

$e-\log P$ 곡선

그림과 같이 $e-\log P$ 곡선은 지중에 압밀되어온 점토시료를 채취하기 때문에 팽창창상태의 시료를 채취하여 실내에서 재압밀하게 되므로 $A \rightarrow B$의 탄성적 거동을 보이게 되며, B의 경로 이후부터는 회복 불가능한 소성적 거동 특성을 보인다.

즉, 점 B의 압밀압력으로 흙은 탄성에서 소성으로 항복됨을 의미하며 이점의 압력이 선행압밀압력 P_c이다.

㉠ 하중간극비곡선을 살펴보면 초기하중에 대한 간극비인 A 점에서 B까지는 완만하게 체적이 감소하나 처음으로 받아보는 선행압밀하중(P_c)부터는 가파르게 체적의 변화가 발생하게 되는데, 이때 곡선을 처녀압축곡선이라 하며 그 기울기를 압축지수(C_c)라 말 한다.

㉡ 처녀압축곡선에서 다시 하중을 제거하면 $C\sim D$로 체적이 팽창하게 되며 다시 압축하면 $D\sim E$로 재압축현상이 발생하게 되는데, 이때의 압밀곡선 기울기를 재압축 압축지수, 팽창지수(C_r)라 하며 선행압밀 하중 전 압밀곡선의 기울기와 동일하다.

② 선행압밀하중(*Pre-consolidation pressure*, P_c)

과거에 받았던 하중에서 최대하중을 선행압밀하중이라고 하며, 이것을 결정하는 이유는 점토가 받아온 하중의 이력을 통해 공사 중에 가해야 할 하중으로 인해 발생할 침하량에 대한 평가에서 정규압밀과 과압밀점토로 구별함으로써 침하량에 대한 계산 결과가 달라지기 때문에 선행압밀하중을 구하는 것이다.

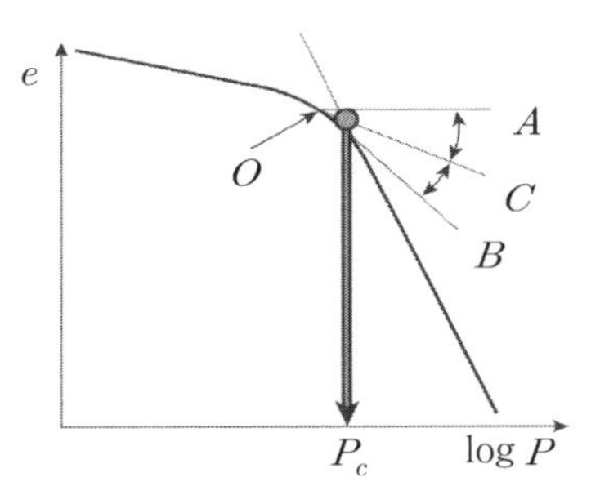

선행압밀하중의 결정

㉠ 결정방법(*Casagrande*법)

- 압밀시험에서 작도된 $\log P-e$ 곡선에서 최대 곡률반경인 점 O를 정한다.
- 점 O에서 수평선 A를 긋는다.
- 점 O에서 접선 B를 긋는다.
- 선분 A와 B로부터 이등분선 C를 긋는다.
- 처녀압밀곡선의 연장선을 그린다.
- 처녀압밀곡선의 연장선과 선분 A와 B로부터 이등분선 C와의 교점에서 수선을 내려 $\log P$축과 만나는 교점이 선행압밀하중 P_c이다.

㉡ 과압밀비의 결정(OCR : *Over Consolidation Ratio*)

$$OCR = P_c / P_o$$

여기서, P_c : 선행압밀하중

P_o : 현재 유효하중

③ 압축지수(*Compression index*, C_c)

$e - \log P$ 곡선에서 직선의 기울기임

$$C_c = \Delta e / \Delta \log P$$

단위 : 무차원

㉠ 액성한계로부터 압축지수 추정(*Terzaghi*와 *Peck* 경험식, 1967년)

- 흐트러진 점토 : $C_c = 0.007(LL - 10)$
- 불교란 점토 : $C_c = 0.009(LL - 10)$

㉡ 특 성

- 연약한 점토일수록 압축지수는 크다.
- 소성지수가 클(점토질이 많이 함유)수록 압축지수는 크다.
- 시료의 채취, 운반, 성형과정에서의 교란정도가 클수록 압축지수는 증가한다.

㉢ 활용 : 압밀침하량 산정

④ 팽창지수 = 재압축지수(*Recompression index*, C_r)

$e - \log P$ 곡선에서 하중 제거 후 재압축 시 $D - E$를 연결한 직선의 기울기이다.

✓ 팽창지수의 추정 $C_r = (0.05 \sim 0.1) C_c$

(3) 압밀관련 계수

① 압축계수(*Coefficient of compressibility*, a_v) : 간극비에 의한 표현

압밀시험에서 구한 하중의 증가량에 대한 간극비의 감소량에 대한 기울기, 즉 비율을 말한다.

✓ 압밀압력의 변화가 그리 크지 않은 범위에서는 곡선부분을 직선으로 간주할 수 있는데, 이때 곡선의 기울기(접선경사)를 압축계수라고 한다.

$$a_v = \frac{\Delta e}{\Delta P}$$

※ 단위는 (cm^2/kg)

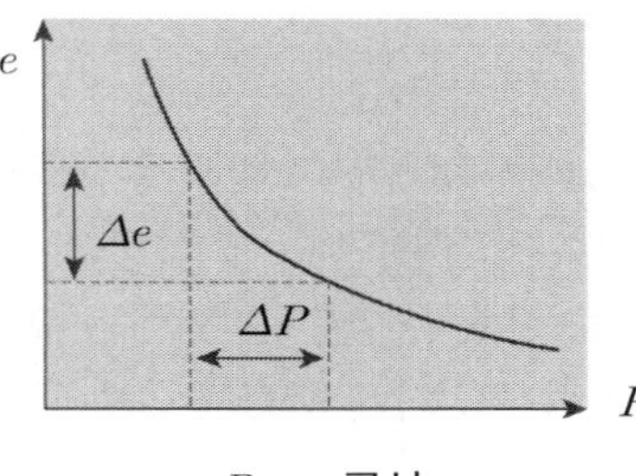

$P - e$ 곡선

② 체적변화계수(*Coefficient of volume change*, m_v) : 변형과 관련된 표현

압밀하중 증가에 대한 시료체적의 감소비율을 나타내는 계수로서 압밀하중이 증가함에 따라 체적압축계수는 감소한다. 어떤 흙에 대한 m_v의 값은 일정한 값이 아니며, 그 값은 계산하고자 하는 압력의 범위에 따라 달라진다.

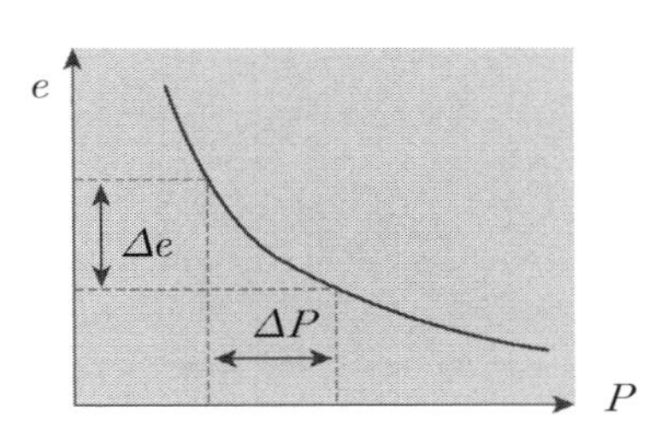

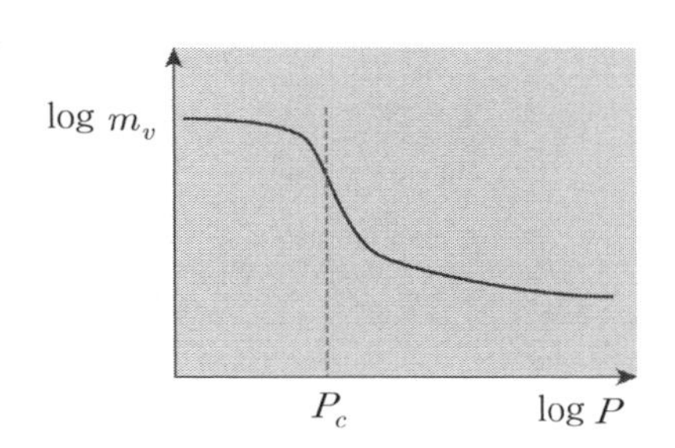

$$m_v = \frac{\Delta \varepsilon}{\Delta P} = \frac{\frac{\Delta V}{V}}{\Delta P} = \frac{\Delta V}{V \cdot \Delta P} = \frac{\Delta e}{1+e_0} \cdot \frac{1}{\Delta P} = \frac{a_v}{1+e_0}$$

※ 단위는 (cm^2/kg)

③ 압밀계수(*Coefficient of consolidation*, C_v) : 압밀시간 추정에 중요함

㉠ 압밀계수는 압밀의 진행속도를 나타내는 계수로서 다음과 같다.

$$C_v = \frac{K}{\gamma_w \cdot m_v} = \frac{1+e_0}{a_v} \cdot \frac{K}{\gamma_w}$$

여기서, K : 투수계수 m_v : 체적변화계수($a_v / 1 + e_1$) a_v : 압축계수

※ 따라서 압밀계수는 압축계수에 반비례한다.

실내압밀시험에서 각 하중 단계별 시간 − 침하량 곡선으로부터 *logt*법(*Casagrande* & *Fadum*, 1940)과 $\sqrt{t}$ 법에 의해 구한 압밀도 50%와 90%에 해당하는 시간계수와 압밀소요시간을 배수조건에 따른 각 하중 단계별 시료의 두께를 대입하여 압밀계수를 구하며 보통 $\log t$ 방법으로 구한 C_v 값이 실제와 부합된다고 알려지고 있으나 두 방법에서 구한 압밀계수의 평균값을 사용하는 것이 타당하다고 본다.

• $\log t$ 법

$$C_v = \frac{0.848 \cdot H^2}{t_{90}}$$

• $\sqrt{t}$ 법

$$C_v = \frac{0.197 \cdot H^2}{T_{50}}$$

㉡ 압밀계수의 결정

$C_v - \log P$ 곡선은 그림과 같이 과압밀 범위에서는 큰 값을 나타내며 단계별 압밀하중이 증가함에 따라 감소하나 정규압밀영역에서는 거의 일정한 값으로 수렴된다. 성토로 인한 유효응력의 증가가 예상되는 경우에 설계에 적용하여야 할 압밀계수의 값은 $P_0 + \dfrac{\Delta P}{2}$ 일 때의 값을 사용한다.

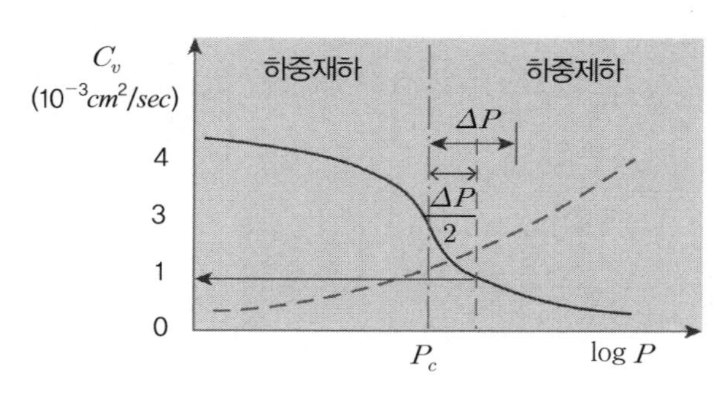

압밀하중에 따른 압밀계수

✓ 테르자기가 1차원 압밀방정식을 유도하기 위한 기본가정 중 압밀하중의 크기와 관계없이 압밀계수는 일정하다고 가정한 것은 선행압밀하중을 기준으로 과압밀영역과 정규압밀영역의 압밀계수의 변화는 가파르나 각 영역별 압밀계수의 값은 거의 일정하므로 테르자기의 1차원 압밀방정식유도를 위한 압밀계수가 일정하다고 가정한 논리는 타당하다.

④ 압밀관련 계수 활용 : 압밀침하량과 투수계수 산정, 압밀소요시간 추정에 활용

㉠ $S = m_v \cdot \Delta P \cdot H$

㉡ $K = C_v \cdot m_v \cdot r_w$

(4) 시험결과($e - \log P$ 곡선)에 영향을 미치는 요인

영향 요인	원 칙	원칙 미준수 시 영향
• 시료교란 • 압밀링 마찰 • 재하시간 길게 • 하중증가율 증가	• 교란이 최소화되게 시험 • 링 마찰을 최소화 • 1일간 침하 관찰 • $\Delta P / P = 1$ 되게 최종 12.8kg/cm²씩 단계별로 24시간 간격으로 재하	※ $e - \log P$ 곡선이 왼쪽으로 그려짐 • 압축지수가 적게 평가 → 침하량이 적게 산정됨 • 선행압밀하중이 작게 평가 → 과압밀비가 작게 산정됨 • 압밀계수가 적게 평가 → 침하시간이 길게 산정됨
대 책	$e - \log P$ 곡선의 수정	

① 시료교란에 따른 영향

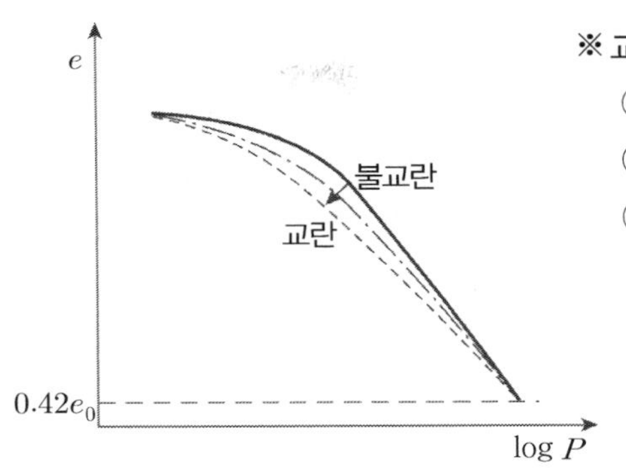

※ 교란이 큰 경우

㉠ $e-\log P$ 곡선이 좌측으로 그려짐

㉡ 과압밀구간은 기울기 증가

㉢ 정규압밀구간은 기울기 완만

→ 압축지수가 작아짐

시료교란에 따른 $e-\log P$ 곡선의 영향

② 압밀링의 측면 마찰로 인한 영향

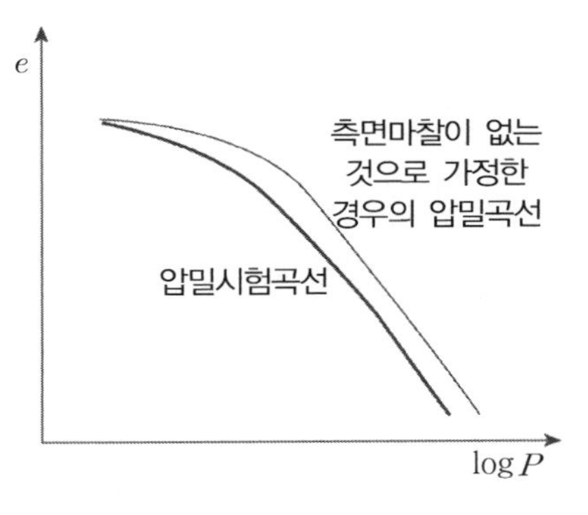

※ 압밀링의 측면마찰이 큰 경우

㉠ $e-\log P$ 곡선이 좌측으로 그려짐

㉡ *Unloading* 시에는 팽창량이 작아지므로 재압축지수는 작아짐

압밀링의 측면마찰에 의한 영향

③ 재하시간의 영향

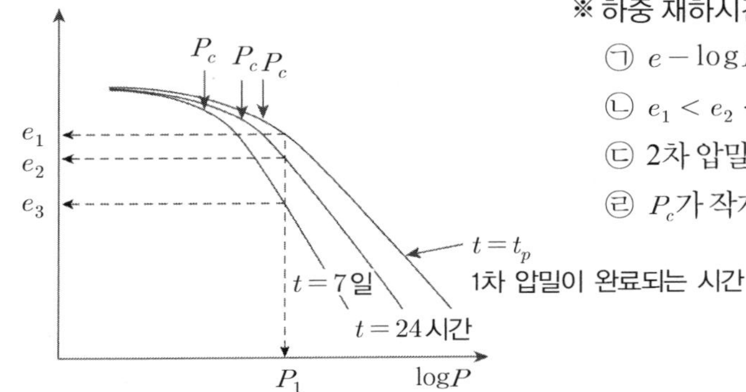

※ 하중 재하시간이 길 경우

㉠ $e-\log P$ 곡선이 좌측으로 그려짐

㉡ $e_1 < e_2 < e_3$

㉢ 2차 압밀침하량이 커짐

㉣ P_c가 작게 측정됨

하중재하기간에 따른 $e-\log P$ 곡선의 영향

④ 하중증가율에 의한 영향

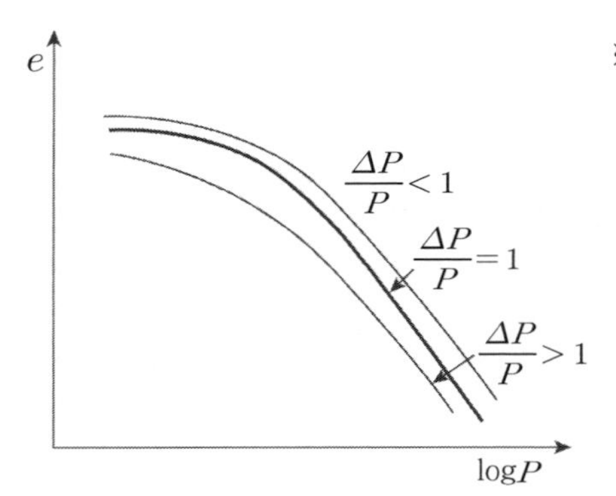

※ 하중증가비가 큰 경우

㉠ $e-\log P$ 곡선이 좌측으로 그려짐

㉡ 만일 하중증가율이 1보다 작으면 작은 변위량으로 표시된다.

하중증가비에 따른 $e-\log P$ 곡선의 영향

(5) $e-\log P$ 곡선의 수정(*Schmertmann* 방법, 1953)

① 정규압밀점토의 경우

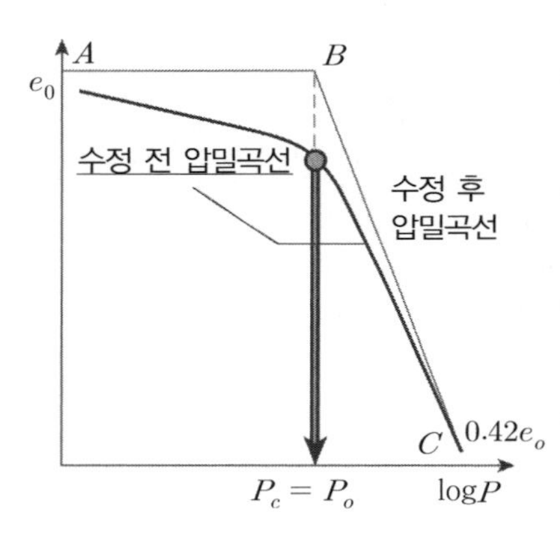

㉠ 초기의 유효응력 P_0에 해당하는 초기 간극비 e_o를 구하고 수평선을 긋는다.

㉡ 선행압밀하중에서 수직선을 그어 만나는 교점 B를 구한다.

㉢ 실험실과 현장의 압밀곡선은 경험상 $0.42e_o$ 점에서 일치되므로 점 C를 정한다.

㉣ 점 B와 C를 직선으로 연결하면 현장상태의 처녀압밀곡선이 된다.

② 과압밀점토의 경우(*Casagrande* 방법)

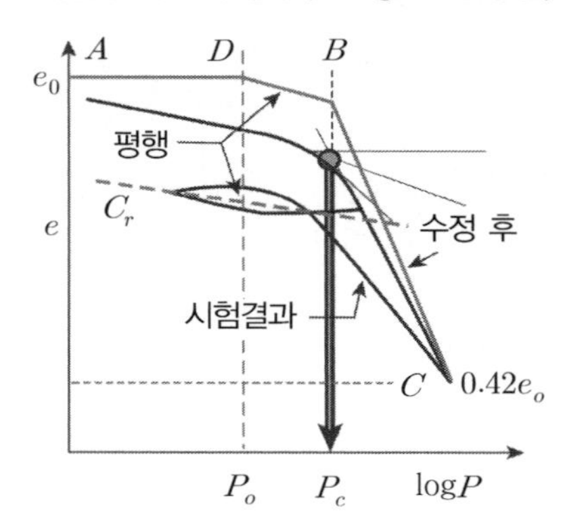

㉠ 초기 간극비 e_o를 구하고 수평선을 긋는다.

㉡ 유효상재하중 P_o와 만나는 점 D를 구하고

㉢ *Casagrande* 방법으로 선행압밀하중 P_c를 구하여 수직선을 긋는다.

㉣ 점 D에서 재압축시험한 기울기인 C_r과 같은 기울기로 평행하게 그어서 만나는 점 B와의 교점을 구한다.

㉤ $0.42e_o$가 되는 점 C와 B를 직선으로 연결하면 DBC는 현장상태의 처녀압밀곡선이 된다.

(6) 표준압밀시험의 문제점

① 시료 채취, 운반, 성형 및 시험 시 시료의 교란이 발생한다.

② 실제 지반은 연속하중을 받지만, 표준압밀시험 시 0.05~12.8kgf/cm^2까지 9단계에 걸쳐 단계하중을 받는다.

③ 실제 지반은 3차원적으로 배수가 가능하지만, 표준압밀시험에서는 연직방향의 배수만 가능하다.

④ 표준압밀시험 시 시료 측면에 마찰이 발생한다.

⑤ 표준압밀시험의 재하판은 강성재하판으로 시료에 일정한 응력이 전달되지 않는다.

⑥ 실제 지반의 압밀은 매우 오랜 기간에 하중이 가해지지만, 표준압밀시험에서는 24시간 동안 하중이 가해진다.

(7) 보완대책

① 시료 채취, 운반, 성형과정에서의 시료교란을 최소화한다.

② 표준압밀시험의 한계성을 극복할 수 있는 시험방법(*Rowe Cell* 시험 등)을 사용한다.

03 압밀침하량

[핵심] 압밀시험을 통해 구한 각종 압밀관련 계수를 통해 최종침하량을 구할 수 있으며, 어느 시간에 어느 정도로 압밀이 진행되었는지가 현장관리의 관건이므로 이는 압밀도에 해당하는 시간계수를 구하고 현장재하조건에 부합되는 압밀계수를 구함으로써 압밀소요시간을 구할 수 있으므로 이들의 상호 관계를 이해하여야 한다.

1. 과압밀점토와 정규압밀점토

(1) 과압밀점토

과거에 받아온 최대의 유효상재압력이 현재의 유효상재압력보다 큰 경우로서 주요 원인은 다음과 같다.

① 전응력의 변화 : 토피하중의 제거(굴착),구조물의 제거, 빙하의 이동

② 간극수압의 변화 : 피압, 지하수위 저하, 건조에 의한 증발산, 식물에 의한 증발산

③ 기타 : 2차 압밀, 화학적 원인에 의한 지반변화 등

(2) 정규압밀점토

점토층이 퇴적 이후 지층이나 지하수위의 변화가 없는 경우에는 그 토층의 임의 깊이에서의 유효연직응력은 그 깊이에서 시료를 채취하여 얻어진 압밀곡선에서 구한 선행압밀 압력과 동일하다. 즉, 현재의 유효상재하중과 과거에 최대로 받았던 유효상재하중과 동일한 상태를 정규압밀점토라고 한다. 이러한 점토는 자연적으로 퇴적된 상재토압에 의해 압밀이 완료된 지반으로 우리나라 연약지반의 대부분이 정규압밀점토이다.

(3) 과압밀비의 결정(OCR : *Over Consolidation Ratio*)

$$OCR = P_c / P_o$$

여기서, P_c : 선행압밀하중 P_o : 현재 유효하중

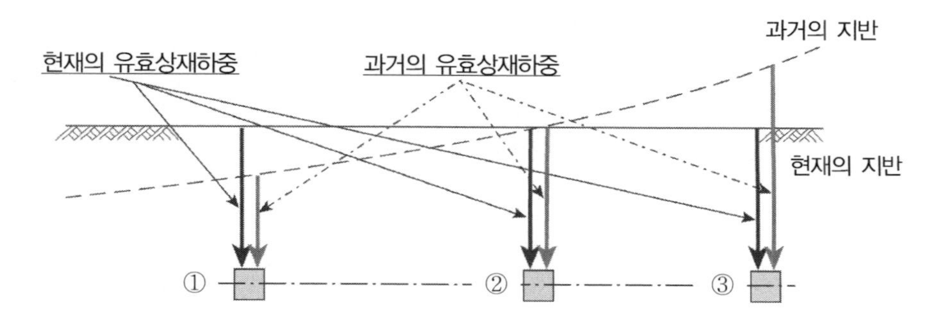

① 압밀 진행 중 (과소압밀점토)	② 압밀 완료 (정규압밀점토)	③ 과압밀점토 (안정)
$P_o > P_c \Rightarrow OCR < 1$	$P_o = P_c \Rightarrow OCR = 1$	$P_o < P_c \Rightarrow OCR > 1$

✓ 과압밀비는 흙의 이력상태를 파악하는 데 이용된다.

2. 압밀침하량 산출

(1) 정규압밀점토의 침하량

① $\varepsilon = \Delta H / H = \Delta V / V_o = \Delta e / (1 + e_o)$ 여기서, H : 점토층의 두께

② $a_v = \Delta e / \Delta P,\ \Delta e = a_v \cdot \Delta P$

$$\therefore \Delta H = H \frac{A_v}{1 + e_o} \Delta P = H \cdot m_v \cdot \Delta P$$

③ $C_c = \Delta e / \Delta \log P \ \Rightarrow \ \Delta e = C_c \cdot \Delta \log P$

④ 위 식에서 $\Delta \log P = \log(P_o + \Delta P) - \log P_o$ 이며

$\Delta \log P = \log \dfrac{P_o + \Delta P}{P_o}$ 이다.

⑤ 그러므로 $\Delta H / H = \Delta V / V_o = \Delta e / (1 + e_o)$ 에서 Δe 를 치환하면

$$\therefore \Delta H = S = \frac{H}{1 + e_o} \Delta e = \frac{C_c}{1 + e_o} H \log \frac{P_o + \Delta P}{P_o}$$

(2) 과압밀점토의 침하량

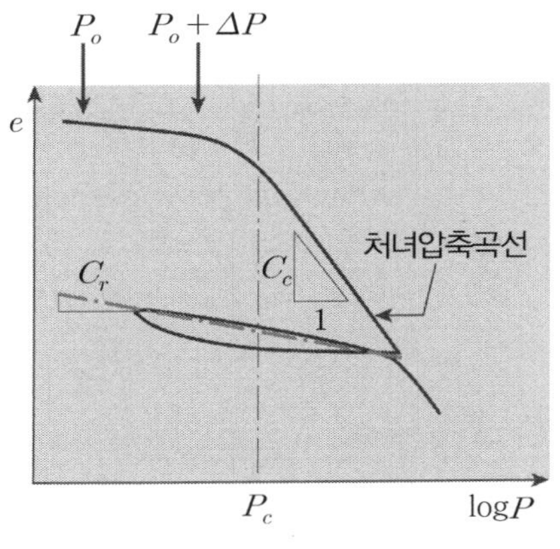

$P_o + \Delta P \le P_c$

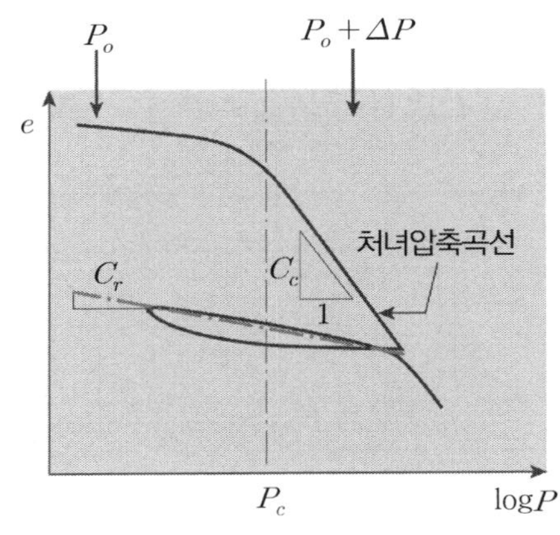

$P_o + \Delta P > P_c$

① $P_o + \Delta P \leq P_c$

$$S = \frac{C_r}{1+e_o} H \log \frac{P_o + \Delta P}{P_o}$$

② $P_o + \Delta P > P_c$

$$S = \frac{C_r}{1+e_o} H \log \frac{P_c}{P_o} + \frac{C_c}{1+e_o} H \log \frac{P_o + \Delta P}{P_c}$$

3. 압밀소요시간

(1) 개 요

압밀소요시간은 압밀계수와 시간계수 그리고 연약점토의 배수거리(양면, 양면)에 따라 달라지는데, 압밀계수란 하중단계별 침하량－시간곡선을 통해 압밀도 90%, 50%에 해당하는 압밀계수를 구할 수 있고, 시간계수는 압밀도에 따라 결정할 수 있으며 이들 압밀계수와 시간계수 그리고 연약점토층의 배수거리는 소정의 압밀도에 해당하는 압밀소요시간을 구할 수 있게 된다.

(2) 압밀계수(*Coffient of consolidation*)의 결정

① 압밀계수는 압밀진행의 속도 개념으로 다음과 같이 표시한다.

$$C_v = \frac{K}{\gamma_w \cdot m_v} = \frac{1+e_o}{a_v} \frac{k}{\gamma_w} \quad \text{단위} : cm^2/sec$$

② 실내에서 압밀계수를 구하는 방법

㉠ *Log t*법(*Logarithm of time fitting method*) － *Casagrande & Fadum*

$$C_v = \frac{T_{50} \cdot H^2}{t_{50}} = \frac{0.197 D^2}{t_{50}}$$

㉡ $\sqrt{t}$ 법(*Square root of time fitting method*) － *Taylor*

$$C_v = \frac{T_{90} \cdot H^2}{t_{90}} = \frac{0.848 D^2}{t_{90}}$$

여기서, C_v : 압밀계수(cm^2/sec)

T_v : 압밀도 50%, 90%에 해당하는 시간계수 $\leftarrow U = f(T_v)$

$$\overline{U} = 1 - \sum_{m=0}^{m=\infty} \frac{2}{M^2} e^{-M^2 T_v}$$

여기서, D : 배수거리로서 양면배수인 경우 $\frac{H}{2}$, 일면배수인 경우에는 H로 한다.

t_{50}, t_{90} : 압밀도 50%, 90%에 해당하는 시간

③ 활 용

㉠ 압밀침하 소요시간 산정 $t = \dfrac{T_v \cdot H^2}{C_v}$

㉡ 투수계수 산출 $K = C_v \cdot m_v \cdot \gamma_w$

(3) log t법(*Logarithm of time fitting method*) − *Casagrande & Fadum*

① 원리 : 평균압밀도 − log t의 관계곡선으로부터 직선 부분의 연장선과 곡선부의 점근선(漸近線)과의 교점이 압밀도 100%라는 점을 이용하여 C_v를 구한다.

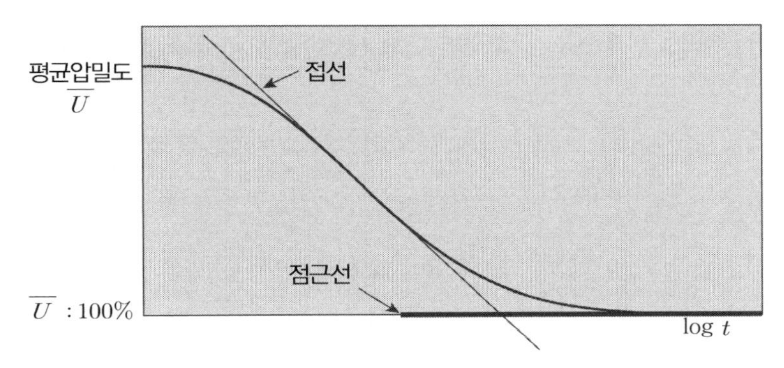

② 압밀계수 산정절차

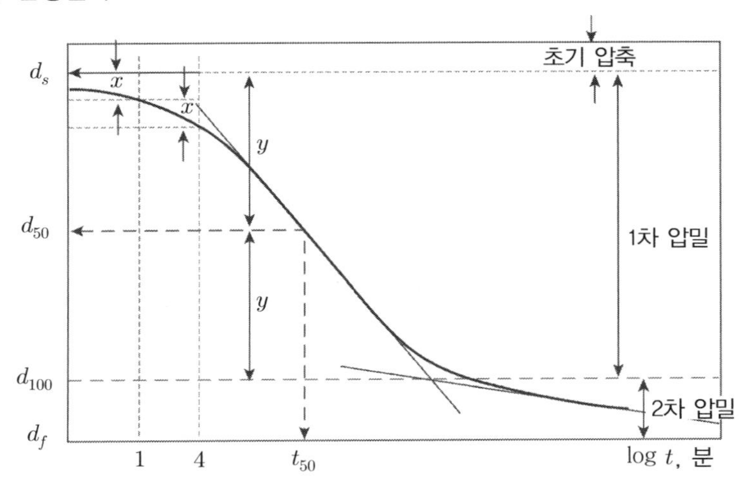

log t법에 의한 시간−침하곡선

㉠ 가로축이 log 스케일이므로 초기 0시간에 대한 최초의 침하량을 기록할 수 없으므로

㉡ 초기 시간에 대한 압축량을 정하기 위해서는 보통 1분 정도의 시간을 기준으로 4배 정도, 즉 4분에 해당하는 압축량의 차이만큼 기준한 압축량의 위로 점을 찍어서 수정 영점 d_s로 한다.

㉢ 시간−침하곡선에서 직선과 점근선과의 교점이 압밀도 100%인 d_{100}이고 d_s와 d_{100} 사이의

거리의 반이 d_{50} 이므로, 이 값에 대응하는 t_{50} 과 압밀도 50%에 해당하는 시간계수 T_v 는 0.197 이므로 이들을 통해 압밀계수를 산출하면 다음과 같다.

$$C_v = \frac{T_{50} \cdot H^2}{t_{50}} = \frac{0.197H^2}{t_{50}}$$

(4) $\sqrt{t}$ 법(*Square root of time fitting method*) − *Taylor*

① 원리 : 평균압밀도 − $\sqrt{t}$ 의 관계곡선으로부터 압밀도의 90%까지는 직선관계를 보이며 이 직선의 기울기에 1/1.15배 되는 기울기로 그은 직선과 만나는 교점이 압밀도 90%라는 점을 이용하여 C_v 를 구한다.

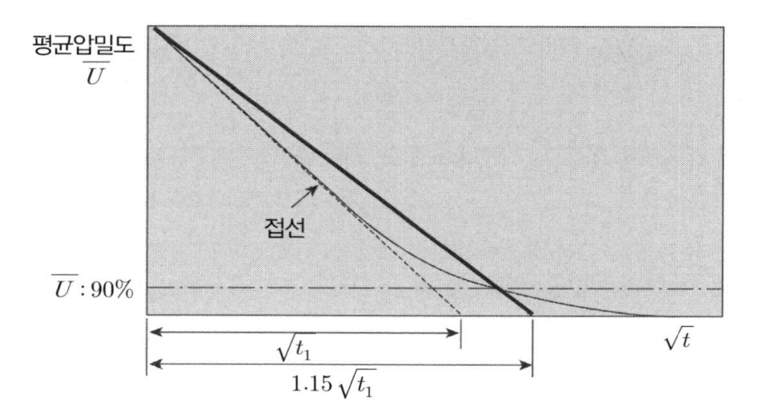

② 압밀계수 산정절차

㉠ 시간−침하곡선의 직선 부분을 연장하여 세로축과 만나는 점을 d_s 로 한다.

㉡ 접선 기울기의 1/1.15배 되는 직선을 d_s 로부터 긋는다.

㉢ 새로 그은 직선과 시간−침하곡선이 만나는 교점을 d_{90} 이라고 하고 압밀도 90%에 해당하는 $\sqrt{t_{90}}$ 이며, 이때 시간계수는 0.848이므로 압밀계수를 산출하면 다음과 같다.

$$C_v = \frac{T_{90} \cdot H^2}{t_{90}} = \frac{0.848H^2}{t_{90}}$$

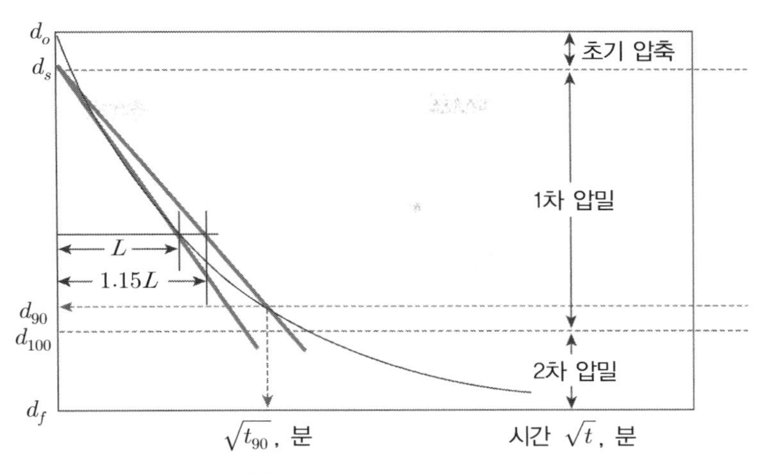

$\sqrt{t}$ 법에 의한 시간-침하곡선

(5) 시간계수(*Time factor*) : $U = f(T_v)$

*Terzaghi*의 일차원 압밀 방정식에서 구한 깊이에 따라 과잉간극수압이 일정한 경우의 평균압밀도와 시간계수와의 관계

$$\overline{U} = 1 - \sum_{m=0}^{m=\infty} \frac{2}{M^2} e^{-M^2 T_v}$$

옆 식에서 시간계수는 다음과 같다.

$$T_v = \frac{C_v \cdot t}{D^2}$$

여기서, T_v : 시간계수(무차원)　　C_v : 압밀계수
t : 침하소요 시간　　D : 배수거리(양면 $H/2$, 일면 H)

① 근사식 : 평균압밀도와 시간계수와의 관계

$$0 < \overline{U} \le 60\% : T_v = \frac{\pi}{4}\left(\frac{U}{100}\right)^2$$

$$60 < \overline{U} < 100\% : T_v = 1.781 - 0.933(100 - U(\%))$$

② 도표를 활용한 시간계수의 추정(압밀도에 따른 시간계수)

압밀도($\overline{U}$)	시간계수(T_v)	압밀도($\overline{U}$)	시간계수(T_v)
0.1	0.008	0.6	0.287
0.2	0.031	0.7	0.403
0.3	0.071	0.8	0.567
0.4	0.126	0.9	0.848
0.5	0.197		

③ 활 용

㉠ 어느 시점의 압밀도에 소요되는 시간 산정

압밀계수 산정 → 압밀도 산정 → 시간계수 산정 → 소요시간 산정

C_v 산정, 압밀도 U → T_v → t

㉡ 어느 시간 t에서의 압밀침하량

$$S_t = U_t \cdot S$$

여기서, S_t : t시간 경과 후 침하량

U_t : t시간 경과 후 압밀도

S : 최종 침하량

4. 경시효과(*Aging Effect*)에 의한 압밀침하량

(1) 퇴적 종료 후 추가적인 하중의 증가가 없음에도 오랜 시간이 경과한 것만으로 체적이 감소(*Creep*, 입자의 재배열, 지연압축)되는 현상으로 현재의 유효상재하중보다 선행압밀하중이 크게 나타나므로 과압밀점토의 거동을 보이는 경우를 말하며 경시효과, 지연 압축, 유사선행압밀효과, 2차 압밀의 선행압밀하중 영향으로 표현한다.

(2) 경시점토의 거동 특성

① 그림과 같이 실제로 $P_c > P_o$이므로 과압밀점토인 것처럼 거동하는 점토를 경시 효과의 정규압밀점토(*Aged normal consolidated clay*)라 한다.

② 그러나 과압밀점토의 거동을 보이지 않는 점토의 경우는 우리가 흔히 볼 수 있는 정규압밀점토, 즉 *Young normal consolidated clay*라고 한다.

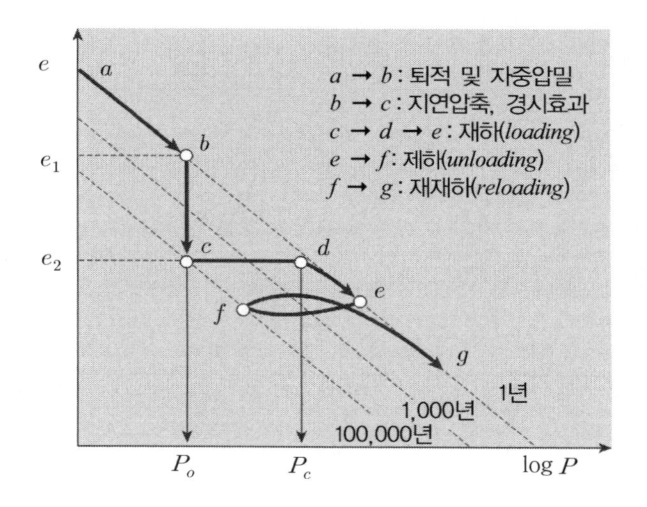

5. 2차 압밀침하(*Secondary Consolidation Settlement*)

(1) 정 의

과잉간극수압의 소산이 종료된 후, 즉 1차 압밀이 완료된 후에 작용되는 하중에 의해 점토의 크리프(*Creep*) 현상으로 입자가 재배치되면서 발생하는 침하이다.

(2) 시간, 침하량, 과잉간극수압의 관계

이론상 과잉간극수압이 완전히 소산되면 유효응력의 증가가 없으므로 압밀이 더 이상 진행되지 않아야 하지만 실제로는 아주 낮은 속도로 압밀이 진행된다. 이때의 압밀을 2차 압밀(*Secondary Consolidation*) 또는 크리프라고 한다.

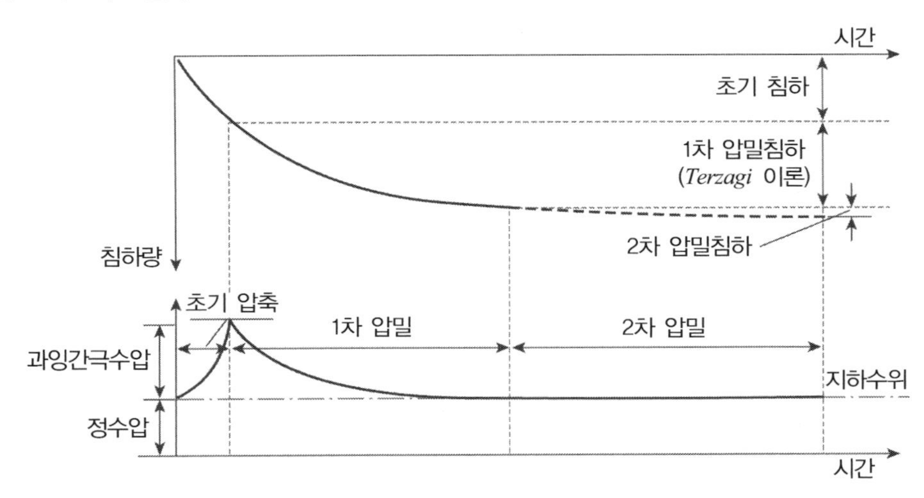

(3) 2차 압밀침하량 관계식

$$S_s = \frac{C_\alpha}{1+e_p} \times H \times Log\frac{t_1}{t_2}$$
$$= C_{\alpha\varepsilon} \times H \times Log\frac{t_1}{t_2}$$

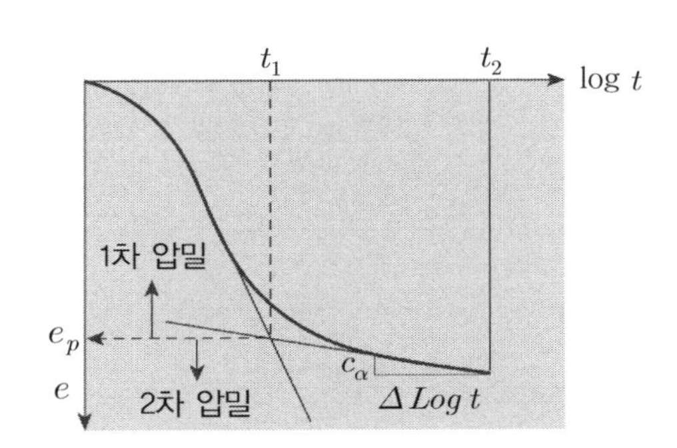

여기서, C_α : 2차 압밀 부분에서의 $e - \log P$ 곡선의 기울기(2차 압축지수)

e_p : 1차 압밀 완료시점의 간극비

H : 1차 압밀 완료시점의 점토층 두께

t_1 : 2차 압밀 시작 시간

t_2 : 2차 압밀 종료 시간

$C_{\alpha\varepsilon}$: 수정 2차 압축지수

- ✓ 보통 압밀시험이라 하면 단계별로 24시간씩 하중을 재하하므로 2차 압밀까지 포함되므로 별도의 2차 압밀침하량을 1차 압밀침하량에 더하여 고려 할 필요는 없으나 소성이 매우 큰 점토(*CH*), 유기질토 등은 반드시 고려하여 침하량을 산정해야 한다.
- ✓ 테르자기의 압밀이론이 적용 안 되는 범위로서 점근선이 안 되고 계속하여 직선 부분이 내려간다. 하중이 커지면 흙 입자가 조밀하게 되며, 이때 흙 입자가 위치를 전이한다. 그래서 크리프가 발생하는데 이것이 2차 압밀의 주 원인이다. 예민하지 않은 점토는 2차 압밀이 거의 없지만 10～15% 정도 발생하며, 예민한 해성점토 또는 섬유질, 유기물이 많은 흙은 40～50%까지 2차 압밀이 발생한다.
- ✓ 테르자기의 이론에서 설명할 수 없는 침하량으로서 토립자의 골격을 스프링으로 모델링한 경우와 달리 토립자의 골격을 점성저항에 의한 크리프 현상 등이 원인으로 근래 들어 2차 압밀은 점토의 점성거동 측면에서 1차 압밀과 시간적으로 구분하기 어려운 것으로 알려지고 있으나 계산의 편의상 1차 압밀과 2차 압밀은 구분하여 계산하고 있다.

04 과소압밀 = 미압밀(Under Consolidation)

1. 정 의

최근 성토되어 과잉간극수압이 소산 중인, 즉 압밀이 진행 중인 점토로서 다음 그림과 같이 $P_o > P_c$ 이며 $OCR < 1$ 인 상태의 점토이다.

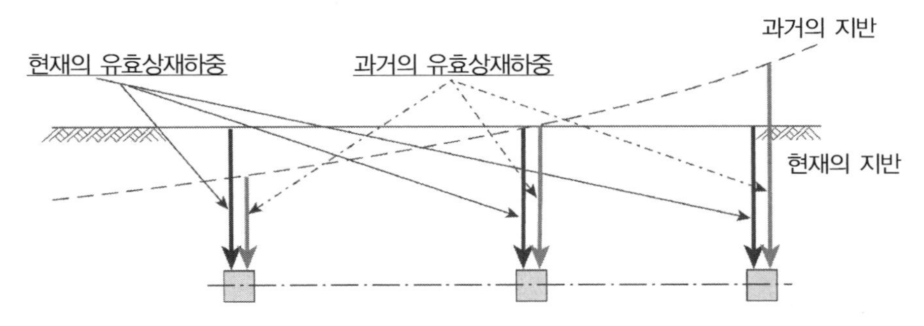

압밀 진행 중 (과소압밀점토)	압밀 완료 (정규압밀점토)	과압밀점토(안정)
$P_o > P_c$ → $OCR < 1$	$P_o = P_c$ → $OCR = 1$	$P_o < P_c$ → $OCR > 1$

✓ 과소압밀점토 : 추가하중 없이도 압밀이 발생할 수 있다.

2. 발생원인

(1) 최근에 성토 또는 매립되어 압밀이 진행 중인 상태로 유효연직응력에 도달되지 않은 경우

(2) 지하수위가 저하되어 유효연직응력이 커지는 경우

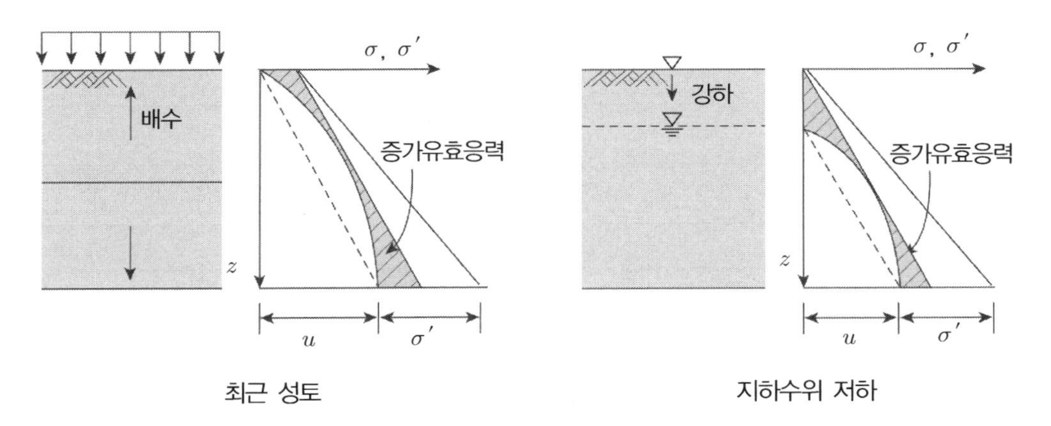

최근 성토　　　　지하수위 저하

(3) 매립지, 간척지

(4) 퇴적초기 지반

3. 침하량 산정

$P_o + \Delta p > P_c$

$$S = \frac{C_c}{1+e_o} H \log \frac{P_o + \Delta P}{P_c}$$

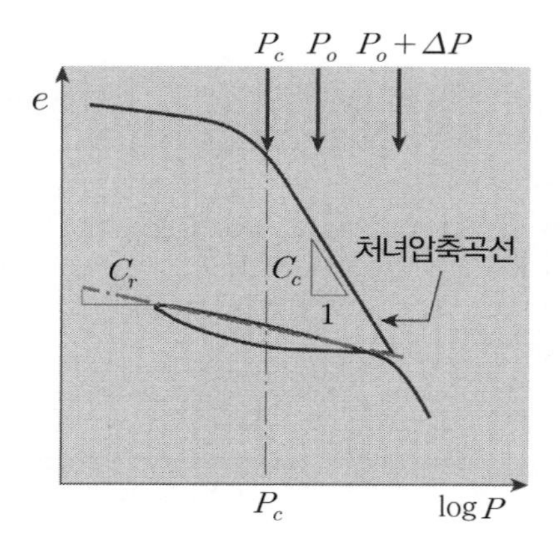

4. 평 가

(1) 최근 매립된 지반에 성토 시 미압밀의 침하량 고려가 필요하다.

(2) 정규압밀토로 계산한 침하량보다 큰 침하가 발생하기 때문에 계산착오 시 예기치 못한 침하로 인한 피해가 발생할 수 있다.

(3) OCR에 의해 압밀 상태를 파악하고 과소압밀 여부를 판정하여 침하량 계산에 반영하여야 한다.

05 정규압밀점토와 과압밀점토의 압밀, 전단 특성

1. 정 의

(1) 선행압밀하중이 현재의 유효하중보다 큰 지반으로 현재의 유효상재하중보다 큰 압력에 의해 과거에 이미 압밀이 일어났음을 의미한다.

(2) 지반이 과거에 받아온 최대 유효하중을 '선행압밀하중(P_c)'이라 하고 현재 받고 있는 하중을 유효하중을 P_o라 하면 과압밀비는 다음과 같이 결정한다.

(3) 과압밀비의 결정(OCR : *Over Consolidation Ratio*)

$$OCR = P_c / P_o$$

여기서, P_c : 선행압밀하중 P_o : 현재 유효하중

압밀진행 중 (과소압밀점토)	압밀 완료 (정규압밀점토)	과압밀점토(안정)
$P_o > P_c$ → $OCR < 1$	$P_o = P_c$ → $OCR = 1$	$P_o < P_c$ → $OCR > 1$

2. 과압밀 발생원인

과압밀 발생원인	요 소
1. 지질학적 침식 또는 인공적 굴착에 의한 전응력의 변화	• 토피하중의 제거 • 구조물의 제거 • 빙하의 후퇴
2. 지하수위 변동에 의한 간극수압의 변화	• 피압 • 심정양수 • 건조에 의한 증발산 • 식물에 의한 증발산
3. 2차 압밀에 의한 흙 구조의 변화	• 경시효과
4. *PH*, 온도, 염분농도와 같은 환경적 변화	
5. 풍화, 침전, 이온교환 등 화학적 변화	
6. 재하 시 변형률의 연화	

3. 압밀 특성

(1) 압축지수와 침하량

구 분	압밀완료(정규압밀점토)	과압밀점토(안정)
과압밀비	$P_o = P_c \rightarrow OCR=1$	$P_o < P_c \rightarrow OCR>1$
압축곡선	P_o $P_o+\Delta P$, e, C_r, C_c, 1, 처녀압축곡선, P_c, $\log P$	P_o $P_o+\Delta P$, e, C_r, C_c, 1, 처녀압축곡선, P_c, $\log P$
침하량	$S=\dfrac{C_c}{1+e_o}H\log\dfrac{P_o+\Delta P}{P_o}$	*If*, $P_o+\Delta P \le P_c$ $S=\dfrac{C_r}{1+e_o}H\log\dfrac{P_o+\Delta P}{P_o}$

※ 평가 : $C_r < C_c$이므로 과압밀점토의 침하량이 정규압밀점토의 침하량보다 작다 .

(2) 압밀계수

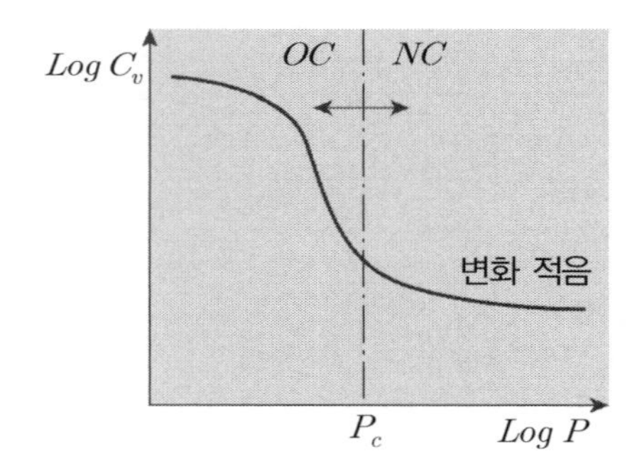

※ 과압밀 구간은 압밀계수가 크므로 압밀시간이 단축된다.

$$t=\frac{T_v \cdot D^2}{C_v}$$

(3) 체적변화계수

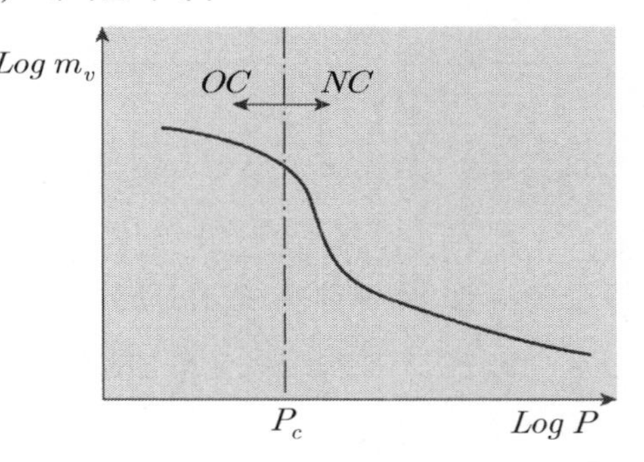

※ $S_f = m_v \Delta P H$ 에서 m_v는 점토층 중앙의 유효 상재하중에 $P_o + \Delta P/2$를 더한 압력에 대한 m_v를 사용한다.

4. 전단 특성

(1) 압밀압력과 전단강도와의 관계

처녀압축곡선의 A점에서 흙 시료를 전단시킨다면 A'점이 되고 나머지 B, C, F점에 대응하는 *Mohr*포락선의 값은 B', C', F'가 되고 원점을 통과한다. 만일 압밀곡선상의 C점에서 하중을 제거 후 재압축을 D, E를 전단시험하면 D', F'가 되고 과압밀토에 대한 *Mohr* 포락선이 된다.

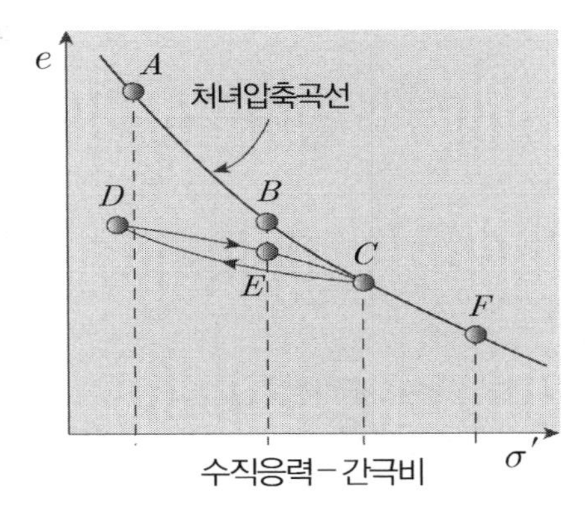

수직응력－간극비

① 수직응력－간극비(함수비)

초기 간극비는 과압밀점토가 정규압밀점토에 비하여 작게 나타난다.

② 수직응력－비배수전단강도

㉠ 과압밀점토는 선행압밀하중이 현재 보다 크므로 함수비와 간극비가 작아져서 전단강도는 정규압밀토에 비해 크게 나타난다.

㉡ 정규압밀점토는 파괴포락선이 원점을 통과하며 전단강도는 직선적으로 증가한다.

㉢ 과압밀점토에서는 파괴포락선이 원점을 통과하지 않으며 전단강도의 증가는 직선적으로 증가하지 않는다.

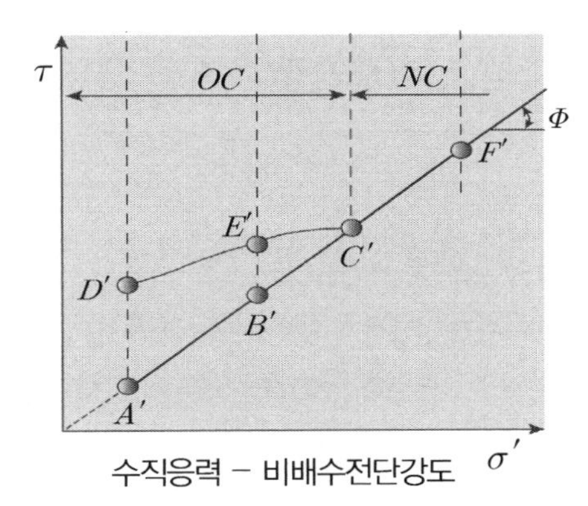

수직응력 － 비배수전단강도

(2) 수직응력－간극수압계수

① 전단 시 간극수압은 수직응력의 관계없이 일정하며 간극수압계수 $A_f \fallingdotseq 1$의 값을 나타낸다.

초기 간극비는 과압밀점토가 정규압밀점토에 비하여 작게 나타난다.

② 과압밀점토에서는 과압밀비가 클수록 간극수압계수 A_f는 감소하며 과압밀비가 어느 이상이 되면 부(負)의 값을 보인다.

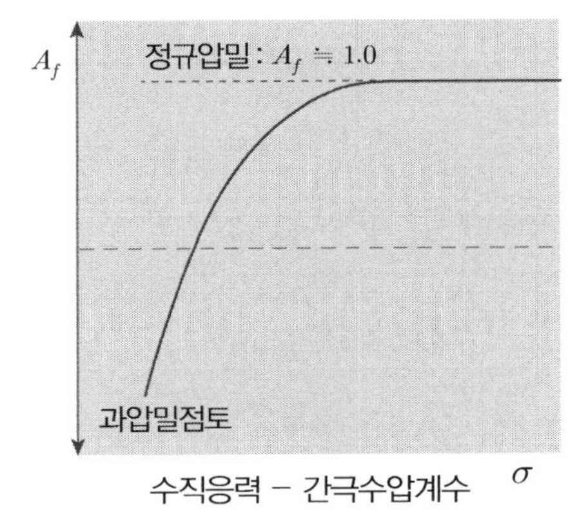

수직응력 － 간극수압계수

(3) 변형률 − 전단응력

① 변형계수 : OC가 큼

② *Peck* 강도 : OC가 큼

③ 변형률 : NC가 큼

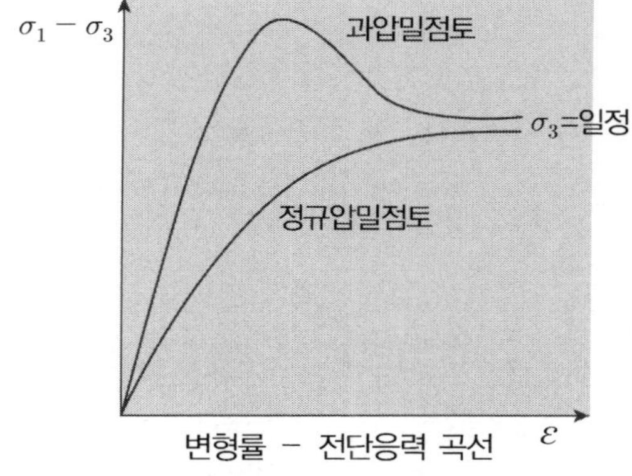

변형률 − 전단응력 곡선

(4) 변형률 − 체적변화

① CD시험결과 정규압밀점토는 체적이 감소 즉, 압축되며

② 과압밀점토는 초기에 체적이 감소하나, 변형률이 증가하면서 응력해방에 의해 균열발생으로 체적이 증가한다.

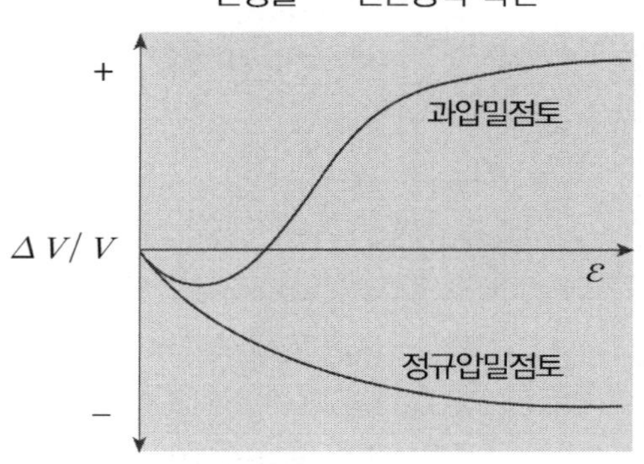

변형률 − 체적변화 곡선

(5) 변형률 − 간극수압

① 정규압밀점토는 전단변형이 진행되는 동안 과잉간극수압은 계속 증가하며 (+)의 간극수압만 발생한다.

② 과압밀점토에서는 초기에 (+)의 간극수압이 증가하다가 시간이 지나게 되면 시료가 팽창하려는 성질로 인해 (−)의 간극수압이 발생한다.

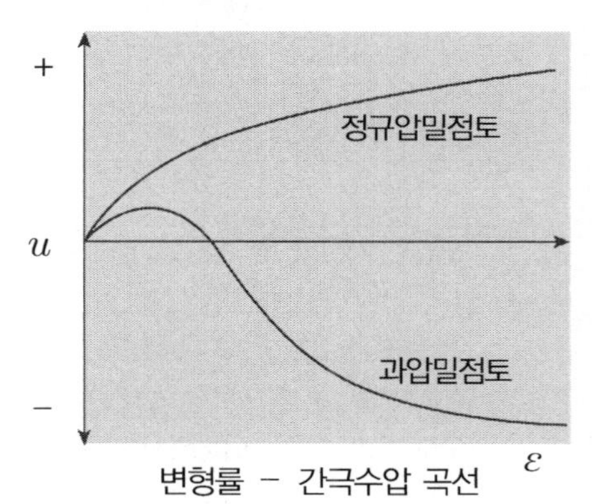

변형률 − 간극수압 곡선

(6) 간극수압계수와 응력경로

① OC : $A_f < 1.0$

② NC : $A_f > 1.0$

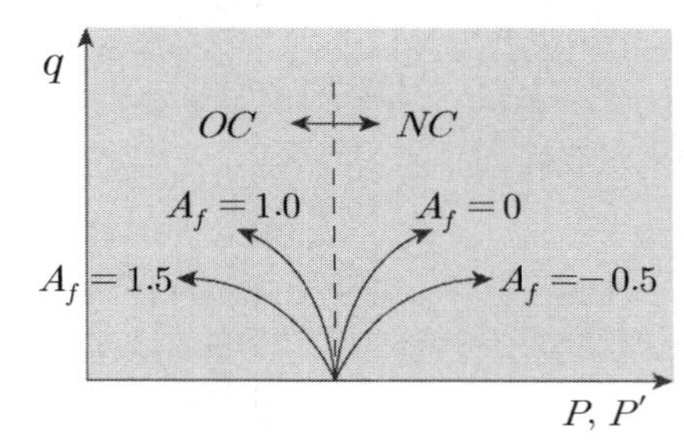

(7) 압밀 비배수시험 시 응력경로

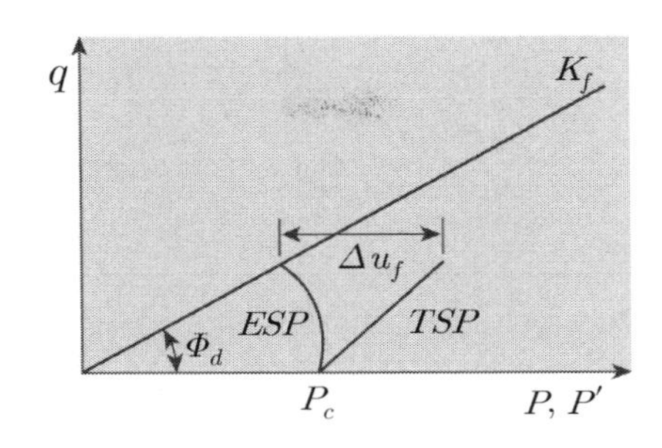

정규압밀점토의 *CU*시험

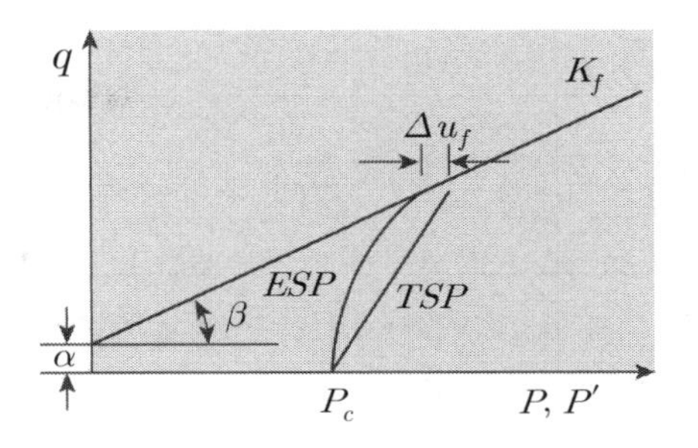

과압밀점토의 *CU*시험

5. 물리적 / 공학적 특성

구 분		정규압밀점토	과압밀점토	비 고
물리적 특 성	액성지수	$LI \fallingdotseq 1.0$	$LI \fallingdotseq 0$	
	간극수압계수	$A_f \fallingdotseq 1.0$	$A_f \fallingdotseq 1.0$ 이하	$\overline{CU}$시험
	정지토압계수	$K_o = 0.4 \sim 0.6$	$K_o = 0.5 \sim 1.0$	
	체적변화	압 축	팽 창	*CD*시험
	간극수압변화	증 가	감 소	$\overline{CU}$시험
공학적 특 성	전단강도	작 다	크 다	
	투수성	작 다	작 다	
	압축성	크 다	작 다	
	밀 도	작 다	크 다	
	변 형	크 다	작 다	

06 1차 압밀비

1. 정 의

(1) 전체 침하량은 다음과 같다.
전체 침하량 = 탄성침하(초기압축) + 1차 압밀 + 2차 압밀

(2) 1차 압밀이란 과잉간극수압 소산에 따른 침하량이며 2차 압밀이란 과잉간극수압 소산 후(평형 함수비 조건) 시간경과에 따른 침하량(*Creep*)으로서 압밀이론을 따르지 않는다.

(3) 1차 압밀비(γ_p)란 전체 침하량에 대한 1차 압밀의 비로서 시간－침하량 곡선을 이용하여 $\sqrt{t}$ 방법 또는 $\log t$ 방법에 따른 공식을 이용하여 구한다.

2. 1차 압밀비

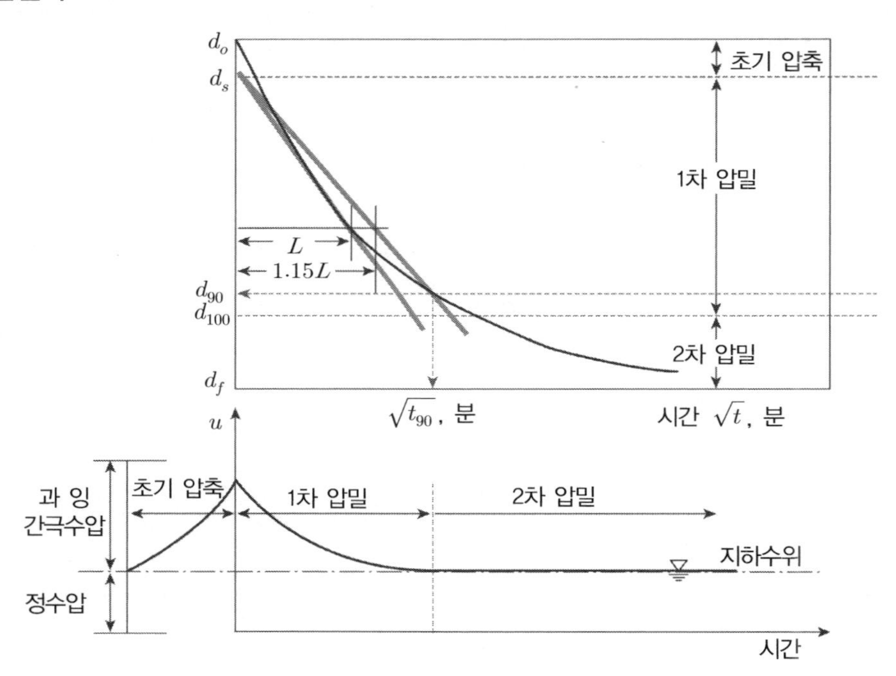

(1) $\sqrt{t}$ 법 : 1차 압밀침하량 ÷ 전 압밀침하량

$$\gamma_p = \frac{\text{1차 압밀량}}{\text{전 압밀량}} = \frac{\frac{10}{9}(d_s - d_{90})}{d_o - d_f}$$

(2) $\log t$ 법 : 1차 압밀침하량 ÷ 전 압밀침하량

$$\gamma_p = \frac{\text{1차 압밀량}}{\text{전 압밀량}} = \frac{(d_s - d_{100})}{d_o - d_f}$$

여기서, d_s : 수정한 시점의 다이얼게이지 압축량

$d_{100,90}$: 90, 100% 압밀 시 압축량

d_o : 압밀 개시 전 최초 다이얼게이지 읽음 값

d_f : 최종의 다이얼게이지 읽음 값

(3) 1차 압밀비가 클수록 실험실에서 측정한 값을 이용하여 계산한 침하속도가 실제와 더 잘 일치한다.

3. 평 가

(1) 유기물을 많이 함유할수록 2차 압밀량이 증가하여 1차 압밀비가 작아진다.

(2) 2차 압밀침하량을 산정하려면 1차 압밀이 완료된 시간으로부터 2차 압밀이 완료된 시간간격이 정확히 정해져야 하나 실제로는 점토층의 두께가 두꺼운 경우에는 중간층은 1차 압밀이 배수층 부분은 2차 압밀이 동시에 진행되므로 엄밀히 1차 압밀과 2차 압밀이 엄격히 분리되지 않는다는 점에 유의하여야 한다.

(3) 1차 압밀침하량은 실험과 이론으로 검증되나 2차 압밀침하량에 대한 이론이 정립되지 못하고 있는 실정으로 장기간 관찰하는 방법 외에는 사전에 예측할 수 없다.

07 등시곡선(Isocrone Map)

1. 정 의

압밀을 발생시키기 위해 지표면에 하중을 가하게 되면 시간이 경과함에 따라 과잉간극수압은 소산되게 되는데, 이때 같은 시간에 깊이에 따른 과잉간극수압의 크기를 연결한 선을 등시곡선이라고 한다.

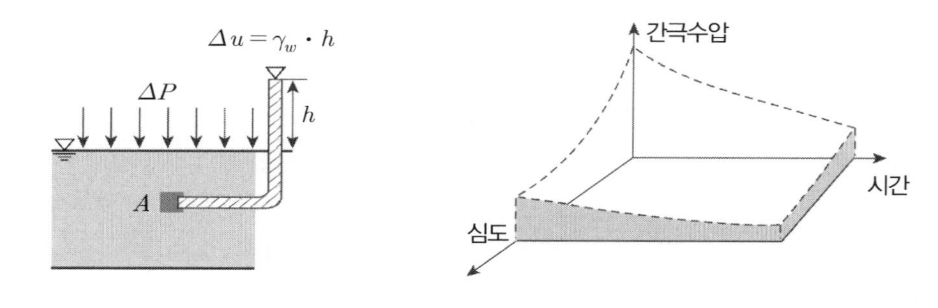

2. 시간별 배수조건별 등시곡선의 변화

(1) 일면배수의 경우 시간에 따른 등시곡선의 변화

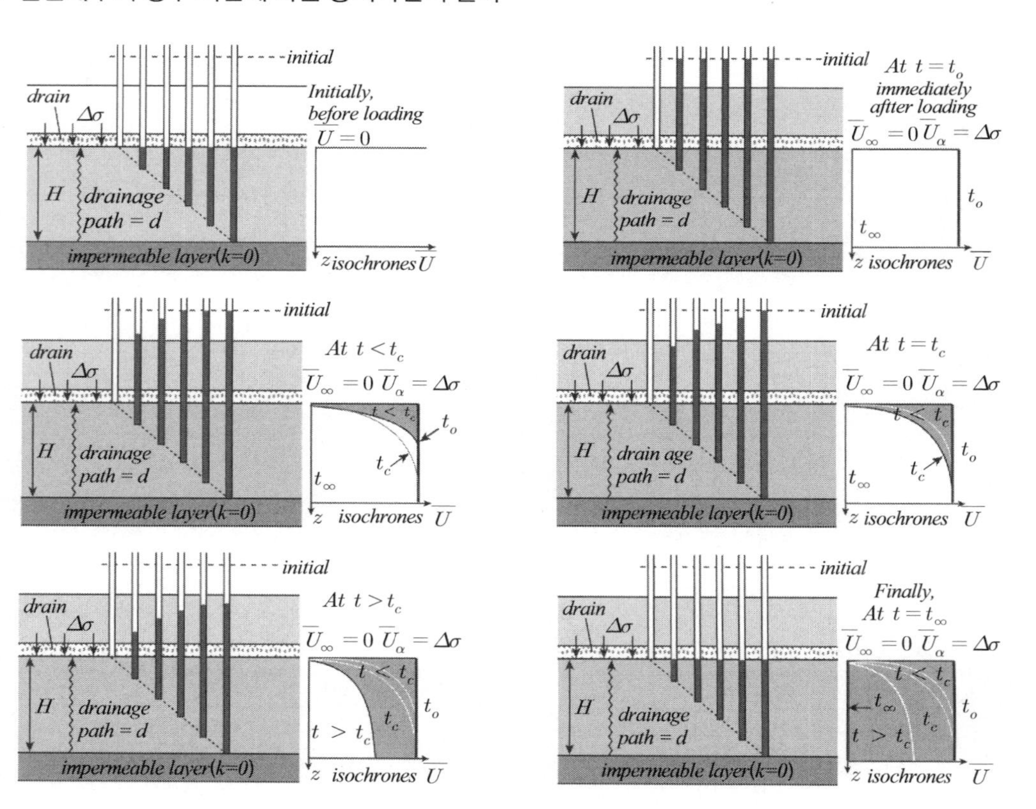

(2) 양면배수의 경우 시간에 따른 등시곡선의 변화

① $\Delta P = \Delta u \; : t = 0$ ② $0 < t < \infty$ ③ $t = \infty$

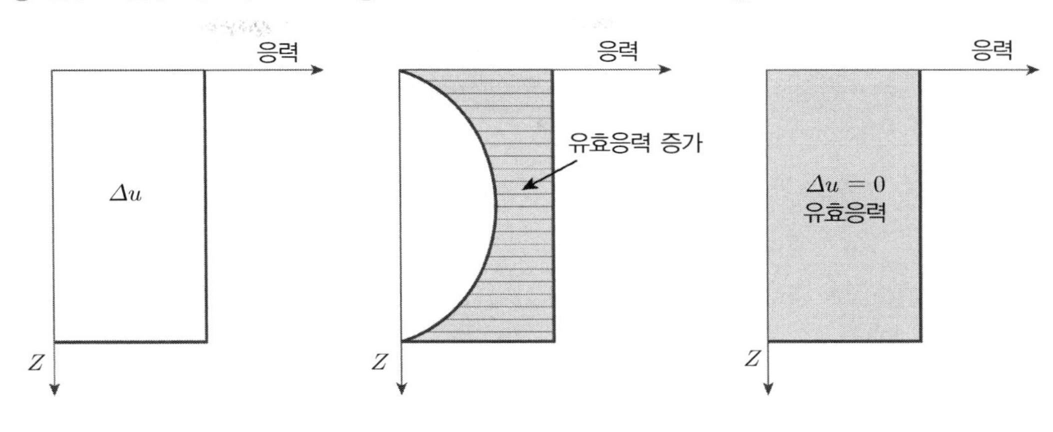

3. 이 용

(1) 강도 증진 → 성토시기 판단

$$C = C_o + \Delta C \qquad \Delta C = \alpha \cdot \Delta P \cdot U$$

$$U = \frac{u_i - u_e}{u_i} \qquad H_c = \frac{5.7 C_u}{\gamma \cdot F_s}$$

(2) 배수조건 판단

과잉간극수압이 소산되는 형태로부터 양면배수, 일면배수 조건을 판단한다.

(3) 압밀 진행 정도 = 지반개량효과 판단(유효응력의 증가)

(4) 압밀도 판단

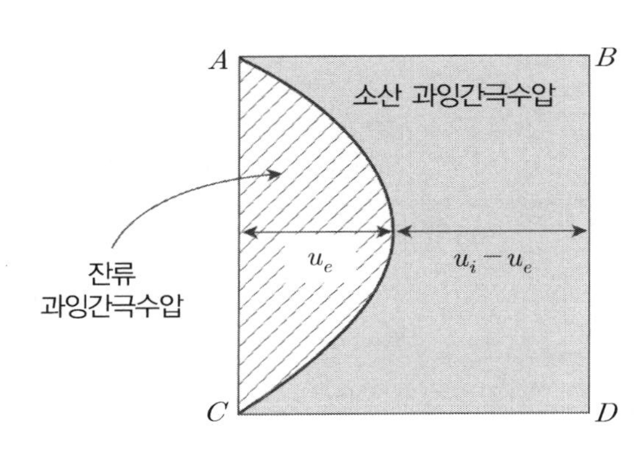

임의 깊이 압밀도

$u_e = u_i(1 - U_z)$에서

$$U_z = 1 - \frac{u_e}{u_i}$$

✓ $ABCD$의 면적 : 40cm^2

빗금친 부분 면적 : 15cm^2

$$U_z = 1 - \frac{15}{40} = 0.625 \rightarrow 62.5\%$$

08 정수압과 간극수압

1. 정 의

(1) 정수압은 물의 흐름이 없는 압력이고 그 크기는 물의 단위 중량에 측정하고자 하는 심도를 곱하여 구한다.

(2) 과잉간극수압은 비배수조건에서 하중을 가하게 되면 정수압보다 큰 수압이 발생하게 되는데, 이를 과잉간극수압이라고 한다.

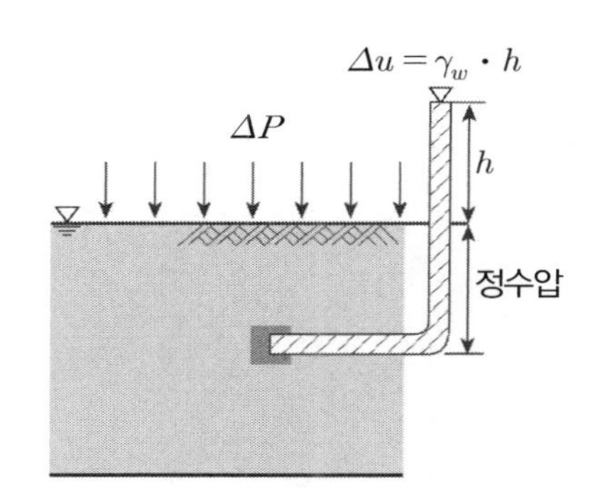

2. 하중조건별 크기 비교

(1) 측방변위가 없는 1차원 압밀의 경우 $u_i = \Delta P$

(2) 국부하중으로 인한 측방변위가 있는 경우 과잉간극수압

$$u_i = \Delta u = B(\Delta\sigma_3 + A(\Delta\sigma_1 - \Delta\sigma_3))$$

(3) 실제로 지반 내에서 부분 배수되거나 점진적 하중재하조건 등 현장조건은 이론과 어긋날 수 있으므로 간극수압계와 지하수위계를 사용하여 과잉간극수압을 측정하는 것이 합리적이다.

3. 과잉간극수압의 영향

(1) 경시 변화

① 과잉간극수압은 하중재하와 동시에 발생하며 시간이 경과하게 되면 지반의 조건에 따라 차이는 있으나 결국 감소하게 되어 결국 정수압과 같게 된다.

② 배수층의 위치에 따라 소산되는 시간이 다르다.

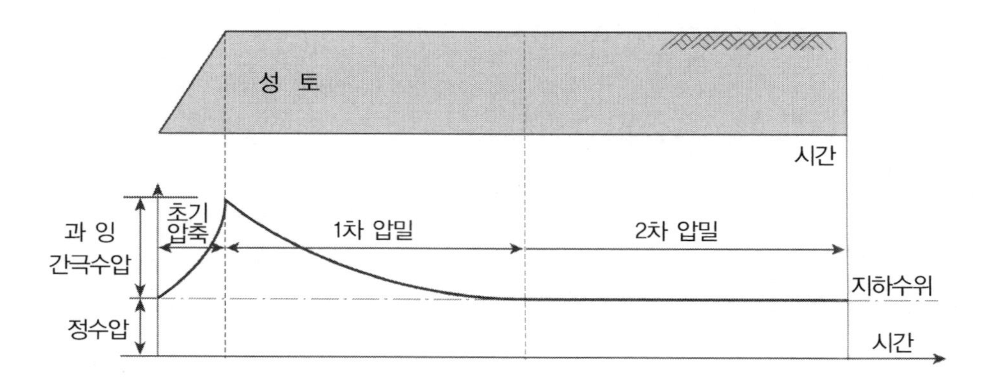

(2) 침투영향

과잉간극수압으로 동수경사 $i = \Delta h / L$가 발생하여 물의 흐름(상향침투로 인한 배수발생)이 발생, 즉 침투가 발생하고 이에 따라 $\Delta u = 0$이 될 때까지 압밀이 발생한다.

(3) 유효응력의 증가

① 재하 초기 : 물이 하중을 전부 부담

② 재하 중 : 물과 흙이 하중을 분담

③ 최종 상태 : 흙만이 하중 부담

④ 유효응력 증가 : 과잉간극수압이 소산된 만큼 흙 입자가 부담하는 유효응력이 증가됨

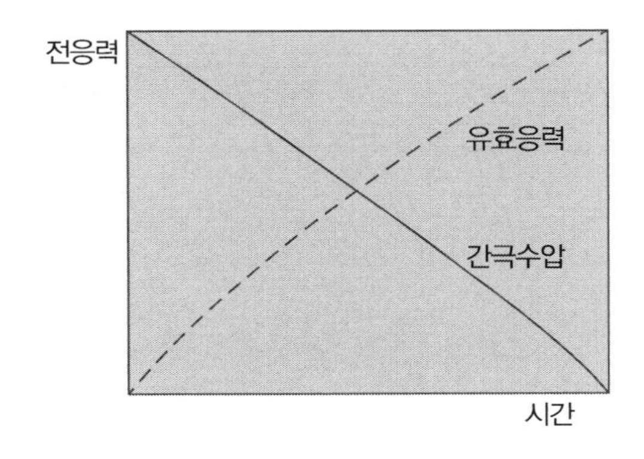

(4) 강도 증가 : 유효응력의 증가 → $\tau = c' + \sigma' \tan\Phi$

(5) 유효응력의 증가로 지반의 압밀침하 발생

4. 평 가

(1) 정수압은 경시 변화, 침투, 유효응력의 증가, 강도 증진, 압밀침하와 관련이 없으므로 중립압력이며

(2) 간극수압은 정수압 + 과잉간극수압의 크기로 정의된다.

09 압밀도와 평균압밀도

1. 압밀도

(1) 깊이별 압밀도

① 과잉간극수압의 분포는 시간과 깊이에 대한 함수이며, 지반 내의 어떤 점에서 임의 시간에 있어서의 간극수압의 소산 정도를 압밀도라 하며 깊이별 압밀도는 다음과 같다.

② 임의 시간에서의 과잉간극수압(깊이에 따라 초기과잉간극수압이 일정한 경우) 상하면에 모래층이 있어 양면 배수가 되는 점토층의 두께가 $2H$이고, 지표면에 하중 P가 작용하여 하며, 다음과 같은 초기 조건과 경계 조건을 만족할 경우

- 초기 조건 : $t=0$에서 $u_e=u_i=P$
- 경계 조건(점토층의 배수단) : $z=0$에서 $u_e=0$, $z=2H$에서 $u_e=0$

$$u_e=\sum_{m=0}^{m=\infty}\frac{2u_i}{M}\sin\left(\frac{M\cdot z}{H}\right)e^{-M^2T_v}$$

여기서, $M=\frac{\pi}{2}(2m+1)$ m : 정수 H : 배수길이

z : 점토층 상면에서 하방향으로 잰 거리

u_i : 초기 과잉간극수압 T_v : 시간계수

✓ 이를 다시 정리하면

ⓐ 지중 임의 깊이에서, 임의 시간에 과잉간극수압 소산 정도를 백분율로 표시한 것
ⓑ 지중 임의 깊이에서, 임의 시간에 유효응력의 증가 정도를 백분율로 표시한 것
ⓒ 지중 임의 깊이에서, 임의 시간에 변형(침하, 간극비 변화) 정도를 백분율로 표시한 것

(2) 압밀도를 구하는 방법

① 유효응력과 간극비에 의한 방법

다음 *Page* 그림에서

$$U_z=\frac{e_1-e}{e_1-e_2}=\frac{\sigma-\sigma_1}{\sigma_2-\sigma_1}=\frac{u_i-u_e}{u_i} \quad \cdots\cdots ①$$

어느 깊이 z에서 임의 시간 t 경과 시 존재하는 과잉간극수압

$$u_e=u_i-u_i\cdot U_z=u_i\cdot(1-U_z) \quad \cdots\cdots ②$$

여기서, U_z : 깊이 z에서의 임의 시간에 대한 압밀도

u_i : 초기 과잉간극수압

u_e : 임의 시간 t에서의 과잉간극수압

σ_1 : 압밀 전의 유효수직응력

σ : 임의 시간 t 에서의 유효수직응력

σ_2 : 압밀 완료 후 유효수직응력

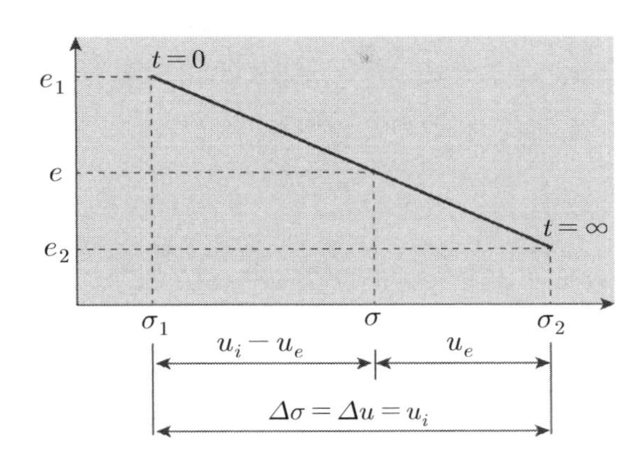

2. 평균압밀도

(1) 필요성

어느 시간에서의 깊이에 따라 압밀도는 *Sin*곡선을 그리므로 압밀층 전체 두께의 평균압밀도(*Average degree of consolidation* : *U*)가 공학적인 측면에서 관심을 가지는 값이며 전체적인 침하량을 구하기 위해서는 평균압밀도가 필요하다.

(2) 적분방정식을 통한 평균압밀도 산정

$$\overline{U} = 1 - \frac{\int_0^{2H} u_e d_z}{\int_0^{2H} u_i d_z}$$ 옆 식을 1항 (2)의 ①식에 대입하면 다음과 같다.

$$\overline{U} = 1 - \sum_{m=0}^{m=\infty} \frac{2}{M^2} e^{-M^2 T_V}$$

(3) 구하는 방법

① 평균법

깊이별 간극수압에서 산정된 압밀도를 평균

$$\overline{U} = \frac{1}{n}(U_1 + U_2 + \ldots U_n)$$

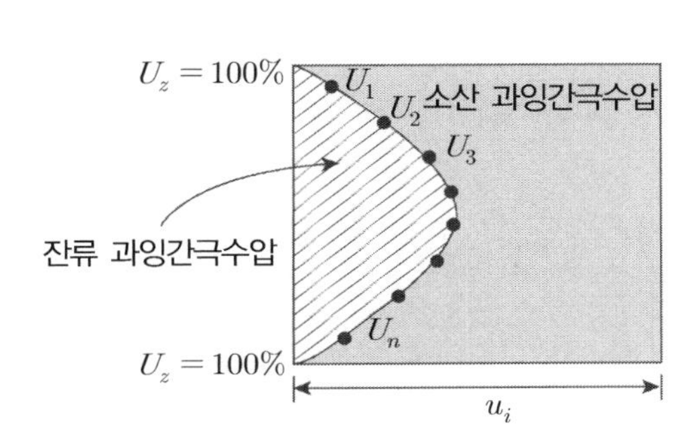

② 최종 침하량으로부터 구하고자 하는 침하량의 비

$$\overline{U} = S_{ct} / S_c$$

여기서, U : 평균압밀도 S_{ct} : t 시간에서의 침하량 S_c : 최종 침하량

③ *Terzaghi* 시간계수를 통한 평균압밀도 근사식(역산으로 구함)

$$0 < \overline{U} \leq 60\% : T_v = \frac{\pi}{4}\left(\frac{\overline{U}}{100}\right)^2$$

$$60 < \overline{U} < 100\% : T_v = 1.781 - 0.933(100 - \overline{U}(\%))$$

④ 평균압밀도 – 시간계수 곡선으로부터 추정

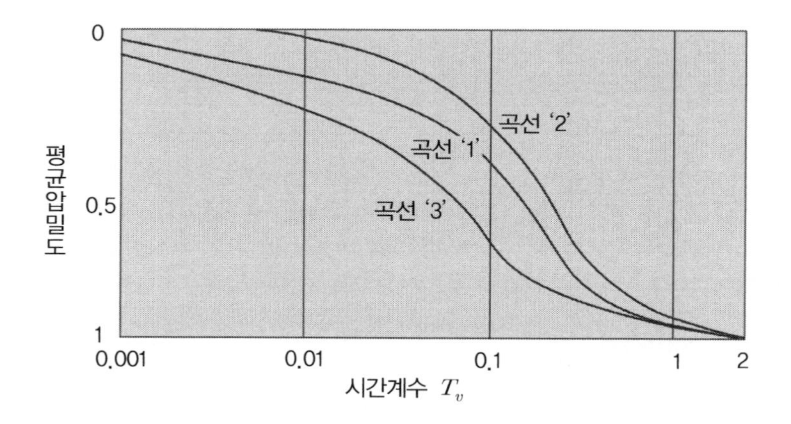

※ 위 곡선 '1'은 다음 식과 같다. $\overline{U} = 1 - \sum_{m=0}^{m=\infty} \frac{2}{M^2} e^{-M^2 T_v}$

⑤ 등시곡선으로부터 평균압밀도 추정

㉠ 압밀도

$u_e = u_i - u_i \cdot U_z$

$= u_i \cdot (1 - U_z)$

에서 $U_z = 1 - u_e / u_i$이므로

㉡ 등시곡선의 면적으로 구하면

$\overline{U}$ = 소산된 과잉간극수압 면적 ÷ 전체 면적($ABCD$ 면적)

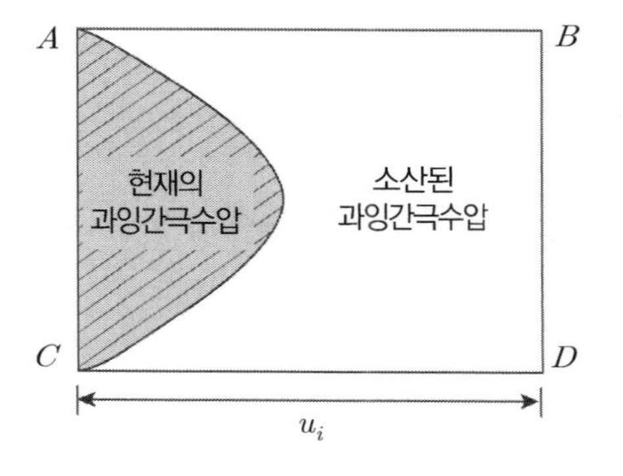

3. 활 용

(1) 깊이별 압밀도

강도 증가량 산정 → 한계성 토고 결정 → 성토시기 결정

$$S_t = S_f \times U$$

$$C = C_0 + \Delta C \quad \Delta C = \alpha \cdot \Delta P \cdot U_z$$

$$U_z = \frac{u_i - u_e}{u_i} \quad H_c = \frac{5.7 C_u}{\gamma \cdot F_s}$$

(2) 평균압밀도

① 임의 시간에서의 침하량

$$S_t = S_f \times U$$

② 최종압밀소요시간

$$0 < \overline{U} \leq 60\% : T_v = \frac{\pi}{4}\left(\frac{\overline{U}}{100}\right)^2 \text{에서 } t = \frac{T_v \cdot H^2}{C_v}$$

③ 지반개량 효과 판단

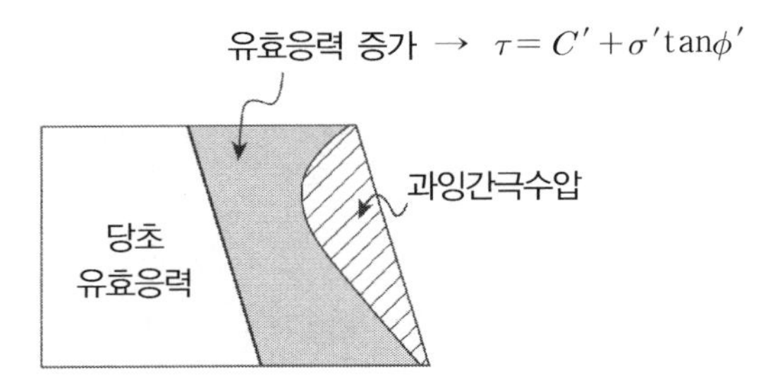

10 경시효과(Aging Effect) = 연대효과, 유사과압밀

1. 정 의

(1) *Bjerrum*(1967)에 의하면 그림과 같이 정규압밀점토를 처녀압축하면 압축곡선은 ab를 따라 압축되지만, 어느 응력 P_o를 장기간 유지하면 bc선을 따라 지연압축(*Delayed compression*)이 진행된다.

(2) 정규압밀점토(*Young clay*)는 $P_o = P_c$가 되나 *Old clay*는 $P_o < P_c$가 되어 과압밀토의 거동(겉보기 과압밀점토)을 한다. → 선행압밀하중(P_c) ≠ 항복점

(3) 이렇듯 하중 증가가 없음에도 시간에 따라 침하되는 현상을 경시효과라 한다.

2. 경시효과(*Aging effect*)

퇴적 종료 후 추가적인 하중의 증가가 없음에도 시간이 경과한 것만으로 체적이 감소하는 현상으로 경시효과, 지연압축, 유사 선행압밀효과, 2차 압밀의 선행압밀하중 영향이라 한다.

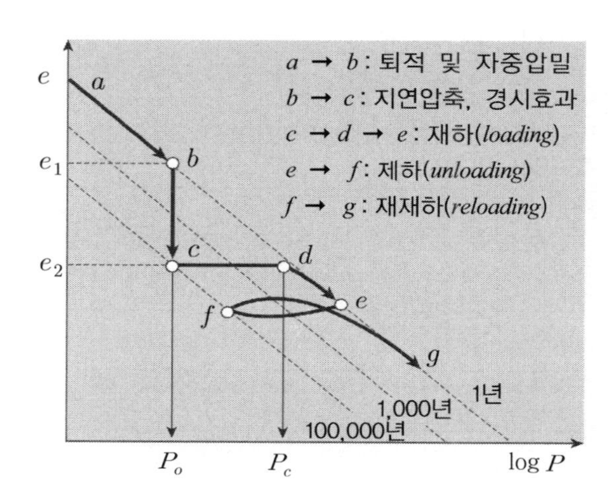

3. 거동 특성

(1) 지연압축 : 시간 경과 (0년 → 10,000년) → 간극비 변화(e_1 → e_2)

(2) 강도 증가

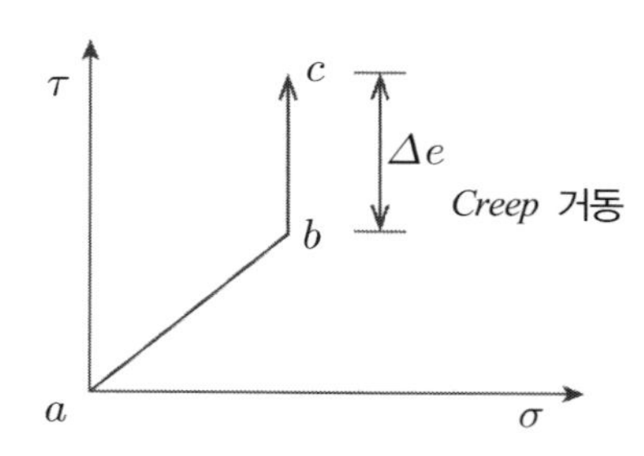

(3) 과압밀 거동 : $OCR = \dfrac{P_c}{P_o} > 1$

(4) 고결작용

(5) 2차 압밀효과(*Creep*)

4. 평 가

(1) 경시효과는 매우 오랜 기간 동안 퇴적되는 과정에서 2차 압밀, 고결, 용탈 등의 원인에 의해 강도가 증가된 것이므로 과압밀의 한 원인에 속한다.

(2) 따라서 정규압밀점토(*Young clay*)에 비해 동일한 하중을 가한다 하더라도 압밀침하량이 상대적으로 작게 되므로 공사기간의 단축이 가능한 장점이 있다.

(3) 그러나 정규압밀점토로 가정한 압밀소요시간 판정을 위한 압밀계수는 과압밀점토에서처럼 큰 값을 나타내는지는 의문이므로 전체공사기간을 산정하기 위한 압밀계수는 정규압밀점토의 압밀계수를 사용하는 것이 타당하다고 사료된다.

(4) 경시효과는 소성지수가 큰 점토(유기질토, *CH* 등)에서 관찰되므로 연약지반 대책 판정 시 경시점토(*Aged Nomal Consolidated Clay*)인 경우 과설계가 되지 않도록 고려하여야 한다.

[경시효과]

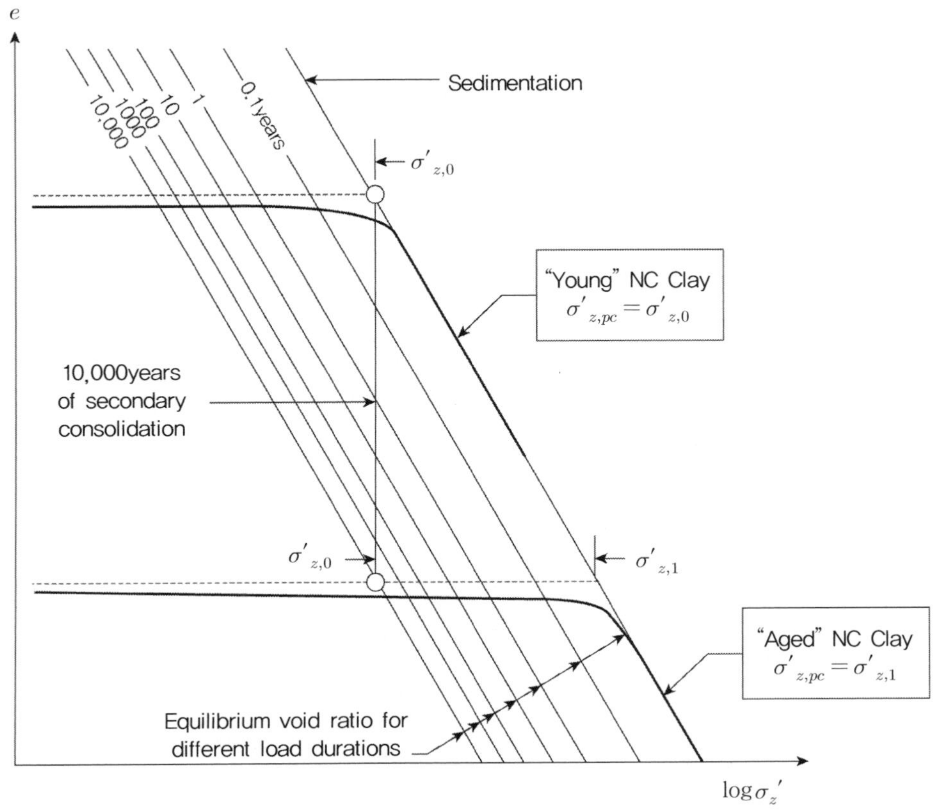

Geological history and compressibility of a young and an aged normally consolidated clay after Bjerrum 1973.

11 압축지수(Compression Index, C_c)

1. 정 의

(1) 압밀시험에서 구한 $e-\log P$ 곡선의 직선 부분의 기울기로서 다음과 같이 나타낸다.

$$C_c = \Delta e / \Delta \log P$$

단위 : 무차원

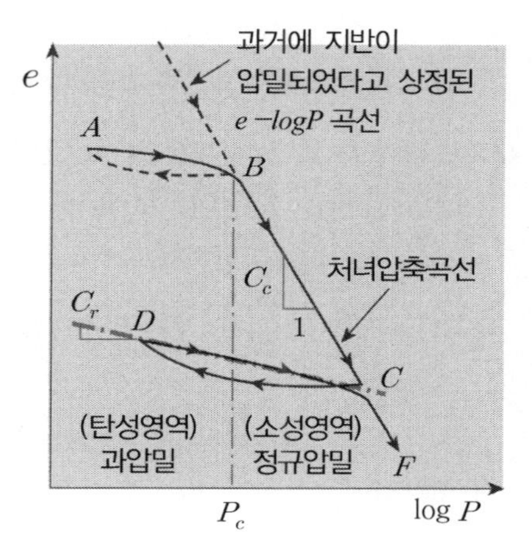

(2) 하중간극비곡선을 살펴보면 초기하중에 대한 간극비인 A점에서 B까지는 완만하게 체적이 감소하나 처음으로 받아보는 선행 압밀하중(P_c)부터는 가파르게 체적의 변화가 발생하게 되는데, 이때 곡선을 처녀압축 곡선이라 하며 그 기울기를 압축지수(C_c)라 말한다.

(3) 처녀압축곡선에서 다시 하중을 제거하면 $C \sim D$로 체적이 팽창하게 되며 다시 압축하면 $D \sim E$로 재압축현상이 발생하게 되는데, 이때의 압밀곡선 기울기를 재압축지수, 팽창지수(C_r)라 하며 선행 압밀하중 전 압밀곡선의 기울기와 동일하다.

2. 압축지수의 경험적 추정

(1) 처녀압축지수

액성한계로부터 압축지수 추정

① 흐트러진 점토 : $C_c = 0.007(LL-10)$ ← *Skempton* 제안

자연 점토시료의 함수비가 액성한계에 근접하도록 교란시킨 후 재성형하여 압밀시험 시행

② 불교란 점토 : $C_c = 0.009(LL-10)$ ← *Terzaghi*와 *peck*

✓ 이 공식은 예민비가 작은 *Clay*에서 제한적으로 적용하며 유기질 흙, 액성한계 >100%, 예민한 점토에서는 사용이 불가하다.

(2) 재압축지수 $C_r = (0.05 \sim 0.1)C_c$

(3) 압축지수에 영향요인(일차함수 관계)

① 액성한계

② 함수비

③ 초기 간극비 $C_c = 0.3(e_o \sim 0.27)$

3. 압축지수의 특성

(1) 연약한 점토일수록 압축지수는 크다.

(2) 소성지수가 클(점토질을 많이 함유)수록 압축지수는 크다.

(3) 시료의 채취, 운반, 성형과정에서의 교란 정도가 클수록 압축지수는 감소한다.

4. 압축지수의 활용

(1) 압밀침하량 산정

$$S = \frac{C_c}{1+e_o} H \log \frac{P_o + \Delta P}{P_o}$$

(2) 재압축지수(C_r) 추정 : $0.05 \sim 0.1\, C_c$

TIP | 압축지수(C_c)의 추정공식 |

Equation	Reference	Region of applicability
$C_c = 0.007(LL-7)$	Skempton(1944)	Remolded clays
$C_c = 0.01 w_N$		Chicago clays
$C_c = 1.15(e_o - 0.27)$	Nishida(1956)	All clays
$C_c = 0.30(e_o - 0.27)$	Hough(1957)	Inorganic cohesive soil: silt, silty clay, clay
$C_c = 0.0115 w_N$		Organic soils, peats, organic silt, and clay
$C_c = 0.0046(LL-9)$		Brazilian clays
$C_c = 0.75(e_o - 0.5)$		Soils with low plasticity
$C_c = 0.208 e_o + 0.0083$		Chicago clays
$C_c = 0.156 e_o + 0.0107$		All clays

12 압밀계수(Cofficient of Cosolidation, C_v)

1. 정 의

(1) 압밀계수란 배수거리와 시간의 함수로서, 압밀진행의 속도 개념으로 다음과 같이 표시한다.

$$C_v = \frac{T_v \cdot D^2}{t} \qquad C_v = \frac{K}{\gamma_w \cdot m_v} = \frac{1+e_o}{a_v}\frac{K}{\gamma_w} \qquad \text{단위 : } cm^2/sec$$

(2) 압밀계수에 대한 다른 표현

① 체적변화에 대한 속도 기울기

② 간극비에 대한 변화 속도

③ 간극수압의 소산율

✓ *Terzaghi* 압밀이론은 압밀 전 과정 동안 압밀계수는 일정한 것으로 가정하고 있다.

2. 압밀계수를 구하는 방법

(1) 압밀시험

① $\log t$ 법(*Logarithm of time fitting method*) − *Casagrande & Fadum*

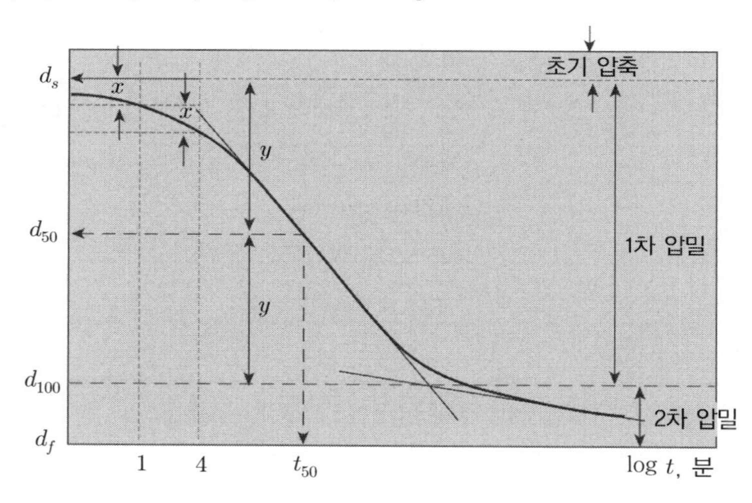

$\log t$법에 의한 시간−침하곡선

㉠ 가로축이 log 스케일이므로 초기 0시간에 대한 최초의 침하량을 기록할 수 없으므로

㉡ 초기시간에 대한 압축량을 정하기 위해서는 보통 1분 정도의 시간을 기준으로 4배 정도, 즉 4분에 해당하는 압축량의 차이만큼 기준한 압축량의 위로 점을 찍어서 수정 영점 d_s 로 한다.

㉢ 시간－침하곡선에서 직선과 점근선과의 교점이 압밀도 100%인 d_{100} 이고 d_s 와 d_{100} 사이의 거리의 반이 d_{50} 이므로 이 값에 대응하는 t_{50} 과 압밀도 50%에 해당하는 시간계수 T_v 는 0.197 이므로 이들을 통해 압밀계수를 산출하면 다음과 같다.

$$C_v = \frac{T_{50} \cdot H^2}{t_{50}} = \frac{0.197 H^2}{t_{50}}$$

② $\sqrt{t}$ 법(*Square root of time fitting method*)－*Taylor*

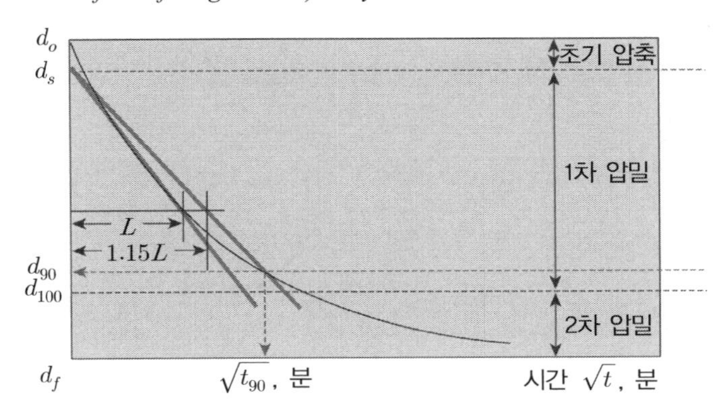

㉠ 시간－침하곡선의 직선 부분을 연장하여 세로축과 만나는 점을 d_s 로 한다.

㉡ 접선 기울기의 1/1.15배 되는 직선을 d_s 로부터 긋는다.

㉢ 새로 그은 직선과 시간－침하곡선이 만나는 교점을 d_{90} 이라고 하며 압밀도 90%에 해당하는 $\sqrt{t_{90}}$ 이며, 이때 시간계수는 0.848이므로 압밀계수를 산출하면 다음과 같다.

$$C_v = \frac{T_{90} \cdot H^2}{t_{90}} = \frac{0.848 H^2}{t_{90}}$$

(2) 투수시험과 압밀시험

$K = C_v \cdot m_v \cdot \gamma_w$ 에서

$$C_v = \frac{K}{\gamma_w \cdot m_v} = \frac{1+e_o}{a_v} \frac{K}{\gamma_w}$$

(3) 쌍곡선법(실내시험) : *Rectangular Hyperbola Method*

쌍곡선법은 사용하기 매우 간단하며 보통 $U = 60 \sim 90\%$에 잘 맞는다.

① 압밀시험 결과로부터 시료의 변형(ΔH)과 시간(t)을 구하여 그래프를 작도한다.

② 직선구간 bc 를 식별하여 점 d 까지 선을 그어 D 의 크기를 구한다.

③ 선 bc의 경사도 m을 결정한다.

④ C_v는 다음 식으로 산정한다.

$$C_v = \frac{0.3m \cdot H_{dr}^2}{D}$$

여기서,

H_{dr}^2 : 압밀 동안의 평균 최장 배수거리

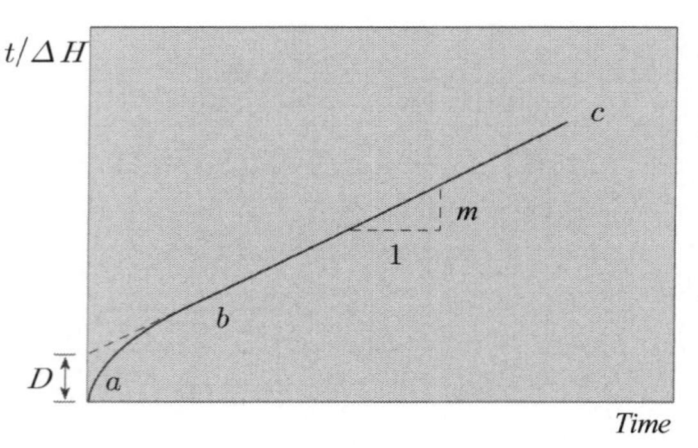

쌍곡선 방법을 통한 C_v 산정

(4) 콘 관입시험 이용 : 수평방향 압밀계수

$$C_h = \frac{T_h \cdot R^2}{t}$$

여기서, R : *Piezocone* 반경 T_h : 압밀도 50%일 때의 시간계수

(5) 기타 : *Dilatometer Test. Roew－cell* 압밀시험

3. 실내시험으로 인한 압밀계수의 신뢰성 문제

실내시험 압밀계수가 현장에서의 실제 압밀계수보다 작게 평가되는 이유는 다음과 같다.

(1) 채취 시 시료의 교란으로 인해 실내시험 C_v 값 작게 평가
→ 압밀시간이 큰 것으로 평가

(2) 층상지반의 경우 수평방향 투수계수가 실내시험보다 실제로 큼

(3) *Sand seam* 등 지반 내 대표성의 문제

(4) 실내시험 : 1차원 압밀 ≠ 현장 : 2차원, 3차원 압밀

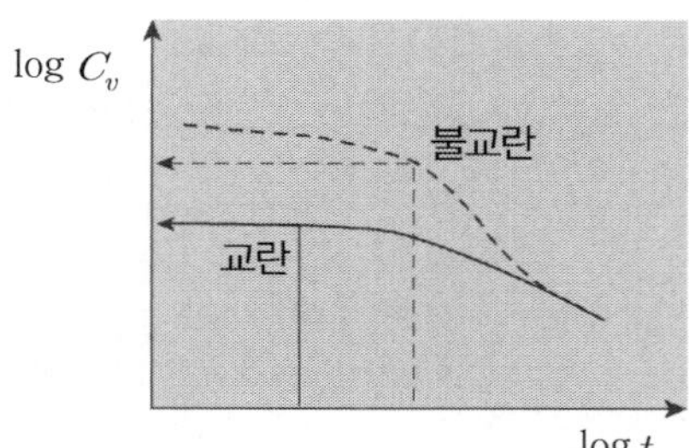

4. 대 책

(1) $\log t$와 $\sqrt{t}$에서 얻은 압밀계수의 평균값을 사용

(2) P_c 값 이상 하중에서의 C_v값 사용－지반공학회

(3) $P_o + \frac{\Delta P}{2}$의 C_v값 사용

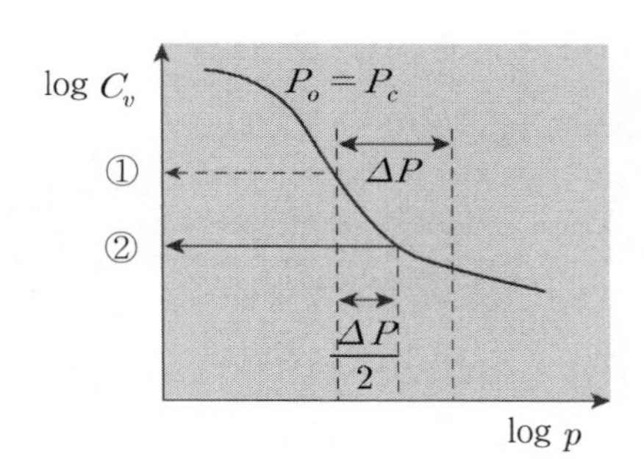

(4) 지층별 평균 압밀계수 사용

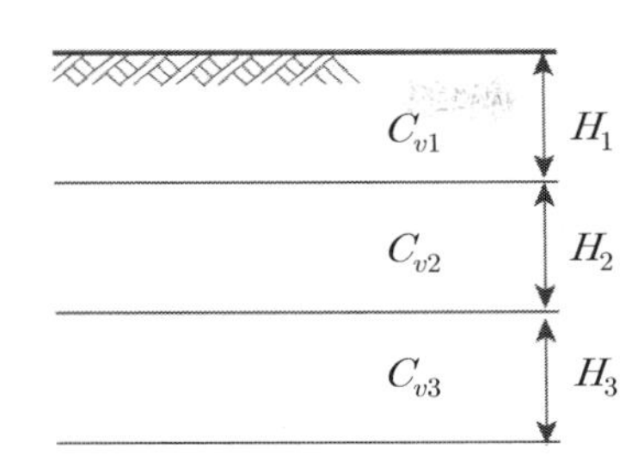

$$H' = H_1\sqrt{\frac{C_v}{C_{v1}}} + H_2\sqrt{\frac{C_v}{C_{v2}}} + \cdots\cdots + H_n\sqrt{\frac{C_v}{C_{vn}}}$$

여기서, H' : 압밀층 환산두께 C_v : 평균 압밀계수

(5) 시료교란 최소화 대책 강구

(6) 설계단계에서는 다소 안전측 사용하되 계측을 통한 역해석 검토에 대한 적정 설계비용 반영

5. 활 용

(1) 압밀침하 소요시간 산정

$$t = \frac{T_v \cdot D^2}{C_v}$$

(2) 투수계수 산출 : $K = C_v \cdot m_v \cdot r_w$

(3) 다층지반 환산두께 산정

참고자료

압밀시험에서 얻어지는 시간-침하곡선에 압밀이론을 적용하여 각 재하단계마다 구해지는 값은 투수성과 압축성을 동시에 내포하면서 압밀속도를 지배하는 토질상수의 역할을 하는데, 압밀하중의 증가 시 C_v 값은 감소하지만 넓은 범위에서 일정한 값을 갖게 된다.
그러나 실제 압밀시험에서 얻어지는 값은 선행압밀하중을 기준으로 하여 크게 변하는데, C_v가 작은 과압밀영역에서는 크고 정규압밀영역에서는 작게 나타난다. 하지만 각각의 범위에서는 그다지 큰 변동이 없으므로 정규압밀과 과압밀로 구분할 경우 C_v를 일정하다고 가정한 압밀이론의 적용이 허용되는 것이다.

많은 학자들이 압밀계수를 결정하기 위하여 여러 방법들을 제시하고 있다. 그러나 대부분의 경우 실험에 의해서 결정되며 실험에 의해 구해진 압밀계수 값은 하중단계와 결정방법에 따라 서로 다른 값을 보이고 있다. 따라서 현장 조건에 적합한 압밀계수를 결정하는 데 많은 어려움이 있는 것이 현실이다.

13 선행압밀하중 결정법

1. 정 의

압밀곡선은 과거에 받았던 압력을 다시 받을 때 에 곡선의 경사가 완만하나 그 이상의 하중을 받게 되면 경사가 갑자기 가파르게 된다. 이와 같은 압밀곡선의 변화는 흙의 응력경력에 의한 것이며 경사변화의 경계가 되는 압력, 즉 지반 중에 과거에 받았던 최대의 하중을 선행압밀하중이라 한다.

✓ 압밀곡선에서 압밀압력의 증가에 따라 탄성에서 소성으로 항복되는 한계압력이다.

2. 과압밀 발생원인 = 선행압밀하중의 발생원인

(1) 전응력의 변화

① 토피하중의 제거(굴착)

② 구조물의 제거

③ 빙하의 이동

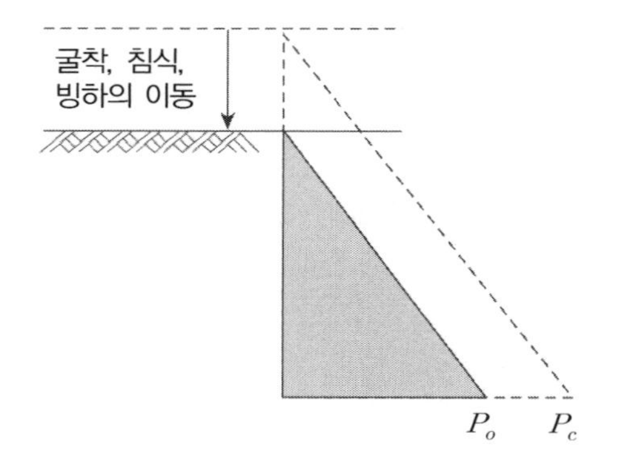

(2) 간극수압의 변화

① 피압 ② 지하수위 저하

③ 건조에 의한 증발산

④ 식물에 의한 증발산

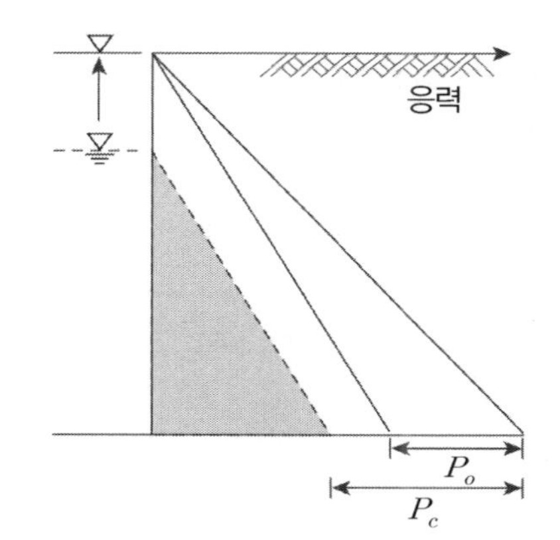

(3) 환경변화 및 기타원인

① 2차 압밀

② 화학적 원인에 의한 지반변화 등

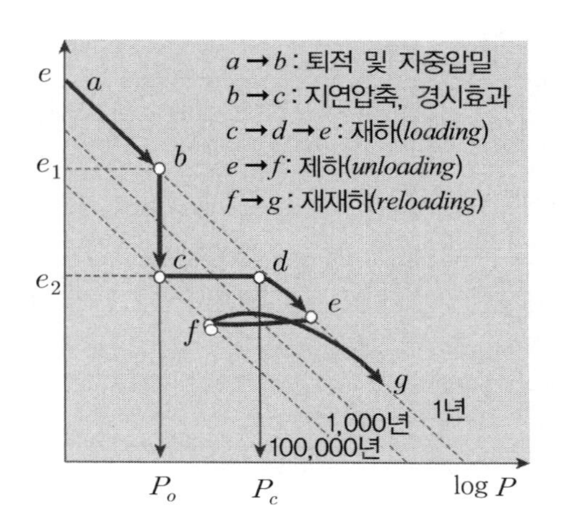

3. 선행압밀하중 결정법

(1) *Cassagrand* 법

① 압밀시험에서 작도된 $\log p - e$ 곡선에서 최대 곡률반경인 점 O를 정한다.

② 점 O에서 수평선 A를 긋는다.

③ 점 O에서 접선 B를 긋는다.

④ 선분 A와 B로부터 이등분선 C를 긋는다.

⑤ 처녀압밀곡선의 연장선을 그린다.

⑥ 교점에서 수선을 내려 $\log P$축과 만나는 교점이 선행압밀하중 P_c이다.

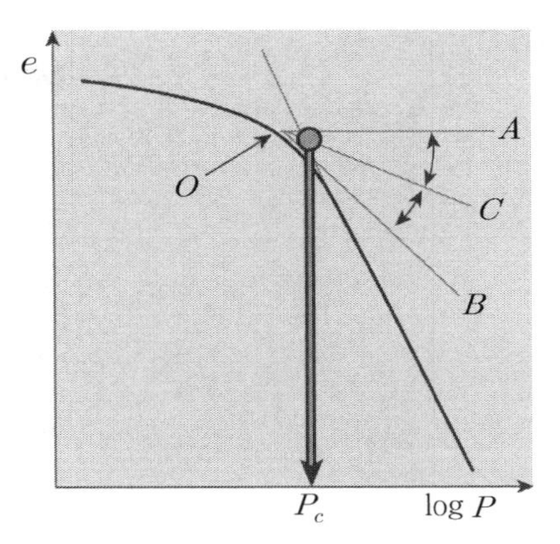

(2) *janbu* 방법

① $D = \dfrac{\varepsilon}{\Delta P}$

② 그림에서 P_c 구함

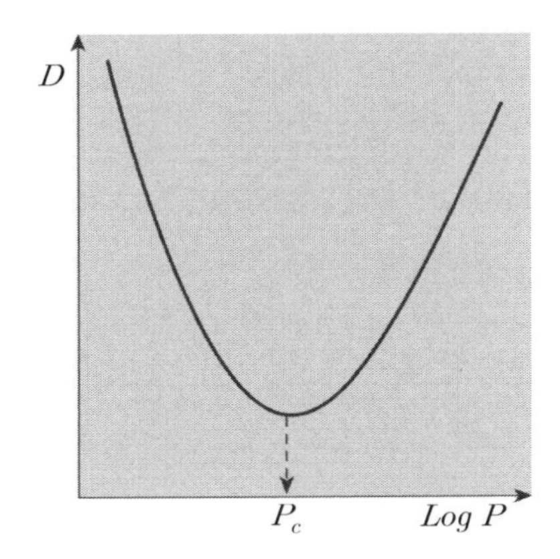

(3) *Jose* 방법

① 양대수 용지에서 실측곡선 그림

② 절곡점을 구하여 P_c 구함

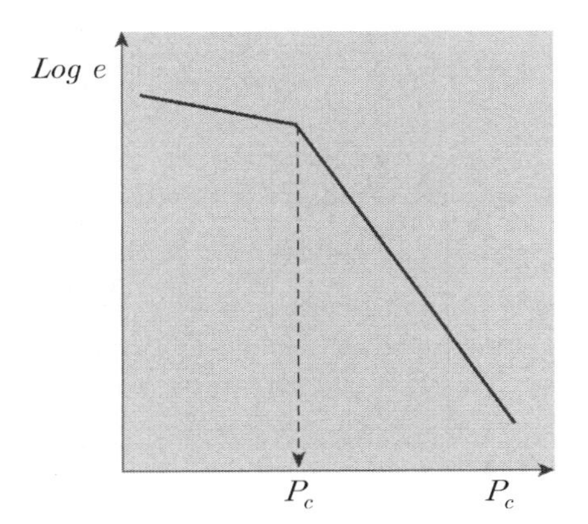

(4) *Morin* 방법

① 성토하중에 의한 Δu 작성

② OC가 NC보다 Δu 만큼 작게 발생한다는 개념

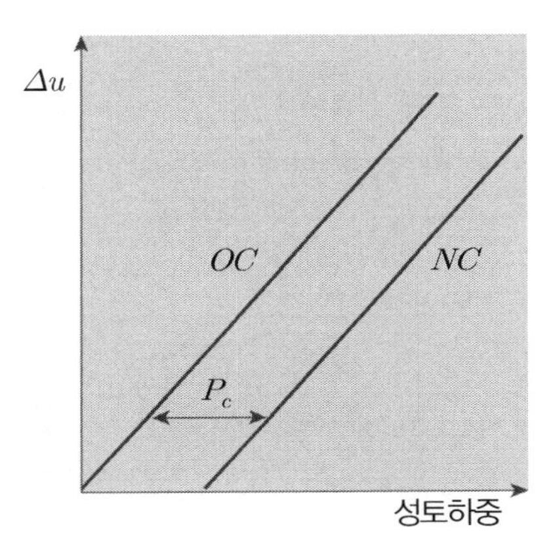

4. $e-log\ P$ 곡선에서 선행압밀하중의 수정

(1) 시료교란으로 인한 영향

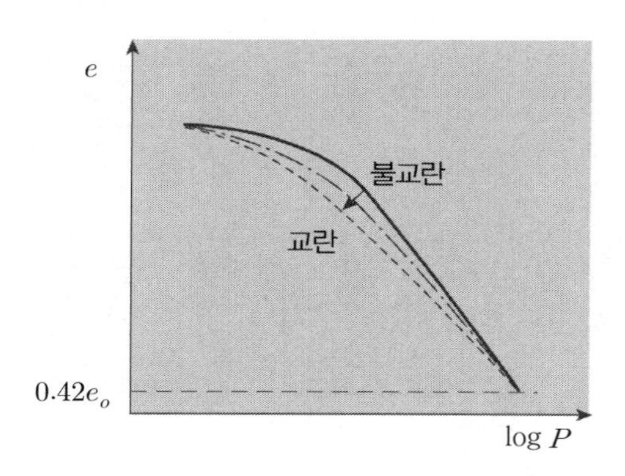

시료교란에 따른 $e-\log P$ 곡선의 영향

교란이 큰 경우
① $e-\log P$ 곡선이 좌측으로 그려짐
② 과압밀구간은 기울기 증가
③ 정규압밀구간은 기울기 완만
→ 압축지수가 작아짐
④ 선행압밀하중이 작게 구해짐

(2) $e-\log P$ 곡선의 수정(*Schmertmann* 방법, 1953)

① 정규압밀점토의 경우

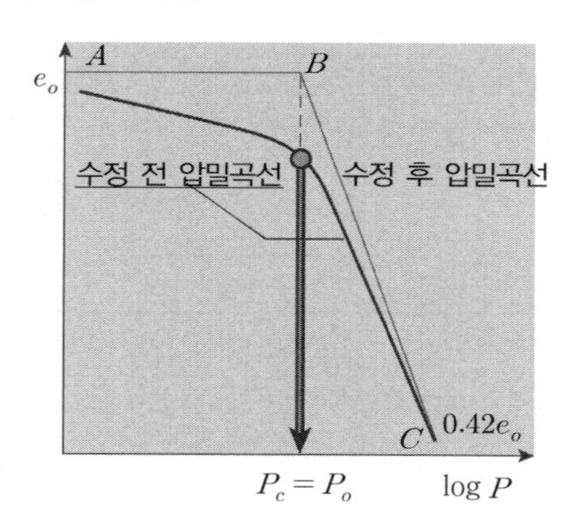

㉠ 초기의 유효응력 P_o에 해당하는 초기 간극비 e_o를 구하고 수평선을 긋는다.

㉡ 선행압밀하중에서 수직선을 그어 만나는 교점 B를 구한다.

㉢ 실험실과 현장의 압밀곡선은 경험상 $0.42e_o$ 점에서 일치되므로 점 C를 정한다.

㉣ 점 B 와 C 를 직선으로 연결하면 현장상태의 처녀압밀곡선이 된다.

② 과압밀점토의 경우

㉠ 초기 간극비 e_o를 구하고 수평선을 긋는다.

㉡ 유효상재하중 P_o와 만나는 점 D를 구하고

㉢ *Casagrande* 방법으로 선행압밀하중 P_c를 구하여 수직선을 긋는다.

㉣ 점 D로부터 재압축시험한 기울기인 C_r과 같은 기울기로 평행하게 그어서 만나는 점 B와의 교점을 구한다.

㉤ $0.42e_o$가 되는 점 C와 B를 직선으로 연결하면 DBC는 현장상태의 처녀압밀곡선이 된다.

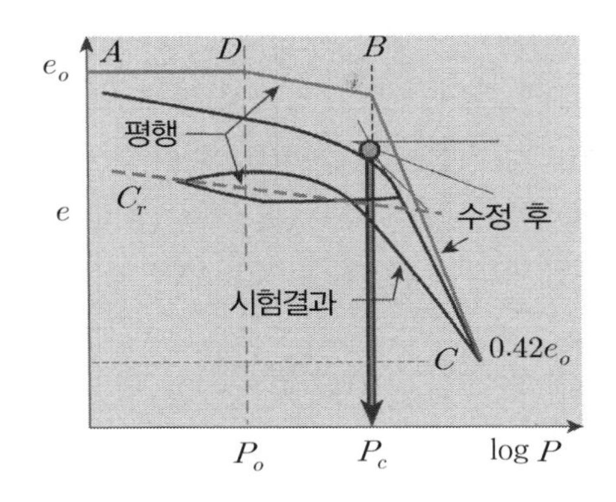

5. 결과의 이용

(1) 선행압밀 하중에 따라 현재 지반에 가해지는 하중에 따른 침하량 결정

① 정규압밀점토의 침하량

$$\therefore \Delta H = S\frac{C_c}{1+e_c}H\log\frac{P_o+\Delta P}{P_o}$$

② 과압밀점토의 침하량

㉠ $\boldsymbol{P_o + \Delta p \le P_c}$

$$S = \frac{C_r}{1+e_o}H\log\frac{P_o+\Delta P}{P_o}$$

㉡ $\boldsymbol{P_o + \Delta p > P_c}$

$$S = \frac{C_r}{1+e_o}H\log\frac{P_c}{P_o} + \frac{C_c}{1+e_o}H\log\frac{P_o+\Delta P}{P_c}$$

(2) 강도증가율 : 선행압밀하중 이상 하중 재하 시 강도 증진

① 기본 공식 : $C = C_o + \alpha \Delta PU$에서 선행압밀하중 이하로 재하 시 강도 증진 없음

② 선행압밀하중 이상 재하 시 : $P_o + \Delta P > P_c$ → $\Delta P = P_o + \Delta P - P_c$

14 K_o 압밀 및 측방변위 고려한 침하량

1. 정 의

(1) 반무한한 넓이의 하중을 지표면에 가하면 흙의 압축은 1차원적으로 연직변위만 발생하고 수평 변위는 없는 정지상태를 유지한다.

(2) 따라서 시험실에서 측방변위만 구속하고 연직 방향의 변위만 허용하면서 배수는 자유인 조건에서 압밀하는 것을 K_o −*consolidation* 혹은 1차원 압밀 상태 시험 혹은 정지상태 압밀시험이라고 한다.

(3) 즉, K_o −*consolidation*은 압밀시험과 비등방 삼축압축시험에서 현장조건을 재현하기 위해 사용된다.

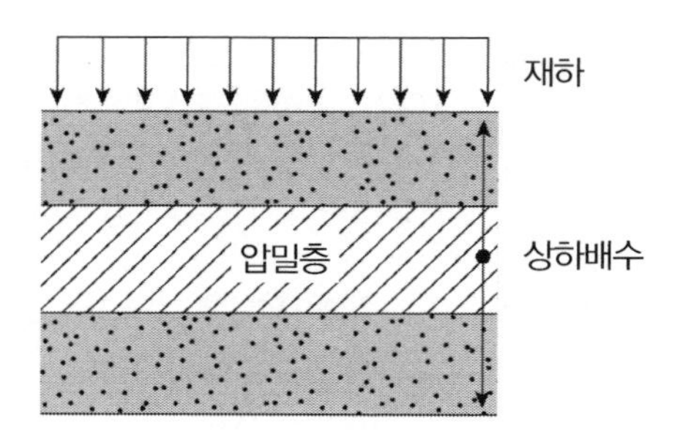

2. 시험법

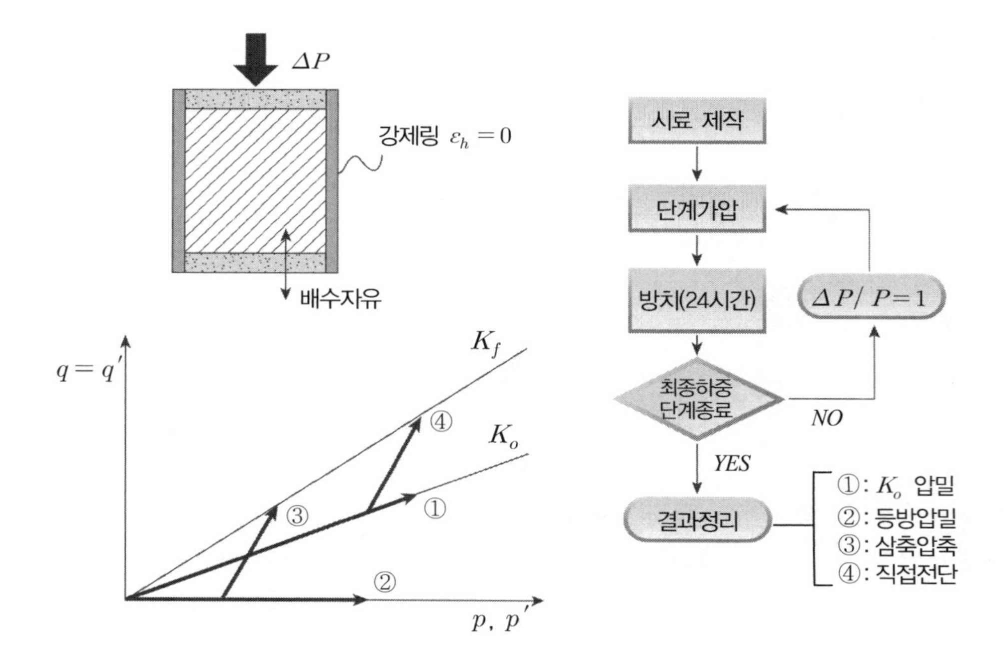

3. 시험의 문제점

(1) 간극수압 측정 곤란

(2) 수평방향 배수 불가 → 실제로는 수평방향 배수 발생

(3) 측방구속(변위 없음) → 실제로는 측방방향 변위 발생

(4) 단계가압만 가능 → 실제 완속시공

(5) 가압판 강성 → 실제는 요성(연성기초)

4. 대 책

측방변위 발생 고려 보정 침하량(*Skempton* − *Bjerrum*)

✓ 필요성 : 실제 현장은 무한등분포 하중이 아닌 부분재하인 경우 수평변위 발생하므로 보정이 필요하다.

(1) 간극수압 계수(A) 고려한 침하량 S_c

① 하중 중심 아래 임의위치에서의 간극수압의 증가량

$$\Delta u = B[\Delta\sigma_3 + A(\Delta\sigma_1 - \Delta\sigma_3)]$$

② 초기 재하 시 $\Delta u = \Delta\sigma_1$ 이고 포화($B = 1$)이며

간극수압계수 $A = \Delta u / \Delta\sigma_1$

$\Delta u = B(\Delta\sigma_3 + A(\Delta\sigma_1 - \Delta\sigma_3)) = \Delta\sigma_3 + A(\Delta\sigma_1 - \Delta\sigma_3)$

$\dfrac{\Delta u}{\Delta\sigma_1} = \dfrac{\Delta\sigma_3}{\Delta\sigma_1} + A - A\dfrac{\Delta\sigma_3}{\Delta\sigma_1}$

$$\Delta u = \Delta\sigma_1\left(A + \frac{\Delta\sigma_3}{\Delta\sigma_1}(1 - A)\right)$$

③ 침하량

$S_c = M_v \cdot \Delta P \cdot H$에서 $\Delta P = \Delta u$ 이므로

$$S_c = M_v \cdot \Delta\sigma_1\left(A + \frac{\Delta\sigma_3}{\Delta\sigma_1}(1 - A)\right)H$$

(2) K_o 압밀시험기에 의한 침하량 : *Oedometer* 침하량

$Soed = M_v \cdot \Delta P \cdot H = M_v \cdot \Delta\sigma_1 \cdot H$

(3) 간극수압계수와 침하비를 활용한 3차원 압밀침하량 산정(경험식)

$S_c = K \cdot Soed$

여기서, K : 침하비

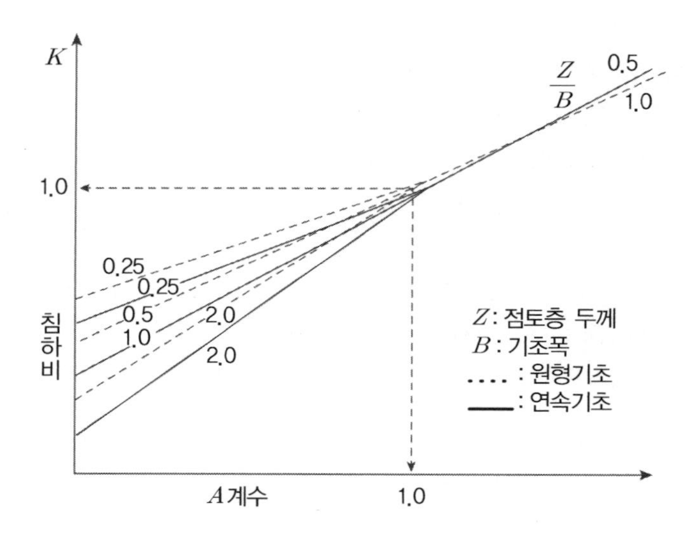

구조물의 종류별 압밀침하 시 A계수와 침하비 관계

(4) 과압밀된 점토지반 상부에 설치된 기초에 대한 3차원 압밀침하량 : 과압밀비를 고려한 경험적 침하비 제시(*Leonards*, 1976)

5. 평 가

(1) 보정계수 K와 간극수압계수 A에 따라 부분재하조건에서의 압밀침하량을 구할 수 있다.

(2) 이론적으로 타당하나 심도에 따라 변화되는 수평토압과 간극수압계수의 평가가 사실상 어려우므로 직접적인 적용면에서 실용적이지 못하다.

(3) 본 방법은 이론을 현장에 적용하기 위한 시도 면에서 의의가 크며 *Rowe－cell* 압밀시험과 병행하여 보강된 이론(*Lambe*의 응력경로에 의한 압밀침하량 계산 등)을 접목시킨다면 더 정확한 침하량 산정이 가능하리라 사료된다.

15 심도별 압밀 상태 예시

1. 정규압밀 상태 : $P_o = P_c \quad OCR = \dfrac{P_c}{P_o} = 1$

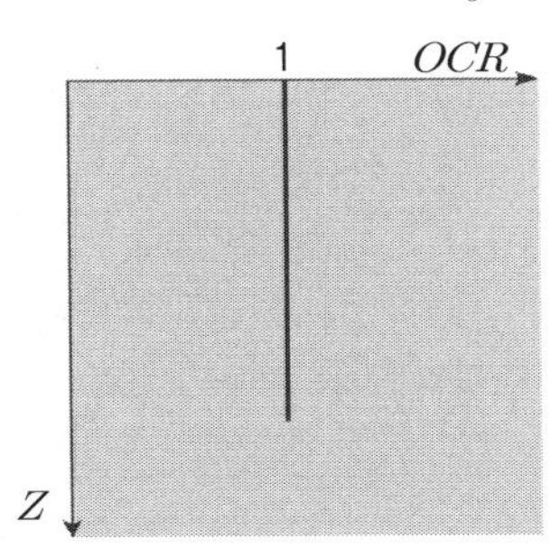

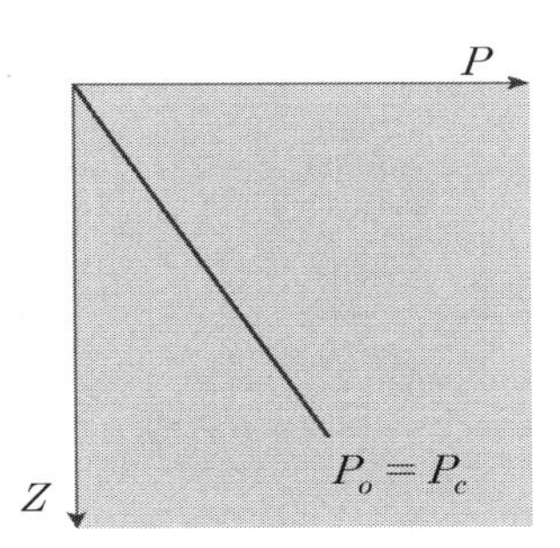

2. 상부 과압밀 상태 : $P_o < P_c \quad OCR = \dfrac{P_c}{P_o} > 1$

하부 정규압밀 상태 : $P_o = P_c \quad OCR = \dfrac{P_c}{P_o} = 1$

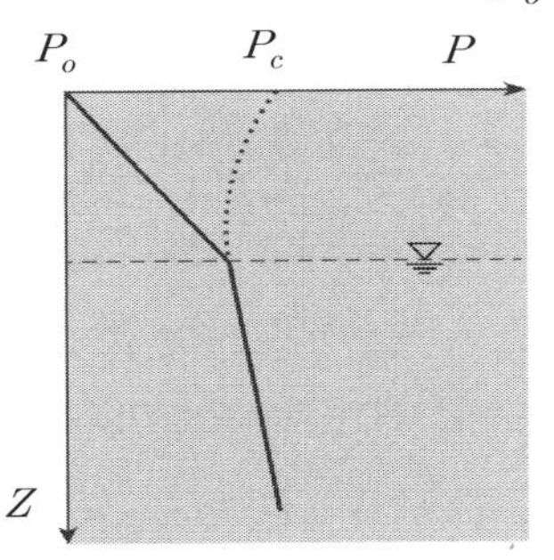

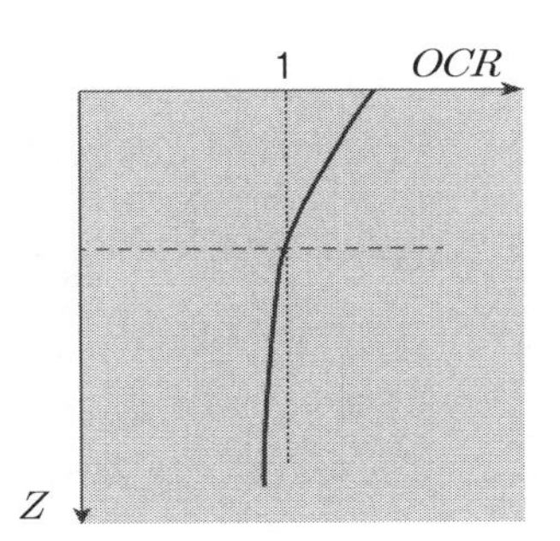

상부와 하부로 나눠진 지반에서 상부의 경우 과거에 지하수위가 지표까지 상승한 후 건조에 의해 말라버린 지반으로 현재의 유효응력은 다시 지하수위가 상승된 상태로 과압밀 상태이다.

3. 과압밀 상태 : $P_o < P_c \quad OCR = \dfrac{P_c}{P_o} > 1$

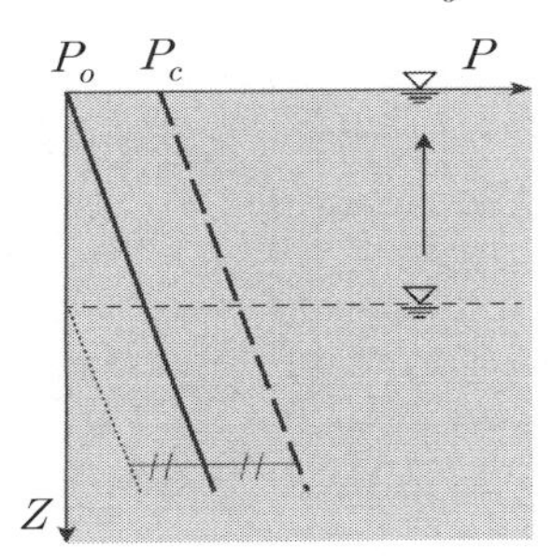

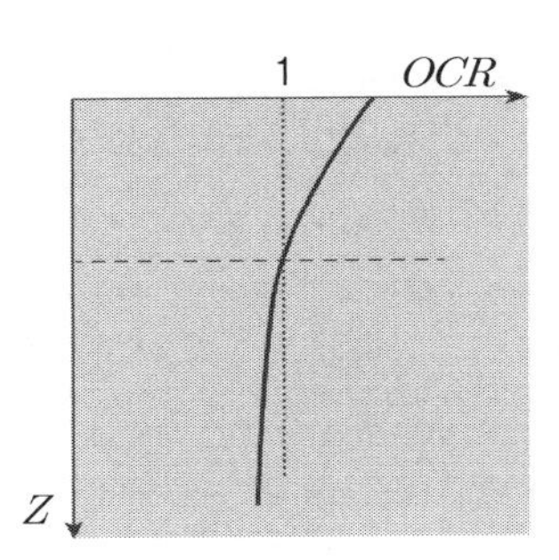

전형적인 과압밀 상태 : 지하수위 하강 후 상승 또는 침식으로 인한 과압밀 상태이다.

4. 상하부 정규압밀 상태 : $P_o = P_c \quad OCR = \dfrac{P_c}{P_o} = 1$

중간부 과소압밀 상태 : $P_o > P_c \quad OCR = \dfrac{P_c}{P_o} < 1$

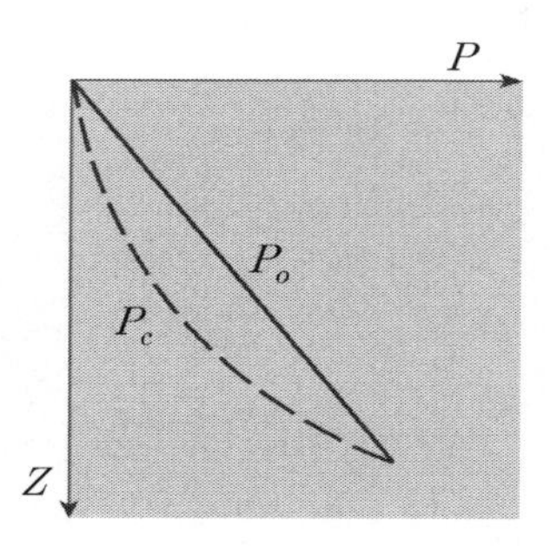

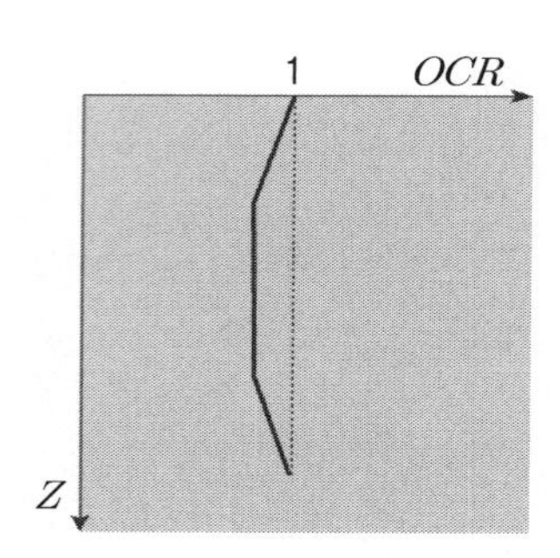

✓ 조건 : 상하부 자유배수 상태

5. 경시점토 : 과압밀 상태 : $P_o < P_c \quad OCR = \dfrac{P_c}{P_o} > 1$

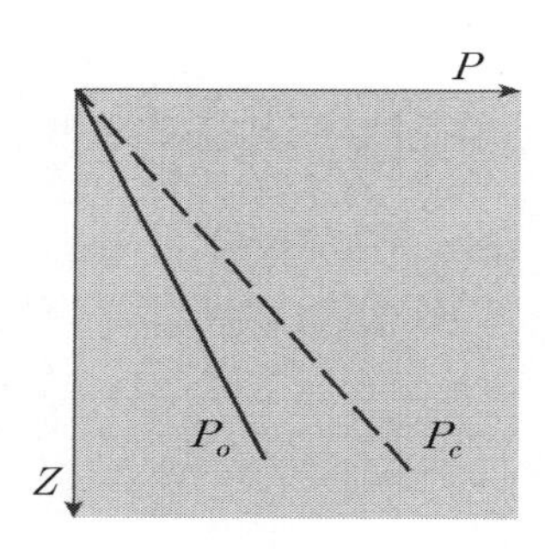

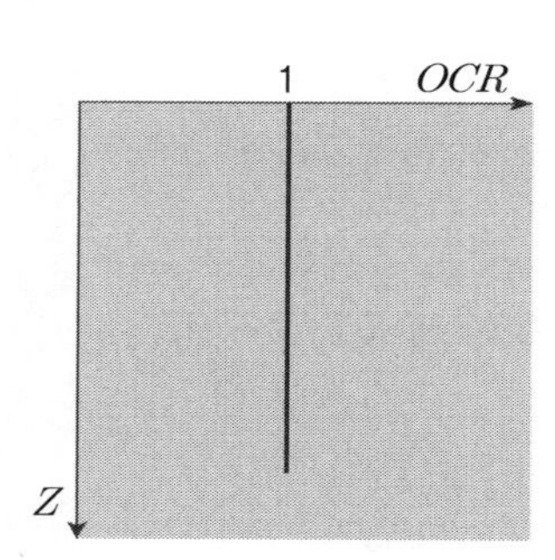

6. 화학적 결합 : 과압밀 상태 : $P_o < P_c \quad OCR = \dfrac{P_c}{P_o} > 1$

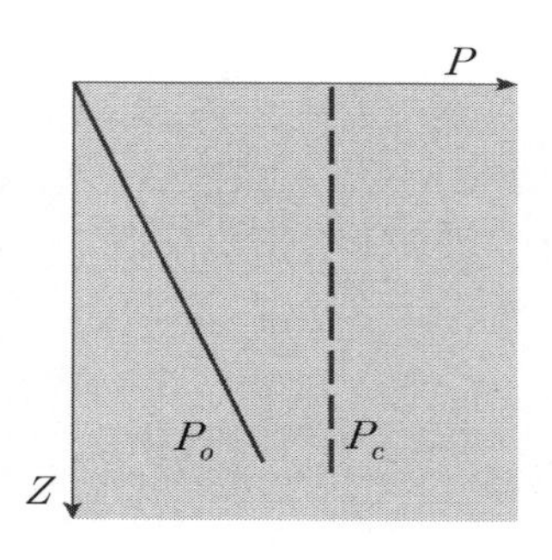

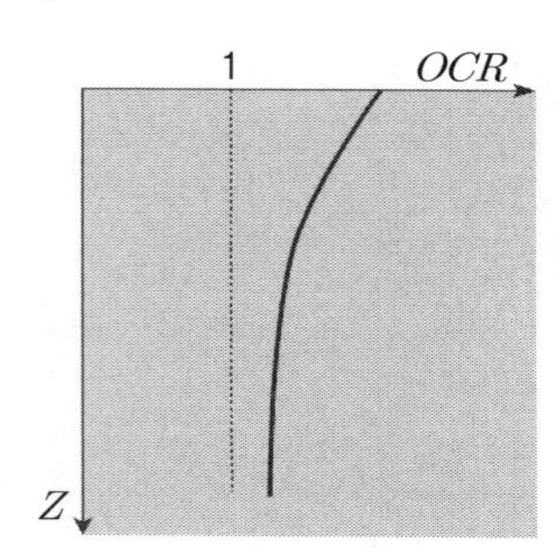

16 K_o – 압밀과 3차원 압밀

1. 개 요

(1) 반무한한 넓이의 하중을 지표면에 가하면 흙의 압축은 1차원적으로 연직변위만 발생하고 수평변위는 없는 정지상태를 유지한다.

(2) 따라서 시험실에서 측방변위만 구속하고 연직향의 변위만 허용하면서 배수는 자유인 조건에서 압밀하는 것을 K_o – *consolidation* 혹은 1차원 압밀 상태 시험 혹은 정지 상태 압밀시험이라고 한다.

(3) 3차원 압밀이란 제방, 유류탱크와 같은 하중이 작용하면 임의 지점 흙 요소는 측방 변위가 발생하며, 이때는 현장응력 체계를 고려한 침하량 산정이 필요하다.

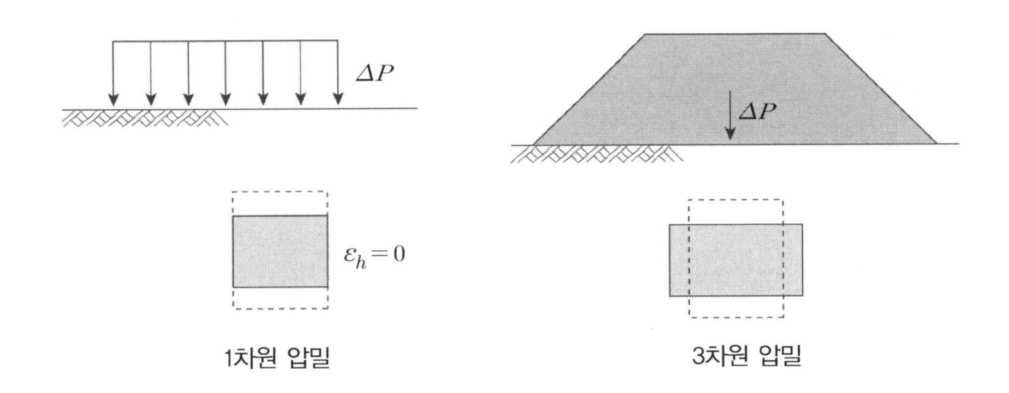

2. *Terzaghi*의 1차원 압밀가정과 실제

이 론	실 제
(1) 압축토층은 횡적변위가 구속되어 있다.	(1) 압축토층은 2~3차원 변위가 발생한다.
(2) 흙 속 물 흐름은 *Darcy*의 법칙에 따른다.	(2) 유속이 빨라 난류가 발생할 수 있다.
(3) 투수계수는 일정하다. $K = C_v \cdot m_v \cdot \gamma_w$	(3) 투수계수는 압밀과정에서 변화한다.
(4) 흙 입자와 물의 압축성은 무시한다.	(4) 흙 입자와 물은 일부 압축이 발생한다.
(5) 흙은 균질하고 완전 포화되어 있다.	(4) 불균질한 지반 존재, 불포화토가 존재한다.
(6) 2차 압밀은 무시한다.	(6) 2차 압밀이 발생한다.

3. 압밀침하량 비교

구 분	1차원	3차원
응력상태	ΔP, $\varepsilon_h = 0$	$\Delta\sigma_1$, $\Delta\sigma_3$
간극수압	$\Delta P = \Delta u$	$\Delta u = B[\Delta\sigma_3 + A(\Delta\sigma_1 - \Delta\sigma_3)]$
침하량	$S_{oed} = M_v \cdot \Delta P \cdot H$	$S = M_v \cdot \Delta u \cdot H$

4. 압밀침하량의 보정

(1) 측방변위 발생 고려 보정(*Skempton − Bjerrum*)

① 간극수압계수(A)를 고려한 침하량 S_c

㉠ 하중 중심 아래 임의위치에서의 간극수압의 증가량

$$\Delta u = B[\Delta\sigma_3 + A(\Delta\sigma_1 - \Delta\sigma_3)]$$

㉡ 초기 재하 시 $\Delta u = \Delta\sigma_1$ 이고 포화($B = 1$)이며 간극수압계수 $A = \Delta u / \Delta\sigma_1$

$$\Delta u = B[\Delta\sigma_3 + A(\Delta\sigma_1 - \Delta\sigma_3)] = \Delta\sigma_3 + (\Delta\sigma_1 - \Delta\sigma_3)$$

$$\frac{\Delta u}{\Delta\sigma_1} = \frac{\Delta\sigma_3}{\Delta\sigma_1} + A - A\,\frac{\Delta\sigma_3}{\Delta\sigma_1}$$

$$\Delta u = \Delta\sigma_1\left(A + \frac{\Delta\sigma_3}{\Delta\sigma_1}(1 - A)\right)$$

㉢ 침하량

$S_c = M_v \cdot \Delta P \cdot H$에서 $\Delta P = \Delta u$이므로

$$S_c = M_v \cdot \Delta\sigma_1\left(A + \frac{\Delta\sigma_3}{\Delta\sigma_1}(1 - A)\right)H$$

② K_o 압밀시험기에 의한 침하량 : *Oedometer* 침하량

$$S_{oed} = M_v \cdot \Delta P \cdot H = M_v \cdot \Delta\sigma_1 \cdot H$$

③ 간극수압계수와 침하비를 활용한 3차원 압밀침하량 산정(경험식)

$S_c = K \cdot S_{oed}$ 여기서, K : 침하비(보정계수)

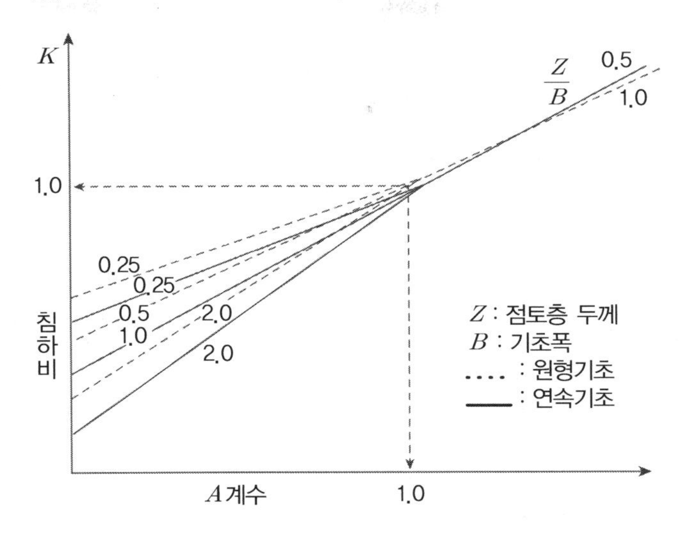

구조물의 종류별 압밀침하 시 A계수와 침하비 관계

④ 과압밀된 점토지반 상부에 설치된 기초에 대한 3차원 압밀침하량 : 과압밀비를 고려한 경험적 침하비 제시(*Leonards*, 1976)

(2) 1차원 3차원 압밀 개념의 문제점

구 분	1차원	3차원
문제점	① **실제변위** : 2축, 3축 ② **간극수압** : $\Delta u \neq \Delta P$	① M_v **일정 → 실제 압밀과정 변화** ② **간극수압 계수 평가 곤란**

5. 평 가

(1) 보정계수 K와 간극수압계수 A에 따라 부분재하조건에서의 압밀침하량을 구할 수 있다.

(2) 이론적으로 타당하나 심도에 따라 변화되는 수평토압과 간극수압계수의 평가가 사실상 어려우므로 직접적인 적용면에서 실용적이지 못하다.

(3) 본 방법은 이론을 현장에 적용하기 위한 시도면에서 의의가 크며 *Rowe－cell* 압밀시험과 병행하여 보강된 이론을 접목시킨다면 좀 더 정확한 침하량 산정이 가능하리라 사료된다.

17 시간계수

1. 정 의

과잉간극수압의 소산정도, 즉 압밀도와 관계하는 계수로서 다음과 같다.

$$T_v = \frac{C_v \cdot t}{D^2}$$

T_v : 시간계수(무차원) C_v : 압밀계수(압밀시험)

t : 압밀소요시간 D : 배수길이(양면 $H/2$, 일면 H)

2. 공 식

(1) 시간계수와 압밀도와의 관계공식

① 압밀의 초기조건과 경계조건에 따른 미분방정식에 대입한 어느 깊이에서의 압밀도에 대한 시간계수와의 함수는 다음과 같다.

$$U_z = 1 - \sum_{m=0}^{m=\infty} \frac{2}{M} \sin\left(\frac{M \cdot z}{H}\right) e^{-M^2 T_v}$$

② 위 공식에 대한 관계도

초기 간극수압이 점토층의 깊이에 따라 일정한 경우이다.

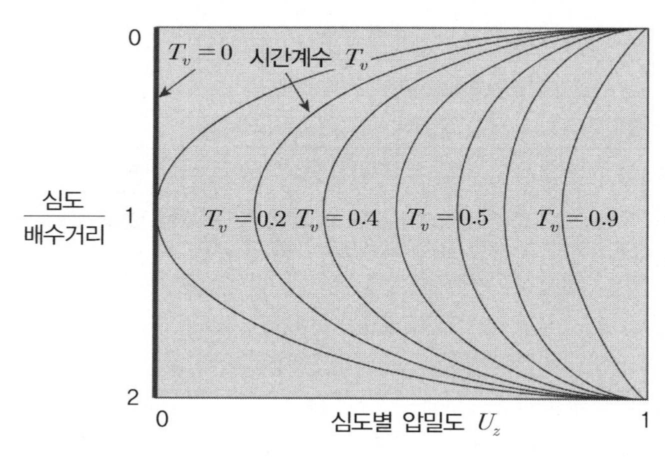

구하고자 하는 심도에서의 과잉간극수압을 측정하여 압밀도를 구하면 시간계수를 구할 수 있다.

압밀도와 시간계수의 관계

(2) 평균압밀도와 시간계수와의 관계(*Average degree of consolidation, U*)

① 적분방정식을 통한 평균압밀도 산정

$$\overline{U} = 1 - \frac{\int_0^{2H} u_e \, d_z}{\int_0^{2H} u_i \, d_z} \rightarrow \overline{U} = 1 - \sum_{m=0}^{m=\infty} \frac{2}{M^2} e^{-M^2 T_v}$$

② 평균압밀도와 시간계수와의 관계(근사식)

$$0 < \overline{U} \le 60\% : T_v = \frac{\pi}{4}\left(\frac{\overline{U}}{100}\right)^2$$

$$60 < \overline{U} < 100\% : T_v = 1.781 - 0.933(100 - \overline{U}(\%))$$

③ 위 공식에 대한 관계도

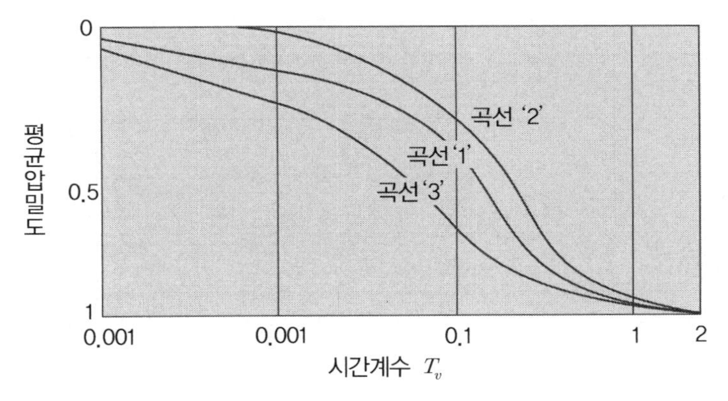

평균압밀도－시간계수 곡선

✓ 위 곡선 '1'은 다음 식과 같다. $\overline{U} = 1 - \sum_{m=0}^{m=\infty} \frac{2}{M^2} e^{-M^2 T_v}$

3. 이 용

(1) *Vertical drain* 간격 결정 : 압밀시간 고려 d_e 결정

$$t = \frac{T_h \cdot {d_e}^2}{C_h}$$

(2) 압밀시간 산출 : 공정관리

$$t = \frac{T_v \cdot H^2}{C_v}$$

(3) 단계성토시기 판단

① 1차 한계 성토고

$$F_s = \frac{5.7 \cdot C_u}{\gamma_t \cdot H_1} \text{에서} \quad H_1 = \frac{5.7 \cdot C_u}{\gamma_t \cdot F_s}$$

② 2차 한계 성토고

$$F_s = \frac{5.7(C_u + \Delta C)}{\gamma_t \cdot H_2} \text{에서} \quad H_2 = \frac{5.7(C_u + \Delta C)}{\gamma_t \cdot F_s}$$

여기서, $\Delta C = \alpha \Delta PU = \frac{C_u}{P'} \cdot \Delta P \cdot U$ 여기서, α : 강도증가율

③ 2단계 성토시기 판단

$t = \frac{T_v \cdot H^2}{C_v}$ 식에서 압밀도에 따른 시간계수를 산정해야 하므로 공기를 고려한 적정 압밀도를 판단하여 시간계수를 결정해야 한다.

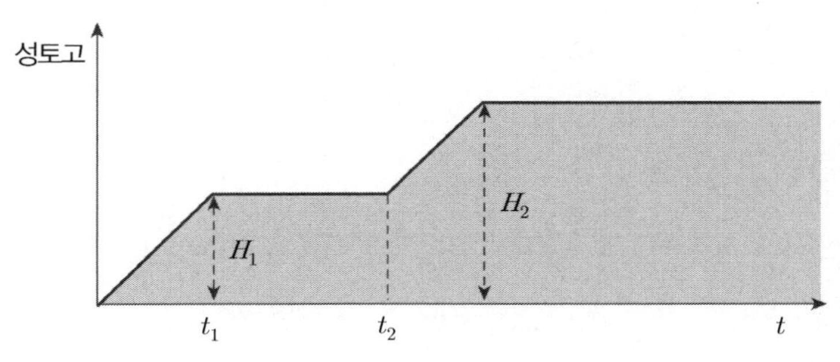

여기서 2단계 성토시기는 $(t_2 - t_1)$이다.

(4) 강도 증가량 산정(시간계수 → 압밀도 → $\Delta C = \alpha \Delta PU$)

18 Lambe의 응력경로를 고려한 압밀침하량 산정

1. 개 요

(1) 횡방향 변형 허용 여부에 따라 1차원 압밀과 3차원 압밀침하로 구별된다.

(2) 침하량 산정

① 1차원 압밀 : *Terzaghi* → 측방변위 구속

② 3차원 압밀

㉠ *Skempton* − *Bjerrum* : *Terzaghi* 압밀이론에 3차원 압밀 보정

㉡ *Lambe*의 응력경로 : 변위(ε_v)고려 3차원 해석

2. *Terzaghi* 1차원 압밀

(1) 개 념

반 무한한 넓이의 하중을 지표면에 가하면 흙의 압축은 1차원적으로 연직변위만 발생하고 수평변위는 없는 정지상태를 유지한다.

(2) 침하량

$$\Delta H = S = \frac{\Delta e}{1+e_o} H_o \leftarrow \Delta e = C_c \log \frac{P_o + \Delta P}{P_o}$$

$$\Delta H = S_{oed} = m_v \cdot \Delta P \cdot H$$

3. *Skempton* − *Bjerrum*

(1) 개 념

① *Terzaghi* 압밀이론에 3차원 압밀침하량을 적용하기 위해 고안된 것

② 즉, 3차원(3축압축시험)개념에서 구한 간극수압계수를 1차원 압밀침하량식에 대입하여 압밀침하량을 산정한다.

(2) 침하량

① 3차원 압밀침하량 $S_c = M_v \cdot \Delta P \cdot H$에서 $\Delta P = \Delta u$ 이므로

$$S_c = M_v \cdot \Delta\sigma_1 \left(A + \frac{\Delta\sigma_3}{\Delta\sigma_1}(1-A) \right) H$$

② K_o 압밀시험기에 의한 침하량 : *Oedometer* 침하량

$$S_{oed} = M_v \cdot \Delta P \cdot H = M_v \cdot \sigma_1 \cdot H$$

③ 간극수압계수와 침하비를 활용한 3차원 압밀침하량 산정(경험식)

$S_c = K \cdot S_{oed}$ 여기서, K : 침하비

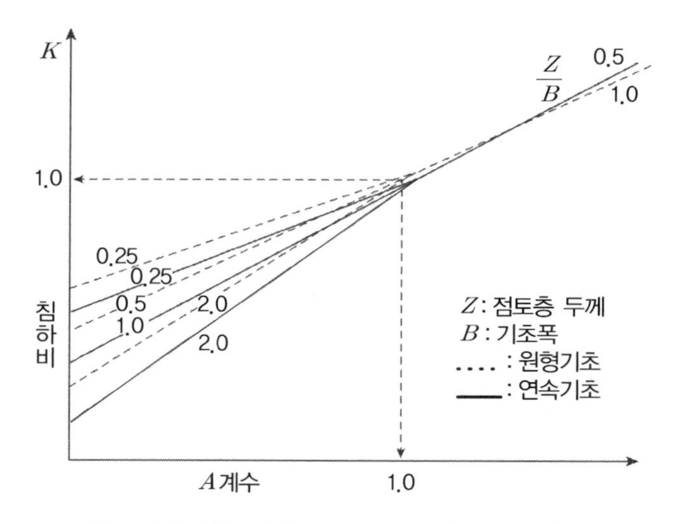

구조물의 종류별 압밀침하 시 A계수와 침하비 관계

(3) 평 가

① 침하비를 이용 3차원 압밀침하량 구함 : $S_c = K \cdot S_{oed}$

② 1차원 압밀식에 단순히 간극수압계수만을 고려한 3차원 압밀침하량 산정은 논리성 결여 → 실제 압밀진행 중 M_v, C_v 변화됨

4. *Lamb*의 응력경로

(1) 개 념

현장응력체계를 재현한 3축압축시험에서 단위두께당 연직변위(ε_v)를 구한 후 실제 현장의 압밀층 두께에 곱하여 침하량을 산정한 방법으로 3차원 압밀침하량을 구할 수 있다.

(2) 압밀침하량 산정의 기본요건

① 정규압밀점성토에 대한 비배수 조건하 유효응력경로는 기하학적으로 유사하다.

② 동일한 연직변형률(ε_v)을 연결하면 대략 원점을 지나는 직선이 된다.

③ 그림과 같이 정규압밀 점성토에 대한 응력경로 좌표상 유효응력경로에 따른 체적변형률은 모두 동일하며 다만, 연직변형률만 다르다.

④ 압밀침하량 산정을 위한 변형률비, 즉 $\dfrac{\varepsilon_v}{\varepsilon_{vol}}$ 의 결정은 등방 탄성론을 적용한다.

(3) 침하량 산정법

① 이론적 측면

응력경로법은 다양한 심도별 하중조건하의 시험을 통해 응력경로를 구해야 하나 현실적으로 어려움이 많으므로 간편법에 의해 재하면적 중심선 하부에 있는 대상지반의 시료를 이용한 시험을 통하여 압밀침하량을 결정한다.

② *Lambe*의 응력경로에 의한 압밀침하량 산정의 간편식

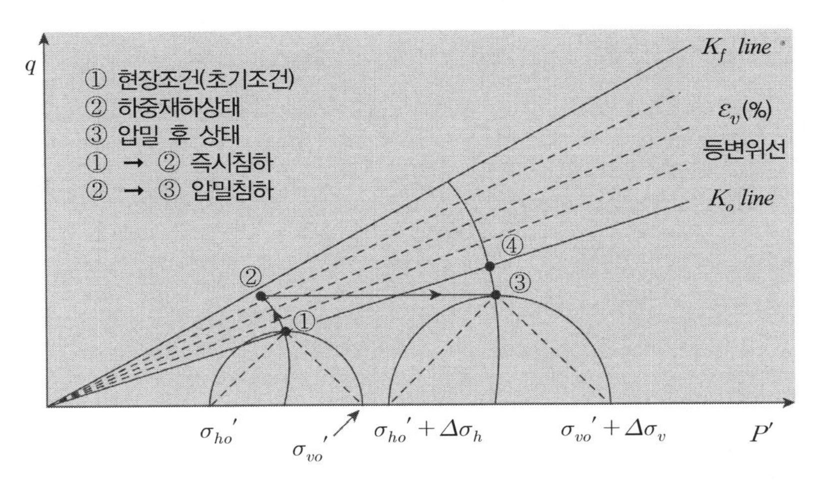

침하량 산정을 위한 응력경로(*Lambe*, 1964)

㉠ 위 그림과 같이 여러 개의 압밀 비배수 삼축압축시험을 실시하여 p', q 응력좌표상에 K_f *line*과 K_o *line*, 유효응력경로를 작도한다.

㉡ 하중단계별 연직 변형률(ε_v)이 같은 직선(등변위선)을 p', q 응력좌표상에 원점을 통과하게 작도한다.

㉢ 대략 압축층의 중앙깊이에서의 초기유효응력 σ_{vo}'와 $\sigma_{ho}' = K_o\sigma_{vo}'$ 그리고 하중 증가로 인한 $\Delta\sigma_v$와 $\Delta\sigma_h$를 산정한다.

㉣ 초기 유효응력에 해당하는 K_o 선상의 점 ①을 선정하고 유효응력경로의 기하학적 유사성을 이용하여 점 ①을 통과하는 비배수 유효응력경로 ① → ②를 추정 작도한다.

㉤ 점 ②의 결정은 $\Delta\sigma_v$와 $\Delta\sigma_h$에 의한 축차응력의 증분 $\Delta q = \dfrac{\Delta\sigma_v - \Delta\sigma_h}{2}$를 ①점에 더하여 유효응력경로상에 표시한다.

㉥ 점 ①과 ②의 연직변형률 값의 차이가 즉시침하에 해당하는 연직변형률 $\Delta\varepsilon_e$가 된다.

㉦ 점 ②에서 방치 시 압밀이 진행되며 압밀이 종료되면 $\Delta\sigma_v$와 $\Delta\sigma_h$는 유효응력으로 전환되며 p', q' 값은 다음과 같다.

$$P' = \frac{1}{2}[(\sigma_{vo}' + \Delta\sigma_v) + (\sigma_{ho}' + \Delta\sigma_h)]$$

$$q' = \frac{1}{2}[(\sigma_{vo}' + \Delta\sigma_v) + (\sigma_{ho}' + \Delta\sigma_h)]$$

ⓞ 위 식에 해당하는 점 ③을 찾고 유효응력경로의 유사성을 이용하여 점 ③을 통과하는 경로를 작도하여 K_o 선과 교차하는 교점 ④를 결정한다.

ⓩ ② → ③은 등방압밀에 해당되며 이 과정에서 발생하는 체적변형률 $\Delta\varepsilon_{vol}$은 ① → ④의 응력경로를 따라 거동하는 압밀시험을 통해 구한다.

ⓩ ② → ③의 압밀 시 발생한 체적변형률 $\Delta\varepsilon_{vol}$에 대한 연직변형률 $\Delta\varepsilon_v$의 관계인 변형도비는 다음 식과 같다.

$$\frac{\Delta\varepsilon_v}{\Delta\varepsilon_{vol}} = \frac{1 + K_o - 2K_o\Delta K'}{(1 - K_o)(1 + 2\Delta K')}$$

여기서, K_o : 정지토압계수

$\Delta K'$: 유효응력 증가비

등방탄성이론에 의하면 $\Delta K' = K_o$ 이면

$$\Delta\varepsilon_v = \frac{1}{3}\Delta\varepsilon_{vol}$$

ⓚ 전체 압밀침하량 S_c는 연직변형률 $\Delta\varepsilon_v$에 점토층의 전체두께, H를 곱하여 산정된다.

$S_\varepsilon = \Delta\varepsilon_v H$

ⓣ 전체 침하량

$$S = (\Delta\varepsilon_e + \Delta\varepsilon_v)H$$

5. 평 가

(1) 이론적으로 타당성이 있으나 시험을 위한 시간과 비용이 많이 소요된다.

(2) 삼축압축시험에 사용한 시료가 압밀층 전 두께를 대표할 수 있느냐에 대한 신뢰성 문제가 있다.

(3) 삼축전단 중에 재현할 수 있는 것은 축대칭 문제에서 대칭축상의 흙요소의 거동에 한정된다.

(4) 지반의 국부파괴와 그것에 계속되는 응력의 재분배가 발생하는 경우 공시체가 파괴되므로 연직변형률을 구하기 위한 시험 자체가 무의미해진다.

(5) *Skempton – Bjerrum*의 경우에는 정지토압계수의 적용성에 한계가 있다.

19 압밀시험에서 얻어지는 계수와 이용

1. 압밀시험 방법

(1) 공시체를 성형(직경 6*cm*, 높이 2*cm*)하여 압밀상자에 밀어 넣고 가압판을 설치 후 변형량측정장치를 세팅(*Setting*)한다.

(2) 압밀하중 0.05～12.8kgf/cm^2을 각 하중단계별로 $\Delta P / P = 1$이 되게 가한 후 24시간씩 방치하면서 다음단계 하중을 가하여 각 하중단계에서의 침하량 변화를 측정하고, 시간-침하량 곡선, 하중-간극비곡선($e - Log\ P$)을 작도하고 이를 이용하여 각종 계수를 구한다.

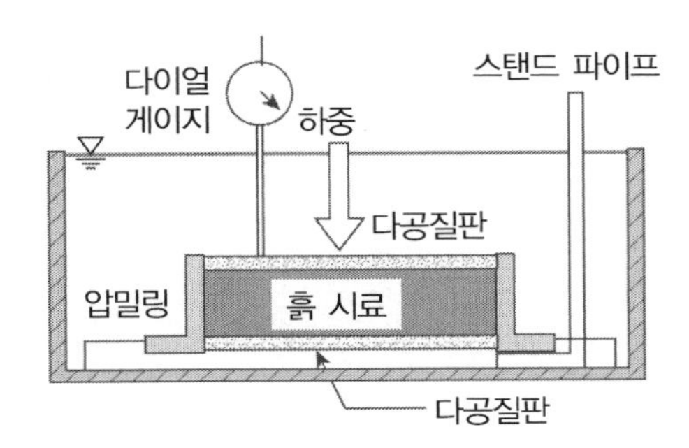

2. 결과의 정리

(1) $e - \log\ P$ 곡선

(2) $\log\ C_v - \log\ P$

(3) $\log m_v\ -\ \log P$ 곡선

3. 시험에서 얻어지는 각종 계수

(1) 압축계수 : 하중 증가에 대한 간극비 감소의 비율

(2) 체적변화계수 : 하중의 증가에 대한 시료체적의 감소비율

(3) 압축지수 : $e - \log\ P$곡선에서 처녀압축곡선의 기울기

(4) 압밀계수 : 압밀진행속도 관련 계수(① $\log t$법 ② $\sqrt{t}$ 법)

(5) 투수계수 산정

(6) 선행압밀하중 결정

(7) 1차 압밀비 결정

4. 결과의 이용

(1) 선행압밀 하중 결정
(2) 과압밀비 결정
(3) 체적압축계수 / 압축지수로부터 최종침하량 산정
(4) 압밀계수와 압밀도에 해당하는 시간계수로부터 압밀소요시간 산정
(5) 어느 시점에서의 압밀도에 해당하는 침하량 산정
(6) 투수계수의 산출
(7) 2차 압밀침하량 산정

20 예측침하량과 실측침하량의 차이와 원인

1. 침하량 산정법

(1) 예측 침하량(계산)

① 지반조사 / 물성시험 : *Sounding*(*SPT*, *CPT*)시험 → 시추 → 층두께, 층 구성, γ_d, γ_t 산정

② 압밀시험

㉠ 압축계수　　㉡ 체적변화계수　　㉢ 압축지수

㉣ 압밀계수　　㉤ 투수계수 산정　　㉥ 선행압밀하중 결정

③ 압밀침하량 계산

$$\Delta = S = \frac{H}{1+e_o}\,\Delta e = \frac{C_c}{1+e_o}\,H \log\frac{P_o+\Delta P}{P_o}$$

$$\Delta H = S_{oed} = m_v \cdot \Delta P \cdot H$$

(2) 실측 침하량 산정

① 침하판　　② 층별 침하계　　③ *Profile gage*(전단면 침하계)

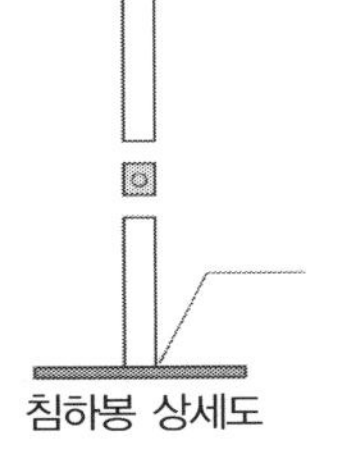

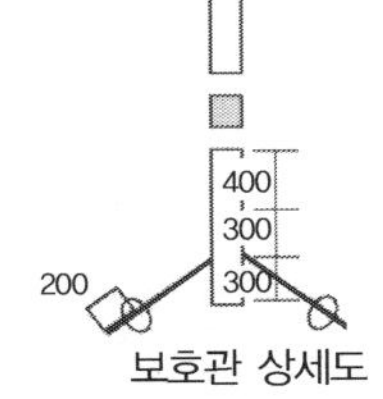

지표면 침하계 상세도

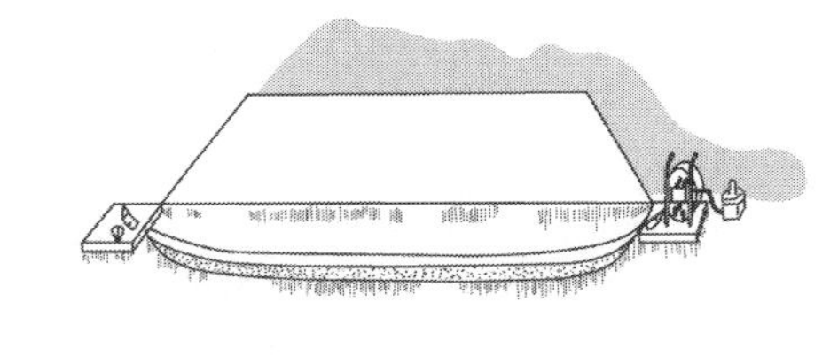

profile gage 개요도

2. 예측치가 실제 침하량보다 큰 경우

(1) 지반조사 / 물성시험 : 연약 부분만 채취 시험

(2) 압밀시험 : 과압밀점토를 정규압밀점토로 판단

① 실제 채취심도와 시험기록지의 오류로 인한 현재의 유효하중의 과소 판단

② 상부 측 건조점토를 무시

③ 지하수위 변화, 경시효과 무시

(3) *Sane seam* 과대평가

(4) 다차원 압밀조건을 1차원으로 계산

2, 3차원의 경우 $A_f < 1$이 되어 침하량이 1차원 보다 작다.

$$S_c = M_v \cdot \Delta u \cdot H = M_v \cdot \Delta\sigma_1\left(A + \frac{\Delta\sigma_3}{\Delta\sigma_1}(1-A)\right)H$$

(5) 교란영향 무시

① 과압밀 구간 : C_r 과대평가

② 정규압밀 구간 : C_c 과소평가

③ 과압밀 구간에서 예측침하량이 과대평가

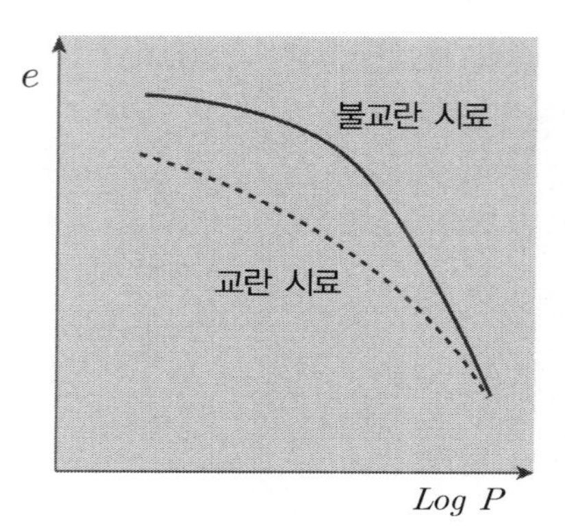

3. 실측치가 예측치보다 큰 경우

(1) 침하 무시

즉시 및 2차 압밀침하의 영향을 무시한 경우

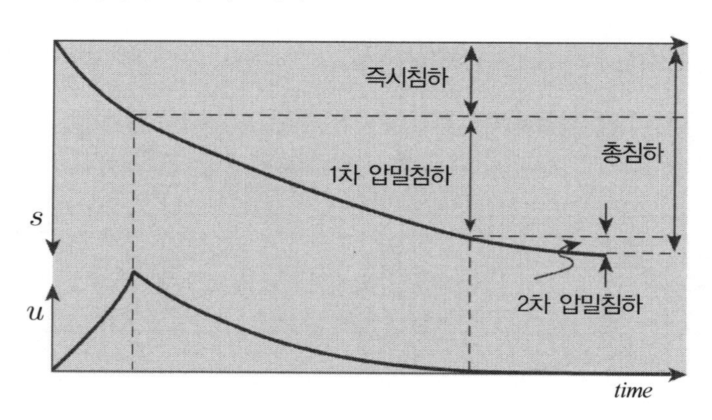

(2) 압밀층 과소평가

① 압밀하중 및 체적압축계수가 깊이에 따라 변화하기 때문에 점성토층을 몇 개의 분할토층으로 나누어 계산한다.

② 층별 압밀계수를 각각 구해서 환산 압밀층 두께를 적용해야 한다.

(3) 급속성토

급속성토 시 즉시침하량 증가(이유 : 강제치환, 측방유동 발생)

(4) 피압 무시

ex) $P_o = 10\,tonf/m^2$ $\Delta P = 10\,tonf/m^2$ $C_c = 0.5$ $e_o = 1.0$ $H = 100\,cm$

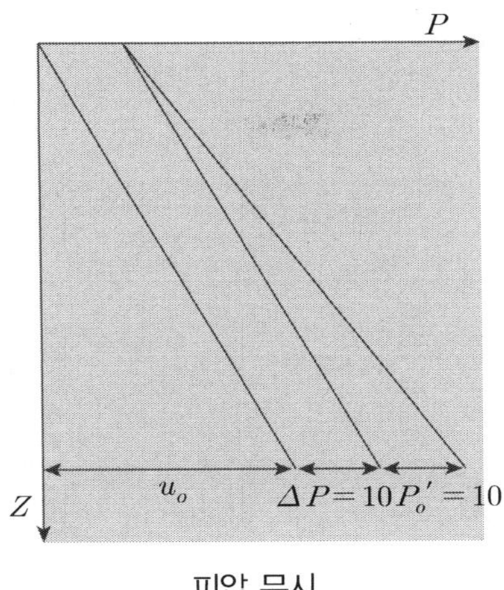

피압 무시

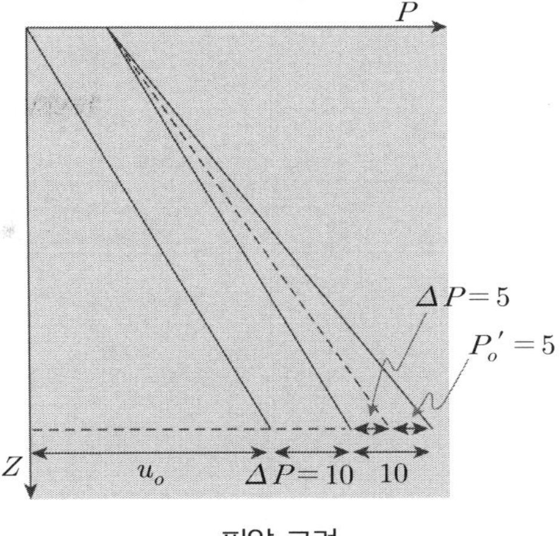

피압 고려

① 피압 무시 : $S = \dfrac{C_c}{1+e_o} H \log \dfrac{P_o + \Delta P}{P_o} = \dfrac{0.5}{1+1} 100 \log \dfrac{10+10}{10} = 7.52cm$

② 피압 고려 : $S = \dfrac{C_c}{1+e_o} H \log \dfrac{P_{o+}\Delta P}{P_o} = \dfrac{0.5}{1+1} 100 \log \dfrac{5+10}{5} = 15.05cm$

✓ 피압 시는 유효상재압이 감소하고 압밀하중의 증가는 없으므로 침하량이 증가한다.
따라서 피압을 제거하고 지반을 개량한다면 오히려 비경제적일 수 있다.

4. 평 가

(1) 침하량을 정확히 예측하기에는 지반의 변동요인이 매우 많다.
(압밀 상태(이력), 지반구조, 시험오류 등)

(2) 따라서 침하예측은 수계산과 수치해석을 병행하여 상호 검증하는 것이 매우 중요하다.

(3) 현장에서의 시공은 점증재하이므로 이에 대한 보정이 필요하다.

(4) 연직배수공법의 경우 *Smear effect*, *well* 저항, *mat resistance*, 측압 등을 고려해야 한다.

(5) 특히, 예측치와 실측치를 비교하기 위한 침하측정용 계측기기를 설치하여 역계산을 통한 침하관리에 만전을 기하여야 한다(ex : 층별 침하계, 간극수압계 등).

21 일정 변형률 압밀시험, 일정 기울기 압밀시험

1. 표준압밀시험

(1) 개 념

단계적 응력 증가에 따른 변형률 측정으로 응력 제어 시험($\Delta P / P = 1$ 응력기울기 일정)

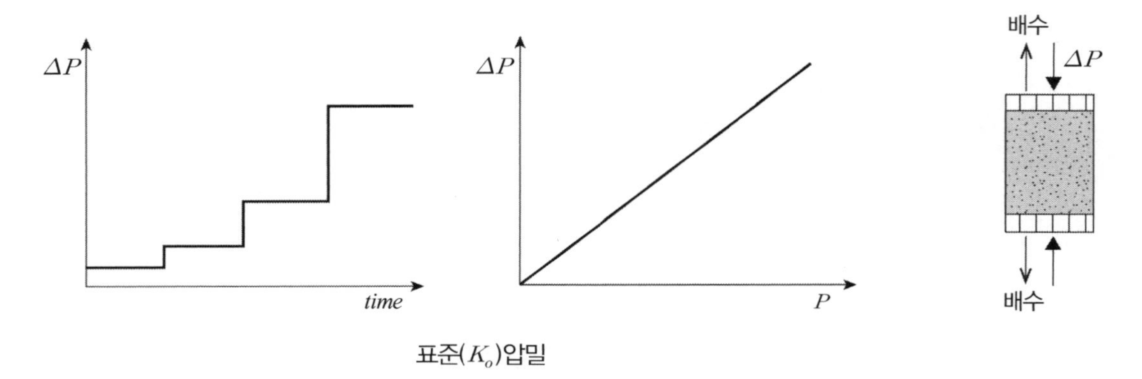

표준(K_o)압밀

(2) 문제점

① 강성가압판 사용으로 인한 응력의 불균등
② 링의 마찰 발생
③ 간극수압의 측정, 수평배수 모사 불가
④ 단계하중만 가함
⑤ 시험시간의 장기화

2. 일정 변형률 압밀시험(*CRS : Constant Rate of Strain*)

(1) 개념 : 변형률 제어시험 / 급속압밀시험

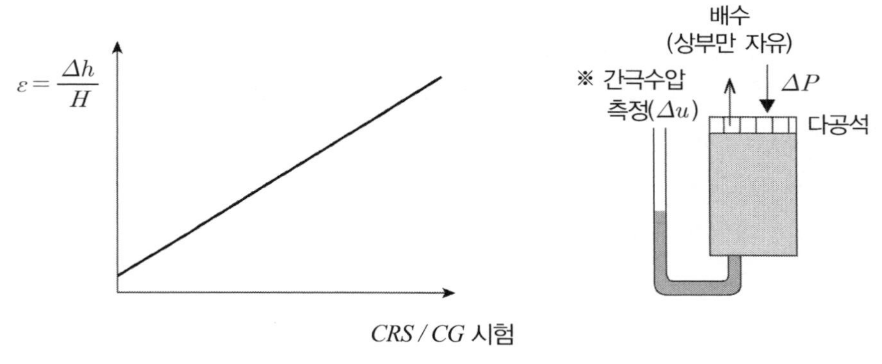

CRS / CG 시험

① 상부면으로만 배수를 허용한다.
② 일정한 변형률이 되도록 하중을 조절하면서 과잉간극수압을 측정한다.
③ 이때 변형에 따른 하중, 간극수압을 측정하여 유효응력을 결정하고 이러한 계산 결과들로부터 압밀과 관련된 정수들을 구하는 시험방법이다.

④ 대표적 압밀관련 정수와의 상관관계

㉠ 선형거동 → $C_v = \dfrac{H^2 \gamma}{2um_v}$

㉡ 비선형거동 → $C_v = \dfrac{0.434\gamma H^2}{2\sigma' m_v \log\left(1-\dfrac{u}{\sigma}\right)}$

3. 일정 기울기(*CG : Cotrolled Gradiant*) 압밀시험 = 동수구배(수두) 제어 압밀시험

(1) 배수조건은 일정변형률 압밀시험과 같으며 공시체 하부의 간극수압 Δu가 일정하게 되도록 하중을 증가시키다가 소요하중에 도달하면 공시체 하부를 배수시켜 $0.1\Delta u$가 될 때까지 압밀시킨다.

(2) 즉, 일정 동수경사 압밀시험으로 공시체 내부의 간극수압의 기울기를 일정하게 유지하면서 하중을 증가시켜가는 방법이다.

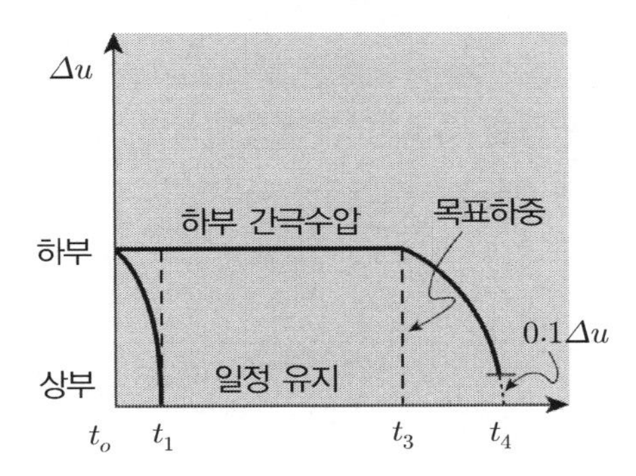

일정 기울기(*CG*) 압밀시험

4. 시험법 개념(절차도)

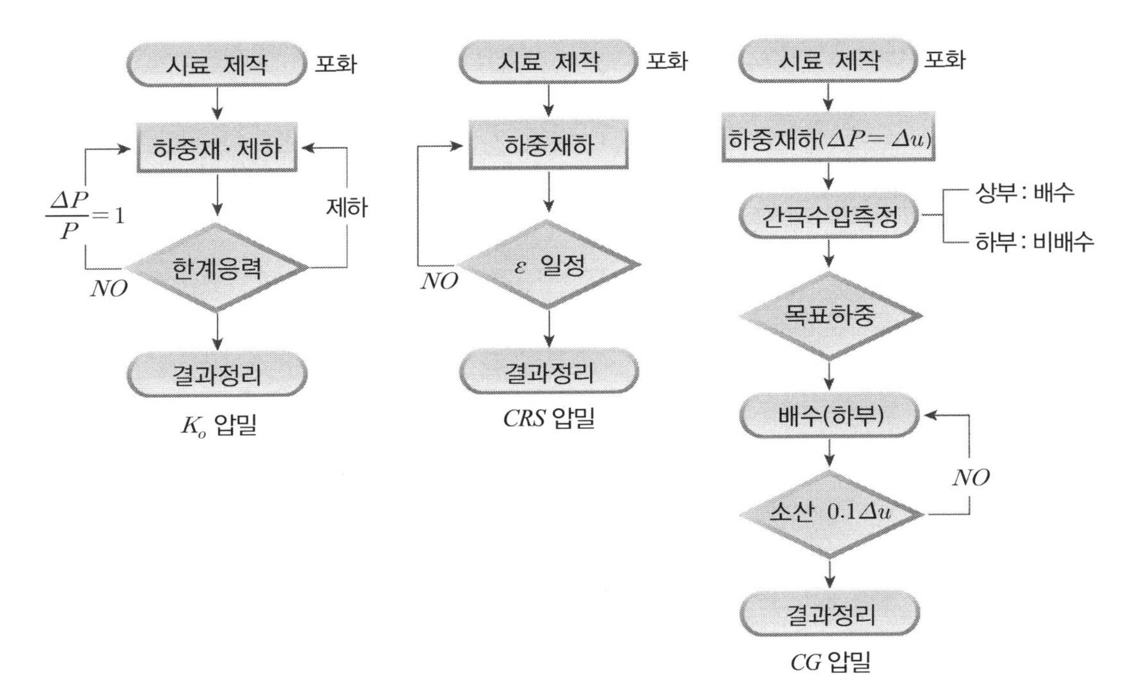

5. 결과 정리

(1) 응력 제어 : K_o 압밀 / 표준압밀

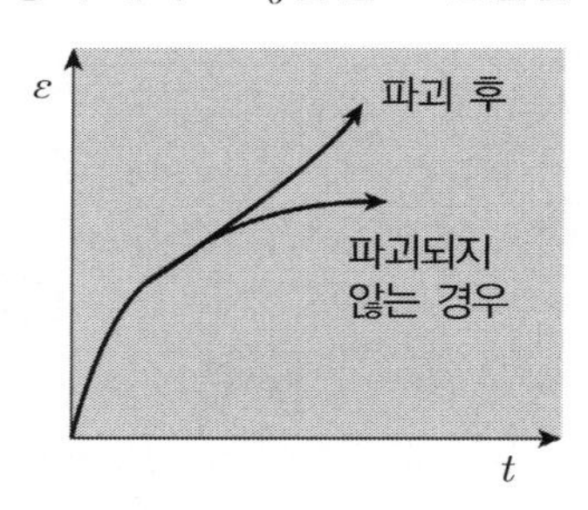

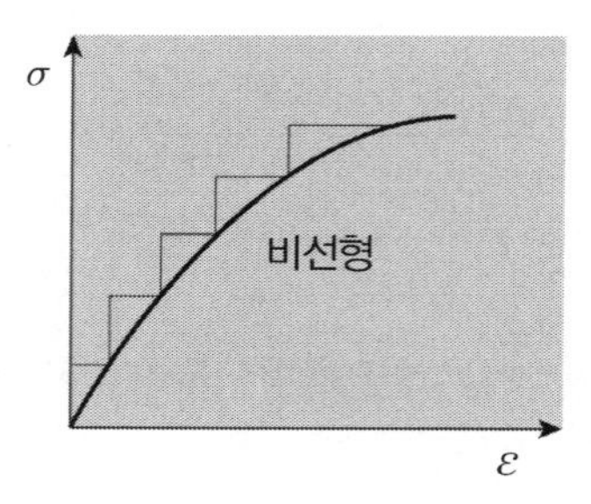

(2) 변형률 제어 : 일정 변형률 압밀 : *CRS*

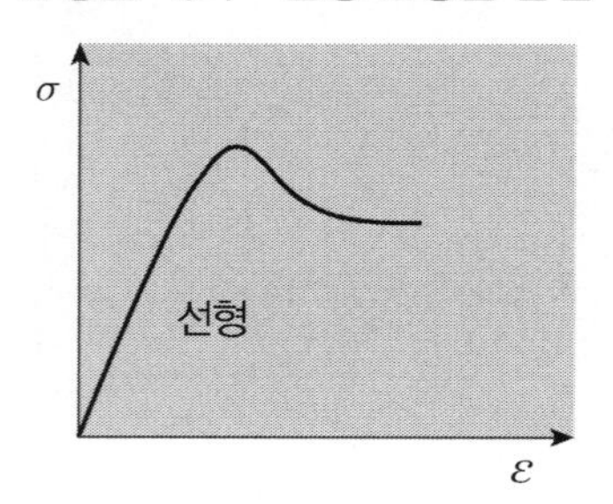

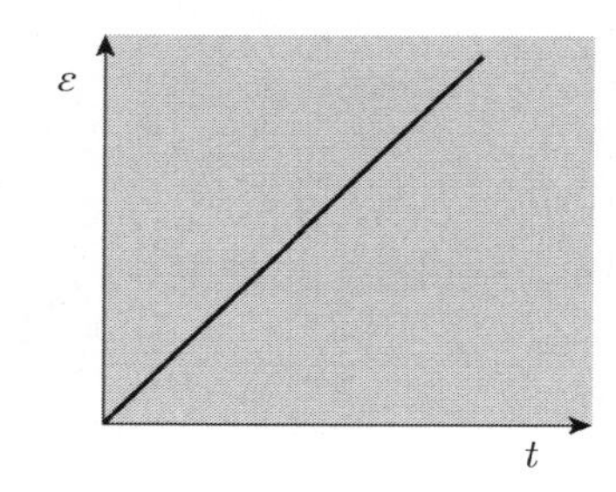

(3) 동수구배(간극수압) 제어 : 일정 기울기 압밀 : *CG*

① t_o : 재하개시

② $t_o \sim t_1$: 상부배수허용(하부만 Δu 유지)

③ $t_1 \sim t_3$: 간극수압차 일정

④ t_3 : 목표하중 도달

⑤ $t_3 \sim t_4$: 하부 배수

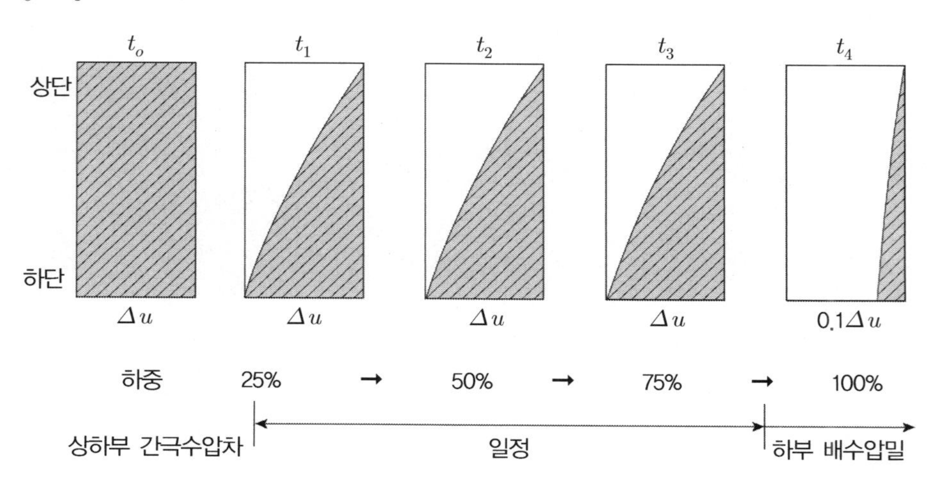

✓ **압밀계수의 결정**

t_1에서의 과잉간극수압의 아이소크론은 $T_v = 0.08$일 때와 유사하며 t_4에서의 아이소크론은 $T_v = 1.1$일 때와 유사하므로 압밀계수의 결정은 다음과 같다.

$$C_v = \frac{(1.1-0.08)H^2}{t_4 - t_3}$$

6. 압밀시험 결과

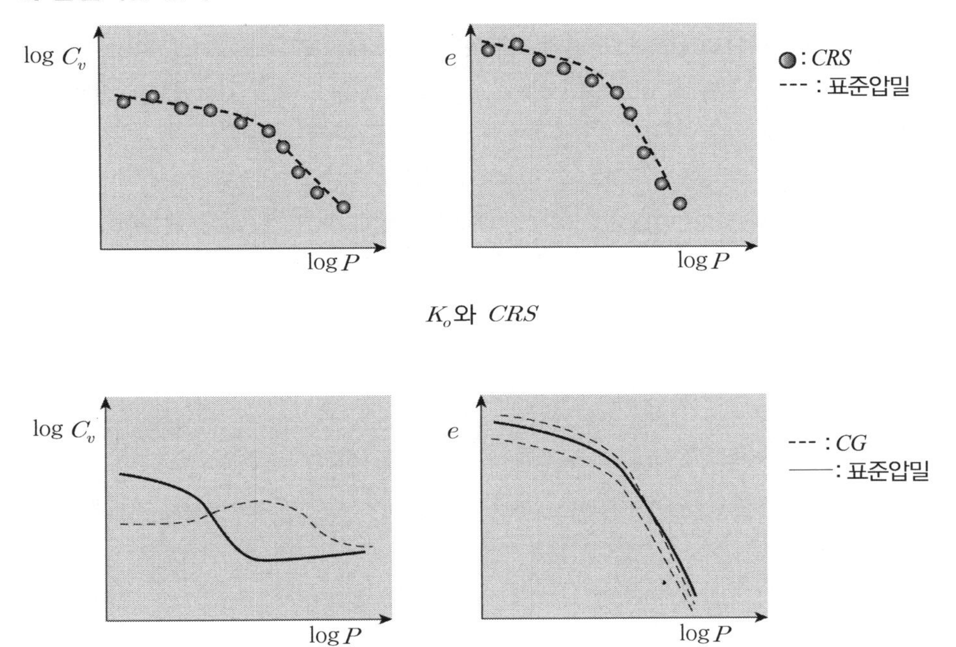

✓ CG 시험에서 압밀계수가 K_o와 상이한 것은 변형속도에 밀접한 관계가 있음.

7. 응력 제어(K_o)와 변형률 제어(CRS) 장단점 비교

구 분	응력 제어	변형률 제어
① 시험시간	**길다(예측 곤란)**	**짧다(예측 가능)**
② 선행압밀하중	**정확성 결여**	**정확성 우수**
③ 간극수압 측정	**×(배수)**	**가 능**
④ 파괴 후 거동	**예측 곤란(변형 큼)**	**예측 가능**

8. 개념별 시험분류

응력 제어	변형률 제어
표준압밀	***CRS, CG***
평판재하시험	**일축압축시험**
말뚝재하시험	**직접전단시험**
공내재하시험	**삼축압축시험 / *VANE* 시험**

9. 평 가

(1) 우리나라에서는 일정 변형률 압밀시험에 대한 연구가 미약하여 시험기준도 없고 실험 결과가 변형속도에 따라 영향을 많이 받음에도 불구하고 명확한 규정이 없기 때문에 표준 시험법으로 인정되지 않아 실무에 적용하기 어려운 실정이다.

(2) 변형속도가 느리면 과잉간극수압이 발생하지 않고 빠르면 과잉간극수압의 분포가 포물선이 안 되므로 압밀이론에 부합되지 않으므로 변형속도에 대한 외국의 규정에 따른 연구가 필요하다.

(3) *CRS*는 연직방향배수에 국한된 시험 → 방사선 방향 시험기 개발이 필요하다.

22 Rowe Cell 압밀시험

1. 시험법의 배경

영국 맨체스터 대학의 *P.W. Rowe* 교수에 의해 개발된 시험으로 표준 압밀압밀시험의 문제점을 개선한 현장응력체계를 재현한 시험이다.

2. 표준 압밀시험의 문제점

(1) 간극수압의 측정이 불가하다.
(2) 수평방향 배수가 불가능하다.
(3) 링의 측면마찰로 침하가 작게 발생할 수 있다.
(4) 단계하중만 가능하다.
(5) 강성 가압판이므로 등침하되면 불균질하게 응력이 분포된다.

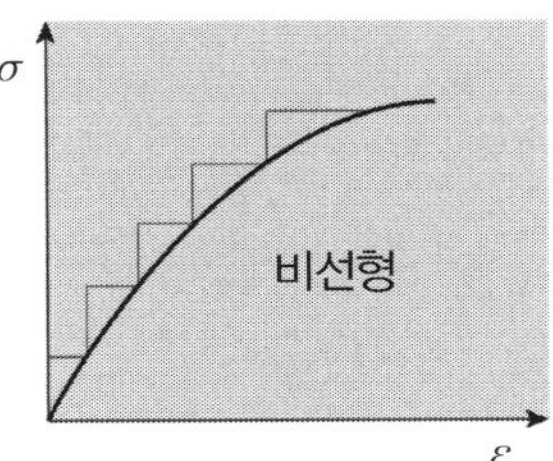

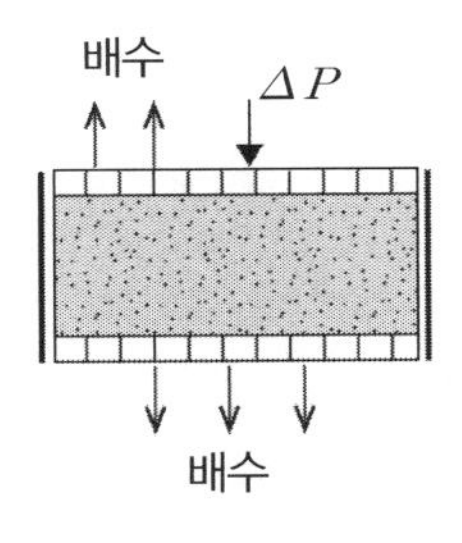

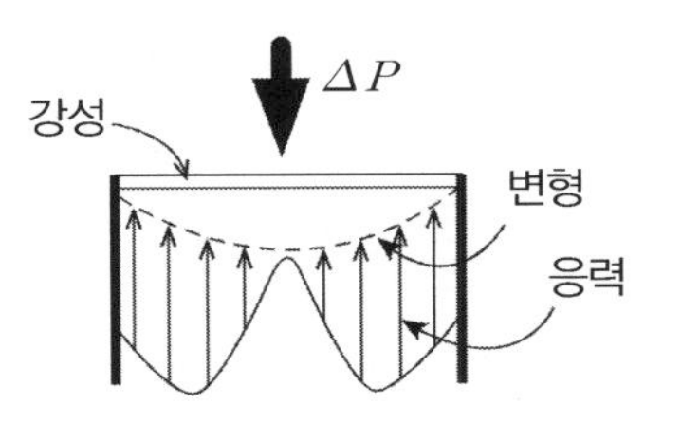

3. *Rowe Cell* 압밀시험

(1) *Rowe cell* 압밀시험의 개념

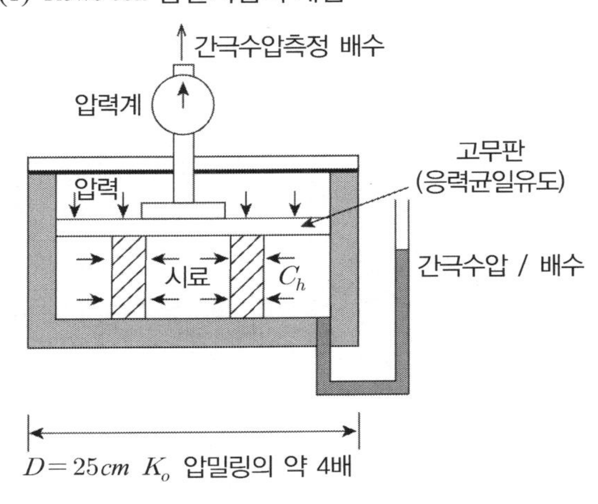

다이아프레임에 수압을 가하여 시료에 하중을 재하하도록 되어 있으며, 시료를 안착시킨 후 배압을 가하여 시료의 포화도를 높일 수 있는 장점이 있다.
또한 압밀도중 시료의 바닥에서 간극수압을 측정할 수 있으며, 배수되는 간극수는 *Volume change transducer*를 통하여 그 체적을 측정할 수 있다.

(2) 특 성

① 수압 재하장치(*Hydralic Loading System*)

㉠ 표준 압밀시험에 비해 진동이 적음

㉡ 대형시료에 대하여 1000*KPa* 이상 가압 가능

② 조절기능

㉠ 배수조건 조절 → 간극수압 측정 가능

㉡ 배출수의 체적 측정 가능

㉢ 배압을 가하여 시료포화 가능

㉣ 응력 제어, 변형률 제어 가능(하중조절의 연속성 용이)

㉤ 자유변형률, 일정변형률 조건 선택 가능
자유변형률 조건에서는 고무막(*Flexible Diaphragm*)을 통해 하중을 가하므로 구속영향이 경감되므로 변위에 따른 응력 불균일 해소

㉥ 시료 가운데 구멍이 있어 방사선 방향으로 배수층의 역할을 담당하므로 수평방향 압밀계수(C_h)의 측정이 가능

$$C_h = \frac{T_{ro}\, D^2}{t}$$

여기서, T_{ro} : 시간계수 D : 시료의 직경 t : 과잉간극수압 소산시간

TIP | 압밀계수산정면에서 *Rowe Cell* 시험의 적용이 표준압밀시험과 상이한 점 |

• 연직배수이고 자유변형률인 경우 압밀계수 산정(90% 압밀도)

$C_v = 0.526\dfrac{T_v\, H^2}{t}$ (t_{90} → 단면배수 $T_v = 0.848$)

$C_v = 0.131\dfrac{T_v\, H^2}{t}$ (t_{90} → 양면배수 $T_v = 0.848$)

• 수평배수이고 자유변형률 경우 압밀계수 산정(90% 압밀도)

$C_h = 0.131\dfrac{T_{ro}\, D^2}{t}$ (t_{90} → $T_{ro} = 0.335$)

• 연직 배수공법에서 *Hansbo*의 수평방향압밀도 $U_h = 1 - \exp\left(\dfrac{-8\,T_h}{\mu_{sw}}\right)$에서 시간계수 T_h를 구하기 위해서는 C_h를 측정해야 함

③ 시료의 대형화(75*mm*, 150*mm*, 250*mm*)

㉠ 교란의 문제점 최소화(시료와 압밀링 간의 마찰력 감소)

㉡ 현장계측거동과 비교적 일치

TIP | 수평방향 압밀계수 |

- 시험의 종류

현장실험 : *Piezocone Penetration Test/CPTu, Dilatometer Test*

실내시험 : *Roew−cell* 압밀시험

- 연직배수공법에서의 기본 미분 방정식

(연직방향과 수평방향의 압밀을 합친 미분 방정식 : *Barron*, 1948)

$$\frac{\partial u_e}{\partial t} = C_v \frac{\partial u_e}{\partial z^2} + C_h \left(\frac{\partial u_e}{\partial r^2} + \frac{1}{r} \frac{\partial u_e}{\partial r} \right)$$

여기서, u_e : 과잉간극수압　　z : 깊이　　r : 반경

23 OCR(Over Consolidation Ratio)

1. 정 의

(1) 임의 지반이 과거에 받아온 최대 유효하중을 선행압밀하중(P_c)이라 하고 현재 받고 있는 하중을 유효하중 P_o라 하면 과압밀비는 다음과 같이 결정한다.

(2) 과압밀비의 결정(OCR : *Over Consolidation Ratio*)

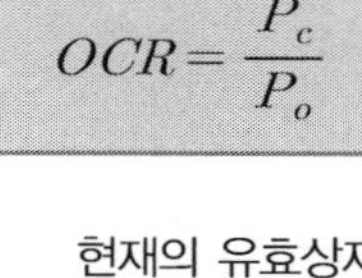

$$OCR = \frac{P_c}{P_o}$$

여기서, P_c : 선행압밀하중 P_o : 현재 유효하중

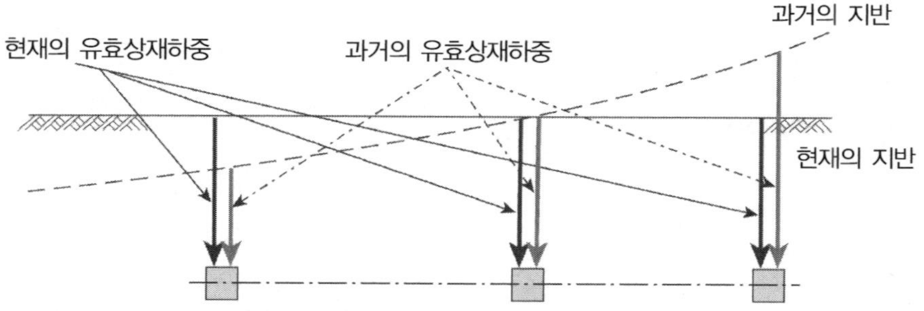

압밀 진행 중(과소압밀점토)	압밀 완료(정규압밀점토)	과압밀점토(안정)
$P_o > P_c$ → $OCR < 1$	$P_o = P_c$ → $OCR = 1$	$P_o < P_c$ → $OCR > 1$

2. 과압밀 발생원인 = 선행압밀하중의 발생원인

(1) 전응력의 변화
① 토피하중의 제거(굴착)
② 구조물의 제거
③ 빙하의 이동

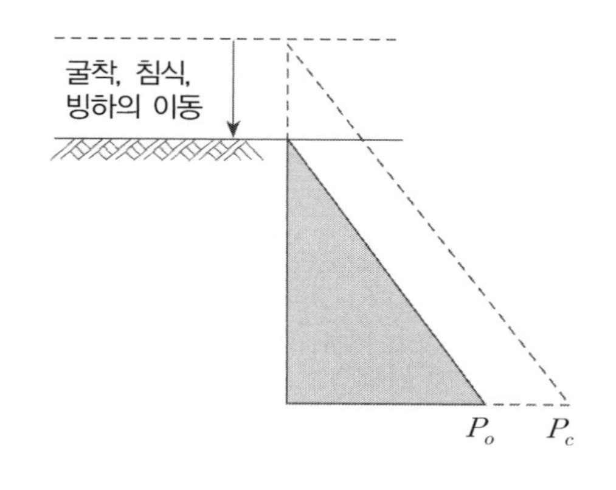

(2) 간극수압의 변화
① 피압 ② 지하수위 저하
③ 건조에 의한 증발산
④ 식물에 의한 증발산

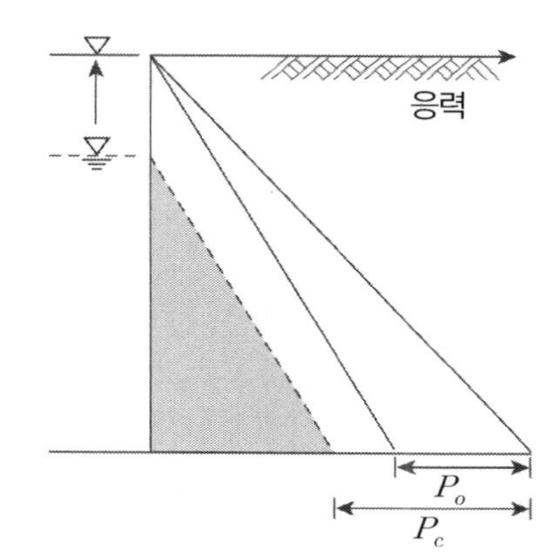

(3) 환경변화 및 기타원인

① 2차 압밀에 의한 흙 구조 변화

② PH, 온도, 염분에 의한 환경적 변화

③ 풍화작용 등 화학적 원인에 의한 지반변화 등

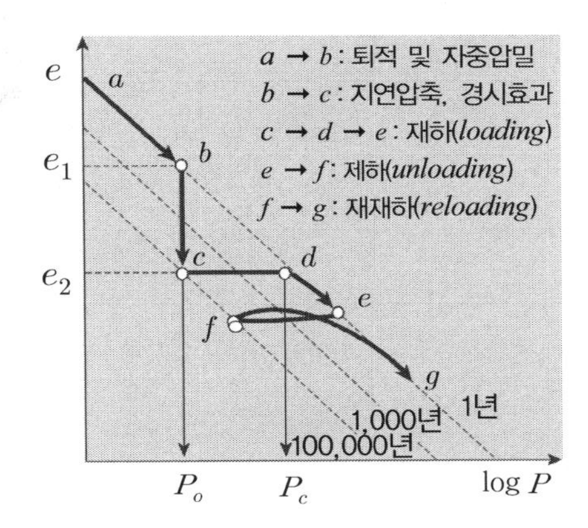

3. 과압밀 여부 판단

(1) 압밀시험

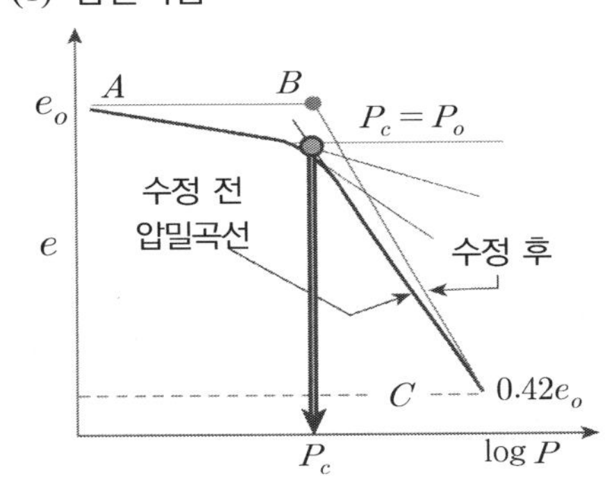

(2) 삼축압축시험

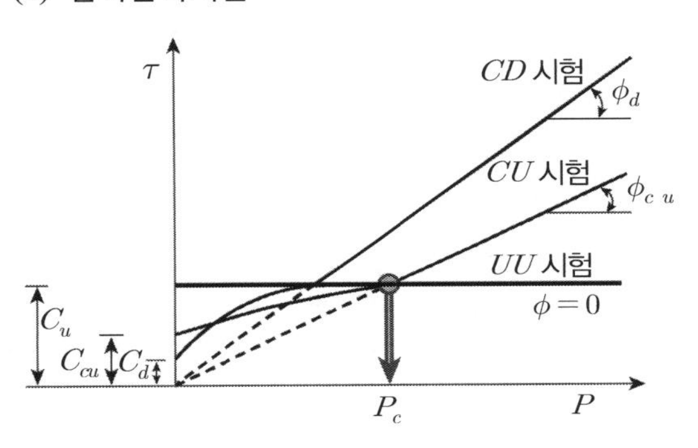

(3) 현장조사

① SPT ② CPT ③ $VANE$ ④ $Dilatometer$ ⑤ PMT

4. 이 용

(1) 압밀 상태 판단

구 분	압밀 완료(정규압밀점토)	과압밀점토(안정)
과압밀비	$P_o = P_c \rightarrow OCR = 1$	$P_o < P_c \rightarrow OCR > 1$
압축곡선	$P_c = P_o$ $P_o + \Delta P$, e, 처녀 압축곡선, C_r, C_c, 1, P_c, log P	$P_c = P_o$ $P_o + \Delta P$, e, 처녀 압축곡선, C_r, C_c, 1, P_c, log P

(2) 침하량 판단

$$S_c = \left(\frac{\Delta e}{1 + e_o}\right) \times H_o$$

① 정규압밀 상태일 경우($P_o = P_c$) : $\Delta e = C_c \times \log\left(\frac{Po + \Delta P}{Po}\right)$

② 과압밀 상태일 경우($P_c > P_o$)

$P_o + \Delta P < P_c$ ➡ $\Delta e = C_r \times \log\left(\frac{Po + \Delta P}{Po}\right)$

$P_o < P_c < P_o + \Delta P$ ➡ $\Delta e = C_r \times \log\left(\frac{P_c}{P_o}\right) + C_c \times \log\left(\frac{P_o + \Delta P}{Pc}\right)$

(3) 정지토압 계수(과압밀점토)

$$K_{o(oc)} = K_{o(NC)} \sqrt{OCR}$$

(4) $SHANSEP$

✓ 교란을 배제한 비배수강도 추정

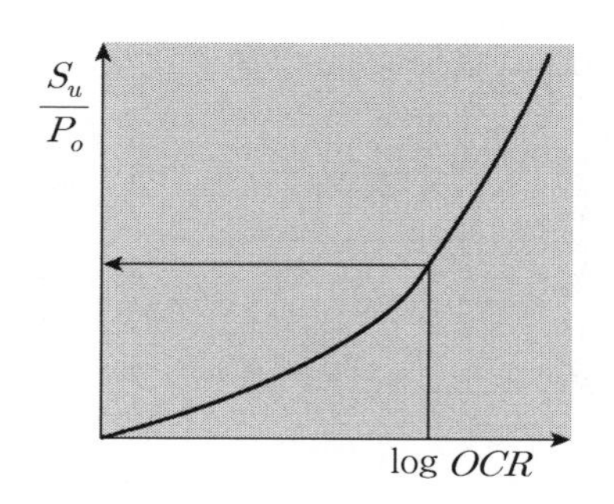

5. 물리적 / 공학적 특성

구 분		정규압밀점토	과압밀점토	비 고
물리적 특성	액성지수	$LI \fallingdotseq 1.0$	$LI \fallingdotseq 0$	
	간극수압계수	$A_f \fallingdotseq 1.0$	1.0 이하	$\overline{CU}$ 시험
	정지토압계수	$K_o = 0.4 \sim 0.6$	$K_o = 0.5 \sim 1.0$	
	체적변화	압 축	팽 창	CD 시험
	간극수압변화	증 가	감 소	$\overline{CU}$ 시험
	흙 구조	면모구조	이산구조	
공학적 특성	전단강도	작 다	크 다	
	투수성	작 다	작 다	
	압축성	크 다	작 다	
	밀 도	작 다	크 다	
	변 형	크 다	작 다	

24 시료 교란원인과 판정법, 압밀 / 전단영향

1. 정 의

(1) 원위치에서 흙 시료를 채취하여 운반하고 성형하는 모든 과정에서 교란으로 인하여 압밀과 전단에 영향을 미치게 된다.

(2) 흙의 구조가 변화하여 전단강도와 변형 특성이 원지반과 상이한 것을 교란이라고 한다.

2. 교란 메커니즘

(1) 지중응력 해방 : 불가피한 교란

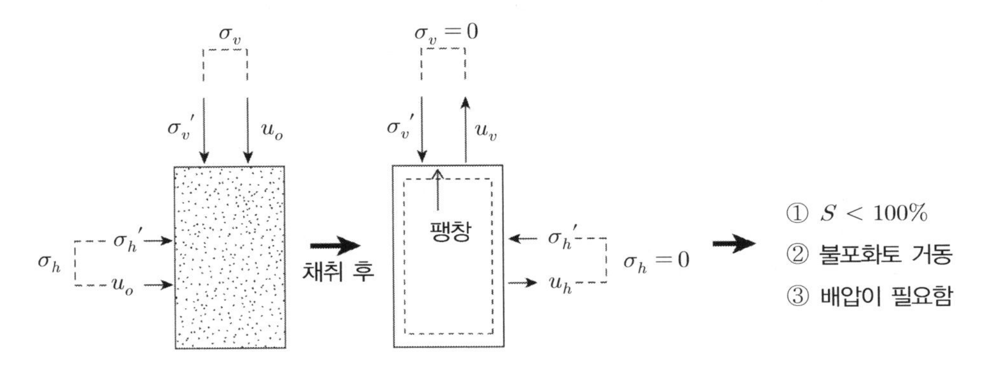

(2) 기계적 교란 : 전 과정에서 발생(관입 → 인발 → 해체 → 운반 → 압출/성형)

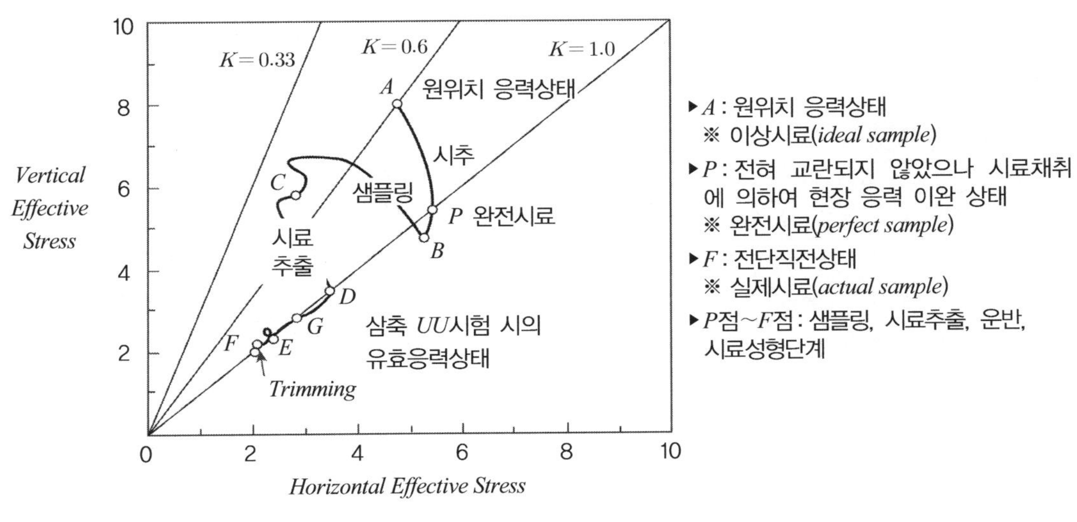

시료채취 시와 채취 후의 응력변화(*Ladd & Lambe*, 1963)

3. 교란으로 인한 역학적 문제점

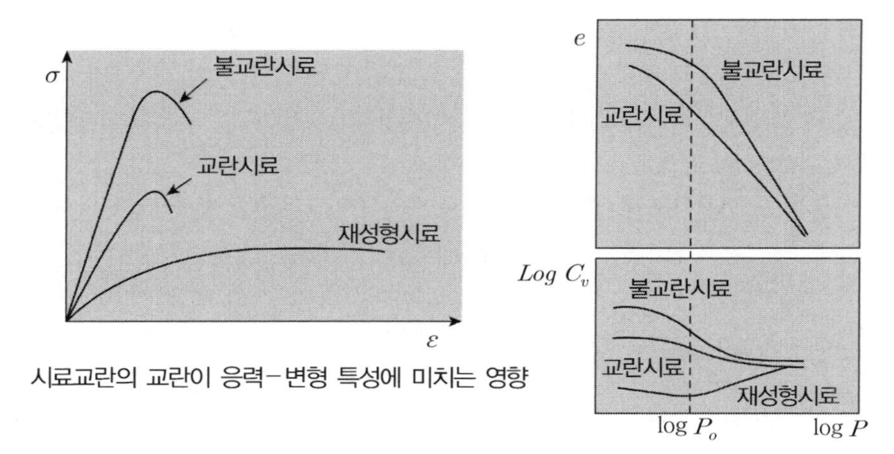

시료교란의 교란이 응력－변형 특성에 미치는 영향

시료교란에 따른 압밀곡선과 압밀계수

분 류	영 향
강도 특성	• **배수 및 비배수 상태에서 압축강도의 감소** • **변형계수의 감소** • **극한강도일 때 변형률 증가**
압밀 특성	• **압축지수** － C_r 증가 : 과압밀 영역에서 침하량 크게 평가 － C_c 감소 : 정규압밀 영역에서 침하량 작게 평가 • **압밀곡선이 완만하게 되어 선행압밀응력을 구하기 힘들거나 작아지는 경우가 많다.** • **원위치 유효응력에 해당하는 응력까지 압밀시켰을 때의 체적변형률이 커진다.** • **선행압밀응력 이전의 불교란시료에 비해 압밀계수의 값이 불교란 시료에 비해 작게 구해진다.**

※ 압축강도 저하 메커니즘

①：원지반 임의점 응력상태

① → ②：시추 → 교란(응력해방)

② → ③：교란시료 일축압축 *ESP*

① → ④：불교란 시료 *ESP*

※ 교란 시 전단강도 ③과 불교란 전단강도 ④와는 약 40% 강도 차이 발생

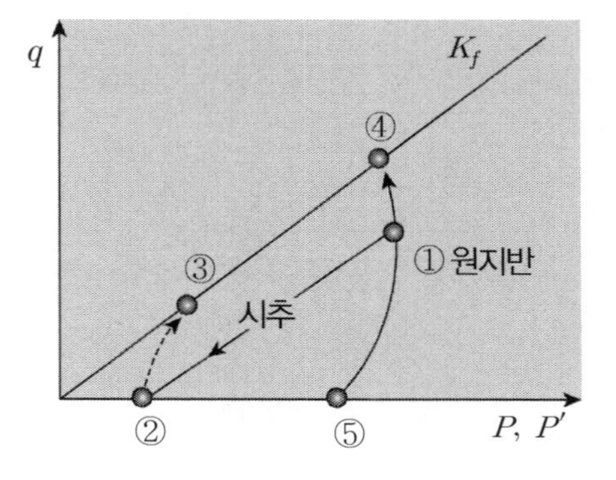

4. 교란 판정법

(1) 실내시험

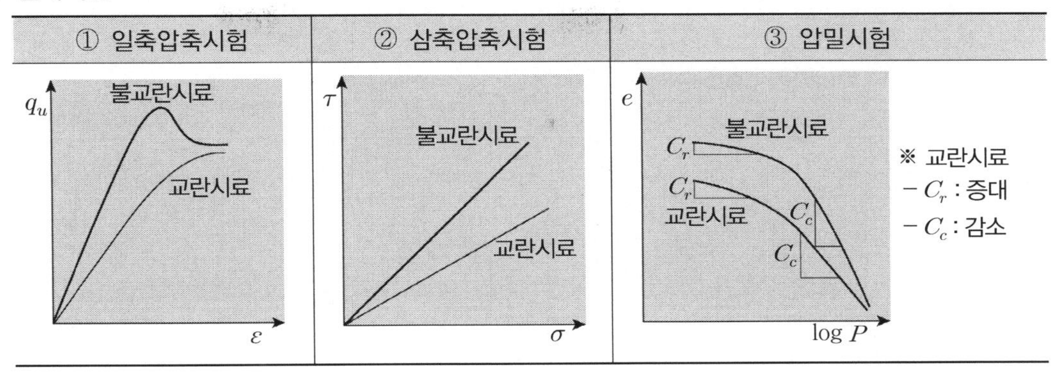

✓ 일축압축강도시험에 의한 시료교란 정도(*Skempton*, 1957)

일축압축강도(q_u), 변형계수(E_{50}) 파괴 시 변형률(ε_f) 등의 강도 특성 변화를 관찰하여 교란 여부 판정

$\alpha = \dfrac{E_{50}}{\dfrac{q_u}{2}} = \dfrac{1}{\varepsilon_{50}}$ 의 값이 클수록, 즉 E_{50}값이 클수록 교란 정도가 낮은 것으로 평가

(2) 현장시험

구 분	방 법	불교란 기준
회수비	회수비 $= \dfrac{\text{시료 채취길이}}{\textit{sample}\ \text{관입깊이}} \times 100(\%)$	80% 이상
내경비	D_s, D_i, D_o 내경비 $= \dfrac{D_s - D_i}{D_i} \times 100(\%)$	*Sample* 관입 시 마찰을 적게 하기 위한 수치로 1% 내외
면적비	면적비 $= \dfrac{D_o^2 - D_i^2}{D_i^2} \times 100(\%)$	*Sample* 관입 시 배제되는 흙 체적의 비율로서 10% 이하
X선 투시	방사선 투시(ASTM)	

(3) 잔류 유효응력에 의한 방법

시료의 잔류유효응력은 채취후의 간극수압과 같으므로 시료의 잔류유효응력값에 대한 이론치와 실측치를 비교함으로써 교란의 정도와 이에 대한 보정을 시행할 수 있다.

① 응력 해방 → 잔류 유효응력 = 잔류 간극수압

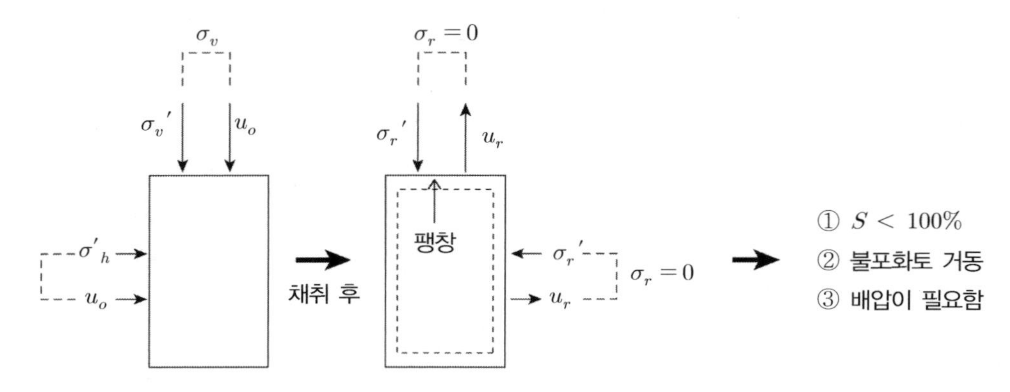

✓ **교란 정도**

이론 잔류간극수압 > 실측 잔류간극수압 : 교란 ↑

즉, 교란도($\boldsymbol{R}$) = $\dfrac{\text{이론치 } u_o}{\text{실측치 } u_r}$ → 이 값이 클수록 교란의 정도는 심하다.

② 이론적 잔류 간극수압 = 원지반의 간극수압 = 완전시료의 간극수압

포화된 경우 $B = 1$이고 $\Delta\sigma_3 = \Delta\sigma_h{}' = K_o\sigma_v{}'$, $\Delta\sigma_1 = \sigma_v{}'$

$$u_o = \Delta\sigma_3 + A(\Delta\sigma_1 - \Delta\sigma_3) = K_o\sigma_v{}' + A\sigma_v{}' - AK_o\sigma_v{}'$$
$$= \sigma_v{}'(K_o{}' + A - AK_o) = \sigma_v{}'[K_o{}' + A(1 - K_o)]$$

즉, $\sigma_v{}'$를 알고 $K_o{}'$를 안다면 현장(원 지반상태)의 간극수압(u_o)을 알게 됨

③ 시료 채취 후 잔류 간극수압(u_r) : 삼축압축시험기에 $\sigma_3 = 0$인 상태로 간극수압 측정

5. 교란이 압밀에 미치는 영향

(1) 압축지수

① C_r : 증대
② C_c : 감소

→ • 과압밀 영역 : 침하량 크게 평가
• 정규압밀 영역 : 침하량 작게 평가

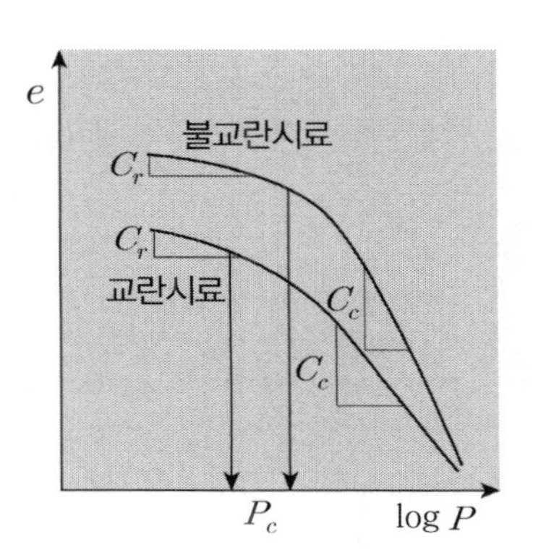

(2) 선행압밀 하중 작게 평가

(3) 압밀계수

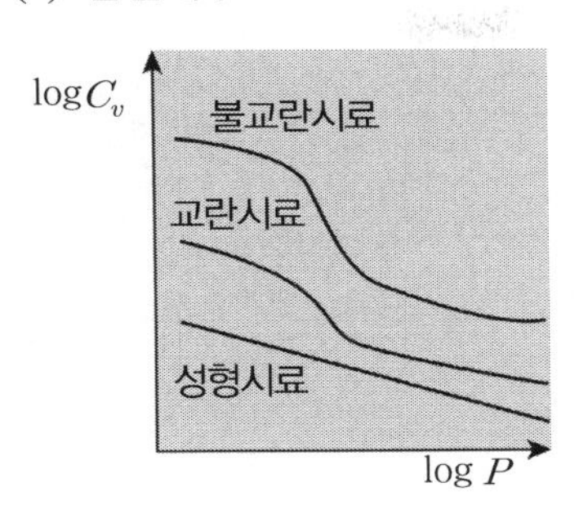

(4) 체적변화(m_v)

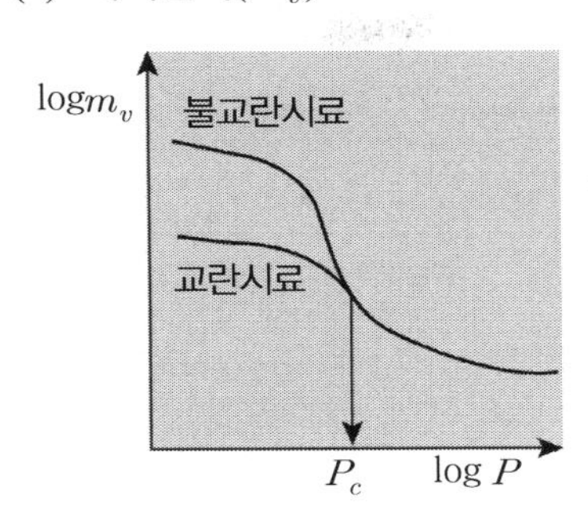

✓ 교란된 시료에서는 압밀압력이 증가함에 따라 C_v값이 감소하며 교란될수록 압밀계수는 작게 평가

6. 교란이 전단에 미치는 영향

(1) 전단강도

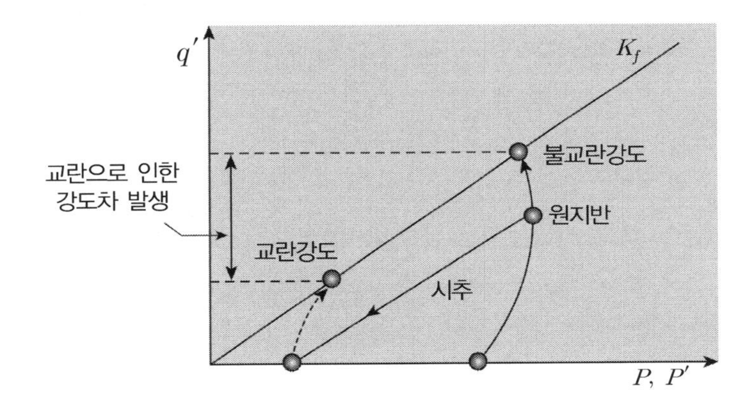

(2) 일축압축강도

① 교란된 만큼 압축강도가 작아진다.

② 교란된 경우 파괴변형률이 커진다($\varepsilon_1 \rightarrow \varepsilon_2$).

③ 시료가 교란된 만큼 변형계수는 작아진다.

$$E_{50} = \frac{\frac{q_u}{2}}{\varepsilon_{50}} (kgf/cm^2)$$

④ 교란이 심한 경우에는 응력－변형곡선에서 명확한 *Peak*가 나타나지 않는다.

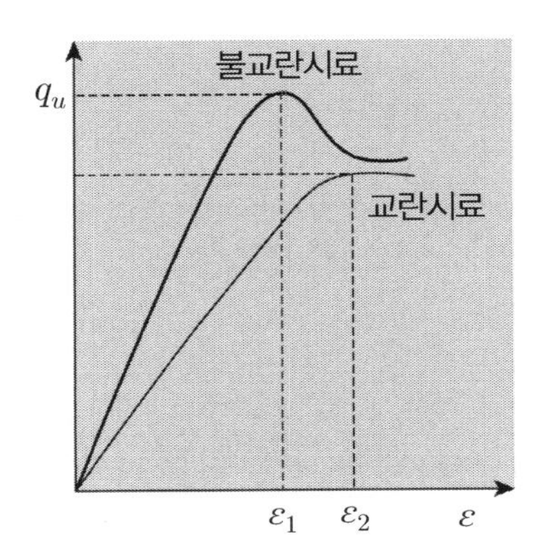

(3) 삼축압축시험

① 시료가 교란되면 흙 입자의 점착력이 감소하여 교란된 만큼 전단강도가 작아진다.

② 시료가 교란된 만큼 내부마찰각이 작아진다.

$\phi_1 \rightarrow \phi_2$

$\tau = \sigma \tan\Phi$

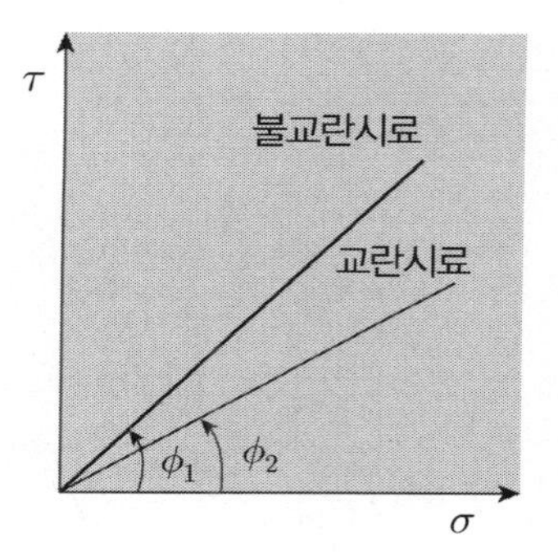

7. 교란에 대한 대책

(1) 시추과정에서의 대책

① *Thin wall sampler* 또는 *Foil sampler* 이용

② $N = 15$ 점성토, 심층 $N = 10$ 점성토는 *Denison type sampler*, $N = 10$ 이하의 느슨한 모래는 샌드샘플러(*Sand sampler*)로 채취한다.

③ 기타 대구경 샘플러, 블록 샘플링, *NX Size* 반영한다.

(2) 압밀곡선 수정

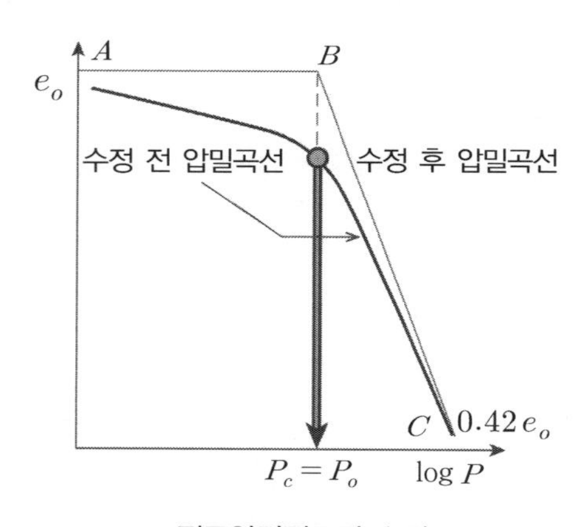

정규압밀점토의 수정

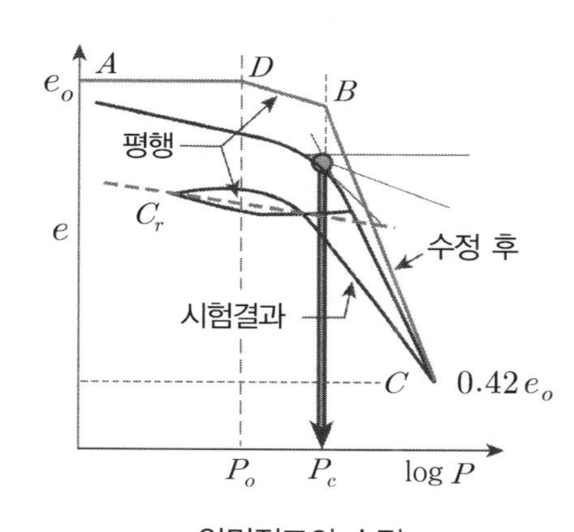

압밀점토의 수정

(3) *SHANSEP*

점토시료의 교란영향은 현 위치 응력보다 더 큰 응력하에서 소멸되고 점토의 강도는 압밀압력에 대해 정규화거동을 나타낸다는 결과를 바탕으로 교란영향을 배제한 비배수 전단강도를 구하는 방법이다.

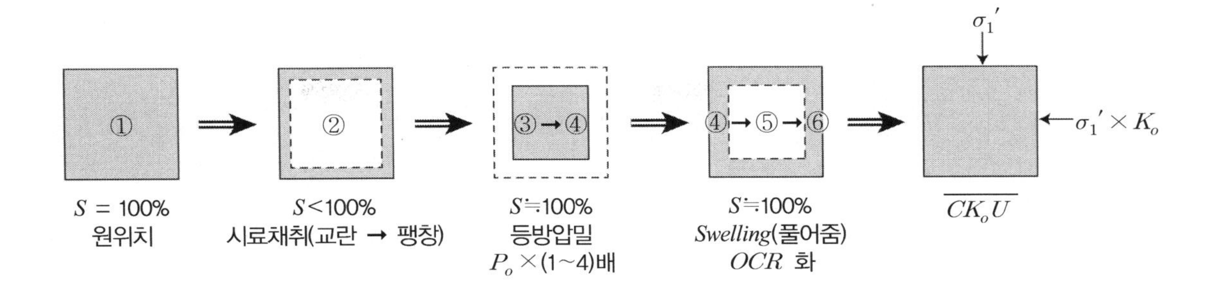

① 등방압밀

㉠ 정규압밀점토 : 유효토피하중의 1.5~4배로 등방압밀

㉡ 과압밀점토 : P_c보다 크게 등방압밀

② *Swelling* → 과압밀화

③ 시료를 삼축압축셀에 넣고 $\overline{CK_oU}$ 시험으로 전단파괴를 시킨다.

④ 깊이별 P_c과 P_o을 구하여 OCR을 구하고 $\overline{CK_oU}$으로 구한 깊이별 $\dfrac{S_u}{P_o}$과 OCR에 대응하는 관계도를 그린다.

⑤ 관계도에서 현 위치에 해당하는 OCR에 대한 $\dfrac{S_u}{P_o}$를 구하면 $S_u = \dfrac{S_u}{P_o} \times P_o$가 된다.

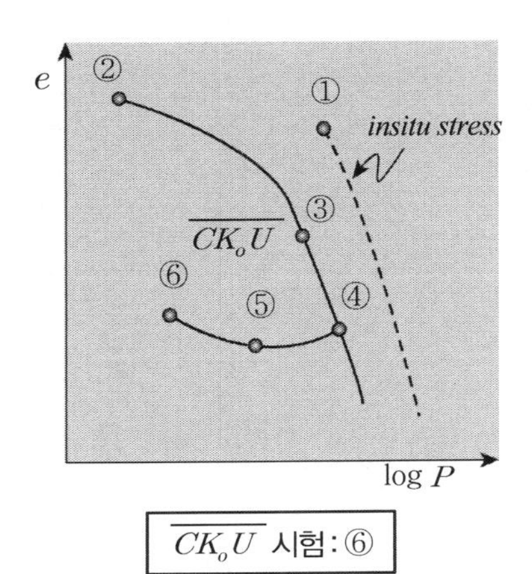

$\overline{CK_oU}$ 시험 : ⑥

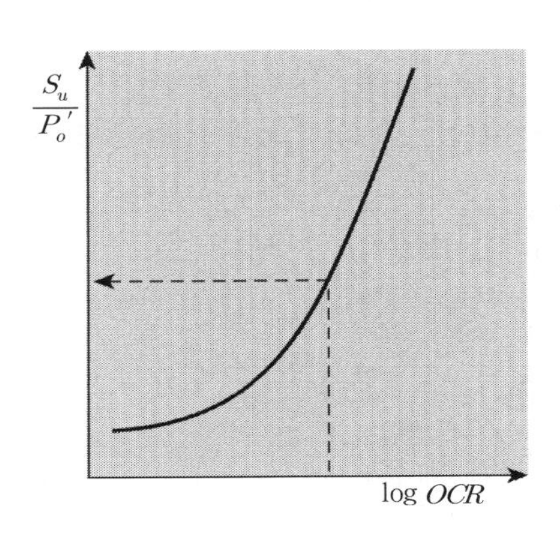

✓ **일축압축시험, 삼축압축시험, 베인시험 등에 비해 신뢰성이 큰 비배수 강도를 구할 수 있으나 K_o 시험을 하기 위한 현장응력상태와 선행압밀하중을 정확히 구해야 하는 문제와 K_o 조건 시험기의 보급과 관련 기술자의 양성이 미흡한 실정이다.**

(4) *Back pressure*

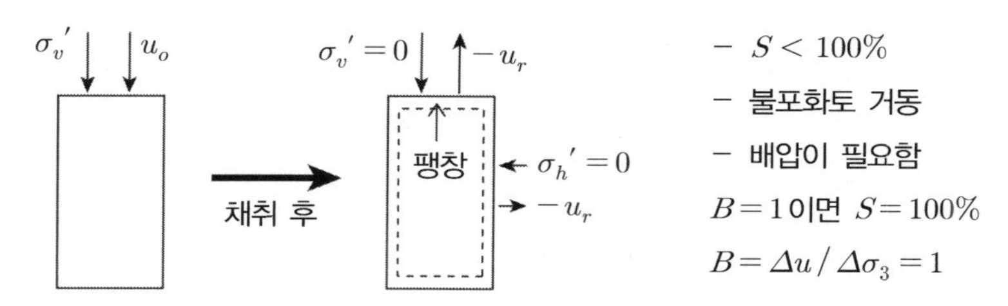

(5) 압밀계수 수정

① P_c값 이상 하중에서의 C_v값 사용

② $P_o + \dfrac{\Delta P}{2}$의 C_v값 사용

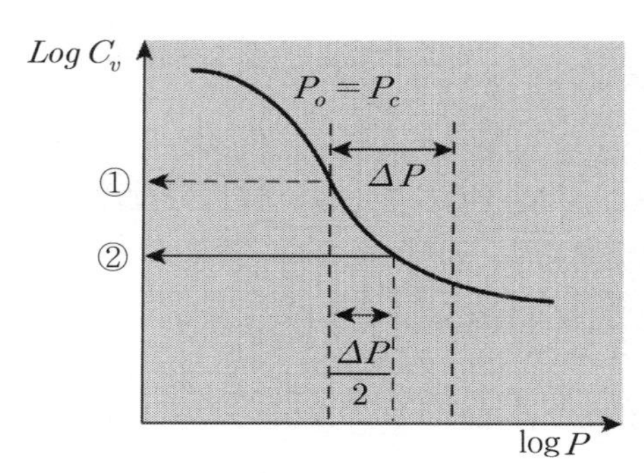

(6) 전단 및 압밀 시 현장응력조건과 같은 비등방 압밀, 현장수직응력의 60% 정도로 등방압밀 후 시험

(7) 교란도에 의한 방법

$$교란도 = \frac{이론치\ u_r}{실측치\ u_o}$$

→ 교란도에 따른 강도저하비 결정(도표)

$$교란보정강도 = \frac{시험강도}{강도저하비}$$

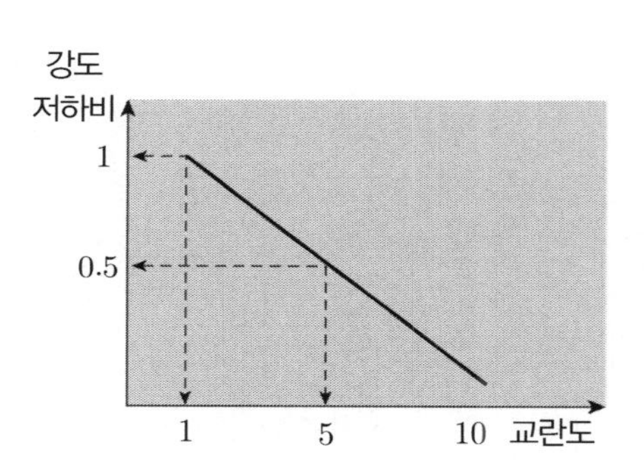

8. 평 가

(1) 응력해방에 따른 교란은 피할 수 없으며 대책은 압밀곡선 수정, *SHANSEP*, 배압, 압밀계수보정, 비등방압밀, 현장응력수준의 60% 등방압밀, 교란도에 의한 보정 방법이 있다.

(2) 시추에서 시험까지 일련의 작업과 관련된 기계적 교란은 정성된 작업과 일련의 규정을 준수함으로써 줄일 수 있으며 교란의 영향이 응력해방에 의한 것보다 더 큰 요인이므로 관심을 가져야 한다.

(3) 교란의 영향을 최소화하기 위해서 시료를 대형크기로 채취할 수 있는 방법으로 지표부는 *Block sampling,* 지중심부는 대구경 *sampler*(직경 20～40*cm*)의 사용 등 기술개발과 실용화가 필요하다.

25 토질압밀시험에 영향을 주는 요인과 압축지수가 작아지는 이유($e-\log P$ 곡선에 영향을 주는 요인)

1. 시료의 교란으로 인한 영향

시료의 채취, 운반, 성형 시 교란으로 인해 다음과 같이 압밀시험결과에 영향을 미친다.

(1) 압축지수

C_r : 증대, C_c : 감소 → • 과압밀 영역 : 침하량 크게 평가 • 정규압밀 영역 : 침하량 작게 평가

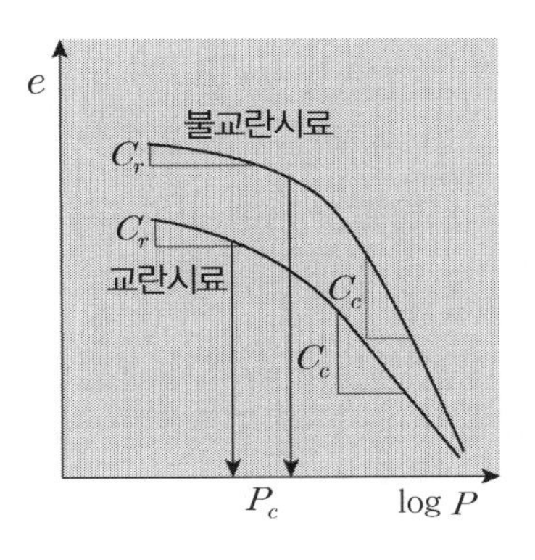

(2) 선행압밀 하중 작게 평가

(3) 체적변화(m_v)

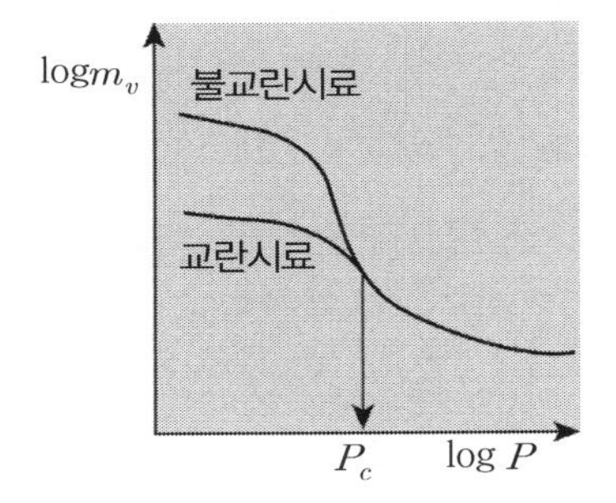

(4) 압밀계수

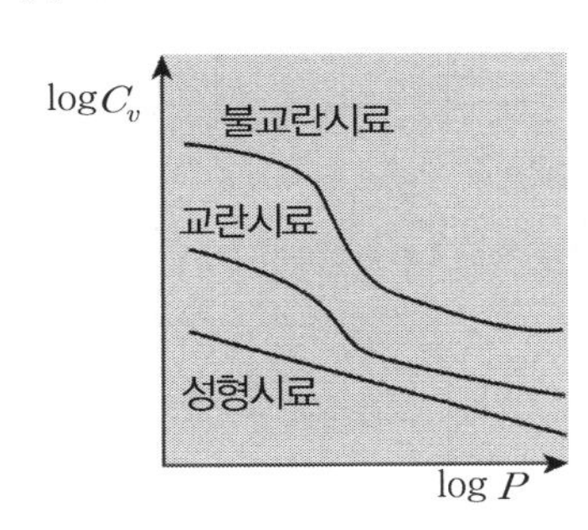

✓ 교란된 시료에서는 압밀압력이 증가함에 따라 C_v값이 감소하며 교란될수록 압밀계수는 작게 평가

2. 링의 측면마찰로 인한 영향

(1) 압밀링과 시료의 측면마찰로 실제로 가한 하중보다 작은 하중이 시료에 가해지기 때문에 실제보다 압밀이 작게 일어난 것으로 나타나므로 압밀곡선은 왼쪽으로 보정해주어야 한다.

(2) 물론 제하를 할 때에는 마찰로 인해 팽창량이 작게 나타나므로 이것도 고려가 되어야 한다.

✓ 링의 측면마찰 저항을 최소화로 하기 위한 압밀링의 규격
규정상 지름 : 높이(3 : 1) 추천

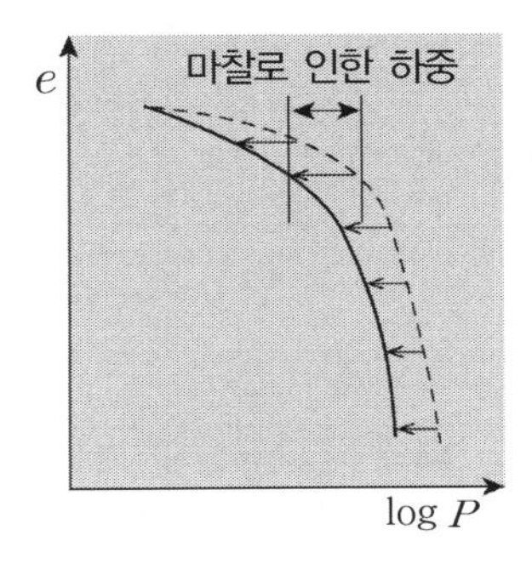

측면마찰에 의한 영향

3. 재하기간의 변화로 인한 영향

(1) 각 하중단계별 재하기간은 24시간으로 24시간을 경과하여 다음 단계 하중을 가하게 되면 침하량은 과대평가된다.
(2) 재하기간이 길수록 선행압밀압력은 작게 평가된다.

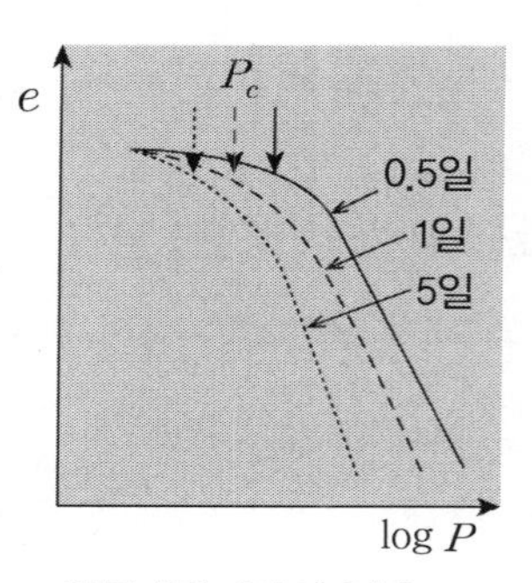

하중재하기간의 영향

4. 하중증가율에 의한 영향

(1) 표준압밀하중에서는 하중증가율을 1로 하고 있으나 이보다 크게 시험을 하게 되면 더 많은 침하량이 발생한다.
(2) 만일 이와 반대라면 하중−간극비 곡선은 오른쪽으로 그려진다.

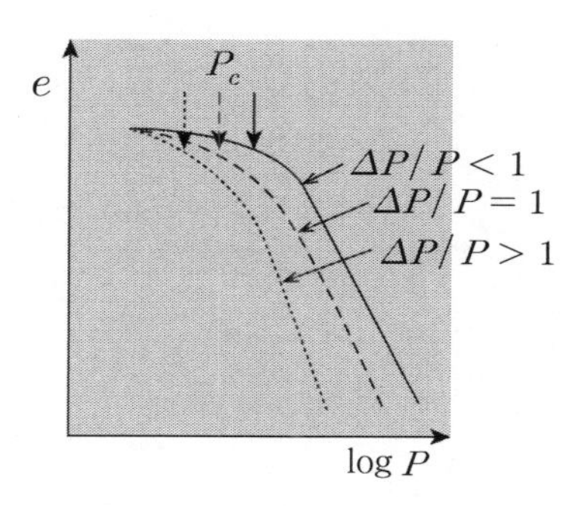

하중증가율에 의한 영향

5. 영 향

(1) 시료교란
링마찰
재하기간 길게
하중증가율 크게
} → $e-\log P$ 곡선을 왼쪽으로 편기되어 그려짐 → P_c가 작게 평가됨

(2) $e-\log P$ 곡선이 왼쪽으로 편기 시 영향
① 압축지수 C_c 값이 작게 평가됨 : 침하량이 작은 지반으로 오판
② 선행압밀하중 P_c가 작게 평가됨 : 과압밀비가 작은 지반으로 오판
③ 압밀계수 C_v가 작게 평가됨 : 침하시간이 긴 것으로 오판

(3) 위와 같은 원인 중 압밀시험에 가장 영향을 미치는 요인은 시료의 교란이며, 이로 인해 압밀을 위한 ΔP를 과도하게 설계하여 예산의 낭비요인이 없도록 교란의 요인을 최소로 배제한 시험이 되도록 시험단계부터 관심을 가져야 한다.

6. 대 책

(1) 압밀곡선 수정

(2) *SHANSEP*

(3) *Back pressure*

(4) 압밀계수 수정

① P_c값 이상 하중에서의 C_v값 사용

– 지반 공학회

② $P_o + \dfrac{\Delta P}{2}$의 C_v값 사용

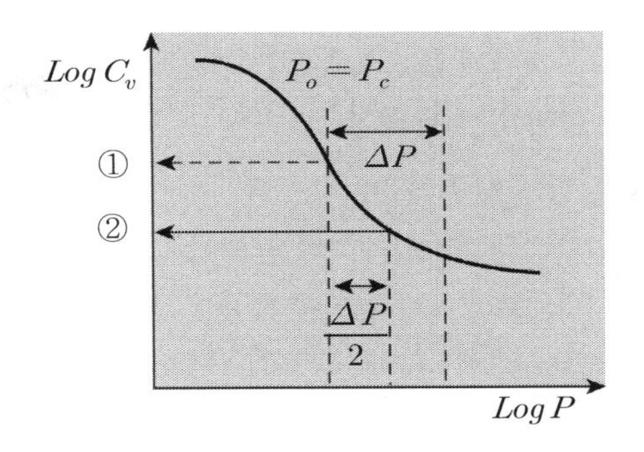

(5) 전단 및 압밀 시 현장응력조건과 같은 비등방 압밀, 현장수직응력의 60% 정도로 등방 압밀 후 시험

(6) 교란도에 의한 방법

26 1차 압밀과 2차 압밀침하

1. 침하의 종류와 정의

(1) 즉시 침하

① 외부 하중재하와 동시에 발생하는 침하

② 모래 : K가 크기 때문에 전체 발생 침하량의 90% 이상 발생

③ 점토 : K가 매우 작으므로 체적변화를 수반하는 즉시침하는 거의 발생하지 않는다. 즉시침하는 배수를 동반한 침하이나 점토는 과잉간극수압의 발생으로 시간이 경과되어야 하므로 즉시침하는 고려하지 않는다.

④ 즉시 침하량

점 토

$$S_i = \mu_o \times \mu_1 \frac{q \cdot B}{E_u}$$

$\mu_o,\ \mu_1$: h/B, D/B의 계수
q : 기초에 가해지는 순하중
E_u : UU 조건에서 얻어진 탄성계수
B : 기초의 최소폭

사질토

$$S_i = q \cdot B \cdot I \frac{1-\mu^2}{E_s}$$

q : 기초에 가해지는 순하중
E_s : 지반의 변형계수
B : 기초의 최소폭
μ : $Poisson$ 비
I : 침하에 의한 영향계수

(2) 1차 압밀침하

점토에 하중이 가해지면 투수계수가 작아 배수가 안 되므로 과잉간극수압이 생기고 시간이 지나면 소산되면서 정수압과 같아질 때까지 침하량

(3) 2차 압밀침하

과잉간극수압 소산 후 점토 $Creep$에 의한 입자 재배열로 인한 침하

2. 시간, 침하량 과잉간극수압

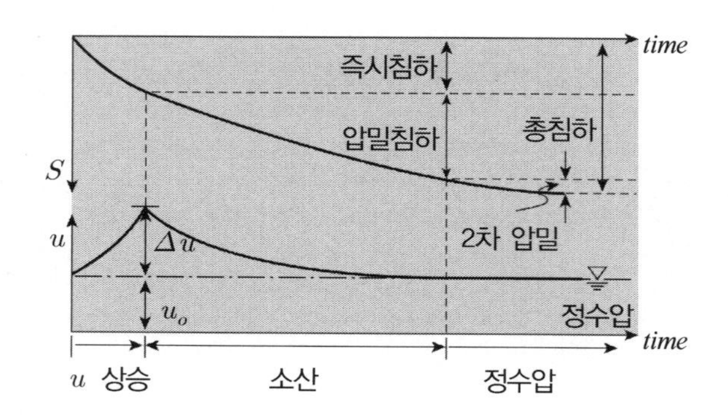

$$\text{간극수압}u = \text{정수압}(u_o) + \text{과잉간극수압}(\Delta u)$$

3. 1차 압밀침하

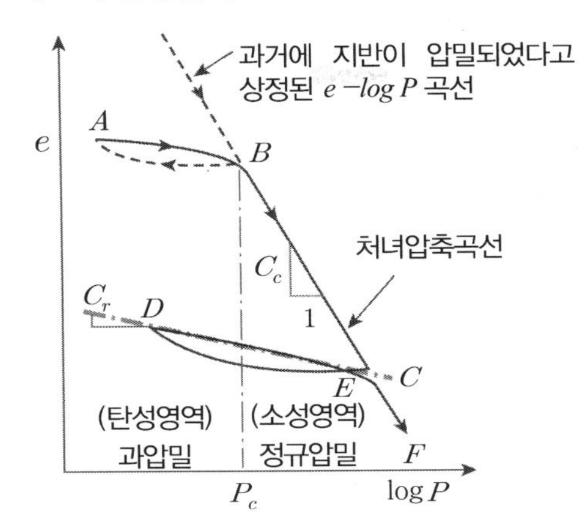

$e - \log P$ 곡선

그림과 같이 $e - \log P$ 곡선은 지중에 압밀되어온 점토 시료를 채취하기 때문에 팽창상태의 시료를 채취하여 실내에서 재압밀하게 되므로 $A \rightarrow B$의 탄성적 거동을 보이게 되며 B의 경로 이후부터는 회복 불가능한 소성적 거동 특성을 보이게 된다. 즉, 점 B의 압밀압력으로 흙은 탄성에서 소성으로 항복됨을 의미하며 이 점의 압력이 선행압밀압력 P_c이다.

$e - \log P$ 곡선의 영향 요인

- 시료의 교란
- 압밀링의 측면마찰
- 재하시간
- 하중의 증가율

(1) 정규압밀점토의 침하량($P_o = P_c$)

$$\Delta H = S \frac{H}{1+e_o}\Delta e = \frac{C_c}{1+e_o} H \log \frac{P_o + \Delta P}{P_o}$$

(2) 과압밀점토의 침하량

① $P_o + \Delta p \leq P_c$

$$S = \frac{C_r}{1+e_o} H \log \frac{P_o + \Delta P}{P_o}$$

② $P_o + \Delta p > P_c$

$$S = \frac{C_r}{1+e_o} H \log \frac{P_c}{P_o} + \frac{C_c}{1+e_o} H \log \frac{P_o + \Delta P}{P_c}$$

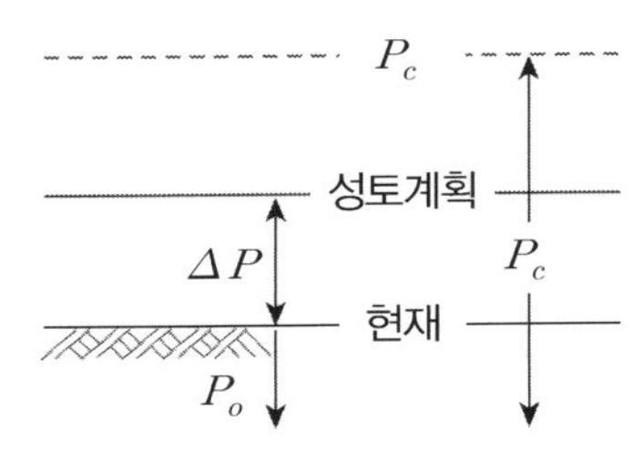

$P_o + \Delta P \leq P_c$

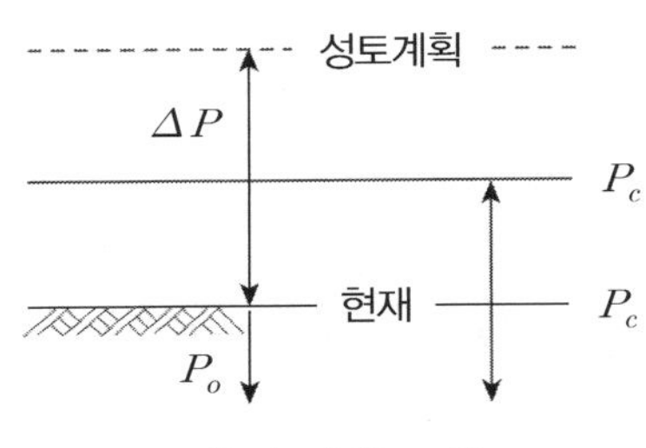

$P_o + \Delta P > P_c$

4. 2차 압밀침하량

(1) 침하량

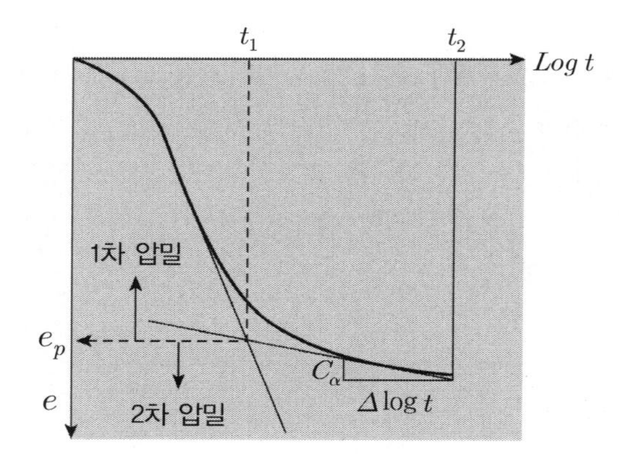

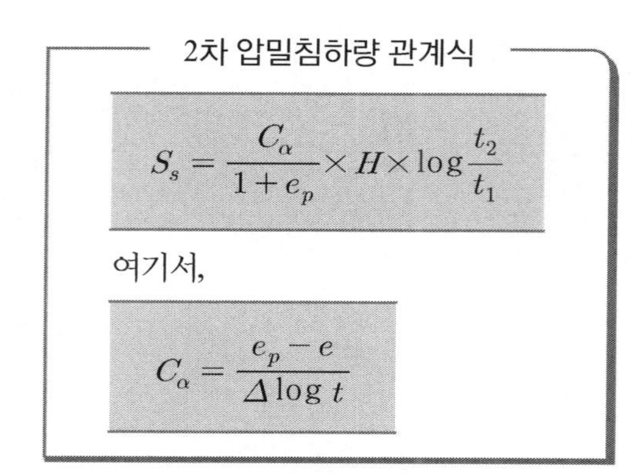

(2) 침하 특성

① 연약한 점토층일수록 크다.

② 소성(PI)이 클수록 크다.

③ 점토층 두께가 두꺼울수록 크다.

④ 유기질(P_t)이 많을수록 크다.

5. 압밀침하량 산정을 위한 조사 및 시험

(1) 조 사

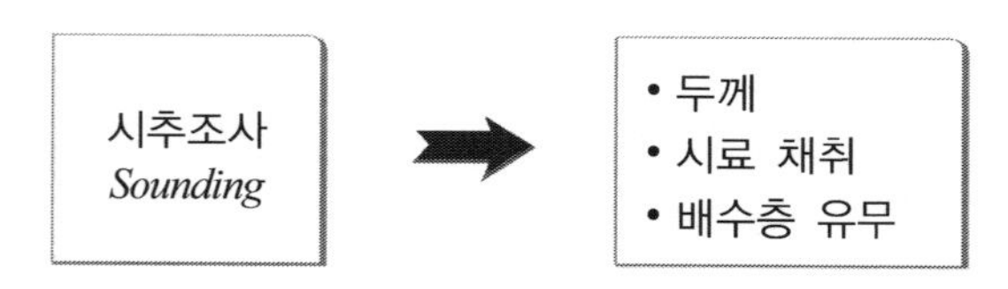

(2) 시 험

① 토성시험(비중, 액성한계, 소성한계 등)

② 압밀시험

6. 평 가

(1) 보통점토의 경우에 압밀시험에서 24시간을 재하하면 2차 압밀침하까지 침하되므로

(2) 별도로 2차 압밀침하를 고려할 필요는 없으나

(3) 소성이 매우 큰 점토(CH), 유기질토 등은 반드시 고려하여 침하량을 산정해야 한다.

(4) 설계예측 침하량과 시공계측침하량의 차이는 주로 시료의 교란으로 인한 압축지수의 과소평가 등 물성치의 부정확성에 의해 기인되나 또 다른 원인으로 2차 압밀침하에 대한 해석방법에 기인하기도 한다.

(5) 따라서 국제 지반공학회에서 논리적으로 틀렸다고 인정되는 아래 *A*가정이 현재까지 대부분의 설계회사에서 사용하고 있는 실정에서 연약지반의 압밀침하거동을 간편하게 예측할 수 있는 시스템 개발이 절실히 필요한 실정이다.

구 분	가정 *A*	가정 *B*
크리크 변형 유발시점	1차 압밀 종료 후	압밀 전체 과정(1차 압밀 중 유발)
응력－변형률 관계	*EOP*(*End of primary consolidation*)에서 유효응력－변형률 곡선은 일정	압밀시간에 의존, 시료두께에 의존
시료두께의 영향	없 음	시료두께가 커지면 침하량 커짐
침하량 계산	전체침하량 = 1차 압밀침하량 + 2차 압밀침하량	수치계산 필요

참고자료

Terzaghi 이론에서는 과잉간극수압이 소산할 때 침하는 어느 일정치에 수렴하는데, 실제로는 대부분의 점토에서 간극수압이 소산한 후에도 침하는 계속되어 침하량과 시간의 대수가 거의 직선적인 관계가 성립하는 경우가 많다.

그래서 *Terzaghidl* 이론곡선에 잘 맞는 부분의 침하는 1차 압밀이라 하며 그 이후의 침하를 2차 압밀이라 한다. 압밀현상은 점토지반의 침하가 재하 후 상당한 시간적 지연을 두고 발생하는 것으로 이 같은 시간적 지연은 수리학적 지연(*Hydraulid lag*)과 소성적 지연(*Plastic lag*)으로 나누어 생각할 수 있다. 그런데 수리학적 지연은 점토의 투수성, 압축성 및 배수 거리에 관계되며, 소성적 지연은 점토의 소성적 지연, 즉 일정한 유효응력 하에서 변형이 시간과 함께 증가하는 성질(*Creep*)과 관련된다. 그런데 실험실에서 침하곡선 중 1차 압밀이라 부르는 부분은 수리적 지연이 주요한 역할을 하며, 2차 압밀이라 부르는 부분에서는 소성적 지연이 주요한 역할을 한다. 여기서 주의해야 할 점은 1차 압밀과 2차 압밀을 설명하는 데는 실험실에서의 침하곡선이라는 것을 항상 강조하고 있다. 실험실에서 하는 압밀시험은 시료두께가 *2cm* 전후로 배수거리가 상당히 짧기 때문에 수리적 지연은 상당히 작고 유효응력이 급격히 증가하고 그 후 일정한 값이 된다. 그런데 이 경우 유효응력이 일정하게 될 때까지 시간적으로 상당히 짧기 때문에 점토가 크리프하는 시간적 여유가 없다. 따라서 이 사이에 침하의 대분분은 유효응력 증가에 따라 순간적으로 발생하는 침하이고 크리프 침하의 대부분은 유효응력이 일정하게 된 후에 발생한다. 이 같은 시료의 두께가 작은 경우에는 유효응력 증가에 따른 순간적 침하와 크리프 침하가 확연히 분리되는 형으로 생기며 압밀의 초기 연구에 있어서는 전자를 1차 압밀이라 하고 후자를 후에 생긴다 하여 2차 압밀이라 한다.

그러나 이상의 논의에서 예상되는 것은 현장의 점토층과 같이 두께가 상당히 큰 경우는 수리학적 지연이 매우 크며 수리학적 지연이 진행하는 과정에도 소성적 지연이 진행하는 시간적 여유가 충분하며, 유효응력 증가에 따른 침하와 크리프 침하가 혼재하는 형으로 나타나고 시료두께가 얇은 경우에 나타나는 1차 압밀과 2차 압밀을 분리하는 침하곡선이 되지 않는다. 이 같이 1차 압밀인가 2차 압밀인가의 개념은 실험실에서 시료두께가 얇은 침하 특성에서 얻어지는 것이므로 현장의 압밀침하 특성에 적용하기 어렵다. 그러나 현재에도 *Secondary*라는 의미로서 2차 압밀이라 하면 점토의 크리프 특성을 의미하는 것으로 사용한다.

이 같이 점토의 비탄성적 거동은 점토입자 사이의 접촉 부분의 상대적 이동을 뜻하며, 입자표면 흡착수층의 점성저항에 기인하는 것으로 생각된다. 그런데 두께 *2cm*의 시료에 대하여 압밀계수를 사용하여 두터운 현장 점토의 침하과정을 추정하는 데는 많은 문제점이 있다.

예를 들면 압밀침하량 및 압밀에 요하는 시간은 과소하게 추정하는 것이 된다.

이 문제는 압밀론 연구의 초기부터 많은 사람에 의해 연구되어 현재나 앞으로도 압밀에 대한 최대 관심사항이 될 것이다.

2차 압밀에 대한 연구는 접근방법에 따라 2종류로 대별되는데 하나는 실험실에서 관측된 크리프 침하가 거의 $\log t$에 비례한다는 사실을 기초로 하여 1차 압밀비나 하중증가율 등을 개입시켜 실제 점토층의 침하를 경험공식으로 표시하는 방법이며, 다른 하나는 2차 압밀 현상을 해석적으로 취급하여 점토의 골격구조를 스프링(*Spring*), 대쉬포트(*Dash−pot*), 슬라이더(*Slider*) 등을 조합시킨 유변학적 모델(*Rheology model*)로 표현하도록 한 흐름이다. 전자는 실용적으로 상당히 편리하지만 2차 압밀 현상을 일반적으로 표시할 수 없으며, 더욱 고도의 2차 압밀론의 기초가 될 수 없으므로 이 문제에 대한 연구의 주류는 차차 후자의 쪽으로 흐르고 있다. 그런데 현재 조금씩 수정개량된 이론적 침하해석법이 발표됨과 함께 현재 압밀시험법 자체도 이 문제에 대응하도록 재검토되는 상황에 있다.

또 화산회토나 유기질토, 특히 이탄(*Peat*) 등 특수토에서는 완전 포화상태에서도 2차 압밀이 탁월하고 극단적인 경우에는 대부분이 크리프적인 것으로 보고 있으며, 이와 같이 특수토에 대한 상사법칙이나 해석법이 거의 확립되어 있지 않아 앞으로 연구가 기대되는 부분이 많다.

27 점증하중에 의한 침하량 보정

1. 개 요

(1) 압밀시험에서 침하량 예측은 순간적으로 하중이 작용할 경우 이론치이나 실제 현장에서는 특별한 경우를 제외하고는 공사가 장기적으로 시공되어 공사 중 과잉간극수압 소산으로 비배수강도가 증대되어 이론보다 압밀침하량이 감소하므로 보정이 필요하다.

(2) 보정법은 *Terzaghi* 경험법, *Olsen* 도표에 의한 방법이 있으며 *Terzaghi* 경험법 위주로 기술하고자 한다.

2. 순간하중에 의한 침하량 산정

(1) 최종침하량 산정 : 압밀시험결과 도출된 압축지수, 최초 간극비, 압밀층 두께, 증가하중 활용

(2) 시간계수 산정 : 압밀계수로부터 도출

(3) 압밀도 : 근사식 활용

(4) 시간－압밀침하량 작도

3. 보정법

(1) 성토 진행 중($t < t_c$)

① 어느 시간(t)에서의 점증하중에 의한 침하량은 $\frac{t}{2}$에서의 침하량에 $\frac{t}{t_c}$를 곱한 값이다.

② 여기서 $\frac{t}{t_c}$를 곱한 이유는 최종하중에 대한 t 시간에서의 하중비율과 같은 값이다.

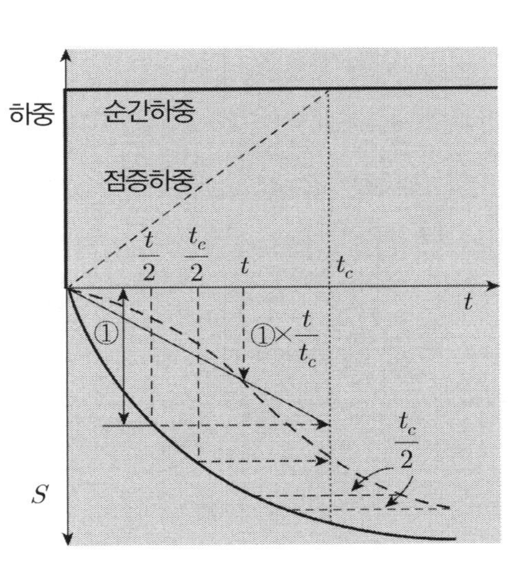

점증하중으로 인한 침하량 수정

$$t\text{시간 점증하중 침하량} = \frac{t}{2}\text{시간 순간침하량} \times (t/t_c)$$

(2) 공사 완료 시 침하량 : 점증하중에 의해 성토가 완료되었을 때의 절반시간에 순간하중의 침하량과 같다.

$$t_c\text{시간 점증하중 침하량} = \frac{t_c}{2}\text{시간 순간침하량} \times \left(\frac{t_c}{t_c}\right) = \frac{t_c}{2}\text{시간 순간침하량}$$

(3) 공사 완료 후 침하량 : 순간하중과 점증하중의 침하량 발생 차이가 없다.

✓ 성토 완료 시 발생한 침하량에서 $t_c/2$만큼씩 오른쪽으로 이동하여 작도

$$t_c \text{ 이후 점증하중 침하량} = \left(t - \frac{t_c}{2}\right) \text{의 순간침하량}$$

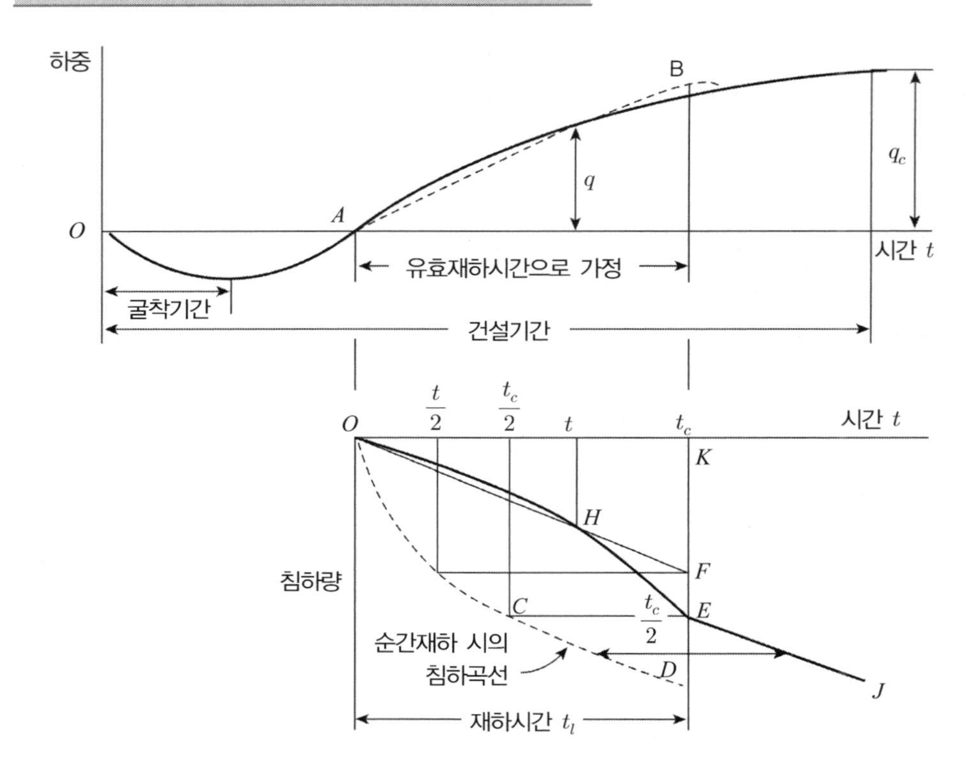

4. 점증하중과 순간하중의 안전율 차이

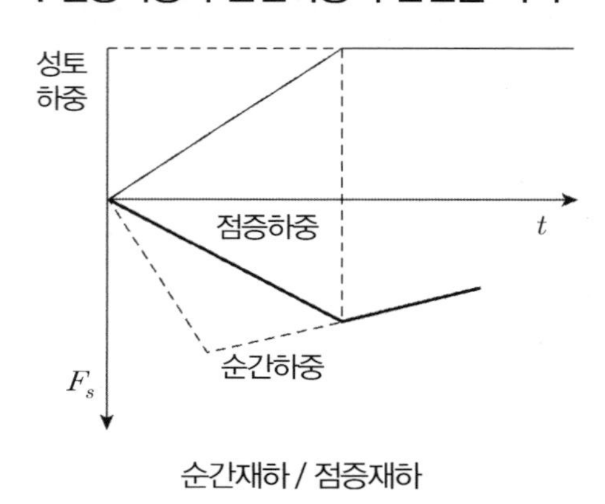

순간재하 / 점증재하

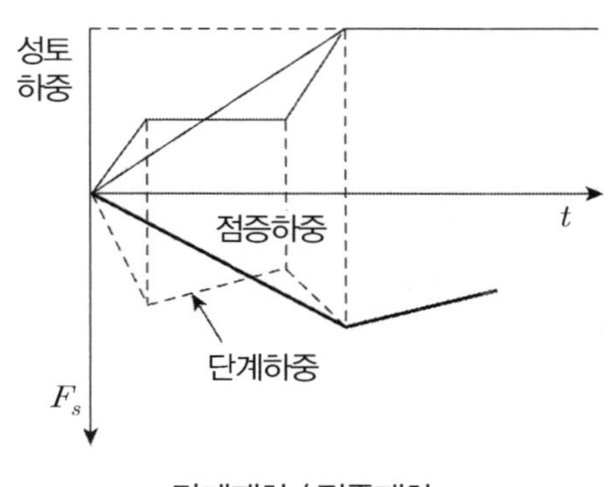

단계재하 / 점증재하

5. 평 가

(1) 점증재하가 순간재하보다 침하량이 적게 되는데, 그 이유는 성토시공과정에서 과잉간극수압의 소산으로 인해 비배수강도(압밀)가 증가하기 때문이다.

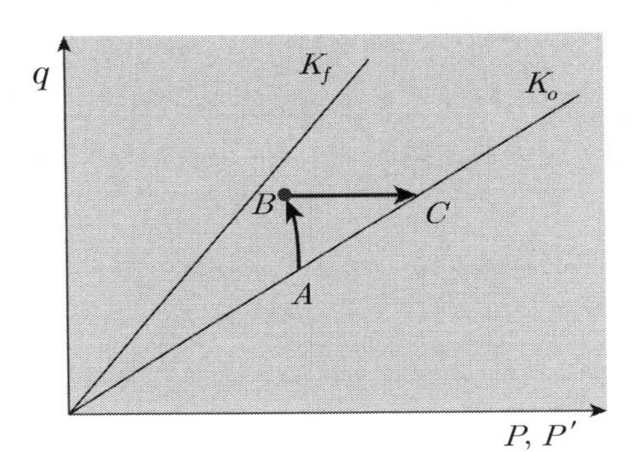

$A \rightarrow B$: 과잉간극수압 발생(UD)
$B \rightarrow C$: 과잉간극수압 소산
$A \rightarrow C$: CD

(2) 순간하중에 의한 설계침하량에 대한 점증하중에 의한 예측침하량으로의 보정은 신뢰성 증진을 위해 *CRS*, *CG*, *Rowe* − *Cell* 압밀시험 등 정밀한 시험과 수치해석을 병행함이 바람직하다.

(3) 점증하중으로의 보정 이후에도 시공 중 계측을 통한 장래침하량에 대한 역해석도 연계관리하여야 한다.

28 교란을 최소화하기 위한 시료채취 방안(Thinwall Sampler)

1. 개 요

(1) 토질시험에 이용하기 위한 시료는 원지반의 성질이 변하지 않도록 시료가 채취되도록 해야 한다.

(2) 그러나 이상시료(*Ideal sampler*)를 채취하기란 매우 어려운 일이며 불교란 시교채취 시 필연적으로 교란을 동반하기 때문에 가급적 시료교란 원인을 최대한 감소시키거나 제거하는 것이 가장 요구되는 사항이다.

(3) *Thinwall sample*는 시료가 교란되지 않도록 고안된 장비로 국내에서는 고정 *Piston*식과 수압 *Piston*식이 있다.

2. 교란의 원인

(1) 지중응력 해방

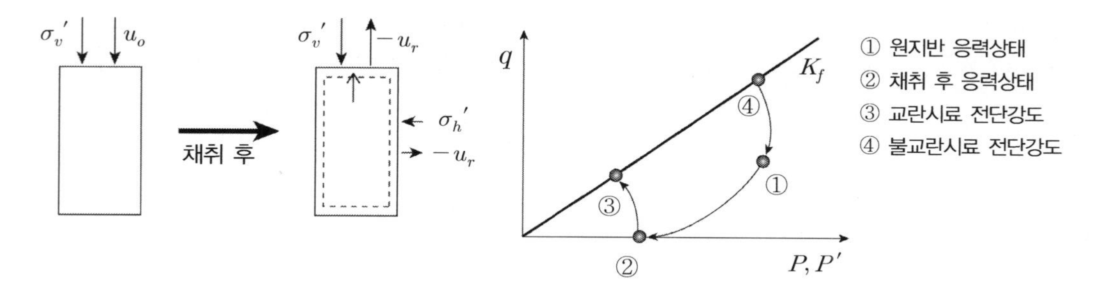

(2) 기계적 교란

① A : 원지반(현 지반 응력상태)

② A → B : 시추 시 압입에 의한 압밀전단

③ B → C : 씬월 삽입 시 압밀전단

④ C → D : *Sample* 인상 시 인장비틀림

⑤ D → E : 시료 추출

⑥ E → F : *Triming* 시 압축, 전단

⑦ F → G : 3축압축 시 등방압력

⑧ G → H : 3축압축시험

⑨ 기타 : 운반 시 충격, 건조

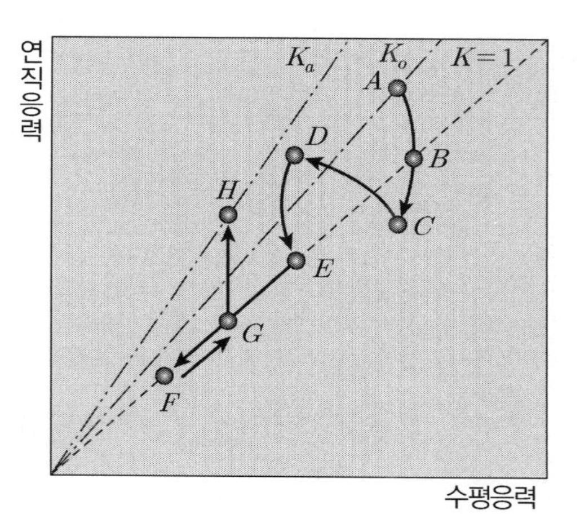

기계적 교란에 의한 유효응력 변화

3. 대표적 시료채취 방법

시료채취 방법	설 명	대표적인 샘플러	비 고
타격식	샘플러를 해머로 타입하여 시료를 채취함	스플릿 스푼 샘플러	흙의 조성상태는 유지되나 밀도와 조직은 파괴
압입식	샘플러를 인력, 잭, 유압 또는 수압으로 지중에 관입시켜 채취	**오픈 튜브 드라이브 피스톤 튜브**	**대표적인 불교란 시료채취 방법**
코어식	회전식	싱글, 더블, 트리플 코어바렐	암반이나 굳은 토사, 교란 심함
오거식	회전식 오거시추로 배출되는 시료를 채취	핸드오거, 디스크오거 연속헬리컬 오거	입도 조성 유지 곤란
자유낙하식	샘플러를 낙하시켜 시료를 채취	해저 시료채취기	교란 심함
bulk 시료채취	삽이나 버킷으로 시료를 채취함	*bag*, 버킷	완전히 교란되며 입도 조성이 유지되지 않을 수도 있음
block 시료채취	시험굴 또는 시추공에서 주변의 흙을 깎아내어 채취	**블록샘플 대구경 샘플러**	**가장 교란이 적음**

4. 불교란 시료의 정의 및 샘플링 구비조건

(1) 불교란 시료

채취한 시료로부터 지반의 강도, 압축성, 투수성 등을 결정할 수 있을 정도로 교란이 적게 된 시료 (*Hvorslev*, 1949)

(2) 샘플러가 구비하여야 할 사항

① 가능한 한 회수비가 100%가 되기 위한 기능발휘가 필요하다.

② 최대한 연속적인 토층파악이 가능하도록 연속적 시료채취가 가능하여야 한다.

③ 시료와 샘플러 튜브 벽면과의 마찰이 적어야 한다.

④ 시교채취 시 시료가 교란되지 않아야 한다.

⑤ 시료를 추출할 때 편리하여야 한다.

5. 대표적 불교란 시료 샘플러의 종류

샘플러의 종류		주요 내용
압입식	오픈드라이브 샘플러	끝단이 열린 샘플러를 관입(쉘비튜브)
	고정피스톤 샘플러	수압식(우리나라에서 사용, *Osterberg* 샘플러)
		익스텐션로드식(일본에서 주로 사용)
	데니슨 샘플러	이중관식 샘플러(내관은 압입, 외관은 오버코어링)
	포일 샘플러	연속채취가능(교란 가능성 다소 있음)
표층블록샘플러		원형, 육면체로 채취
대구경 샘플러		코어링, 이중관식 오버코어링

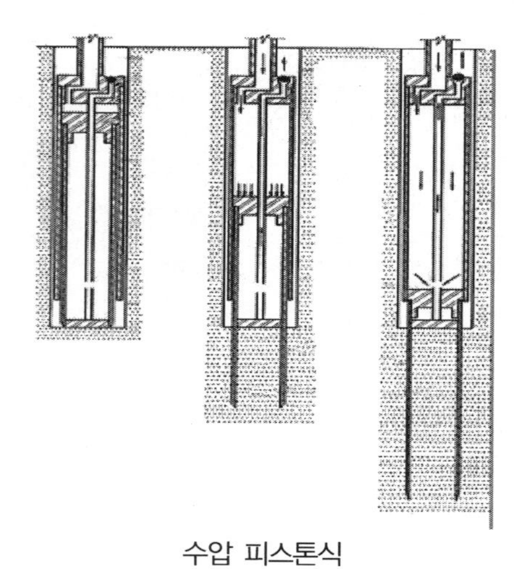

수압 피스톤식

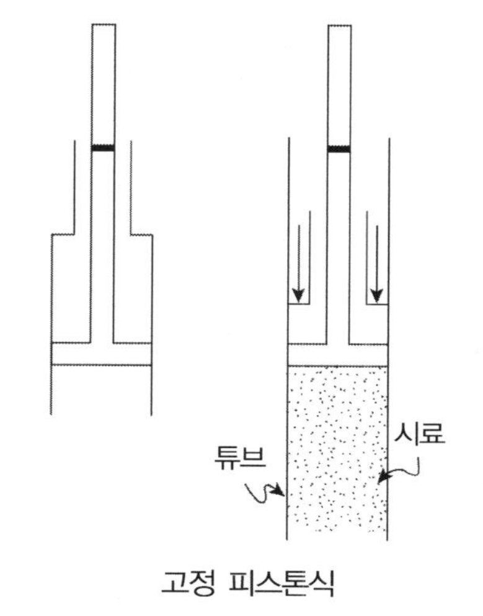

고정 피스톤식

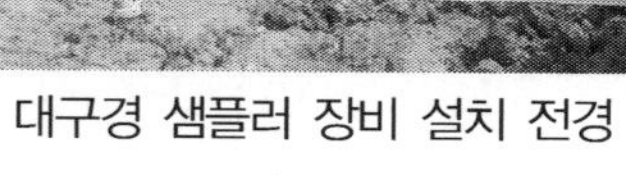

대구경 샘플러 장비 설치 전경

압입과 회전 전경

시료채취 전경

6. 샘플러의 기하형상과 요구조건

(1) 기본요구조건

구 분	방 법	불교란 기준
회수비	회수비 $= \dfrac{\text{시료 채취길이}}{\textit{sample}\ \text{관입깊이}} \times 100(\%)$	80% 이상
내경비 (내부여유비)	D_s, D_i, D_o 내경비 $= \dfrac{D_s - D_i}{D_i} \times 100(\%)$	*Sample* 관입 시 내부 직경을 입구보다 약간 좁게 하면 마찰력을 줄일 수 있으며 보통 1% 내외임
직경비	① 샘플러의 길이가 길어지면 시료와 튜브 사이 마찰력도 커지고, 전체 마찰력이 지반의 극한 지지력보다 커져 심하게 교란됨 ② **이를 방지하기 위하여 다음과 같은 샘플러의 길이와 내경비(직경비)를 제한하고 있음** 직경비 $= \dfrac{L}{D}$ 여기서, L : 샘플러 튜브의 길이 D : 샘플러의 내부 직경	(아래 표 참조)
면적비	면적비 $= \dfrac{D_o^2 - D_i^2}{D_i^2} \times 100(\%)$	*Sample* 관입 시 배제되는 흙 체적의 비율로서 10% 이하
*X*선 투시	**방사선 투시(*ASTM*)**	

토 질	최대 직경대 길이비
점토(예민비>30)	20
점토(예민비5－30)	12
점토(예민비<5)	10
느슨한 사질토	12
약간 느슨한 사질토	6

(2) 선단각도

① 시료 교란을 줄이기 위하여 면적비를 줄이면 튜브가 너무 얇아져 휨이나 좌굴이 발생한다.

② 대신에 슈의 선단에 경사각을 둠으로써 면적비를 줄이는 효과를 얻을 수 있다.

면적비(%)	선단각도(°)
5	15
10	12
20	9
40	5
80	4

75*mm* 샘플러 사양

(3) 두께비에 따른 시료의 변형

시료가 시료채취기에 접근함에 따라 압축변형이 발생하였다가 시료채취기 내로 들어가면 다시 인장변형이 발생하고, 최대변형이 발생하였다가 다시 감소하며 이때, 변형의 크기는 샘플러의 두께비(B/t)에 따라 결정된다.

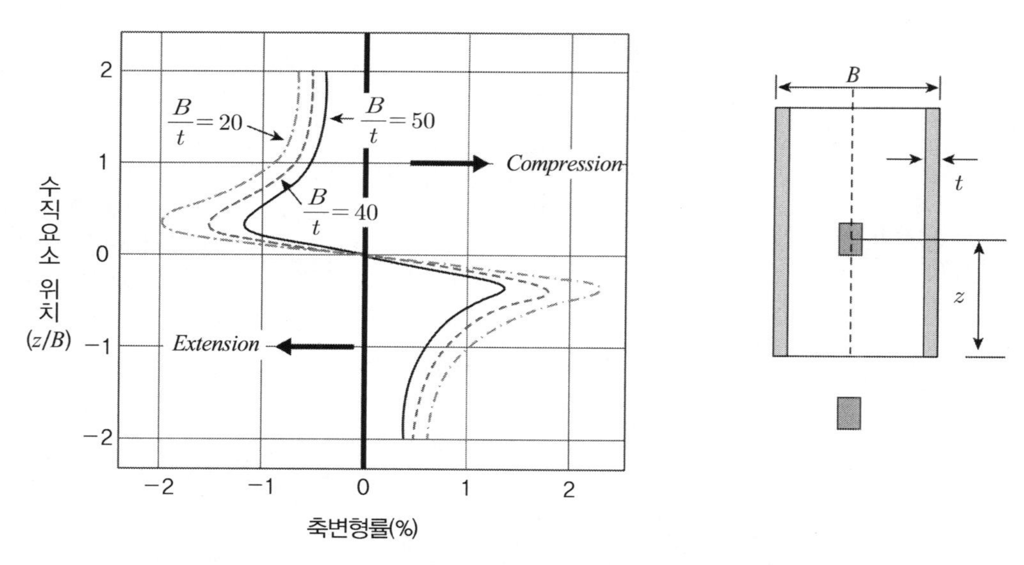

시료가 튜브 내로 관입하기 전후의 변형(*Baligh*, 1985)

✓ 각 기관별 샘플러의 요구조건

구비 조건	기 관	적정 범위
면적비	***BS Code***	개방형 튜브 샘플러 : **25% 이내** 불교란 시료 샘플러 : **10% 이내**
내부여유비	***ASTM***	1% 이하, 두께비(B/t)를 40~47로 규정
	국제지반공학회 시료채취소위원회	**최근에는 내부여유를 두지 않는 샘플러도 많이 사용 : 시료의 변형(팽창)과 균열발생**
직경비	***ASTM***	샘플러를 관입하는 길이는 지반에 따라 다르지만 연약 점성토는 직경의 10~15배 이내로 해야 함

7. 시료교란의 방지 및 개선

(1) 국내시험결과 수압식보다는 고정식이 교란이 적다는 보고(양산 물금)

① 우리나라에서 많이 사용하는 수압식과 일본에서 많이 사용하는 익스텐션로드식 피스톤 샘플러는 대체로 불교란 시료샘플러의 조건을 만족한다.

② 우리나라의 경우 양산점토와 광양점토에 대하여 두 샘플러로 채취한 시료의 시험결과 익스텐션 로드식 샘플러가 다소 양호한 결과를 보인다(한국건설기술연구원).

(2) 일본 지반학회 : 고정식(*FPS*) 추천

(3) 수압식(*HPS*)교란 이유 : 수압에 의한 추가교란인 것으로 추정한다.

(4) 잘 설계된 샘플러 슈의 선단형상은 시료교란을 크게 감소시키므로 제 규정에 적합한 공장제품을 선정하여야 한다.

(5) 시료의 교란은 주로 관벽 주위에서 생기고 직경이 크면 적게 발생한다.

(6) 시료채취 전 현장이 지반에 적합한 천공수 및 샘플러의 종류 및 채취방법을 결정하고 시료채취 시 샘플러의 관입속도 및 관입압력을 일정하게 유지하도록 해야 한다.

29 체적비와 준설매립

1. 정 의

체적비는 준설되는 원지반의 비체적$(1+e_o)$에 대한 준설 후 각 압밀시간에 해당하는 비체적$(1+e_t)$의 비로 정의한다.

$$\text{체적비} = \frac{1+e_t}{1+e_o}$$

(*Yano* 제안식)

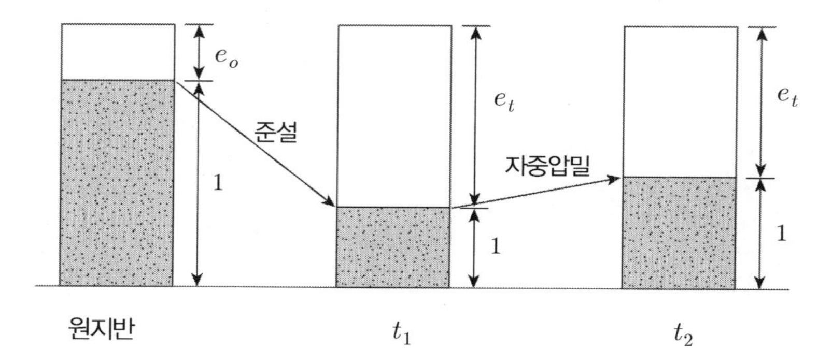

2. 자중압밀시험(체적비 구하는 방법)

(1) 시험시료 준비 함수비와 초기높이를 정확히 계량하여 16개 준비 (함수비 300, 400, 700, 1000% 높이 60, 80, 100, 120*cm*)

(2) 믹서로 교반 후 압축공기 투입

(3) 시간대별 계면고 측정

(4) 자중압밀 곡선 작성(자중압밀 시종점 추정)
→ 변곡점으로부터 추정

(5) e_t 계산 → 체적비 산출

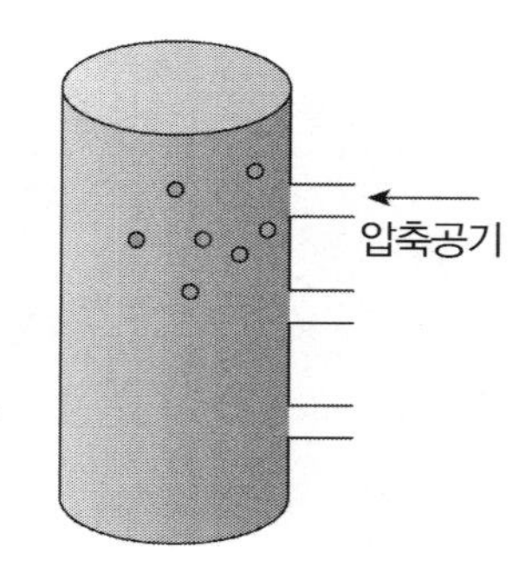

3. 체적비 산출

(1) 자중압밀구간 관계식(H)

$$\log H = \log H_o - C_s \cdot \log t$$

여기서, H : 계면고
C_s : 침강압밀계수
H_o : 준설토 초기 매립고

✓ 이 식으로 침강 완료 후 임의의 시간에 대한 계면고를 구할 수 있다.

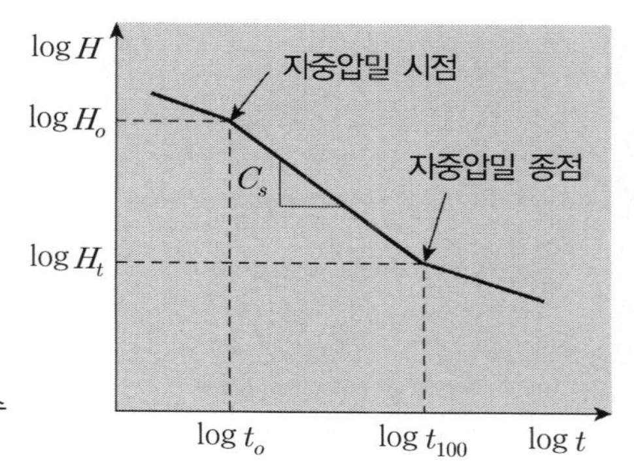

(2) 실질 토량고 산출(H_s)

$H_o : 1 + e_o = H_s : 1$

$$H_s = \frac{H_t}{1+e}$$

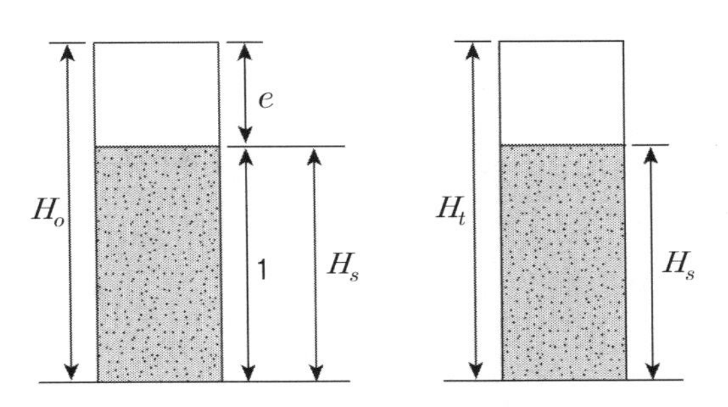

(3) 임의 시간 간극비 산출(e_t)

$$e_t = \frac{V_v}{V_s} = \frac{H_t - H_s}{H_s}$$

(4) 체적비 = $\dfrac{1+e_t}{1+e_o}$

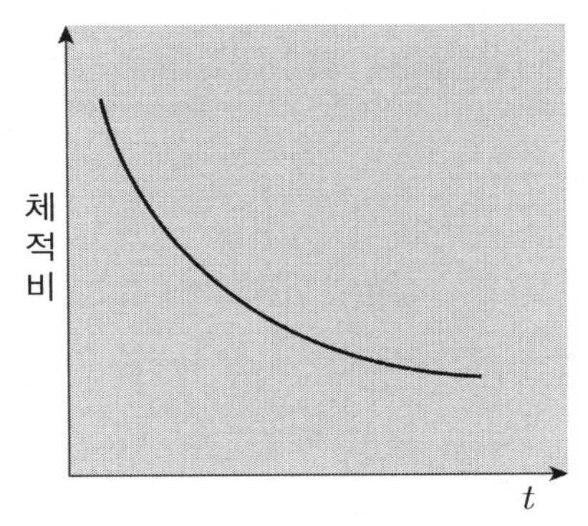

체적비의 경시변화

4. 체적비의 이용

(1) 공사기간 산출

(2) 투기장 용량 계산

(3) 유보율 100%의 준설물량 산정

→ 매립토량을 체적비로 나눔

(4) 방치기간에 따른 체적변화(자중압밀)량

(5) 실질 토량고와 계면고 관계 분석

자중압밀 시작점과 종료점에 대한 계면고와 실질 토량과를 대수눈금에 *Plot*하여 절편 *A*와 기울기를 구함

$$Log\,H = A + B\,Log\,H_s$$

✓ 이 식으로 자중압밀 시점과 종점의 계면고를 구할 수 있다.

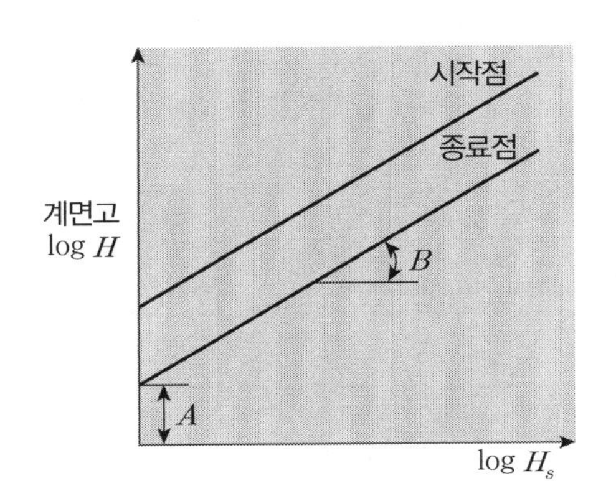

실질 토량고와 계면고 관계

5. 준설물량 산출법

(1) 유보율에 의한 방법(구 개념)

① 준설물량(매립 시 공토량) : V

$$V = \frac{V_o}{P}$$

여기서, P : 평균 유보율(모래 70~80%, 점토 70% 이하) V_o : 매립토량

$$V_o = \frac{\text{원매립체적}}{1-\text{자체수축률}} \times (1 + \text{침하율})$$

여기서, 자체수축률 : 모래(층두께의 5% 이하), 점토(층두께의 20% 이하)
원매립체적 : 본바닥 토량 수중측량 토적
침하율 : *Terzaghi* 압밀침하량으로 구함

② 준설토사에 대한 여수로에 의한 유실량의 비율을 유실률이라 하고 매립지(투기장)에 잔류된 양의 비율을 유보율이라고 한다.

③ 유보율을 높이기 위해서는 여수토를 높게 하고 침사지 면적을 크게 해야 한다.

(2) 체적비에 의한 방법(신개념)

① 침강, 압밀시험에서 시간에 대한 계면고의 침강곡선 작도

② 자중압밀 시 종점을 추정 → 침강압밀계수 산정

③ 계면고(H)와 실질토량고(H_s) 관계에서 A, B계수를 구하여 다음 관계 설정으로 계면고에 따른 실질 토량고 산정

$$\log H = A + B\log H_s$$

④ $\log H = \log H_o - C_s \cdot \log t$ 로부터 자중압밀중 계면고 산정

⑤ 임의 시간 t에서의 간극비는 ④식에서 임의 시간에서의 계면고를 알 수 있고 ③식에서 계면고를 알면 실질 토량고를 알 수 있으므로 시간대별 간극비는 다음과 같다.

$$e_t = \frac{V_v}{V_s} = \frac{H_t - H_s}{H_s}$$

⑥ $$\text{체적비} = \frac{1+e_t}{1+e_o}$$

⑦ 준설물량은 매립토량을 체적비로 나누어주면 된다.

⑧ 체적비 개념은 유보율 100%로 하여 환경피해가 없도록 준설토량을 최소화하는 방법이다.

⑨ 준설투기된 점토가 여수로로 흘러가는 동안 충분히 침강이 되도록 최소 매립면적이 필요하다. 즉, $A = Q/V$에서 (Q : 유입량, V : 침강속도)

⑩ 침강 중에 토사와 해수가 월류되어 바다로 방류되지 않도록 가토제의 적정높이가 확보되어야 한다.

6. 평 가

(1) 준설매립토층의 방치기간에 따라 체적 변화량의 비, 즉 체적비는 준설 투기량을 결정 짓는 중요한 요인이다.

(2) 체적 변화비는 원지반 체적에 대한 준설매립토의 체적비로 나타낼 수 있으며, 자중압밀이 완료된 후에는 장기적으로 준설매립지반의 간극비 및 함수비가 원지반과 거의 같아지므로 체적 변화비는 1이 된다.

(3) 체적 변화비 산정 시 가장 유의해야 할 사항은 단계별 준설매립 종료 후 체적비가 1 이하의 값을 나타낼 때이며, 이때의 준설토는 원지반보다 더 작은 간극비와 함수비를 갖게 된다.

(4) 따라서 실내시험결과를 가지고 체적 변화비를 산정하고자 하는 경우는 자중 압밀 직선식에 대한 보정이 필요하며 필히 인근현장의 체적 변화비 산정결과를 비교분석하여 준설매립지 반의 체적비를 적정하게 산정하여야 한다.

(5) 준설매립토의 표층에 가까울수록 함수비가 크고 매우 연약하므로 함수비를 100% 이하로 낮추는 것은 곤란하며 사례에 의하면 1년 방치 후 전단강도는 $0.2tonf/m^2$ 정도이므로 표층부 처리에 대한 대책을 구비해야 한다.

(6) 실내시험에 의한 방법은 넓은 면적을 장기간에 걸친 준설투기진행에 대한 메커니즘을 반영하지 못하므로 대형토조에 의한 실내시험과 계측을 통한 준설토 침하량, 매립량, 물성치변화 등을 시공에 반영하여야 한다.

30 유한변형률 이론

1. 개 요

(1) *Terzaghi*의 압밀이론은 미소변형률(*Infinitesimal strain*) 개념의 압밀해석이론으로 준설토와 같이 매립두께의 1/2~1/3 정도의 큰 변형(침하)이 수반되는 조건에서의 압밀침하량을 산정하기에는 한계가 있다.

(2) 최근 대규모의 간척사업, 공유수면 매립지 조성에 압축성이 큰 해성점토를 준설매립하고 있는 실정으로 *Gibson*, *Mikasa* 등 학자 등에 의해 고안된 유한변형률 이론은 이러한 지반에 대한 정확한 침하량 분석을 가능하게 해준다.

2. *Terzaghi* 압밀이론의 한계와 유한변형률 이론의 적용 이유

압밀 중 특성	*Terzaghi*의 압밀이론	유한변형률 이론
압밀층 두께	일 정	변 화
배수거리	일 정	변 화
변형의 크기	작 음	큼
강도 증가, 간극비 변화 기울기	일 정	변 화
압밀계수관련(C_v, m_v, K, C_c)	일 정	변 화
자중영향	무 시	고 려

3. 유한 변형률 이론

(1) 압밀층 두께의 변화에 따라 새로운 좌표 개념 도입

✓ 침하추적과 상대변위 파악 가능

→ *Lagrangian* 좌표 *Convective*, *Ruduced* 좌표 사용

(2) 배수거리 변화에 따른 배수거리 조정

(3) 강도증가 및 간극비 관련계수의 조정 적용 : α, S_u, e

(4) 압밀계수 관련 계수(C_v, M_v, K, C_c) 조정

압밀단계별 시료채취, 시험 : 상재하중단계별 시험

(5) 자중압밀 검토

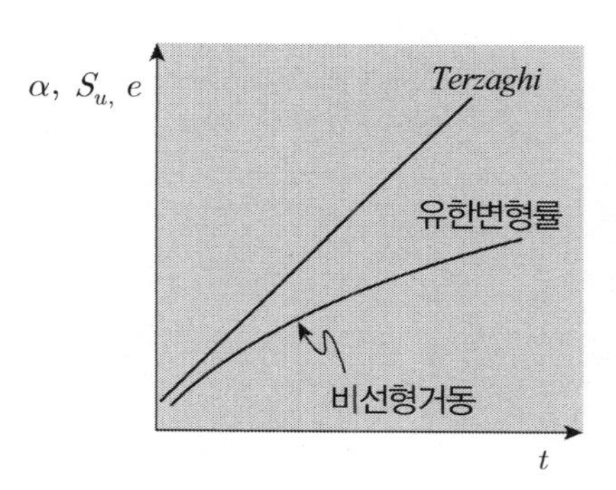

4. 적 용

(1) 준설 매립지반의 자중압밀과 상재하중에 의한 압밀의 복합해석

(2) 연속적 투기로 매립층 두께가 지속적으로 증가하는 경우 압밀해석

✓ 예 : 부산 가덕도 신항만, 마산 신항만

5. 수치해석 동향

최근 주로 사용되는 압밀해석 프로그램은 수치해석기법에 의하여 유한차분법에 의한 수치해석 모델링 프로그램으로 미소변형압밀이론에 근거한 *Ticon*, *Consol* 등과 유한변형률 이론에 근거한 *Slurry*, *PCDDF*(*PSDDF*) 등이 사용된다. *TAILS* 프로그램은 미소변형압밀 이론에 근거한 *Piece*－*wise* 기법을 사용하여 유한변형압밀이론에 근접한 침하량을 산정하는 데 사용된다.

31 재하중이 불필요한 압밀공법(자중압밀, 침투압밀, 진공압밀)

1. 자중압밀(*Self Weight Consolidation*)

(1) 원 리

① 초기단계 : 침전은 발생하지 않은 *Floc*(응집)의 형성단계로서 영동작용 상태이다.

② 중간단계 : *Floc*(응집)이 점차로 침전하여 압밀이 시작되고 침전물이 점진적으로 증가하면서 상부의 침전영역은 점차로 얇아지면서 없어지게 된다.

③ 최종단계 : 자중압밀 단계로 토층 두께가 점차로 얇아진다.

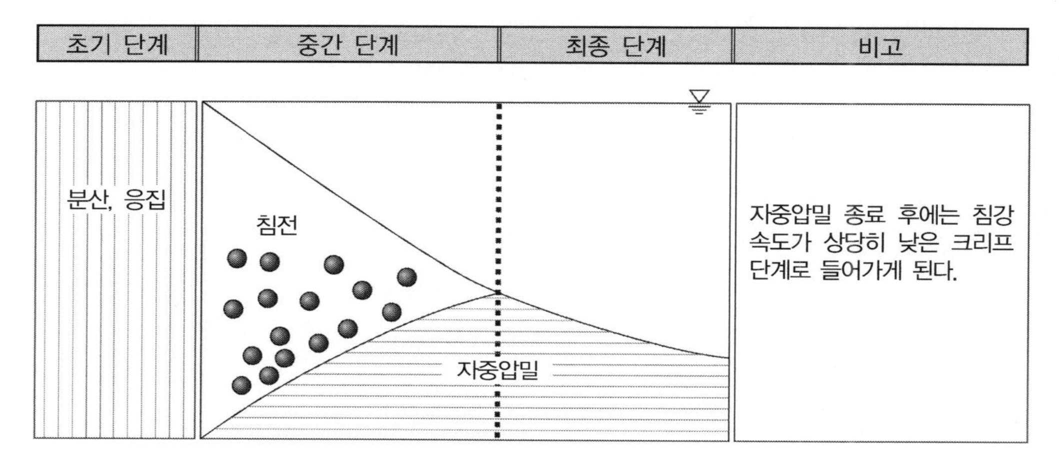

(2) 특징 / 효과

① 시간경과에 따른 간극비 변화 : 경시효과

자중압밀에 의한 간극비 저하 → 유효응력 증가 → 침하량 개선

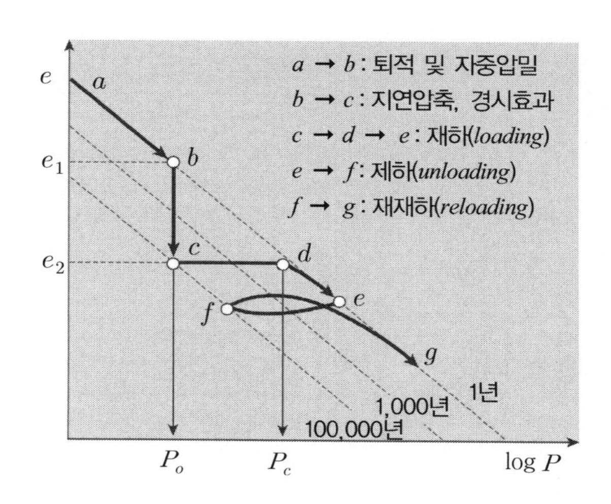

② 점토입자의 크기는 매우 작으므로 중력방향으로 침강하기 보다는 이론적으로는 자유로이 떠도는 형태, 즉 영동작용(泳動作用, *Brown* 운동)을 한다.

③ 실제로는 토립자들이 응집(*FLOC*)되어 *Stockes* 법칙보다 침강속도가 수백 배 빠르다.

(3) 문제점

① *Trafficability*가 곤란 → 표층 처리

② 자중압밀시험 → 현장 대형토조 시험 필요

③ 배토관 거리에 따라 입자 크기가 달라지므로 균질한 부지조성이 곤란함 → *Silt pocket* 발생

2. 침투압밀

(1) 원 리

하향침투 시 발생하는 수두차(Δh)만큼 유효응력 증가

$$\sigma' = \gamma_{sub} \cdot z + \gamma_w \cdot \Delta h$$

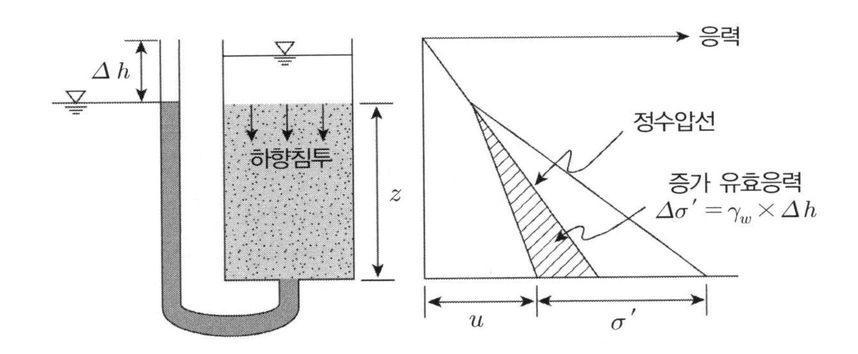

(2) 효 과

① 성토고 상재하중 불필요

② 배수층 여러 개 있을 시 압밀시간 단축

(3) 문제점

① 배수를 위한 다량의 모래 필요

② $\Delta\sigma'$ 달성을 위해 배수정 필요

③ 배수정 및 배수층 기능 저하 시 대책 곤란

3. 진공압밀(*Vaccum Consolidation*)

(1) 원 리

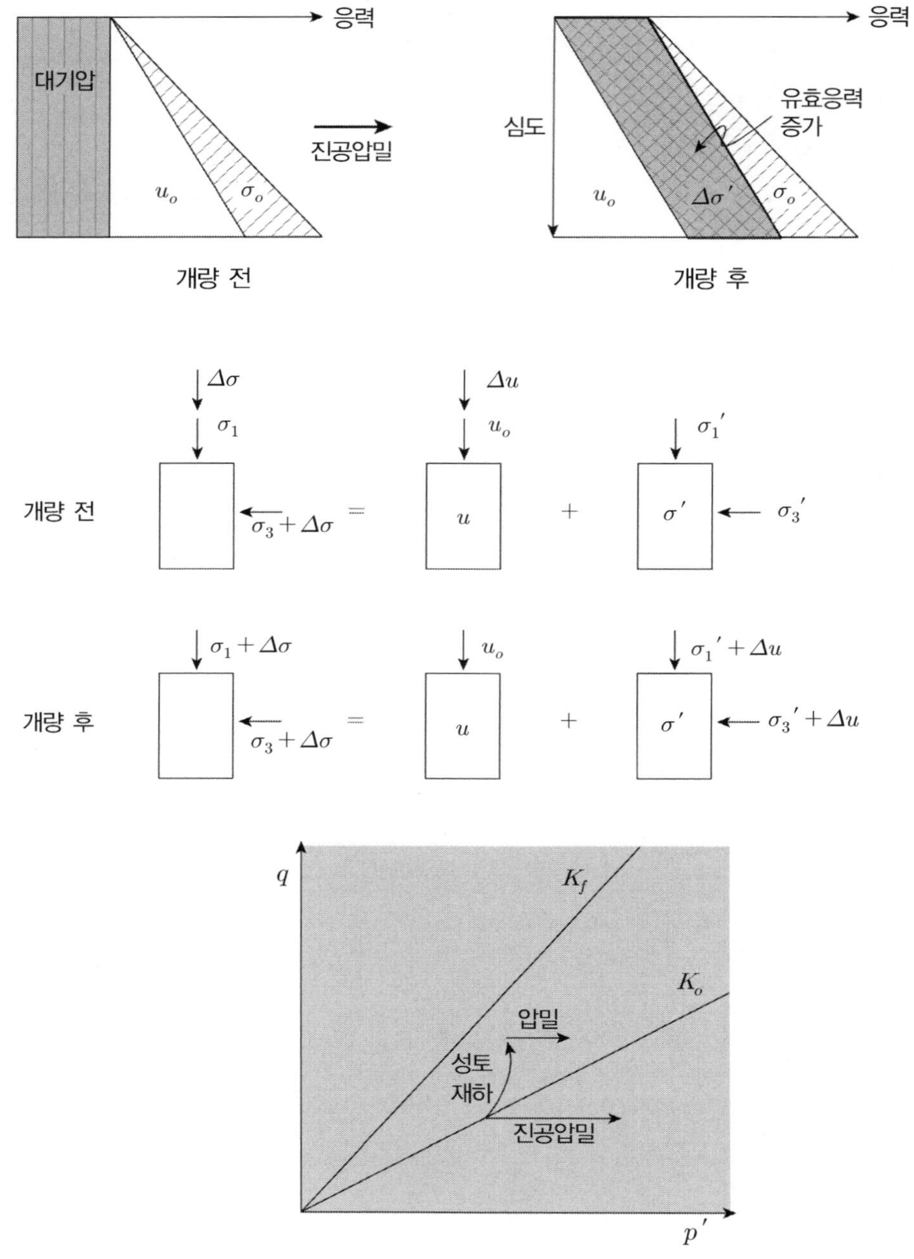

✓ 진공압밀의 경우 유효응력경로는 축차응력의 차이가 발생하지 않으므로, 즉 진공재하로 인한 하중이 등방압으로 흙 요소에 하중을 가하므로 유효응력경로는 수평방향으로 진행한다.

(2) 효 과

① 등방압밀로 지반파괴의 위험이 없음(축차응력 발생 없음 → K_f 선에 닿지 않음)

② 잔류침하가 감소

③ 과잉간극수압 발생 없음

④ 장비 진입성 문제 해소

⑤ 침하시간 단축(*Preloading*의 절반)

(3) 문제점

① 재하중 크기 제한(약 6.0$tonf/m^2$) → 필요시 추가성토 필요

② 정교한 시공(진공막, 진공펌프) 등 필요

③ 공기 차단막 *Sealing* 문제 발생 가능

④ 펌프효율 문제 발생 가능

4. 평 가

(1) 자중압밀이란 준설매립토의 정규압밀 상태 이전에 발생된 압밀현상으로 설명되며, 침투압밀과 진공압밀은 NC, OC 상태에서의 연약지반 개량공법으로 요약될 수 있다.

(2) *Slurry* 상태의 초연약지반의 강도특성은 동일 함수비라도 다른 *Consistency*를 나타낼 수 있으므로 다음과 같은 강도시험에 대하여 상호 검증하여야 한다.

① *Slurry Vane Test* : 시간경과별 전단강도측정(보정전단강도 반영)

② 얇은 판 관입시험기

③ *Viscometer*(점도시험기) : 함수비별 유동학적 항복응력, 점도

(3) 가능하면 2가지 이상 시험결과에 대하여 상호 비교 후 현장여건에 부합된 전단강도를 평가함이 타당하다.

32 영동작용(Brown 운동)

1. 정 의

점토입자의 경우 토립자의 크기와 중량이 작고 비표적이 매우 크므로 중력방향으로 침강하기보다 자유로이 떠돌아다니는 현상을 영동작용이라 한다.

2. 실제 현상

점토입자들은 영동작용에 가까운 운동을 하다가 응집이 발생하여 입자의 크기가 증가하여 중력방향으로 침강하므로 그 속도는 *Stokes* 법칙보다 수십~수백 배의 속도로 침강한다.

3. *Stokes* 법칙

(1) 정 의

입경이 74μm 이하의 세립토 입도분석 시 입경에 따라 침강속도가 다른 점을 이용한 비중계법이 사용되며 침강속도는 *Stokes*법칙을 따른다.

(2) 침강속도

$$V = \frac{\gamma_s - \gamma_w}{18\eta} d^2$$

여기서, v : 침강속도
γ_s : 토립자의 단위중량
γ_w : 물의 단위중량
d : 토립자의 직경
η : 물의 점성계수

✓ d결정 : 시간 t → 비중계 읽음 → 유효깊이(L) → 공식 적용 → d 결정

$$\sqrt{\frac{0.0183}{\gamma_s - \gamma_w}} \times \sqrt{\frac{L}{60_t}} = d(mm)$$

(3) 이론과 실제

구 분	가정(이론)	실 제
침 강	**독립침강(입자 간 간섭 무시)**	***Floc* 침강(응집 → 전기적 힘)**
입자 크기 변화	**일 정**	**응집 → 크기 증가**
입자 형태	**완전구형**	**봉상, 판상**

4. 평 가

(1) 준설토 및 세립토의 침강속도는 *Stokes* 법칙을 이용하여 개략적으로 구할 수 있다.

(2) 바람직한 방법은 주상(*Colum*)시험, 수치해석 등을 이용하여 검토하되 현장에서의 검증이 가장 합리적인 방법으로 사료된다.

준설전경

33 침강압밀의 영향요인

1. 개 념

(1) 준설점토의 침강형태는 분산침강, 응집침강, 구간침강, 압밀침강 등 4가지로 분류된다.

(2) 침강형태를 결정하는 요인은 초기함수비는 흙 입자 간 상호작용 정도, 염분비는 입자 간 응집 정도. 흙의 농도는 침강속도 및 침강단계의 최종함수비에 영향을 미친다.

2. 자중 압밀 과정(*Mechanism*)

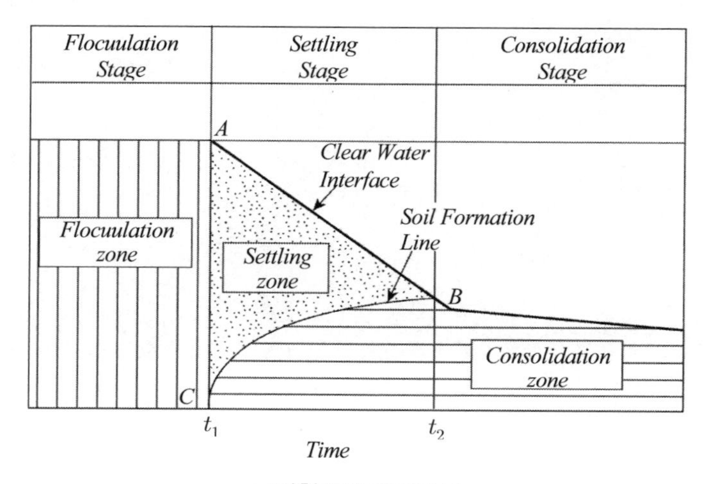

구간침강의 침강곡선

(1) 침강형태는 *Imai*에 의하면 '분산 → 응집 → 침강 → 자중압밀' 4가지로 구분되며, 침강의 형태를 결정하는 요인은 *flocculation*의 형성에 영향을 미치는 소금의 농도와 침강 속도와 침강단계의 최종 함수비에 영향을 미치는 흙의 농도 등이 있다.

(2) 자중압밀단계(분산 → 응집 → 침강 → 자중압밀)

① 분산(*Dispersed free settling*) : 입자 간에 서로 영향을 미치지 않고 자유롭게 침강할 때 굵은 입자가 가는 입자보다 먼저 침강한다.

② 응집침강(*Flocculated settling*) : 흙 입자들이 모이고 서로 다른 크기의 *floc*을 형성한다. *floc*의 크기가 큰 것이 먼저 떨어지고 어떤 형태의 *interface*(맑은 물과 흔탁액 사이의 경계면)도 존재하지 않는다.

③ 구간침강(*Zone settling*) : 입경에 의한 분리가 다소 발생하며 어느 정도 밀도가 증대되고 연속적인 흙의 골격이 형성하는 단계이다.

④ 자중압밀(*Consolidation settling*) : 침강이 완료되어 자중으로 압밀되는 단계이다.

3. 침강압밀 영향요인

(1) 초기함수비에 따른 영향

① 침강 특성 영향

㉠ 일반적으로 초기 함수비가 클수록 세립분이 적을수록 침강 완료시간에 빨리 도달한다.

㉡ 최종 계면고도 빨리 형성된다.

㉢ 입자들 간의 응집에 필요한 시간, 즉 응집구간이 짧게 나타나는데 이는 초기함수비가 커서 입자들이 서로 플록을 형성하지 않음을 의미한다.

② 압밀 특성

㉠ 자중 압밀 구간에서는 침하량은 초기함수비 작을수록 다소 크게 나타난다.

㉡ 입자 간 거리가 매우 짧아 *floc*이 바로 형성되며 *floc* 형성과 동시에 흙 입자가 형성된다.

(2) 초기 시료 높이에 따른 영향

① 침강 특성 : 초기 시료 높이가 높을수록 침강속도는 빨라진다.

② 압밀 특성

㉠ 입도분리 현상은 초기시료 높이가 높을수록 크고 조립분의 함유량이 많을수록 영향이 크다.

㉡ 입도분리가 클수록 압밀시간이 단축된다.

(3) 염분비에 따른 영향

① 염분비가 클수록 조기에 압밀침강 형태를 보인다.

② 염분비가 클수록 침강속도가 빨라진다.

(4) 투기방법에 따른 분류

① 투기방법은 전체투기와 단계투기 방법이 있다.

② 단계투기방법에 의한 시험이 전체 투기 방법에 비하여 침하량이 크게 발생한다.

③ 먼저 투기된 하부 층에서 이미 자중압밀 효과가 발생하고 있기 때문이다.

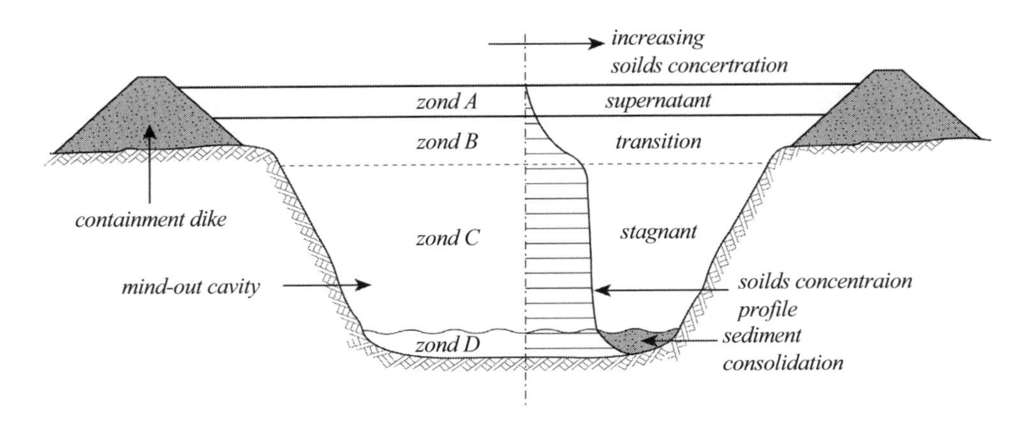

준설토의 밀도분포 단면도(*Young*, 1984)

34 토질 역학에서는 깊이에 따라 유효응력이 감소하는 경우 검토해야 할 사항을 설명하시오.

1. 지중의 유효응력

(1) 일반적인 분포 : 깊이에 따라 증가하는 경우

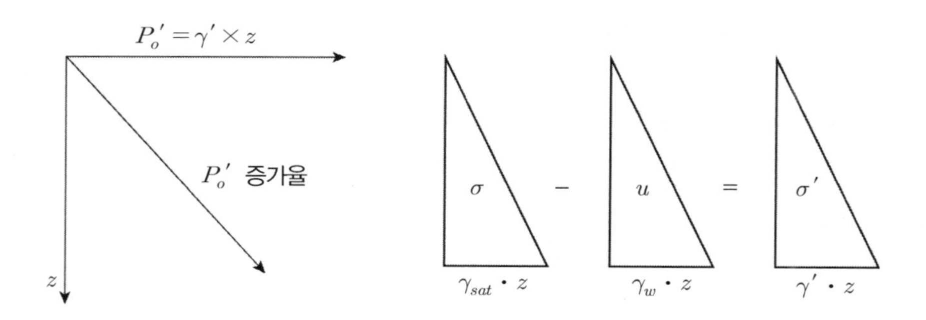

(2) 지중의 유효응력 감소하는 경우

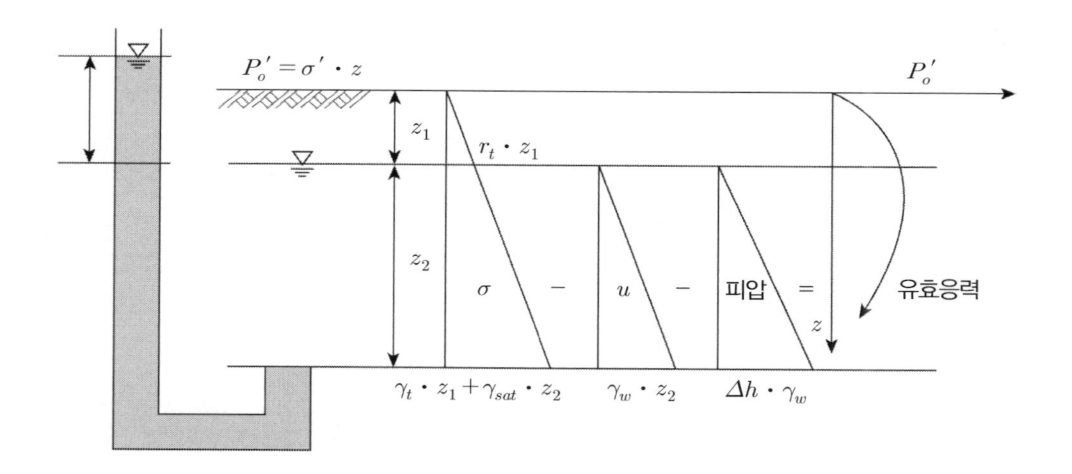

① 지중으로 내려갈수록 피압수두가 증가하여 유효응력이 감소하는 현상이 발생한다.

$\sigma' = \sigma - u -$ 피압

2. 공법별 피압에 의한 압밀침하량 비교

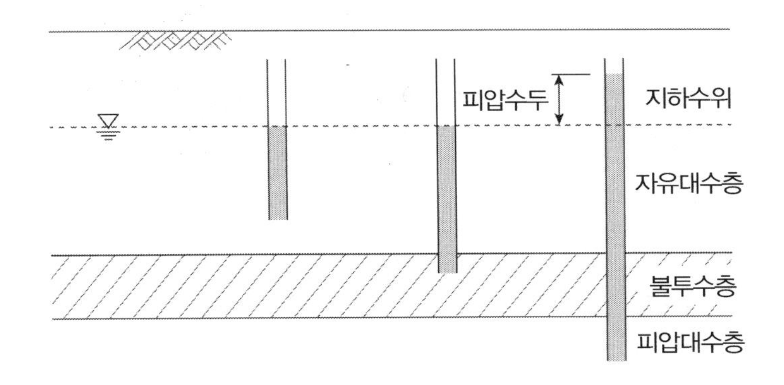

(1) *preloading* 공법 적용

① 피압이 일정한 경우

㉠ 압밀하중(P_0)

- 압밀하중(P_0) = 유효상재압 − 피압
- 피압을 고려하면 압밀하중이 감소되어 압밀치하량이 크게 되고, 미고려하면 압밀침하량이 실제 침하량보다 작게 예측된다.

㉡ *NC* 점토 압밀침하량

$$S = \frac{C_c}{1+e} H log \frac{P_0' + \Delta P}{P_0'}$$

여기서, P_0' = 유효상재압 − 피압

㉢ 계산(예)

조 건 : C_c : 0.5, e : 1.5, P_0 : 8*tonf/m*², ΔP : 6*tonf/m*², H : 5*m*, 피압 : 6*tonf/m*²

- 피압 고려 시 압밀침하량

$$S_c = \frac{0.5}{1+1.5} \times 500 \times \log \frac{(8-2)+6}{(8-2)} = 30.1cm$$

- 피압 미고려 시

$$S_c = \frac{0.5}{1+1.5} \times 500 \times \log \frac{8+6}{8} = 24.3cm$$

② 피압이 변동조건인 경우

㉠ 피압이 과거 크고(3*tonf/m*²) 현지 피압(2*tonf/m*²) 작다면

- $S_c = \frac{0.5}{1+1.5} \times 500 \times \log \frac{(8-3)+6}{(8-3)} = 34cm$
- $S_c = \frac{0.5}{1+1.5} \times 500 \times Log \frac{(8-2)+6}{(8-2)} = 30cm$

• 과거 침하량이 크게 되므로 과압밀 상태가 된다.

㉡ 피압이 과거 크고($2tonf/m^2$) 현지 크면($3tonf/m^2$)

• 과거침하량 상기식 볼 때 30*cm*

• 현재침하량 상기식 볼 때 34*cm*

• 침하가 진행상태가 된다.

(2) *Vertical Dain* 공법

① 피압 무시할 경우 침하량

$$S = \frac{C_c}{1+e} H log \frac{P'_0}{P'_0}$$

② 피압 고려 시

㉠ 압밀하중(P'_0) = 유효상재압 − 피압

㉡ 추가하중(ΔP) = 성토하중 + 피압

③ 침하량

$$S = \frac{0.5}{1+1.5} \times 500 \times \log \frac{(8-2)+(6+2)}{(8-2)} = 36.79cm$$

④ 침하량 비교

㉠ 피압 무시할 경우 침하량 : 24.3*cm*

㉡ *Pre Loading* 공법 적용 시 : 30.1*cm*

㉢ *Vertical Drain* 공법 적용 시 : 36.79*cm*

3. 피압상태에서 굴착 시 *Heaving* 검토

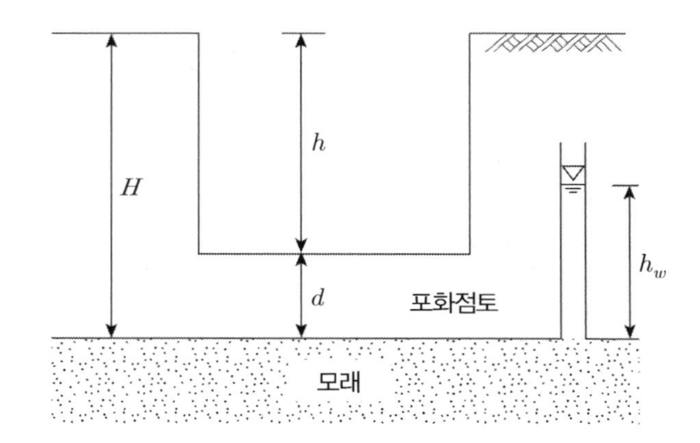

$\sigma' = \sigma - u = o$ 이면 *Heaving* 발생

$\sigma - d \cdot \gamma_{sat} = (H-h)\gamma_{sat}$

$u = h_w \cdot \gamma_w$

$(H-h)\gamma_{sat} = h_w \cdot \gamma_w$

$\therefore \; h = H - \dfrac{h_w \gamma_w}{\gamma_{sat}}$

CHAPTER 05

전단강도

이 장의 핵심

- 전단강도는 흙의 임의 요소에 어떤 외력을 가할 경우에 흙이 저항하는 힘을 의미하며 이것을 구하는 이유는 사면이나 기초의 지지력 또는 암반절취, 터널굴착 등 광범위한 토목공사를 시행할 때 지반에 가해지는 인위적인 외력에 안전한지에 대한 평가를 위해서 반드시 알아야 할 분야이기 때문이다.
- 이러한 전단강도는 현장응력체계와 배수조건에 따라 달라지며 이에 부합된 각종 시험을 통해 정확한 전단강도를 평가하는 것이 중요하므로 이에 대한 이론과 시험법에 대하여 숙지하여야 한다.

CHAPTER 05 전단강도

01 Mohr – Coulomb의 파괴이론

1. 흙의 파괴기준

파괴기준이란 물체가 외력에 의해 얼마의 응력과 변형이 생겨야 파괴로 보아야 하는지에 대한 기준을 말한다. 흙에서는 *Coulomb*과 *Mohr*가 그 기준에 대한 개념을 제시하였으며 이를 사용하기 편리하게 오늘날에는 *Mohr-Coulomb*의 파괴포락선을 이용하여 전단강도를 설명하고 있다.

(1) *Coulomb* 파괴기준

*Coulomb*은 전단시험을 통해 경험적으로 흙이 파괴될 때의 전단강도는 점착력과 관계없는 입자 사이의 내부마찰각에 의해 저항하는 것으로 제안하였으며 다음과 같다.

$$\tau = c + \sigma \cdot \tan\phi$$

여기서, τ : 전단강도(kgf/cm^2)　　c : 점착력(kgf/cm^2)
σ : 수직응력(kgf/cm^2)　　ϕ : 내부마찰각

(2) *Mohr* 파괴기준

① 전단시험을 통해 수직응력 σ_1, 수평응력 σ_3를 가하여 파괴될 때 σ_1과 σ_3의 차를 직경으로 하는 모아원을 여러 개 그려서 이들 응력원에 접하는 공통되는 선을 그리게 되는데 이를 모아의 파괴포락선이라고 한다.

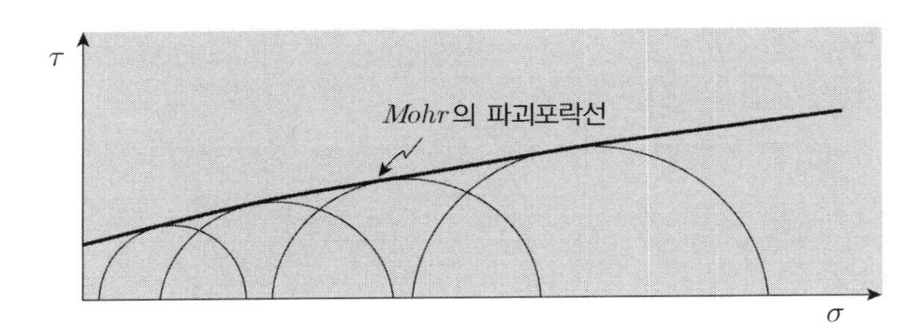

② 모아원이 파괴포락선에 접하지 않았다면 아직 파괴에 이르지 않음을 의미한다.

③ *Mohr*원이 *Mohr*파괴포락선에 접하게 되는 경우에는 그 흙의 강도에 도달했음을 의미한다.

④ *Mohr*원과 *Mohr*파괴포락선이 교차되게 되는 응력상태는 존재하지 않는다.

(3) *Mohr*－*Coulomb*의 파괴포락선

① *Mohr*의 파괴포락선은 곡선으로 그려지므로 직선화시키는 것이 편리하며 모아의 응력원에 *Coulomb*의 전단강도에 대한 1차원 식을 대입한다면 편리하게 사용할 수 있게 된다.

② 그러면 직선과 세로축의 교점은 점착력이고 직선의 경사각은 ϕ가 된다.

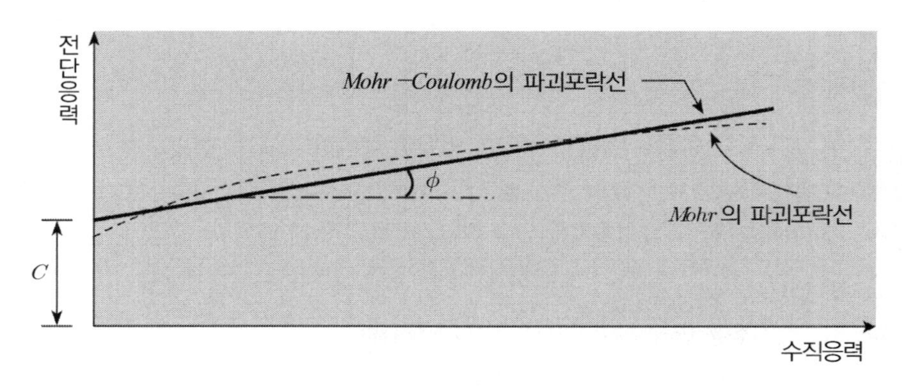

Mohr－*Coulomb*의 파괴포락선

(4) 공통점

① 정의 : 흙의 지반파괴 *Boundary* = 흙이 파괴되지 않고 존재할 수 있는 *envelop*

② 어떤 응력상태가 선과 접하면 파괴

③ 기준선 내에 흙은 안정

④ 기준선 외에 응력상태로 갖는 흙은 존재치 않음

(5) *Mohr*－*Coulomb* 파괴기준에 대한 문제점

① 변위가 발생하더라도 전단강도 이내는 파괴가 아닌 것으로 강도에 관심이 있고 변위에 대한 파괴기준이 없다(이를 극복하기 위해 안전율 개념 사용).

② 이 기준에 의해 구해진 강도정수는 흙의 전단면에 대하여 일정하다고 가정하므로 잔류강도를 고려하지 못한다.

③ 동시파괴 개념임 = 실제는 진행성 파괴

④ 중간 주응력이 *Mohr*원에 표기되지 못하며 중간주응력에 대한 고려가 없다.

2. *Mohr*의 응력원

(1) 기본원리

① 지중 임의의 요소에 대해 어느 정도의 상재하중과 수평토압이 생겨야 파괴가 되는지에 대해 지중 임의의 요소를 그림과 같이 시료를 채취하여 현장응력상태와 동일하게 압력을 가하여 시험하면

② 임의 요소의 수직면과 수평면에 전단력이 발생치 않게 각 면에 직각 방향으로 압력을 주면 파괴면에는 수직응력과 전단력이 발생하여 파괴가 발생한다.

③ 여기서, 전단력이 '0'이 되는 수직면과 수평면에 가한 압력을 주응력이라 하며, 이중 큰 것을 최대 주응력(σ_1) 작은 것을 최소 주응력(σ_3)이라고 하며 σ_1과 σ_3의 차이를 직경으로 하여 수평축에 수직응력, 수직축에 전단응력의 그래프에 그림과 같이 원으로 그리게 되면 $Mohr$의 응력원이 된다.

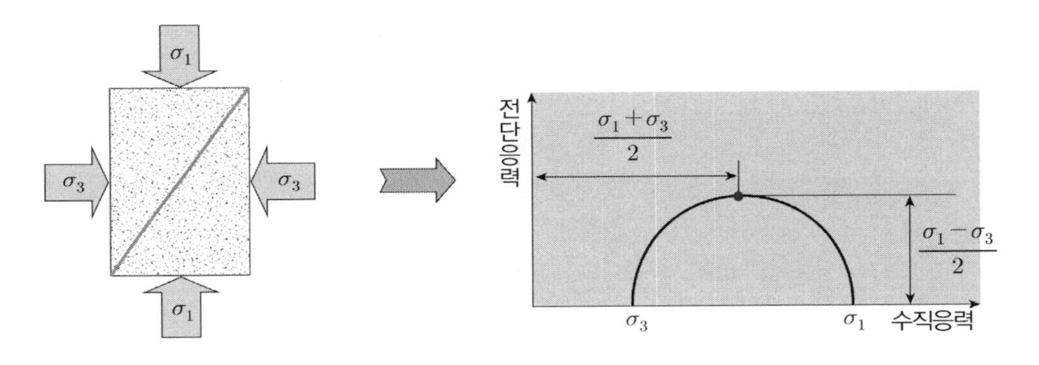

④ $Mohr$의 응력원은 중심좌표는 $\frac{\sigma_1+\sigma_3}{2}$, 반경좌표는 $\frac{\sigma_1-\sigma_3}{2}$이다.

(2) 파괴면에 작용하는 수직응력과 전단응력

① 계산에 의한 방법

㉠ 수직응력

$$\sigma = \frac{\sigma_1+\sigma_3}{2} + \frac{\sigma_1-\sigma_3}{2}\cos 2\theta$$

㉡ 전단응력

$$\tau = \frac{\sigma_1-\sigma_3}{2}\sin 2\theta$$

여기서,

θ : 최대 주응력면과 구하고자 하는 평면과의 반시계 방향각임

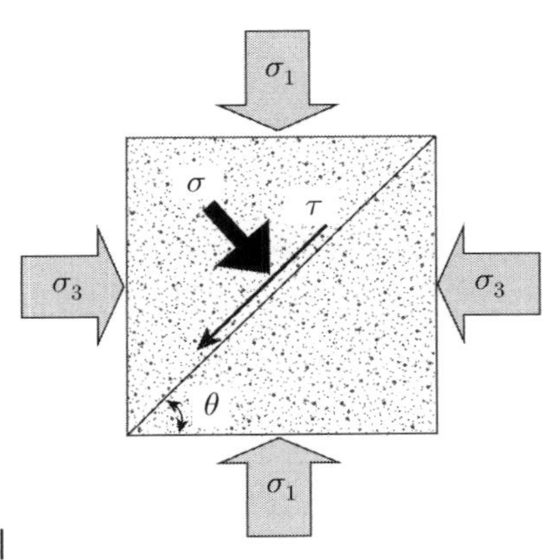

주응력면과 파괴면

㉢ 수식으로 유도 : 요소에 작용하는 응력에 대한 *Vecter*에 대한 평형 방정식 활용

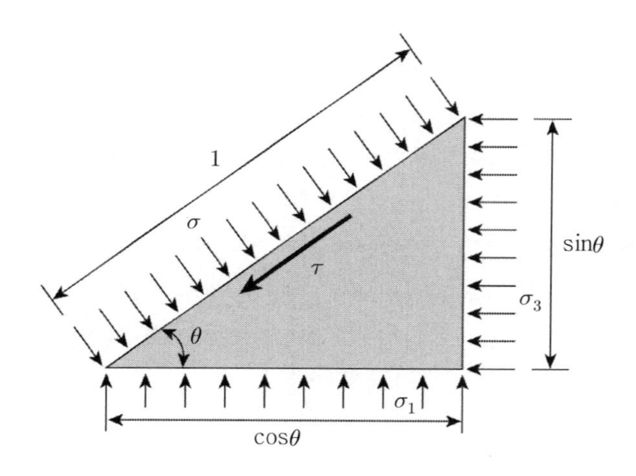

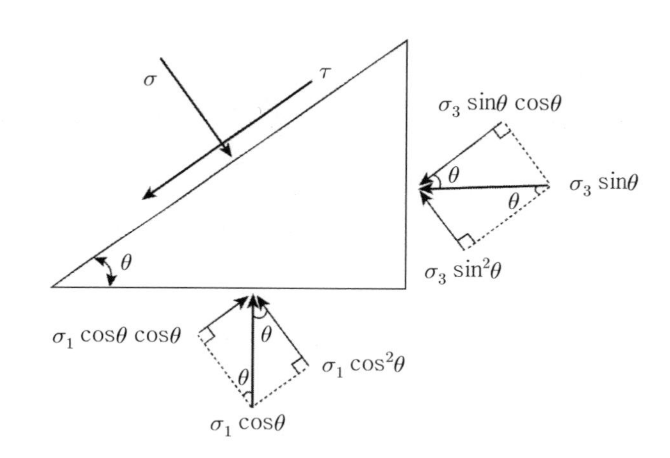

– 수직응력의 합 = 0

$\sigma - \sigma_1 \cdot \cos^2\theta - \sigma_3 \cdot \sin^2\theta = 0 \rightarrow \sigma = \sigma_1 \cdot \cos^2\theta + \sigma_3 \cdot \sin^2\theta$

정리하면

$$\sigma = \frac{\sigma_1 + \sigma_3}{2} + \frac{\sigma_1 - \sigma_3}{2}\cos 2\theta$$

– 전단응력의 합 = 0

$\tau - \sigma_1 \cdot \cos\theta \cdot \sin\theta + \sigma_3 \cdot \cos\theta \cdot \sin\theta = 0 \rightarrow \tau = (\sigma_1 - \sigma_3)\cos\theta \cdot \sin\theta$

정리하면

$$\tau = \frac{\sigma_1 - \sigma_3}{2}\sin 2\theta$$

② 모아원에서의 파괴면과 최대 주응력면이 이루는 각 : 파괴각

㉠ 아래 그림에서 점선은 파괴면을 의미하며 θ는 최대 주응력면으로부터 시계반대 방향으로 이루는 파괴각을 의미한다.

㉡ 여기서 최대 주응력면은 수직응력 σ_1이 작용하는 수평면이므로 가로축으로부터 θ의 각도로 이루어져 있으며 파괴각은

- $\angle OCA = 180° - 90 - \phi$, $\Delta AC\sigma_3$는 이등변삼각형이므로 $2\theta = 180° = \angle OCA$
- 따라서 $2\theta = 90 + \phi \quad \therefore \theta = 45° + \dfrac{\phi}{2}$

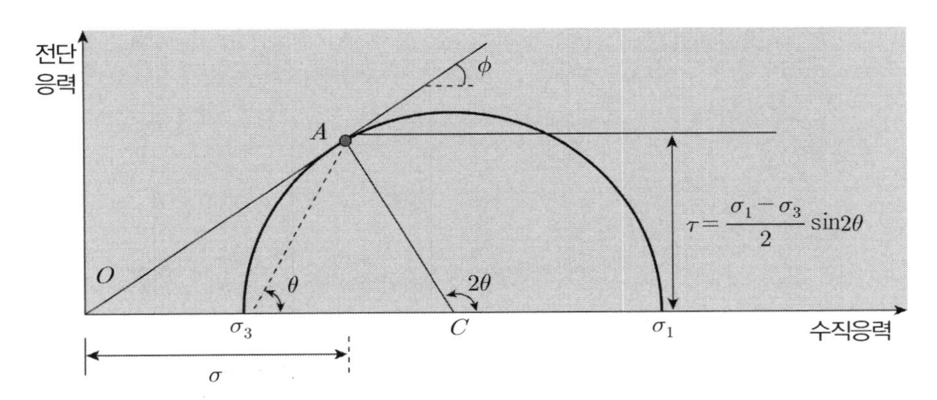

파괴면과 최대 주응력면이 이루는 각

③ 도해법에 의한 전단응력과 수직응력

㉠ *Mohr* 응력원의 작도를 통해 전단응력과 수직응력을 구하는 방법으로,

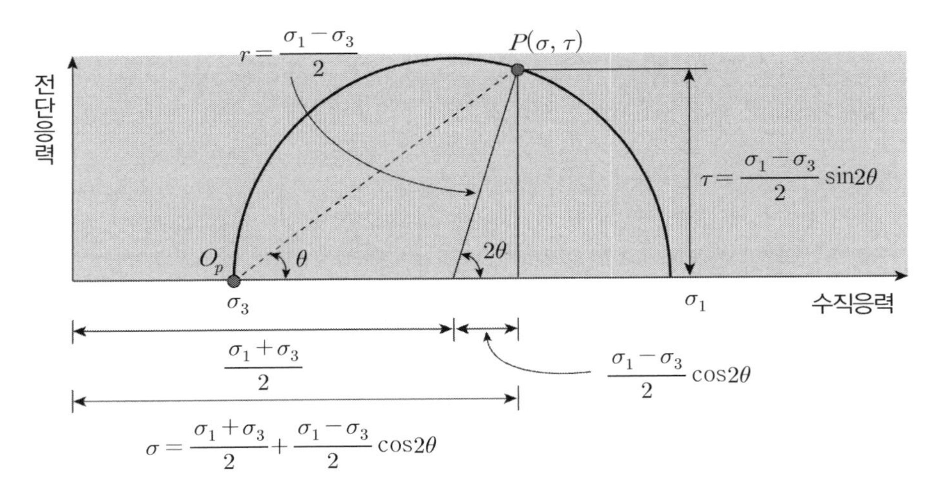

도해적 방법에 의한 파괴면의 전단응력과 수직응력

㉡ 압력을 취하는 각도와 전단력 유무에 따라 전단면에 수직응력과 전단응력은 달라지므로 평면기점을 기준으로 실제 파괴면과 나란하게 그었을 때 *Mohr*원과 만나는 교점이 파괴면의 수직응력과 전단응력이 된다.

㉢ 평면기점은 *Mohr*원에서 최소 주응력점으로부터 최소 주응력면과 나란하게 그었을 때 *Mohr*원과 만나는 교점으로서

㉣ 이 점으로부터 *Mohr*원상에 무수히 많은 파괴면을 가정하여 나란하게 그었을 때 만나는 교점이 구하고자 하는 전단응력과 수직응력이 되는 것이다.

㉤ 시험을 통해 시료가 파괴 시 최대, 최소 주응력과 면의 방향을 알고 파괴면의 형상을 안다면 파괴면의 응력상태를 *Mohr*원을 통해 쉽게 알 수 있으나 만일 시료에 가해진 응력이 주응력이 아닌 전단력을 가한 상태로 시료를 파괴시켰다면, 이때 파괴된 면의 전단응력과 수직응력은 평면기점을 알아야 구할 수 있으므로 평면기점은 매우 중요한 도해적 방법의 수단이 된다.

(3) 평면기점($Origin\ of\ plane, O_p$)의 결정

① 최대 주응력과 최소 주응력을 알 수 있을 때

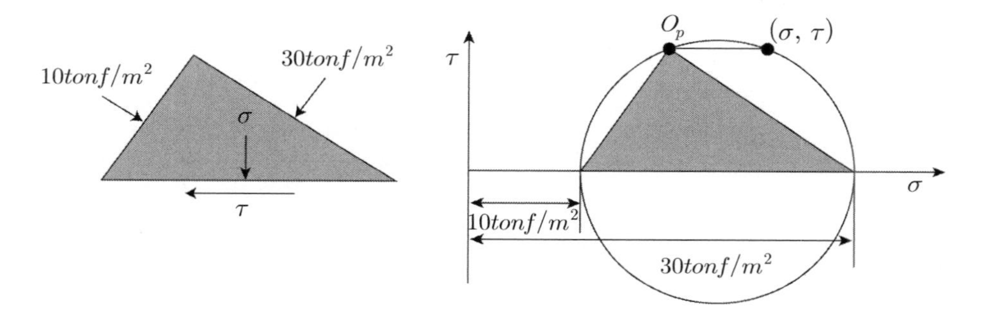

✓ ***Mohr*** 응력원상에 (10,0)와 (30,0)의 좌표를 찍으면 최소 주응력이 (10,0)이며 이 점에서 최소 주응력면과 나란하게 선을 그어 ***Mohr***원과 만나는 점이 O_p이므로 O_p로부터 구하고자 하는 면과 평행하게 그어 ***Mohr***원과 만나는 점이 σ, τ가 된다.

② 최대 주응력과 최소 주응력이 주어지지 않을 때

㉠ 임의의 요소에 가해진 힘은 (4, −1)과 (2, 1)로 *Mohr*원에 점을 찍는다.

㉡ 이 두 점을 연결하고 이 길이를 직경으로 하는 원을 그린다.

㉢ 여기서 (4, −1)만큼 가해진 힘은 B−B면과 나란한 면에 가해진 힘이므로 (4, −1)로부터 힘을 가한 면에 평행하게 선을 그어 *Mohr*원과 만나는 점이 O_p 점이 되므로 O_p 점으로부터 *Mohr*원상에 최대 주응력과 최소 주응력점으로 선을 그으면 각 주응력이 작용하는 면의 방향이 된다.

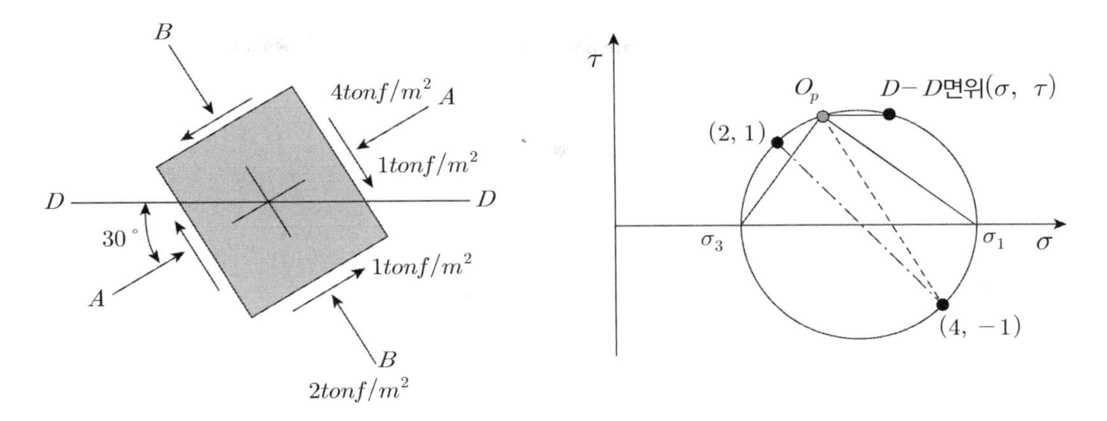

㉣ 여기서 $D-D$에 가해지는 응력을 알고 싶다면 O_p점으로부터 $D-D$면과 평행하게 선을 그어 만나는 *Mohr*원상에 교점이 구하고자 하는 σ와 τ값이 될 것이다.

③ 일축압축시험의 경우 평면기점은 원점이 된다.

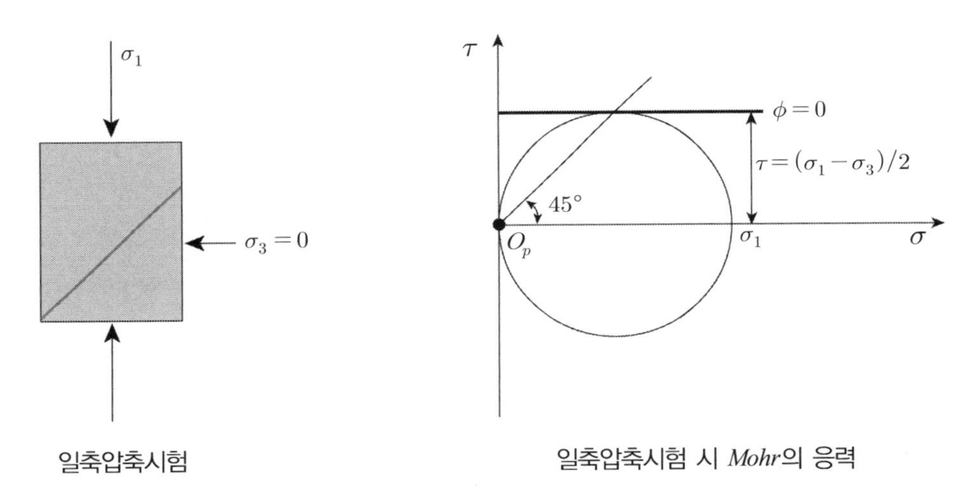

일축압축시험

일축압축시험 시 *Mohr*의 응력

3. *Mohr−Coulomb*의 전단강도식

(1) *Mohr−Coulomb*의 전단강도식은 유효응력과 전응력 모두 동일한 결과를 갖는다.

(2) 유효응력이란 전응력에서 간극수압(중립응력)을 뺀 값으로서, $\sigma' = \sigma - u$

(3) 전단강도식

$$\tau = C + \sigma \cdot \tan\phi = C' + \sigma' \cdot \tan\phi'$$

✓ **유효응력으로 표시한 점착력 → 모래와 무기질 흙은 0이며, 정규압밀점토는 0에 근사함, 과압밀점토는 점착력이 0보다는 크다.**

02 강도정수판정을 위한 전단강도시험

1. 전단강도시험의 목적

예를 들어 제방을 쌓을 경우 원지반의 강도를 알아야만 무너지지 않고 쌓을 수 있는 적정높이와 단면을 정할 수 있을 것이다.

이와 같이 목적물이 설치될 지반이 파괴되지 않고 어느 정도의 저항력을 가지고 있는지에 대해 지반 전체를 평가한다는 것은 불가능하므로 중요한 대표 부분에 대해 최악의 상황, 즉 파괴 시의 전단강도시험을 통해 설계자가 요구하는 하중이 동일한 지반에 재하 시 발생하는 응력과 상호 비교함으로써 안전율의 평가와 불안정할 경우 이에 대한 지반보강공법의 종류와 범위를 설계하고자 함에 있다.

2. 전단강도시험의 종류

구 분			내 용
시험기의 종류별	실 내 시 험	재 래 식	① 직접전단시험 ② 일축압축시험 ③ 삼축압축시험
		개 선 형	① 링 전단시험기 ② 입방체형 삼체압축시험기 ③ 비틀림 전단시험기 ④ 단순전단시험기 ⑤ *SHANSEP*
	현 장 시 험		① 베인전단시험 ② 정적콘관입시험 ③ 표준관입시험 ④ 동적콘 관입시험 ⑤ 피조콘 관입시험 ⑥ *Dilatometer* ⑦ 공내재하시험

3. 재하방법에 따른 전단강도시험의 종류

구 분	응력 제어	변형률 제어
정 의	• 단계별 하중을 일정량만큼씩 증가 $\Delta P/P = I$의 증가에 따라 일정 ✓ **하중에 따른 변형률에 관심**	• 시간에 따라 일정하게 변형량이 증가되도록 변형률에 맞게 하중을 조절함 → $\varepsilon = \Delta h/H$ → 시간에 따라 일정 ✓ **일정한 변형률에 대한 소요응력에 관심**
특 징	• 최대 전단강도만을 알고자 하는 경우 적용 • 표준압밀시험, 말뚝재하시험, 공내재하시험, 평판재하시험 등 현장시험에 주로 이용	• 최대 전단강도와 잔류강도를 파악 • 실내시험 : 직접전단시험, 일축압축시험, 삼축압축시험

4. 직접전단시험(*Direct Shear Test*)

(1) 시험의 적용

이 시험은 배수조절을 할 수 없으므로 점토의 경우와 같이 배수조건에 따른 현장응력체계를 적용하기 곤란하므로 사질토의 경우 주로 적용한다.

(2) 시험방법

상하로 분리된 전단상자 속에 시료를 넣고 수직하중을 가한 상태로 수평력을 가하여 전단상자 상하단부의 분리면을 따라 강제로 파괴를 일으키는 시험이다.

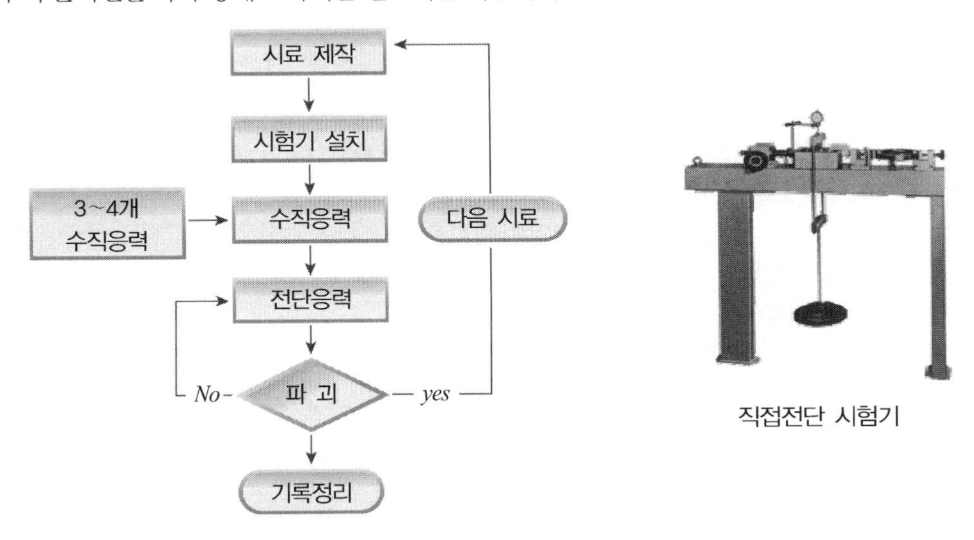

직접전단 시험기

(3) 전단응력 : $\tau = \dfrac{S}{A}$ 여기서, S : 전단력 A : 시료 단면적

① 1면 전단시험 ② 2면 전단시험

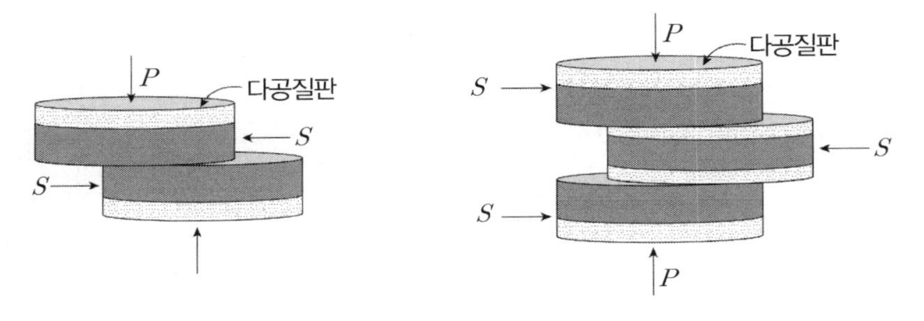

③ 결과이용

㉠ 옹벽의 토압계산 → 안정계산

㉡ 구조물 기초의 지지력 계산

㉢ 사면의 안정계산

(4) 시험결과

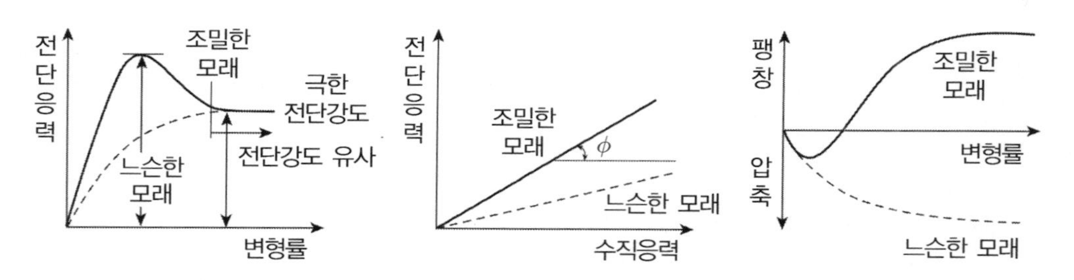

5. 일축압축시험(*Unconfiend Compression Test*)

(1) 시험의 적용

이 시험은 비배수 전단강도 시험으로 포화점토에 주로 적용한다.

(2) 일축압축강도의 정의

측압을 받지 않은 공시체가 파괴되거나 압축 변형률이 15%될 때의 응력으로써 응력 – 변형률 곡선으로부터 최대 압축응력이 일축압축강도가 된다.

$$\sigma_1 = q_u = \frac{P}{A} = \frac{\frac{P}{A_0}}{1-\varepsilon} = \frac{P(1-\varepsilon)}{A_0}$$

여기서, P : 환산하중(*kg*)

A : 환산 단면적(cm^2)

A_0 : 환산 전 단면적

ε : 압축변형률 $= \dfrac{\Delta H}{H}$

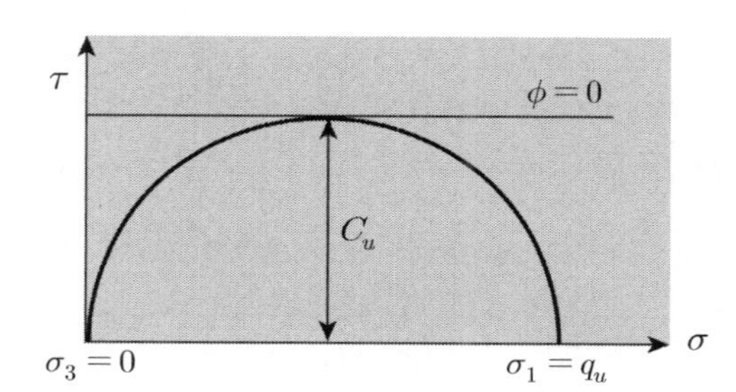

(3) 시험방법

① 원통형 공시체를 비압밀 비배수 상태로 측압을 가하지 않은 상태로 가압한다.

② 이때 하중은 분당 1%의 변형이 일어나도록 변형률을 제어하고 총변형률이 15% 발생되거나 그 이전에 파괴가 될 때의 압축응력을 전단강도로 정한다.

일축압축시험기

(4) 결과의 이용

① *N*치와 점토의 *Consistency*에 대하여 판단한다.

*N*치	*Consistency*	일축압축강도(kg/cm^2)	비 고
0~4	연 약	0.5	$q_u = \dfrac{N}{8}$
4~8	보 통	0.5~1.0	$N = 8 \times q_u$
8~30	단 단	1.0 이상	

✓ **전단강도** $\tau = C + \sigma \cdot \tan\phi$ **에서** $\phi = 0$ **이므로** $C_u = \dfrac{q_u}{2} \rightarrow \dfrac{N}{16} = 0.0625N$

② 변형계수를 추정

최대압축응력의 $\frac{1}{2}$ 이 되는 곳의 응력과 변형률의 비, 즉 기울기임

$$E_s = \frac{\frac{q_u}{2}}{\varepsilon_{50}} = \frac{q_u}{2\varepsilon_{50}} \quad \text{단위} : kgf/cm^2$$

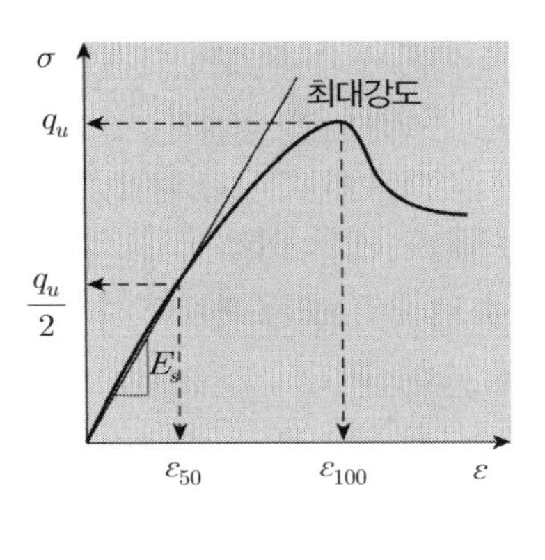

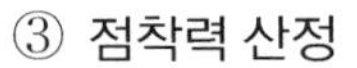
③ 점착력 산정

$$C = \frac{q_u}{2 \cdot \tan(45° + \phi/2)}$$

㉠ $\phi = 0$ 인 포화점토의 $C = \frac{q_u}{2}$

㉡ 점착력 계산 절차

$$- \sin\phi = \frac{\frac{q_u}{2}}{c \cdot \cot\phi + \frac{q_u}{2}}$$

$$- C = \frac{q_u}{2 \cdot \tan\left(45° + \frac{\phi}{2}\right)}$$

$$\therefore q_u = 2c \cdot \tan\left(45° + \frac{\phi}{2}\right)$$

If, $\phi = 0$(포화점토)이면

$$q_u = 2C_u \rightarrow C_u = \frac{q_u}{2}$$

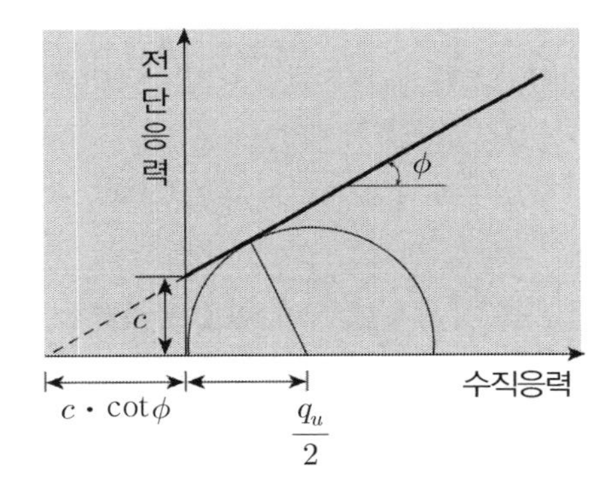

일축압축시험 결과

④ 예민비를 판단 점토분류에 활용

$$S_t = \frac{q_u}{q_{ur}}$$

여기서, q_u : 불교란 시료의 일축압축강도

q_{ur} : 교란된 시료의 일축압축강도

S_t	분 류
4 이하	저예민
4~8	예 민
8 이상	고예민 = ***quick clay***

✓ $S_t > 64$: *Extra quick clay*

6. 삼축압축시험(*Triaxial Compressin Test*)

(1) 개 요

삼축압축시험은 현장의 배수조건과 응력체계 등 실제 현장 응력체계를 최대한 부합되도록 고려한 시험으로서 여러 가지 전단강도시험 중 가장 신뢰성 있는 시험법이다.

(2) 시험의 개념(등방압축 + 일축압축 = 삼축압축)

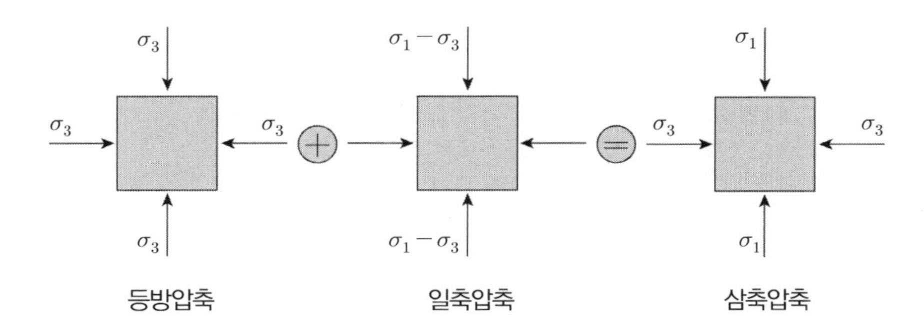

(3) 시험방법 : 직접전단시험의 단점을 보완하고자 개발(*Cassagrande*)

① 준비된 원통형 시료(직경 38.1*mm*, 길이 76.2*mm*)를 얇은 고무막(멤브레인)으로 싼다.

② 삼축압축시험기의 압축실에 넣고 현장의 유효상재하중에 해당하는 구속압력 σ_3를 가하여 압밀을 시킨다.

③ 축차응력($\sigma_1 - \sigma$)을 단계별로 가하여 전단시키고 단계별 축차응력과 간극수압을 측정한다.

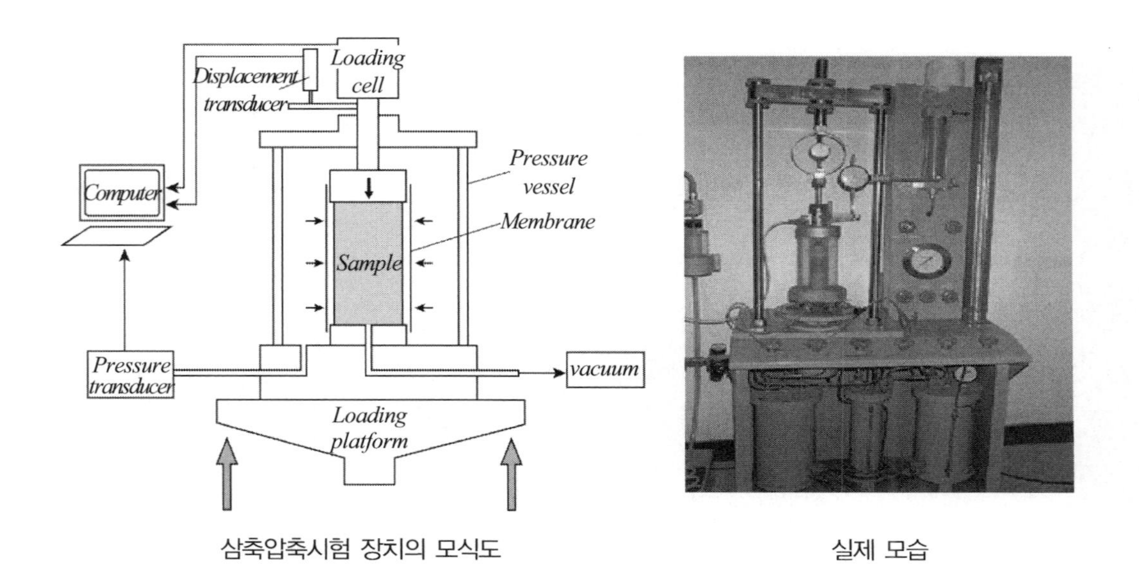

삼축압축시험 장치의 모식도　　　　실제 모습

(4) 배수조건에 따른 시험법의 분류

구 분	압밀단계	전단 시	적 용
비압밀 비배수 시험 *UU test* (*Unconsolidation Undrain Test*)	비배수	비배수	• 점토지반에 급속성토(성토 직후 사면안정) • 절토 중 사면안정 • 단계성토 직후 • *UU*조건 기초 지지력(점토지반)
압밀 비배수 시험 *CU test*, $\overline{CU}$ *test* (*Consolidation Undrain Test*)	배 수	비배수	• 압밀된 지반에 단계성토 직후 • 수위 급강하 • 자연사면 위 성토
압밀배수 시험 *CD test* (*Consolidation Drain Test*)	배 수	배 수	• 완속 성토 • 장기 사면해석 • 과압밀점토지반 사면해석 • 정상 침투 • 모래지반 안정해석

(5) 비압밀 비배수 시험 (*UU*－*test*)

시료에 구속압력(σ_3)을 가할 때 간극수의 배출을 허용하지 않고 등방압을 가한 후 축차 응력($\sigma_1 - \sigma_3$)을 가하여 전단을 시키며, 이때 시료는 간극수의 배출이 없으므로 함수비의 변화가 없고 체적 변화가 없다. 간극수압의 측정이 없으므로 전응력으로 표시되는 강도정수를 구하는 데 목적이 있다.

① 응력 상태의 변화

㉠ 응력상태의 변화 그림 B에서 보듯이 등방 구속압을 가한 상태에서 아무리 구속압을 증가시킨다 하더라도 구속압만큼 간극수압이 발생되므로 유효응력은 u_r 에서 더 이상 증가하지 않는다.

㉡ 이 단계에서 C와 같이 축하중을 주게 되면 새로운 간극수압이 유발되면서 시료는 파괴된다.

㉢ 이 시험에서는 파괴 시 간극수압에 대해서 측정하지 않고 전응력에 대해서만 *Mohr*원으로 그리게 되며

㉣ 만일 구속압력을 바꾸어 여러 번 *Mohr*원을 그린다면 *Mohr*원의 직경, 즉 축차응력이 동일한 상태로 그려지며 배수조건에서 구속압만큼 유효응력이 증가되는 반면 이 시험에서는 구속압력만큼 간극수압이 증가하므로 유효응력의 증가가 없이 초기 고유유효응력만으로 전단강도를 발휘함을 의미한다.

㉤ 이와 같이 유효응력이 증가하지 않는 이유는 압밀을 허용하지 않으므로 흙 입자 간 접촉압력의 변화가 없음을 의미하며 $\phi = 0$ 해석이라고 한다.

㉥ 그림 C와 같이 축하중을 가했을 때 유효응력으로 그린 *Mohr*원은 구속압에 관계없이 항상 $\sigma_{12}' = \Delta\sigma + u_r - \Delta u$ 이고 $\sigma_{32}' = u_r - \Delta u$ 이기 때문에 하나밖에 존재하지 않는다.

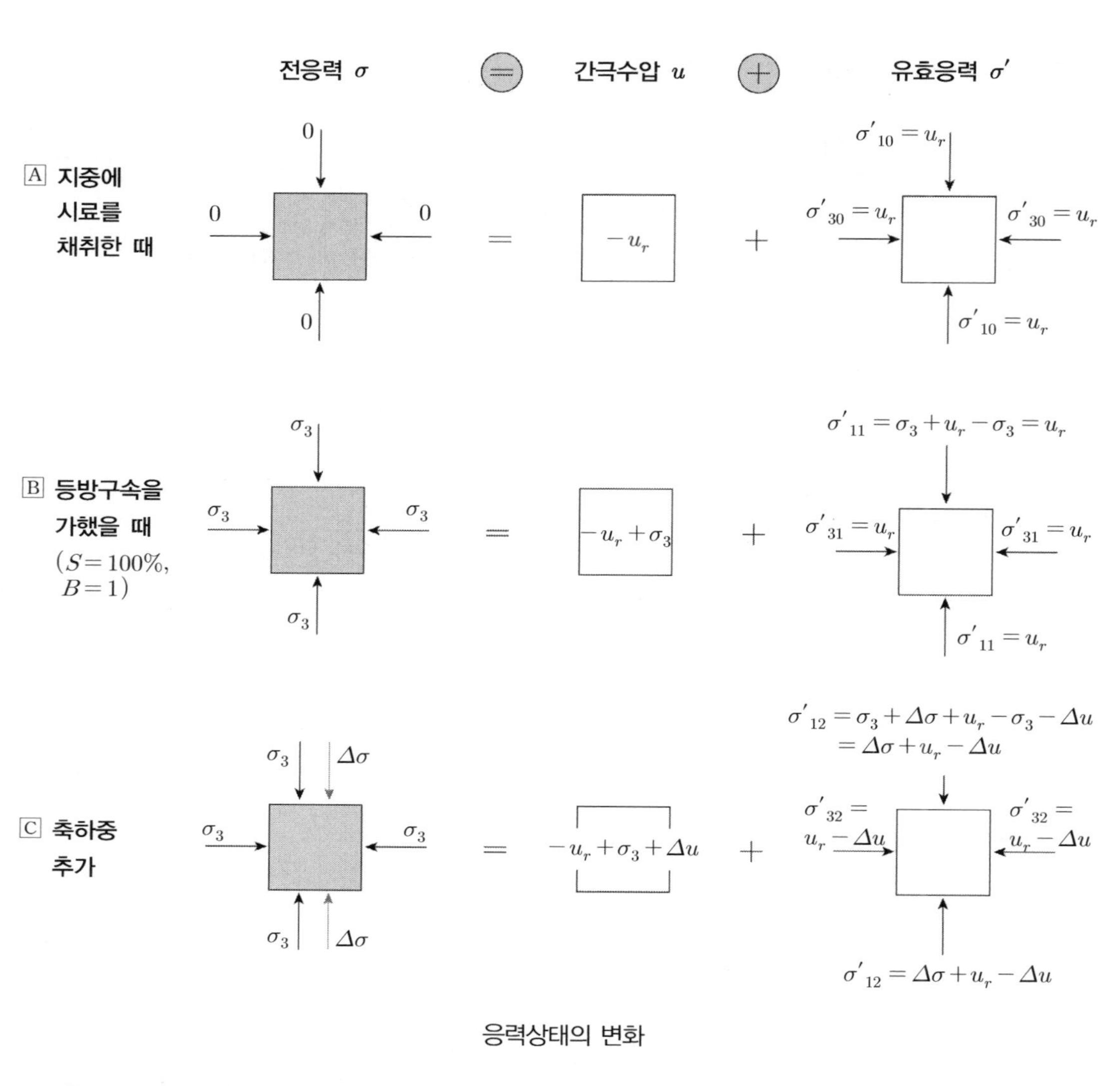

응력상태의 변화

② 포화토와 불포화토의 강도정수 적용

㉠ 포화점토

㉡ 불포화점토

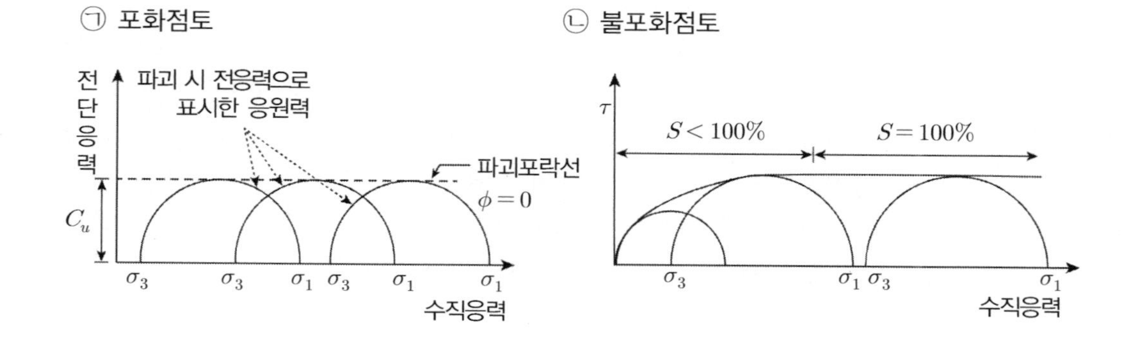

※ 시험을 행하는 과정에서 현장의 포화상태가 시료채취과정과 운반과정에서 느슨하게, 즉 불포화 상태로 변하게 된 것을 *UU-test*하는 경우 처음에 압력을 가할 때는 압밀이 발생하여 유효응력의 변화가 생기므로 구속압의 증가에 따라 전단강도의 증가가 발행되나 결국 완전포화상태에 이르면 토질에 관계없이 $\phi = 0$의 거동을 보이게 된다.

(6) 압밀 비배수시험(*CU-test*)

*CU*시험에서는 *UU*시험과 달리 구속압을 가하는 압밀의 단계에서 배수를 허용하기 때문에 구속압이 전부 유효응력이 된다. 압밀 완료 후 축응력을 가하여 전단시키고자 할 때는 과잉간극수압이 발생하여 시료가 파괴되며, 이때 간극수압을 측정하므로 유효응력과 전응력 모두를 *Mohr*원상에 표현할 수 있다.

① 응력 상태의 변화

㉠ 시료를 삼축압축실에 설치 시까지는 *UU*테스트와 동일하나 *CD*시험에서는 그림 A와 같이 압밀단계에서 완전히 배수를 하여 현장상태와 동일하게 만들어줌

㉡ 압밀이 완료되면 B와 같이 비배수 상태로 축응력을 가하여 전단파괴시키면 시료 내에는 과잉 간극수압이 발생

㉢ *CU*시험에서는 과잉간극수압을 측정하므로 전응력과 유효응력의 강도정수를 구할 수 있음

㉣ 전응력으로 강도정수를 적용해야 하는 경우는 댐이나 제방의 경우 수위가 급강하되거나 연약지반상 제방에 추가로 성토하는 경우 등 우리가 흔히 공사하는 경우에 해당

㉤ 유효응력으로 강도정수를 적용해야 하는 경우는 과잉간극수압이 전혀 발생하지 않는 현장의 경우로서 완속성토, 장기 사면안정과 압밀점토의 굴착, 댐의 정상침투, 사질지반의 안정성 검토 등에 해당

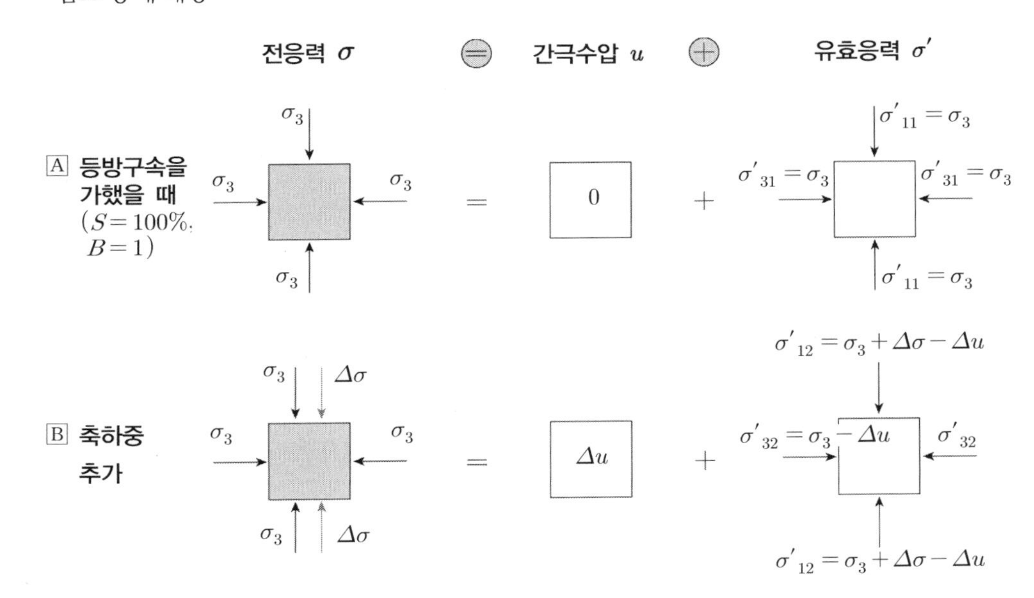

② 흙의 종류별 시험결과

㉠ 과압밀점토 : 파괴포락선이 세로축과 교차하고 점착력이 존재한다.

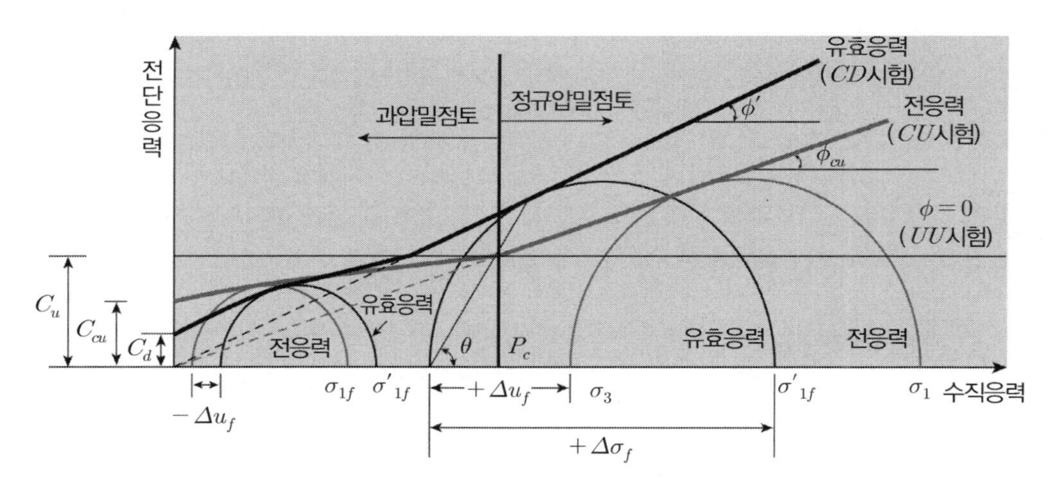

✓ **과압밀점토가 전단될 때는 부(−)의 간극수압이 발생하므로 유효응력은 전응력의 오른편에 그려지며, 선행압밀 압력 이후 압력에서는 정규압밀점토의 거동을 보인다.**

㉡ 정규압밀점토 : 파괴포락선이 원점을 통과, 점착력 없음에 유의

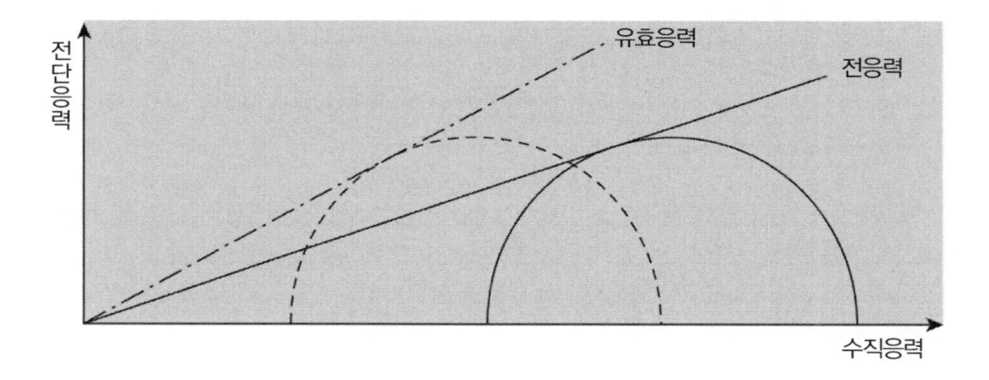

(7) 압밀배수시험($CD-test$)

① CD시험에서는 압밀과 전단과정에서 배수를 허용하므로 과잉간극수압이 전혀 발생하지 않고 가해진 전응력이 곧 유효응력으로 발휘된다.

② 따라서 이 시험의 경우 현장을 재현하기 위해 과잉간극수압이 발생하지 않도록 시험하기 위해서는 오랜 시간이 소요된다.

③ 응력 상태의 변화

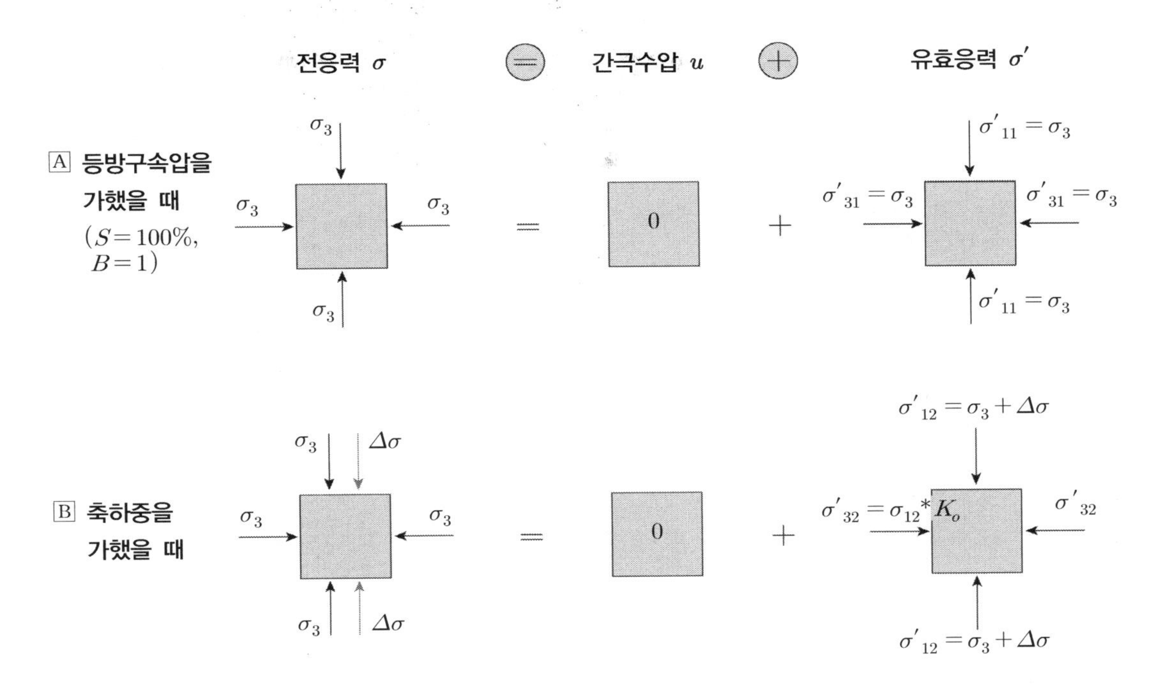

④ 위 그림과 같이 간극수압이 발생하지 않도록 시험하기 위해서는 몇 일 또는 수 주일이 걸리므로 시험의 편의상 $CU-test$와 결과는 동일하므로 대체하는 것이 일반적이다.

⑤ 흙의 종류별 시험결과

㉠ 정규압밀점토 : 유효응력과 전응력이 같으며 점착력 없음에 유의

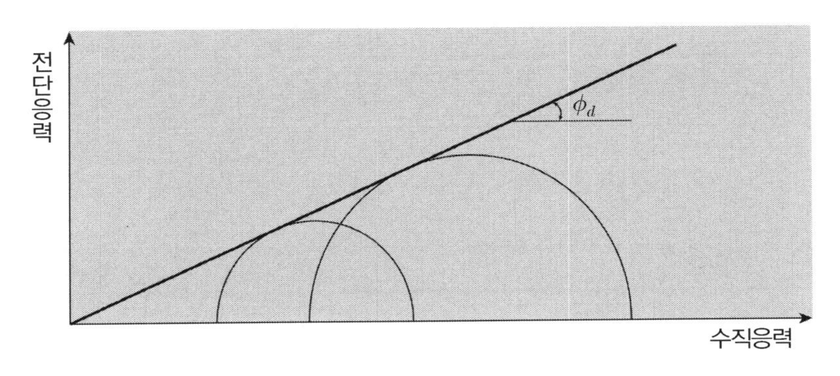

※ 시공과정에서 과잉간극수압이 발생하지 않을 정도로 완속시공의 현장응력 체계 재현시험이다.

㉡ 전단강도와 압밀압력과의 관계

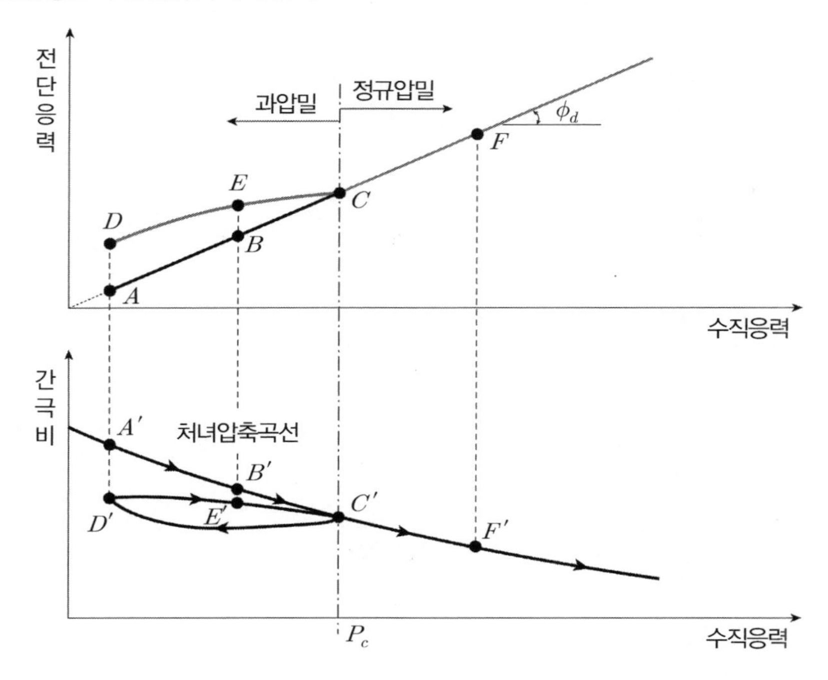

03 점성토와 사질토의 전단 특성

[핵심] 흙의 종류별 전단 특성이란 전단에 따른 흙이 어떻게 거동할 것인가에 대한 의미로서 변형률과 전단강도, 체적 변화, 간극수압의 변화, 그리고 수직응력과 간극비, 비배수강도, 간극수압계수 등에 대한 관계를 통해 사질지반과 점토지반의 거동에 특성을 구별하고 각각의 전단 특성을 이해함으로써 토질별 문제에 대한 정확한 설계와 시공의 기초 *Data*로써 활용이 가능해진다.

1. 개 요

흙의 전단강도식 $\tau = c' + (\sigma - u)\tan\phi'$ 에서 보듯이 점성토는 투수성이 낮고 사질토는 투수성이 크므로 같은 힘을 주더라도 배수가 원활한 사질토의 유효응력의 증가가 크므로 강도 증가가 크고 빠르다.

2. 사질토와 점성토의 전단 특성을 규정짓는 인자

점성토	사질토	비 고
• 예민비 • *Thixotropy* 현상 • *Leaching*(용탈) 현상 • *Heaving* 현상 • 동상(*Frost heave*)현상 • 부주면 마찰력(*NF*) • 압밀침하	• 액상화 • 상대밀도 • *Dilatancy* • *Quick sand* • *Boiling, piping*	• 연약지반의 판단에 이용 • *NF* : 말뚝의 재하시험시기 결정시 고려

3. 점성토의 전단 특성을 규정짓는 인자

(1) 예민비(*Sensitivity Ratio*) : 교란된 흙에 대한 자연상태의 일축압축강도의 비

① *Terzaghi* 공식

$$S_t = \frac{q_u}{q_{ur}}$$

여기서, q_u : 불교란 시료의 일축압축강도

q_{ur} : 교란된 시료의 일축압축강도

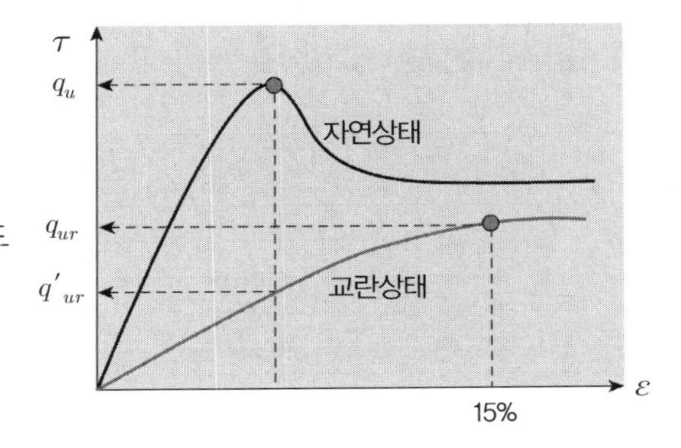

② *Tschebotarioff* 공식

$$S_t = \frac{q_u}{q'_{ur}}$$

여기서, q'_{ur} : 자연상태의 일축압축강도와 같은 변형률에서의 교란상태의 일축압축강도

(2) *Thixotropy* 현상

교란된 시료가 시간이 경과하면서 서서히 강도가 회복되는 현상으로서 함수비의 변화화가 없는 조건에서 교란된 점토의 구조가 면모구조에서 이산구조로 바뀌며 저하된 전단강도가 다시 면모구조로 복귀되면서 전단강도가 회복되지만 교란 전 강도로 완전히 회복되지는 않는다.

(3) *Leaching* 현상 = 용탈현상

해수에 의해 퇴적된 점토가 지반이 상승되거나 해수면이 저하되는 등의 이유로 지반이 노출되었을 경우 강우에 의해 염분의 농도가 저하되면서 결합력을 잃고 강도가 저하되는 현상이다.

✓ **리칭 현상에 의한 결과물 중 하나가 *quick clay*이다.**

(4) *Heaving* 현상(유효응력과 지중응력 p.149 참조)

굴착 배면토의 중량과 재하중이 지반의 전단강도보다 크게 되면 배면지반은 침하되고 굴착면은 부풀어 오르는 현상이다.

(5) *Negative skin friction*

점토지반에서 말뚝 주변이 압밀침하로 인해 말뚝을 끌어내리는 힘으로서 지지력이 작아지고 심한 경우는 말뚝이 부러지는 경우도 발생한다.

4. 사질토 지반의 전단 특성을 규정짓는 인자

(1) 액상화 = 액화현상(*Liquefaction*)

① 정 의 : 느슨하고 포화된 모래지반에 진동, 충격을 주면 순간적으로 비배수 조건이 되면서 과잉간극수압이 발생하게 되고 간극수압과 유효응력이 같아지면 전응력의 변화가 없으므로 유효응력이 0이 되어 전단강도를 상실하는 현상을 말한다.

$\tau = \sigma' \cdot \tan\phi' = (\sigma - u)\tan\phi'$ 에서 $\sigma = u$ 가 되면 $\tau = 0$ 가 됨

② 예방대책 : 간극비를 한계 간극비 이하로 개량

㉠ *SCP* ㉡ 동다짐

㉢ 주입공법 ㉣ *Gravel drain*

(2) *Dilatancy*와 한계 간극비

① 전단 시 체적 변화

구 분	다일러턴시 = 체적 변화	간극수압	유효응력
조밀한 모래(과압밀점토)	(+)*Dilatancy* = 체적 팽창	(−)간극수압	**증 가**
느슨한 모래(정규압밀점토)	(−)*Dilatancy* = 체적 수축	(+)간극수압	**감 소**

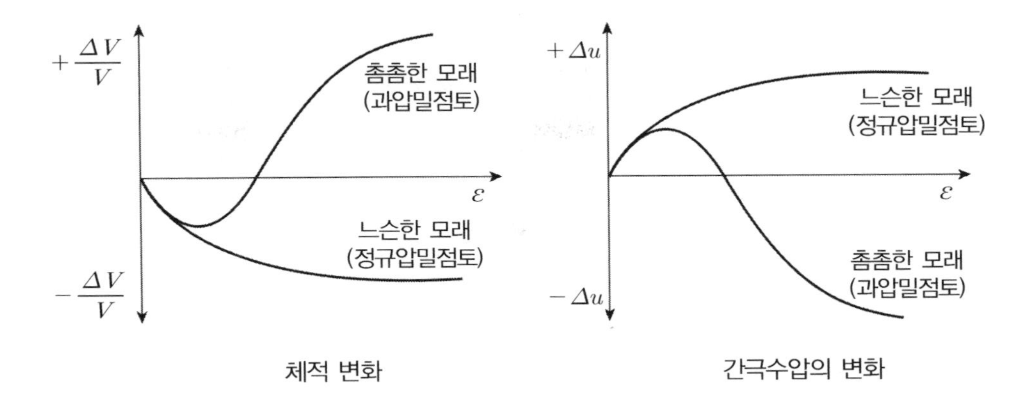

체적 변화　　　　　　　　　　간극수압의 변화

② 한계 간극비(e_c) : 전단 시 체적 변화에 의거 모래지반의 경우 그림과 같이 변형률에 따라 일정한 간극비로 수렴되게 되는데, 이때의 간극비를 말한다.

✓ **액상화 현상은 한계 간극비 이하의 느슨한 모래지반에서 발생하므로 지반개량을 통해서 한계 간극비 이상을 목표로 지반을 안정화시켜야 한다.**

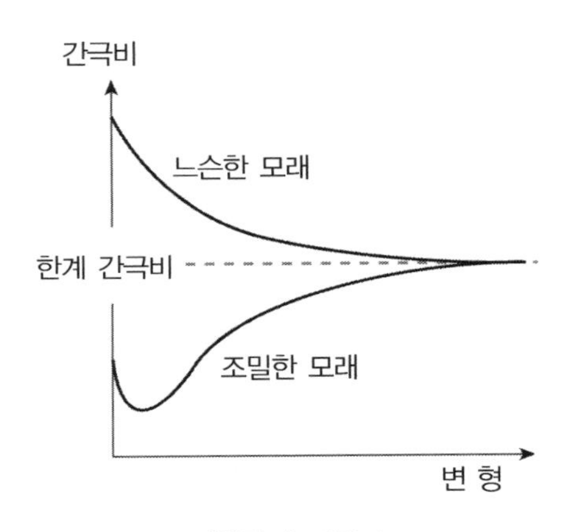

변형률과 간극비

(3) *Quick sand*와 *Quick clay* 현상

구 분	*Quick sand*	*Quick clay*
정 의	상향의 침투압으로 유효응력이 0이 되어 흙이 위로 분출되는 현상	해저에 퇴적된 점토가 융기되어 염분을 상실하여 전단강도가 크게 감소된 특수토의 이름
발 생 원 인	$\tau=\sigma' \cdot \tan\phi' = (\sigma-u)\tan\phi'$ 에서 $\sigma = u$가 되면 $\tau=0$가 됨	염분의 상실로 결합력 상실 = *Leaching*
결 과	*Boiling*, *Piping*, 액상화 발생	예민비가 크므로 공학적으로 불리
비 고	원인은 다르나 전단강도의 저하는 동일함	

5. 점토와 모래의 전단 시 거동 특성

구 분	모래(*Dense* & *Loose* 특성)	점토(*NC* & *OC* 특성)
수직응력 – 간극비	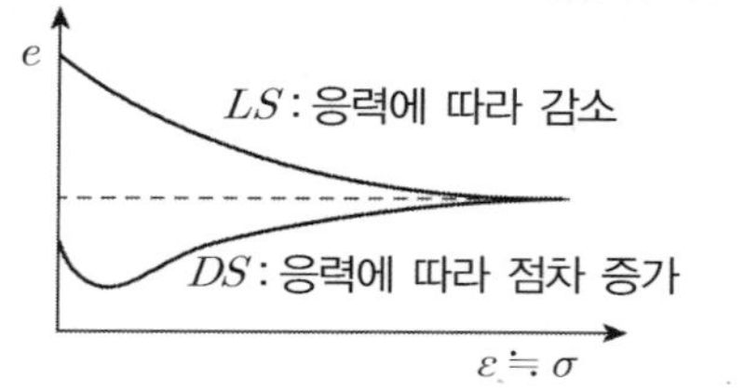 e, LS : 응력에 따라 감소, DS : 응력에 따라 점차 증가, $\varepsilon \doteqdot \sigma$	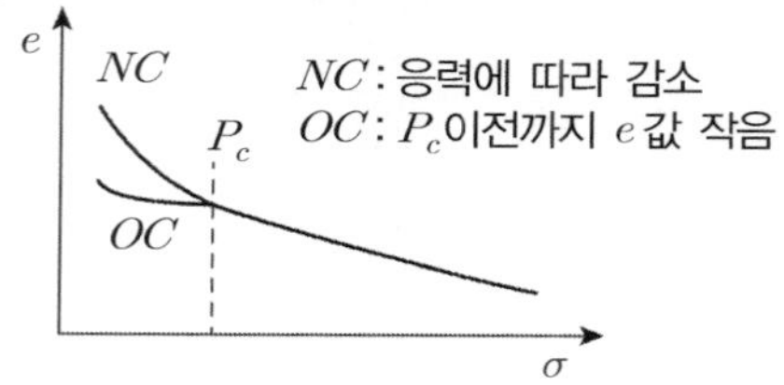 e, NC, P_c, OC, σ; NC : 응력에 따라 감소; OC : P_c이전까지 e값 작음
수직응력 – (비배수) 전단강도	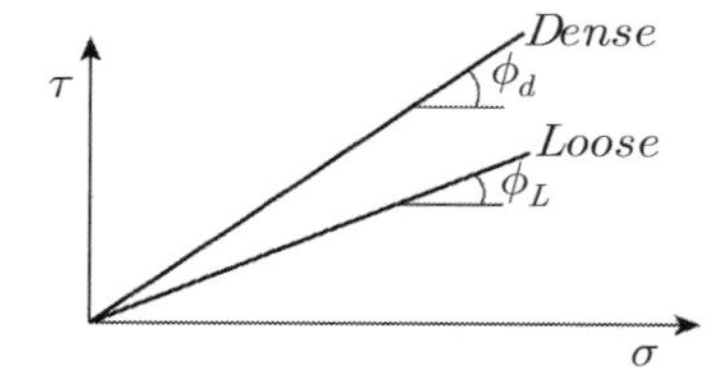 τ, *Dense* ϕ_d, *Loose* ϕ_L, σ	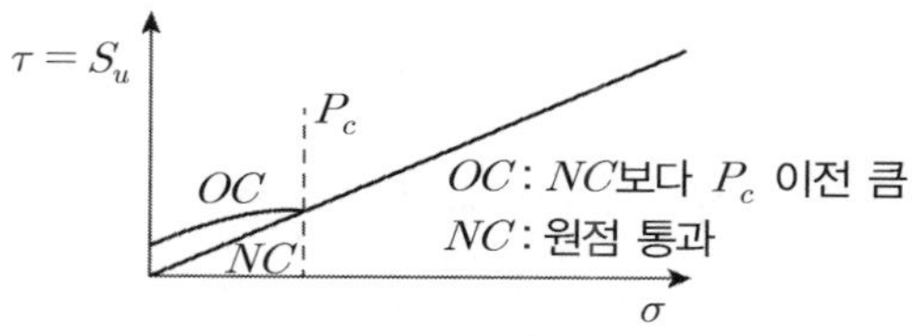 $\tau = S_u$, P_c, OC, NC, σ; OC : NC보다 P_c 이전 큼; NC : 원점 통과
수직응력 – 간극수압 계수	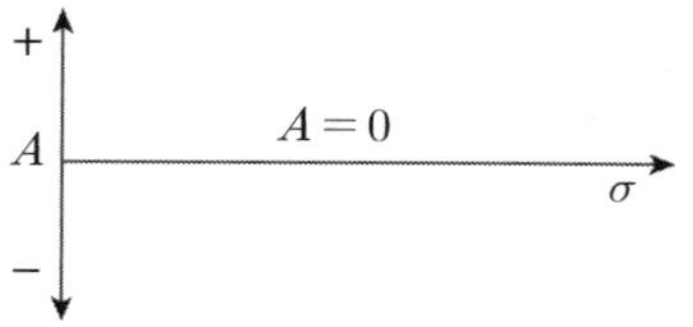 +, A, −, $A=0$, σ	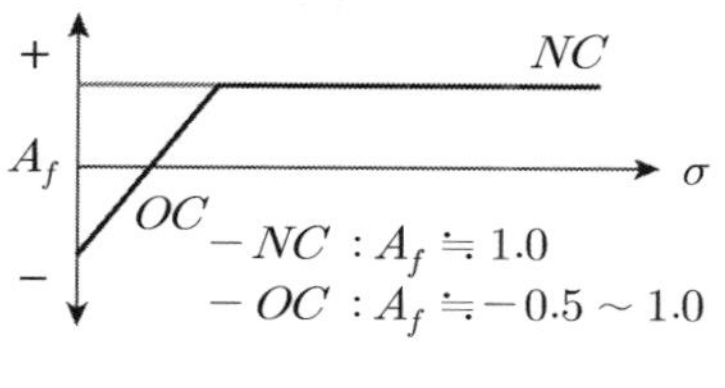 +, A_f, −, NC, OC, σ; − NC : $A_f \doteqdot 1.0$; − OC : $A_f \doteqdot -0.5 \sim 1.0$
변형률 – 전단강도	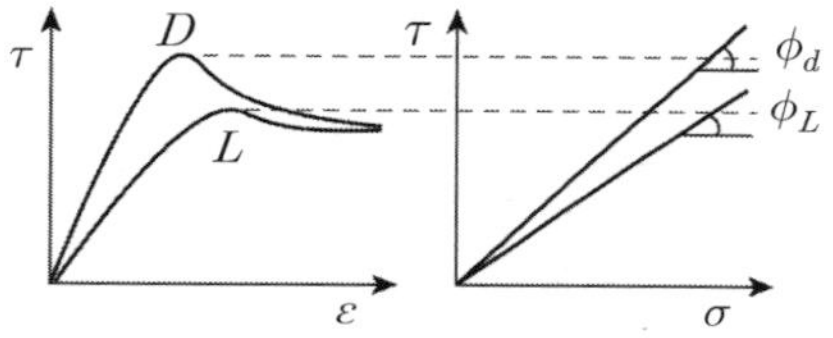 τ, D, L, ε; τ, ϕ_d, ϕ_L, σ	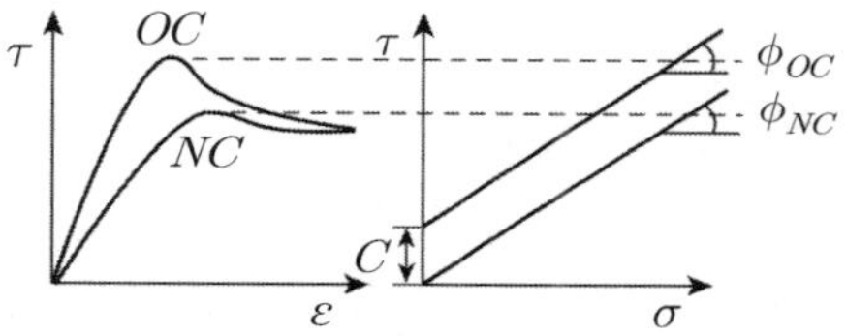 τ, OC, NC, ε; τ, ϕ_{OC}, ϕ_{NC}, C, σ
변형률 – 체적 변화	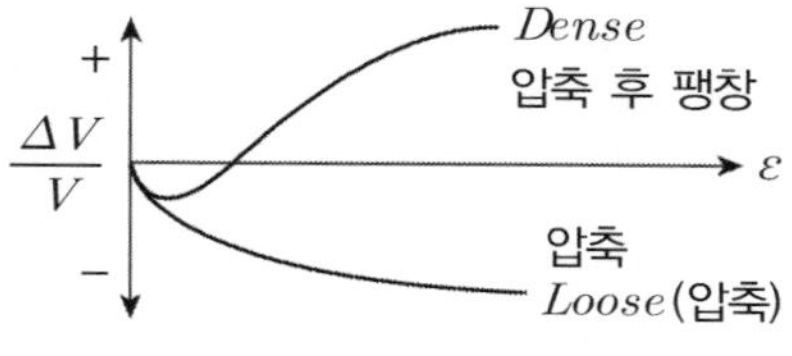 +, $\frac{\Delta V}{V}$, −, ε; *Dense* 압축 후 팽창; 압축 *Loose*(압축)	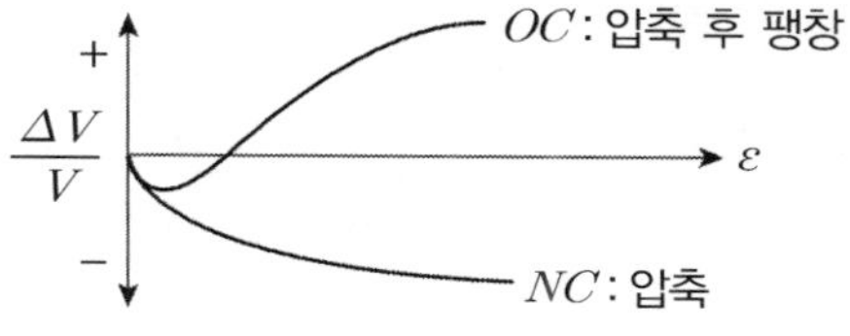 +, $\frac{\Delta V}{V}$, −, ε; OC : 압축 후 팽창; NC : 압축
변형률 – 간극수압 *or* 간극수압 계수	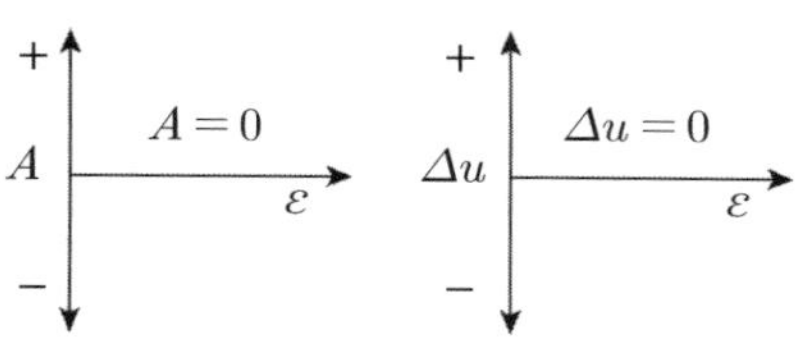 +, A, −, $A=0$, ε; +, Δu, −, $\Delta u = 0$, ε	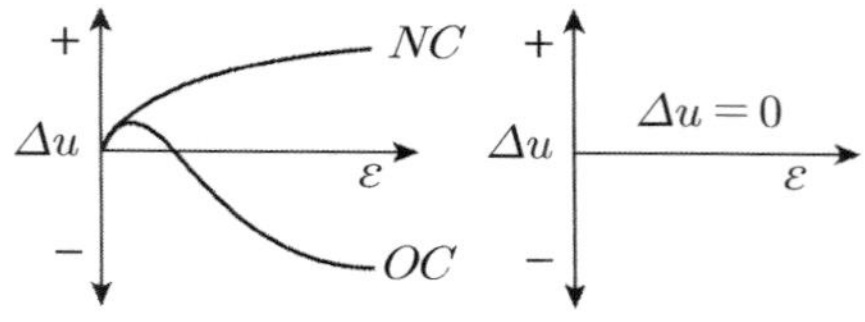 *CU*시험: +, Δu, −, NC, OC, ε; *CD*시험($A=0$): +, Δu, −, $\Delta u = 0$, ε

6. 토질별 전단강도에 영향을 미치는 요소

(1) 점성토

① 함수비 : Consistency에 따라 강도 변화(액체 → 소성 → 반고체 → 고체순 강도 증가)

② 선행압밀압력 : P_c를 기준으로 과압밀의 경우 정규압밀보다 강도가 크나 P_c 이후는 동일

③ 압밀압력 = 구속압력 증대 → $CU-test$에서는 전단강도 증가

④ 전단속도 : 규정 속도 이상 전단 시 과다한 전단강도 측정

㉠ UU, $CU-test$(0.5~1%/분)

㉡ $CD-test$: 0.5%/분 → 권장 0.1%/분

⑤ 기타 : 중간 주응력, 압밀시간

(2) 사질토

① 상대밀도 : 크기에 비례하여 전단저항각과 관계한다.

② 입자의 크기 : 간극비가 일정한 경우 영향이 거의 없다.

③ 입자의 형상과 입도분포

입자는 모가 날수록 입도는 균등한 경우보다 양호한 경우가 전단강도가 크다.

④ 물의 영향 : 윤활효과는 있지만 전단강도에 영향은 거의 없다.

⑤ 중간 주응력

중간 주응력으로 시험한 결과는 원통형 삼축압축시험에 비해 실제적이며 전단저항각 ϕ는 상대밀도에 따라 약간 상이하나 10% 정도 크다고 한다.

⑥ 구속압력

구속압력이 작을 경우 전단저항각은 직선이나 구속압이 커지면 파괴포락선은 아래로 처지면서 전단저항각이 작아진다.

04 현장에서의 전단강도 측정

현장에서 주로 사용하는 시험방법은 표준관입시험이 많이 사용되며 타 시험에 비해 간편하며 비용도 저렴할 뿐만 아니라 풍부한 경험치에 의한 흙의 강도정수와의 상관관계 측면에서도 비교적 정확하므로 국내에서는 애용되고 있는 실정이다. 그러나 단점도 많은 시험이므로 이를 고려하여 시험결과에 이용해야 하겠으며 출제경향은 표준관입시험과 현장 베인시험에 관한 내용에 대하여 주로 출제되었으므로 주의 깊게 공부해야 한다.

공통 : 각종 조사/시험 절차

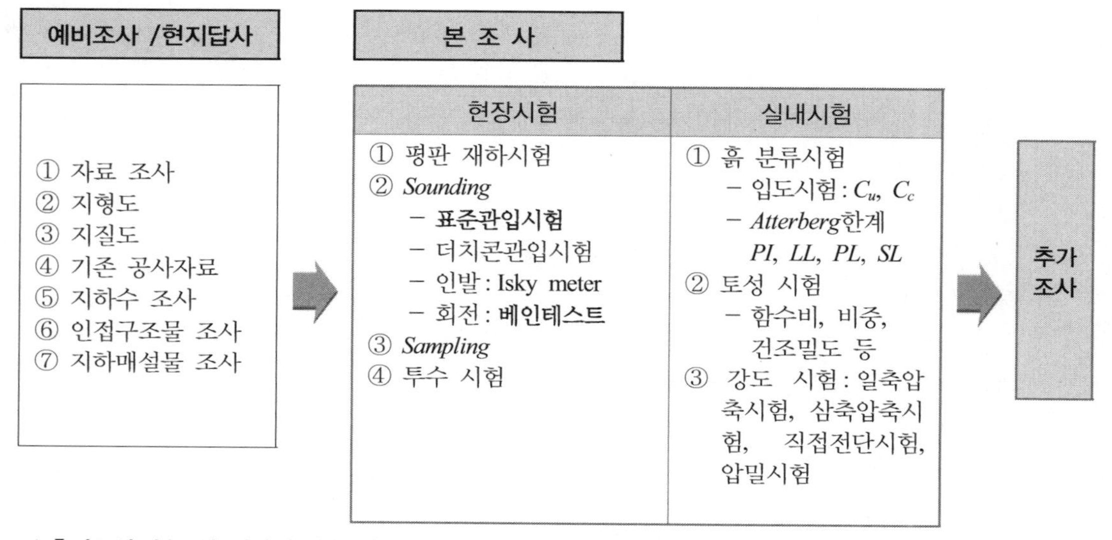

✓ **추가조사 : 본조사 결과에 따른 설계, 시공 시 의심스러운 부분에 대한 조사 시행**

표준관입시험(*SPT* : *Standard Penetration Test*)

(1) 정의와 목적

토층과는 무관하게 깊이방향으로 1.5*m* 간격으로 *Split spoon sampler*를 지반에 관입시켜 지반의 저항(*N*치)를 측정함과 동시에 시료를 채취할 목적으로 시행하는 동적관입 *Sounding*이다.

(2) *N*치

*Sampler*를 시추 *Rod* 끝에 부착한 후 시추공에 넣고 63.5*kg*±0.5*kg*추를 높이 76*cm*±1.0*cm*로 자유 낙하하여 타격 시 *Sample*가 30*cm* 관입 시 소요되는 타격횟수를 *N*치 또는 표준관입시험치라고 한다.

(3) 시험방법

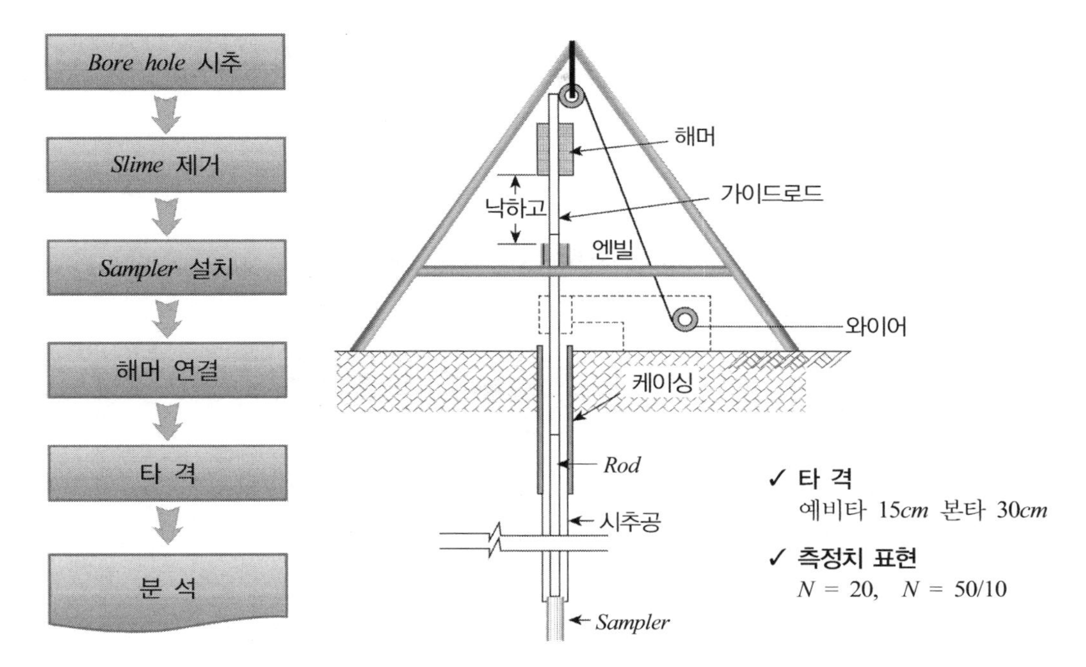

(4) N값의 보정

① N값 보정의 원칙

㉠ 해머의 타격에너지효율(에너지비) 보정은 반드시 포함

㉡ 국내에서 검증되지 않은 항목에 대해서는 보정 유보

㉢ 적용대상 설계법, 경험식에 따라 보정의 필요성을 사전 판단

✓ 적용설계법에 따라 이미 N값의 보정효과가 포함된 경우가 있음

② 관계식

$$N_{60}' = N \cdot C_n \cdot \eta_1 \cdot \eta_2 \cdot \eta_3 \cdot \eta_4$$

여기서, N_{60}' : 해머 효율 60%로 보정한 N치 　　N : 시험 N치

C_n : 유효응력 보정 　　η_1 : 해머효율 보정

η_2 : *Rod* 길이 보정 　　η_3 : 샘플러 종류 보정

η_4 : 시추공경 보정

③ 유효응력 보정 : 사질토만 보정함

㉠ 모래의 경우 상재압력에 따라 같은 상대밀도라 하더라도 N값이 다르게 측정되므로 표준상재 압력 $1kgf/cm^2$에 대한 값으로 보정한다.

㉡ 이 부분에 대한 보정은 액상화를 평가하는 경우 외에는 생략하는 것이 적절할 수도 있다.

$C_n = \sqrt{\dfrac{1}{\sigma_v{}'}}$ 여기서, $\sigma_v{}'$: 시험위치의 유효상재압력 (kgf/cm^2)

④ 해머효율의 보정 : η_1(주로 동재하시험에서 확인이 가능함)

㉠ $\eta_1 = \dfrac{\text{측정된 효율}}{60}$ 국제 표준 에너지 비를 60%로 함

㉡ 측정된 효율 = 에너지 비 = [현장측정 에너지 ÷ 이론적 에너지($m \cdot g \cdot h$)] × 100(%)

㉢ 에너지 측정법 : 동재하시험, 초음파 측정, 비디오 측정

㉣ 장비별 에너지 효율

구 분	*Donut*형	자동형	*Safty*형
에너비 비	46%	65%	54%

⑤ *Rod*의 길이 보정 : η_2

Rod 길이	3~4*m*	4~10*m*	10*m* 이상
효 율	0.75	0.85~0.95	1.0

⑥ 샘플러 종류의 보정 : η_3

구 분	*Liner*가 없는 경우	*Liner*가 있는 경우
효 율	1.2	1.0

⑦ 시추공경 보정 : η_4

직 경	65~115*mm*	150*mm*	200*mm*
효 율	1.0	1.05	1.15

(5) 결과의 이용

① ϕ의 추정

구 분	내 용
Dunham 공식	ⓐ 토립자가 모나고 입도가 양호한 경우 : $\phi = \sqrt{12N} + 25$ ⓑ 토립자가 모나고 입도가 불량한 경우 : $\phi = \sqrt{12N} + 20$ ⓒ 토립자가 둥글고 입도가 양호한 경우 : $\phi = \sqrt{12N} + 20$ ⓓ 토립자가 둥글고 입도가 불량한 경우 : $\phi = \sqrt{12N} + 15$
Peck 공식	$\phi = 0.3N + 27$
오자키 공식	$\phi = \sqrt{20N} + 15$

② 일축압축강도 추정(*Terzaghi*) : $q_u = N/8,\ C_u = q_u/2 = N/16 = 0.0625N$

③ 활 용

구 분	내 용	
시료채취 결과	a 토층의 분포와 종류 c 연약층 유무(압밀 침하층 두께)	b 지지층의 분포심도 d 토사와 리핑암 구별
N치로 추정	점 토	사질토
	a 기초지반의 허용지지력 b 지반 반력계수 c 탄성침하 d 일축압축강도(q_u) e 비배수 점착력(C_u) f 연경도	a 상대밀도 b 내부마찰각 c 침하에 대한 허용지지력 d 지반반력계수(K) e 변형계수(E_s) f 기초지반의 탄성침하

현장 베인시험

1. 현장 *Vane −shear −test*

(1) 정의와 목적

Vane 전단시험은 4개의 *Vane*날개에 *Rod*를 연결한 후 임의지점 연약점토($C_u \leq 3.5t/m^2$)에 삽입 일정 속도(6°/분)로 회전 시 저항 모멘트를 구하여 시추교란이 배제된 비배수 조건의 전단강도를 얻기 위한 원위치 *Sounding*이다. 삼축압축시험이 곤란한 연약지반의 비배수 전단강도를 얻거나 실내시험 확인에 이용한다.

(2) 적용지반 : 깊이 10m 미만의 연약한 점토층의 비배수 전단강도 측정

2. 전단강도(S_u)를 구하는 방법

(1) 흙이 전단될 때의 우력을 측정 → 점착력(비배수 전단강도)을 구함

(2) 전단강도 구하는 방법 $C_u = S_u =$ 비배수강도

$$M_{\max} = c \cdot \pi \cdot D \cdot H \cdot \frac{D}{2} + 2 \cdot C \cdot \frac{\pi D^2}{4} \cdot \frac{D}{2} \cdot \frac{2}{3}$$

$$\therefore C_u = \frac{M_{\max}}{\dfrac{\pi \cdot D^2 \cdot H}{2} + \dfrac{\pi \cdot D^3}{6}}$$

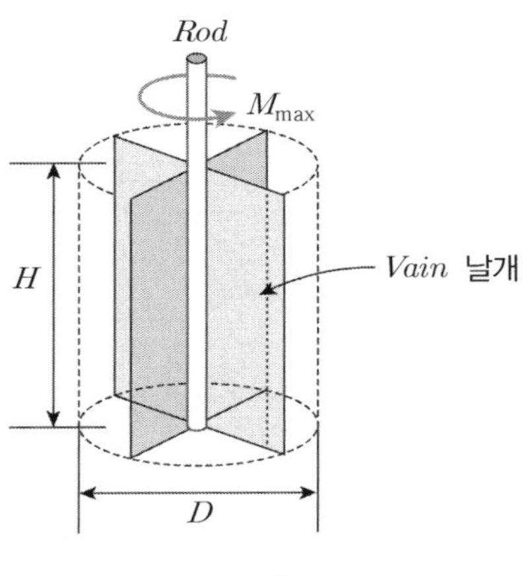

베인 전단시험

3. 장단점

장 점	단 점
(1) 삼축압축시험이 불가능한 연약지반 비배수 전단강도 추정 : C_u : 3.5$tonf/m^2$ (2) 불교란 조건의 비배수 전단강도 추정 (3) 예민비 추정 : S_t $S_t = \frac{q_u}{q_{ur}}$ (4) 광범위한 연약지반의 신속한 조사 (5) *vane* 모양을 달리하여 전단강도의 이방성 확인 가능 (6) 지반개량효과 확인	(1) 초연약지반에만 한정 적용 C_u : 3.5～5.0$tonf/m^2$ (2) 심도별 연속적인 시험 불가 (3) 심도에 제한 : *Rod* 마찰에 따라 S_u 크게 평가 (4) 시료채취가 불가능함 (5) 속도에 의한 보정 필요 기준 : 360°/*Hr*, 6°/분

4. 적용지반

(1) N값 : 3～5 정도 지반

(2) 비배수 전단강도 추정 : C_u : 3.5～5.0 $tonf/m^2$ 이하 지반

(3) 해성점토 지반

(4) 준설토 지반

5. 결과이용

(1) 예민비 추정

(2) 보정된 비배수 전단강도 적용($S_{uc} = C_{uc}$)

(3) 사면안정해석($\phi = 0$ 해석)

전단강도에서 $\phi = 0$인 상태, 즉 포화점토의 비배수 상태에서의 사면안정 해석

$$F_s = \frac{C_u \cdot L_a \cdot r}{W \cdot a}$$

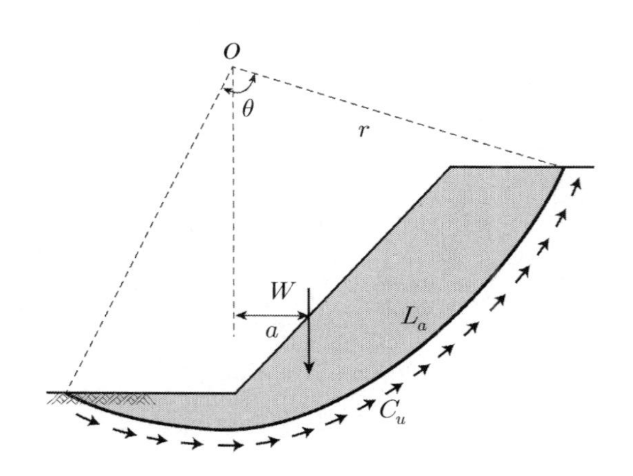

(4) 지지력 예측

① 일반식

$$q_u = \alpha \cdot c \cdot N_c + \beta \cdot \gamma_1 \cdot B \cdot N_\gamma + \gamma_2 \cdot D_f \cdot N_q$$

② 점성토

$q_u = \alpha \cdot c \cdot N_c + \gamma_2 \cdot D_f \cdot N_q$ → 점성토의 $N_r = 0$

여기서, N_c, N_r, N_q : 지지력 계수(내부마찰각에 따른 계수)

α, β : 기초모양에 따른 형상계수(*Shape factor*)

γ_1 : 기초바닥 아래 흙의 단위중량(t/m^3)

γ_2 : 근입깊이에 있는 흙의 단위중량(t/m^3)

c : 기초바닥 아래 흙의 점착력(t/m^2)

B : 기초의 최소폭(m)

D_f : 기초의 근입깊이(m)

(5) 지반개량 효과 확인 : 성토시기 확인

$$C = C_o + \Delta C \qquad \Delta C = \alpha \cdot \Delta P \cdot U \qquad U = \frac{u_i - u_e}{u_i}$$

$$H_c = \frac{5.7\,C_u}{\gamma \cdot F_s}$$

6. 보정 이유 및 방법

(1) 보정 이유

① $Sand\ \ seam$이 있게 되면 비배수강도가 과다하게 평가됨

② Rod의 회전속도가 규정(360°/시간)보다 빠를 경우 : 저항 $Moment$가 커지고 C_u가 크게 평가됨

③ 심도가 깊어질수록 Rod의 마찰이 커지게 되므로 : 저항 $Moment$가 커지고 C_u가 크게 평가됨

(2) 보정 방법(*Bjerrum*, 1972) : *PI*가 20 이상의 경우 보정

$$\therefore C_{uc} = \mu \cdot C_{uf}$$

여기서, μ : 보정계수

C_{uf} : 현장실측 점착력

C_{uc} : 보정된 비배수 전단강도

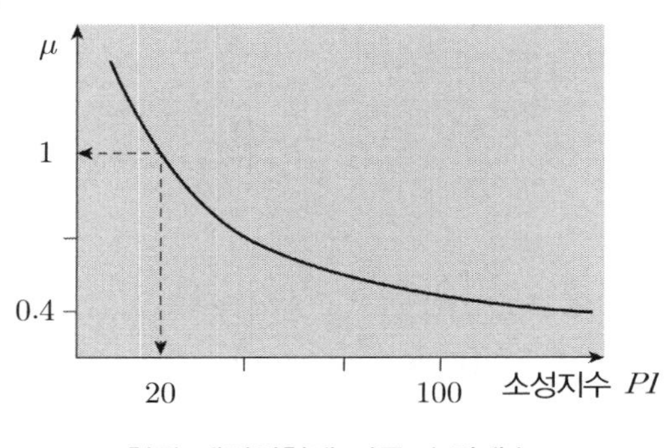

현장 베인시험에 따른 수정계수

05 간극수압계수와 응력경로

[핵심] 우리는 압밀에서 과잉간극수압의 소산으로 인해 침하가 생기고 유효응력이 증가되는 원리에 대하여 공부하였고, 이때 가정조건은 반무한한 평면에 상재하중으로 인한 과잉간극수압은 초기 압력과 같다고 하였다.
여기서는 반무한한 넓이의 상재하중이 아닌 유한한 넓이의 상재하중이 지표면에 하중으로 가해지는 경우 간극수압계수를 이용하여 과잉간극수압의 크기를 구하는 방법과 이로 인한 유효응력의 변화를 응력경로로 표현하는 방법에 대하여 알아보고자 한다.

1. 간극수압계수(*Pore Pressure Parameter*)

(1) 정 의

간극수압계수란 전응력의 증가량에 대한 간극수압의 변화량의 비, 즉 $\Delta u/\Delta\sigma$를 말함

(2) 삼축압축시험에서의 응력상태

압밀 비배수 등방압밀 시 간극수압 + 일축압축 시 축하중 증가량에 대한 간극수압 증가량
= 삼축압축 시 압밀 비배수 상태에서의 축차응력 증가량에 대한 간극수압 증가량

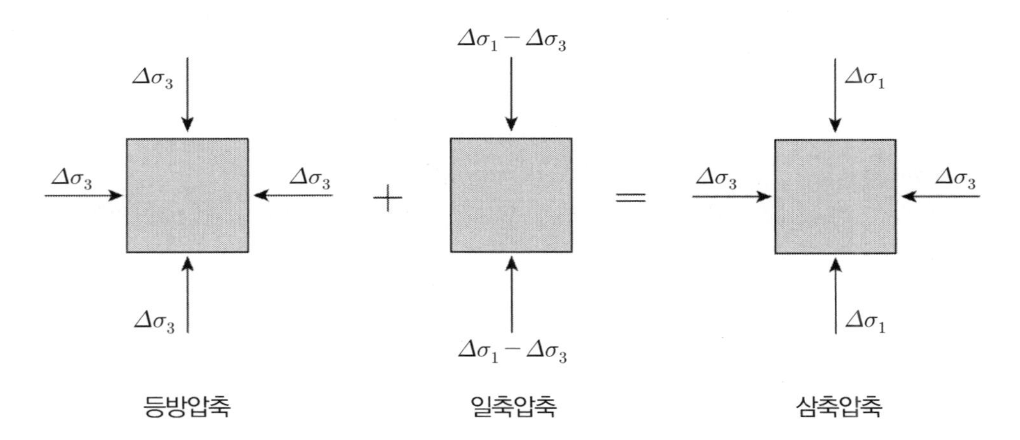

(3) B 계수

① B 계수란 등방압축 시 구속응력의 증가량에 대한 간극수압 변화량의 비이다.

$$B = \frac{\Delta u}{\Delta \sigma_3}$$

② 만일 흙이 완전 포화되고 물의 체적 변화가 없다면 $B=1$이며 간극수압 증가량과 $\Delta\sigma_3$는 동일하다.

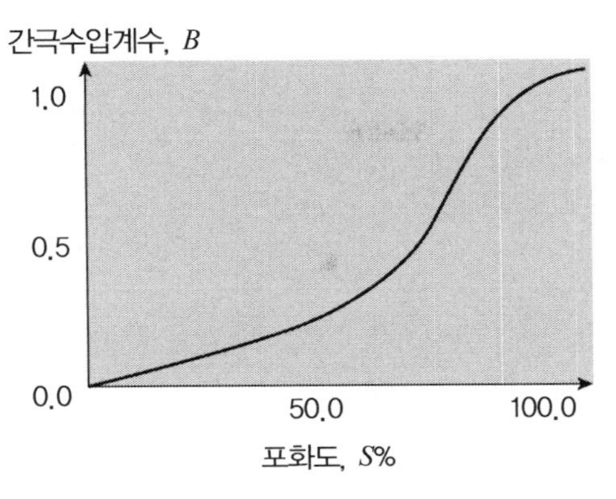

포화도와 간극수압계수 B와의 관계도

(4) D 계수

D 계수란 일축압축시험 시 축하중의 증가량에 대한 간극수압의 변화량 비이다.

$$D = \frac{\Delta u}{\Delta \sigma_1 - \Delta \sigma_3}$$

(5) A 계수 : 축차응력 증가량에 대한 간극수압 변화량의 비

① 삼축압축시험에서의 응력상태에서 보듯이 삼축압축 때의 하중 상태는 등방압축과 1축압축을 합친 것이므로

$\Delta u = B \cdot \Delta \sigma_3 + D(\Delta \sigma_1 - \Delta \sigma_3)$ 여기서, $A = D/B$로 치환하면

$$\Delta u = B[\Delta \sigma_3 + A(\Delta \sigma_1 - \Delta \sigma_3)]$$

여기서, A : 삼축압축 시의 간극수압계수

② 포화된 경우 $B = 1$이고 위 식은 $\Delta u = \Delta \sigma_3 + A(\Delta \sigma_1 - \Delta \sigma_3)$이 되고 삼축압축시험에서 구속압을 더 이상 증가하지 않고 축하중만 증가시켰다면 $\Delta \sigma_3 = 0$이고

$A = \dfrac{\Delta u - \Delta \sigma_3}{\Delta \sigma_1 - \Delta \sigma_3} = \dfrac{\Delta u}{\Delta \sigma_1}$가 되므로

축차응력과 간극수압을 측정하면 A를 구할 수 있으며 이것은 재하면적이 제한된 구형, 선형의 하중이 지표면에 가해질 경우 상승된 과잉간극수압을 구할 수 있는 중요한 계수가 된다.

③ 간극수압계수 A는 응력이력이나 체적 변화에 따라 부의 값으로부터 2 이상의 값까지 넓게 변화한다.

㉠ 예민한 점토 : A = 1.5~2.5
㉡ 정규압밀점토 : A = 0.7~1.3
㉢ 약간 과압밀점토 : A = 0.3~0.7
㉣ 심한 과압밀점토 : A = −0.5~0.3

(6) 활 용

① 과잉간극수압의 산출

$$\Delta u = B[\Delta\sigma_3 + A(\Delta\sigma_1 - \Delta\sigma_3)]$$

② 전단강도 증가율의 산정

$$\frac{C_u}{P'} = \frac{\sin\phi'(K_o + A_f(1-K_o))}{1+(2A_f-1)\sin}\phi' \quad If,\ A_f = 1 \rightarrow \frac{C_u}{P'} = \frac{\sin\phi'}{1+\sin\phi'}$$

③ 압밀상태 및 정도 판단

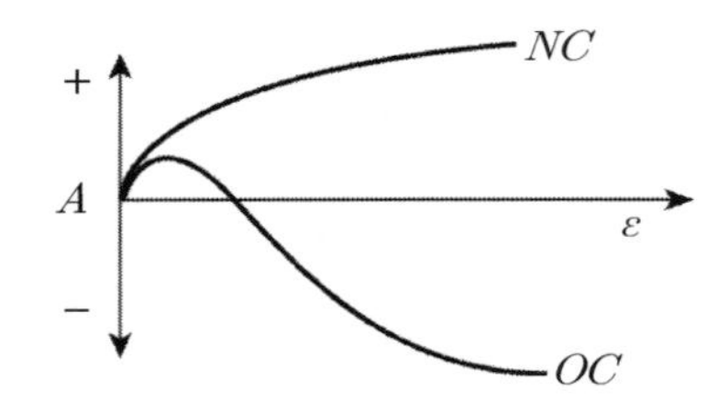

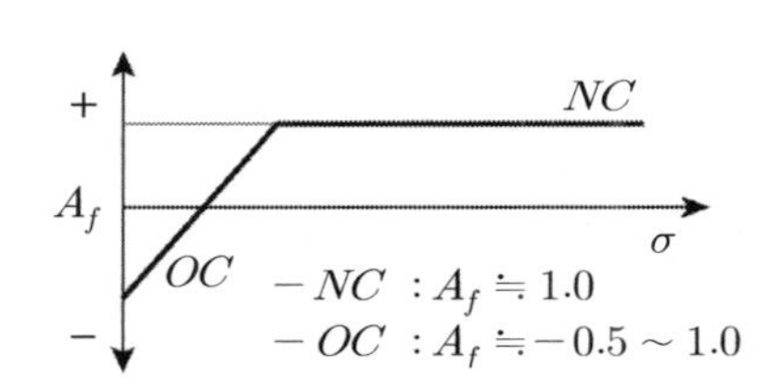

④ 포화도 판단 / 배압상태 확인(간극수압계수 B)

배압으로 흙을 포화 → 간극수압계수 $B=1$일 때 완전포화

실무적으로는 포화도 $S=95\%$를 포화로 간주하며 이때 $B=0.95$가 된다.

2. 응력경로(*Stress Path*)

(1) 정 의

아래 그림과 같이 *Mohr*원의 최대 전단응력인 정점(p, q)을 연결한 선으로 응력이 변화하는 동안 연결된 선이 어떻게 변화하는가에 따라 현장응력 체계와 흙의 종류별로 다르게 나타나며, 이것을 이용하여 그 지반의 특성을 파악하고 어떻게 거동할 것인지 예측할 수 있게 된다.

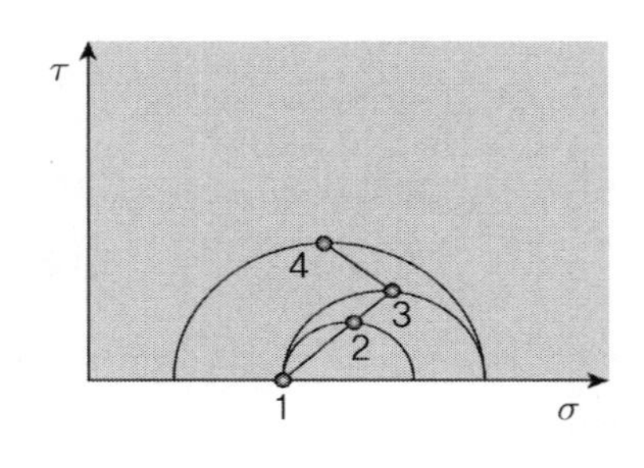

(*A*) *Mohr*의 응력원으로 표시

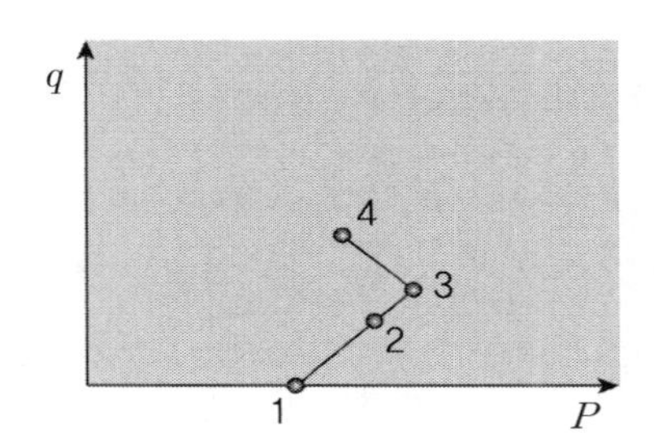

(*B*) 응력원의 중심과 반경을 나타낸 경우

(2) 종류 및 좌표

① 전응력경로(*TSP* : *Total Stress Path*)

$$P = \frac{\sigma_1 + \sigma_3}{2}, \quad q = \frac{\sigma_1 - \sigma_3}{2}$$

② 유효응력경로(*ESP* : *Effective Stress Path*)

$$P' = \frac{(\sigma_1 - u) + (\sigma_3 - u)}{2}, \quad q' = \frac{(\sigma_1 - u) - (\sigma_3 - u)}{2} = \frac{\sigma_1 - \sigma_3}{2}$$

(3) 특 징

① 압밀 비배수 시험의 응력경로

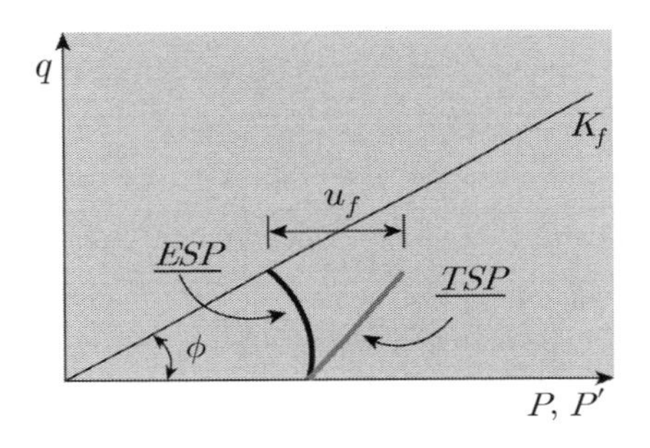

정규압밀점토의 *CU*시험결과

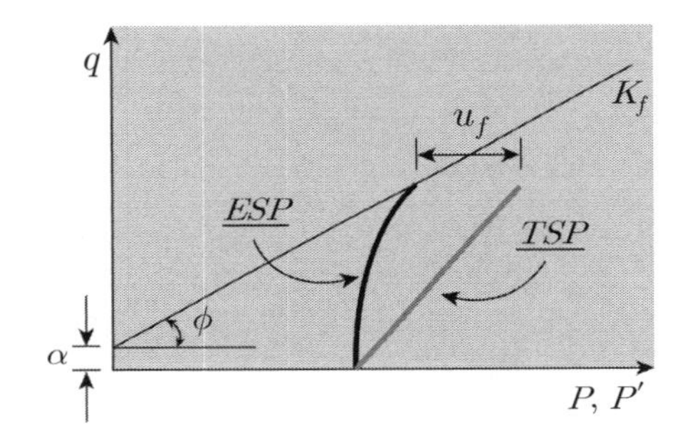

과압밀점토의 *CU*시험결과

② 압밀배수시험은 간극수압이 0이므로 전응력경로와 유효응력경로가 일치한다.

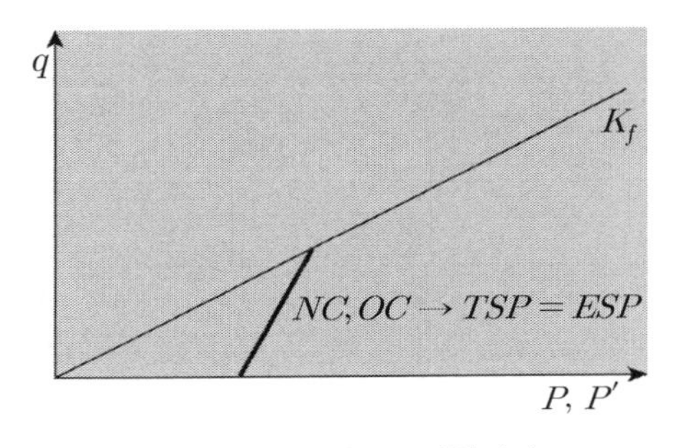

정규압밀점토의 *CU*시험결과

(4) 적 용

① 현장응력 체계와 이력 파악

② 지반의 거동 파악

③ 시공 관리상 지표(간극수압 측정)

3. 대표적인 4가지 응력경로

구 분	수직응력	수평응력	현장조건
축압축	증 가	일 정	구조물재하조건
축인장	감 소	일 정	굴착상태
측압축	일 정	증 가	수동토압
측인장	일 정	감 소	주동토압

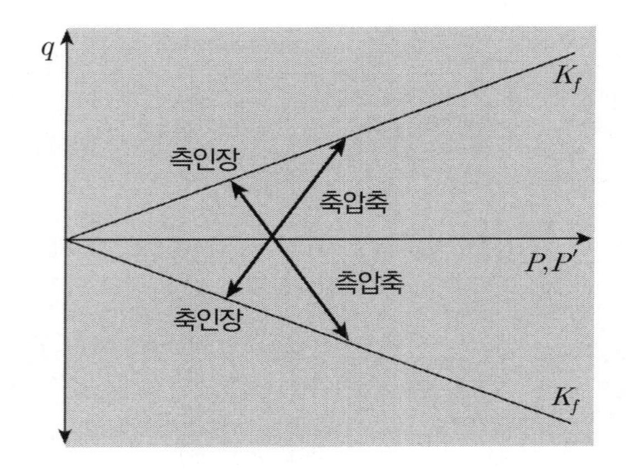

성토 시 활용

조 건

$2m$ 높이로 일차성토를 완성한 현 지반의 $c' = 0.4kgf/cm^2$, $\phi = 25°$일 때 추가로 $4m$ 쌓았을 때 전단강도를 계산하시오. 단, 성토 시의 간극수압 소산은 없는 것으로 하고 지반 내의 횡방향응력은 연직응력의 $\frac{1}{2}$이라고 가정하고 간극수압계수 A, B는 0.4와 0.85이다(성토흙의 단위중량 $\mathbf{1.8tonf/m^3}$).

계산방법

간극수압계수를 시험을 통해 결정하면 실제 그 지반에 어떤 하중을 가할 때 발생되는 $\Delta\sigma_1$과 $\Delta\sigma_3$를 계산하여 발생할 수 있는 초기의 과잉간극수압이 얼마인지를 알게 되고, 이로 인한 유효응력이 얼마인지를 알게 되므로 전단강도 식 $\tau = c' + \sigma' \tan\phi$에서 점착력은 급속한 성토라면 유효응력의 증대가 없으므로 σ'는 성토 전 전응력과 성토 후 전응력의 증가량에서 계산된 과잉간극수압을 빼준 유효응력을 적용하면 과잉간극수압으로 인해 변화된 전단강도를 구할 수 있게 된다.

1. 성토로 인한 과잉간극수압

$$\Delta u = B(\Delta\sigma_3 + A(\Delta\sigma_1 - \Delta\sigma_3))$$

$\Delta\sigma_1 = 4m$ 추가 성토로 인한 연직응력 증가량 $= 4m \times 1.8tonf/m^3 = 7.2tonf/m^2$

$\Delta\sigma_3 = 4m$ 추가 성토로 인한 수평응력응력 증가량 $= 7.2 \times \frac{1}{2} = 3.6tonf/m^2$

$$\therefore \Delta u = B(\Delta\sigma_3 + A(\Delta\sigma_1 - \Delta\sigma_3)) = 0.85(3.6 + 0.4(7.2 - 3.6)) = 4.28tonf/m^2$$

2. 일차성토로 인한 연직응력

$\sigma_1 = 2m \times 1.8tonf/m^3 = 3.6tonf/m^2$

3. 최종 성토로 인한 유효응력 = 전응력 − 간극수압

$\sigma'_1 = \Delta\sigma_1 + \sigma_1 - \Delta u = 7.2 + 3.6 - 4.28 = 6.52tonf/m^2$

4. 전단강도

$\tau = c' + \sigma_1' \tan\phi' = 4 + 6.52\tan 25° = 7.04tonf/m^2$

06 Henkel의 간극수압계수를 활용한 제방 기초지반 안정성 검토

1. *Skempton*에 의한 간극수압계수 유도(삼축압축조건)

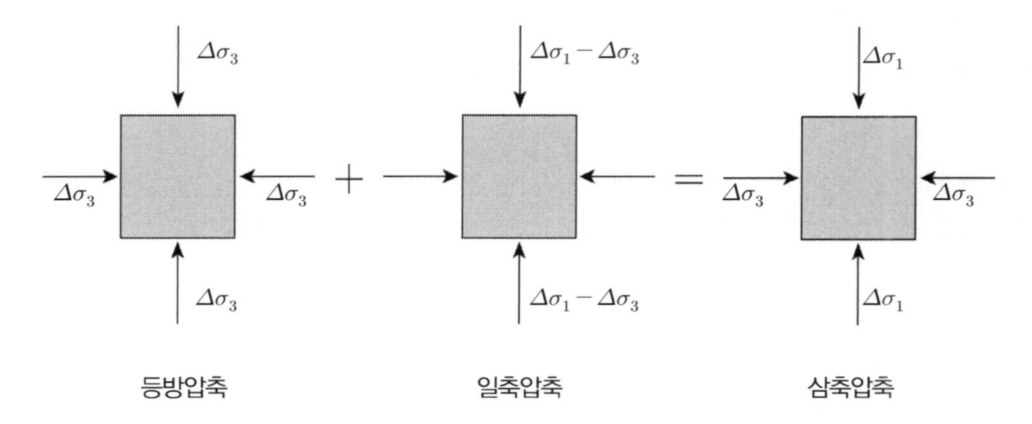

(1) 등방압축 시

$$B = \frac{\Delta u}{\Delta \sigma_3}$$

$$\Delta u = B \cdot \Delta \sigma_3$$

(2) 일축압축 시

$$D = \frac{\Delta u}{(\Delta\sigma_1 - \Delta\sigma_3)}$$

$$\Delta u = D(\Delta\sigma_1 - \sigma_3)$$

(3) 삼축압축 시

① $\Delta u =$ 등방압축 시 $\Delta u +$ 일축압축 시 $\Delta u = B \cdot \Delta\sigma_3 + D(\Delta\sigma_1 - \Delta\sigma_3)$

② $\Delta u = B\Delta\sigma_3 + AB(\Delta\sigma_1 - \Delta\sigma_3)$ $\quad (D = AB)$

$= B(\Delta\sigma_3 + A(\Delta\sigma_1 - \Delta\sigma_3))$

③ $B = 1$일 때, $\Delta u = \Delta\sigma_3 + A(\Delta\sigma_1 - \Delta\sigma_3)$

$$A = \frac{\Delta u - \Delta\sigma_3}{\Delta\sigma_1 - \Delta\sigma_3} \qquad \Delta\sigma_3 = 0 \text{이면, } A = \frac{\Delta u}{\Delta\sigma_1}$$

2. *Henkel*의 간극수압계수 제안

(1) *Henkel*(1960)은 선형구조물인 제방, 옹벽, 연속기초와 같이 평면변형응력상태의 경우 과잉간극수압 계산에 중간 주응력, $\Delta\sigma_2$을 고려하여 다음과 같이 제안하였다.

$$\Delta u = \Delta\sigma_{oct} + 2\sigma\tau_{oct}$$

여기서, $\Delta\sigma_{oct} = \frac{1}{3}(\Delta\sigma_1 + \Delta\sigma_2 + \Delta\sigma_3)$ = 정육면체 수직응력

$\tau_{occt} = \frac{1}{3}\sqrt{(\Delta\sigma_1 - \Delta\sigma_2)^2 + (\Delta\sigma_2 - \Delta\sigma_2)^2 + (\Delta\sigma_3 - \Delta\sigma_1)^2}$ = 정육면체 전단응력

(2) 임의의 삼축하중상태에서 $\Delta\sigma_2 = \Delta\sigma_3$ 경우

$\Delta\sigma_{oct} = \frac{(\Delta\sigma_1 + 2\Delta\sigma_3)}{3}$ 이고

$\Delta\tau_{oct} = \frac{1}{3}\sqrt{2}(\Delta\sigma_1 - \Delta\sigma_3)$가 된다.

(3) 일축압축하중상태 시($\Delta\sigma_1 - \Delta\sigma_3 = \Delta\sigma_1,\ \Delta\sigma_2 = \Delta\sigma_3 = 0$)

① *Henkel*의 간극수압 $\Delta u = \frac{\Delta\sigma_1}{3} + a\sqrt{2\Delta}\ \ \sigma_1$

② *Skempton*의 간극수압 $\Delta u = A \cdot \Delta\sigma_1$

(4) A = *Skempton* 간극수압 a = *Henkel*의 간극수압

$A = \frac{1}{3} + a\sqrt{2}$ 또는 $a = \frac{1}{\sqrt{2}}\left(A - \frac{1}{3}\right)$

$$\Delta u = \frac{\Delta\sigma_1 + \Delta\sigma_2 + \Delta\sigma_3}{3} + a\sqrt{(\Delta\sigma_1 - \Delta\sigma_2)^2 + (\Delta\sigma_2 - \Delta\sigma_3)^2 + (\Delta\sigma_3 - \Delta\sigma_1)^2}$$

$$\Delta u = \frac{\Delta\sigma_1 + \Delta\sigma_2 + \Delta\sigma_3}{3} + \frac{1}{\sqrt{2}}(A - \frac{1}{3})\sqrt{(\Delta\sigma_1 - \Delta\sigma_2)^2 + (\Delta\sigma_2 - \Delta\sigma_3)^2 + (\Delta\sigma_3 - \Delta\sigma_1)^2}$$

3. 제방 기초지반 안정성 검토

(1) 해석방법

① 전응력해석($uu - Test,\ C_u,\ \phi_u,\ \phi = 0$)

㉠ 정규압밀점토 위 급성토 시 시공 직후 안정성 검토

㉡ 시공 중 압밀이나 함수비 변화가 없다고 예상될 때, 즉 체적 변화가 없을 때

② 유효응력해석($\overline{CU}$ $Test, \phi_{cu}, C, \phi'$)

㉠ 성토하중에 의해 압밀 후 전단강도 증가 후 안정 계산 시

$$F_s = \frac{C' \cdot l + \sum(W\cos\theta - u)\tan\phi'}{\sum W\sin\theta}$$

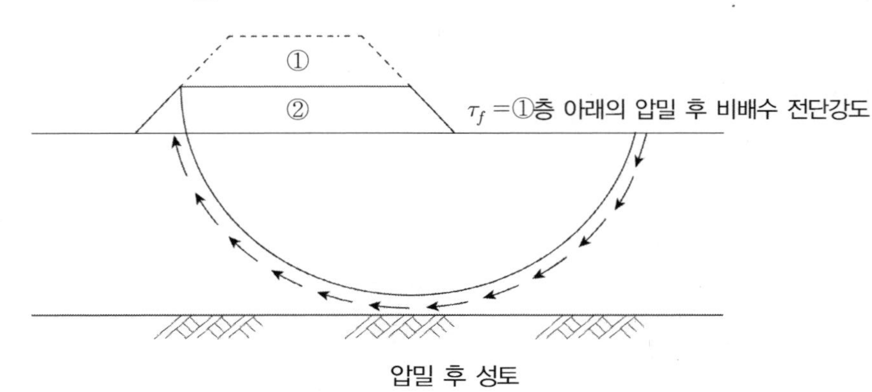

압밀 후 성토

㉡ u = 간극수압 계산 시, *Henkel* 간극수압계수 사용

(2) 제방하부 유효응력해석 시

① 성토 직후 유효응력해석 시

② 단계성토 시 1차 성토 후 2단계 성토 시 안정 검토 시 적용

③ $\Delta u = \frac{\Delta\sigma_1 + \Delta\sigma_2 + \Delta\sigma_3}{3} + \frac{1}{\sqrt{2}}\left(A - \frac{1}{3}\right)$

$\sqrt{(\Delta\sigma_1 - \Delta\sigma_2)^2 + (\Delta\sigma_2 - \Delta\sigma_3)^3 + (\Delta\sigma_3 - \Delta\sigma_1)^2}$

④ $Cl + \sum(wicos\theta - ul)\tan\phi$에서, 과잉간극수압 계산 시 적용한다.

07 수정 파괴포락선(K_f 선)과 Mohr－Coulomb 파괴기준

1. 정 의

수정 파괴포락선은 전단시험에서 얻은 구속응력, 축차응력을 변화시켜 얻은 파괴 시 지중요소의 응력상태를 *Mohr*원으로 나타내어 최대 전단강도점(정점)을 연속적으로 연결한 선분으로 수정 파괴포락선 또는 K_f 선이라고 한다.

2. *Mohr－Coulomb* 포락선과 수정 파괴포락선

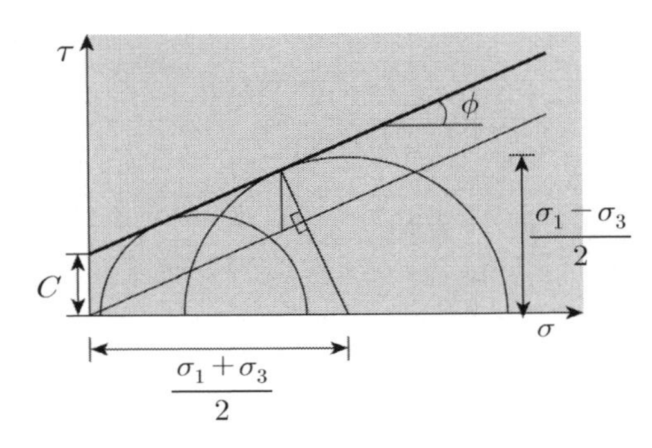

Mohr－Coulomb 파괴포락선

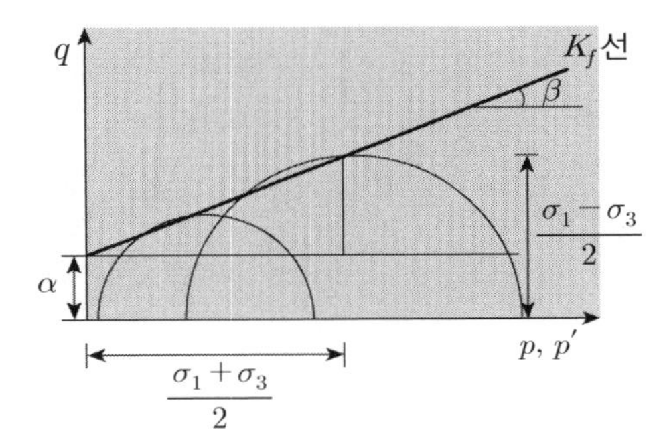

수정 파괴포락선

(1) *Mohr－Coulomb* 파괴포락선 관계식 : $\tau = c + \sigma \tan\phi$에서

$$\frac{\sigma_1 - \sigma_3}{2} = c \cdot \cos\phi + \frac{\sigma_1 + \sigma_3}{2}\sin\phi$$

(2) 수정 파괴포락선 : $q = \alpha + p'\tan\beta$

$$\frac{\sigma_1 - \sigma_3}{2} = \alpha + \frac{\sigma_1 + \sigma_3}{2}\tan\beta$$

(3) 반경이 같으므로

① $c \cdot \cos\phi = \alpha \ \rightarrow \ C = \dfrac{\alpha}{\cos\phi}$

② $\sin\phi = \tan\beta \ \rightarrow \ \phi = \sin^{-1}(\tan\beta)$

3. 결과 이용

수정 파괴포락선에서 α, β를 알면 강도정수 c, ϕ를 구할 수 있다.

K_o선

1. 정 의

(1) 1차원 압밀시험에서 응력경로는 항상 K_o선상에서 위치하고 K_o선은 원점을 지난다.

(2) 횡방향 변위가 구속된 상태에서 축차응력 증가 상태를 *Mohr*원으로 나타내고, 정점을 연결한 기울기선

(3) 응력경로이긴 하나 파괴상태가 아님에 유의하고 엄밀하게 표현하면 압밀에 따른 강도 증가 기울기이다.

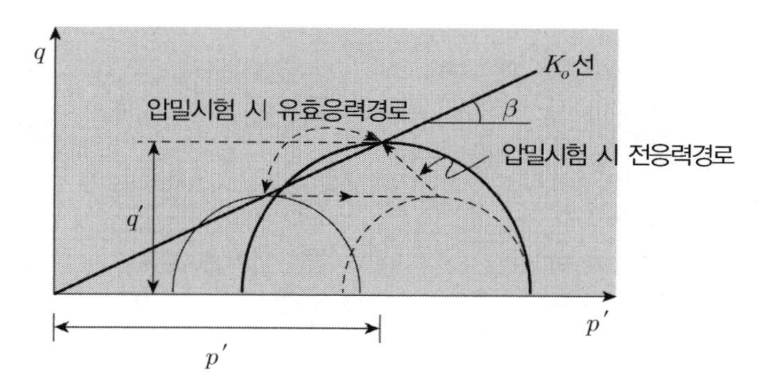

2. 작도요령(구하는 방법)

(1) $p' = \dfrac{\sigma'_1 + \sigma'_3}{2} = \dfrac{\sigma'_1 + K_0\sigma'_1}{2} = \dfrac{\sigma'_1(1+K_0)}{2}$

(2) $q' = \dfrac{\sigma'_1 - \sigma'_3}{2} = \dfrac{\sigma'_1 - K_0\sigma'_1}{2} = \dfrac{\sigma'_1(1-K_0)}{2}$

(3) $\beta = \tan^{-1}\dfrac{q'}{p'} = \tan^{-1}\dfrac{1-K_0}{1+K_0}$

08 진행성 파괴(잔류강도)

1. 정 의

(1) 흙에 응력을 가하게 되면 응력분포가 불균질할 경우 취약지점에 지점에 부분적으로 집중되어 변위가 발생하고 인접부로 파괴면을 확산해가는 현상을 진행성 파괴라 한다.

(2) 진행성 파괴가 발생되는 경우의 흙에 전단응력은 첨두강도의 응력상태를 보인 후 변형연화되면서 잔류강도만을 가지게 된다.

(3) 따라서 진행성 파괴가 의심되는 지반에 대한 설계 및 시공 시 강도정수의 적용은 잔류강도에서의 강도정수를 적용함에 유의해야 한다.

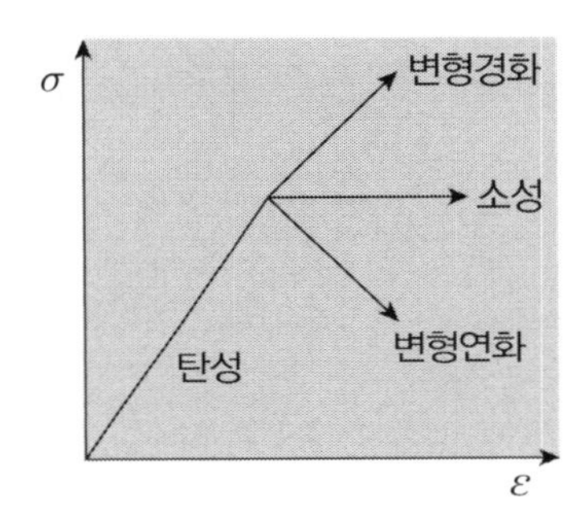

2. 잔류강도 거동

(1) 사 면

사면활동은 전체가 일시에 일어나지 않고 아래 그림과 같이 취약 부분부터 극한에 도달(잔류강도)되고 점차 파괴영역이 확대 전체 파괴면에 잔류강도만 남게 된다.

(2) 직접전단 시험

파괴면이 동시 파괴되지 않고 전단된 부분부터 점차 파괴영역을 확대한다.

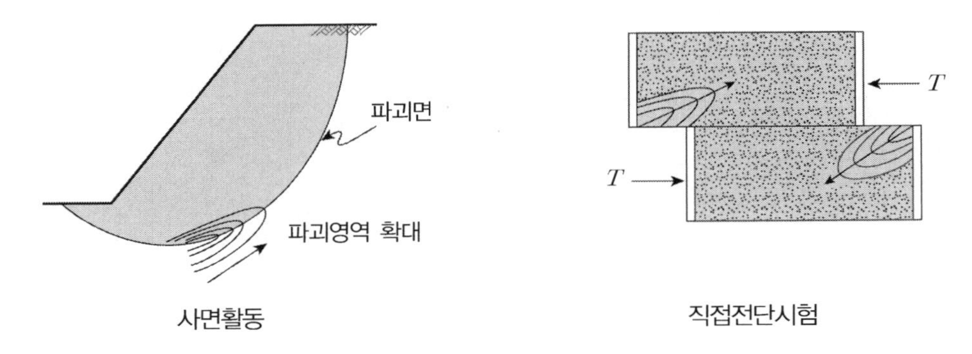

사면활동 직접전단시험

3. 응력이력에 따른 최대강도와 잔류강도에 대한 파괴포락선

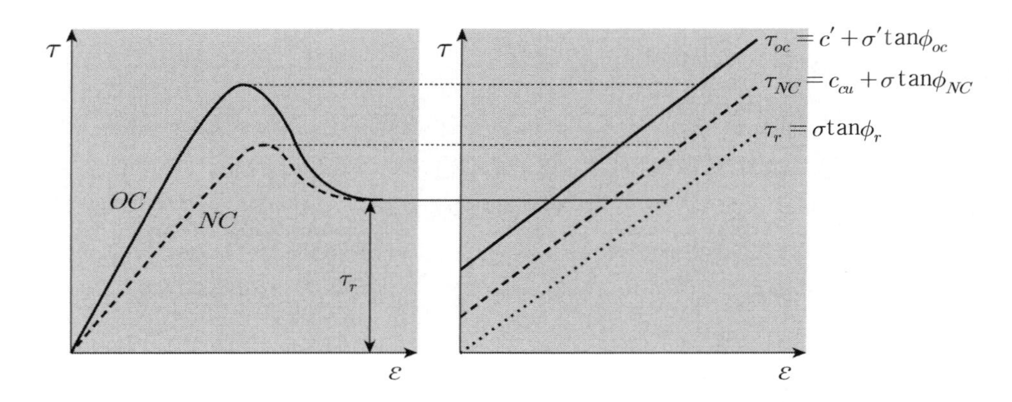

4. 시험방법

(1) 원칙 : 링 전단시험(충분히 변위 가능)

① 중공시료를 *Disk*형으로 만들어 응력을 가하면 전단면에 응력분포는 일정

② 현장상태의 수직응력을 고려하여 정한 수직응력을 3～4회 시험하여 수직응력에 대한 전단저항을 측정

③ 최대 전단강도가 지나가고 잔류응력이 나타날 때까지 계속적인 변위를 가하여 잔류강도를 구함

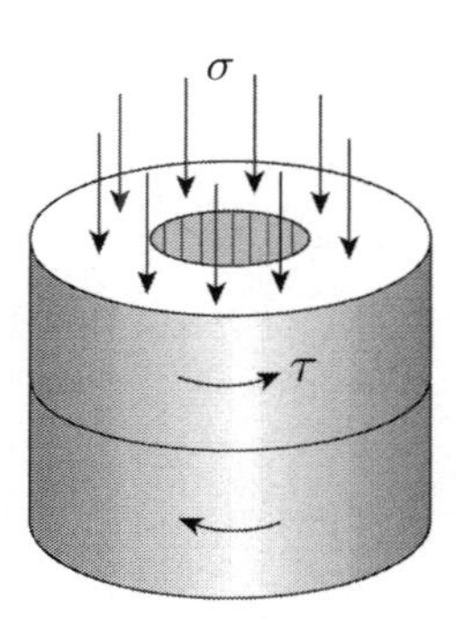

(2) 실용 : 최대변위 6～10*mm*이므로 ε 부족

① 전단시험기가 변위할 수 있는 데까지 전단 → 수직하중 일부 제거 → 역으로 변위(최대 변위) → 최소 전단강도가 얻어질 때까지 반복 시행

② 전단강도가 최대치 도달 → 수직하중 일부 제거 → 역으로 변위(처음 전단변위까지 빨리 전단) → 최소 전단강도가 얻어질 때까지 반복 시행

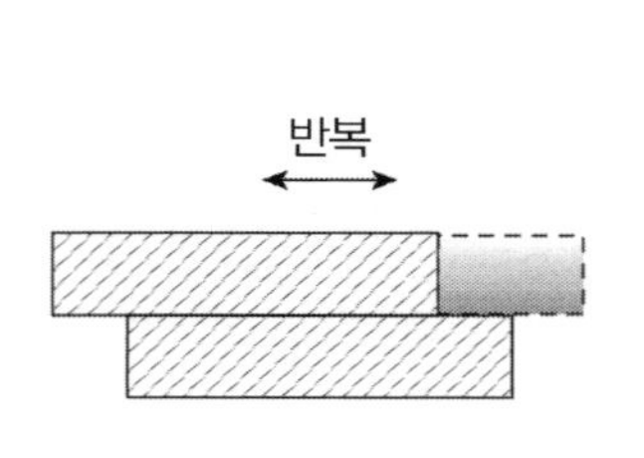

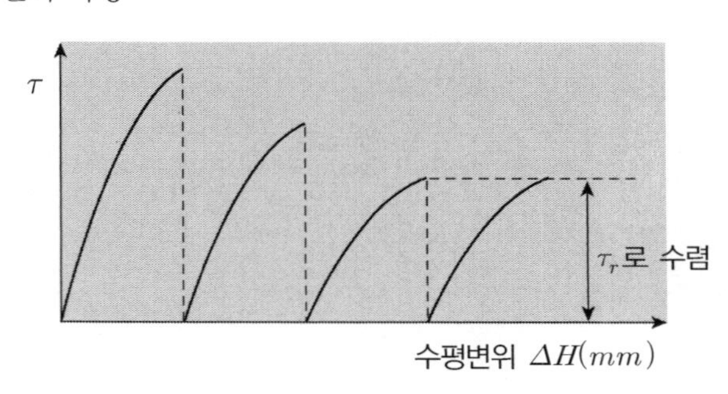

5. 진행성 파괴 발생조건

(1) 점진적으로 전단강도가 발휘되는 흙
(2) 균열성 점토(*Fissured clay*)
(3) 과거 활동 흔적 사면
(4) 큰 변형률 발생 시 전단강도 발휘되는 흙

6. 이 용

(1) 과압밀점토사면
(2) 국부전단파괴 기초
(3) 연약지반 성토
(4) 활동경력으로 교란된 지역
(5) 균열부의 응력집중

7. 결 론

(1) 사면안정 검토 시 동시파괴 개념의 강도정수를 사용하나 실제 지반의 거동은 진행성 파괴로 인한 잔류강도만이 존재할 수 있다.
(2) 따라서 사면 안정해석 시 강도이방성과 압밀, 팽창, 잔류강도 등을 고려한 강도정수의 적용이 필요하다.

✓ 잔류강도의 정의
변형연화되는 흙을 전단시험하면 응력이력과 관계없이 응력 증가에 따른 변형이 직선적 비례거동을 하다가 최대 전단강도 도달 후 일정한 응력상태로 유지될 때의 전단강도를 말한다.

09 한계간극비(Critical Void Ratio = CVR, e_{cr})

1. 정 의

(1) 흙의 종류와 관계없이 전단, 다짐 시 체적 변화가 일정하게 수렴될 때의 간극비를 한계간극비라 함
(2) 응력이력(*NC*, *OC*), *Loose*, *Dense*와 관계없이 다음 그림과 같이 정의

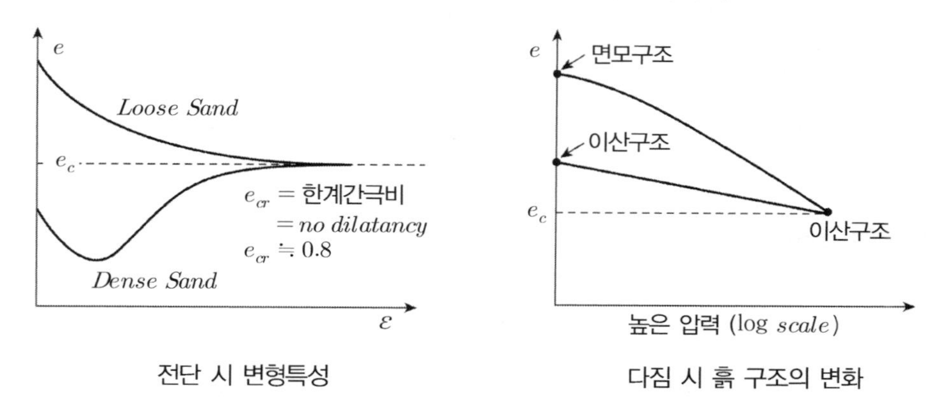

전단 시 변형특성 / 다짐 시 흙 구조의 변화

2. 특 성

(1) 전단강도 : 잔류강도일 때 간극비

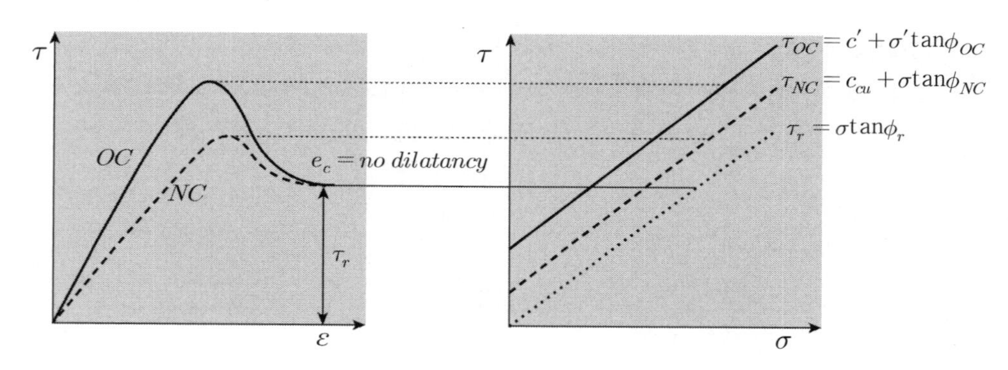

(2) 체적 변화

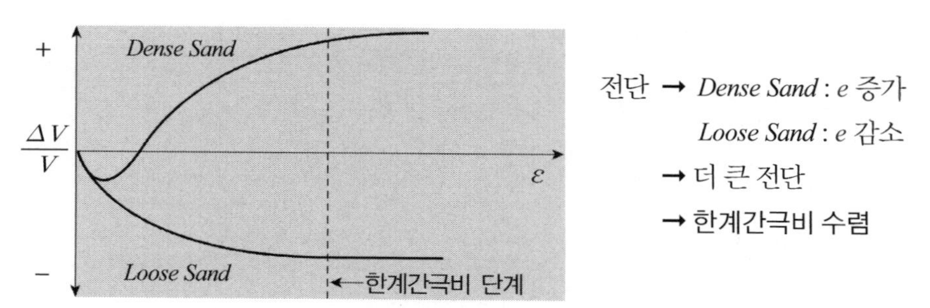

전단 → *Dense Sand* : e 증가
Loose Sand : e 감소
→ 더 큰 전단
→ 한계간극비 수렴

(3) 구속압력과 한계간극비

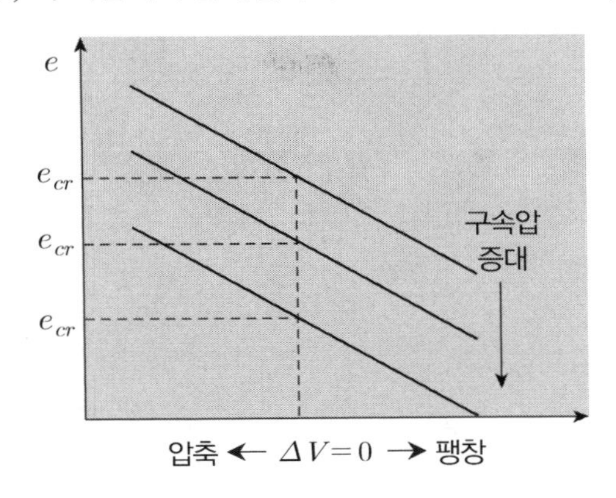

(4) *Dense sand, Loose sand* 구분

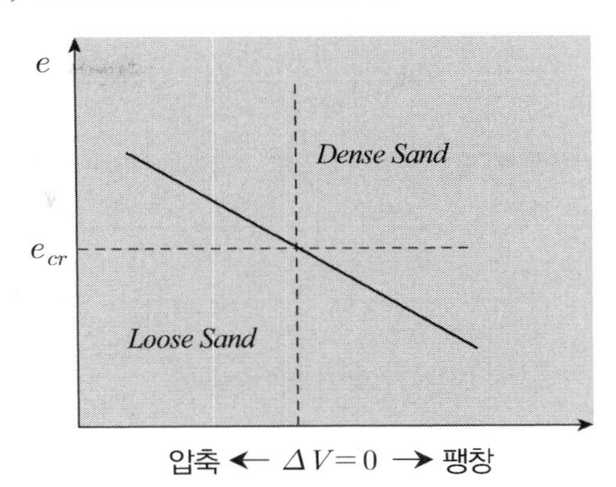

✓ 구속압력에 따라 한계간극비는 일정하지 않음

(5) 액상화 검토

$e < e_c$ 포화모래에 진동을 가하면 액상화 발생

$e_c = 0.8$ 정도임

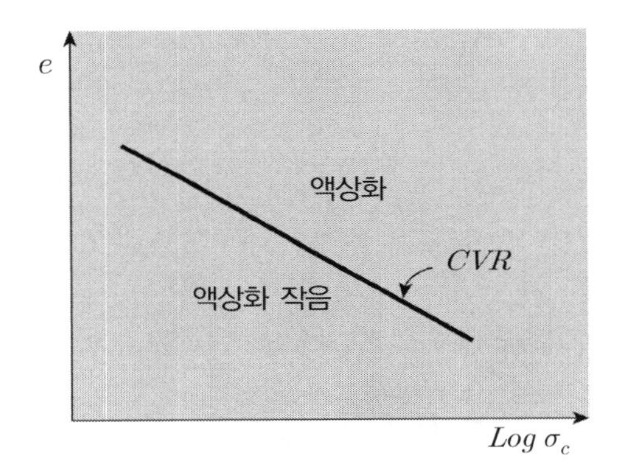

(6) 한계밀도 : 한계간극비

✓ 간극비 변화가 없을 때 다짐 밀도

3. 시 험

(1) *Ring* 전단시험

(2) 직접전단 시험

① 변형률 제어

② 응력 제어

10 Dilatancy

1. 정 의

(1) 입상체 흙에 전단응력을 미하면 조밀한 정도에 따라 체적의 변화가 발생하는데 이를 *Dilatancy*라 함
(2) 전단응력을 계속 증가시키면 흙의 조밀도에 관계없이 일정한 간극비에 수렴하게 되는데, 이때의 간극비를 한계간극비라 함

2. 체적 변화에 따른 *Dilatancy*의 종류

(1) − 체적 변화 : (−)*Dilatancy*

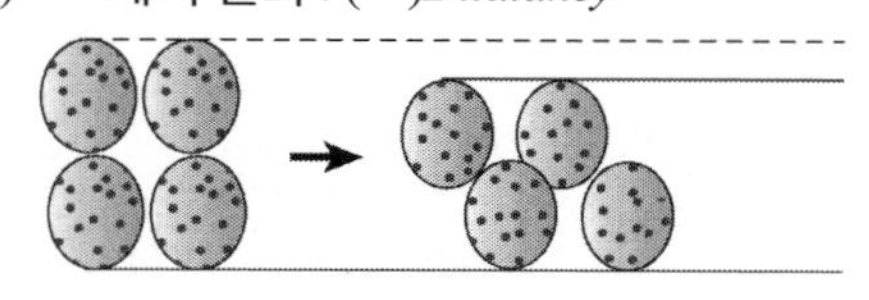

Loose sand

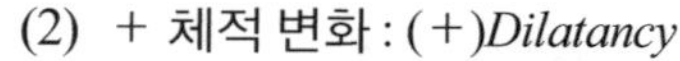

(2) + 체적 변화 : (+)*Dilatancy*

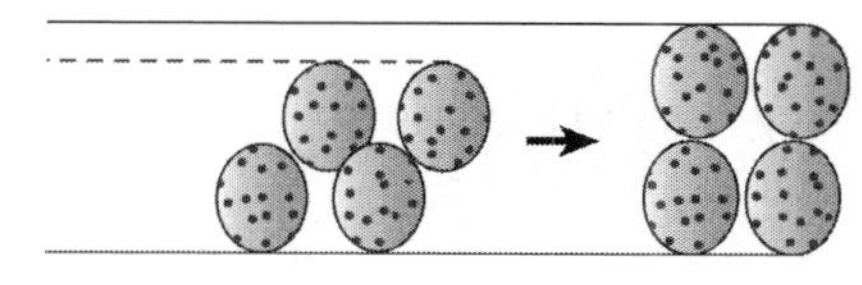

dense sand

3. 특 징

(1) 전단응력과 변형률 = 응력이력에 따른 거동

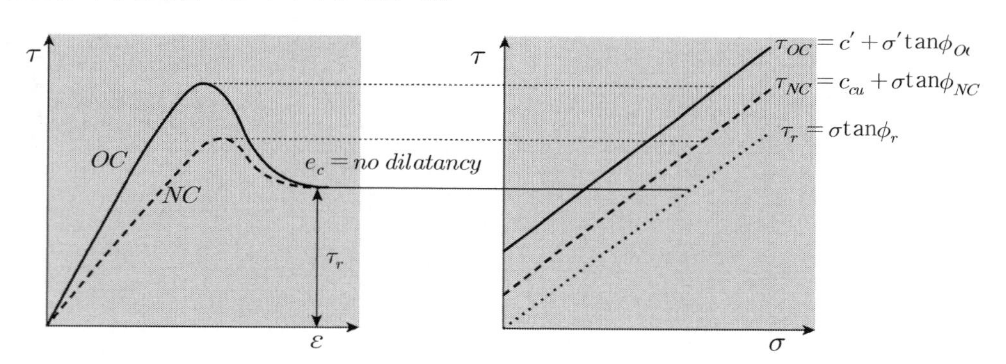

(2) 체적 변화와 *Dilatancy*

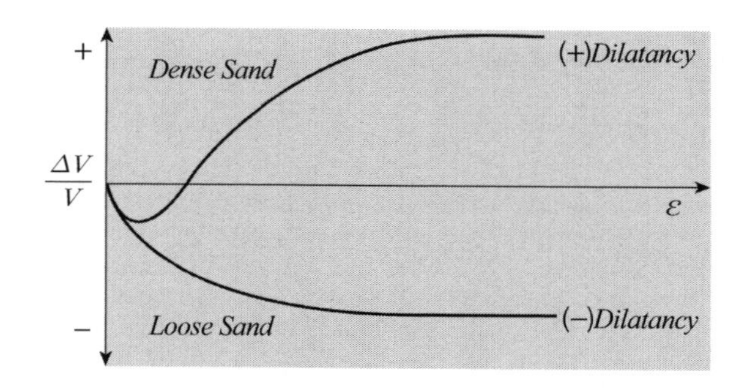

(3) 한계간극비와 *Dilatancy*

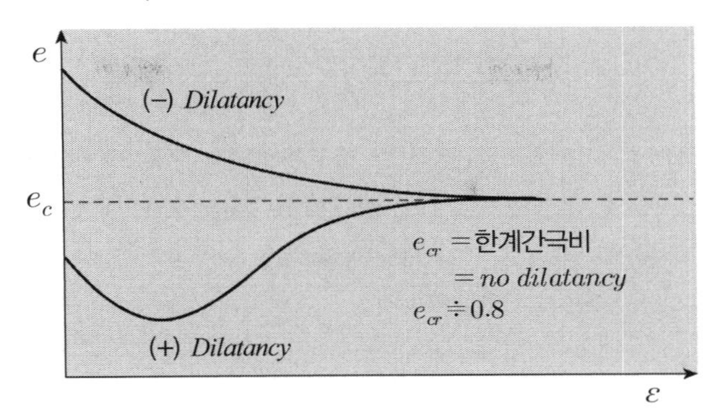

(4) 선행압밀하중과 *Dilatancy*

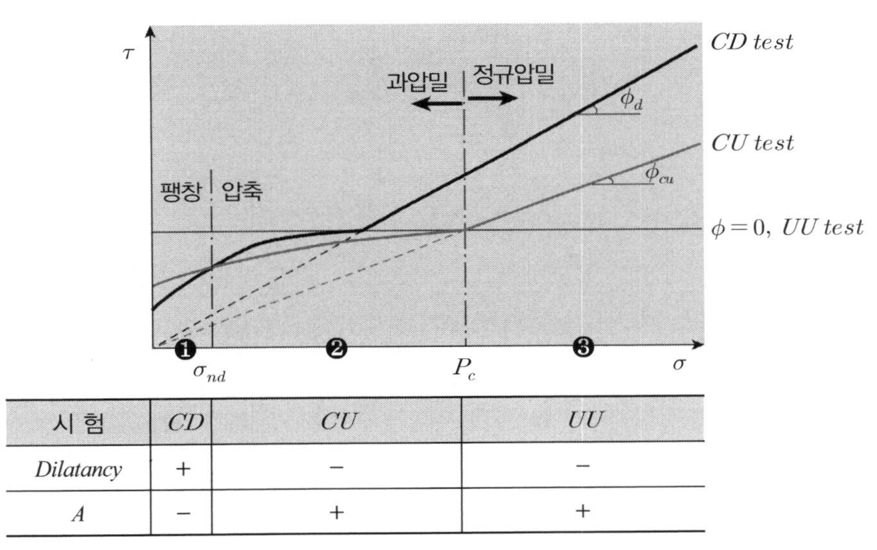

시 험	*CD*	*CU*	*UU*
Dilatancy	+	−	−
A	−	+	+

(5) 구속압력과 한계간극비, *Dilatancy*관계

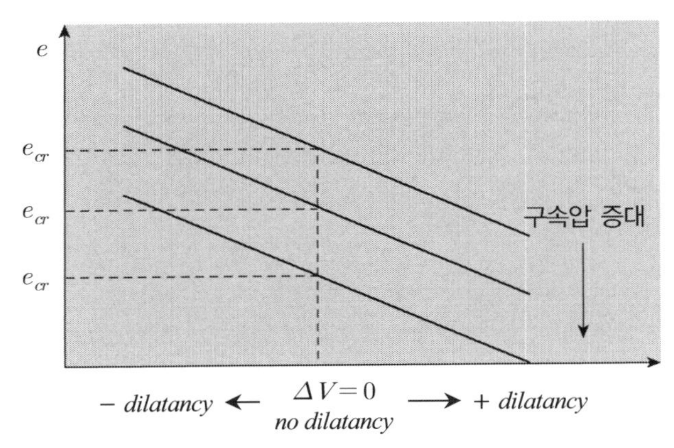

11 배압(Back Pressure)

1. 정 의

(1) 원지반에서 시료를 채취하게 되면 응력해방으로 인한 체적팽창으로 인해 원지반의 간극수압이 아닌 (−)간극수압이 발생하고 공기가 생겨 간극수압의 정확한 측정이 곤란해짐

(2) 포화상태인 현장 간극수압과 동일한 현장응력상태로 재현을 위해 시료에 2~3kgf/cm^2의 압력으로 4~6단계로 나누어 압력을 가하는 행위를 배압이라 함

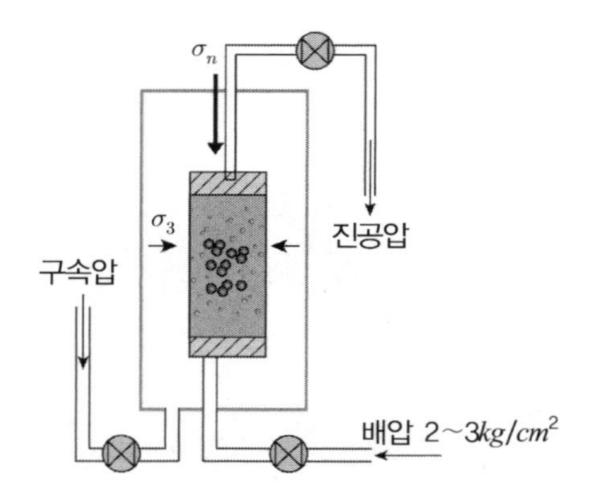

2. 필요성

(1) (−)간극수압으로 인해 공기 발생
→ 불포화토 거동 : 강도 / 침하량 과다

(2) 대책 : 배압과 구속압을 동시에 가하여 유리된 기포(부간극수압)제거

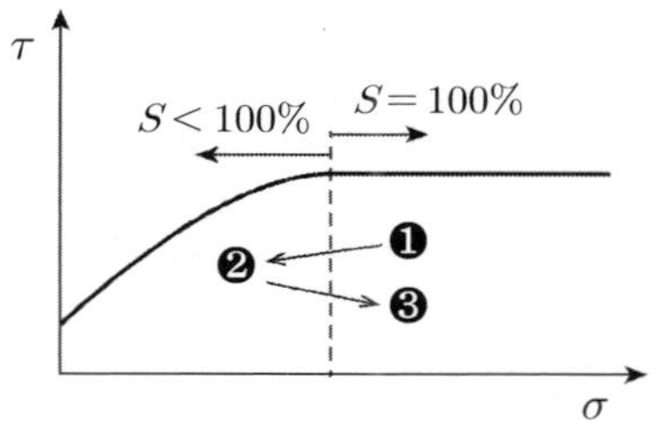

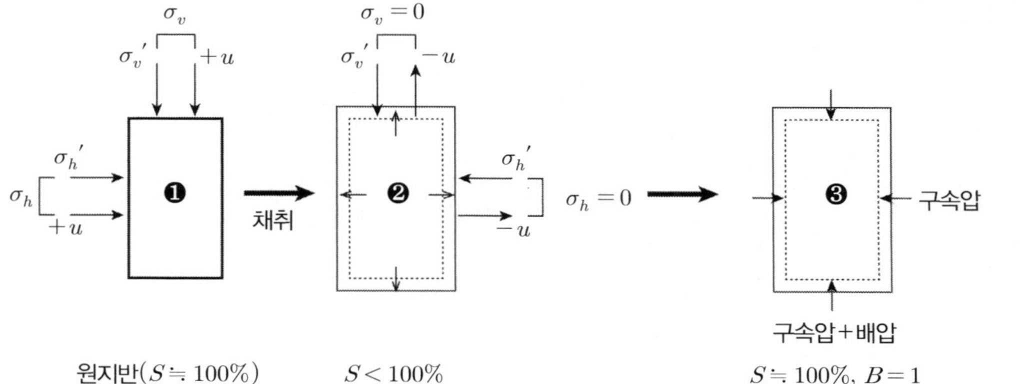

3. 시험방법

(1) 배압으로 인해 공시체의 바깥쪽으로 체적의 변화가 없도록 구속압력과 배압을 동시에 가한다.

(2) 배압은 단계별로 $0.5kgf/cm^2$씩 4～6단계로 약 2～$3kgf/cm^2$될 때까지 압력을 가하고 간극수압계수 $B=1$이 되면 배압을 종료한다.

(3) $B=1$이면 완전히 포화된 것인데 실용적으로 95%이면 포화로 간주하며 이때 B계수는 0.9에 해당한다.

✓ 시험절차 ***Flow chart***

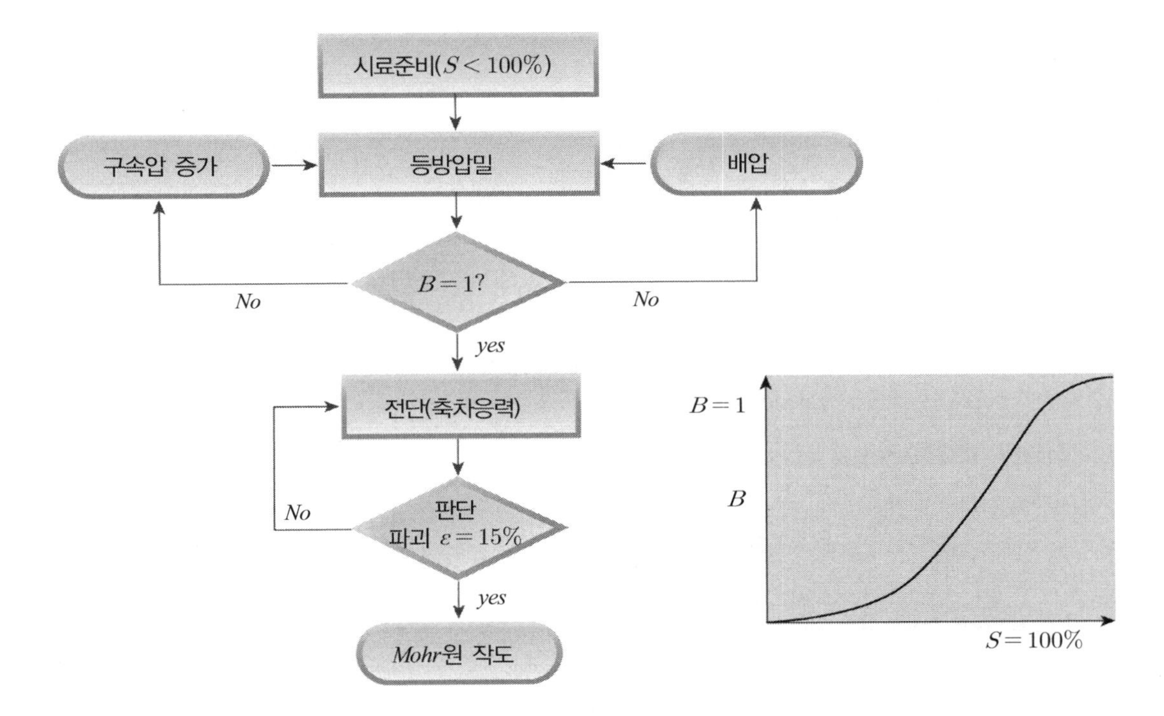

4. 유의사항

(1) 배압을 가할 때에는 구속압력과 동시에 가해야 한다.

(2) 배압이 구속압력보다 커지지 않아야 한다.

(3) 하중을 여러 단계로 나누어 가해야 한다.

(4) 배압으로 인한 축하중으로 유효응력의 증가가 없어야 하므로 그만큼 구속압력을 증가시켜주어야 한다.

12 Mohr의 응력원

1. 정 의

(1) *Mohr*원의 정의

① 최대 주응력과 최소 주응력의 차를 직경으로 하여 수직응력－전단응력관계도에 지중 3차원의 응력상태를 2차원적으로 응력의 상태를 표시한 원

② 공시체 제작 후 등방압밀($S \fallingdotseq 100\%$) 후 축차응력($\sigma_1 - \sigma_3$)을 가하여 흙을 파괴시킬 때 임의 평면 내 응력상태를 다음의 원의 방정식을 이용하여 작성된 원

※ 원의 방정식 : $\left(\sigma - \dfrac{\sigma_1 + \sigma_3}{2}\right)^2 + \tau^2 = \left(\dfrac{\sigma_1 - \sigma_3}{2}\right)^2$

(2) 주응력면

흙의 임의 요소에 수직응력만 작용하고 전단응력이 '0'인 2개의 직교하는 면으로 크기에 따라 최대(σ_1), 최소(σ_3) 주응력면으로 구분

(3) *Pole*(극점)

지중 임의 요소 3차원 응력상태를 1차원의 점으로 나타낸 것

2. *Mohr*원 작도를 위한 시험

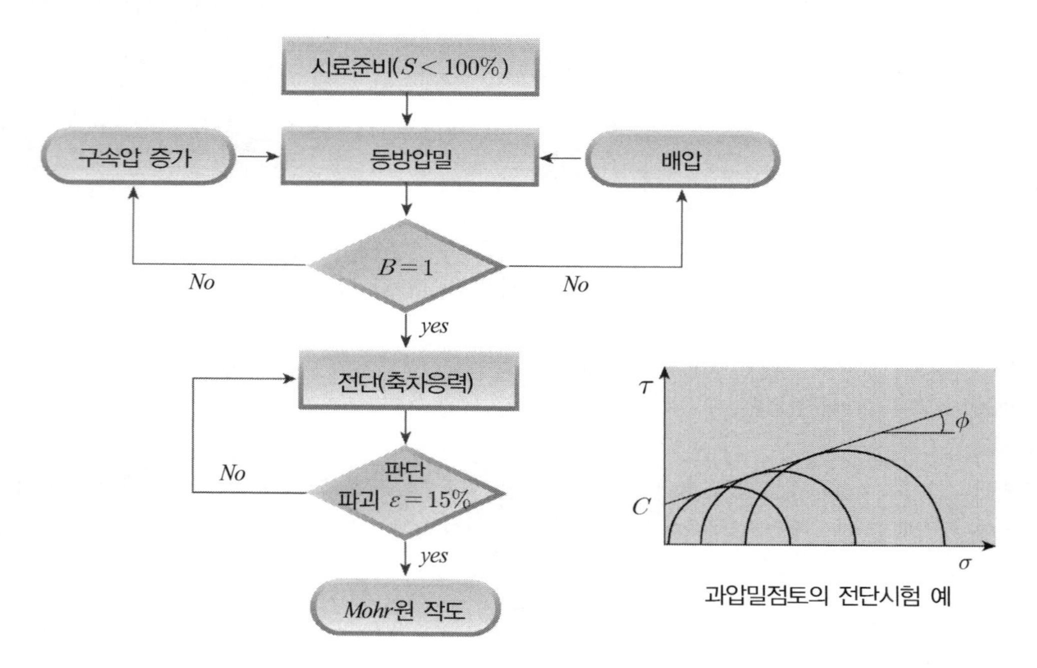

과압밀점토의 전단시험 예

3. *Mohr*원 상에서 전단강도를 구하는 방법

(1) *Mohr*의 응력원상(도해법)

① $\sigma = \overline{OE} = \overline{OC} + \overline{CE}$

$$\sigma = \frac{\sigma_1 + \sigma_3}{2} + \frac{\sigma_1 - \sigma_3}{2}\cos 2\theta$$

② $\tau = \overline{DE}$

$$\tau = \frac{\sigma_1 - \sigma_3}{2}\sin 2\theta$$

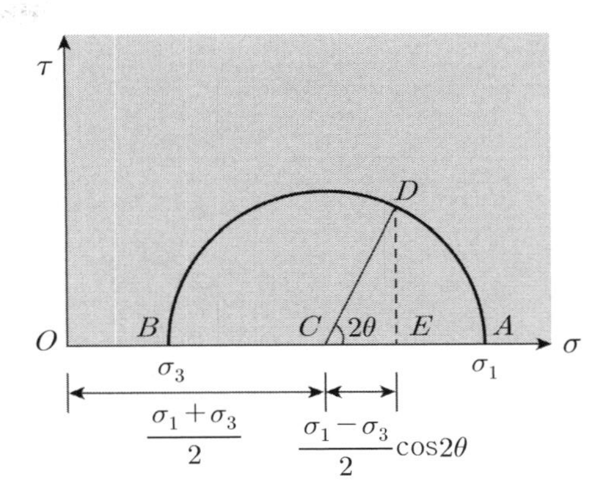

(2) 극점을 이용한 도해법

① 어느 면에 응력과 작용방향을 알려면 극점을 통해 찾는다.

② 극점(O_p, *Orgin of plane*)은 최소 주응력점에 최소 주응력면이 만나는 모아원의 점으로 극점에서 임의의 평면에 평행하게 그은 선이 *Mohr*원과 만나는 점의 좌표가 그 면에 작용하는 응력의 크기를 뜻한다.

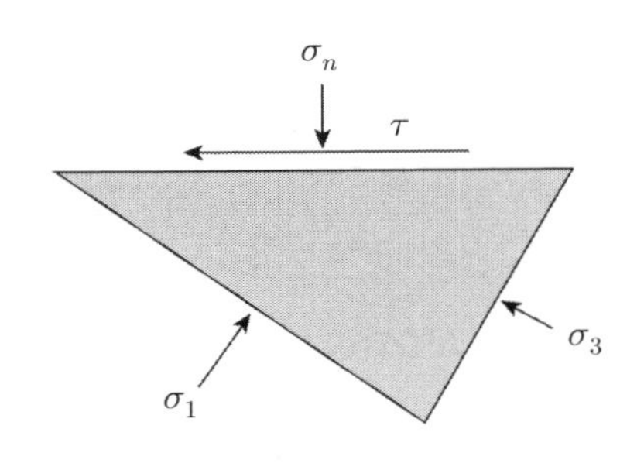

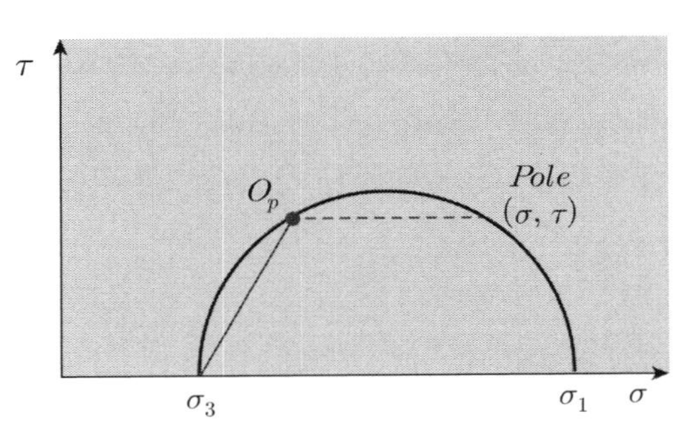

(3) 계산에 의한 방법

요소에 작용하는 응력에 대한 *Vecter*에 대한 평형 방정식 활용

① 수직응력의 합 = 0

$\sigma - \sigma_1 \cdot \cos^2\theta - \sigma_3 \cdot \sin^2\theta = 0$ → $\sigma = \sigma_1 \cdot \cos^2\theta + \sigma_3 \cdot \sin^2\theta$ 정리하면

$$\sigma = \frac{\sigma_1 + \sigma_3}{2} + \frac{\sigma_1 + \sigma_3}{2}\cos 2\theta$$

② 전단응력의 합 = 0

$\tau - \sigma_1 \cdot \cos\theta \cdot \sin\theta + \sigma_3 \cdot \cos\theta \cdot \sin\theta = 0 \quad \rightarrow \quad \tau = (\sigma_1 - \sigma_3)\cos\theta \cdot \sin\theta$

정리하면

$$\tau = \frac{\sigma_1 - \sigma_3}{2}\sin 2\theta$$

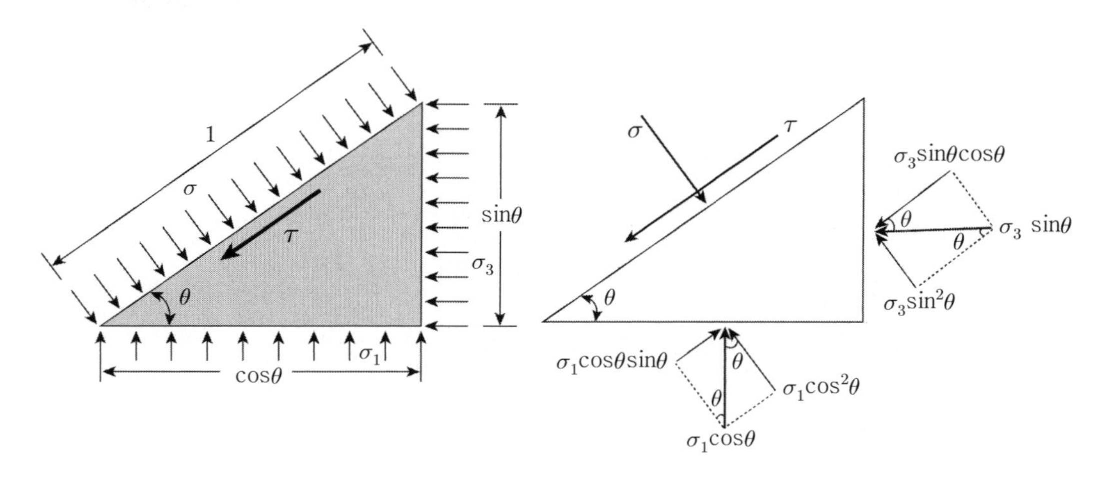

4. 전단강도와 관계

여러 개의 시료를 구속응력을 변경하여 *Mohr*원을 그려서 파괴포락선을 그리고 이 선의 경사를 전단저항각, 수직축과 전단응력과의 교점을 점착력이라고 한다.

5. 이 용

(1) 삼축압축시험

(2) 강도 증가율

(3) 파괴기준

(4) 전단강도 측정

13 직접전단시험(Direct Shear Test)

1. 정 의

시료를 전단상자에 넣고 수직력과 전단력(S)을 가하여 변형률과 파괴 시 극한강도 측정, 강도정수와 전단강도를 얻기 위한 시험이다.

2. 시험의 적용

이 시험은 배수조절을 할 수 없으므로 점토의 경우와 같이 배수조건에 따른 현장응력체계를 적용하기 곤란하므로 사질토의 경우 주로 적용한다.

3. 시험방법

상하로 분리된 전단상자 속에 시료를 넣고 수직하중을 가한 상태로 수평력을 가하여 전단상자 상하단부의 분리면을 따라 강제로 파괴를 일으키는 시험이다.

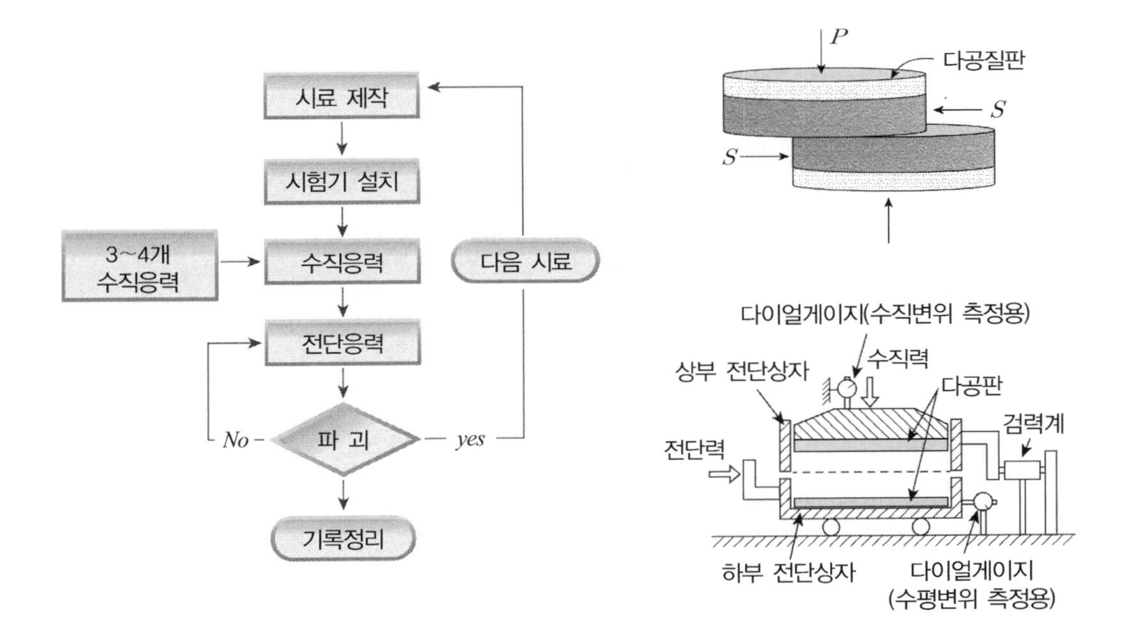

✓ *Peak* 강도 결정

① $\tau - \varepsilon$ 관계도에서 명확한 *Peak* 강도 식별

② $\tau - \varepsilon$ 관계도에서 명확한 *Peak* 강도가 식별되지 않을 경우

- 수평변위 8*mm*, 공시체 두께의 50% 중 작은 값 선택

4. 전단응력

$$\tau = \frac{S}{A}$$

여기서, S : 전단력 A : 시료 단면적

5. 시험결과

(1) 흙의 종류에 따른 시험결과

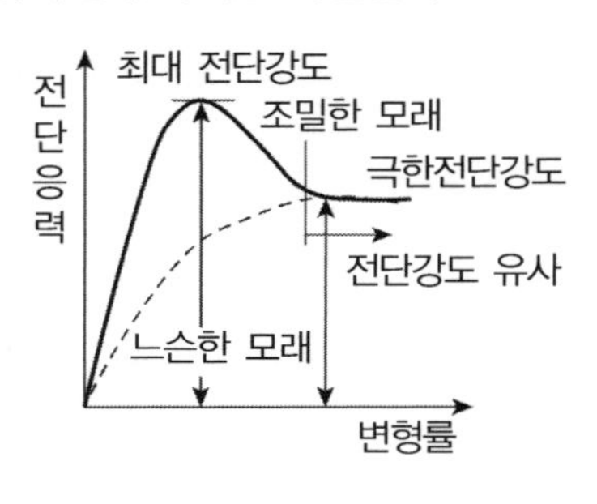

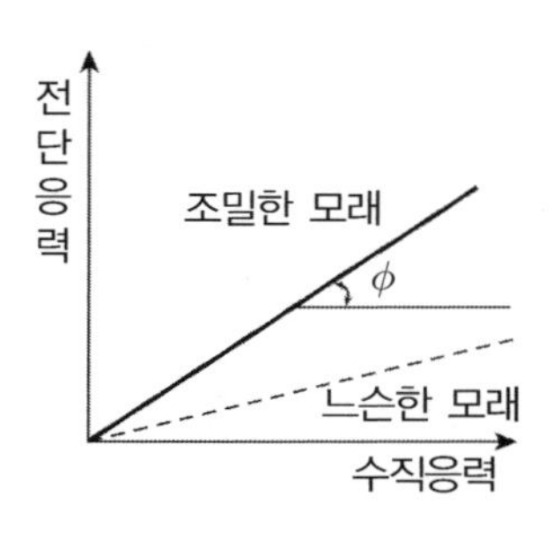

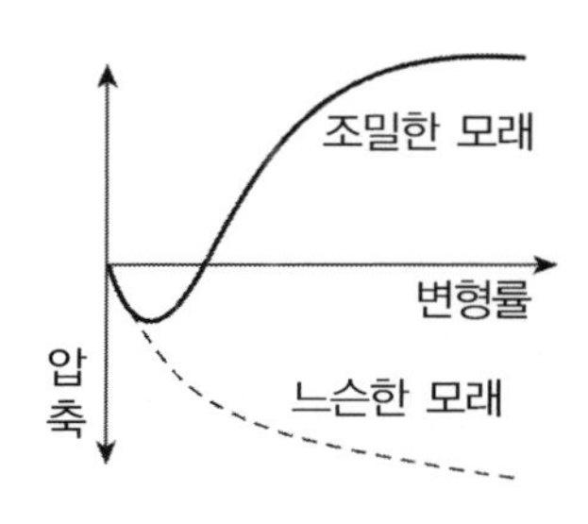

(2) 수직응력 크기에 따른 시험결과 : 최대전단응력(❶ > ❷ > ❸)

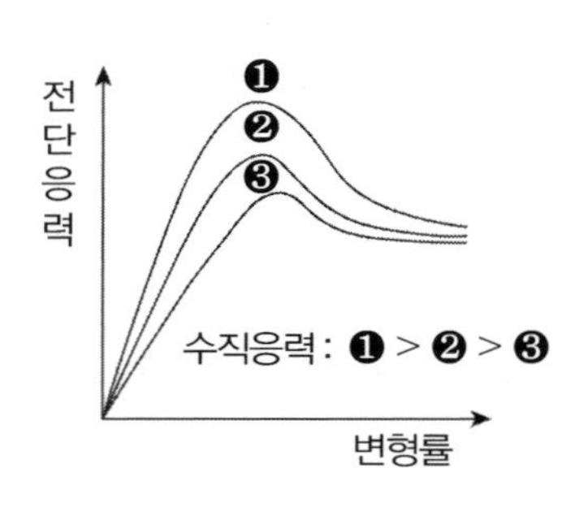

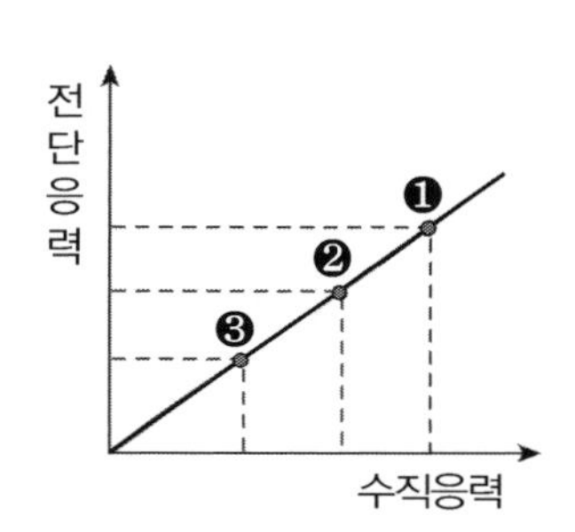

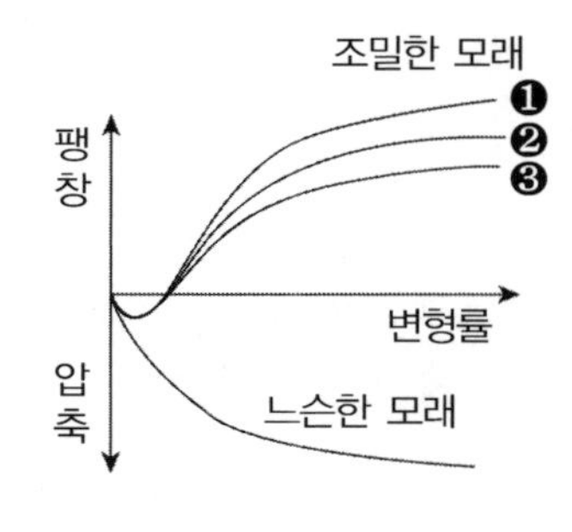

6. 시험법의 특징(장단점)

장 점	단 점
① 시험 간단 ② 개인적 오차 적음 ③ 평면변형 조건 가능 ④ 공시체의 구조가 얇고 구조적으로 간극수가 쉽게 배출되므로 배수전단(CD)시험이 용이	① 응력이 전단면에 분포되지 않고 집중 ② 전단 중 배수되면 간극수압 측정 곤란 ③ 시험초기상태의 주응력과 파괴 시 회전 ④ 전단면이 고정되어 있음 ⑤ 배수조절이 불가 → 점성토 적용 곤란 ⑥ 전단면의 모서리에서 진행성 파괴 진행

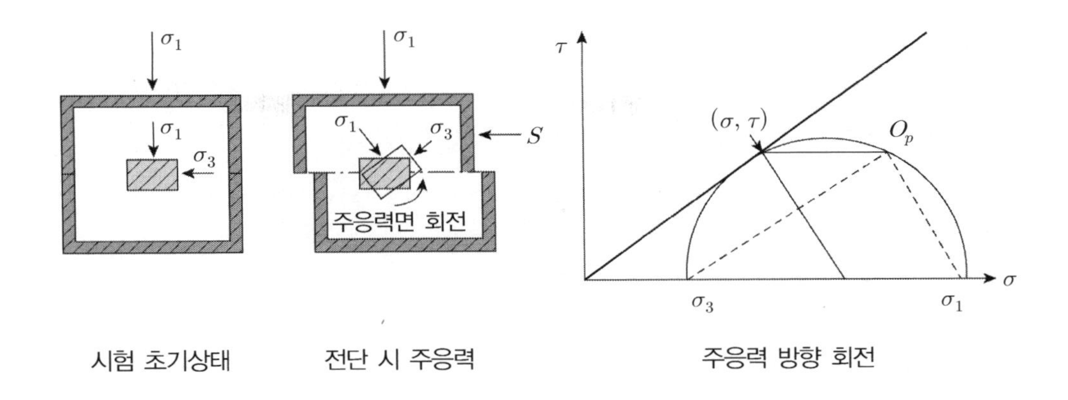

시험 초기상태　　전단 시 주응력　　주응력 방향 회전

7. 결과의 이용

(1) 옹벽구조물 : 토압계산, 안정계산

(2) 기초 : 지지력 계산

(3) 사면안정 : 절토, 성토

8. 결과 이용 시 주의사항

(1) 조밀한 모래의 경우 전단면을 따라 강제로 파괴되므로 (+)*Dilatancy* 영향으로 실제 취약면에 발생 가능한 전단강도보다 과도하게 평가

✓ 적용 : 시험 전단강도의 80~90%

(2) 주응력 방향이 회전되므로 현장응력체계대로의 시험에 의한 정교한 강도정수의 적용이 필요한 경우에는 삼축압축시험을 적용이 타당함

(3) 사질토에 적합한 배수조건의 시험이므로 간극수압 측정이 필요한 점성토의 경우는 개량형 전단시험기(단순전단시험, 링전단시험)로 비배수 조건하 시험이 요망됨

✓ 결론적으로

- **사질토의 시험에 적합하고 시험전단강도의 80~90%를 적용함이 타당하며**
- **이방성토질조건, 현장배수조건의 고려가 필요한 경우에는 삼축압축시험이 타당함**

14 사질토시료를 이용하여 직접전단시험을 실시하였다. 수직응력 900KN/m^{2}을 재하한 상태에서 전단응력 600KN/m^{2}에 이르렀을 때 전단파괴가 발생하였다. 점착력 c = 0으로 가정하여 다음을 구하시오.

> 1) 모래의 내부마찰각과 파괴면 각도
> 2) 파괴상태에서의 주응력의 크기와 그 작용평면
> 3) 파괴상태에서의 최대전단응력의 크기와 그 작용평면
> 4) 파괴상태에서의 연직면에 작용하는 응력

1. 모래의 내부마찰각(ϕ)과 파괴면 각도

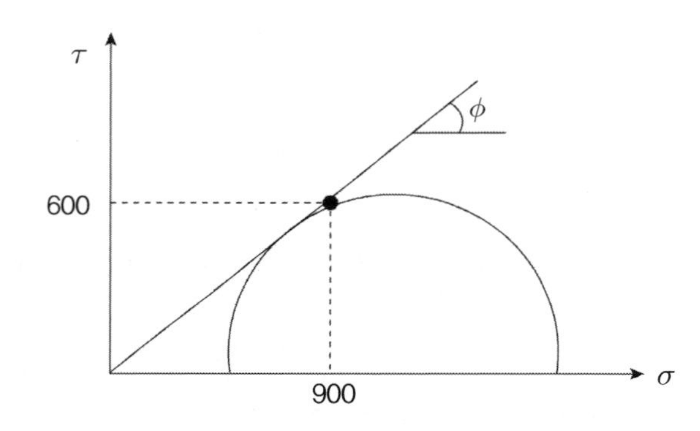

(1) $600 = 900\tan\phi$

(2) $\phi = \tan^{1}\left(\frac{600}{900}\right) = 33.70$

(3) $\theta = 45 + \frac{\phi}{2} = 45 - \frac{33.7}{2} = 61.85$

2. 파괴상태에서 주응력 크기와 작용평면

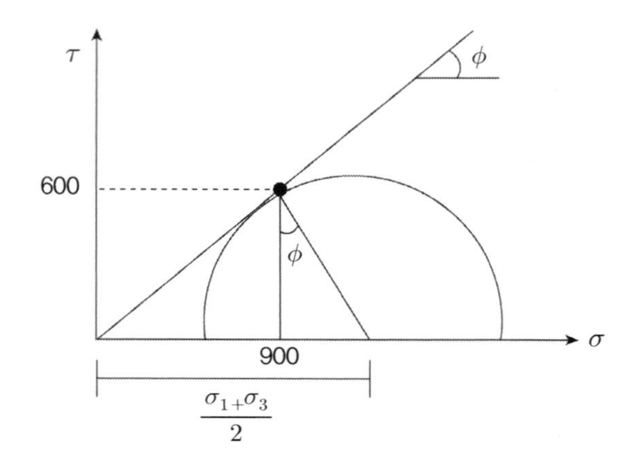

(1) $\frac{\sigma_1 - \sigma_3}{2} = 600\sec\phi = 600\frac{1}{\cos 33.7}$

$= 721KN/m^2$

(2) $\frac{\sigma_1 + \sigma_3}{2} = 900 + 600\tan\phi$

$= 900 + 600\tan 33.7$

$= 1300KN/m^2$

(3) $\sigma_1 = \frac{\sigma_1 + \sigma_3}{2} + \frac{\sigma_1 - \sigma_3}{2}$

$= 1300 + 721 = 2021KN/m^2$

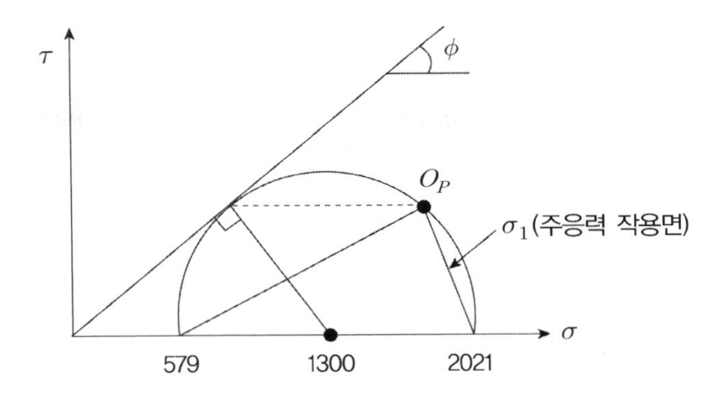

3. 파괴상태에서 최대전단응력 크기 작용평면

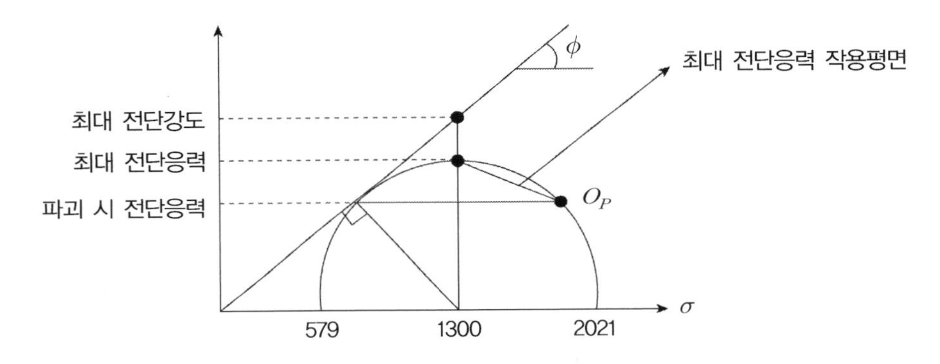

(1) 파괴 시 전단응력 $600KN/m^2$

(2) 파괴 시 최대 전단응력 $\dfrac{\sigma_1 - \sigma_3}{2} = \dfrac{2021 - 579}{2} = 721KN/m^2$

(3) 최대 전단강도 $\dfrac{\sigma_1 + \sigma_3}{2}\tan\phi = 1300\tan 33.7 = 867KN/m^2$

4. 파괴상태에서 연직면에 작용하는 응력(σ_3)

(1) $\dfrac{\sigma_1 - \sigma_3}{2} = 600\sec\phi = 600\dfrac{1}{\cos 33.7} = 721KN/m^2$

(2) $\sigma_3 = \dfrac{\sigma_1 + \sigma_3}{2} - \dfrac{\sigma_1 - \sigma_3}{2} = 1300 - 721 = 579KN/m^2$

(3) 연직면 작용하는 응력(σ_3) = $579KN/m^2$

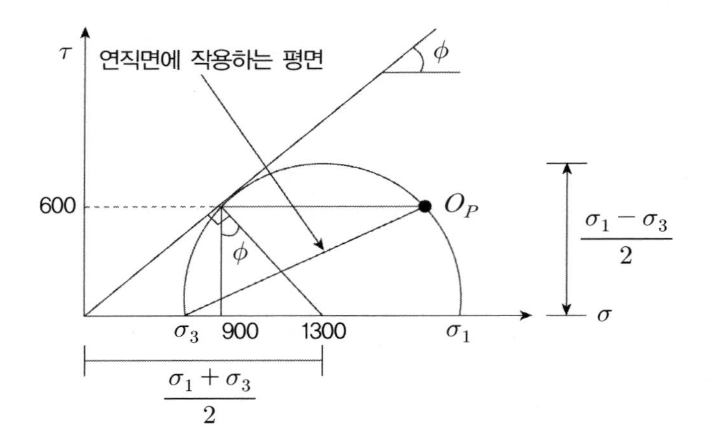
τ
연직면에 작용하는 평면
ϕ
600
O_P
ϕ
$\frac{\sigma_1 - \sigma_3}{2}$
σ
σ_3
900
1300
σ_1
$\frac{\sigma_1 + \sigma_3}{2}$

15 Ring 전단시험

1. 시험의 배경

(1) 응력분포가 불균질할 경우 취약지점에 응력을 가하게 되면 취약지점에 집중되어 변위가 발생하고 인접부로 파괴면을 확산하면서 진행성 파괴를 일으키게 된다.

(2) 이때 흙의 강도는 최대 강도가 아닌 잔류강도만에 의해 발생 응력에 저항하게 되므로 잔류강도의 값을 알고자 하는 경우 *Ring* 전단시험을 적용하게 된다.

2. 시험법

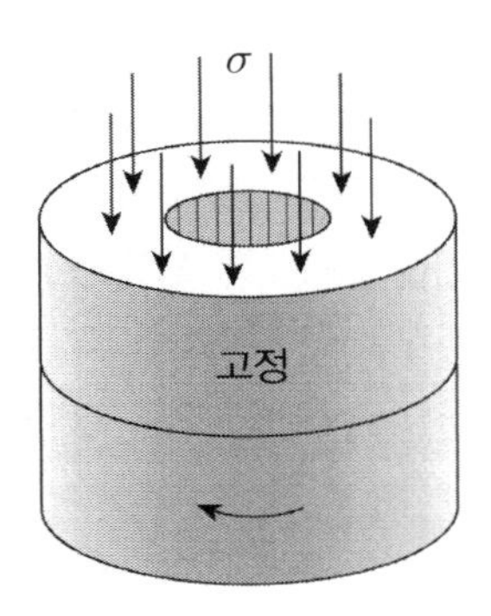

(1) 중공시료를 *Disk*형으로 만들어 응력을 가하면 전단면에 응력분포는 일정함

(2) 현장상태의 수직응력(P_o')을 고려하여 정한 수직응력을 재하하고 하단부 공시체를 시계방향으로 회전하여 큰 변위가 발생하도록 시험하여 수직응력에 대한 전단저항을 측정

(3) 최대 전단강도가 지나가고 잔류응력이 나타날 때까지 계속적인 변위를 가하여 잔류강도를 구함

3. 최대 강도와 잔류강도

(1) 전단변위가 계속됨에 따라 최대 전단강도를 지나면 강도가 저하되어 잔류강도만 남게 됨

(2) 최대 전단강도는 과압밀점토의 경우 발생하고 점착력 *C*값이 존재하나 계속 변위를 가하게 되면 정규압밀점토와 같이 잔류강도만 남게 되면 *C*값은 거의 없게 됨

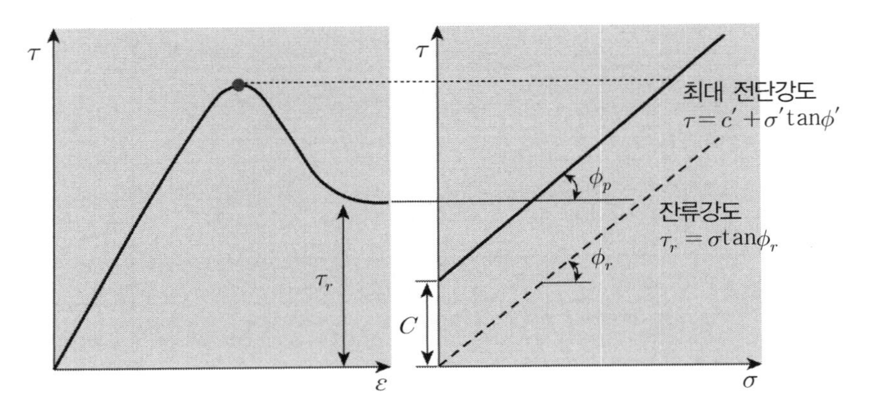

✓ 직접전단 시험기에 의한 잔류강도 추정의 단점 보완(직접전단 시험기는 충분한 변위가 발생하지 않음)

4. *Ring* 전단시험에 의한 잔류강도 적용

(1) 과압밀점토 사면
(2) 얕은기초 국부전단파괴의 지반지지력 검토
(3) 연약지반 성토
(4) 활동경력으로 교란된 지역의 사면안정
(5) 균열성 점토 등의 안정성 판단

5. 평 가

(1) 최근 국지성 호우 → 산사태, 토석류 발생빈도가 증가하는 추세임
(2) 이때 지반이 포화 → 상부 붕적층, 풍화토에 유입된 지하수와 기반암층 사이의 잔류강도 평가가 요구됨
(3) 토사사면 이외의 암사면 절리까지 활용범위를 넓힐 수 있음
(4) 직접 전단시험에 의한 잔류강도는 위험측일 수 있음
(5) 산사태, 인공사면 터널의 쐐기파괴 → 대변위 → *Ring* 전단시험

16 일축압축강도시험(Unconfined Compression Test)

1. 개 요

(1) 측압을 받지 않은 ($\sigma_3 = 0,\ \varepsilon = 0$) 공시체가 축방향 압축응력을 받아 파괴 또는 축방향 변형률이 15%에 도달할 때까지의 $\sigma - \varepsilon$ 관계곡선에서 최대압축응력을 '일축압축강도'라고 한다.

(2) 시험의 적용

이 시험은 비배수 전단강도 시험으로 포화점토에 주로 적용한다.

✓ ***The purpose of the test is to the determine the undrained shear strength of saturated clay***

2. 시험방법

(1) 시험방법

① 원통형 공시체를 비압밀 비배수 상태로 측압을 가하지 않은 상태로 가압한다.

② 이때 하중은 분당 1%의 변형이 일어나도록 변형률을 제어하고 총변형률이 15% 발생되거나 그 이전에 파괴가 될 때의 압축응력을 전단강도로 정한다.

일축압축시험기

(2) 일축압축강도 측정

$$\sigma_1 = q_u = \frac{P}{A} = \frac{\frac{P}{A_0}}{1-\varepsilon} = \frac{P(1-\varepsilon)}{A_0}$$

여기서, P : 환산하중(kg) A : 환산 단면적(cm^2)

A_0 : 환산 전 단면적 ε : 변형률 $= \dfrac{\Delta H}{H}$

3. 시험조건 4가지

(1) 시료는 완전포화상태이어야 함(비배수 전단강도 시험)

(2) 균질한 시료이어야 함(*Sand seam, Varverd* 없어야 함)

(3) 점성토이어야 함(구속압이 없고 전단 시 비배수 조건)

(4) 재하속도가 빨라야 함(속도 늦으면 구속응력 증가 → 실제보다 강도가 크게 나옴 → 대체로 5~15분에 파괴되도록 시험함)

4. 일축압축시험의 장단점

장 점	단 점
① **시험장치와 방법** 간단	① **점성토**만 이용(사질토 성형곤란)
② **시료 적게** 소요	② **불포화점토, *Fissured clay***에서는 $\Phi = 0$조건 곤란
③ **이용경험 풍부**	③ **교란**은 불가피하며 이로 인해 강도가 적게 나옴
④ **단기해석(전응력해석, $\phi = 0$ 해석) 이용**	④ **비배수 조건**에서만 적용(배수조정 불가)
	⑤ 굳은 점토에서는 **취성파괴 → 압축강도 과소평가**

5. 결과의 이용

(1) N치 추정 : $q_u = \dfrac{N}{8}$ → $N = 8q_u$

(2) 점토의 *Consistency*에 대하여 판단한다.

N치	*Consistency*	일축압축강도(kg/cm^2)	비 고
0~4	연 약	0.5	엄지손가락으로 쉽게 관입
4~8	보 통	0.5~1.0	엄지손가락으로 힘들게 관입
8~30	단 단	1.0 이상	손가락 관입 곤란, 손톱자국

✓ 전단강도 $\tau = C + \sigma \cdot \tan\phi$에서 $\phi = 0$이므로 $C_u = \dfrac{q_u}{2} \rightarrow \dfrac{N}{16} = 0.0625N$

(3) 변형계수를 추정 : 최대 압축응력의 $\dfrac{1}{2}$ 되는 곳의 응력과 변형률의 비, 즉 기울기임

$$E_s = \frac{\frac{q_u}{2}}{\varepsilon_{50}} = \frac{q_u}{2\varepsilon_{50}}$$

단위 : kgf/cm^2

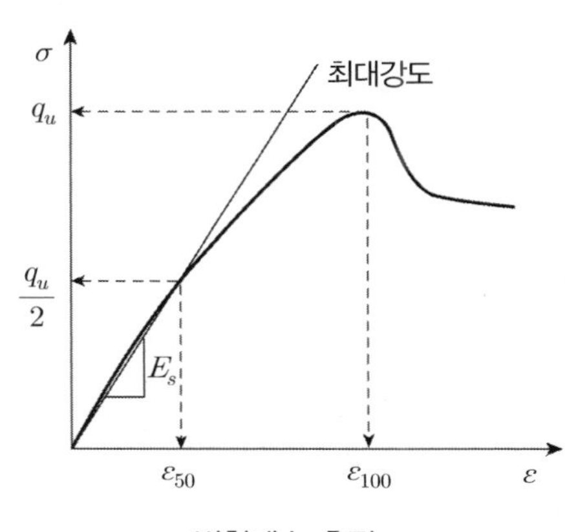

변형계수 추정

(4) 점착력 산정

$$C = \frac{q_u}{2 \cdot \tan\left(45° + \frac{\phi}{2}\right)}$$

① $\phi = 0$인 포화점토의 $C = \dfrac{q_u}{2}$

② 점착력 계산 절차

$$C = \frac{q_u}{2 \cdot \tan(45° + \phi/2)}$$

$\therefore\ q_u = 2c \cdot \tan(45° + \phi/2)$

$If,\ \phi = 0$(포화점토)이면

$Q_u = 2C_u \rightarrow C_u = \frac{q_u}{2}$

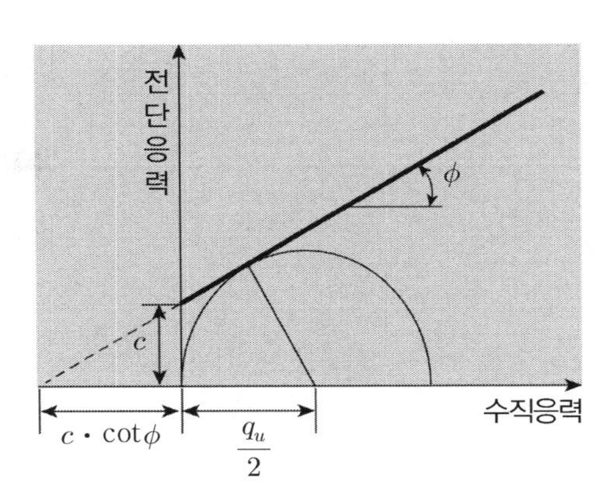

일축압축시험 결과

(5) 예민비를 판단 점토분류에 활용

$S_t = \frac{q_u}{q_{ur}}$ 여기서, q_u : 불교란 시료의 일축압축강도 q_{ur} : 교란된 시료의 일축압축강도

※ 예민비별 점토의 구분

S_t	분 류	비 고
4 이하	저예민	✓ $S_t > 64$: ***Extra quick clay***
4~8	예 민	
8 이상	고예민 = *quick clay*	

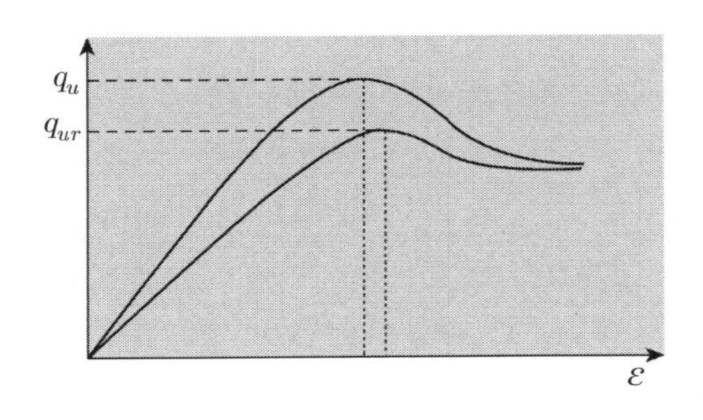

최대 전단강도－변형률

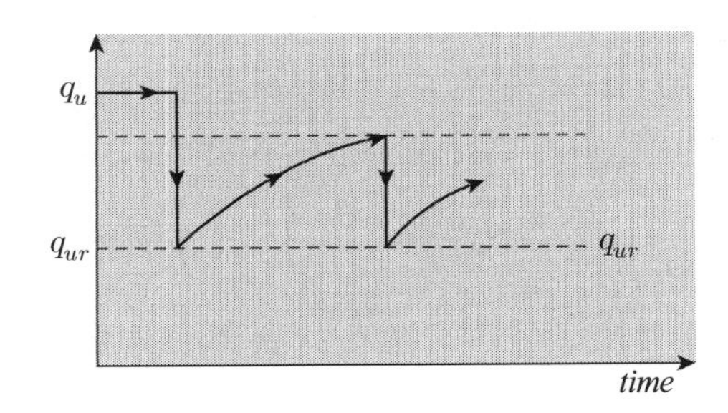

Tixotropy 현상

6. 일축압축시험 적용 시 유의사항

(1) 소성지수 30 이상의 흙의 비배수 전단강도 측정에만 이용

(2) 소성지수 10~30인 경우(모래함유)는 배수 고려되는 삼축압축시험 시행

(3) 비배수 전단강도(S_u)는 일축압축시험에서 얻은 것이 삼축의 UU시험에서 얻은 것보다 작음 (이유 : 시료 채취 시 교란, $\sigma_3 = 0$ 때문)

(4) 포화점토의 비배수 전단강도(S_u)는 일축압축시험으로 구할 수 있으나 불포화 점토와 경질점토, $Sand$ 함유점토는 삼축압축시험(UU)이 타당함

17 응력 제어 방법과 변형률 제어 방법

구 분	응력 제어	변형률 제어
1. 정의	■ 응력을 단계적으로 증가시키고 각 단계별 변형률 측정 = **변형률에 관심** ✓ **응력 증가 기울기가 일정하도록 시험 후 변형률 측정** 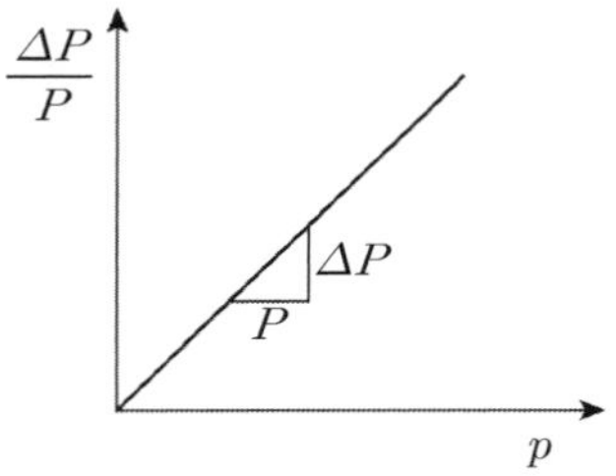 $\frac{\Delta P}{P}$ ΔP P p	■ 일정한 변형률의 기울기가 되도록 응력을 증가시키고 각 변형에 대한 응력 측정 = **응력관심** ✓ **변형률 증가 기울기가 일정토록 시험 후 응력 측정** 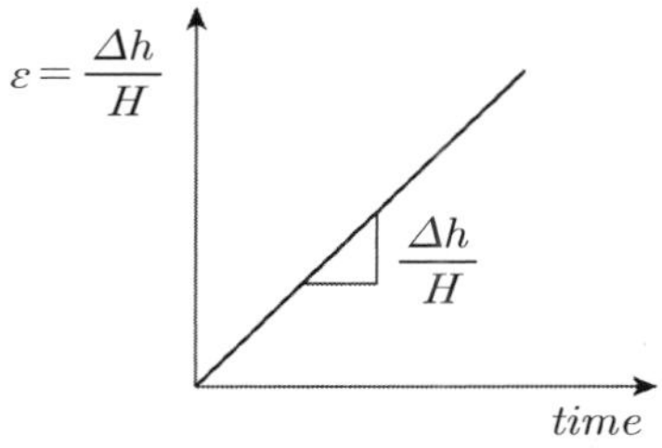 $\varepsilon = \frac{\Delta h}{H}$ $\frac{\Delta h}{H}$ $time$
2. 시험법	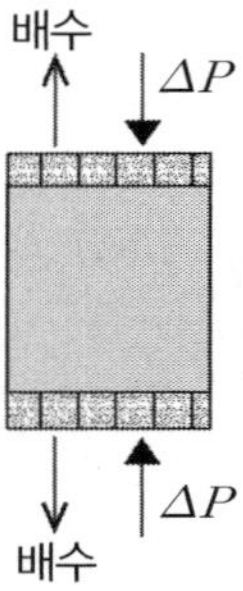 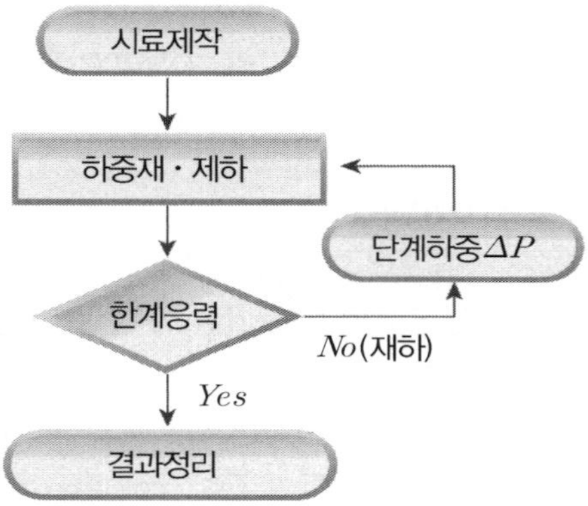 배수 ΔP ΔP 배수 시료제작 하중재 · 제하 단계하중ΔP 한계응력 No(재하) Yes 결과정리	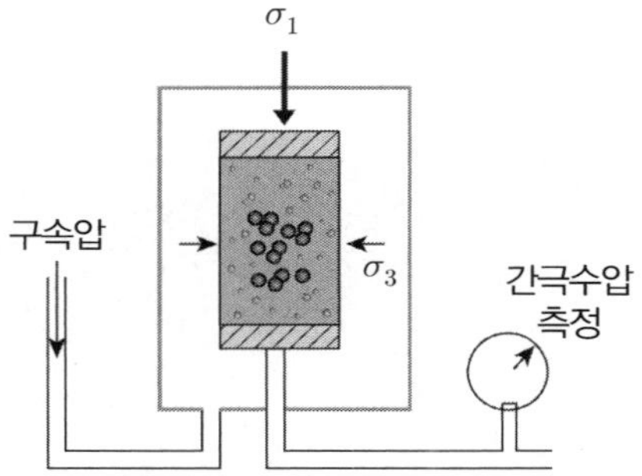 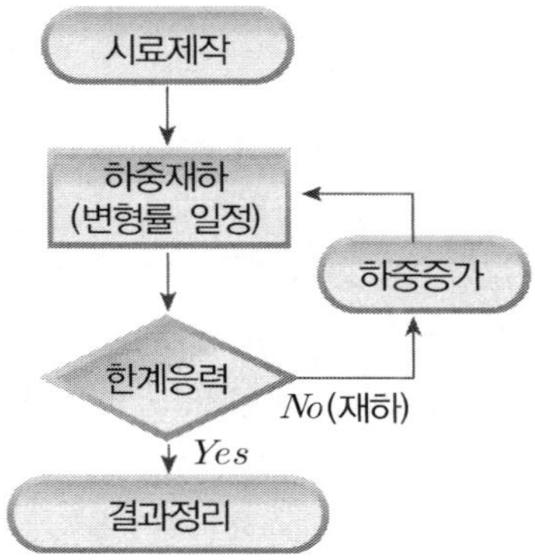 σ_1 구속압 σ_3 간극수압 측정 시료제작 하중재하 (변형률 일정) 하중증가 한계응력 No(재하) Yes 결과정리

구 분	응력 제어		변형률 제어
3. 결과 정리	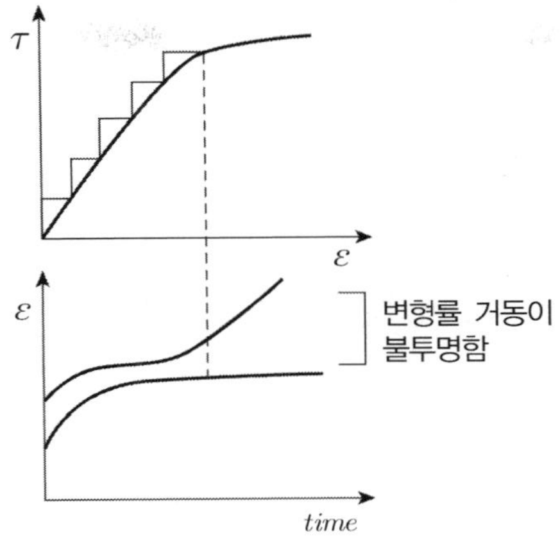 τ–ε, ε–time 그래프 변형률 거동이 불투명함		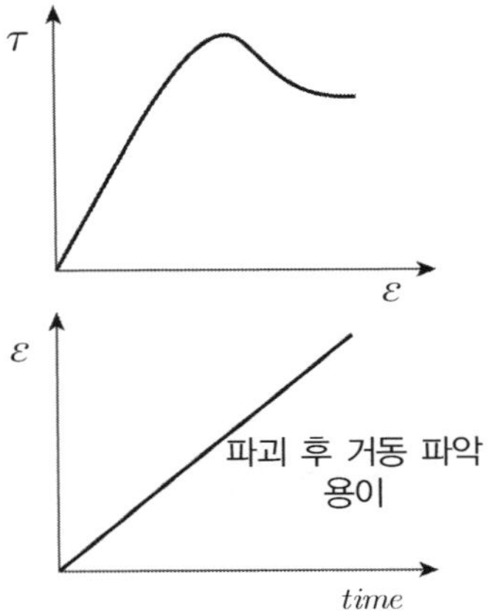 τ–ε, ε–time 그래프 파괴 후 거동 파악 용이
4. 특징 (장단점)	① 시험시간	**예측 곤란(장기간 소요)**	**예측 가능(단기간 소요)**
	② 선행압밀하중	**부정확**	**정확히 구함**
	③ 간극수압	**측정 불가**	**측정 가능**
	④ 파괴 후 거동	**파악 곤란**	**파악 가능(선형거동)**
5. 적용성	① 표준압밀시험 ② 평판재하시험 ③ 말뚝재하시험 ④ 공내재하시험 ⑤ 앙카시험		① 일정변형률 시험 ② 일축압축시험 ③ 삼축압축시험 ④ 직접전단시험 ⑤ *Vane Shear Test*

18 삼축압축시험 = 전단강도시험

1. 개 요

(1) 삼축압축시험은 현장의 응력상태와 배수조건을 최대한 재현한 시험으로 전단강도를 얻기 위한 시험 중 가장 신뢰성이 확보되는 시험이다.

(2) 임의지점 시료를 채취하여 시험기에 넣고 구속압력(σ_3)을 일정하게 가한 다음 축차응력을 추가하여 시료를 파괴시키며, 이때의 응력상태를 *Mohr*원에 대입하여 강도정수를 구하는 시험이다.

2. 시험의 개념과 종류

(1) 시험의 개념

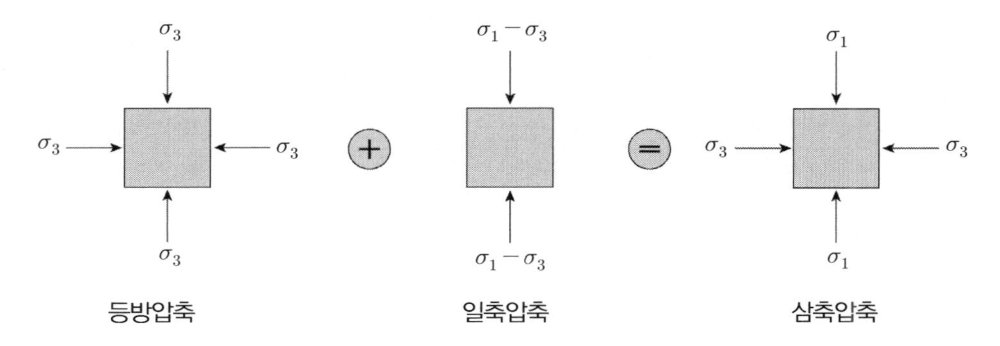

(2) 시험의 종류

① 배수조건에 따른 구분

구 분	압밀단계	전단 시	적 용
비압밀 비배수 시험 : *UU test* (*Unconsolidation Undrain Test*)	**비배수**	**비배수**	• 점토지반에 급속성토(성토 직후 사면안정) • 절토 중 사면안정 • 단계성토 직후 • *UU*조건 기초 지지력(점토지반)
압밀 비배수시험 : *CU test*, $\overline{CU}$ *test* (*Consolidation Undrain Test*) – 등방 : *CIU*, $\overline{CIU}$ – 비등방 : *CAU*, $\overline{CAU}$	**배 수**	**비배수**	• 압밀된 지반에 단계성토 직후 • 수위 급강하 • 자연사면 위 성토
압밀배수시험 : *CD test* (*Consolidation Drain Test*)	**배 수**	**배 수**	• 완속 성토 • 장기 사면해석 • 과압밀점토지반 사면해석 • 정상 침투 • 모래지반 안정해석

② 구속압력 선정방법에 따른 구분

㉠ 전응력 시험 : 전응력으로 토피하중을 가감(UU, CU)

㉡ 유효응력 시험 : $\overline{CU}$ 시험, $\overline{CAU}$ 시험, CD시험

③ 선행압밀하중 크기에 따른 시험의 적용

㉠ 시험의 적용

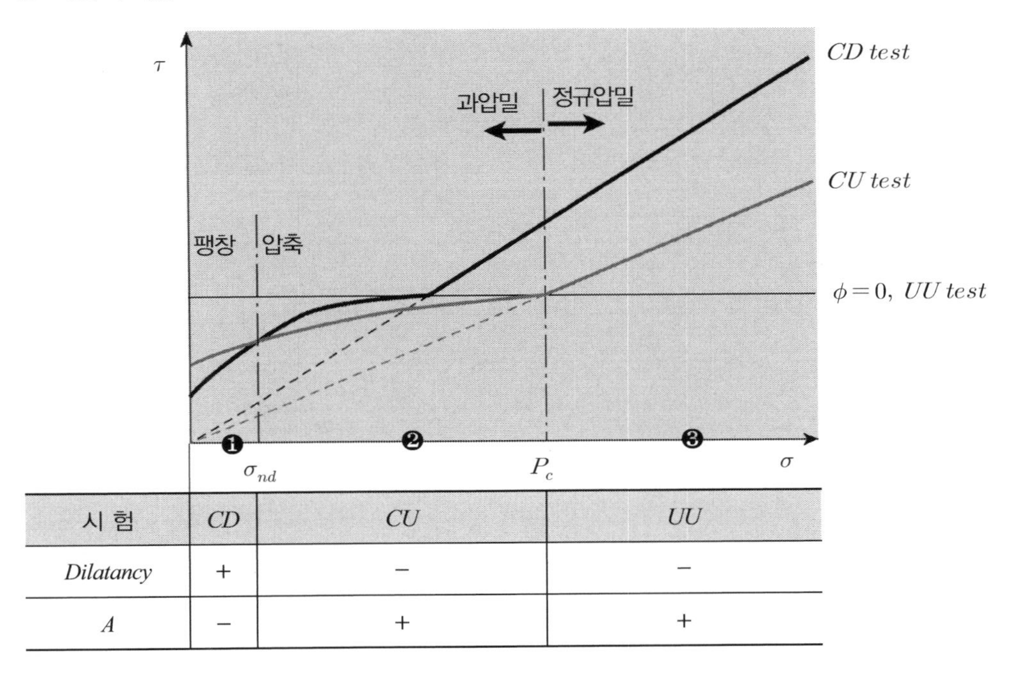

시 험	CD	CU	UU
Dilatancy	+	−	−
A	−	+	+

㉡ 강도정수와 해석법 적용

구 분	❶ : $0 \sim \sigma_{nd}$	❷ : $\sigma_{nd} \sim P_c$	❸ : P_c 이상
시험법	CD	CU	UU
강도정수	C_d, ϕ_d	C_{cu}, ϕ_{cu}	$\phi=0$, $\tau=S_u$
해석법	유효응력	유효응력	전응력해석
Dilatatancy	+	−	−
간극수압계수	−	+	+

3. 시험절차와 방법

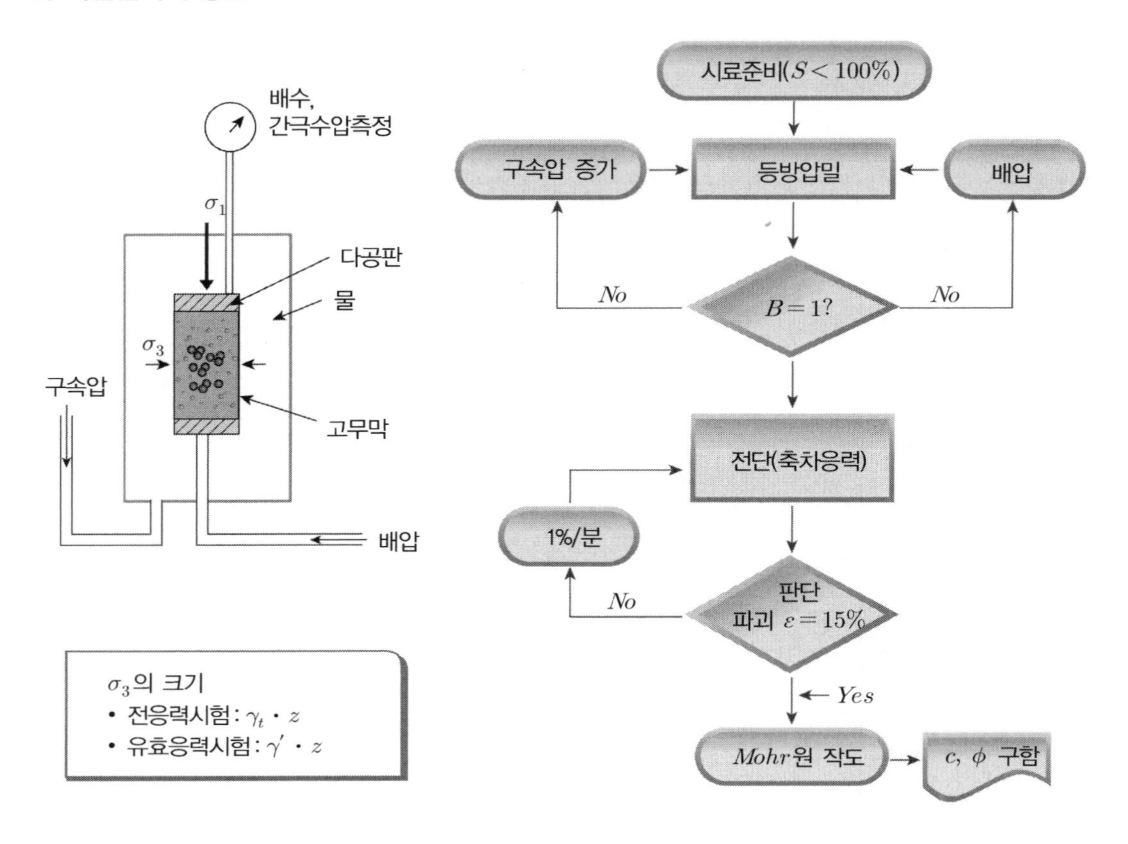

4. 장단점

장 점	단 점
① 모든 토질에 적용 ② 간극수압 측정 가능 ③ 배수조절로 현장조건 재현 ④ 현장의 실제 응력상태를 재현 ⑤ 파괴면의 방향이 자연상태와 비슷함	① 시험의 복잡 ② 시험순간에 간극수압측정은 변형속도를 규제할 수 없으므로 측정 곤란 ③ 주응력의 방향이 한정 ④ 축대칭($\sigma_1 \neq \sigma_2 \neq \sigma_3$) 조건만 시험 가능 ⑤ 공시체 상하단면 구속 ⑥ 균일한 시료를 많이 필요로 함

5. 결과의 이용

(1) C와 ϕ를 이용 → 토압, 기초의 지지력, 사면안정해석 적용

(2) 강도 증가율 추정 : $\alpha = \dfrac{C_u}{P_o'}$ $\rightarrow$ $\Delta C = \alpha \cdot \Delta P \cdot U$

① CU시험에 의한 경우(*Leonards*)

$$\frac{C_u}{P'} = \frac{\sin\phi'(K_o + A(1-K_o))}{1+(2A_f - 1)\sin\phi'} \qquad A_f = 1\text{이면} \quad \alpha = \frac{\sin\phi'}{1+\sin\phi'}$$

여기서, K_o : 정지토압계수

ϕ' : 압밀비배수시험에 의한 유효응력으로 표시한 전단저항각

A_f : *Skempton*의 파괴 시 간극수압계수

② CU 시험에 의한 경우

$$\alpha = \frac{C_u}{P'} = \tan\phi_{cu}$$

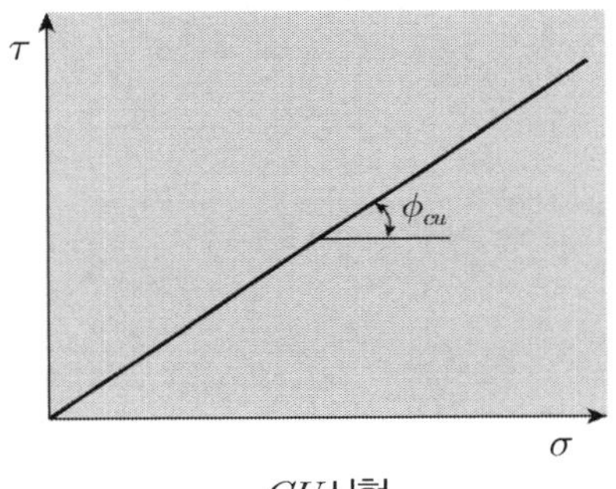

CU시험

(3) 간극수압계수 : 간극수압 계산에 사용

$$\Delta u = B[\Delta\sigma_3 + A(\Delta\sigma_1 - \Delta\sigma_3)]$$

(4) 변형계수를 추정 : 최대 압축응력의 1/2되는 곳의 응력과 변형률의 비, 즉 기울기임

$$E_s = \frac{\frac{q_u}{2}}{\varepsilon_{50}} = \frac{q_u}{2\varepsilon_{50}}$$ 단위 : kgf/cm^2

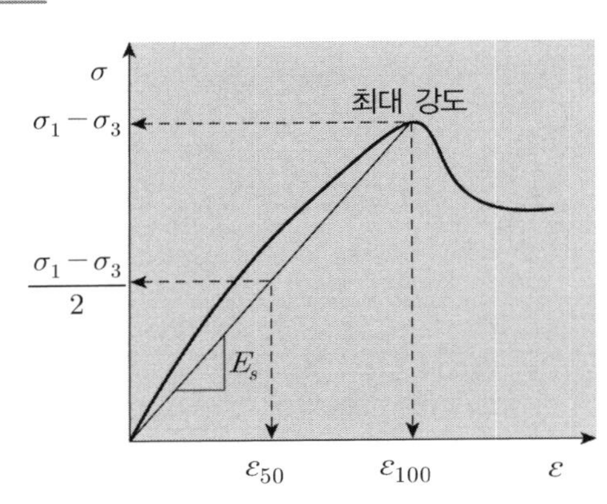

(5) 정지토압계수 산정$\left(K_o = \dfrac{\sigma_3}{\sigma_1}\right)$

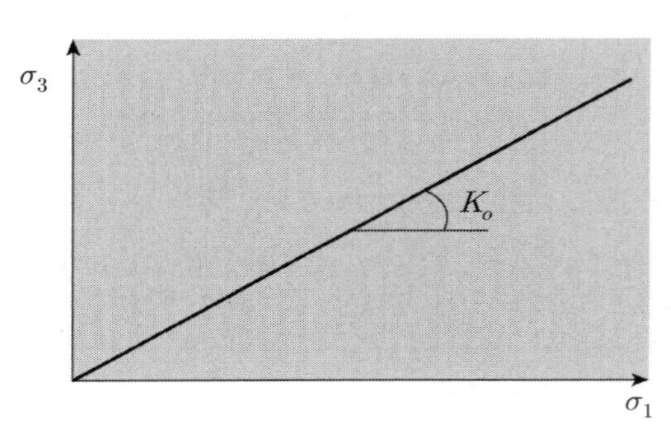

(6) 정규압밀과 과압밀 상태 구분

구 분		정규압밀점토	과압밀점토	비 고
물리적 특 성	액성지수	$LI \fallingdotseq 1.0$	$LI \fallingdotseq 0$	
	간극수압계수	$A_f \fallingdotseq 1.0$	1.0 이하	$\overline{CU}$ 시험
	정지토압계수	$K_o = 0.4 \sim 0.6$	$K_o = 0.5 \sim 1.0$	
	체적 변화	압 축	팽 창	CD시험
	간극수압변화	증 가	감 소	$\overline{CU}$ 시험
공학적 특 성	전단강도	작 다	크 다	
	투수성	작 다	작 다	
	압축성	크 다	작 다	
	밀 도	작 다	크 다	
	변 형	크 다	작 다	

19 UU 시험

1. 시험적용 조건

(1) 과잉간극수압의 소산속도보다 시공속도가 빠른 경우 적용

① 점토지반에 급속성토(성토 직후 사면안정)

② 절토중 사면안정

③ 단계성토 직후

④ UU조건 기초 지지력(점토지반)

2. 응력상태의 변화

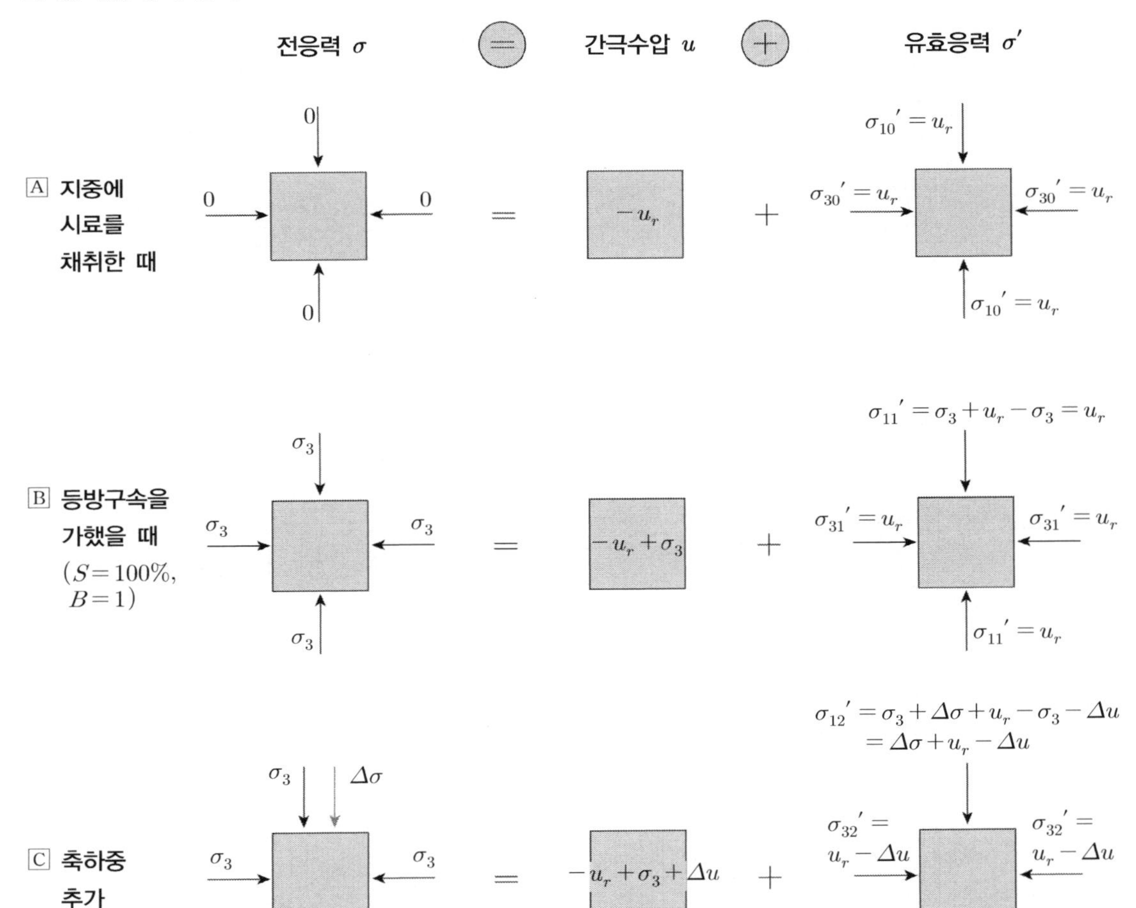

전응력	간극수압	유효응력
① 시료파괴 시 축차응력의 차가 일정함 ② 비배수 상태이므로 압밀을 하지 않으므로 구속압력을 증가시켜도 유효응력의 증가가 없으므로 동일한 원($\phi=0$)이 그려짐	① 시료파괴의 주원인이 간극수압의 유발이며 가해진 하중만큼 유효 응력의 증가 없이 간극수압이 상승한다. ② *UU*시험에서는 간극수압의 측정에 관심 없음	① 간극수압을 측정하여 유효응력으로 *Mohr*원을 그렸다면 한 개만 그려짐 ② 구속압력의 크기에 상관없이 항상 하나의 값이기 때문

3. 결과 정리

(1) 완전히 포화된 점토의 *UU*시험에서의 *Mohr* 포락선

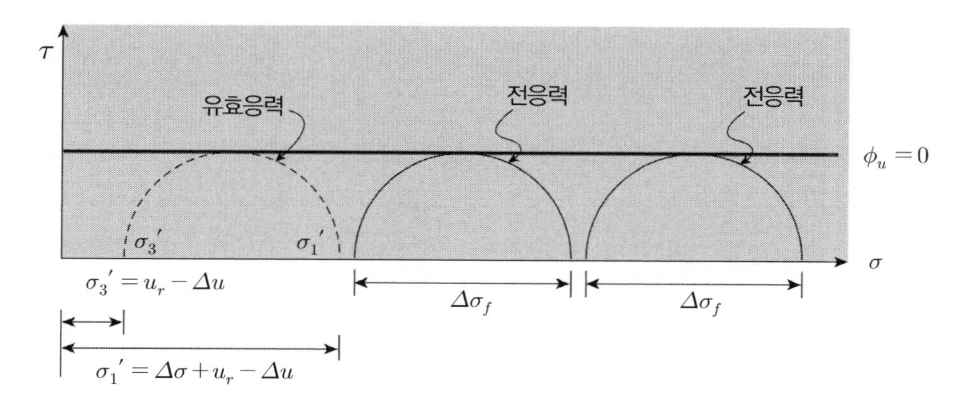

① 앞 쪽 응력상태의 변화에서 보듯이 축차응력($\Delta\sigma$)을 가하여도 유효응력의 변화가 없으므로 전단강도는 일정

② 공통 *Mohr*원의 접선으로 파괴포락선 작도

㉠ 응력상태의 변화 B에서 보듯이 등방 구속압을 가한 상태에서 아무리 구속압을 증가 구속압을 증가시킨다 하더라도 구속압만큼 간극수압이 발생하므로 유효응력은 u_r에서 더 이상 증가하지 않는다.

㉡ 이 단계에서 C와 같이 축하중을 주게 되면 새로운 간극수압이 유발되면서 시료는 파괴된다.

㉢ 이 시험에서는 파괴 시 간극수압에 대해서 측정하지 않고 전응력에 대해서만 *Mohr*원으로 그리게 된다.

㉣ 만일 구속압력을 바꾸어 여러 번 *Mohr*원을 그린다면 *Mohr*원의 직경, 즉 축차응력이 동일한 상태로 그려지며 배수조건에서 구속압만큼 유효응력이 증가되는 반면 이 시험에서는 구속압력만큼 간극수압이 증가하므로 유효응력의 증가가 없이 초기 고유 유효응력만으로 전단강도가 발휘됨을 의미한다.

ⓜ 이와 같이 유효응력이 증가하지 않는 이유는 압밀을 허용하지 않으므로 흙 입자 간 접촉압력의 변화가 없음을 의미하며 $\phi = 0$ 해석이라고 한다.

ⓑ 그림 C와 같이 축하중을 가했을 때 유효응력으로 그린 *Mohr*원은 구속압에 관계없이 항상 $\sigma_{12}{}' = \Delta\sigma + u_r - \Delta u$ 이고 $\sigma_{32}{}' = u_r - \Delta u$ 이기 때문에 하나밖에 존재하지 않는다.

(2) 포화토와 불포화토의 강도정수 적용

시험을 행하는 과정에서 현장의 포화상태가 시료채취 과정과 운반과정에서 느슨하게, 즉 불포화 상태로 변하게 된 것을 $UU-test$ 하는 경우 처음에 압력을 가할 때는 압밀이 발생하므로 유효응력의 변화가 생기므로 구속압의 증가에 따라 전단강도의 증가가 발행되나, 결국 완전포화상태에 이르면 토질에 관계없이 $\phi = 0$ 의 거동을 보이게 됨

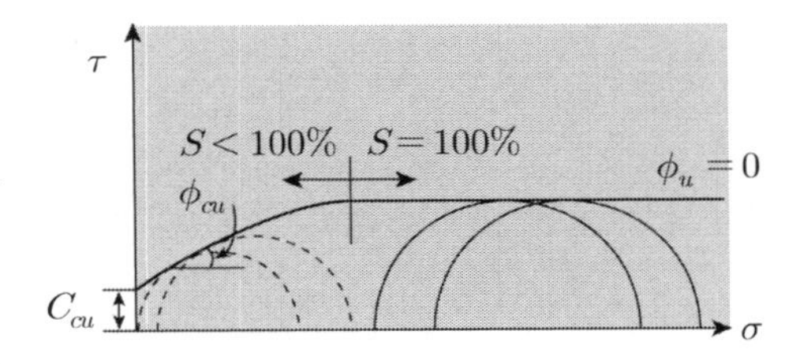

불포화토의 *UU*시험에서의 *Mohr* 포락선

4. 적 용

(1) 강도정수 : C_u, $\phi = 0$

(2) 과잉간극수압의 소산속도보다 시공속도가 빠른 경우 적용

① 점토지반에 급속성토(성토 직후 사면안정 : NC 상부)

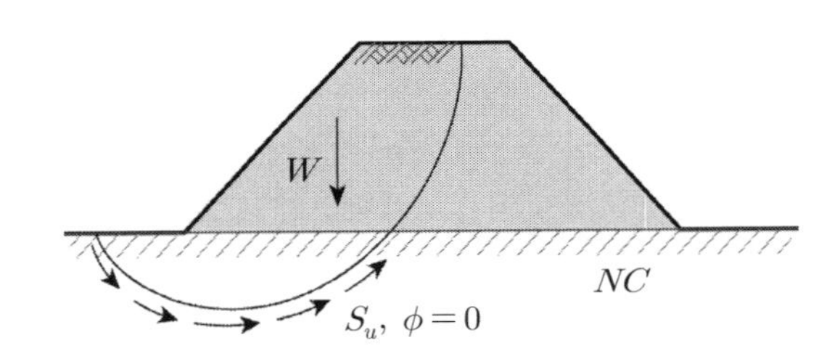

② 절토 중 사면안정

③ 단계성토 직후

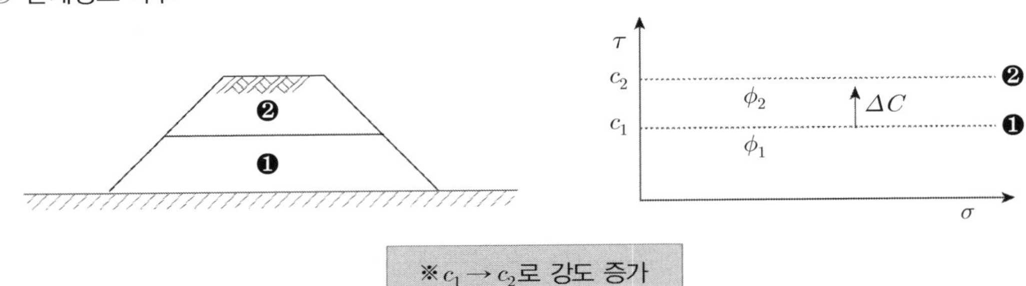

※$c_1 \rightarrow c_2$로 강도 증가

④ UU조건 기초 지지력(점토지반)

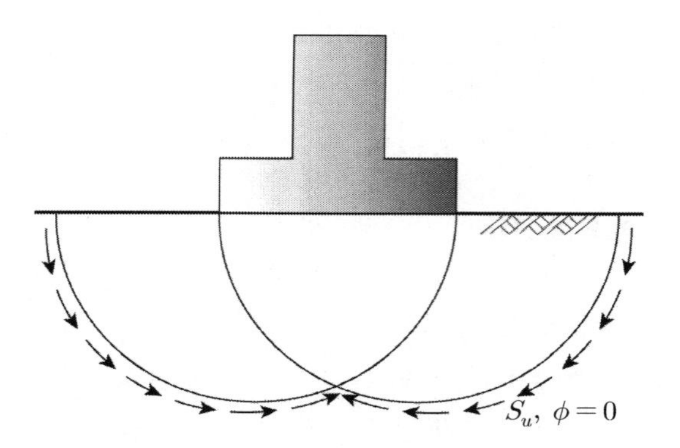

20 CU 시험

1. 시험적용 조건

(1) 시공 중에 과잉간극수압의 소산이 발생하는 경우 재현

① 축하중을 가했을 때 전단되면서 유효응력이 변화($\sigma_3 \rightarrow \sigma_3 + \Delta\sigma - \Delta u$)

② 구속압력이 등방압밀 비등방전단이므로 현장응력체계를 고려한 CK_oU 시험이 타당함

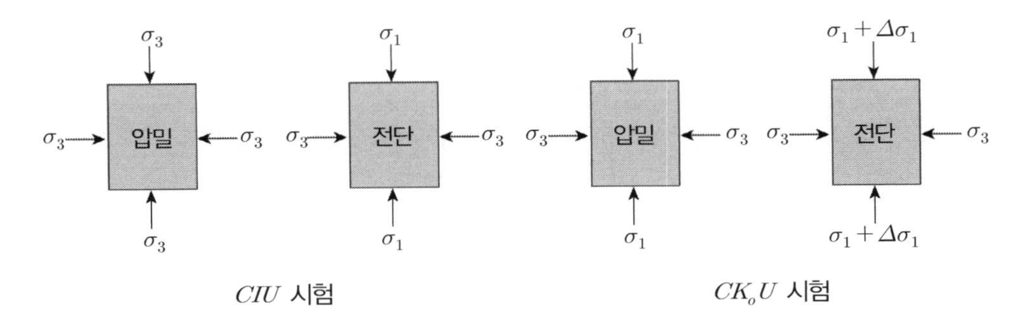

(2) 압밀과정에서 유효응력 증가를 고려하는 조건임 : 압밀 시 σ_3는 유효하중($\sigma' \cdot z$) 사용

2. 응력상태의 변화

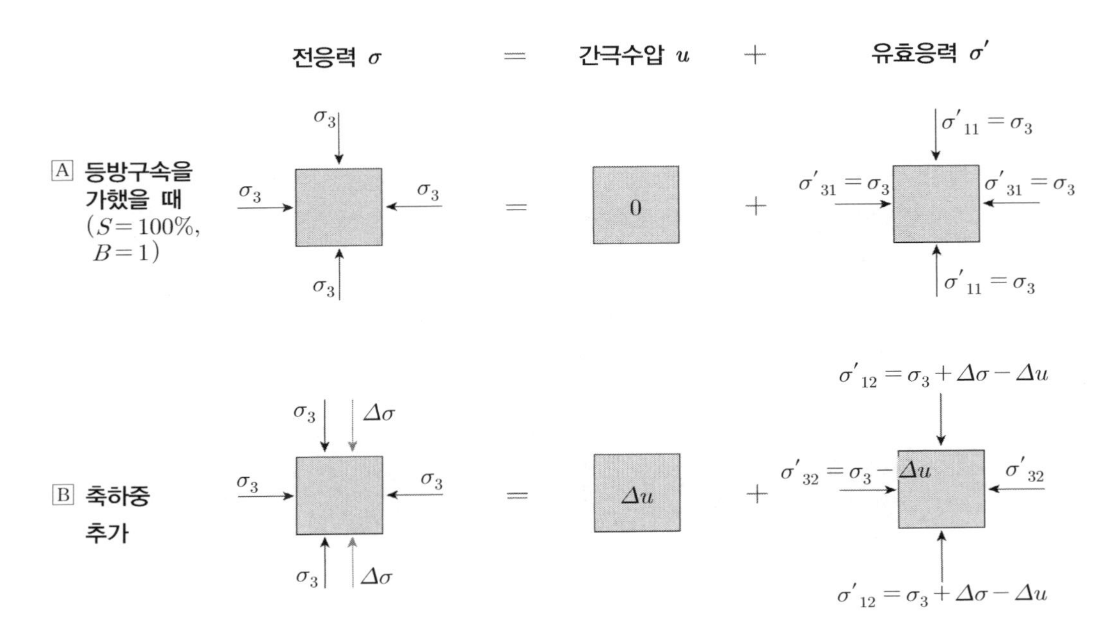

> ㉠ 시료를 삼축압축실에 설치 시까지는 UU테스트와 동일하나 CD시험에서는 그림 Ⓐ와 같이 압밀단계에서 완전히 배수를 하여 현장상태와 동일하게 만들어준다.
> ㉡ 압밀이 완료되면 Ⓑ와 같이 비배수 상태로 축응력을 가하여 전단파괴시키면 시료 내에는 과잉 간극수압이 발생되며
> ㉢ CU시험에서는 과잉 간극수압을 측정하므로 전응력과 유효응력의 강도정수 모두를 구한다.

3. 시험결과 정리

(1) 흙의 종류별 시험결과

① 정규압밀점토 : 파괴포락선이 원점을 통과, 점착력 없음에 유의

② 과압밀점토 : 파괴포락선이 세로축과 교차하고 점착력이 존재

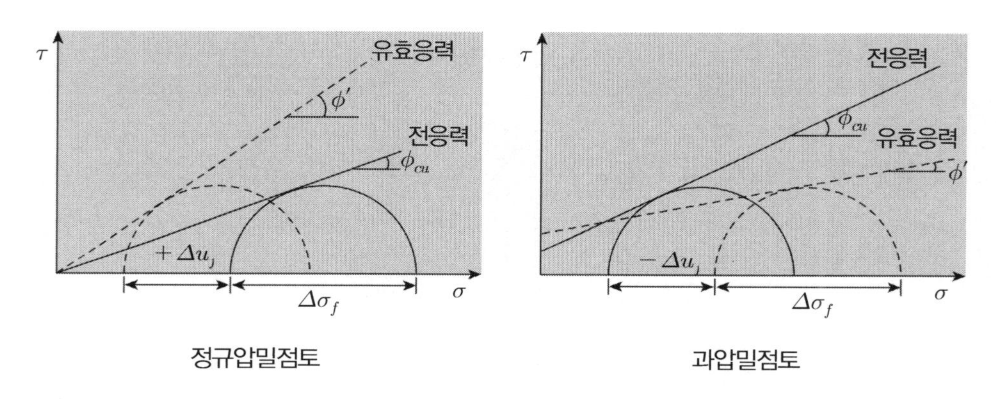

③ 과압밀점토를 선행압밀압력 이상으로 압밀시켜 전단시험을 하였을 때

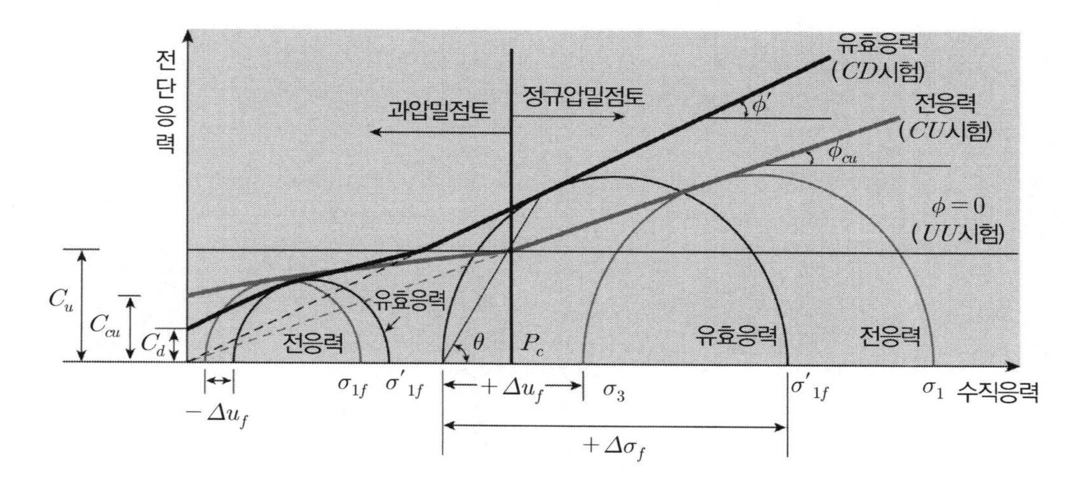

✓ 과압밀점토가 전단될 때는 부(−)의 간극수압이 발생하므로 유효응력은 전응력의 오른편에 그려지며, 선행압밀 압력 이후 압력에서는 정규압밀점토의 거동을 보인다.

(2) 응력경로($P-q$ 경로)

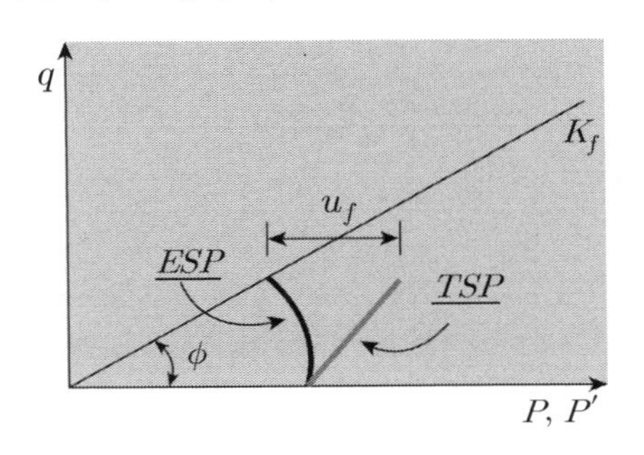

정규압밀점토의 CU시험 결과

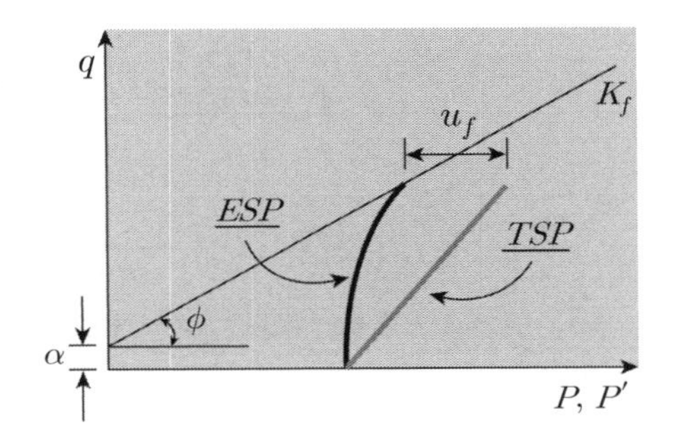

과압밀점토의 CU시험 결과

4. 적용 : 전응력해석

(1) 압밀된 지반에 단계성토

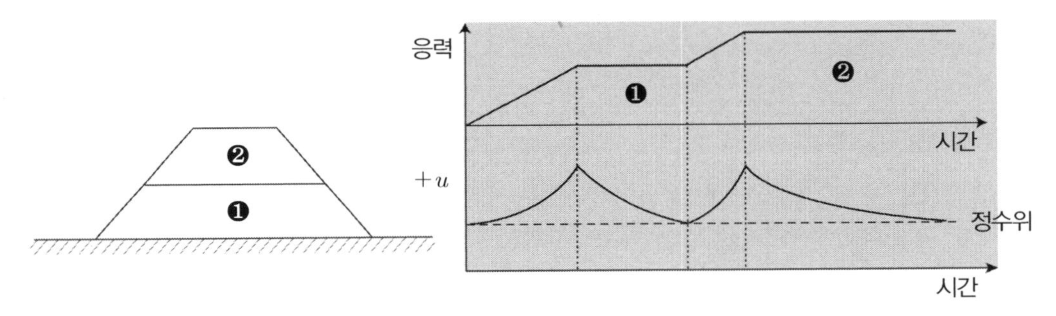

(2) 수위 급강하 시 사면안정

① 수위 강하속도 > 심벽 배수속도가 되므로

② 심벽에 잔류수압이 존재하고 사면의 파괴면 내 중량이 무거워지므로 사면 안전율은 저하됨

③ 잔류간극수압은 간극수압계를 이용하여 구하며

④ 이론적으로 유선망으로 결정하거나 간극수압비(B)로 개략적으로 결정할 수도 있음

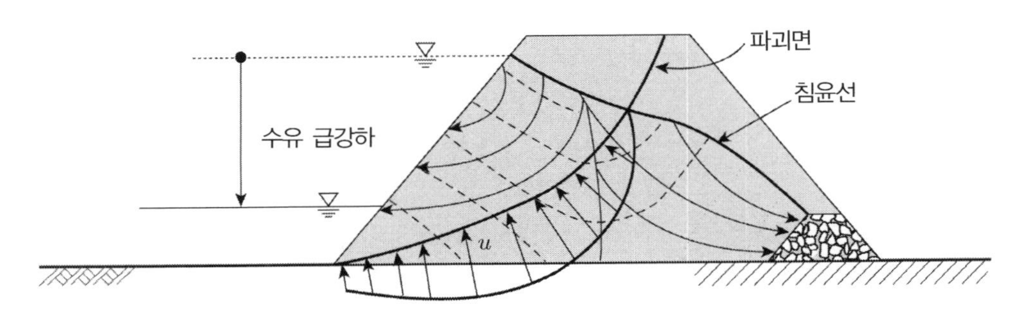

⑤ 제체의 안정성 평가는 유효응력해석이나 간극수압은 고려하지 않고 압밀 비배수 시험으로 정한 C_{cu}, ϕ_{vu}값을 적용하여 해석한다.

(3) 자연사면 성토

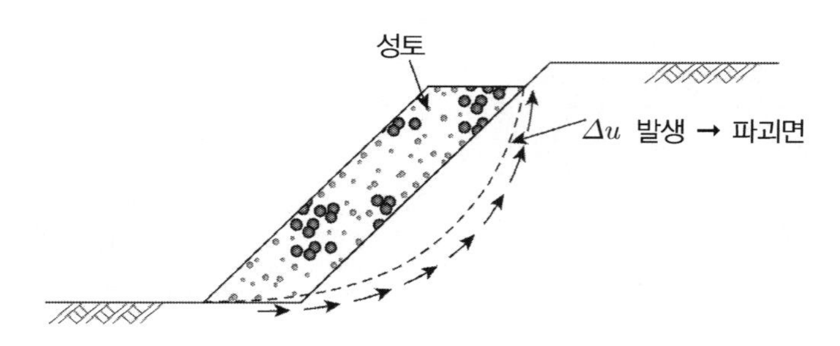

※ 유효응력으로 강도정수를 적용해야 하는 경우는 과잉간극수압이 전혀 발생하지 않는 현장의 경우로서 완속성토, 장기 사면안정, 과압밀점토의 굴착, 댐의 정상 침투, 사질지반의 안정성 검토 등에 해당된다.

21 CD 시험

1. 시험적용 조건

(1) 시공과정에서 과잉간극수압이 전혀 발생하지 않을 정도의 완속시공 현장응력체계 재현

(2) 압밀, 전단과정 : 과잉 간극수압 '0'

2. 응력상태 변화

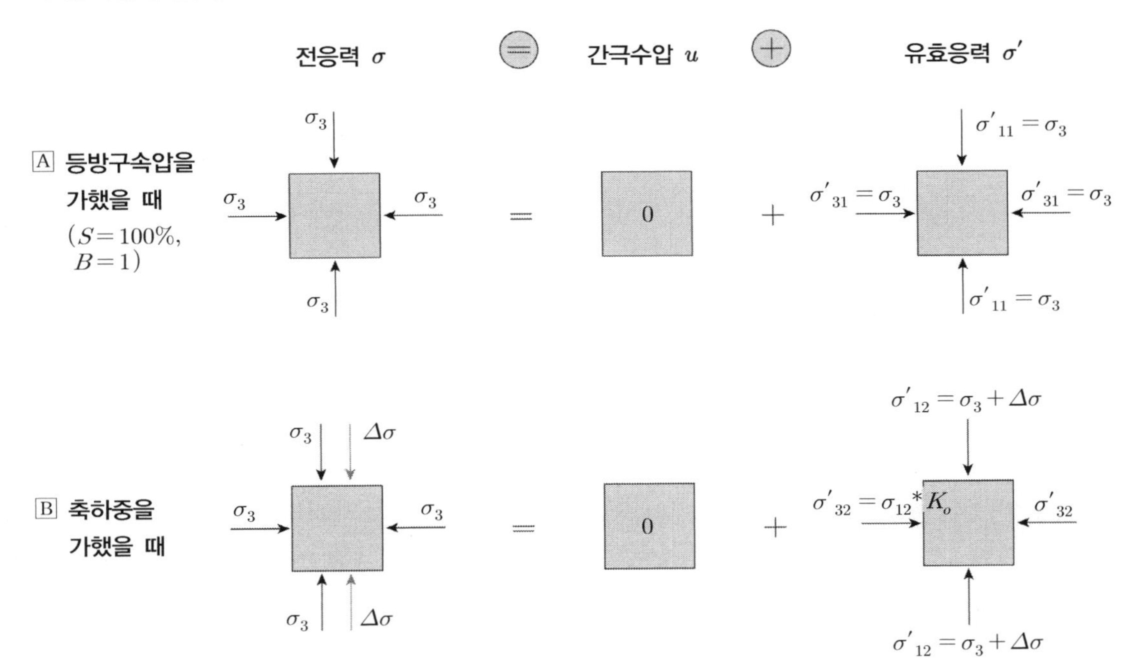

✓ **전응력 = 유효응력**

✓ 위 그림과 같이 간극수압이 발생하지 않도록 시험하기 위해서는 며칠 또는 수 주일이 걸리므로 시험의 편의상 *CU-test*와 결과는 동일하므로 대체하는 것이 일반적이다.

3. 결과정리

(1) 흙의 종류별 시험 결과

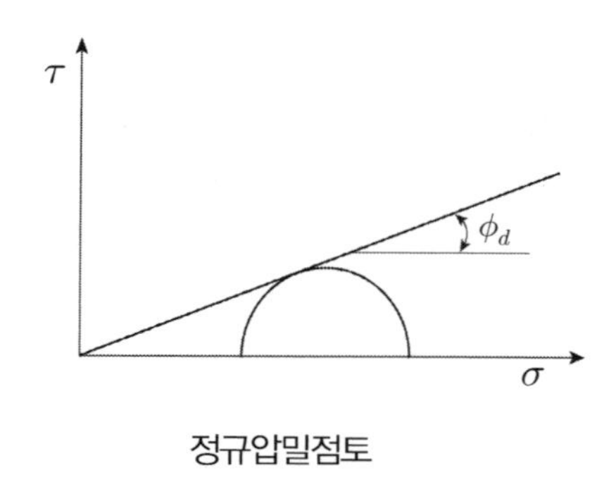

정규압밀점토

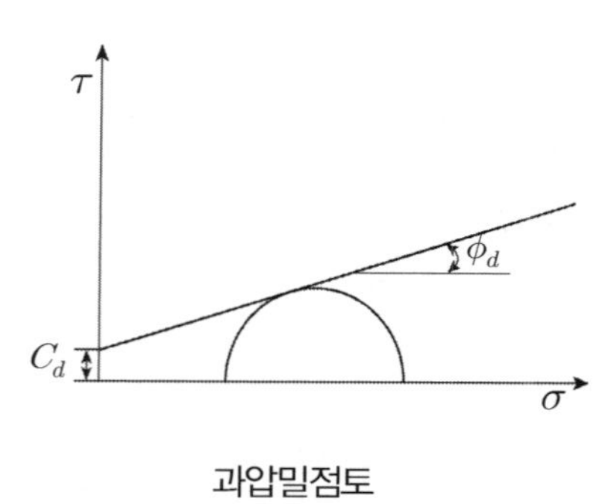

과압밀점토

(2) 응력경로

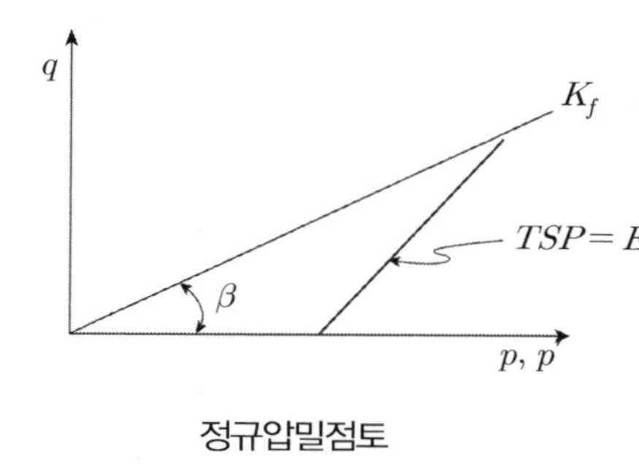

정규압밀점토

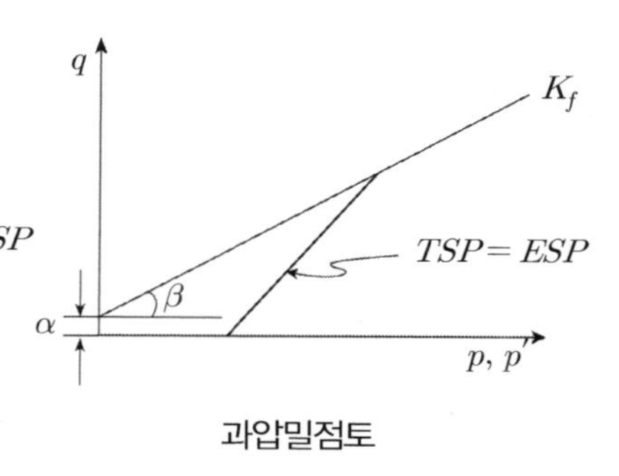

과압밀점토

(3) 전단강도와 압밀압력과의 관계

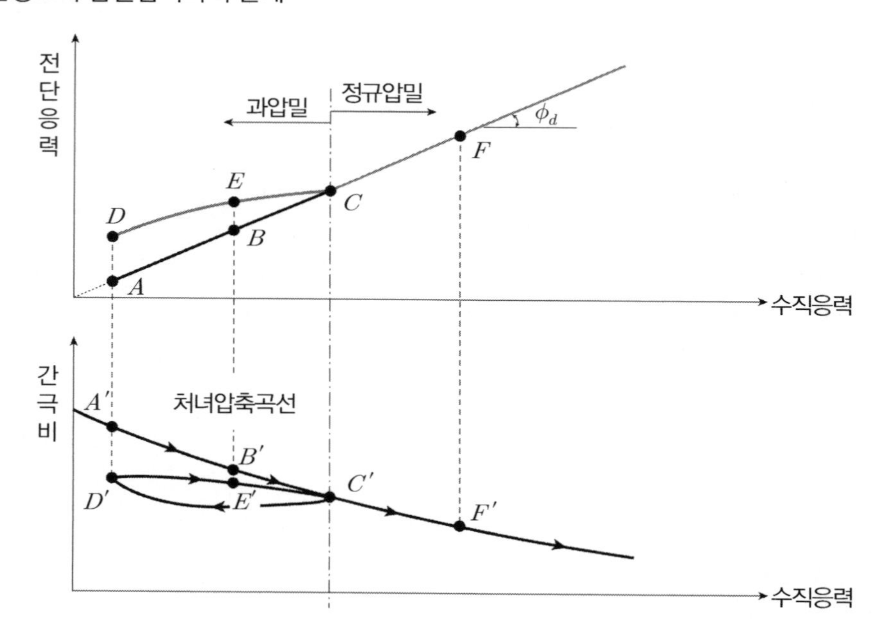

4. 적 용

(1) 완속 성토

(2) 장기 사면해석

(3) 과압밀점토지반 사면해석

(4) 정상 침투

(5) 모래지반 안정해석

※ CD시험은 일종의 진행성 파괴라고 보기 때문에 C_d, ϕ_d를 이용하는 경우 응력-변형 곡선에서 $Peck$ 강도를 쓰지 말고 잔류전단강도를 이용하며 $C_d = C_r = 0, \phi_d = \phi_r$을 사용토록 $Skempton$은 권장하고 있다.

22 **포화된 점토 공시체에 대하여 비배수 조건에서 구속압력 82.8KN/m²으로 압밀한 후에 축차응력 62.8KN/m²에 도달했을 때 공시체가 파괴되었다. 파괴 시 간극수압은 46.9KN/m²이다. 다음 사항을 구하시오.**

1) 압밀 비배수 전단저항각

2) 배수마찰각

3) 상기 시료에 대하여 구속압력(82.8KN/m²)으로 배수실험을 수행한 2)의 결과를 이용한 파괴 시의 축차응력

1. 압밀 비배수 전단저항각(ϕ_u)

(1) $\sigma_3 = 82.8KN/m^2$ $\sigma_1 = 82.8 + 62.8 = 145.6KN/m^2$

$$\sin\phi = \frac{\frac{\sigma_1 - \sigma_3}{2}}{\frac{\sigma_1 + \sigma_3}{2}} = \frac{\sigma_1 - \sigma_3}{\sigma_1 + \sigma_3} = \frac{145.6 - 82.8}{145.6 + 82.8} \quad \phi_u = \sin^{-1}\left(\frac{145.6 - 82.8}{145.6 + 82.8}\right) = 16°$$

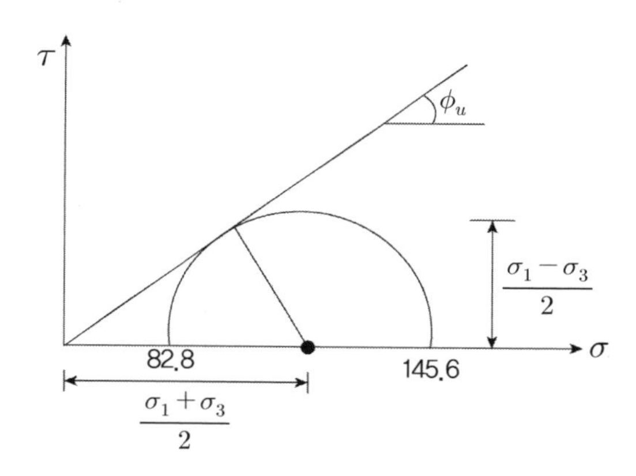

2. 배수마찰각

(1) $\sigma_3 = 82.8 \quad \sigma_3{}' = 82.8 - 46.9 = 35.9KN/m^2$

(2) $\sigma_1{}' = (82.8 + 62.8) - 46.9 = 98.7KN/m^2$

$$\sin\phi' = \frac{\frac{\sigma_1{}' - \sigma_3{}'}{2}}{\frac{\sigma_1{}' + \sigma_3{}'}{2}} = \frac{\sigma_1{}' - \sigma_3{}'}{\sigma_1{}' + \sigma_3{}'} = \frac{98.7 - 35.9}{98.7 + 35.9}$$

$$\phi' = \sin^{-1}\left(\frac{98.7-35.9}{98.7+35.9}\right) = \sin^{-1}\left(\frac{62.8}{134.6}\right) = 27.8°$$

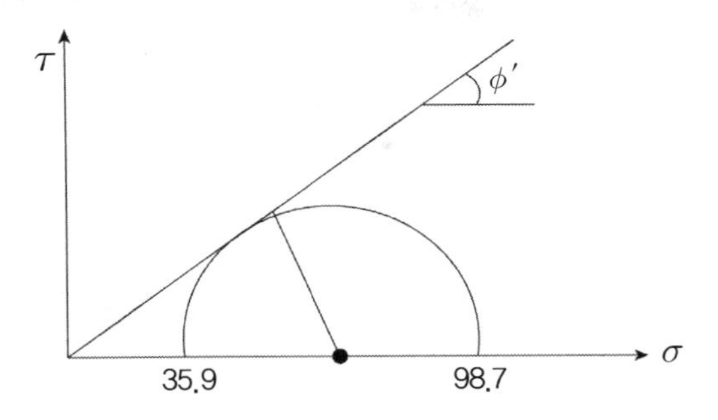

3. 배수 시 $\sigma_3' = 82.8KN/m^2$일 때 축차응력

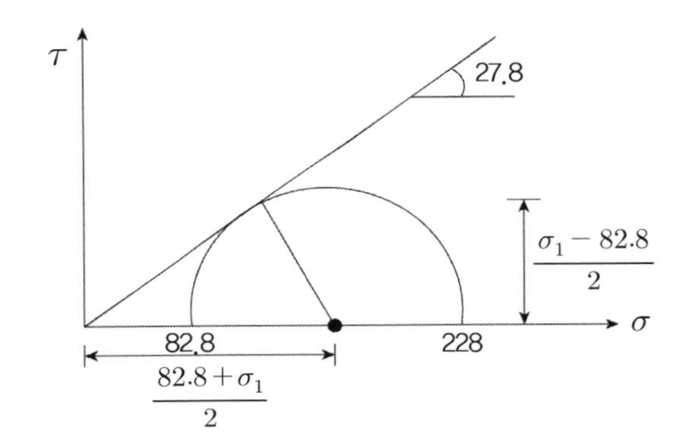

(1) $\sin\phi' = \dfrac{\dfrac{\sigma_1 - \sigma_3}{2}}{\dfrac{\sigma_1 + \sigma_3}{2}} = \dfrac{\sigma_1 - 82.8}{\sigma_1 + 82.8} = \sin 27.8 = 0.47$

(2) $\begin{cases} \sigma_1 - 82.8 = (\sigma_1 + 82.8) \times 0.47 \\ \sigma_1 - 82.8 = \sigma_1 0.47 + 82.8 \times 0.47 \\ \sigma_1 - 82.8 = \sigma_1 0.47 + 38.9 \end{cases}$

$\begin{cases} \sigma_1 - \sigma_1 0.47 = 82.8 + 38.9 = 121.7 \\ \sigma_1 (1 - 0.47) = 121.7 \\ \sigma_1 = \dfrac{121.7}{1-0.47} = \dfrac{121.7}{0.53} = 228KN/m^2 \end{cases}$

(3) 파괴 시 축차응력 $\Delta\sigma = \sigma_1 - \sigma_3 = 228 - 82.8 = 145.2KN/m^2$

23 입방체 삼축압축시험(Cubical Triaxial Test)

1. 개 념

(1) 일반 삼축압축시험의 경우 그림 '1'과 같이 등분포하중이 반무한 평면에 작용시 임의요소에 작용하는 지중응력에서 수평방향의 응력은 $\sigma_2 = \sigma_3$이므로 타당한 시험이나

(2) 그림 '2'와 같이 응력이 회전이 하는 경우에는 $\sigma_2 \neq \sigma_3$이 되므로 중간 주응력이 고려된 현장응력체계 재현이 가능한 입방체 삼축압축시험의 필요성이 대두된다.

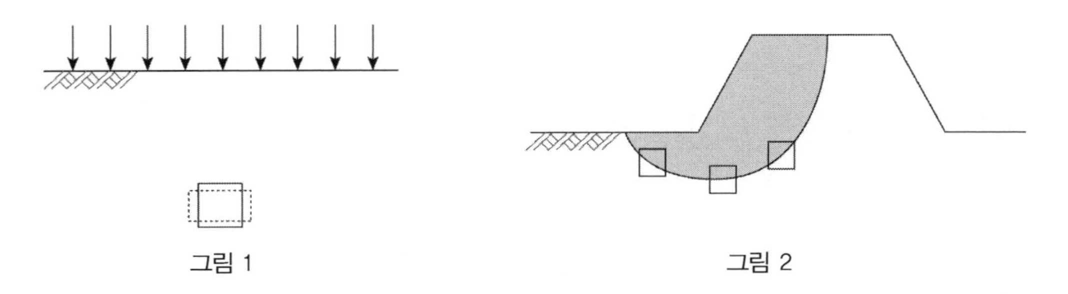

그림 1　　　　그림 2

2. 일반 삼축압축시험의 제한사항

(1) 주응력의 방향이 한정된, 즉 중간주응력의 반영이 안 됨
(2) 원통형으로 축방향 대칭조건으로 구속됨
(3) 주응력의 방향의 회전효과 재현 불가, 응력분포의 불균등

3. 시험개념의 비교

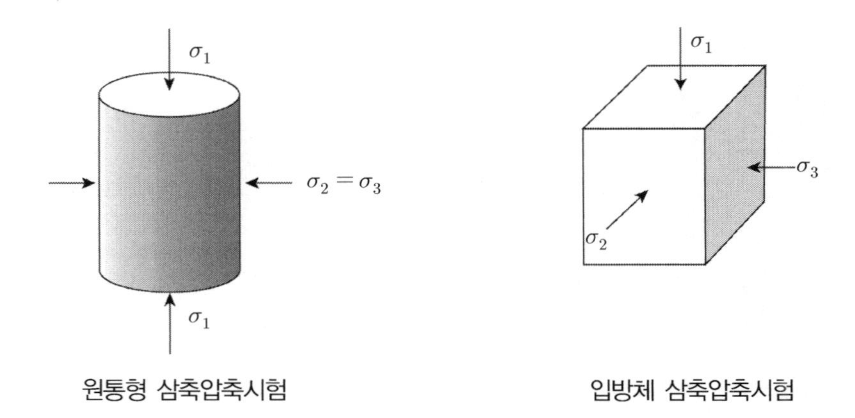

원통형 삼축압축시험　　　　입방체 삼축압축시험

4. 전단강도 특성 비교

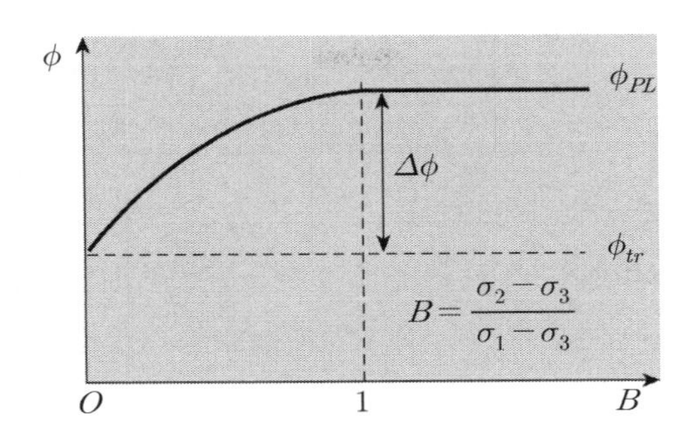

(1) $\tau = F(\phi)$

(2) $\tau = c + \sigma \tan\phi$

(3) 시험에서 σ_2 한계 :

$\sigma_2 = \sigma_1$($B=1$까지)

원통형에서는 $\sigma_2 = \sigma_3$이므로 $B=0$임

5. 평 가

(1) 중간 주응력을 가하여 시험이 가능하다.

(2) 그러므로 좀 더 정확한 현장응력체계를 고려한 응력과 변위의 거동을 파악한다.

(3) ϕ값이 원통형 삼축압축시험보다 10% 정도 크게 측정된다. 즉, ϕ는 τ의 함수이고 ϕ값의 증가는 τ값의 증가이므로 원통형 삼축압축시험은 안전 측 설계가 된다.

(4) 따라서 원통형 삼축압축시험으로 설계된 공법은 과다한 공사비용이 투입될 수 있으므로 경제적인 시공을 위한 측면에서 입방체 삼축압축시험과 더불어 향후 비틀림 전단시험 등 국내에서의 연구와 활성화를 위한 기술자의 관심이 요구된다.

[입방체형 삼축압축시험기]

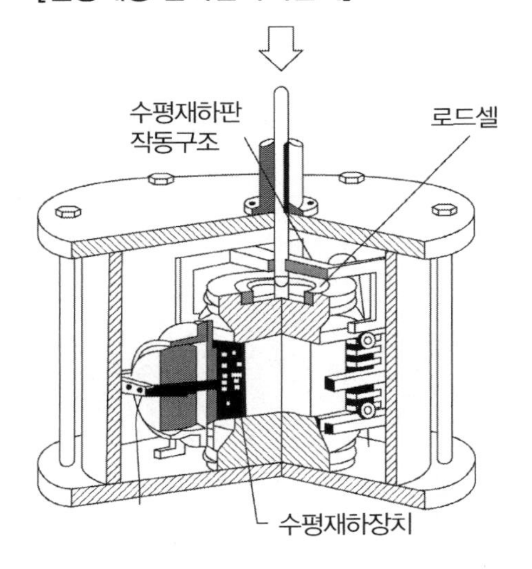

24 비틀림 전단시험(Torsional Ring Shear Test; 중공삼축압축시험)

1. 개 념

(1) 일반 삼축압축시험의 경우 그림 '1'과 같이 등분포하중이 반무한 평면에 작용 시 임의요소에 작용하는 지중응력에서 수평방향의 응력은 $\sigma_2 = \sigma_3$이므로 타당한 시험이나

(2) 그림 '2'와 같이 응력이 회전이 하는 경우에는 $\sigma_2 \neq \sigma_3$이 되므로 중간 주응력이 고려된 현장응력체계 재현이 가능한 전단강도 시험의 필요성이 대두된다.

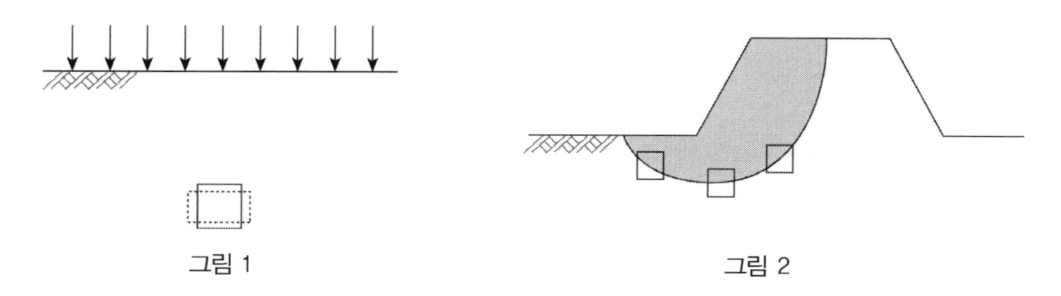

그림 1　　　　　그림 2

2. 일반 삼축압축시험의 제한사항

(1) 주응력의 방향이 한정된, 즉 중간주응력의 반영이 안 됨

(2) 원통형으로 축방향 대칭조건으로 구속됨

(3) 주응력의 방향의 회전효과 재현 불가, 응력분포의 불균등

3. 비틀림 전단시험 방법

(1) 원주상 또는 원환상(圓環狀)의 공시체 상하면에 회전력에 의한 전단력을 가하여 직접 전단을 하는 시험(그림 참조). 큰 전단변형을 직접 얻을 수 있으며, 점토의 잔류강도를 구하기 위한 시험으로 이용된다.

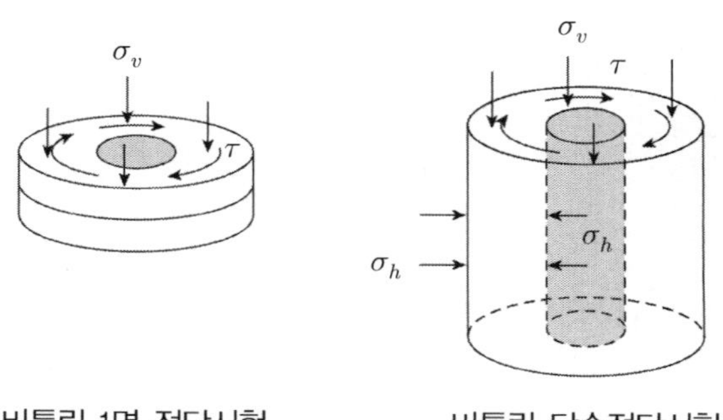

비틀림 1면 전단시험　　　　비틀림 단순전단시험

(2) 보통의 일면전단시험과 같이 활동면을 규정하는 것을 비틀림일면전단시험(링전단 시험), 단순전단 시험과 같이 활동면을 규정하지 않는 것을 비틀림 단순전단시험이라 한다.
(3) 비틀림 일면전단시험에 의하면 사면활동 등의 안정해석에 필요한 대단히 큰 전단변형을 받을 때 궁극적인 전단강도, 즉 잔류강도를 구할 수 있다.
(4) 비틀림 단순전단시험에서는 중공원통 공시체를 사용하여 공시체의 내측면과 외측면에 구속 응력을 가하며
(5) 공시체의 상하단에는 연직하중과 우력을 동시에 가하여 각각 상이한 3방향의 주응력을 발생시켜 전단시킨다.

4. 비틀림 전단시험의 특징

(1) 비틀림일면 전단시험에 의하면 사면활동 등의 안정해석에 필요한 대단히 큰 전단변형을 받을 때 궁극적인 전단강도, 즉 잔류강도를 구할 수 있다.
(2) 비틀림 전단시험은 공시체의 제작이 어렵고 반지름방향의 변형과 응력분포가 일정하지 않지만 일면전단시험, 단순전단시험에서 문제가 되는 공시체의 로킹(*Rocking*) 문제가 거의 발생하지 않는다.
(3) 또한 전단방향에 따라 응력분포가 일정하다는 장점이 있으므로 일반적인 최대 강도를 구하는 시험으로도 신뢰할 수 있는 결과를 얻을 수 있다.
(4) 전단 시 시료에 주응력의 회전을 줄 수 있어 현장응력체계를 고려한 시험이 가능하다.

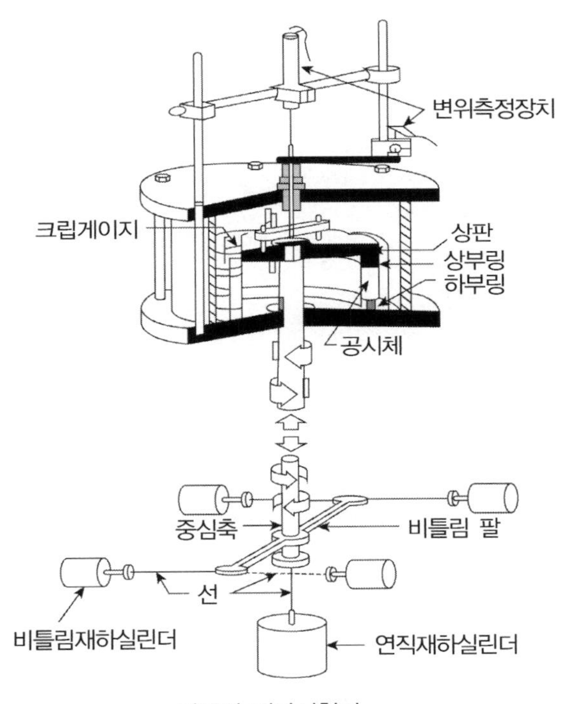

비틀림 전단시험기

(5) 입방체 삼축압축시험과 같이 흙의 응력-변위거동, 응력경로를 보다 정확히 파악할 수 시험으로 보다 많은 연구로 현장에 폭넓은 적용이 필요하다.

25 흙의 비배수 전단강도 이방성

1. 정 의

(1) 한 위치에서 방향에 따라 공학적 성질이 달라지는 것을 비등방(*Anisotropy*)이라 하며 비균질과는 개념을 달리한다.

(2) 이방성은 초기이방성과 유도이방성으로 구분되며 초기 이방성(*Inherrent anisotropy*)은 흙의 생성과 관련된 흙의 구조상 차이로 인한 이방성이며

(3) 유도이방성은 인위적으로 힘을 가하여 변형을 줄시 방향에 따른 이방성을 의미한다.

2. 이방성의 종류

(1) 초기 이방성

① 정지토압　② 초기 비배수 전단강도

③ 압밀계수　④ 침투유량

(2) 유도이방성

① 토압(주동, 수동)　② 절토

③ 성토　④ 기초　⑤ 흙막이

3. 이방성의 원인

(1) 초기(고유) : 퇴적, 지각변동, 침식

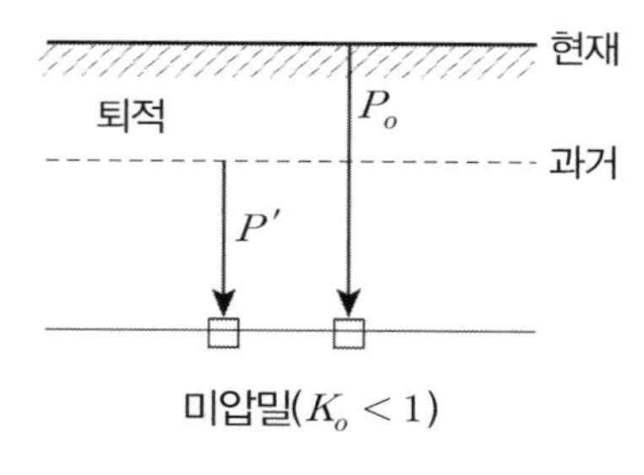

미압밀($K_o < 1$)

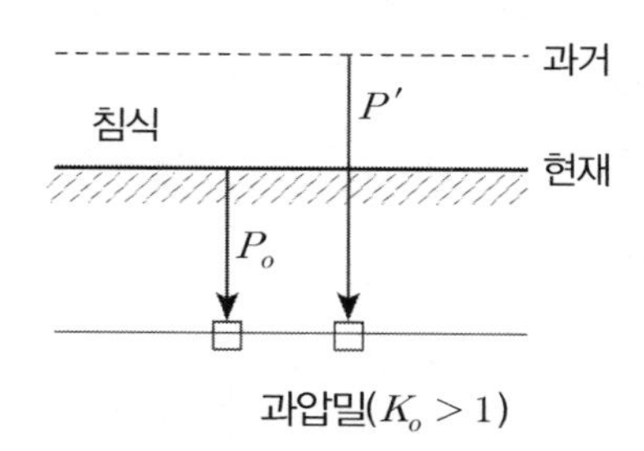

과압밀($K_o > 1$)

(2) 유도 이방성(후천적) : 성토, 흙막이, 기초, 굴착 등

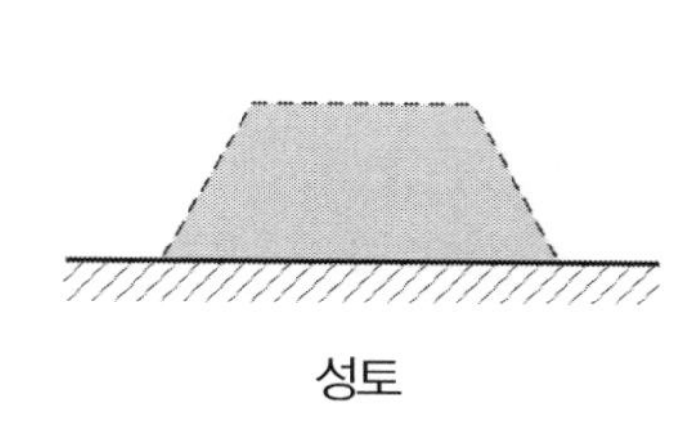

성토

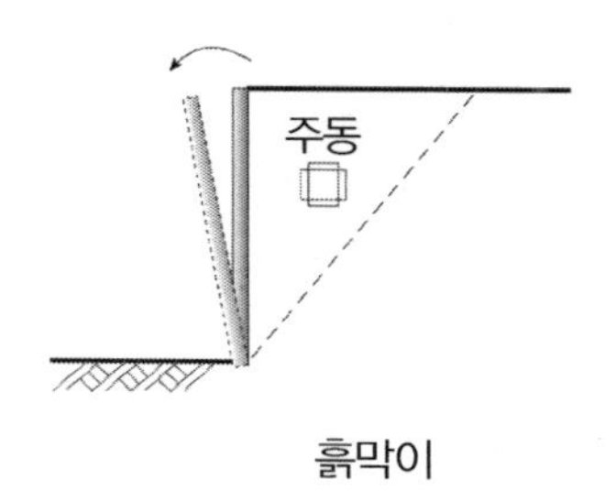

흙막이

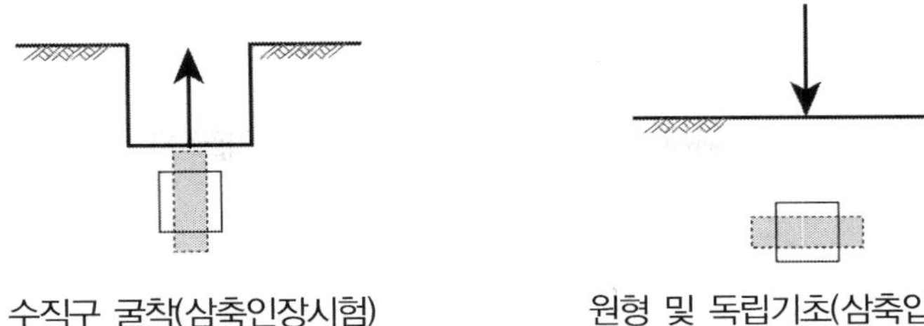

4. 초기 비배수 전단강도 이방성

(1) 강도이방성의 원인

① 점토가 퇴적되면 압밀이 발생하고 압밀상태는 정규압밀 또는 과압밀상태가 된다.

② 이때 주응력의 방향은 정규압밀일 경우 연직방향이 최대가 되고, 침식이나 지하수상승 등 원인에 의해 과압밀이 되는 경우에는 경우는 수평방향의 응력이 최대 주응력방향이 될 것이다.

③ 또한 *Sand seam*과 같은 층상구조의 경우 하중작용방향에 따라 강도를 달리한다.

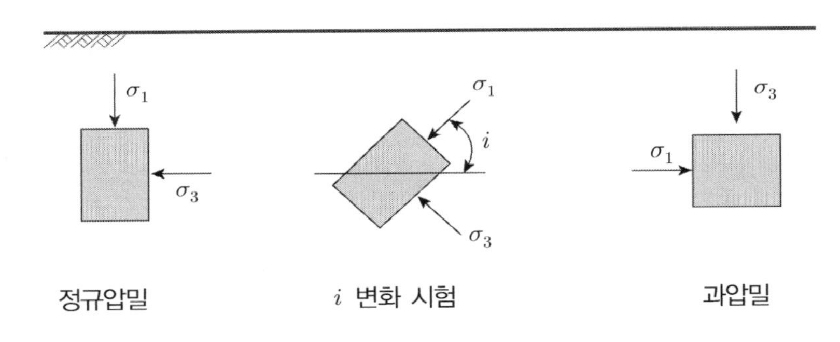

(2) 이방성에 따른 강도변화

$Su(v)$: 최대 주응력 방향이 수직인 경우 전단강도

$Su(h)$: 최대 주응력 방향이 수평인 경우 전단강도

$Su(i)$: 하중방향이 수평면과 i 각도인 경우 전단강도

① $Su(v) = Su(h) = Su(i)$: 등방압밀

② $Su(v) > Su(h)$: 정규압밀

③ $Su(v) < Su(h)$ = 과압밀

④ 이방성계수

$$K = \frac{Su(v)}{Su(h)}$$

※ 보통 $K = 0.75 \sim 2$ 정도이며 과압밀토는 일반적으로 1보다 작다.

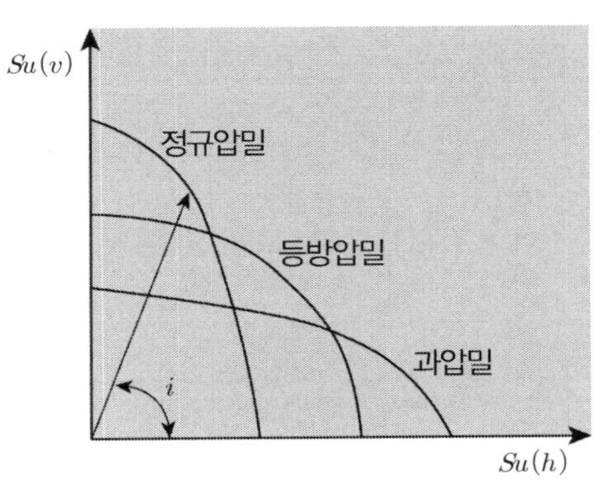

(3) 이방성 확인 시험

① *Field vane shear test*(*Vane* 모양변형)

② i변화 실내시험

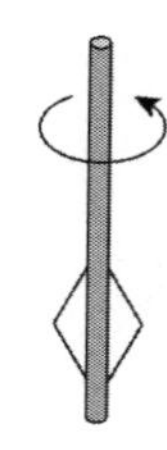

26 $\phi = 0$ 해석결과, S_u의 사용상 문제점

1. $\phi = 0$ 해석을 위한 시험의 종류

(1) 현장 *Vane* 시험

(2) 일축압축시험

(3) *UU* 삼축압축시험

2. $\phi = 0$ 해석에서 시험결과의 신뢰성 저하 요인

(1) 현장 *Vane* 시험

① 실제 재하에 의한 전단속도보다 전단속도가 빠르므로 과대한 강도로 측정됨

② 시험 시 깊이에 대한 영향으로 깊이가 깊어질수록 과대한 강도로 측정됨

③ 특히, 고소성 점토, 조개껍질, 얇은 모래층이 포함된 지층에서의 강도측정은 신뢰성을 잃게 됨

(2) 일축압축시험

① 교란은 불가피하며 이로 인해 강도가 적게 나옴

② 비배수 조건에서만 적용(배수조정 불가)

③ 굳은 점토에서는 취성 파괴 → 압축강도 과소평가

(3) *UU* 삼축압축시험

① 주응력의 방향이 한정 = 이방성 지반 측정 곤란

② 축대칭($\sigma_1 \neq \sigma_2 \neq \sigma_3$) 조건만 시험 가능. 실제 지반은 이방성 압밀이며 이로 인해 실제의 전단 강도보다 10~20% 정도 큰 값으로 과대평가 됨. 특히, 연약지반에서 예민비가 큰 경우 더욱 크게 강도가 측정됨

3. 현장 S_u를 측정하는 바람직한 방법

(1) 이방성 지반고려

① 비등방 삼축압밀 비배수 시험(*CAU*)

② 현장수직응력의 60% 수준의 등방압밀 후 전단시험

③ 입방체형 삼축압축시험

④ 비틀림 전단시험

⑤ 평면변형 시험

(2) 교란의 영향 보정

① *SHANSEP* 방법

✓ 선행압밀하중을 정확히 구하는 데 어려움이 있음

② 교란도에 의한 보정

$$교란도 = \frac{실측치\ U_r}{이론치\ U_r}$$

→ 교란도에 따른 강도저하비 결정

$$교란보정강도 = \frac{시험강도}{강도저하비}$$

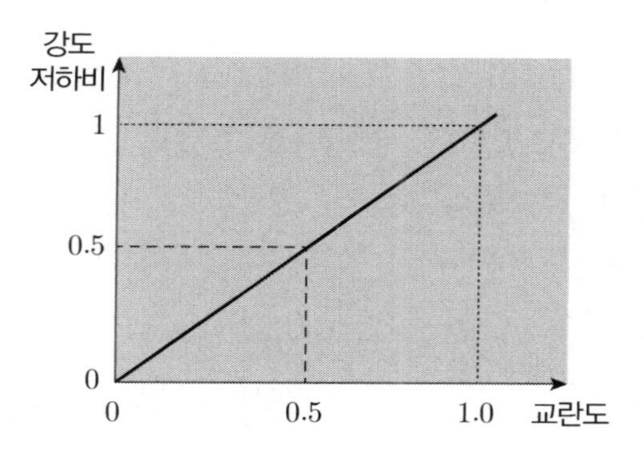

(3) 시추에서 시험까지 일련의 작업과 관련된 기계적 교란은 정성된 작업과 일련의 규정을 준수함으로써 줄일 수 있으며, 교란의 영향이 응력해방에 의한 것보다 더 큰 요인이므로 관심을 가져야 할 것이다.

(4) 교란의 영향을 최소화하기 위해서 시료를 대형 크기로 채취할 수 있는 기술개발과 지표는 *Block Sampling*, 지중심부는 대구경 *Sampler*(직경 20～40*cm*)의 사용이 필요하다.

27 등방(CIU), 비등방(CAU), 평면변형시험

1. 개 요

(1) 실제 지반의 응력상태는 이방성으로 초기, 유도이방성에 의해 각기 달리 응력에 따라 거동한다.

(2) 그러나 시험의 편의성 때문에 비등방(*CAU*)조건이 아닌 등방(*CIU*)시험을 실시하게 되므로 강도 측면에서 *CIU*시험이 *CAU*시험보다 10% 정도 크게 평가되므로 다음 그림과 같이 현장응력 체계를 고려한 *CAU*시험과 평면변형시험이 필요하다.

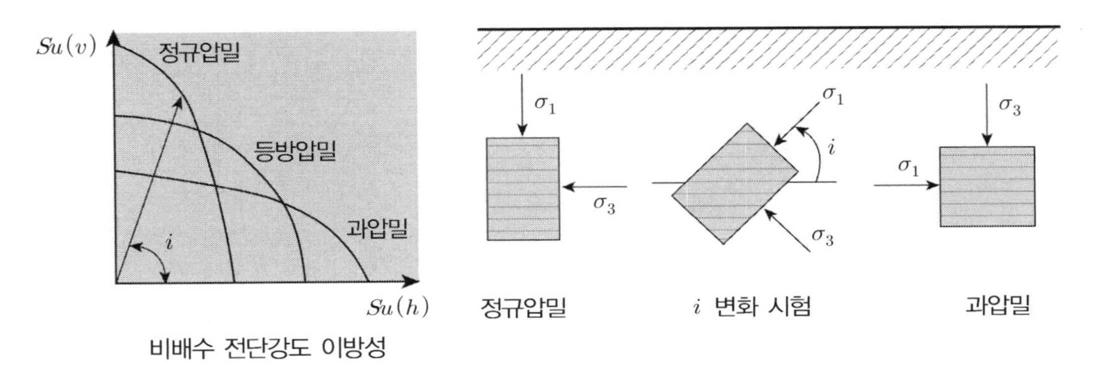

비배수 전단강도 이방성

2. 등방, 비등방, 삼축압축시험 비교

구 분	압 밀	전 단	강도 크기
CIU 시험	σ_3, σ_3, σ_3, σ_3 $\sigma_3 = \sigma_v =$ 현장상재하중, $K_o = 1$	$\Delta\sigma_1$, σ_3] σ_1 σ_3, σ_3 σ_3, $\Delta\sigma_1$] σ_1	1
CAU 시험	σ_1, σ_3, σ_3, σ_1 $\sigma_1 = \sigma_v =$ 현장상재하중, $K_o \neq 1$	$\Delta\sigma_1$, σ_1 σ_3, $\sigma_3 = K_o \cdot \sigma_1$ σ_1, $\Delta\sigma_1$	0.85 ~ 0.95

3. 평면변형과 *CIU*시험

(1) 정 의

① 선형구조물인 제방, 옹벽, 연속기초, 사면의 경우는 중간 주응력과 축방향으로의 파괴나 변위가 없으며 오직 축에 직각방향으로만 변위(선형적 파괴)가 발생하는 현상을 재현한 시험이 평면변형 시험이다.

② 중간 주응력을 고정 → $\sigma_2 = 0$임

(2) 사면의 평면변형 조건 예

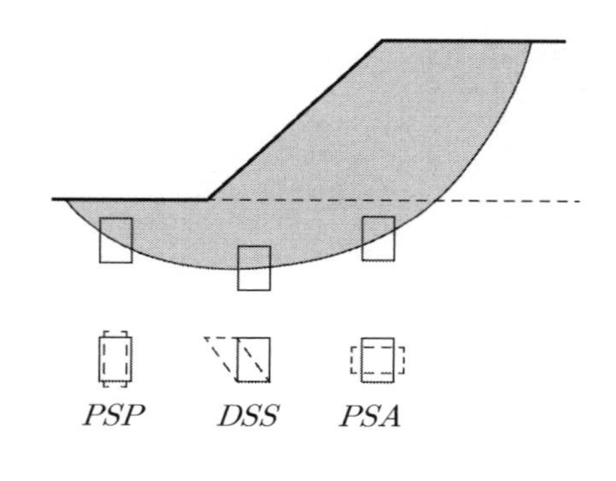

사면의 평면변형 조건

① *PSA*(*Plane strain active*)
: 평면변형 주동상태

② *PSP*(*Plane strain passive*)
: 평면변형 수동상태

③ *DSS*(*Direct simple shear*)
: 단순전단상태

(3) 시험법

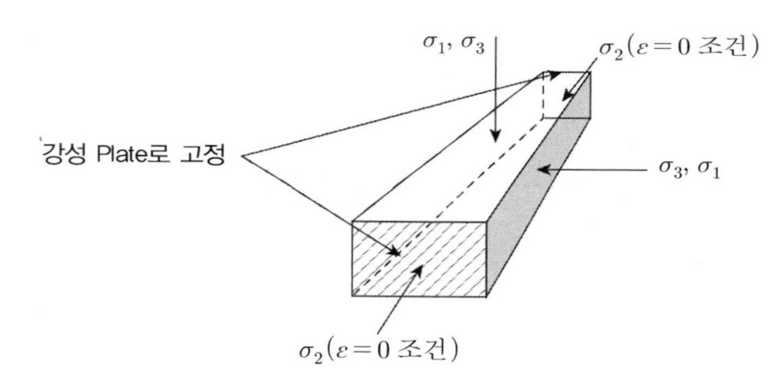

① 직육면체의 형태로 공시체를 성형하고 양쪽 끝단은 강성 *Plate*로 고정 → 변형 억제

② 평면변형 주동 또는 수동조건으로 전단파괴시킴

(4) 평면변형 시험과 *CIU*삼축압축시험 전단강도 비교

평면변형시험은 2방향의 변형만 허용하므로 구속조건의 차이에 의해서 평면변형시험에 의한 강도정수가 삼축압축시험에 의한 값에 비해 더 크게 측정된다.

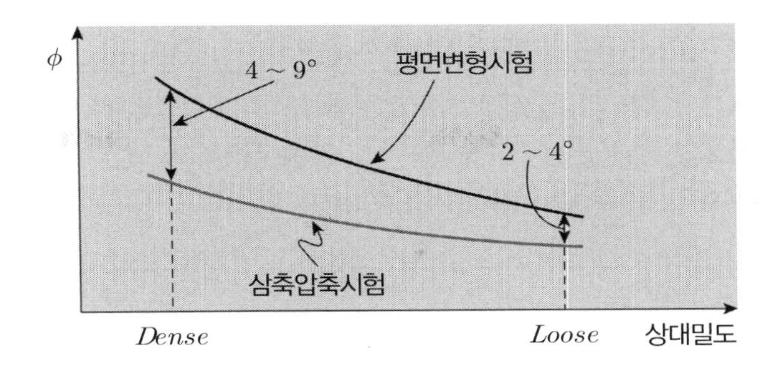

참고 : *CIU*시험의 적용 시 유의사항

① 현 위치의 재하조건과 일치되게 시험해야 함

② 재하형태에 따른 흙 요소의 재하상태

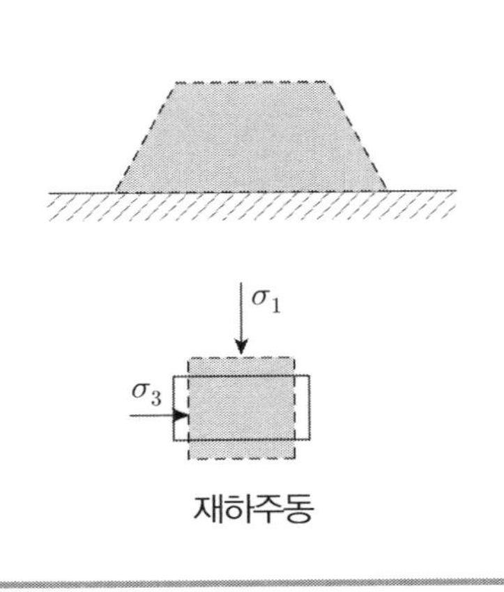

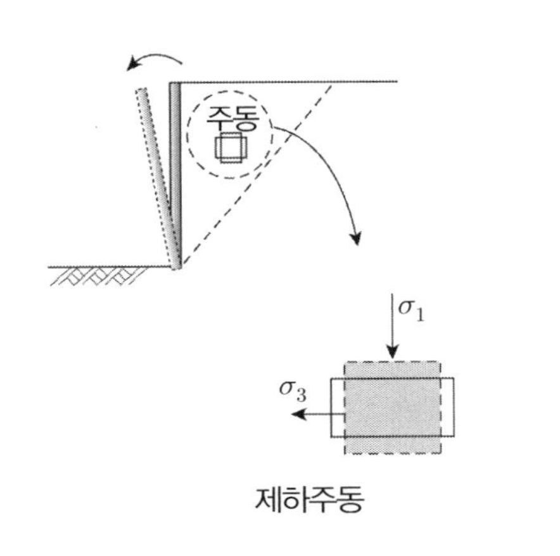

(5) 재하조건에 따른 *CIU*시험의 결과

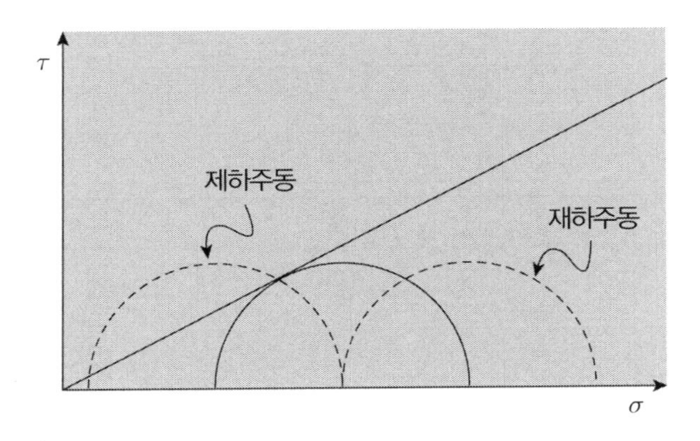

① $\sigma_3 = \sigma_3$ 상태에서 비배수 전단을 하는 재하주동과 $\sigma_1 = \sigma_c$ 상태에서 구속압을 감소시켜 전단시키는 경우 그림과 같이 *Mohr*원의 위치가 다르므로 강도정수 C_{cu}, ϕ_{cu} 값이 달라진다.

② 그러나 유효응력으로 표시한 *Mohr*원의 ϕ' 값은 변치 않는다.

(6) 따라서 *CIU*시험은 현 위치의 파괴형태와 일치시킨 다음 조건에 부합되어야 한다.

① 재하시험 : 성토로 인한 원호활동 및 하중 증가로 인한 주동파괴의 경우

② 제하시험 : 굴착으로 인한 하중 감소 및 주동파괴의 경우

28 전단강도시험(SHANSEP에 의한 비배수 전단강도)

1. 개 요

(1) *SHANSEP*은 *Stress History And Nomalized Soil Engineering Properties Method*의 약자로 채취된 점토의 교란영향을 제거하기 위해 현 위치의 응력보다 더 큰 응력을 가하면 소멸된다는 원리이다.

(2) 현 위치의 응력보다 더 큰 응력을 가하면 정규화 거동을 보이며 유효하중의 4배까지 압밀을 가하여 과압밀 조건하에서 *Swelling* 상태로 전단시험을 하면 교란의 영향이 배제된 비배수 전단강도를 얻을 수 있다.

2. *SHANSEP* 기본 이론

(1) 교란영향 소멸 : 교란은 현 위치의 응력(P_o)보다 훨씬 큰 압밀압력에서 소멸

(2) 응력-변형률 관계곡선에서의 정규화 : 점토강도는 압밀압력에 따라 정규화 거동

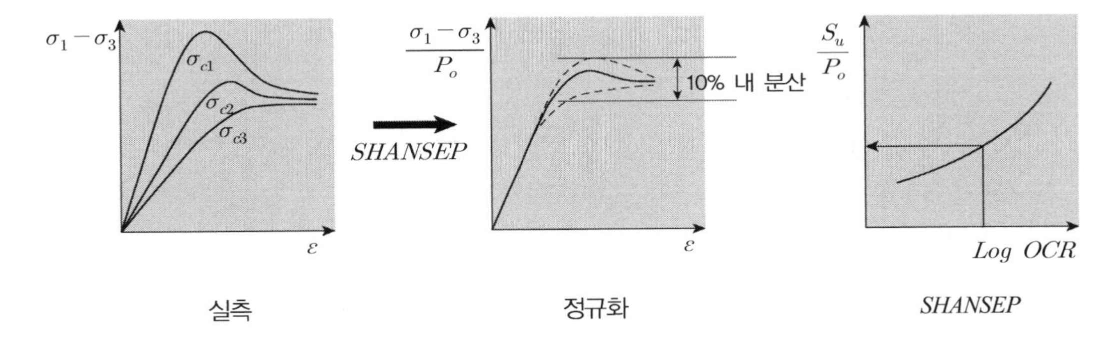

실측 정규화 *SHANSEP*

3. 비배수강도 산출

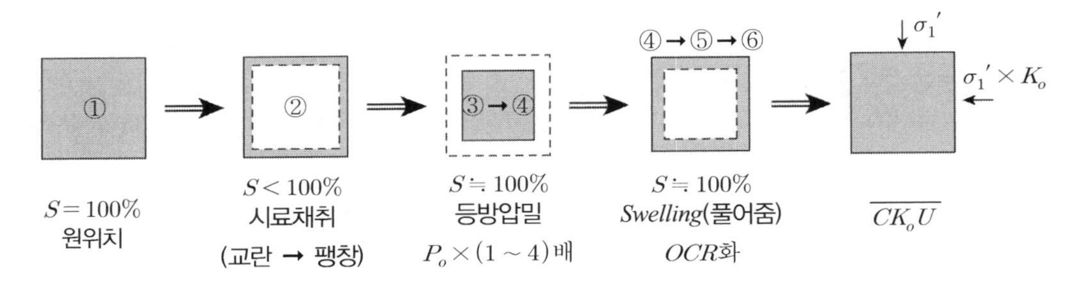

(1) 등방압밀

① 정규압밀점토 : 유효토피하중의 1.5~4배로 등방압밀

② 과압밀점토 : P_c보다 크게 등방압밀

(2) *Swelling* → 과압밀화

(3) 시료를 삼축압축셀에 넣고 $\overline{CK_oU}$ 시험으로 전단파괴를 시킨다.

(4) 깊이별 P_c과 P_o을 구하여 OCR을 구하고 $\overline{CK_oU}$ 으로 구한 깊이별 S_u/P_o과 OCR에 대응하는 관계도를 그린다.

(5) 관계도에서 현 위치에 해당하는 OCR에 대한 $\dfrac{S_u}{P_o}$를 구하면 $S_u = \dfrac{S_u}{P_o} \times P_o$가 된다.

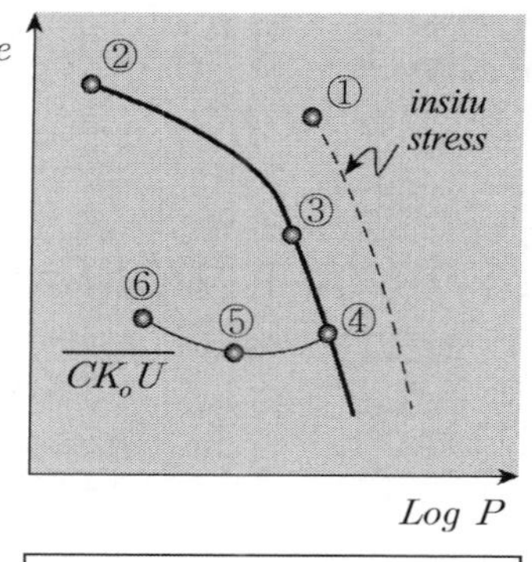

$\overline{CK_oU}$ 시험 : ③ ~ ⑥

4. 특 징

(1) 장 점

① 교란이 배제된 비배수 전단강도를 구할 수 있다.

② $\phi = 0$ 해석보다는 설계의 신뢰성이 큰 비배수 강도를 얻을 수 있다.

③ 강도와 응력이력 관계 파악이 가능하다(*SHANSEP* 관계도) .

(2) 단 점

① 균일점토에 제한적으로 적용

② 시험이 복잡 : K_o 조건 시험을 위해서는 현장응력을 결정하여 하고 OCR을 구하기 위해서는 선행압밀하중을 정확하게 구해야 하는 문제점이 있음

③ 비용이 큼

④ 압밀 압력이 큼

⑤ 초예민 점토는 높은 압력에서 흙 구조의 변화를 초래하므로 시험 적용이 곤란

5. 결 론

(1) 압밀압력 결정과 K_o조건을 만족한 시험을 위해서는 현지반의 유효응력과 선행압밀압력을 결정해야 하는 복잡한 문제를 해결해야 하지만

(2) 교란이 배제된 비배수 전단강도를 얻을 수 있다는 데 의의가 있으며, 국제 K_o조건 시험기 보급과 사용의 대중화를 위해 노력해야 한다.

29 현장의 응력체계(Stress System)에 따른 전단강도시험

1. 개 요

(1) 흙은 퇴적되어 형성되는 과정에 따라 하중의 작용방향과 크기가 동일하지 않다.

(2) 따라서 인위적으로 지반에 새로운 응력을 가하게 되면 지반은 이에 순응하기 위해 변형과 함께 추가 과잉간극수압이 증가하게 되어 비배수 전단강도는 감소하게 된다.

(3) 따라서 지반에 가해지는 응력과 변형의 특성을 반영한 전단시험을 시행하여야 한다.

2. 현장별 유도이방성에 의한 지반요소의 변형과 시험

현장응력 체계	지반요소의 변형과 응력	시험 모사 (최대주응력의 방향)	전응력경로
독립기초 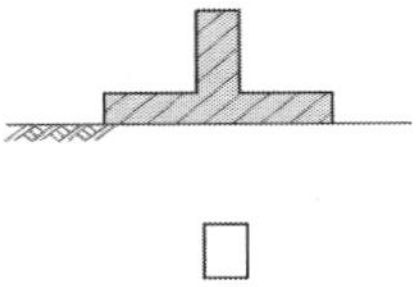	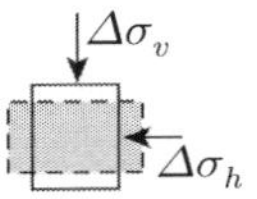 $\Delta\sigma_v$, $\Delta\sigma_h$	삼축압축시험 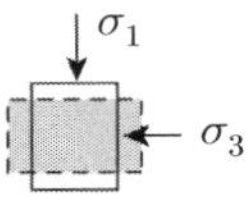 (σ_1, σ_3)	축압축(AC): 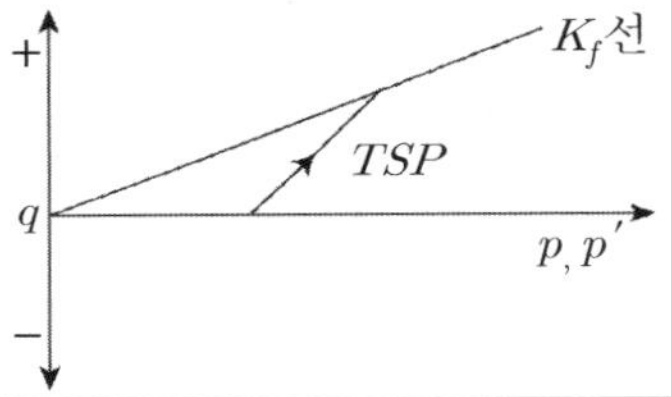 q, p, p', TSP, K_f선
터파기 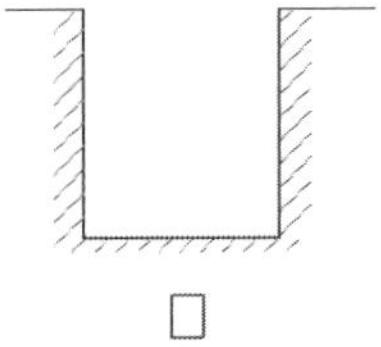	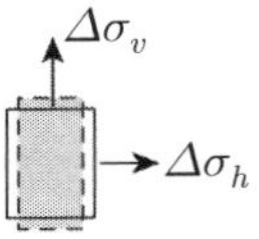 $\Delta\sigma_v$, $\Delta\sigma_h$	삼축인장시험 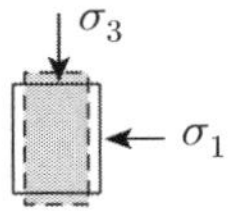 (σ_3, σ_1)	축인장(AE): 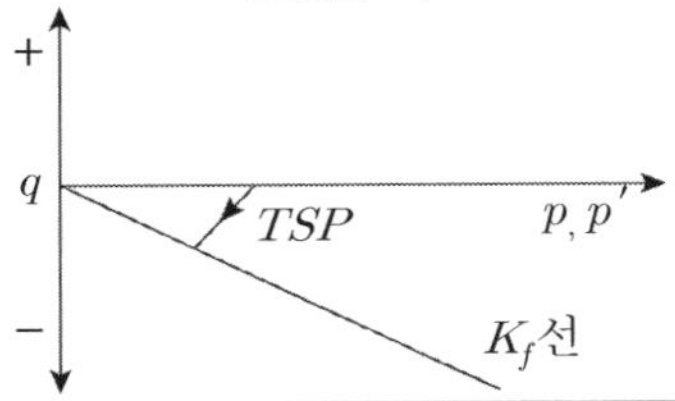 q, p, p', TSP, K_f선
옹벽사면 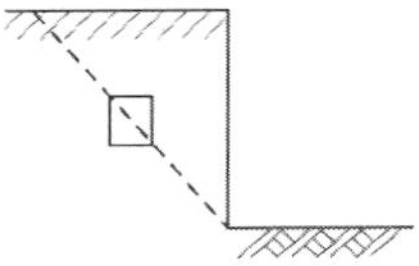	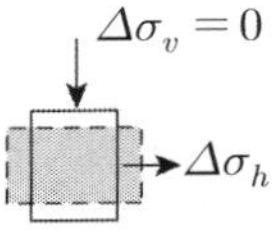 $\Delta\sigma_v = 0$, $\Delta\sigma_h$	평면변형 주동시험 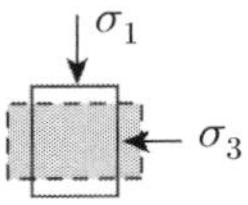 (σ_1, σ_3)	측인장(LE): 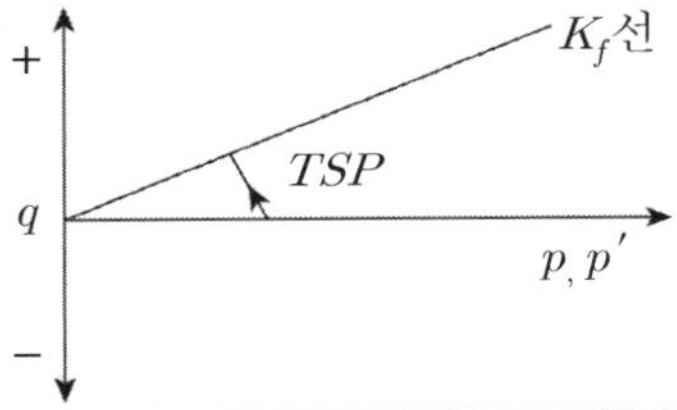 q, p, p', TSP, K_f선
그라운드앵커 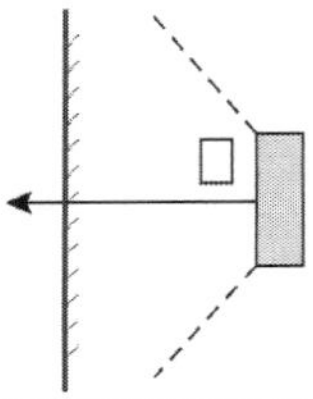	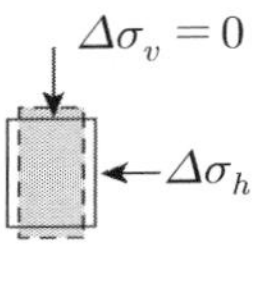 $\Delta\sigma_v = 0$, $\Delta\sigma_h$	평면변형 수동시험 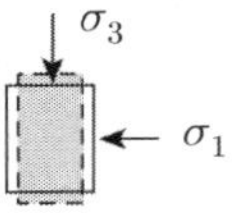 (σ_3, σ_1)	측압축(LC): 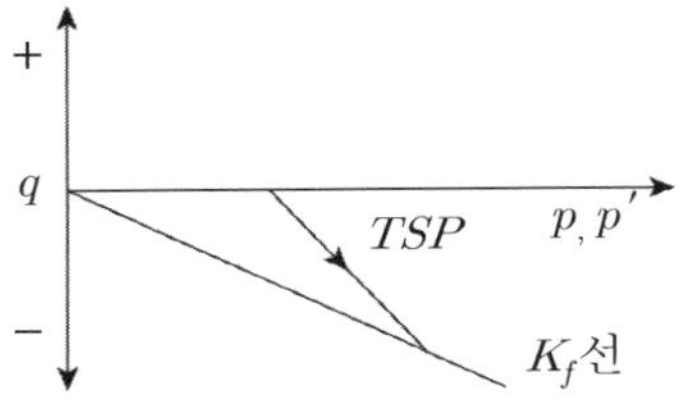 q, p, p', TSP, K_f선

30 선행압밀하중에 따른 전단강도시험의 결정

1. 개 요

(1) 전단강도는 간극수압의 발생 여부와 배수조건에 따라 다르며 현장에서 가해진 하중의 적용시기와 토질조건 중 가장 위험한 조건에서의 전단강도를 결정하는 것이 중요하다.

(2) 여기서 배수조건에 대한 전단강도 시험법의 적용으로 *Mikassa*에 의해 선행압밀하중에 따라 현지반의 응력 상태를 기준으로 채택한 시험방법을 기술하고자 한다.

2. 전응력과 유효응력해석

(1) 흙에 가해진 하중(전응력)은 일부이든 전부이든 간극수압의 소산정도에 따라 간극수압이 다 받든 유효응력이 일부를 받든 배수조건에 따라 달라진다.

(2) 전응력이든 유효응력이든 간극수압을 정확하게 구한다면 결과는 동일하게 된다.

(3) 그러나 시공속도가 빠르고 배수가 되지 않는 조건에 대한 지반의 강도는 굳이 유효응력을 구하기 위한 간극수압의 측정은 불필요하게 되며, 전응력으로 구한 강도정수만으로 정확한 전단강도를 구할 수 있게 된다.

(4) 시공속도가 느리거나 배수가 되는 경우에는 CD, CU시험을 통해 유효응력해석을 하며, 만일 간극수압의 발생이 전혀 없다면 유효응력과 전응력해석은 동일한 결과가 될 것이다.

3. 전단강도 시험방법 결정 시 고려사항

(1) 선행압밀하중 크기에 따른 전단강도시험

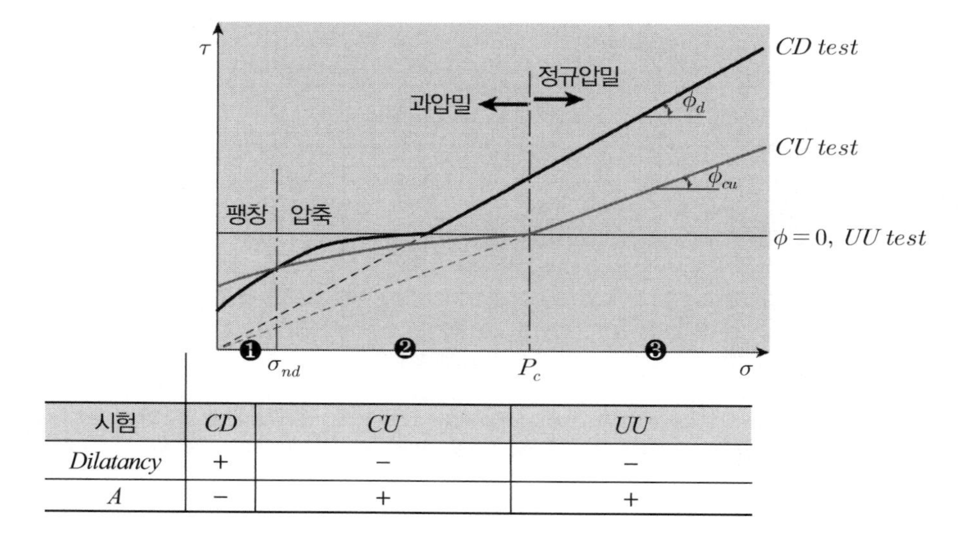

시험	CD	CU	UU
Dilatancy	+	−	−
A	−	+	+

① 그림은 *Mikassa*에 의해 제시된 전응력해석을 통한 시험조건별 파괴포락선이다.

② 전단 및 배수조건을 달리하며 시험한 결과, 선행압밀하중에 따라 전단강도가 가장 적게 나오는 시험법을 결정하기 위한 모식도이다.

(2) 기타 방법

① 배수조건에 따른 전단강도 시험 : UU, CU, $\overline{CU}$, CD 시험

② 구속압력 선정방법에 따른 구분

㉠ 전응력 시험 : 전응력으로 토피하중을 가감 (UU, CU)

㉡ 유효응력 시험 : $\overline{CU}$ 시험, $\overline{CAU}$ 시험

4. 작용응력에 따른 상태비교

구 분	❶ : $0 \sim \sigma_{nd}$	❷ : $\sigma_{nd} \sim P_c$	❸ : P_c 이상
압밀상태	**심한 과압밀**	**약간~보통 과압밀**	**정규압밀**
강도정수	C_d, ϕ_d	C_{cu}, ϕ_{cu}	$\phi=0$, $\tau=S_u$
해석법	**전응력 = 유효응력**	**전응력**	**전응력해석**
Dilatatancy	+	−	−
간극수압계수	−	+	+
시험 최소 강도	*CD*	*CU*	*UU*

5. 작용응력에 따른 전단강도 시험방법의 결정 이유

(1) 전응력해석조건에서만 적용하며 가장 위험한 배수조건에 대응하는 전단강도를 사용. 즉, 간극수압의 측정이 배제된 해석방법임

(2) $\sigma < \sigma_{nd}$: CD시험 적용

① 심한 과압밀 구간으로

② CD 시험보다 CU 시험의 전단강도가 큼
CU 시험 중 발생간극수압이 (−)간극수압으로 전단강도의 증가가 발생

(3) $\sigma_{nd} < \sigma < P_c$: CU시험 적용

① 약간~보통 과압밀 구간으로

② CU시험보다 CD시험의 전단강도가 큼
CU시험 중 발생간극수압이 (+)간극수압으로 전단강도의 감소가 발생

(4) $P_c < \sigma$: UU시험 적용

① 정규압밀 상태임

② 가장 위험한 상태임 $\phi = 0$ 해석으로 적용함

31 전단강도와 전단응력(전단저항각, 파괴각 계산)

(조건) 정규압밀점토 : $\sigma_3 = 28tonf/m^2$, 축차응력 : $28tonf/m^2$

(문제) 1. 전단저항각(ϕ)

2. 파괴각(θ)

3. 파괴면에서의 수직응력과 전단응력

4. 최대 전단응력면에서의 수직응력

5. 전단파괴 시 최대전단응력이 아닌 $\theta = 54.7°$ 인 면에서 발생하는 이유

1. 전단저항각(ϕ)

① $\sin\ \phi = \dfrac{\dfrac{\sigma_1 - \sigma_3}{2}}{\dfrac{\sigma_1 + \sigma_3}{2}} = \dfrac{\sigma_1 - \sigma_3}{\sigma_1 + \sigma_3}$

② $\sigma_3 = 28tonf/m^2$이고
$\sigma_1 = 28tonf/m^2 + 축차응력 = 28 + 28$
$= 56tonf/m^2$

③ $\sin\ \phi = \dfrac{\sigma_1 - \sigma_3}{\sigma_1 + \sigma_3} = \dfrac{56 - 28}{28 + 28} = 0.333$

$\therefore\ \phi = 19.5°$

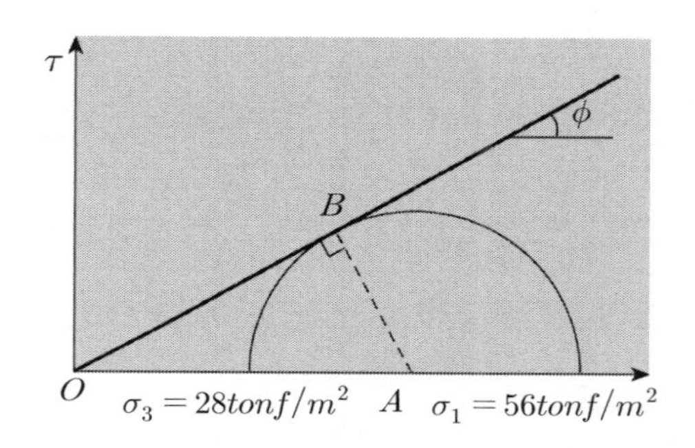

2. 파괴각(θ)

(1) 파괴각은 최대 주응력이 작용하는 면에서 파괴면까지의 반시계방향각으로 정의됨

(2) $\theta = 45° + \dfrac{\phi}{2} = 45° + \dfrac{19.5°}{2} = 54.7°$

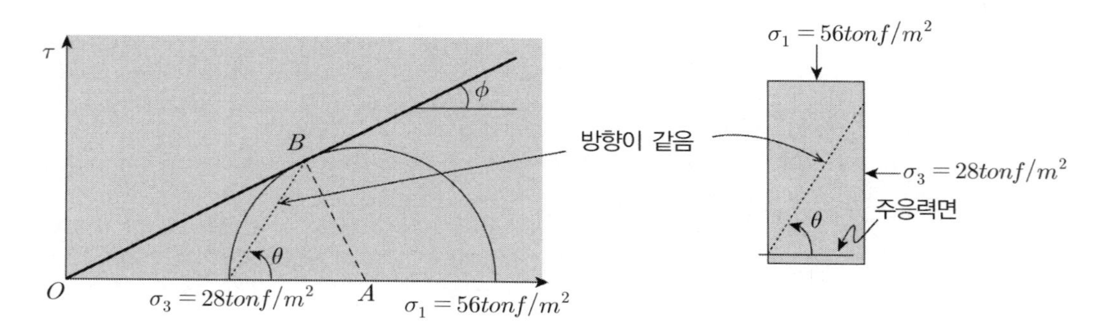

3. 파괴면에서의 수직응력과 전단응력

(1) 파괴각 θ 인 파괴면의 수직응력과 전단응력은 *Mohr* 원상에서 파괴포락선과 접하는 B점의 좌표임

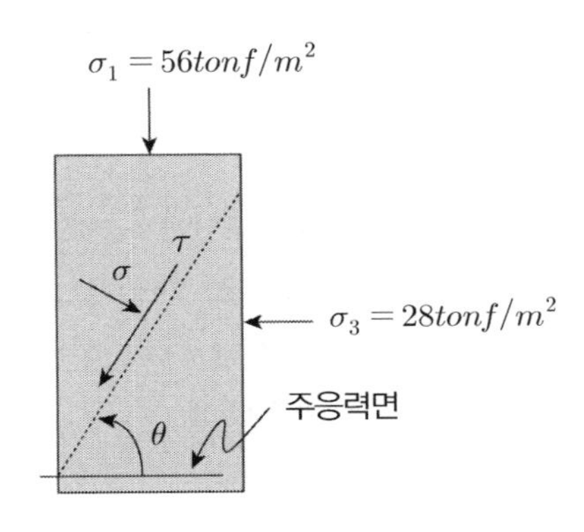

파괴면에서의 수직응력과 전단응력 부호
수직응력 : 압축 +, 인장 −
전단응력 : 반시계방향 +, 시계방향 −

(2) 수직응력(σ)

$$\sigma = \frac{\sigma_1 + \sigma_3}{2} + \frac{\sigma_1 - \sigma_3}{2}\cos 2\theta$$

$$\sigma = \frac{56+28}{2} + \frac{56-28}{2}\cos(2\times 5.7°)$$
$$= 37.3tonf/m^2$$

(3) 전단응력(τ)

$$\tau = \frac{\sigma_1 - \sigma_3}{2}\sin 2\theta$$
$$= \frac{56-28}{2}\sin(2\times 54.7°)$$
$$= 3.2tonf/m^2$$

4. 최대 전단응력면의 수직응력

(1) 최대 전단응력은 $\theta = 45°$ 인 면에서 발생하므로 *Mohr*원의 정점에 해당하는 응력임

(2) 최대 전단응력면의 수직응력 $\sigma = \frac{\sigma_1 + \sigma_3}{2} = \frac{56-28}{2} = 42tonf/m^2$

5. $\theta = 57.4°$ 인 면을 따라 파괴되는 이유

(1) 최대 전단응력면의 전단강도

$\tau = \sigma\tan\phi = 42\tan(19.5°) = 14.5tonf/m^2$

(2) $\theta = 45°$ 인 면에 작용하는 전단응력

$$\tau = \frac{\sigma_1 - \sigma_3}{2}\sin 2\theta = \frac{56-28}{2}\sin(2\times 45°) = 14tonf/m^2$$

(3) 따라서 $\theta = 45°$ 인 면의 전단강도가 전단응력보다 크므로 파괴되지 않고 $\theta = 54.7°$ 인 면에서 전단강도와 전단응력이 접하므로 파괴가 발생

① 파괴 시 파괴면에서의 전단응력 : $13.2tonf/m^2$

② 파괴 시 파괴면에서의 수직응력에 의한 전단강도

$\tau = \sigma\tan\phi = 37.3\tan 19.5° = 13.2tonf/m^2$

32 모래와 점토의 경우 전단강도에 미치는 영향

1. 개 요

(1) 흙의 전단강도란 임의지점 흙 요소가 축차응력에 의해 파괴될 때 단위면적당 흙의 저항치로서 *coulomb*은 다음과 같이 표현된다.

(2) 전단강도란 응력과 관계없는 성분인 점착력(C)와 응력과 관계있는 성분(τ)의 합이다.

$\tau = c' + (\sigma - u)\tan\phi'$

(3) 위 식에서 보듯이 점성토는 투수성이 낮고 사질토는 투수성이 크므로 같은 힘을 주더라도 배수가 원활한 사질토의 유효응력의 증가가 크므로 강도 증가가 크고 빠르다.

2. 전단저항의 원리

(1) 점 토

① 원리 : 흙 입자 간 점착성분에 따라 거동

② 전단강도

㉠ 배수조건에 따라

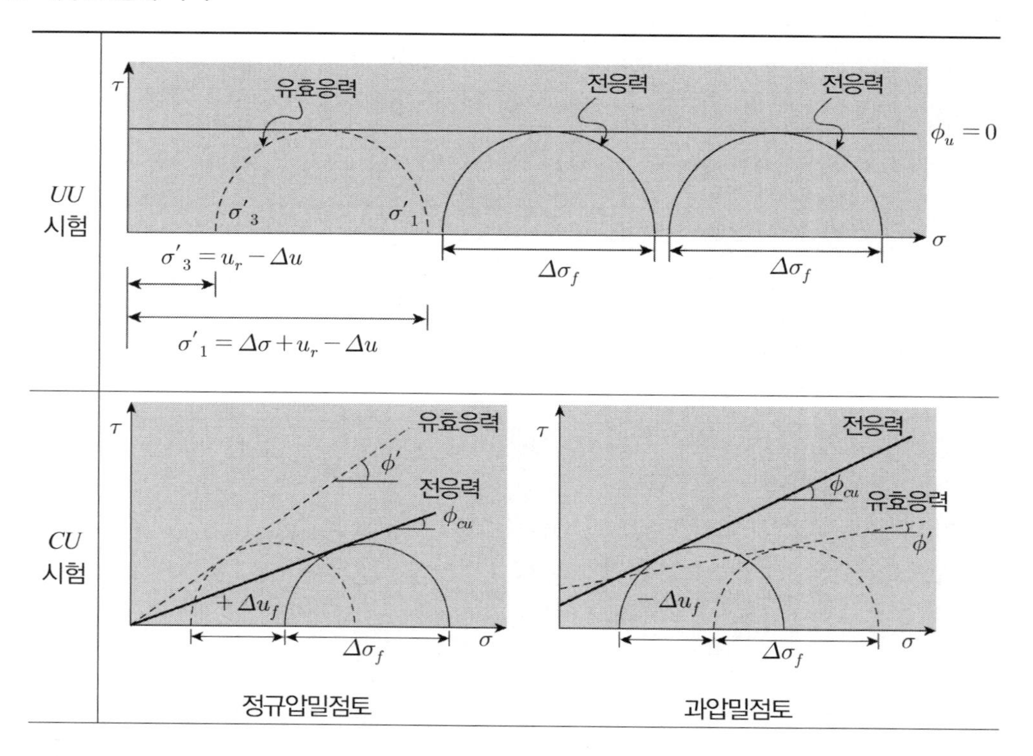

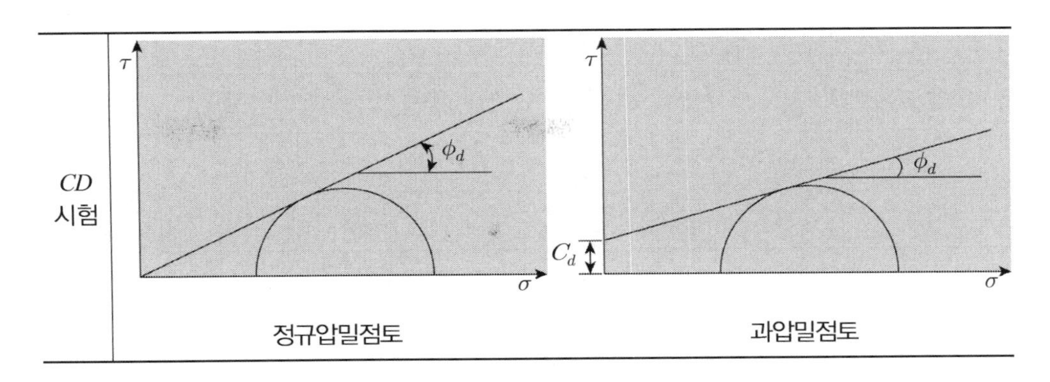

㉡ 응력이력에 따른 잔류강도 거동

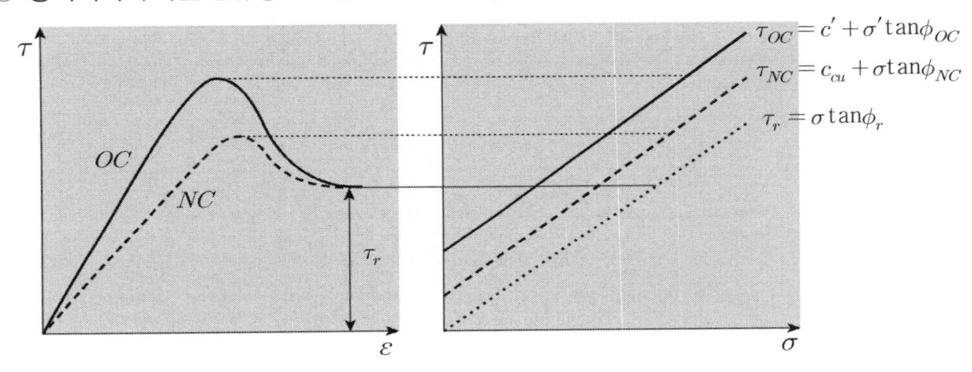

(2) 사질토

① 원 리

㉠ 마찰저항 : 회전마찰, 활동에 의한 마찰

㉡ *Interlocking* : 엇물림

- 느슨할 때 : 활동
- 조밀할 때 : 회전, 엇물림

㉢ 중력거동

② 전단강도 : $\tau = \sigma \tan\phi$ → 유효수직응력에 크게 좌우됨

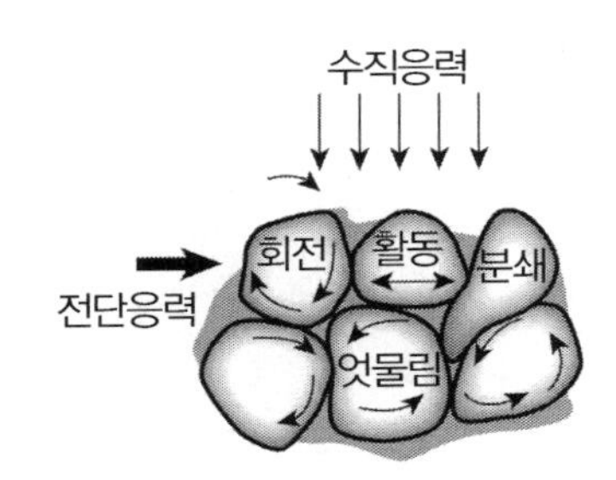

3. 모래의 전단강도에 영향을 미치는 인자

(1) 상대밀도 : 상대밀도가 클수록 간극비가 적을수록 전단저항각은 커진다.

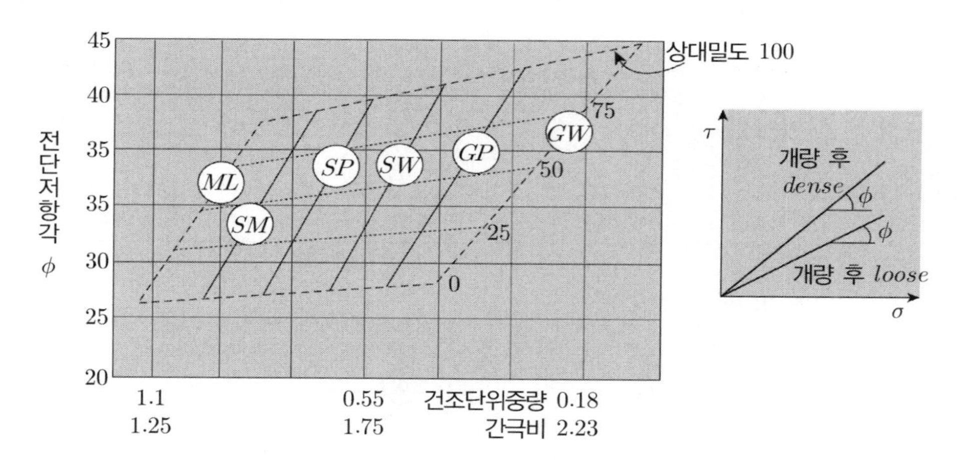

(2) 입자의 크기

① 간극비가 일정한 조건하에서는 입자의 크기는 별로 영향을 끼치지 않음

② 그 이유는 입자의 크기가 큰 경우 *Interlocking*에 의한 효과가 증가할 수 있으나 덩어리가 큰 경우 접촉부분에서 부서지면서 미끄러지므로 상호 효과가 상쇄되어 내부마찰각은 비슷해짐

(3) 입도와 입형

① 입도가 양호하면 ϕ값 증가 → 상대밀도 및 τ값 증가

② 입형이 모난 경우가 둥근 경우에 비해 ϕ값 증가 → τ값 증가

(4) 물의 영향 : 투수계수가 커 과잉간극수압이 발생치 않으므로 전응력 ≒ 유효응력 단, 지진 시 제외

(5) 중간 주응력

① 중간 주응력을 고려하여 평면변형전단시험으로 시험한 ϕ값은 구속조건의 차이로 인해 표준 삼축압축시험으로 구한 ϕ값보다 큼

② 평면변형조건인 옹벽, 줄기초계산에 전단시험값은 1.1ϕ로 사용함

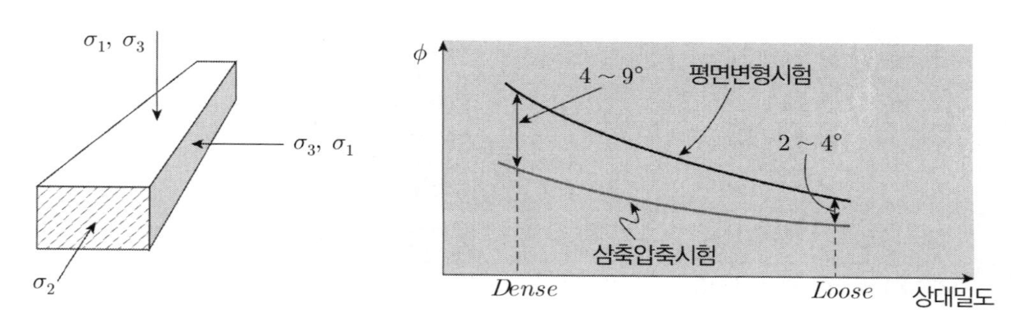

(6) 구속압력

모래를 가지고 구속압력을 증대시키면서 삼축압축시험을 했다면 *Mohr*원이 그림과 같이 그려진다. 즉, *Mohr*원에 접하는 포락선은 구속압력이 작을 때에는 직선이지만 이것이 증가하면 아래로 처진다. 따라서 구속압력이 커지면 전단저항각은 일정하게 되지 않는다.

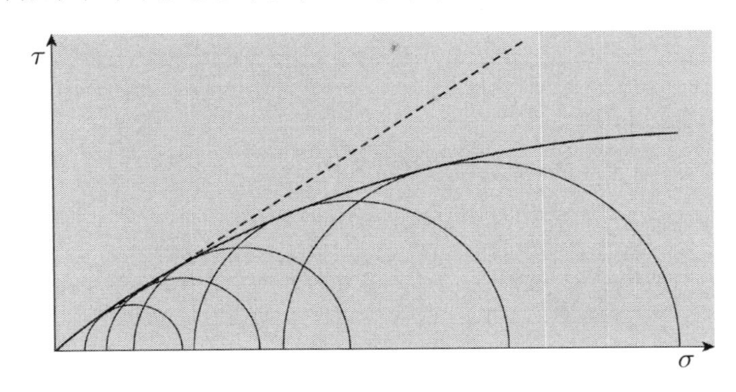

4. 점성토의 전단강도에 미치는 영향

(1) 함수비 : 함수비에 따라 액체 → 소성 → 반고체 → 고체상태로 변하며 전단강도가 증가

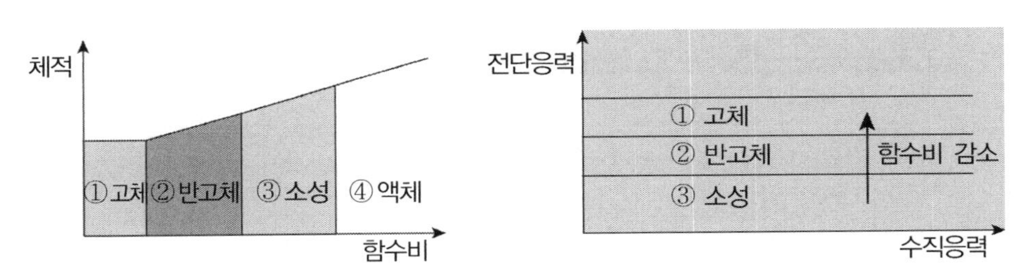

(2) 선행압밀압력(P_c)

① 선행압밀압력(*Preconsollidation pressure*)을 중심으로 과압밀점토인 경우 정규압밀점토인 경우보다 전단강도는 크다.

② P_c 이후부터 전단강도는 동일하다.

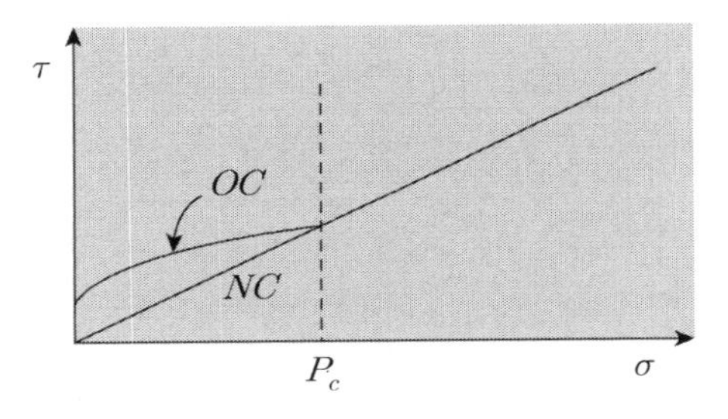

(3) 압밀압력

① *CU*시험에서 등방압밀압력을 증가 → 체적↓ → 간극수 배수(함수비 감소) → 강도 증가

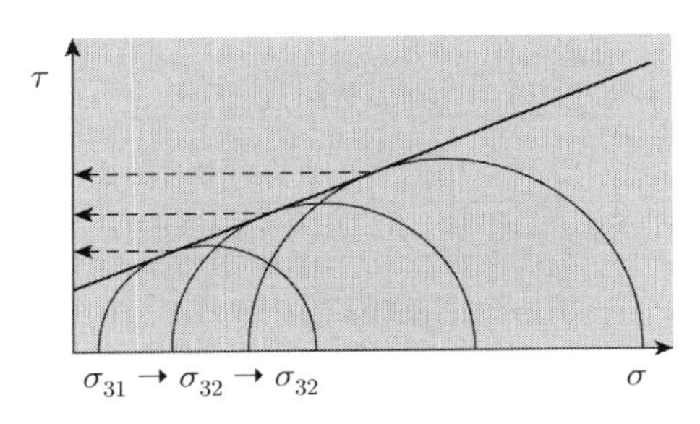

(4) 전단속도

① 전단속도가 규정보다 빠른 경우 전단강도는 1~2배 감소하므로 시험규정을 따라야 한다.

② 이는 투수계수에 의한 영향과 간극수압으로 인한 영향으로 모래의 경우에는 영향이 거의 없다.

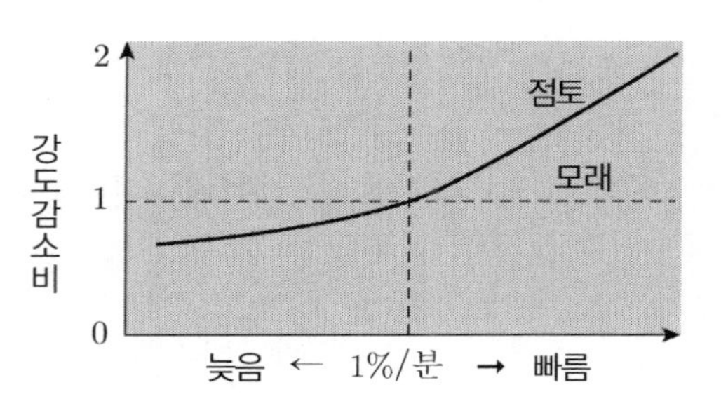

③ 시험규정

㉠ UU, CU : 0.5~1.0%/분

㉡ CD시험 : 0.5%/분(규정) → 0.1%/분(권장)

(5) 중간 주응력

시험조건 ① $\sigma_2 = \sigma_3 \rightarrow$ 축압축 ② $\sigma_3 = \sigma_1 \rightarrow$ 측인장	σ_1 $\sigma_3 = \sigma_2$	σ_3 $\sigma_1 = \sigma_2$
시 험	삼축압축시험	삼축인장시험
전단강도	크 다	작 다
이 유	삼축인장시험 시 간극수압이 더 큼	

(6) 압밀시간

압밀시간에 따라 과잉간극수압이 소산되므로 전단강도가 증가함

$C_u = C_o + \Delta C \qquad \Delta C = \alpha\ \Delta P\ U$

※ Key Point

★ **재하속도와 비배수 전단강도**

1. **재하속도와 전단강도**

모래의 경우에는 전단 시 재하속도의 빠르고 느림에 대한 전단강도의 차이는 별로 없어 실무적으로 무시하나 **점성토의 경우에는 전단 시 재하속도 증가에 따라 전단강도가 1~2배 감소하므로 전단속도에 따라 전단강도가 다를 수 있음**

2. **시험규정에 의한 속도**

① 한국산업규격에 의한 재하속도는 *UU*시험의 경우 1%/분으로 규정되어 있으며 보통 15% 변형 시까지 시험함

② 따라서 *CU*시험도 1%/분으로 시험 적용할 수 있으며 보통 외국문헌에 의하면 *UU*, *CU* 시험은 0.5~1%/분으로 규정함

③ *CD*시험은 외국규정(*ASTM*)에 0.5%/분으로 되어 있으며 이는 전단 시 간극수압이 생기지 않도록 하기 위함이며 **실제 시험 시 시험목적상 간극수압이 생기지 않게 시험할 필요가 있음.** 국내 연구사례에 의하면 0.1%/분이어야 간극수압이 발생되지 않는다고 함

★ **모래의 전단저항각의 지배요인**

1. **건조마찰**

맞물림 마찰, 두개의 고체가 접촉한 상태에서 상대적 운동을 하면 접촉점은 서로 맞물림 → 활동을 하려면 부스러져야만 되므로 매우 큰 힘이 필요

2. **회전마찰**

수직력과 무관, 입자의 크기가 클수록 돌출부의 입경에 대한 상대적 크기가 작아지므로 모멘트 효과가 커져서 입자가 회전하게 됨

3. **형상마찰**

흙 입자 간 상대적 위치바꿈은 건조마찰과 회전마찰 외에도 흙 입자의 쐐기효과에 의해서도 영향을 받음. 따라서 흙 입자의 전단변위에 대항하는 힘은 입자 간의 마찰과 형상저항에 의해 발생되며 이를 포괄적으로 내부마찰각이라 함

33 모래와 점토의 전단강도 특성

구 분	모래(*Dense* & *Loose* 특성)	점토(*NC* & *OC* 특성)
수직응력 – 간극비	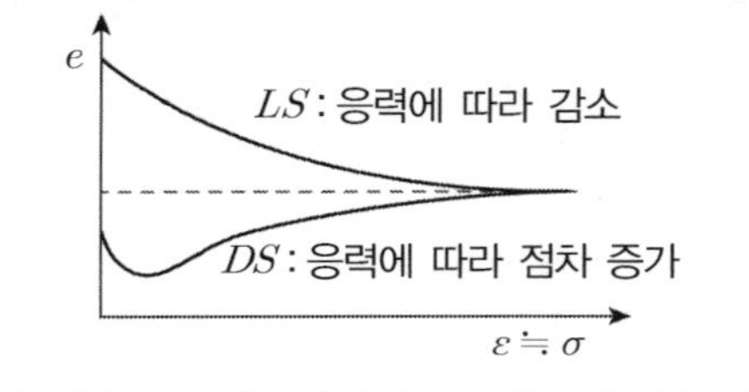 e LS : 응력에 따라 감소 DS : 응력에 따라 점차 증가 $\varepsilon \fallingdotseq \sigma$	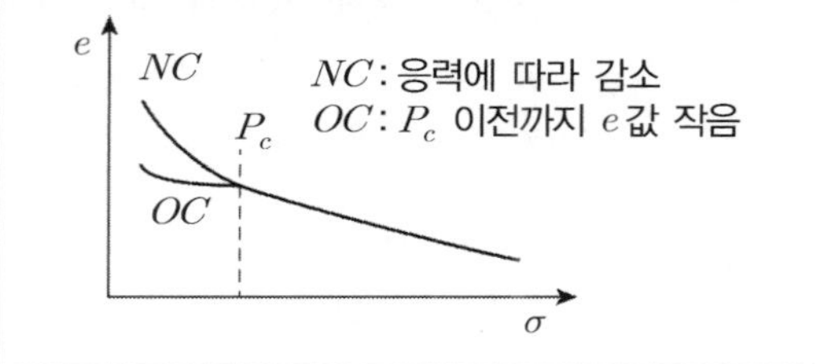 e NC P_c OC NC : 응력에 따라 감소 OC : P_c 이전까지 e값 작음 σ
수직응력 – (비배수) 전단강도	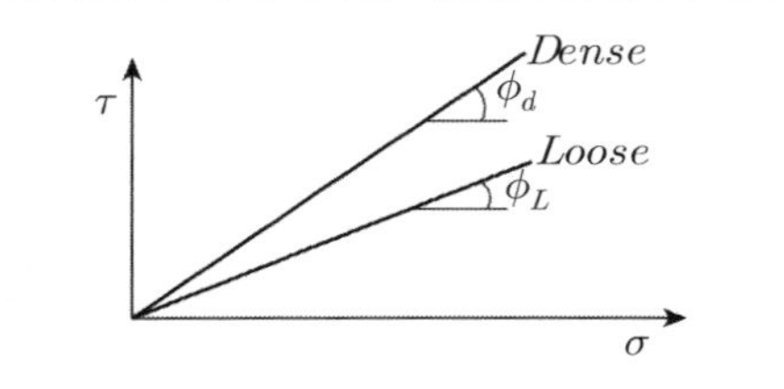 τ *Dense* ϕ_d *Loose* ϕ_L σ	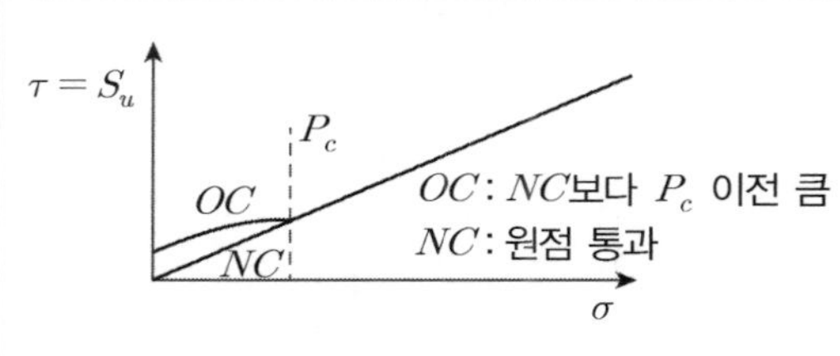 $\tau = S_u$ P_c OC NC OC : NC보다 P_c 이전 큼 NC : 원점 통과 σ
수직응력 – 간극수압 계수	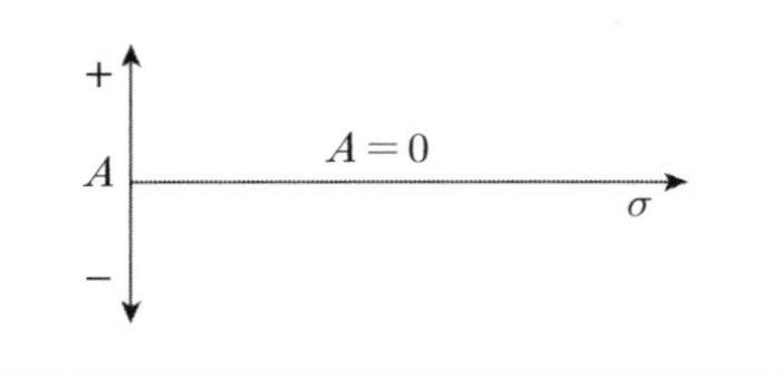 + A – $A = 0$ σ	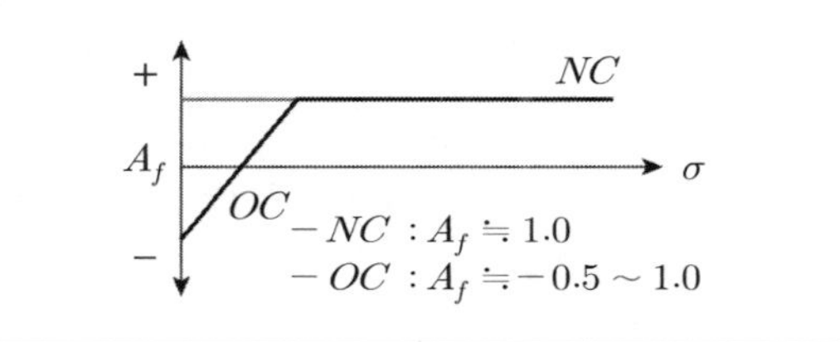 + A_f – NC OC σ $- NC : A_f \fallingdotseq 1.0$ $- OC : A_f \fallingdotseq -0.5 \sim 1.0$
변형률 – 전단강도	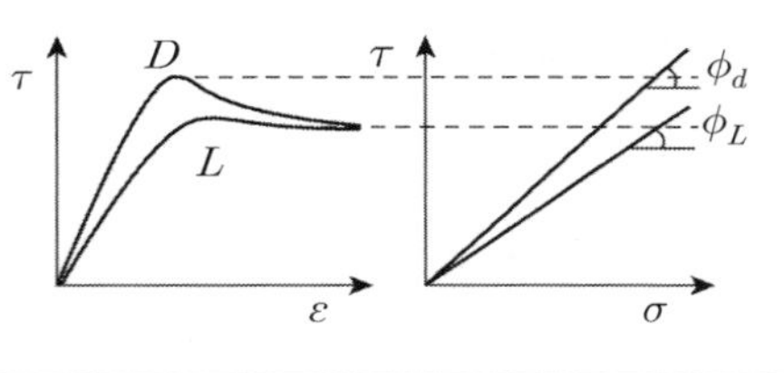 τ D L ε τ ϕ_d ϕ_L σ	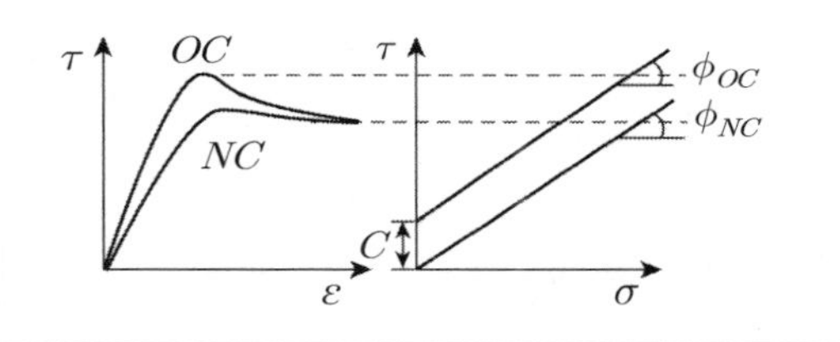 τ OC NC ε τ C ϕ_{OC} ϕ_{NC} σ
변형률 – 체적 변화	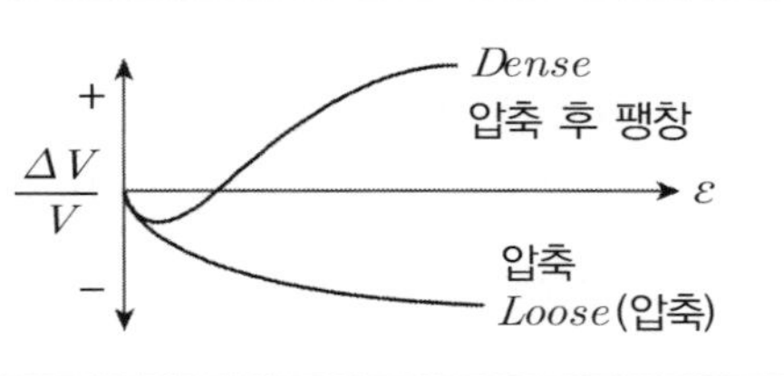 + $\frac{\Delta V}{V}$ – ε *Dense* 압축 후 팽창 압축 *Loose*(압축)	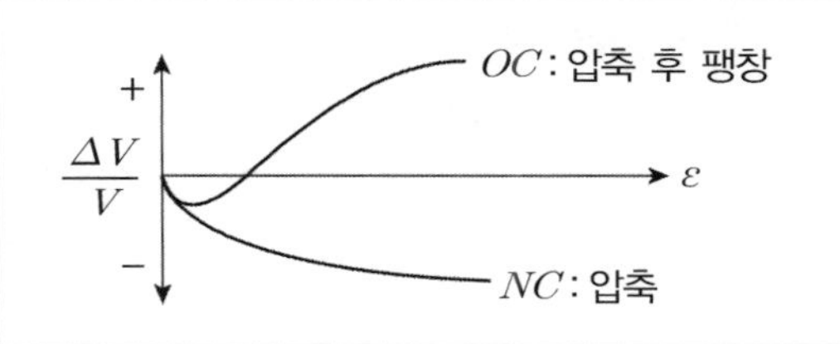 + $\frac{\Delta V}{V}$ – ε OC : 압축 후 팽창 NC : 압축
변형률 – 간극수압 *or* 간극수압 계수	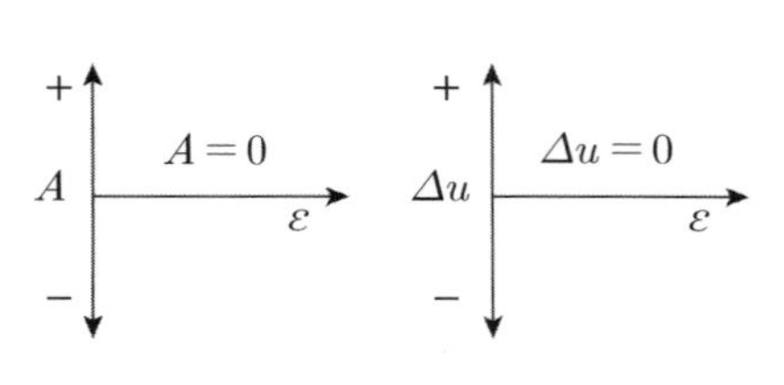 + A – $A = 0$ ε + Δu – $\Delta u = 0$ ε	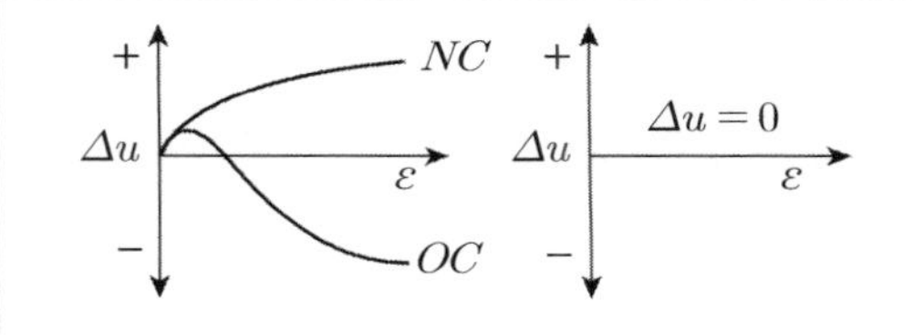 + Δu – NC OC ε CU시험 + Δu – $\Delta u = 0$ ε CD시험($A = 0$)

34 점토의 전단강도 특성(Thixotropy)

1. 정의(*Thixotropy* 현상)

교란된 시료가 시간이 경과하면서 서서히 강도가 회복되는 현상으로, 함수비의 변화가 없는 조건에서 교란된 점토의 구조가 면모구조에서 이산구조로 바뀌며 저하된 전단강도가 다시 면모구조로 복귀되면서 전단강도가 회복되지만 교란전 강도로 완전히 회복되지는 않는다.

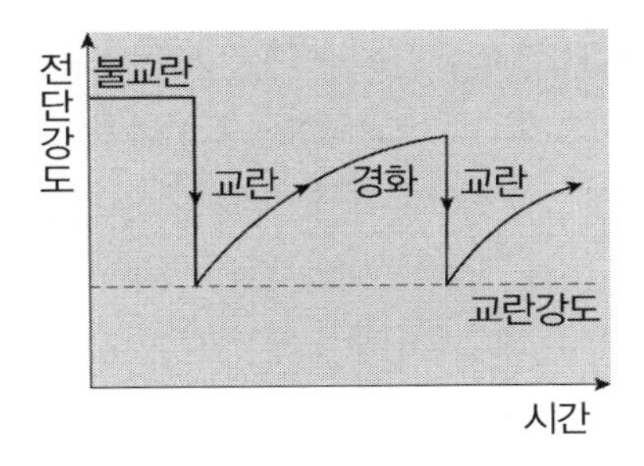

2. 원 인

(1) 교란되지 않은 흙의 강도나 *Thixotropy* 현상으로 경화된 흙의 강도차이는 점토의 구조변화로 인하여 발생하며

(2) 교란으로 인한 강도감소의 정도와 강도회복의 많고 적음은 물을 많이 흡수하는 점토광물일수록 *Thixotropy* 현상이 두드러지게 나타난다.

(3) *Thixotropy* 현상은 액성지수가 *Montmorillonite*가 *Kaolinite*보다 강도회복 효과가 크다.

3. *Thixotropy* 강도비

(1) 교란된 시점에서의 강도에 대한 시간경과 후 강도의 비로 정의됨

$$Thixotropy\ 강도비 = \frac{C_{u(t)}}{C_{u(o)}} = \frac{t\text{시간 경과 후 점토의 전단강도}}{\text{교란된 시점에서의 점토의 전단강도}}$$

(2) *Thixotropy* 강도비는 개략적으로 1.3~1.5 정도이나 원래의 비교란강도까지는 회복되지 않음

(3) 예민비와는 교란되기 전 점토의 비배수 전단강도에 대한 교란 후 비배수 전단강도의 비로 *Thixotropy* 강도비와는 개념을 달리함

4. 적 용

(1) 점토지반에 말뚝을 설치하고 재하시험 시는 강도가 회복될 때까지 15일 정도 기다렸다가 시험

(2) 옹벽의 경우 뒷채움토사로 점토를 활용한 경우, 교란으로 인해 강도 저하로 인한 인장균열 발생 시 토압분포는 강도 회복에 상당한 시간이 걸리므로 다음과 같이 평가함

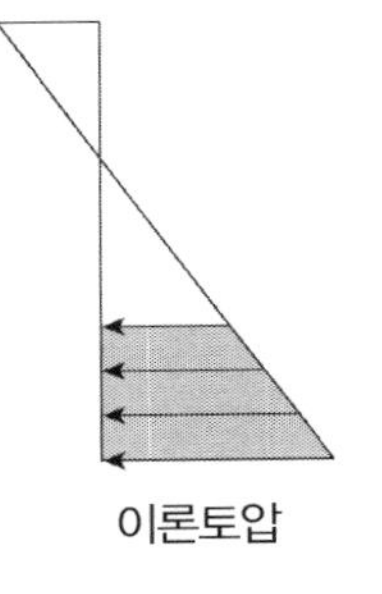

이론토압

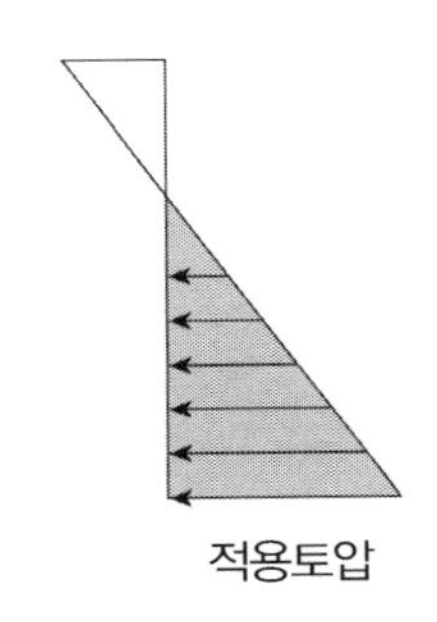

적용토압

35 전단강도의 증가와 강도 증가율

1. 강도 증가율 개념

(1) 점토지반에 하중을 가하여 배수시키게 되면 시간경과에 따라 비배수 전단강도가 증가됨

(2) 이는 *Preloading*, 단계완속성토 등의 하중에 의해 압밀이 진행되면서 초기의 상재하중은 간극수가 부담하나 시간이 흐르면서 과잉간극수압의 소산으로 상재하중이 점점 토립자가 부담하게 되므로 유효응력이 증가되어 발생한다.

(3) 강도 증가율은 $\alpha = C_u / P'$로 압밀 전 초기 유효응력($P' = \gamma' z$)에 대한 임의시간 후 임의 깊이에서의 비배수 전단강도(C_u)의 비로 강도 증가 기울기를 말한다.

(4) 강도 증가율은 단계성토 시 한계성토고의 결정과 압밀에 따른 장기강도 예측에 이용된다.

2. 강도 증가 이유

(1) 지반에 있어 강도가 증가되었다는 뜻은 유효응력의 증가를 말하며 *Coulombs*의 전단강도 공식에 유효응력의 증가는 다음과 같은 관계가 성립한다.

$$\tau = c' + \sigma' \tan\phi'$$

(2) 다음 그림과 같이 초기 재하 시는 간극수압이 전체응력을 받으나 시간경과와 함께 과잉 간극수압이 소산되면서 체적 변화(압밀)가 생기면서 유효응력의 증가가 유발된다.

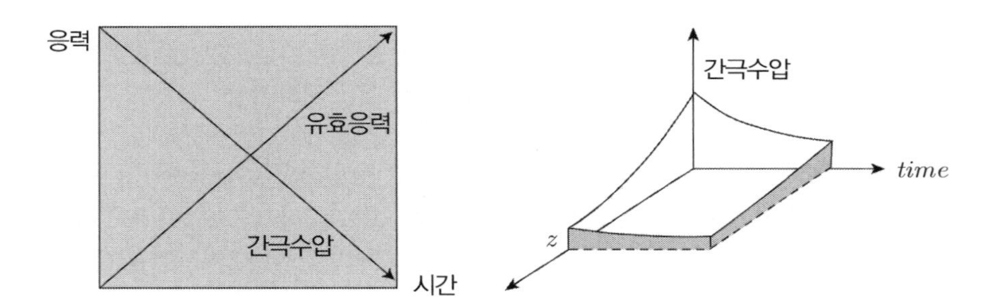

3. 강도 증가율 산정방법

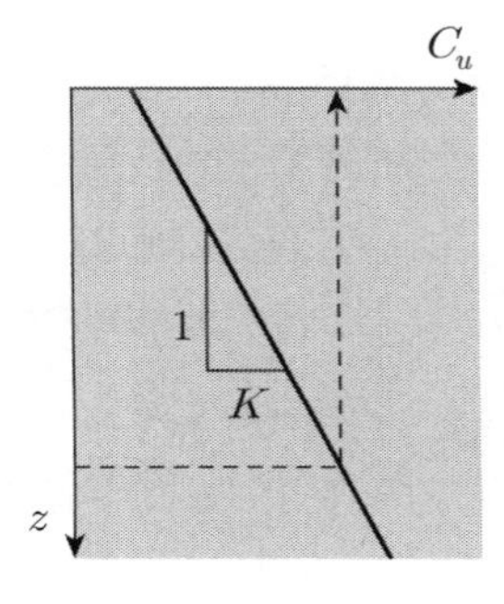

(1) 깊이 – 비배수 전단강도 : *UU*시험

① 점착력 C_u의 깊이방향(z)의 직선분포성을 이용하여 추정 하는 방법

② 임의 깊이에서 $\alpha = \dfrac{C_u}{P'} = \dfrac{K \cdot z}{\gamma' \cdot z} = \dfrac{K}{\gamma'}$

(2) CU시험에 의한 방법(*Leonards*)

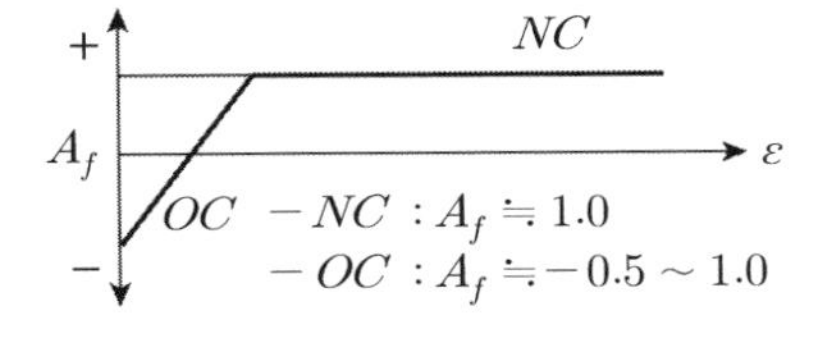

$$\alpha = \frac{C_u}{P'} = \frac{\sin\phi'(K_o + A_f(1-K_o))}{1+(2A_f-1)\sin\phi'}$$

$A_f = 1$이면 $\alpha = \dfrac{\sin\phi'}{1+\sin\phi'}$

(3) CU시험에 의한 방법

압밀 비배수시험에서 구해진 전응력에 의한 모어의 응력원을 각각 3등분점의 전단응력을 그림과 같이 측압 σ_3 위로 이동해서 얻을 수 있는 점을 연결한 직선의 각도 θ를 이용해서 다음 식으로 결정한다.

임의 깊이에서 $\alpha = \dfrac{C_u}{P'} = \tan\theta$

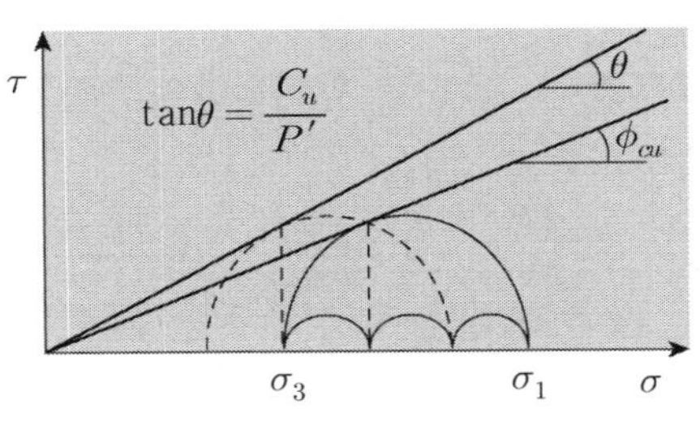

삼축압축시험(C_u)시험에 의한 $\dfrac{C_u}{P'}$ 결정

(4) 직접전단시험에 의한 경우

임의 깊이에서 $\alpha = \dfrac{C_u}{P'} = \tan\phi_{cu}$

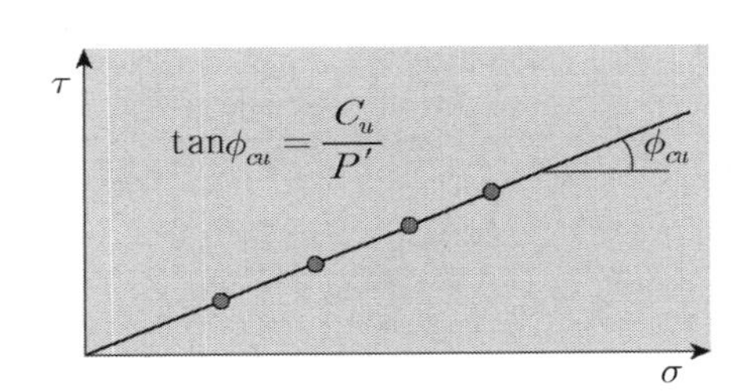

직접전단시험에 의한 $\dfrac{C_u}{P'}$ 결정

(5) 소성지수에 의한 방법(*Skempton*)

$$\alpha = \frac{C_u}{P'} = 0.11 + 0.0037PI \text{ (단, } PI > 10)$$

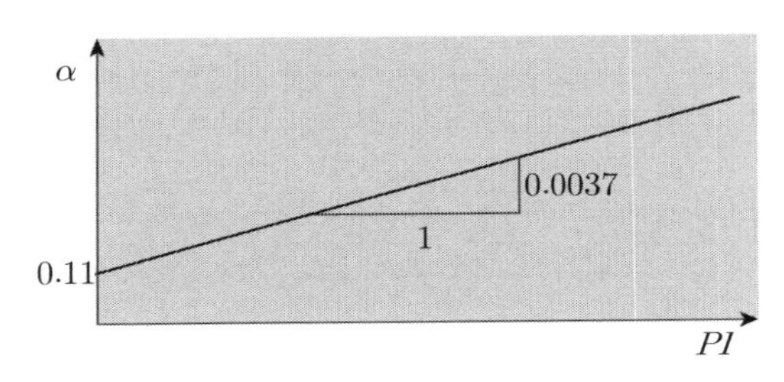

정규압밀점토에 대한 $PI-\alpha$ 관계

(6) 액성한계에 의한 방법 (*Hansbo*)

$$\alpha = \frac{C_u}{P'} = 0.45LL$$

4. 강도 증가율 산정방법의 평가

(1) 깊이 - 비배수 전단강도(UU시험) : 교란으로 인해 과소평가됨

(2) CU삼축압축시험
실제는 이방조건이나 등방압밀조건하 전단시험이므로 10% 정도 과대평가

(3) 소성지수 적용 : 경험식으로 근사적이나 실제(원위치 시험)와 가장 부합

(4) 적용 : UU시험, PI 방법이 많이 사용되나 비교하여 적절하게 적용

강도 증가율 적용

- **정규압밀점토** : $C_u = C_o + \Delta C = C_o + \alpha \cdot \Delta P \cdot U$
- **과압밀점토**

$$P_o + \Delta P < P_c \rightarrow C_u = C_o$$

$$P_o + \Delta P > P_c \rightarrow \Delta P = P_o + \Delta P - P_c$$

$$\therefore C_u = C_o + \Delta C = C_o + \alpha \cdot \Delta P \cdot U = C_o + \alpha(P_o + \Delta P - P_c)U$$

36 등방, 비등방조건에서의 강도 증가율 비교

1. *CIU*시험의 강도 증가율

(1) $K=1(\sigma_1=\sigma_3)$로 압밀하고 축차응력에 의한 파괴 시 유효응력은

$$\sigma_1{}'=\sigma_1-u=(\sigma_c+\Delta\sigma_1)-\Delta u$$

$(\sigma_c$: 압밀압력, $\Delta u=\Delta\sigma_3+A(\Delta\sigma_1-\Delta\sigma_3)$이므로$)$

$$=\sigma_c+\Delta\sigma_1-\Delta\sigma_3-A\Delta\sigma_1+A\Delta\sigma_3 \qquad (\Delta\sigma_3=0)$$

$$=\sigma_c+\Delta\sigma_1-A\Delta\sigma_1$$

$$\sigma_3{}'=\sigma_3-u=\sigma_c-\Delta u=\sigma_c-A\Delta\sigma_3-A\Delta\sigma_1+A\Delta\sigma_3=\sigma_c-A\Delta\sigma_1$$

$$\therefore \sigma_1{}'+\sigma_3{}'=2\sigma_c+\Delta\sigma_1-2A\Delta\sigma_1$$

(2) $\sin\phi'=\dfrac{\frac{1}{2}(\sigma_1{}'-\sigma_3{}')}{\frac{1}{2}(\sigma_1{}'+\sigma_3{}')}$ 이므로 $\sigma_1{}'-\sigma_3{}'=\sin\phi'(\sigma_1{}'+\sigma_3{}')$이고,

$\tau=C_u=\dfrac{1}{2}(\sigma_1{}'-\sigma_3{}')$에서 $\sigma_1{}'-\sigma_3{}'=2C_u$가 됨

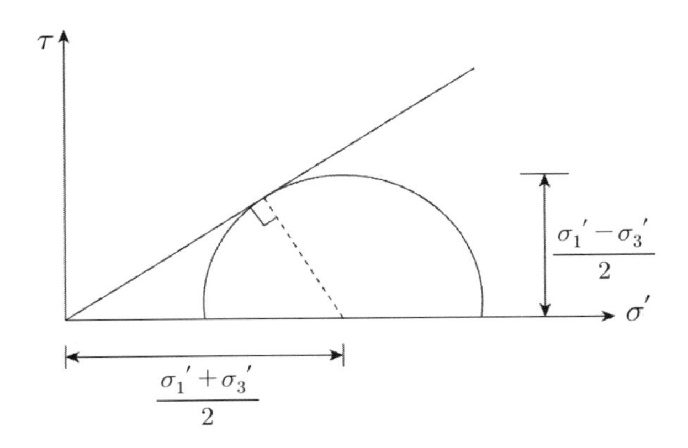

(3) $2C_u=\sin\phi'(\sigma_1{}'+\sigma_3{}')$

$$=\sin\phi'(2\sigma_c+\Delta\sigma_1-2A\Delta\sigma_1)$$

$$=\sin\phi' 2\sigma_c+\sin\phi' 2C_u-\sin\phi' 2A2C_u$$

$$C_u-\sin\phi' C_u+\sin\phi' 2AC_u=\sin\phi'\sigma_c$$

$$C_u(1+(2A-1)\sin\phi')=\sin\phi'\sigma_c$$

$$\boxed{\therefore \frac{C_u}{\sigma_c}=\frac{C_u}{P'}=\frac{\sin\phi}{1+(2A-1)\sin\phi}}$$, A : 파괴 시 간극수압계수

2. *CIU* → *CAU* 보정

(1) 개념

K_o조건으로 정규압밀되어 함수비 w_o 상태가 된 시료의 비배수 전단강도와 등방압밀 조건하에서 정규압밀되어 함수비 w_o 상태가 된 시료의 비배수 전단강도는 동일하다.

(2) 강도비(보정방법)

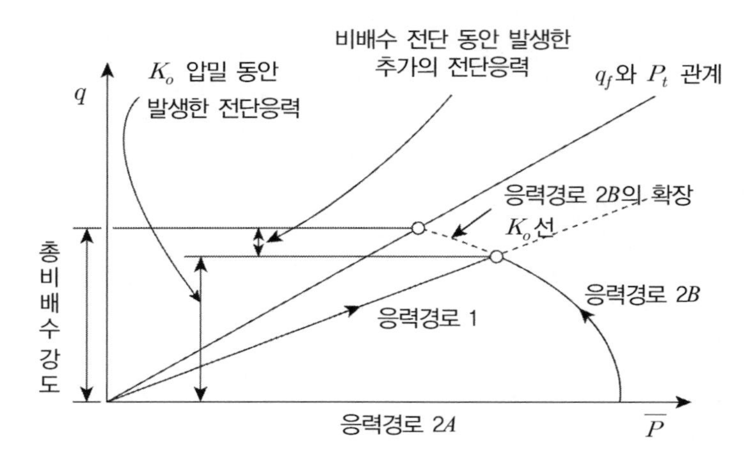

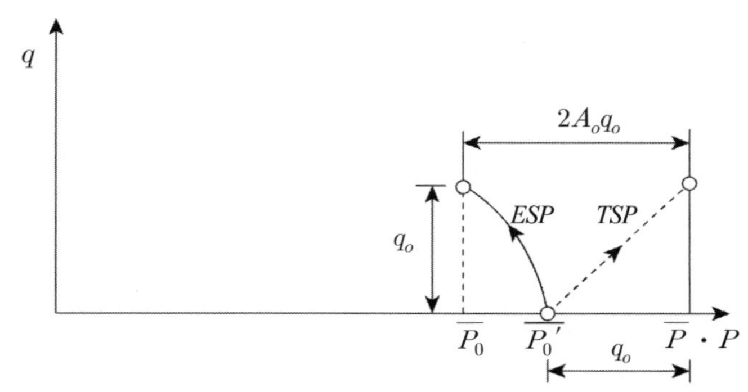

① $\overline{P_0'} = \overline{P_0} + (2A_0 - 1)q_0$

여기서, $\overline{P_0'}$: K_o조건에 대한 등가등방압밀압력

$\overline{P_0}$: K_o조건에 대한 압밀압력

A_o : K_o조건에서의 간극수압계수 A

q_o : K_o조건에 대한 q 값

$$\overline{P_o} = \frac{\sigma_1' + \sigma_3'}{2} = \frac{\sigma_1' + K_0\sigma_1'}{2} = \frac{1+K_0}{2}\sigma_1'$$

$$q_o = \frac{\sigma_1' - \sigma_3'}{2} = \frac{\sigma_1' - K_0\sigma_1'}{2} = \frac{1-K_0}{2}\sigma_1'$$

$$\therefore\ \overline{P_o'} = \frac{1+K_0}{2}\sigma_1' + (2A_0 - 1)\frac{1-K_0}{2}\sigma_1'$$

$$= \sigma_1'\left(\frac{1+K_0+2A_0-2A_0K_0-1+K_0}{2}\right)$$

$$= \sigma_1'(K_0 + A_0(1-K_0))$$

② 비배수 강도는 압밀압력에 의해 결정되므로 $\frac{(C_u)_{CK_0U}}{(C_u)_{CIU}} = \frac{\sigma_1'(K_0+A_0(1-K_0))}{\sigma_1'}$
$= K_0 + A_0(1-K_0)$

③ K_0 조건에서 강도 증가율

$$\left(\frac{C_u}{P'}\right)_{K_0} = \frac{\sin\phi'(K_0+A_0(1-K_0))}{1+(2A-1)\sin\phi'}$$

$K_0 = 1$ 즉, 등방압밀이면 $\frac{C_u}{P'}$ 와 같게 됨

④ 강도 비교 : K_0 에 의한 간극수압계수 A_0 는 등방압밀에 의한 A 의 70~80% 정도

$K_0 = 0.5$ 이므로 $\left(\frac{C_u}{P'}\right)_{K_O}$ 는 $\frac{C_u}{P'}$ 의 85~90%에 해당됨

37 CU 시험에서의 강도 증가율선

1. (*a*)선

(1) (*a*)선 정의

최대 전단응력$\left(\dfrac{\sigma_1 - \sigma_3}{2}\right)$점과 σ_3의 교차점을 연결한 선이다.

(2) 가정 : 전단면상 수직응력(σ_n)과 구속응력(σ_3)과 같다($\sigma_n = \sigma_3$).

(3) 실제 : 압밀압력에 따른 강도 증가율이란 개념에서 타당하나 $\sigma_n \neq \sigma_3$

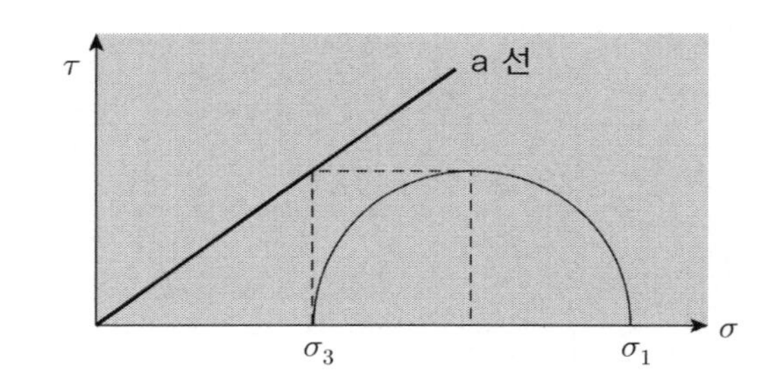

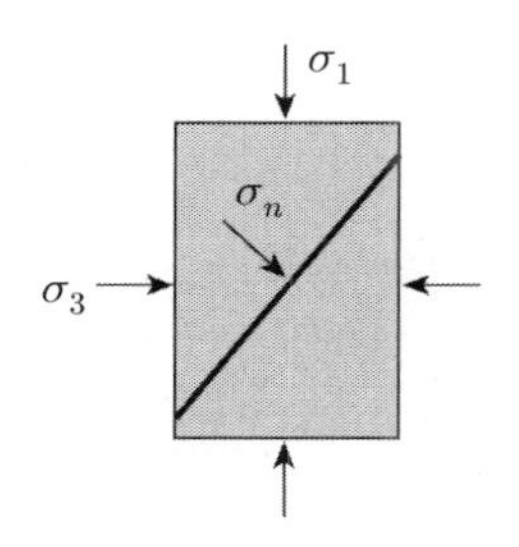

2. (*b*)선

(1) (*b*)선 정의

평균 주응력$\left(\dfrac{\sigma_1 + 2\sigma_3}{3}\right)$점과 σ_3의 교차점을 연결한 선이다.

(2) 가정

전단면상 수직응력(σ_n)과 평균 주응력$\left(\dfrac{\sigma_1 + 2\sigma_3}{3}\right)$은 같다.

(3) 실제 : 실제와 가장 부합되나 $\sigma_n \neq \overline{\sigma}$

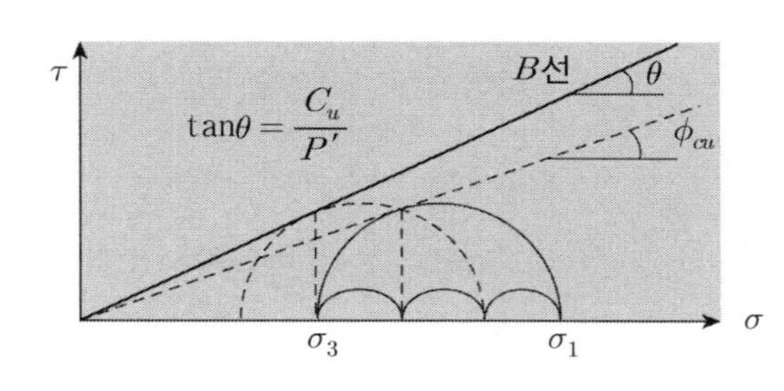

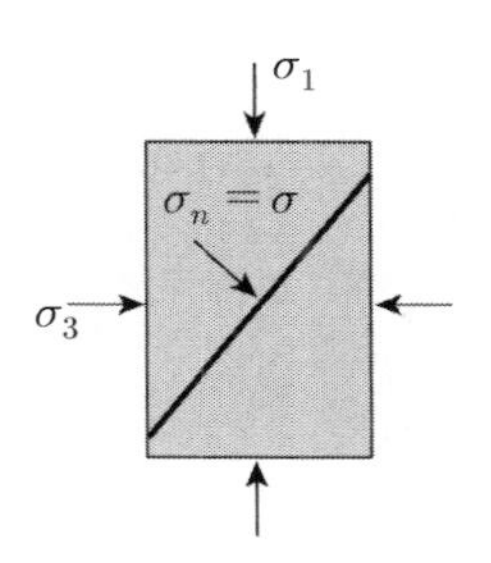

3. (*C*)선

(1) (*C*)선 정의 : *Mohr*원의 접선을 연결한 선

(2) 가정 : *Mohr*원의 접점이 파괴점

(3) 실 제

접점이 파괴점이 아닐 수 있으며 이론적으로 합리성이 결여됨 이용성이 좋아 실용적으로 많이 활용되는 방법

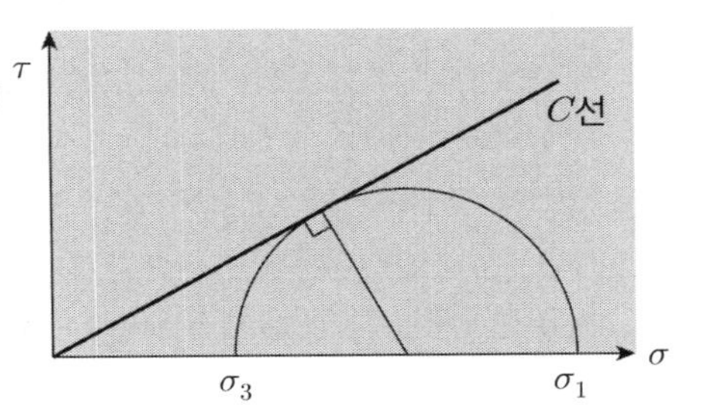

공통사항 : 강도 증가율, 강도 증가율선 이용

1. 지반개량효과 판단

2. 한계성토고 결정 : 단계성토 시

한계성토고 $H_c = \dfrac{5.7\,C_u}{\gamma \cdot F_s}$ $\quad C_u = C_o + \Delta C_u \quad \Delta C_u = \alpha \cdot \Delta P \cdot U$

강도 증가율 적용

① **정규압밀점토** : $C_u = C_o + \Delta C = C_o + \alpha \cdot \Delta P \cdot U$

② **과압밀점토** : $P_o + \Delta P < P_c \rightarrow C_u = C_o$

$P_o + \Delta P > P_c \rightarrow \Delta P = P_o + \Delta P - P_c$

$\therefore\ C_u = C_o + \Delta C = C_o + \alpha \cdot \Delta P \cdot U = C_o + \alpha(P_o + \Delta P - P_c)U$

3. 압밀소요 시간 = 공기산출

시간대별 강도 증가량 → 성토속도 결정

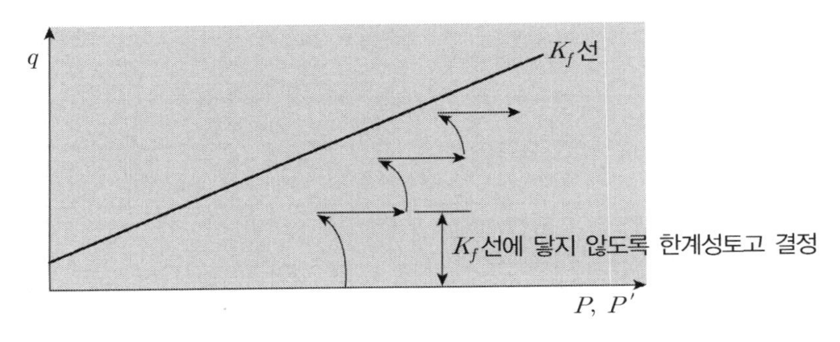

4. 개량방법 결정 : ***Preloading*, *Vertical Drain***

38 투수성 측면에서의 모래와 점토의 전단강도 설명

1. 흙의 전단강도

(1) 지반에 성토하거나 사면에 하중이 가해지면 흙 속에서는 전단파괴를 일으키는 힘(전단응력, τ)이 발생하고 이와 동시에 전단파괴되지 않게 저항하는 힘이 발생하는데, 전단응력에 대응하는 최대전단저항을 전단강도(S)라고 한다.

(2) 흙의 전단강도는 전단면에 작용하는 수직응력(*Normal stress*) 성분과 수직응력과 관계없는 성분으로 구성되어 있으며 전단강도 식은 다음과 같다.

$\tau = S = c + \sigma \tan\phi$

c : 점착력(KN/m^2), σ : 전단면에 작용하는 수직응력($P/A, KN/m^2$), ϕ : 전단저항각, 내부마찰각

(3) 점착력(*Cohession*)과 전단저항각(내부마찰각, *Angle of shearing resistance*)

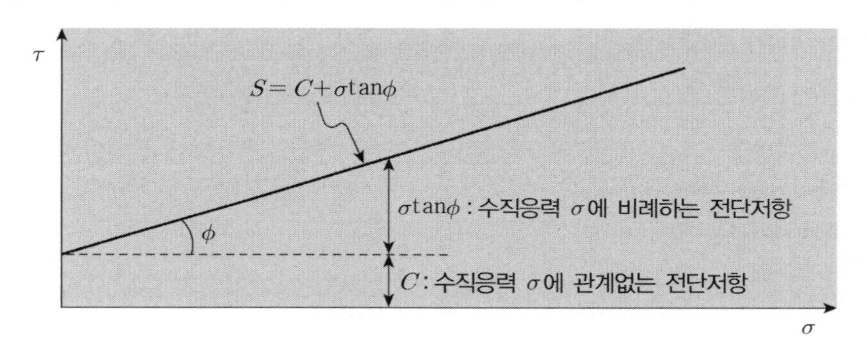

2. 모래와 점토의 투수측면에서의 전단 특성

구 분	모 래	점 토		비 고
		단 기	장 기	
투수계수	$K = \alpha * 10^{-2}$ $\sim \alpha * 10^{-3} cm/\sec$	$K = \alpha * 10^{-6} \sim \alpha * 10^{-7} cm/\sec$		간극수압소산속도 영향
배수조건	배 수	비배수	배 수	
전단강도	$S = \sigma\tan\phi$	$S = C_u$ ($\phi = 0$ 해석)	① 정규압밀점토 $- S = \sigma'\tan\phi$ ② 과압밀점토 $- S = C' + \sigma'\tan\phi'$	체적 변화에 따라 유효응력 증가
시험종류	*CD* 삼축압축시험, 직접전단시험	일축압축시험, *UU*삼축압축시험, 각종 정적*Sounding* (*Vane*, 피조콘, 더치콘, 딜라토메타)	*CD* 삼축압축시험, *CU* 삼축압축시험,	현장시험과 실내시험은 상호 비교 검토 적용

3. 평 가

(1) 전단강도는 흙의 종류, 함수량, 퇴적환경 등에 따라 변화된다.

(2) 그러나 전단강도는 배수조건에 따라 매우 크게 달라지므로 현장조건상 압밀상태와 배수 상태에 맞는 시험결과의 강도정수 적용이 중요하다.

39 Hvorslev 파괴규준

1. 개 요

(1) $Mohr-Coulomb$의 파괴기준은 강도정수를 표시함에 있어 전응력의 경우에는 배수조건에 따라 구별하고 유효응력의 경우에는 정규압밀과 과압밀의 구별이 필요한 데 반하여

(2) $Hvorslev$(1960) 파괴규준은 응력이력(NC, OC)에 관계없이 파괴 시 파괴면의 동일한 간극비 또는 함수비상태에서 시험한 결과로부터 강도정수를 결정한다.

(3) $Hvorslev$(1960) 파괴규준에 따른 전단강도는 파괴면의 간극비 또는 함수비와 관계된 C_e, ϕ_e와 그 면에 작용하는 유효응력의 함수로 정리하여 다음 식으로 표시된다.

$$\tau_f = C_e + \sigma' \tan\phi_e$$

여기서, τ_f : 전단강도, C_e : 유효점착력

σ' : 유효응력, ϕ_e : 유효전단저항각

2. 시험방법

(1) 함수비-압밀압력 관계에서 D, A는 정규압밀 상태를 C는 과압밀 상태를 나타냄

(2) B, C, D는 압밀상태는 다르지만 동일한 함수비 조건임($G \cdot w = S \cdot e$)

(3) A, B, C, D 상태에서 비배수 전단시험 → $Mohr$원 작도 → 파괴포락선

(4) 파괴포락선의 절편을 C_e, 기울기를 ϕ_e로 강도정수 결정

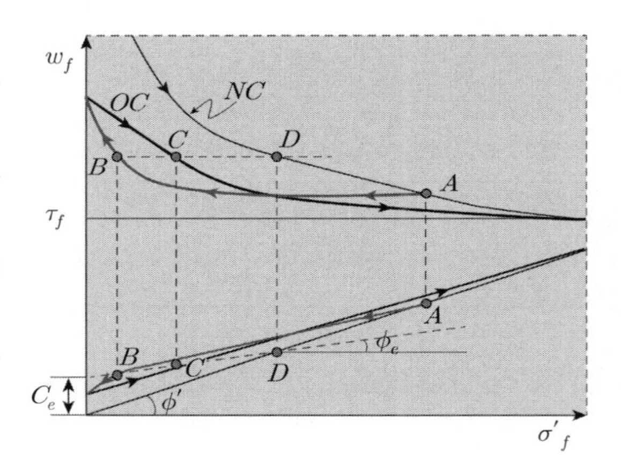

$Hvorslev$(1960년) 파괴기준

3. 특 징

(1) 직선 BCD는 직선으로 표시되므로 $Mohr-Coulomb$의 파괴기준을 만족하며 $Hvoslev$ 파괴기준으로 나타내면 다음과 같다.

$$(\sigma'_1 - \sigma'_3) = 2 \cdot c_e \cdot \cos\phi_e + (\sigma'_1 + \sigma'_3)\sin\phi_e$$

(2) 점성토에서는 $\phi' > \phi_e > \phi_{cu}$의 관계가 있으며

(3) Gibson에 의하면 직접전단시험에 의한 ϕ_e는 일축압축시험에서 전단면의 경사각 $\theta = 45° + \left(\frac{\phi}{2}\right)$로부터 구한 ϕ와 거의 일치하는 경향을 보인다.

4. 평 가

(1) 동일한 함수비와 간극비 조건이라면 응력이력에 관계없는 고유한 점토의 전단강도값을 구할 수 있다.

(2) 즉, 동일한 함수비 조건이라면 정규압밀, 과압밀 상태에 따른 강도정수의 구분이 필요 없게 된다.

(3) 동일한 함수비 조건하에 고유한 강도정수라는 점에서는 의의가 있으나 파괴 시 파괴면에서의 간극비와 함수비를 정확히 알 수 없고 그러한 조건에서의 현장여건도 동일하지 않으므로 실용적이지 못하다.

(4) 반면 $Mohr-Coulomb$ 파괴기준은 엄밀하게 강도를 표현하지는 못하지만 실용성과 간편성에서 인정되고 실무에서 널리 사용되며 경험이 축적된 시험방법으로 평가된다.

40 비배수 강도 $S_u = \frac{q_u}{2}$

1. 정규압밀점토의 $\phi' > 0$임에도 실무적으로 $S_u = \frac{q_u}{2}$의 타당성
2. $\phi' = 30°$와 $S_u = \frac{q_u}{2}$ 중 어느 쪽이 안전측인가?
3. 실무 적용 시 타당성

1. $S_u = \frac{q_u}{2}$의 타당성

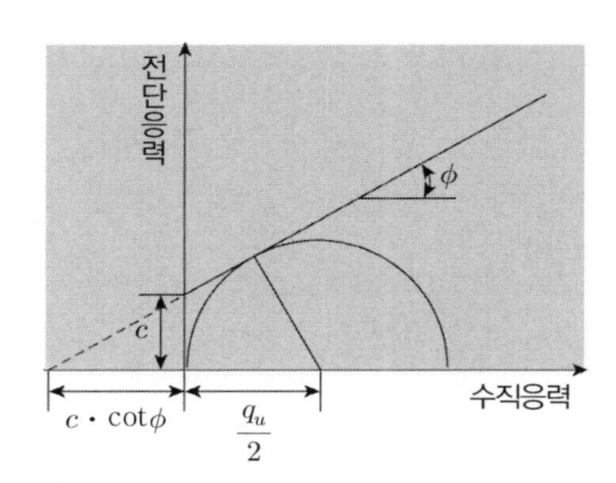

(1) 불포화 시 개념

① $Sin\phi = \dfrac{\frac{q_u}{2}}{c \cdot \cot\phi + \frac{q_u}{2}}$

② $C = \dfrac{q_u}{2 \cdot \tan\left(45° + \frac{\phi}{2}\right)}$

여기서, C: 비배수 강도 q_u : 일축압축강도 ϕ : 전단저항각

(2) 포화 시 개념($\phi = 0$)

$q_u = 2C_u \;\rightarrow\; C_u = \frac{q_u}{2}$

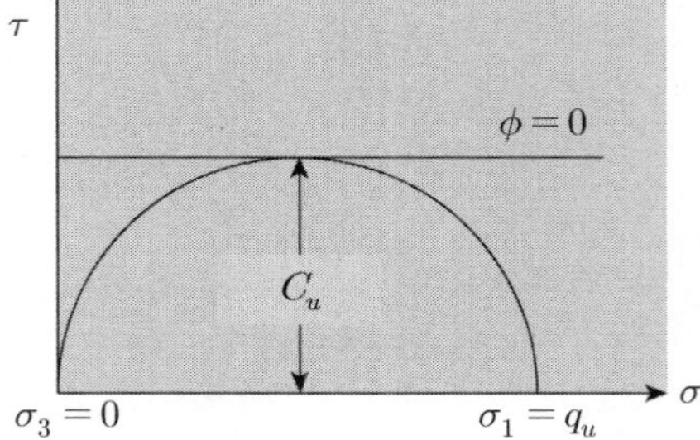

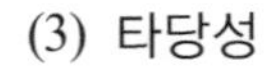

(3) 타당성

① 완전포화상태인 균질한 점토 ($Sand\ seam$, $Varverd$ 없어야 함)는 $S_u = \frac{q_u}{2}$ 타당함

② 불포화 점토와 경질점토, $Sand$ 함유점토, $Fissured\ clay$는 $\phi = 0$가 아니므로 삼축압축시험(UU)이 타당함

2. $S_u = \frac{q_u}{2}$와 $\phi = 30°$ 중 어느 것이 안전측으로 평가되는가?

(1) $\phi = 30°$일 때의 강도

$$\frac{q_u}{2} \cdot \cos 30° + \left(\frac{q_u}{2} \cdot \cos 30°\right)\tan 30° = 1.155\frac{q_u}{2}$$

(2) 안전측 차이

$$F_s = \frac{\text{실제 파괴 전단강도}}{\text{최대전단강도}(S_u = q_u/2)} = \frac{1.15}{1} = 1.15(15\% \text{ 안전측})$$

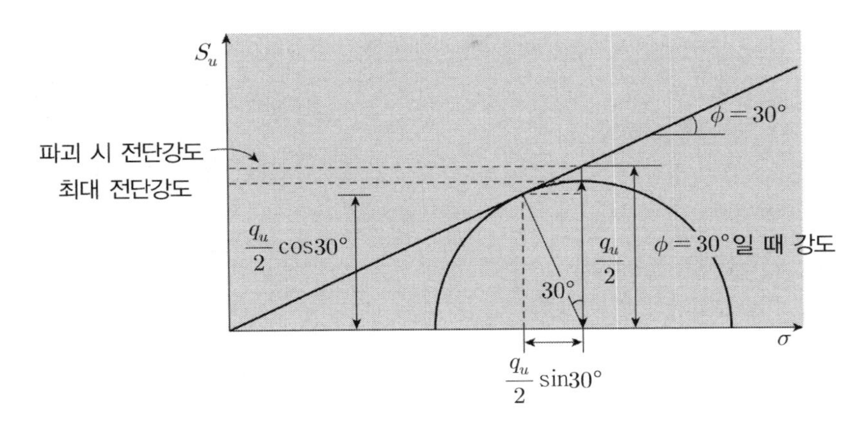

3. 실무적용

(1) $S_u = \dfrac{q_u}{2}$

① 전응력해석 개념으로 간극수압을 고려치 않는 비배수 조건의 전단시험으로

② 재하속도가 간극수압의 소산속도보다 빠른 경우 적용

㉠ 급속성토 ㉡ 시공 직후 안정해석 ㉢ 단기해석

③ 비배수 조건으로 전응력해석을 하든 유효응력해석을 하든 결과는 동일함(정확한 간극수압을 적용하지 않으면 오히려 부정확한 결과가 초래됨)

④ 일축압축 적용 시 주의 사항

㉠ 비배수 전단강도(S_u)는 일축압축시험에서 얻은 것이 삼축의 UU시험에서 얻은 것보다 작다(이유 : 시료채취 시 교란, $\sigma_3 = 0$ 때문).

㉡ 포화점토의 비배수 전단강도(S_u)는 일축 및 삼축시험(UU)에 의해 구할 수 있으나 불포화 점토와 경질점토, $Sand$ 함유점토는 삼축압축시험(UU)이 타당하다.

(2) $\phi' = 30°$ 적용

① CU시험에서 얻은 강도정수로서 간극수압을 고려한 유효응력해석에 적용

② 점토의 완속시공, 장기안정해석, 과압밀점토 굴착, 정상침투 등 활용

(3) 결론적으로 배수조건(간극수압 고려)을 고려한 시험과 강도정수 적용이 중요

41 포화토와 불포화토의 전단 특성

1. 불포화토란

(1) 포화도란 흙의 간극 중에 물로 채워진 비율을 말하며, 불포화토란 간극 속에 물이 완전히 채워지지 않고 공기가 존재하는 흙을 말한다.

$$S=\frac{V_w}{V_v}\times 100(\%)$$

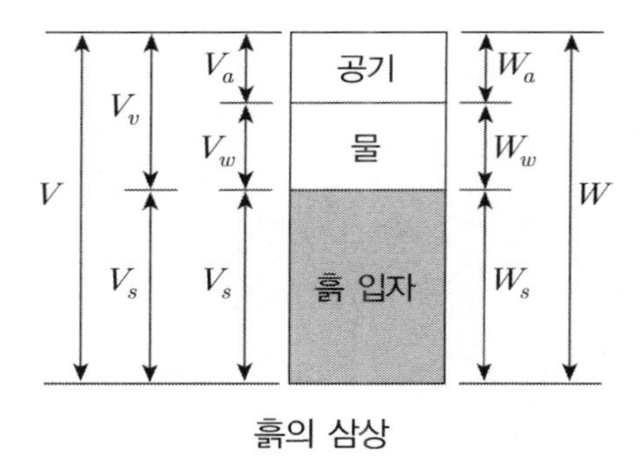

흙의 삼상

① 포화도의 범위는 0에서 100%이며

② 지하수위 이하에 존재하는 흙은 포화도가 100%임

→ $V_w = V_v$, $V_a = 0$

③ 포화토의 $S=100\%$이며 완전건토토는 S=0%이고 불포화토의 $S=0\sim100\%$ 사이에 있게 되며 실용적으로 $S=95\%$ 이상을 포화토로 간주함

(2) 실제로 국내의 대부분 토질은 불포화토로서 공기의 존재로 인해 토성이 변화하므로 이에 대한 특성이 고려되어야 한다.

2. 포화도와 투수계수

(1) 흙이 포화되지 않았다면 기포의 존재로 인해 물의 흐름을 방해하기 때문에 포화도가 높을수록 투수계수는 커진다.

(2) 불포화토의 투수계수는 함수특성곡선을 이용하거나 *IPM*(*Instantaneous Profile Method*) 이용한다.

(3) 한쪽에서는 물을 공급하고 반대편에서는 대기압 상태로 유지하면서 각 측정위치마다 모관 흡수력, 함수비 측정 후 투수계수를 간접 추정한다.

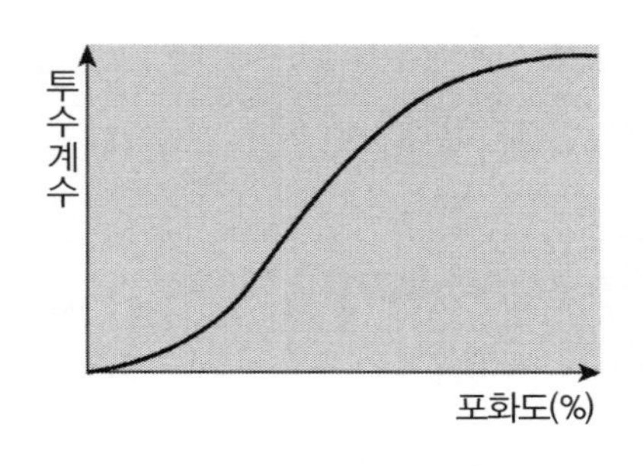

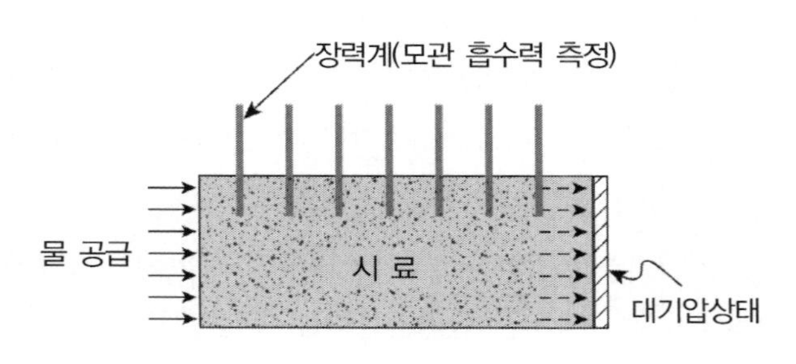

3. 불포화토의 *Suction*과 유효응력

(1) 불포화토는 간극 내에 공기가 존재하므로 간극압은 공기압을 추가해야 한다.

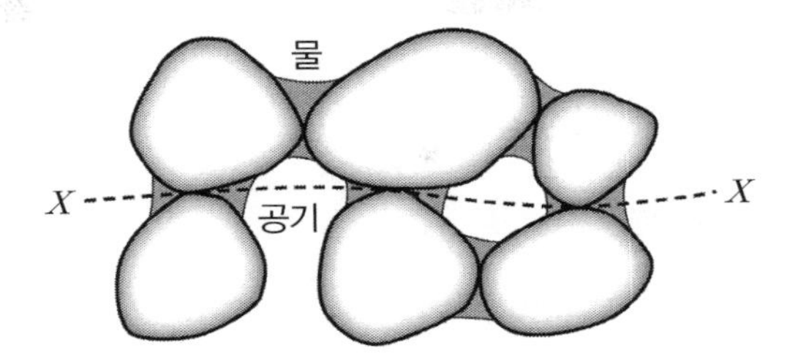

불포화토에 작용하는 간극수압과 공기압

① 전 연직응력은 그림과 같이 흙과 물과 공기로 전달되는 압력이므로

$$\sigma_v = \sigma_v{}' + u_w\left(\frac{A_w}{A}\right) + u_a\left(1 - \frac{A_w}{A}\right)$$
$$= \sigma_v{}' + \chi \cdot u_w + u_a(1-\chi)$$

$$\therefore \ \sigma_v{}' = (\sigma_v - u_a) - \chi(u_a - u_w)$$

여기서, $\chi = \dfrac{A_w}{A}$ A : 전체 단면적 A_w : 수압이 작용하는 면적

② 여기서, u_a는 간극 공기압으로 실제 계기상의 공기압은 대기압상태와 동일하다고 하면 '0'이 되므로

$$\sigma_v = \sigma_v{}' + \chi \cdot u_w$$

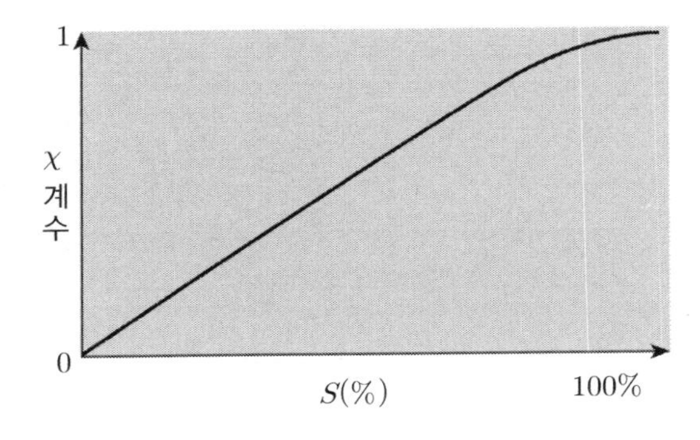

포화도와 χ 와의 관계(*Bishop*, 1960)

③ 건조한 흙은 포화도가 '0'이므로 $\chi = 0$이 되어 $\sigma_v = \sigma_v{}'$이 된다.

✓ **전응력과 유효응력이 동일하다.**

(2) 함수 특성 곡선 = 흙 수분 특성 곡선(*Soil water characteristic curve*)

흙 수분 특성 곡선이란 체적함수량(θ)와 부(負)의 간극수압과의 관계곡선을 말하며, 이 곡선으로부터 불포화토가 포화토에 비해 부의 간극수압이 증가함을 알 수 있다.

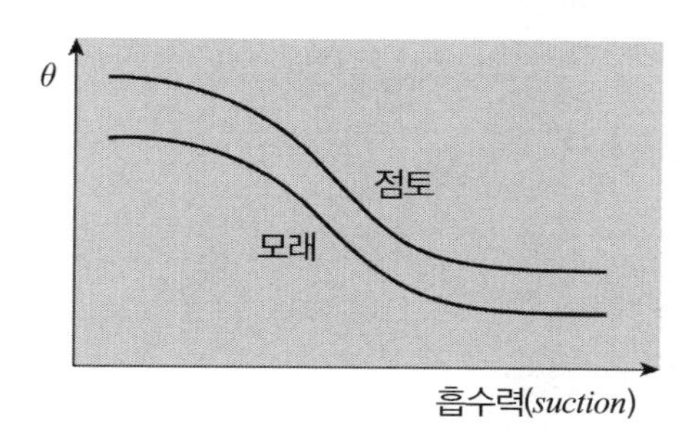

$$체적함수량(\theta) = n \cdot s = \frac{V_v}{V} \times \frac{V_w}{V_v} = \frac{V_w}{V}$$

여기서, θ : 체적함수량 n : 간극률 S : 포화도

(3) 공학적 성질

① 포화도 감소 → 불포화 → 모관현상 → 유효응력 증가

② 사면붕괴 메커니즘

강우 → (불포화 → 포화) → 부의 간극수압 상실 → 유효응력 저하 → 사면활동 발생

4. 포화도와 간극수압계수

(1) 간극수압계수(***B***)

$$B = \frac{\Delta u}{\Delta \sigma_3}$$

완전 건조 시 $B = 0$

불포화 시 $B = 0 \sim 1$

포화 시 $B = 1$

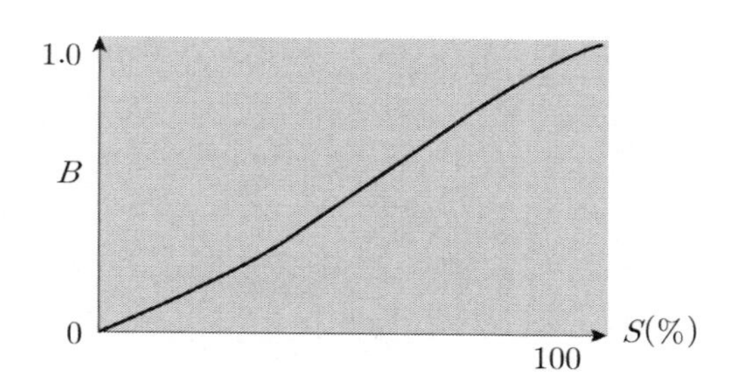

(2) 실용적으로 $S = 95\%$ 이상이면 포화로 간주. 이때 $B = 0.9$ 정도임

(3) B 계수는 삼축압축시험에서 시료의 포화 정도를 판단하는 데 적용

(4) $\Delta u = B(\Delta \sigma_3 + A(\Delta \sigma_1 - \Delta \sigma_3))$

(5) 즉, 불포화되면 $B < 1$이 되어 Δu가 작아짐

5. 전단강도

(1) 일축압축강도

① $Sin\phi = \dfrac{\dfrac{q_u}{2}}{c \cdot \phi + \dfrac{q_u}{2}}$

② $C = \dfrac{q_u}{2 \cdot \tan\left(45° + \dfrac{\phi}{2}\right)}$

③ 포화토($\phi = 0$) : $C = \dfrac{q_u}{2}$

④ 불포화토($\phi > 0$) : $C < \dfrac{q_u}{2}$

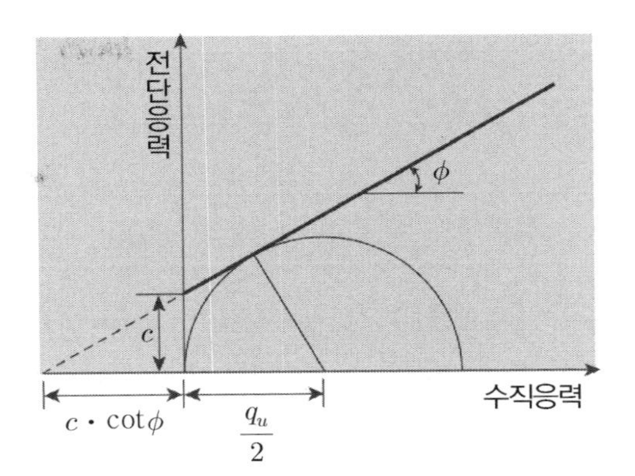

(2) 삼축압축시험(구속압력 : 포화토와 불포화토의 강도정수 적용 차이)

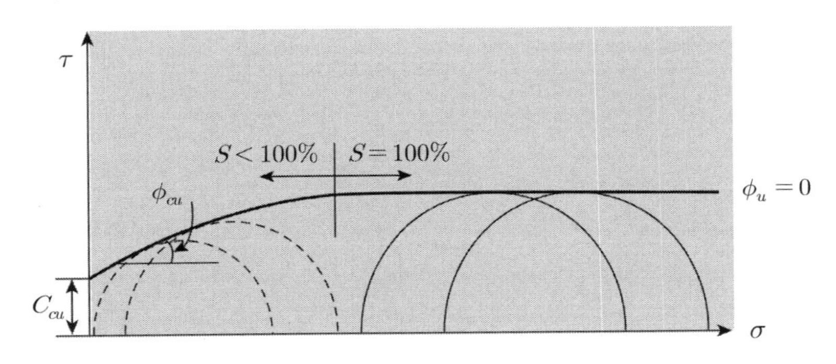

불포화토의 UU시험에서의 $Mohr$ 포락선

① 시험을 행하는 과정에서 현장의 포화상태가 시료채취과정과 운반과정에서 느슨하게, 즉 불포화 상태로 변하게 된 것을 $UU-test$하는 경우

② 처음에 압력을 가할 때는 압밀이 발생하므로 유효응력의 변화가 생기므로 구속압의 증가에 따라 전단강도의 증가가 발행하나

③ 결국 완전포화상태에 이르면 토질에 관계없이 $\phi = 0$의 거동을 보이게 됨

④ 전단강도

㉠ 포화토 : $\tau = S_u$

㉡ 불포화토 : $\tau = C_{cu} + \sigma\tan\phi_{cu}$

(3) 불포화토 전단강도

① 불포화토의 전단강도는 유효점착력 C', 순수직응력 $\sigma - u_a$, 모관 흡수력 $u_a - u_w$의 3가지 상태로 표현된다.

② 즉, 다음과 같이 표시될 수 있다.

$$\tau = c' + (\sigma - u_a)\tan\phi' + (u_a - u_w)\tan\phi_b$$

여기서, c' : 포화토의 점착력
$\sigma - u_a$: 순연직응력
ϕ' : 포화토의 내부마찰각
$u_a - u_w$: 모관 흡수력
ϕ_b : 모관 흡수력에 따른 겉보기 점착력의 기울기(흡수마찰각)

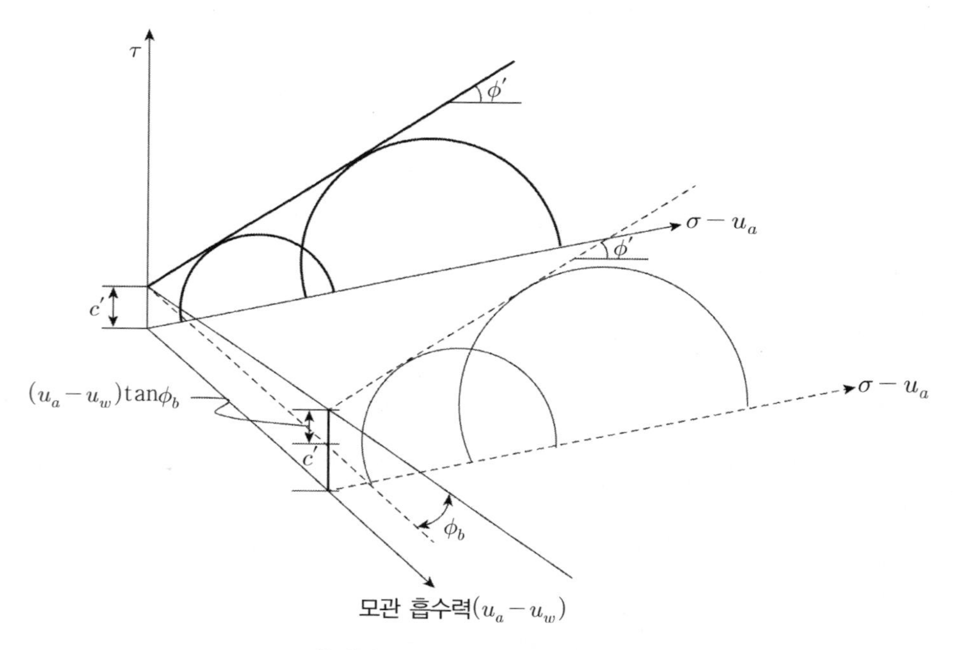

확장된 $Mohr-Coulomb$ 파괴규준

6. 평 가

(1) 이론과 실제

설계 시 : 포화토 개념 설계 → 실제 현장 : 불포화토

(2) 포화도 감소 → 불포화 → 모관현상 → 유효응력 증가

(3) 사면붕괴 메커니즘

강우 → (불포화 → 포화) → 부의 간극수압 상실 → 유효응력 저하 → 사면활동 발생

(4) 불포화 → 공기저항 → 투수계수 저하

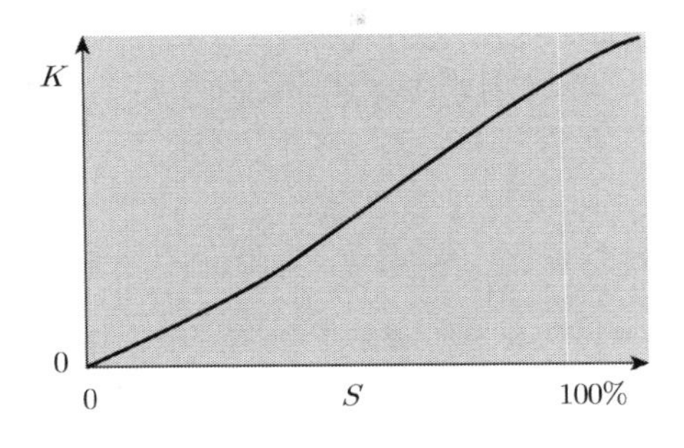

(5) 적 용

① 사면 안정해석

② 제체 침투해석

③ 지반해석 시 부의 간극수압 고려한 유효응력해석

④ 지반개량 후 효과 분석 시 활용

42 재하 · 제하 시 응력경로(성토, 굴착 시)

1. 조 건

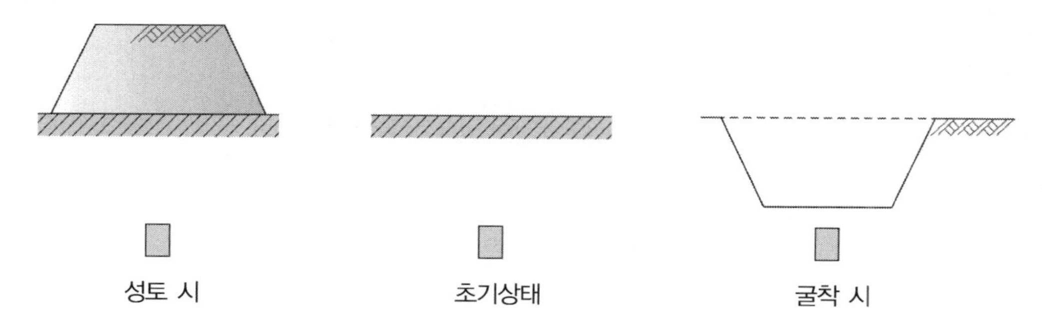

2. 응력경로

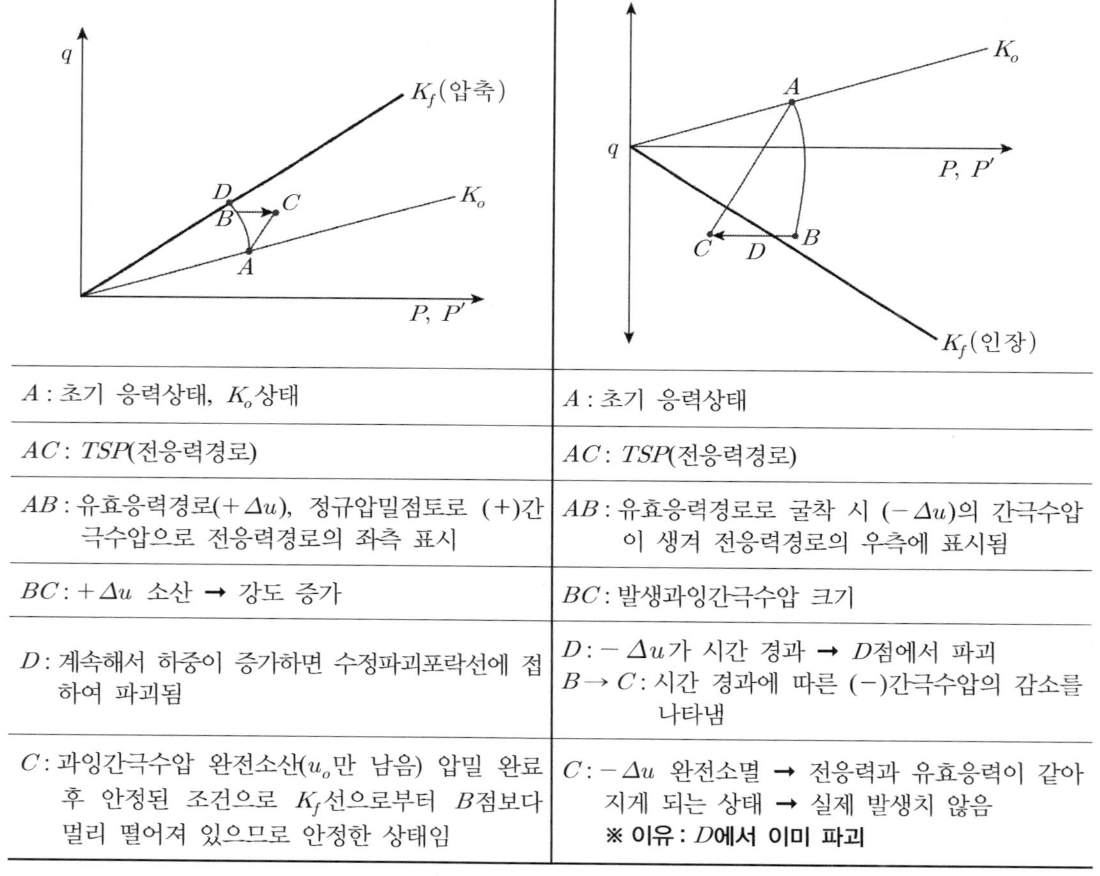

A : 초기 응력상태, K_o상태	A : 초기 응력상태
AC : TSP(전응력경로)	AC : TSP(전응력경로)
AB : 유효응력경로($+\Delta u$), 정규압밀점토로 (+)간극수압으로 전응력경로의 좌측 표시	AB : 유효응력경로로 굴착 시 ($-\Delta u$)의 간극수압이 생겨 전응력경로의 우측에 표시됨
BC : $+\Delta u$ 소산 → 강도 증가	BC : 발생과잉간극수압 크기
D : 계속해서 하중이 증가하면 수정파괴포락선에 접하여 파괴됨	D : $-\Delta u$가 시간 경과 → D점에서 파괴 $B \rightarrow C$: 시간 경과에 따른 (−)간극수압의 감소를 나타냄
C : 과잉간극수압 완전소산(u_o만 남음) 압밀 완료 후 안정된 조건으로 K_f선으로부터 B점보다 멀리 떨어져 있으므로 안정한 상태임	C : $-\Delta u$ 완전소멸 → 전응력과 유효응력이 같아지게 되는 상태 → 실제 발생치 않음 **※ 이유 : D에서 이미 파괴**

※ K_f선에 닿아서 파괴되는 것은 전응력이 아닌 유효응력임에 유의

43 삼축압축시험에서의 응력경로

1. *CU*시험에서의 응력경로

(1) 점토를 등방압밀($\sigma_1 = \sigma_3$) 시 응력경로 $P,\ P' = \dfrac{\sigma_1+\sigma_3}{2}$, $q = \dfrac{\sigma_1-\sigma_3}{2} = 0$이며, 응력경로상 시작점은 $P-q°$의 가로축 선상에 있다.

(2) 축차응력이 증가되면서 비배수 조건으로 파괴 시 응력경로

① 전응력 좌표는 $P = \dfrac{\sigma_1+\sigma_3}{2}$, $q = \dfrac{\sigma_1-\sigma_3}{2}$이며 축차응력이 증가할 때마다 P, q를 계산하여 점을 찍으면 수평선과 $45°$를 이룬다.

② 이때 간극수압의 증가량은 $\Delta u = B(\Delta\sigma_3 + A(\Delta\sigma_1 - \Delta\sigma_3))$이며 점토가 포화된 경우 $B=1$이다.

③ A계수만 축응력이 증가되는 동안 측정하여 대입하면 간극수압의 증가량을 쉽게 구할 수 있다.

④ 따라서 유효응력에 의한 응력경로의 좌표는 다음과 같다.

$$P' = \frac{(\sigma_1-u)+(\sigma_3-u)}{2}, \quad q = \frac{(\sigma_1-u)-(\sigma_3-u)}{2}$$

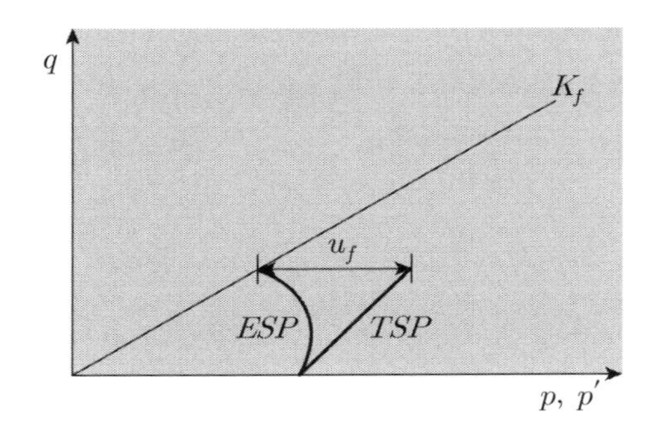

(a) *CU*시험에 의한 *NC*의 응력경로

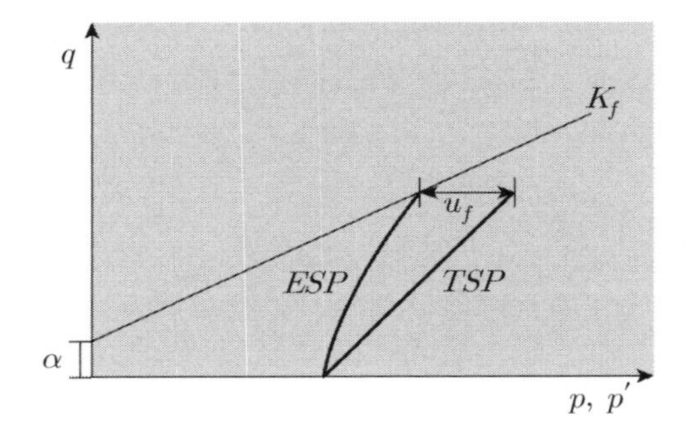

(b) *CU*시험에 의한 *OC*의 응력경로

(3) 위 그림에서 전응력경로는 모두 오른쪽 직선으로 그려지고 정규압밀점토에서 유효응력경로는 왼쪽 상향으로 그려지고 과압밀점토에서는 오른쪽 상향으로 휘어진다.

2. *CD*시험에서의 응력경로

*CD*시험에서는 간극수압이 발생하지 않으므로 전응력과 유효응력경로가 일치한다.

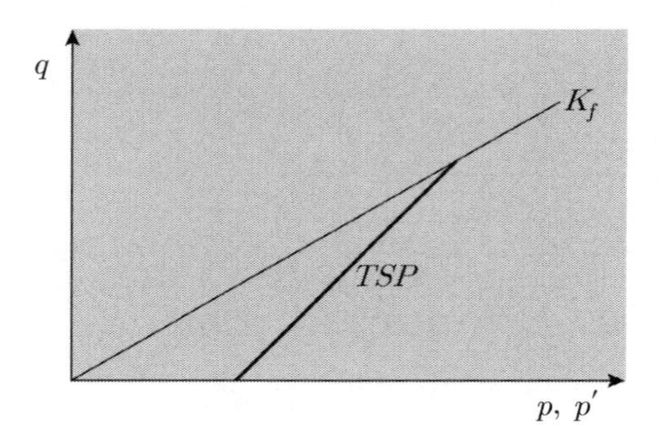

44 축압축, 축인장, 측압축, 측인장 응력경로

1. 현장의 응력체계에 따른 전단강도

(1) 흙은 퇴적되어 형성되는 과정에 따라 하중의 작용방향과 크기가 동일하지 않다.

(2) 따라서 인위적으로 지반에 새로운 응력을 가하게 되면 지반은 이에 순응하기 위해 변형과 함께 추가 과잉간극수압이 증가하게 되어 비배수 전단강도는 증가하게 된다.

(3) 따라서 지반에 가해지는 응력과 변형의 특성을 반영한 전단시험을 시행하여야 한다.

2. 현장별 유도이방성에 의한 지반요소의 변형과 응력경로

현장응력 체계		응력경로	
구조물 재하조건 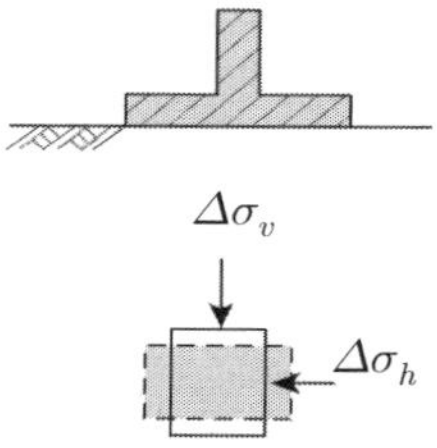 $\Delta\sigma_v$ $\Delta\sigma_h$	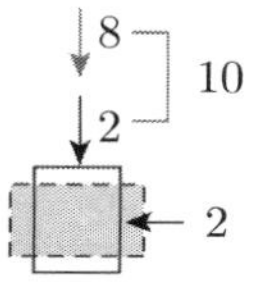 8, 2, 10 2 σ_h 일정, σ_v 증가	압 밀	$P=\dfrac{\sigma_v+\sigma_h}{2}=\dfrac{2+2}{2}=2$ $q=\dfrac{\sigma_v-\sigma_h}{2}=\dfrac{2-2}{2}=0$
		전 단	$P=\dfrac{\sigma_v+\sigma_h}{2}=\dfrac{10+2}{2}=6$ $q=\dfrac{\sigma_v-\sigma_h}{2}=\dfrac{10-2}{2}=4$
	축압축(AC)	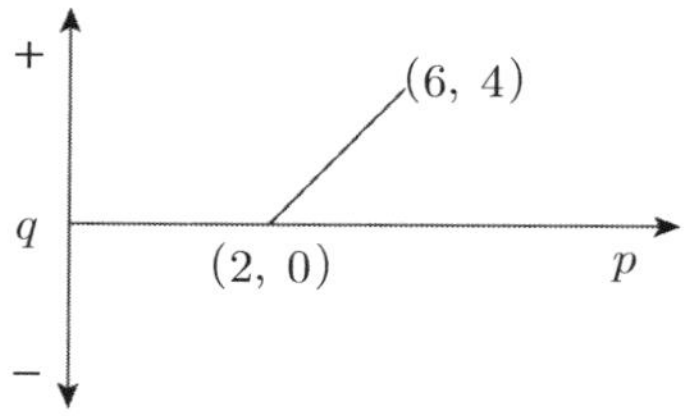 + (6, 4) q (2, 0) p −	
굴착상태 조건 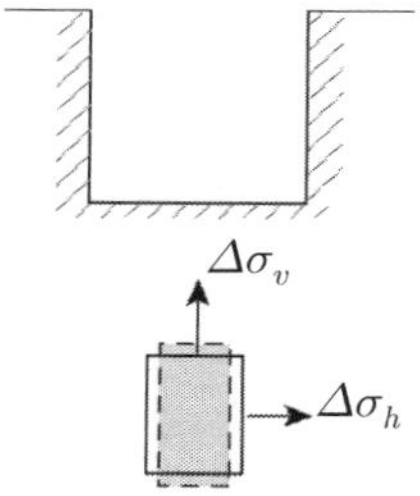 $\Delta\sigma_v$ $\Delta\sigma_h$	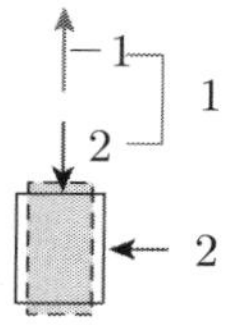 1, 2, 1 2 σ_h 일정, σ_v 감소	압 밀	$P=\dfrac{\sigma_v+\sigma_h}{2}=\dfrac{2+2}{2}=2$ $q=\dfrac{\sigma_v-\sigma_h}{2}=\dfrac{2-2}{2}=0$
		전 단	$P=\dfrac{\sigma_v+\sigma_h}{2}=\dfrac{1+2}{2}=1.5$ $q=\dfrac{\sigma_v-\sigma_h}{2}=\dfrac{1-2}{2}=-0.5$

현장응력 체계		응력경로	
굴착상태 조건	**축인장(AE)**	+, q, −, p, (2, 0), (1.5, −0.5)	
주동상태 조건(옹벽) $\Delta\sigma_v = 0$, $\Delta\sigma_h$	$\sigma_v = 2.0$ 2.0 −1.0 1.0 σ_v 일정, σ_h 감소	압 밀	$P = \dfrac{\sigma_v + \sigma_h}{2} = \dfrac{2+2}{2} = 2$ $q = \dfrac{\sigma_v - \sigma_h}{2} = \dfrac{2-2}{2} = 0$
		전 단	$P = \dfrac{\sigma_v + \sigma_h}{2} = \dfrac{2+1}{2} = 1.5$ $q = \dfrac{\sigma_v - \sigma_h}{2} = \dfrac{2-1}{2} = 0.5$
	측인장(LE)	+, q, −, p, (1.5, 0.5), (2, 0)	
수동상태 조건 (앙카, 수동측 흙막이)	2 2 + 10 12 σ_v 일정, σ_h 감소 **측압축(LC)**	압 밀	$P = \dfrac{\sigma_v + \sigma_h}{2} = \dfrac{2+2}{2} = 2$ $q = \dfrac{\sigma_v - \sigma_h}{2} = \dfrac{2-2}{2} = 0$
		전 단	$P = \dfrac{\sigma_v + \sigma_h}{2} = \dfrac{2+10}{2} = 6$ $q = \dfrac{\sigma_v - \sigma_h}{2} = \dfrac{2-10}{2} = -4$
		+, q, −, p, (2, 0), (6, −4)	

✓ **유효응력경로**

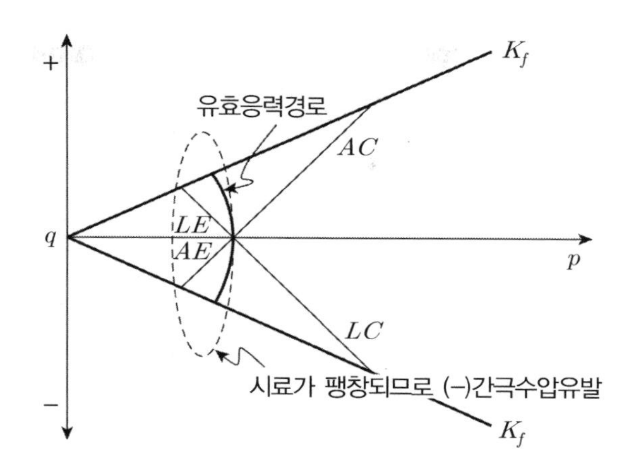

45 삼축압축시험에서의 응력경로

> 구속압력 $1.0kgf/cm^2$으로 등방압밀 후 축차응력을 가하여 전단 시 $u_f = 0.6kgf/cm^2$, $\phi' = 30°$였다면,
> 1. $(\sigma_1 - \sigma_3)_f$?
> 2. A_f?
> 3. 초기, 압밀 후 파괴상태 전응력, 유효응력경로?

1. $(\sigma_1 - \sigma_3)_f$

(1) 삼축압축시험결과 *Mohr−Coulomb* 파괴포락선에서

① $\sin\phi' = \dfrac{\frac{\sigma_1 - \sigma_3}{2}}{\frac{\sigma_1 + \sigma_3}{2}}$

② $\sigma_3 = 1.0kgf/cm^2$, $\phi' = 30°$이고

$\sigma_1 = 3.0kgf/cm^2$이므로

$(\sigma_1 - \sigma_3)_f = 3 - 1 = 2kgf/cm^2$

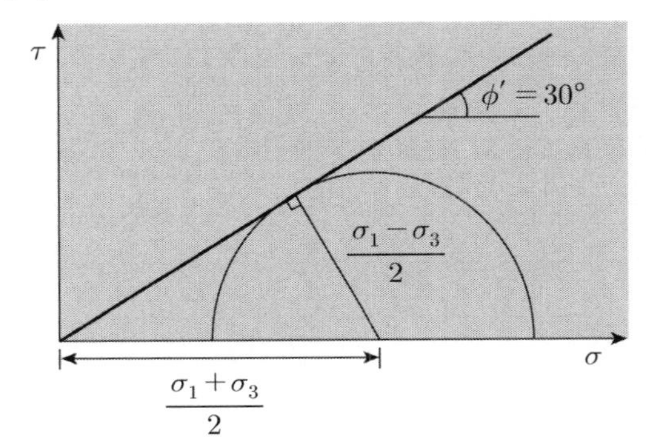

2. A_f

(1) 파괴 시 간극수압은 $\Delta u = B(\Delta\sigma_3 + A(\Delta\sigma_1 - \Delta\sigma_3))$에서

① 삼축압축시험이므로 배압으로 포화된 경우이므로 $B = 1$이면

② 등방압밀 후 측압의 증가는 없으므로 $\Delta\sigma_3$의 증가는 없으므로 $\Delta\sigma_3 = 0$

③ 즉, A_f는 축차응력의 증가량에 대한 파괴 시 간극수압이므로

$$A_f = \frac{\Delta u - \Delta\sigma_3}{\Delta\sigma_1 - \Delta\sigma_3} = \frac{0.6}{3} = 0.3$$

3. 초기, 압밀 후 파괴상태 전응력, 유효응력경로

응력상태	전응력	간극수압	유효응력
초 기	↓1, ←1	↓1, ←1	↓0, ←0

응력상태	전응력	간극수압	유효응력
압밀 후	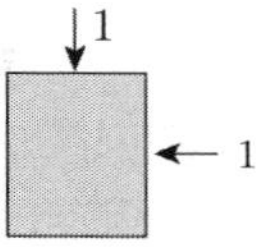 ↓1, ←1	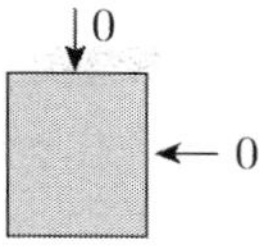 ↓0, ←0	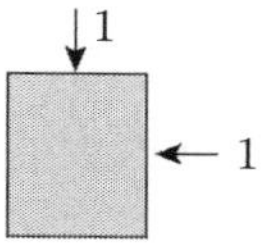 ↓1, ←1
전단파괴 시	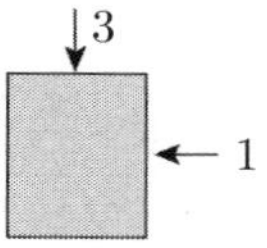 ↓3, ←1	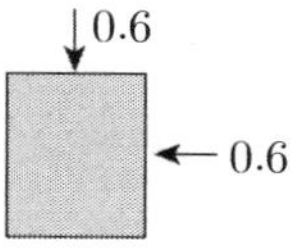 ↓0.6, ←0.6	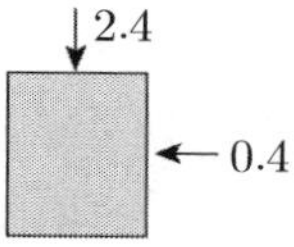 ↓2.4, ←0.4

응력경로	전응력	유효응력
초 기	$p=\frac{\sigma_1+\sigma_3}{2}=\frac{1+1}{2}=1$	$p'=\frac{\sigma_1'+\sigma_3'}{2}=\frac{0+0}{2}=0$
	$q,\ q'=\frac{\sigma_1-\sigma_3}{2}=\frac{1-1}{2}=0$	
압밀 후	$p=\frac{\sigma_1+\sigma_3}{2}=\frac{1+1}{2}=1$	$p'=\frac{\sigma_1'+\sigma_3'}{2}=\frac{1+1}{2}=1$
	$q,\ q'=\frac{\sigma_1-\sigma_3}{2}=\frac{1-1}{2}=0$	
전단파괴 시	$p=\frac{\sigma_1+\sigma_3}{2}=\frac{3+1}{2}=2$	$p'=\frac{\sigma_1'+\sigma_3'}{2}=\frac{3-1}{2}=1$
	$q,\ q'=\frac{\sigma_1-\sigma_3}{2}=\frac{3-1}{2}=1$	
$p,\ p'-q$도	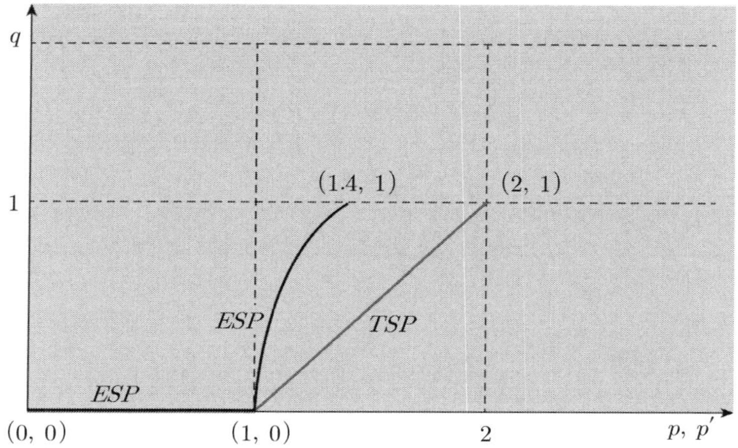 q, 1, (1.4, 1), (2, 1), ESP, TSP, ESP, (0, 0), (1, 0), 2, p, p′ ※ *OC*조건의 점토로 판명됨	

46 압밀시험에서의 응력경로

압밀시험에서 4 $tonf/m^2$에서 8 $tonf/m^2$으로 하중 증가 시 응력경로 도식($K_o = 0.5$)

1. 압밀에서 수직응력과 수평응력

1차원 압밀조건에서는 초기의 상재압력인 경우나, 추가로 하중이 작용하는 경우나, 두 가지 경우 모두 수평응력은 수직응력의 K_o배가 된다.

(1) $4tonf/m^2$단계에서 압밀종료 시(간극수압 소산)

① 전응력 : $\sigma_1 = 4tonf/m^2 \quad \sigma_3 = K_o\sigma_1 = 0.5 \times 4 = 2tonf/m^2 \quad \Delta u = 0$

② 유효응력 : $\sigma_1{}' = 4tonf/m^2 \quad \sigma_3{}' = 2tonf/m^2$

(2) $8tonf/m^2$으로 재하 시(전응력 증가, 간극수압소산 없음)

① 전응력 : $\sigma_1 = 4 + 4 = 8tonf/m^2 \quad \sigma_3 = 2 + 4 = 6tonf/m^2 \quad \Delta u = 4tonf/m^2$

② 유효응력 : 간극수압소산이 없으므로 유효응력의 증가는 없음

$\sigma_1{}' = 4tonf/m^2 \quad \sigma_3{}' = 2tonf/m^2$

(3) $8tonf/m^2$ 압밀 종료 시(간극수압소산 → 전응력 = 유효응력)

① 전응력 $\sigma_1 = 8tonf/m^2 \quad \sigma_3 = K_o\sigma_1 = 0.5 \times 8 = 4tonf/m^2 \quad \Delta u = 0$

② 유효응력 = 전응력 $\sigma_1{}' = 8tonf/m^2 \quad \sigma_3{}' = 4tonf/m^2$

응력상태	전응력	간극수압	유효응력
1단계 압밀 종료 시	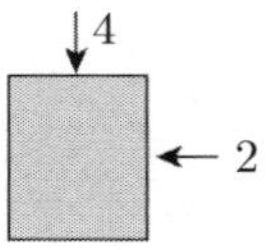 ↓4 ←2	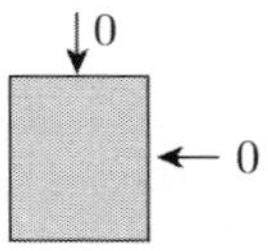 ↓0 ←0	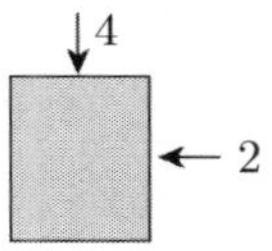 ↓4 ←2
2단계 재하 시	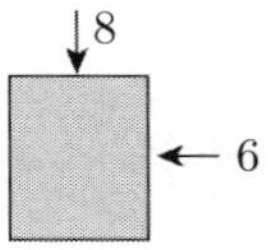 ↓8 ←6	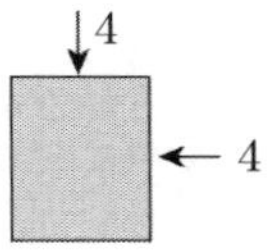 ↓4 ←4	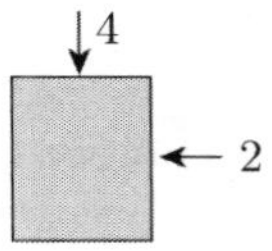 ↓4 ←2
2단계 압밀 종료 시	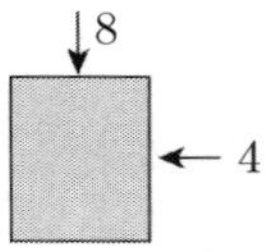 ↓8 ←4	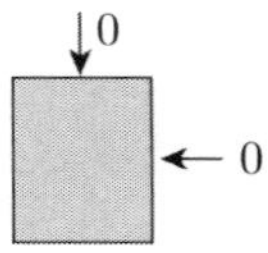 ↓0 ←0	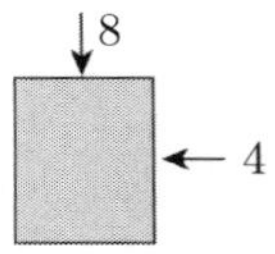 ↓8 ←4

2. 압밀시험에서의 응력경로

1차원 압밀시험에서의 응력경로는 항상 K_o 선상에 위치하며 K_o 선은 원점을 지나고 기울기 $\tan\beta = \dfrac{1-K_o}{1+K_o}$ 인 직선이 된다.

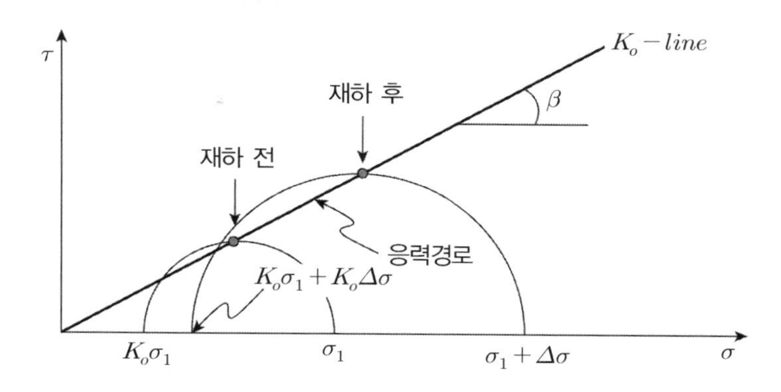

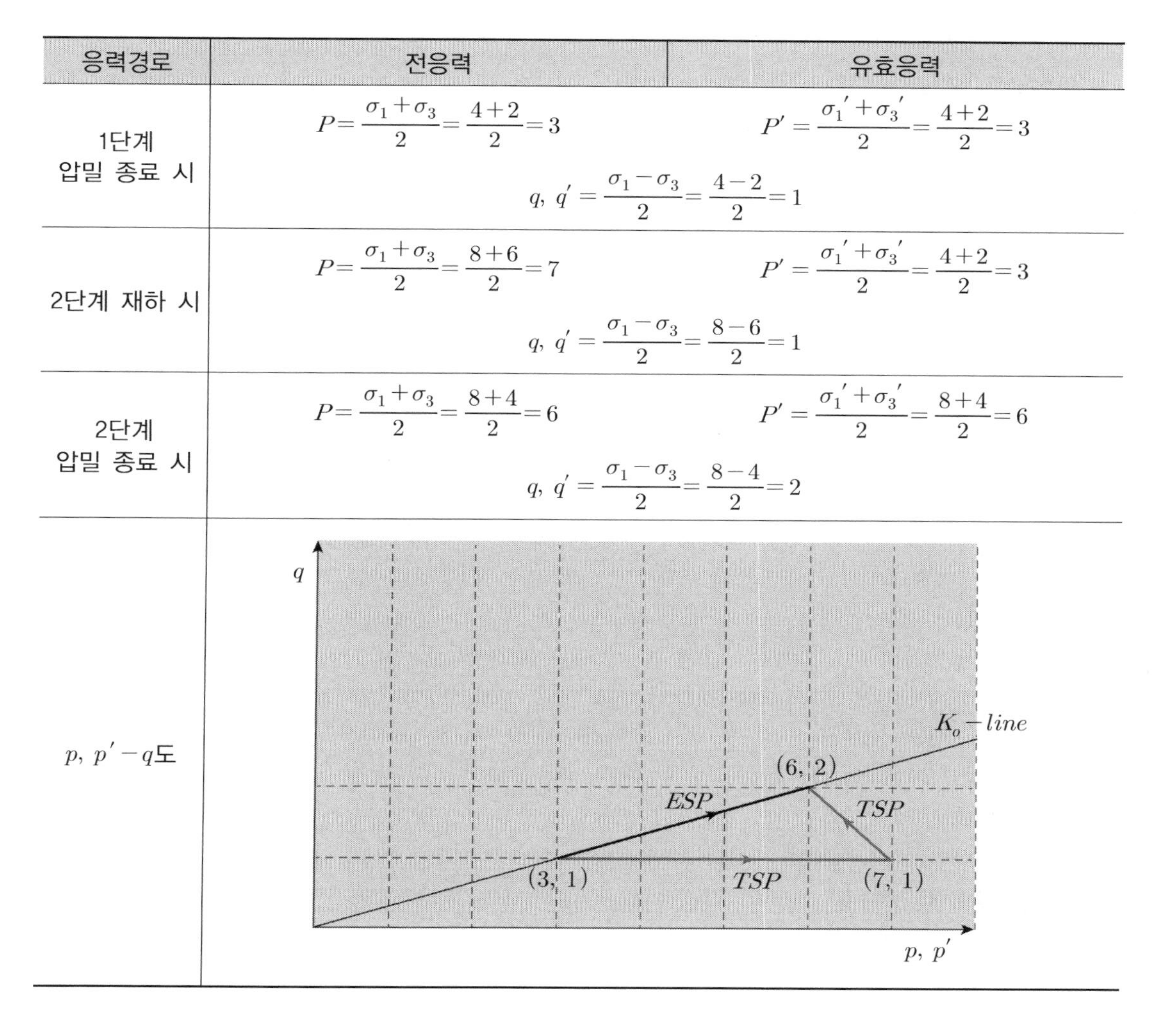

응력경로	전응력	유효응력
1단계 압밀 종료 시	$P = \dfrac{\sigma_1+\sigma_3}{2} = \dfrac{4+2}{2} = 3$	$P' = \dfrac{\sigma_1{}'+\sigma_3{}'}{2} = \dfrac{4+2}{2} = 3$
	$q,\ q' = \dfrac{\sigma_1-\sigma_3}{2} = \dfrac{4-2}{2} = 1$	
2단계 재하 시	$P = \dfrac{\sigma_1+\sigma_3}{2} = \dfrac{8+6}{2} = 7$	$P' = \dfrac{\sigma_1{}'+\sigma_3{}'}{2} = \dfrac{4+2}{2} = 3$
	$q,\ q' = \dfrac{\sigma_1-\sigma_3}{2} = \dfrac{8-6}{2} = 1$	
2단계 압밀 종료 시	$P = \dfrac{\sigma_1+\sigma_3}{2} = \dfrac{8+4}{2} = 6$	$P' = \dfrac{\sigma_1{}'+\sigma_3{}'}{2} = \dfrac{8+4}{2} = 6$
	$q,\ q' = \dfrac{\sigma_1-\sigma_3}{2} = \dfrac{8-4}{2} = 2$	
$p,\ p'-q$도		

47 성토재하와 진공압밀 시 응력경로 비교

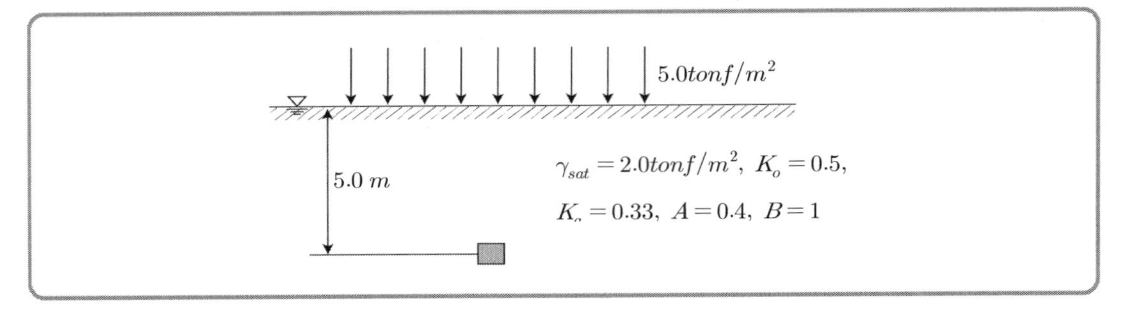

1. 성토재하에서 응력경로 좌표

(1) 재하 전

① 전응력

$$\sigma_1 = 5m \times 2tonf/m^2 = 10tonf/m^2$$

$$\sigma_3 = {\sigma_1}' K_o + u = (\sigma_1 - u) K_o + u = (10-5) \times 0.5 + 5 = 7.5tonf/m^2$$

② 유효응력

$${\sigma_1}' = \sigma_1 - u = 10 - 5 = 5tonf/m^2$$

$${\sigma_3}' = {\sigma_1}' K_o = 5 \times 0.5 = 2.5tonf/m^2$$

③ 응력경로 좌표

$$P = \frac{\sigma_1 + \sigma_3}{2} = \frac{10+7.5}{2} = 8.75 \qquad P' = \frac{{\sigma_1}' + {\sigma_3}'}{2} = \frac{5+2.5}{2} = 3.75$$

$$q,\ q' = \frac{\sigma_1 - \sigma_3}{2} = \frac{10-7.5}{2} = 1.25$$

(2) 성토재하

① 전응력

$$\Delta\sigma_1 = 5tonf/m^2, \quad \Delta\sigma_3 = \Delta\sigma_1 \times K_a = 5 \times 0.33 = 1.65tonf/m^2$$

$$\sigma_1 = 10 + \Delta\sigma_1 = 10 + 5 = 15tonf/m^2$$

$$\sigma_3 = 7.5 + \Delta\sigma_3 = 7.5 + 5 \times 0.33 = 9.15tonf/m^2$$

② 유효응력

$$\Delta u - B(\Delta\sigma_3 + A(\Delta\sigma_1 - \Delta\sigma_3)) = 1 \times (1.65 + 0.4(5 - 1.65)) = 3tonf/m^2$$

$${\sigma_1}' = \sigma_1 - (u + \Delta u) = 15 - 8 = 7tonf/m^2$$

$${\sigma_3}' = \sigma_3 - (u + \Delta u) = 9.15 - 8 = 1.15tonf/m^2$$

③ 응력경로 좌표

$$P = \frac{\sigma_1 + \sigma_3}{2} = \frac{15 + 19.5}{2} = 12.08 \qquad P' = \frac{\sigma_1{}' + \sigma_3{}'}{2} = \frac{7 + 1.15}{2} = 4.08$$

$$q,\ q' = \frac{\sigma_1 - \sigma_3}{2} = \frac{15 - 9.15}{2} = 2.93$$

(3) 압 밀

① 전응력

$\sigma_1 = 15tonf/m^2 \qquad \sigma_3 = 9.15tonf/m^2$

② 유효응력

$\sigma_1{}' = \sigma_1 - u = 15 - 5 = 10tonf/m^2 \qquad \sigma_3{}' = 9.15 - 5 = 4.15tonf/m^2$

$$P = \frac{\sigma_1 + \sigma_3}{2} = \frac{15 + 9.15}{2} = 12.08 \qquad P' = \frac{\sigma'_1 + \sigma'_3}{2} = \frac{10 + 4.15}{2} = 7.07$$

$$q,\ q' = \frac{\sigma_1 - \sigma_3}{2} = \frac{15 - 9.15}{2} = 2.93$$

(4) 응력상태의 변화

응력상태	전응력	간극수압	유효응력
성토 전	↓10, ←7.5	↓5, ←5	↓5, ←2.5
성토재하	↓15, ←9.15	↓8, ←8	↓8, ←1.15
압밀 후	↓15, ←9.15	↓5, ←5	↓10, ←4.15

2. 진공압밀에서의 응력경로 좌표

(1) 재하 전 : 성토재하와 동일

(2) 진공압밀 = 등방압밀

① 전응력

$\Delta\sigma_1 = 5tonf/m^2, \qquad \Delta\sigma_3 = \Delta\sigma_1 = 5tonf/m^2$

$\sigma_1 = 10 + \Delta\sigma_1 = 10 + 5 = 15tonf/m^2$

$\sigma_3 = 7.5 + \Delta\sigma_3 = 7.5 + 5 = 12.5tonf/m^2$

② 유효응력

$\Delta u = 5tonf/m^2$

$\sigma_1{}' = \sigma_1 - (u + \Delta u) = 15 - 10 = 5tonf/m^2$

$\sigma_3{}' = \sigma_3 - (u + \Delta u) = 12.5 - 10 = 2.5tonf/m^2$

③ 응력경로 좌표

$$P = \frac{\sigma_1 + \sigma_3}{2} = \frac{15 + 12.5}{2} = 13.75 \qquad P' = \frac{\sigma_1{}' + \sigma_3{}'}{2} = \frac{5 + 2.5}{2} = 3.75$$

$$q,\ q' = \frac{\sigma_1 - \sigma_3}{2} = \frac{15 - 15.5}{2} = 1.25$$

(3) 압밀 종료

① 전응력

$\sigma_1 = 15tonf/m^2, \qquad \sigma_3 = 12.5tonf/m^2$

② 유효응력

$\sigma_1{}' = \sigma_1 - u = 15 - 5 = 10tonf/m^2$

$\sigma_3{}' = 12.5 - 5 = 7.5tonf/m^2$

응력상태	전응력	간극수압	유효응력
성토 전	↓10, ←7.5	↓5, ←5	↓5, ←2.5
진공압밀	↓15, ←12.5	↓10, ←10	↓5, ←2.5
압밀 후	↓15, ←12.55	↓5, ←5	↓10, ←7.5

3. 응력경로 비교

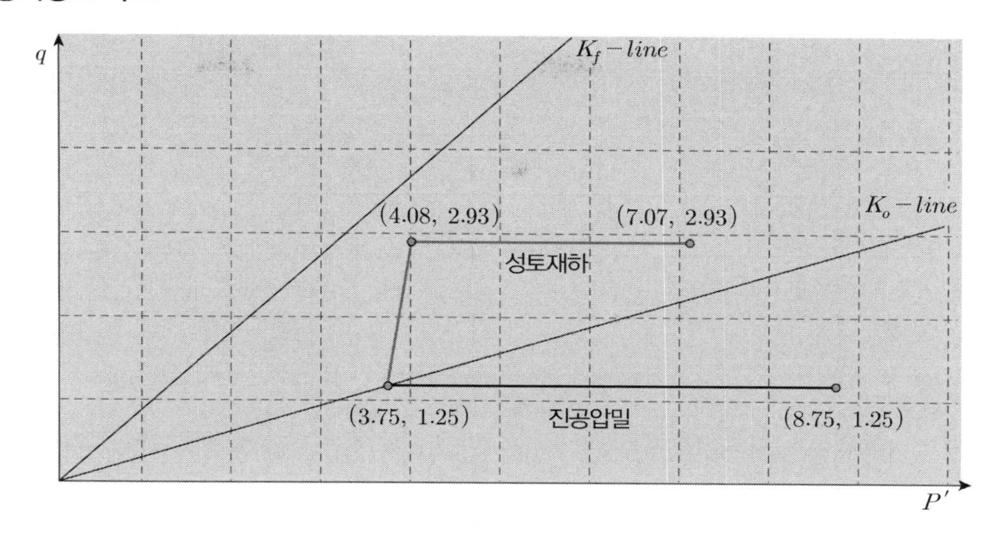

$P' - q$ 관계도

4. 평 가

(1) K_o 압밀(비등방압밀)보다 등방압밀이 평균 압밀압력이 커서 강도 증진 효과가 크다.

(2) 재하성토의 경우 응력경로는 $K_f - line$ 에 닿을 수 있어 파괴 가능성이 있으나 진공압밀의 경우에는 파괴 가능성이 없으므로 안전한 공법이나 시공관리에 어려움이 많다.

하중재하조건별 응력경로(종합)

응력상태		전응력	간극수압	유효응력	비 고
삼축 압축 시험	초 기	↓1 ←1	↓1 ←1	↓0 ←0	등방 구속압 → 등방압밀상태 → 등방압을 물이 다 받음
	압밀 후	↓1 ←1	↓0 ←0	↓1 ←1	배수 상태로 전응력 = 유효응력
	전단파괴	↓3 ←1	↓0.6 ←0.6	↓2.4 ←0.4	축차응력에 의한 부분배수 → 간극수압 발생 → 횡방향 하중 변화 없음
압밀 시험	1단계 압밀 종료	↓4 ←2	↓0 ←0	↓4 ←2	압밀종료로 완전배수 → 간극수압 없음 → 횡방향 구속 → 횡방향 하중은 K_o 적용
	2단계 재하 시	↓8 ←6	↓4 ←4	↓4 ←2	유효응력의 증가 없으며 → 물이 다 받음
	2단계 압밀 종료	↓8 ←4	↓0 ←0	↓8 ←4	압밀종료로 완전배수 → 간극수압 없음 → 횡방향 구속 → 횡방향 하중은 K_o 적용
성토 재하	성토 전	↓10 ←7.5	↓5 ←5	↓5 ←2.5	횡방향 변위 없음 → 횡방향 유효응력 K_o 적용
	성토재하	↓15 ←9.15	↓8 ←8	↓8 ←1.15	$\Delta\sigma_1$, $\Delta\sigma_3 = K_a\Delta\sigma_1$ $\Delta u = B(\Delta\sigma_3 + A(\Delta\sigma_1 - \Delta\sigma_3))$ (재하 시 물이 다 받지 않음: 횡방향 변위 발생, 부분 배수)
	압밀 후	↓15 ←9.15	↓5 ←5	↓10 ←4.15	전응력 변화 없음

응력상태		전응력	간극수압	유효응력	비 고
진공압밀	성토 전	↓10, ←7.5	↓5, ←5	↓5, ←2.5	횡방향 변위 없음 → 횡방향 유효응력 K_o 적용
	진공압밀	↓15, ←12.5	↓10, ←10	↓5, ←2.5	등방압밀 ($\Delta\sigma_3 = \Delta\sigma_1 = \Delta u$)
	압밀 후	↓15, ←12.55	↓5, ←5	↓10, ←7.5	전응력 변화 없음

점토시료의 *CIU*시험 시 응력경로

1. 심한 과압밀점토 2. 약간의 과압밀점토 3. 정규압밀점토 4. 예민한 점토

1. 응력경로란

(1) 정 의

응력경로는 여러 개의 *Mohr* 원의 정점을 연결한 선으로 응력에 대한 경로를 나타낸다.

(2) 응력경로의 종류와 좌표

응력경로 \ 좌 표	가로축	세로축
전응력	$P = \dfrac{\sigma_1 + \sigma_3}{2}$	$q = \dfrac{\sigma_1 - \sigma_3}{2}$
유효응력	$P' = \dfrac{(\sigma_1 - u) + (\sigma_3 - u)}{2}$	

2. 파괴 시 간극수압(A_f)과 유효응력과의 관계

(1) *Skempton*의 제안식

$$\Delta u = B\big(\Delta\sigma_3 + A(\Delta\sigma_1 - \Delta\sigma_3)\big)$$

(2) *Skempton*의 제안식에서 포화 시 $B=1$, 구속압이 일정한 상태에서 축차응력을 가하므로

$\Delta\sigma_3 = 0$ 이라 하면 $A_f = \dfrac{\Delta u - \Delta\sigma_3}{\Delta\sigma_1 - \Delta\sigma_3} = \dfrac{\Delta u}{\Delta\sigma_1}$ 가 된다.

(3) 따라서 간극수압계수 $\boldsymbol{A_f}$는 $\boldsymbol{\Delta\sigma_1}$에 따른 간극수압의 변화량이며 압밀이력에 따라 개략 다음의 범위를 보인다.

① 심한 과압밀점토 : −0.5～0.5 ② 약간의 과압밀점토 : 0.5～1

③ 정규압밀점토 : ≒ 1.0 ④ 예민한 점토 ≒ 2.0

(4) A_f와 유효응력과의 관계

① A_f이 1이라면 축차응력과 발생 간극수압이 같다는 의미

② $A_f > 1$이라면 축차응력변화량보다 큰 간극수압이 발생한다는 의미

③ $A_f < 1$이라면 축차응력변화량보다 작은 간극수압이 발생한다는 의미

④ 따라서 응력경로상 전응력에서 간극수압을 뺀 값이 유효응력이므로 A_f의 값에 따라 유효응력 경로는 그 값을 달리함

3. 유효응력경로 표시

(1) 시작점 좌표

삼축압축시험에서의 응력경로는 등방압밀로부터 시작하므로 $\sigma_3 = \sigma_1$이며 $u = 0$이므로

좌 표 / 응력경로 종류	가로축	세로축
전응력	$P = \dfrac{\sigma_1 + \sigma_3}{2} = \sigma_3$	$q = \dfrac{\sigma_1 - \sigma_3}{2} = 0$
유효응력	$P' = \dfrac{(\sigma_1 - u) + (\sigma_3 - u)}{2} = \sigma_3$	

(2) 응력경로 도시

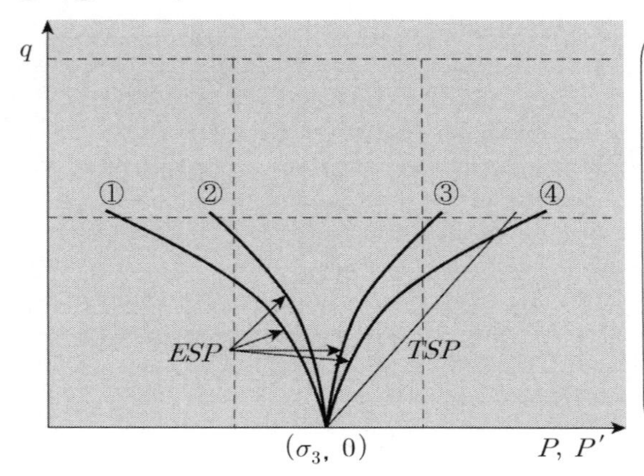

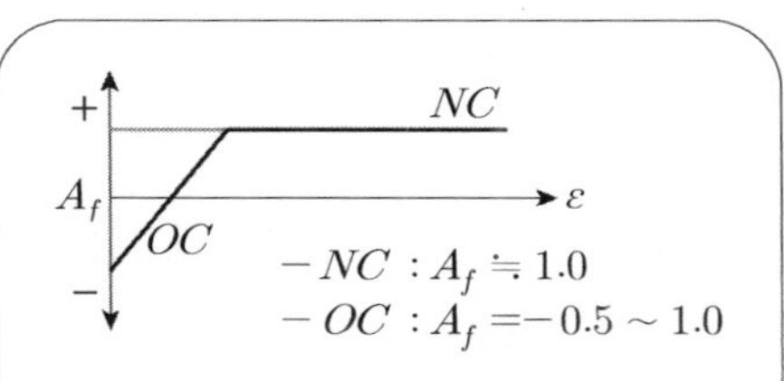

점토의 종류별 파괴 시 간극수압계수

- 예민한 점토 ≒ 2.0
- 정규압밀점토 : ≒ 1.0
- 약간의 과압밀점토 : 0.5～1
- 심한 과압밀점토 : −0.5～0.5

48 Cam-Clay Model에서 정규압밀곡선(NCL : Normally Consolidation Line) 한계상태곡선(CSL : Critical Sate Line)

1. 개 요

(1) 과거의 토질역학 이론은 *Mohr-Coulomb*의 파괴규준을 사용해왔으나 이는 극히 제한된 상태로서 파괴에 이르는 동안 변형과정을 설명하지 못하였다.

(2) *Cambridge* 대학 *Roscoe*(1960) 등은 한계 상태의 개념을 도입하여 정규압밀점토의 응력-변형률 관계이론을 제안하였다.

(3) 한계상태 개념

① 현장응력상태, 즉 배수 및 비배수 조건 아래서 전단하는 동안 발생하는 유효응력과 그때의 비체적($V=1+e$) 또는 간극(e)과의 관계를 설명하는 것이다.

② 흙의 전단과 압밀에 대한 통합 이론으로 *Cam clay model*이라 한다.

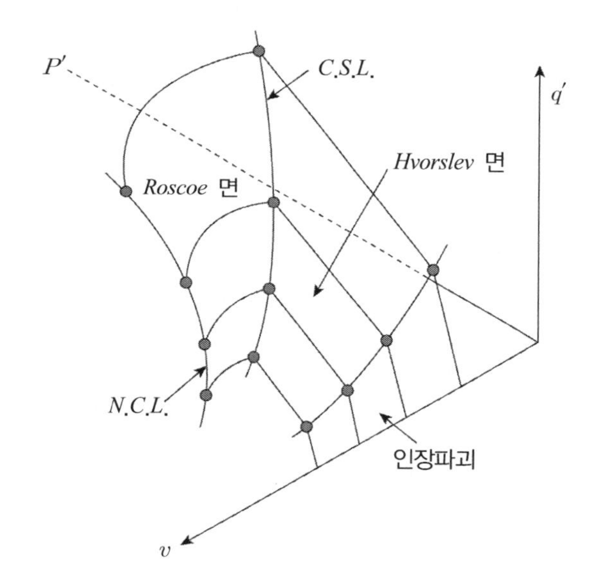

P', q, v 공간에 표시한 상태경계면

2. *NCL*과 *CSL* 작성

(1) 등방삼축시험

① CU : 비배수 상태에서 등방삼축시험 실시

② $\overline{CU}$: 배수 상태에서 등방삼축시험 실시

(2) $q'-p'$ 곡선

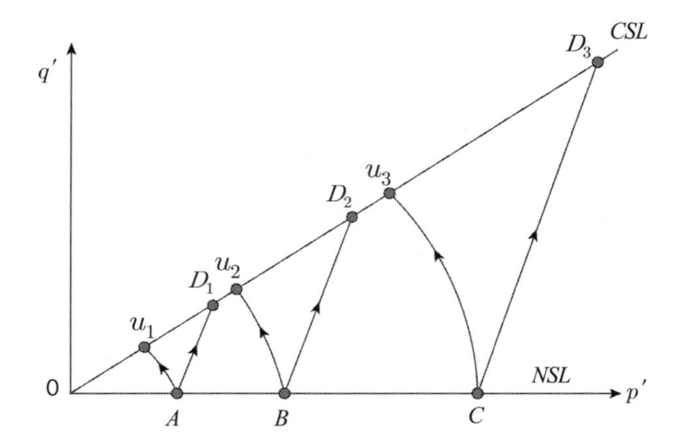

① 압밀단계 $O \rightarrow A$, $O \rightarrow B$, $O \rightarrow C$ 등방압밀 NCL선으로 이동한다.

② CU(비배수시험) $A \rightarrow u_1$, $B \rightarrow u_2$, $C \rightarrow u_3$

③ $\overline{CU}$ (배수 상태) $A \rightarrow D_1$, $B \rightarrow D_2$, $C \rightarrow D_3$

(3) $v-p'$ 곡선

① 각 시료 초기 체적$(1+e_o)$을 알고 있으므로, $v-p'$ 곡선상 NCL선에서, A, B, C체적과 p'를 찾아 표시한다.

② CU(비배수시험)

㉠ 비배수시험에서 체적이 일정하므로 NCL에서 CSL 수평으로 이동한다.
$A \rightarrow u_1$, $B \rightarrow u_2$, $C \rightarrow u_3$

㉡ 배수시험에서 체적이 감소하므로 NCL에서 CSL 체적이 감소되고 유효응력은 증대된다.

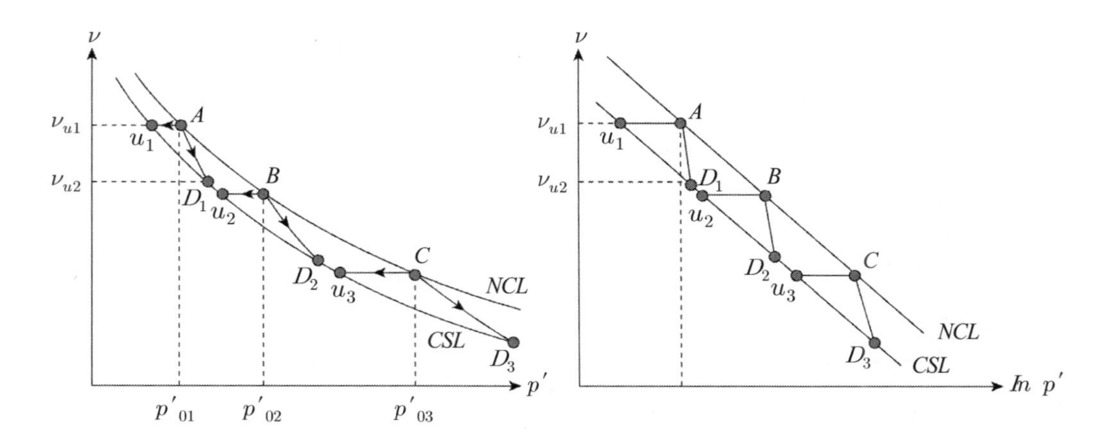

3. 동일한 간극비 혹은 비체적을 소유한 과압밀점토를 CU 혹은 $\overline{CU}$ 시험을 할 경우 임의의 초기 응력상태에서 CSL에 도달되는 응력경로

(1) 약간 과압밀점토

① 약간 과압밀점토의 응력경로는 NCL과 CSL 사이에 자리 잡은 점(L)에 위치한다.

② CU(비배수) 상태에서는 L에서 u 점으로 이동한다.

③ CU'(배수) 상태에서는 배수가 되므로 체적이 감소도고, 유효응력은 증가되는 L에서 D점으로 이동한다.

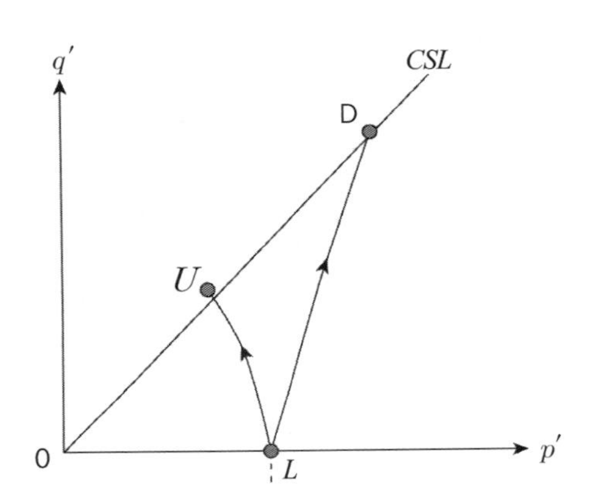

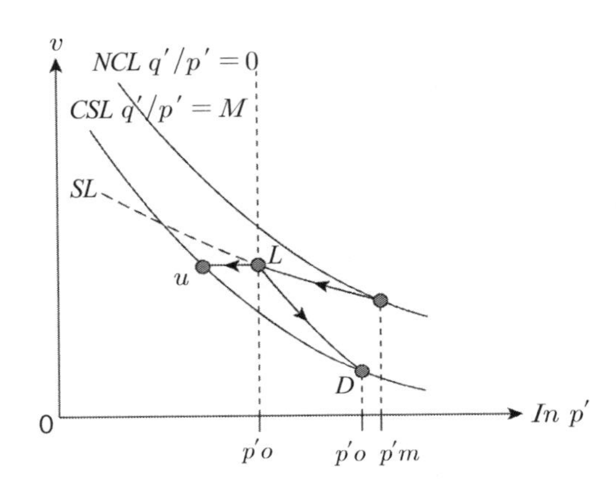

(2) 큰 과압밀점토

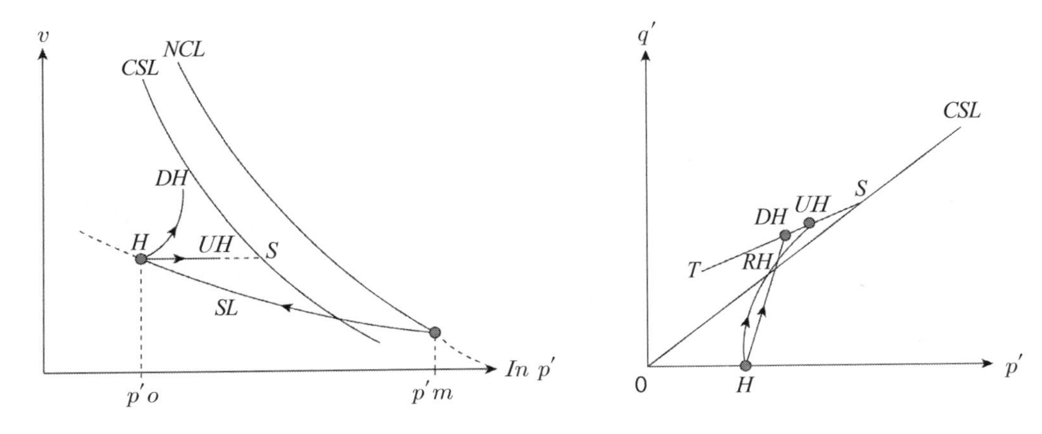

① 많이 심한 과압밀점토는 $Inv-p'$ 평면에서 H점에 위치한다.

② CU(비배수) 상태 하중하에서는 $H \rightarrow uH$로 이동하고 uH는 CSL점이다.

③ $\overline{CU}$ (배수) 하중하에서는 크게 팽창될 것이고 체적은 항복 후 증가할 것이다. 응력경로는 $H \rightarrow DH$일 것이고, 여기서 DH는 TS선 위 파괴점이다.

④ TS는 과압밀 흙 항복 좌우하는 상태경계면 $HVorsles$면이다.

49 흙의 성질을 공학적으로 해석 시 문제점

1. 흙을 탄성체로 보고 해석함에는 제한이 있다.

(1) 흙의 응력－변형률 곡선은 비선형으로 일정하지 않다.

① 실무적용 응력－변형률 곡선에서 처음 부분은 직선에 가까우므로 변형계수(탄성계수)를 구하여 흙의 탄성적인 거동을 추정

② 일축압축시험에서의 변형계수 추정
최대 압축응력의 1/2되는 곳의 응력과 변형률의 비, 즉 기울기임

$$E_S = \frac{\frac{q_u}{2}}{\varepsilon_{50}} = \frac{q_u}{2\varepsilon_{50}}$$

단위 : kgf/cm^2

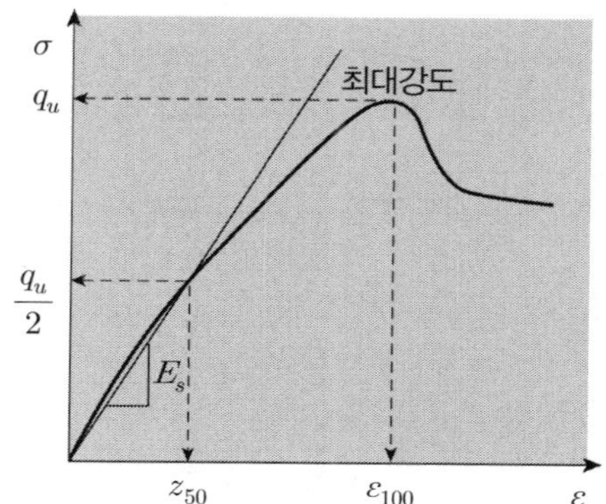

일축압축시험에서의 변형계수 추정

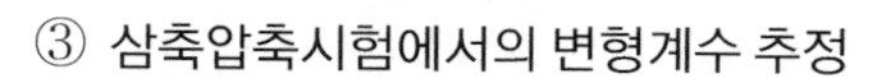

③ 삼축압축시험에서의 변형계수 추정

$$E_S = \frac{\frac{\sigma_1 - \sigma_3}{2}}{\varepsilon_{50}} = \frac{\sigma_1 - \sigma_3}{2\varepsilon_{50}}$$

단위 : kgf/cm^2

2. 흙은 비균질, 비등방성이므로 해석이 복잡하다.

(1) 비균질 : 위치별, 심도별 공학적 성질이 다름

(2) 비등방

① 한 위치에서 방향에 따라 공학적 성질이 달라지는 것을 비등방(*Anisotropy*)이라 하며 비균질과는 개념을 달리한다.

② 이방성은 초기이방성과 유도이방성으로 구분, 초기이방성(*Inherrent anisotropy*)은 흙의 생성과 관련된 흙의 구조상 차이로 인한 이방성이며

③ 유도이방성은 인위적으로 힘을 가하여 변형을 줄 시 방향에 따른 이방성을 의미한다.

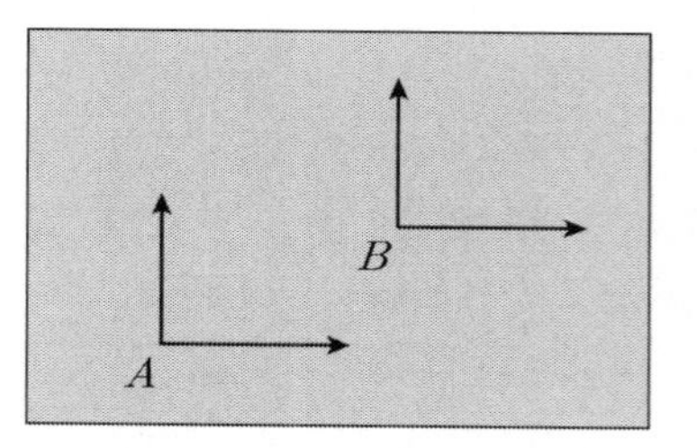

균질, 등방

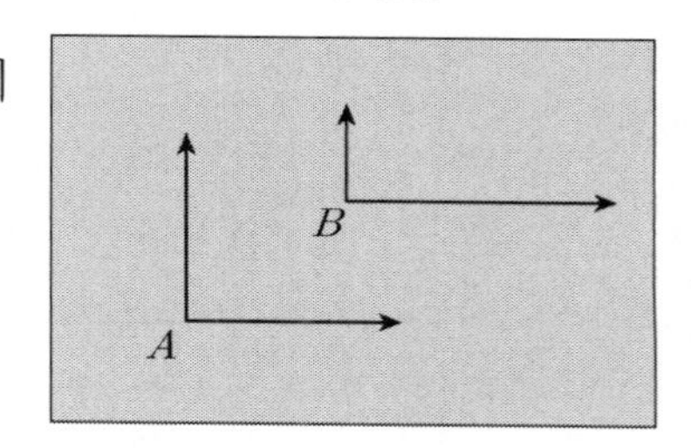

비균질, 비등방

(3) 이방성의 종류

① 초기 이방성

㉠ 정지토압

㉡ 초기 비배수 전단강도

㉢ 압밀계수

㉣ 침투유량

② 유도이방성

㉠ 토압(주동, 수동)

㉡ 절토

㉢ 성토

㉣ 기초

㉤ 흙막이

3. 흙의 거동은 응력에 의존할 뿐만 아니라 시간과 환경에도 의존한다.

(1) 압밀침하, 동결융해 등 시간에 따라 강도가 상승되거나 저하되며

(2) 성토 및 절토 직후 시간에 따라 안전율의 차이가 발생한다.

4. 지반공학적 검토대상 흙의 공학적 성질은 지표하 응력범위 내 존재하므로 지반조사를 시행하여야 공학적 특성을 파악할 수 있다.

5. 시료채취 시 교란문제, 채취된 시료의 대표성 문제로 시험치와 현장치가 다를 수 있다.

(1) 교 란

(2) 포화도

(3) 배수조건

(4) 전단속도

(5) 현장응력 체계

50 탄성, 점성, 소성

1. 탄 성

(1) 정 의

① 물체가 외력을 받아 변형 → 외력을 제거 → 원형대로 회복되는 성질

② 작은 변형에서는 완전탄성은 아니지만 탄성으로 취급

응력－변형률 곡선에서 처음 부분(작은 변형)은 직선에 가까우므로 변형계수(탄성계수)를 구하여 흙의 탄성적인 거동을 추정

(2) 탄성계수(영율) = 변형계수

① 일축압축시험에서의 변형계수 추정

최대압축응력의 1/2되는 곳의 응력과 변형률의 비, 즉 기울기임

$$E_S = \frac{\frac{q_u}{2}}{\varepsilon_{50}} = \frac{q_u}{2\varepsilon_{50}}$$

단위 : kgf/cm^2

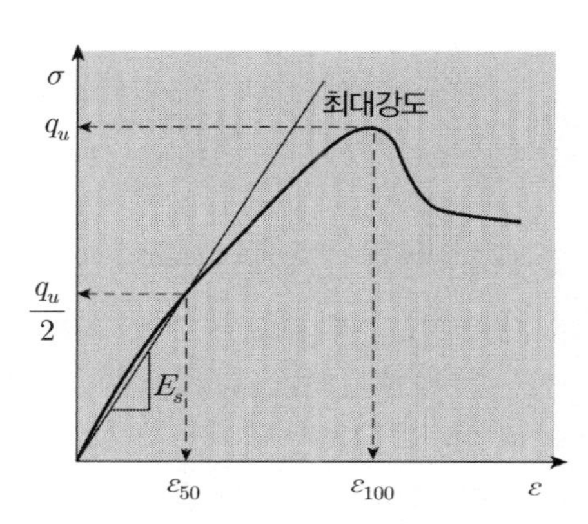

일축압축시험에서의 변형계수 추정

② 삼축압축시험에서의 변형계수 추정

$$E_S = \frac{\frac{\sigma_1 - \sigma_3}{2}}{\varepsilon_{50}} = \frac{\sigma_1 - \sigma_3}{2\varepsilon_{50}}$$

단위 : kgf/cm^2

(3) 전단탄성계수 = 강성률

전단응력에 대한 전단변형률의 비임

$$G = \frac{\tau}{\gamma}$$

단위 : kgf/cm^2, $\gamma = \frac{\Delta x}{y}$

(4) 체적탄성계수

$$K = \frac{P}{\varepsilon_v}$$

단위 : kgf/cm^2, $\varepsilon_v = \frac{\Delta V}{V}$

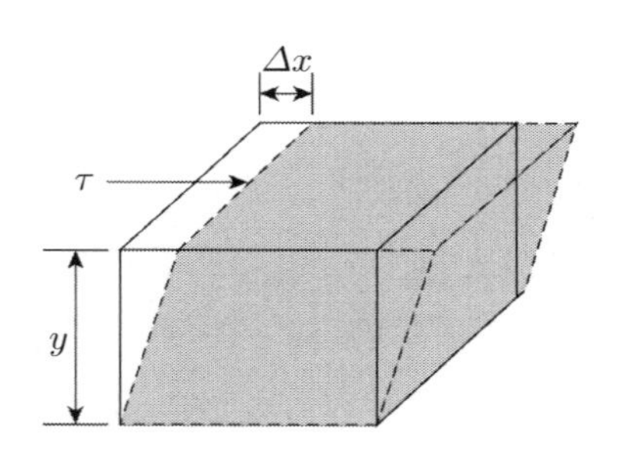

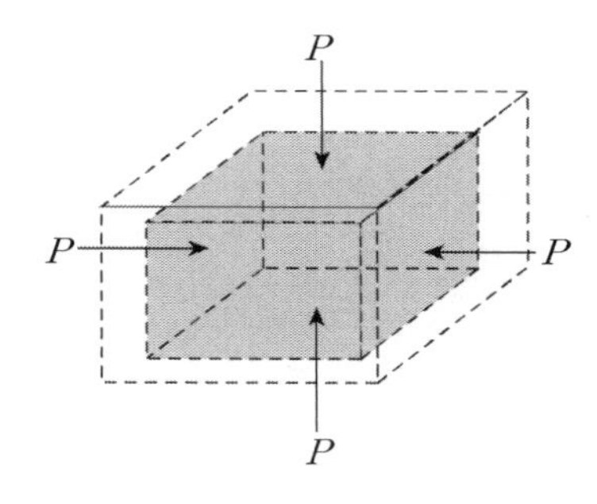

(5) 포아송비와 탄성계수와 관계

$$G = \frac{E}{2(1+\nu)} \qquad \nu = 0.5 \rightarrow E = 3G \qquad K = \frac{E}{3(1-2\nu)}$$

여기서, 포아송비 $\nu = \dfrac{\Delta d/d}{\Delta l/l}$ 포화된 점토는 약 0.5, 모래는 약 3.0임

✓ 포화된 점토의 경우 탄성계수는 전단탄성계수의 3배이며 체적탄성계수는 0이므로 체적 변화로 인한 회복은 없음

(6) 시간-응력-변형관계

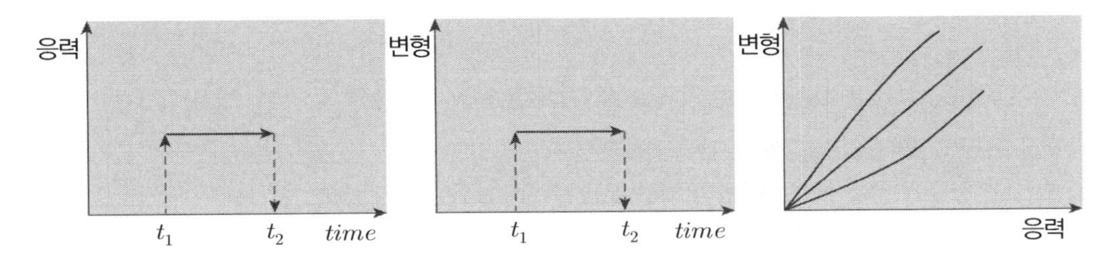

시간에 따라 임의 응력을 증감 없이 일정하게 가할 경우 발생변형량은 시간에 따라 증감이 없으며 응력의 크기가 증가할 경우 발생변형은 커지나 회복된다.

2. 점성(아스팔트)

(1) 정 의

유체의 경우 외력이 작용하면 저항 없이 유동하며 계속적인 변형을 하지만 외력을 제거하면 그 즉시 변형이 정지되며 절대로 회복되지 않는 성질을 말한다.

(2) 성 질

액체 자체의 운동 또는 액체 중에서 운동하는 물체는 외력이 없어지면 운동이 정지되고 에너지가 소멸되는데, 이는 점성에 기인하며 열에너지로 변화되며 발산되어 소멸된다.

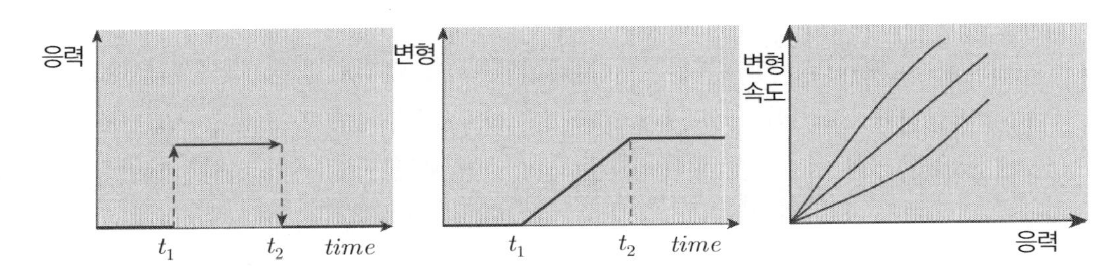

3. 소 성

(1) 정 의

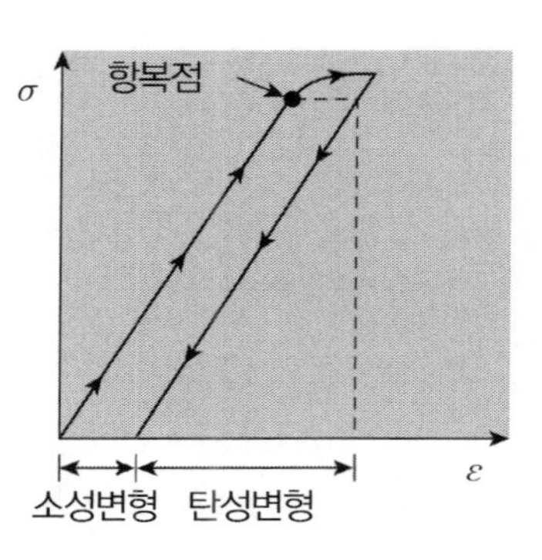

① 응력이 항복점을 초과하면 탄성은 사라지고 영구변형이 남게 되는데 이를 소성이라 한다.

② 항복점 이전은 탄성성질을 지니는 영역으로 탄성영역, 항복점 이후의 변형영역을 소성영역이라 한다.

(2) 소성흐름 법칙(*Plastic flow rule*)

① 소성흐름이란 응력－변형률 관계에서 항복점 이후(소성영역)에 응력의 변화가 없어도 변형의 증가가 크게 일어나는 현상으로

② 변형률 대신 변형률 증분으로 나타내며 지반해석 시 탄소성 해석 *Model*의 기본 이론 개념이다.

③ 기본적 3가지 가정

㉠ 주변형률 증분방향과 주응력방향이 일치해야 함

㉡ 체적 변화는 없어야 함(소성이므로 당연)

㉢ 변형률 증분은 응력증분과 비례관계임(선형이고 기울기를 말함)

④ 소성거동 해석

소성영역의 해석을 위해서는 탄성과 소성의 경계가 되는 파괴기준(항복점)을 정하고 항복점 이후의 변형－응력 관계를 묘사하기 위한 소성흐름법칙을 입력해야 함

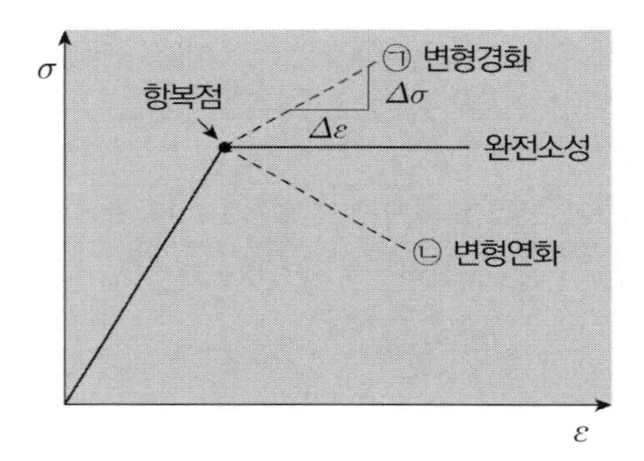

㉠ 변형경화 : $\dfrac{\Delta\sigma}{\Delta\varepsilon} > 0$

㉡ 변형연화 : $\dfrac{\Delta\sigma}{\Delta\varepsilon} < 0$

변형경화(*Strain hardening*), 변형연화(*Strain softning*)

⑤ 변형경화와 변형연화

㉠ 변형경화 : $\Delta\sigma/\Delta\varepsilon > 0$ → 항복점 이후 계속적인 변형이 되려면 더 많은 응력이 수반되어야 하므로, 예를 들어 강섬유 보강 *shotcrete*로 보강한 경우 취성파괴가 아닌 연성파괴로 유도하여 변형연화에 의한 터널의 붕괴를 방지할 수 있다.

㉡ 변형연화 : $\Delta\sigma/\Delta\varepsilon < 0$ → 소성변형이 증가함에 따라 응력이 감소하는 것을 뜻하며 대부분의 지반이 여기에 해당한다. 특히 진행성 파괴에 의한 잔류강도 해석 시 변형연화에

의한 모델을 활용한 지반해석이 요구된다.

✓ **진행성 파괴**란 흙에 응력을 가하게 되면 응력분포가 불균질할 경우 취약지점에 지점에 부분적적으로 집중되어 변위가 발생하고 인접부로 파괴면을 확산해가는 현상을 말하며, 진행성 파괴가 발생되는 경우의 흙에 전단응력은 첨두강도의 응력상태를 보인 후 변형연화되면서 잔류강도만을 가지게 된다. 따라서 진행성 파괴가 의심되는 지반에 대한 설계 및 시공 시 강도정수의 적용은 잔류강도에서의 강도정수를 적용함에 유의해야 한다.

㉢ 완전소성 = 강소성체 : $\Delta\sigma/\Delta\varepsilon = 0$ → 강소성체로 응력의 증분 없이 무한히 변형되므로 파괴를 의미한다. 토압, 지지력, 사면안정 등은 강소성체와 같이 파괴응력에 도달되기 전까지는 변위가 없다고 간주하고 파괴응력에 도달하면 무한한 변위가 생긴다고 가정한 이론으로 한계평형 해석의 기본이론으로 해석하며 실제로는 변위가 발생하므로 이를 극복하기 위해 적당한 안전율을 도입하여 실용적으로 사용하나 파괴응력 도달 전 변위에 대한 고려가 필요한 중요한 구조물인 경우에는 수치해석에 의한 변위검토를 하여야 한다.

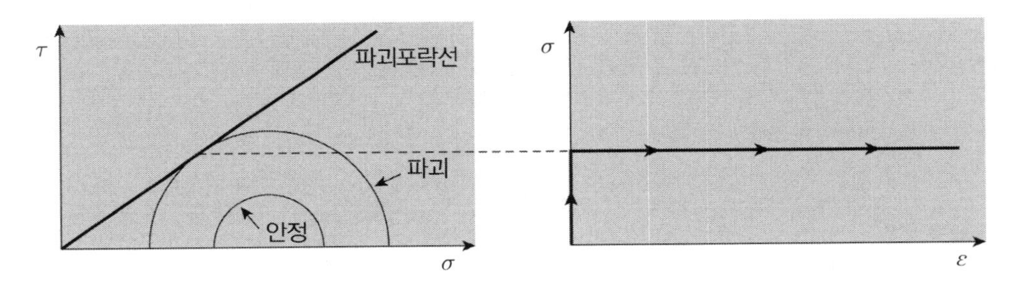

⑥ 지반해석 시 적용

㉠ 첫째, 탄소성해석 시 지반은 항복점까지는 탄성거동하나 항복점 이후 소성거동하므로 소성흐름 법칙을 적용해야 하므로 지반의 상태를 확인하여 응력에 따른 변형률의 패턴을 정할 필요가 있다.

㉡ 둘째, 항복점 이후 거동 특성을 추정할 필요가 있는 경우 매우 유용한다.

㉢ 셋째, 탄소성 *Model*(소성흐름)에서 대표적인 것은 *Camclay model*이다.

51 변형연화

1. 소 성

(1) 응력이 항복점을 초과하면 탄성은 사라지고 영구변형이 남게 되는데 이를 소성이라 함

(2) 영역 구분

① 항복점 이전 : 탄성영역 ② 항복점 이후 : 소성영역

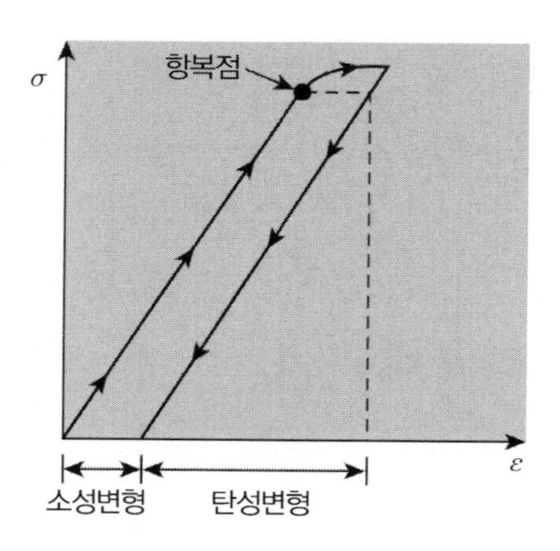

2. 변형연화

(1) 탄성과 소성을 모두 고려하는 탄소성 해석에 적용

(2) 항복점을 기준으로 이전은 탄성, 이후는 소성거동으로 묘사함

(3) 변형연화는 항복점 이후 거동을 묘사하여 변위량을 확인하기 위한 기법이며 소성흐름 법칙이 적용됨

(4) 항복점 이후에 응력을 감소 → 변형은 증가하는 성질을 변형연화라 함

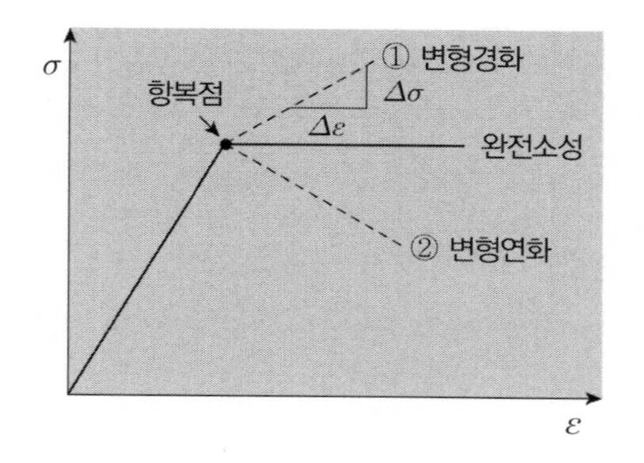

① 변형경화 : $\frac{\Delta\sigma}{\Delta\varepsilon} > 0$

② 변형연화 : $\frac{\Delta\sigma}{\Delta\varepsilon} < 0$

3. 변형연화를 고려해야 하는 지반조건

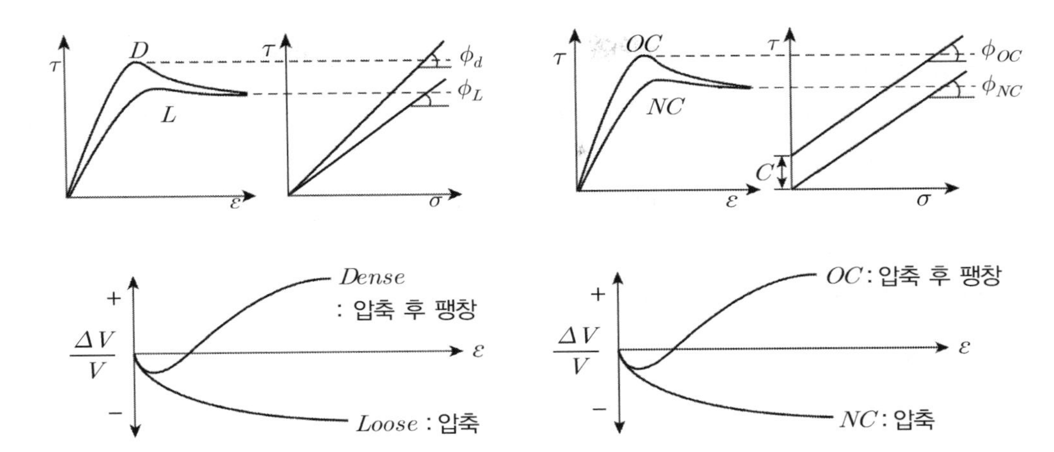

(1) 진행성 파괴의 위험이 있는 사면안정해석의 경우에는 변형연화되면 잔류강도에 의한 저하된 강도를 적용

(2) 말뚝기초에서 변형연화되는 지반조건일 경우 안전율을 크게 선정하여 약화된 지지력 감소를 고려해야 함

(3) 조밀한 모래, 과압밀점토의 경우 변형연화에 의한 변위-응력관계를 고려해야 함

52 지반해석을 위한 수치구성 모델

1. 수치구성 모델의 등장 배경

(1) 최근 들어 구조물의 대형화와 대심도화에 따라 과거에 비해 매우 큰 응력과 이에 대응하는 변위량도 증가되는 추세에 있다.

(2) 따라서 매우 큰 응력에 대응하는 발생 변위량에 대한 관심이 높아지며 지반의 특성에 부합된 합리적인 변위량을 해석하기 위해서는 지반과 구조물의 상호거동, 즉 응력－변위관계를 고려한 수치해석을 위한 여러 가지 방법이 개발 중에 있다.

2. 수치구성 모델의 종류 / 지반해석 모델의 종류

(1) 선형 탄성모델(*Linear elastic model*)

(2) 비선형 탄성모델(부분적 선형 탄성모델, *Non－Linear elastic model*)

(3) 탄소성 모델(*Elasto－plastic model*)

① 변형경과 ② 완전소성 ③ 변형연화

(4) 점탄성 모델(*Visco－elastic model*)

3. 지반해석 모델

(1) 선형 탄성모델(*Linear elastic model*)

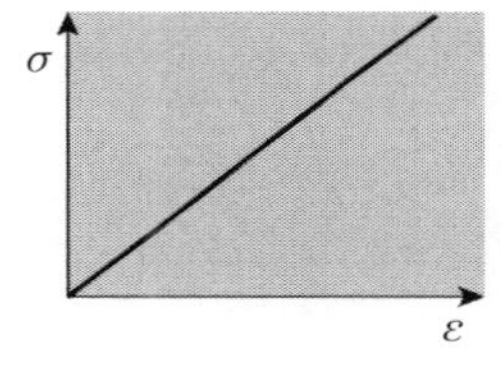

① 응력－변형관계 : 직선비례 관계로 가장 단순함

② 적용 : 강재, 콘크리트

③ 지반은 불연속체(3상으로 공기, 물, 흙으로 구성된 비균질체)에는 적용이 곤란함

(2) 비선형 탄성모델(*Non－Linear elastic model*)

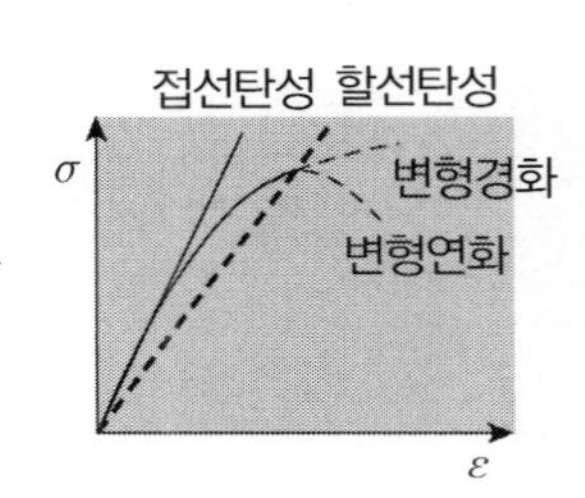

① 응력－변형관계 : 비선형

② 지반적용 : 몇 개의 구간으로 나누어 직선화 적용 여러 개의 변형계수가 나오므로 적용면에서 난해함

③ 직선가정화 필요 : 할선, 접선 이용

④ 대표적 수치모델 : *Hyperbolic model*

(3) 탄소성 모델(*Elasto－Plastic model*)

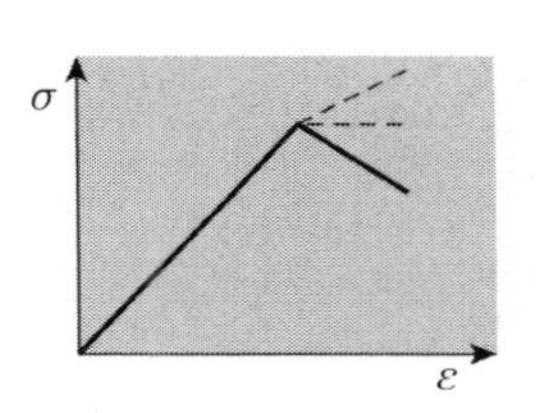

① 탄성영역과 소성영역의 변형을 모두 고려한 해석으로 지반해석에 가장 많이 사용하고 있는 모델

② 소성영역의 해석을 위해서는 탄성과 소성의 경계가 되는 파괴기준(항복점)을 정해야 하며

③ 항복점 이후의 변형-응력 관계를 묘사하기 위한 소성흐름법칙을 적용하기 위한 기본가정(3가지)이 필요함

(4) 점탄성 모델(*Visco-Elastic model*)

① 응력경과 시간에 따른 변위해석 : *Creep* 해석

② 2차 압밀침하 거동 해석

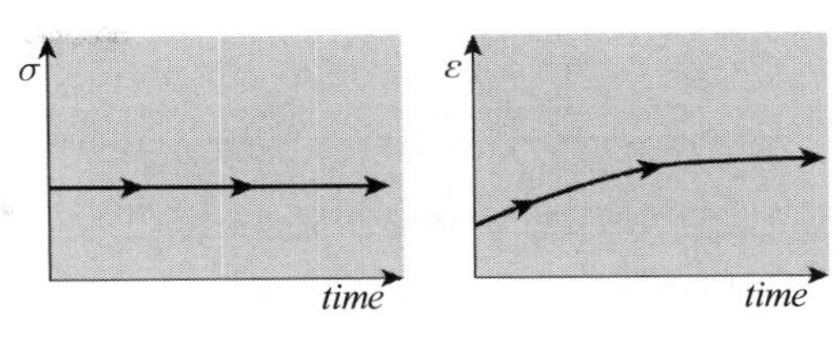

4. 지반 수치해석의 목적

(1) 변위량 크기 파악

(2) 변위방향 결정

(3) 파괴형태 추정

(4) 대책공법 선정

(5) 피해범위 산정

5. 수치해석 모델 선정

(1) 지반-구조물의 상호 거동을 정확히 해석하려면 현장응력체계와 실제 발생변위형태에 부합된 응력-변형률 관계가 묘사되어야 하므로 이에 부합된 수치구성 모델이 사용되어야 한다.

(2) 구조물(벽체, *Strut*)설계는 선형탄성 모델이 적정함

(3) 지반수치해석은 탄소성 해석이 타당함

① 해석대상인 지반은 미시적 불연속체로서 기본적으로 탄소성체로 보는 것이 합리적임

② 응력-변형 관계에서 지반의 거동자체가 비선형 거동이므로 유사하게 묘사됨

③ 응력조건 : 응력이력-시간-배수조건-환경영향을 받으며 시공단계별 진행시간과 응력상태 상태에 따라 거동하므로 탄소성 해석이 타당함

53 수치해석, 유한요소 해석

1. 개 요

과거에는 복잡한 지반 공학적 문제를 명확히 해결하는 것이 불가능하였으나 전산기와 수치해석방법이 등장하면서 응력－변위의 관계해석이 가능해졌다. 최근 들어 구조물의 대형화와 대심도화에 따라 과거에 비해 매우 큰 응력과 이에 대응하는 변위량 해석을 위한 수치해석 방법이 개발 중에 있다.

2. 수치해석의 종류

(1) 응력－변형에 따른 지반해석 모델 측면

① 선형 탄성모델(*Linear elastic model*)

② 비선형 탄성모델(*Non －Linear elastic model*)

③ 탄소성 모델(*Elasto －Plastic model*)

④ 점탄성 모델(*Visco －Elastic model*)

(2) 요소분할 및 사용방정식 측면

① 유한요소 해석　　② 유한차분법

③ 개별요소법　　④ 경계요소법

3. 유한요소법(*FEM : Finite Element Method*)

(1) 개 념

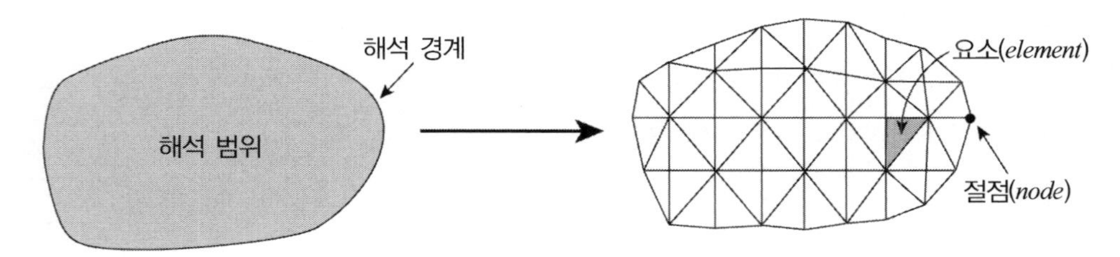

① 지반은 무수한 요소로 구성되어 있고 각 요소는 무수한 절점으로 결합되어 있으나

② 유한개의 요소와 절점으로 **모델링**하여 외부의 응력에 대해 평형방정식을 이용하여 각 절점의 변위를 계산하고 각 절점의 변위를 해석하여 요소의 응력－변위를 계산하는 방법

(2) 해석과정

① 해석 영역 설정

㉠ 응력－변위 거동 범위 내에서 영향이 작은 곳까지 하되

㉡ 해석 범위 외라도 관심대상이 되는 곳까지 확대 적용

② 요소분할

㉠ 요소의 크기와 수 결정 : 정밀한 해석결과를 위해서는 가능한 작게 해야 하나 계산시간의 불필요한 장기화를 방지하기 위해 적정크기와 요소의 수를 결정해야 한다.

㉡ 따라서 정밀도와 계산시간단축을 위해 붕괴예상지역, 구조물 밀집지역 등 관심지역은 요소크기를 작게 분할하고 그 외 지역과 계산값이 일정하게 나타나는 지역은 요소크기를 크게 설정한다.

③ 각 요소에 대한 좌표화(모델화)

㉠ 1차원 요소(예 : *Rock bolt*)

㉡ 2차원 요소(예 : *Shotcrete*)

㉢ 3차원 요소(구조물 등)

④ 해석모델 선정

㉠ *Mohr－Coulomb*

㉡ *Hoek－Brown*

⑤ 시공단계 선정

⑥ 각 요소의 방정식에서 전체 방정식으로 수치해석

⑦ 각 절점변위 계산 → 요소의 응력, 변위계산

(3) 특 징

① 탄성, 탄소성 해석 가능

② 복합재료로 이루어진 연속체 해석 가능(*Rock bolt*, *Shotcrete*, *Linning* 등)

③ 기하학적 형태나 하중에 제약이 없음

④ 유한 차분법보다 해석시간이 오래 걸림(복잡한 단면, 대형단면은 컴퓨터 용량이 커야 함)

⑤ 불연속체 해석 불가

(4) 대표적 *Program*

① *Pentagon*　　　② *Midas*

4. 유한차분법(*FDM : Finite Difference Method*)

(1) 개 념

유한요소법과 같이 유한한 요소로 모델링하며 각 절점의 평형방정식이 아닌 운동방정식을 이용해 응력－변위 거동을 해석하는 방법

(2) 해석과정(①～⑤ : 유한요소법과 동일)

① 해석영역 설정

㉠ 응력－변위 거동 범위 내에서 영향이 작은 곳까지 하되

㉡ 해석 범위 외라도 관심대상이 되는 곳까지 확대 적용

② 요소분할

㉠ 요소의 크기와 수 결정 : 정밀한 해석결과를 위해서는 가능한 작게 해야 하나 계산 시간의 불필요한 장기화를 방지하기 위해 적정크기와 요소의 수를 결정해야 한다.

㉡ 따라서 정밀도와 계산시간단축을 위해 붕괴예상지역, 구조물 밀집지역 등 관심 지역은 요소크기를 작게 분할하고 그 외 지역과 계산값이 일정하게 나타나는 지역은 요소크기를 크게 설정한다.

③ 각 요소에 대한 좌표화(모델화)

㉠ 1차원 요소 (예 : *Rock bolt*)

㉡ 2차원 요소(예 : *Shotcrete*)

㉢ 3차원 요소(구조물 등)

④ 해석모델 선정

㉠ *Mohr −Coulomb*

㉡ *Hoek −Brown*

⑤ 시공단계 선정

⑥ 운동방정식에 의한 속도, 변위 계산

⑦ 응력−변형 관계식 → 새로운 절점력 산정

(3) 특 징

① 탄성, 탄소성 해석 가능

② 복합재료로 이루어진 연속체 해석 가능(*Rock bolt*, *Shotcrete*, *Linning* 등)

③ 기하학적 형태나 하중에 제약이 없음

④ 유한요소법보다 해석시간이 짧음(컴퓨터 용량이 작아도 됨)

⑤ 불연속체 해석 불가

⑥ *time step*별로 응력−변위를 구하며 비선형 해석에 유리

(4) 대표적 *Program* : *FLAC*

5. 개별요소법(*DEM* : *Distinct Elemement Method*)

(1) 개 념

지반을 연속체로 간주하는 유한요소법, 유한차분법과 달리 지반을 개개의 블록으로 모델링하며 블록 거동을 해석하는 방법

(2) 해석과정 (①~⑤ : 유한요소법과 동일)

① 해석영역 설정

㉠ 응력−변위 거동 범위 내에서 영향이 작은 곳까지 하되

㉡ 해석범위 외라도 관심대상이 되는 곳까지 확대 적용

② 요소분할 = 격자분할

개별요소법에 있어서 격자는 임의로 분할하는 것이 아니라 불연속면의 방향, 연장, 간격 등을 고려하여야 실제 블록과 유사하게 분할하는 것이 관건이다.

③ 각 요소에 대한 좌표화(모델화)

㉠ 1차원 요소 (예 : *Rock bolt*)　　㉡ 2차원 요소(예 : *Shotcrete*)

㉢ 3차원 요소(구조물 등)

④ 해석모델 선정

㉠ *Mohr* −*Coulomb*　　㉡ *Hoek* −*Brown*

⑤ 시공단계 선정

⑥ 블록에 작용하는 불평형력(*Unblanced force*)으로부터 가속도를 구함

⑦ 평형상태에 이르기까지 속도, 변위 계산

(3) 특 징

① 탄성, 탄소성 해석 가능

② 복합재료로 이루어진 연속체 해석 가능(*Rock bolt*, *Shotcrete*, *Linning* 등)

③ 기하학적 형태나 하중에 제약이 없음

④ 유한요소법보다 해석시간이 짧음(컴퓨터 용량이 작아도 됨)

⑤ 연속체보다 불연속체의 거동에 대한 해석용으로 실제에 부합됨

⑥ 블록 자체의 거동보다 블록 경계면의 거동해석이 중요함

⑦ 불연속면의 방향, 연장, 간격과 잔류마찰각, 거칠기 계수, 암석압축강도는 물론, 절리면의 수직강성, 전단강성 등 기하학적 형태와 물성치에 대한 정확한 입력에 주의를 기울여야 함

(4) 대표적 프로그램 : *UDEC*

6. 경계요소법(*BEM* : *Boundary Elemement Method*)

(1) 개 념

경계요소법은 해석대상의 경계면만 모델링하며 응력−변형거동을 해석하는 방법

(2) 해석과정(유한요소법과 유사)

(3) 특 징

① 경계부 해석으로 계산시간 크게 단축

② 관심영역이 경계 부분에만 국한되므로 효율적임

③ 선형거동만 취급

④ 복잡한 공정, 단면 등 취급은 곤란함

(4) 대표적 *Program* : *Examine*

7. 각 방법의 모델링 비교

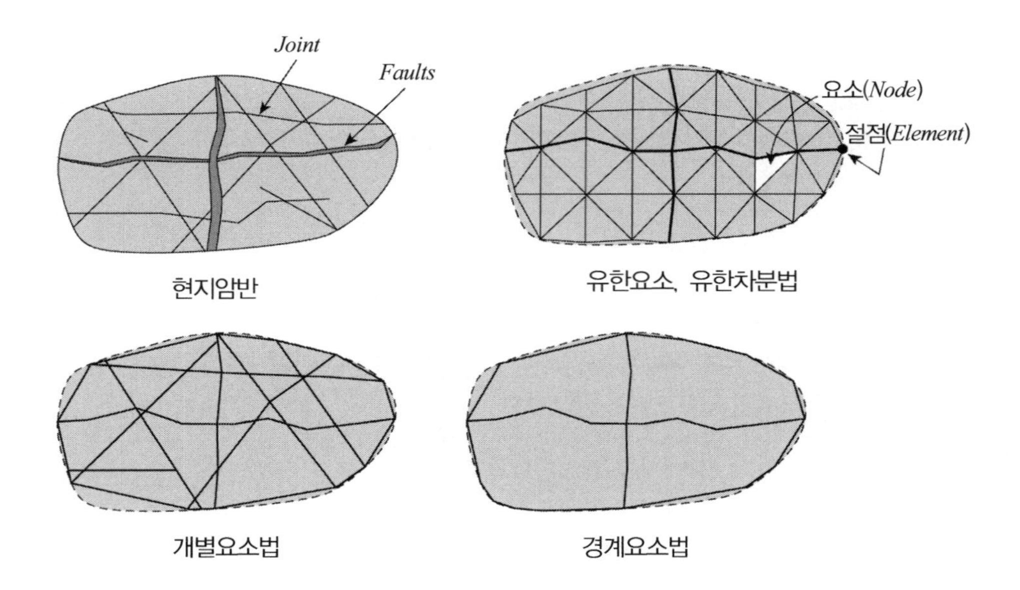

8. 수치해석의 이용

(1) 설계해석

① 수치해석이 아닌 일반적인 안전율 개념에 의한 검토의 경우 안전율이 만족하면 안정하고 안전율이 부족하면 파괴된다는 개념으로 파괴전의 응력 – 변형 검토가 불가능하였다.

② 그러나 수치해석에 의한 해석은 지반 내에 발생하는 응력의 분포, 변형의 크기와 방향을 모두 파악할 수 있으므로 터널거동, 사면안정, 굴착 흙막이, 지진 시 변형의 정도를 설계에 반영할 수 있다.

③ 특히, 시공단계별 검토가 가능하므로 시공 중 발생 가능한 응력집중, 파괴예상 위치 변형 *Vecter*를 이용한 파괴형태를 예측할 수 있으므로 매우 유용하다.

(2) 매개변수와 예민성 판단, 역해석이 가능함

① 매개변수 : 구조물의 형태, 깊이, 단면 등은 고정하고 지반의 물성치를 변수로 물성치 변화에 따른 지반거동 분석

예) 매개변수를 변형계수, 정지토압의 변화에 따른 터널의 변형과 형태 파악

② 예민성 : 지반의 물성치를 고정하고 구조물의 형태와 치수를 변수로 지반의 영향을 분석

예) 터널굴착방법, 쌍굴터널의 간격, 상대적 굴진속도, 지보형식 변화에 따른 터널 주변 지반응력, 변형거동에 따른 지반의 영향 분석

③ 역해석 : 현장계측자료를 근거로 응력과 변형에 대한 데이터를 이용하여 설계결과를 검증하거나 필요시 다음 단계의 시공을 위한 지반의 물성치를 결정하는 데 사용됨. 따라서 설계 시 해석 순서와는 반대로 되므로 역해석이라고 함

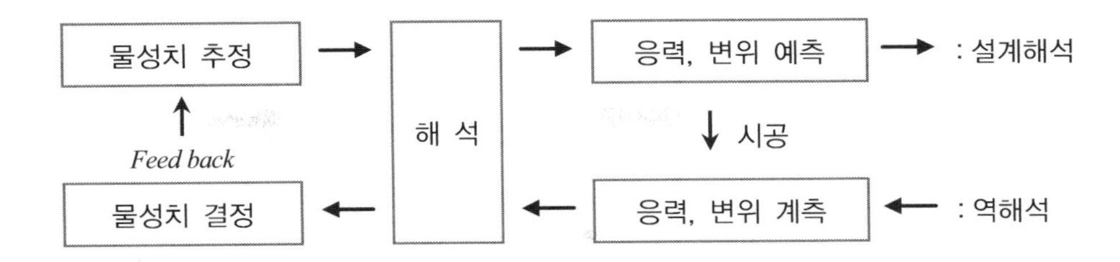

9. 수치구성식 모델 선정

(1) 지반-구조물의 상호 거동을 정확히 해석하려면 현장응력체계와 실제 발생 변위형태에 부합된 응력-변형률 관계가 묘사되어야 하므로 이에 부합된 수치구성 모델이 사용되어야 한다.

(2) 구조물(벽체, *Strut*)설계는 선형탄성 모델이 적정함

(3) 지반수치해석은 탄소성 해석이 타당함

① 해석대상인 지반은 미시적 불연속체로서 기본적으로 탄소성체로 보는 것이 합리적임

② 응력-변형 관계에서 지반의 거동 자체가 비선형 거동이므로 유사하게 묘사됨

③ 응력조건 : 응력이력-시간-배수조건-환경영향을 받으며 시공단계별 진행시간과 응력상태 상태에 따라 거동하므로 탄소성 해석이 타당함

(4) 시간종속적인 지반성질설계 적용 : 점탄성 모델 적용

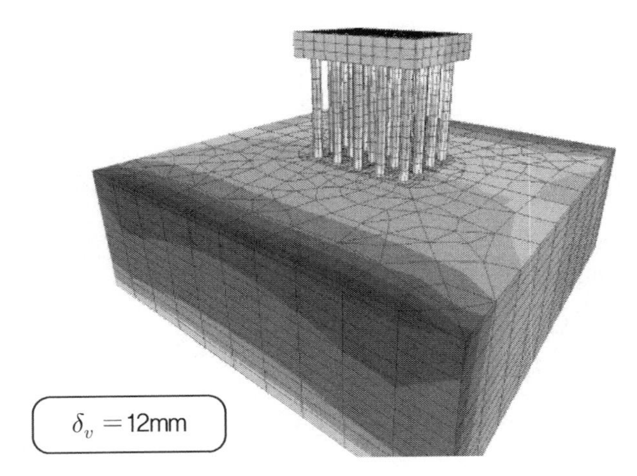

깊은기초의 수치 해석(선단침하량, *Midas GTS*)

54 역해석(역계산)

1. 개 요

복잡한 지반공학적 문제를 과거에는 명확히 해결하기가 불가능하였으나 전산기와 수치해석방법이 등장하면서 설계해석 순서와 반대로 현장계측자료를 근거로 응력과 변형에 대한 데이터를 이용하여 설계결과를 검증하거나 필요시 다음 단계의 시공을 위한 지반의 물성치를 결정하는 것을 역해석이라고 한다.

2. 역해석의 개념도

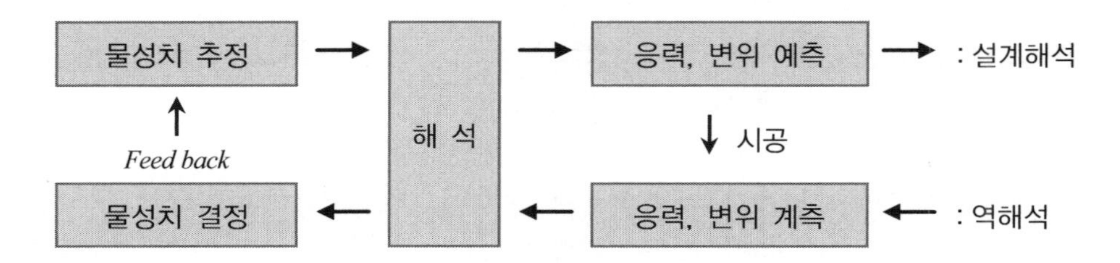

3. 문제점

(1) 계측기 설치 전 초기조건 σ, ε 측정 곤란

(2) 계측결과는 시공단계와 관련이 깊으나 계측 당시 시공단계에서 발생한 문제인지 그 이전단계에서 발생한 문제인지 원인파악을 위한 자료로는 분별이 곤란함 → 계측자료는 계측 당시 상황에만 유효한 국한된 자료임

4. 적용성

(1) 설계 시 적용한 물성치 재검증

(2) 시공계획 수립의 근거(설계변경, 공법변경, 공기산출)

(3) 향후 유사한 설계 시 피드백을 통한 설계 개선 효과

5. 역해석 적용(예)

(1) 사면안정 : 사면이 붕괴된 경우 한계평형조건 $Fs = 1$로 하여 c, ϕ 결정

(2) 연약지반 성토 : 경사계의 변위로부터 측방토압 역산, 사면활동, 한계성토고 재검토

(3) 흙막이 : 굴착단계별 σ, ε 측정을 통한 설계치 비교 → 지보재 간격 및 강성 검토

(4) 터널 : 내공변위 → 변형계수 추정, 계측(A, B)을 통해 지보재, 굴착방법 재결정

55 인공신경망(Artificial Neural Network)

1. 인공신경망

인공신경망은 인간의 뇌세포의 특성이 학습능력이 있고 여기서 배운 정보를 병렬처리하여 효율적으로 문제를 해결함에 착안하여 무수한 처리소자들이 병렬로 연결된 연산구조를 컴퓨터에 설치하여 지반과 관련된 여러 문제를 해결하는 해석기법을 말한다.

2. 인간신경망과 인공신경망

(1) 인간신경망(뉴런)

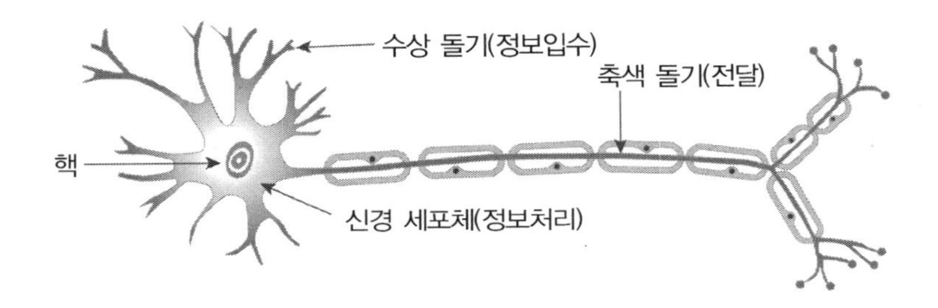

(2) 인공신경망

① 각각의 작은 원은 *Perceptron*(인공 인지체)을 의미함

② 신경회로망이 커지고 복잡해질수록, 더 나은 기능 수행

③ 다층 인공신경망 : 입력층과 출력층 사이에 새로운 층 추가

④ 은닉층(*Hidden layer*), 중간층(*Internal layer*)

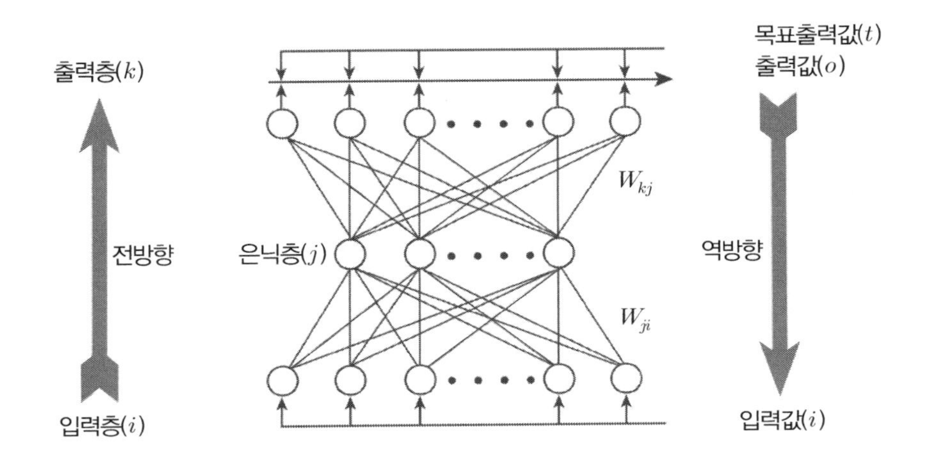

3. 인공신경망의 기능

(1) 학습과정 : 정보기억 과정

(2) 회상 과정 : 계산 및 출력과정

(3) 전문가 시스템

① 비전문가라 할지라도 전문가가 입력한 데이터를 이용하여 원하는 결과를 얻는 일종의 자문형 컴퓨터 시스템

② 지반에 대한 상황별 문제점만 주어지면 기존 데이터를 이용하여 추론된 결과를 얻을 수 있는 인공지능 시스템 중 한 분야

4. 국내 연구사례

(1) 인공신경망을 이용한 연약지반 설계

(2) 터널 인접부(근접시공) 안전진단

(3) *Pile*의 극한 지지력

(4) 암반의 투수계수산정

5. 적용상 문제점

(1) 설명기능 약함

(2) 학습시키는 데 많은 데이터와 시간이 필요

① 자료의 신뢰성

② 자료의 다양성(현장조건 상이)

③ 현장자료 데이터베이스(시험, 조사, 계측)의 체계 미구축

(3) 병렬처리가 가능한 하드웨어 비용이 비쌈

(4) 기술자의 인식 : 실패사례 제공 기피

6. 평 가

(1) 인공신경망의 신뢰성 확보를 위한 조치

① 다양한 현장조건별 자료 축적

② 현장조건별 비교 자료 축적

③ 현장자료 데이터베이스(시험, 조사, 계측)의 체계 구축

(2) 병렬처리가 가능한 하드웨어의 개발과 대중화를 통한 저렴한 구매기회 제공

(3) 기술자의 인식공유와 실패사례에 대한 책임전가 분위기 쇄신

56 $CD \rightarrow \overline{CU}$ 대체 이유, UD 시험이 없는 이유

1. 삼축압축시험의 적용 개념

(1) 현장상태의 배수조건을 고려한 시험을 실시하여 얻은 강도정수로 대상지반의 안정 검토

(2) 배수조건에 따른 시험방법은 전응력해석과 유효응력해석이 있음

① 전응력해석 : UU 시험

② 유효응력해석 : CU, CD시험

2. 삼축압축시험의 종류

(1) 선행압밀하중 크기에 따른 시험의 적용

① 시험의 적용

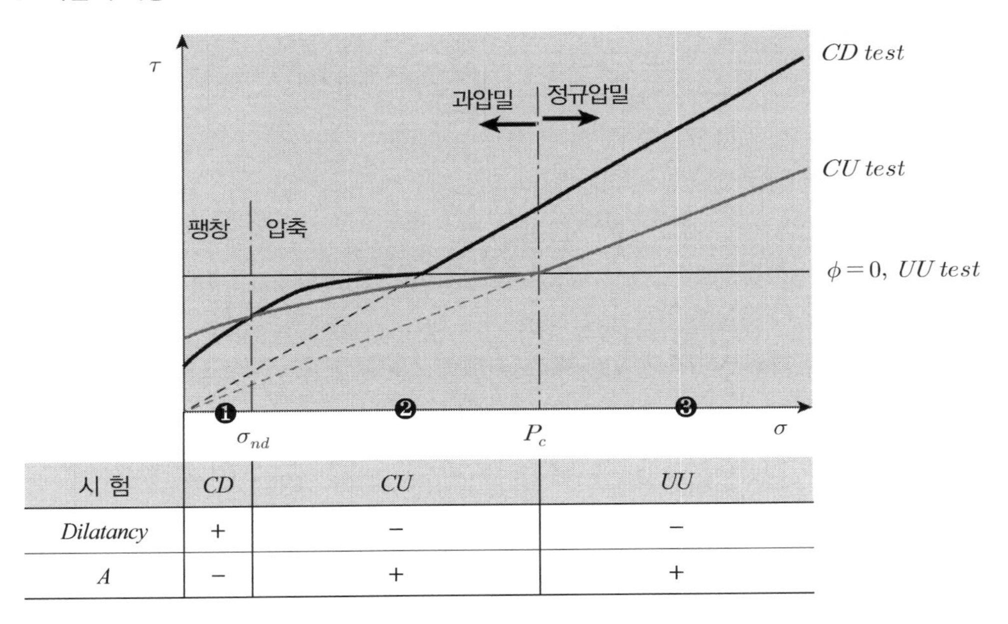

시 험	CD	CU	UU
Dilatancy	+	−	−
A	−	+	+

② 강도정수와 해석법 적용

구 분	❶ : $0 \sim \sigma_{nd}$	❷ : $\sigma_{nd} \sim P_c$	❸ : P_c 이상
시험법	CD	CU	UU
강도정수	C_d, ϕ_a	C_{cu}, ϕ_{cu}	$\phi=0$, $\tau=S_u$
해석법	유효응력	유효응력	전응력해석
Dilatatancy	+	−	−
간극수압계수	−	+	+

(2) 배수조건에 따른 구분

구 분	압밀단계	전단 시	적 용
비압밀 비배수 시험 : *UU test* (*Unconsolidation Undrain Test*)	비배수	비배수	• 점토지반에 급속성토(성토 직후 사면안정) • 절토 중 사면안정 • 단계성토 직후 • *UU*조건 기초 지지력(점토지반)
압밀 비배수 시험 : *CU test*, $\overline{CU}$ *test* (*Consolidation Undrain Test*) – 등방 : *CIU*, $\overline{CIU}$ – 비등방 : *CAU*, $\overline{CAU}$	배 수	비배수	• 압밀된 지반에 단계성토 직후 • 수위 급강하 • 자연사면 위 성토
압밀배수시험 : *CD test* (*Consolidation Drain Test*)	배 수	배 수	• 완속 성토 • 장기 사면해석 • 과압밀점토지반 사면해석 • 정상 침투 • 모래지반 안정해석

③ 구속압력 선정방법에 따른 구분

㉠ 전응력 시험 : 전응력으로 토피하중을 가감(*UU*, *CU*)

㉡ 유효응력시험 : $\overline{CU}$ 시험, $\overline{CAU}$ 시험

3. *CU*시험과 *CD*으로 대체하는 이유 = 상관성

(1) *CU*시험 : 압밀 시는 배수, 전단 시는 비배수 조건이므로 전응력과 간극수압의 측정

→ 유효응력($\sigma' = \sigma - u$)의 강도정수 적용

(2) *CD*시험 : 압밀 및 전단 시 과잉간극수압이 발생하지 않도록 시험

→ 직접 C', ϕ' 구함

(3) *CD*시험과 *CU*시험결과는 동일하며 CD시험은 과잉간극수압이 발생하지 않도록 하기 위해 하중을 매우 작게 오랜 시간 재하하여야 하므로 연구목적 외에는 실무에서는 적용하지 않음

4. *UD*시험이 없는 이유

압밀단계에서 비배수된 상태로서 전단 시 배수시키더라도 간극수압이 발생은 필연적이며 현실적으로 배수 상태로 되지 않으므로 시험 자체가 되지 않음

57 안식각과 내부마찰각

1. 안식각

(1) 정 의

모래와 자갈과 같이 점착력이 없는 흙의 *loose*한 상태로 사면형성 시 사면이 유지될 수 있는 최대의 경사각으로 $F_S = 1$일 때의 경사각을 말함

(2) 시 험

모래를 조금씩 뿌려 사면 형성 후 경사각 측정

(3) 영향인자

① 함수비　　② 입형

2. 내부마찰각

(1) 정 의

흙 입자 사이의 작용하는 마찰성분의 합으로 유효수직응력에 큰 영향을 받으며 전단강도에 영향을 미친다.

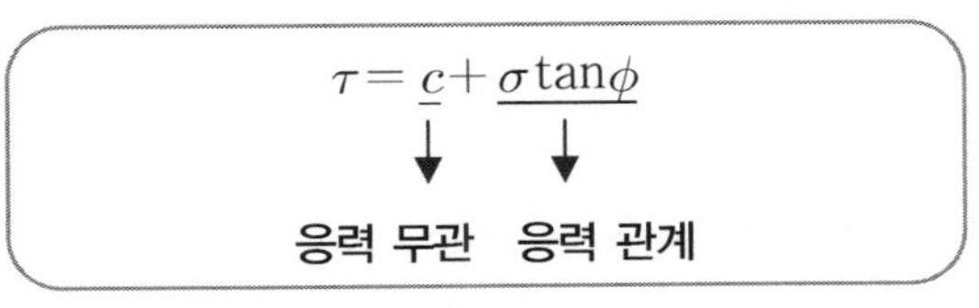

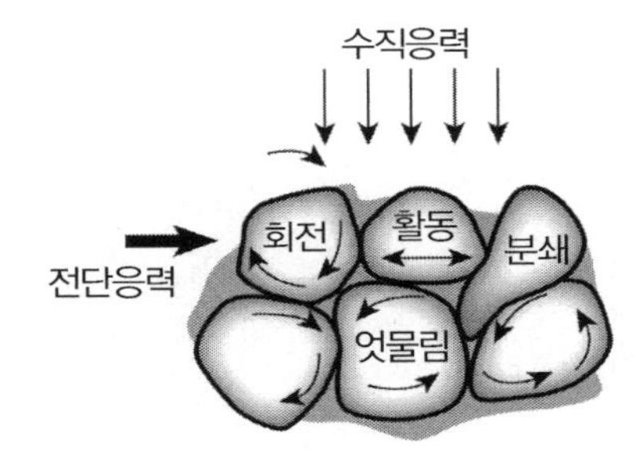

✓ 마찰저항 : 회전, 활동 시 마찰

(2) 시험 : 일축압축, 직접전단, 삼축압축시험

(3) 영향인자

① 상대밀도 : 상대밀도가 클수록 간극비가 적을수록 전단저항각은 커진다.

② 입자의 크기 : 간극비가 일정한 조건하에서는 입자의 크기는 별로 영향을 끼치지 않는다. 그 이유는 입자의 크기가 큰 경우 *Interlocking*에 의한 효과가 증가할 수 있으나 덩어리가 큰 경우 접촉부분에서 부서지면서 미끄러지므로 상호 효과가 상쇄되어 내부마찰각은 비슷해짐

③ 입도와 입형

㉠ 입도가 양호하면 ϕ값 증가 → 상대밀도 및 τ 값 증가

㉡ 입형이 모난 경우가 둥근 경우에 비해 ϕ값 증가 → τ 값 증가

④ 물의 영향 : 투수계수가 커 과잉간극수압이 발생치 않으므로 전응력 ≒ 유효응력 단, 지진 시 제외

⑤ 중간 주응력

㉠ 중간 주응력을 고려하여 평면 변형전단 시험으로 시험한 ϕ값은 구속조건의 차이로 인해 표준삼축압축시험으로 구한 ϕ값보다 큼

㉡ 평면변형조건인 옹벽, 줄기초계산 전단시험 값은 1.1ϕ로 사용함

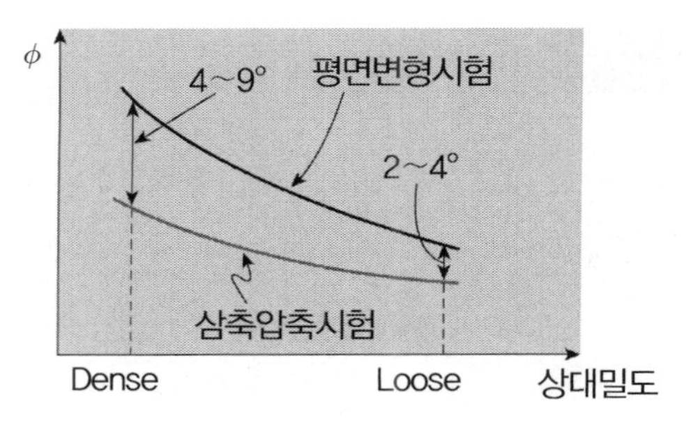

⑥ 구속압력 : 포화토와 불포화토의 강도정수 적용 차이

시험을 행하는 과정에서 현장의 포화상태가 시료채취과정과 운반과정에서 느슨하게, 즉 포화 상태로 변하게 된 것을 $UU-test$하는 경우 처음에 압력을 가할 때는 압밀이 발생하므로 유효응력의 변화가 생기므로 구속압의 증가에 따라 전단강도의 증가가 발행되나 결국, 완전포화상태에 이르면 토질에 관계없이 $\phi=0$의 거동을 보이게 됨

㉠ 작은 구속압 : 직선의 기울기 증가

㉡ 큰 구속압력 : 기울기 감소

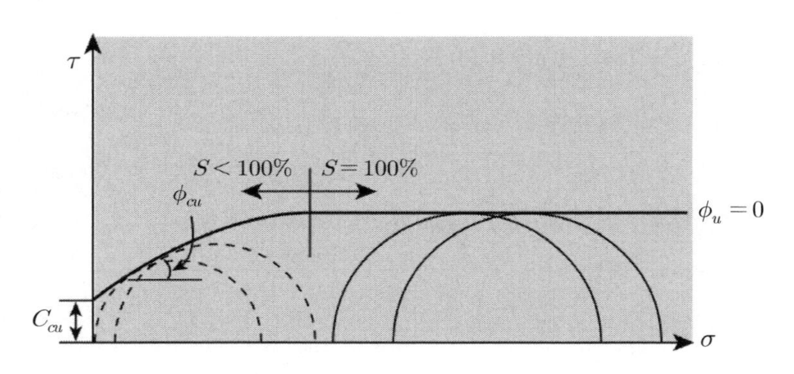

불포화토의 UU시험에서의 $Mohr$ 포락선

※ 구속압이 커질수록 입자 간의 접촉점에서 모서리 부분이 부서지면서 입자체가 깨지므로 전단저항각은 점점 작아짐. 구속압이 커지면서 간극 내의 공기압축으로 체적이 감소하여 파괴모어원이 커지며 구속압력이 상당히 크게 되면 공기가 용해되어 포화상태가 되며 모어원의 크기가 일정해짐

3. 안식각, 내부마찰각의 비교

(1) *Loose sand*, 건조한 모래 : 내부마찰각 ≒ 안식각

(2) *Dense sand*, 습윤한 모래 : 안식각 < 내부마찰각(겉보기 점착력이 발휘)

(3) 안식각 크기는 실트 < 모래 < 모래, 자갈 섞인 혼합석이며 대략 $25° \sim 35°$ 정도임

58 재하속도와 비배수 전단강도(투수계수와 전단강도)

1. 개 요

(1) 전단강도는 간극수압에 영향을 받으며 간극수압의 소산속도는 투수계수와 연관이 있다.

(2) 따라서 투수계수가 큰 모래는 전단속도에 영향을 받지 않으나 투수계수가 작은 점성토는 전단속도에 따라 과잉간극수압의 소산속도가 달라지므로 매우 큰 영향을 받게 된다.

✓ 점토 : 전단속도 大 → 과잉간극수압 증가 → 전단강도 저하 → 불안전측

2. 전단속도와 전단강도

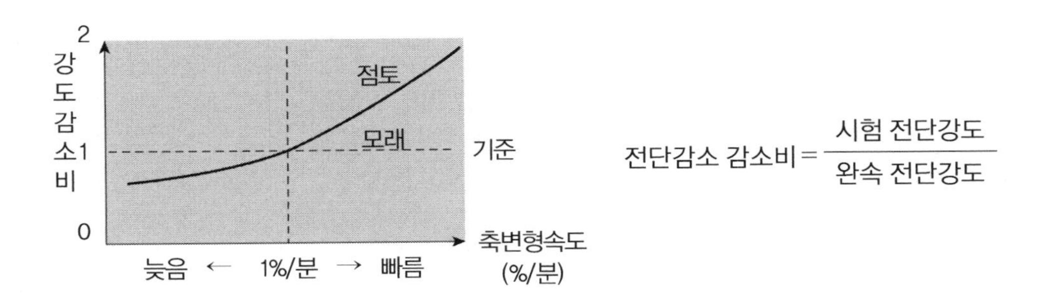

$$\text{전단감소 감소비} = \frac{\text{시험 전단강도}}{\text{완속 전단강도}}$$

3. 시험 규정

(1) 삼축시험

기 준 \ 배수조건	*UU*	*CU*	*CD*
전단속도(%/분)	1.0	0.5～1.0	0.5 이하

(2) *VANE* 전단시험

① 기준 : 360°/시간

② 보정 : *PI*값 이상인 경우 보정

$$C_{uc} = \mu \times C_{uf}$$

여기서, C_{uc} : 보정된 비배수 전단강도

μ : 보정계수

C_{uf} : 현장실측 배배수 강도

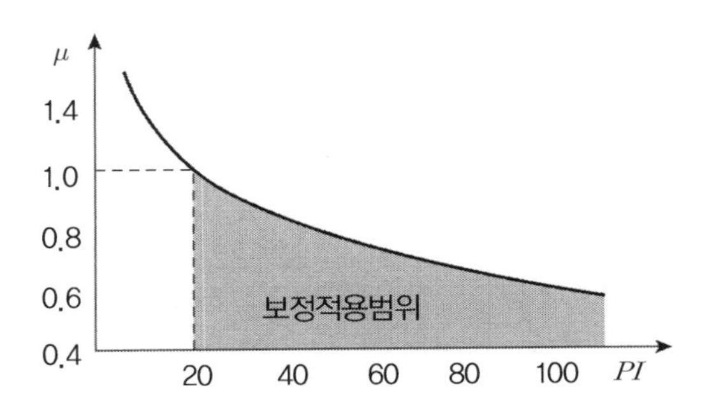

③ 보정이유

㉠ *Sand seam* : 강도 크게 평가

㉡ 속도(회전) : 속도 크면 강도 크게 평가

㉢ 마찰 : 심도가 깊으면 *Rod*의 마찰로 강도 크게 평가

(3) *CPT*

① 휴대용 *CPT* : 1*cm*/*sec*

② *DCPT* : 1 ~2*cm*/*sec*

③ *CPTU* : 2*cm*/*sec*

4. 결 론

(1) *CD*시험의 경우 국내 연구사례에 의하면 0.1%/분이라야 간극수압이 발생되지 않는다고 하나

(2) 실제적으로 전단 시 과잉간극수압이 발생하지 않도록 함이 대단히 중요함

(3) 전단강도는 유효응력과 간극수압의 함수[$\tau = c + (\sigma - u)\tan\phi$] 이므로 간극수압이 크면 전단강도는 과소평가됨

59 한계상태설계법과 허용응력설계법

1. 정 의

(1) 한계상태 설계란 응력과 변위가 일정한 한계상태(구조물의 기능이 종료되는 상태)에 도달되는지 여부를 확률론적으로 고려한 신뢰성 개념의 설계법

(2) 확률론은 신뢰성개념으로 응력의 변동요인과 조사·설계의 불확실 요소를 고려한 설계법으로 국제기준(*ISO*)에서 제시한 설계법으로 *Eurd code*와 하중저항 계수법(*LRFD*: *Load and Resistance FactorDesign*)라고도 함

(3) 즉, 허용응력설계법이 불확실요소(변동요인)를 안전율로 고려하였다면 한계상태 설계법은 강도와 응력의 적용에 있어 경험적 요인을 고려한 설계임

2. 한계상태설계법과 허용응력설계법 개념 비교

(1) 한계 상태

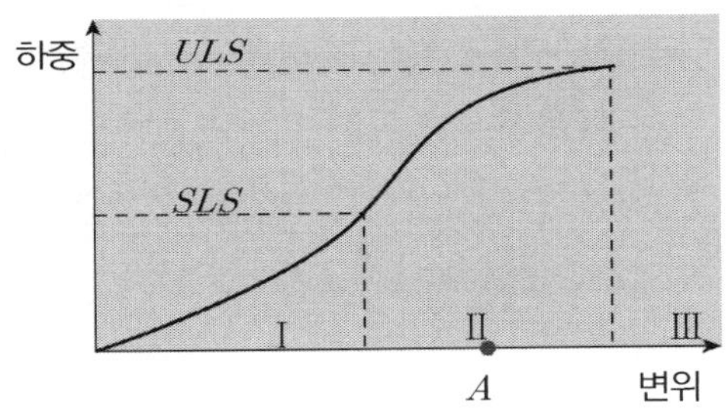

ULS(Ultimate limit state) : 극한한계상태(파괴)
SLS(Serviceablity limit state) : 사용한계상태
(사용성에 문제없는 한계)

I : 공용기간 중 사용성, 내구성이 탄성범위 내에 있는 범위

II : 공용기간 중 사용성, 내구성이 제 기능을 가끔 잃음
→ 소성상태

III : 공용기간 중 사용성, 내구성을 완전 상실
→ 취성파괴(손상파괴)

(2) 허용응력 설계

변위와 응력의 한계범위(위 그림 *A*)를 안전율로 고려하여 설계

3. 한계상태설계법과 허용응력설계법 결과 비교

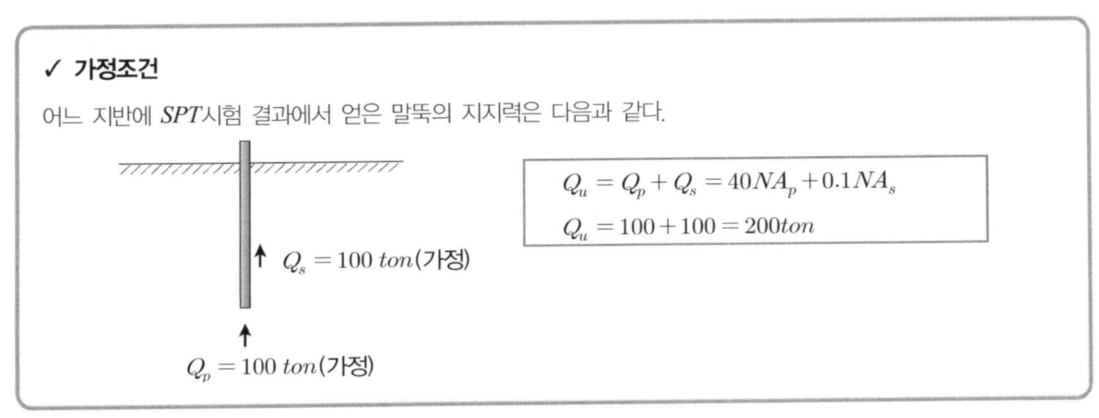

(1) 허용응력설계법 $Q_a = \frac{Q_u}{F_s} = \frac{200}{3} = 67ton$

(2) 한계상태설계법

① 개 념

$$\underline{\phi \cdot R_n} \geq \underline{\sum r_i \cdot Q}$$

↓ ↓

지반저항 ≥ 설계하중

ϕ : 저항계수 또는 강도감소계수(< 1) / SPT → .45

R_n : 공칭강도

r_i : 하중증가계수(> 1) → pile → 1.25

Q : 하중

② 허용지지력 산출

$R_n = Q_u$ 이므로 $0.45 \times 200 \geq 1.25 \times Q_a$ 에서

$$Q_a = \frac{0.45 \times 200}{1.25} = 72ton$$

(3) 평 가

구 분	허용응력설계	한계상태설계	차
허용 지지력	67*ton*	72*ton*	5.0*ton*

✓ 허용응력에 비해 5톤 차이만큼 경제적 설계가 가능함

4. 평 가

(1) 한계상태설계법은 지반강도(지지력)에 시험여건과 지지조건 등을 고려하여 1보다 작은 강도 감소 계수 ϕ를 적용하여 사용하고 하중에는 외력(지진 등)에 대한 변동요인을 고려하여 1보다 큰 하중증가 계수 r_i를 곱하여 허용지지력 Q를 구하는 설계이다.

(2) 한계상태설계는 신뢰성과 확률론에 기초한 설계로서 국제적으로 광범위하게 채택되어 사용 중인 설계법이다.

(3) 현재 구조물의 경우 설계기준이 극한강설계(한계상태설계)이나 하부 지반에 대한 설계는 허용응력법으로 설계하는 것은 모순인 것으로 보인다.

(4) 각 계수에 대한 더욱 많은 연구자료를 통해 정량적 평가에 의한 적용이 되도록 향후 발전이 되어야 할 부분으로 사료된다.

CHAPTER 06

토압

이 장의 핵심

- 토압은 앞장에서 배운 전단강도와 연계된 이론으로서 *Mohr*의 응력원으로부터 *Rankine*의 토압론이 등장했으며, *Coulomb*의 토압론과 더불어 옹벽의 안정성 검토를 위한 기본적인 이론이 된다.
- 실제 현장에서 굴착 깊이가 6*m*보다 깊은 경우가 대부분이며 이러한 경우의 해석은 탄소성해석, 즉 변위에 따른 토압의 변화에 대한 컴퓨터 분석을 통한 적정한 공법선정과 설계가 이루어지고 있는 실정이다.
- 그러나 무엇보다도 중요한 것은 고전적 토압론에 대한 우선적인 이해가 되어야만 보다 정확하고 내실 있는 설계가 이루어지므로 이에 대한 중요성을 인식하며 정리해야 한다.

CHAPTER 06 토 압

01 벽체변위와 토압이론

토압이란 수평방향의 토압을 말하며 여기에는 주동토압과 수동토압 그리고 정지토압이 있으며 주로 토압의 크기, 토압의 분포, 토압계수와 관련한 문제가 출제되고 있으므로 이에 대한 이해와 숙지가 요구된다.

1. 토압이란

흙막이벽, 옹벽, 지하실 등 흙과 접하는 구조물에 가해지는 수평방향의 압력을 토압이라 한다.

2. 변위에 따른 토압 및 종류

(1) 변위와 토압

토압의 크기는 벽체 변위와 아주 밀접한 관련이 있으며 **변위에 따라 그림과 같이 구별됨**

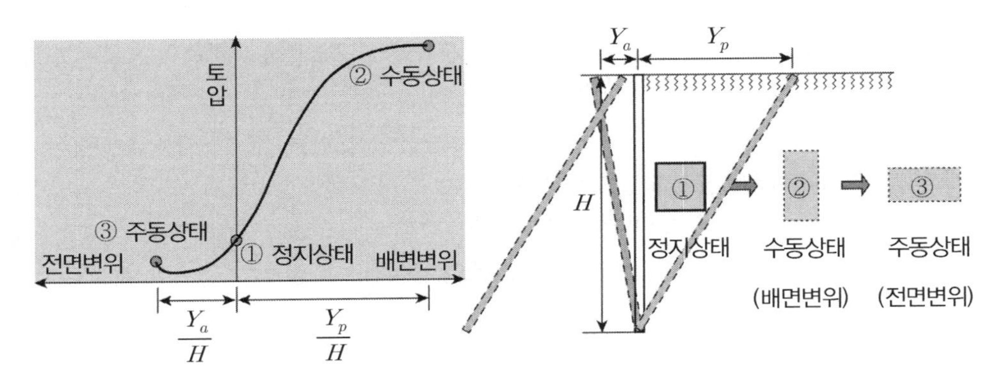

(2) 토압의 종류

① 주동토압 : 팽창(제하)변위에 따른 최소 토압

② 수동토압 : 압축(재하)변위에 따른 최대 토압

③ 정지토압 : 변위가 없는 한계상태의 토압

(3) 토압의 크기 : 주동 < 정지 < 수동상태

3. 강성벽체와 연성벽체의 변위에 따른 토압

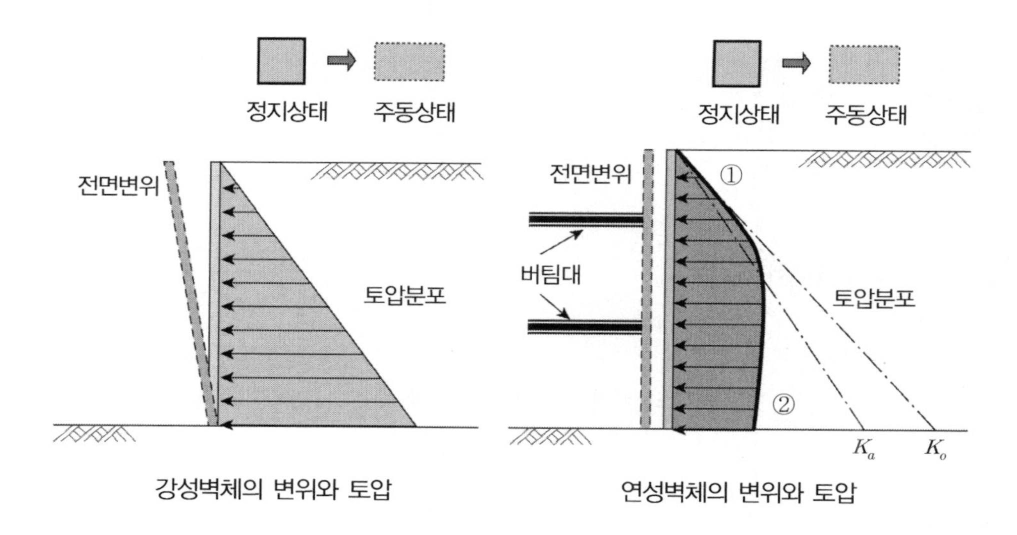

강성벽체의 변위와 토압　　　　　연성벽체의 변위와 토압

(1) 토압 분포

① 벽체변위가 허용되면 토압은 작아진다.

② 벽체변위가 구속되면 토압은 증가한다.

③ 강성벽체는 옹벽하단이 고정되고 상단은 변위가 허용되며 깊이에 따라 *Rankine, Coulomb*의 삼각형 토압으로 일정하게 증가한다.

④ 연성벽체는 벽체의 강성조건, 버팀방식과 시기, *Prestressing* 도입 등 변위조선이 강성벽체와는 다르므로 *Rankine, Coulomb* 토압이론에서의 삼각형 토압적용이 곤란하며 포물선 형상으로 토압이 분포한다.

⑤ 연성벽체의 토압분포도가 포물선 형태로 나타나는 이유는 변위 자체가 강성벽체와 다르므로 *Arching* 현상에 의해 토압이 재분배되기 때문이며 그림과 같이 ① 부분은 변위가 적으므로 정지토압에 근접되며 ② 부분의 변위는 강성벽체에 비해 커지므로 주동상태보다 작게 포물선 형상을 나타난다. 그러나 전체 토압의 크기는 토압의 재분배로 강성벽체와 동일하다.

4. 주동토압

(1) 정 의

벽체가 횡방향의 압력으로 회전하거나 움직여 뒷채움 흙이 팽창되면서 파괴가 될 때를 주동상태라 하며 주동상태 때의 토압을 주동토압이라고 한다.

(2) 주동토압계수 : 주동상태 때의 연직응력에 대한 수평토압의 비로서 다음과 같음

$$K_a = \frac{1-\sin\phi}{1+\sin\phi} = \tan^2\left(45 - \frac{\phi}{2}\right)$$

여기서, ϕ : 전단저항각

(3) 토압의 크기

① 단위 주동토압 = 임의깊이에서의 주동토압

$$P_a = \gamma \cdot z \cdot K_a - 2c\sqrt{K_a}(tonf/m^2)$$

② 전 주동토압

$$P_a = \frac{1}{2}\gamma \cdot H^2 \cdot K_a - 2cH\sqrt{K_a}(tonf/m)$$

✓ 전 주동토압의 크기 : 단위 주동토압을 밑변으로 한 삼각형의 면적과 같음

(4) 적 용

① 중력식 벽체 및 전체 안정 : *Coulomb* 토압

② 역 T, L형 옹벽 : 벽체계산 ─ 벽체계산 : *Coulomb* 토압 / 안정계산 : *Rankine* 토압

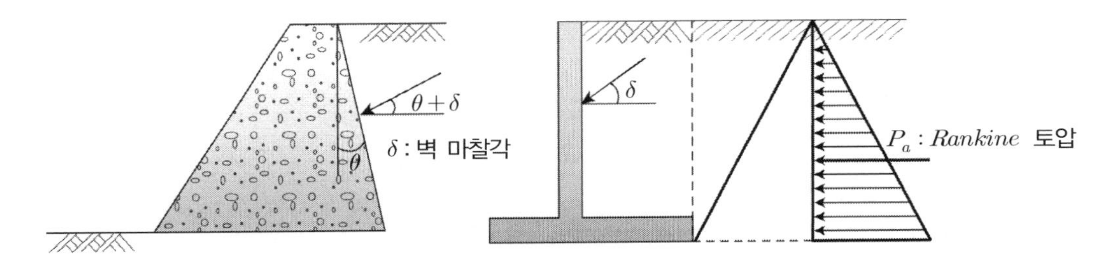

5. 수동토압

(1) 정 의

벽체가 횡방향의 압력으로 회전하거나 움직여 뒷채움 흙이 압축되면서 파괴가 될 때를 수동상태라 하며 수동상태 때의 토압을 수동토압이라고 한다.

(2) 수동토압계수 : 수동상태 때의 연직응력에 대한 수평토압의 비로서 다음과 같음

$$K_p = \frac{1+\sin\phi}{1-\sin\phi} = \tan^2\left(45 + \frac{\phi}{2}\right)$$

여기서, ϕ : 전단저항각

(3) 토압의 크기

① 단위 수동토압 = 임의깊이에서의 주동토압

$$P_p = \gamma \cdot z \cdot K_p + 2c\sqrt{K_p}(tonf/m^2)$$

② 전 수동토압

$$P_p = \frac{1}{2}\gamma \cdot H^2 \cdot K_p + 2cH\sqrt{K_p}(tonf/m)$$

✓ 전 수동토압의 크기 : 단위 수동토압을 밑변으로 한 삼각형의 면적과 같음

(4) 적 용

① 흙막이 벽체 근입깊이, 옹벽의 전면에 압성토가 있는 경우

② *Shear key* ③ *Anchor*

(5) 옹벽, 흙막이 설계 시 수동토압 안전율 적용

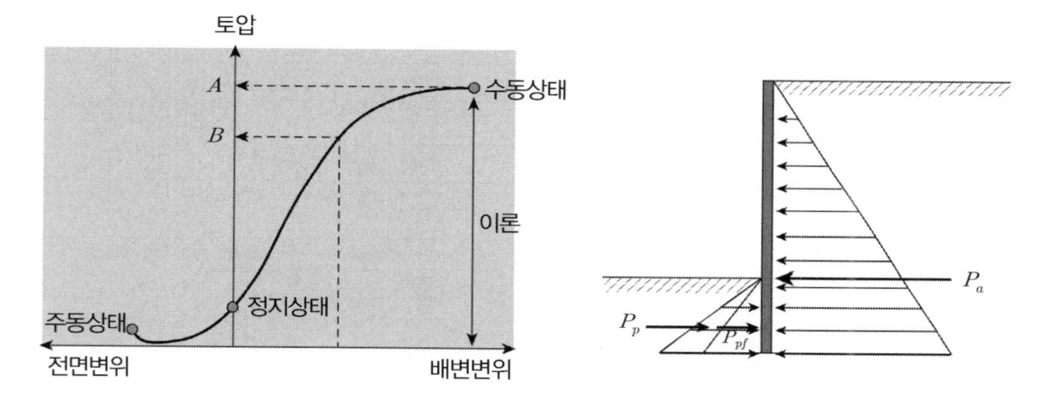

① 안전율 적용 이유

㉠ 이론적 수동토압(최대토압 : *A*)이 발휘되기 위해서는 큰 변위가 요구되나

㉡ 실제로는 주동토압으로 인해 이미 파괴된 변위로 인해 수동토압이 발휘되기 위해서는 더 큰 변위가 요구되나 옹벽의 안정을 위해 기대할 수 있는 수동토압은 주동상태에서의 안정이 기준이므로 안전율을 도입한 작은 변위에서의 수동토압(*B*)을 적용함으로서 불안전설계를 예방할 수 있다.

② 안전율 적용 방법

$$P_{pf} = \frac{P_p}{F_s}$$

F_s : 2 ~ 3

6. 정지토압

(1) 정 의

벽체가 횡 방향으로 변위가 발생하지 않을 때를 정지상태라 하며 이때의 토압을 정지토압이라고 한다.

(2) 정지토압계수

① 정의 : 정지상태 때의 연직응력에 대한 수평토압의 비

② 구하는 방법

㉠ 삼축 압축시험 : 수평방향의 변위가 없게 조절하여 구함

㉡ 압밀시험 : 수평방향의 변위가 없게 조절하는 특수장치를 이용(*Oedometer*)

㉢ 공내 재하시험, 수압 파쇄시험

㉣ 경험적 공식

ⓐ *Jaky* 공식

- 모래, 정규압밀점토

  $K_o = 1 - \sin\phi'$ 　여기서, ϕ' : 유효응력으로 구한 전단저항각

- 과압밀점토 : $K_o(\text{과압밀}) = K_{o(NC)}\sqrt{OCR}$

ⓑ 포아송비와의 관계 : *Hook* 공식

$$K_o = \frac{v}{1-v}$$

여기서, v : 포아송비

㉤ 일반적인 정지토압계수

모래, 자갈포화점토 : 0.35~0.6, 실용적 : 0.5, 과압밀점토 : 1.0

(3) 토압의 크기

① 단위 정지토압 = 임의깊이에서의 주동토압

$$P_o = \gamma \cdot z \cdot K_o (tonf/m^2)$$

② 전 정지토압

$$P_o = \frac{1}{2}\gamma \cdot H^2 \cdot K_o (tonf/m)$$

✓ 전 정지토압의 크기 : 단위 정지토압을 밑변으로 한 삼각형의 면적과 같음

(4) 적 용

① 지하 연속벽　　② 지중 *BOX*　　③ 암반상 옹벽

02 탄성론에 의한 K_o 정지토압계수

1. 개 요

(1) 지표면이 수평이고 흙이 균질한 자연상태에 있는 지반 내 응력은 다음과 같다.

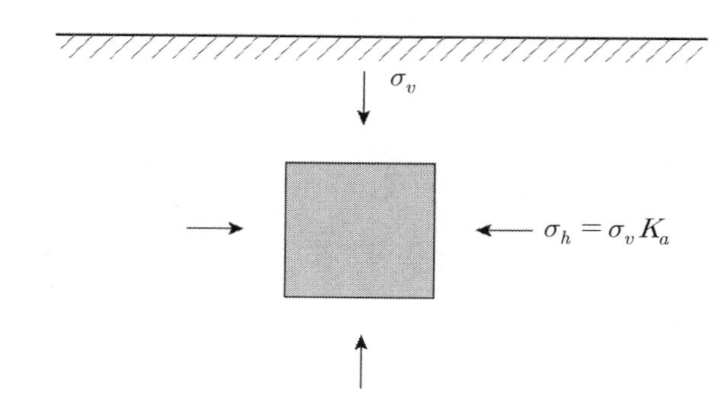

(2) 이러한 지반 내 응력은 지반 내 한 요소에 작용하는 응력을 나타낸 것이며, 이들은 수평면과 연직면에 작용하므로 모두 주응력이다.

2. $\sigma-\varepsilon$ 관계식

(1) 탄성체 z축 방향으로 힘이 작용한다면 이 탄성체는 *HooKe*의 법칙을 따라 변형하므로

$\varepsilon_z = \dfrac{\sigma_z}{E}$ $\quad\quad$ $\varepsilon_z = \varepsilon_y = \mu\varepsilon_z$로 나타낼 수 있다.

여기서, ε_x, ε_y, ε_z : X, Y, Z방향 변형률

E : 탄성계수 $\quad$ μ : 가로변형률 / 세로변형률

$$E = \frac{\sigma}{\varepsilon}$$

$$E = \frac{\sigma}{\varepsilon} = \frac{\dfrac{P}{A}}{\dfrac{\Delta l}{L}} = \frac{L}{\Delta l} \cdot \frac{P}{A} = \frac{L \cdot P}{\Delta l \cdot A}$$

3. 등방응력상태하에서 체적변형계수*B(Bulk Modulus)*

(1) *Bulk modulus*는 체적탄성계수 또는 체적변형계수로 불린다.

(2) 체적 탄성계수(체적탄성률)

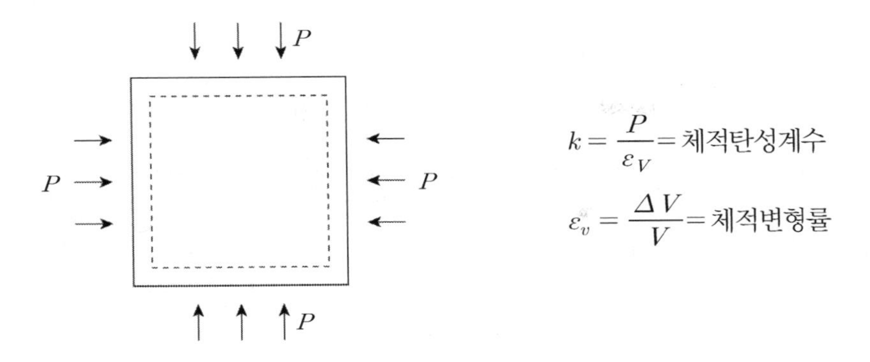

4. K_o값 산정절차

(1) 탄성체에 모든 방향에서 힘이 작용한다면 중첩의 원리에 의해서

$$\varepsilon_x = \frac{1}{E}(\sigma_x - \mu(\sigma_y + \sigma_z)) \qquad \text{식 (1)}$$

$$\varepsilon_y = \frac{1}{E}(\sigma_y - \mu(\sigma_z + \sigma_x)) \qquad \text{식 (2)}$$

$$\varepsilon_z = \frac{1}{E}(\sigma_z - \mu(\sigma_x + \sigma_y)) \qquad \text{식 (3)이 된다.}$$

(2) Y방향과 X방향 변위가 없다면,

$\varepsilon_y = 0$이 되고, $\sigma_y = \mu(\sigma_x + \sigma_y)$ 식 (4)

식 (1)에서 $\varepsilon_y = 0$으로 두고, 식 (4)를 대입하면,

$$\sigma_x = \frac{\mu}{1-\mu}\sigma_z = K_o \cdot \gamma \cdot z$$

이 식에서 $\sigma_x = \sigma_h$이고, $\sigma_z = \sigma_v$이므로 이것을 다시 쓰면,

$$\sigma_h = K_o \cdot \gamma \cdot z = K_o \sigma_v \qquad K_o = \frac{\sigma_h}{\sigma_v} \text{가 된다.}$$

$$K_o = \frac{\mu}{1-\mu} \qquad \mu = \frac{K_o}{1+K_o}$$

03 Rankine, Coulomb 토압 비교

1. 이론적 근거

Rankine 토압	*Coulomb* 토압
벽체변위에 따라 파괴면 내의 흙요소는 **소성파괴**	벽체변위에 따라 파괴면 내의 흙 요소는 파괴되지 않고 활동면만 한계상태에 도달 → 흙 쐐기로 작용 → 토압산정 시 벽 마찰각 적용 ✓ **강체론, 흙 쐐기론으로 칭함**

2. 주요 공통이론과 실제의 차이

공통 이론	실 제
(1) 흙은 비압축성 = 균질 = 등방	비균질, 비등방
(2) 파괴면은 2차원적인 평면임(평면변형조건)	3차원(중간주응력 존재)
(3) 직선적 파괴형태로 가정	대수나선(특히 수동측에서 심함)
(4) 지표면(배면)은 무한히 넓게 존재	좁은 경우도 있음(근접시공, *Silo* 土壓)
(5) 3각형의 토압	변위허용(토류벽) 시 포물선, 사각형, 사다리꼴

3. 해석방법상 차이

구 분	*Rankine* 토압	*Coulomb* 토압
벽 마찰각	무 시	고 려
파 괴	파괴면내 흙 전체 고려	파괴면만 고려
작용방향	배면토 경사와 동일	벽 마찰각만큼 작용 ϕ_w ϕ_w
주동토압	과 다	적 정
수동토압	과 소	과 대

4. 설계적용상 차이점

구 분	중 력 식	역 T형식(긴 뒷굽)
외적 안정	*Coulomb* 토압	*Rankine* 토압
내적 안정	*Coulomb* 토압	*Coulomb* 토압

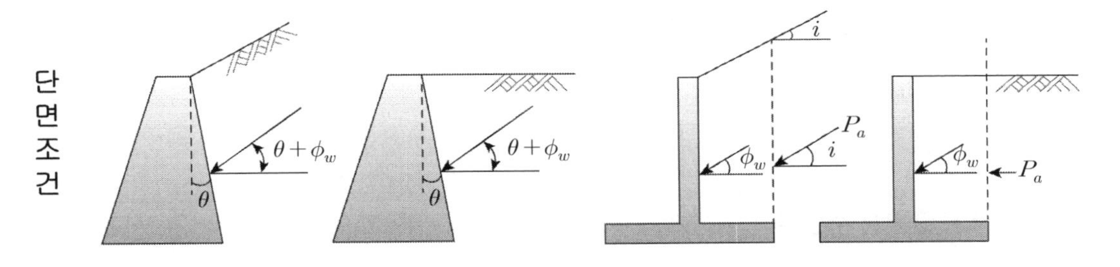

✓ **뒷굽이 짧은 경우 → 중력식 옹벽으로 취급**

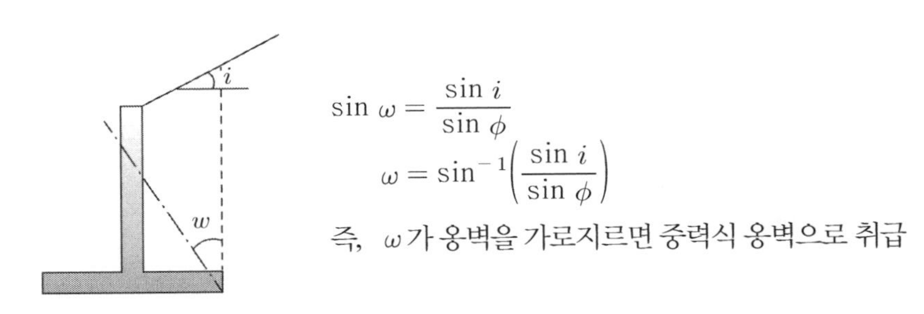

$$\sin \omega = \frac{\sin i}{\sin \phi}$$

$$\omega = \sin^{-1}\left(\frac{\sin i}{\sin \phi}\right)$$

즉, ω가 옹벽을 가로지르면 중력식 옹벽으로 취급

5. *Coulomb* 토압에서 벽 마찰각

(1) 정 의

벽체의 변위(팽창, 압축) 시 활동 파괴면 내의 흙이 강체거동하므로 벽체와 흙 사이에 발생하는 마찰력을 일컬음

(2) 주동 및 수동상태에서의 벽 마찰각 방향

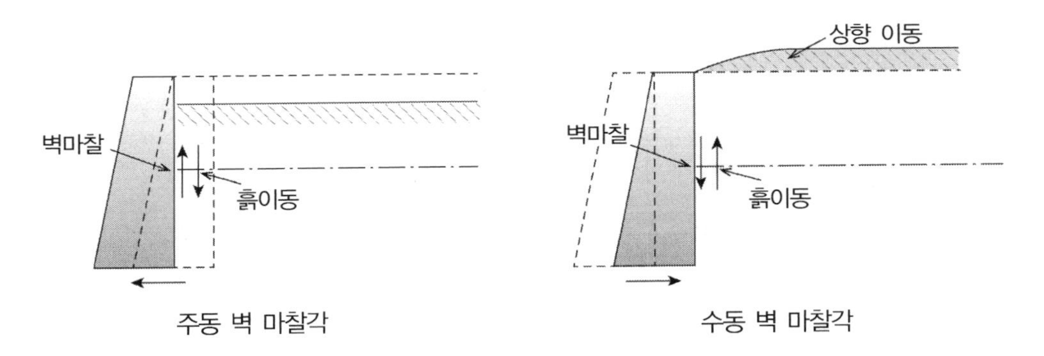

주동 벽 마찰각　　　　수동 벽 마찰각

(3) 벽 마찰각의 크기

① 흙의 종류

② 다짐상태

③ 벽체거칠기에 따라 다름

Ex) Loose sand : $\phi_w \fallingdotseq \phi$, *Dense sand* : $\phi_w \fallingdotseq \left(\frac{1}{2} \sim \frac{3}{4}\right)\phi$

(4) 적 용

① 중력식 : 내적, 외적 안정

② 역 T형 옹벽 : 내적(부재설계)에 이용

6. *Coulomb* 토압에서 수동토압의 과다평가 이유와 대책

(1) 수동토압이 과대하게 평가되는 이유

① 벽 마찰각과 전단저항각의 크기 관계

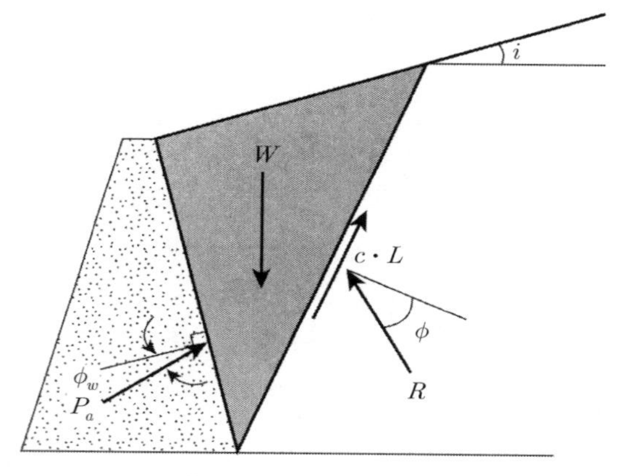

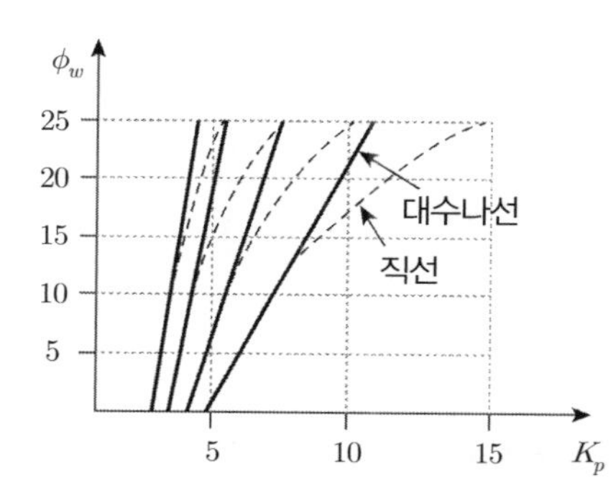

※ $\phi_w > \dfrac{\phi}{3}$ 인 경우 *Coulomb* 수동토압은 과대하게 평가됨

② 실제 파괴형태와 가정 파괴면의 차이

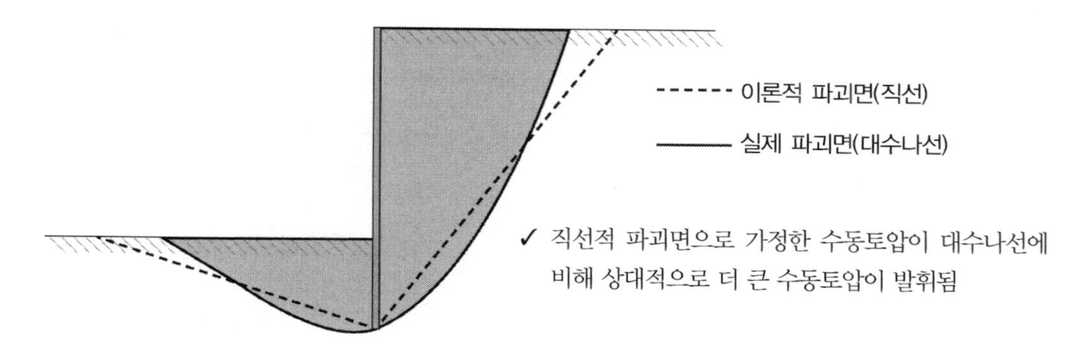

✓ 직선적 파괴면으로 가정한 수동토압이 대수나선에 비해 상대적으로 더 큰 수동토압이 발휘됨

(2) 적정 수동토압 산정($C=0$이고 지표면이 수평으로 가정한 도해적 수동토압 산정)

① 활동면을 원호와 직선으로 가정

㉠ $\widehat{BC}$: 반경이 r인 원호

㉡ $\overline{CE}$: C점에서 $45° - \dfrac{\phi}{2}$인 선을 E점까지 작도

② 가상배면(CD) : C점에서 수선을 그어 D점까지 작도($\overline{CD}$: H)

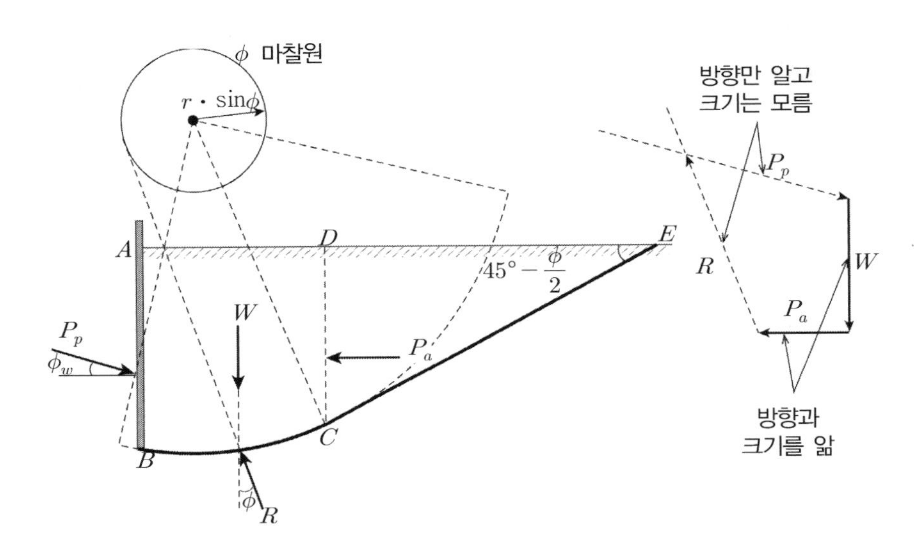

③ 주동토압(P_a)과 작용거리(y)

㉠ 주동토압 : $P_a = \dfrac{1}{2} \cdot \gamma \cdot H^2 \cdot K_a$

㉡ 작용거리 : $y = \dfrac{H}{3} = \dfrac{\overline{CD}}{3}$

④ 지반반력 R의 방향

흙 덩이 $ABCD$의 무게 W와 파괴면이 만나는 점에서 파괴면의 원호 중심에서 $\gamma \cdot \sin\phi$인 마찰원을 작도하여 마찰원에 접하게 그려줌

⑤ 적정 수동토압의 결정 : 위 그림처럼 도해법으로 구하되 반복하여 최소의 수동 토압이 작도되도록 결정한다.

✓ 작도 원칙

- **P_p와 W는 크기와 방향을 알고**
- **P_p와 R은 방향만 알고 있으므로**
- **활동면(원호+직선, 대수나선+직선) 반복가정하여 힘의 다각형을 이용 도해법으로 구함**

7. 수동토압 산정 시 안전율 적용 이유

(1) 변위와 토압

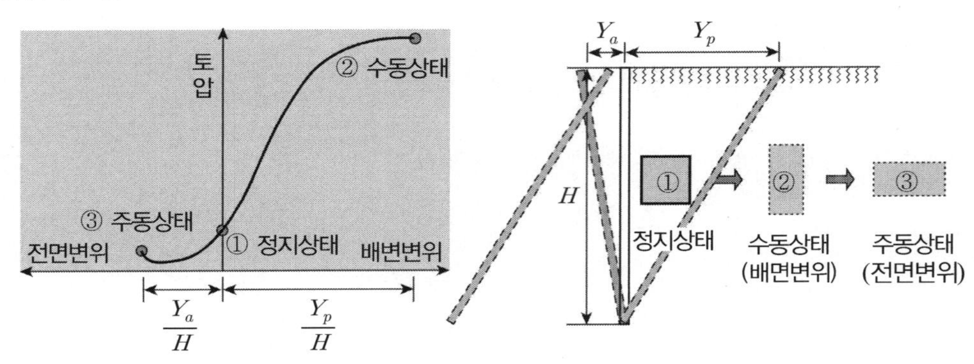

(2) 수동토압에 안전율을 적용하는 이유

① 위 그림에서 수동토압이 최대토압을 발휘하기 위해서는 큰 변위(Y_p/H)가 발생해야 하나

② 실제로는 주동상태에서 발생한 변위는 작은 변위이므로 이에 대응하는 작은 수동토압이 발생

③ 따라서 이론토압을 그대로 쓰면 불안전한 설계가 되므로 안전율을 적용

(3) 안전율 적용방법

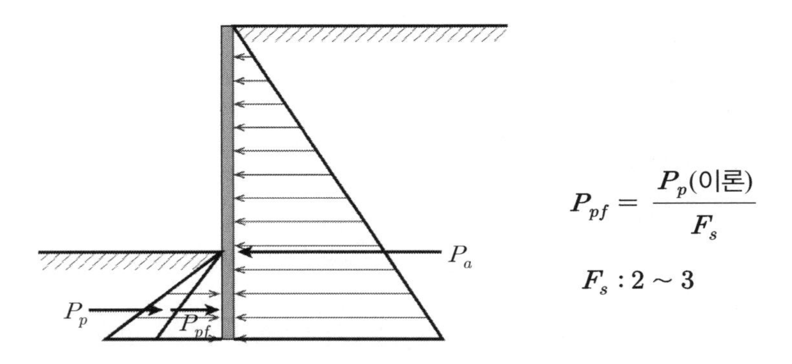

$$P_{pf} = \frac{P_p(\text{이론})}{F_s}$$

$F_s : 2 \sim 3$

04 토압이론 비교

<table>
<tr><th>구 분</th><th>Rankine 토압</th><th>Coulomb 토압</th><th>Log −spiral
(대수나선)</th></tr>
<tr><td rowspan="5">가 정</td><td>소성평형상태</td><td>한계평형상태</td><td>한계평형상태</td></tr>
<tr><td>벽 마찰각 무시</td><td>벽 마찰각</td><td rowspan="4">벽체상단을 중심으로 하단이 회전 벽 마찰각 발생</td></tr>
<tr><td>주동토압 : 과대</td><td>주동토압 : 적정</td></tr>
<tr><td>수동토압 : 과소</td><td>수동토압 : 과다</td></tr>
<tr><td>소성파괴</td><td>강소성 쐐기</td></tr>
<tr><td rowspan="3">파괴면
형 상</td><td>벽체 배면토가
소성 평형상태로 파괴</td><td>벽체 배면토가
강소성 쐐기형상 파괴</td><td rowspan="3">벽마찰로 저부는 대수나선 또는 직선등 복합형태파괴</td></tr>
<tr><td>주동파괴
수평면과 $45° + \frac{\phi}{2}$</td><td>주동파괴
수평면과 $45° + \frac{\phi}{2}$</td></tr>
<tr><td>수동파괴
수평면과 $45° - \frac{\phi}{2}$</td><td>수동파괴
수평면과 $45° - \frac{\phi}{2}$</td></tr>
<tr><td>토 압
산 출</td><td>소성평형상태로 수평면과 이루는 파괴면에 대한 모어−쿨롬의 최대, 최소 주응력으로 구함</td><td>한계평형 상태에서 파괴면에 작용하는 힘의 다각형으로 구함</td><td>한계평형상태에서 대수나선 곡선의 원점을 기준으로 모멘트평형으로 구함</td></tr>
<tr><td>작용방향</td><td>작용방향
(지표면과 평행)</td><td>지표무관(벽 마찰각)</td><td>지표무관(벽 마찰각)</td></tr>
<tr><td>토압의
작용점</td><td colspan="3">$\frac{H}{3}$</td></tr>
<tr><td>적 용</td><td>계산이 간단
일반적 안정 검토</td><td>중요한 토류구조물
선하중, 집중하중
Coulmann 도해법</td><td>옹벽의 수동저항 구조물
토류벽에 대한 주동파괴면은 대수나선형</td></tr>
</table>

05 Rankine과 Coulomb의 토압이론(참고)

[핵심] *Rankine* 토압론은 *Mohr*의 응력원으로부터 횡 방향으로 팽창 또는 압축되어 파괴포락선에 접하는 경우에 대한 토압계수를 도출하여 토압을 산출하였으나 옹벽배면의 흙과의 벽 마찰각을 고려하지 않아 실제보다 수동토압의 안전율이 과소평가되며 *Coulomb* 토압은 벽 마찰각은 고려되었지만 수동토압이 과다하게 평가되는 단점이 있으며 적정 수동토압을 적정하게 평가하기 위한 기하학적 방법으로 이를 수정하여 사용하고 있다.

1. *Rankine*의 토압론

(1) 기본가정

① 흙은 비압축성 = 균질 = 등방

② 파괴면은 2차원적인 평면이다.

③ 지표면(배면)은 무한히 넓게 존재한다.

④ 3각형의 토압이며 토압은 지표면과 평행하게 작용한다.

⑤ 벽 마찰각은 무시한다(흙 입자 간의 마찰력에 의해서만 평행 유지).

⑥ 지표면에 작용하는 하중은 등분포하중이다(선하중, 대상하중, 집중하중 등은 *Boussnisq*의 지중응력 계산법 등으로 별도 해석한다).

(2) 이론적 근거

벽체 변위(팽창 및 압축)에 따라 파괴면 내의 흙 요소는 소성 파괴되며 이로 인해 토압이 발생된다는 이론임

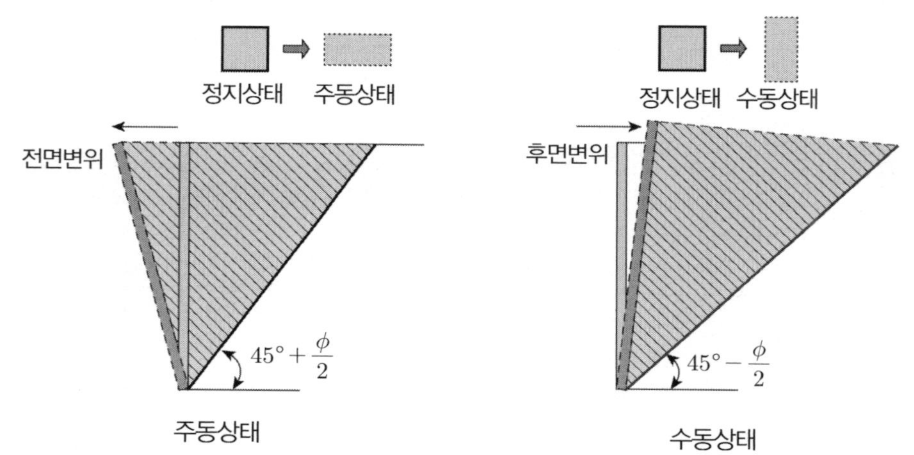

✓ **주동토압의 크기는 과대하게 평가되며 수동토압의 크기는 과소하게 평가되므로 전체적으로 실제 안전율에 비해 과소하게 평가된다.**

(3) 지표면이 수평이고 뒷채움 흙이 사질토인 경우 토압

① 상재하중이 없는 경우

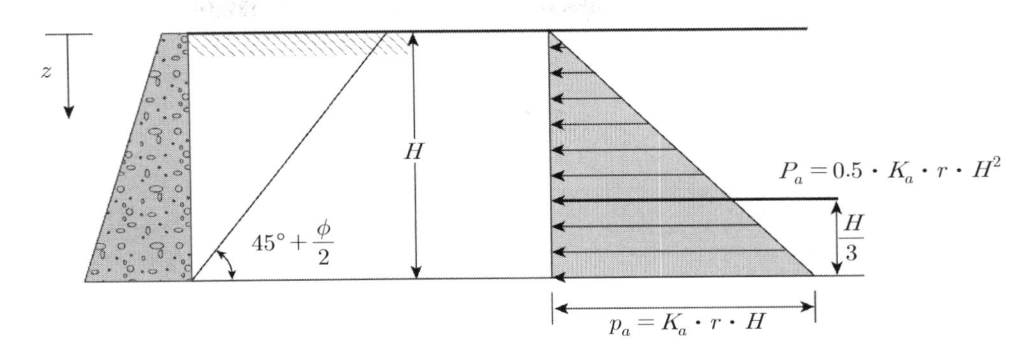

구 분	주동토압	수동토압
토압계수	$K_a = \frac{1-\sin\phi}{1+\sin\phi} = \tan^2\left(45 - \frac{\phi}{2}\right)$	$K_p = \frac{1+\sin\phi}{1-\sin\phi} = \tan^2\left(45 + \frac{\phi}{2}\right)$
단위토압	$p_a = \gamma \cdot z \cdot K_a - 2c\sqrt{K_a}(tonf/m^2)$	$p_p = \gamma \cdot z \cdot K_p + 2c\sqrt{K_p}(tonf/m^2)$
전체 토압	$P_a = \frac{1}{2}\gamma \cdot H^2 \cdot K_a - 2cH\sqrt{K_a}(tonf/m)$	$p_p = \frac{1}{2}\gamma \cdot H^2 \cdot K_p + 2cH\sqrt{K_p}(tonf/m)$
파괴면과 이루는 각	$45° + \frac{\phi}{2}$	$45° - \frac{\phi}{2}$
토압의 작용방향	지표면과 평행하게 작용	
작용점	토압분포도의 도심에 작용 ➜ $Y = \frac{H}{3}$	

② 상재하중이 있는 경우

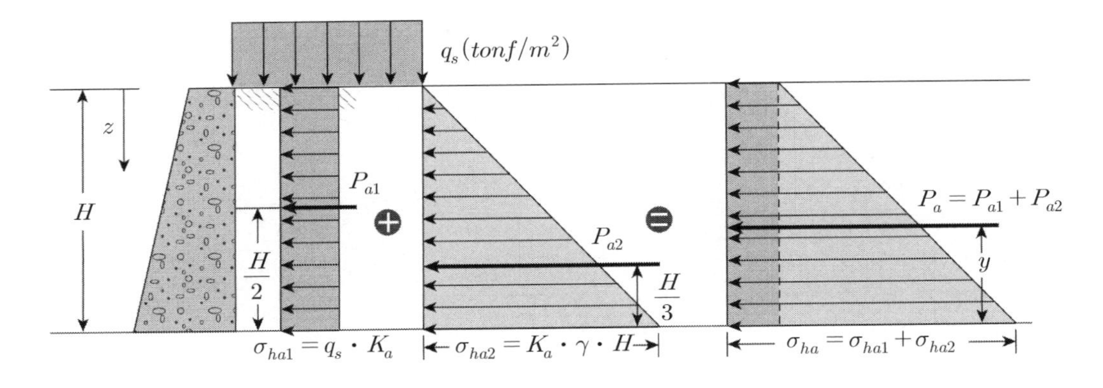

구 분		주동토압
임의 점에서의 수직응력		$\sigma_v = \gamma \cdot z + q_s$
임의 점에서의 수평응력		$\sigma_{ha} = \sigma_v \cdot K_a = (\gamma \cdot z + q_s)K_a$
전 주동토압	① 상재하중에 의한 토압	$P_{a1} = q_s \cdot H \cdot K_a$
	② 뒷채움 흙에 의한 토압	$P_{a2} = \frac{1}{2} \cdot \gamma \cdot H^2 \cdot K_a$
	① + ②	$P_a = q_s \cdot H \cdot K_a + \frac{1}{2} \cdot \gamma \cdot H^2 \cdot K_a$

✓ 주동토압의 합력의 작용점 : 각각의 힘의 모멘트 합은 합력의 모멘트와 같다.

$$\therefore\ y = \frac{P_{a1} \times \frac{H}{2} + P_{a2} \times \frac{H}{3}}{P_{a1} + P_{a2}}$$

(4) 뒷채움 흙이 서로 다른 층으로 형성된 경우의 토압분포(이질층인 경우)

① 개요 : 단위중량이 서로 다르며 강도정수가 다른 여러 개의 지층으로 형성되어 있는 경우이다.

② 해석절차

㉠ 최상층의 흙은 보통 토압의 계산과 같이 한다.

㉡ 그 아래층의 흙은 위층 흙의 무게를 상재하중으로 간주하여 토압을 구한다.

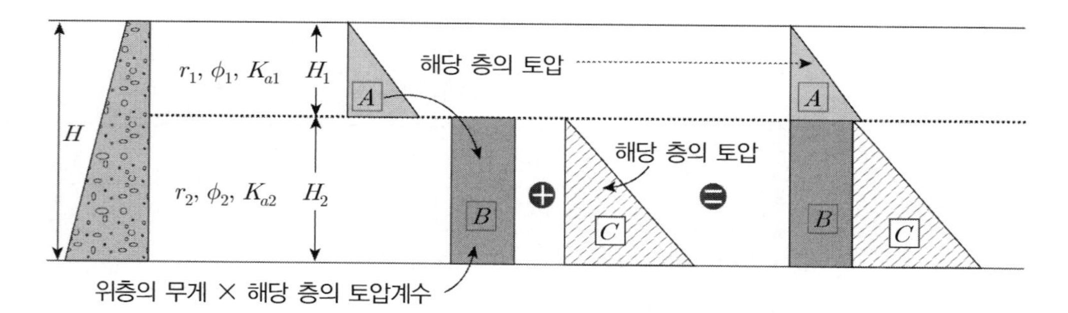

뒷채움 흙이 서로 다른 이질층인 경우의 토압분포도

③ 토압의 크기

㉠ 위층 흙의 토압 (A)

$$P_{a1} = \frac{1}{2} \cdot K_{a1} \cdot \gamma_1 \cdot H_1^2$$

㉡ 위층 흙의 무게에 의한 아래층 흙의 토압(B)

$$P_{a2} = K_{a2} \cdot \gamma_1 \cdot H_1 \cdot H_2$$

㉢ 아래층 흙에 의한 토압(C)

$$P_{a3} = \frac{1}{2} \cdot K_{a2} \cdot \gamma_2 \cdot {H_2}^2$$

∴ 전체 주동토압(P_a)

$$P_a = \boxed{A} + \boxed{B} + \boxed{C} = P_{a1} + P_{a2} + P_{a3}$$

$$\therefore\ P_a = \frac{1}{2} \cdot K_{a1} \cdot \gamma_1 \cdot H_1^2 + K_{a2} \cdot \gamma_1 \cdot H_1 \cdot H_2 + \frac{1}{2} \cdot K_{a2} \cdot \gamma_2 \cdot H_2^2$$

④ 토압의 작용점

$$y \cdot P_a = \left(\frac{H_1}{3} + H_2\right) \cdot P_{a1} + \frac{H_2}{2} \cdot P_{a2} + \frac{H_2}{3} \cdot P_{a3}$$

$$\therefore\ y = \frac{\left(\frac{H_1}{3} + H_2\right) \cdot P_{a1} + \frac{H_2}{2} \cdot P_{a2} + \frac{H_2}{3} \cdot P_{a3}}{P_a}$$

(5) 지하수가 있는 경우의 토압분포

① 개요 : 지하수위가 있는 경우의 토압도 이질층의 경우와 마찬가지 방법으로 수압을 추가로 고려하여 적용하면 된다.

② 해석절차

㉠ 최상층의 흙은 보통 토압의 계산과 동일하다.

㉡ 그 아래층의 흙은 위층 흙의 무게를 상재하중으로 간주하여 토압을 구한다.

㉢ 여기에 지하수에 의한 간극수압은 등방이므로 토압계수와 관계없는 수압을 적용한다.

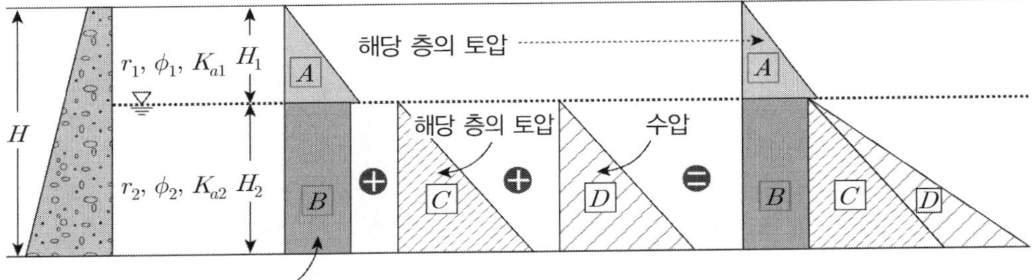

지하수위가 있을 때의 토압분포도

③ 토압의 크기

㉠ 지하수위 위층 흙의 토압 ([A])

$$P_{a1} = \frac{1}{2} \cdot K_{a1} \cdot \gamma_1 \cdot H_1^2$$

㉡ 지하수위 위 흙의 무게에 의한 아래층 흙의 토압([B])

$$P_{a2} = K_{a2} \cdot \gamma_1 \cdot H_1 \cdot H_2$$

㉢ 지하수위 아래층 흙에 의한 토압([C])

$$P_{a3} = \frac{1}{2} \cdot K_{a2} \cdot \gamma_{2sub} \cdot H_2^2$$

✓ 수압을 별도로 고려하므로 수중단위중량, 즉 유효응력에 의한 횡방향 토압 적용

㉣ 지하수위에 의한 수압 ([D])

$$u = \frac{1}{2} \cdot \gamma_w \cdot H_2^2$$

∴ 전체 주동토압 P_a = [A] + [B] + [C] + [D] $= P_{a1} + P_{a2} + P_{a3} + u$

$$\therefore P_a = \frac{1}{2} \cdot K_{a1} \cdot \gamma_1 \cdot H_1^2 + K_{a2} \cdot \gamma_1 \cdot H_1 \cdot H_2 + \frac{1}{2} \cdot K_{a2} \cdot \gamma_{2sub} \cdot H_2^2 + \frac{1}{2} \cdot \gamma_w \cdot H_2^2$$

④ 토압의 작용점

$$y \cdot P_a = \left(\frac{H_1}{3} + H_2\right) \cdot P_{a1} + \frac{H_2}{2} \cdot P_{a2} + \frac{H_2}{3} \cdot P_{a3} + \frac{H_2}{3} \cdot u$$

$$\therefore y = \frac{\left(\frac{H_1}{3} + H_2\right) \cdot P_{a1} + \frac{H_2}{2} \cdot P_{a2} + \frac{H_2}{3} \cdot P_{a3} + \frac{H_2}{3} \cdot u}{P_a}$$

(6) 옹벽의 배면 지반이 경사진 경우

지표면이 수평면과 i의 각도로 기울어져 있을 때 주동토압과 수동토압의 작용방향은 지표면과 평행하다고 가정한다.

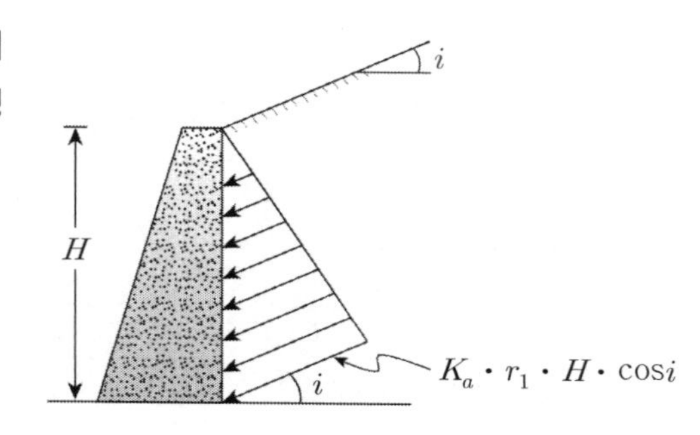

옹벽의 배면 지반이 경사진 경우

① 주동토압계수

$$K_a = \frac{\cos i - \sqrt{\cos^2 i - \cos^2 \phi}}{\cos i + \sqrt{\cos^2 i - \cos^2 \phi}}$$

여기서, $i = \phi$이면 $K_a = \cos i$임

② 단위 주동토압 : $p_a = K_a \cdot r_t \cdot z \cdot \cos i$

③ 전체 주동토압

㉠ 크기 : $P_a = \frac{1}{2} \cdot K_a \cdot r_t \cdot H^2 \cdot \cos\ i$ ㉡ 작용점 : $y = \frac{H}{3}$

㉢ 토압의 방향 : 지표면과 평행

2. 주동 및 수동상태의 파괴각과 토압계수 산정

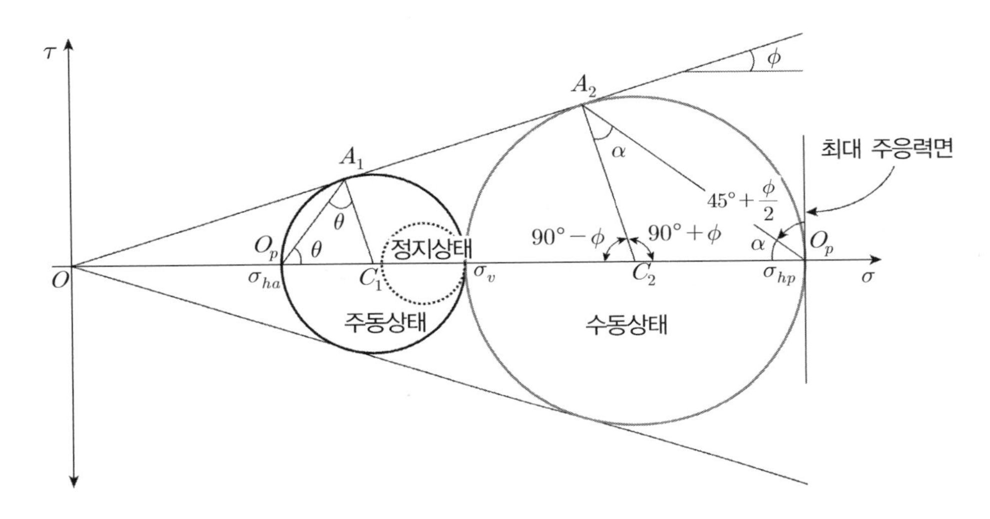

(1) 주동/수동상태의 파괴각

① 정지상태로부터 옹벽이 앞으로 넘어지면 수직응력은 일정하나 수평응력은 감소, 즉 팽창되어 *Mohr−Coulomb*의 파괴포락선에 접하게 된다.

② 파괴각은 최대 주응력면으로부터 파괴면까지 반시계방향각이므로 주동상태의 경우에는 그림에서처럼 θ가 파괴각이 될 것이다.

③ 그러면 θ를 구하기 위해

$\angle OC_1A_1 = 180° - 90° - \phi = 90° - \phi$이며 $2\theta + \angle OC_1A_1 = 180°$이므로

$2\theta = 180° - (90° - \phi) = 90° + \phi$

$\therefore\ \theta = 45° + \frac{\phi}{2}$

④ 수동상태의 경우

$\angle OC_2A_2 = 180° - 90° - \phi = 90° - \phi$이며 $\angle A_2C_2\sigma_{hp}$는 $90° + \phi$가 된다.

여기서 $\Delta A_2C_2\sigma_{hp}$는 이등변 삼각형이므로 $2\alpha = 180° - (90° + \phi)$가 된다.

$\therefore\ \alpha = 45° - \frac{\phi}{2}$ 가 되며

그림과 같이 최대 주응력면은 수직면이므로 파괴각은 최대 주응력면으로부터 $45° + \frac{\phi}{2}$ 반시계방향으로 파괴된다.

(2) 토압계수(*Cofficient of active earth pressure*)산출

주동토압계수(*Cofficient of active earth pressure*)	수동 토압계수(*Cofficient of passive earth pressure*)
① $\sin\phi = \dfrac{C_1A_1}{OC_1} = \dfrac{\frac{1}{2}(\sigma_v - \sigma_{ha})}{\frac{1}{2}(\sigma_v + \sigma_{ha})}$	① $\sin\phi = \dfrac{C_2A_2}{OC_2} = \dfrac{\frac{1}{2}(\sigma_{hp} - \sigma_v)}{\frac{1}{2}(\sigma_v + \sigma_{hp})}$
② σ_v로 나누어주면	② σ_v로 나누어주면
③ $1 - \sin\phi = K_a(1 + \sin\phi)$	③ $1 + \sin\phi = K_p(1 - \sin\phi)$
$\therefore K_a = \dfrac{1 - \sin\phi}{1 + \sin\phi} = \tan^2\left(45 - \dfrac{\phi}{2}\right)$	$\therefore K_p = \dfrac{1 + \sin\phi}{1 - \sin\phi} = \tan^2\left(45 + \dfrac{\phi}{2}\right)$

3. *Coulomb* 토압론

(1) 기본가정

① 파괴면은 2차원적인 평면이며 한계평형상태 해석이다.

② 옹벽과 배면토와의 벽 마찰이 존재한다.

③ 가상 파괴면 내의 흙 쐐기는 하나의 강체와 같이 작용한다.

(2) 핵심이론

흙이 쐐기형태로 활동하면서 벽에 작용하는 토압으로서 벽 마찰각을 고려한 힘의 다각형을 그려서 도해법과 해석적 방법으로 토압을 산정한다.

① 도해적 방법

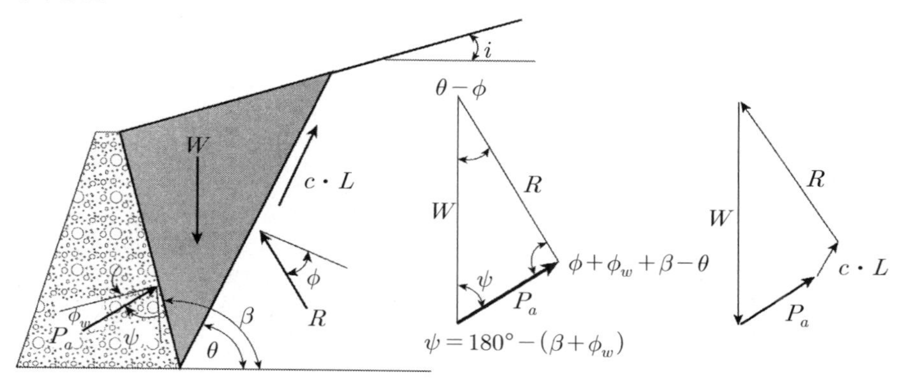

*Coulomb*의 토압이론 (a) 사질토인 경우 (b) 점성토인 경우

② 해석적 방법

그림에서 $P_a = W\dfrac{\sin(\theta-\phi)}{\sin(\phi+\phi_w+\beta-\theta)}$ → ϕ, ϕ_w, β값이 일정하다고 보면 P_a는 θ값에 따라 달라지므로 최댓값을 주는 P_a값은 $\dfrac{\partial P_a}{\partial \theta}=0$으로 놓고 구하면

$$P_a = \frac{1}{2}\gamma H^2\left(\frac{\sin(\beta-\phi)\csc\beta}{\sqrt{\sin(\phi_w+\beta)}+\sqrt{\dfrac{\sin(\phi_w+\phi)\cdot\sin(\phi-i)}{\sin(\beta-i)}}}\right)^2 = \frac{\gamma H^2}{2}K_a$$

㉠ 주동토압계수(*Cofficient of active earth pressure*)

$$K_a = \left(\frac{\sin(\beta-\phi)\csc\beta}{\sqrt{\sin(\phi_w+\beta)}+\sqrt{\dfrac{\sin(\phi_w+\phi)\cdot\sin(\phi-i)}{\sin(\beta-i)}}}\right)^2$$

㉡ 주동토압 : $P_a = \dfrac{1}{2}\cdot\gamma\cdot H^2\cdot K_a$

4. *Rakine, Coulomb* 토압 비교

구 분		*Rankine*(1800년대)	*Coulomb*(1700년대)
이론근거		파괴면 내의 흙은 소성파괴되어 *Mohr－coulomb* 파괴이론 접목	파괴면 내의 흙은 강소성체 거동을 하고 벽 마찰각이 존재함
벽 마찰각		미고려	고 려
토압의 작용방향		지표면과 평행	지표면과 무관하며 벽 마찰각만큼 상향 또는 하향으로 작용
설 계 적 용	중력식	×	내 · 외적 안정 검토
	역T형	외적 안정	내적 안정(벽체계산)

(1) 옹벽 배면이 수직이고 뒷채움 흙의 경사가 수평이며 벽 마찰을 무시하면 결과적으로 *Rankine*의 토압과 *Coulomb*의 토압은 같게 된다.

(2) 옹벽 배면이 수직이고 뒷채움 흙의 경사와 벽 마찰각이 일치한다면 *Rankine*의 토압과 *Coulomb*의 토압은 같게 된다.

06 중력식 옹벽의 활동과 전도에 대한 안전율(수압 고려 시)

1. 중력식 옹벽의 토압분포도

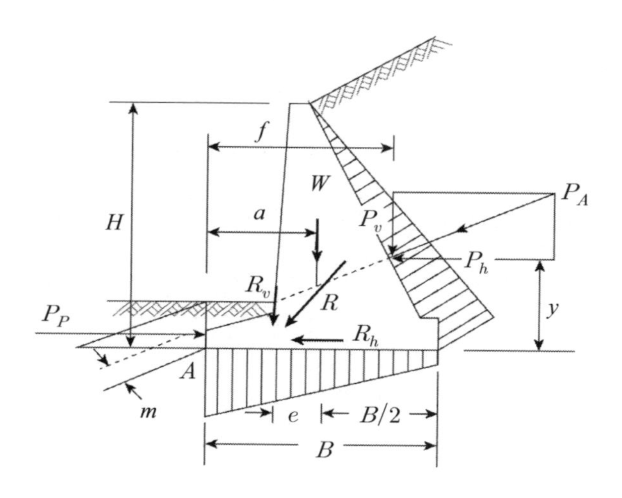

2. 중력식옹벽과 캔틸레버식 옹벽의 수압분포도

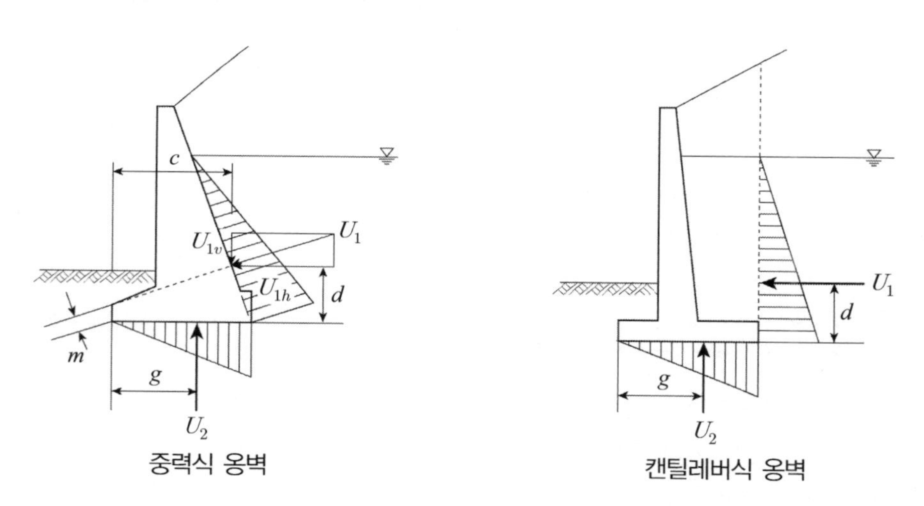

3. 중력식 옹벽의 전도와 활동에 대한 안전율

(1) 전도에 대한 안전율

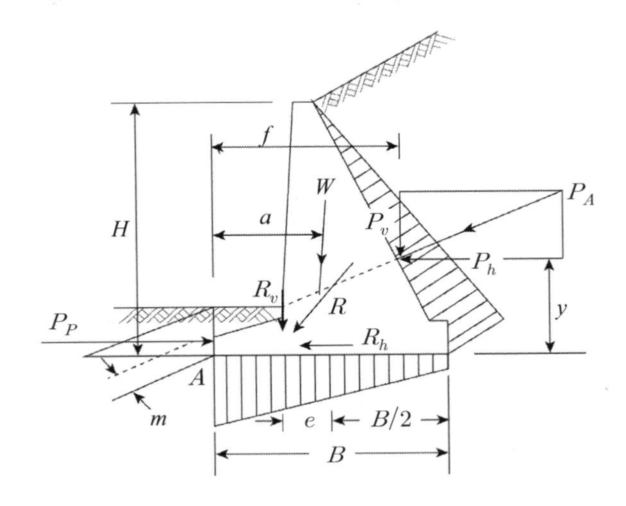

① 전도안정 공식

$$F_s = \frac{W \cdot a}{(P_h y - P_v f) + (U_{1h} d - U_{1v} c) + U_2 g} > 1.5 \sim 2.0$$

여기서, U_1 : 벽체에 작용하는 수압의 합력

U_2 : 저판에 작용하는 수압의 합력

g : 앞부리에서 U_2까지의 거리

f : 저판 아부리에서 U_{1v}까지의 수평거리

y : 저판 바닥에서 U_{1h} 또는 U_1까지의 연직거리

② $u = \frac{1}{2} r_w {h_w}^2$

③ $U_{1h} = u \times \cos(\theta + \delta)$ (θ : 벽체경사각)

④ $U_{1v} = u \times \sin(\theta + \delta)$ (δ : 벽체마찰각 $\frac{2}{3} \times \phi$)

⑤ $d = h_w \times \frac{1}{3}$

⑥ $c =$ 저판 앞부리에서 U_{1v} 작용하는 위치까지 수평거리

⑦ $g = B \times \frac{2}{3}$

⑧ $U_2 = U_1 \times B \times \frac{1}{2}$

(2) 활동에 대한 안전율

$$F_s = \frac{R_v \cdot \tan\delta + C_a \cdot B}{P_h + U_{1h}} > 1.5$$

4. 평 가

(1) 중력식 옹벽에 수압은 U_{1v}(연직성분수압), U_{1h}(수평성분수압)이 옹벽경사 벽면의 경사각과 흙과 같이 마찰각에 의하여 분리작용이라 한다.

(2) 중력식 옹벽 총토압

$$P_a = \sqrt{(P_h + U_{1h})^2 + (P_v + U_{1v})^2}$$

(3) 캔틸레버형 총토압

$$P_a = \sqrt{(P_h + u)^2 + {P_v}^2}$$

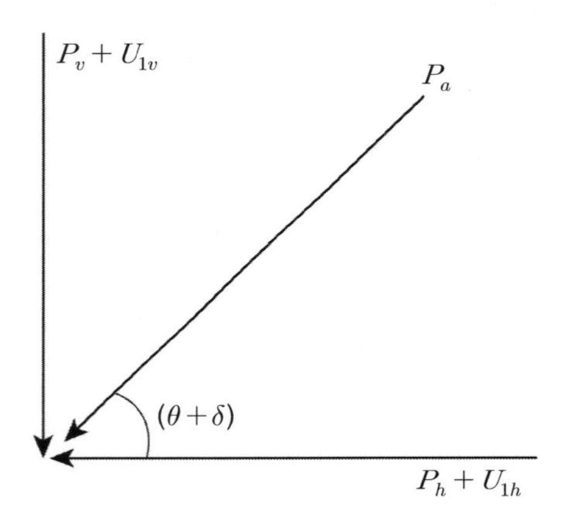

중력식 옹벽

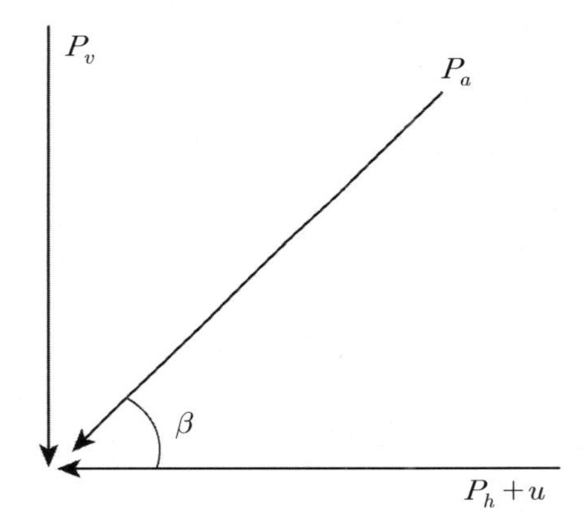

캔틸레버식 옹벽

07 주동상태와 수동상태의 파괴각 유도

1. 주동 및 수동상태의 개념

(1) 변위와 토압

토압의 크기는 벽체 변위와 아주 밀접한 관련이 있으며 변위에 따라 그림과 같이 구별됨

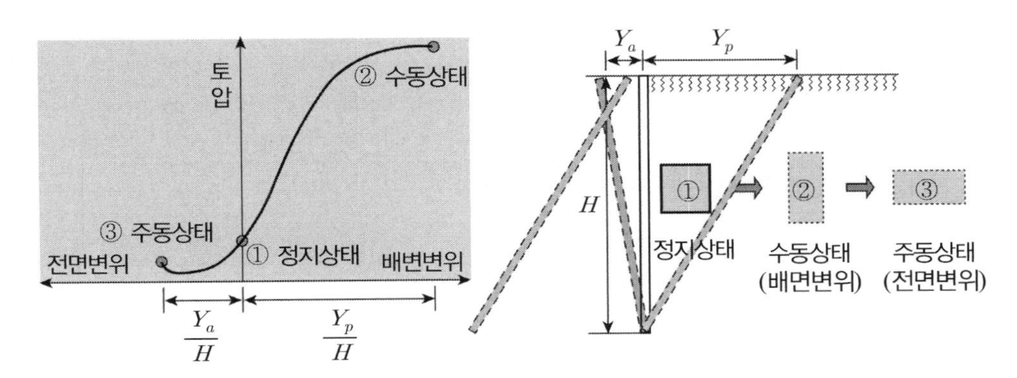

(2) 토압의 종류

① 주동토압 : 팽창(제하)변위에 따른 최소 토압

② 수동토압 : 압축(재하)변위에 따른 최대 토압

③ 정지토압 : 변위가 없는 한계상태의 토압

(3) 토압의 크기 : 주동 < 정지 < 수동상태

2. 정지상태로부터 주동상태 및 수동상태에 대한 *Mohr*의 응력원

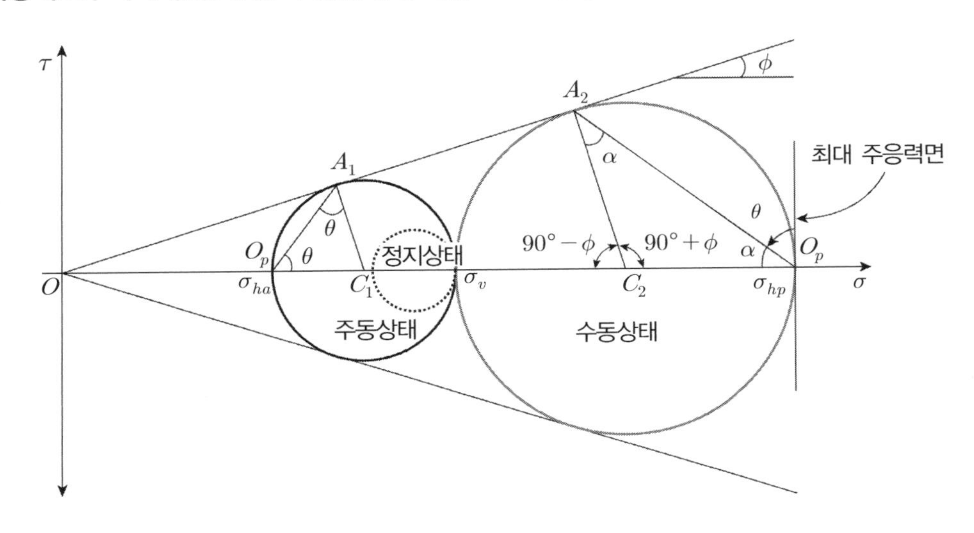

3. 주동상태 파괴각

(1) 주동상태

정지상태로부터 옹벽이 앞으로 넘어지면 수직응력은 일정하나 수평응력은 감소, 즉 팽창되어 파괴되면 *Mohr-coulomb*의 파괴포락선에 접하게 된다.

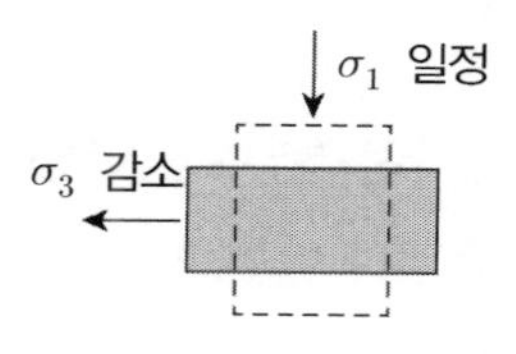

(2) 파괴각

① 그림에서와 같이 정지상태에서 수평응력을 감소하여(팽창) *Mohr*원이 파괴포락선과 접하게 되면 주동상태가 되며, 이때 파괴각은 최대 주응력면으로부터 파괴면까지 반시계방향각이므로 그림에서처럼 최대 주응력면(수평면)과 $\overline{\sigma_{ha}A_1}$ 사이각 θ가 파괴각이 될 것이다.

② 유도

$\angle OC_1A_1 = 180° - 90° - \phi = 90°$ 이며 $2\theta + \angle OC_1A_1 = 180°$ 이므로

$2\theta = 180° - (90° - \phi) = 90° + \phi$

$\therefore\ \theta = 45° + \dfrac{\phi}{2}$

4. 수동상태 파괴각

(1) 수동상태

정지상태로부터 옹벽이 뒤로 넘어지면 수직응력은 일정하나 수평응력은 증가, 즉 압축되어 파괴되면 *Mohr-coulomb*의 파괴포락선에 접하게 된다.

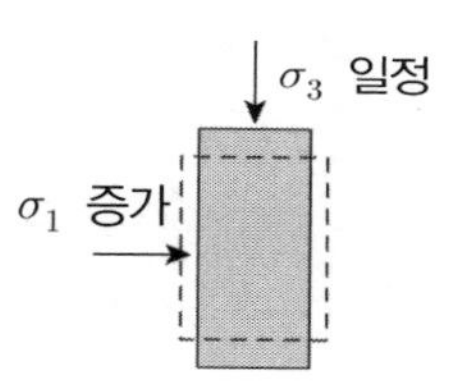

(2) 파괴각

① 그림에서와 같이 정지상태에서 수평응력이 증가하여(압축) *Mohr*원이 파괴포락선과 접하게 되면 수동상태가 되며, 이때 파괴각은 최대 주응력면으로부터 파괴면까지 반시계방향각이므로 그림에서처럼 최대주응력면(수평면)과 $\overline{\sigma_{hp}A_2}$ 사이각이 파괴각이 될 것이다.

② 유도

$\angle OC_2A_2 = 180° - 90° - \phi = 90° - \phi$이며 $\angle A_2C_2\sigma_{hp}$는 $90° + \phi$가 된다.

여기서 $\triangle A_2C_2\sigma_{hp}$는 이등변삼각형이므로 $2\alpha = 180° - (90° + \phi)$가 된다.

$\therefore\ \alpha = 45° - \dfrac{\phi}{2}$ → 수동 파괴각 $\theta = 90° - 45° - \dfrac{\phi}{2} = 45° + \dfrac{\phi}{2}$

그림과 같이 최대 주응력면은 수직면이므로 파괴각은 최대 주응력면으로부터 반시계 방향으로 파괴된다.

5. 파괴면

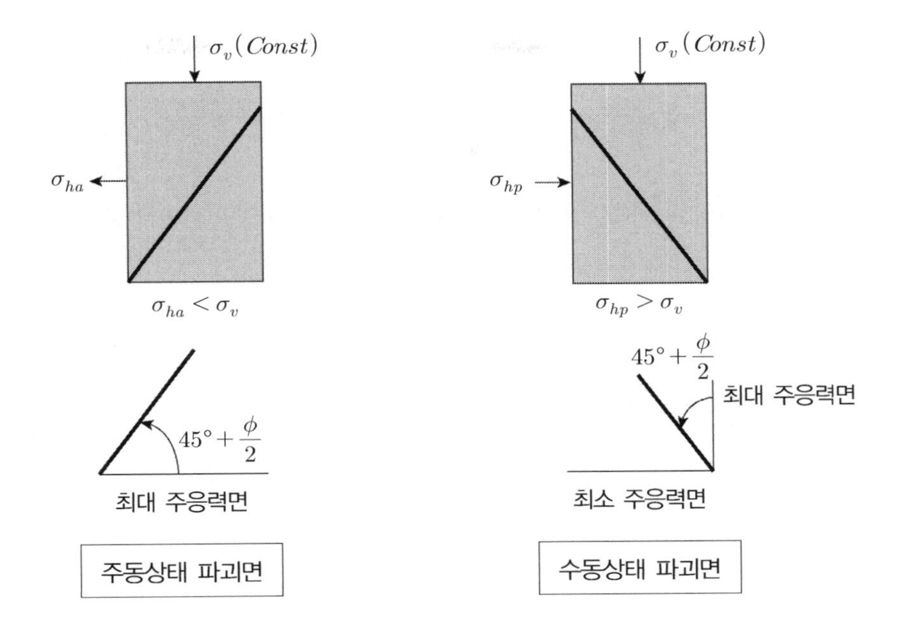

$\sigma_v(Const)$
σ_{ha}
$\sigma_{ha} < \sigma_v$
$45° + \frac{\phi}{2}$
최대 주응력면
주동상태 파괴면
$\sigma_v(Const)$
σ_{hp}
$\sigma_{hp} > \sigma_v$
$45° + \frac{\phi}{2}$
최대 주응력면
최소 주응력면
수동상태 파괴면

08 흙 쐐기 이론

1. 개 요

(1) 옹벽배면의 가상활동면을 따라 흙 덩어리가 쐐기형태의 강체거동을 한다고 가정하여 토압을 구하는 이론임

(2) 강체로서 거동하므로 옹벽배면에는 벽 마찰각이 발생하며 흙 쐐기 이론의 핵심이론임

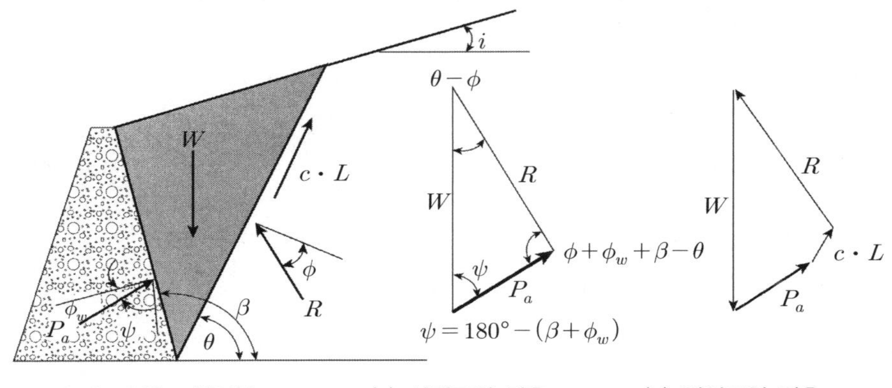

*Coulomb*의 토압이론 (a) 사질토인 경우 (b) 점성토인 경우

2. *Rankine* 토압과의 비교

구 분	*Rankine* 토압	*Coulomb* 토압(흙쐐기 이론)
가 정	소성평형상태	한계평형상태
	벽 마찰각 무시	벽 마찰각
	주동토압 : 과대	주동토압 : 적정
	수동토압 : 과소	수동토압 : 과다
	소성파괴	강소성 쐐기
파괴면 형 상	벽체 배면토가 소성 평형상태로 파괴	벽체 배면토가 강소성 쐐기형상 파괴
	주동파괴 수평면과 $45° + \frac{\phi}{2}$	
	수동파괴 수평면과 $45° - \frac{\phi}{2}$	
토 압 산 출	소성평형상태로 수평면과 이루는 파괴면에 대한 모어-쿨롬의 최대, 최소 주응력으로 구함	한계평형상태에서 파괴면에 작용하는 힘의 다각형으로 구함
작용방향	작용방향(지표면과 평행)	지표무관(벽 마찰각)

3. 벽 마찰각

(1) 벽 마찰각의 영향요소

① 흙의 종류

② 다짐상태

③ 벽체 거칠기에 따라 다름

(2) 벽 마찰각의 크기

① *Loose sand* : $\phi_w \fallingdotseq \phi$

② *Dense sand* : $\phi_w \fallingdotseq \left(\dfrac{1}{2} \sim \dfrac{3}{4}\right)\phi$

③ 사질토 벽 마찰각 > 점성토의 벽 마찰각

(3) 벽 마찰각의 방향

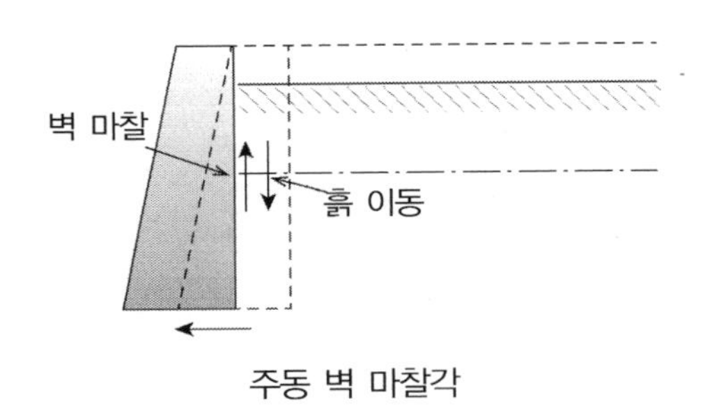

주동 벽 마찰각

벽 마찰

흙 이동

수동 벽 마찰각

4. 토압의 크기

(1) 주동토압은 실제에 근접하지만 수동토압은 과대하게 평가됨에 유의

(2) 수도토압의 과대평가 방지는 파괴면을 곡면+직선, 대수나선+직선으로 가정하여 도해적으로 구함

09 토압에 의한 변위

그림에서 좌측을 1m 굴착할 경우 주동토압과 수동토압을 구하고 수직판이 변위되는 방향에 대하여 결정하고 이유를 설명하라.

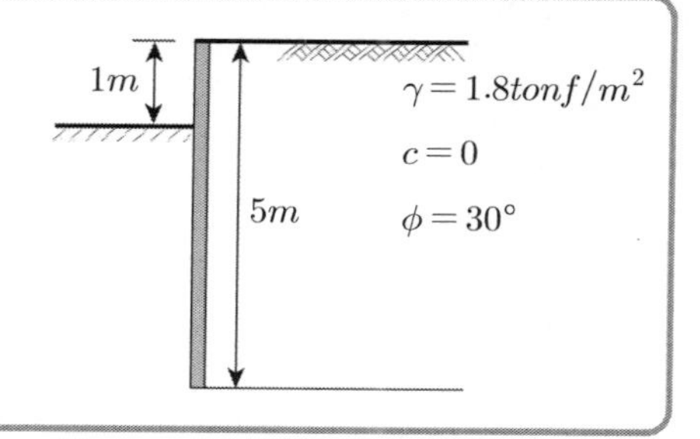

1. 토압크기

구 분	주동토압	수동토압
토압계수	$K_a=\dfrac{1-\sin\phi}{1+\sin\phi}=\tan^2\left(45-\dfrac{\phi}{2}\right)$ $K_a=\tan^2\left(45-\dfrac{30}{2}\right)=0.33$	$K_p=\tan^2\left(45+\dfrac{30}{2}\right)=3.0$
단위토압	$p_a=\gamma\cdot z\cdot K_a-2c\sqrt{K_a}(tonf/m^2)$ $p_a=1.8\times5.0\times0.33=2.97(tonf/m^2)$	$p_p=\gamma\cdot z\cdot K_p+2c\sqrt{K_p}(tonf/m^2)$ $p_p=1.8\times4.0\times3.0=21.6(tonf/m^2)$
전체토압	$P_a=\dfrac{1}{2}\gamma\cdot H^2\cdot K_a-2cH\sqrt{K_a}(tonf/m)$ $P_a=\dfrac{1}{2}\times1.8\times5^2\cdot0.33=7.43(tonf/m)$	$P_p=\dfrac{1}{2}\gamma\cdot H^2\cdot K_p+2cH\sqrt{K_p}(tonf/m)$ $P_p=\dfrac{1}{2}\times1.8\times4^2\times3=43.2(tonf/m)$

(1) 수직판 배면에 발생한 주동토압은 주동상태, 즉 흙이 팽창하여 파괴되었을 때의 최소 토압으로 작은 변위에서 발생하나 수동토압은 주동상태에 비해 훨씬 큰 변위가 발생되어야 발휘되는 최대 토압이다.

(2) 따라서 계산된 수동토압은 실제 주동상태 때의 변위에서는 발휘가 되지 않는 토압이므로 계산수동토압보다 훨씬 작은 토압상태로 발휘될 것이다.

2. 수직판의 변위방향

(1) 수직판은 4m 측으로 밀린다.

(2) 그 이유는 4m 측으로 변위되면서 주동토압이 7.43tonf/m만큼 발휘될 것이고 수동토압은 이 변위에 종속되므로 계산수동토압보다 작은 토압에 의해 저항될 것이므로 수직판은 4m쪽으로 밀리게 된다.

10 정지토압계수를 구하는 방법

1. 주동 및 수동상태의 개념

(1) 변위와 토압

토압의 크기는 벽체 변위와 아주 밀접한 관련이 있으며 변위에 따라 그림과 같이 구별됨

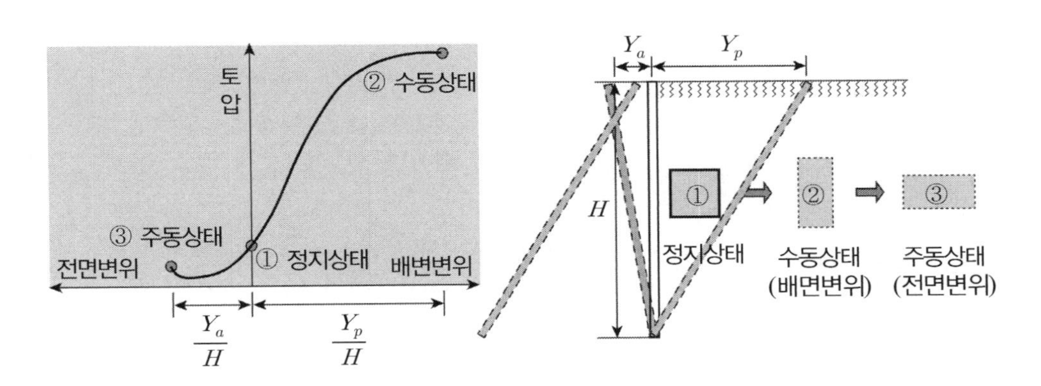

(2) 토압의 종류(토압의 크기 : 주동 < 정지 < 수동 상태)

① 주동토압 : 팽창(제하)변위에 따른 최소 토압

② 수동토압 : 압축(재하)변위에 따른 최대 토압

③ 정지토압 : 변위가 없는 한계상태의 토압

2. 정지토압계수란 정지상태일 때의 연직응력에 대한 수평토압의 비

$$K_o = \frac{\sigma_h}{\sigma_v}$$

3. 정지토압계수를 구하는 방법

(1) 실내 시험

① 삼축압축시험

㉠ $\varepsilon_h = 0$이 되도록 σ_3를 조절하면서

㉡ 축차응력만으로 ε_v만 허용

㉢ $K_o = \frac{\sigma_3}{\sigma_1}$

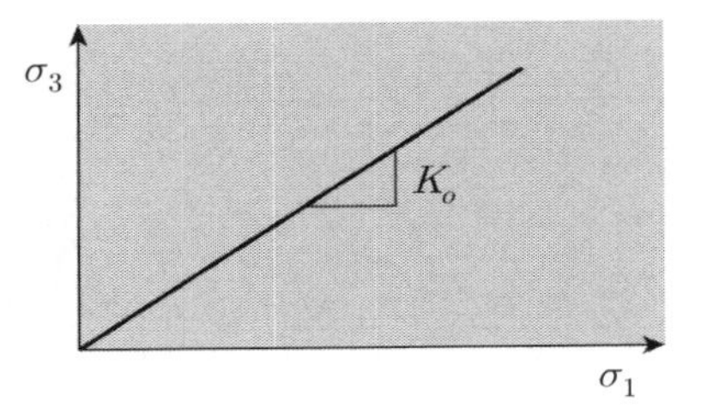

② 압밀시험(*Oedometer*) : 수평응력을 측정할 수 있는 특별한 형태의 압밀시험기

㉠ 이 시험기는 수평응력을 가할 수 있는 시험기로 $\varepsilon_h = 0$ 되도록 수평응력 조절하면서

㉡ 압밀하중을 가하여 ε_v만 허용

㉢ $K_o = \dfrac{\sigma_h}{\sigma_v}$

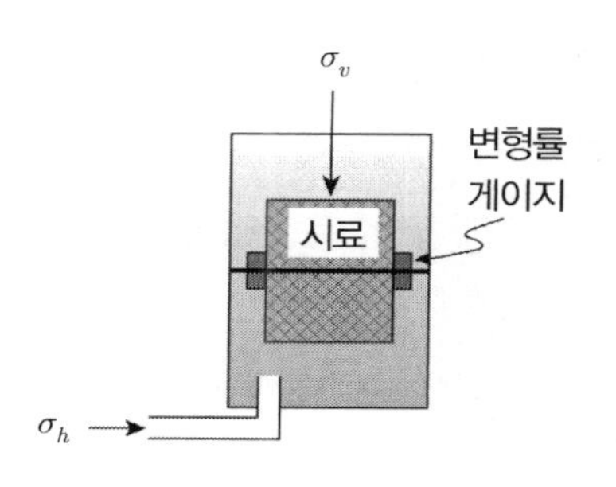

(2) 현장시험

① 공내재하시험(*PMT*) : 공벽유지가 가능한 지반에 사용

㉠ 보링 내에 압력셀을 삽입하고 수압이 작용하도록 하여 공벽의 변형량에 따른 압력을 측정하여 정지토압을 산출한다.

㉡ 벽 밀착 시 압력 P_o에 대한 유효연직응력 P_o'에 대한 비

㉢ $K_o = \dfrac{P_o}{P_o'}$

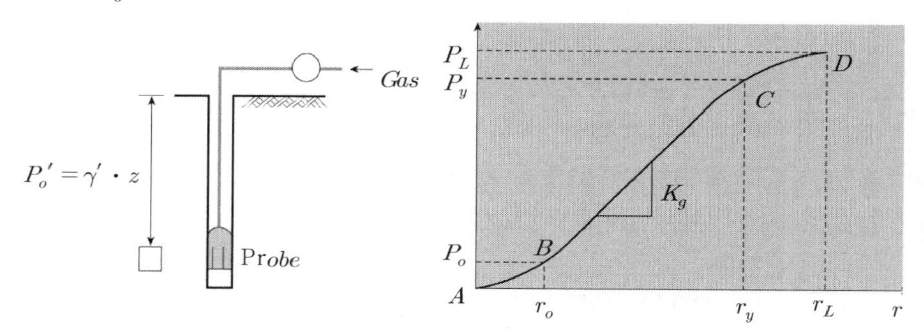

✓ **그림에서 *A*−*B*구간은 *Probe*가 공벽에 밀착 후 압력 제거 시 공벽이 다시 굴착 전의 상태로 회복되는 구간으로 정지상태의 수평토압을 의미한다.**

② 수압 파쇄시험(*Hydrauric fracture*) : 공벽유지가 가능한 암반과 점토질 지반(투수성이 큰 모래지반 사용 불가)

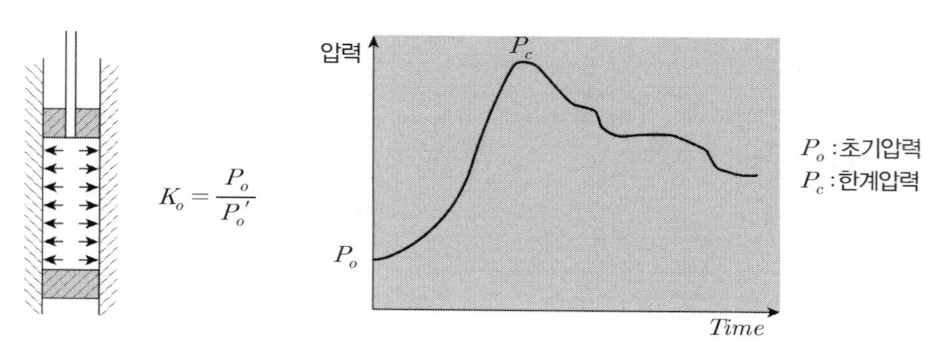

③ *Dilatometer* 시험 : *Dilatometer blade*를 지반에 관입시켜 수평방향으로 팽창하면서 $\sigma-\varepsilon$ 관계를 점성토의 정지토압계수, 점성토의 비배수강도, OCR, 체적압축계수, 압밀계수, 탄성계수와 사질토의 내부마찰각, 탄성계수를 구하는 시험임

(3) 경험식에 의한 방법

① *Jaky* 공식

㉠ 모래, 정규압밀점토

$k_o = 1 - \sin\phi'$ 여기서, ϕ' : 유효응력으로 구한 전단저항각

㉡ 과압밀점토 : K_o(과압밀)$= K_{o(NC)}\sqrt{OCR}$

② 포아송비와의 관계 : *Hook* 공식

$$K_o = \frac{v}{1-v}$$

여기서, v : 포아송비

③ 일반적인 정지토압의 계수

모래, 자갈포화점토 : 0.35~0.6,   실용적 : 0.5,   과압밀점토 : 1.0

4. 적 용

(1) 지중구조물(지하실 벽체, 지하배수구, *Slurry wall*)

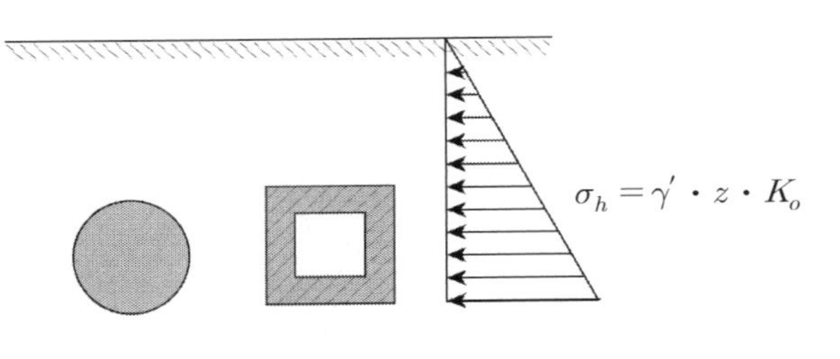

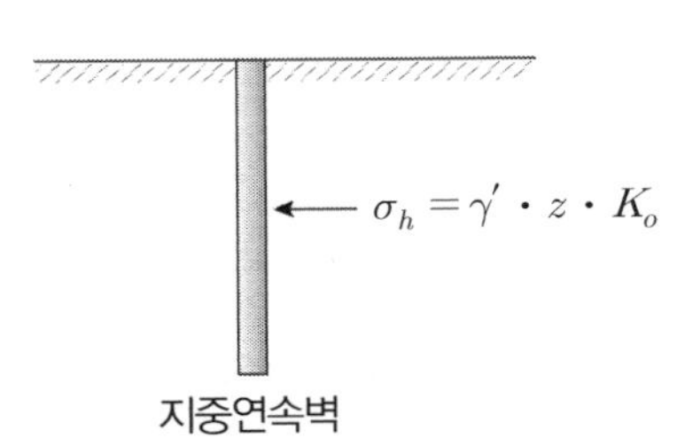

(2) 암반상 옹벽

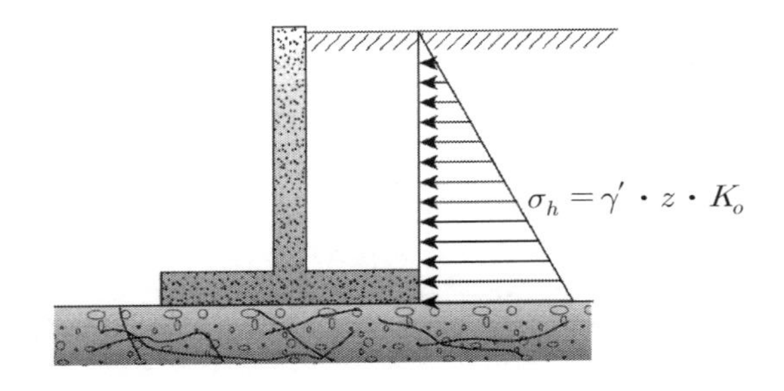

(3) 벽체의 변위를 허용하지 않는 구조물의 설계는 주동토압보다 더 큰 토압이 작용하므로 벽체 설계 시 이를 고려한 설계를 하여야 하며, 만일 지하수위 아래 정지토압을 적용하는 경우에는 유효응력만으로 수평토압을 구한 후 수압을 별도로 추가하여 계산하여야 한다.

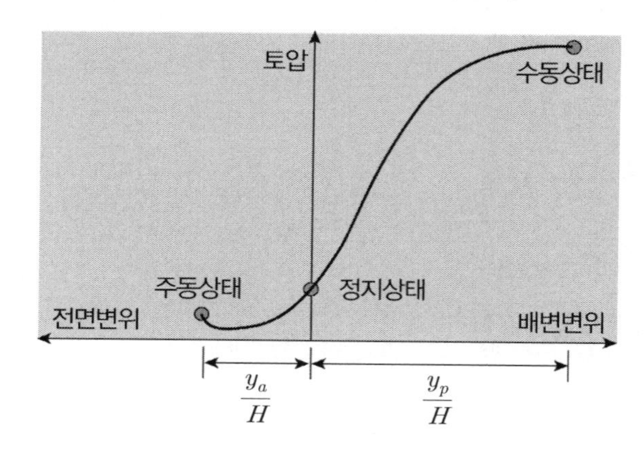

5. 응력이력상태에 따른 정지토압의 범위

(1) 정규압밀점토 $K_{o(NC)} = \frac{\sigma_{h1}}{\sigma_v} < 1$

(2) 과압밀점토 $K_{o(OC)} = \frac{\sigma_{h2}}{\sigma_v} > 1$

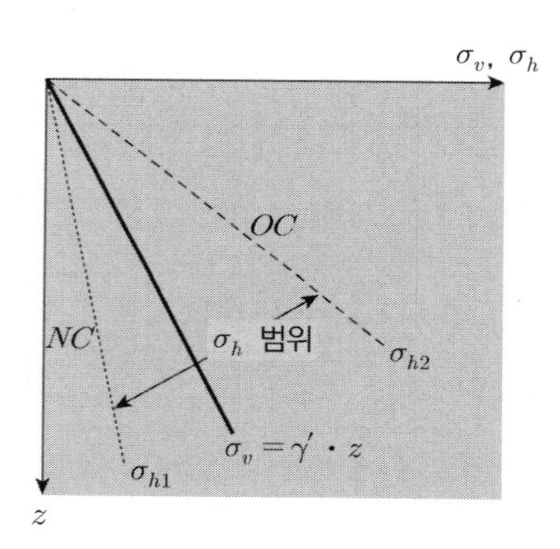

11 벽 마찰각

1. 정 의

Coulomb 토압론에서 벽체 변위 시 옹벽배면의 가상활동면을 따라 흙덩어리가 쐐기형태의 강체거동하므로 옹벽배면과 흙 쐐기 간에 발생하는 마찰각을 벽 마찰각이라고 한다.

2. 벽 마찰각 영향요소

(1) 흙의 종류 (2) 다짐상태 (3) 벽체 거칠기

3. 벽 마찰각의 크기

(1) *Loose sand* : $\phi_w \fallingdotseq \phi$

(2) *Dense sand* : $\phi_w \fallingdotseq \left(\frac{1}{2} \sim \frac{3}{4}\right)\phi$

(3) 사질토 벽 마찰각 > 점성토의 벽 마찰각

4. 벽 마찰각의 방향

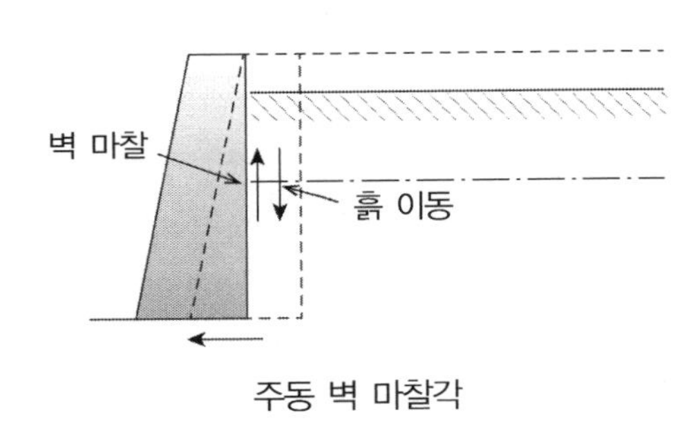

주동 벽 마찰각

벽 마찰
흙 이동

수동 벽 마찰각

5. 벽 마찰각과 토압과의 관계

(1) 주동토압

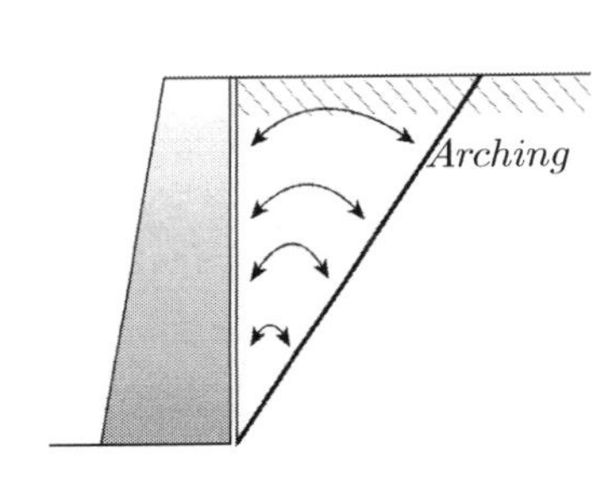

토압
※ 아칭현상에 의해 주동토압은 작게 됨
K_a(근사적 주동토압)
z
벽 마찰각 고려 시 토압

(2) 수동토압 : 벽 마찰저항으로 인해 수동토압은 과대평가됨

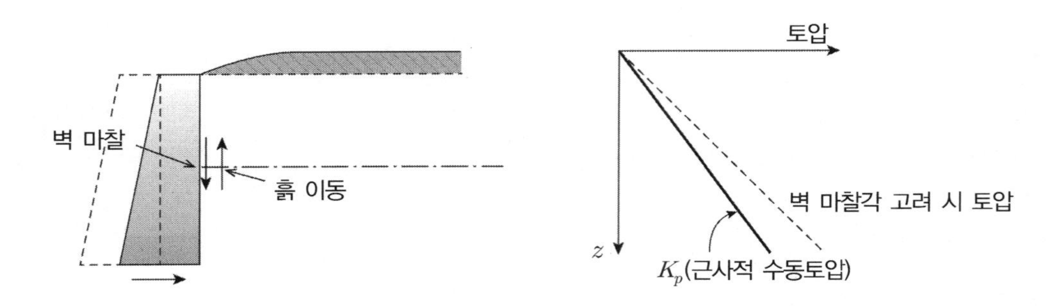

6. 적 용

(1) 중력식 옹벽 : 내외적 안정 검토

(2) 역 T형 옹벽 : 내적(부재계산) 안정 검토

TIP | Coulomb의 주동토압 |

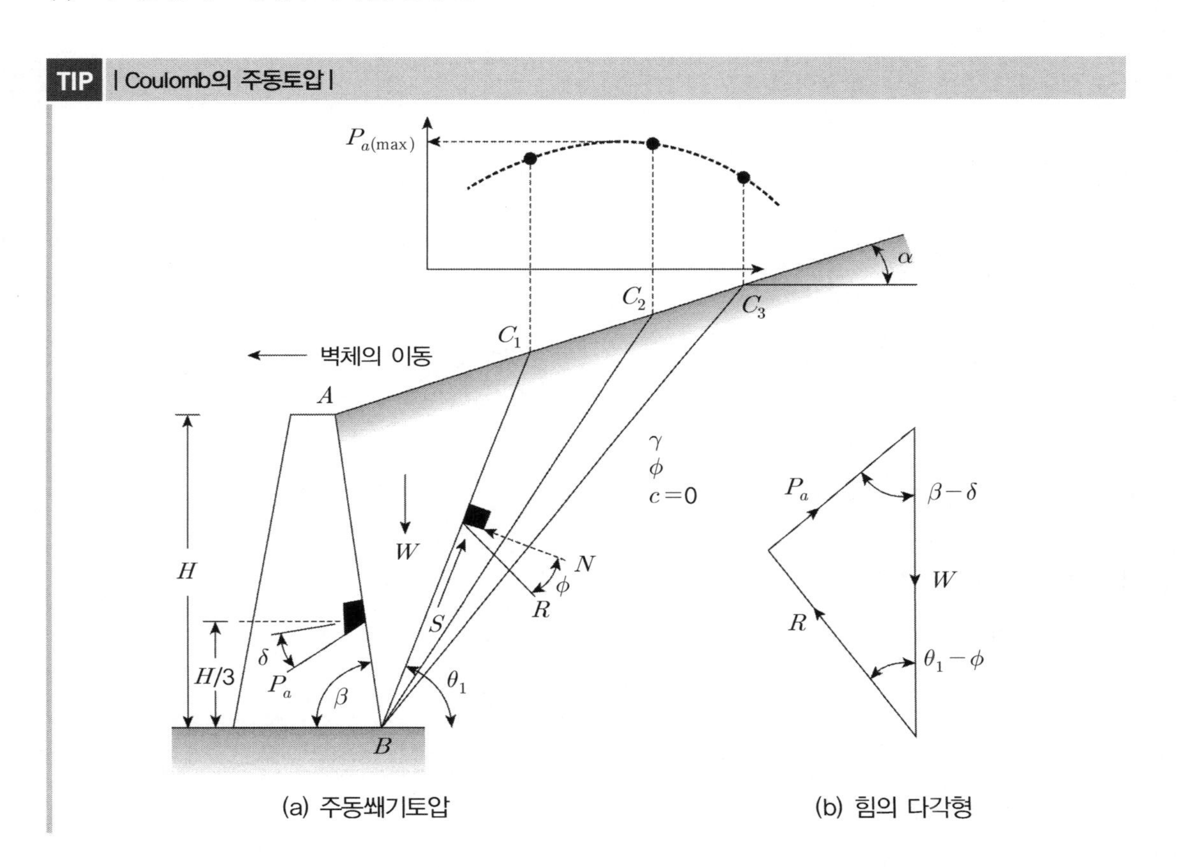

(a) 주동쐐기토압　　　(b) 힘의 다각형

12 시행 쐐기법

1. *Coulomb* 토압론

(1) *Coulomb* 토압론은 흙이 쐐기 형태로 활동하면서 벽에 작용하는 벽 마찰각을 고려한 힘의 다각형을 이용한 도해법과 해석적 방법으로 토압을 산정함

① 도해적 방법

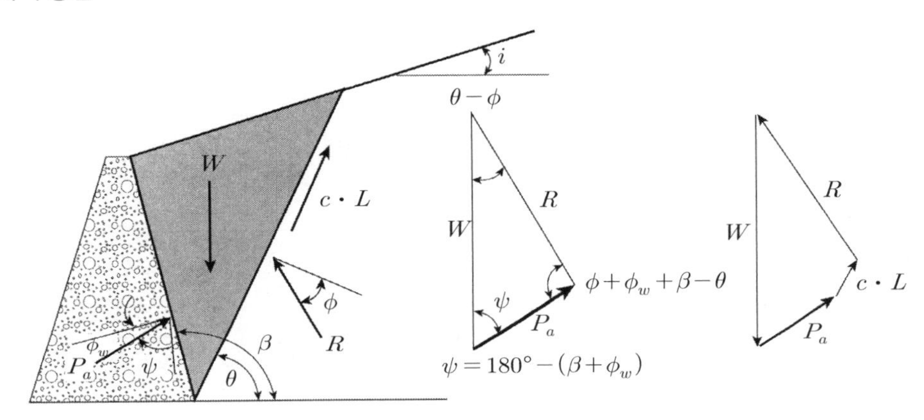

*Coulomb*의 토압이론 (a) 사질토인 경우 (b) 점성토인 경우

② 해석적 방법

위 그림에서 $P_a = W\dfrac{\sin(\theta-\phi)}{\sin(\phi+\phi_w+\beta-\theta)}$

→ ϕ, ϕ_w, β값이 일정하다고 보면 P_a는 θ값에 따라 달라지므로 최댓값을 주는 P_a값은 $\partial P_a/\partial\theta=0$으로 놓고 구하면

$$P_a = \frac{1}{2}\gamma H^2\left(\frac{\sin(\beta-\phi)\csc\beta}{\sqrt{\sin(\phi_w+\beta)}+\sqrt{\dfrac{\sin(\phi_w+\phi)\cdot\sin(\phi-i)}{\sin(\beta-i)}}}\right)^2 = \frac{\gamma H^2}{2}K_a$$

㉠ 주동토압계수(*coefficient of active earth pressure*)

$$K_a = \left(\frac{\sin(\beta-\phi)\csc\beta}{\sqrt{\sin(\phi_w+\beta)}+\sqrt{\dfrac{\sin(\phi_w+\phi)\cdot\sin(\phi-i)}{\sin(\beta-i)}}}\right)^2$$

㉡ 주동토압 : $P_a = \dfrac{1}{2}\cdot\gamma\cdot H^2\cdot K_a$

2. 시행 쐐기법

(1) 정 의

시행 쐐기법(*Coulomb* 토압론의 확장)은 *Coulomb* 토압공식에서 점착력을 고려하지 않는다는 게 기본 가정이나 시행 쐐기법은 점착력을 고려하며 사면의 경사가 일정하지 않고 경사가 변하는 경우에 사용하며 원리는 *Coulomb* 토압론과 동일함

(2) 구하는 방법

① *Coulomb* 토압에서는 P_a를 최대로 하는 θ를 계산을 통해 구하지만 시행법에선 그 반대로 θ를 미리 가정하여 P_a를 계산함

② 따라서 P_a가 최대인지 알지 못하므로 θ를 여러 가지 값을 대입하게 되고 거기서 나온 여러 가지 P_a 중 가장 큰 P_a를 선택하여 주동토압으로 결정함

③ 이때의 θ가 주동파괴면의 각도로 결정

(3) 주동토압계수의 결정

시행 쐐기법을 통해 결정된 P_a 이용

주동토압 : $P_a = \frac{1}{2} \cdot \gamma \cdot H^2 \cdot K_a$에서 역산된 K_a값이 주동토압계수가 된다.

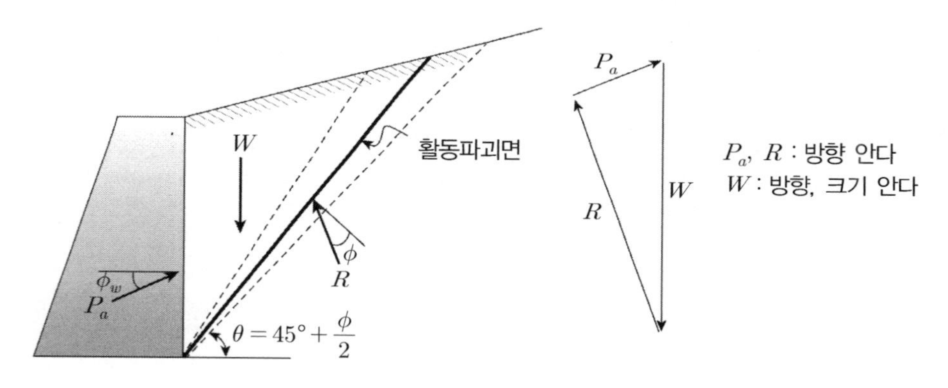

※ 파괴각 θ는 $45° + \frac{\phi}{2}$를 기준으로 $2 \sim 3°$씩 가감하여 시행착오적으로 토압 산정

(4) 특 징

① *Rankine*이나 *Coulomb* 토압에 비해 정확한 실제 토압을 구할 수 있다.

② 옹벽배면의 경사가 불규칙한 경우 적용된다.

③ 배면토의 토질이 점착력이 포함된 경우 적용된다.

④ 배면 경사각이 전단저항각에 근접되면 *Rankine*이나 *Coulomb* 토압에서는 과대평가되며 이 경우 시행 쐐기법을 사용하면 보다 정확한 토압을 산출할 수 있다.

(5) 적용성

① 도로옹벽 설계 : H와 h의 비를 이용하여 시행 쐐기법으로 결정

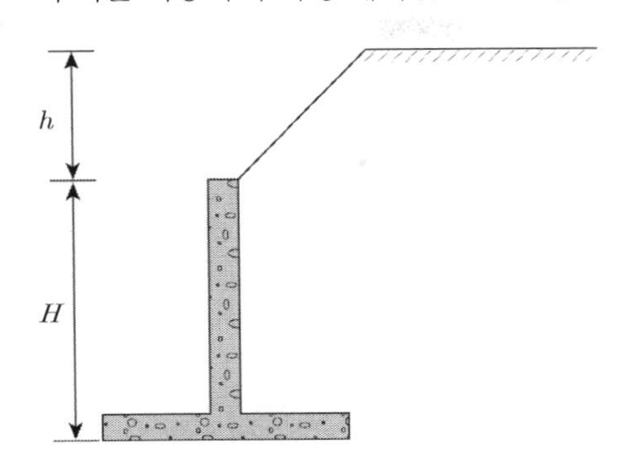

② 건물의 뒷채움

③ 구조물 뒷채움 배면이 좁은 경우

④ 암반 상의 옹벽 : $P_a = \frac{1}{2} \cdot \gamma \cdot H^2 \cdot K_a \times k$

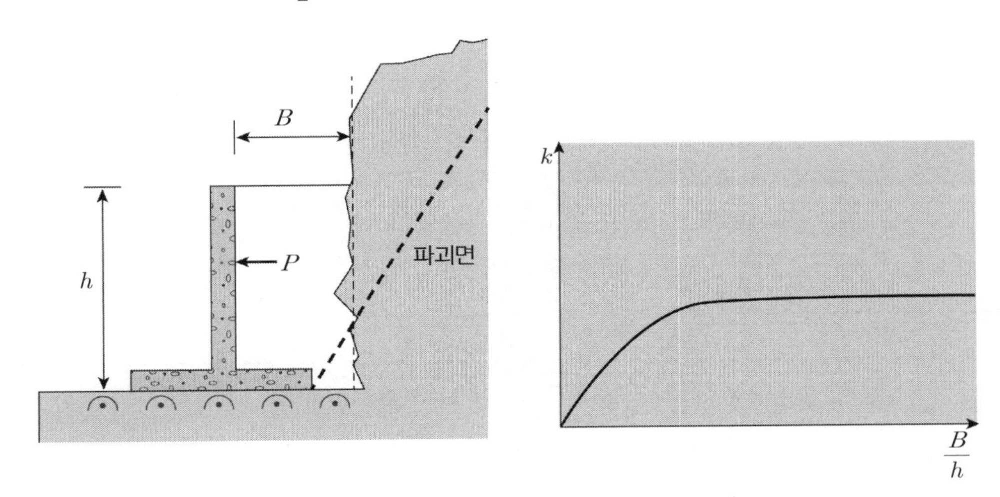

3. 평 가

(1) *Rankine*이나 *Coulomb* 이론토압은 무한 배면일 경우 작용토압이나

(2) 실제 무한배면이 아닌 경우 보다 작은 토압이 벽체에 작용한다.

(3) 따라서 벽체에 작용하는 근사적 토압을 산출하는 방법으로

(4) 옹벽에 작용하는 흙쐐기의 형상에 따라, 즉 경사면의 변화나 가정된 θ에 따라 주동토압 계수가 계속 변화하게 되므로 이를 수작업으로 하는 자체가 매우 번거롭고 계산이 복잡한 단점이 있다.

13 뒷채움 공간이 좁은 경우의 토압 = 강성경사면에 인접한 옹벽

1. 토압론

(1) 뒷채움 공간이 충분한 경우의 토압

→ 지표면이 무한히 넓게 분포되어 파괴면이 자유롭게 형성된다는 조건임

구 분	*Rankine* 토압	*Coulomb* 토압(흙쐐기 이론)
가 정	소성평형상태	한계평형상태
	벽 마찰각 무시	벽 마찰각
	주동토압 : 과대	주동토압 : 적정
	수동토압 : 과소	수동토압 : 과다
	소성파괴	강소성 쐐기
파괴면 형 상	벽체 배면토가 소성 평형상태로 파괴	벽체 배면토가 강소성 쐐기형상 파괴
	주동파괴 수평면과 $45° + \frac{\phi}{2}$	
	수동파괴 수평면과 $45° - \frac{\phi}{2}$	
토 압 산 출	소성평형상태로 수평면과 이루는 파괴면에 대한 모어-쿨롬의 최대, 최소주응력으로 구함	한계평형상태에서 파괴면에 작용하는 힘의 다각형으로 구함
작용 방향	작용 방향(지표면과 평행)	지표 무관(벽 마찰각)

(2) 뒷채움 공간이 좁은 경우의 토압 : 시행 쐐기법

시행 쐐기법(*Coulomb* 토압론의 확장)은 *Coulomb* 토압공식에서 점착력을 고려하지 않는다는 게 기본 가정이나 시행 쐐기법은 점착력을 고려하며 사면의 경사가 일정하지 않고 경사가 변하는 경우에 사용하며 원리는 *Coulomb* 토압론과 동일함

2. 뒷채움 공간이 좁은 경우의 유형별 시행쐐기론

(1) 암반상의 옹벽

① 옹벽배면 근처에 암반이 존재할 경우 뒷채움 토압으로 인해 주동상태가 되어 전면변위가 발생하게 되면 옹벽의 자체의 벽 마찰각뿐만 아니라 암반과 흙 사이의 마찰로 인해 *Rankine*이나 *Coulomb*로 구한 토압에 비해 작은 토압이 옹벽에 작용하게 됨

② 그림과 같이 뒷채움 흙의 폭 B가 증가하면 궁극적으로 벽 마찰각을 고려하는 경우 *Rankine Coulomb*로 구한 토압에 수렴

③ 벽 마찰각 고려 시

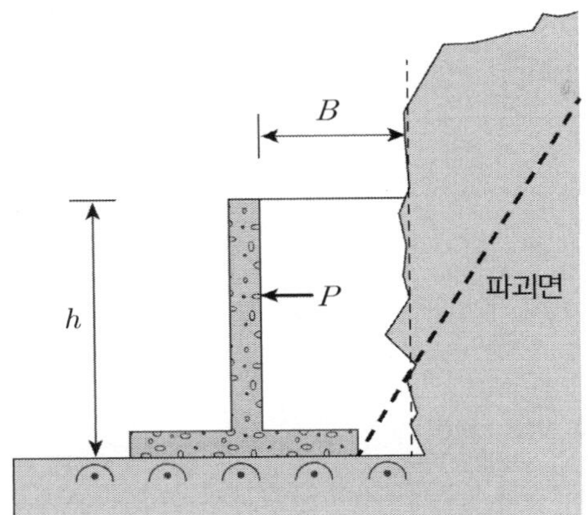

$\sigma_h = \sigma_z \cdot k = \gamma_t \cdot z \cdot K$

$\rightarrow P_a = \dfrac{1}{2} \cdot \gamma_t \cdot H^2 \cdot K$

여기서 K는 $K_a = \dfrac{1-\sin\phi}{1+\sin\phi}$ 보다 작은 어떤 값을 가짐

$$K = \frac{1-[\sin\phi \cdot \cos(\Delta - \phi_w)]}{1+[\sin\phi \cdot \cos(\Delta - \phi_w)]}$$

$$\Delta = \sin^{-1}\left(\frac{\sin\phi_w}{\sin\phi}\right)$$

ϕ : 배면토 내부마찰각

④ 벽 마찰각 무시한 경우 : 파괴면을 가정해서 시산함

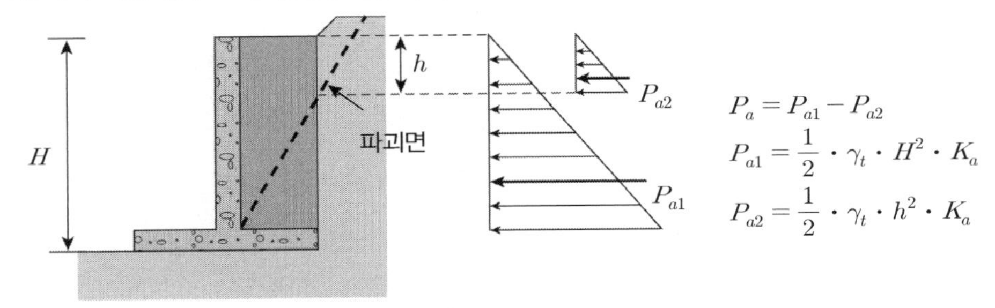

$P_a = P_{a1} - P_{a2}$

$P_{a1} = \dfrac{1}{2} \cdot \gamma_t \cdot H^2 \cdot K_a$

$P_{a2} = \dfrac{1}{2} \cdot \gamma_t \cdot h^2 \cdot K_a$

(2) *Silo* 내 토압

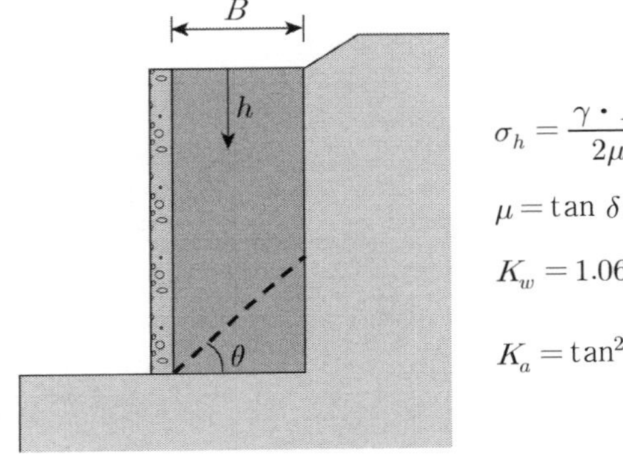

$$\sigma_h = \frac{\gamma \cdot B}{2\mu}\left(1 - \exp\left(-2 \cdot K_w \cdot \mu \cdot \frac{h}{B}\right)\right)$$

$\mu = \tan\delta$(δ: 벽 마찰각)

$K_w = 1.06(\cos^2\theta + K_a \cdot \sin^2\theta)$

$K_a = \tan^2\left(45° - \dfrac{\phi}{2}\right)$

(3) 원지반 절취 또는 성토구간 절취

① 원지반 경사 > 파괴각일 때 : 파괴면을 AC로 가정하여 최대토압을 구함

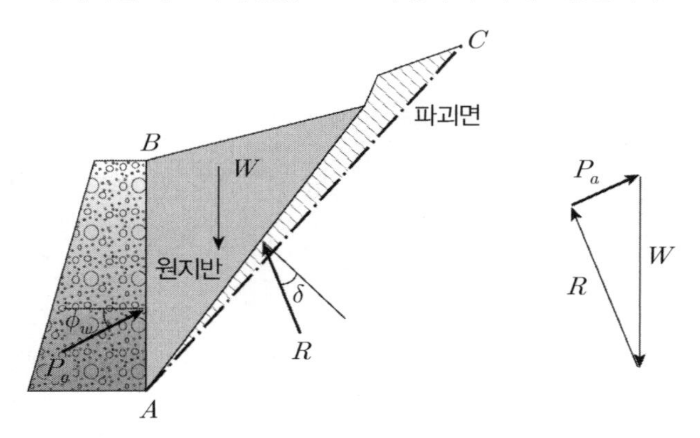

② 45° < 원지반 경사 < 파괴각 : 파괴면의 토압과 AC면을 파괴각으로 구한 토압 중 큰 값을 선택

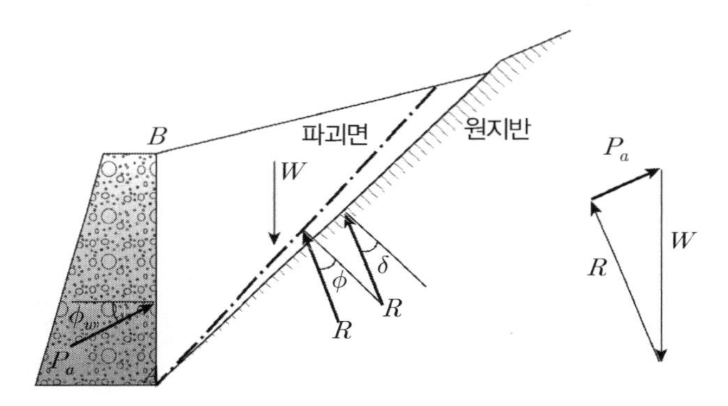

③ 경사가 불규칙한 경우 : 흙 쐐기를 3각형, 4각형으로 분할하고 파괴면을 여러 개 가정하여 구한 토압 중 큰 값을 선택

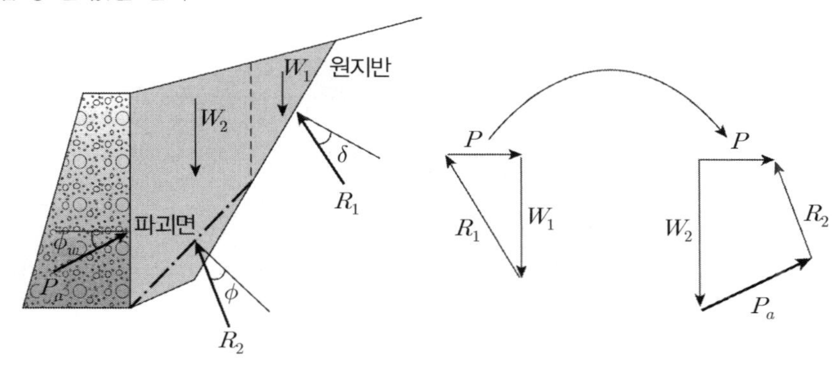

(4) 건물 지하벽체

암반상의 옹벽에서 벽 마찰각을 무시한 경우의 토압적용과 동일

3. 평 가

(1) 뒷채움 공간이 좁은 경우에 대한 개념은 정립되었으나 결정하고자 하는 토압의 크기와 방향을 구하기 위해서는 벽 마찰각, 다짐상태, 지반 및 지층의 상태, 암반 상태 등 지반의 불확실한 요소가 많으므로 **불확실한 결정값**이라는 점이 내포되어 있다.

(2) 따라서 현재의 개념으로 구한 토압은 **불리한 토압을 적용**함이 합리적이다.

(3) 지속적인 연구가 요구되는 과제로서 향후 보다 정확한 토압을 구하기 위한 **모형시험, 수치해석, 계측자료를 통한 역해석 등 다양한 현장상황별 데이터를 구축**함으로써 체계적인 접근이 필요한 지반 분야 중의 하나로 관심을 기울여야 한다.

TIP | 다짐에 의해 유발되는 토압(뒷채움 토압) |

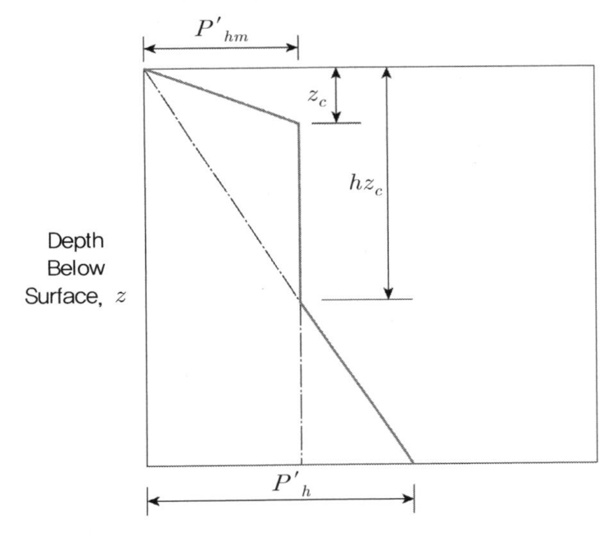

$$P'_{hm} = \sqrt{\frac{2Q_1\gamma}{\pi}}$$

$$P'_h = K\gamma z$$

$$z_c = K\sqrt{\frac{2Q_1}{\pi\gamma}}$$

$$h_c = \frac{1}{K}\sqrt{\frac{2Q_1}{\pi\gamma}}$$

14 옹벽의 안정조건과 대책

1. 옹벽의 안정조건

(1) 필수조건 : ① 전도 ② 활동 ③ 지지력

(2) 선택사항 : ① 전체 활동(사면안정) ② 침하 ③ 액상화 ④ 측방유동

✓ 위 열거된 항목은 옹벽의 외적 안정조건으로 내적 안정조건은 구조체와 지반에 대한 안정성을 의미하며 통상 옹벽의 안정조건이라 함은 외적 안정성을 일컫는다.

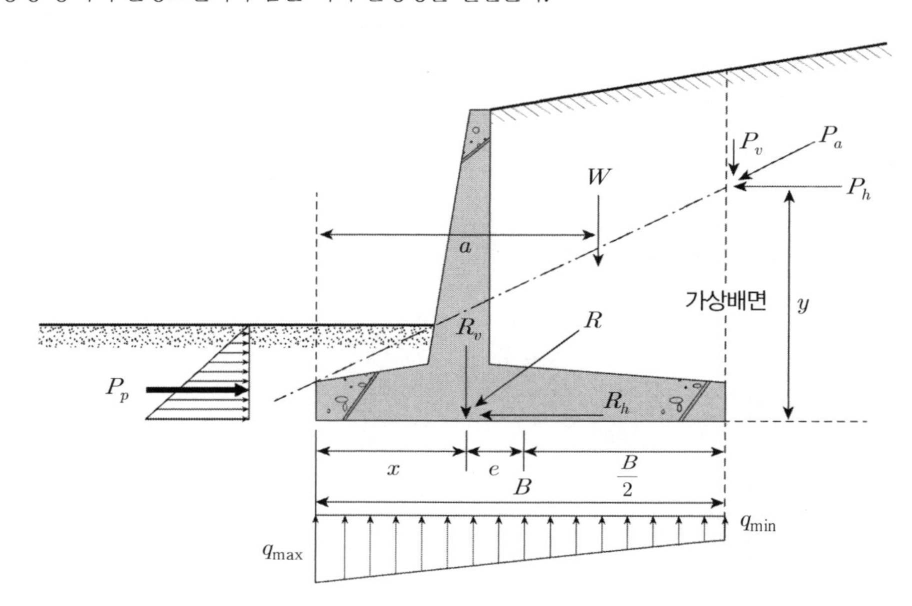

2. 전도(*Over Turning*)

(1) 조 건

$$F_s = \frac{W \cdot a}{P_h \cdot y - P_v \cdot B} > \text{기준안전율}$$

F_s 의 기준 : 상시 2.0, 지진 시 1.1

여기서, W : 옹벽의 자중 옹벽 저판 위 흙 무게 　　a : W까지 작용거리

P_h : 가상배면에서의 토압의 수평분력 　　P_v : 가상배면에서의 토압의 수직분력

(2) 불안전 시 대책

① 저판 폭 확대

② 뒷채움재 : 전단저항각(ϕ) 큰 것으로 사용 P_a 저감

✓ 옹벽 전면에 작용하는 수동토압을 고려하지 않은 것은 보다 안전한 설계를 위해 무시한 것으로 세굴이나 예상치 못한 공사 등 수동토압이 발휘되지 못하는 최악의 상황을 염두에 둔 것임을 의미한다.

3. 활 동

(1) 조 건

$$F_s = \frac{C_a \cdot B + R_v \cdot \tan\delta + P_p}{P_h} > \text{기준안전율}$$

F_s의 기준 : 상시 1.5, 지진 시 1.2

여기서, R_v : 옹벽의 자중 + 옹벽 저판 위 흙 무게 + 가상배면에서의 토압의 수직분력

δ : 흙과 기초저면과의 마찰각　　C_a : 기초저면과 지반과의 부착력

(2) 불안전 시 대책

① 저판 폭 확대　② *Shear key* 설치　③ 근입깊이 증가(수동토압 증가)

4. 지지력(*Bearing Capacity*)

(1) 조 건

$$q_{\max \sim \min} = \frac{R_v}{B} \cdot \left(1 \pm \frac{6e}{B}\right) < \text{허용 지지력}(q_a)$$

(2) 편심한도 : $e < \frac{B}{6}$(안정) / $e > \frac{B}{6}$(불안정)

$$e = \frac{B}{2} - \frac{M_v - M_h}{R_v}$$

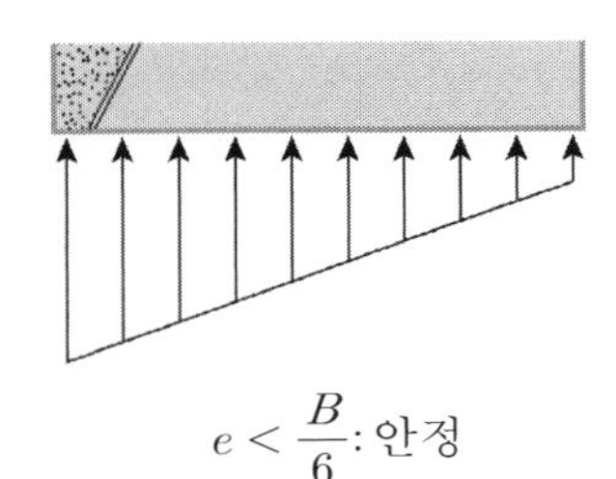

$e < \frac{B}{6}$: 안정

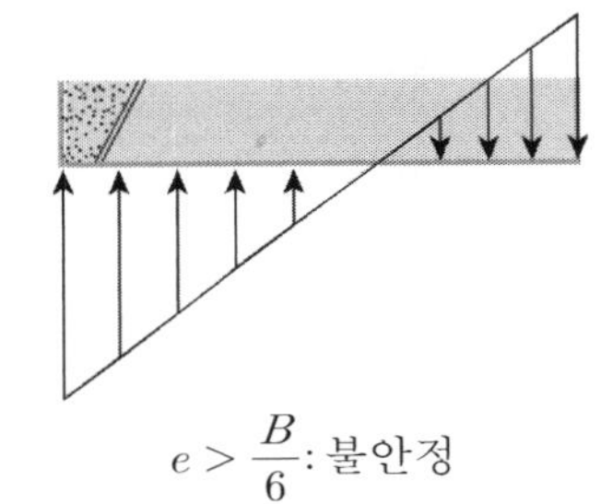

$e > \frac{B}{6}$: 불안정

(3) 불안전 시 대책

① 저판 폭 확대　② 치환　③ 말뚝기초

5. 전체 활동(사면안정 *Slope Stability*)

(1) 조 건

$$F_s = \frac{\text{저항력}}{\text{활동력}} = \frac{C_u \cdot L_a \cdot R}{W \cdot x}$$

안전율 : 상시 1.3,　지진 시 1.0

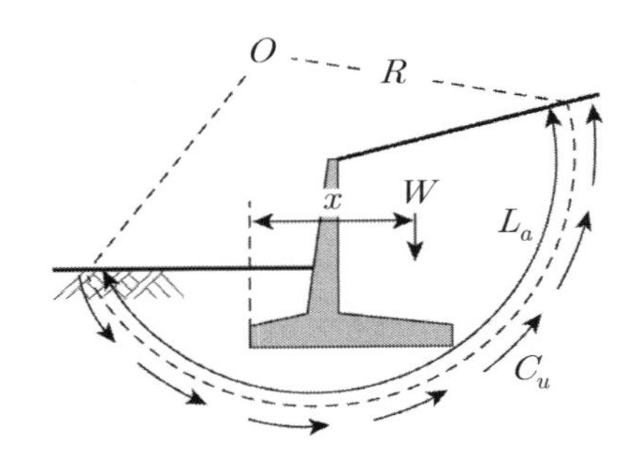

(2) 불안전 시 대책

① 억지말뚝 ② 지반개량 ③ *Preloading*

④ 치환 ⑤ 연직배수 ⑥ *EPS*

6. 침 하

(1) 조건 : 허용 침하량 이내

(2) 대 책

① 사질토 : 진동, 약액주입, 동다짐

② 점성토 : 치환, 압밀배수, 탈수, 고결, 동압밀

7. 지하수

(1) 배수 조건에 따른 토압

① 조건 : 정수압 + 토압

② 조건 : 간극수압 + 토압

③ 조건 : 토압만 작용

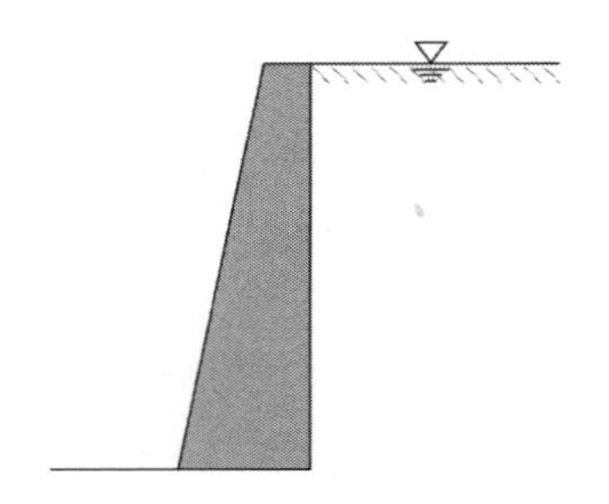

지하수위 조건

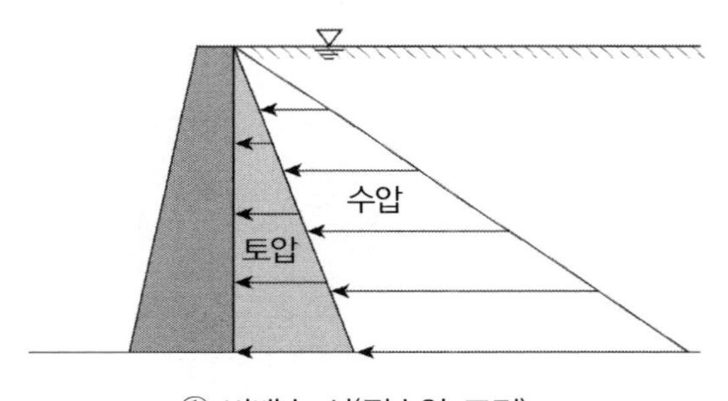

① 비배수 시(정수압 조건)

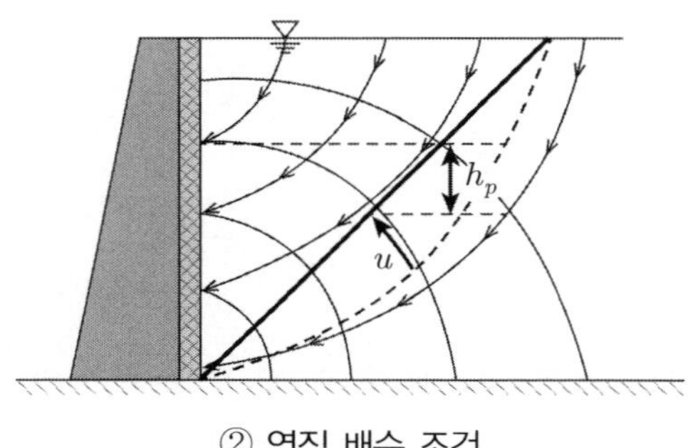

② 연직 배수 조건

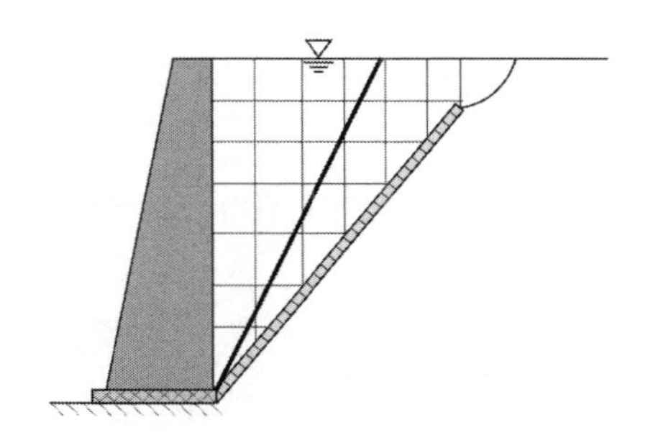

③ 경사 배수 조건

(2) 지하수위가 옹벽의 안정에 끼치는 영향

전도, 활동, 지지력, 사면활동에 모두 영향을 미침

(3) 대 책

① 경사배수 채용

② *Filter* 중요

③ 배수성 우수한 재료 뒷채움

15 옹벽의 배면이 점성토 지반인 경우 옹벽 설계

[핵심] 점성토의 경우에는 점착력이 존재하게 되며 이로 인해 주동토압계수는 점착력에 의한 영향으로 감소하고 전체 토압이 작아지는 결과가 발생하게 되는데 이러한 현상은 인장균열의 관찰로 예측할 수 있다. 토압의 설계를 위해서는 옹벽의 안정조건을 정리해야 하겠으며 최근에는 보강토옹벽과 관련된 문제가 출제되므로 숙지하여야 한다.

1. 옹벽배면이 점성토로 된 경우의 토압

(1) 점성토는 점착력이 있으므로 *Mohr-Coulomb*의 응력원으로 표현하면 다음과 같다.

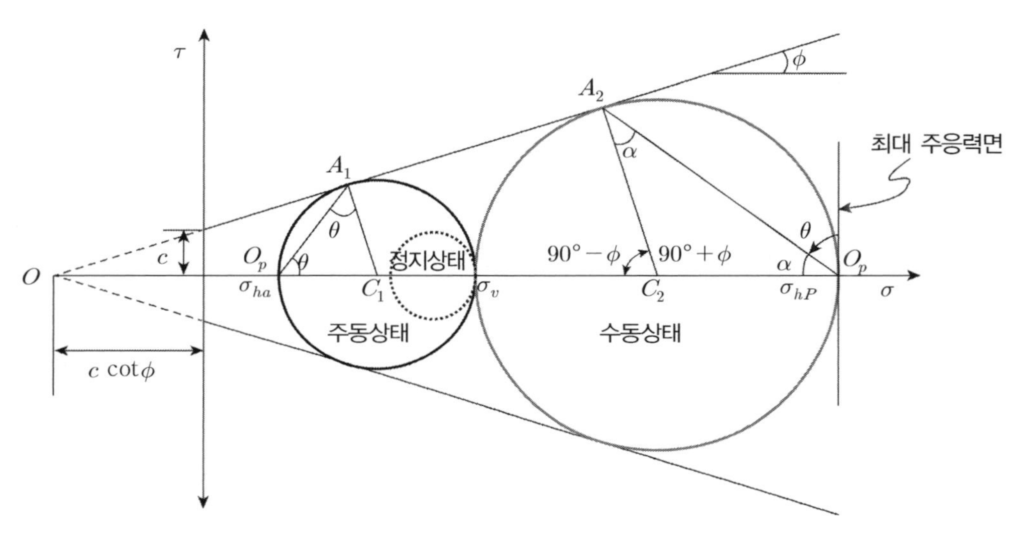

점착력이 있는 흙의 주동/수동상태

(2) 단위 주동토압 산정

$$\sin\phi = \frac{\frac{1}{2}(\sigma_v - \sigma_{ha})}{c \cdot \cot\phi + \sigma_{ha} + \frac{1}{2}(\sigma_v - \sigma_{ha})}$$

$\sigma_v = \gamma \cdot z$ 이고, 이 식을 정리하면

$$\begin{aligned}\therefore\ \sigma_{ha} &= \gamma \cdot z \cdot \tan^2\left(45° - \frac{\phi}{2}\right) - 2c \cdot \tan\left(45° - \frac{\phi}{2}\right) \\ &= \gamma \cdot z \cdot K_a - 2c\sqrt{K_a}\end{aligned}$$

✓ **위 식은 점착력이 없는 흙에 비해 깊이에 상관없이** $2 \cdot c \cdot \tan\left(45° - \frac{\phi}{2}\right)$ **만큼 일정한 토압이 감소함을 의미한다.**

(3) 전 주동토압

$$P_a = \frac{1}{2} \cdot K_a \cdot \gamma \cdot H^2 - 2 \cdot c \cdot H\sqrt{K_a}$$

(4) 수동토압의 경우 : 산정하는 방법은 주동토압과 동일하다.

① 단위 수동토압

$$\sigma_{hp} = r \cdot z \cdot \tan^2\left(45° + \frac{\phi}{2}\right) + 2c\tan\left(45° + \frac{\phi}{2}\right) = r \cdot z \cdot K_p + 2c\sqrt{K_p}$$

② 전체 수동토압 : 점착력으로 인해 수동토압이 상대적으로 증가한다.

$$\therefore\ P_p = \frac{1}{2} \cdot K_p \cdot \gamma \cdot H^2 + 2 \cdot c \cdot H\sqrt{K_p}$$

2. 인장 균열 깊이(Z_c) = 점착고

(1) 정 의

옹벽 배면의 점성토에 의한 인장응력이 미치는 범위로서 (−)토압의 발생 깊이를 말함

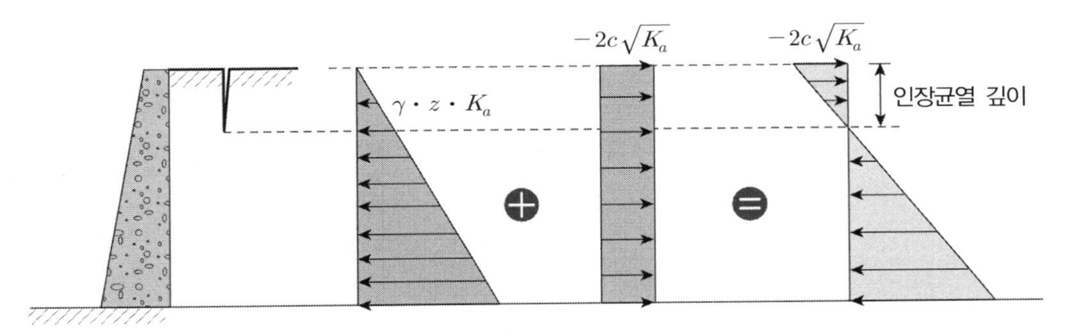

점착력이 있는 흙의 주동토압

(2) 인장균열 깊이 계산

① 계산 : 단위 주동토압 $\sigma_{ha} = 0$이라 놓고 계산하면

② $\sigma_{ha} = \gamma \cdot z_c \cdot k_a - 2c\sqrt{K_a} = 0 \qquad \therefore\ Z_c = \dfrac{2c\sqrt{K_a}}{\gamma_t \cdot K_a} = \dfrac{2C}{\gamma_t \cdot \sqrt{K_a}}$

③ 만일 내부마찰각이 0인 완전 비배수 조건의 점토라면 $\phi = 0$이므로

$$\therefore\ Z_c = \frac{2C_u}{\gamma_t} \cdot \tan\left(45° + \frac{\phi}{2}\right) \rightarrow Z_c = \frac{2C_u}{\gamma_t}$$

3. 한계깊이(H_c)

(1) 정 의

뒷채움 흙에 의한 (+)토압과 인장균열에 의한 (−)토압이 상쇄되어 토압이 '0'이 되는 이론적 깊이로서 이론적으로 가시설 없이 굴착 가능한 임계깊이를 말함

(2) 계산 방법

계 산	방법 '1'	방법 '2'
방 법	**전 주동토압 $P_a = 0$가 되는 깊이계산** $P_a = \frac{1}{2} \cdot K_a \cdot \gamma \cdot H^2 - 2 \cdot c \cdot H\sqrt{K_a} = 0$	**인장균열 깊이의 2배(상쇄개념)**
결 과	$\boldsymbol{H_c = 2 \cdot Z_c = \dfrac{4 \cdot c}{\gamma_t \cdot \sqrt{K_a}}}$	

4. 인장균열 발생 전 이론적 토압

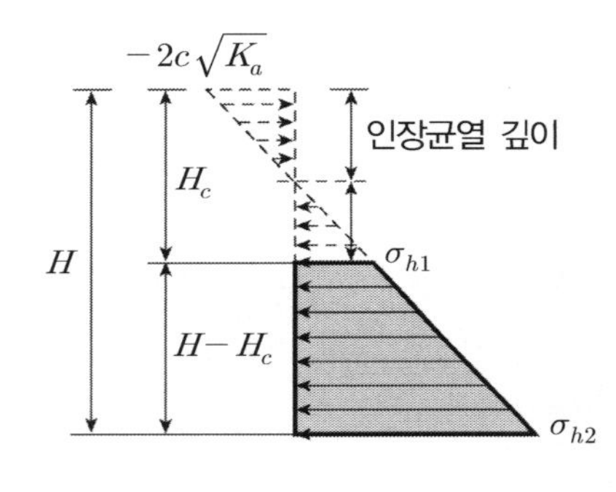

① 방법 '1' → 전 주동토압 개념

$$P_a = \frac{1}{2} \cdot K_a \cdot \gamma \cdot H^2 - 2 \cdot c \cdot H\sqrt{K_a}$$

② 방법 '2' → 사다리꼴 면적계산

$$P_a = \frac{\sigma_{h1} + \sigma_{h2}}{2}(H - H_c)$$

$$\sigma_{h1} = \gamma \cdot H_c \cdot K_a - 2c\sqrt{K_a}$$

$$\sigma_{h2} = \gamma \cdot H \cdot K_a - 2c\sqrt{K_a}$$

5. 인장균열 발생 후 실제 토압

인장균열에 대한 실제토압은 인장균열깊이까지의 부의 토압은 무시하고 구함

(1) 실제토압

① 방법 '1' → 전 주동토압 + 균열부 토압

$$P_a = \frac{1}{2} \cdot K_a \cdot \gamma \cdot H^2 - 2 \cdot c \cdot H\sqrt{K_a} + c\sqrt{K_a} \cdot Z_c$$

② 방법 '2' → 삼각형 면적계산

$$P_a = \frac{\sigma_{h2}}{2}(H - Z_c) \qquad \sigma_{h2} = \gamma \cdot H \cdot K_a - 2c\sqrt{K_a}$$

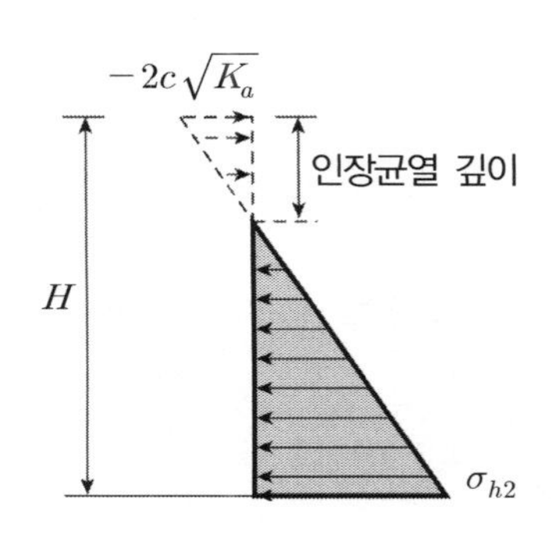

(2) 한계깊이를 무시하는 이유

① *Terzaghi*에 의한 경험토압면에서 실제 한계깊이는 대략 $H_c \fallingdotseq 1.3Z_c$가 되고

② 배면토에 대한 시료채취로 구한 C 값은 교란 및 우기 시 변화가 많아 신뢰성이 떨어지며

③ 점토의 경우 되메우기한 후 *Thixotropy* 현상에 의해 강도가 회복되는 등 불확실요소를 감안하여 한계깊이는 무시한다.

6. 인장균열 부위가 물로 포화된 경우

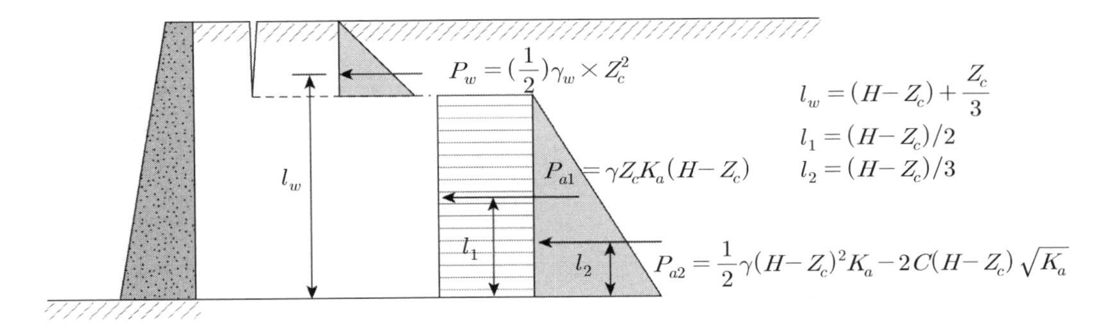

(1) 토압 및 수압의 합력 : $P = P_w + P_{a1} + P_{a1}$

(2) 작용거리

$$y = \frac{P_w \times l_w + P_{a1} \times l_1 + P_{a2} \times l_2}{P_w + P_{a1} + P_{a2}}$$

16 배수처리 방법에 따른 옹벽의 안정검토

1. 개 요

벽체에 작용하는 압력은 수압과 토압의 합력이 작용되므로 최대한 수압을 줄일 수 있도록 배수대책을 강구하여야 한다.

2. 수위조건별 토압분포

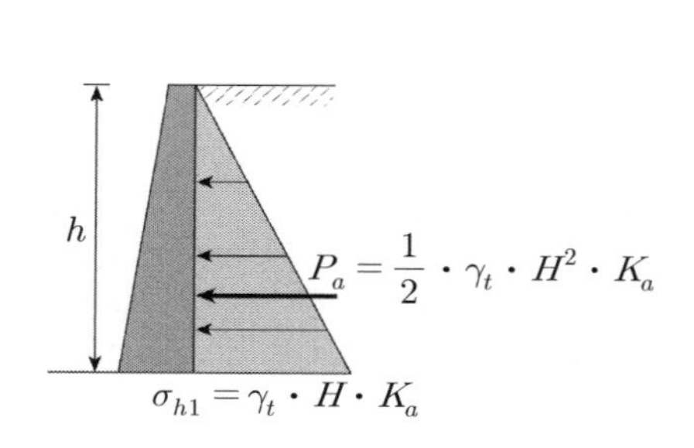

① 건조조건

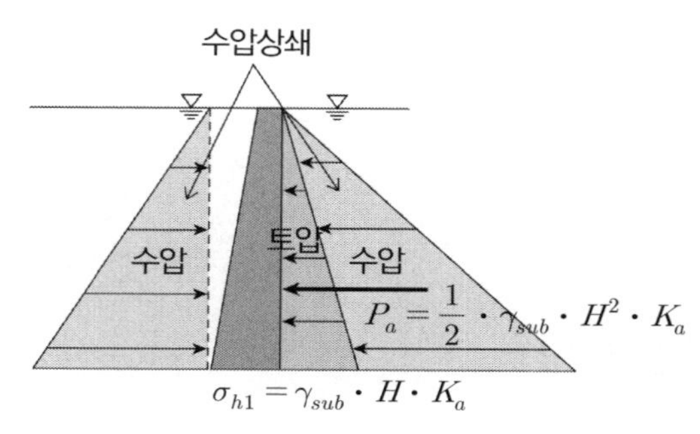

② 수중조건

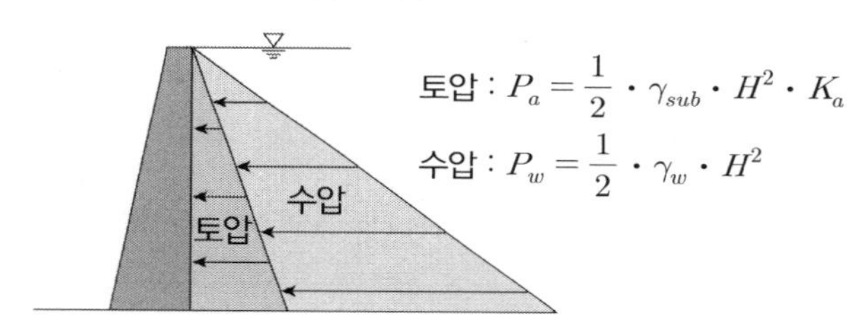

③ 포화조건(토압+수압)

※ **토압 + 수압크기** : ③ > ① > ②

3. 배수처리 방법별 토압분포

(1) 경사배수

① P 점의 수두계산(H_p)

㉠ 전수두 $H_t = \frac{2H}{6}$

㉡ 위치수두 $H_e = \frac{2H}{6}$

㉢ 압력수두 $H_p = H_t - H_e = 0$

② 수압 = $\gamma_w \cdot H_p = 0$

③ 토압 = $P_a = \frac{1}{2} \cdot \gamma_{sat} \cdot H^2 \cdot K_a$

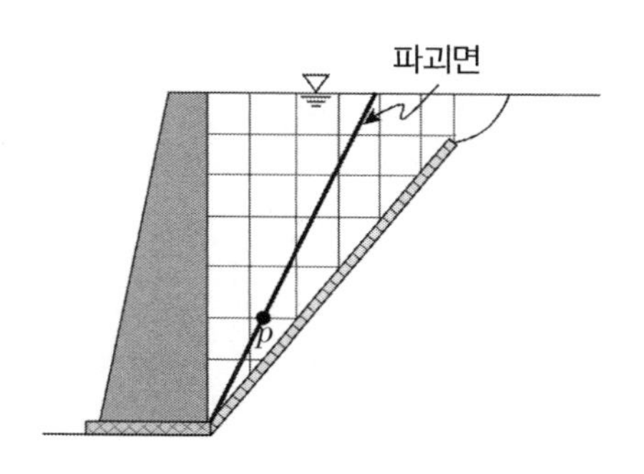

(2) 연직배수

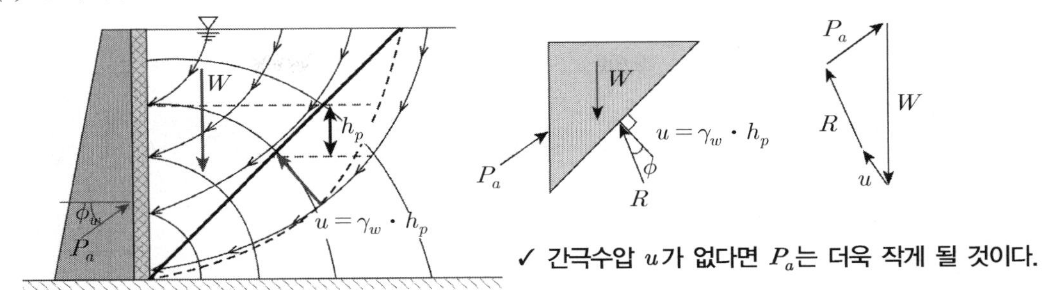

✓ 간극수압 u가 없다면 P_a는 더욱 작게 될 것이다.

4. 평 가

(1) 옹벽배면의 수위조건에 따라 옹벽은 토압이외에 수압이 추가로 발생하므로 원활한 배수가 되도록 설계함으로써 옹벽의 안정성을 증가시켜야 한다.

(2) 배수방법으로 연직배수와 경사배수가 있으며 이 중 경사배수가 매우 효과적으로 간극수압의 발생 없이 배수기능을 발휘하나 실제 시공하기에는 매우 곤란한 면이 있다.

TIP | 옹벽 뒷채움재의 배수공법 |

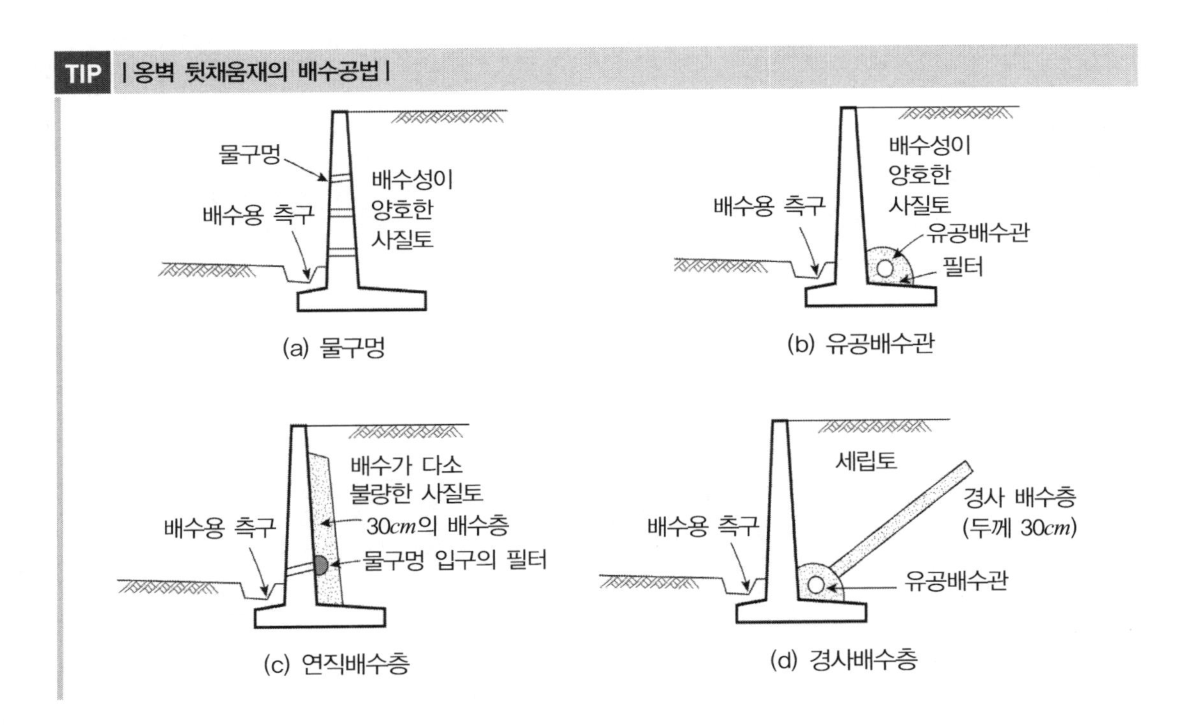

(a) 물구멍

(b) 유공배수관

(c) 연직배수층

(d) 경사배수층

역 T형 옹벽에서 랜킨토압의 적용한계

1. 랜킨과 쿨롬의 토압비교

구 분	*Rankine* 토압	*Coulomb* 토압 (흙쐐기 이론)
가 정	소성평형상태	한계평형상태
	벽 마찰각 무시	벽 마찰각
	주동토압 : 과대	주동토압 : 적정
	수동토압 : 과소	수동토압 : 과다
	소성파괴	강소성 쐐기
파괴면 형 상	벽체 배면토가 소성 평형상태로 파괴	벽체 배면토가 강소성 쐐기형상 파괴
	주동파괴 수평면과 $45° + \phi/2$	
	수동파괴 수평면과 $45° - \phi/2$	
토 압 산 출	소성평형상태로 수평면과 이루는 파괴면에 대한 모어-쿨롬의 최대, 최소 주응력으로 구한다.	한계평형상태에서 파괴면에 작용하는 힘의 다각형으로 구함
작용방향	작용방향(지표면과 평행)	지표무관(벽 마찰각)

2. 설계적용

구 분	중력식	역 *T*형식(긴 뒷굽)
외적 안정	*Coulomb* 토압	*Rankine* 토압
내적 안정	*Coulomb* 토압	*Coulomb* 토압

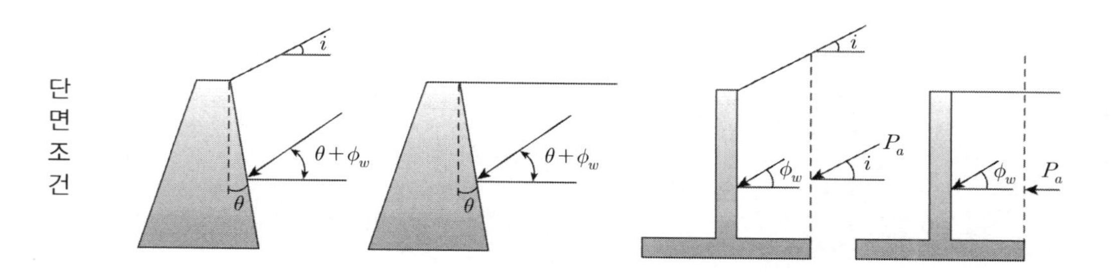

3. 벽체계산이 아닌 옹벽의 안정을 검토 시 랜킨토압 사용 이유

① 벽 마찰각은 옹벽의 설계 시 대단히 중요한 검토요소이다.

② 옹벽 형태에 따라 벽 마찰각 적용 여부에 따라 랜킨과 쿨롬토압이론을 구분하여 적용한다.

③ 역 T형에서 뒷굽판이 길게 형성된 경우에 가상배면에 작용하는 토압과 뒷굽판 위에 있는 흙에 의한 토압으로 구분하여 적용하여야 한다.

④ 그런데 가상배면에 작용하는 흙에 의한 토압은 가상배면과 뒷굽판 위에 있는 흙과의 상대적 변위가 없으므로 벽 마찰각은 발생하지 않아서 랜킨토압을 적용한다.

⑤ 뒷굽판 위에 흙은 매우 작은 토압이지만 벽체와 상대적 변위발생으로 벽 마찰각이 발생하므로 쿨롬토압을 적용한다.

⑥ 만일 뒷굽판이 길게 나온 경우에는 실무적으로 옹벽의 일부로 간주하여 계산한다.

⑦ 뒷굽판의 길이가 짧아서 그림과 같이 ω 각에 의한 가상선이 옹벽벽체를 통과한다면 1996년 개정된 설계기준에 의한다면 가상배면까지 무시한 완전한 쿨롬토압으로 적용시켜 안정검토를 해야 한다.

✓ 뒷굽이 짧은 경우 → 중력식 옹벽으로 취급

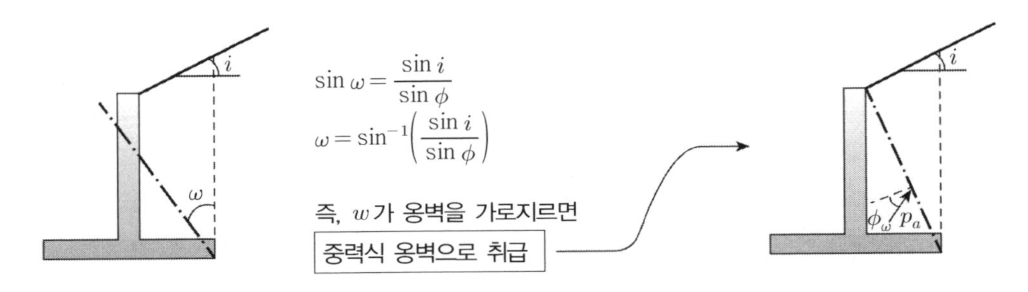

4. 랜킨토압의 적용한계

① 옹벽배면경사 ≥ 배면토 전단저항각(ϕ) → 랜킨토압 적용 시 과대평가 → 시행쐐기법 적용

② 중력식 옹벽과 역 T형 옹벽에서의 벽체계산 적용 불가

③ 배면토의 파괴면 형성에 제한이 없는 무한한 지표면이 아닌 옹벽에 적용 불가
예) 절토부 옹벽, 터널갱문, 암반, 뒷채움 공간이 좁은 지하실 등

④ 지표면에 등분하중에 대한 고려는 가능하나 선하중, 집중하중에 대한 계산은 별도의 검토 요망

17 Arching 현상

1. 개 요

(1) 힘의 전달이 아치방향으로 진행하는 효과로서 토류벽, 댐, 터널, 매설관, 앵커된 말뚝, 사이로 등에서 아칭효과에 의해 변형되는 토체에서 저항하는 토체로 응력이 재배치된다.
(2) 토체의 일부분에 전단항복이 일어나고 인접한 흙은 원위치에 있을 때 항복이 일어난 쪽의 흙은 일어나지 않는 쪽과 경계면에서 상대적으로 움직이려고 한다.
(3) 이 토체 내의 상대적 이동은 경계면 사이의 전단저항에 의하여 억제되는데, 이 전단저항이 항복 쪽의 흙을 원위치에 유지시키려 하기 때문에 항복이 일어나는 쪽의 압력은 감소하고 원위치에 있는 흙에서의 압력은 증가한다. 이와 같은 변형되려는 부분의 토압이 인접부의 흙으로 압력이 전환되는 현상을 아칭현상(효과)이라고 한다.

2. 변위에 따른 토압분포

(1) 옹 벽

① 변위와 토압

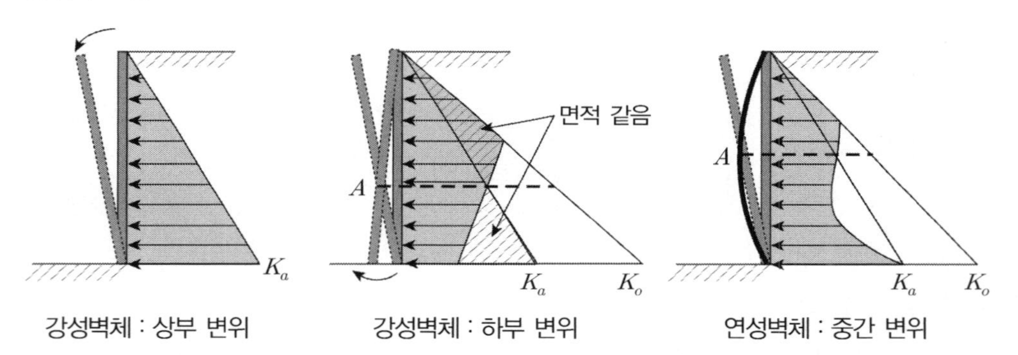

강성벽체 : 상부 변위　　강성벽체 : 하부 변위　　연성벽체 : 중간 변위

② 평가 : 상부 변위와 중·하부 변위를 비교하면 A점을 기준으로 상부는 횡방향 변위가 구속되므로 토압이 증가하고 A점 하부에서는 토압이 재분배되면서 감소하게 된다. 그러나 전체 토압의 합은 동일하다.

(2) 지하매설 배관 및 *Box*

① 변위와 토압

② 평가 : 굴착 폭이 클 경우에는 일반토압이 작용되나 굴착 폭이 좁을 경우에는 원지반의 굴착면과 되메우기 토사 사이에 *Stress transper*(*Arching*)가 생겨 토압이 감소한다.

$$\sigma_v = \sigma'_v - 2F < \sigma'_v \rightarrow \sigma_h < K_o \cdot \gamma_t \cdot z$$

(3) 사력댐

① 변위와 토압 : 심벽과 필터층의 강성차이로 압축량이 달라지므로 상대변위가 발생되어 이론적으로 계산된 연직 유효응력의 일부를 주변의 필터층에 응력이 전이되어 토압을 감소시키게 되는데, 이때 수압보다 수평토압이 작게 되면 수압할렬 등 문제를 일으킴

② 평가 : *a*점의 연직 및 수평응력이 *Arching*에 의해 정수압보다 다음 그림과 같이 작아지는 경우 수압할렬이 발생함

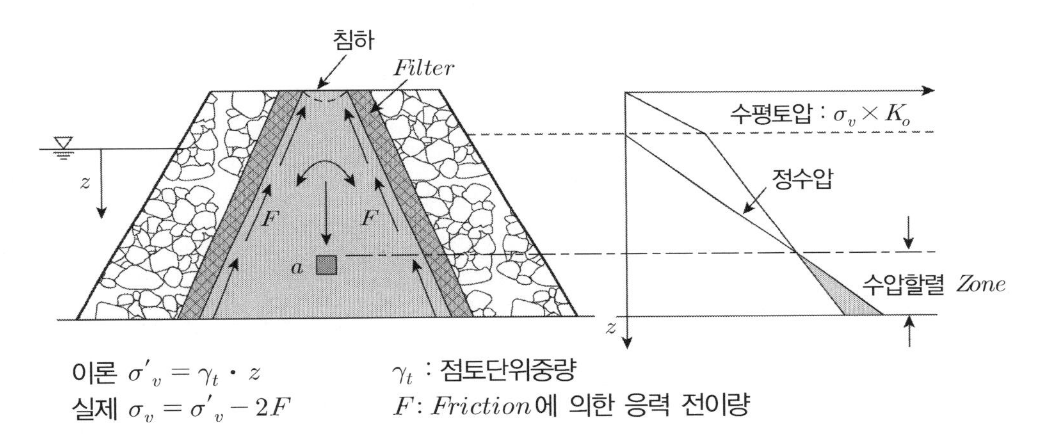

(4) 보강토 구조물

① 변위와 토압

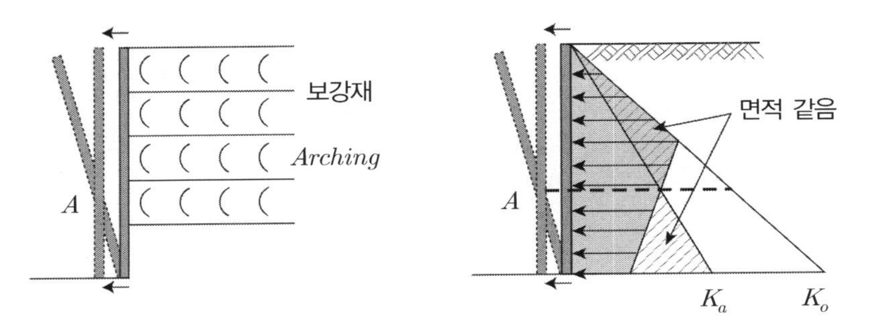

② 평가 : *A*점 상부는 강성벽체의 이론적 변위보다 작아 토압이 증가하나 *A*점 하부 지반은 *Arching*에 의한 응력전이로 토압 감소

3. *Arching* 영향 및 토압크기

(1) ϕ값이 클 경우 *Arching* 영향 큼

① *Sand*가 *Silt*보다 응력전이가 큼

② 조밀한 모래가 느슨한 모래보다 응력전이가 큼

(2) *Arching* 토압 < *Rankine* 토압

(3) 전토압은 강성벽체나 연성벽체나 변위의 형태와 관계없이 토압의 재분배로 토압분포는 동일함

18 연성벽체와 강성벽체의 변위, 토압비교 및 단계굴착거동

1. 개 요

(1) 토압은 변위와 밀접한 관계를 가지며 변위가 크면 토압이 적어지고 변위를 억제하면 토압은 증가하게 되는데

(2) 토류벽의 경우에는 연성벽이기 때문에 강성벽체와는 달리 다음 그림과 같이 지반조건에 따라 변위에 따른 토압을 고려해야 한다.

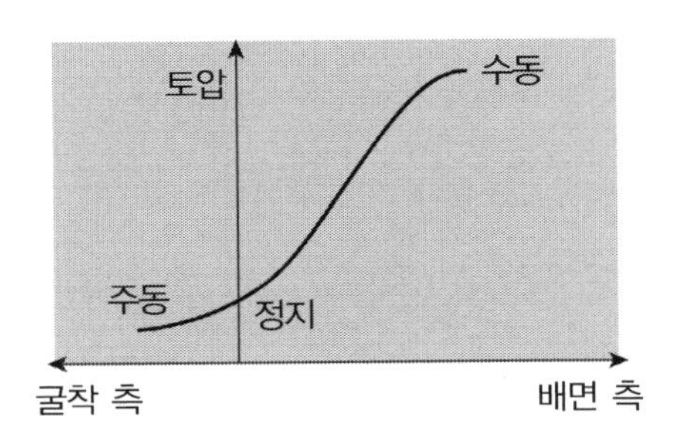

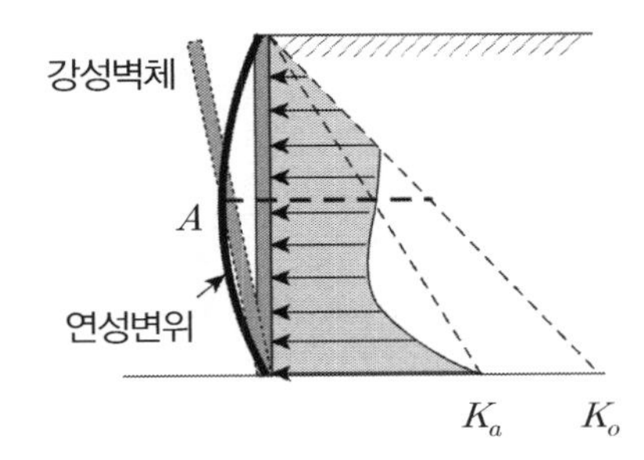

2. 강성벽체와 연성벽체 비교

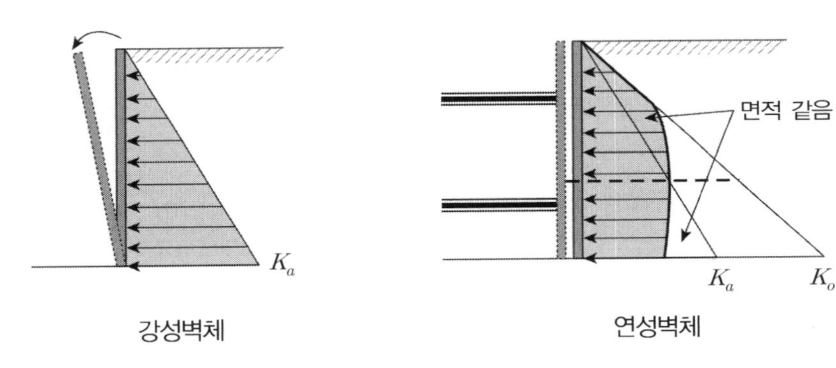

구 분	강성벽체	연성벽체
변 위	옹벽하단을 중심으로 상단변위 발생(주동상태)	지지조건, 벽체강성, *Prestressing* 조건에 따라 변위가 다르므로 이를 고려한 토압 적용
토 압	삼각형 토압으로 실용적으로 *Rankine*, *Coulomb* 토압 적용	굴착 중 토압은 대체로 포물선 형태가 일반적이며 버팀대의 설치시기에 따라 아칭의 영향을 크게 받으나 전체토압의 크기는 같음 **굴착 완료 후 토압은 경험토압 적용** : 사각형 및 *Peck* 토압, *Tschebotarioff* 토압

3. 단계별 굴착 시 변위와 토압분포

(1) 1단계 굴착

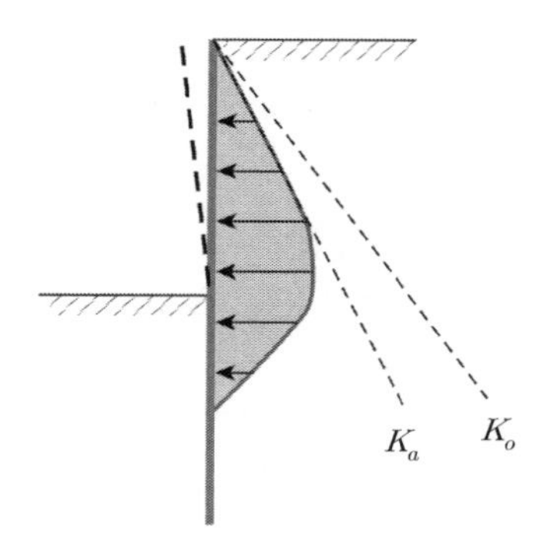

1단계 굴착을 하게 되면 벽체가 캔틸레버처럼 하단을 중심으로 상단부의 변위가 그림처럼 되므로 이는 강성벽체에서의 주동상태와 유사하게 토압분포가 됨

(2) 1단 버팀 설치

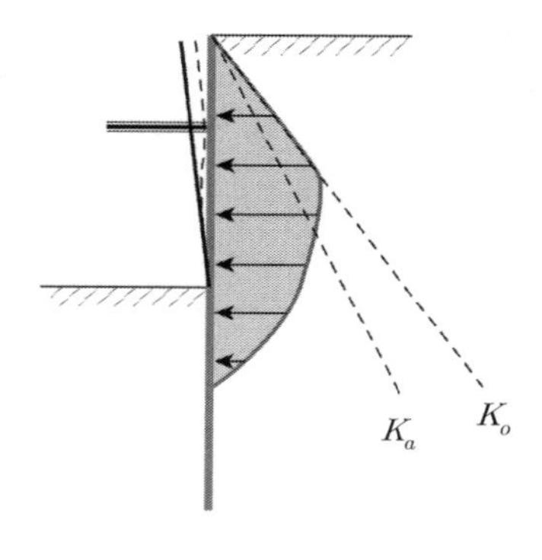

① 변위

㉠ 버팀대 상부 : 변위 억제

㉡ 버팀대 하부 : 변위 허용

② 토압

㉠ 버팀대 상부 : 정지토압

㉡ 버팀대 하부 : 주동토압보다 작음

(3) 2단 굴착

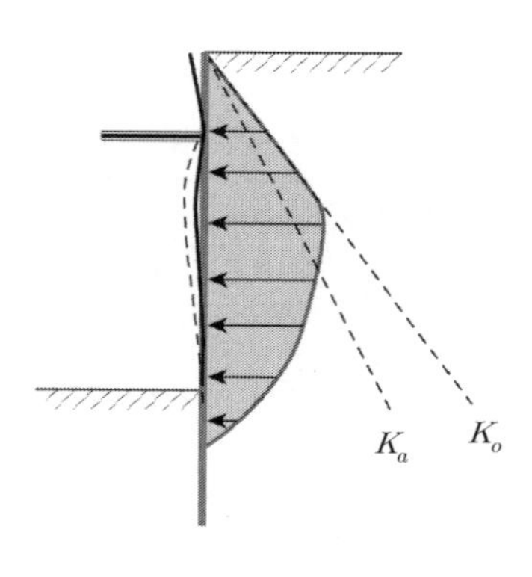

① 변위

㉠ 버팀대 부근 : 변위 억제

㉡ 버팀대 하부 : 변위 허용

② 토압

㉠ 버팀대 부근 상부 : 정지토압

㉡ 버팀대 하부 : 주동토압보다 작음

(4) 2단 버팀 설치

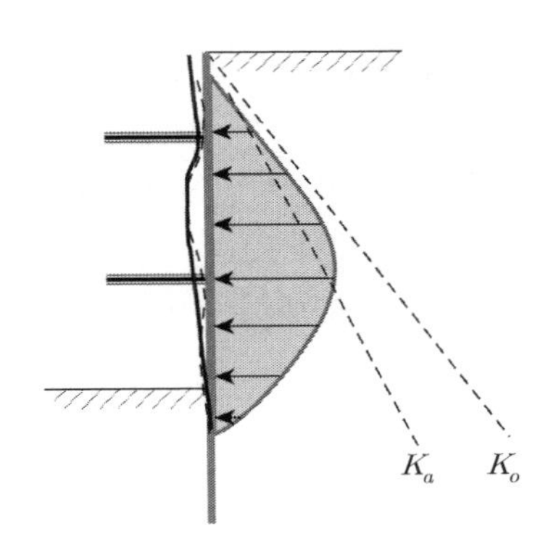

① 변위

㉠2단 버팀대 부근 : 변위 억제

㉡2단 버팀대 하부 : 변위 허용

② 토압

㉠2단 버팀대 부근 : 주동 → 정지토압

㉡2단 버팀대 하부 : 주동토압보다 작음

4. 평 가

(1) 옹벽과 같은 강성벽체는 변위가 일정하므로 *Rankine*, *Coulomb* 토압을 적용하나 토류벽과 같은 연성벽체는 지지방식과 굴착방법에 따라 변위가 다르게 분포

(2) 연성벽체의 경우 15*m* 이내에서의 굴착에서는 경험토압인 사각형 및 포물선토압이나 *Peck* 토압, *Tschebotarioff* 토압을 적용하고

(3) 15*m* 이상의 깊은 굴착은 탄소성 해석을 시행 → 굴착 단계별 토압을 산정하여 적용

(4) *Arching*에 의해 토압재분배로 위치별 토압크기 다름(단, 전체 토압의 합은 동일)

(5) 흙막이 굴착 시 변위와 토압 Cycle

굴착 → 변위 증가 → 토압 감소 → 버팀대 설치 → 토압 증가 → 변위 억제 → 토압 증가 (→ 굴착)

19 연성벽체에 적용하는 경험토압

1. 개 요

(1) 토압은 변위와 밀접한 관계를 가지며 변위가 크면 토압이 적어지고 변위를 억제하면 토압은 증가하게 되는데

(2) 토류벽의 경우에는 연성벽이기 때문에 강성벽체와는 달리 다음 그림과 같이 지반조건에 따라 변위에 따라 토압이 변화하므로 경험토압론으로 토압을 구하게 된다.

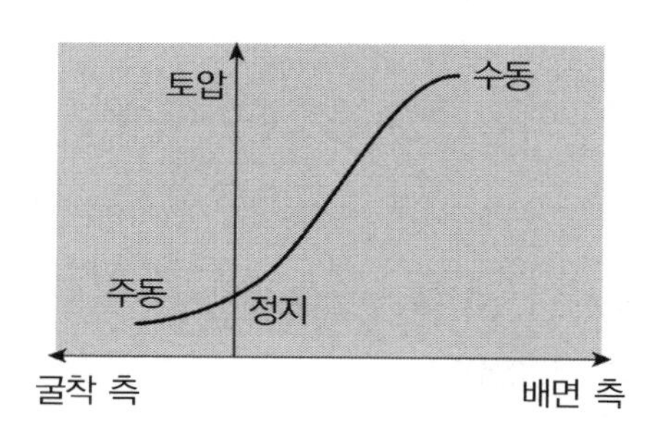

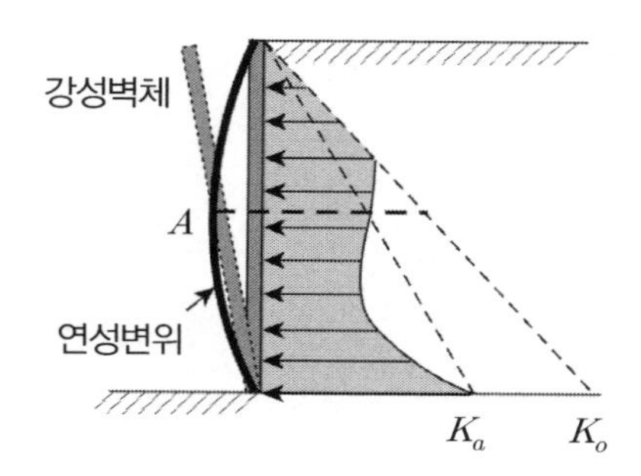

2. 강성벽체와 연성벽체 비교

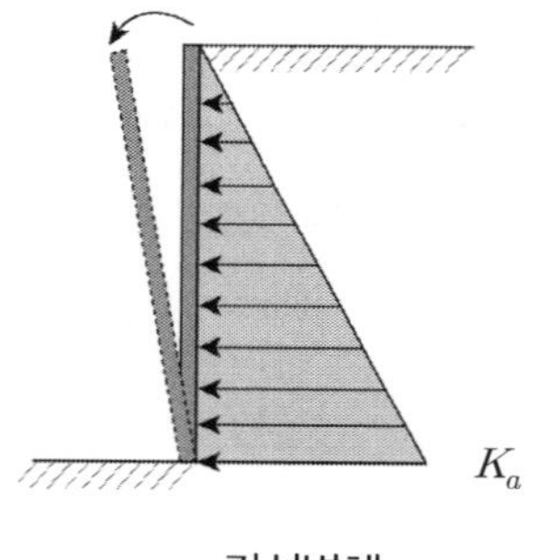

강성벽체

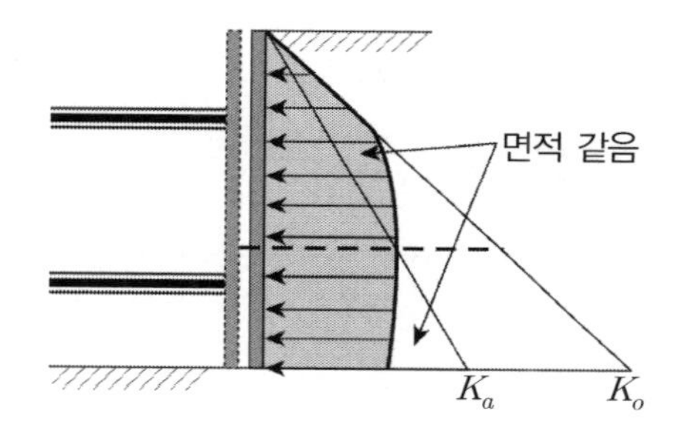

연성벽체

구 분	강성벽체	연성벽체
변 위	옹벽하단을 중심으로 상단변위 발생(주동상태)	지지조건, 벽체강성, *Prestressing* 조건에 따라 변위가 다르므로 이를 고려한 토압 적용
토 압	삼각형 토압으로 실용적으로 *Rankine*, *Coulomb* 토압 적용	굴착 중 토압은 대체로 포물선 형태가 일반적이며 버팀대의 설치시기에 따라 아칭의 영향을 크게 받으나 전체 토압의 크기는 같음 **굴착 완료 후 토압은 경험토압 적용** : 사각형 및 *Peck* 토압, *Tschebotarioff* 토압

3. 연성벽체 작용하는 측방토압

(1) 연성벽에 작용하는 측방토압은 지지조건, 벽체강성, *Prestressing* 조건에 따라 변위상태와 변위량에 차이를 보이므로 이론적인 계산에 의한 토압을 구하기는 대단히 어렵다.

(2) 따라서 옹벽에서의 변형조건에서 구한 *Rankine*, *Coulomb*의 토압론으로 설명이 곤란하므로 현장실측으로부터 경험적으로 얻어 제안된 측방토압 분포도를 사용하기도 한다.

(3) 연성벽체 설계 시 일반사항

① 가설흙막이공은 여러 가지 시공조건을 고려하여 설계하여야 한다.

② 가설흙막이공 설계 및 시공에 적용되는 고정하중, 활하중, 충격하중 등은 도로교설계기준 및 철도설계기준(철도교편)을 따른다.

③ 토압 및 수압은 흙막이벽의 종류, 지반조건, 현장조건 등을 종합적으로 평가하여 적용

④ 흙막이벽에 작용하는 토압은 굴착 시와 해체 시에는 굴착 단계별 토압을 적용하고 굴착과 지지구조가 완료된 경우에는 경험토압을 사용하여야 한다.

⑤ 가설흙막이공의 설계에 적용하는 토압은 굴착 단계별 토압과 경험토압을 비교하여 안전 측인 토압을 적용하여야 한다.

(4) 연성벽체에서의 적용토압 구분 : 가설공사 표준시방서

구 분	적용토압
• 가설 흙막이벽에서 굴착 단계별, 근입깊이 결정 및 자립식 널말뚝의 단면 계산 • 버팀대가 1단 이하의 흙막이 단면계산	삼각형토압(*Rankine–Resal*)
• 버팀대가 2단 이상인 흙막이에 대한 굴착 및 버팀구조 설치가 완료된 후의 장기적 안정 해석	경험토압(*Peck*)

(5) *Peck*의 수정토압 분포도

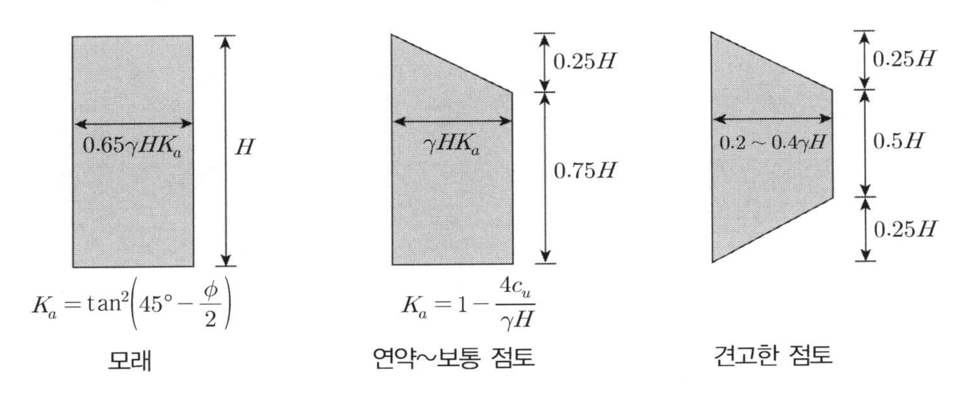

4. 평 가

(1) 경험토압 분포는 굴착과 버팀대 설치가 완료 후 발생변위에 대한 토압분포임

(2) 벽체 단면과 부재설계 시 사용

(3) 가설 흙막이벽에서 굴착 단계별, 근입깊이 결정 및 자립식 널말뚝의 단면 계산은 *Rankine*−*Resal* 공식 적용

(4) 개수성 벽체는 배수 조건으로 차수성 벽체는 별도의 수압을 고려하여야 함

근입심도에 대한 안전율 적용 : 삼각형토압(*Rankine*−*Resal*)

1. **삼각형토압(*Rankine*−*Resal*)으로 토압분포도를 작성(토압계수 → 단위 주동 및 수동토압 계산)**
2. **근입깊이에 대한 안전율 : 최하단 버팀대를 중심으로 모멘트 균형에 의한 안전율 산정**
3. **안전율 부족 시 대책**
   ① 근입깊이 증가
   ② 배면지반 보강
   ③ 굴착면 하부 지반 보강
   ④ 지하수가 있는 사질지반의 경우 *Boiling* 발생방지대책 강구

✓ Tschebotarioff의 수정토압 분포도(1973)

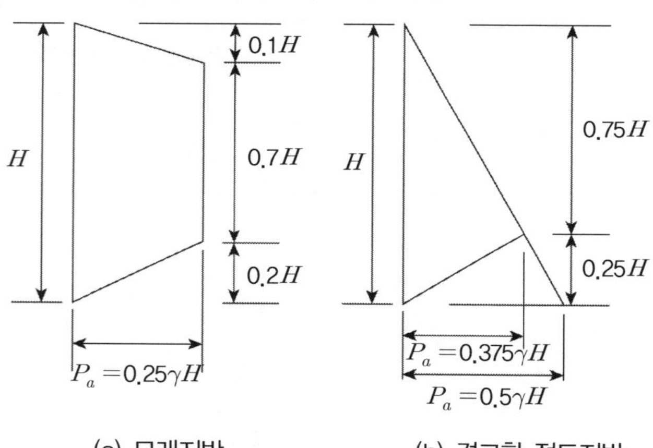

(a) 모래지반 (b) 견고한 점토지반

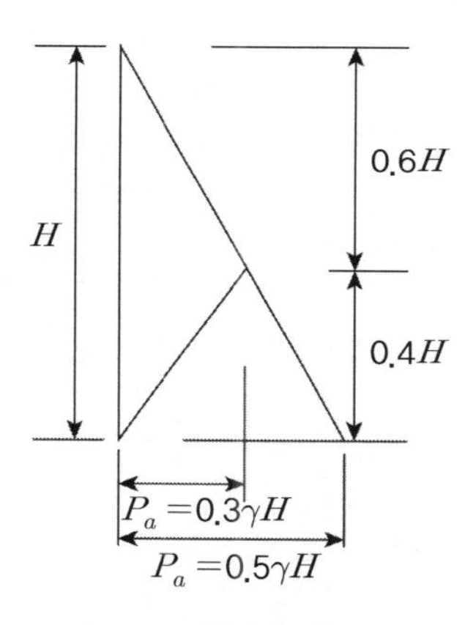

(c) 중간 정도의 점토지반

20 흙막이벽 벽체변위나 변형의 형태에 따른 토압분포

1. 개 요

(1) 흙막이 벽 배면에 작용하는 토압은 설계목적에 따라 다음과 같이 구한다.

① 흙막이 근입장 결정

② 흙막이 부재 단면 결정

(2) 벽체 변위나 변형은 *Arching* 원리에 의해 변위 형태가 달라지며 배면토압 분포가 다르게 나타난다.

2. 흙막이벽 측방토압 산정방법

(1) 근입장 결정을 위한 토압

① *Rannkine* −*Resal* 토압

$$P_a = (\gamma z + q)\tan^2\left(45 - \frac{\phi}{2}\right) - 2c\tan\left(45 - \frac{\phi}{2}\right)$$

$$P_p = (\gamma z + q)\tan^2\left(45 + \frac{\phi}{2}\right) + 2c\tan\left(45 + \frac{\phi}{2}\right)$$

여기서, P_a : z의 깊이에 대한 주동토압(*tonf/m²*)

P_p : z의 깊이에 대한 수동토압(*tonf/m²*)

γ : 흙의 단위중량(*tonf/m³*)

z : 지표면에서의 깊이(*m*)

q : 재하하중강도(*tonf/m²*)

ϕ : 흙의 내부마찰각(°)

c : 흙의 점착력(*tonf/m²*)

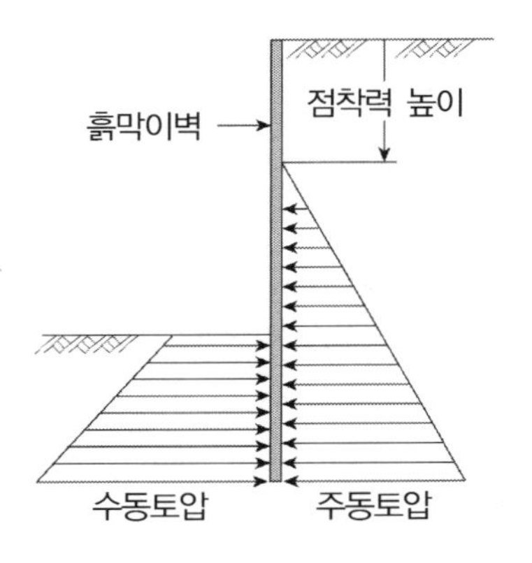

근입부의 계산에 쓰이는 토압분포

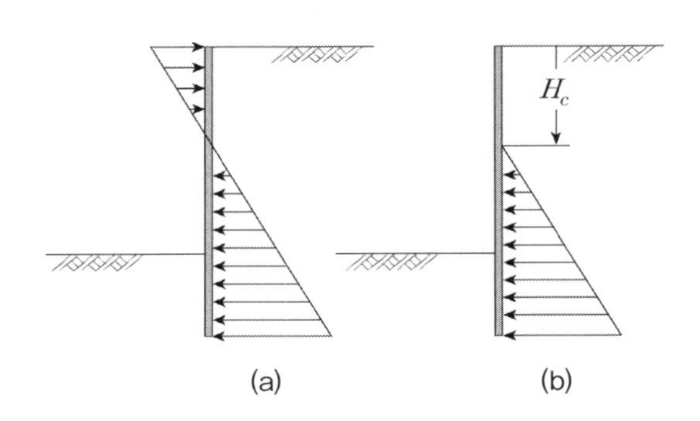

점성토지반의 주동토압분포

(2) 흙막이 부재단면 결정을 위한 토압

① *Terzaghi*–*Peck* 토압

㉠ 가정조건

ⓐ 굴착심도가 6*m* 이상을 의미하며 16*m* 이하 시 적용

ⓑ 지하수가 최종 굴착면 아래에 있는 가시설 흙막이벽

ⓒ 모래질은 간극수가 없고, 점토질은 간극수압 무시

ⓓ 측압은 관측에 의한 값임

이들 토압사용 시 사질토나 자갈층(투수계수가 큰 지층)에서 차수벽으로 사용할 때는 수압을 별도로 산정해야 함

㉡ 토압산정

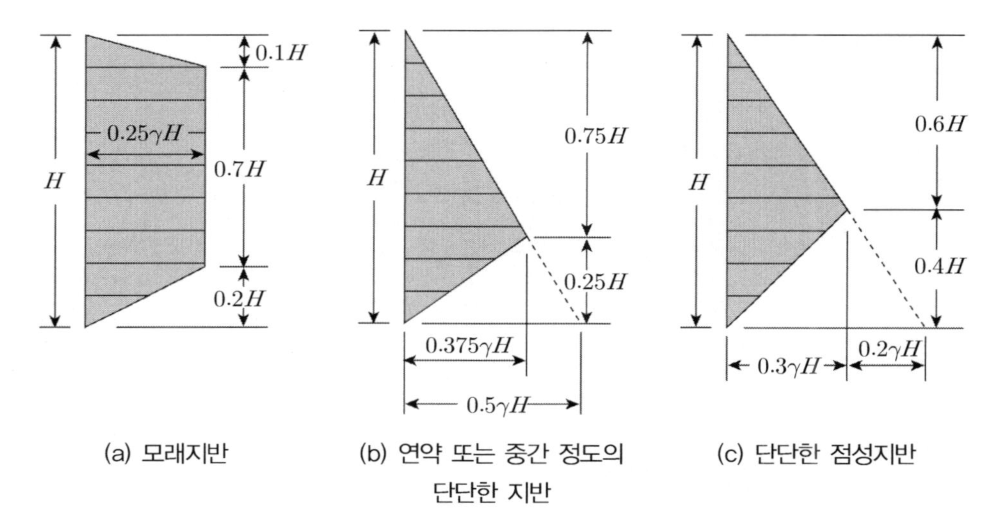

Peck(1969)의 수정토압분포도

그림에서 K_a : 주동토압계수 γ : 흙의 습윤단위중량($tonf/m^3$),
H : 굴착 깊이(m) ϕ : 흙의 내부마찰각(°) c : 흙의 점착력($tonf/m^2$)

여기서, 차수벽이 설치된 사질토반에서 주동토압산정 시 수압에 0.65 등의 계수를 곱하는 것은 불합리하므로 수압($\gamma_w \cdot H$)은 삼각형 분포로 적용함이 타당하며 상재하중의 경우도 마찬가지($q \cdot K_o$)이다.

또 굴착단계별 토압계산에서의 H는 전 굴착깊이이다.

② *Tschebotarioff* 토압(16*m* 이상 적용)

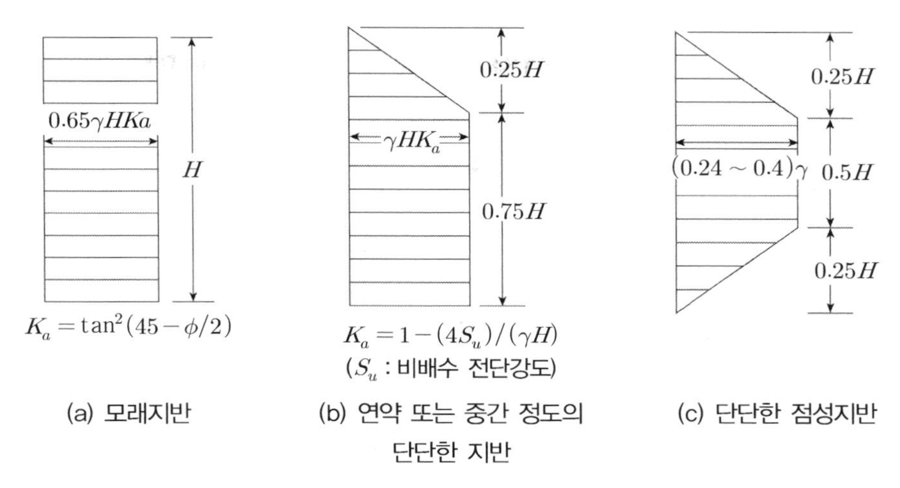

*Tschebotarioff*의 토압분포도

3. 벽체 변위에 따른 토압분포

그림 a에서 A점 상부에서는 변위 없고, 토압은 크고 A점 하부는 변위가 발생되어 토압이 재분배가 이루어져 토압이 감소된다. 전체 토압은 동일하다.

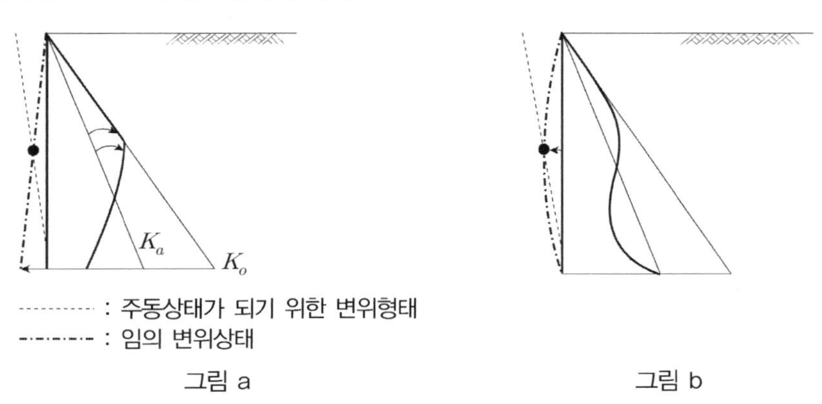

그림 a　　　　그림 b

4. 변위형태별 토압분포(예)

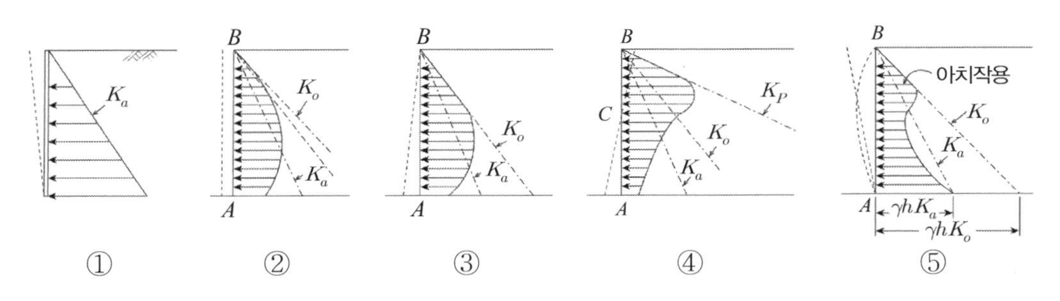

(1) 그림 ①은 삼각분포로 주동토압값을 보인다.

(2) 그림 ②는 토압은 K_o와 K_a의 중간값을 보이고 하부로 내려올수록 토압은 감소한다.

(3) 그림 ③ 상부에는 변위가 없으므로 정지토압에 가깝고 하부로 내려올수록 변위가 크게 되어 토압은 감소한다.

(4) 그림 ④는 상부에서는 수동토압값을 보이고 벽체 중간에는 정지토압 분포를 보이고 하로 내려올수록 토압은 감소한다.

(5) 그림 ⑤ 상부에서는 정지토압 분포를 보이고 최하단에서는 주동토압 분포를 보이며 중간 부분 변위가 증대되어 흙의 횡방향 신장에 의한 *Arching*으로 토압 재분배가 이루어져 감소한다.

21 지하매설관에 작용하는 토압

1. 관 매설 형태

지하매설관의 설치방법은 굴착식(*Ditch type*), 돌출식(*Projection type*), 넓은 굴착식(*Wide Ditch type*) 등이 있으며 매설관 설치방법에 따라 관에 작용하는 토압이 다르게 된다.

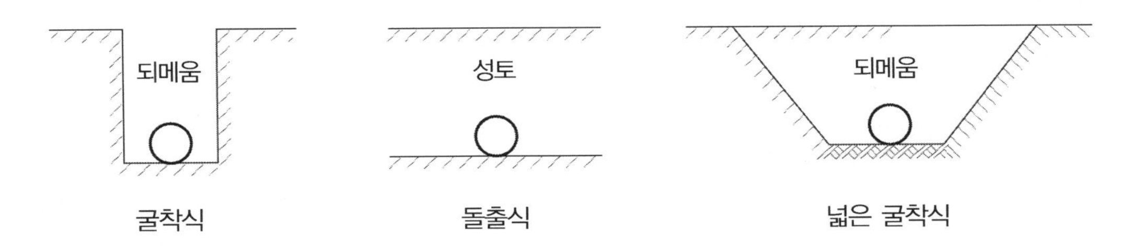

2. 관 매설에 따른 *Arching* 현상

(1) 굴착식의 경우

① 변위와 토압

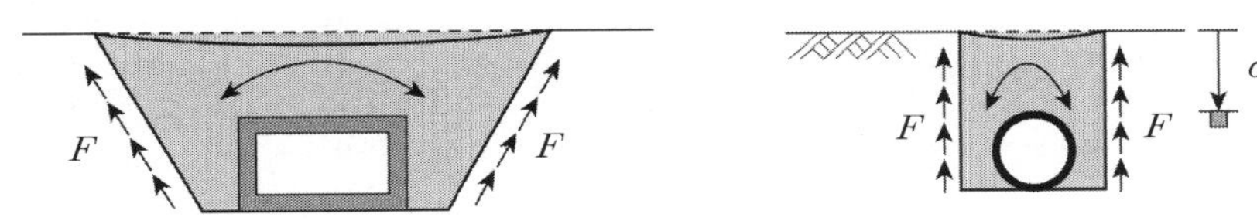

② 평 가

㉠ 굴착 폭이 클 경우에는 돌출식과 굴착 폭이 좁은 경우의 중간단계로 평가할 수 있으며, 터파기 구배에 따라 다르게 되고 구배가 어느 한도 이상으로 완만하게 되면 돌출식과 같이 되메움 하중보다 큰 토압이 관로에 작용하게 된다.

㉡ 굴착 폭이 좁을 경우에는 원지반의 굴착면과 되메우기 토사 사이에 *Stress transper*(*Arching*)가 생겨 토압이 감소한다.

$$\sigma_v = \sigma_v' - 2F < \sigma_v' \rightarrow \sigma_h < K_o \cdot \gamma_t \cdot z$$

(2) 돌출식의 경우

① 굴착식과 반대로 되메움 토사하중(W)에 부마찰력(F)이 작용하여 관에 토압이 추가로 작용하게 된다.

② 이는 관재질에 따라 다르나 관 주변 지반의 침하가 상대적으로 관로 위보다 크게 되어 발생한 부마찰력의 발생에 기인된다.

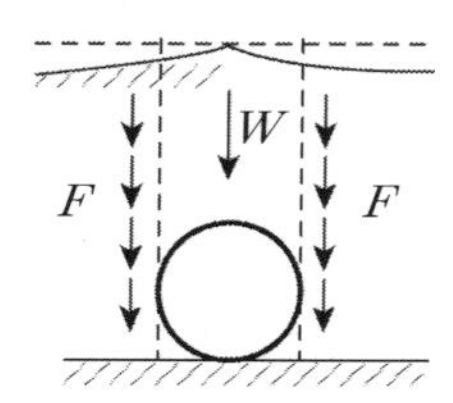

$$\sigma_v = \sigma_v' + 2F > \sigma_v' \rightarrow \sigma_h < K_o \cdot \gamma_t \cdot z$$

3. 도표에 의한 매설관 연직토압 산출 방법

(1) 굴착식의 경우

① 강성관의 토압

$$W = C_d \cdot \gamma \cdot B_d^{\,2}$$

여기서, W : 연직토압 γ : 단위체적중량 B_d : 굴착폭

$$C_d = \frac{1}{2 \cdot \mu \cdot K_a}\left(1 - \exp\left(\frac{-2 \cdot \mu \cdot K_a \cdot H}{B}\right)\right)$$

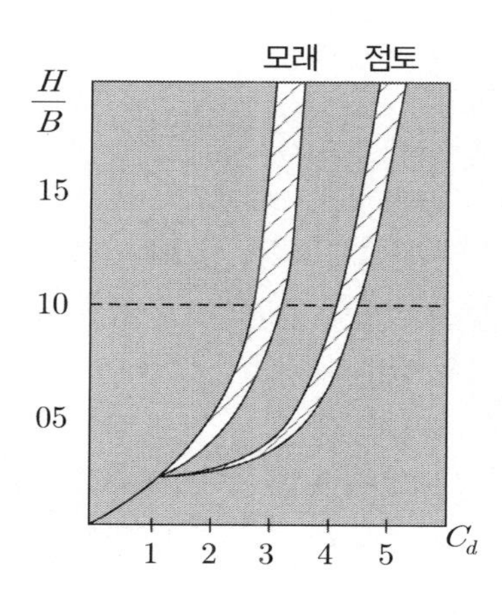

굴착식에서 작용하는 연직토압은 C_d 계수에 비례하나 C_d 값은 깊이에 따라 비례하지 않고 $\dfrac{H}{B} > 10$ 이면 증가가 거의 없이 일정한 값에 수렴하므로 굴착깊이가 깊어지면 연직토압의 증가도 없음을 알 수 있다.

② 연성관

$$W = C_d \cdot \gamma \cdot B_c \cdot B_d$$

여기서, B_c : 연성관의 외경

(2) 돌출식의 경우

$$W = C_c \cdot \gamma \cdot D^2$$

여기서, W : 연직토압

γ : 단위체적중량

D : 관의 직경

$$C_c\text{계수} = \frac{1}{2 \cdot \mu \cdot K_a}\exp\left(\left(\frac{2 \cdot \mu \cdot K_a \cdot H}{D}\right) - 1\right)$$

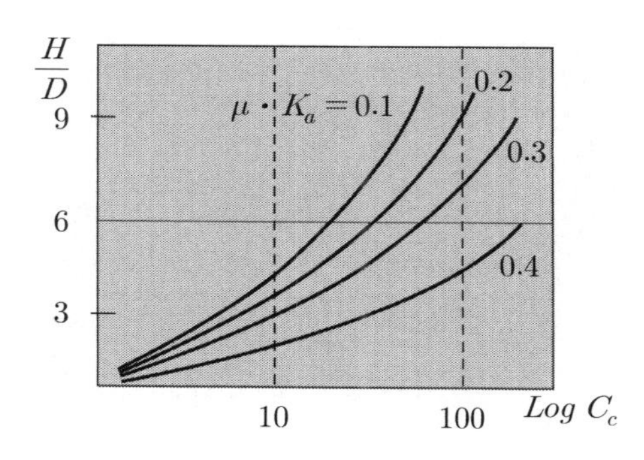

돌출식에 작용하는 연직토압은 굴착식과 달리 깊이의 증가에 따라 연직토압은 계속적인 증가추세를 보임

4. 평 가

(1) 수직 터파기에 비해 넓은 굴착에 의한 되메우기 시 연직토압이 더 크게 작용하며 관의 외압강도를 검토하여 관 등급과 재질을 검토하여야 한다.

(2) 굴착식의 경우에 관 토피고의 증가에 민감하지 않으나 돌출식의 경우에는 관토피 증가에 따른 연직토압의 증가가 비례하므로 유의하여 설계 및 시공에 반영하여야 한다.

TIP | Arch 형태에 따른 강성관의 변위 |

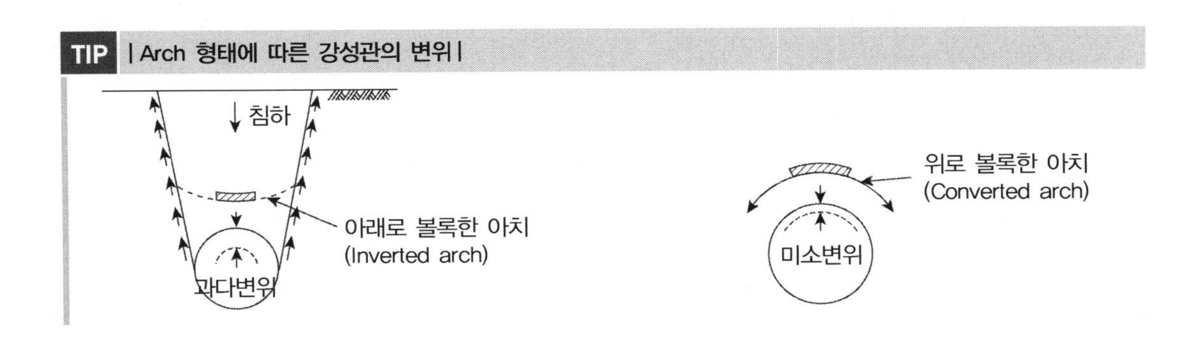

22 캔틸러버식과 앵커지지식 널말뚝

1. 개 요

널말뚝은 자립식과 버팀대식이 있으며 자립식은 주동토압을 수동토압에 의해 안정을 유지하며 수동토압에의한 안정이 곤란할 경우 널말뚝 상단에 버팀대나 앵커를 두어 안정을 유지하는 경우에는 버팀대식 널말뚝이나 앵커지지식 널말뚝을 채용한다. 연약지반이나 수위가 높은 해안의 안벽은 콘크리트옹벽보다 널말뚝을 많이 사용한다.

2. 널말뚝의 종류

캔틸레버식 널말뚝	앵커 달린 널말뚝	
	자유단 지지	고정단 지지
벽체 전면부 수동토압으로 안정 유지	− 널말뚝의 근입깊이가 낮음 − 주동토압에 의해 벽체하단부가 바깥으로 휘면서 회전 − 설계방법이 고정단보다 간단	− 널말뚝의 근입깊이가 깊음 − 근입 부분이 수동토압으로 고정 − 단면이 작아 경제적 설계 가능

3. 앵커 달린 널말뚝 차이점

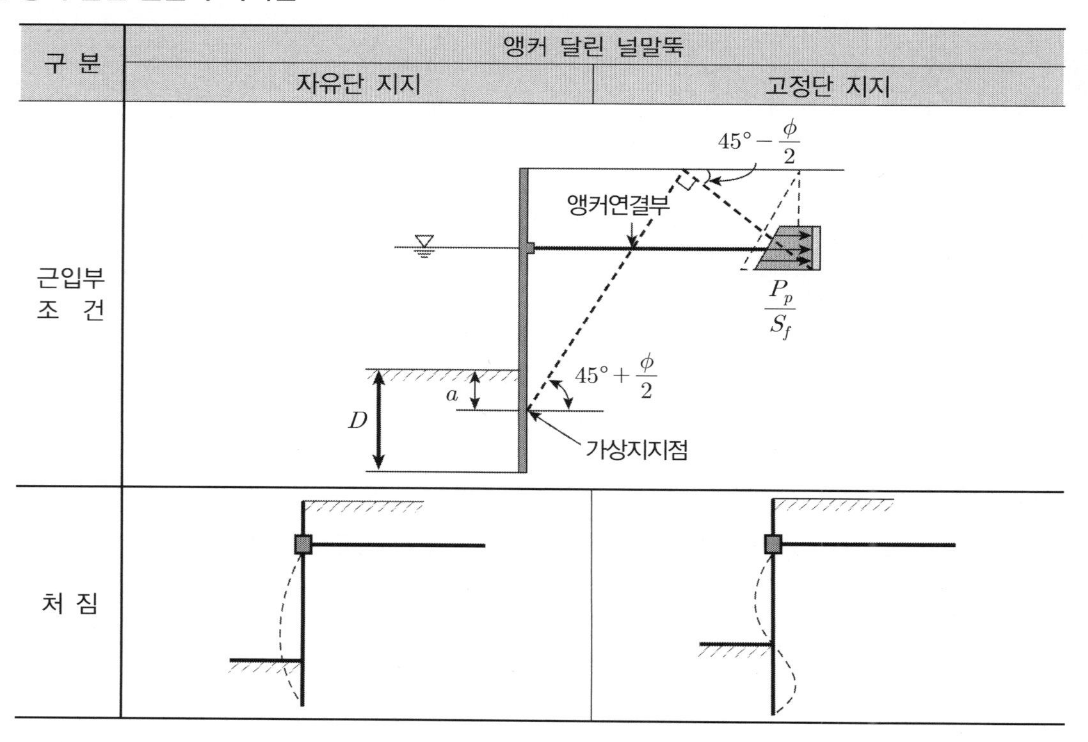

구 분	앵커 달린 널말뚝	
	자유단 지지	고정단 지지
근입부 조 건		
처 짐		

구 분	앵커 달린 널말뚝	
	자유단 지지	고정단 지지
벽체파괴	(1) ***Bending moment* 파괴** (2) **근입부 수동쐐기 파괴**	(1) ***Bending moment* 파괴** (2) **전단파괴(*Sheet pile*)**
Moment 도	A, P_p, P_a, D, −, +, *BMD* (1) $\Sigma M_A = 0 \rightarrow$ 근입깊이 D 산정 (2) $P_a,\ P_p \rightarrow M_{\max}$ 계산	−, +, *Hinge*, −, *BMD* *BMD* 변위점을 *Hinge* 로 놓고 단순보로 가정 $\rightarrow M_{\max}$ 계산

4. 널말뚝의 시공

(1) 앵커 달린 널말뚝

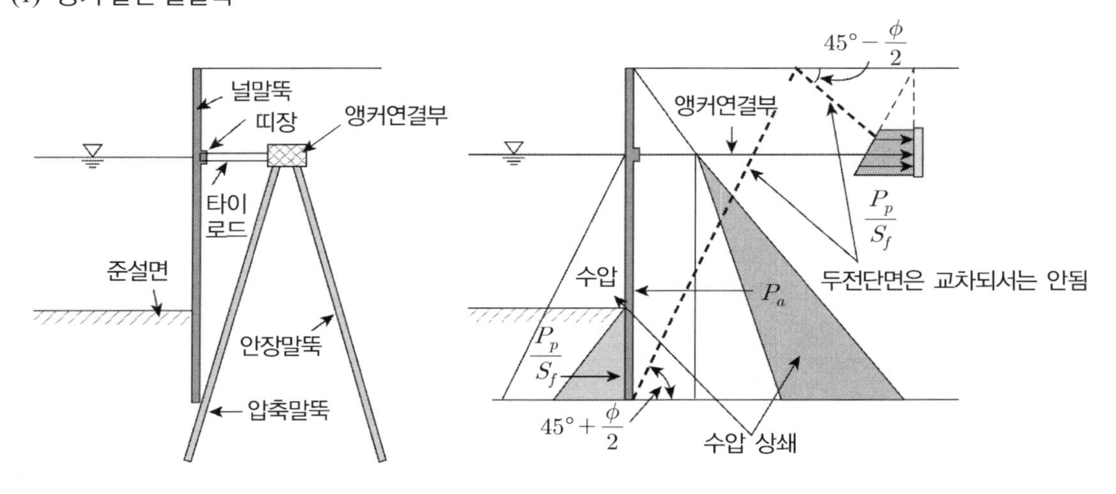

① 널말뚝의 재질 : 콘크리트, 강재

㉠ 콘크리트 : 보통 두께가 20*cm*, 폭은 30~75*cm*이며 부식에 강하고 해수와 닿는 면에 시공 시 유리

㉡ 강재 : 부식방지를 위해 코팅하거나 전기화학적 처리 후 사용

② 널말뚝을 지중에 타입하여 띠장과 앵커로드를 설치 후 정착한다.

③ 공간이 넓고 지반이 단단하면 데드멘을 쓰며 배면의 공간이 좁고 연약지반일 경우에는 말뚝을 타입하여 정착한다.

④ **시공순서** : 해안에서 널말뚝을 타입 후 배면을 토사로 채우는 방법이 있고 부지에 여유가 있는 경우에는 육지에서 널말뚝을 타입 후 해안 측을 준설하여 배면을 채우는 방법이 있다.

5. 널말뚝의 설계

(1) 설계일반

① 앵커(*Deadman*)에 의한 수동파괴영역은 널말뚝의 주동파괴 영역 내에 중복배치되어서는 안 된다.

② 단위길이당 띠장의 반력은 주동토압과 수동토압의 차가 된다.

③ 앵커로드의 인장력은 수평력의 합이 '0'으로 하여 구한다.

④ 띠장은 앵커로드를 지점으로 등분포 하중이 작용되는 보의 개념으로 설계한다.

⑤ 최소 안전율 $F_s > 2$로 설계한다.

(2) 캔틸레버식 널말뚝 = 자립식

① **지지방법** : 배면의 주동토압을 전면의 수동토압으로 저항

② **토압분포** : *Rankine-Resal* 공식 사용

$$P_a = \gamma \cdot z \cdot K_a - 2 \cdot c \cdot \sqrt{K_a}$$

$$P_p = \gamma \cdot z \cdot K_p + 2 \cdot c \cdot \sqrt{K_p}$$

수동토압은 $F_s = 2$를 적용(변위에 따라 주동토압 발휘 시 수동토압 발휘는 안 되기 때문)

③ **근입깊이 계산** : A점을 기준으로 모멘트 균형으로 구하고 계산 근입깊이의 20% 정도 증가하여 설계 반영

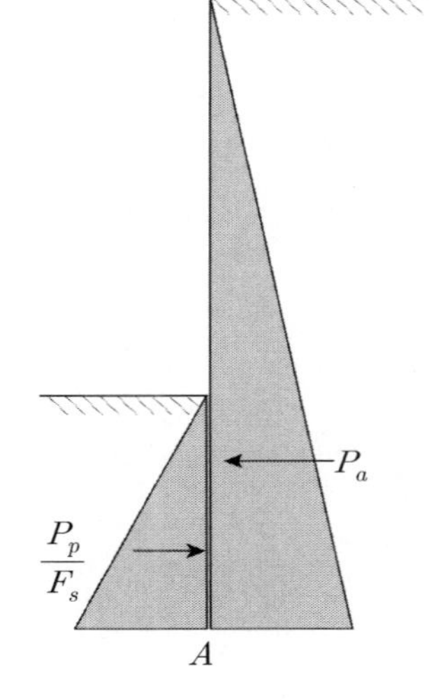

(3) 앵커지지식 널말뚝

① **지지방법** : 배면의 주동토압에 대해 널말뚝 앵커와 전면의 수동토압으로 지지

② **토압분포** : *Rankine-Resal* 공식 사용(캔틸레버식 널말뚝과 동일)

$$P_p = \gamma \cdot z \cdot K_a - 2 \cdot c \cdot \sqrt{K_a} \qquad P_p = \gamma \cdot z \cdot K_p + 2 \cdot c \cdot \sqrt{K_p}$$

③ **자유지지법**(*Free earth support method*)

㉠ 근입깊이 부분에 대하여 충분히 저항하지 못한다고 가정

㉡ 모든 토질 조건에 대하여 적용 가능

㉢ 근입깊이의 계산은 타이로드 지점을 중심으로 모멘트 균형법으로 계산하고 실제 근입깊이의 적용은 계산 근입깊이의 20% 정도를 증가 적용

㉣ *Tie Rod*의 인장력은 모멘트 균형법에서 중심력이므로 수평력의 합을 더하여 0인 어떤 값을 적용(단, 근입깊이는 20% 증가되지 않은 원 계산값을 적용)

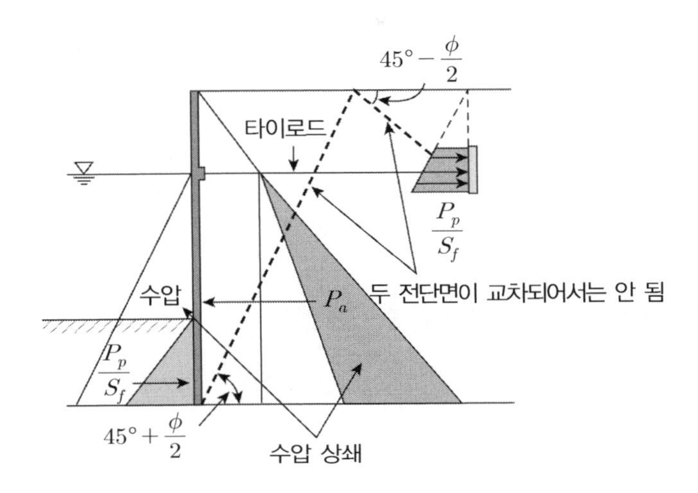

④ 고정 지지법(*Fixed earth support method*) : *Tschebotarioff* 해석, *Richart* 해석

㉠ 근입깊이가 충분하여 구속할수 있다고 가정

㉡ 근입깊이가 충분하므로 수동토압의 안전율은 1을 적용함

㉢ 모래지반이나 견고한 점토층에만 적용하며 계산이 복잡하여 일반적으로 사용하지 않음

23 압밀 중의 토압계산

*Sheet Pile*을 박고 8*m*를 굴착하려 한다. 상부 2*m* 매립 후 3개월 경과 시 *A* 점의 주동토압은?

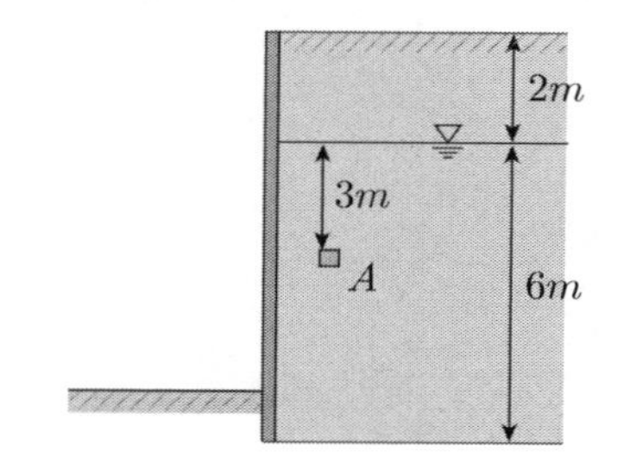

$\gamma_t = 0.7tonf/m^2$
$\gamma_{sat} = 1.9tonf/m^2$
$C_v = 8 \times 10^{-2} m^2/일$
$K_a = 0.3$

T_v	U
0.1	30
0.2	50
0.3	60
0.4	70

1. 상부 2*m* 매립 3개월 경과 시 시간계수 → 압밀도

시간계수 $T_v = \dfrac{C_v \cdot t}{H^2}$ → $T_v = \dfrac{8 \times 10^{-2} \times 3 \times 30}{6^2} = 0.2$

위 도표에서 압밀도 $U = 50\%$임

2. 주동토압

(1) 매립 전 토압

$P_{a1} = \gamma \cdot z \cdot K_a = 0.9 \times 3 \times 0.3 = 0.81tonf/m^2$

(2) 매립 3개월 경과 후 증가된 토압

$P_{a2} = \gamma \cdot z \cdot K_a \cdot U = 1.7 \times 2 \times 0.3 \times 0.5 = 0.51tonf/m^2$

(3) A점의 주동토압

$P_a = P_{a1} + P_{a2} = 1.32tonf/m^2$

(4) 수압 고려 시 주동토압

$P_a = 1.32 + 3 \times 1 + (2 \times 1.7 \times 0.5) = 6.02tonf/m^2$

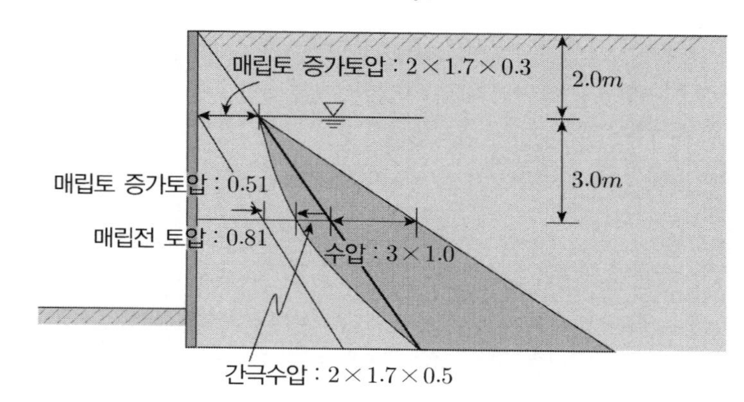

24 토류벽에서의 수압적용

1. 개 요

토류벽에서의 수압에 대한 고려 여부는 흙 지반의 경우는 불투수층까지 근입 여부와 관계하고 암반의 경우에는 벽체배면의 암반의 불연속면의 특성(투수성과, 풍화도)에 관계함

2. 흙 지반에서의 수압 고려

(1) 토류벽체 불투수층 근입 시

① 이론수압 : 배면측 지하수의 흐름이 없음 → 정수압 상태

② 실제수압(현장측정) : 정수압의 70%~80%

③ 실제수압이 저하되는 이유

㉠ 불투수층 지반의 투수 발생

㉡ 근입부에서의 불완전성

㉢ 벽체 차수성 결함

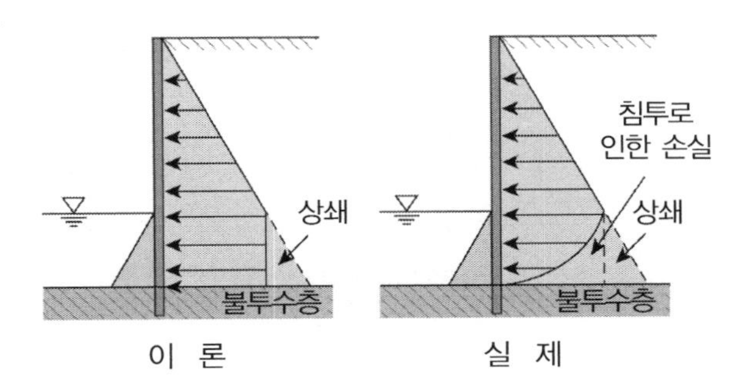

(2) 토류벽체 불투수층 미도달 시

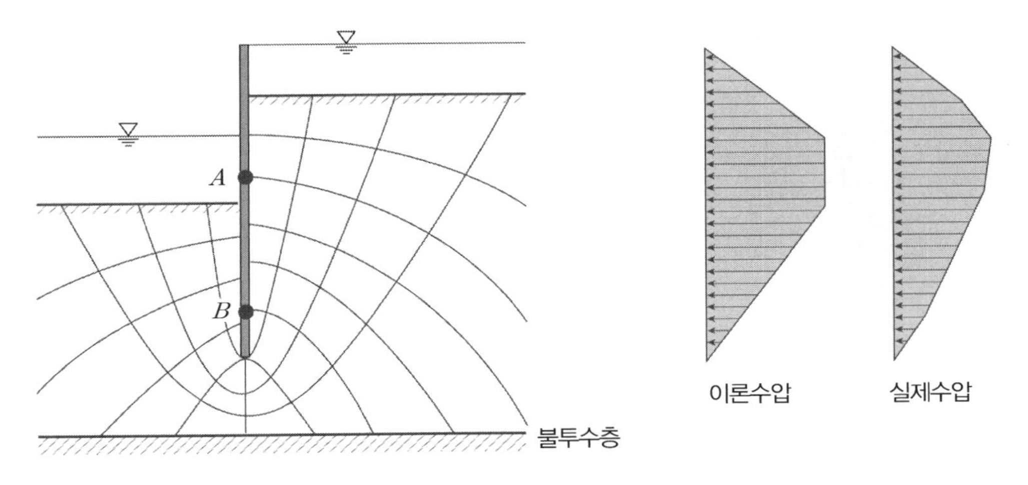

① 배면과 굴착측 수위차에 침투압 발생 → 손실수두만큼 수압 감소

② 감소된 수압 계산 : 유선망법, 수치해석

③ 유선망에 의한 수압계산(예 : 수두차 2.5M)

㉠ A점 기준

- 배면부 : 전수두 $= 2.5 - 2.5\left(\dfrac{2}{12}\right) = 28m$ 위치수두 $=- 1.25m$

  압력수두 $= 2.08 + 1.25 = 3.33m$ → 간극수압 $= 3.33\,tonf/m^2$

- 전면부 : 전수두 $= 0$ 위치수두 $= - 1.25m$ 간극수압 : $1.25tonf/m^2$

∴ 간극수압차 : $2.08\ tonf/m^2$

㉡ B점 기준

- 배면부 : 전수두 $= 2.5 - 2.5\left(\dfrac{5}{12}\right) = 28m$ 위치수두 $= - 5m$

  압력수두 $= 1.46 + 5 = 6.46m$ → 간극수압 $= 6.46\,tonf/m^2$

- 전면부 : 전수두 $= 2.5 - 2.5\left(\dfrac{9.3}{12}\right) = 0.56m$ 위치수두 $= - 5m$

  압력수두 $= 0.56 + 5 = 5.56m$ → 간극수압 $= 5.56\,tonf/m^2$

∴ 간극수압차 : $0.9\ tonf/m^2$

(3) 투수계수가 다른 2층 지반 수압

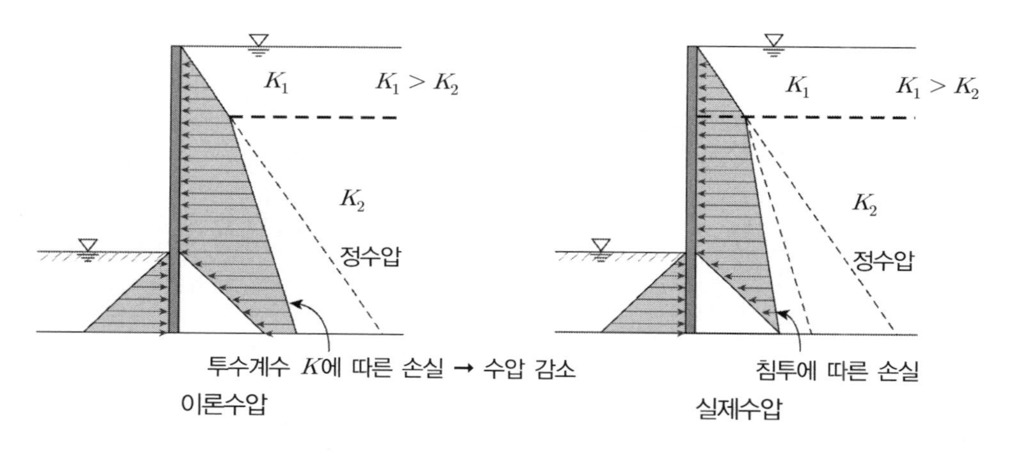

① 상부 토층 : K가 크므로 수압감소 거의 없음 → 정수압

② 하부 토층 : K가 작아 침투손실 발생 → 정수압보다 작음

3. 암반에서의 지하수압 고려

(1) 투수성 작은 암반 : K가 매우 적으므로 수압은 고려하지 않음

(2) 투수성 큰 암반 : 풍화가 심하고 절리가 매우 발달한 경우 모래, 자갈지반과 같이 정수압 적용

(3) 파쇄대층 : 파쇄대 상태에 따라 정수압 또는 침투수압 고려

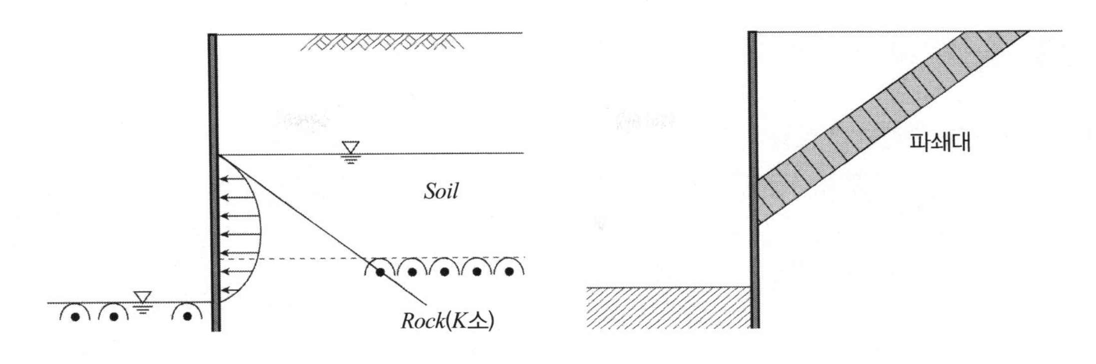

투수성이 작은 암반

파쇄대층(정수압, 침투수압 고려)

4. 평 가

(1) 토류벽 배수 > 투수량 → 수압 미고려

(2) 토류벽 비배수 → 정수압 고려

(3) 배면지반의 투수성을 기준으로 투수성 큰 지반은 수압 고려

(4) 불투수 지반은 (점토, *Silt*, 암) 수압 미고려

25 암지반 흙막이 벽체의 수평토압

1. 토사지반과 암지반의 토압

토사지반	암지반
(1) 경험토압, 탄소성법 + *Rankine* − *Resal* 토압 (2) 지반을 연속체 *Model*로 구함	(1) 불연속면(절리, 층리), 풍화정도, 초기 지중응력 상태, 지하수 용출 등에 영향 (2) 불연속면의 규모나 거동에 따라 토사지반보다 큰 수평토압 고려

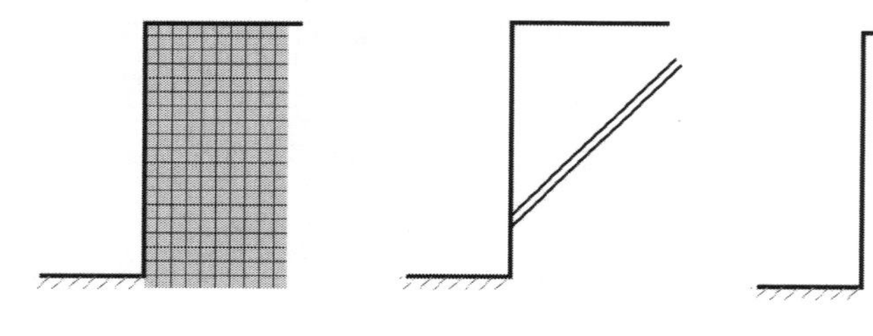
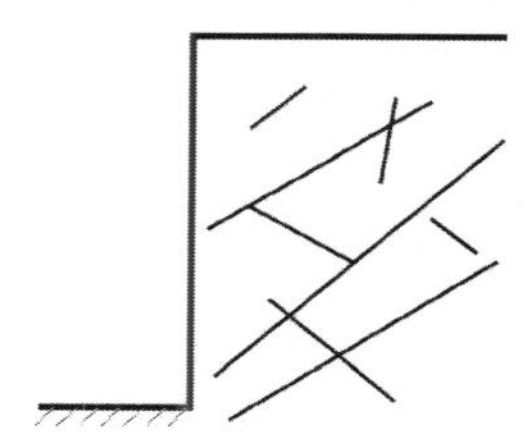

1. 불연속면 매우 발달　　2. 특정 불연속면　　3. *Massive*　　4. 불연속면 적당

2. 불연속면에 따른 토압의 4가지 유형

(1) 불연속면이 매우 발달한 경우(그림 1)

① 평사투영 → 원형파괴 : RQD가 거의 ‘0’인 상태로 연속체 모델로 평가

② 토사에서 견고한 지반, 자갈지반으로 평가하여 수평토압 산정

(2) 특정 불연속면 존재 (뚜렷한 방향성)하는 경우(그림 2)

① 매우 위험한 경우이며 수평방향 토압도 상당히 커져 대부분의 붕괴사고가 이런 경우 발생함

② 전단강도 : $c = 0$

$$\tau = \sigma \tan(\phi_b + i) \qquad i = JRC \cdot Log\frac{JCS}{\sigma}$$

$$\tau = \sigma \tan\left(\phi_b + JRC \cdot Log\frac{JCS}{\sigma}\right)$$

여기서, σ : 수직응력

ϕ_b : 기본 마찰각

i : 불연속면의 거칠기에 따른 전단저항각 증가량

JRC : 절리면 거칠기 계수

JCS : 절리면 압축강도

③ 위 식으로 암반의 절리면 전단강도를 구하며 이를 평가하기 위한 절리면 전단강도 시험을 시행함

(3) 불연속면이 거의 없고 특정 불연속면의 뚜렷한 방향성도 없는 경우(그림 3)

① 횡토압에 대한 고려가 불필요

② 부분적인 안정성 증대를 위해 록볼트 시공 가능

(4) 불연속면이 적당히 있고 특정 방향성이 없는 경우(그림 4)

① 전단강도 : 절리면 전단강도 > 전단강도 < 암석강도

② 강도정수 적용 : *RMR(Rock Mass Rating)*을 이용하여 c, ϕ값 추정

③ 암석강도시험에서 얻은 압축강도에 감소비를 적용하여 전단강도를 추정할 수 있음

④ 공내재하시험, *RMR* → 변형계수, 수평방향 지반반력 계수 산출

26 Shear Key를 뒷굽 쪽에 두는 이유

1. 개 요

*Shear key*는 수평활동저항력($F = R_v \cdot \tan\delta + C_\alpha \cdot B + P_p$)을 증대시키는 것이 목적이므로 안전율 증대를 위해서는 $F > P_h$ 이어야 하므로 F의 요소에 대한 검토가 필요함

$$F_s = \frac{R_v \cdot \tan\delta + C_\alpha \cdot B + P_p}{P_h}$$

2. 수평활동 저항력의 검토

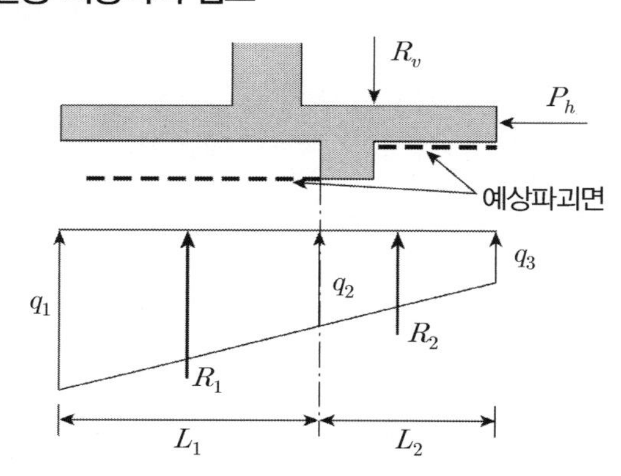

$R_v = W + P_v = R_{v1} + R_{v2}$

$R_{v1} = \dfrac{q_1 + q_2}{2} \times L_1$

$R_{v2} = \dfrac{q_2 + q_3}{2} \times L_2$

C : 점착력
C_a : 저면 부착력
δ : 벽 마찰각(흙과 콘크리트)
ϕ : 내부마찰각(흙과 흙)

(1) L_1과 L_2구간의 수평저항력을 F_1, F_2라고 하면

(2) F_1(L_1 구간 수평저항력) → $F_1 = R_{v1} \cdot \tan\phi + C \cdot L_1$

(3) F_2(L_2 구간 수평저항력) → $F_2 = R_{v2} \cdot \tan\delta + C_\alpha \cdot L_2$

(4) F_1, F_2 크기 비교

① $\tan\delta$에서

㉠ L_1 구간 → $\delta = \phi$: 흙과 흙

㉡ L_2 구간 → $\delta = \left(\dfrac{1}{3} \sim \dfrac{1}{2}\right)\phi$: 콘크리트와 흙

$\therefore\ F_1 > F_2$

② C, C_α에서

㉠ L_1 구간 → $C = C$: 흙의 점착력

㉡ L_2 구간 → C_α 적용 여기서 $C > C_\alpha$

$\therefore\ F_1 > F_2$

3. 평 가

(1) L_1 구간에서의 수평저항력이 L_2 구간에서의 수평저항력보다 크므로 뒷굽 쪽에 *Shear key*를 두어 수평활동저항력($F = R_v \cdot \tan\delta + C_\alpha \cdot B + P_p$)을 증대시키는 것이 효과적임

(2) 완전히 뒷굽 쪽에 *Shear key*를 두게 되면 토압의 작용높이가 커지므로 활동 안전율이 저하될 우려가 있으므로 뒷굽에서 파괴각 범위 밖에 설치함이 유리함

27 지표면의 고저차에 의한 편토압 문제 및 대책

1. 편토압으로 인한 문제

지표면의 높이가 변화되는 굴착에서는 토압의 불균형이 발생하여 흙막이 전체의 외적 안정이 문제가 되며 흙막이 전체의 붕괴로 이어질 수 있다.

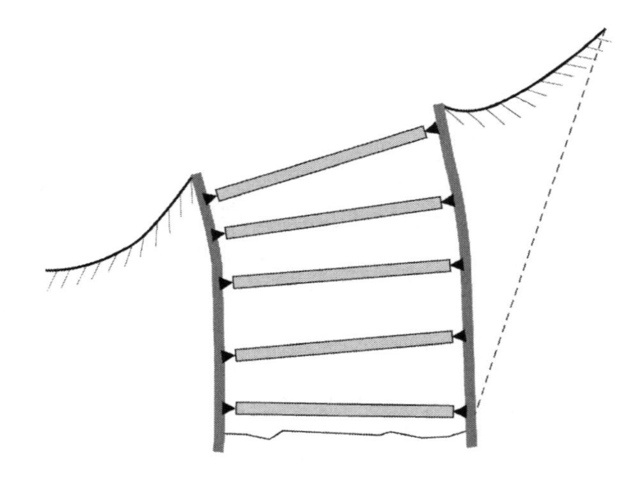

2. 대 책

(1) *Earth anchor* 방법

① 대책공법 중 가장 바람직한 방법이며

② 어스앵커 설치가 가능한 정착지반의 유무와 어스앵커 길이 내에 지장물이 없고 주민의 동의가 필요함

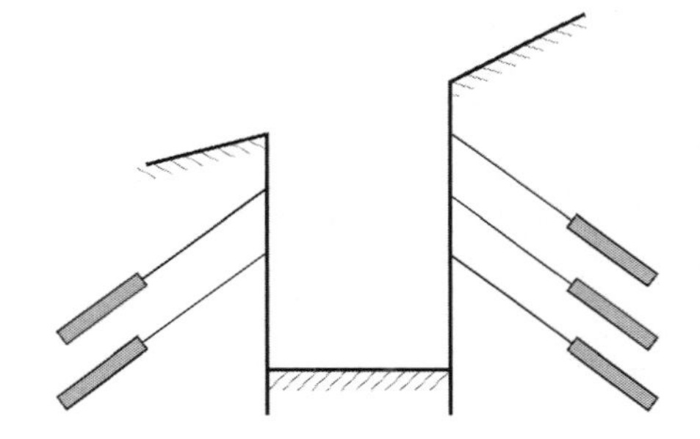

(2) 비보강 *Strut* 방법

① 낮은 쪽의 부재 검토 시 높은 쪽의 토압을 적용하여야 함

② 경사버팀대의 접합부는 상하방향 전단력이 발생되므로 보강을 하여야 한다.

③ 고저차가 비교적 작은 경우에 가능

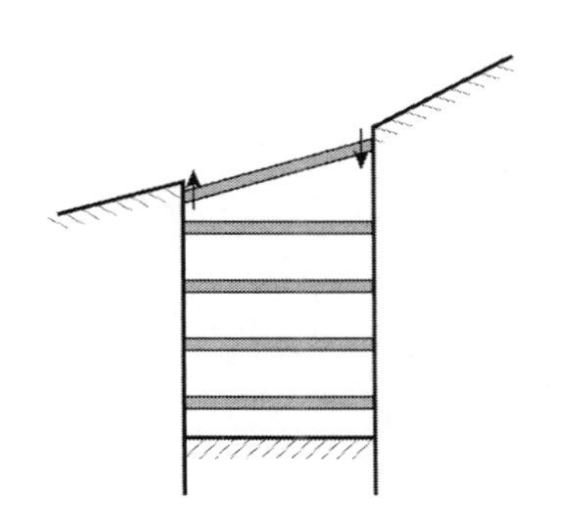

(3) 보강 *Strut* 방법

① 고저차가 큰 경우나 지반조건이 불리한 경우 적용

② 낮은 쪽을 지반개량하여 변위발생억제와 지반반력을 보강함

③ 낮은 쪽의 부재검토 시 높은 쪽의 토압을 적용하여야 함

④ 경사버팀대의 접합부는 상하방향 전단력이 발생되므로 보강을 하여야 함

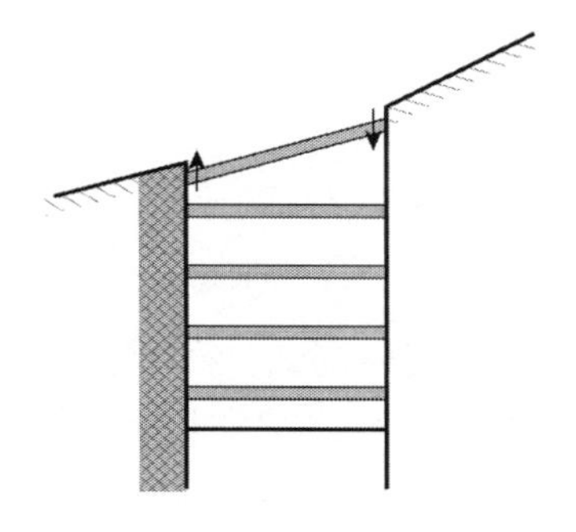

(4) 이중 흙막이 방법

① 넓은 굴착의 경우에 어스앵커를 설치하기 곤란한 경우 적용

② 토압은 이중 흙막이 구조로 저항하며 이중 흙막이 구조의 폭은 다음과 같이 정함

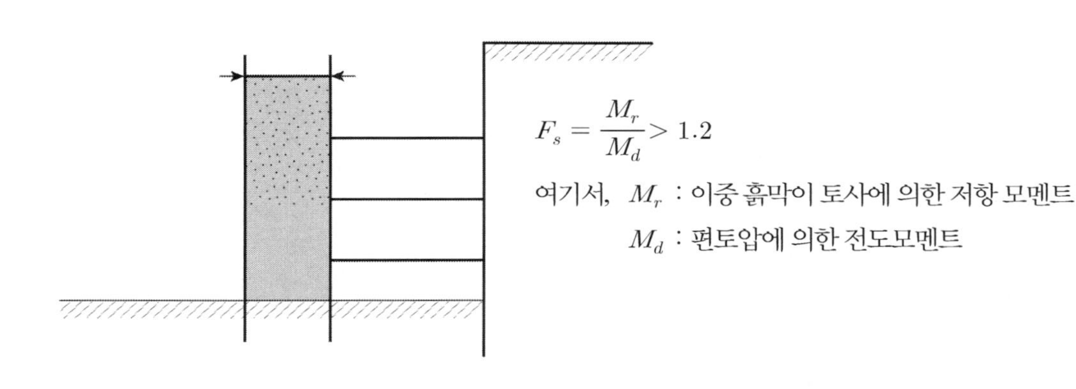

$$F_s = \frac{M_r}{M_d} > 1.2$$

여기서, M_r : 이중 흙막이 토사에 의한 저항 모멘트

M_d : 편토압에 의한 전도모멘트

3. 평 가

(1) 편토압에 의한 문제는 토압계산에 의해 해석하기가 어려운 문제로

(2) 실제 현장에서는 편토압에 의해 응력집중으로 인한 과도한 변위가 많이 발생하므로

(3) 계산 외적인 안전율을 감안하여 부재를 충분히 사용하도록 설계에 반영하여야 함

(4) 특히 연결부의 시공에서 전단력으로 인한 부재의 분리가 발생되지 않도록 보강에 관심을 가져야 하며

(5) 정교한 시공과 정성스런 계측을 통한 변위에 유연하게 대처하는 안전한 공사가 되도록 시공 관리를 철저히 해야 함

28 고저차가 없는 지반에서의 편토압 발생과 대책

1. 개 요

(1) 일반적으로 편토압의 발생은 고저차가 있는 경사지반에서 발생하는 것이 일반적이나 평탄한 지반의 경우에도 인위적 원인에 의해 발생할 수도 있다.

(2) 기본적으로 변형을 방지하거나 최소화하기 위해서는 강성이 큰 토류벽이나 버팀대의 단수를 늘이는 등의 조치를 취하거나 지반을 개량하여 강도를 증진시키고 계측관리에 만전을 기하여야 한다.

2. 편토압 발생과 대책

(1) 현장타설 말뚝

① 원인 : 프리보링으로 인한 구멍 쪽으로 지반변위 발생

② 대책

㉠ *All cassing* 시공, *Heaving, Boiling* 방지에 주력

㉡ 말뚝 시공순서는 지그재그로 시공

(2) 기성말뚝 시공

① 원인 : 말뚝타입으로 인한 굴착 측 변위 발생

② 대책 : 프리보링으로 변경

(3) 동바리공 불량

① 원인 : 시공시기에서 흙막이 업체와 동바리공 업체가 상이한 경우 협의 부족

② 대책

㉠ 협의하여 시공시기, 단계결정

㉡ 가급적 *Earth anchor* 형태로 변경

(4) 약액주입(가압)

① 원인 : 고압주입에 따라 주변지반 이완, 양생기간 중 강도미달로 인한 배면변위 발생

② 대책

㉠ 저압주입

㉡ *SCW*와 같이 교반주입방식 채택

(5) 지하수위차

① 원인 : 지하수 이동 차단, *Pumping* 등으로 수위 낮은 쪽으로 변형됨

② 대책

㉠ 굴착배면의 수위차가 없도록 유지관리 철저

㉡ 지하수가 저하된 부분에 지반보강 실시

(6) 극단적인 비대칭 굴착

① 원인 : 무리한 비대칭 굴착으로 굴착 측 변위 발생

② 대책

㉠ 비대칭 굴착 방지

㉡ 부득이한 굴착강행 시는 굴착 배면 지반보강 후 시행

(7) 경사진 지반

① 원인 : 깊은 지반 쪽의 토압이 증가되어 얕은 쪽으로 변형됨

② 대책

㉠ 가급적 *Earth anchor* 형태로 변경

㉡ 깊은 지반 쪽 지반보강 후 굴착함

㉢ *Strut*에 *Pre-stressing*을 가함

29 다음 현장상황도에서 굴착공사 시 발생 가능한 문제점과 대책

1. 현장상황도

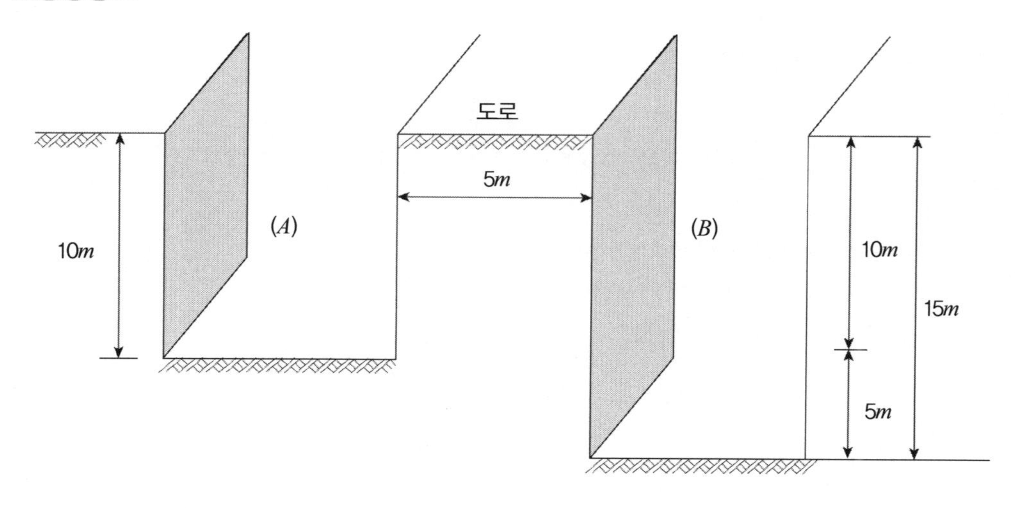

2. 굴착공사 시 문제점

(1) 편토압 발생

토압의 불균형 → 흙막이 전체의 외적안정 저하

(2) 지하수 저하로 인한 압밀침하

① B현장 지하수위 저하 시 수위 저하에 따른 압밀침하가 발생한다.

② 지반의 부등침하가 유발된다.

(3) 흙막이 토압 증대

(4) 흙막이 변형

(5) 도로붕괴

3. 대 책

(1) 강성 흙막이 공법적용

① 두 현장 사이 흙막이는 변위를 허용하지 않는 강성 흙막이 공법을 선택한다.

② 비용이 증대하지만 *Slurry wall* 공법을 적용하면 가장 안전할 수 있다.

(2) 두 현장 간 흙막이 벽체를 지지하는 *Prestressing* 공법을 적용

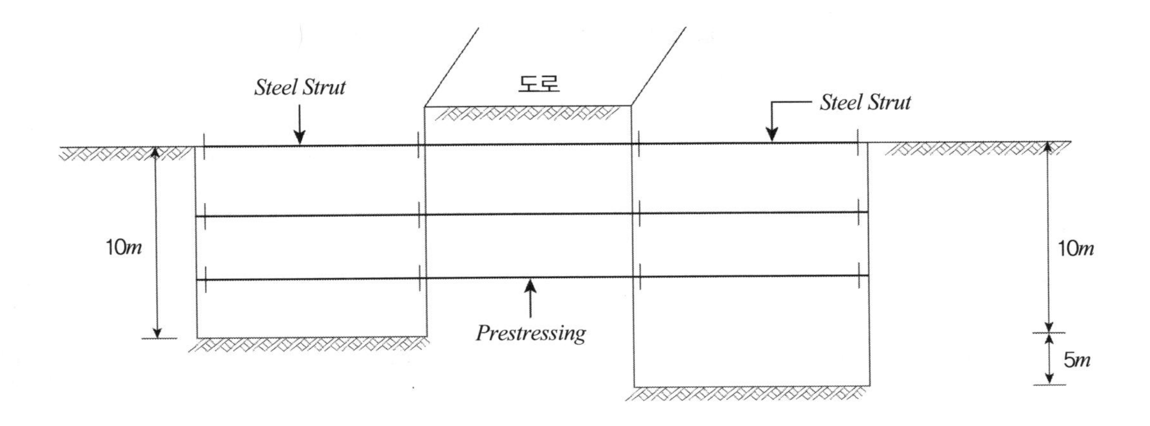

(3) 도복공판 설치 및 하부 기둥 설치

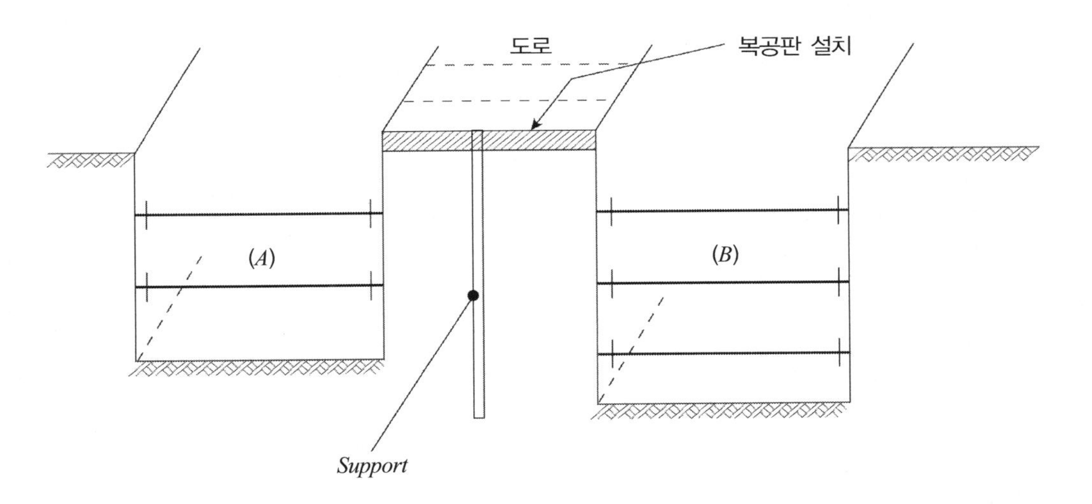

(4) *Grouting* 공법

① 5m 도로 하부지반을 *Grouting* 실시하여 고결처리 → 지반침하 및 변위를 예방

② A, B현장에서 *Soil nailing*에 의한 *Grouting* 시행

30 측방유동 판정법

1. 정 의

연약지반 위에 성토하중보다 연약지반의 임의지점에서의 비배수 전단강도가 작게 되면 전단파괴가 발생하면서 수평방향으로 활동하게 되는 현상을 측방유동이라고 함

2. 교대에서의 측방유동

(1) 침하량에 따른 교대이동 패턴

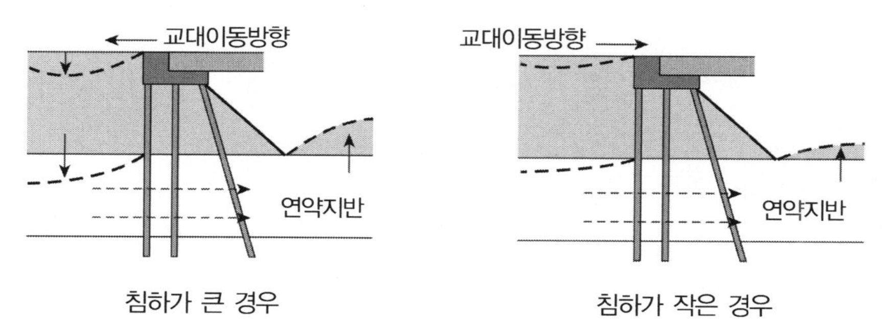

침하가 큰 경우　　　　침하가 작은 경우

(2) 원인과 문제점

원 인	문제점
① 편재하중 과다	① 신축이음부 폐합, 벌어짐
② 사면활동	② 교좌장치 파손
③ 연약지반 지지력 부족	③ 낙교
④ 과도한 침하	④ 단차
⑤ 과도한 지반경사	⑤ 말뚝에 모멘트 작용

3. 측방유동압 산정법

(1) 일본 도로공단

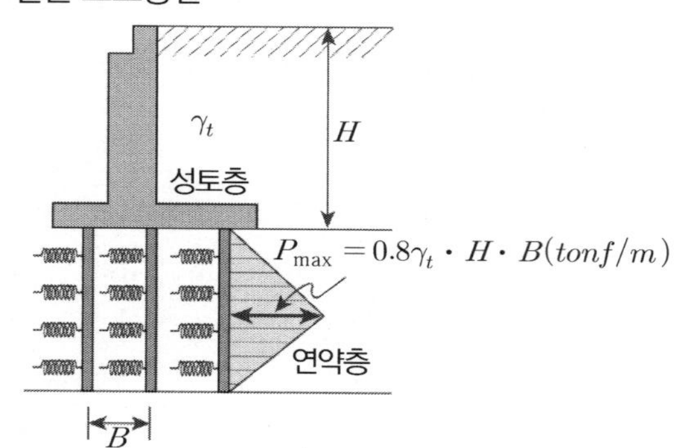

P_{max} : 측방 유동압($tonf/m$)

γ_t : 성토의 단위중량

H : 성토의 높이

B : 말뚝의 중심 간격

※ 말뚝 1개당 측방유동압

$$P_{max} = \frac{0.8\gamma_t \cdot H \cdot B}{N}$$

N: 말뚝개수

(2) 수치해석으로 추정하는 방법

① *Hyperbolic Model*과 같은 비선형 탄성모델, *Cam −clay Model*과 같은 탄소성 모델에 의한 수치해석 시행

② 수치해석은 스프링 상수, 탄성계수, 변위, 반력과의 관계에서 발생변위를 추정하여 측방유동압 산정

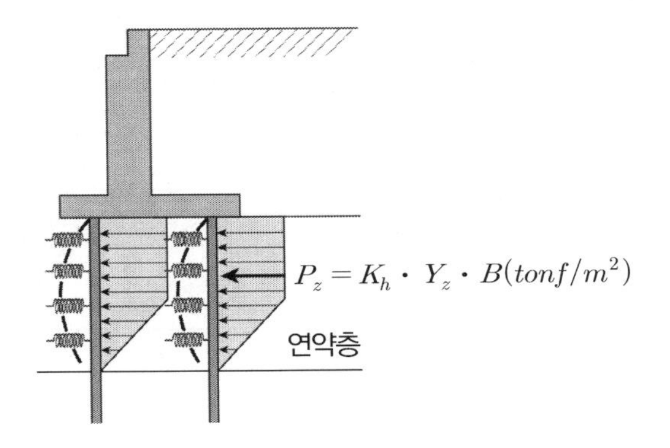

P_z : 측방 유동압$(tonf/m)$

K_h : 횡방향 지반반력 계수$(tonf/m)$

Y_z : 성토의 높이 z 심도의 측방변위량

B : 기초의 폭(m)

(3) 일본수도공단

성토로 인한 수평토압 산정 = 탄성, 탄소성에 의한 측방토압 산정

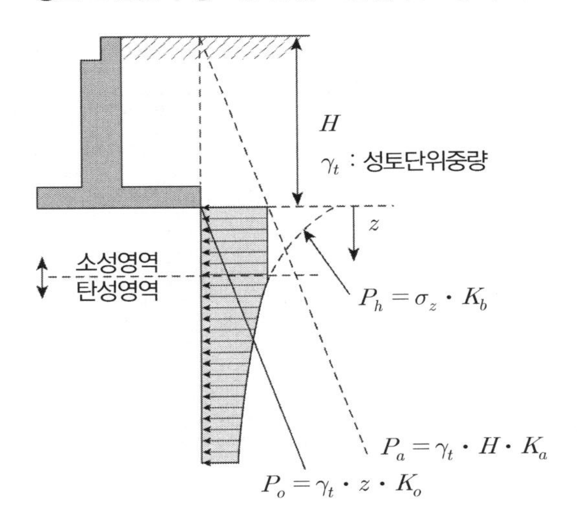

P_a : 성토를 포함하는 주동토압$(tonf/m^2)$

K_o : 정지토압계수

z : 성토 전 지반면에서의 심도(m)

P_h : 지중 수평력

σ_z : $Boussinesq$의 임의지점에의 연직응력$(tonf/m^2)$

K_b : $Boussinesq$의 연직응력에 대한 수평응력의 비

① 소성영역에서의 측방토압

$$P_h = P_a - P_o = \gamma_t \cdot H \cdot K_a - \gamma_t \cdot z \cdot K_o$$

② 탄성영역에서의 측방토압

$$P_h = \sigma_z \cdot K_b$$

4. 측방유동 가능성 판정방법

(1) 원호활동의 안전율에 의한 방법

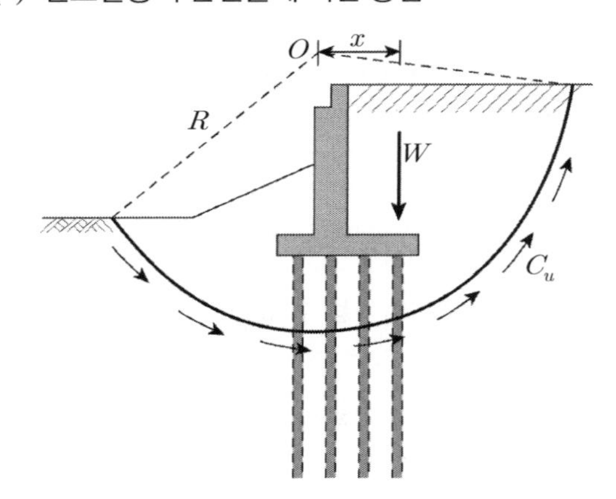

$$F_s = \frac{c \cdot l \cdot R}{W \cdot x}$$

✓ 측방유동 가능성 판단

① 말뚝 고려 : $F_s < 1.8$

② 말뚝 무시 : $F_s < 1.5$

→ 측방유동이 발생하며, 이때 말뚝은 존재하나 고려하지 않는다는 뜻

(2) 원호활동에 대한 안전율과 압밀침하량에 의한 방법

말뚝기초가 없는 경우로 가정하여 연약층 중간층을 통과하는 원호활동에 대한 안전율과 침하량으로 측방유동발생 가능성 판단

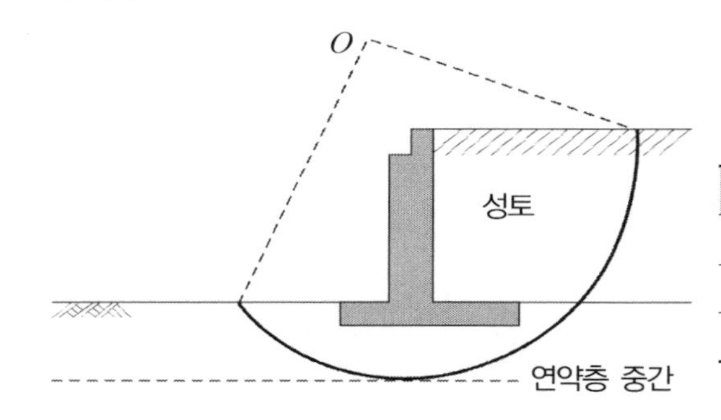

안전율	침하(cm)	측방유동
1.6 이상	10 이하	안 전
1.2~1.6	10~50	검 토
1.2 이하	50 이상	위 험

(3) 측방유동지수에 의한 측방유동 판정법

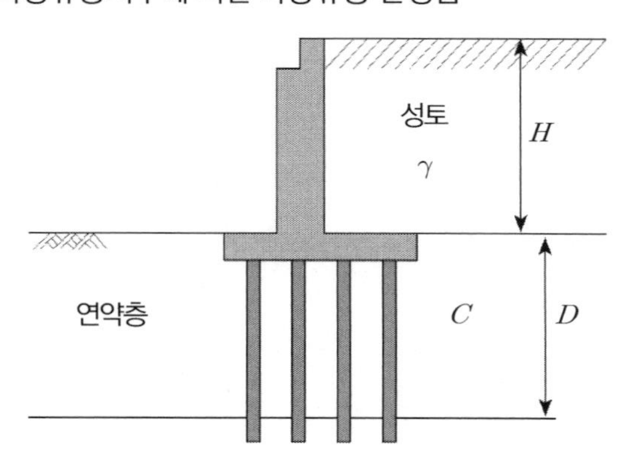

$$F = \frac{\overline{C}}{\gamma \cdot H \cdot D}$$

여기서, $\overline{C}$: 연약층의 평균 점착력

γ : 성토층의 단위중량

H : 성토층의 높이

안전율	판 정
$F \geq 0.04$	안 전
$F < 0.04$	위 험

(4) 측방유동 판정수에 의한 측방유동 판정법

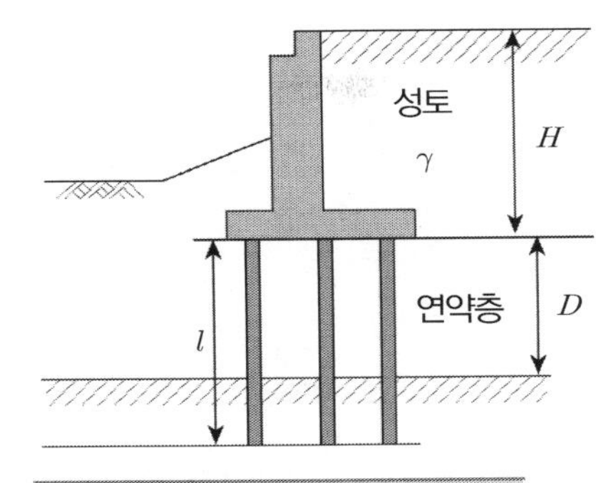

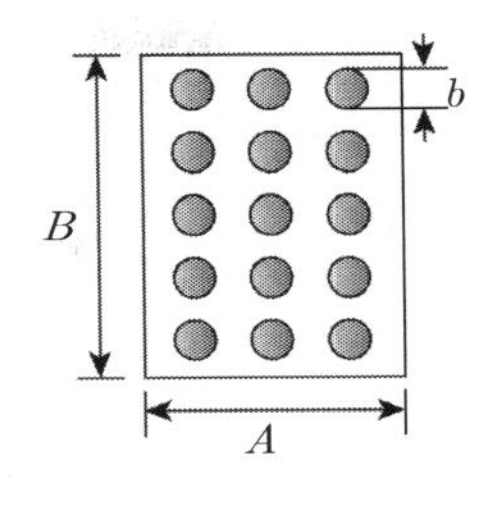

① $$I=\mu_1 \cdot \mu_2 \cdot \mu_3 \frac{\gamma \cdot H}{C_u}$$

여기서, $\mu_1 = \dfrac{D}{l}$ $\mu_2 = \dfrac{\sum b}{B}$ $\mu_3 = \dfrac{D}{A}$

② $I \leq 1.2$: 측방유동 위험성이 없음

③ $I > 1.2$: 측방유동 위험성이 있음

5. 대책공법

(1) 편재하중 경감

① 고로 *Slag* 뒷채움 공법

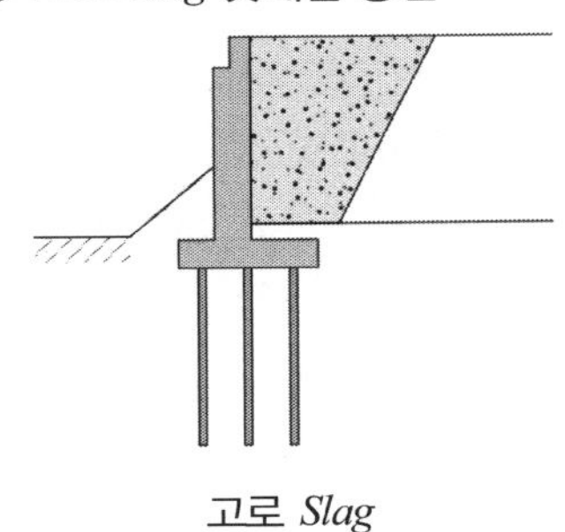

고로 *Slag*

② *EPS*

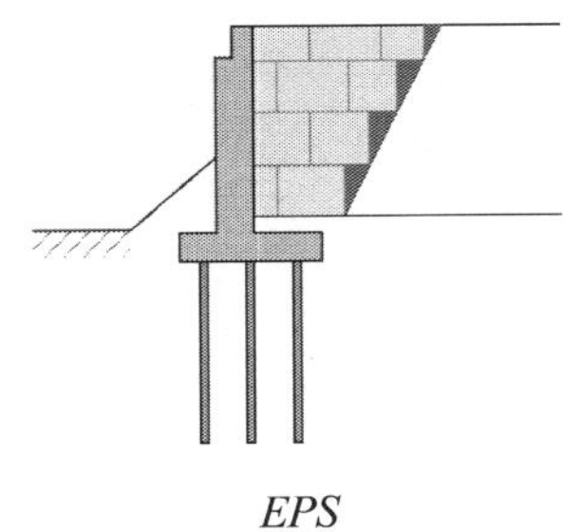

EPS

③ *Box*, 강판

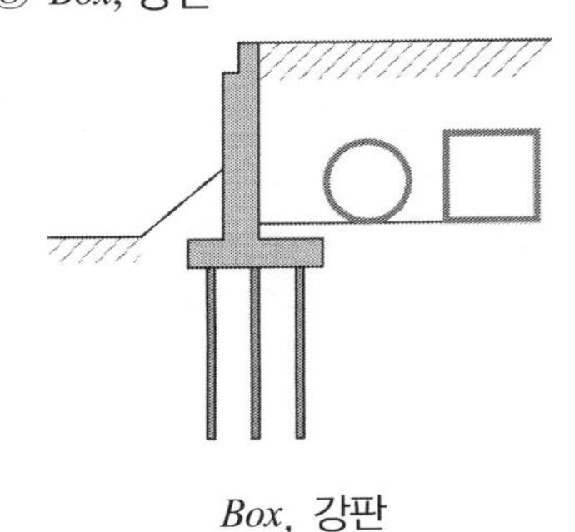

Box, 강판

④ 소형교대, *AC* 공법(*Approach Cushion* 공법)

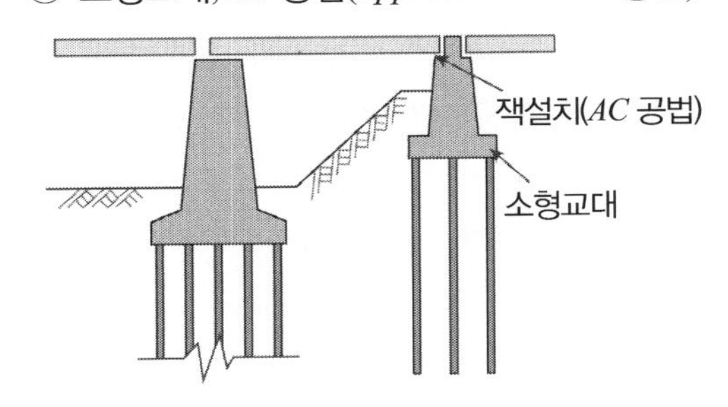

구 분	주의사항
EPS	• 성토하중과 교통하중을 고려한 적정 강도의 *EPS*설계가 중요 → 제강도 미달 제품 사용 시 과도한 침하 발생
BOX	• *BOX*의 부등침하에 대한 고려가 필요함 • 다짐작업이 불충분할 수 있음 • 내진성이 부족함 • 지하수위가 높을 경우 부력에 대한 검토가 필요함
Pipe	• 교대배면의 전압이 불충분할 수 있음 • *Pipe* 자체가 작업 중 변형될 수 있음 • 지반에 작용하는 하중이 불균질할 수 있음

⑤ 압성토

㉠ 교대전면에 압성토를 실시하여 교대의 측방토압에 대처하도록 하는 공법이다.

㉡ 측방토압이 비교적 작은 경우 유효한 공법으로 측방토압이 클 경우에는 위험할 수도 있다.

㉢ 경제적이며 공사기간이 짧고 부지의 여유가 있는 경우 채택 가능한 공법이다.

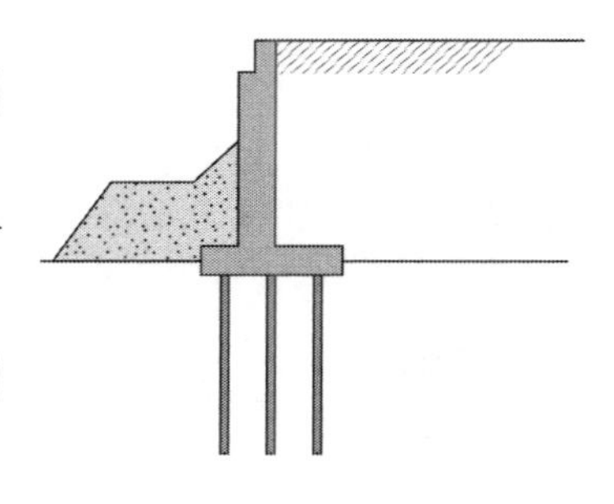

(2) 지반개량

① 주입공법

㉠ 연약지반 속에 주입재를 주입하거나 혼합하여 지반을 고결, 경화시켜 지반을 강화

㉡ 주입재는 시멘트 주입재가 가장 신뢰성이 있으며 경제적이고 시공성이 우수함

㉢ 지반개량 후 지반개량에 대한 불확실성, 주입효과의 판정방법, 주입재의 내구성에 대한 신뢰성 확인 곤란 등 근본적인 문제가 내포된 공법으로 공법선정에 있어 주의를 기울여야 함

② *SCP*

㉠ 측방유동에 대한 확실한 공법으로

㉡ 연약지반 중에 진동, 충격하중을 이용 모래를 강제 압입하여 지반 내에 다짐 모래말뚝을 형성하여 지반을 개량함

㉢ 해성점토층의 경우 지반교란이 심하여 강도 저하현상이 크고 강도회복시간도 상당히 늦으므로 공정관리에 이를 반영하여야 함

㉣ 시공 시 소음과 진동에 대한 영향을 고려하여야 함

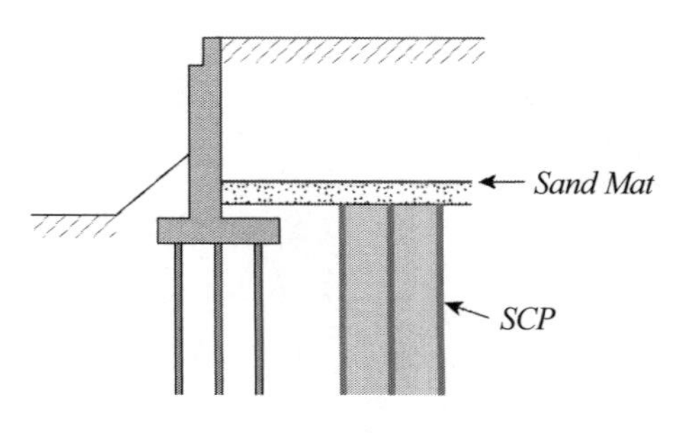

③ *Preloading* 공법

㉠ 교대설치위치에 미리 성토하중을 가하여 잔류침하를 방지하고 압밀을 통한 지반강도를 도모하는 공법임

㉡ 연약층 상부 지반의 모래층이 두꺼울 경우 지중응력이 미치는 범위가 미미하므로 부적정한 공법임

㉢ 성토 후 방치기간이 최소 6개월 정도로서 공사기간을 고려하여 채택하여야 함

㉣ 경제성 측면에서 매우 유리한 공법임

㉤ *Preloading*에 따른 용지 확보가 가능하여야 함

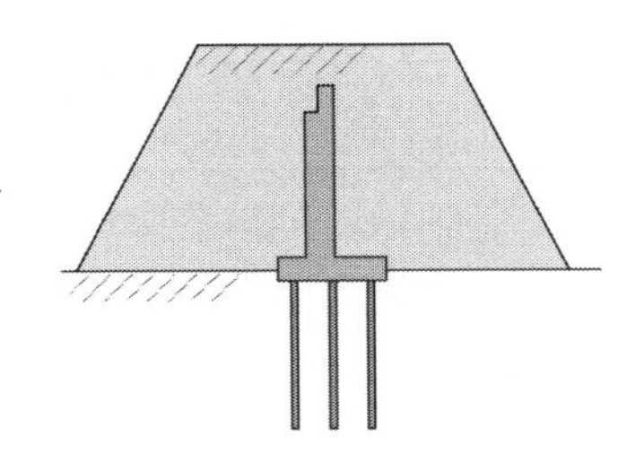

④ 기 타

㉠ 치환(강제치환, 굴착치환, 폭파치환)

㉡ 탈수(*VD*)

(3) 교대형식 변경

① 교대의 종방향 연장 : 측방유동이 발생하지 않도록 안정구배로 토공 처리

✓ **교량연장이 길어짐 / 효과가 확실함**

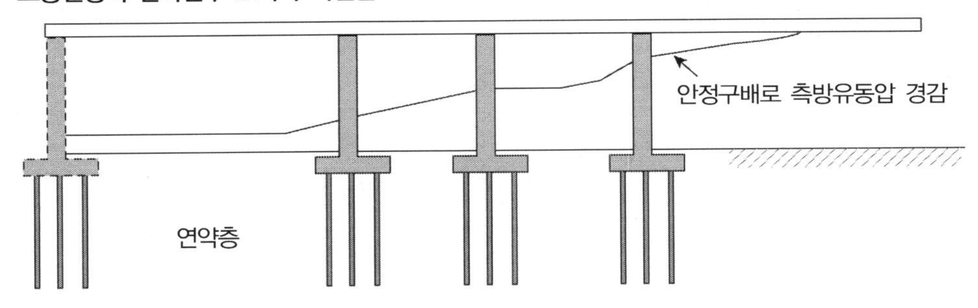

② *BOX*형 교대형식(하중경감) : 교대배면 하부 지반이 경사져 있는 경우 부등침하에 유의

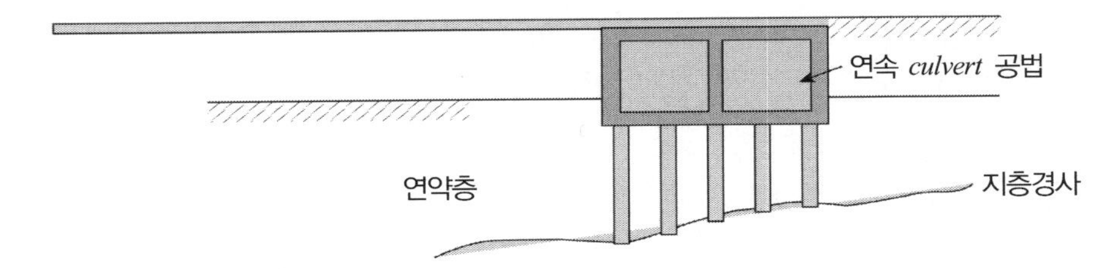

(4) 기초형식 변경 : 강성 큰 기초형식 선정

① *RCD* 기초 ② *Benoto* 기초 ③ *Earth Drill* 기초

(5) 성토지지말뚝

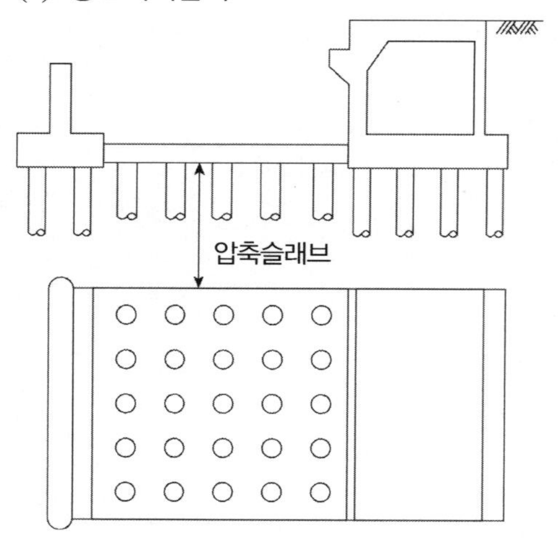

6. 계 측

(1) Δu 고려 한계성 토고 결정
(2) 연약층 전단파괴 방지
(3) 수동파일 거동 분석

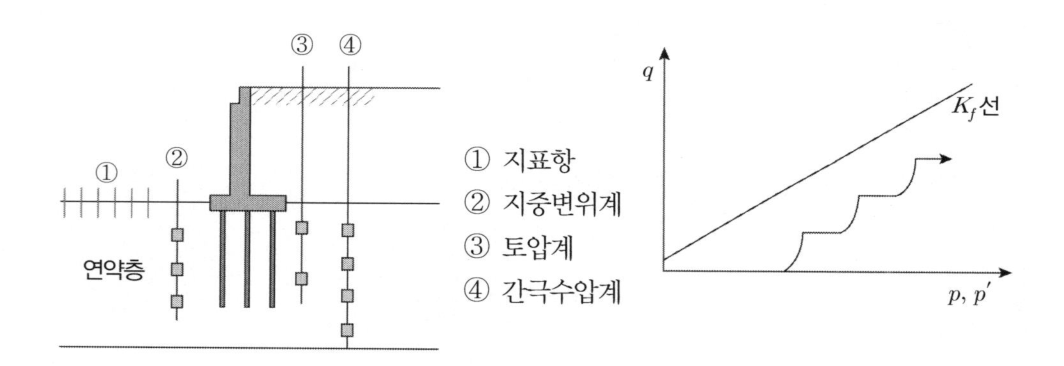

7. 평 가

(1) 명확한 해석기준
(2) 측방유동 판정결과 + 검토 우선순위

연약지반 교대 기초공법설계 시 고려사항

1. 설계 시 고려사항

(1) 측방유동 판정

① 측방유동 가능성 판정

㉠ 원호활동에 의한 판정

㉡ 원호활동 안전율과 압밀침하량에 의한 판정

㉢ 측방유동지수(F)에 의한 판정

㉣ 측방유동 판정수(I)에 의한 판정

② 측방유동압 산정

㉠ 일본도로공단

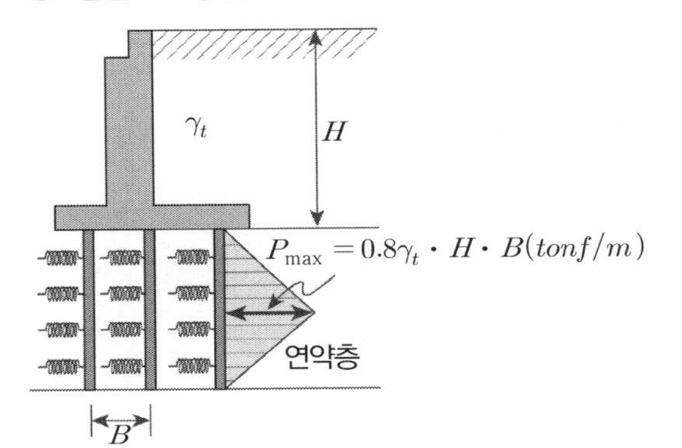

P_{max} : 측방유동압($tonf/m$)

γ_t : 성토의 단위중량

H : 성토의 높이

B : 말뚝의 중심간격

※ 말뚝 1개당 측방유동압

$$P_{max} = \frac{0.8\gamma_t \cdot H \cdot B}{N}$$

N: 말뚝개수

㉡ 수치해석으로 추정하는 방법 : *FEM* 해석

㉢ 일본수도공단 : 성토로 인한 수평토압 산정 = 탄성, 탄소성에 의한 측방토압 산정

– 소성영역에서의 측방토압

$$P_h = P_a - P_o = \gamma_t \cdot H \cdot K_a - \gamma_t \cdot z \cdot K_o$$

– 탄성영역에서의 측방토압

$$P_h = \sigma_z \cdot K_b$$

(2) 수평 지지력의 산정

① 측방토압이 발생할 경우의 말뚝은 수동말뚝으로 설계하여야 하며

② 수동말뚝의 경우 수평지지력은 수평지반 반력계수(K_h)에 군말뚝에 의한 군항효과를 고려한 감소계수를 적용하여야 함

수평지반 반력계수에 대한 감소율

말뚝간격	감소율
8 d	1.0
6 d	0.7
4 d	0.4
3 d	0.25

(3) 말뚝의 연직 지지력에 대한 부마찰력 고려

(4) 사면안정 검토

① 사면안정 검토는 말뚝을 고려한 경우와 고려하지 않은 경우로 구분하고

② 지반조건을 개량 전과 개량 후로 구분하여 검토함

③ 사례에 의하면 말뚝을 고려한 경우는 F_s 가 1.8 이상이어야 측방유동이 발생하지 않는다고 함

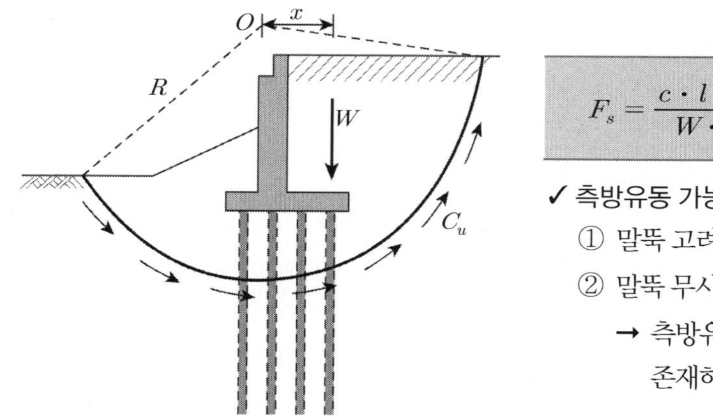

$$F_s = \frac{c \cdot l \cdot R}{W \cdot x}$$

✓ 측방유동 가능성 판단

① 말뚝 고려 : $F_s < 1.8$

② 말뚝 무시 : $F_s < 1.5$

→ 측방유동이 발생하며, 이때 말뚝은 존재하나 고려하지 않는다는 뜻임

2. 고려사항에 대한 대책

(1) 원인제거 방법

교대높이 감소, 교대배면 경량화(*BOX, EPS*), 교량 연장, 연속식 *BOX*

(2) 지반강화 방법

지반 고화처리, 다짐모래말뚝, 말뚝본수 증가, 연직배수, 프리로딩, *Pile net*, 버팀 콘크리트

3. 시공 시 주의사항

(1) 교대를 시공 후 성토하지 말고 지반상태를 확인 후 지반개량 여부 검토 후 교대시공 순으로 검토

(2) 계측관리와 완속시공 유지관리측면에서 영구계측에 의한 지속적인 계측관리방안 모색

31 보강토 공법

1. 공법의 원리

(1) 근본적 원리(테일알메 개념)

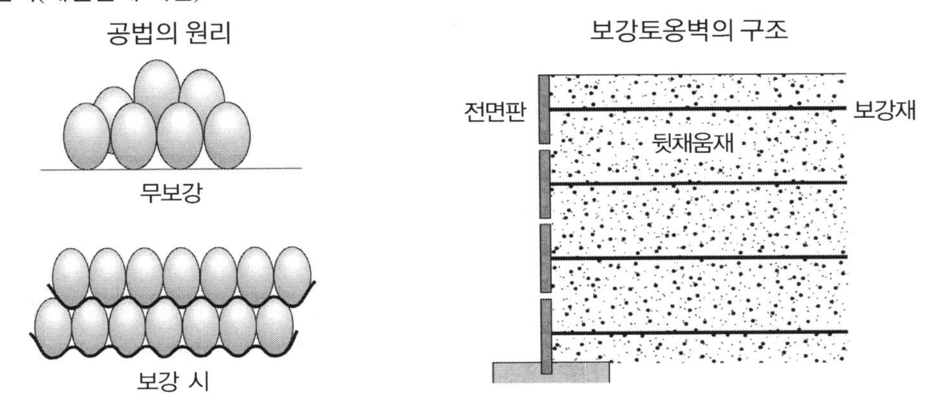

(2) *Arching* 개념

옹벽 뒷채움 성토다짐 시 마찰력이 크고 인장강도가 우수한 보장재를 삽입하여 토립자와 보강재 사의의 마찰로 횡방향 변위를 구속하여 점착력을 가진 것과 동일한 효과를 갖게 하여 강화된 흙(*Hybrid soil*화)을 만드는 것이 공법의 원리이다.

2. 보강토 거동 *Mechanism*과 효과

(1) *Arching effect*

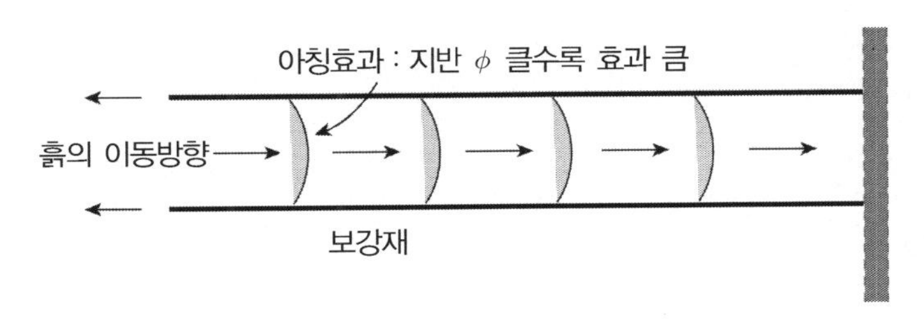

(2) **내부 마찰각**(*Hybrid soil*)

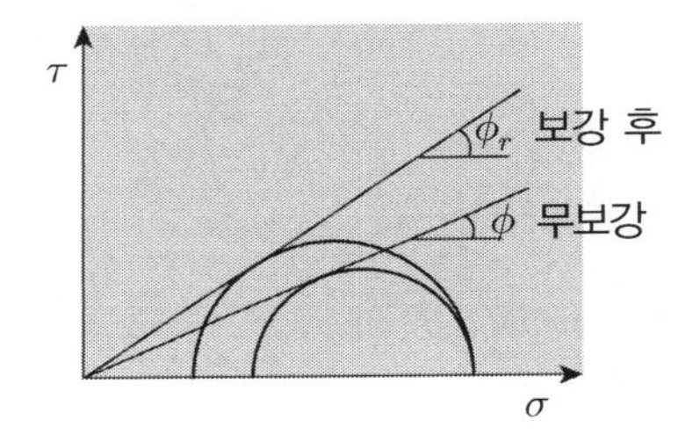

(3) 구속응력 증가

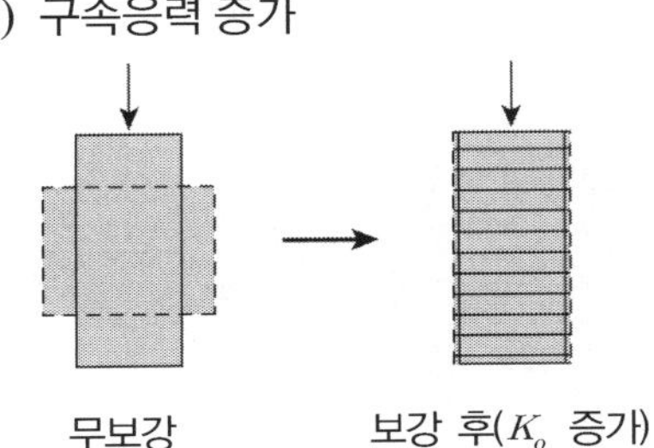

(4) 겉보기 점착력 증가

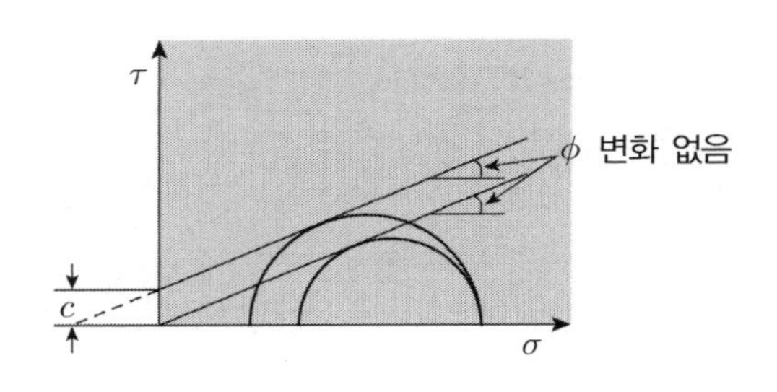

(5) 전단강도 증대

: 전단강도 $\tau = c + \sigma \tan \phi$에서 c, ϕ 증대로 전단저항 증가

3. 설 계

(1) 재료 설계

뒷채움재	보강재
No 200체 통과율 15% 이하 *No* 4체 통과율 15~100% *PI* < 10인 재료 최대 골재 치수 19*mm* 이하	강도 : 허용인장강도 이상 내구성 : 내화학, 내부식 마찰각이 큰 재료 사용

(2) 내적 안정(보강재)

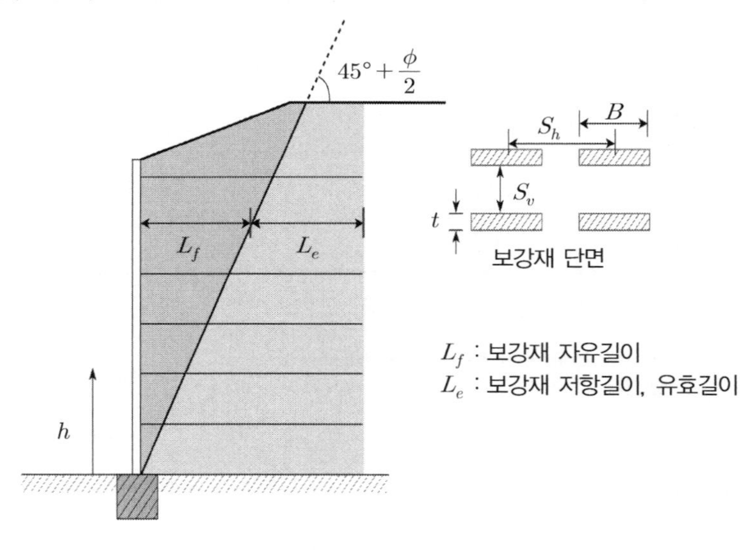

① 보강재 절단에 대한 안전율 → 두께 t, S_v, S_h 산출

$$F_{s(B)} = \frac{\text{보강재의 허용인장응력}}{\text{응력}} = \frac{B \cdot t \cdot f_y}{\gamma \cdot z \cdot K_a \cdot S_v \cdot S_h}$$

② 보강재 인발에 대한 안전율 → 유효길이 L_e 구함

$$F_s = \frac{\text{보강재에 작용하는 마찰력}}{\text{응력}} = \frac{T\gamma \cdot z \cdot B \cdot \tan\delta}{\gamma \cdot z \cdot K_a \cdot S_v \cdot S_h}$$

✓ 위 식에서 $F_{s(B)}$, $F_s = 1.5$(토목섬유인 경우) 적용

B : 보강재 폭 t : 보강재 두께	f_y : 보강재 항복강도($tonf/m^2$)
S_v, S_h : 보강재의 수직, 수평간격	δ : 보강재와 흙의 마찰력

③ 자유길이 : $L_f = h \cdot \tan\left(45° - \dfrac{\phi}{2}\right)$ ④ 연결부 강도검토

(3) 외적 안정

보강토옹벽을 중력식 구조물과 같이 취급하여 전도, 활동, 지지력, 사면활동에 대하여 검토하여야 하며 전체 침하는 10~20cm 이하가 되도록 해야 하고 부등침하에 대해 연직면의 기울기는 벽체높이의 1/100 이하가 되도록 설계함

① 전 도

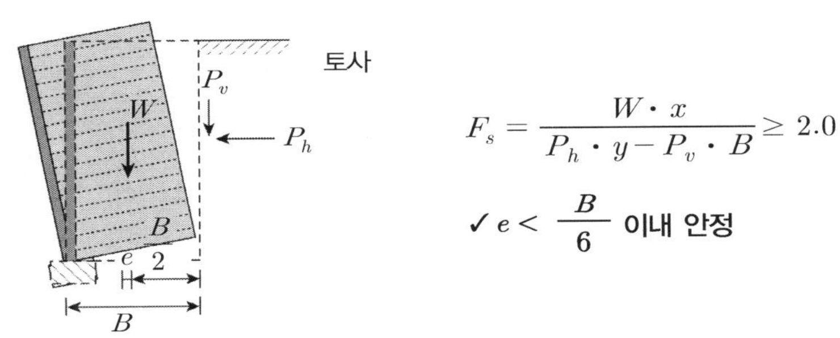

$$F_s = \frac{W \cdot x}{P_h \cdot y - P_v \cdot B} \geq 2.0$$

✓ $e < \dfrac{B}{6}$ 이내 안정

② 활 동

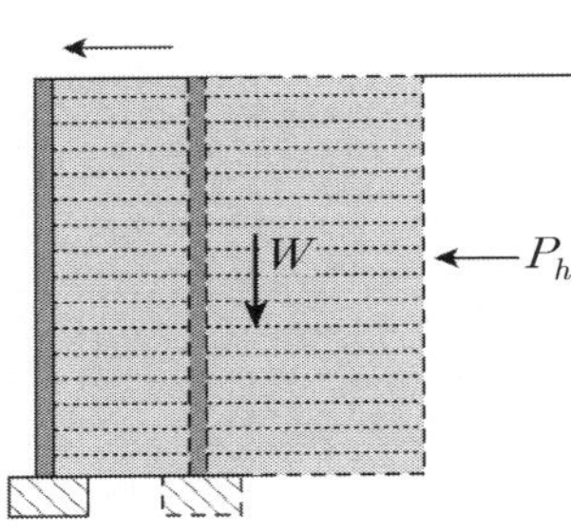

$$F_s = \frac{R_v \cdot \tan\delta}{P_h} \geq 1.5$$

③ 지지력

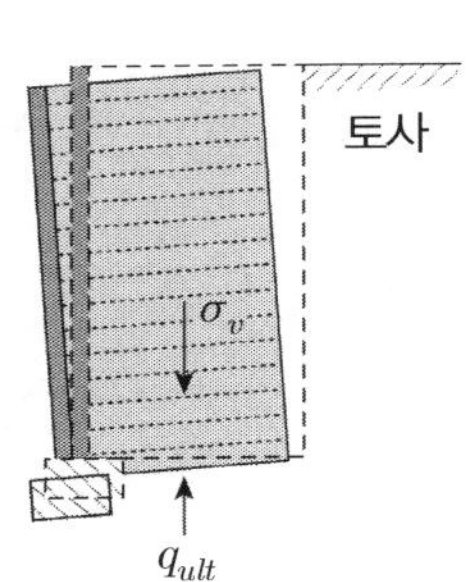

$$F_s = \frac{q_{ult}}{q_a} \geq 2.5$$

④ 사면활동

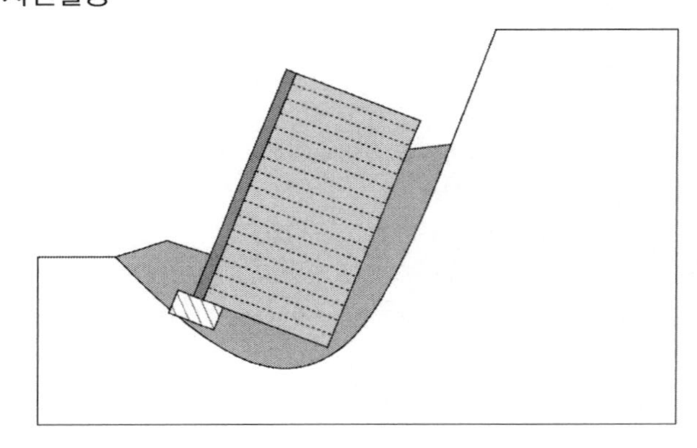

$$F_s = \frac{C_u \cdot l \cdot R}{W \cdot x} \geq 1.3$$

4. 강성벽체와 보강토옹벽의 토압과 변위

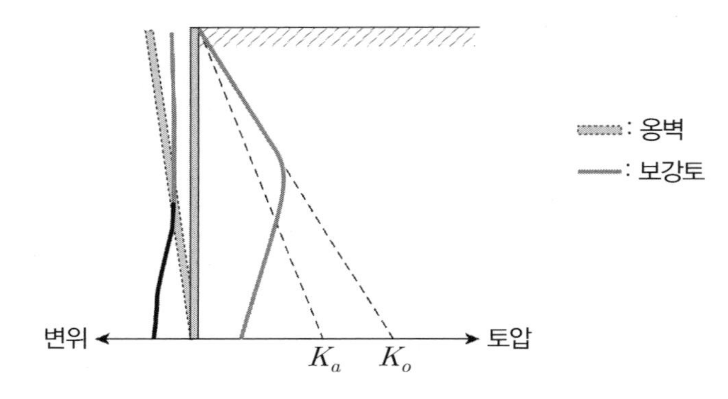

5. 공법의 특징

(1) 장단점

장 점	단 점
① 시공 간편	① 보장재 내구성이 구조물 안정과 밀접한 관계
② 공기 단축	② 뒷채움 재료에 따라 품질영향을 줌
③ 부등침하 감소(자중 가벼움)	③ 다짐관리가 취약
④ 저소음, 저진동	④ 절토부 옹벽으로 사용에는 제한
⑤ 기초처리비용 절감	⑤ 특허비용 부담
⑥ 변위허용(내진성 우수)	⑥ 공사가 소규모인 경우 비경제적
⑦ 부지이용률 극대화	⑦ 벽체변위 시 시각적 불안
⑧ 높이제한 적음	⑧ 벽체변위 시 보수불가(재시공)
⑨ 다짐토압 영향 적음	

(2) 형 식

① 일체식

㉠ 전면벽 : 벽체식, 블록식

㉡ 보강재 : 철판, 섬유보강재, *Geotextile*, *Geogrid*

② 분리식

㉠ 전면벽 : 벽체식, 블록식

㉡ 보강재 : *Geotextile*

6. 평 가

(1) 실패사례

(2) 단순한 내적 안정 < 외적 안정 — 특히 전체 사면활동(수압고려) / 지지력 : 배부름, 블록이격, 틈새

(3) 우각부 토압 고려

(4) 표준화된 설계 / 시공기준 / 지침 필요

32 보강토옹벽 설계법에서 마찰쐐기(Tie－Back Wedge)법과 복합중력식 (Cohernet Gravity)법에 대하여 설명하시오.

1. 개 요

(1) 보강토옹벽의 실용 설계법은 다음과 같다.

① 마찰쐐기(*Tie － Back wedge*)법

② 복합중력식(*Cohernet gravity*)법

(2) 이러한 구분은 보강재와 흙의 상대적인 강성 차이에 따른 것이다.

(3) 보강의 상대적인 강성은 주동토압 발생 시 흙의 변형(양질의 사질토에서는 보통 각 변위 $\Delta = 0.002H$)을 기준으로 하며, *FHWA*의 지침에서는

① 보강재 인장강도에서 변형률 ＜ 흙의 변형률일 때는 비신장성 보강재

② 보강재 인장강도에서 변형률 ＞ 흙의 변형률일 때는 신장성 보강재

(4) *BS*코드(*BS*8006 : 1995)에서는

① 설계하중에서 축방향 변형률 1% 미만 : 비신장성 보강재

② 설계하중에서 축방향 변형률 1% 클 경우 : 신장성 보강재

2. 마찰쐐기(*Tie － Back Wedge*)

(1) 개 념

① 신장성 보강재를 사용하는 보강토 구조물 설계를 위해 개발되었다.

② 주동토압 발생 시 흙변형률보다 보강재 인장강도에서 변형률이 크므로 보강토옹벽 내에서 주동상태가 발생하게 되며, 일반옹벽과 마찬가지로 옹벽하단을 중심으로 회전한다고 생각한다.

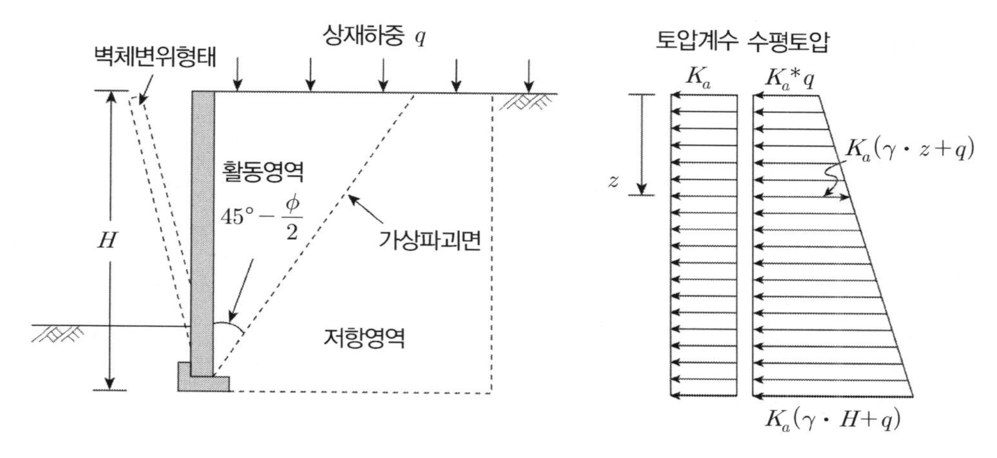

타이백웨지법(*Tie － Back Wedge*)

(2) 특 징

① 보강토옹벽의 가상파괴면은 상기 그림과 같이 한 개의 선으로 나타낸다.

② 이는 *Coulomb*의 파괴 쐐기와 같으며 토압계수는 깊이에 상관없이 K_a를 적용한다.

③ 최근 보강토옹벽은 보강재층별로 1% 내외 변형률이 측정되었다.

④ 보강토옹벽 상단에서는 *Rankine* 또는 *Coulomb*의 주동토압보다 더 큰 토압이 측정되었다.

⑤ 따라서 보강토옹벽 설계 시 옹벽 상단부에서는 특히 주의해야 하며, 마찰쐐기법 적용 시 계산상 안전하다고 하더라도 구조물 안전을 위해 설계자 판단이 추가되어야 한다.

3. 복합중력식(*Cohernet Gravity*)

(1) 개 념

① 복합중력식 방법은 경험적인 방법으로 비신장성 보강재를 사용한 보강토 구조물 설계를 위해 개발되었다(보강재인장도에서 변형률 < 흙의 변형률).

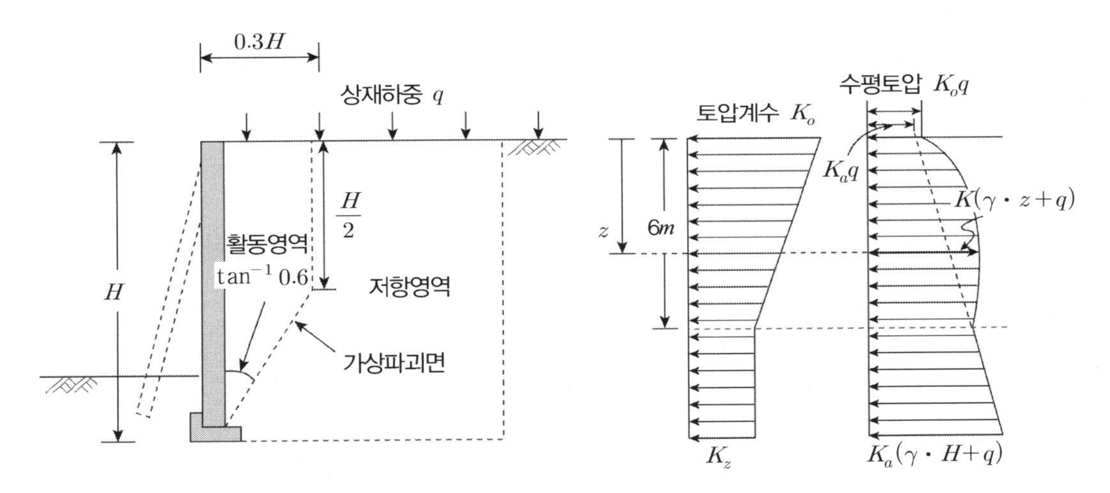

복합중력식 방법(*Cohernet gravity method*)

(2) 특 징

① 비신장성 보강재는 뒷채움 다짐에 의한 토압에 저항하는 힘이 크기 때문에 보강토옹벽 상단에서 수평변형을 억제하며,

② 따라서 보강토옹벽 상단을 중심으로 회전한다고 가정하여 설계하는 방법이다.

③ 보강토옹벽 가상 파괴면은 반경험적 방법에 의해 2개의 직선으로 가정했다.

④ 토압계수는 상단에서는 깊이가 K_o에서 K_a까지 변하여 깊이가 6*m* 이상이면 K_a로 일정하다고 가정한다.

⑤ 비신장성 보강재는 금속성 재료를 말한다.

33 보강토의 보강재에 대한 인발강도 평가방법에 대하여 설명하시오.

1. 보강토의 보강재 인발강도 평가

(1) 내적안정 만족 검토

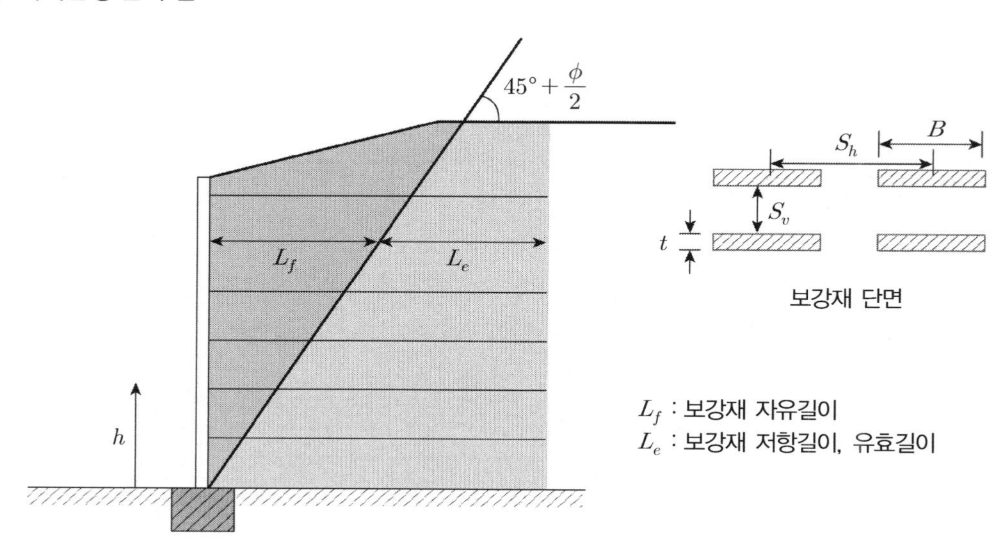

① 보강재 절단에 대한 안전율 → 두께 t, $S_v \cdot S_h$ 산출

$$F_{s(B)} = \frac{\text{보강재의 허용인장응력}}{\text{응력}} = \frac{B \cdot t \cdot f_y}{\gamma \cdot z \cdot K_a \cdot S_v \cdot S_h}$$

② 보강재 인발에 대한 안전율 → 유효길이 Le 구함

$$F_s = \frac{\text{보강재에 작용하는 마찰력}}{\text{응력}} = \frac{T\gamma \cdot z \cdot B \cdot \tan\delta}{\gamma \cdot z \cdot K_a \cdot S_v \cdot S_h}$$

※ 윗 식에서 $F_{s(B)}$, $F_s = 1.5$(토목섬유인 경우) 적용

B : 보강재 폭 t : 보강재 두께	f_y : 보강재 항복강도($tonf/m^2$)
S_v, S_h : 보강재의 수직, 수평간격	δ : 보강재와 흙의 마찰력

③ 자유길이 : $L_f = h \cdot \tan\left(45° - \frac{\phi}{2}\right)$

④ 연결부 강도검토

(2) 보강재와 흙 간의 마찰력의 평가

① 시험의 종류 : 직접전단시험, 인발시험

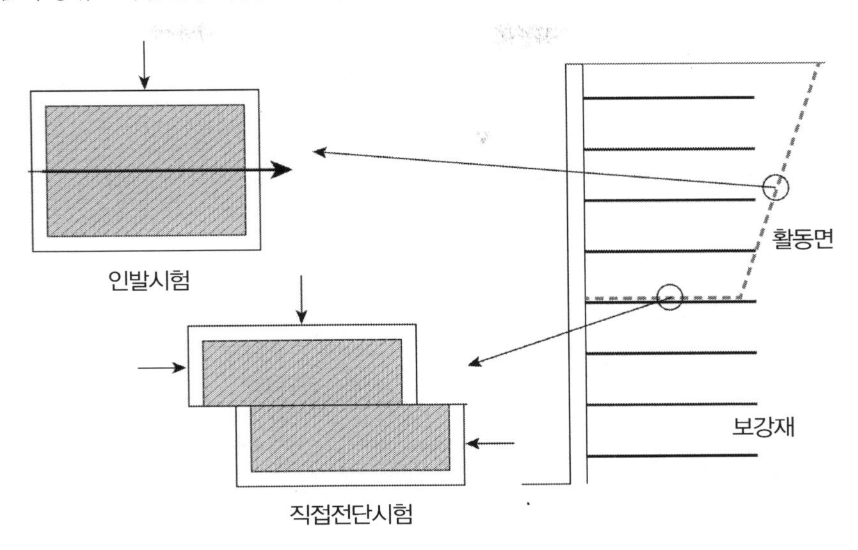

② 직접전단시험결과 마찰저항력에 관한 제안식(*Jewell* 외 3인)

$$f_{ds} \tan \Phi_{ds} = a_{ds} \tan\delta + (1 - a_{ds}) \tan \Phi_{ds}$$

여기서, f_{ds} : 흙－보강재의 마찰저항력

Φ_{ds} : 직접전단시험으로부터 얻어지는 흙의 내부마찰각

δ : 흙－토목섬유 사이의 마찰각

a_{ds} : 보강토체의 단위폭당 보강재의 포설 비율

③ 인발저항력

㉠ 일반적으로 흙 속에 묻힌 토목섬유의 인발저항력

$$F_{TMAX} = 2\ B\ L\ \sigma_v\ \mu$$

여기서, F_{TMAX} : 인발파괴, 항복할 때의 인발저항력(*tf*)

B : 토목섬유의 부설폭 (*m*)

L : 토목섬유의 부설길이 (*m*)

σ_v : 연직응력(tf/m^2)

μ : 흙－토목섬유의 결속계수 = 겉보기 마찰계수

㉡ 토목섬유의 인발저항력은 다음과 같이 나누어 표현된다.

$$F_{TMAX} = F_s + F_b$$

여기서, F_s : 흙-토목섬유 표면에서의 마찰저항력(tf) = $2\ a_s\ B\ L\ \sigma_v\ \tan\delta$

a_s : 토목섬유의 전체 면적 중 흙과 접하는 면적비

F_b : 횡방향 부재에서의 지지저항력(tf) = $(L/S) B\ a_b\ t\ \sigma_b$

a_b : 전체 폭/횡방향 부재의 유효지지폭(m)

S : 횡방향 부재의 간격(m)

t : 횡방향 부재의 두께(m)

σ_b : 횡방향 부재에 작용하는 저항응력(t/m^2)

㉢ 이를 다시 정리하면

$$F_{TMAX} = F_s + F_b = 2\ B\ L\ \sigma_v\ \mu = 2\ a_s\ B\ L\ \sigma_v\ \tan\delta + (L/S) B\ a_b\ t\ \sigma_b$$

위 식을 결속계수(겉보기 마찰계수)로 정리하면

$$\mu = a_s\ \tan\delta + \frac{1}{2S}\left(\frac{\sigma_b}{\sigma_v}\right) a_b\ t$$

횡방향 부재의 저항응력은 지지력이론에 의해 다음과 같다.

$$\sigma_b = c\ N_c + \sigma_v N_q$$

여기서, c : 뒷채움재의 점착력(t/m^2)

$N_{c},\ N_q$: 지지력 계수

(3) 인발시험에 의한 마찰력 평가방법

① 시험의 종류

㉠ 마찰력 발휘과정 산정법 : 저체 인발과정에 따라 발휘되는 저체 인발저항력을 고려하는 방법으로 토목섬유 보강토옹벽의 변형해석에 주로 사용

㉡ 평균마찰력 산정법 : 최대 인발력하에서 인발마찰력 분포를 산정하여 그 평균치를 인발마찰력으로 고려하는 방법(시험의 종류 : 전체 면적법, 유효면적법, 최대 경사법)

(4) 인발시험결과에 따른 토목섬유의 포설길이 판정

① 상호작용계수(*Cofficient of interraction for pull-out, Ci*)

$$C_i = \frac{\tau_{int}}{\tau_{soil}} = \frac{F_{po}}{2\ B\ L_a\ \sigma_v\ \tan\Phi}$$

여기서, τ_{int} : 흙-토목섬유의 접촉면에서의 평균전단응력

τ_{soil} : 주변 흙의 전단강도

F_{po} : 인발시험 시 얻게 되는 최대 인발력

B : 토목섬유의 부설 폭

L_a : 인발저항 발휘 정착장 $\geq 1m$

2. 평 가

(1) 보강토체의 내적 안정은 보강재가 신장성인지 비신장성 보강재인지에 따라 전자는 타이백 설계법을, 후자는 복합중력식 구조 개념에 의한 내적 안정 검토를 하게 된다.

(2) 이때 중요한 공학적 판단은 예상파괴면의 가정이라 할 수 있다.

(3) 지금까지 인발강도에 대한 판정방법에 대하여 보강재의 위치가 파괴면 내에 있는지 밖에 있는지에 따라 직접전단시험과 인발시험으로 구분하여 보강재와 흙 사이의 마찰특성을 기술하였다.

(4) 결론적으로 보강재의 종류가 그리드 형태라면 보강재의 인발저항력은 파괴쐐기가 활동면을 따라 미끄러지는 순간의 보강재와 주변 흙 사이의 마찰력과 그리드 형태의 횡방향 부재로 인해 추가로 발휘되는 수동저항력의 합으로 보강재의 인발저항력을 구하는 것이 타당하다.

(5) 보강재의 인발에 대한 안정성을 판단하기 위한 설계방법은 이론적 방법 외에도 모형시험에 의한 방법, 수치해석에 의한 방법 등 다양하므로 신뢰성이 높은 설계방법을 이용하여 시공 완료 후의 변위 예측이 가능하도록 한계평형해석에 의한 방법론에서 벗어나 유한요소 해석과 계측을 통한 토류벽의 안정성을 확보하도록 노력하여야 한다.

34 보강토 교대공법 설계 시 고려사항

1. 보강토 교대 공법의 개요

프랑스인 *Henri Vidal*이 고안한 공법으로 흙과 그 속에 매설한 인장강도가 큰 보강재를 마찰력에 의해 일체화시킴으로써 자중이나 외력에 대하여 강화된 성토체를 구축하는 것이다.

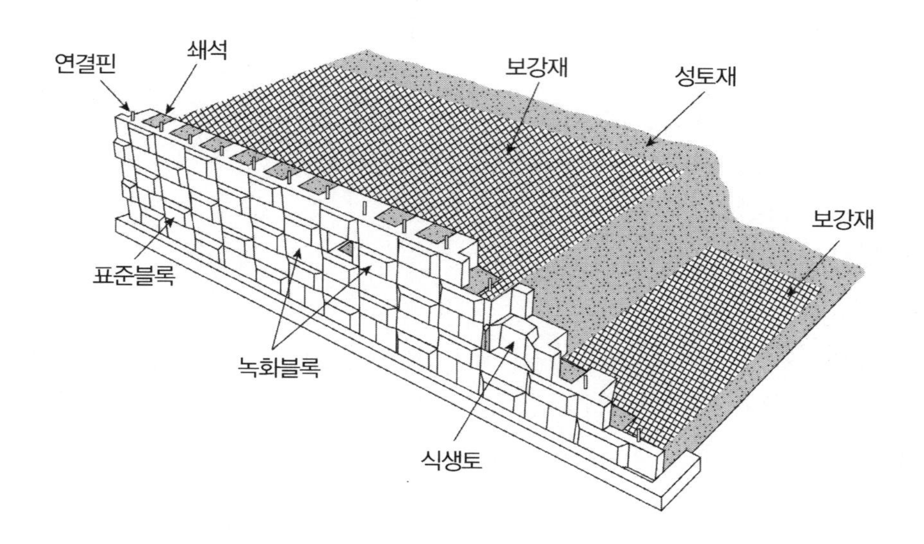

2. 공법의 메커니즘

(1) 흙은 점착력이 있으면 입자 자신이 이동을 구속하기 때문에 일정한 높이까지는 수직으로 쌓을 수 있다.

(2) 점착력이 없는 토립자 사이에 인장혁이 큰 보강재를 삽입하면 자중이나 외력에 의한 토립자 이동을 토립자와 보강재의 상호마찰에 의해서 그 반작용으로 보강재에 생기는 인장응력을 구속하므로 입상체에 겉보기 점착력이 부여되어 점착력을 가진 것과 동일한 효과를 얻게 된다. 이것이 공법의 원리이다.

(3) 보강토 성토에 사용되고, 벽체는 단지 비탈면 부근의 토사붕괴를 방지하는데, *Eath anchor* 공법같이 토압을 직접 받는 부재와는 다르다.

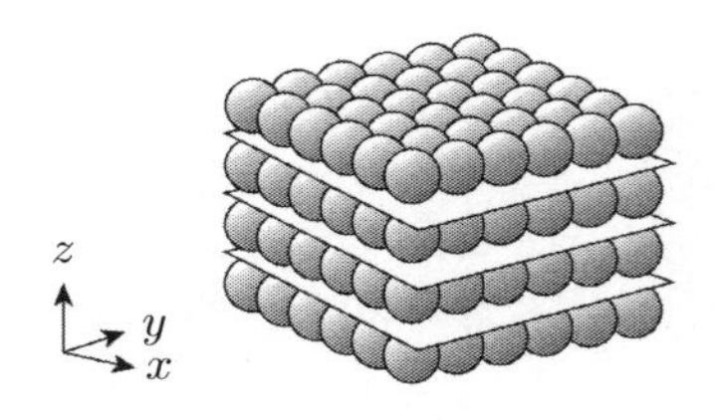

보강(*reinforecd*) 상태

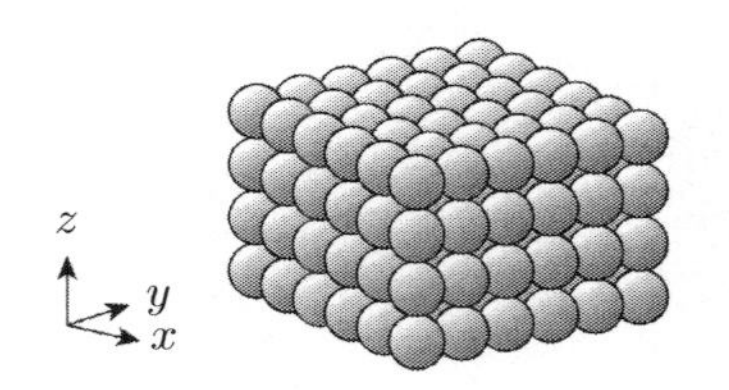

무보강(*unreinforecd*) 상태

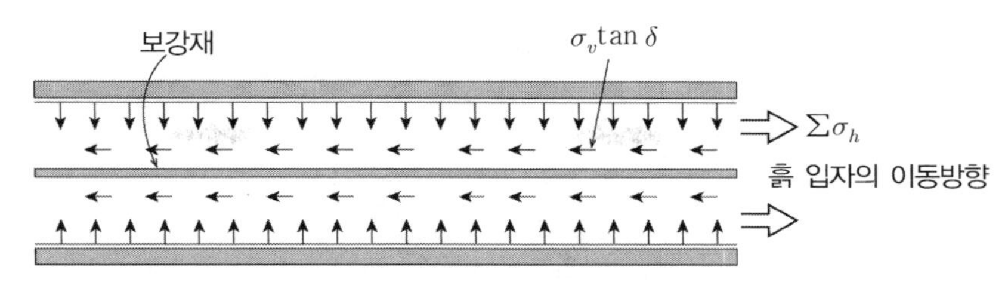

보강토체의 흙의 횡방향 이동저항

3. 설계 시 고려사항

(1) 활동안전율을 구해 보강재로 보강하는 범위를 결정한다.

계획 성토 단면에 대해서 구한 활동의 안전율 중 소정의 안전율로 만족되지 않는 범위의 활동면을 추출하는 계산대상의 단면으로 한다.

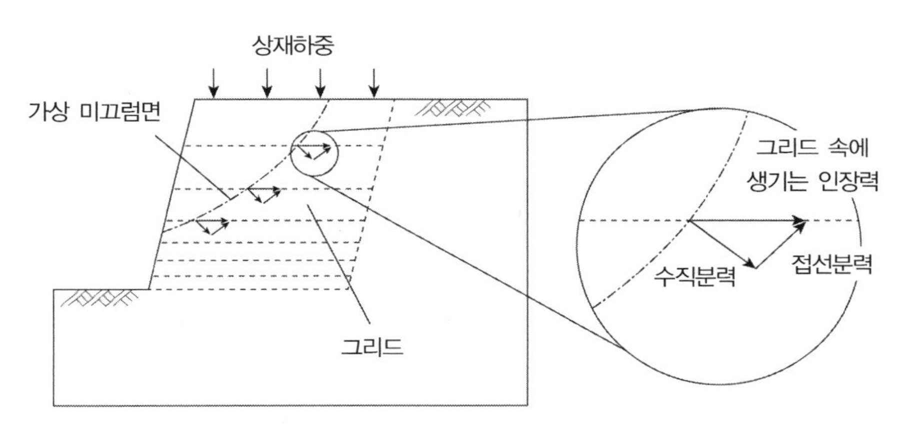

지오텍스타일에 의한 성토 강화의 기본적 개념

(2) 부족 전단력을 산출한다.

안전율이 소정의 값보다 낮은 활동면에 대해서 각각 소정의 안전율을 만족시키는 데는 어느 만큼의 전단저항력이 필요한 가를 구한다.

증가해야 할 전단저항 = 활동하려는 힘 × 소정의 안전율 − 성토의 전단저항력

(3) 보강재의 사용 간격을 산출한다.

증가해야 할 전단저항력과 사용하는 보강재의 강도에 따라 네트의 사용간격을 구한다.

$$1m\text{당 보강재의 매설매수} = \frac{1m\text{당의 증가해야 할 전단저항력}}{1m\text{당 사용 보강재의 강도}}$$

$$\text{보강재의 매설 간격} = \frac{1m\text{당 사용 보강재의 강도}}{1m\text{당의 증가해야 할 전단저항력}}$$

(4) 보강재 배치 안정검토

① 토목섬유 보강재의 허용인장강도, T_a : 토목섬유 보강재는 흙 속에서의 안정성과 시공 시의 뒷채움 재료의 포설 및 다짐에 의한 손상, 크리프 특성 등의 요소들을 고려하여 다음과 같이 장기허용인장강도를 계산한다.

$$T_a = \frac{T_d}{FS_{UN}} = \frac{T_{ult}}{RF_D \cdot RF_{ID} \cdot RF_{CR} \cdot RF_{JNT}}$$

여기서, T_a : 보강재의 장기허용인장강도(*Allowable strength, kN/m*)

T_d : 보강재의 장기설계강도(*Long－Tern design strength, kN/m*)

T_{ult} : 보강재의 극한인장강도(제조사 기준치, *kN/m*)

FS_{UN} : 여러 가지 불확실성 고려한 안전율(보통 1.5)

RF_D : 재료의 내구성을 고려한 강도감소계수(보통 1.0～2.0)

RF_{ID} : 시공 시 손상을 고려한 강도감소계수(보통 1.0～3.0)

RF_{CR} : 재료의 크리프 특성을 고려한 강도감소계수

RF_{JNT} : 봉합부 및 접합부에 대한 감소계수

② 인발파괴 검토

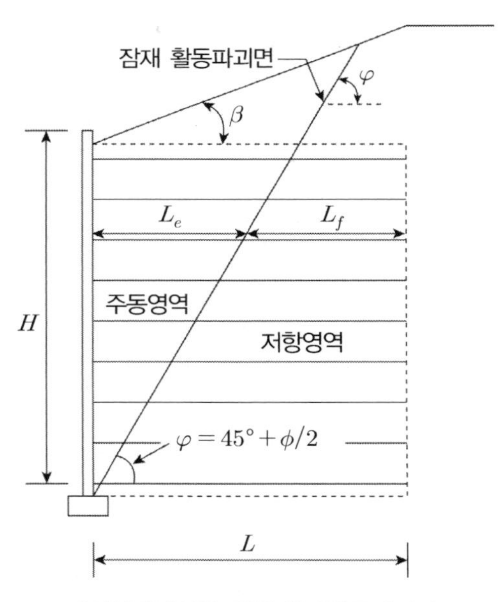

내적인정해석을 위한 한계활동파괴면

㉠ 보강재에 유발된 인장력이 인발저항력보다 커서 보강재인발, 과도한 변형 및 파괴가 발생할 수 있음

㉡ 보강재 유효저항길이(l_e)

$$l_e = \frac{T_a \cdot F_s}{2(c+\sigma'\tan\phi') \cdot R_c}$$

여기서, L_e : 유효저항길이(1m 이상)

C, ϕ : 흙과 보강재의 점착력과 전단저항각

σ' : 유효수직응력

R_c : 면적비

F_s : 인발안전율(2.0)

㉢ 연결부 강도 : 연결부 강도가 최대 인장응력보다 크게 함

4. *con'c* 교대 비교

구 분	보강토 교대	콘크리트 교대
높 이	7m 이상 유리	7m 이하 유리
미관성	좋 음	나 쁨
전면판	토압영향 없음	전면판 토압지지
부식문제	토목섬유 부식 문제 있음	철근부식 문제 있음
연약지반	접지압이 적음	접지압이 크게 요구
내진성	유 리	불 리
기초지지력	적어도 됨	커야 함
시공성	시공 용이	시공과정 복잡
경제성	시공속도 빠름	시공속도 느리고 비용 큼

Soil nailing과 보강토옹벽의 차이점

1. 유사한 점

(1) *Prestressing*을 주지 않음 → 지반의 변형을 허용

(2) 합성지반(*Hybrid soil*)개념 → 중력식 구조물 거동 → 구조물에 의한 지반보강 개념과 다름

✓ **전면판이 구조적 안정에 큰 역할을 주지 않음**

(3) 지반이 먼저 거동되면 → *Arching effect* → 지반지지

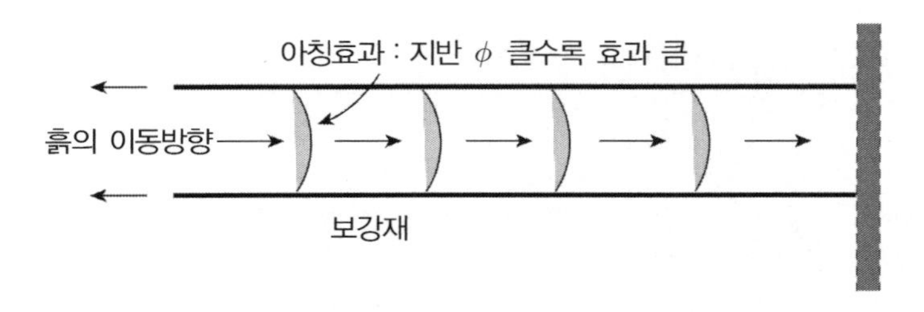

2. 차이점

구 분	*Soil nailing*	보강토옹벽
변위와 토압	*Top－down* 방식으로 진행 → 지표에서 변형이 크게 됨	*Bottom－up* 방식으로 진행 → 하부에서 변형이 크게 됨
	시공	시공 보강토옹벽 *Soil nailing* K_a K_o
구성요소	원지반, 네일, 전면판	뒷채움재, 보강띠, 전면판
차 이	원지반을 그대로 사용	보강토는 선별된 뒷채움재가 필요 (*No* 200체 통과율이 15% 이하인 재료)
하중전달	원지반과 그라우팅재의 마찰	보강 스트립과 뒷채움재의 마찰
적 용	절토부, 터파기면	성토부(절토 시 대규모 절취됨)

35 분리형 보강토 공법

1. 개 요

기존의 조립식 보강토옹벽은 축조과정에서 유발수평력이 매우 크기 때문에 대부분의 수평변위가 시공 도중에 발생하며, 위로 올라갈수록 그 변위가 누적되어 상단에서 누적변위가 크게 나타난다. 블록 또는 패널과 토체가 동시에 축조되는 기존 방식에서 발생한 수평변위의 조정은 불가능하며, 이로 인한 경제적 손실이 막대하다. 더구나 패널이나 블록의 상호결속이 핀 연결식이어서 곡선부에서의 사면경사를 둘 수 없기 때문에 더욱 심각하다. 또한 외국에서 도입한 공법이므로 해석기법이 국내의 토질 또는 지반조건, 현장조건과 일치하지 않으며 기술적인 자주성을 유지할 수 없을 뿐만 아니라 한계평형해석에 의한 설계는 변형에 대한 예측이 불가능하다.

2. 신기술 내용

종전의 단계축조(*Incremental system*)에서 흔히 발생하는 변위 누적현상과 시공 시 발생하는 수평압력(*Induced earth pressure*)으로 인한 수평변위를 전면블록에 미치지 않게 하기 위하여 1차로 기하구조를 개선하여 흙과의 마찰결속력을 향상시킨 *ES－Grid* 보강재를 이용하여 토류옹벽을 시공하고, 2차로 전면블록(*ES－Block*)을 거치하는 분리시공방법을 적용하였으며, 보강토체의 파괴모델을 기초로 내적 안정성 및 외적 안정성을 확보함을 물론 내진 구조 해석과 토체의 변위예측이 가능한 설계프로그램 *ORESWall*(*ver.* 1.0)을 이용한 구조해석을 통해 안정성을 확보하였다.

현재 국내에서 적용되고 있는 보강토 공법은 배면 흙을 성토함과 동시에 보강재를 전면판 또는 블록에 연결하여 층쌓기를 시행하는 것이다. 이러한 방법을 일체식 단계축조방법(*Incremental system*)이라 한다. 이 방법은 시공이 간편하고 품질관리가 용이하여 국내외를 막론하고 대부분 이 방법을 이용하고 있다.

그러나 일체식 단계축조방법은 축조과정에서 유발수평력이 매우 크기 때문에 대부분의 수평변위가 시공 도중에 발생하며, 축조하여 위로 올라갈수록 변위가 누적되는 문제가 심각하다.

또한 시공이 완료된 후에도 배면의 뒷채움 부분에서 침하가 발생하면 전면판 또는 블록에 직결된 보강재는 토체와 함께 수직변위를 일으키게 되어 전면판 또는 블록의 연결부위에 과도한 인장응력이 발생하며, 심할 경우 옹벽의 수직선형이 일탈되거나 보강재의 파단파괴가 일어날 수 있다. 외국에서는 이러한 단점을 보완하기 위하여 전면판 또는 블록을 이용하지 않고 보강재만으로 성토체를 구성한 후 전면에 벽체콘크리트를 타설하여 성토과정에서의 수평변위를 수용하는 방법이 이용되고 있으며, 관련 연구자료에 따르면 시공 도중 발생하는 수평변위는 전체 변위의 약 90%로서 절대적인 크기를 나타내며 시공이 완료된 이후의 보강재의 *Creep* 등으로 나타나는 변위는 10% 정도에 불과하다.

3. 공법의 효과

(1) 토압 감소
(2) 수평변위 감소
(3) 임시구조물의 경우 블록 생략 가능
(4) 미관 우수(안정감)

36 계단식 다단 보강토옹벽의 설계와 시공

1. 설계방법별 중요사항 비교

구 분	*FHWA*	*NCMA*
설계기준	상부 옹벽의 하중 영향을 고려 (내적 안정 기준으로 검토)	상부 옹벽의 하중 영향을 고려 (외적 안정 기준으로 검토)
사용 S/W	*NSEW*	*SRWALL*
설계범위	2단 옹벽만 가능	다단옹벽 해석 가능
경제성	일체형 옹벽과 유사한 단면이 산출되어 공사비 고가	경제적 단면이 산출되어 공사비 저렴
문제점	3단 이상의 해석이 불가하며 이격거리가 작아도 별도 옹벽으로 분류됨	그리드 길이가 상대적으로 작아 수평변위의 발생이 큰 경향이 있음
국내 사용빈도	10% 이내	90% 이상

2. 설계 시 주요 고려사항

(1) 적용높이

① 기초지반 양호한 일체형 보강토옹벽

㉠ 적정 높이는 10*m* 정도로 평가되고 있다.

㉡ 기초지반이 연약한 경우는 지지력과 부등침하 영향 등으로 설치높이에 제약을 받는다.

㉢ 기초지반이 양호한 경우는 높이 15*m* 정도이면 수평변위가 발생하고, 하부 전면 벽체 응력 증가로 벽체 균열 및 파괴현상이 발생하는 사례가 많다.

② 다단식 보강토옹벽 설계 : 옹벽고가 10*m*를 초과하면 다단식 옹벽으로 설계하는 것이 합리적이다.

(2) 이격거리

① 다단식 옹벽 이격거리는 클수록 안정성에 도움이 된다.

② *FHWA* 규정

㉠ 총 옹벽고가 20*m*일 때 1*m*만 이격으로 규정

㉡ 대부분 1~2*m* 정도 이격 시공한다.

③ 부득이한 경우 소단부의 식생이나 유지관리 위해 최소한 2~3*m* 이격 시공하는 것이 추천된다.

(3) *FHWA* 방법 적용 시 검토사항

① 공공공사 구조물 중요도가 크므로 *FHWA* 방법 적용

(4) *NCMA* 공법 적용 시 검토사항

① 상부옹벽 하중 적용 시 구조계산상 발생 접지압을 하부 옹벽 상재하중으로 선정한다.

② 보강재 길이가 짧으면 긴 경우에 비해 수평변위가 크므로 단면 결정 시 다음 그림과 같이 최소길이를 적용한다.

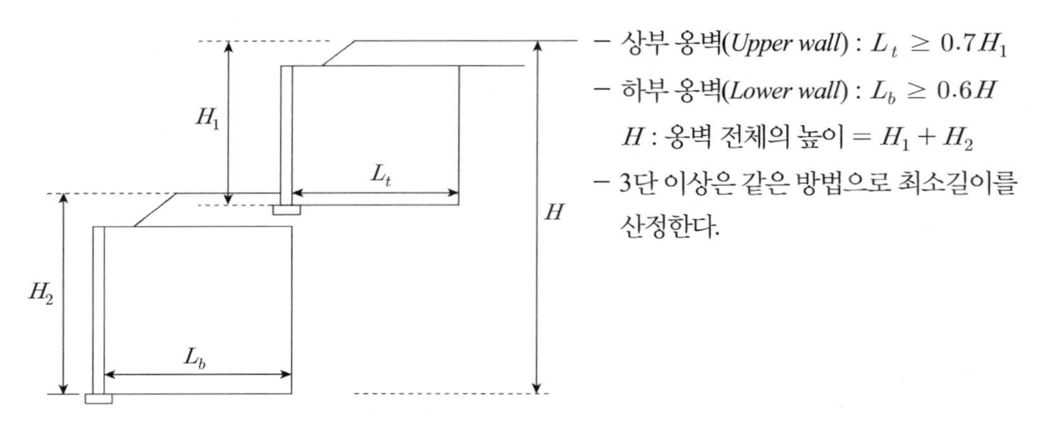

다단식 보강토옹벽의 최소길이 설정

(5) *FHWA*와 *NCMA* 적용 시 공통 고려사항

① 다단식 보강토옹벽은 외적, 내적, 안정검토 수행 후 전체 사면 안정검토 수행한다. 안정검토 시 입력정수는 해당지반조사결과에 의한다.

② 배수 및 지하수처리 : 다단 보강토옹벽은 대개 계곡부에 설치하므로 지하수가 계곡에 집중하므로 철저한 배수설비를 하여야 한다.

③ 지하수가 집중되는 보강토옹벽 : 상기 어떠한 설계법을 적용하여도 과도한 변위 및 파괴가 발생할 수 있으므로 특히 유의하여 설계 및 시공한다.

4. 보강토옹벽 시공 시 고려사항

(1) 설계도서 검토

시공 전에 설계도서와 현장조건이 일치하는지 확인하여 일치하지 않을 경우 현장조건 반영한 설계변경 후 시공한다.

(2) 침하량 고려

보강토옹벽은 침하에 대한 내성이 크다. 비교적 연약지반 경우도 별도처리 없이 설계 및 시공하는 경우가 많다.

① 예상 침하량이 75*mm*를 초과 시에는 상부 구조물 축조건 2개월 정도 방치한다.

② 예상 침하량이 300*mm*를 초과 시에는 지반 보강, 치환 등 대책공법을 찾거나 보강토체를 먼저 시공 후 기초지반을 안정시킨 후 전면벽체를 시공하는 방법도 있다.

(3) 뒷채움재 포설 및 다짐 시

① 성토두께, 성토재료, 다짐장비, 소요다짐도 등의 조건에 의하여 결정되지만, 보장재의 수직간격을 고려하여 결정한다.

② 벽면으로부터 약 1 ~ 2*m* 근처에는 대형장비 진입 방지하고, 소형장비도 다짐한다.

(4) 보강재 포설 시

① 보강재는 벽면 선형에 대하여 직각으로 포설한다.

② 곡선 및 우각부를 시공 시 중첩되거나 빈공간이 생기지 않도록 보강재를 배치한다.

(5) 배수시설 설치

① 일반적으로 옹벽 설계 시 배수시설 설치를 고려하지 않고 설계한다.

② 현장에서는 보강토옹벽 시공 전 반드시 지하수의 유출 여부를 판단하여 적절한 배수시설 설치하는 것이 좋다.

계단식 다단 보강토옹벽의 설계법에 따른 단면비교

<table>
<tr><th rowspan="3">보강토 옹벽 H=29.4m</th><th colspan="5">FHWA</th><th colspan="5">NCMA</th></tr>
<tr><th colspan="3">외적 검토</th><th colspan="2">내적 검토</th><th colspan="3">외적 검토</th><th colspan="2">내적 검토</th></tr>
<tr><th>활 동 (FS≥ 1.5)</th><th>전 도 (FS≥ 2.0)</th><th>지지력 (FS≥ 2.0)</th><th>인발파괴 (FS≥ 1.5)</th><th>파 단 (FS≥ 1.5)</th><th>활동 (FS≥ 1.5)</th><th>전 도 (FS≥ 2.0)</th><th>지지력 (FS≥ 2.0)</th><th>인발파괴 (FS≥ 1.5)</th><th>파 단 (FS≥ 1.0)</th></tr>
<tr><td>상 단</td><td rowspan="2">2.057</td><td rowspan="2">2.67</td><td rowspan="2">3.93</td><td rowspan="2">1.639</td><td rowspan="2">1.502</td><td>3.78</td><td>6.37</td><td>9.41</td><td>2.01</td><td>1.01</td></tr>
<tr><td>하 단</td><td>2.77</td><td>3.83</td><td>4.78</td><td>12.95</td><td>1.04</td></tr>
<tr><td>최적 설계 단면</td><td colspan="5"> 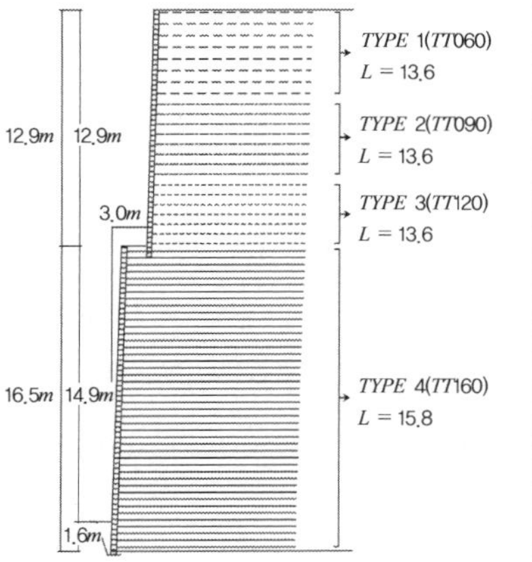12.9m 12.9m 3.0m 16.5m 14.9m 1.6m
TYPE 1(TT060) L = 13.6
TYPE 2(TT090) L = 13.6
TYPE 3(TT120) L = 13.6
TYPE 4(TT160) L = 15.8</td><td colspan="5"> 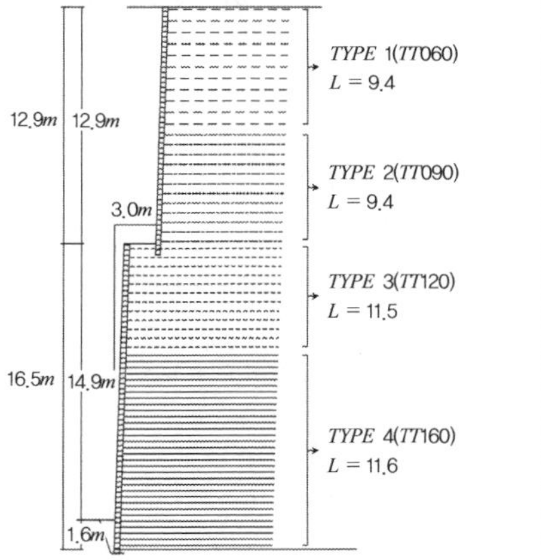12.9m 12.9m 3.0m 16.5m 14.9m 1.6m
TYPE 1(TT060) L = 9.4
TYPE 2(TT090) L = 9.4
TYPE 3(TT120) L = 11.5
TYPE 4(TT160) L = 11.6</td></tr>
</table>

***FHWA*와 *NCMA* 설계법 적용 시 단면 비교**

37 석축의 안전성 검토

1. 안정성 검토

(1) 석축의 안정조건

석축의 구체(軀體) 전체를 일체로 보고, 전도(轉倒) 또는 활동(滑動)이 일어나지 않기 위해서는 시력선(示力線 : 석축의 임의의 높이에 있어서 자중과 토압의 합력이 나타내는 선)이 석축벽 두께의 중앙3분권(*Middle third*) 이내에 있으면 안전하다고 본다.

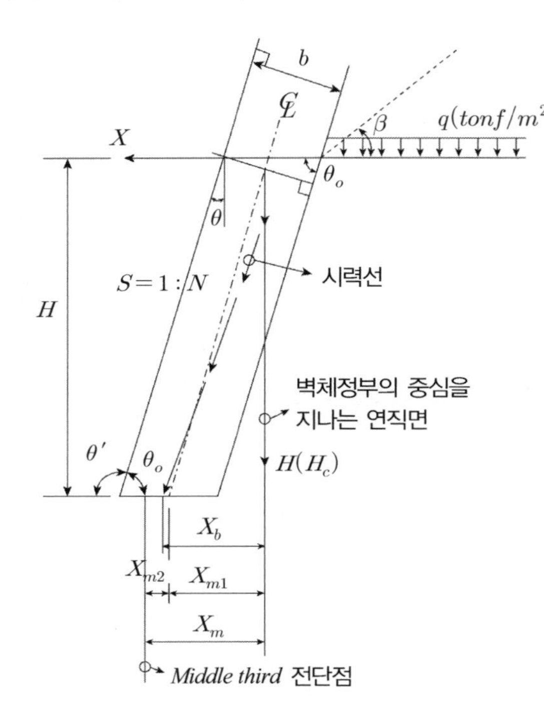

X_m : 구체정부(頂部)중심을 지나는 연직면에서 중앙3분권의 전단점(前端點)까지의 길이(m)

X_{m1} : 구체정부 중심을 지나는 연직면에서 구체하단중심점까지의 길이(m)

X_{m2} : 구체하단중심점에서 중앙3분권 전단점까지의 거리(m)

Xh : 구체정부 중심을 지나는 연직면에서 시력선까지의 길이(m)

H : 석축의 높이(그림에서는 구체정부중심점 0에서의 깊이임. m)

b : 구체의 폭(幅, m)

N : 석축의 경사도

θ' : 석축의 경사각, $90 + cot^{-1}N$

θ_o : $180 - \theta' = (90 + cot^{-1}N)$(도)

K_A : 주동토압계수

γ : 배토면의 단위중량($tonf/m^2$)

γ_b : 석축재료의 단위중량($tonf/m^2$)

q : 과재하중($tonf/m^2$)

β : 지표경사각(度)

H_c : 석축의 한계고(0점에서의 깊이로 나타냄)

$$X_m = X_{m1} + X_{m2} = H\cot\theta_o + \frac{bcosec\theta_o}{6}(m) \quad \cdots\cdots ①$$

$$X_h = \frac{K_a\gamma}{6\gamma_b bcosec\theta_o} \times H^2\left(\frac{K_a q\dfrac{\sin\theta'}{\sin(\theta'+\beta)}}{2\gamma_b bcosec\theta_o} + \frac{\cot\theta_o}{2}\right)H(m) \quad \cdots\cdots ②$$

∵ 안정조건 : $X_h \leq X_m$, 안정조건을 만족하지 못할 경우에는 석재의 크기 및 뒷채움 콘크리트의 두께를 증가시키던가, 구체의 경사를 줄여야 한다.

(2) 석축의 한계고(H_c)

석축의 안정조건을 만족시키는 범위(範圍)에서 최대로 쌓을 수 있는 높이를 한계고라고 한다. 즉, 구체바닥면에서 시력선과 *Middle third* 전단점이 일치하도록($X_m = X_h$) 벽고를 계획했을 때의 높이를 말한다. 석축설계 시 주어진 재료 및 토결조건에 의해 한계고를 구하여 적용할 경우 경제적이고 안전한 설계를 할 수 있다. 한계고 H_c는 다음의 2차방정식에 의하여 구한다.

$$\frac{K_a\gamma}{6\gamma_b bcosec\theta_o}H_c^2 + \frac{K_a q\dfrac{\sin\theta'}{\sin(\theta'+\beta)} - \gamma_b bcosec\theta_o \cdot \cot\theta_o}{2\gamma_b bcosec\theta_o}H_c - \frac{bcosec\theta_o}{6} = 0 \quad \cdots\cdots ③$$

여기서, H_c는 그림에서 벽체정부 0점에서의 깊이로 나타낸다.

2. 석축구조물 설계 시 고려사항(안정에 영향을 미치는 요인)

(1) 기초지반이 연약하여 지지력이 부족

기초지반 또는 연약지반에 대한 처리가 불량하여 지반의 지지력 부족으로 시공 후 부등침하가 발생하였을 때

(2) 배수불량에 의한 배면토압의 증가

석축의 물구멍(*weep hole*)이 막히거나 시공불량으로 배수가 불량해져서 토압이 증가될 경우

(3) 뒷채움재 불량

뒷채움재로 사용된 돌의 입도가 불량하여 필터재로서의 역할을 다하지 못하여 토압에 대한 저항력이 부족한 경우

(4) 석축 주변의 하수관이나 수도관 등이 누수되어 침투하는 경우

(5) 동결융해

동결융해가 반복됨으로써 노후된 석재가 이탈되거나 재료가 부식하여 재료분리가 발생하였을 경우

3. 사용재료와 뒷채움재별 석축구조물 종류

(1) 찰쌓기

석재를 쌓아올릴 때 줄눈에 *Mortar* 채워 넣고 뒷채움에 콘크리트 또는 *Mortar* 사용하는 돌쌓기이다.

(2) 메쌓기

① 보통 2*m* 이하에 *Mortar* 사용하지 않고 쌓는 돌쌓기를 말한다.

② 이 방식은 뒷면의 물이 잘 빠지기 때문에 토압이 증가될 염려가 없으나 쌓는 높이의 제한을 받는다.

(3) 줄쌓기(정층쌓기)

줄쌓기란 줄눈이 직선이 되게 쌓는 공법이다. 줄쌓기에 비하여 석축에 시공하지 않는다.

(4) 골쌓기(부정층쌓기)

① 가로줄눈에 파상형으로 골을 지워가면서 쌓는 것을 말한다.

② 외관은 별로 좋지 않으나 강도가 높고 공사비가 싸며 돌의 크기가 균일하지 않아도 된다.

CHAPTER 07

흙막이

CHAPTER

07 흙막이

01 굴착공법

1. 사면개착공법

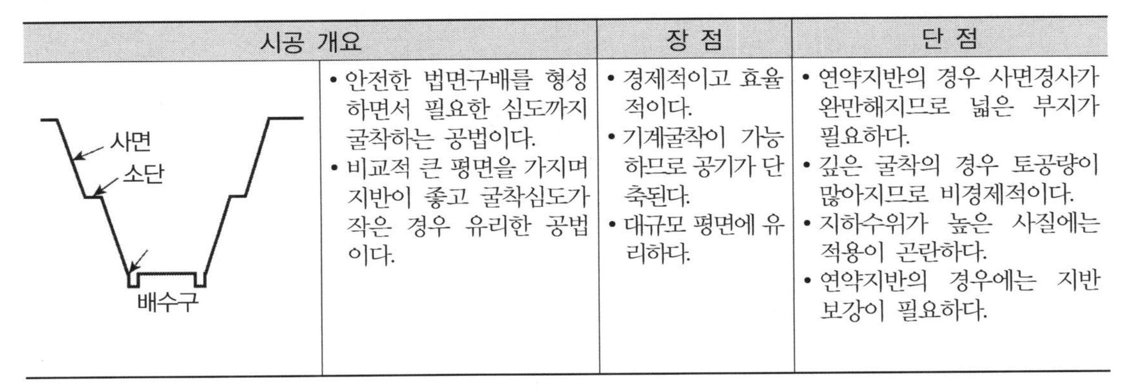

시공 개요		장 점	단 점
사면 소단 배수구	• 안전한 법면구배를 형성하면서 필요한 심도까지 굴착하는 공법이다. • 비교적 큰 평면을 가지며 지반이 좋고 굴착심도가 작은 경우 유리한 공법이다.	• 경제적이고 효율적이다. • 기계굴착이 가능하므로 공기가 단축된다. • 대규모 평면에 유리하다.	• 연약지반의 경우 사면경사가 완만해지므로 넓은 부지가 필요하다. • 깊은 굴착의 경우 토공량이 많아지므로 비경제적이다. • 지하수위가 높은 사질에는 적용이 곤란하다. • 연약지반의 경우에는 지반 보강이 필요하다.

2. 흙막이 개착공법

시공 개요		장 점	단 점
	도심지 굴착에서 대부분 사용한다. **토류벽과 지보공으로 붕괴를 방지하면서 굴착지보공은 버팀대, 어스앵커를 사용한다.**	• **연약지반에 채택** • 사면개착공법보다 토공사가 작다.	• **사면개착공법에 비해 공사비가 비싸고 공기가 길다.** • 기계굴착에 제약이 많다. • 굴착면적이 넓을 경우 지보공의 좌굴과 이음매 부분의 변형으로 인한 붕괴 위험이 있다.

3. 아일랜드 공법

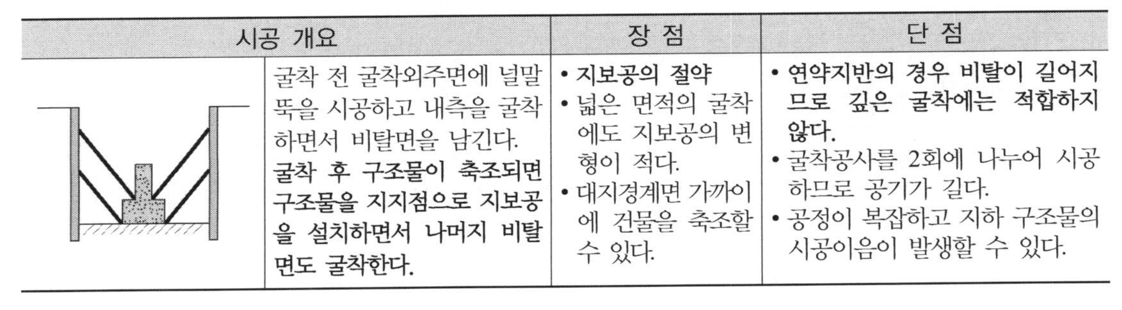

시공 개요		장 점	단 점
	굴착 전 굴착외주면에 널말뚝을 시공하고 내측을 굴착하면서 비탈면을 남긴다. **굴착 후 구조물이 축조되면 구조물을 지지점으로 지보공을 설치하면서 나머지 비탈면도 굴착한다.**	• **지보공의 절약** • 넓은 면적의 굴착에도 지보공의 변형이 적다. • 대지경계면 가까이에 건물을 축조할 수 있다.	• **연약지반의 경우 비탈이 길어지므로 깊은 굴착에는 적합하지 않다.** • 굴착공사를 2회에 나누어 시공하므로 공기가 길다. • 공정이 복잡하고 지하 구조물의 시공이음이 발생할 수 있다.

4. 트렌치 컷 공법

시공 개요		장 점	단 점
	구조물의 외주면만 토류공을 설치 후 굴착하고 구조물을 설치한다. **구조물이 설치되면 구조물의 외주면을 흙막이 삼아 내부를 굴착하는 공법이다. Earth anchor, Strut 시공이 곤란할 때 채택한다.**	• 연약지반에 사용한다. • 넓은 면적의 굴착에도 지보공의 변형이 적다. • 지반상황이 나쁘며 깊고 넓은 굴착의 경우 유리하다.	• 외주면의 토류벽시공을 위해 내측에 토류벽을 시공해야 하므로 비경제적이다. • 굴착공사를 2회에 나누어 시공하므로 공기가 길다. • 공정이 복잡하고 지하 구조물의 시공이음이 발생할 수 있다.

5. 역타 공법

시공 개요		장 점	단 점
	본 구조체를 설치 후 이를 지보공삼아 굴착을 진행한다. 구조체를 지보공으로 삼기 위해 지하공사는 1층부터 역으로 2층, 3층 순으로 진행한다.	• 본 구조물의 강도가 크므로 안전하다. • 가시설이 불필요하다. • 공기가 짧다. • *Top slab*를 이용하므로 작업공간이 좁은 경우 유리하다. • 연약지반에서의 깊은 굴착이 가능하다.	• 지하굴착 시 상부 지보공으로 인해 기계작업이 비효율적이다. • 기둥과 *Slab*의 연결부 처리가 문제된다. • 공사비가 비싸다.

6. 굴착공법 적용성

검토항목 \ 공 법		사면개착 공법	흙막이 개착공법	아일랜드 공법	트렌치컷 공법	역타공법
공 기		△	△	×	×	△
지 반 상 태	연약지반	×	△	×	△	△
	지하수 문제	×	△	△	△	△
	암반, 사력층	○	△	△	△	△
굴 착 형 상	얕고 넓음	○	△	○	△	△
	깊고 좁음	×	○	×	△	△
	깊고 넓음	×	△	×	○	△
시 공 조 건	시공난이	○	△	×	×	×
	작업장 확보	×	△	△	△	○

02 토류벽 종류

구 분	공법 개요	재 질	시공 순서	장 점	단 점
***H Pile+* 토류판 공법**	• 천공하여 *H-PILE* 삽입 • 굴착하면서 토류판 설치	• *H* 형강	• 천공 • 케이싱 설치 • *H-PILE* 설치 • 토류판 설치	• 공사비 저렴 • 말뚝간격조정으로 지하매설물을 피하여 시공 가능 • 시공실적 많음 • 시공이 용이함 • 공사기간이 단축됨	• 차수성이 없음 • 벽체변형이 큼 • 토사가 유출될 가능성이 있음 • 토류판과 지반의 공간으로 인해 주변 지반침하 우려 • 말뚝타설 시 소음 진동 발생 • 히빙과 보일링 우려
Sheet pile	• 강널말뚝을 이용하여 • 차수와 토류벽의 역할을 동시에 수행하는 공법	• *U*형 강널말뚝	• *Sheet pile* 설치 • 직타로 설치가 안 될 경우 천공 후 타입	• 시공이 빠름 • 수밀성이 높음 • 여러 가지 굴착단면 시공 가능	• 항타로 소음 발생 • 연결부가 이탈한 경우 매우 곤란 • 지하연속벽에 비해 강성이 낮음 • 인발 시 배면토 이동으로 지반침하 우려 • 변형발생 시 인발에 애로 • 타입 시 연직도 상태확인 곤란 • 자갈, 전석층에는 시공 곤란
S·C·W	• *Soil cement wall* • 지중벽을 형성 • 계획심도까지 천공 후 주입재를 투입한 후 *H-PILE*을 삽입하여 토류벽을 형성	• *Soil cement*	• 천공 • *Cement*를 주입 • *H-PILE*을 삽입	• 차수성이 우수 • 토사유실 거의 없음 • 공기가 짧음 • 여러 가지 굴착 단면 시공가능	• 자갈, 암층 천공 곤란 • *H-PILE* 사장 • 벽체로 이용 불가 (강도가 낮음) • 철저한 시공관리 요망
C·I·P	• *Cast-in-placed pile* • 천공 → 철근 삽입 후 콘크리트 타설	• 철근 콘크리트	• 천공(ϕ400) • 케이싱 설치 • 철근 설치 • 자갈 주입 • 시멘트 밀크 주입 • 케이싱 인발	• 벽체강성이 우수 • 여러 가지 굴착단면 시공 가능 • 인접 구조물에 영향 적음 • 시공성이 좋음 (장비 소규모) • 암반천공 가능	• 말뚝 간 연결성 불량 • 수직도 유지 불량
D·W	• *Diaphragm wall* (지중연속법) • 트렌치 굴착 • 철근망을 삽입 후 콘크리트 타설	• 철근 콘크리트	• *Guide wall* 설치 • 굴착 (t=60~80초) • 철근망 삽입 • 콘크리트 타설	• 벽체강성이 우수 • 완전차수 • 건물벽체로 사용 • 대심도 굴착 • 굴착으로 인한 주변구조물 영향 및 지표침하 거의 없음 • 저소음, 저진동으로 도심지 공사에 적합	• 공사비 비쌈 • 대형장비가 필요 • 철저한 시공관리 요망 • 굴착토 별도 처리 • 지장물에 대한 별도처리 대책 강구 • 이음부 하자 • *Top-down*에서 *Slab*와의 접촉에 문제

✓ **벽체강성 : *H-PILE* 토류판 < *Sheet pile* < *SCW* < *CIP* < *D·W***

03 토류벽 지지공법

1. *Strut* 공법

시공 개요		장 점	단 점
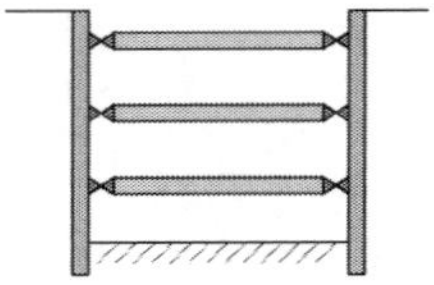	**토류벽지지, 중간말뚝** 법규상 길이제한 : 50*m* (*Conner* 20*m*) / 현실적으로 15*m* 정도 사용 굴착하면서 띠장을 설치 후 버팀대 설치 순으로 단계굴착	• **굴착폭이 좁고 깊을 때 유리** • 연약지반에 채택 • 버팀대에 선행재하로 변위 억제 • 변위발생대비 보강조치 신속	• 굴착폭이 넓을 경우 버팀대에 좌굴 우려(50*m* 이상) • 굴착평면형태에 제약 • 굴착장비 및 구조물 축조 시 지장 초래 • 편토압에 대한 별도의 대책 강구 • 말뚝기초 시공이 곤란

2. *Earth*－*Anchor* 공법

시공 개요		장 점	단 점
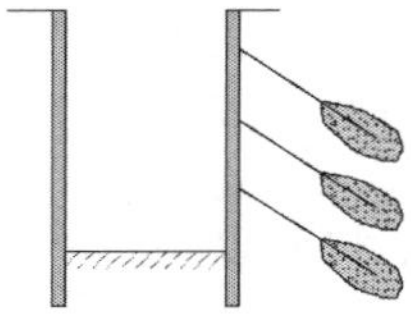	**토류벽지지** 굴착하면서 띠장을 설치 후 *Anchor* 설치 순으로 단계굴착	• **평면제약이 적음** • 작업장 확보 • 편토압 발생 억제	• 주변 민원 우려 • 천공 시 지하수 유출 • **연약지반 채택 불가**

3. 역타공법(*Top*－*Down*)

시공 개요		장 점	단 점
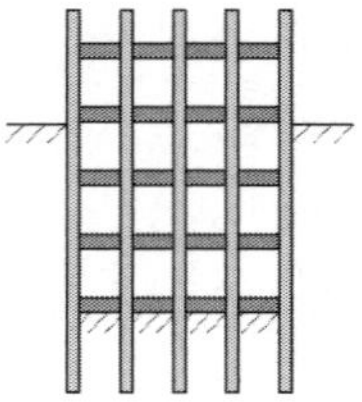	본 구조체를 설치 후 이를 지보공삼아 굴착을 진행 구조체를 지보공으로 삼기 위해 지하공사는 1층부터 역으로 2층, 3층 순으로 진행 **굴착하면서 *Slab* 타설**	• 본 구조물의 강도가 크므로 안전 • 가시설이 불필요함 • 공기가 짧음 • *Top slab*를 이용하므로 작업공간 활용 • 연약지반에서의 깊은 굴이 가능	• 지하굴착 시 상부 지보공으로 인해 기계작업이 비효율적 • 기둥과 *Slab*의 연결부 처리가 문제됨 • 공사비가 비쌈

4. *Soil*－*Nailing* 공법

시공 개요		장 점	단 점
	굴착 → *Shotcrete* → 천공/*Nailing* 설치 → 다음 단계 굴착 및 반복 **중력식 구조물 개념**	• 변위 발생에 유연하게 대응 • 소형장비로 시공이 간편 • 급작스런 붕괴가 없음	• **다소의 변위 발생** • 천공 시 지하수 유출 • 자립지반이어야 함 • 설치간격이 좁음

참고 : *IPS* 공법

1. 개 요

(1) '*Innovative Prestressed Support System*'의 약자로서

(2) '혁신적 프리스트레스트 가시설 공법'을 의미

(3) 강선과 짧은 받침대를 사용하여 기존의 버팀보들을 대체하는 공법

2. 기본원리

토압에 의한 등분포 하중(ω)을 지지하는 버팀보의 압축력(R)을 PC 강연선의 프리스트레싱(P)에 대한 긴장재의 인장력으로 치환

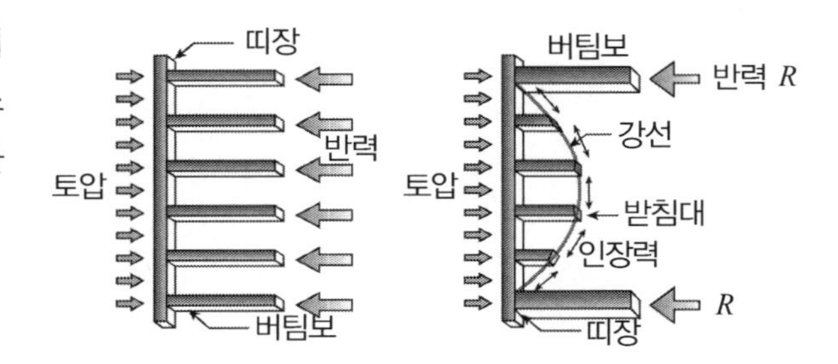

3. 공법의 장점

(1) 공사비 절감(경제성)

(2) 공사기간 단축

(3) 가시설의 안전성 증대 : 연성, 휨 파괴거동(버팀보공법은 취성의 압축좌굴 파괴)

(4) 시설물의 지반침하 방지
배면 지반의 침하 방지 : 선행하중 효과(유압잭)

(5) 시공성 용이 : 버팀보 시공이 거의 없어 굴착 작업 공간확보, 토사 반출, 건설자재의 유출입이 용이

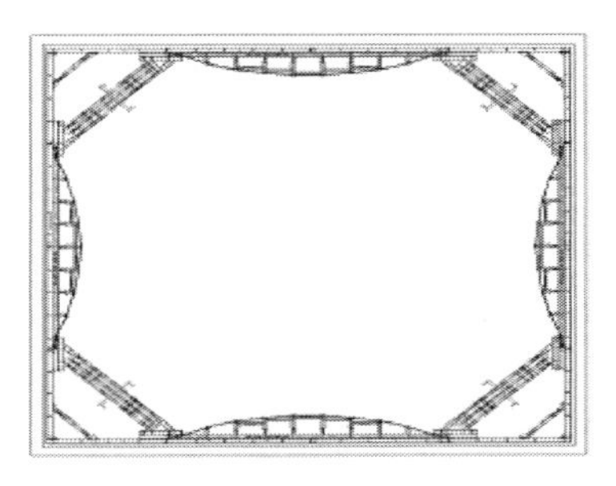

4. 기존 공법의 특징

공법명	스트러트 공법	어쓰앵커 공법	*PS* 띠장 공법	*Atom* 공법
특 징 및 주요 제원	가장 보편적인공법	내부공간 확보를 위한 공법	1981년 일본 히로세 건설 특허	가교에 사용되는 공법
	버팀보 간격 통상 2～3*m*	앵커 간격 통상 2～4*m*	버팀보 간격 최대 10*m*	최대 경간 45*m*
	많은 재료비와 설치해체공정 필요	공사비 증가 요인	부재 내 불균형 모멘트 발생	빔의 하단에 편향부 설치
	급작스런 압축 좌굴파괴, 안전성 결여	사유지 침범에 따른 민원 발생	편심 크기 한계로 최대경간 한계	다단계 긴장에 따른 장경간화 달성

5. *IPS* 구조 단면도

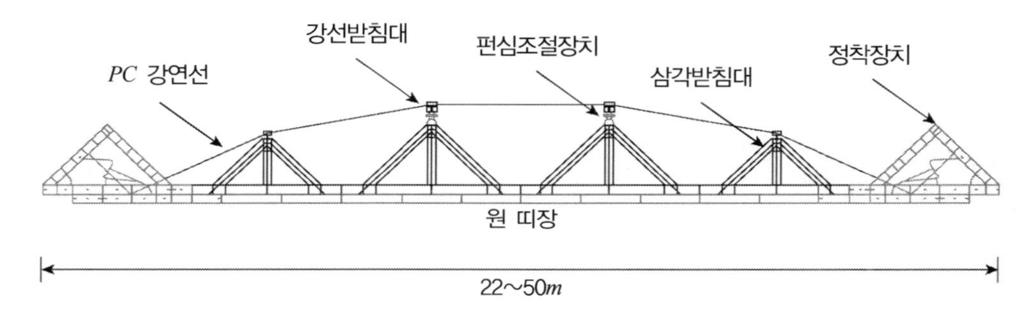

흙막이 가시설 벽체 공법 선정 흐름도

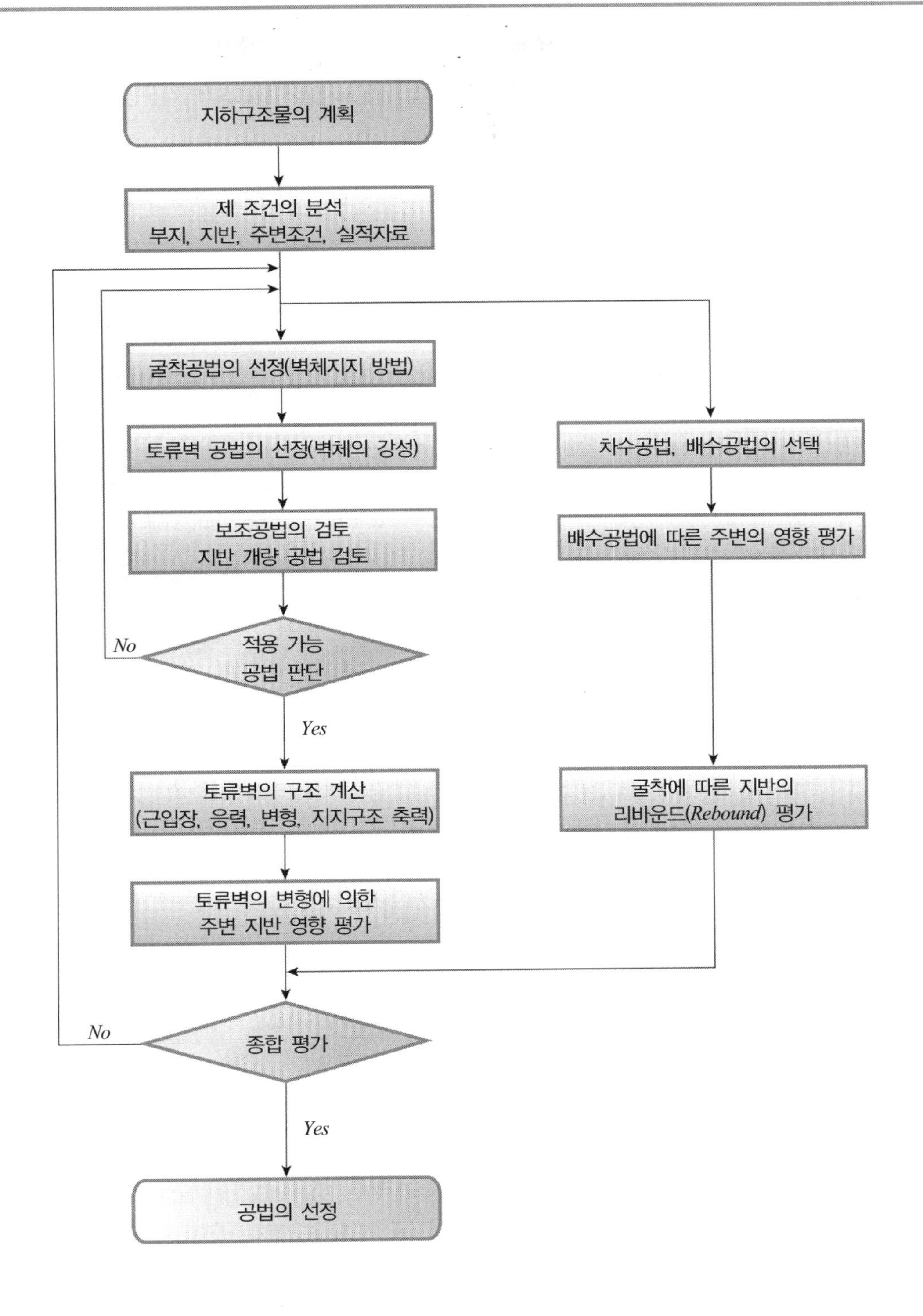

04 지하연속벽(Slurry Wall, Diaphragm Wall)

1. 개 요

지하에 연속적인 벽체를 형성하기 위해 트렌치를 굴착하고 굴착면 붕괴방지와 지하수유입을 막기 위해 *Slurry* 안정액을 굴착부에 채워 넣고, 미리 준비한 철근망을 삽입하고 트레미 파이프를 이용하여 콘크리트를 타설하여 패널을 형성하고 각각의 패널을 연속하여 일련의 지하연속벽을 형성하는 공법이다.

2. 시공방법

(1) 굴착기로 지중연속벽을 굴착 후 *Guide wall* (표층부 붕괴방지, 지하수 침입방지)을 설치
(2) 크람쉘로 굴착하면서 안정액 주입
(3) 슬라임 처리
(4) *Interlocking pipe* 설치(일정한 패널 간격을 유지)
(5) 철근망 삽입
(6) 트레미 파이프 설치(콘크리트 타설용)
(7) 콘크리트 타설
(8) *Interlocking pipe* 인발(콘크리트 타설 후 3시간 경과)
(9) 다음 단계 반복시공

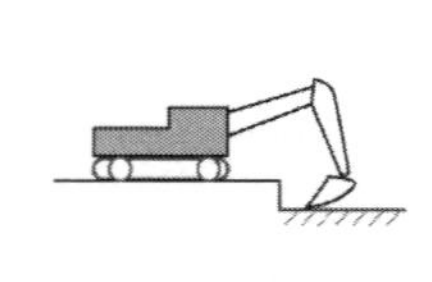

① 트렌치 굴착/가이드월 설치

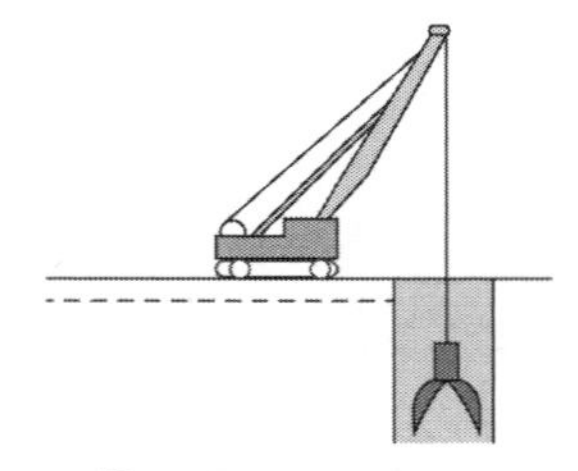

② 굴착/안정액 주입

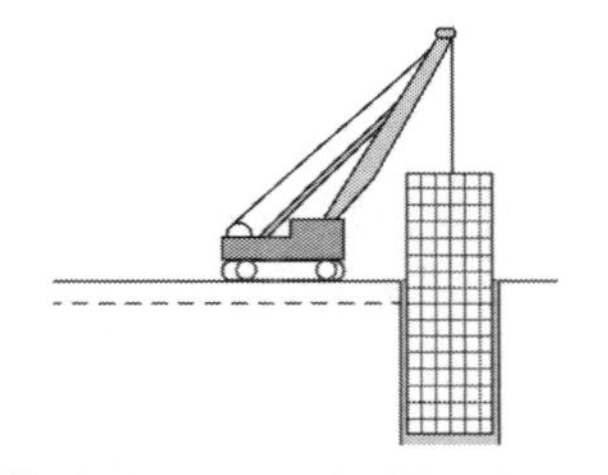

③ 슬라임 제거 후 철근망 건입

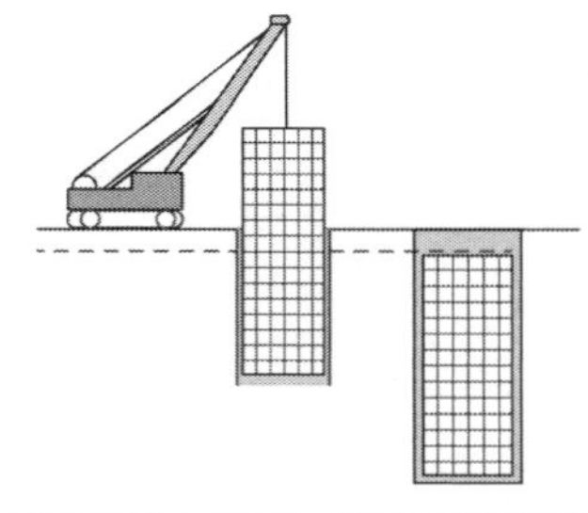

④ 선행패널 트레미 설치/콘크리트 타설

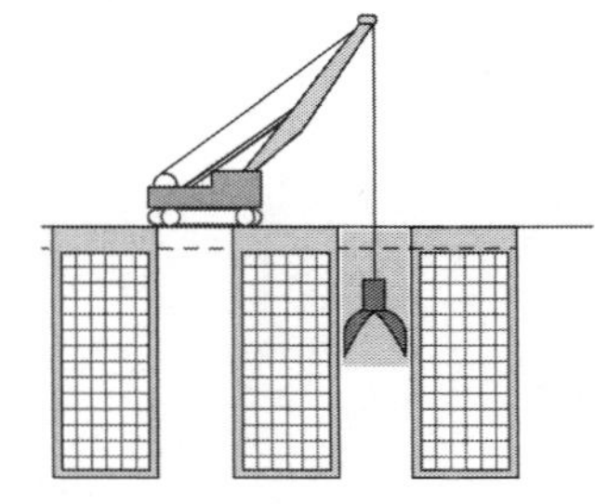

⑤ 후행 패널 굴착 및 선행 패널과 동일순서 시공

3. 설계 시 고려사항

(1) 지중연속벽에 가해지는 토압산출

(2) 토압에 대해 충분한 강도의 지중연속벽 설계

(3) 벽체의 변위로 인한 주변구조물의 오차 범위 내 영향 여부

(4) 지하수에 의한 수압의 변동성 반영

(5) 벽체의 안정을 위한 근입깊이 산정

(6) 굴착 후 *Heaving, Boiling* 검토

4. 안정액의 원리

(1) 안정액의 기능

① 굴착공벽 붕괴방지 및 차수성

굴착공벽에 *Mud cake*라는 불투수성의 막을 형성하고 이막에 대해 안정압이 작용, 토압과 수압을 지지하며, 굴착면에서 일정한 두께까지 안정액이 침투, 침적층을 형성하여 공벽붕괴를 방지한다.

② 굴착토사의 슬라임 방지기능

안정액 중에 굴착토사를 혼입, 부유시켜 침전을 막아 *Slime* 생성을 억제함으로써 굴착 완료 후 철근케이지의 삽입을 용이하게 하고 콘크리트의 품질 저하를 방지한다.

③ 굴착토사의 운반기능

어스드릴 공법과 드릴링 버켙으로 굴착·배토하는 안정액 비순환 굴착방식에서는 해당이 없으나 리버스서쿨레이션(*RCD*) 공법 등과 같은 안정액 순환 굴착방식에서는 안정액에 굴착토사를 혼합하여 지상으로 운반 배출하는 기능을 갖는다.

(2) 굴착공벽 붕괴방지(*Fellenius* 식)

$$S = \frac{S}{\tau} = \frac{C' \cdot L + (W \cdot \cos\theta + P_f \cdot \sin\theta - u)\tan\phi'}{W \cdot \sin\theta - P_f \cdot \cos\theta}$$

① 점토지반의 경우

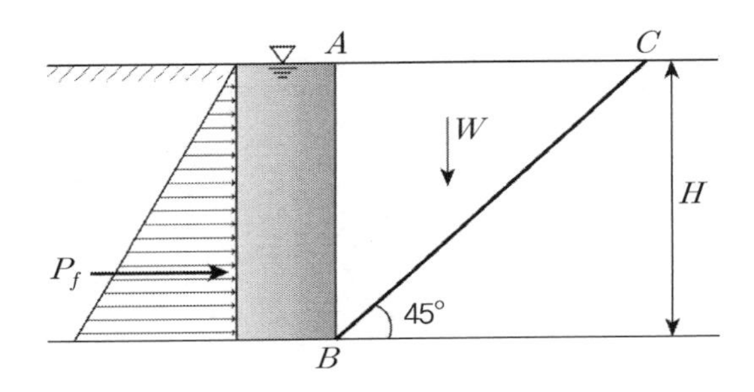

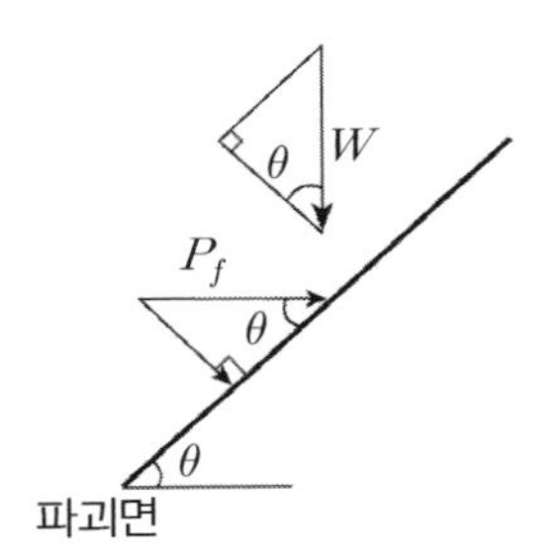

㉠ BC 파괴면에 활동을 일으키는 전단응력(τ)

$$\tau = W \cdot \sin 45° - P_f \cdot \cos 45° = \frac{1}{2}\gamma \cdot H^2 \cdot \sin 45° - \frac{1}{2}\gamma_f \cdot H^2 \cdot \cos 45°$$

$$= \frac{H^2}{2\sqrt{2}}(\gamma - \gamma_f)$$

㉡ 파괴면에 저항하는 전단강도 (S)

$$S = C_u \cdot \sqrt{2} \cdot H$$

㉢ 안전율

$$F_s = \frac{S}{\tau} = \frac{C_u \cdot \sqrt{2} \cdot H}{\frac{H^2}{2\sqrt{2}}(\gamma - \gamma_f)} = \frac{4C_u}{H(\gamma - \gamma_f)}$$

여기서, C_u : 지반의 점착력　　H : 굴착깊이
　　　　γ : 지반의 단위중량　　γ_f : 안정액의 단위중량

② 모래지반인 경우

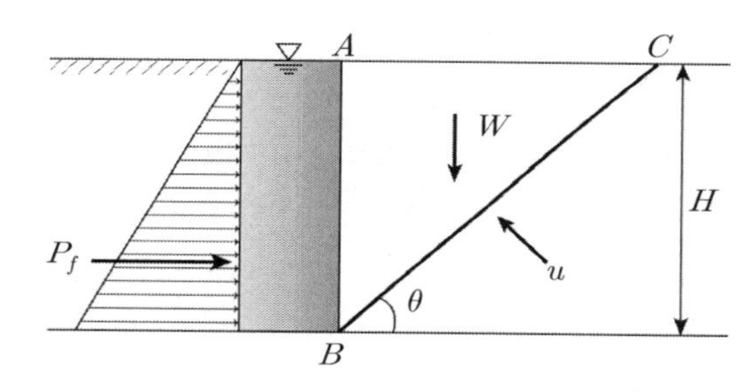

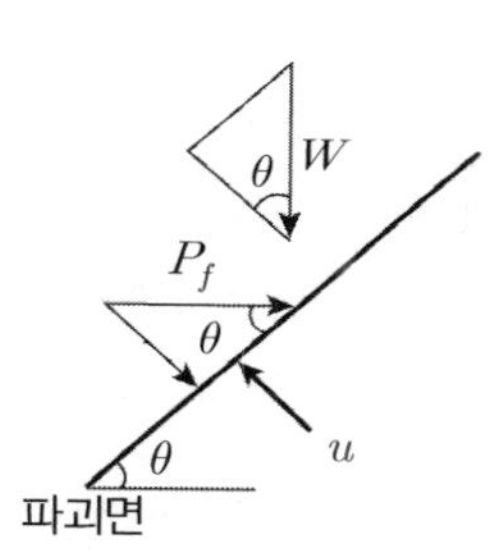

㉠ 파괴면에 활동을 일으키는 전단응력(τ)

$$\tau = W \cdot \sin\theta - P_f \cdot \cos\theta$$

㉡ 파괴면에 저항하는 전단강도

$$S = (W \cdot \cos\theta + P_f \cdot \sin\theta - u)\tan\phi'$$

㉢ 안전율

$$F_S = \frac{S}{\tau} = \frac{(W \cdot \cos\theta + P_f \cdot \sin\theta - u)\tan\phi'}{W \cdot \sin\theta - P_f \cdot \cos\theta}$$

✓ 간극수압 u가 존재하므로 지하수위보다 *1.2~1.5M* 정도 높게 안정액을 유지해야 함에 유의

5. 안정액의 요구조건

(1) 물리적 안정
10시간 방치 시 물과 분리되지 말 것, 1시간 방치 시 상하 비중차 없을 것

(2) 비 중
① 굴착 시 : 높아야 안정
② 콘크리트 타설 시 : 낮아야 품질 확보

(3) 점 성
① 모래 : 30~45초
② 자갈 : 40~80초

(4) 여과성 : *Mud cake* 효율 측정에 이용

(5) 사분 : *No.* 200체보다 큰 입자의 체적비 2~5% 적정

6. 용 도

(1) 토류벽 : 영구구조물로서 지하벽체 겸용

(2) 측방유동 차단 : 측방유동압의 형성을 막지는 못함 → 측방유동압 차단, 경감 역할

(3) 대형 건물 기초

(4) 진동차단을 위한 벽 역할

(5) *Shild*에서의 입갱

(6) *Dam*에서의 차수벽

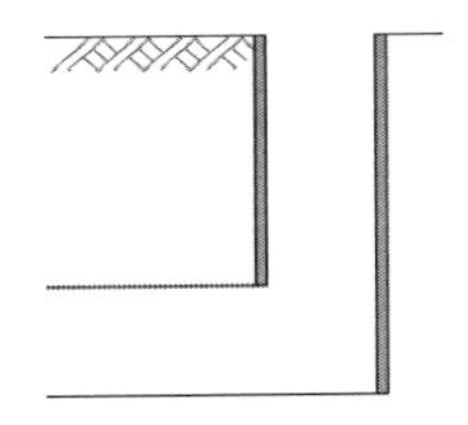

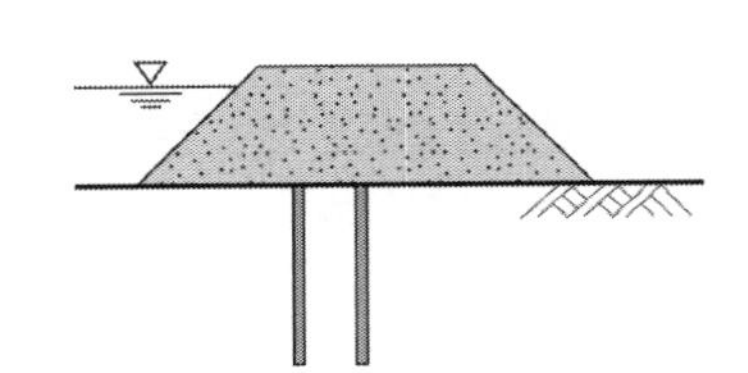

7. 지하연속벽 시공 시 사고유형 및 대책

원 인	대 책
① 연약층 붕괴 ② 경사지층 ③ 전석층(호박돌) 붕괴 ④ 누 수 ⑤ 피 압 ⑥ 복류수	① 점성증대 ② 굴착방법 변경 ③ 주입공법 ④ 점성증대 ⑤ 되메우기+주입 ⑥ 주입공법

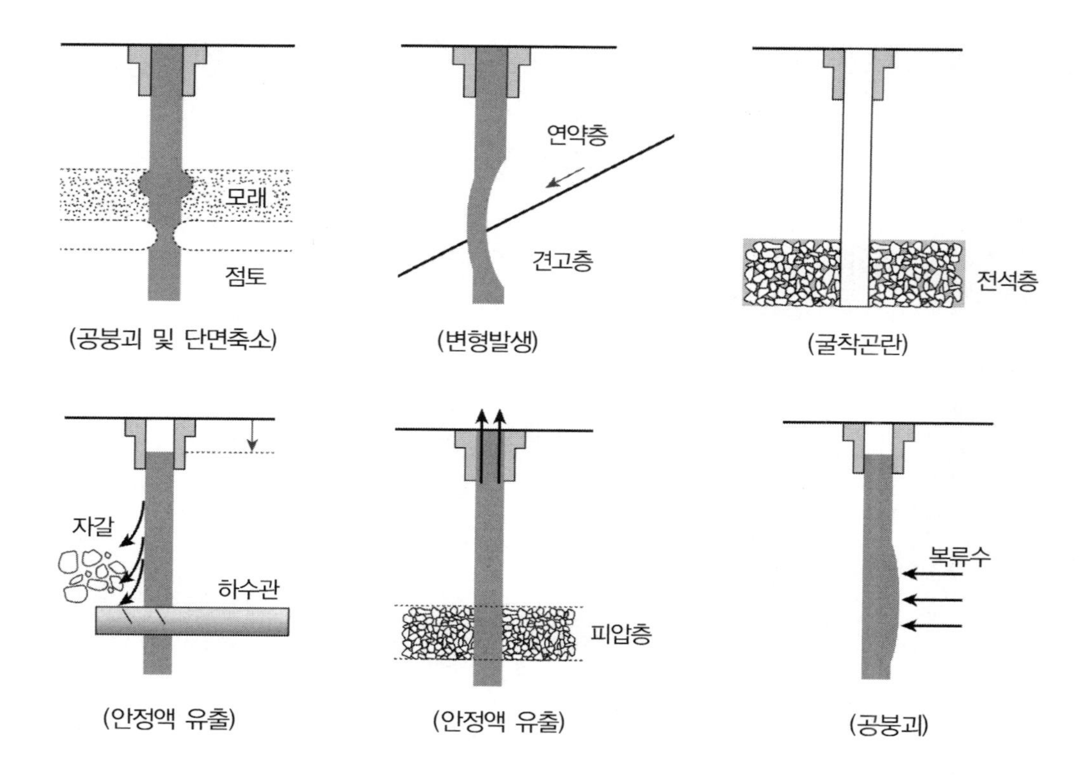
모래
점토
(공붕괴 및 단면축소)
연약층
견고층
(변형발생)
전석층
(굴착곤란)
자갈
하수관
(안정액 유출)
피압층
(안정액 유출)
복류수
(공붕괴)

05 토류벽 공법 선정 시 고려사항

1. 개 요

(1) 토류벽은 변위를 허용하는 구조물로서 변위를 고려한 경험토압이 사용된다.

(2) 공법 선정 시 주요 고려사항은 주변영향을 고려하여야 하며 이를 위해 지층조건, 지하수위, 근입깊이, 주변구조물, 지하매설물, 환경피해, 시공 가능성, 공사기간, 경제성 등을 종합적으로 판단하여 결정한다.

2. 공법의 선정 절차 및 분류

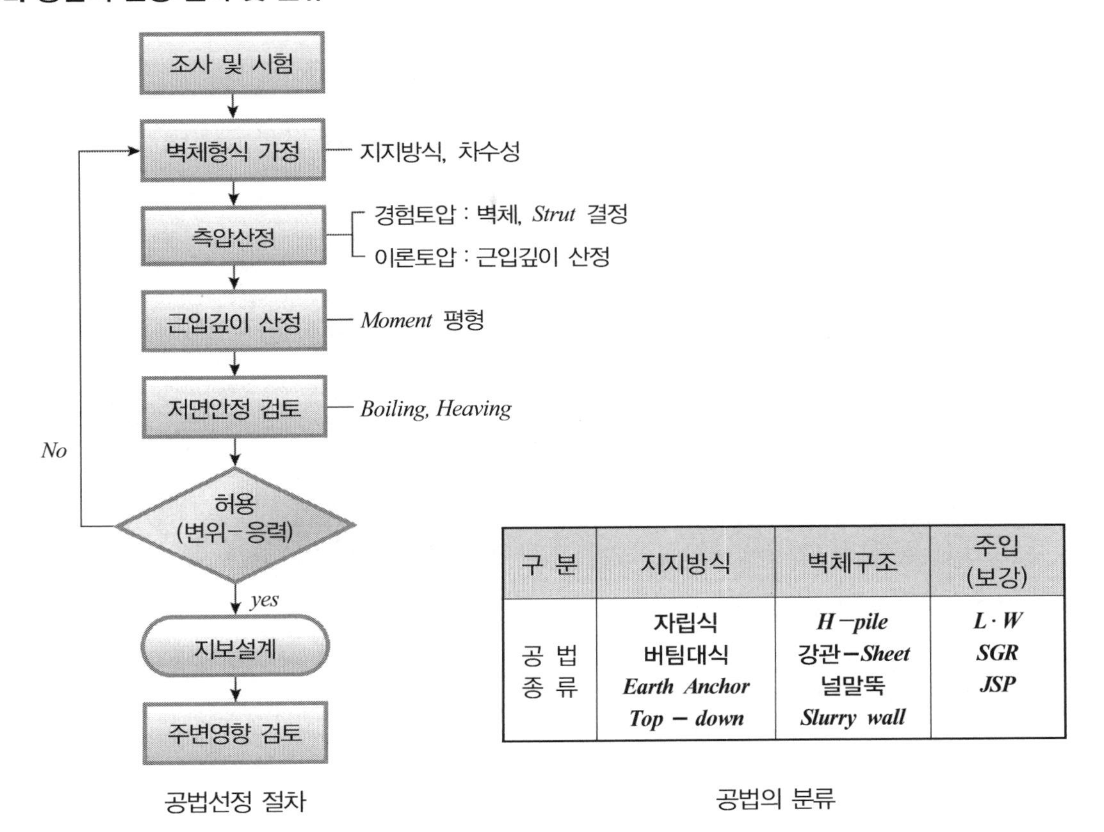

공법선정 절차

구 분	지지방식	벽체구조	주입 (보강)
공 법 종 류	자립식 버팀대식 *Earth Anchor* *Top － down*	*H－pile* 강관－*Sheet* 널말뚝 *Slurry wall*	*L·W* *SGR* *JSP*

공법의 분류

3. 공법 선정 시 고려사항

(1) 지층조건

① 지반조건 : 연약지반 → 침하 및 침하영향거리 검토

굴착지반이 연약한 점성토, 느슨한 사질토 → 토류벽 배면지반의 침하량과 영향거리가 커짐

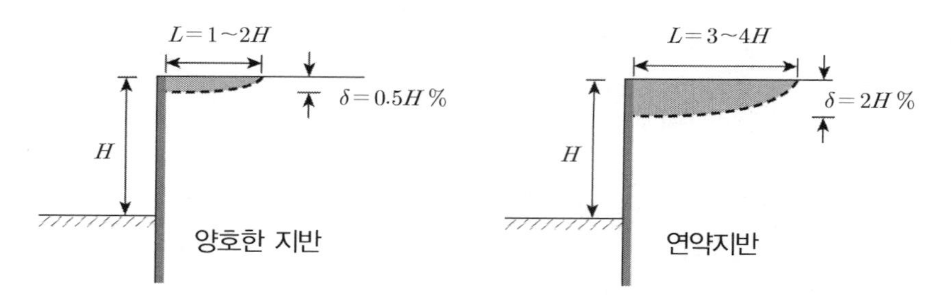

② 벽체강성조건 : 강성이 크고 차수성이 큰 경우 침하량 小

ex) Slurry wall > *H*−*Pile* / 토류판 공법

③ 자갈층 : *Sheet pile* 타입이 곤란 / *SCW* 공법에서 10*cm* 이상의 전석층에서는 시공성 결여

④ 암반층 : *CIP* 적용(공사기간 길어짐), 기타공법 적용 곤란

(2) 지하수위

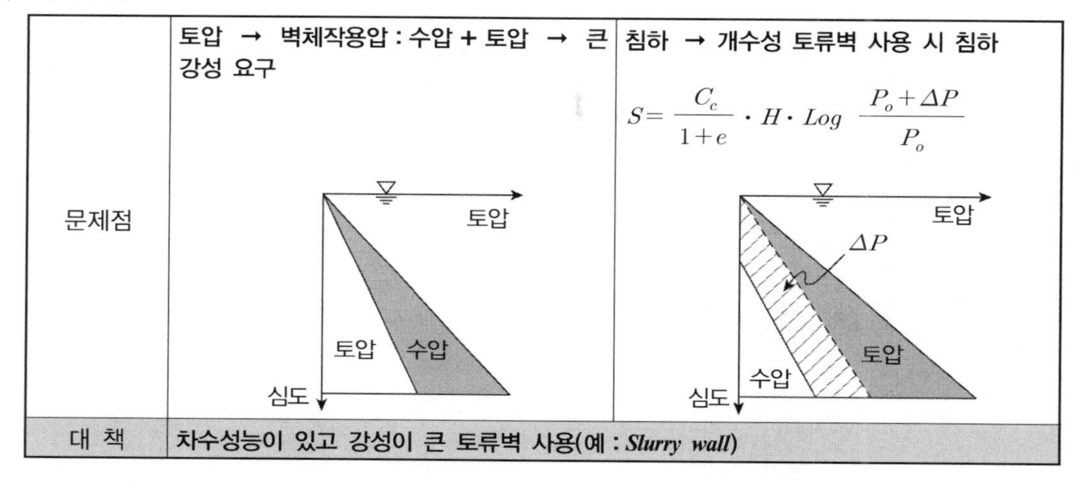

문제점	**토압 → 벽체작용압 : 수압 + 토압 → 큰 강성 요구**	**침하 → 개수성 토류벽 사용 시 침하** $S=\frac{C_c}{1+e}\cdot H\cdot Log\ \frac{P_o+\Delta P}{P_o}$
대 책	**차수성능이 있고 강성이 큰 토류벽 사용(예 : *Slurry wall*)**	

(3) 근입부 안정 : 문제점 (*Heaving* / *Boiling*)

① 토압+수압에 대한 근입깊이 검토

주동토압에 의한 모멘트에 대한 수동토압으로 인한 모멘트의 비율로 안전율($Fs \geq 1.2$)을 만족하는 다음 사항 고려 근입장 판단

㉠ 최하단 버팀보 설치 시

㉡ 최하단 굴착 시

㉢ 최하단 버팀보 철거 시

㉣ 기타 위험하다고 생각될 때

② *Heaving* 검토

㉠ 자립식의 경우

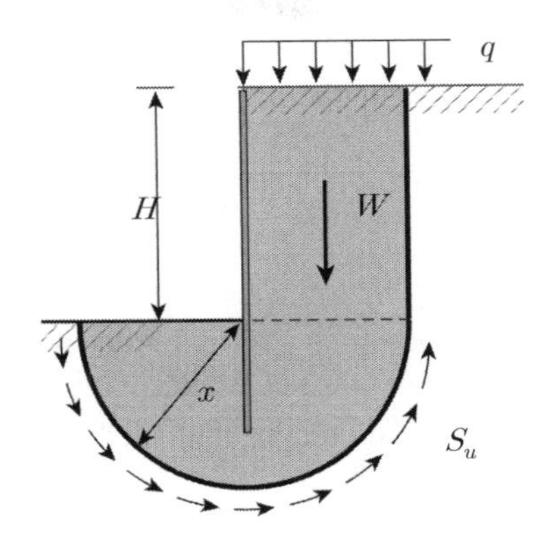

ⓐ $M_d = w \cdot \frac{x}{2} = (\gamma \cdot H + q)x \cdot \frac{x}{2}$

ⓑ $M_r = \pi \cdot x \cdot S_u \cdot x$

ⓒ $F_s = \frac{\pi \cdot x \cdot S_u \cdot x}{(\gamma \cdot H + q)\, x \cdot \frac{x}{2}} = \frac{2\pi \cdot S_u}{(\gamma \cdot H + q)}$

㉡ 버팀대식의 경우

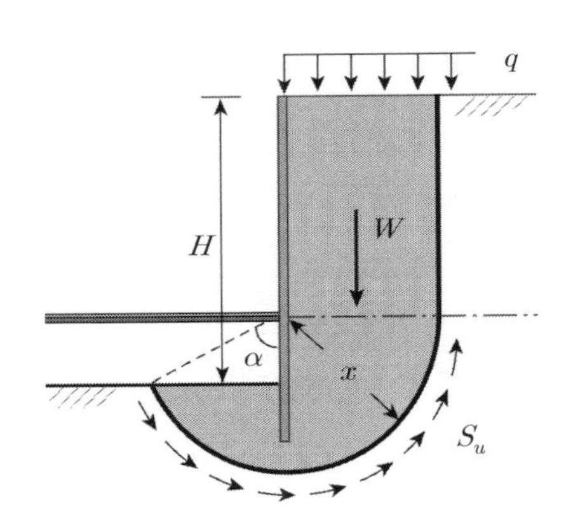

ⓐ $M_d = W \cdot \frac{x}{2} = (\gamma \cdot H + q)\, x \cdot \frac{x}{2}$

ⓑ $M_r = x(\frac{\pi}{2} + \alpha)S_u \cdot x$

ⓒ $F_s = \frac{x(\frac{\pi}{2} + \alpha)S_u \cdot x}{(\gamma \cdot H + q)x \cdot \frac{x}{2}} = \frac{(\pi + 2a) \cdot S_u}{(\gamma \cdot H + q)}$

여기서, α : 라디안

1라디안(*Rad*) : $360/2\pi = 57.3°$

$90° = \pi/2 = 1.57\,Rad$

㉢ 지지력에 대한 검토

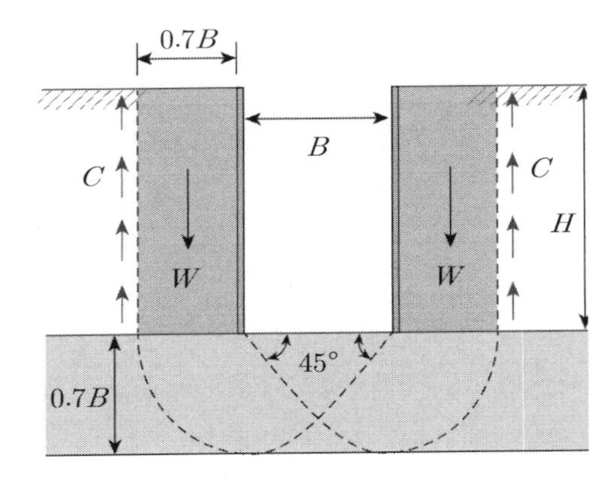

ⓐ $Q = \gamma \cdot H \cdot 0.7B - C_u \cdot H$ ⓑ $Q_u = 5.7C_u(0.7B)$

ⓒ $F_s = \dfrac{5.7C_u(0.7B)}{\gamma \cdot H \cdot 0.7B - C_u \cdot H} = \dfrac{5.7C_u}{\gamma \cdot H - \dfrac{C_u \cdot H}{0.7B}}$

ⓓ *If* 근입깊이$(d) < 0.7B$

$$F_s = \frac{5.7C_u}{\gamma \cdot H - \dfrac{C_u \cdot H}{d}}$$

㉣ 피압수에 의한 *Heaving* 검토

피압수 상단부에 있는 흙의 유효무게보다 상향의 간극수압이 큰 경우 발생

$\sigma' = \sigma - u = 0$이면 발생 → $\sigma = \gamma_t \cdot d = \gamma_t(H-h),\ u = \Delta h \cdot \gamma_w$

$\therefore \gamma_t(H-h) = \Delta h \cdot \gamma_w$ → 굴착깊이 $h = H - \dfrac{\Delta H \cdot \gamma_w}{\gamma_t}$

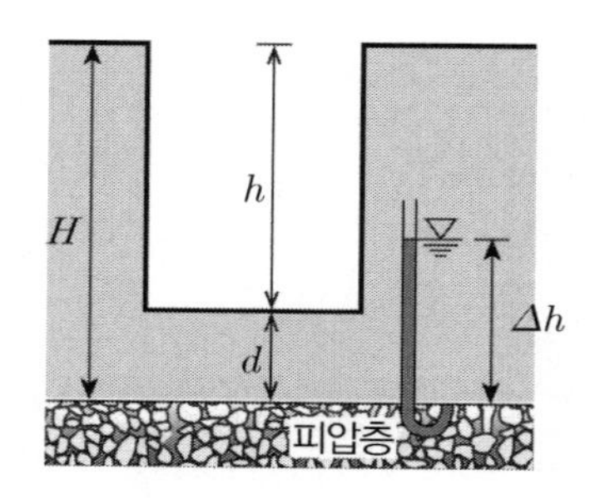

③ *Boiling* 검토 : 한계동수경사에 의한 해석

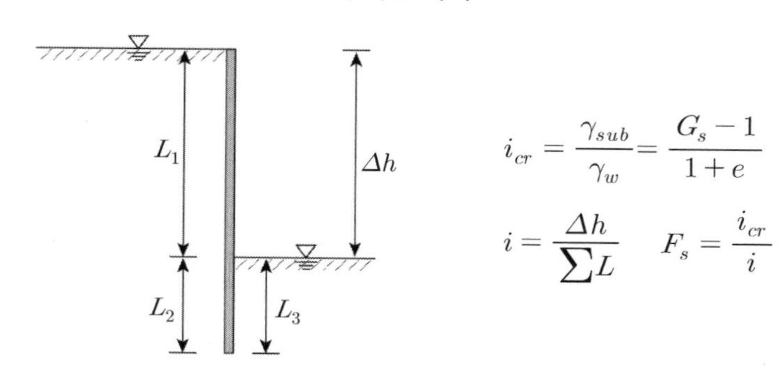

$$i_{cr} = \frac{\gamma_{sub}}{\gamma_w} = \frac{G_s - 1}{1+e}$$

$$i = \frac{\Delta h}{\sum L} \qquad F_s = \frac{i_{cr}}{i}$$

④ 대 책

㉠ 근입깊이 연장 : 저항영역 길이 증대

Sheet pile, S.C.W, C.I.P 등 연속토류 구조물로 토압에 의한 근입깊이보다 깊게 설치하여 히빙 발생층 관통 또는 깊이에 따른 지반 전단강도 기대함

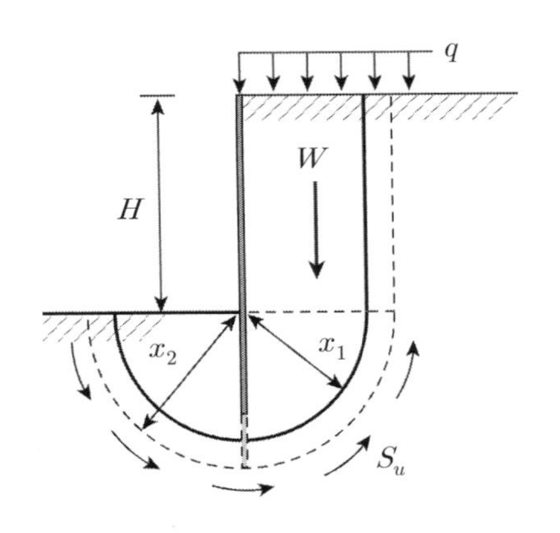

ⓐ $M_d = W \cdot \frac{x}{2} = (\gamma \cdot H + q)x \cdot \frac{x}{2}$

ⓑ 초기 $M_{r1} = \pi \cdot x_1 \cdot S_u \cdot x$

근입깊이 연장 → $M_{r2} = \pi \cdot x_2 \cdot S_u \cdot x$

$M_{r1} < M_{r2}$

ⓒ $\therefore F_s = \frac{M_r}{M_d}$ 에서 $M_{r1} < M_{r2}$ 이므로 F_s 증대

※ 근입깊이가 깊어지면 흙 자체의 비배수 전단강도가 커지는 원리를 이용(S_u ⇑)

㉡ 지반 개량

- *Pre-loading*
  (연약층이 얕은 경우, 투수성이 큰 경우)

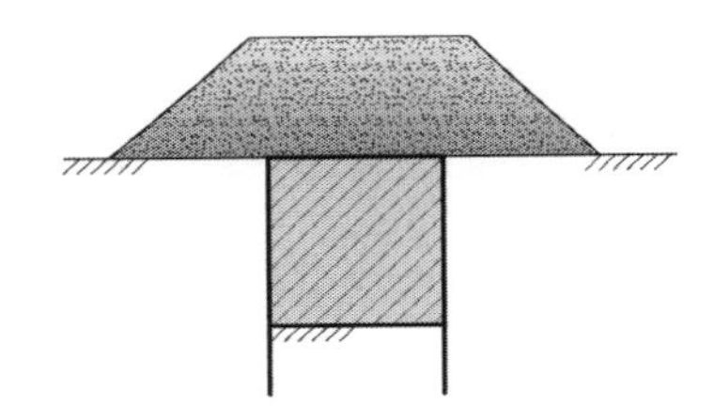

- 압밀배수(탈수, 배수) 촉진
  (연약층이 깊은 경우)

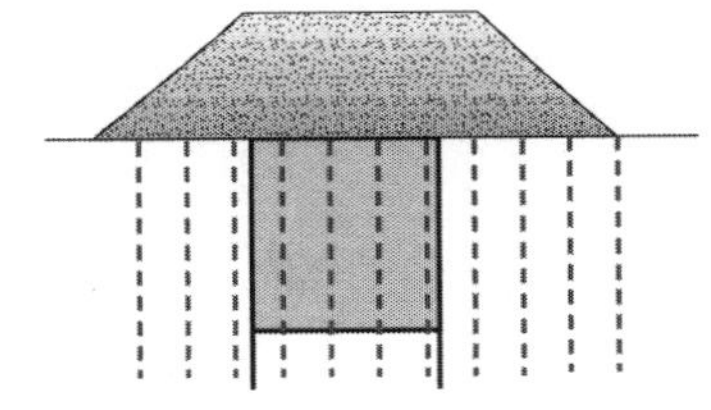

Vertical drain, wellpoint, deep well

- *Grouting* : 단위중량 증대, 강도 증대

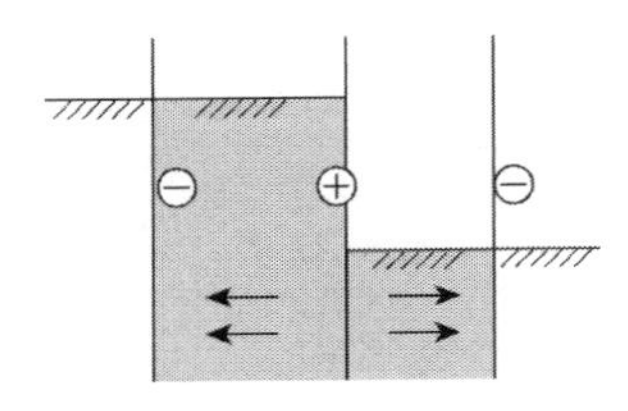

- 전기침투(배수압밀)

㉢ 피압수에 의한 *Heaving* 방지대책

- *Well point, Deepwell*

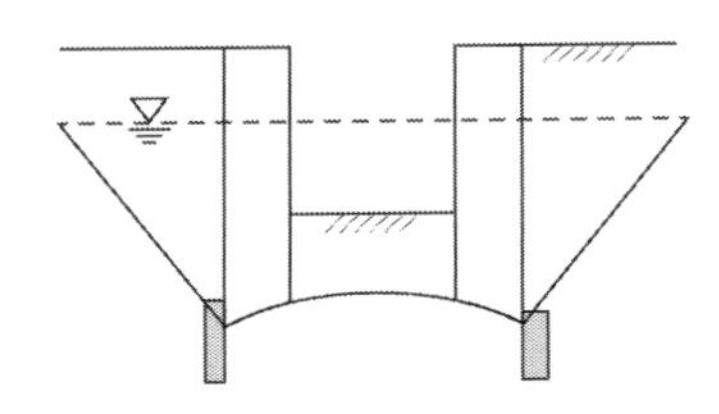

- 대수층 *Grouting*

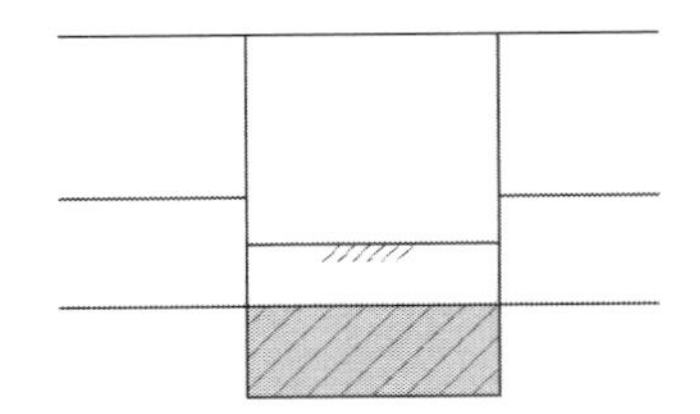

– 저면 / 배면 *Grouting*

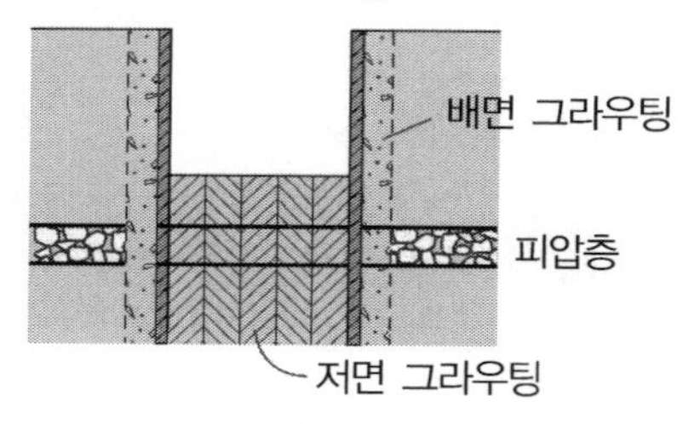

– *Sheet pile* → 피압수 관통

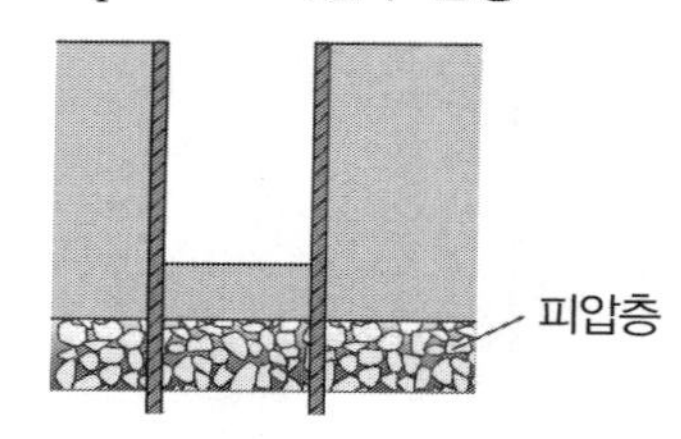

✓ **배면, 굴착저면 지반보강 : 주입공법(투수계수 감소 →** $V < V_{cr}$**)**

(4) 주변구조물, 지하매설물

① 문제점 : 토류벽의 변위나 주변지반 침하로 인한 구조물의 균열, 파손, 경사

② 대책 : 허용변위 결정 → 벽체강성이 큰 차수성 벽체 선정

(5) 환경피해

① 문제점 : 진동으로 인한 침하, 소음으로 인한 민원, 지하수 고갈 등

② 대책 : 저소음· 저진동 공법 채택(*Slurrt wall, SIP*)

(6) 시공성, 공사기간, 경제성

4. 평 가

(1) 시공심도가 깊을 경우 굴착단계별 변위와 토압을 결정할 수 있는 탄소성 해석을 실시하고

(2) 근입부 안정(*Boiling, Piping*)을 고려하여 벽체 변위 억제와 근입부 파괴에 따른 주변영향이 억제되도록 고려하여 설계 및 시공에 임하여야 한다.

✓ **참고(토류벽 공법별 고려사항)**

구 분	시트파일	*SCW*	*CIP*	슬러리월
지 층 / 강 성	벽체변형이 크고 주변침하가 큼	강성이 시트파일보다 크나 타 공법에 비해 그리 큰 편이 아님	강성이 크므로 주변 침하영향 거의 없음	가장 강성이 큼
지하수	지수재를 추가로 사용해야 안심	차수성은 보통임	연직시공 불량 시 누수현상 발생	누수영향 거의 없음
근입장	암반시공 매우 곤란	자갈층 시공 곤란	암반시공 가능	암반시공 가능
환 경	타입과 인발 시 진동	저진동· 저소음	저진동· 저소음	저진동· 저소음
시공성	자갈층 타입 곤란	암반층 천공 곤란	사질지반, 자갈층의 경우 공벽 붕괴 → 케이싱 사용	안정액 관리 요
공 기	빠 름	보 통	느 림	아주 느림

06 토류벽 보강(LW 공법)

1. 개 요

(1) 물유리(규산소다)와 시멘트 현탁액을 혼합하여 토류벽 배면과 굴착저면보강을 위해 주입하는 공법으로 큰 공극은 시멘트입자가 채우고 작은 공극은 규산소다가 침투하여 차수벽을 형성하는 공법이다.

(2) 물유리(*A*액)와 *Cement* 현탁액(*B*액)을 각각 *Pipe*를 이용 *Y*자형 *Pipe*로 합류시켜 혼합·주입하는 1.5*Shot* 방식이다.

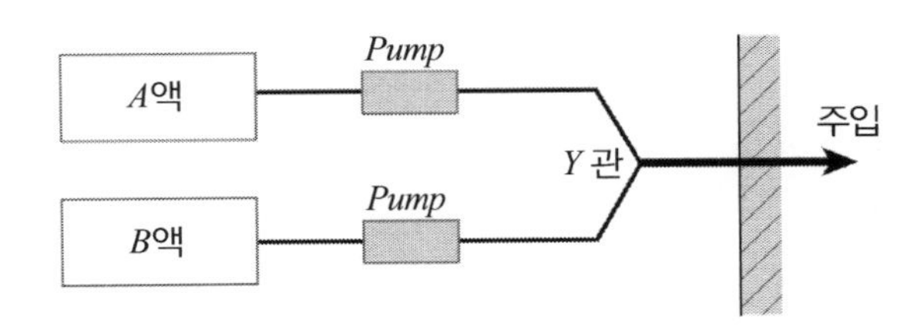

2. 특 징

(1) 점토질 제외한 모든 토질(사질 지반에서 양호)에 적용한다.
(2) 사질토층에서 주입효과가 양호하나 세립토는 낮다.
(3) 점토층에서 침투주입 안되고 맥상 주입된다.
(4) *Gel time* 조정 가능
　① *Cement* 양 증대 → 순결 → 강도 큼
　② *Cement* 양 감소 → 완결 → 강도 저하
(5) 단기강도는 우수하나 장기강도 취약 → 용탈 발생
(6) 대수층과 지하수 유속이 빠른 지층에서는 *Gel time*이 늦어 시공효과가 불확실하다.
(7) *Grout* 액이 주입되므로 지하수 오염가능성이 있다.

3. 시공 순서

천공과 동시 케이싱 설치 → 공내 청소 → 멘젯튜브 삽입(유공관) → *Sealing*(24시간 양생) → 케이싱 인발 → *Double packer* 삽입 → 약액 주입

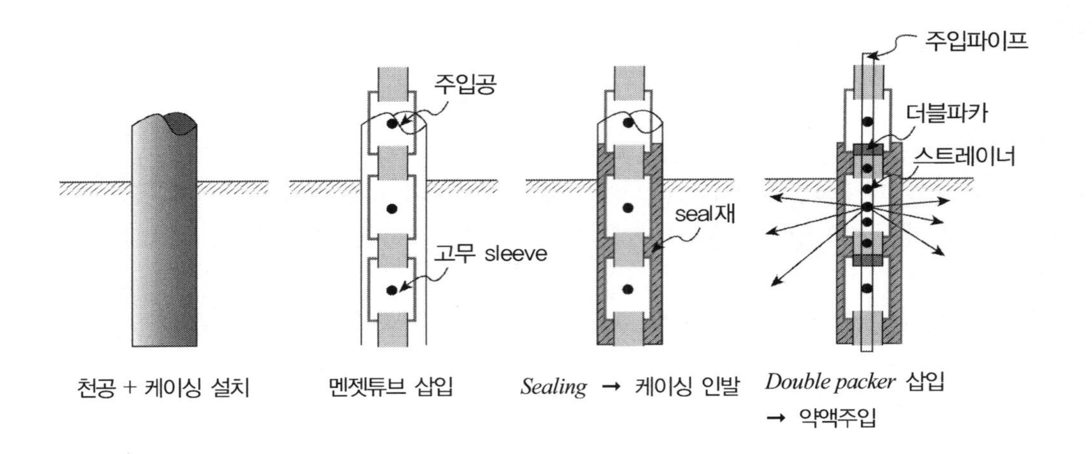

4. 적용지반

(1) 자갈, 모래층 : 침투 주입

(2) 점토, 실트층 : 맥상 주입 → 할렬 주입

(3) 세사층 : 주입 곤란

TIP | L.W 주입 계통도 |

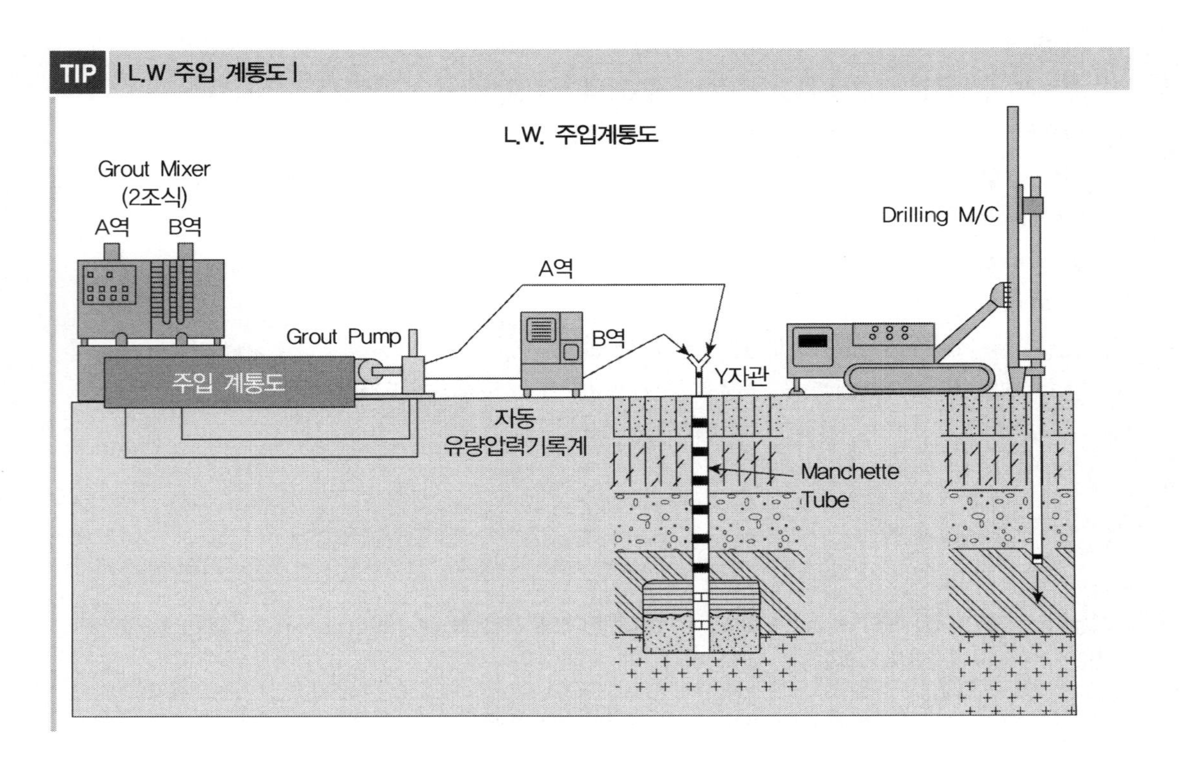

07 SCW(Soil Cement Wall) 공법

1. 개 요

(1) 원위치의 토사를 골재로 하고 *Cement mortar*을 *Auger*를 이용하여 심층교반하여 토류벽, 기초를 형성하는 공법

(2) 교반장치에 따라 일축 *Auger*는 기초로 이용하고 삼축 *Auger*는 토류벽으로 이용

3축오거

2. 특 징

(1) 저소음 저진동 공법으로 도심지에 적합

(2) 배출토사가 작음

(3) 장비가 크고 *Plant* 설치로 작업장 필요

(4) 전석, 자갈층 시공 곤란

3. 시공순서

(1) 1차교반 : 천공하면서 주입+지반혼합

(2) 2차교반 : 인발하면서 주입+지반혼합

(3) 3차교반 : 재천공하면서 주입+지반혼합

(4) 4차교반 : 인발하면서 주입+지반혼합

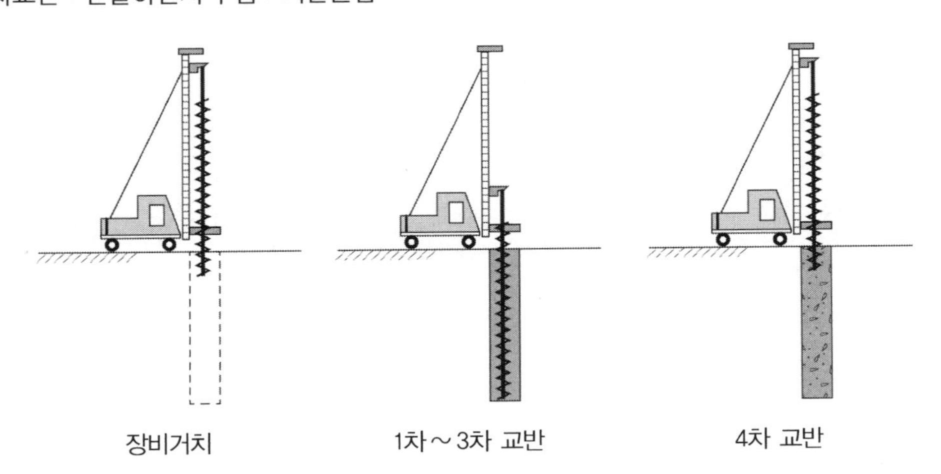

장비거치　　1차～3차 교반　　4차 교반

08 SGR(Space Grouting Rocket) 공법

1. 개 요

SGR(Space Grouting Rocket System) 공법은 ϕ40.5*mm*의 이중관 주입 로드로 소정의 깊이까지 천공한 후 급결 주입재와 완결 주입재를 복합 주입하여 지반 내 공극을 충진하는 공법으로, 기타의 주입공법에 비해 양호한 차수효과를 기대할 수 있다. 급결 주입재는 지반 내 대공극을 충진하여 다음 단계에 주입되는 완결주입재가 목적범위 밖으로 유실되는 것을 방지하며 완결 주입재가 겔화되기 전까지 액상을 유지하여 미충진 미세공극으로 침투된다. 특수한 선단장치(*Rocket*)에 의해 주입관 선단에 공간을 만들고 이 공간을 통해 저압으로 이중관 복합주입을 하며, 차수벽, 연약지반개량, 기초보강 등에 적용할 수 있다.

2. 특징[특징(2.0 *SHOT* 방식)]

(1) 천공 후 로켓발사로 유도주입을 위한 유도공간을 형성한 후 복합주입을 하게 된다.

(2) 유도공간을 이용한 이중관 저압 주입이다.

(3) 3조식 교반기가 부착되어 있으므로 급결성(*shot gel time* 6~12*sec*), *Medium gel time*(50~90초) 및 완결성(*Long gel time* 60*sec*~15*mim*) 그라우트의 연속적이고 복합주입이 쉽게 된다.

(4) 그라우트 주입 중에는 주입관의 회전이 없으므로 *Packing* 효과가 크고 매 단계마다 확실한 그라우팅이 된다.

(5) 유도공간을 만든 후 그라우트를 복합 주입함으로써 지반융기를 막을 수 있다.

(6) 자연상태의 토립자는 교란되지 않고 전체 대상지층의 간극수만 치환하게 된다.

(7) 중저압 침투주입(4~8kgf/cm^2)이므로 지하시설물이나 주변 구조물에 대한 영향을 미치지 않는다.

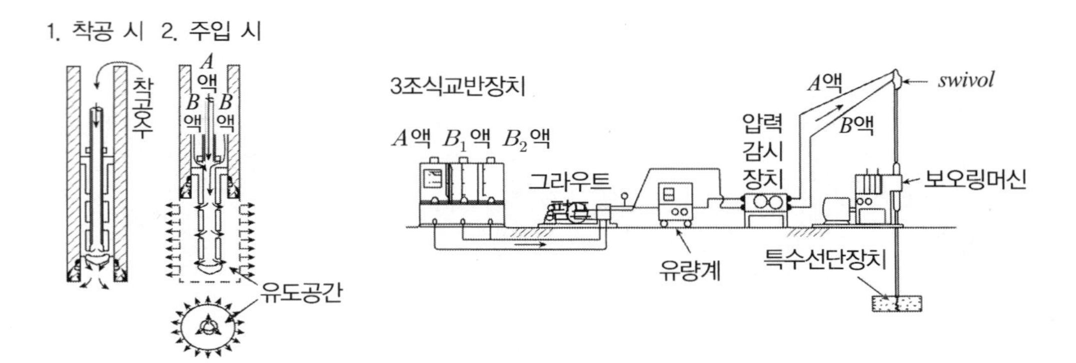

3. 시공순서

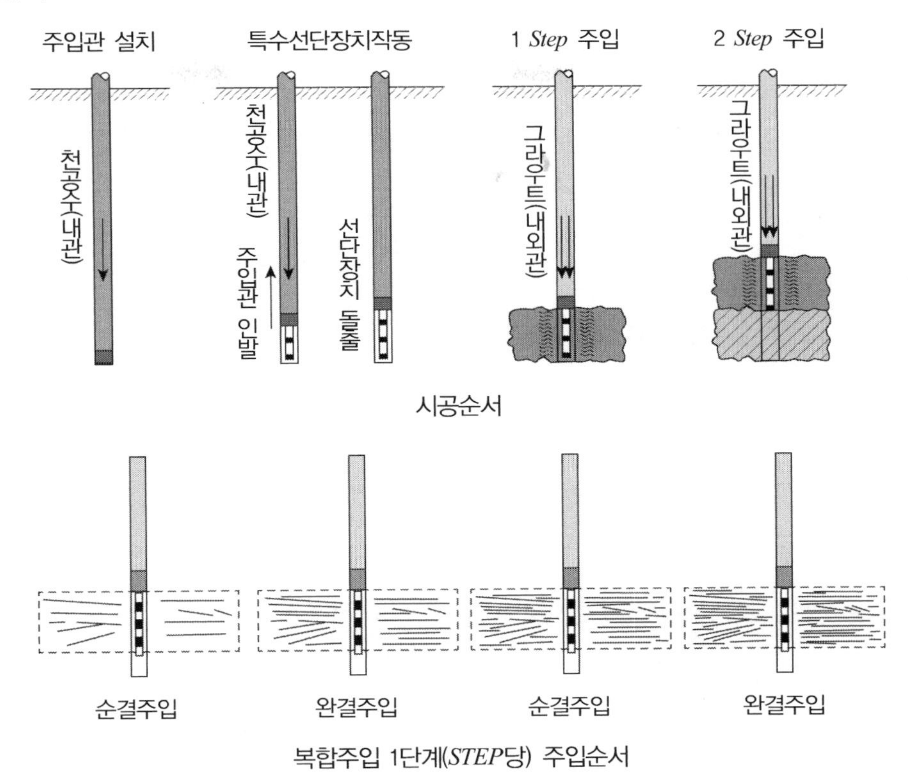

시공순서

순결주입 완결주입 순결주입 완결주입

복합주입 1단계(*STEP*당) 주입순서

(1) 천공 지반개량에 필요한 위치에 보링머신(*BORING MACHINE*)의 이동, 설치가 완료되면 이중관 롯드의 내관으로 착공수를 압송시켜 계획심도까지 착공한다.

(2) 천공완료 계획심도까지 착공이 완료되면 보링머신의 이중관 롯드의 외관으로 착공수를 보내면서 롯드를 1단계만큼 인발하면 특수 선단장치(*ROCKET*)가 돌출하여 자연히 실린더 형태의 공간이 형성되며, 이때 1단계의 길이는 로켓이 돌출되는 길이와 같은 상태로 맞춘다.

(3) 주입개시 내관과 외관을 통하여 주입한다. 필요에 따라서 급결성 주입재와 완결성 주입재를 반복으로 주입하는 복합주입을 실시한다.

(4) *S.G.R* 시공 이중관 롯드 속으로(급결형 6~10초, 완결형 60~120초를 표준) 급결성, 완결성 주입재를 저압 주입한 후 50*cm*씩 상승시키면서 계획된 주입 상한선까지 시공한다.

(5) 시공 완료 주입 상한선까지 주입이 완료되면 이중관 롯드를 인발하여 천공수를 이중관 롯드 내부로 보내 청소한 후 다음 위치로 이동한다.

09 2중관 고압분사공법(JSP)

1. 개 요

지반을 천공한 후 시멘트 밀크를 $Air-jet(200kgf/cm^2)$를 이용하여 토립자와 시멘트 몰탈을 혼합·고결시켜 80~120cm의 원주상 고결체를 형성시키는 공법이다.

2. 특 징

(1) 강도 우수
(2) 목적범위까지 확실히 개량
(3) 소형장비로 좁은 장소 시공이 가능
(4) 지반보강+차수효과 동시기대 가능
(5) 토류벽 이용 시 연결부에 대한 별도보강 필요
(6) 고압 *Jet*로 주변 지반 융기 발생 가능성 고려

3. 시공순서

(1) 천공(수직방향 제트노즐 활용)
(2) 주입(수평방향 제트노즐 활용) : 공기와 시멘트밀크를 $200kgf/cm^2$ 압력으로 동시에 분사주입 → 배출치환
(3) 노즐인발 : *Rod*를 서서히 회전하면서 동시에 노즐을 인발하면서 연속분사 주입
(4) 구근 형성

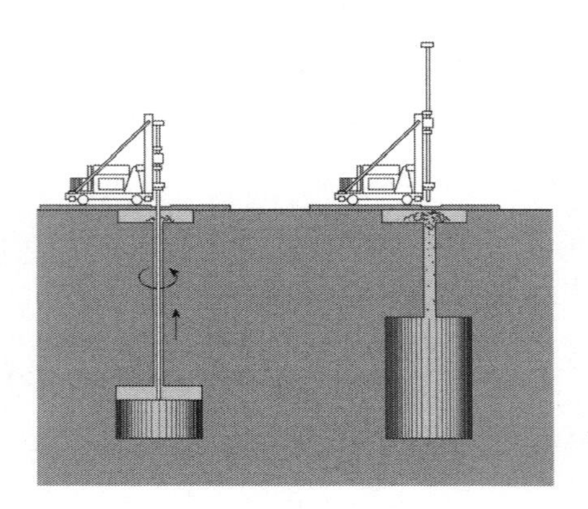

구근 형성

제트노즐의 분사모습

4. 공법의 적용

(1) 암반을 제외한 모든 토질 적용

① *Underpinning* ② 기초보강 ③ 연약지반 개량

✓ 3중관 고압분사공법 : 상단부 노즐에서 400kgf/cm^2의 고압수와 에어제트를 분사하여 지층을 굴삭하고 일정범위를 교란시킴 → 하단부 노즐에서 400kgf/cm^2의 시멘트밀크와 에어제트를 분사하여 굴삭 범위를 확대시키고 굴삭된 공간에 구근을 현성시키는 공법임

✓ R.J.P **공법**(Rodin Jet Pile)

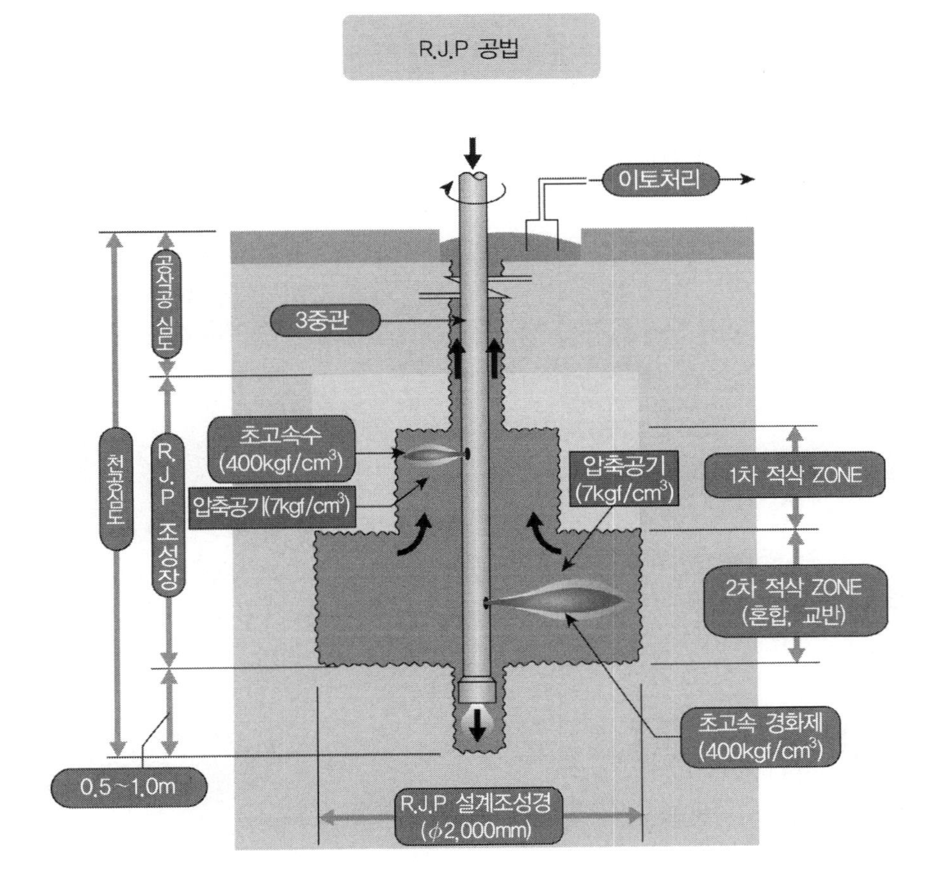

10 가상 지지점

1. 정 의

(1) 흙막이 지보공에 대한 축력이나 벽체의 응력을 구하는 방법은 단순보법, 연속보법 탄성보법, 탄소성보법, 유한요소 해석이 있다.

(2) 단순보법, 연속보법을 적용함에 있어 지반조건에 따라 굴착바닥을 고정으로 가정하거나 가상 지지점을 힌지로 취급하여 계산하게 되는데, 이때 굴착바닥면보다 아래의 어떤 점을 가상 지지점이라 일컫는다.

(3) 흙막이 벽체의 근입부에서는 배면토압의 작용으로 인해 굴착면보다 깊은 곳의 어느 지점에서는 변위가 '0'인 가상 지지점이 위치하게 되며 가상 지지점의 위치는 '**근입 심도에 따른 선단지반의 조건**'에 따라 위치가 달라진다.

2. 가상 지지점의 위치

(1) 방법 '1'

토류벽에서 근입깊이를 구하기 위해 주동 및 수동토압의 모멘트를 이용하게 되는데, 이때 수동토압의 합력에 대한 작용점을 가상 지지점으로 정한다.

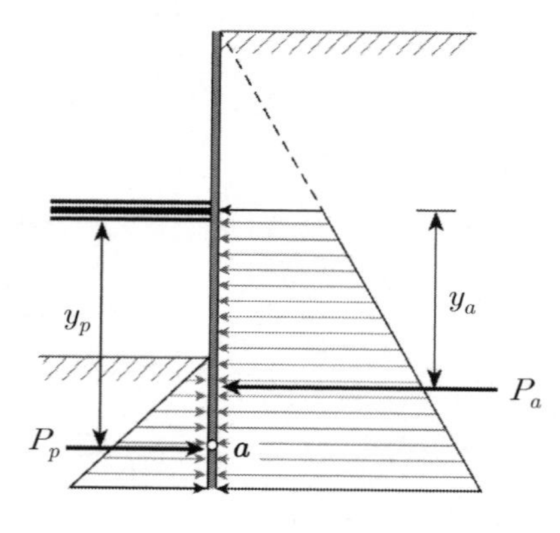

a : 가상 지지점

(2) 방법 '2' : *Lohmeyer* 방법

내부마찰각과 가상 지지점

깊 이 \ $\phi(°)$	20	25	30	35
지지점	0.25H	0.16H	0.08H	0.075H

H : 최하단 버팀과 굴착저면과의 거리

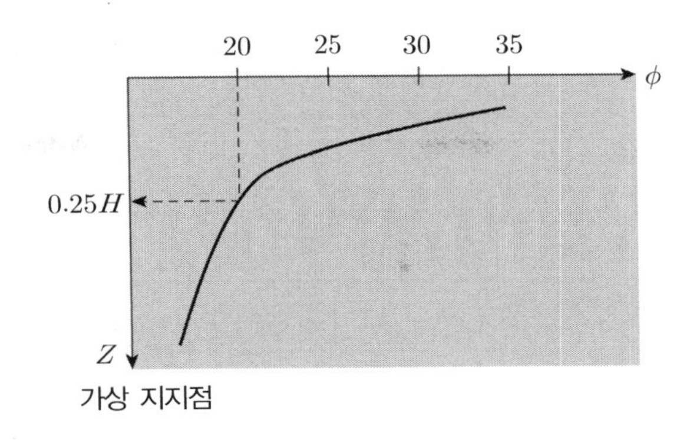

(3) 방법 '3'

사질토	점성토	가상 지지점 깊이	비 고
–	$N<2$	$0.4h$	h : 굴착면과 최하단 지지체 사이의 높이
$N<15$	$2<N<10$	$0.3h$	
$15<N<30$	$10<N<20$	$0.2h$	
$N>30$	$N>20$	$0.1h$	

일본국철 동경제일공사국의 가상 지지점 결정방법(철도설계편람(토목편), 2004)

3. 가상 지지점의 설계

(1) 선단지반조건별 가상 지지점

① 양질 지반 : 굴착저면이 가상 지지점

② 불량지반 : 굴착 중(0.5~1.0m) → 가시설

굴착 후(0.25H) → 영구시설

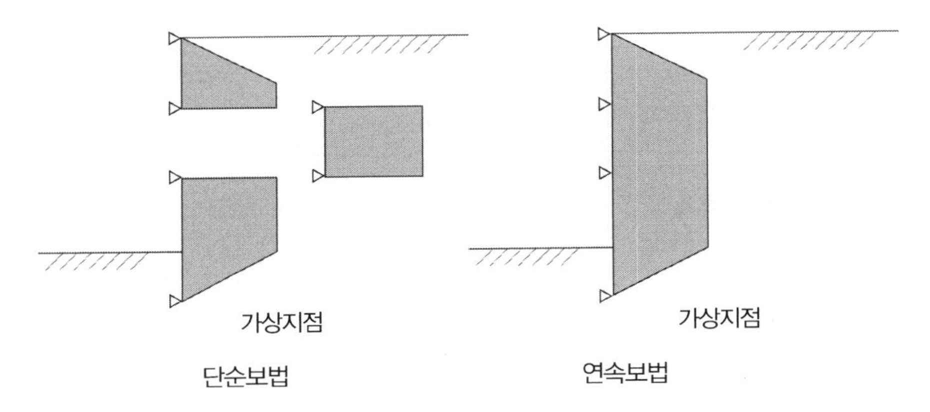

※ 가상 지지점 별해

1. 흙막이 가시설 설계절차

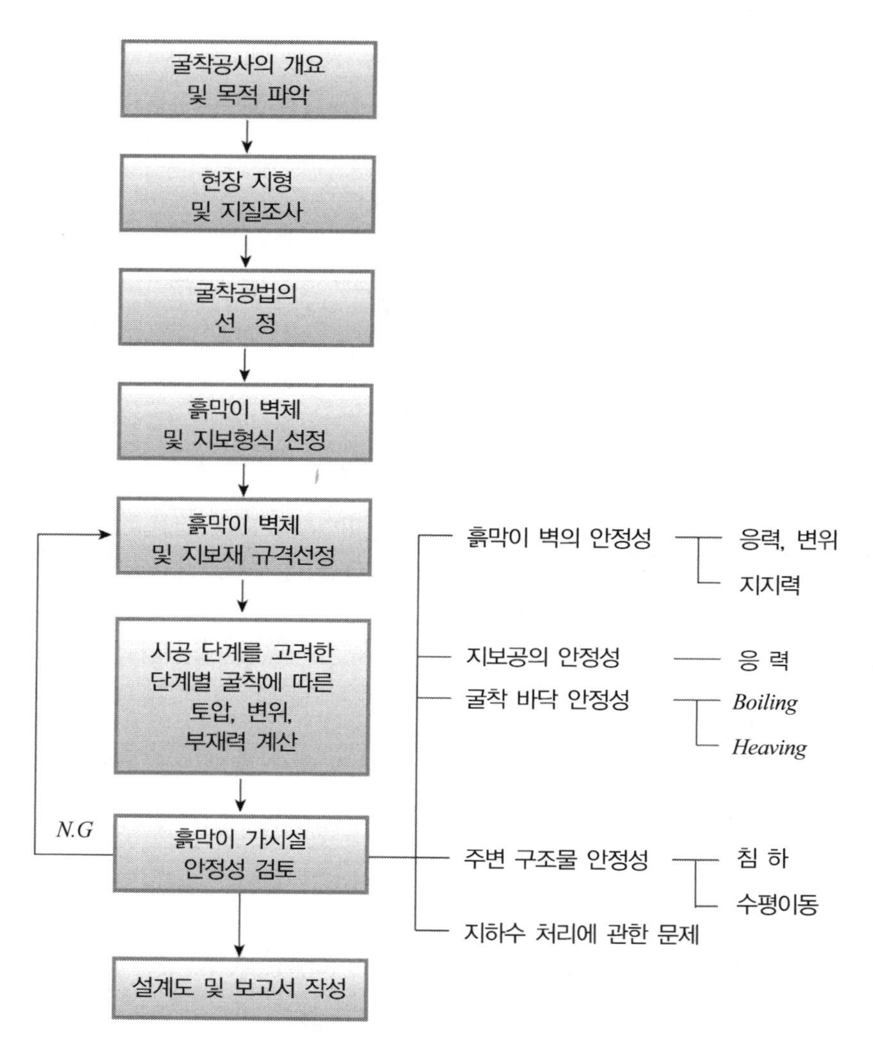

2. 흙막이 벽 해석방법의 종류

(1) 벽체만을 보로 해석

① 단순보 해석

② 고정지점상의 연속보 해석

③ 탄성지반상의 연속보 해석

(2) 벽체와 지반을 동시에 해석 : 유한요소해석

3. 가시설 해석방법에 대한 비교

구 분	실제의 거동	단순보법	연속보법
모델링	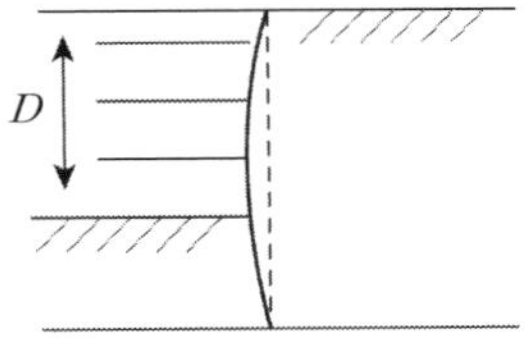 D	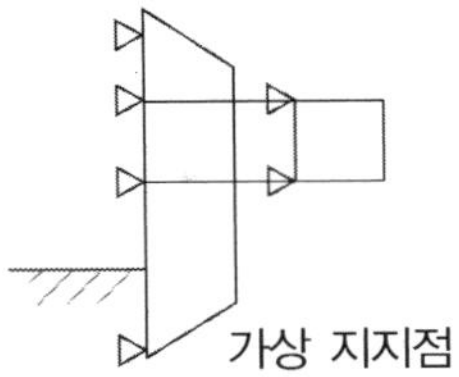 가상 지지점 • 최종굴착단계만 고려 • 토압 : 겉보기 토압	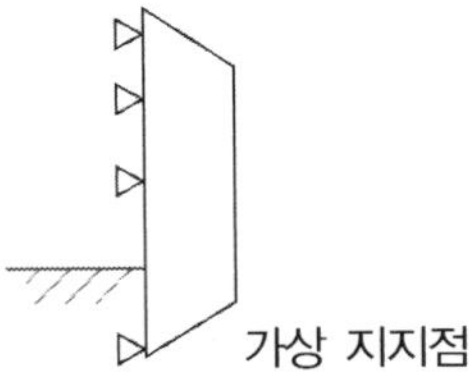 가상 지지점 • 최종굴착단계만 고려 • 토압 : 겉보기 토압
벽체의 휨모멘트	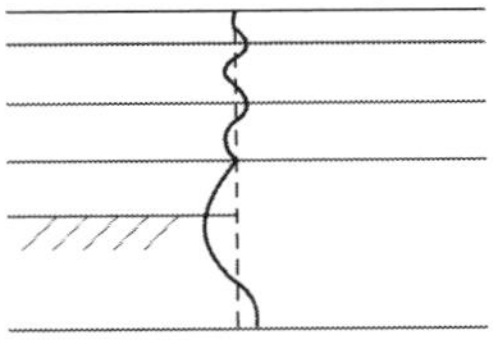 • 굴착이 진행됨에 따라 벽의 전체에 걸쳐 M 변화 • *Strut* 위치에서 M<0인 경우도 있다.	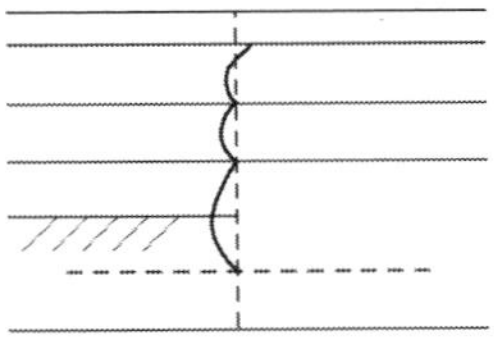 • 1단 *Strut* : M<0, 기타 *Strut* : M=0 • 가상 지지점 이하는 계산하지 않음	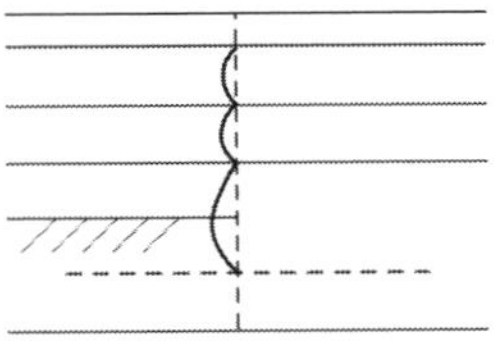 • 전체 *Strut* : M<0, 가상 지지점 : M=0 • 가상 지지점 이하는 계산하지 않음
벽체의 변형	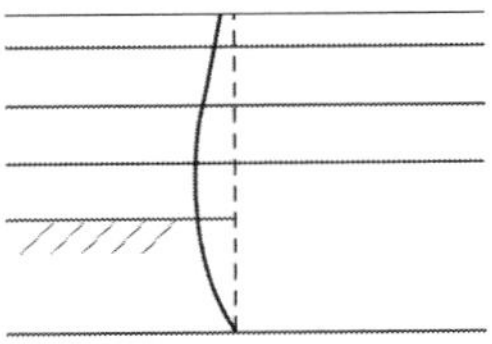 • 굴착 단계에 따라 벽체의 변위가 변화함	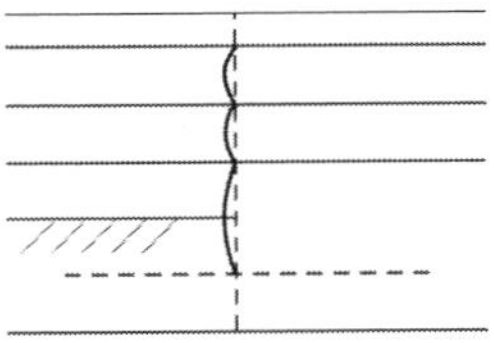 • 선행 변위 고려 불가, *Strut* 위치에서 변위는 0 • 가상 지지점 이하는 계산하지 않음	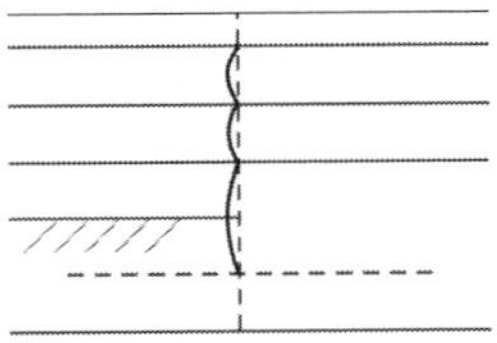 • 선행 변위 고려 불가, *Strut* 위치에서 변위는 0 • 가상 지지점 이하는 계산하지 않음
버팀대의 축력	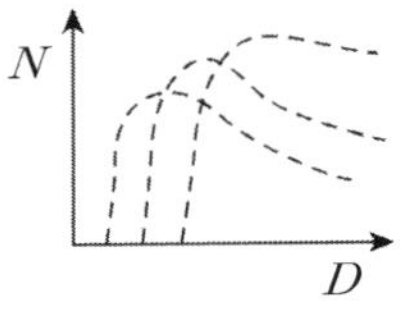 N D • *Strut* 설치 후 굴착이 진행됨에 따라 축력이 변화함	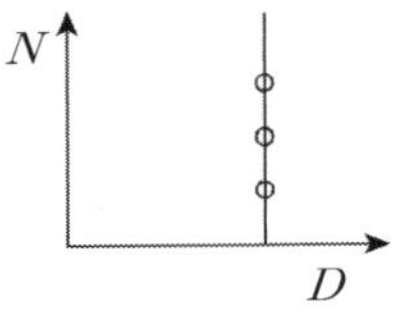 N D • 최종단계에서의 N만 계산	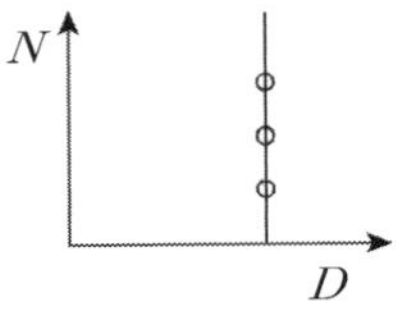 N D • 최종단계에서의 N만 계산

4. 가상 지점법

(1) 개념도

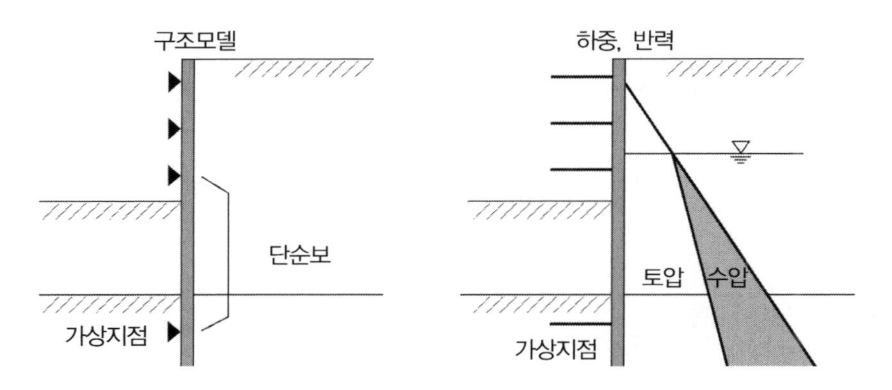

(2) 구조모델 $N \geq 10$

근입부 사질토에 가상지점을 설정하여, *Strut*와 가상지점으로 지지되는 연속보로 계산한다. 또 설치 후에 *Strut* 지점은 부동이다.

(3) 토압 수압

배면측은 토압분포는 삼각형 분포로 하여 굴착이 진행됨에 따라 저감시킨다. 굴착면 측의 저항토압은 가상 지점의 반력으로 한다.

(4) 계산방법

Strut 축력은 굴착에 의해 발생하는 토압을 수정분할법을 써서 구하고, 이것이 최대치가 된다. 이때 가상지점의 토질, 벽체 강성에 대한 고정도(0.5~0.2)를 고려해서 벽체의 모멘트, 변위량을 계산한다. 이 일련의 계산을 굴착 단계마다 수행하여 순차적으로 모멘트, 변위량을 누가시켜간다.

(5) 비교

근입부가 양호한 사질토가 없으면 적용이 불가하다. *Strut*이 없는 1차 굴착 시에는 *Chang*식 등을 편의적으로 사용한다.

11 Ground Anchor 공법

1. 정 의

지중에 매설된 인장재 선단에 시멘트 페이스트나 시멘트 몰탈을 주입하여 앵커체를 만들고 그것을 인장재와 앵커두부로 연결된 것을 앵커라 하며, 앵커의 인장재에 가해지는 힘은 앵커체를 통해 지중에 전달시킴으로써 벽체 변위와 활동을 억제하는 공법이다.

2. 앵커의 구성요소

(1) 앵커두부 : 토류벽에 작용하는 토압을 인장재를 통해 인장력으로 전달시키기 위한 부재

(2) 인장재 : 인장력을 앵커체에 전달시키기 위한 강선

(3) 앵커체 : 인장력을 지반에 전달시키기 위한 저항체

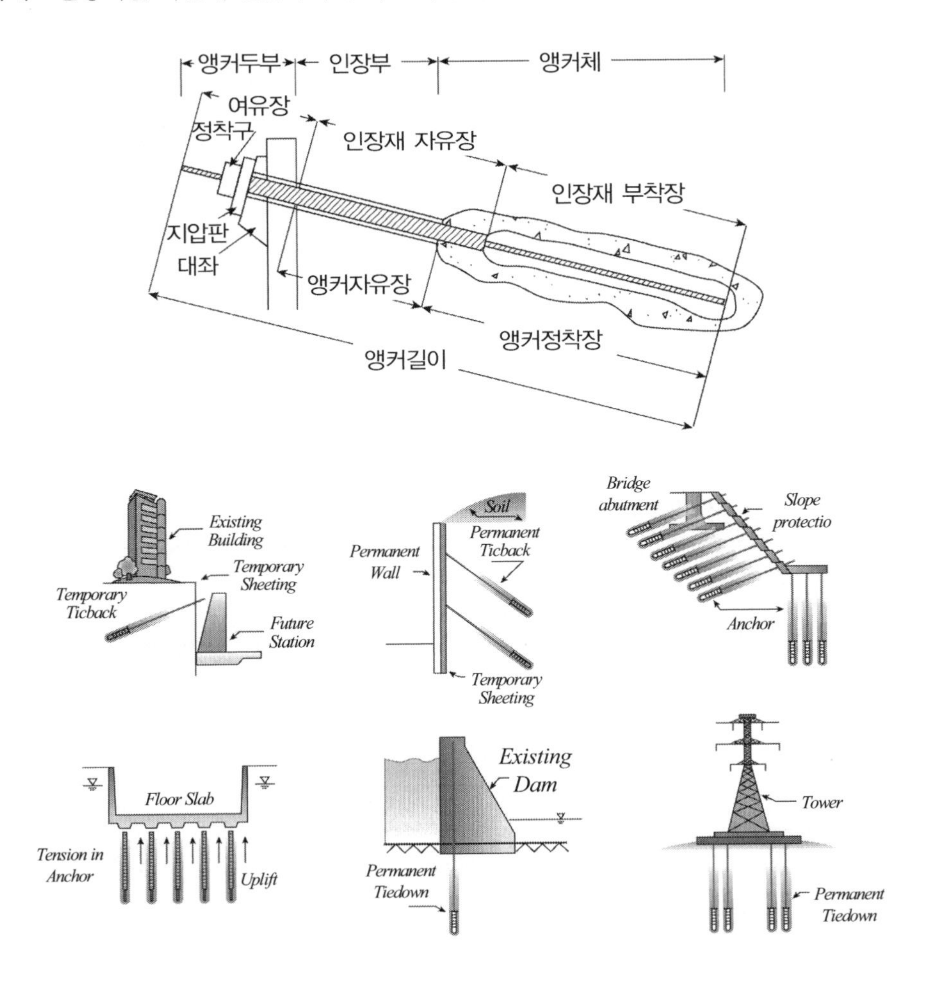

3. 앵커의 분류

(1) 설치기간에 따라(2년 기준) : 가설앵커, 영구앵커
(2) 지반과 *Grout* 정착방식에 따라 : 마찰형, 지압형, 혼합형
(3) 인장재와 *Grout* 정착방식에 따라 : 압축형, 인장형, 혼합형
(4) 인장력 유무에 따라 : 주동앵커, 수동앵커
(5) 정착지반에 따라 : 어스앵커, 록앵커

4. 시공순서

천공 + *Cassing* → 공 세척 → 강선삽입 → *Grouting* → 양생 → 긴장 및 정착

5. 앙카의 설계

(1) 설계축력

$$T = \frac{P \cdot a}{\cos \alpha}$$

여기서, P : 작용토압
a : 앵커 수평간격
α : 앵커 경사각

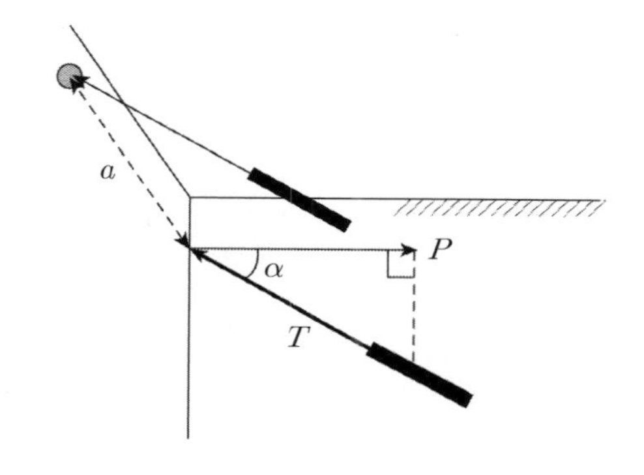

(2) 간격 및 자유길이

① 간격

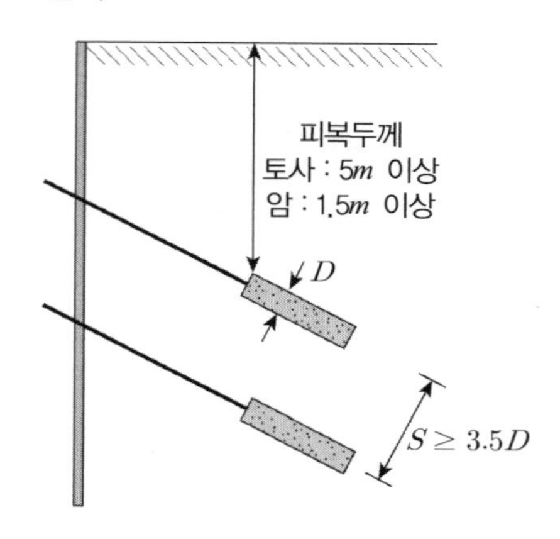

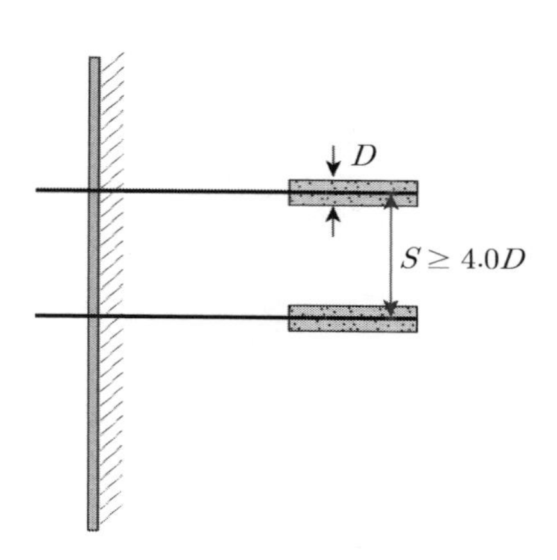

② 자유길이

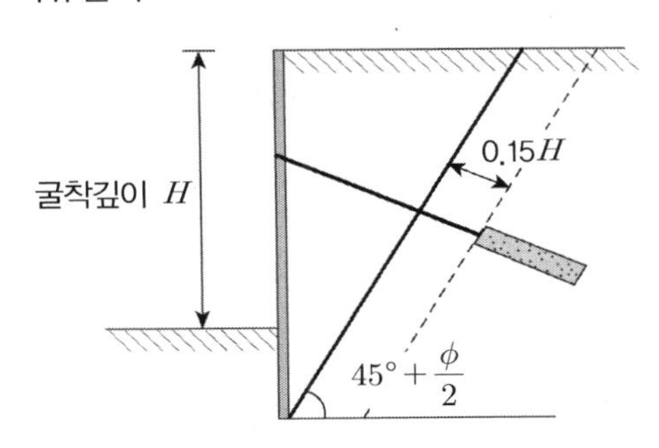

㉠ 자유장의 최대길이는 규정되어 있지 않음

㉡ $L_f = H \cdot \sin\left(45° - \frac{\phi}{2}\right) + 0.15H$이며

자유장 길이가 3m 이하인 경우 최소길이는 3m 이상이어야 한다.

(3) 강선본수

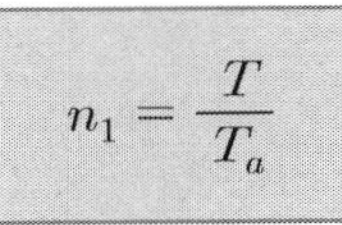

$$n_1 = \frac{T}{T_a}$$

여기서, T : 앵커축력

T_a : 강선본당 허용인장력

✓ T_a : $T_u \times 0.65$, $T_y \times 0.8$ 중 작은 값 채택

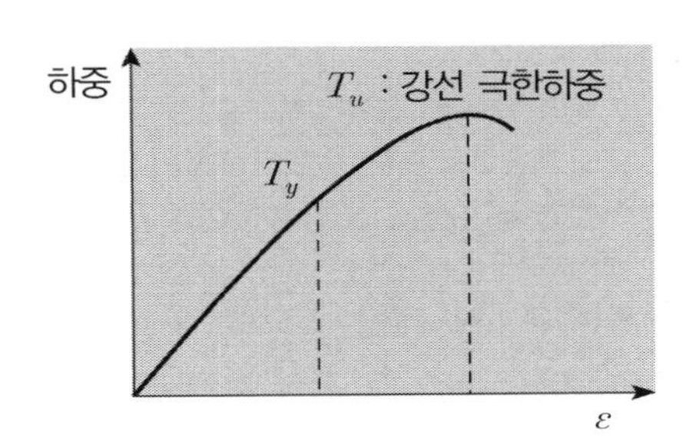

(4) 정착 길이(La)

① 앵커체와 지반마찰력 방법(L_{a1})

$$L_{a1} = \frac{T \cdot F_s}{\pi \cdot D \cdot \tau}$$

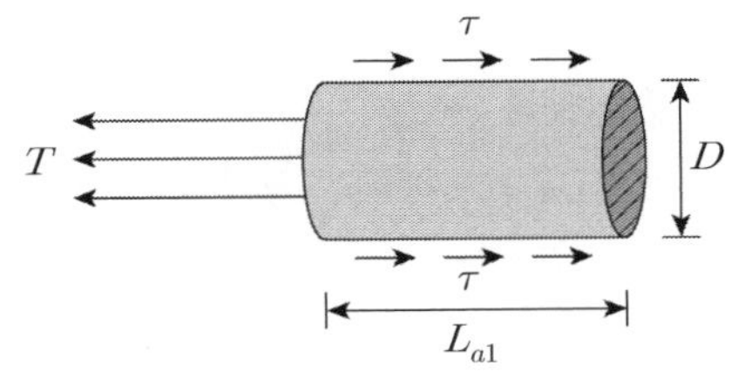

여기서, F_s : 안전율

D : 앵커의 직경

τ : 흙과 그라우트재의 마찰력(현장인발시험으로 구할 수 있으며 보통 경험치를 적용함)

② 앵커체와 강선의 부착력 방법(L_{a2})

$$L_{a2} = \frac{T}{\pi \cdot d \cdot n \cdot \tau_b}$$

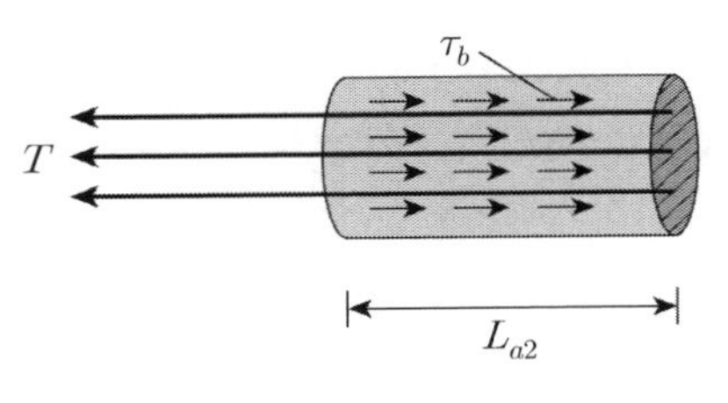

여기서, d : 인장재의 직경

n : 인장재 본수

τ_b : 강선과 앵커체 허용 부착응력($\tau_b = 0.64\sqrt{\sigma_{ck}}$)

③ 정착길이 결정 : L_{a1} 과 L_{a2} 중 큰 값 적용, 토사층의 경우 최소 4.5m 이상

6. 설계 시 유의사항(마찰형 앵커 위주 내용)

(1) 진행성 파괴 고려(*Progressive failue*)

① 지표면에 가까운 앵커체로부터 인장력을 부담하고 인장력이 마찰력을 초과 시 앵커 선단부로 인장력의 분포가 이동함

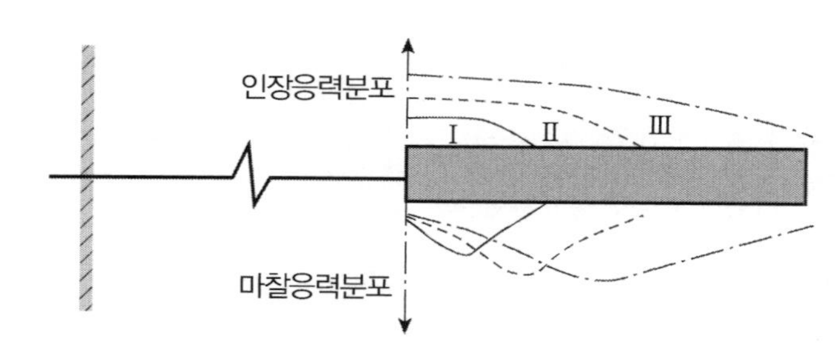

② 설계 시 → 동시파괴 개념으로 앵커정착길이 전체에 유효한 마찰력이 작용하는 것으로 가정

③ 실제 → 변위가 발생되면서 진행성 파괴가 발생함

(2) 정착제 길이 제한 : 10*m* 이내

① 정착길이 10*m*까지는 인발력의 증가가 확연하나 10*m*를 초과하게 되면 인발력의 증가가 미미함

② 정착길이 증가로 인발력 부족 시 → 지압형/압축형 앵커 사용, 앵커본수 증가

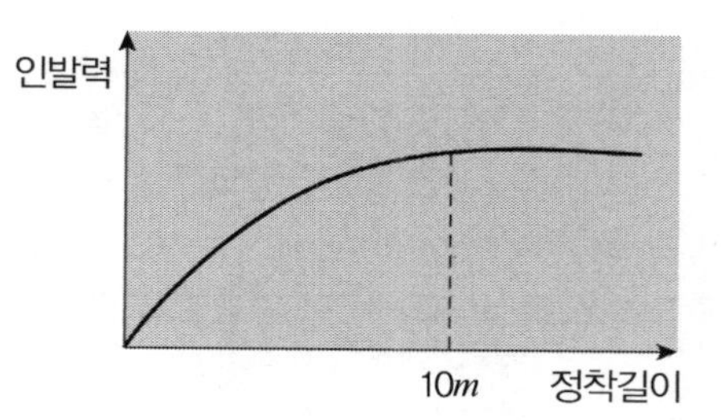

(3) 균열 발생

① 인장 이후 시간이 경과하면 그라우트체에 균열 → 지하수 유입 → 강선 부식 → 초기응력 손실

② 그라우트체의 내구성 저하

(4) 간 격

① 수평간격 : 4.0D 이상

② 수직간격 : 3.5D 이상(D : 정착체 직경)

③ 1단 앵커 시공 시 벽체는 캔틸레버가 되므로 초기변위 억제 → 지표하 1~1.5*m* 이하 설치

(5) 자유길이(L_f)

① 최소 : 3.0*m* 이상

② 계산상 : $L_f = H \cdot \sin(45° - \Phi/2) + 0.15H$

(6) 정착길이

① 앵커체와 지반의 마찰력에 필요한 소요길이

② 앵커체와 강선마찰력에 필요한 소요길이 중 큰 길이로 결정

(7) 주변 매설물 또는 건물의 지하실이 있는 경우

① *Anchor* 시공이 곤란

② *Strut, Top down*공법 검토

(8) 정착지반 선정

① 연약점토, 느슨한 사질토, 매립토층에 앵커체 기능 미발휘

② 풍화토층 이상 지반에 정착되도록 설치각 및 길이 조정

(9) 대수층 천공 시 공벽붕괴

① 케이싱 설치

② 배면지반 그라우팅 후 천공

(10) 인접대지를 침범 : 지주에게 사용승인을 얻어야 함

(11) 경사지층 및 연약층 → 수평방향 시추조사 필요시 시행

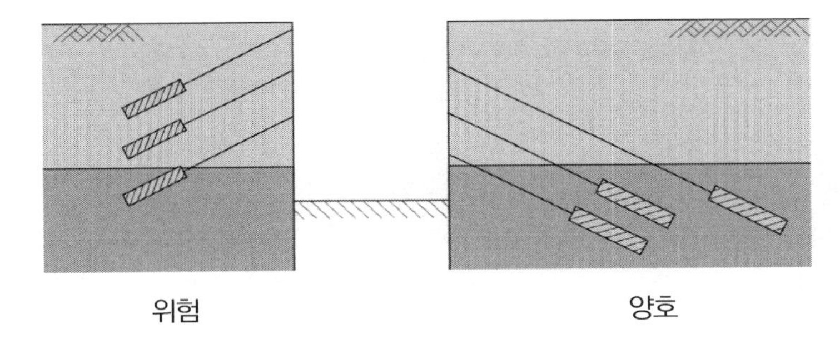

위험 양호

(12) *H-Pile*의 누가 수직력 작용 : *H-Pile* 좌굴, 지지력 검토

7. 시험의 종류와 목적 및 방법

종 류	목 적	방 법	시 기
인 발 시 험	• 앵커체와 지반의 극한 인발력을 알고자 할 때 • 설계 시 앙카체의 정착길이 결정이 목적임	• 시험하중 : 극한 앵커력(p_u) • 단계하중 : 20% 5단계 재,제하 • 시험의 종료 : 인발되거나 항복강도의 90%까지	**설계단계**
인 장 시 험	• 확인시험 판정기준(시공기준 수립) • 긴장력에 따른 변위측정	• 시험하중 : 설계축력의 1.2~1.3배 • 단계하중 : 20% 5단계 재, 제하	**시공 중 (전체의 1~2% 시행)**
확 인 시 험	• 설계목표와 비교 → 안정성 확인	• 시험하중 : 설계축력의 1.0~1.2배 • 단계하중 없이 1회 재하	**시공 중후 (모든 앵커 대상)**

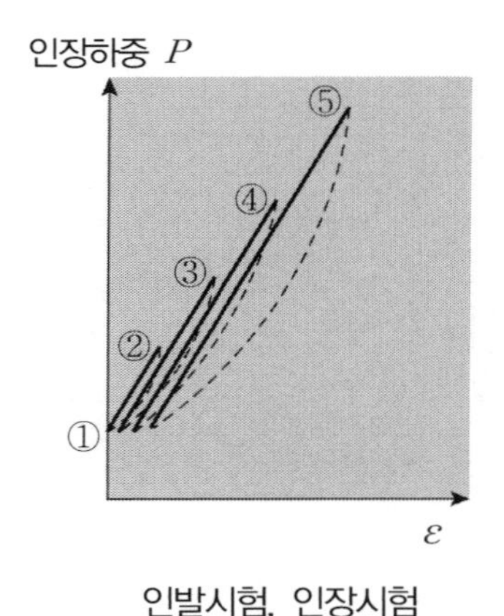

인발시험, 인장시험

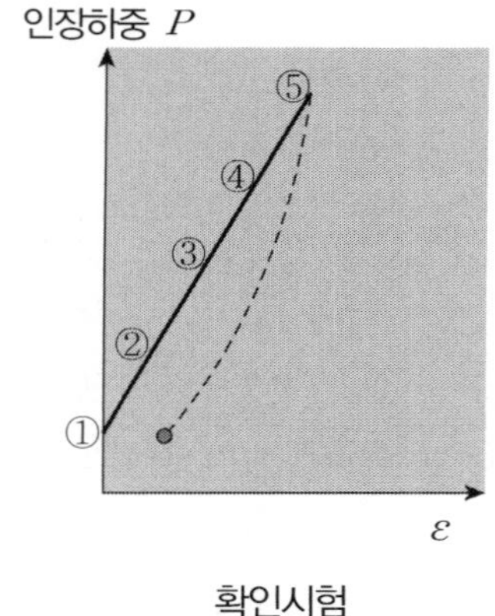

확인시험

8. 시공 시 유의사항

(1) 앵커 설치 시

① 천공 시 주상도와 확인하여 주상도와 상이 시 설계변경 검토

② 천공 시 벤토나이트 사용 금지 → 앵커체와 지반의 부착력 감소

③ 강선 설치 전 간격재 사용

④ 인장 시 확인시험으로 인장력을 확인하고 보통 시멘트는 주입 후 7일, 조강 시멘트는 주입 후 3일이 경과 후 시행

⑤ 취약지역, 대표단면에 대한 계측기 설치 및 위험지역에 대한 집중적인 계측관리 시행

(2) 유지관리

① 영구앵커의 경우 강선의 부식을 방지하기 위한 방식대책 강구, 특히 해수에 의한 지하수 영향을 받는 곳에는 앵커체와 인장재의 방식에 각별한 주의를 요한다.

② 영구앵커 구조물의 경우 변위의 발생에 대하여 지속적인 측정을 시행하고 변위 발생 시 재긴장, 앵커증설, 긴장력 완화등 조치를 취하여야 한다.

③ 앵커두부가 손상을 받지 않도록 보호, 보호 콘크리트 등 대책을 강구하여야 하며 재긴장을 위해 보호캡이 유효하다.

12 비탈면에 이미 정착되어 있는 그라운드 앵커를 대상으로 실시되는 리프트 오프시험을 설명하시오.

1. 리프트오프시험의 정의

(1) 리프트오프시험(*Lift off load test*)이란 이미 긴장·정착되어 있는 앵커의 긴장력을 확인하기 위해 실시되는 시험으로 긴장재의 하중~신장곡선의 관계에서 신장량의 증가비율이 긴장재 자유길이에 대한 탄성신장량과 같아진다는 전제하에 잔존인력을 구하는 시험을 말한다.

(2) 앵커에 잭을 세트하여 여기에 가력함으로써 행하는 간단한 시험이다.

(3) 리프트오프시험의 결과로부터 앵커의 긴장력을 확인하여 유지관리하기 위한 자료로 활용된다.

2. 앵커시험의 목적에 따른 분류

(1) 시험시공

① 인발시험 : 설계와 동일한 지반 → 앵커 품질, 설계 정확성 증명

(2) 현장시공

① 인장시험 : 실시앵커와 동등조건으로 타설한 앵커를 사용해서 실시

② 확인시험 : 인장시험에 사용한 앵커를 제외한 모든 앵커에 실시

종 류		목 적	방 법	시 기
시험시공	인 발 시 험	• 앵커체와 지반의 극한 인발력을 알고자 할 때 • 설계 시 앙카체의 정착길이 결정이 목적임	• 시험하중 : 극한 앵커력(Pu) • 단계하중 : 20% 5단계 재, 제하 • 시험의 종료 : 인발되거나 항복강도의 90%까지	**설계단계**
현장시공	인 장 시 험	• 확인시험의 판정기준(시공기준 수립) • 긴장력에 따른 변위 측정	• 시험하중 : 설계축력의 1.2~1.3배 • 단계하중 : 20% 5단계 재, 제하	**시공 중 (전체의1~2% 시행)**
	확 인 시 험	• 설계목표와 비교 → 안정성 확인	• 시험하중 : 설계축력의 1.0~1.2배 • 단계하중 없이 1회 재하	**시공 중후 (모든 앵커 대상)**

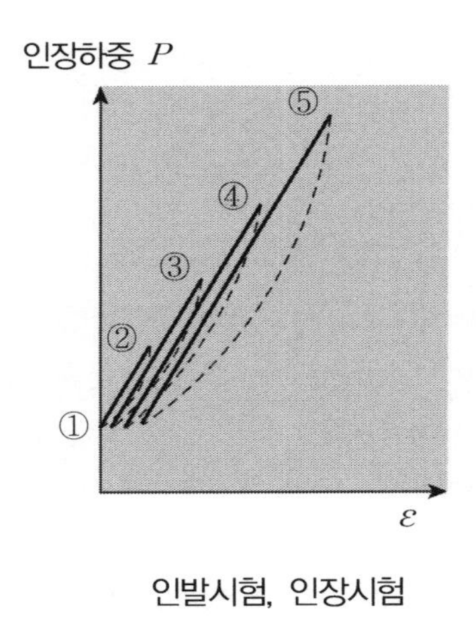

인발시험, 인장시험

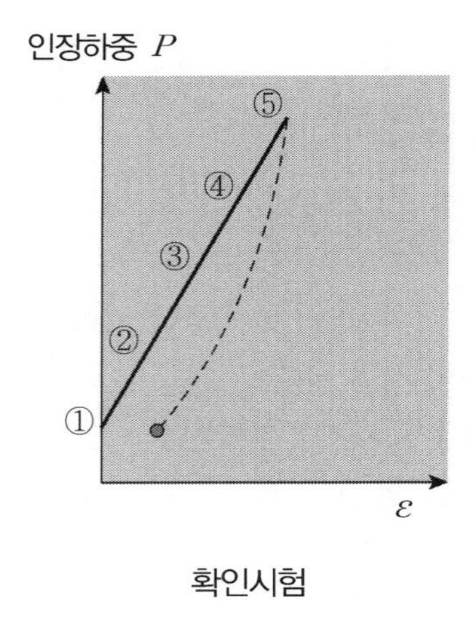

확인시험

(3) 유지관리시험

리프트오프시험 : 타설 완료 후 긴장력 확인 → 유지관리 차원에서 실시

3. 시험수량

시공규모, 타설지반의 종류, 앵커계획대상의 중요도에 따라 책임기술자가 결정한다.
일반적으로 앵커 50~100본에 1개의 비율로 시험을 시행한다.

4. 최대 시험하중

최대 시험하중(Pm)은 시험지점에서 앵커에 잔존할 것으로 예측되는 긴장력(Pd)의 100% 정도로 한다.
리프트오프시험은 이미 정착되어 있는 그라우트앵커를 다시 한번 인장, 앵커두부의 하중~변위관계로부터 변위량의 증가비율이 긴장재의 탄성신장량과 같아진다고 인정되는 하중을 구하는 시험이다. 하중－변위관계는 앵커가 가지고 있는 긴장력 부근에서 변곡점을 갖기 때문에 예상되는 긴장력에서 10% 크게 한 하중을 최대시험하중으로 할 필요가 있다. 단, 하중을 증가해도 변곡점이 구해지지 않는 경우에는 하중의 증가는 긴장재의 항복하중(Py)의 90% 또는 비례한계하중(Pp) 정도까지로 한다.

5. 시험시기

리프트오프시험의 시기는 앵커 정착 후 잔존 긴장력을 확인할 필요가 생길 때 혹은 긴장력의 유지관리계획으로 결정되어 있는 시기 등에 실시한다.
일반적으로 긴장력의 저하량은 앵커 정착 후가 가장 크고 시간이 지나면서 작아지므로 리프트오프시험의 시간간격은 정착 후 초기는 좁게, 시간이 지나고 나서는 크게 잡을 때가 많다. 시험의 시간간격은 앵커의 공용기간이나 중요도 등을 고려하여 결정한다.

6. 시험장치

리프트오프시험에 쓰이는 시험장치 및 구비해야 할 성능은 다음과 같다.

(1) 가력장치 : 최대 시험하중에 대하여 120% 이상의 용량을 갖는 것

(2) 계측장치 : 앵커의 변위량이 충분한 정밀도로 계측할 수 있는 것
앵커두부의 신장량 계측은 정밀도 0.1 ~ 0.5*mm* 정도의 변위계를 사용하여 실시할 때가 많다.

7. 시험방법

리프트오프시험은 단계재하에 의해 실시하고 긴장력 – 앵커두부변위량 관계를 측정한다.

(1) 초기하중은 $Pi = (0.05 \sim 0.1)Pd$로 한다.

(2) 단계적 하중증분은 잔존긴장력(Pd)의 85% 정도까지는 $\Delta P = (0.02 \sim 0.05)Pd$로 한다.

(3) 하중유지시간은 특별히 필요하지 않다.

(4) 재하속도는 인장시험에 준한다.

8. 시험결과의 평가

(1) 리프트오프시험의 결과는 하중–앵커두부변위량 관계를 보통눈금의 그래프용지에 작도하여 이것을 기초해서 리프트오프 하중을 구한다.

(2) 잭으로 앵커헤드나 긴장재를 인장했을 때 앵커헤드가 지압판에서 떨어지든지, 정착쐐기가 앵커헤드에서 빠지기 시작했을 때의 하중을 리프트오프 하중이라고 한다.

(3) 이때 하중과 긴장재의 신장과의 관계는 하중이 작을 때는 구배가 급한 곡선이 되고 하중이 앵커의 잔존 긴장력보다 커지면 앵커 자유길이부의 긴장재의 탄성적인 하중–변위곡선의 구배와 거의 같아진다.

(4) 따라서 리프트오프시험에 대한 하중–변위량곡선의 변곡점은 잭의 하중과 앵커의 긴장력이 균형을 이룬 점으로 생각된다. 일반적으로 이때의 하중을 리프트오프 하중으로 한다.

9. 결 론

(1) 앵커의 잔존 긴장력은 지반의 크리프, 긴장재의 릴랙세이션의 영향에 의해 시간의 경과와 함께 조금씩 감소하지만, 외력의 변화나 침하에 의한 지반의 변위 영향을 받았으면 크게 변화한다.

(2) 이러한 경우 앵커는 기대한 기능을 발휘할 수 없게 되거나 긴장재의 파단 등 위험한 상태가 된다.

(3) 리프트오프시험에 의해 앵커의 잔존 긴장력을 측정하여, 앵커가 안정한 상태에 있는지 확인하는 것은 유지관리에 있어 매우 중요하다.

(4) *PC* 강연선 형식의 앵커는 각각의 강선에 작용하는 하중이 불규칙한 경우에는 명확한 변곡점을 얻지 못하고 올바른 잔존 긴장력을 얻을 수 없으므로 각각의 강연선을 별도로 긴장하는 방법 등 판단에 충분한 주의를 기울여야 한다.

(5) 계획최대하중까지 재하하여 리프트오프를 확인할 수 없는 경우는 잔존 긴장력이 허용 긴장력을 넘어 위험한 영역에 이르고 있기 때문에 긴급대책의 검토가 필요해진 경우라 판단할 수 있게 된다.

(6) 또 시험 중 앵커의 돌출이 확인된 경우에는 잔존 긴장력을 구하는 것은 불가능하다.

13 Group Anchor Effect

1. 정 의

(1) *Anchor*체를 지중에 매설하게 될 경우 *Anchor*체 간격에 따라 지중응력이 중첩되게 되면

(2) *Anchor*체 1개의 극한 인발저항력이 감소하게 되는데 이러한 현상을 *Group anchor effect*라고 함

(3) 다음 식으로 표현됨

$$T' = \alpha \cdot T$$

여기서, T' : *Group Anchor*의 극한 인발력
α : 저감률
T : *Single Anchor*의 극한 인발력

2. *Group Effect*

(1) 개 념

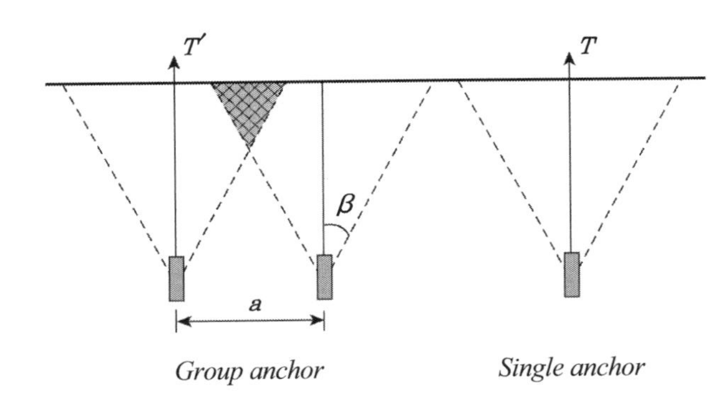

Group anchor *Single anchor*

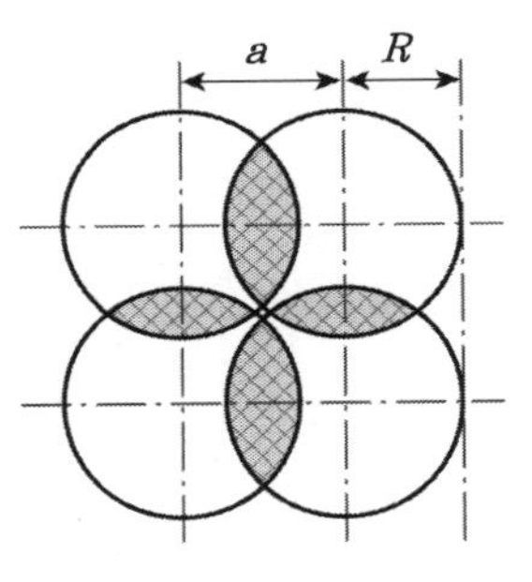

Group anchor 지중응력 평면

※ 앵커간격 小 → 지중응력 중복 → 앵커체 극한 인발력 감소

(2) 영향요소

① 토질조건 : β값(암 → 45°, 토사 → $\frac{2}{3}\phi$)

암과 같이 굳은 층일수록 지중응력 중첩범위가 커짐

② 앵커체 간격

③ 앵커깊이

④ 앵커체 직경

3. 설계 적용

(1) *Group anchor effect*에 따른 저감률 적용

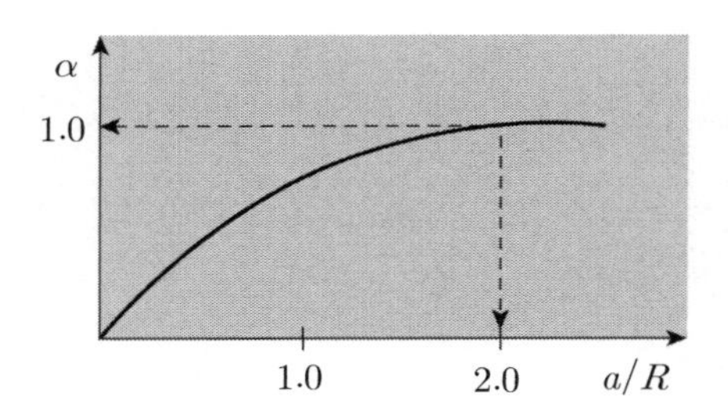

Single anchor 극한 앵커력 산정

→ *Group anchor* 저감률 적용

→ 군 앵커 극한 앵커력 산정($T' = \alpha \times T \times n$)

(2) 앵커체 간격 설계 시 *Group anchor effect*에 따른 저감률 적용을 무시하기 위해서는 지중응력 영향반경의 2배 이상일 때 가능하다.

14 마찰형 앵커의 문제점과 개선대책

1. 앵커의 분류

(1) 설치기간에 따라(2년 기준) : 가설앵커, 영구앵커

(2) 지반과 *Grout* 정착방식에 따라 : 마찰형, 지압형, 혼합형

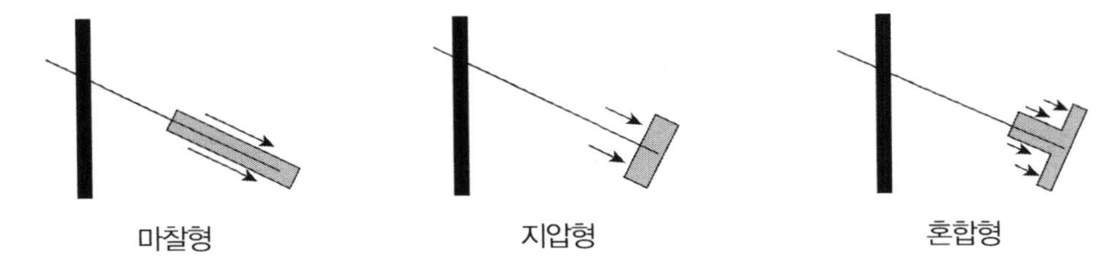

(3) 인장재와 *Grout* 정착방식에 따라 : 마찰형(압축형, 인장형)

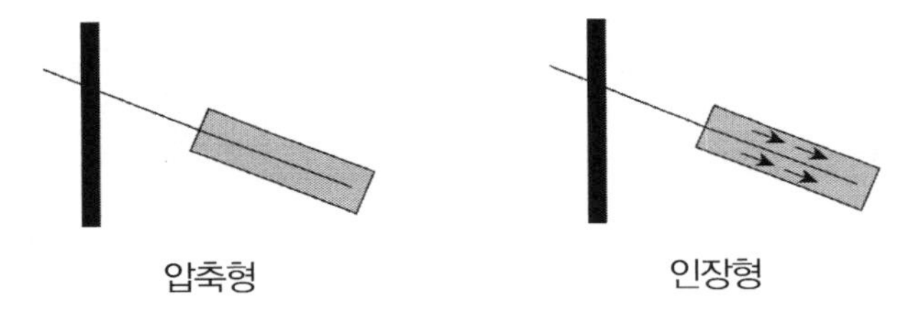

(4) 인장력 유무에 따라 : 주동앵커, 수동앵커

(5) 정착지반에 따라 : 어스앵커, 록앵커

2. 마찰형 앵커의 문제점

(1) 진행성 파괴 고려(*Progressive failue*)

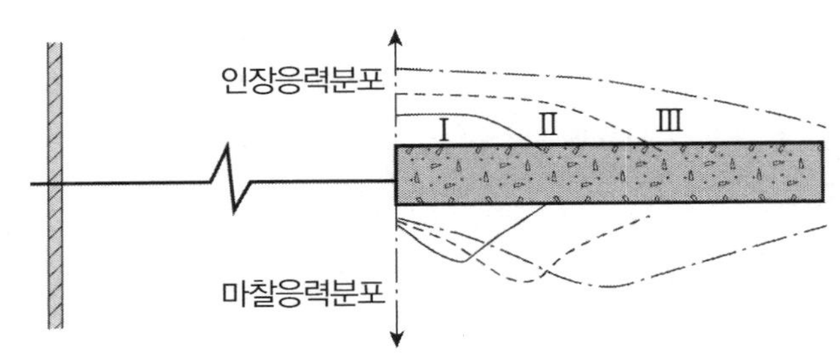

① 지표면에 가까운 앵커체로부터 인장력을 부담하고 인장력이 마찰력을 초과 시 앵커 선단부로 인장력의 분포가 이동함

② 설계 시 → 동시파괴 개념으로 앵커정착길이 전체에 유효한 마찰력이 작용하는 것으로 가정

③ 실제 → 변위가 발생되면서 진행성 파괴가 발생함

(2) 정착제 길이 제한 : 10m 이내

① 정착길이 10m까지는 인발력의 증가가 확연하나 10m를 초과하게 되면 인발력의 증가가 미미함

② 정착길이를 증가해도 인발력 부족 시
→ 지압형/압축형 앵커 사용, 앵커본수 증가

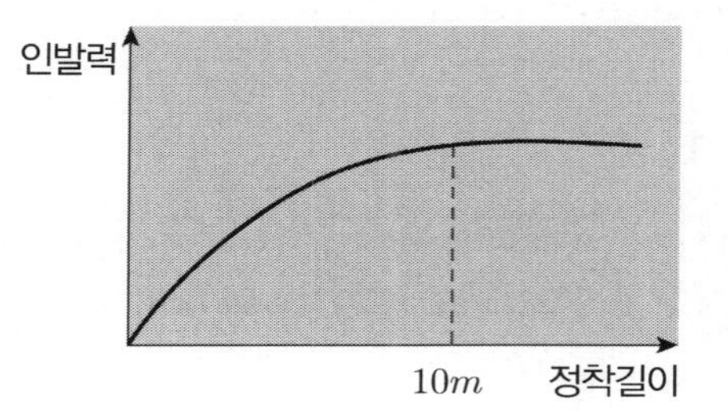

(3) 균열 발생

① 인장 이후 시간이 경과하면 그라우트체에 균열
→ 지하수 유입 → 강선 부식 → 초기응력 손실

② 그라우트체의 내구성 저하

3. 개선방향

(1) 지압형 앵커(지반과 앵커체) : 주로 영구앵커에 적용

① 지지개념 : 앵커체 부분을 40~50cm 크게 함 → 지압에 의한 정착력 발휘

② 앵커체 확대방법 : 그라우트 가압방식, 쐐기형 방식, 기계확공 방식, 팽창제 사용

③ 앵커력

$$T = q \cdot A$$

여기서, q : 지압저항력
A : (확공부 − 천공부) 면적

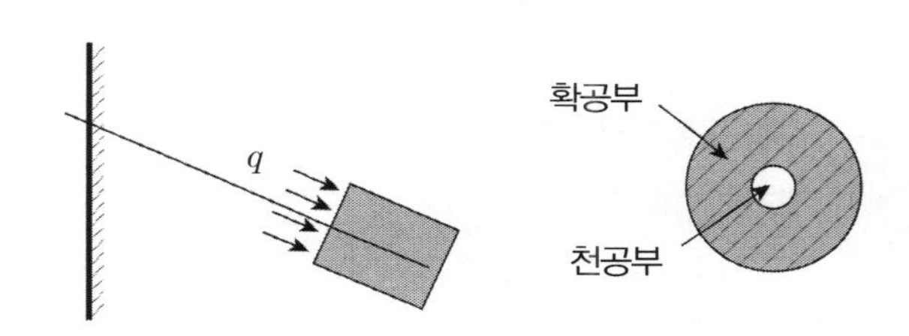

(2) 압축형 앵커(강선과 앵커체)

① 지지개념

앵커체 선단에 지압판을 설치하여 인장응력 발생 시 앵커체에 압축력을 도입과 정착력을 발휘

✓ 인장재 강선의 인장강도, 지반과 앵커체의 주면마찰력, 앵커체 자체의 압축강도가 충분할 경우 조건임

② 설계 검토항목

설계 검토항목	인장형	압축형
인장재의 인장강도	○	○
앵커체와 지반과의 마찰력	○	○
인장재와 그라우트재의 부착력	○	×
앵커체의 압축강도	×	○

③ 앵커력

Grout 재의 팽창에 의한 지반 구속압 증가로 앵커력 증대

Grout 재의 압축으로 균열억제 → 내구성 증대 → 앵커력 손실 방지

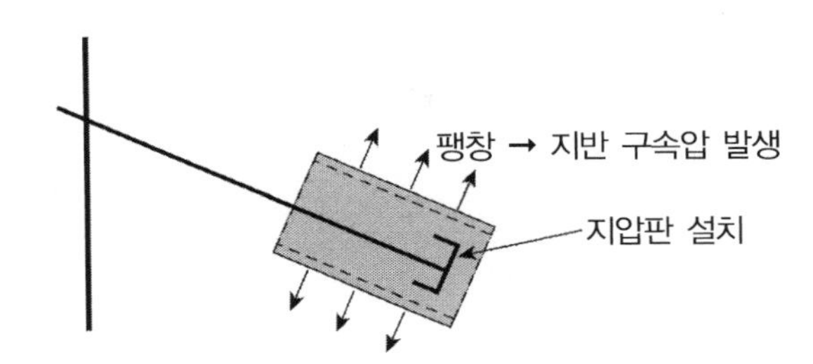

TIP | 압축형 앵커 시공순서(참고) |

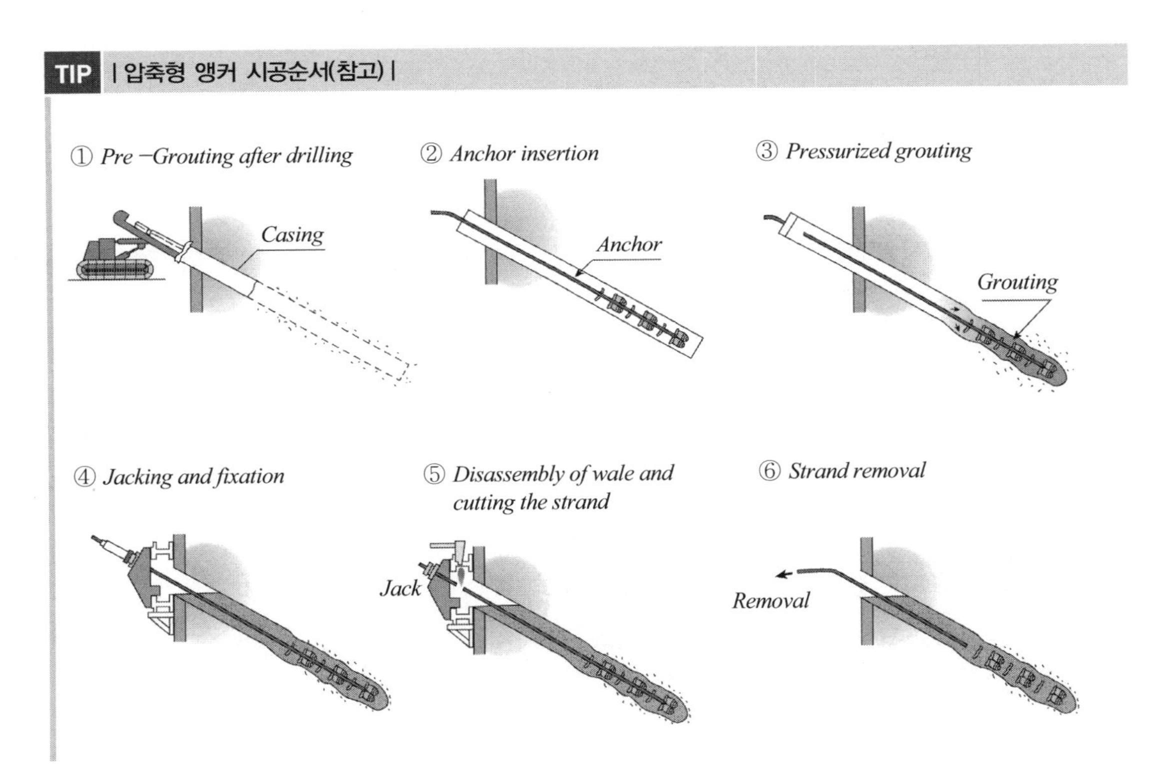

15 인장형 앵커와 하중 집중형 앵커의 하중 변화도 및 주변 마찰 분포도

1. 앵커의 분류

(1) 설치기간에 따라(2년 기준) : 가설앵커, 영구앵커

(2) 지반과 *Grout* 정착방식에 따라 : 마찰형, 지압형, 혼합형

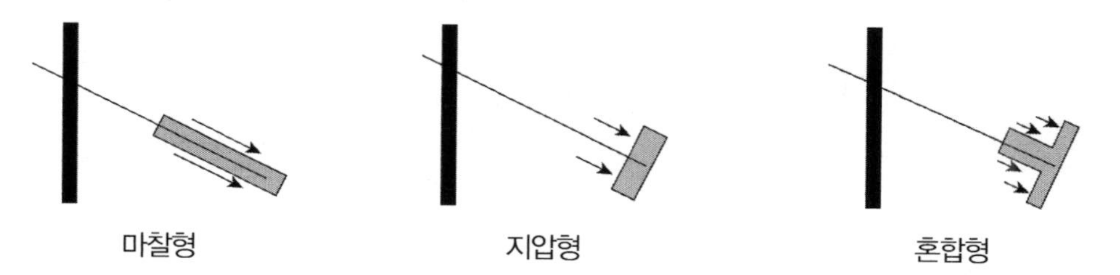

(3) 인장재와 *Grout* 정착방식에 따라 : 마찰형(압축형, 인장형)

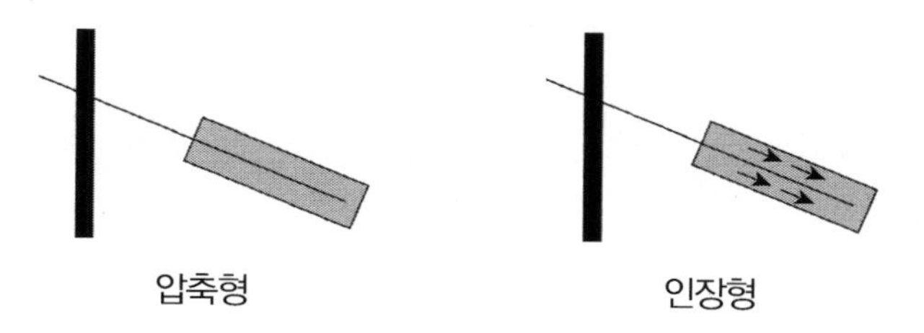

※ 압축형 앵커의 구분 : 하중 집중형, 하중 분산형

(4) 인장력 유무에 따라 : 주동앵커, 수동앵커

(5) 정착지반에 따라 : 어스앵커, 록앵커

2. 인장형 앵커의 하중 변화도 및 주변 마찰 분포도

(1) 인장형 앵커의 경우, 그라우트 내의 인장크랙과 하중 집중으로 인한 *Creep* 등으로 진행성 파괴현상이 발생되어 하중 감소가 큰 단점을 가지고 있다.

(2) 하중 변화도

① 그라우트체에 인장력을 주면 설계 시 예상한 하중곡선 ①을 기대하지만 실제로는 하중 집중구간이 대상지반의 극한 인발력을 상회하게 되므로 결국 ②의 하중곡선으로 이완되며 ③의 하중곡선에서 정착된다.

② 이러한 경우가 발생하는 주된 이유는 하중의 집중으로 인한 국부 마찰력의 저하 등이다.

(3) 주변 마찰 분포도(그림 A)

① 하중이 재하되는 초기 곡선 1)과 같이 하중전이 분포를 가진다.

② 그러나 시간이 경과함에 따라 *Creep* 등 진행성 파괴가 진행됨에 따라서 곡선 3)과 같은 모습으

로 변화하여 하중이 감소한다.

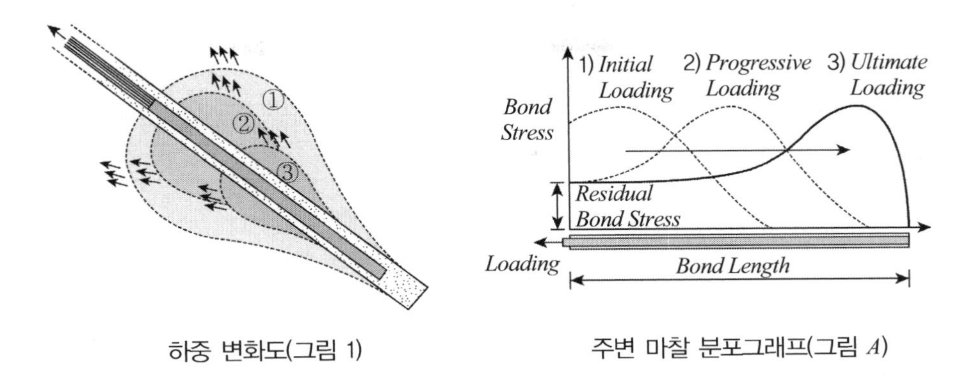

하중 변화도(그림 1) 주변 마찰 분포그래프(그림 *A*)

3. 하중 집중형(압축형) 앵커의 하중 변화도 및 주변 마찰 분포도

(1) 압축형 앵커는 *P.E* 강연선을 사용하여 별도의 정착체에 강연선을 구속시켜 그라우트에 압축력을 발생시킬 수 있다.

(2) 인장형 앵커에 비해 *Creep*에 의한 하중 감소는 적으나 고강도의 그라우트를 사용해야 하며 비교적 연약한 지반에서는 소정의 앵커력을 확보할 수 없다는 단점을 가지고 있다.

(3) 하중 변화도

① 하중 집중이 선단부에 발생하게 되며 이러한 하중 집중은 그라우트를 파괴시킬 수 있고

② 극한 마찰력을 상회하는 하중을 도입하고자 할 때는 천공경의 증가나 주변 구속압이 높은 암반에 정착시켜야 하는 단점이 있다.

③ 하중 집중형 앵커 역시 인장형 앵커와 마찬가지며 하중 저감(하중 변화도 ① → ② → ③)이 발생하고 더욱이 압축파괴에 의한 갑작스러운 하중 저감이 발생할 수 있는 요인이 있다.

(4) 주변 마찰 분포도

그래프에서 보듯이 주변 마찰력의 분포는 1)에서 3)으로 변화하여 하중은 감소한다.

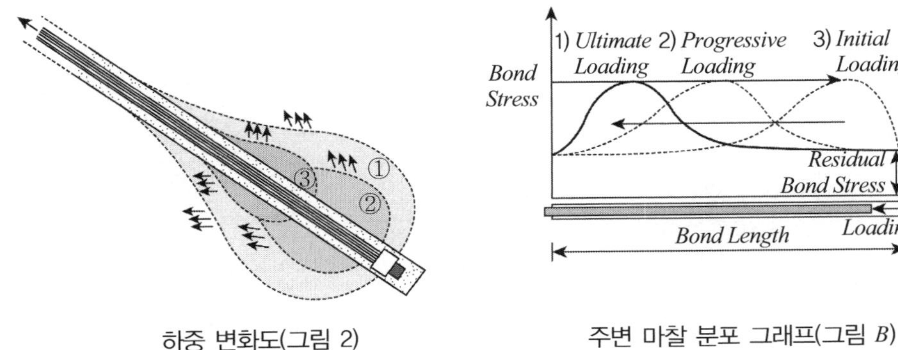

하중 변화도(그림 2) 주변 마찰 분포 그래프(그림 *B*)

16 설치기간과 인장력 유무에 따른 앵커의 형식별 비교

1. 설치기간에 따른 앵커형식

구 분	가설앵커	영구앵커
적 용	• 공사기간 중 필요시 • 긴급보수 시 임시안정 • 기간은 약 2년 이내	• 토류벽, 사면안정, 부력방지등과 같이 2년 이상의 기간 소요
앵커두부구성	• 지압판, 정착장치	• 지압판, 정착장치 • **재긴장용 보호캡**
긴장력	• *Relaxation* 고려	• *Relaxation* 고려 • ***Creep* 고려** • **쉬스관 고려**
직 경	• *PS*강선 삽입, 그라우팅 튜브, 적당한 피복을 위한 공간 필요(보통 10*cm*)	• 가설앵커 항목에 쉬스관 추가 설치 공간 필요 • 가설앵커보다 큰 피복두께를 위한 공간 필요(보통 15*cm*)
안전율	• $F_s = 1.5$	• $F_s = 2.5$
단 면	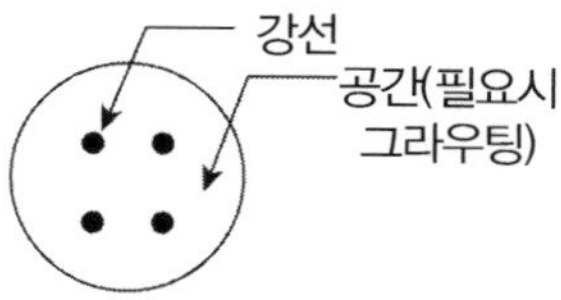 강선 공간(필요시 그라우팅) 〈자유장〉 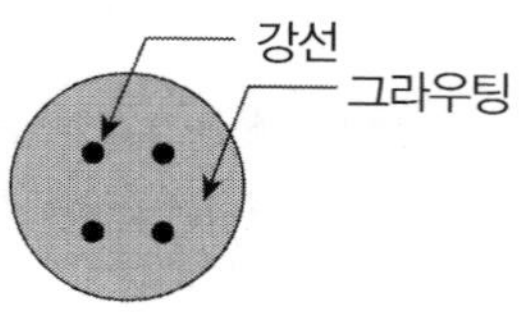 강선 그라우팅 〈정착장〉	• 정착장은 가설앵커와 동일 • 자유장은 재긴장이 용이하도록 쉬스관 설치 및 그리스 충전 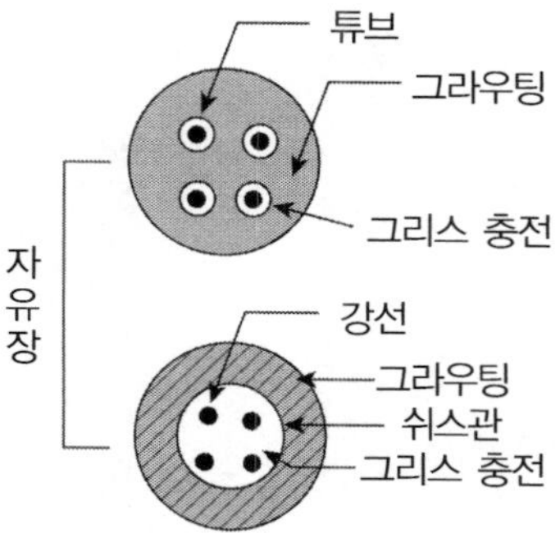 튜브 그라우팅 그리스 충전 자유장 강선 그라우팅 쉬스관 그리스 충전

2. 인장력 유무에 따른 앵커형식

<table>
<tr><th colspan="2">구 분</th><th>주동앵커</th><th>수동앵커</th></tr>
<tr><td colspan="2">개 념</td><td>• 하중작용 전 긴장</td><td>• 변위 발생 후 긴장</td></tr>
<tr><td colspan="2">적 용</td><td>• 어스앵커
• 록 앵커
• 변위억제 개념</td><td>• Soil nailing → 변위 허용
• 변위억제가 필요한 경우에 적용 곤란</td></tr>
<tr><td rowspan="3">특 성</td><td>변 위</td><td>• 작다</td><td>• 크다</td></tr>
<tr><td>토 압</td><td>• 크다</td><td>• 작다</td></tr>
<tr><td>긴장력</td><td>• Jack</td><td>• 벽체 변위</td></tr>
<tr><td colspan="2">하중 - 변위</td><td colspan="2">• 주동앵커는 하중작용 전에 긴장을 주므로 변위가 억제됨
• 수동앵커는 변위 발생에 따라 하중이 작용되므로 주동앵커보다 변위발생량이 큼
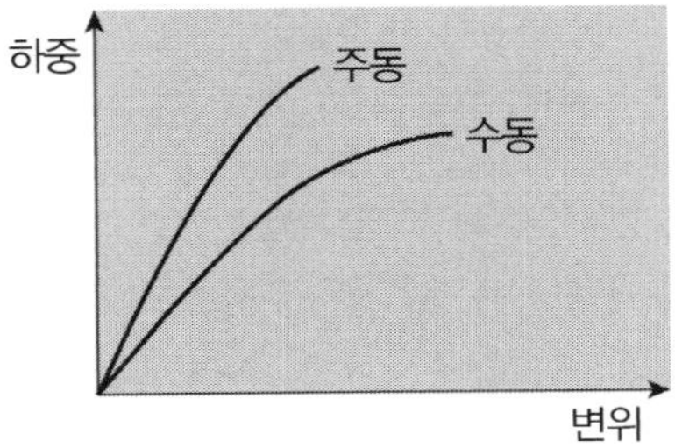
</td></tr>
<tr><td colspan="2">토압과 변위</td><td colspan="2">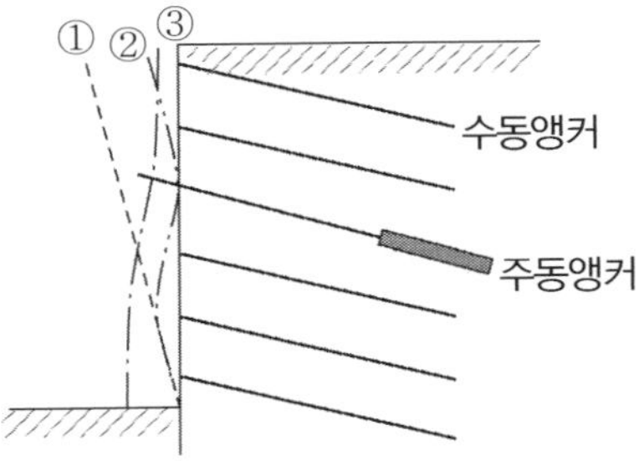

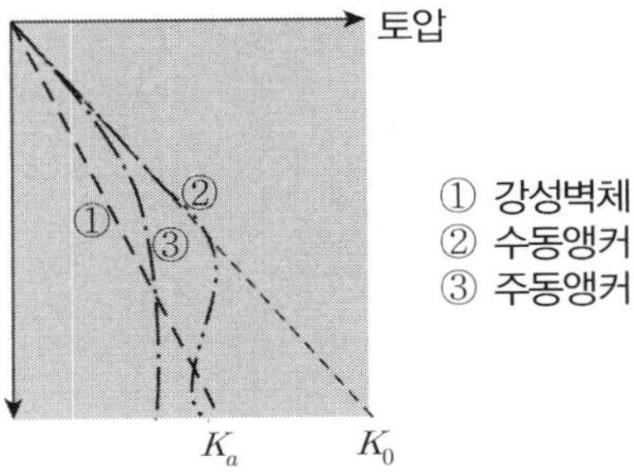

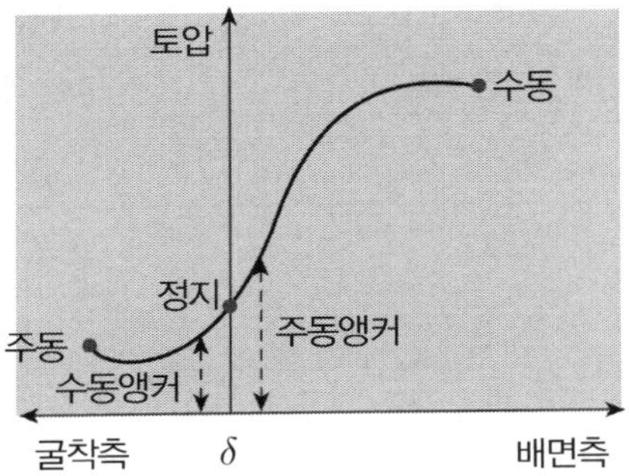
</td></tr>
</table>

17 U－Turn Anchor 공법(제거식 앵커)

1. 개 요

(1) *U－Turn Anchor* 공법이란 토류벽 공사 완료 후 인장재를 제거하는 공법을 말한다.

(2) 기존의 앵커공법은 토류벽 공사 후 잔류되어 향후 지하공간 개발 시 간섭 및 부식에 따른 지하수 오염을 유발시키는 등의 문제점을 가지고 있으므로 대안으로 고안된 공법이다.

2. 기존 앵커와 비교

(1) 응력 분포

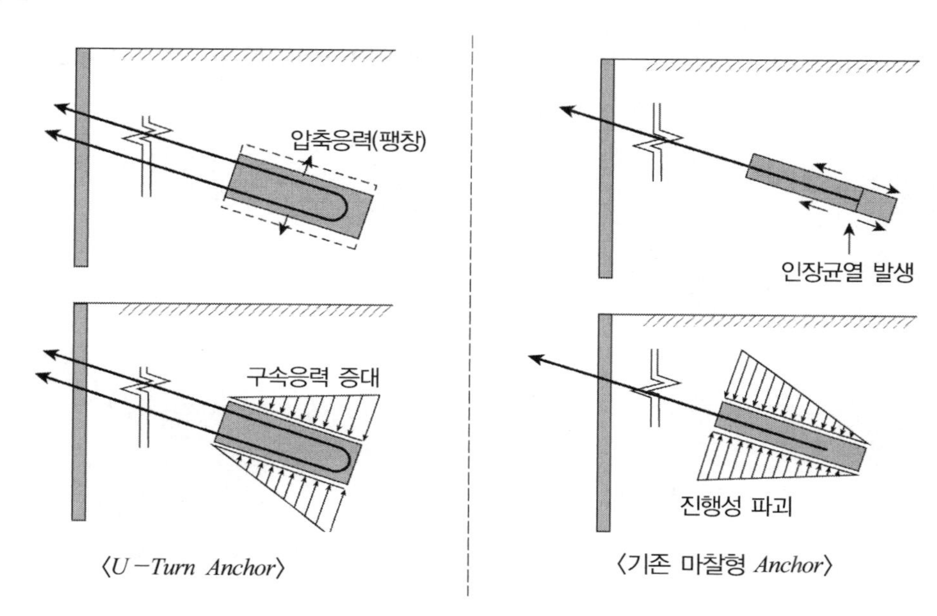

〈*U－Turn Anchor*〉 〈기존 마찰형 *Anchor*〉

(2) 특 징

구 분	*U－Turn Anchor*	기존 마찰형 앵커
지지형식	마찰·압축형	마찰·인장형
인장제 제거 가능성	가 능	불가능
초기 긴장력 손실	작 다	크 다
진행성 파괴	작 다	크 다

✓ 장비제거식 앵커의 강선 제거

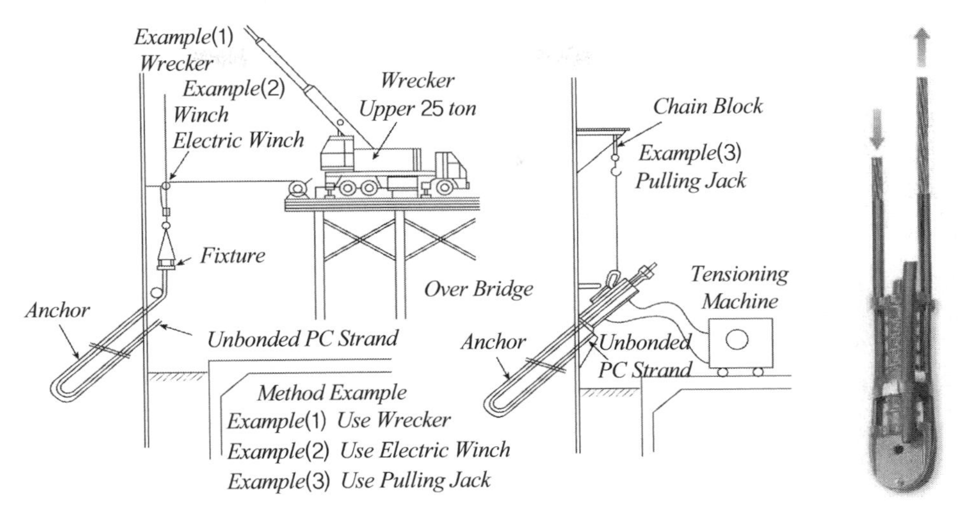

✓ 인력제거식 앵커의 강선 제거

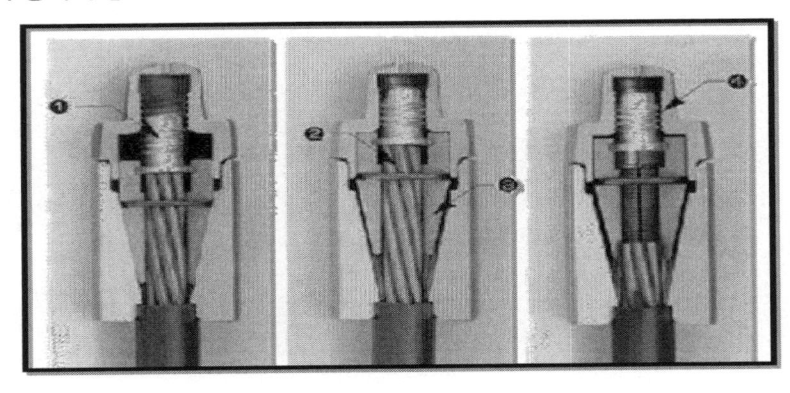

18 점토지반 수직굴착 가능 이유와 Strut 설치방법 3가지

1. 개 요

(1) 점토지반은 사질지반에 비해 Φ값이 작기 때문에 상대적으로 토압이 크게 발생한다.

(2) 따라서 토류벽의 변형과 침하량, 침하영향거리도 굴착깊이의 2~4배 정도로 크게 되므로 사질지반에 비해 정밀시공이 필요하며, 특히 *Strut*의 변형이 되지 않도록 계측관리 등의 방안을 강구하여야 한다.

(3) 벽체와 *Strut*에 작용하는 응력은 굴착단계별 변위와 토압을 고려한 탄소성 해석에 의한 부재설계가 이루어진다.

2. 수직굴착이 가능한 이유

(1) 인장균열깊이(Z_c)

옹벽 배면의 점성토에 의한 인장응력이 미치는 범위로써 (−)토압의 발생깊이를 말하며 수평단위 토압을 0으로 하여 구할 수 있음

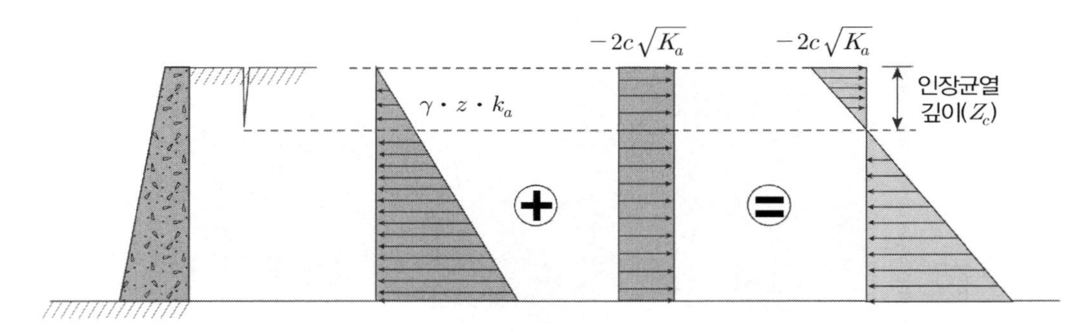

점착력이 있는 흙의 주동토압

① 인장균열깊이 계산

㉠ 단위 주동토압 $\sigma_{ha} = 0$이라 놓고 계산하면

$$\sigma_{ha} = \gamma \cdot Z_c \cdot K_a - 2c\sqrt{K_a} = 0$$

$$\therefore\ Z_c = \frac{2c\sqrt{K_a}}{\gamma_t \cdot K_a} = \frac{2c}{\gamma_t \cdot \sqrt{K_a}}$$

㉡ 만일 내부마찰각이 0인 완전 비배수 조건의 점토라면 $\phi = 0$이므로

$$\therefore\ Z_c = \frac{2C}{\gamma_t} \cdot \tan\left(45° + \frac{\phi}{2}\right) \rightarrow Z_c = \frac{2C_u}{\gamma_t}$$

(2) 한계깊이(H_c)

뒷채움 흙에 의한 (+)토압과 인장균열에 의한 (−)토압이 상쇄되어 토압이 '0'이 되는 이론적 깊이로서, 이론적으로 가시설 없이 굴착 가능한 임계깊이를 말함

계 산	방법 '1'	방법 '2'
방 법	**전 주동토압 $P_a = 0$ 가 되는 깊이계산** $P_a = \frac{1}{2} \cdot K_a \cdot \gamma \cdot H^2 - 2 \cdot c \cdot H \cdot \sqrt{K_a} = 0$	**인장균열깊이의 2배(상쇄개념)**
결 과	$H_c = 2 \cdot Z_c = \dfrac{4 \cdot c}{\gamma_t \cdot \sqrt{K_a}}$	

✓ **경험적 한계깊이(*Terzaghi*)는 이론상 구한 한계깊이보다 작은 $H_c = 1.3 \times Z_c$**

(3) 인장균열 발생 시 이론적 토압

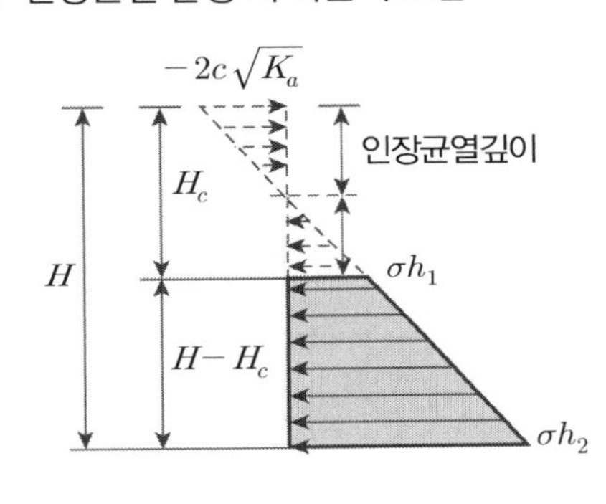

① 방법 '1' → 전 주동토압 개념

$$P_a = \frac{1}{2} \cdot K_a \cdot \gamma \cdot H^2 - 2 \cdot c \cdot H \cdot \sqrt{Ka}$$

② 방법 '2' → 사다리꼴 면적계산

$$P_a = \frac{\sigma_{h_1} + \sigma_{h_2}}{2}(H - H_c)$$

$$\sigma_{h_1} = \gamma \cdot H_c \cdot K_a - 2c\sqrt{K_a}$$

$$\sigma_{h_2} = \gamma \cdot H \cdot K_a - 2c\sqrt{K_a}$$

(4) 인장균열에 대한 실제 토압

인장균열에 대한 실제 토압은 인장균열깊이까지 부의 토압은 무시하고 구함

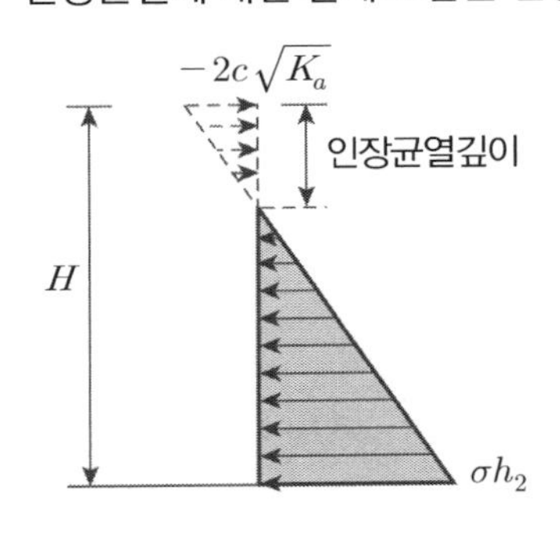

① 방법 '1' → 전 주동토압+균열부 토압

$$P_a = \frac{1}{2} \cdot K_a \cdot \gamma \cdot H^2 - 2 \cdot c \cdot H\sqrt{K_a} + c\sqrt{K_a} \cdot Z_c$$

② 방법 '2' → 삼각형 면적계산

$$P_a = \frac{\sigma_{h_2}}{2}(H - Z_c)$$

$$\sigma_{h_2} = \gamma \cdot H \cdot K_a - 2c\sqrt{K_a}$$

한계깊이를 무시하는 이유

① *Terzaghi*에 의한 경험토압면에서 실제 한계깊이는 대략 $Hc ≒ 1.3Z_c$가 되고
② 배면토에 대한 시료채취로 구한 C값은 교란 및 우기 시 변화가 많아 신뢰성이 떨어지며
③ 점토의 경우 되메우기한 후 *Thixotropy* 현상에 의해 강도가 회복되는 등 불확실 요소를 감안하여 한계깊이는 무시한다.

3. *Strut* 설치

(1) 단계별 굴착 시 토류벽 주변 트렌치 설치

① 방법

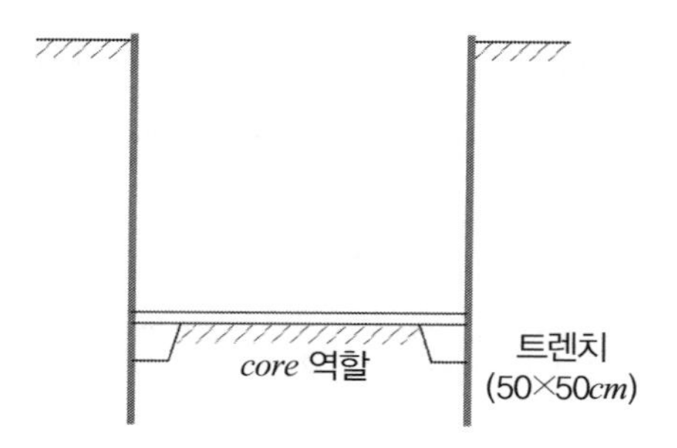

② 효과

㉠ *Strut* 설치 시 지지지반을 활용할 수 있으므로 시공성이 향상 → 중간말뚝에 용접, 볼팅처리 용이

㉡ 초기 좌굴을 방지 : 벽체변형 억제

㉢ 배수효과 : 50 × 50*cm*

(2) *Strut* 좌굴 방지 : 대칭시공

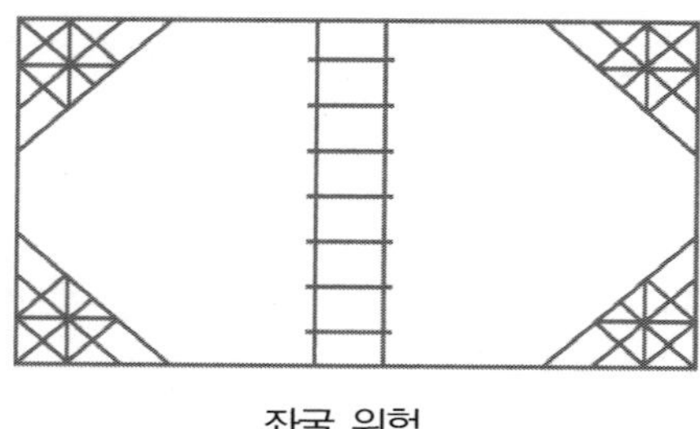

좌굴 위험

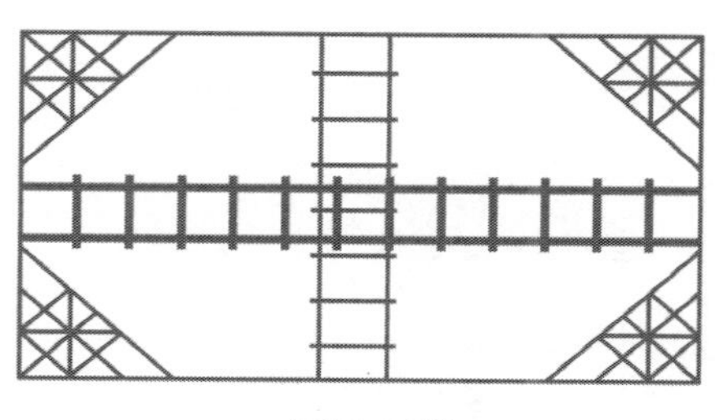

좌굴 안전

(3) *Prestress*에 의한 변위 억제

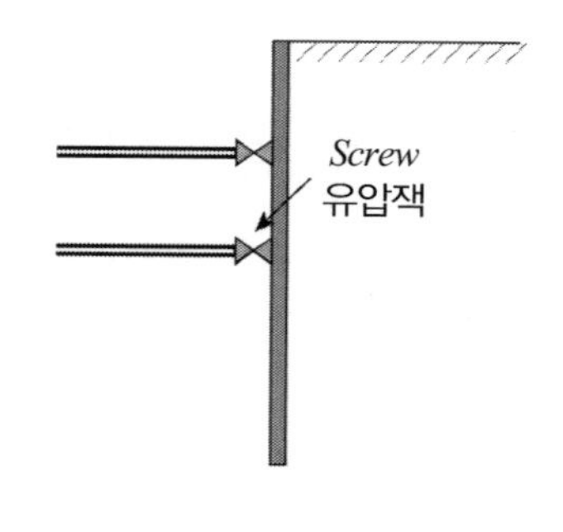

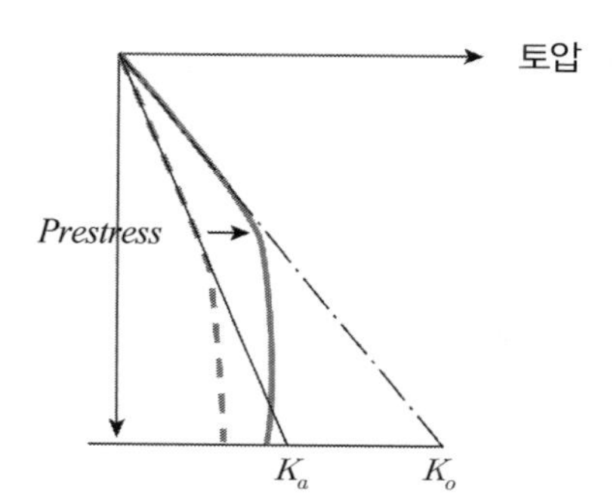

① 점토지반에 굴착에 따른 변위가 클 수 있으므로 *Strut*에 *Prestress*를 가함 → 변위 억제

② 변위 억제 → 침하 방지

③ 변위 억제 → 토압 증가

④ 선행하중 크기 → 설계하중의 50%

⑤ 증가된 토압 고려 *Strut* 단면 결정

TIP | 흙막이 개요도 |

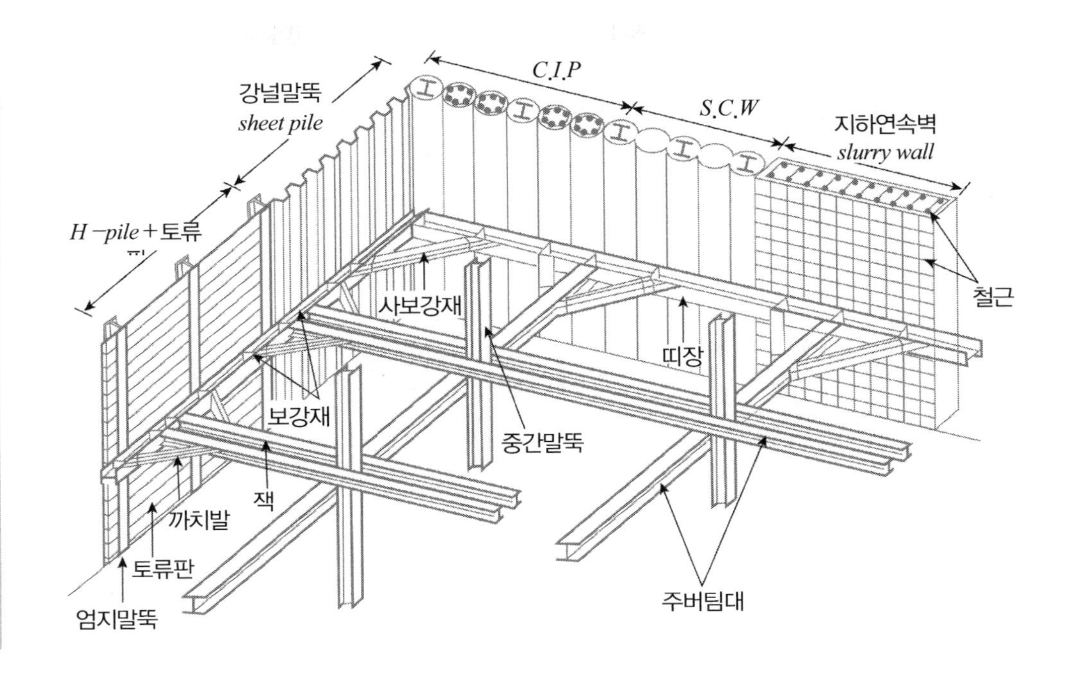

C.I.P
S.C.W
강널말뚝
sheet pile
지하연속벽
slurry wall
H-pile+토류판
철근
사보강재
띠장
보강재
중간말뚝
잭
까치발
토류판
엄지말뚝
주버팀대

19 토류벽 굴착 시의 침하원인과 대책

1. 개 요

굴착공사 시 피해로는 도로균열, 파손, 단차와 이로 인한 교통사고를 유발시키고 상하수도 배관, 가스관 등이 파손된다. 인접 구조물의 균열과 경사, 부등침하가 발생하는 등 피해가 발생되며, 침하를 완전히 방지하는 것은 현실적으로 불가능하나 피해를 최소화하기 위한 원인별 대책을 강구하여야 한다.

2. 침하발생의 원인

(1) 설계문제

① 지반조사 미흡 : 지반조사 시 지층판단, 지반정수, 지반반력계수 등의 부적절한 평가, 지하수위, 지반경사가 고려되지 못한 상태로 설계 시행

② 설계 부적정 : 침하발생량에 따른 적정공법 선정 미흡, 지하수 고려한 차수대책 부적정, 근입깊이 부적절, 지반개량관련 설계 부적절

(2) 시공상 원인

① 과도한 굴착 : 편토압 발생 → 토류벽에 과대한 휨모멘트 유발

② 배면공극 발생 및 이음부 벌어짐 : 배면토의 이동, 지하수와 함께 배면토 유출 등으로 인한 토류벽 붕괴 유발

③ *Heaving*, *Boiling* 발생 : 근입깊이를 적게 시공한 경우 점성토는 *Heaving*, 사질토는 *Boiling* 발생

④ 흙막이 벽 누수 : 지하수 저하로 인한 유효응력증대로 침하 발생(침하량 : 사질토 < 점성토)

⑤ 토류벽 인발 : 인발 후 남은 구멍으로 토류이동 지반침하 발생

⑥ 토류벽 시공 시 진동 : 사질토는 침하, 점성토는 전단강도 감소

⑦ 기타 : 지하 매설물에 의한 토류벽 시공 생략으로 인한 지반변형으로 침하, 상수도관, 하수도관의 누수로 인한 침하 등

3. 침하방지 대책

(1) 설계 시 대책

① 지반조사 철저

② 벽체 변위, 유동압저항을 위해 강성이 큰 토류벽 사용

③ 굴착단계별 탄소성 해석

④ 근입부 안정 및 굴착배면, 굴착저면에 대한 지반개량 검토

(2) 시공 시 대책

① 과도한 굴착 금지 : 설계도서에 명시된 굴착순서 준수

② 배면공극 채움 : 깬자갈이나 모래, 혼합석, 콘크리트 채움

③ *Heaving, Boiling* 발생 방지 : 근입장 깊이 준수, 굴착저면 개량(심층혼합처리 공법, 고압분사공법)
④ 흙막이 벽체의 누수 방지 : 토류벽 배면 그라우팅, 지중연속벽으로 설계 변경
⑤ *Sheet pile, H-Pile* 인발 후 모래나 몰탈채움
⑥ 기타 *Under pinning*, 연결부 정밀시공 등

4. 근접시공 시 고려사항

(1) 기설구조물의 하중으로 인한 지중응력상태를 고려한 토압 산출값 적용
(2) 굴착에 따른 주변지반의 침하 예측
(3) 인접 기설구조물의 침하, 경사 발생 시 허용치 평가
(4) 장비나 발파에 의한 진동, 소음 허용치 평가
(5) 개략적인 침하영향거리, 침하량
① 침하영향거리
㉠ 양호한 지반 : $L \fallingdotseq 2H$ ㉡ 불량지반 : $L \fallingdotseq 4H$
② 발생 침하량
㉠ 양호한 지반 : $0.5H/100$ ㉡ 불량지반 : $2H/100$
(6) 토압계수 적용
① 변위를 약간 허용 : $K = K_a$
② 구조물 인접거리 > 굴착깊이의 1/2 : $K = 0.5(K_o + K_a)$
③ 구조물 인접거리 < 굴착깊이의 1/2 : $K = K_o$
④ 인접 구조물 기초깊이 ≥ 굴착깊이 : $K = K_a$

5. 평 가

(1) 지반 굴착에 대한 설계나 시공을 할 때는 굴착에만 집착하지 말고 굴착으로 인한 주변지반과 구조물에 미치는 영향을 반드시 고려하여야 한다.
(2) 주변 침하량의 예측은 여러 가지 상황을 종합하여 평가하며 평가된 값은 거리별 침하량, 주변 구조물의 경사 정도에 대한 허용치를 규정해두어야 하며 특히 구조물의 노후, 재질 등을 고려한 합리적인 허용 침하량이 되도록 정해야 한다.
(3) 시공 시 계측을 시행하고 설계예측치와 비교하여 불의의 사고로 이어지지 않도록 신속한 대처가 가능하도록 계측관리에 만전을 기하여야 한다.

20 연약지반 흙막이 문제점과 대책

1. 개 요

흙막이 벽체는 변위를 고려한 경험토압이 적용되며, 연약지반을 굴착하게 되면 포화된 지반인 경우 수압이 크게 작용하며 이로 인한 벽체변형, 근입부 불안(*Piping*, *Heaving*), 지하수위 저하로 인한 압밀침하 발생 등 지반공학적 문제점이 내재되어 있으므로 이에 대한 대책을 강구한 설계와 시공관리가 되도록 노력하여야 한다.

2. 문제점과 대책

(1) 벽체 변형에 의한 침하와 측방유동

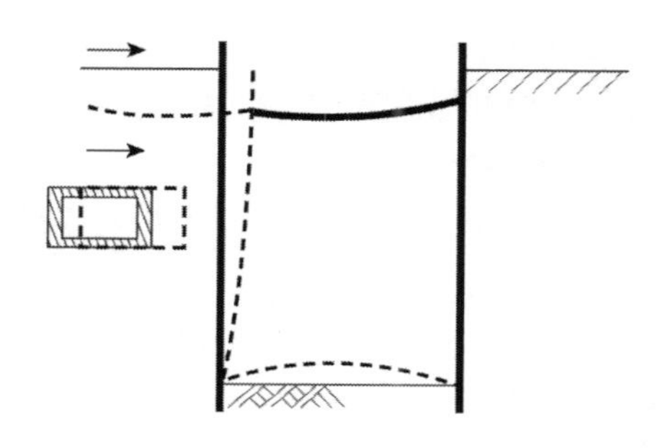

① 문제점

㉠ 벽체 변형과 *Strut* 좌굴

㉡ 측방유동에 따른 지중구조물 파손

㉢ 지표침하

㉣ 운행 중 교통사고

② 대 책

㉠ 벽체 변위와 측방유동압 저항 → 강성이 큰 토류벽 적용(예 : *Slurry Wall*)

㉡ 토류벽 배면지반 보강(*LW*, *SGR*)

㉢ 탄소성 해석을 통한 굴착단계별 변위－응력해석을 통한 부재설계 및 필요시 *Underpinning* 등 지반보강 설계를 검토

(2) 근입부 안정

① 문제점 : 근입깊이 부족에 의한 *Heaving*이 발생하면 대단히 큰 침하가 발생함

② *Heaving* 검토

㉠ 굴착에 의한 히빙 : 모멘트 균형법에 의한 해석, 지지력에 의한 해석

㉡ 피압수에 의한 히빙 검토

③ 대 책

㉠ 근입깊이 증가

㉡ 투수계수 저하(주입공법) 및 전단강도 증대

㉢ 피압수에 의한 히빙 방지

- *Well point*, *Deep well*
- 대수층 그라우팅, 저면, 배면 그라우팅
- 피압수 관통 *Sheet pile*

(3) *Boiling* 및 *Piping*

① 문제점

㉠ 한계동수경사보다 큰 동수경사인 경우 발생

㉡ 상향의 침투압이 유효토피하중보다 커서 유효응력이 '0'이 되는 경우

② 대 책

㉠ 근입깊이 증가 : 저항영역 증대 : 우측 공식에서 i항의 $\sum L \uparrow \rightarrow F_s \uparrow$

㉡ 배면, 굴착저면 지반보강 : 주입공법 (투수계수 감소 $\rightarrow V < V_{cr}$)

$F_s = \dfrac{V_{cr}}{V}$에서 한계유속(V_{cr})이 일정하면 지반보강을 통한 V값 $\downarrow \rightarrow F_s \uparrow$

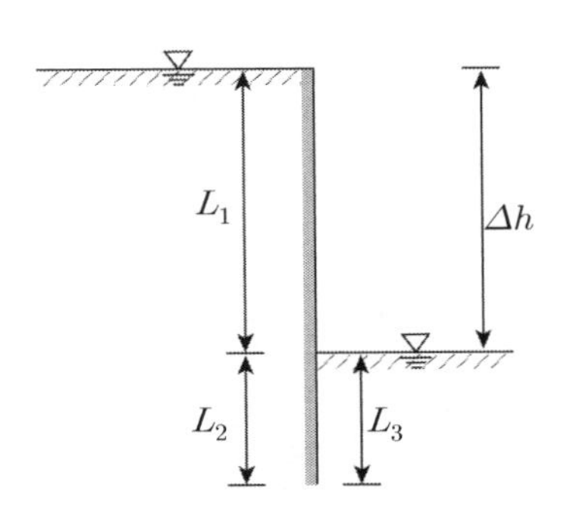

$$i_{cr} = \frac{\gamma_{sub}}{\gamma_w} = \frac{G_s - 1}{1 + e}$$

$F_s = \dfrac{i_{cr}}{i} < 1$이면 *Piping* 발생

$$i = \frac{\Delta h}{\sum L}$$

(4) 지하수위 저하로 인한 압밀침하

구 분	토 압	침 하
문제점	**벽체작용압 : 수압 + 토압 → 큰 강성 요구**	**개수성 토류벽 사용 시 침하 발생** $S = \dfrac{C_c}{1+e} \cdot H \cdot Log \cdot \dfrac{P_o + \Delta P}{P_o}$
대 책	**• 차수성능이 있고 강성이 큰 토류벽 사용(예 : *Slurry wall*)** **• 토류벽 배면 그라우팅 : *LW*, *SGR***	

3. 계측관리

(1) 절 차

조사 → 설계 → 시공 → 계측 → 예측치 비교 → 대책공법 적용 → 공사완료/계측데이터 정리

(2) 계측관리 방법

① 절대치 관리 : 시공 전에 설정된 관리기준치와 실측치를 비교하여 안정성을 확인하는 방법

② **예측치 관리** : 다음 단계 이후의 예측치를 현재의 관리기준치를 통해 추정하여 안정성을 확인하는 방법으로, 사전에 향후 발생할 지반거동에 따른 부재력의 적정성을 검토하여 대책검토의 시간적 여유를 가질 수 있다. 지반의 모델링, 데이터처리 등 전산화 기술력이 요구된다.

(3) 주의사항

① 적절한 계측항목과 위치 선정

② 계측기 유지관리

③ 전문 인력 활용

21 토류벽의 계측관리 = 정보화 시공

1. 개 요

(1) 정보화 시공이란 설계시의 지반거동과 관련된 예측치를 시공 중 계측하여 비교하고 분석과정을 통해 시공 중 안정성을 확인하고 위험하다고 판단되는 경우 적정한 보강 대책을 강구하기 위한 일련의 행위와 판단과정을 말한다.

(2) 또한 설계 시 미반영된 현장상황에 대한 설계변경상황 발생 시 합리적인 설계변경의 근거로 활용되며 채택된 공법에 대한 안정관리의 수단이 된다.

2. 정보화 시공 흐름도(절차)

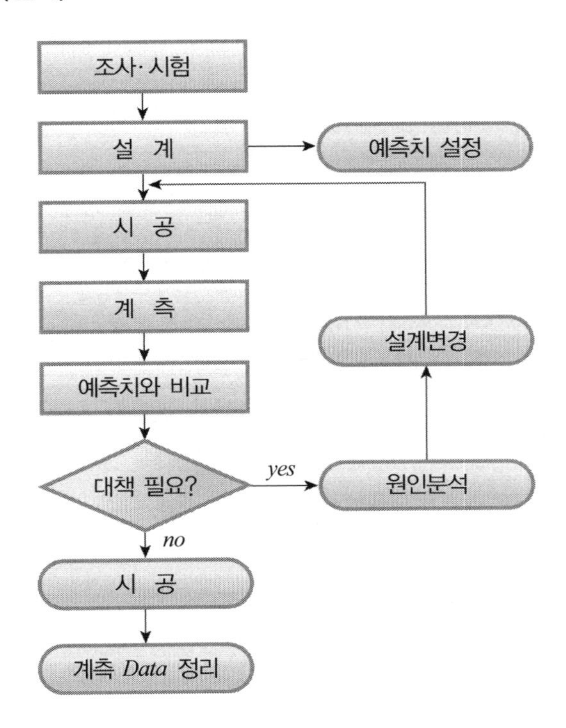

3. 목적 및 효과

(1) 시공관리

설계상 변위와 응력 → 현장계측 → 관리기준치 초과 → 보강대책 강구

(2) 거동분석 및 예측

계측 → 거동분석 → 다음단계 공사 시 거동 예측 → 보강대책 강구

(3) 설계 및 시공방법 개선

계측 → 설계 시 채택된 각종 계수의 적정성 분석 → 역해석 → 설계 및 시공방법 개선

(4) 안전진단 및 평가

공사 중 흙막이를 포함한 인근 건물, 도로, 지하매설물에 대한 안정성 평가에 대한 객관적 자료로 활용

(5) 관리기준치 설정

응력, 변형에 대한 수치별 위험, 주의, 안전등 기준을 설정하여 각 기준별 대응절차를 사전에 시나리오로 작성하여 공사관리의 기준치로 활용

(6) 분쟁 시 활용

공사 착공 전에 민원이 우려되는 인근 건물, 도로 등을 사진촬영하여 구조물의 상태를 기록한 후 공사 중 분쟁 시 변화 정도에 따른 안전도 평가 및 보상에 관련한 기초자료로 활용

(7) 사례축적

4. 관리방법

관리방법	개 념	비 고
절대치 관리	① 실측치와 관리기준치와 비교 매 단계별 안정성 확인 ② **관리방법** – 1차 관리기준치 > 계측치 : 계속공사 – 1차 관리기준치 < 계측치 < 2차 기준 : 주의 공사 – 2차 관리기준치 < 계측치 : 공사 중지	**다음 단계 지반거동 미고려**
예측치 관리	① 다음 단계 이후의 예측치를 분석 → 관리기준치와 비교 → 안정성 검토 ② **관리방법(예)** ε 파괴 변위수렴 관리기준치 시간 현재 – 관리기준치의 *Over* 여부보다 변형률 증분의 기울기로 변위의 수렴 여부에 관심 – 즉, 추이분석을 통한 수렴분석이 중요	**변위량과 속도를 고려**

5. 위치별 계측 항목

<table>
<tr><th>측정위치</th><th colspan="2">계정항목</th><th>계측기기</th><th>측정목적</th></tr>
<tr><td rowspan="3">토류벽</td><td>축 압</td><td>토압, 수압</td><td>토압계, 수압계</td><td>• 축압의 실측치와 설계치의 비교
• 주변수위, 간극수압, 벽면수압의 관련성 파악</td></tr>
<tr><td>변 형</td><td>두부변위
수평변위</td><td>트랜싯, 전자식 변위계,
삽입식/고정식경사계</td><td>• 변형의 허용정도 체크
• 축압과 벽체변형의 단계적 파악</td></tr>
<tr><td colspan="2">벽체 내 응력</td><td>변형계, 철근계</td><td>• 설계치와 실측치의 벽체 내 응력분포 비교
• 벽체의 안정성 파악</td></tr>
<tr><td>Strut, E/A</td><td colspan="2">축력, 변위량, 온도</td><td>하중계, 압축계,
상대변위계,
스케일, 온도계</td><td>• 지보공의 토압분담을 파악
• 허용축력과의 비교 및 안정성 체크</td></tr>
<tr><td>굴착지반</td><td colspan="2">기저면과 깊이에 따른 변위, 간극수압, 지중수평변위</td><td>지중고정롯드,
간극수압계,
삽입식경사계</td><td rowspan="2">• 응력개방에 의한 굴착 및 주변지반 변형거동 파악
• 배면지반, 토류벽, 굴착·저면 외 변위관계 파악
• 허용변위량과의 실측변위량의 비교에 의한 안정성 체크
• 굴착 및 배수에 의한 주변지반침하 계산</td></tr>
<tr><td>주변지반</td><td colspan="2">지표 및 지중 연직변위, 간극수압, 지중수평변위</td><td>지중고정롯드,
간극수압계,
삽입식 경사계</td></tr>
<tr><td>인접 구조물</td><td colspan="2">연직변위, 경사량</td><td>연통관식 경사계,
고정식 경사계</td><td>• 굴착 및 배수에 의한 가설구조물의 변형 파악</td></tr>
</table>

6. 계측빈도

계측항목	측정시기	측정빈도	비 고
지하수위계 (*Water level meter*)	설치 후 공사 진행 중 공사 완료 후	1회 / 일(1일간) 2회 / 주 2회 / 주	초기치 선정 우천 1일 후 3일간 연속 측정
하중계 (*Load cell*)	설치 후 공사 진행 중 공사 완료 후	3회 / 일(2일간) 2회 / 주 2회 / 주	초기치 선정 다음 단 설치 시 추가 측정 다음 단 해체 시 추가 측정
변형률계 (*Strain gauge*)	설치 후 공사 진행 중 공사 완료 후	3회 / 일 3회 / 주 2회 / 주	초기치 선정 다음 단 설치 시 추가 측정 다음 단 해체 시 추가 측정
지중경사계 (*Inclinometer*)	*Grouting* 완료 후 4일 공사 진행 중 공사 완료 후	1회 / 일(3일간) 2회 / 주 2회 / 주	초기치 선정
벽면경사계 (*Tiltmeter*)	설치 후 1일 경과 공사 진행 중 공사 완료 후	1회 / 일(3일간) 2회 / 주 2회 / 주	초기치 선정
지표침하판 (*Surface settlement plate*)	설치 후 1일 경과 공사 진행 중 공사 완료 후	1회 / 일(3일간) 2회 / 주 2회 / 주	초기치 선정

7. 계측기 설치종류 및 용도

종 류	설치위치	설치방법	용 도
지중경사계	토류벽 또는 배면지반	굴토 심도보다 깊게 부동층까지 천공	굴토진행 시 각 과정의 인접지반 수평변위량과 위치·방향 및 크기의 실측과 이를 이용, 토류 구조물 각 지점의 응력 상태 판단 가능
지하수위계	토류벽 배면지반	대수층까지 천공	지하수위 변화를 실측하여 각종 계측자료에 이용, 지하수위의 변화원인 분석 및 관련된 대책 수립
간극수압계	배면 연약지반	연약층 깊이별	굴착에 따른 과잉간극수압의 변화를 측정하여 안정성 판단
토압계	토류벽 배면	토류벽 종류에 따라 다름	주변지반의 하중으로 인한 토압의 변화를 측정하여 토류 구조체가 안정한지 여부 판단
하중계	*Strut* 또는 *Anchor* 부위	각 단계별 굴토 시 설치	*Strut*, *Earth Anchor* 등의 축하중 변화상태를 측정하여 이들 부재의 안정상태 파악 및 원인규명에 이용
변형률계	토류벽 심재, *Strut*, 띠장, 각종 강재 또는 *Concrete*	용접 또는 접착재	토류구조물의 각 부재와 인근 구조물의 각 지점 및 타설 콘크리트 등의 응력 변화를 측정하여 이상 변형 파악 및 대책 수립에 이용
벽면경사계 (*Tilt* −*meter*)	인접 구조물의 골조 또는 벽체	접착 또는 *Bolting*	주변건물, 옹벽, 철탑 등 인근 주요 구조물에 설치하여 구조물의 경사 변형상태를 실측, 구조물 안전진단에 활용
지중침하계	토류벽 배면, 인접 구조물 주변	부동층까지 천공	인접지층의 각 층별 침하량의 변동상태를 파악 보강대상과 범위의 결정 또는 최종 침하량을 예측
지표침하판	토류벽 배면, 인접 구조물 주변	동결심도 보다 깊게	지표면의 침하량 절대치의 변화를 측정, 침하량의 속도판단 등으로 허용치와의 비교 및 안정상태를 예측
균열 측정기	균열부위	균열부 양단	주변구조물, 지반 등에 균열발생시 균열크기와 변화를 정밀 측정하여 균열 발생 속도 등을 파악 다른 계측 결과 분석에 자료 제공
진동 소음측정기		필요시 측정	굴착, 발파 및 장비작업에 따른 진동과 소음을 측정하여 구조물 위험 예방과 민원 예방에 활용

8. 위치선정 시 유의사항

(1) 지반조사 자료가 파악된 곳 설치

(2) 중요구조물 인접부

(3) 선굴착부 : 초기변위 중요

(4) 대표적 구조물 지역

(5) 교통량 많은 곳

(6) 수위변화 예측지점

(7) 계측기 훼손 고려 배치

(8) 동일단면 계측기 *Set* 배치(데이터 비교 분석용)

9. 계측기 배치도

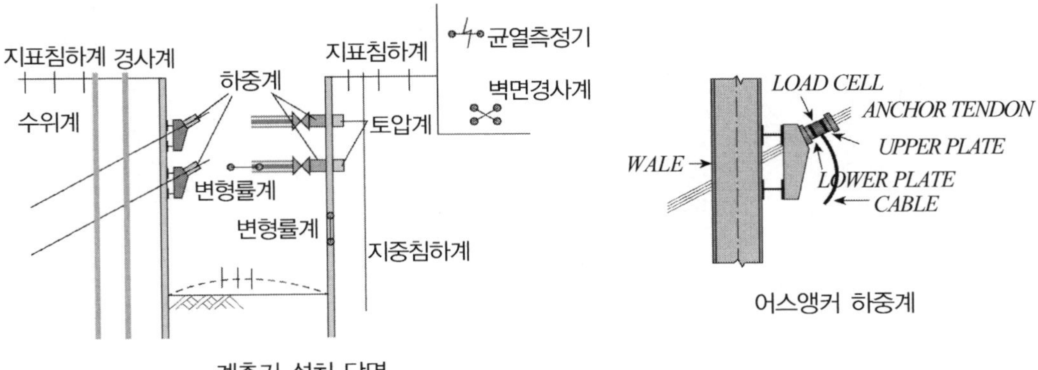

계측기 설치 단면

어스앵커 하중계

✓ 평면상 모서리와 T형 도로의 경우 상하수도관 등의 연결부 파손이 빈번하므로 계측기를 집중배치하여 관리함

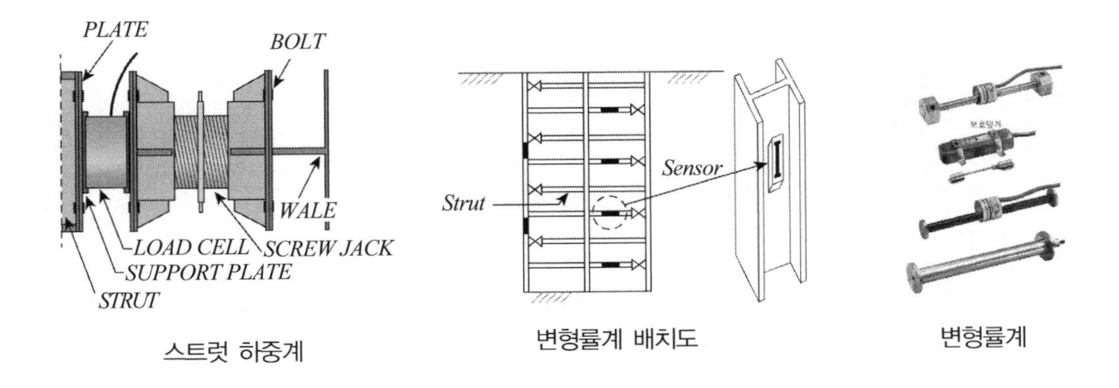

스트럿 하중계

변형률계 배치도

변형률계

10. 평 가

(1) 공사목적에 부합된 적정 계측항목 및 위치 선정 중요

(2) 계측 진행 및 유지 관리

(3) 전문 인력 활용

(4) 굴착심도 20*m* 이상 → 예측치 관리

22 **도로확장공사에서 기존 도로 통로박스 연장시공을 위해 기존 도로 측에 H-PILE + 어스앵커 + 토류판 흙막이공법을 시공 중에 있다. 굴착깊이는 15m이며, 어스앵커 정착부는 대부분 토사인 성토층에 위치한다. 성토층에 설치된 어스앵커에 대하여 확인시험결과 다음 그림과 같은 시험결과가 나타났을 때 앵커의 안정성 판단과 이와 같은 시험결과에 대한 원인분석 및 대책방안에 대하여 설명하시오.(단, 앵커긴장은 설계긴장력의 120%까지 수행)**

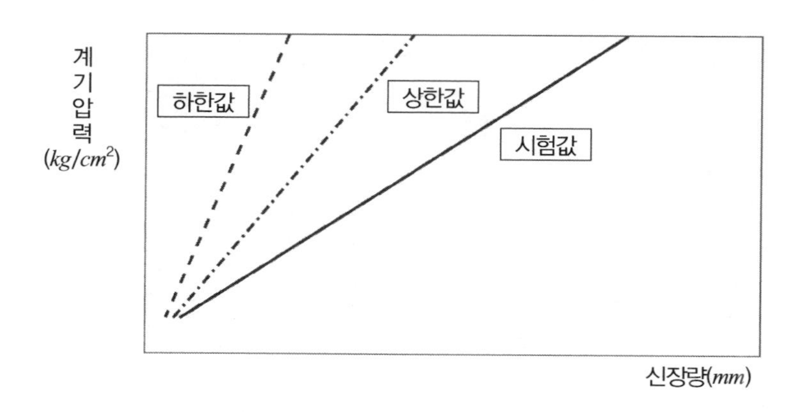

1. 앵커시험의 목적에 따른 분류

(1) 시험시공

인발시험 : 설계와 동일한 지반 → 앵커 품질, 설계 정확성 증명

(2) 현장시공

① 인장시험 : 실시앵커와 동등조건으로 타설한 앵커를 사용해서 실시

② 확인시험 : 인장시험에 사용한 앵커를 제외한 모든 앵커에 실시

종 류		목 적	방 법	시 기
시험시공	인 발 시 험	• 앵커체와 지반의 극한 인발력을 알고자 할 때 • 설계 시 앵커체의 정착길이 결정이 목적임	• 시험하중 : 극한 앵커력(Pu) • 단계하중 : 20% 5단계 재, 제하 • 시험의 종료 : 인발되거나 항복강도의 90%까지	설계단계
현장시공	인 장 시 험	• 확인시험의 판정기준(시공기준 수립) • 긴장력에 따른 변위측정	• 시험하중 : 설계축력의 1.2~1.3배 • 단계하중 : 20% 5단계 재, 제하	시공 중 (전체의1~2%시행)
	확 인 시 험	• 설계목표와 비교 → 안정성 확인	• 시험하중 : 설계축력의 1.0~1.2배 • 단계하중 없이 1회 재하	시공 중후 (모든 앵커 대상)

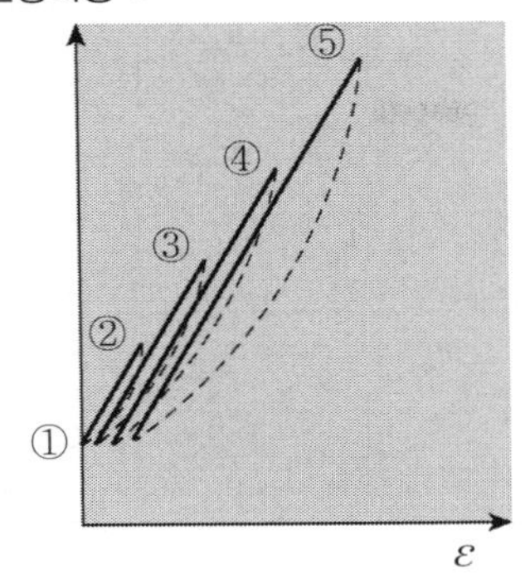

인발시험, 인장시험

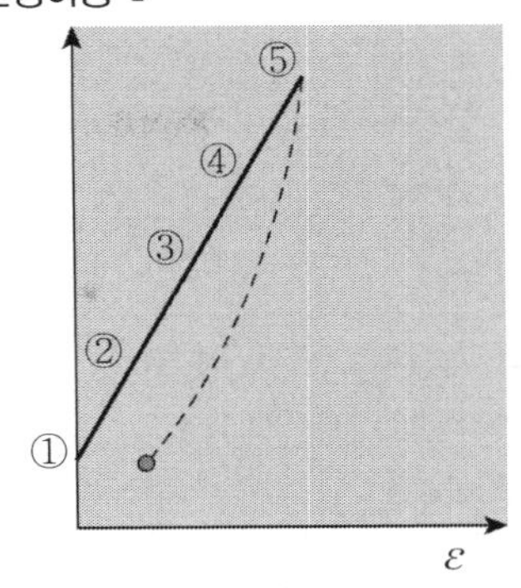

확인시험

(3) 유지관리시험

리프트오프시험 : 타설 완료 후 긴장력 확인 → 유지관리 차원에서 실시

2. 앵커시험의 안정성 평가

(1) 문제에서의 하중-변위량 관계에서 하한값 이하로 하중-변위량이 *Plot*되었다면 과다한 변위 발생으로 그라운드 앵커가 파괴된 것으로 의심할 수 있다.

그라운드 앵커의 파괴는 다음 중 어느 한 가지이거나 혼합될 수 있다.

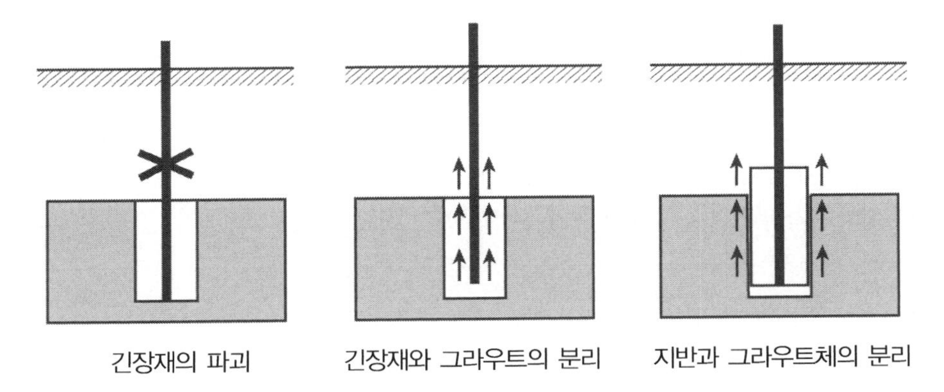

긴장재의 파괴 　 긴장재와 그라우트의 분리 　 지반과 그라우트체의 분리

(2) 그러나 확인시험의 방법 면에서 인장재의 편심으로 인한 과도한 변위 발생 가능성 병행 검토

3. 과도한 변위발생 원인

(1) 설계적 원인

① 지반조사 불충분으로 인한 앵커체의 설계앵커력 과소평가

② 앵커체의 극한 인발력 과다평가

③ 앵커 인장재의 인장강도 과대평가
④ 앵커 인장재와 주입재와의 부착강도 과대평가
⑤ 앵커체의 정착장 및 자유장 불합리
⑥ *Jacking force* 산정 부족

(2) 시험의 오류
① 인장기에 의한 각 스트렌드의 편심 발생
② 인장기로 인장 시 *Wedge*설치 불확실
③ 그라우트재 양생 전 인장

(3) 시공적 원인
① 그라우트 밀실시공 부실, 정착길이 부족 : 성토체 지반에 천공 및 케이싱 삽입 후 중력식 그라우팅 2~3차 그라우팅 → 정착부 그라우트재 유실로 공동 발생
② 스트렌드 설치 시 꼬임현상 방치
③ 천공경, 천공간격, 천공각도 오류
④ 앵커설치단수 부족

4. 대 책

(1) 설계적 원인 → 재설계 + 지반조사
① 역해석에 의한 지반물성치 재산정
② 앵커체의 설계앵커력 재평가
③ 앵커체의 극한 인발력 재산정
④ 앵커 인장재의 인장강도 재산정
⑤ 앵커 인장재와 주입재와의 부착강도 재산정
⑥ 앵커체의 정착장 및 자유장 조정
⑦ *Jacking force* 재산정

(2) 기시공 부분에 대한 보강대책
① 앵커설치 간격 및 단수 증가
② 그라우트 배합비 준수 및 충분한 양생 + 필요시 혼화재(팽창성능) 사용
③ *Jacking force* 산정 부족
④ 전 앵커 리프트오프시험
⑤ 계측시행 및 분석

(3) 시험의 오류

① 인장기에 의한 각 스트렌드의 편심 발생이 없도록 인장기 *Wedge* 설치 관리감독, 감리

② 그라우트재 양생 후 인장

(4) 지반조건별 그라우팅 비용에 대한 현실성 있는 품셈 적용 : 케이싱 사용비, 혼화제 사용, 가압식 그라우팅 비용 반영

23 토류벽 배면지반 침하 예측방법

1. 개 요

(1) 토류벽의 배면부위 침하원인은 벽체의 변위, 지하수위 저하, 근입부 불안정에 따른 *Heaving* 현상으로 대별된다.

(2) 이러한 배면부위의 침하량과 침하범위에 대한 예측방법은 크게 다음과 같다.

① 계측 ② 이론적 계산 ③ 수치해석에 의한 방법

2. 배면침하의 주요원인

(1) 벽체변형 : 토압과대 → 벽체 강성 부족

(2) 지하수위 저하 : 압밀침하 발생

(3) 근입부 전단파괴 → *Heaving* : 근입깊이 부족, 근입부 비배수 전단강도 부족

(4) 벽체 설치 및 제거 시 : 진동과 공극 발생으로 인한 침하

3. 토질별 개략 침하영향거리와 침하량

(1) 침하영향거리 → 양호한 지반 : $L \fallingdotseq 2H$, 불량지반 : $L \fallingdotseq 4H$

(2) 발생 침하량 → 양호한 지반 : $0.5H/100$, 불량지반 : $2H/100$

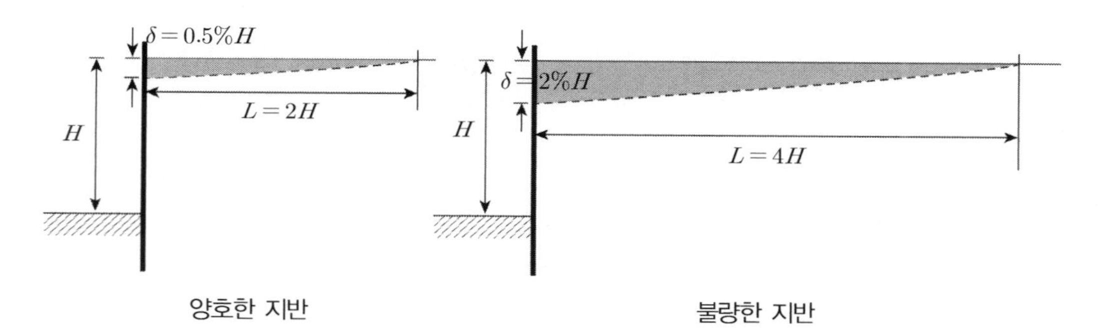

양호한 지반 불량한 지반

4. 침하 예측법 종류와 해석 개념

예측법	해석 개념	예측법	해석 개념
Peck 곡선	계 측	*Rosco & Wroth*	소성론
Caspe 방법	이론적 계산	*Tomlinson*	*FEM*
Clough 방법	계측+*FEM*	*Fry*	수치해석

5. 침하예측 방법

(1) *Peck* 곡선

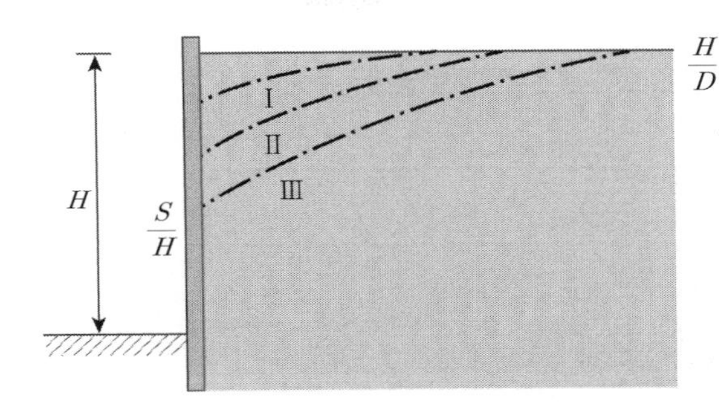

① 계측시행

② 지반상태 구분

(Ⅰ → Ⅱ → Ⅲ 순 지반상태 불량)

③ $\dfrac{H}{D}$에 따른 $\dfrac{S}{H}$ *Plot*

$\therefore S = H \times \dfrac{S}{H}$

※ 강성이 작은 토류벽 적용

(2) *Caspe* 방법

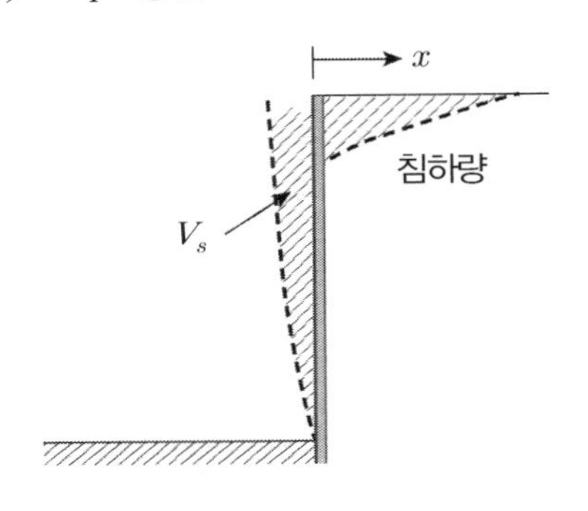

① 토류벽 수평변위체적= 침하량 체적

② 굴착심도(H_w)에 따른 침하영향거리(D)

$D = (H_w + H_p)\tan(45° + \phi/2)$

$H_p = 0.5B\tan(45° + \phi/2)$

벽체에서의 침하량 $S_w = \dfrac{4V_s}{D}$

거리별 침하량 $S = S_w\left(\dfrac{D-x}{D}\right)^2$

(3) *Clough* 방법

① 모래지반과 굳은 점토의 침하형태

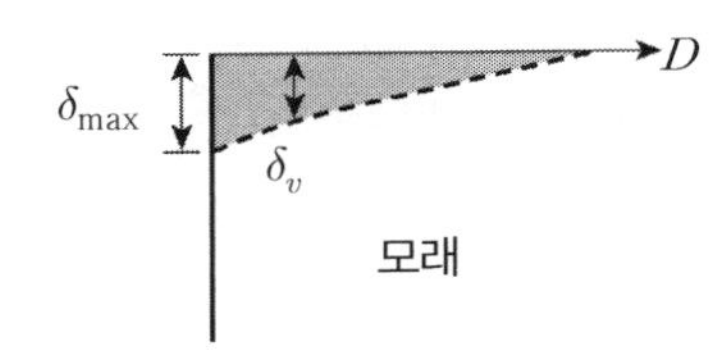

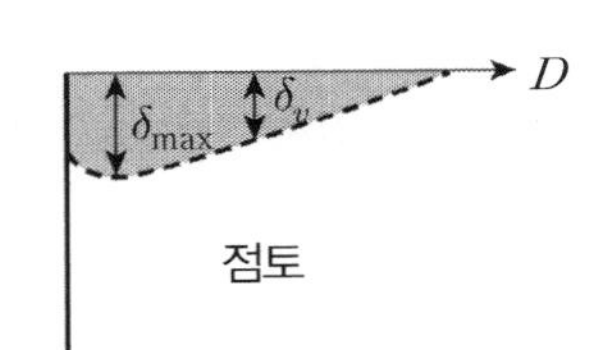

② 침하량과 침하영향거리

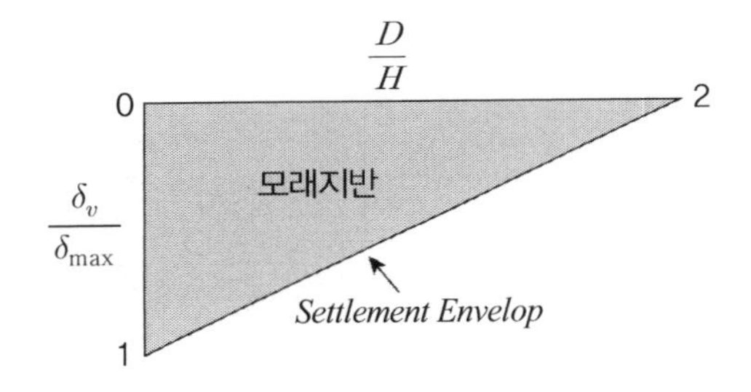

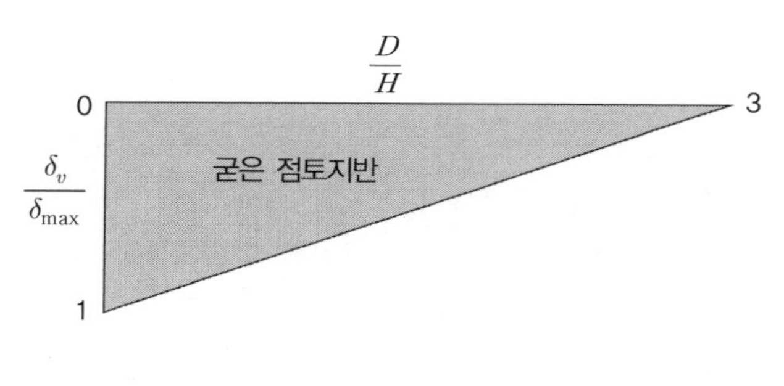

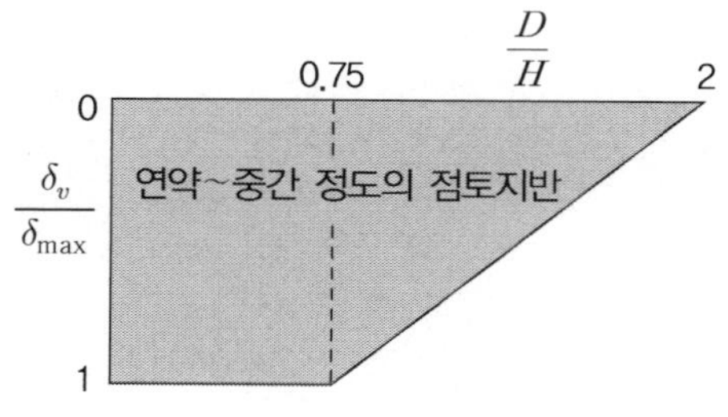

③ 최대침하량 추정

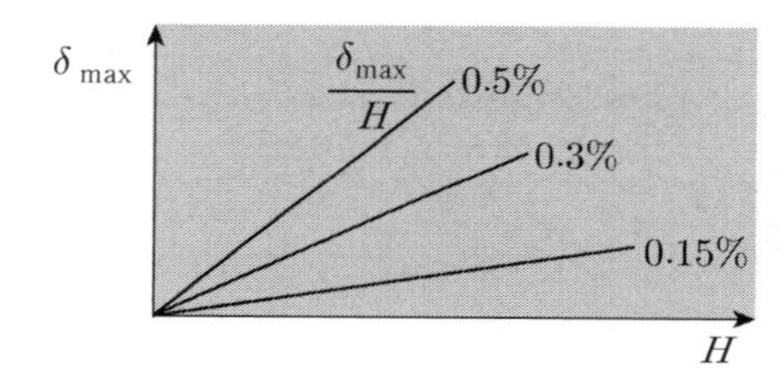

6. 평 가

(1) 다양한 토류벽 배면부 침하에 대한 예측법이 개발되었으나 무엇보다 중요한 것은 현장에서의 계측관리이다.

(2) 계측을 통한 역해석을 시행하여 설계 시 적용한 물성치 재검증과 설계변경, 공법변경, 공기산출을 함에 있어 보다 근거 있는 계획을 제시하고 향후 유사한 설계 시 피드백을 통한 설계개선에 지반공학자들의 관심이 요구된다.

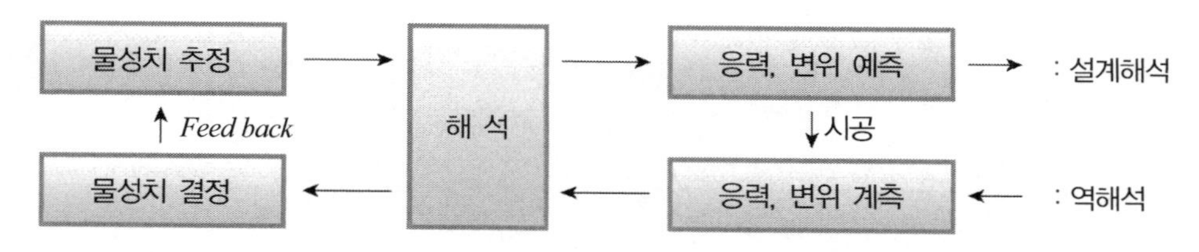

24 앵커 달린 널말뚝의 파손원인과 검토사항

앵커 달린 널말뚝 파손형태

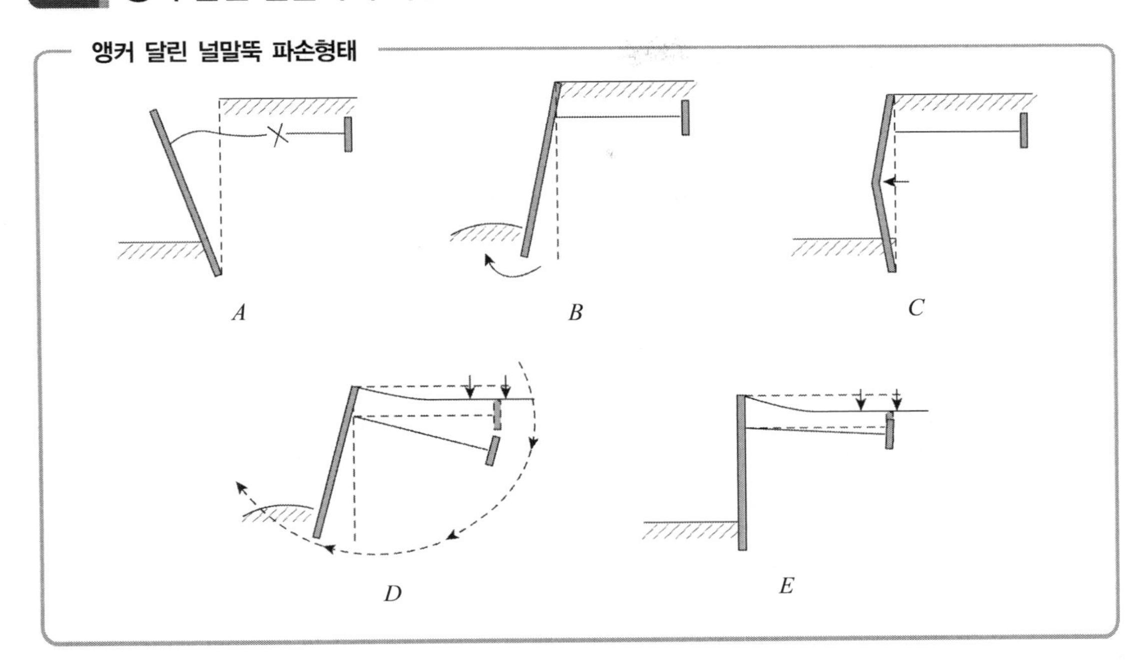

1. A도 : 앵커인장재 파단

(1) 원 인

① 발생토압보다 앵커인장재의 단면 부족으로 인한 항복강도 부족(단면 부족)

② 설계 시 검토하중 외의 추가 상재하중 발생 미고려

③ 데드맨(수동벽)의 저항 부적정 → 수동벽이 토류벽에 근접된 경우

④ 토류벽, 띠장, *Rod*의 연결부 부재 파손

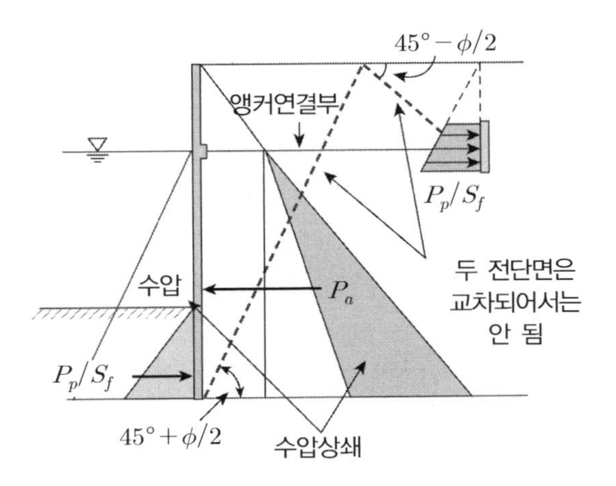

(2) 검토사항

① 설계하중 결정 시 토압, 장래 상재하중을 고려한 *Rod* 단면 결정

② 수동벽의 위치를 결정 시 주동파괴면과 수동파괴면이 교차되지 않도록 결정 → 이론적 파괴면보다 여유 있게 결정해야 함

③ 연결부의 적정설계 및 정교한 시공

2. B도 : *Heaving*

(1) 원 인

① 지반조건에 부합한 근입깊이 산정 부적절

② 계산 수동토압에 대한 안전율 적용 부적절 → 과다한 수동토압 적용

③ 예상치 못한 상재하중으로 인한 증가된 주동토압 발생 → 근입깊이에 대한 저항 모멘트 부족

④ 조류에 의한 널말뚝 바닥의 세굴 → 수동저항을 위한 근입깊이 부족

(2) 검토사항

① 타이로드를 지점으로 주동토압과 수동토압에 의한 모멘트를 구해 적정 안전율 확보

② 수동토압은 주동토압보다 큰 변위가 발생되어야만 발휘가 되므로 계산상 구한 토압은 안전율을 고려해야 함

③ 토압분포 : *Rankine－Resal* 공식 사용(캔틸레버식 널말뚝과 동일)

$$P_a = \gamma \cdot z \cdot K_a - 2 \cdot c \cdot \sqrt{K_a}$$

$$P_p = \gamma \cdot z \cdot K_p + 2 \cdot c \cdot \sqrt{K_p}$$

④ 자유단 지지법(*Free earth support method*)의 경우 근입깊이 결정

㉠ 근입깊이 부분에 대하여 충분히 저항하지 못한다고 가정

㉡ 모든 토질 조건에 대하여 적용 가능

㉢ 근입깊이의 계산은 타이로드 지점을 중심으로 모멘트 균형법으로 계산하고 실제 근입깊이의 적용은 계산 근입깊이의 20% 정도를 증가 적용

㉣ *Tie rod*의 인장력은 모멘트 균형법에서 중심력이므로 수평력의 합을 더 하여 0 인 어떤 값을 적용(단, 근입깊이는 20% 증가되지 않은 원 계산 값을 적용)

3. C도 : 휨 모멘트에 의한 널말뚝 파손

(1) 원 인

① 근입부 파손이 없는 형태로 *Anchor Rod*, 근입깊이 등은 적정하게 설계 된 것으로 보임

② 널말뚝이 토압에 의해 발생된 휨 모멘트에 대응한 단면계수가 부족한 것이 원인임

③ 널말뚝 이음부가 벌어진 경우도 확인할 필요가 있으며 추가상재하중으로 인한 설계 토압을 초과한 모멘트 발생 가능

(2) 검토사항

① 상재하중을 고려한 적정토압결정 및 휨 모멘트에 부합된 널말뚝 단면 결정

② 널말뚝 설치 후 뒷채움 시 적정규격의 뒷채움재 사용

③ 장래준설로 인한 근입깊이 변경을 고려하고 널말뚝 시공 시 확실한 이음이 되도록 시공 관리

4. D도 : 사면파괴로 인한 널말뚝 파손

(1) 원 인

① 전체 단면에 대해 사면안정 부족으로 인한 파괴형태로 피해규모가 대규모임

② 활동면에 대한 강도정수의 평가가 부적절함

③ 활동을 일으키는 상재하중, 토체하중에 대한 과소평가

(2) 검토사항

① 사면안정검토의 적정성 검토

② 활동면에 대한 강도정수평가에 있어서 합리적인 검토가 되게 함

5. E도 : 토류벽 배면 침하

(1) 원 인

① 뒷채움 재료 불량

② 원지반이 연약지반인 경우에 압밀침하 발생

(2) 검토사항

① 양질의 재료로 뒷채움 시행

② 원지반의 연약지반 개량

③ *Dead Man*에 말뚝기초 검토

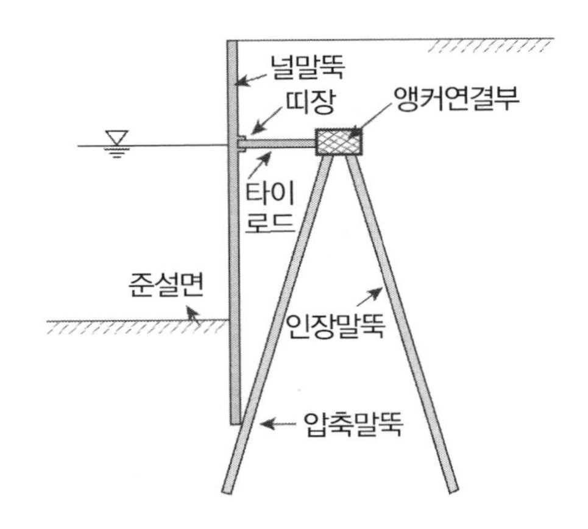

25 흙막이 가시설로 Sheet Pile을 설계하고자 할 때 지반조사 및 시험방법과 시공 및 설계 시 발생 가능한 문제점

1. 개 요

(1) *Steel Sheet pile*은 지수벽과 토류벽의 동시역할을 하는 공법으로 연속벽 강성체로서 토류벽 역할을 충분히 할 수 있으며, 재질적인 강도와 내구성이 우월하다.

(2) 시공법으로는

① 일반항타식 – 직타 설치 가능하나 불가능 시 천공 후 타입한다.

② *Water jet*식 – 견고한 점성토, 모래 자갈층, 풍화암, 연암층은 *Water jet*를 병용하여 항타한다.

③ 압입식 – *Vibro hammer*에 의해 압입하여 설치한다.

2. 조사 및 시험 방법

(1) 시추조사

*Boring*에 의해 *SPT, Vane Test, Sampling* 채취, 지하수위 등을 조사한다.

(2) 시험방법

① 현장시험

㉠ 사질지반, 경질지반은 *SPT* 시험을 실시

㉡ $N \geq 4$인 연약지반에서는 *Vane test* 실시

㉢ 지하수위 *Check*

② 실내시험

㉠ 일축압축시험 : 시료가 채취되면 일축압축시험에 의해 전단강도 측정

㉡ 3축 압축시험 : 불교란시료 채취 시 삼축압축시험에 의해 전단강도 측정

㉢ 직접전단시험

ⓐ 교란시료 : 직접전단강도 시험 실시

ⓑ 주로 사질지반에 적용

3. 공학적 문제점과 대책

(1) *Heaving* 현상

① 정의 : 연약점토지반 굴착 시 흙막이 벽, 내외의 흙의 중량 차이에 의해 굴착 저면에 부풀어 오르는 현상

② 피해 : 주변 지반침하, 인적 구조물 침하 등 터파기 공사장 주변 피해

③ 대책

㉠ 근입장 깊게

㉡ *Counter weight*

㉢ 양질재료로 지반 개량

㉣ *D*가 깊으면 비경제적, *Earth anchor* 설치

㉤ *Island cut* 공법 채용

㉥ 전면굴착보다 부분굴착 실시

$$F_s = \frac{M_r}{M_d} = \frac{\pi D \cdot D \cdot C}{(\gamma H + q) D \times \frac{D}{2}}$$

단, $W = (\gamma_1 \cdot H + q)x$

M_r : 저항모멘트$(t \cdot m/m)$

M_d : 회전모멘트$(t \cdot m/m)$

굴착저면 밑이 상당한 깊이까지 지층이 고르다고 생각되는 경우

$$\frac{M_r}{M_d} = \frac{2\pi S_u}{\gamma_t \cdot H + q} \geq 1.2$$

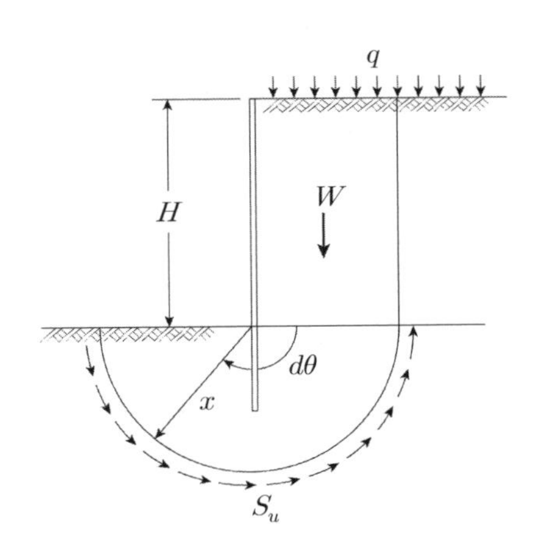

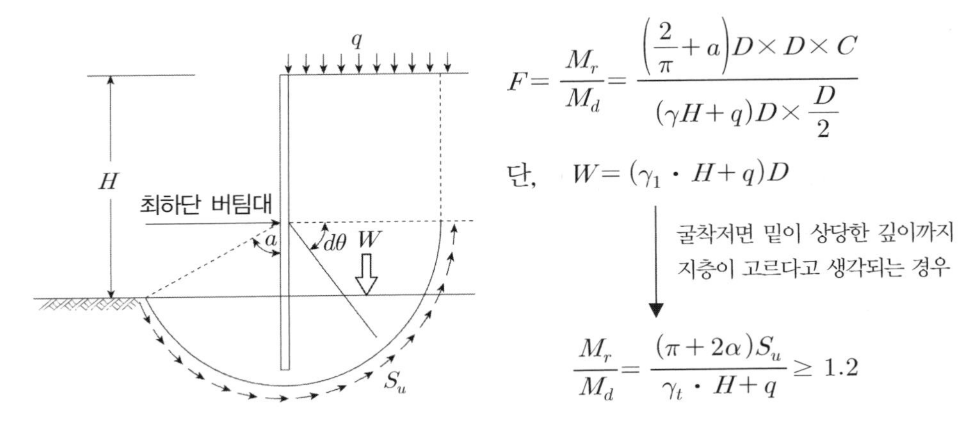

$$F = \frac{M_r}{M_d} = \frac{\left(\frac{2}{\pi} + a\right) D \times D \times C}{(\gamma H + q) D \times \frac{D}{2}}$$

단, $W = (\gamma_1 \cdot H + q)D$

굴착저면 밑이 상당한 깊이까지 지층이 고르다고 생각되는 경우

$$\frac{M_r}{M_d} = \frac{(\pi + 2\alpha) S_u}{\gamma_t \cdot H + q} \geq 1.2$$

(2) *Boiling* 현상

① 정의 : 흙파가 저면의 투수성이 좋은 사질지반에 피압수가 존재 시 흙막이 배면 수압 차이에 의해 지하수가 상향 유수하여 *Quick sand*를 동반하여 모래지반의 지지력이 없어지는 현상

② 대책

㉠ 지하수위를 낮춘다.

㉡ 흙막이 경질지반 밑둥넣기를 충분히 한다.

㉢ 말뚝저면 근입깊이를 크게 한다.

$$W > u \text{ 시 안정}$$
$$W \geq u \cdot F_s$$
$$W = \frac{D}{2} \geq D \times \gamma_{sub}$$
$$u = \frac{D}{2} \times \frac{H}{2} \gamma_w$$
$$\therefore D \text{가 결정}$$

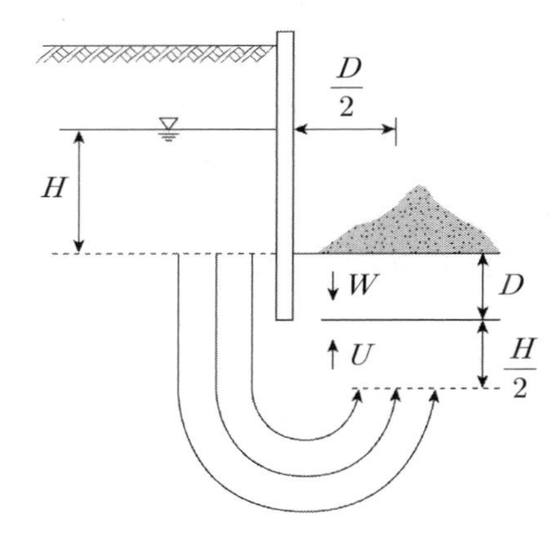

여기서, F_s : 안전율 1.2~1.5 이상 유지 필요

γ_{sub} : 흙의 수중단위체적 중량

γ_w : 물의 단위체적 중량

(3) 근입장 결정

① *Cantilever* : *Moment* 평형으로 계산하여 수동토압이 발생하도록 20% 정도 할증을 준다.

② *Anchor* 지지방식

㉠ 자유단 지지법

ⓐ 하단을 구속하기에 불충분하다고 보고 벽체가 하단 근처에서 회전이 자유롭다고 가정한다.

ⓑ 수동토압에 안전율은 2.0보다 큰 안전율을 준다.

㉡ 고정단 지지법

ⓐ 하부지반에 *sheet pile*을 구속하여 자유로운 회전을 막을 수 있다고 가정하여 모멘트 균형에 의해 결정하고, 근입장을 20% 할증하여 구한다.

ⓑ 수동토압에 대한 안전율을 고려하지 않는다.

㉢ 모멘트 감소법

ⓐ 자유단지지 방식에서 널말뚝의 유연성 때문에 휘게 되므로 횡방향 토압이 재분포되어 최대 휨모멘트를 감소시켜 적용한다.

ⓑ 사질지반에서는 널말뚝 상대 유연성 고려하고 점토지반에서는 안정수를 고려하여 도표에 의해 결정한다.

(4) 주변지반 침하 문제

① 주변지반 침하 예측 기법

㉠ *Peck* 곡선을 이용하는 방법

㉡ *Caspe* 방법

㉢ *Clough* 방법

㉣ *Fry* 방법

② *Caspe* 방법으로 지반침하예측 추정한다.

㉠ V_s : 벽체 변위체적~횡방향 벽체 변위와 합하여 구함

㉡ H_w : 굴착심도

㉢ H_t : 굴착영향거리

㉣ D : 영향거리

$$D = H_t \tan\left(45 - \frac{\phi}{2}\right)$$

㉤ S_w : 벽체표면 침하량 $S_w = 4 \times V_s / D$

㉥ S_i : 벽체 X되는 거리별 침하량 $S_i = S_w\left(\frac{D-x}{D}\right)^2$

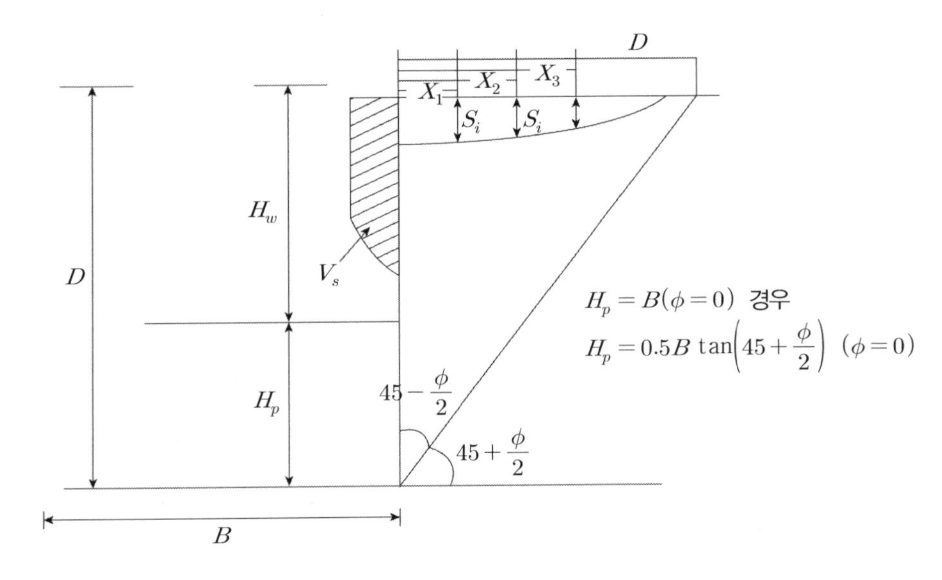

26 토류벽 탄소성 해석

1. 정 의

(1) 흙막이 벽체가 접하는 지반은 고체, 유체, 기체로 구성된 미시적 불연속체로서 응력-변위관계가 비선형 거동을 하므로 원칙적으로 탄소성체로 간주되며

(2) 지반과 토류벽, 지보재의 상호작용에 따라 변화되는 변위에 따라 초기조건의 토압을 반복적으로 보정하여 응력-변위-반력의 관계를 단계별로 계산하는 방법이다.

2. 적 용

(1) 깊은 굴착 시(주변영향)

(2) 변위와 연관된 토압 산정

(3) 다층지반조건의 굴착 시 해석

(4) 도심지 굴착 등 변위 미허용 시 해석

(5) 굴착단계별 변위 파악

3. 해석 *Program*

(1) *Sunex*

(2) *Excav*

(3) *Excad*

(4) *Wallap*(영국)

4. 해석 *Modeling*

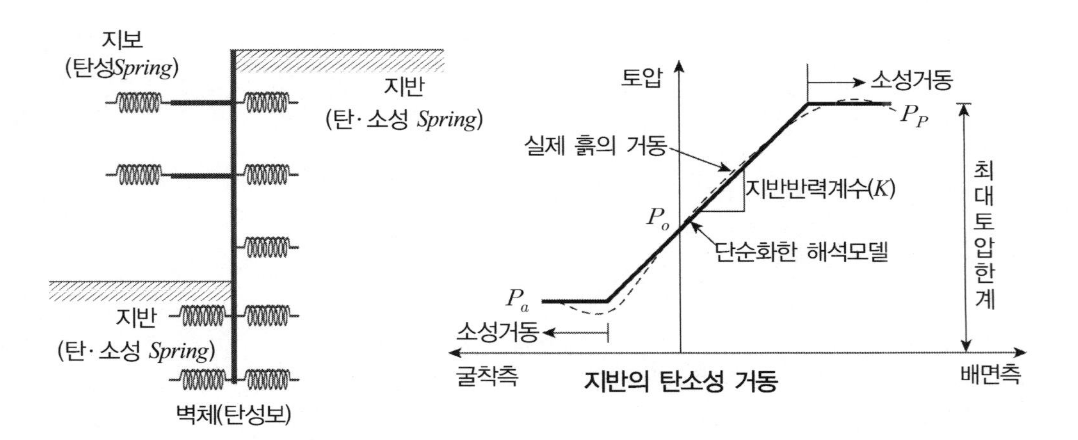

5. 탄소성 해석 과정

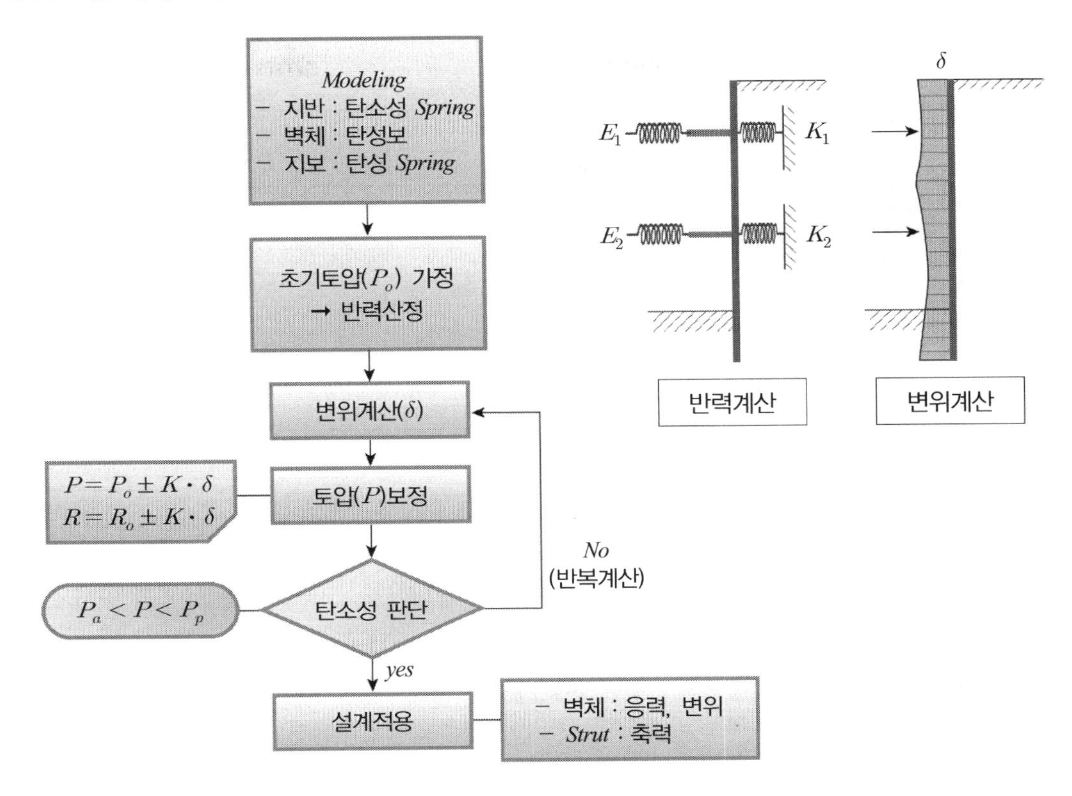

6. 초기토압 보정

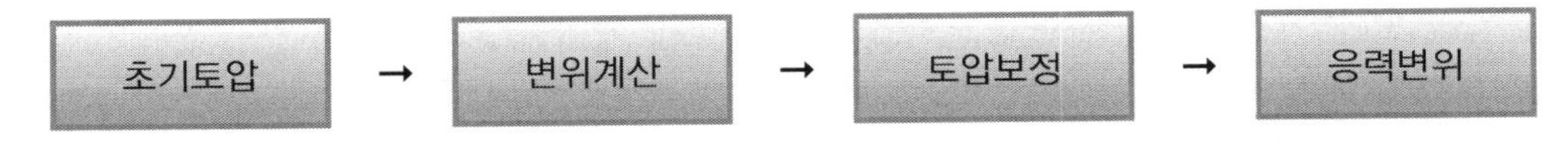

(1) 굴착 전 벽체의 양측 초기토압은 정지토압을 기준으로 적용 → 벽체 변위가 없기 때문

(2) 굴착에 따른 변위 발생 → 토압 감소 : $P = P_o - K \cdot \delta$

→ 버팀대 반력 증가 : $R = R_o + K \cdot \delta$

(3) 단계별 굴착진행 계속 변위 발생 → 토압 및 버팀대 토압 보정

$P = P_o \pm K \cdot \delta \qquad R = R_o \pm K \cdot \delta$

(4) 단계별 토압산정 원칙($P_a < P < P_p$)

① $P_p < P$: P_p 적용 ② $P_a > P$: P_a 적용

(5) 보정된 P를 사용하여 다시 변위를 산정하고 보정값이 무시될 때까지 반복적 시산

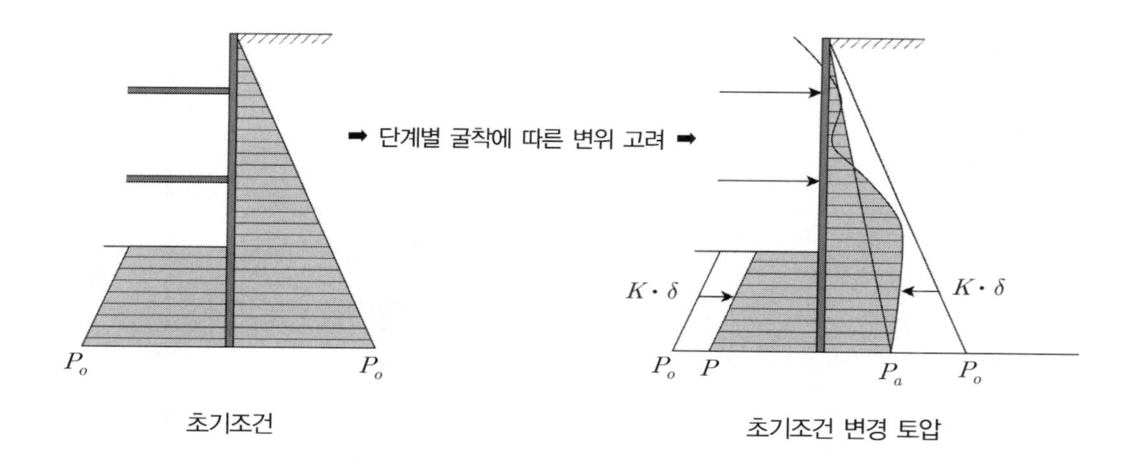

7. 평 가

(1) 다양한 토류벽설계를 위한 탄소성 해석 프로그램이 개발되어 설계에 활용되고 있으나 정확한 현장 여건을 감안한 지반반력계수, 지보공의 탄성계수, 작용토압, 기타 토류벽 관련 부재의 입력자료의 선정이 무엇보다 중요하다고 사료된다.

(2) 계측을 통한 역해석을 시행하여 설계 시 적용한 물성치 재검증과 설계변경, 공법변경, 공기산출을 함에 있어 보다 근거 있는 계획을 제시하고, 향후 유사한 설계 시 피드백을 통한 설계개선에 지반공학자들의 관심이 요구된다.

(3) 탄소성 해석 기법 : 주변지반 침하거동 해석 곤란 → 1차적 설계 유용
∴ 유한요소 해석 → 2차적 검토(*heaving*, 지하 구조물 유해 여부)

예) 굴착 단계별 탄소성 해석

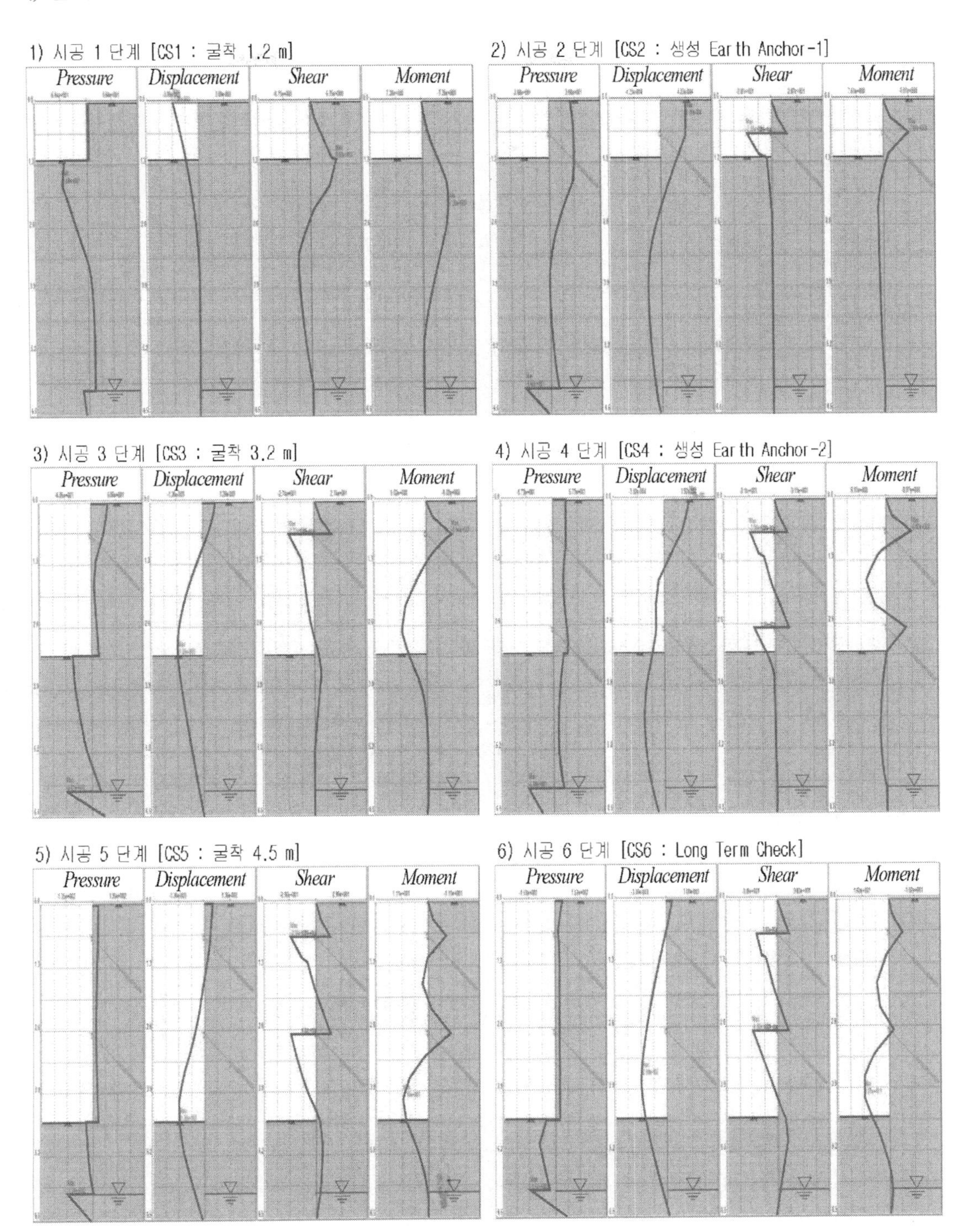

27 토류벽 시공 중 침하원인과 대책

1. 개 요

(1) 토류벽의 배면부위 침하원인은 벽체의 변위, 지하수위 저하, 근입부 불안정에 따른 *Heaving* 현상으로 대별된다.

(2) 이러한 배면부위의 침하량과 침하범위에 대한 예측방법은 크게 다음과 같다

① 계측　　② 이론적 계산　　③ 수치해석에 의한 방법

2. 배면침하의 주요원인

(1) 조사미흡

① 지하수위

② 토질조사 및 시험(조사수량, 강도정수 부적정)

③ 지형조사 미흡

④ 인접 구조물(상재하중 무시) 벽체변형

⑤ 지하매설물 파악 미흡

(2) 설계 · 시공상 원인

① 흙막이 벽체 변형 : 강성 부족

② 흙막이 가구설계 불량(이음)

③ 터파기 불량 : 편굴착

④ 지하수위 저하 미고려

⑤ 우수처리 미흡 : 벽체수압 증가

⑥ *Heaving, Boiling*

⑦ 벽체인발시 공극

⑧ 진동 : 입자 재배열

3. 문제점 및 대책

(1) 벽체 변형에 의한 침하와 측방유동

① 문제점

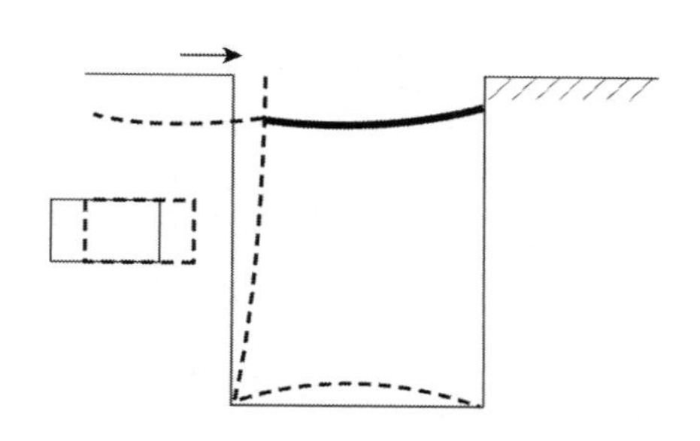

㉠ 벽체변형과 *Strut* 좌굴

㉡ 측방유동에 따른 지중구조물 파손

㉢ 지표침하

㉣ 운행 중 교통사고

② 대 책

㉠ 벽체 변위와 측방유동압 저항 → 강성이 큰 토류벽 적용(예 : *Slurry wall*)

㉡ 토류벽 배면지반 보강(LW, SGR)

㉢ 탄소성 해석을 통한 굴착단계별 변위－응력해석을 통한 부재설계 및 필요시 *Underpinning* 등 지반보강 설계를 검토

(2) 지하수위 저하로 인한 압밀침하

구 분	토 압	침 하
문제점	**벽체작용압 : 수압 + 토압** **→ 큰 강성 요구** 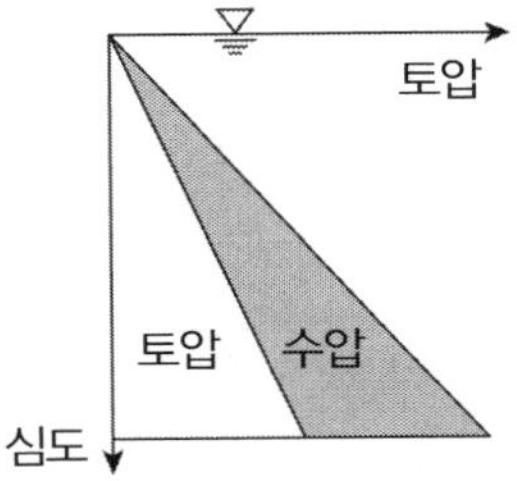	**개수성 토류벽 사용 시 침하 발생** $S=\dfrac{C_c}{1+e}\cdot H\cdot Log\cdot\dfrac{P_o+\Delta P}{P_o}$ 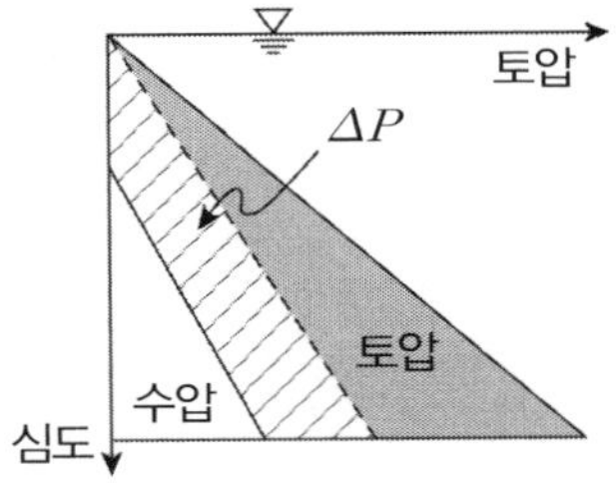
대 책	• 차수성능이 있고 강성이 큰 토류벽 사용(예 : *Slurry wall*) • 토류벽 배면 그라우팅 : LW, SGR	

(3) 근입부 안정 : 상세내용 본문 중복으로 생략

① 문제점 : 근입깊이 부족에 의한 *Heaving*이 발생하면 대단히 큰 침하가 발생

② *Heaving* 검토

㉠ 굴착에 의한 히빙 : 모멘트 균형법에 의한 해석, 지지력에 의한 해석

㉡ 피압수에 의한 히빙 검토

③ 대 책

㉠ 근입깊이 증가

㉡ 투수계수 저하(주입공법) 및 전단강도 증대

㉢ 피압수에 의한 *Heaving* 방지

－ *Well point, Deep well*

－ 대수층 그라우팅, 저면, 배변 그라우팅

－ 피압수 관통 *Sheet pile*

(4) *Boiling* 및 *Piping*

① 문제점

㉠ 한계동수경사보다 큰 동수경사인 경우 발생

㉡ 상향의 침투압이 유효토피하중에 비해 커지면서 유효응력이 '0'이 되는 경우

② 대 책

㉠ 근입깊이 증가 : 저항영역 증대 우측공식에서 i 항의 $\Sigma L \uparrow \rightarrow F_s \uparrow$

㉡ 배면, 굴착저면 지반보강 : 주입공법 (투수계수 감소 $\rightarrow V < V_{cr}$)

$F_s = \dfrac{V_{cr}}{V}$ 에서 한계유속(V_{cr})이 일정하면 지반보강을 통한 V값 $\downarrow \rightarrow F_s \uparrow$

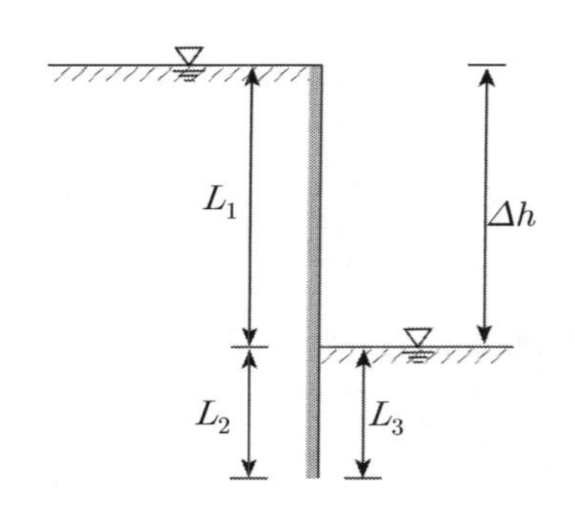

$$i_{cr} = \frac{\gamma_{sub}}{\gamma_w} = \frac{G_s - 1}{1+e} \quad i = \frac{\Delta h}{\Sigma L}$$

$F_s = \dfrac{i_{cr}}{i} < 1$ 이면 *Piping* 발생

(5) 진동에 의한 침하 : (−) *Dilatancy*

① 원인 : 면모구조 → 이산구조

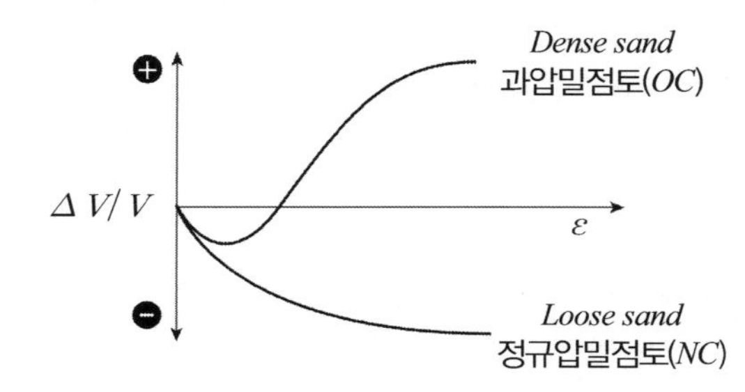

② 대 책

㉠ 저진동 장비 사용(*Preboring*, 중굴, 압입, *Jet* 공법)

㉡ 저진동 발파 : 저폭속폭약 사용굴착 *Smooth Blasting*

㉢ 방진구 설치

(6) 벽체 인발 시 공극

① 문제점

㉠ 인발 시 공극 : *Sheet pile*의 경우 *H−Pile*이 용접되어 있으므로 인발 시 큰 공극 발생

㉡ 인발 시 진동 : 인발 시 *Vibro−Hammer*에 의해 지반이 교란되고 과잉간극수압 발생으로 지표 침하 발생

② 대책 : 매몰, 절단, 고주파 장비사용, 충전, 배면보강 후 인발, 유압인발기 사용

4. 근접시공 시 고려사항

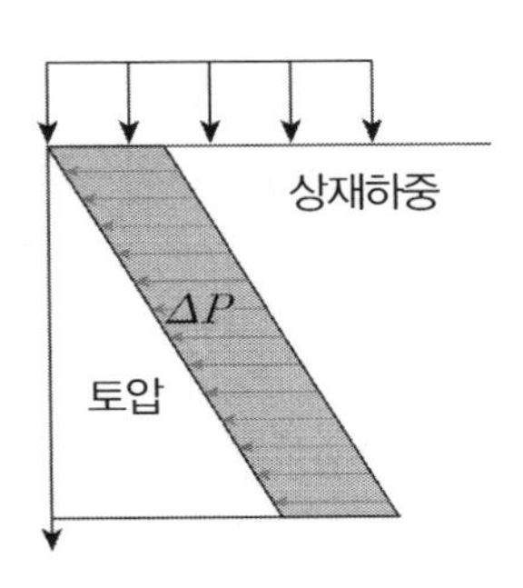

(1) 지하수위 저하 : 발생 ΔP 고려

$$S = m_v \cdot \Delta P \cdot H$$

(2) 인접 구조물 침하와 경사 허용기준 수립 계측관리

(3) 토압 : 배면토+상재하중(ΔP)

(4) 진동소음 기준관리

구 분	대상물	진동기준	단 위
물적 피해기준	건물, 시설물 등	진동속도	KINE(cm/sec)
정신적 피해기준	인체, 가축 등	진동가속도 level	db(V)

✓ **국토해양부 고시 발파진동 허용기준**

대 상	문화재, 유적, 컴퓨터시설물	주택, 아파트	상가	철근콘크리트 건물 및 공장
허용진동속도 (cm/sec)	0.2	0.2~0.5	1.0	1.0~5.0

(5) 침하영향거리와 침하량

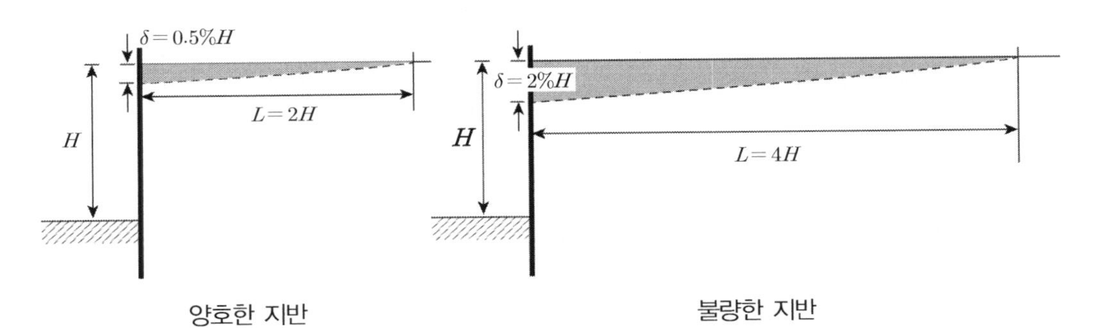

(6) 토압계수 적용

① 변위를 약간 허용 : $K = K_a$

② 구조물 인접거리 > 굴착깊이의 1/2 : $K = 0.5(K_o + K_a)$

③ 구조물 인접거리 < 굴착깊이의 1/2 : $K = K_o$

④ 인접 구조물 기초깊이 ≥ 굴착깊이 : $K = K_a$

5. 토류벽 배면 침하 예측법

예측법	해석 개념	예측법	해석 개념
Peck 곡선	계측	*Rosco & Wroth*	소성론
Caspe 방법	이론적 계산	*Tom linson*	*FEM*
Clough 방법	계측+*FEM*	*Fry* 방법	이론식

6. 계측기 종류 및 설치위치별 주의 사항

종 류	설치위치	설치방법	용 도
지중경사계	토류벽 또는 배면지반	굴토 심도보다 깊게 부동층까지 천공	굴토진행 시 각 과정의 인접지반 수평변위량과 위치·방향 및 크기의 실측과 이를 이용, 토류 구조물 각 지점의 응력 상태 판단 가능
지하수위계	토류벽 배면 지반	대수층까지 천공	지하수위 변화를 실측하여 각종 계측자료에 이용, 지하수위의 변화원인 분석 및 관련된 대책 수립
간극수압계	배면 연약지반	연약층 깊이별	굴착에 따른 과잉간극수압의 변화를 측정하여 안정성 판단
토압계	토류벽 배면	토류벽 종류에 따라 다름	주변지반의 하중으로 인한 토압의 변화를 측정하여 토류 구조체가 안정한지 여부 판단
하중계	*Strut* 또는 *Anchor* 부위	각 단계별 굴토 시 설치	*Strut, Earth Anchor* 등의 축하중 변화상태를 측정하여 이들 부재의 안정상태 파악 및 원인규명에 이용
변형률계	토류벽 심재, *Strut,* 띠장, 각종 강재 또는 *Concrete*	용접 또는 접착재	토류구조물의 각 부재와 인근 구조물의 각 지점 및 타설 콘크리트 등의 응력 변화를 측정하여 이상 변형 파악 및 대책 수립에 이용
벽면경사계 (*Tilt-meter*)	인접 구조물의 골조 또는 벽체	접착 또는 *Bolting*	주변건물, 옹벽, 철탑 등 인근 주요 구조물에 설치하여 구조물의 경사 변형상태를 실측, 구조물 안전진단에 활용
지중침하계	토류벽 배면, 인접 구조물 주변	부동층까지 천공	인접지층의 각 층별 침하량의 변동상태를 파악 보강대상과 범위의 결정 또는 최종 침하량을 예측
지표침하판	토류벽 배면, 인접 구조물 주변	동결심도보다 깊게	지표면의 침하량 절대치의 변화를 측정, 침하량의 속도판단 등으로 허용치와의 비교 및 안정상태를 예측
균열 측정기	균열부위	균열부 양단	주변구조물, 지반 등에 균열발생 시 균열크기와 변화를 정밀 측정하여 균열 발생 속도 등을 파악 다른 계측 결과 분석에 자료 제공
진동 소음측정기		필요시 측정	굴착, 발파 및 장비작업에 따른 진동과 소음을 측정하여 구조물 위험 예방과 민원 예방에 활용

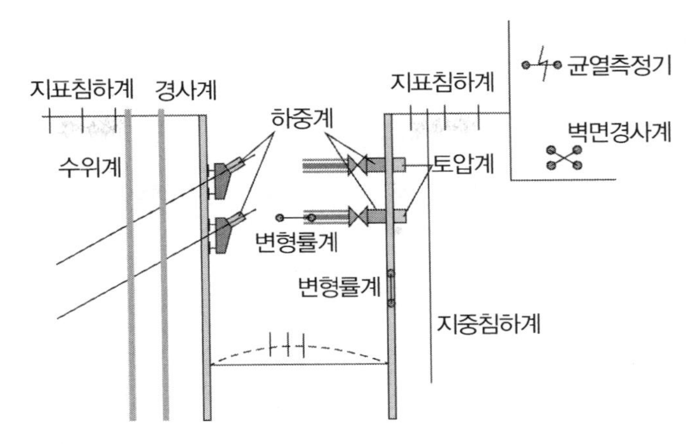

✓ **평면상 모서리와 T형 도로의 경우 상하수도관 등의 연결부 파손이 빈번하므로 계측기를 집중배치하여 관리함**

✓ 굴착으로 인한 인접 구조물 영향평가 기준

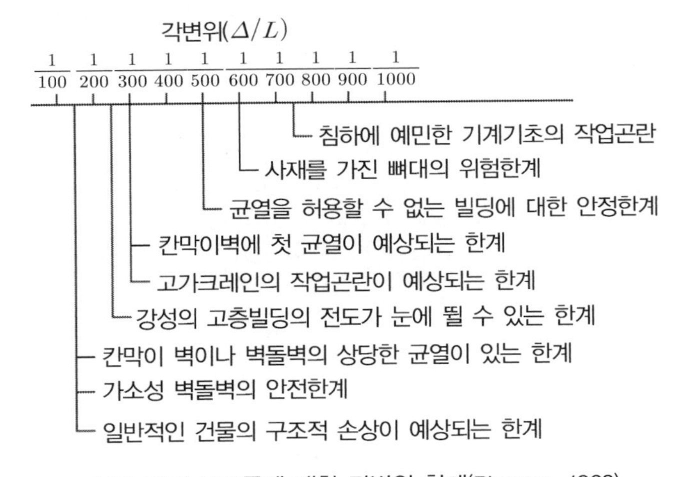

여러 가지 구조물에 대한 각변위 한계(Bjerrum, 1963)

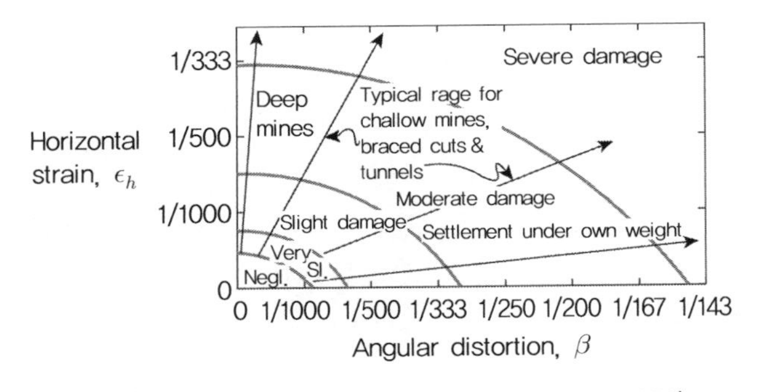

구조물 손상도 평가기준(Boscardin, Cording, 1989)

28 토류벽 선행하중

1. 개 요

(1) 토류벽의 배면부위 침하원인은 벽체의 변위, 지하수위 저하, 근입부 불안정에 따른 *Heaving* 현상으로 대별된다.

(2) 이러한 배면부위의 침하를 해결하기 위해서는 벽체의 변형과 이동을 제외한 방법으로 차수성 벽체로 시공하게 되면 해결이 가능하나

(3) 벽체의 변위와 이동을 해결하는 방법으로 벽체의 변위가 진행되기 전에 선행하중을 가함으로써 벽체배변의 침하를 억제할 수 있다.

2. 공법의 효과

(1) 배면지반 침하 감소

(2) 토류벽 변위 억제

(3) 버팀대, 띠장, 버팀대 간의 연결부 틈새 밀착

(4) 버팀대 수 경감

(5) 버팀대수 축소로 작업공간 확보 / 공기단축 → 경제성 확보

3. 선행하중 재하방법

(1) 선행하중 재하방법 : 선행하중을 가하면 변위가 억제되어 토압 증가

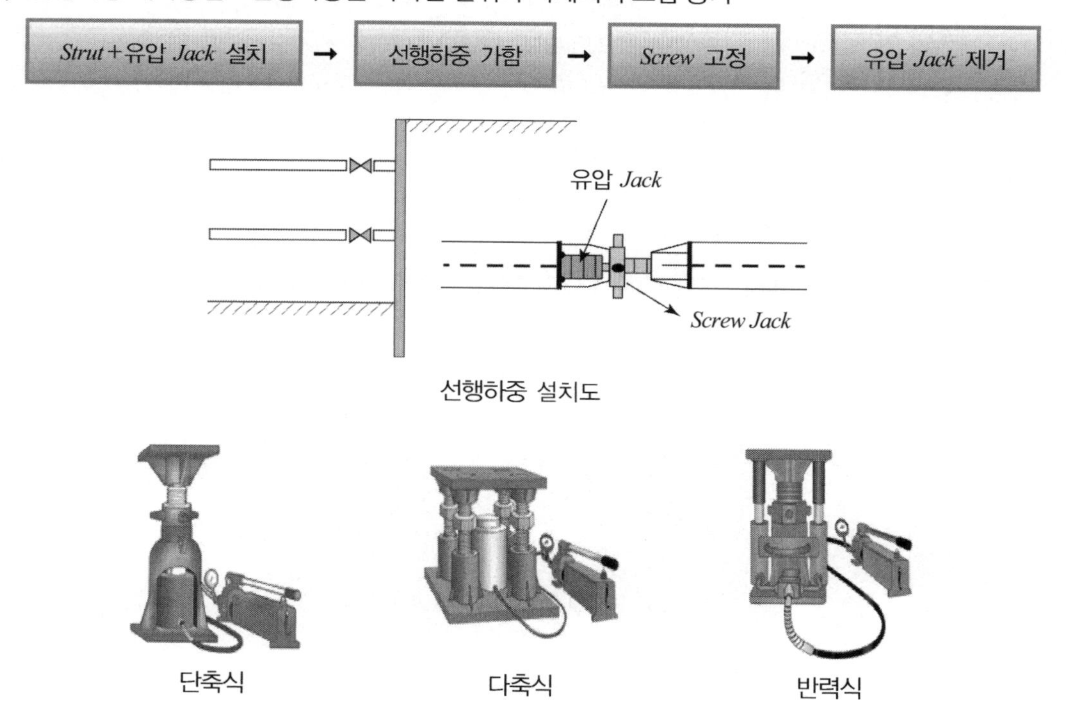

선행하중 설치도

단축식 다축식 반력식

(2) 선행하중의 크기 : 탄소성 해석에서 초기토압 산정 시 반력계산에서 선행하중 부여

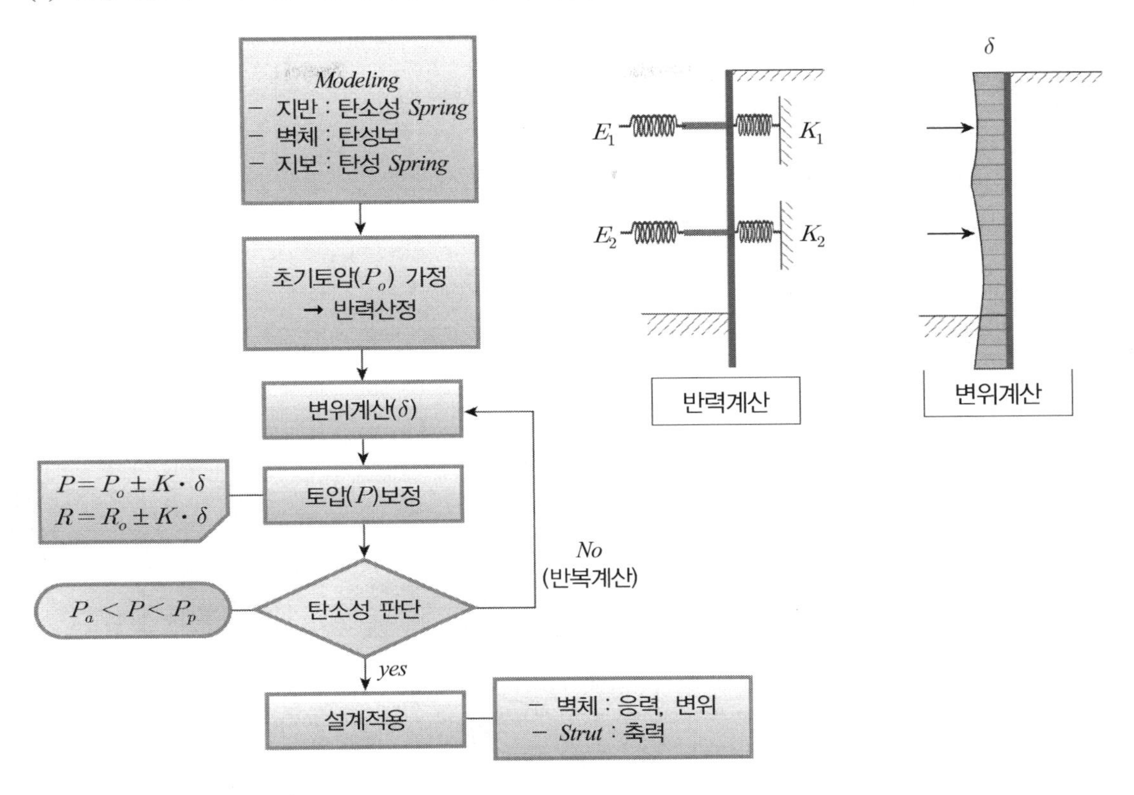

(3) 토압설계 : 정지토압

4. 공법 적용 시 유의사항

(1) 선행하중 크기결정

탄소성 해석 → 선행하중이 고려된 토압 적용

✓ ***Screw jack*은 인력으로 시공**

→ *5ton* 이상의 축하중을 작용하기 어려움

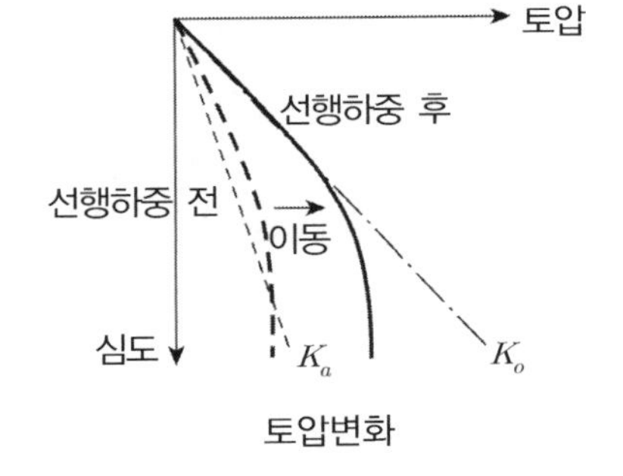

토압변화

(2) 벽체 설계

① 초기토압은 정지토압 사용

② 경사버팀대는 구조적으로 불안 선행하중 효과가 적음

→ 수평 버팀대 설계

(3) 시공 시 선행하중이 균등하게 분포하도록 띠장 설치 및 토류벽 배면 뒷채움 실시

(4) 버팀대와 접하는 띠장은 *Stiffener* 설치로 *Flange* 부분의 변형 억제

29 흙막이 설계 관련 중요 및 유의사항

1. 설계절차

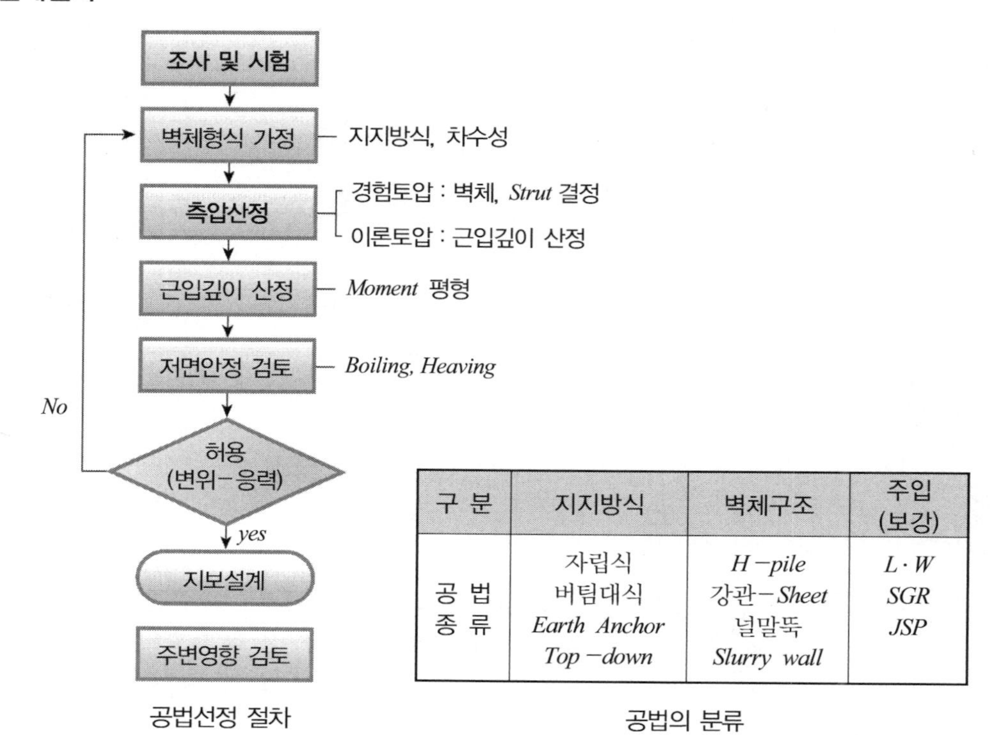

공법선정 절차

구 분	지지방식	벽체구조	주입 (보강)
공 법 종 류	자립식 버팀대식 *Earth Anchor* *Top*-*down*	*H*-*pile* 강관-*Sheet* 널말뚝 *Slurry wall*	*L*·*W* *SGR* *JSP*

공법의 분류

2. *H*-*Pile* 및 토류판 공법

(1) *H*-*Pile*

① 축방향 허용 지지력 만족 여부 검토

② 개수성이므로 수위 저하 → 지반침하 발생

③ 안정검토 : 근입깊이, 점토지반(*Heaving*), 모래지반(*Boiling*)

④ 간격 : 약 1.5*m*(수평간격)

(2) 토류판

휨 모멘트와 전단력 검토 → 토류판 두께 결정

(3) 띠장

① 휨 모멘트와 전단력 검토 → 단면 결정

② 수직간격 : 약 3.0*m*. 단, 지표부는 1.0*m* 이내에 1단 설치가 원칙

③ 모서리 버팀대의 띠장설계

축방향력과 축직각방향의 합성력이 작용하므로 이를 고려한 부재 설계

$$\sigma = \frac{S_T}{A} \pm \frac{M_{\max}}{Z}$$

여기서, S_L : 수직력 S_T : 축력

(4) 버팀보

① 압축부재로서 좌굴을 고려하되 다음사항을 추가하여 설계

㉠ 온도변화 : 12*ton/day*(1일 10℃ 온도차 고려)

㉡ 자중에 의한 *Bending moment*

② 간 격

㉠ 수평 : 5*m* 이내

㉡ 수직 : 3*m* 이내

③ 좌굴에 안전배치(안)

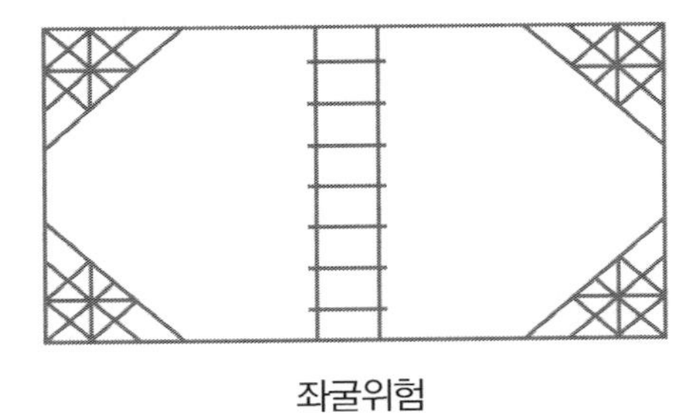

좌굴위험

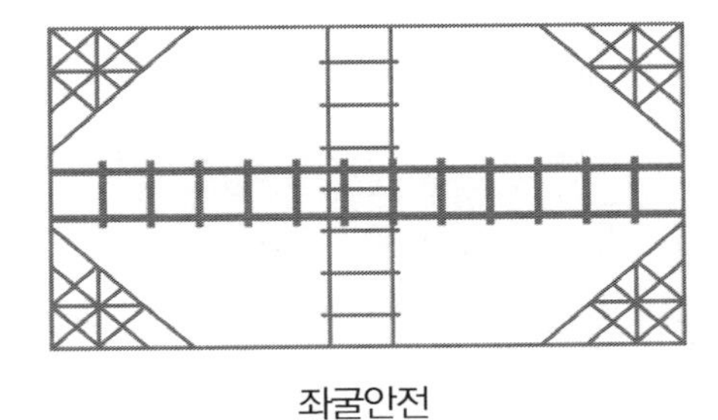

좌굴안전

④ 모서리 버팀대의 최대길이 한계 : 25*m* 이하

⑤ 가능한 중간말뚝을 설치하고 강결 처리 → 변형 억제

3. *Earth Anchor*

(1) 정착장 · 자유장

① 지층 : $N > 5$ 이상 점토, $N > 10$ 이상의 사질토

② 정착장 길이 : 마찰형의 경우 최대 10*m*

(정착체와 지반, 강선과 정착체 마찰값 고려 길이 결정)

③ 벽체의 좌굴, 지지력 검토 : 다단계 앵커 설치 시 *H－Pile*에 누가 수직력 고려

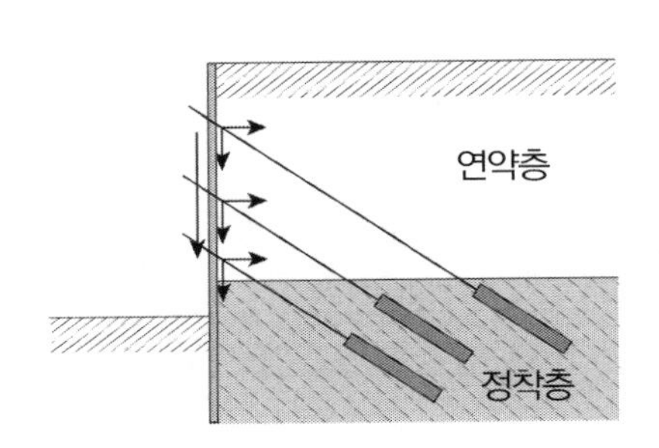

④ 자유장 길이

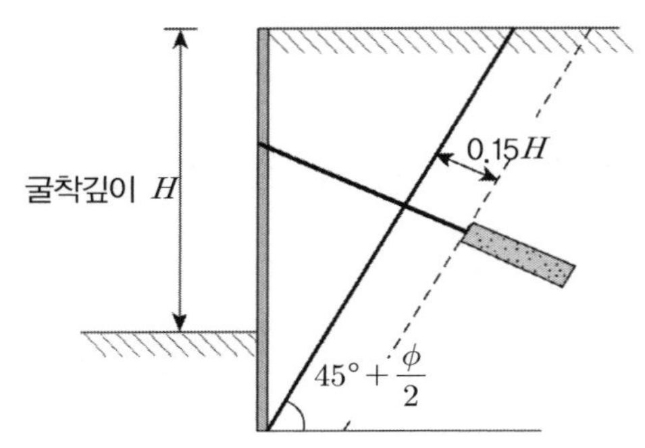

㉠ 자유장의 최대길이는 규정되어 있지 않음

㉡ $L_f = H \cdot \sin\left(45° - \frac{\phi}{2}\right) + 0.15H$며 자유장 길이가 $3m$ 이하인 경우 최소길이는 $3m$ 이상이어야 한다.

(2) 긴장력

초기, 장기손실을 고려한 초기 긴장력 권장

(3) 1단 앵커설치 위치

지표면 $1.5m$ 이내 → 1단 앵커 시공 시 벽체는 캔틸레버가 되므로 초기변위 억제를 위함

4. *Soil Cement Wall*

(1) 축력과 전단력에 안정한 소요강도 확보

(2) *SCW* 공법은 포화실트층, 사력층에서 침투수압이 클 경우 공벽유지 곤란

(3) 자갈층에서 *Auger* 굴진 곤란

(4) 심도 깊을 경우 수직도 유지 곤란 → 벽체 틈 발생 → 주입공법 병행

(5) 풍화암에 $1 \sim 2m$ 근입되도록 시공 별도의 *Piping* 검토

5. *CIP*

(1) 철근콘크리트 기둥의 휨과 전단응력 고려 강도 결정

(2) 심도 깊을 경우 수직도 유지 곤란 → $20m$ 이내

(3) 심도 깊을 경우 수직도 유지 곤란 → *CIP*간 공극 → 별도의 차수공법 고려

6. *Slurry Wall*

(1) 응력 : 시공단계별 변위와 응력 검토

(2) 토압 : 정지토압계수 적용

(3) 안정액 관리, *PH* 관리

(4) 철근피복 $10cm$ 이상

7. 강널말뚝

(1) 주동, 수동토압과 *Moment* 고려 : 강널말뚝 전폭 고려

(2) 근입깊이 : *Heaving, Boiling* 검토

(3) 최소근입깊이 : 2.0m 이상

CHAPTER 08

사면안정

이 장의 핵심

- 우리나라의 경우 비탈면 붕괴의 대부분 원인은 강우에 의한 경우가 가장 많으며 이 밖에도 여러 가지 원인에 의해 사면은 붕괴될 수 있는데, 사면의 붕괴 원인에 따른 붕괴 형태에 따라 이에 대한 적합한 대책방안을 강구해야 한다.
- 사면안정 해석의 방법에는 중량법, 절편법, 일반한계 평형법, 수치해석 등이 있으며 그 결과를 토대로 대책공법에 대한 설계가 진행된다.
- 이 장에서는 유한사면과 무한사면, 그리고 각종 사면해석의 종류별 기법을 다루고 있으며 특히 유한사면의 해석에 대한 계산문제가 많이 출제되므로 정확한 원리와 절차를 이해하여야 한다.

CHAPTER 08 사면안정

01 사면의 안전율과 붕괴원인

[핵심] 지표면이 경사져 있는 것을 사면이라 하는데 사면을 형성하는 흙의 중량이 높은 곳에서 낮은 곳으로 이동하려 할 때 이를 활동력이라 하고 여기에 저항하는 힘이 전단강도라 하면 활동력이 전단강도를 넘게 될 때 사면은 붕괴가 일어나게 된다.

1. 사면의 안전율

(1) 안전율 평가 방법

① 응력과 강도에 의한 평가 : 원호 활동면에 대한 전단력의 착안

$$안전율 = \frac{활동면상의\ 전단강도의\ 합}{활동면상의\ 실제\ 전단응력의\ 합}$$

② 힘의 평형에 의한 평가 : 활동면의 이동방향에 대해 착안

$$안전율 = \frac{활동에\ 저항하려는\ 힘}{활동을\ 일으키려는\ 힘}$$

③ *Moment*평형에 의한 평가

$$안전율 = \frac{활동에\ 저항하려는\ 모멘트}{활동을\ 일으키려는\ 모멘트}$$

(2) 사면안정 해석방법의 종류

① 중량법 : $\phi = 0$ 해석, 마찰원법

② 절편법 : *Fellenius*방법, *Bishop*법, *Janbu*법, 기타

③ 일반한계 평형법

④ 수치해석

(3) (1)항의 ①과 같이 사면 안전율은 전단강도가 감소하게 되면 안전율이 저하되고 전단응력이 증가되는 경우에도 안전율이 저하되지만 전단강도가 감소되고 동시에 전단강도는 증가하는 현상이 발생되는 경우는 사면 안전율이 급격하게 저하되어 위험하게 된다.

2. 사면파괴의 종류

(1) 활 동

① 무한사면 : 활동하려는 토체의 깊이가 사면의 길이에 비해 10배 이하

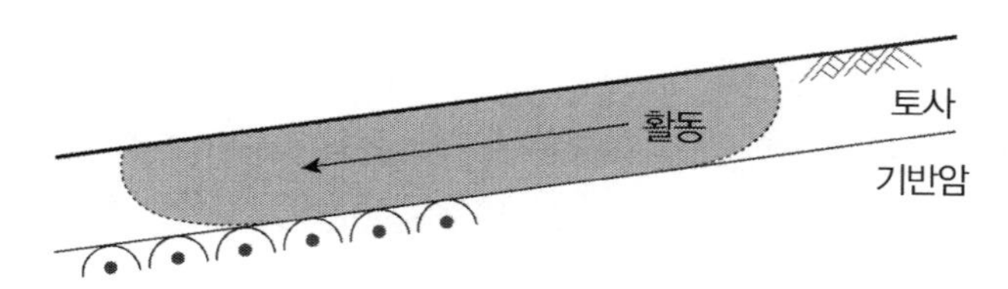

② 유한사면 : 활동면의 깊이가 사면의 높이에 비해 비교적 큰 것(제방, 댐)

직선활동	원호활동	비원호 활동	복합파괴활동
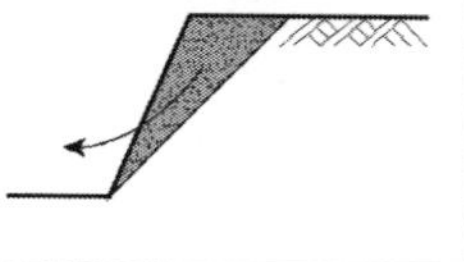	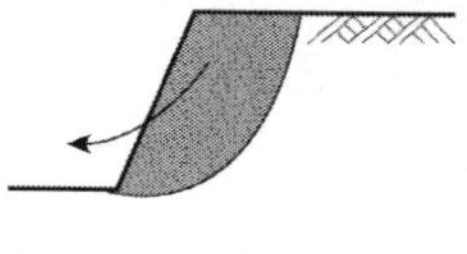	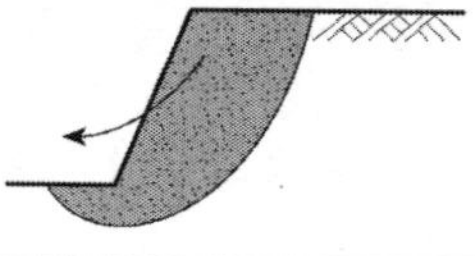	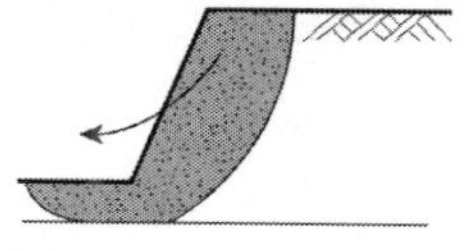

✓ 원호활동의 파괴

사면 저부파괴	사면 선단파괴	사면 내 파괴
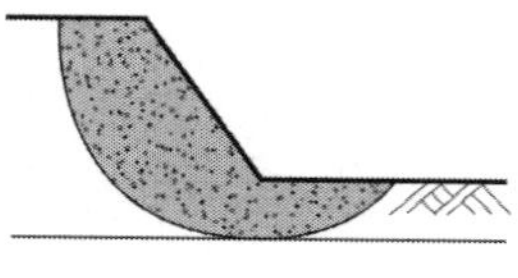	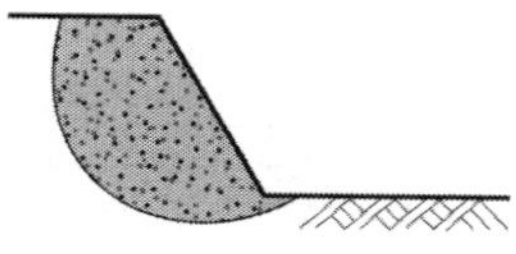	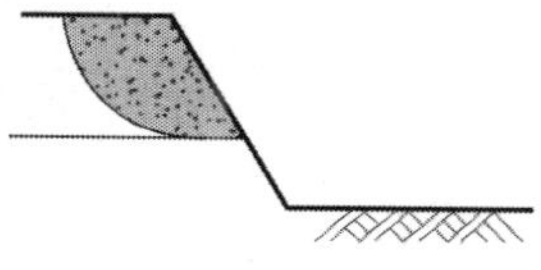
사면 경사 완만, 점성토에서 견고한 지층이 깊은 곳	사면경사가 급한 사질지반	사면 내 견고한 지층 존재

(2) 기 타

① 붕락(*Fall*) : 낙석

② 유동(*Flow*) : 활동되는 길이에 대단히 길며 활동깊이는 상대적으로 매우 얕으며 사면 활동현상이라기보다 소성적 거동으로 설명된다. 따라서 유동은 활동되는 토사의 대부분이 비탈면 아래로 흘러내리는 특징이 있으며 활동속도가 대단히 느린 *Creep* 변형이라고 볼 수 있다.

3. 붕괴의 종류

(1) 자연사면 붕괴

① ***Land creep*** : 완만한 사면(20° 이내)에서 지하수위상승이나 지표면 침식에 의해 발생

② ***Land slide*** : 경사가 급한 사면(30° 이상)인 경우 집중호우나 지진 등에 의해 발생

(2) 인공사면의 붕괴

① 절토사면 붕괴

㉠ 얕은 표층 붕괴 : 사질지반(침식, 세굴)

㉡ 깊은 절토면 붕괴 : 점성토, 붕적토, 파쇄대암

㉢ *Land Slide*적 붕괴 : 절리 발달한 암 → 토사화 진행 → 붕괴

② 성토사면 붕괴

㉠ 사면저부 파괴 : 사면 경사완만, 점성토에서 견고한 지층이 깊은 곳

㉡ 사면선단 파괴 : 사면경사가 급한 사질지반

㉢ 사면 내 파괴 : 하부 견고층

4. 사면안전율 저하 원인

전단강도 감소	전단응력 증가
① 흡수에 의한 점토의 팽창 : ***Swelling***, ***Slaking*** ② 수축, 팽창, 인장으로 인해 발생한 미소 균열 ③ 취약부 지반의 변형에 의한 진행성 파괴 ④ 간극수압의 증가 ⑤ 동결 및 융해 ⑥ 흙다짐 불량 ⑦ 느슨한 사질토의 진동에 의한 활동 ⑧ 점토의 결합력 상실 = 용탈	① 인위적인 절토, 유수에 의한 침식으로 인한 기하학적인 변화 ② 함수비 증가로 인한 단위중량의 증가 ③ 인장균열 발생과 균열 내 물의 유입으로 수압 증가 ④ 지진, 폭파 등 진동

5. 안전율에 따른 안전성 판단

구 분	안전율	안전성 판단
재검토	① $F_s < 1.0$ ② $F_s = 1.0 \sim 1.2$	① 불안 ② 안정성에 불안
공사 종류별 안전율 적용	③ $F_s = 1.3 \sim 1.4$ ④ $F_s > 1.5$	③ 사면 및 성토에는 안정, 흙 댐에서는 불안 ④ 흙 댐은 안정, 기타 지진 고려 시 적용

6. 사면안정 주요 용어

(1) 임계 활동원(*Critical circle*)

사면이 활동되려는 가상의 무수히 많은 활동원 중에서 안전율이 최소인 활동원, 즉 파괴 가능성이 가장 큰 활동원을 말함

(2) 임계 활동면(*Critical surface*)

임계 활동원의 활동면이나 직선 또는 비원호등의 임계 활동면을 말함

(3) 등치선

안전율이 같은 활동원의 중심을 연결한 선을 말함

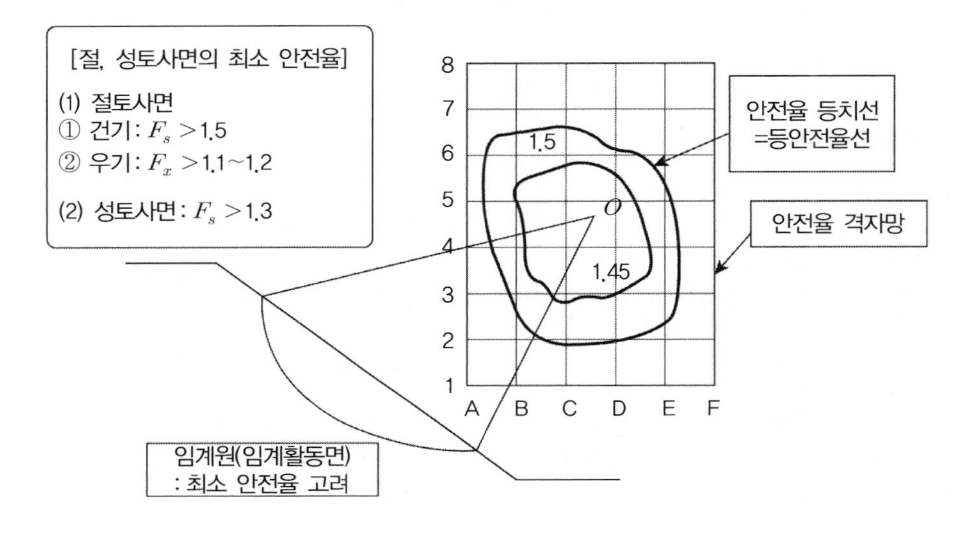

02 절토사면 안정해석에서 강우 시 강우조건을 고려한 사면안정 해석방법

1. 개 요

(1) 사면파괴는 우기에 집중적으로 발생하므로 사면안정 해석시 지하수위 조건에 대하여 적정하여 산정하여야 한다.

(2) 강우 시 기관별 지하수위 적용기준

기관명		조 건	우기 시 적용기준
건설교통부	국도건설공사설계실무요령(2004)	토층/풍화함	지하수위는 지표면에 위치
한국도로공사	도로설계실무편람(1996) – 토질 및 기초편 –	토층/풍화함	지하수위는 $G.L(-)3.0m$
	도로설계요령(2001) – 토공 및 배수 –	토층/풍화함	지하수위는 지표면에 위치
한국토지공사	*Koland* 설계기법 연구보고서		지하수위는 $G.L(-)3.0m$ 강우에 의한 표면파괴해석
한국철도시설공단	철도설계편람(2004) – 토목편 –		강우에 의한 사면 내 침투를 고려한 안정해석을 반드시 수행

(3) 강우 시 최소안전율 조건

구 분		최소안전율	참 조
절 토	건기	$F_s \geq 1.5$	• *NAVFAC−DM* 7.1, P329 : 하중이 오래 작용할 경우 • 일본도로공단(도로설계요령) • 한국도로공사 : 일축, 삼축압축시험으로 강도를 구한 경우(도로설계요령)
	우기	$F_s \geq 1.1 \sim 1.2$	• *National Coal board*
성 토		$F_s \geq 1.3$	• 일본토질공학회(일반적인 구조물인 경우) • 한국도로공사 • 일본도로실무강좌 5

① 암반

㉠ 건기 : 인장균열면이나 활동면을 따라 수압이 작용되지 않음

㉡ 우기 : 인장균열면이나 활동면을 따라 작용하는 수압을 $Hw = 1/2H$로 가정하여 적용

② 토층 및 풍화암

㉠ 건기 : 지하수위 미고려

㉡ 우기 : 지하수위 $GL-3.0m$

2. 강우가 사면에 미치는 영향

(1) 강우로 인해 지표부근은 완전히 포화되어 포화도가 1.0에 접근한다.

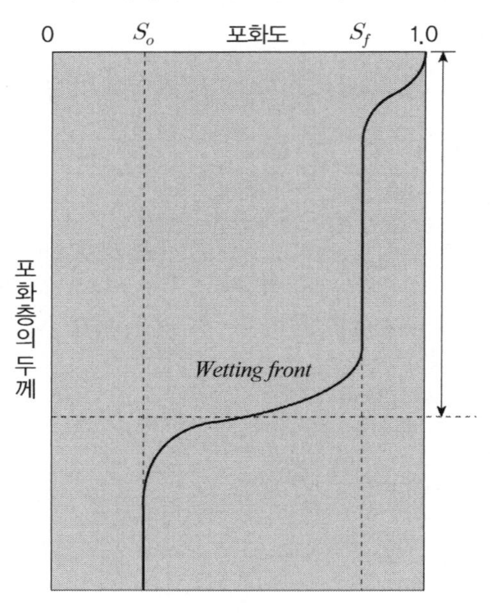

강우 시 습윤대의 형성(*Lumb*, 1975)

(2) 중력의 영향으로 깊이가 깊어짐에 따라 점차 감소하다가 일정 깊이 이상에서는 일정한 포화도를 나타내며 습윤대(*Wetting band*)를 형성한다. 습윤대는 강우가 지속됨에 따라 지표 부근은 완전 포화되고 중력의 영향으로 그 범위가 점차 깊어지며 포화 정도는 감소하거나 일정한 포화도를 나타내는 두께가 형성되는데 이를 *Wetting band*라 한다.

(3) *Wetting band approach*(*Lumb*, 1962 *and* 1975)에서는 형성된 *Wetting band*가 불투수층까지 강우 지속 여부와 무관하게 연직방향으로 강하한다고 가정한다.

(4) 습윤대의 두께는 중력의 영향으로 점차 증가하다가 지하수위를 만나거나 투수계수가 낮은 지층에 도달하면 양의 간극수압을 나타내면서 지하수위를 상승시킨다.

(5) 우기 시 사면붕괴 구조

연직침투 과정	기반암 평행침투 과정	사면붕괴 과정
강우가 사면 토층 내에 침투하면서 형성된 *Wetting band*(*Wetting front*)가 시간경과와 함께 사면 심부로 강하해가는 과정	*Wetting band*가 기반암층(불투수층)에 도달한 후 암반과 평행한 방향의 침투가 발생하는 과정	*Wetting band*의 연직침투와 상승된 지하수위의 평행 침투는 사면 하단부로 갈수록 크게 나타나며 한계수위 형성 위치에서 붕괴가 발생

(6) 지하수위 침투 과정

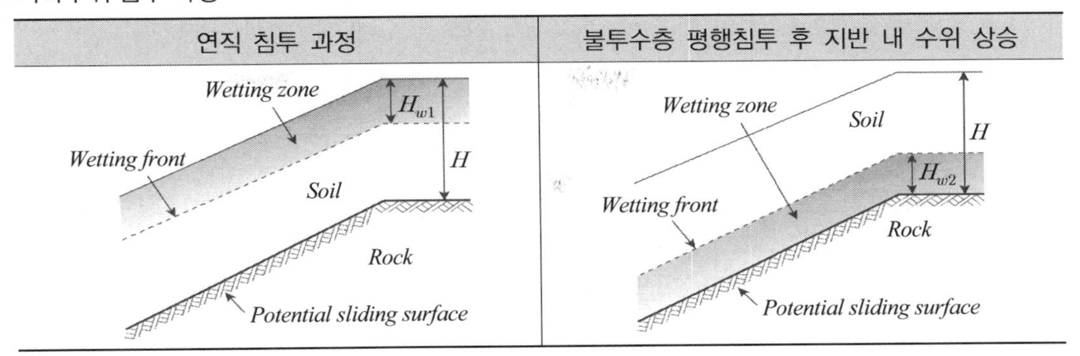

지하수위 침투과정

3. 사면안정해석 방법

(1) 지하수위 지표면 포화상태 분석

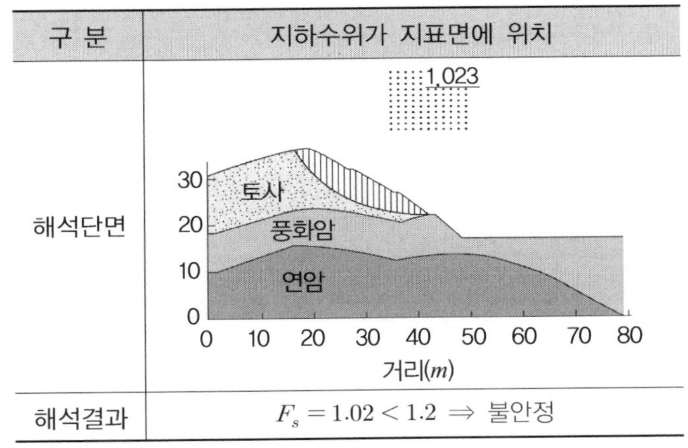

구 분	지하수위가 지표면에 위치
해석단면	1.023 토사 / 풍화암 / 연암 0 10 20 30 40 50 60 70 80 거리(m)
해석결과	$F_s = 1.02 < 1.2 \Rightarrow$ 불안정

지표면 포화상태로 해석 시 대부분 사면 불안정하여 사면보강공법을 적용하여야 한다.

(2) 포화심도 최대 3*m* 포화조건으로 해석

설계 시 포화심도는 최대 3*m* 포화조건으로 해석하는 방법으로 표층파괴에 대한 안정해석을 수행하는 것이 가장 합리적이고 경제적인 설계가 된다.

구 분	상부 3*m*만 포화된 것으로 해석
해석단면	1.427 토사 / 풍화암 / 연암 0 10 20 30 40 50 60 70 80 거리(m)
해석결과	$F_s = 1.42 > 1.2$ → 안정

(3) *Wetting band*(습윤대) 예측하여 적용

절토부 사면에 지표투수시험(*Constant Head Field Infiltration*)을 실시하여 습윤대를 예측하여 적용 해석하는 방법

✓ 침투해석

1) 침투해석 흐름

단면, 초기조건 설정		저상류 해설		비정상류 해석		검토결과 분석
• 초기지하수위 설정 • 단면조건 : 비탈머리에서 배면으로 2H 이상 모델링	➡	• 절취 후 안정된 지하수위 검토	➡	• 사면부, 원지반부 강우 시 침투조건	➡	• 강우 시 시간 경과에 따른 최대 지하수위 선정

2) 모델링 경계조건

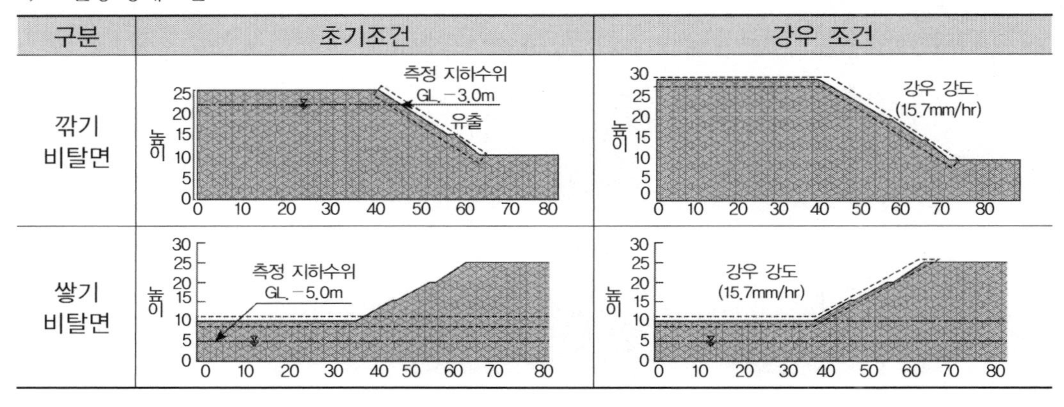

3) 침투해석 결과

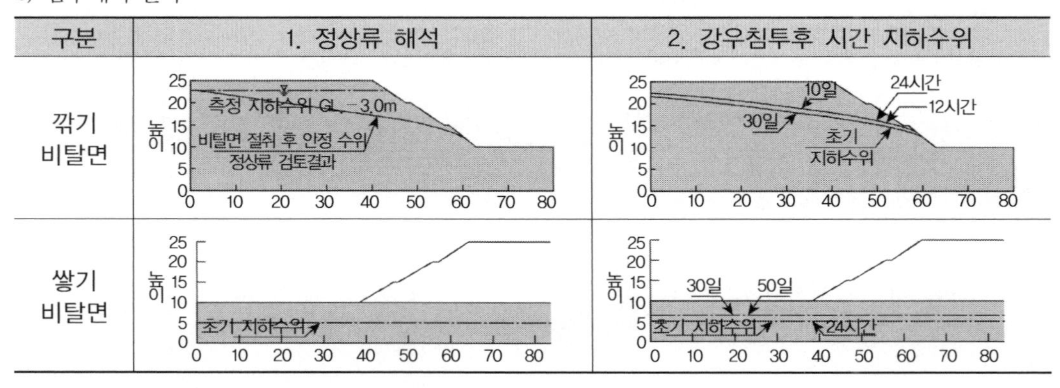

03 유한사면의 안정수와 한계고

[핵심] 유한사면은 활동면의 깊이가 사면의 높이에 비해 비교적 큰 것으로 제방, 댐과 같은 인공구조물인 경우가 많다. 따라서 인위적으로 절취하여 형성된 유한사면이 가시설 없이 어느 정도의 깊이로 굴착을 해야 안전한지에 대한 한계고라든지 사면의 경사와 심도계수에 연관된 단순사면의 파괴형태에 대한 문제가 주로 출제된다.

1. 단순사면의 안정해석

(1) 평면파괴형태의 사면안정(*Culmann*의 유한사면해석)

① 한계고(*Critical hight*, H_c)

㉠ 일반공식

$$H_c = \frac{4c}{r_t}\left(\frac{\sin\beta \cdot \cos\phi}{1-\cos(\beta-\phi)}\right)$$

✓ 한계고란 가시설(흙막이) 없이 사면이 유지되는 최대의 높이로서, 깊이에 따른 전체 주동토압의 합력이 '0'이 되는 한계깊이를 말함

㉡ 수직으로 굴착 시 한계고 : $\beta = 90°$

$$H_c = \frac{4c}{r_t}\left(\frac{\cos\phi}{1+\cos\phi}\right) = \frac{4c}{r_t}\tan\left(45° + \frac{\phi}{2}\right)$$

$$= \frac{2q_u}{r_t} = 2 \cdot Z_c$$

여기서, q_u : 일축압축강도

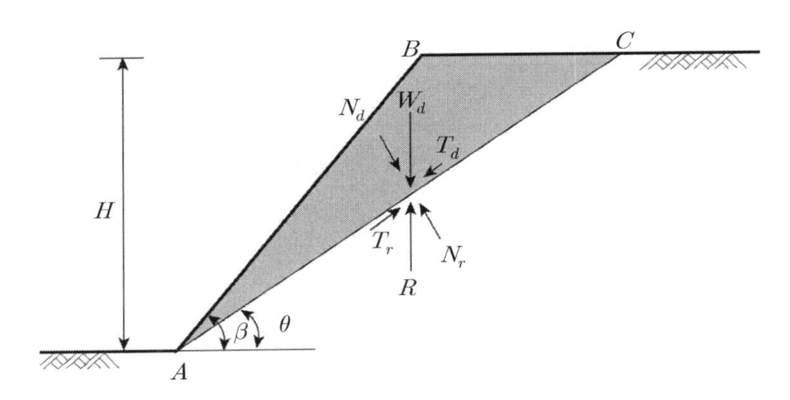

*Culmann*의 유한사면 해석 모식도

② 안전율

$$F_s = \frac{H_c}{H}$$

여기서, H : 사면의 높이

✓ 토압편에서 점성토 지반의 한계고는 임계고의 2배 깊이와 같음에 유의. ***Terzaghi***는 이론적인 한계깊이에 비해 점성토의 경우 2/3배의 깊이가 한계깊이로서 타당하다고 주장

(2) 안정도표를 활용한 사면안정해석

*Taylor*는 점토지반에 대하여 평면활동과 원호활동에 대한 안정수에 대한 비교표를 제시하였는데, 사면의 굴착각도에 따라 안정수를 제시하였다.

① 안정도표 : 안정수가 커질수록 불안

사면경사($\beta°$)	안정수(m)		
	평면활동	원호활동	
		사면선단활동	저부활동
15~53° 이하	0.033~0.144	0.145~0.180	0.181
53°	0.145	0.181	
54~90°	0.145~0.25	0.182~0.261	
평 가	• 평면활동에 비해 원호활동이 훨씬 더 불안전측 • 원호활동에서 사면경사 53°를 기준으로 작으면 저부활동 파괴 가능성이 높아짐		

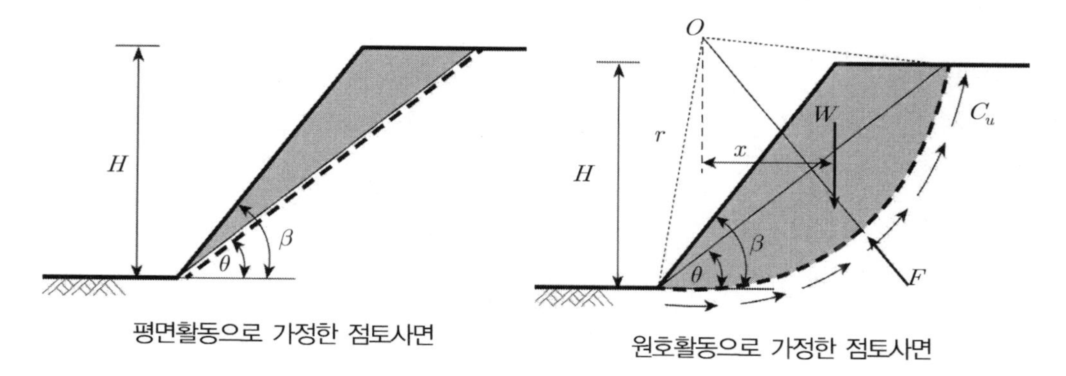

평면활동으로 가정한 점토사면　　원호활동으로 가정한 점토사면

② 안정수 (*Stability number*, m)

㉠ 사면의 안정을 최소로 유지($F_s = 1$)하기 위한 사면높이에 대한 점착성분의 비율로서

㉡ $m = C_m / (r \cdot H)$에서 안정수가 최대가 될 때 가장 불안한 사면 파괴경사각(θ)이며 $\phi = 0$인 지반의 평면활동 시 θ는 사면 경사각(β)의 절반이 된다($\theta = \beta/2$).

$$m = \frac{C_m}{r \cdot H}$$

여기서, C_m : 활동이 발생 시 가동된 점착력

만일, $\phi = 0$ 인 지반의 평면활동인 경우라면 $m = \frac{1}{4}\tan\frac{\beta}{2}$

③ 한계고 : 예를 들어 사면경사 $X°$의 기울기로 안전율 $F_s = 1$로 굴착하고자 할 때 어느 깊이까지 굴착가능한지 판단할 때

㉠ 안정수 판단 : $m = \frac{1}{4}\tan\frac{\beta}{2}$

㉡ 한계고 : 굴착 가능깊이

$$H_c = \frac{C_u}{m \cdot \gamma \cdot F_s} = \frac{N_s \cdot C_u}{\gamma \cdot F_s}$$

여기서, N_s : 안정계수(*Stability factor*)

④ 안전율

$$F_s = \frac{H_c}{H}$$

여기서, H : 사면의 높이

⑤ 심도계수와 사면파괴의 형태

㉠ 심도계수(*Depth function*, N_d)

$$N_d = \frac{H'}{H}$$

여기서, H' : 사면의 상부에서 견고한 지반까지의 깊이

H : 사면의 높이

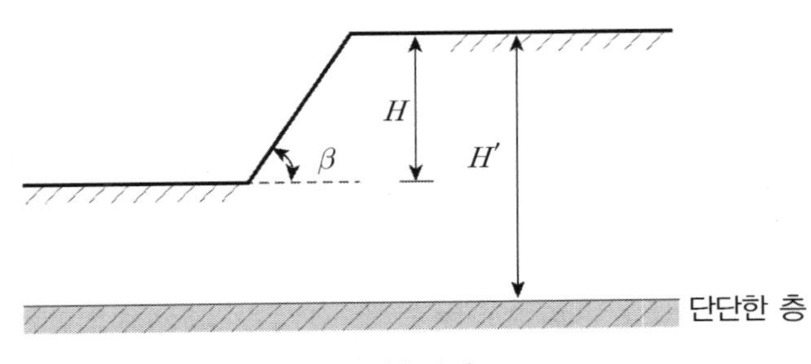

단순사면

㉡ 파괴형태와의 관계

ⓐ 사면의 경사각(β) $> 53°$ 이면 심도계수와 관계없이 사면 선단파괴가 발생한다.

ⓑ 사면의 경사각(β) $< 53°$ 이면 심도계수가 증가함에 따라 사면 내 파괴에서 사면선단 파괴, 저부파괴로 달라진다.

ⓒ $N_d > 4$ 이상이면 β에 관계없이 저부파괴만 발생한다.

ⓓ $N_d < 1$ 이면 사면 내 파괴가 발생한다.

(3) 사면 저부파괴의 해석

파괴원의 중심이 사면의 중앙점 연직선 위에 위치하는 중앙점원(*Midpoint circle*)법에 의하여 해석한다.

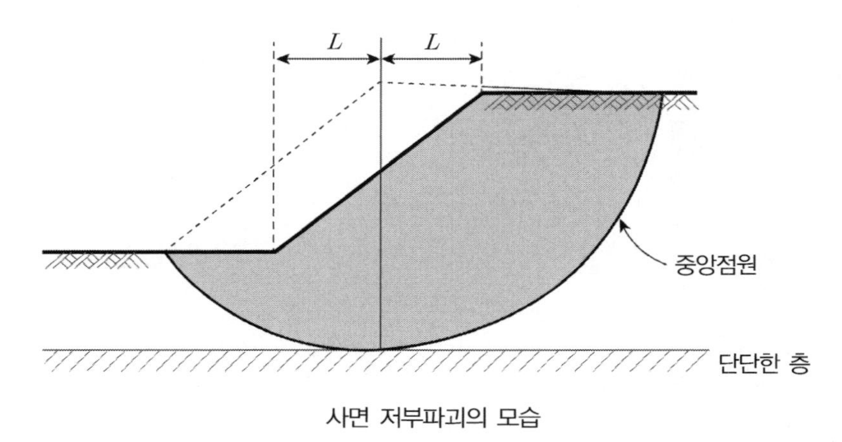

사면 저부파괴의 모습

✓ 사면 저부파괴의 경우 분할법에 의하여 사면안정검토를 할 때 임계원의 중심은 사면의 중점을 통하는 연직선 상에 있다.

04 무한사면의 안정해석

[핵심] 무한사면은 활동면의 깊이가 사면의 길이에 비해 작은 경우로서 안전율과 관련된 공식들은 기본적으로 전단응력에 대한 전단강도의 비로서 지하수와 토질별로 고려된 공식으로 복잡해보이지만 반복적으로 이해하면 단순한 공식에 불과하므로 공식의 암기에 앞서 기본적인 개념을 이해하기를 바라며 점토지반에 대한 계산문제를 정리하여야 한다.

1. 개 요

사면의 깊이에 비해 사면의 길이가 길 때 파괴면은 사면과 평행하게 발생하게 되는데, 사면의 깊이가 길이에 비해 1/10 이하인 얕은 천층 파괴로서 양끝의 전단강도는 무시하여 계산한다.

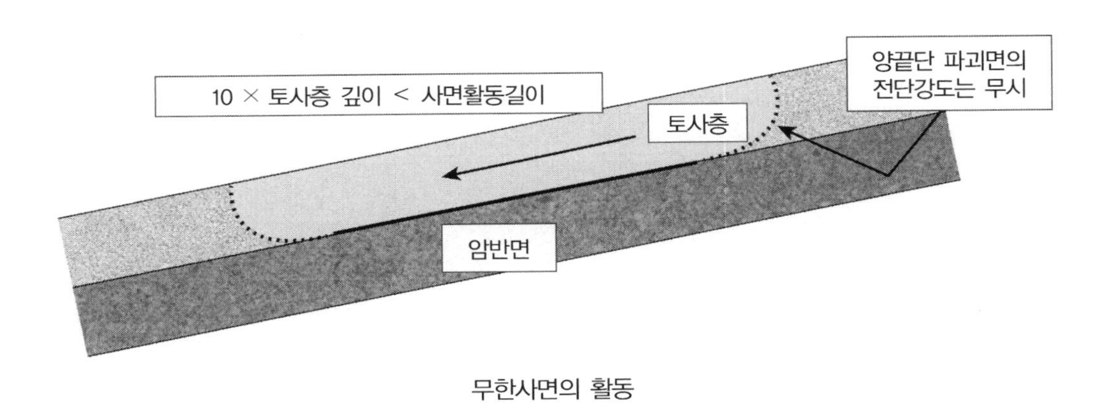

무한사면의 활동

2. 발생조건

(1) 모래지반 : 내부마찰각(ϕ) < 사면의 경사(β)

(2) 활동조건
암반과 토사경계, 붕적토와 풍화대 경계, 상·하부층의 강도차가 큰 경우

3. 해석방법

(1) 기본식 산정
① 안전율 식 중 힘의 평형방정식으로부터 → 활동면의 이동방향에 대해 착안

$$안전율 = \frac{활동에\ 저항하려는\ 힘}{활동을\ 일으키려는\ 힘} = \frac{C'\ell + (W \cdot \cos\beta - u \cdot \ell)\tan\phi'}{W \cdot \sin\beta}$$

② 단위면적당 하중으로 단위 통일

㉠ $W = \gamma \cdot z$

㉡ $\ell \cdot \cos\beta = 1$로 가정하면 ⇨ $\ell = \dfrac{1}{\cos\beta}$

③ 그러면

$$안전율 = \frac{C'/\cos\beta + (\gamma \cdot z \cdot \cos\beta - u/\cos\beta)\tan\phi'}{\gamma \cdot z \cdot \sin\beta}$$

④ 여기에 $\cos\beta$를 분모와 분자에 곱해주면

$$안전율 = \frac{C' + (\gamma \cdot z \cdot \cos^2\beta - u)\tan\phi'}{\gamma \cdot z \cdot \sin\beta \cdot \cos\beta}$$

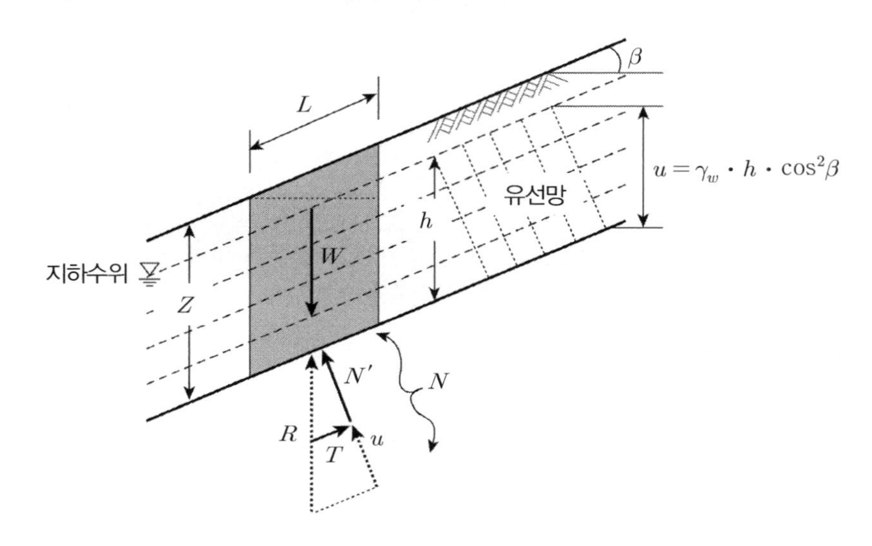

(2) 사질지반이고 지하수위가 파괴면 아래에 있는 경우

① $c = 0,\ u = 0$이므로

$$안전율 = \frac{\gamma \cdot z \cdot \cos^2\beta \cdot \tan\phi'}{\gamma \cdot z \cdot \sin\beta \cdot \cos\beta} = \frac{\cos\beta \cdot \tan\phi'}{\sin\beta}$$

$$\therefore F_s = \frac{\tan\phi'}{\tan\beta}$$

② 위 식에서 사질지반의 경우에는 사면경사(β)보다 흙의 내부마찰각이 커야 안전함

※ *If*, $C \neq 0$, 지하수위가 파괴면 아래에 있는 경우

$$F_s = \frac{C'}{\gamma \cdot z \cdot \sin\beta \cdot \cos\beta} + \frac{\tan\phi'}{\tan\beta}$$

(3) 지하수위가 지표면과 일치하는 경우 : 간극수압 $u = \gamma_w \cdot z \cdot \cos^2\beta$

① 일반적인 흙

$$F_s = \frac{C' + (\gamma_{sat} \cdot z \cdot \cos^2\beta - u)\tan\phi'}{\gamma_{sat} \cdot z \cdot \sin\beta \cdot \cos\beta}$$

$$= \frac{C' + (\gamma_{sat} \cdot z - \gamma_w \cdot z)\cos^2\beta \cdot \tan\phi'}{\gamma_{sat} \cdot z \cdot \sin\beta \cdot \cos\beta}$$

$$= \frac{C'}{\gamma_{sat} \cdot z \cdot \sin\beta \cdot \cos\beta} + \frac{\gamma_{sub} \cdot \cos\beta \cdot \tan\phi'}{\gamma_{sat} \cdot \sin\beta}$$

$$= \frac{C'}{\gamma_{sat} \cdot z \cdot \sin\beta \cdot \cos\beta} + \frac{\gamma_{sub} \cdot \tan\phi'}{\gamma_{sat} \cdot \tan\beta}$$

② 사질토의 경우 : $c' = 0$이므로

$$F_s = \frac{\gamma_{sub} \cdot \tan\phi'}{\gamma_{sat} \cdot \tan\beta}$$

✓ $\frac{\gamma_{sub}}{\gamma_{sat}} \fallingdotseq \frac{1}{2}$ 이므로 지하수위가 파괴면 아래에 있는 경우에 비하여 절반 정도 안전율이 저하된다.

(4) 수중인 경우

① 일반적인 흙

$$F_s = \frac{C'}{\gamma_{sub} \cdot z \cdot \sin\beta \cdot \cos\beta} + \frac{\gamma_{sub} \cdot \cos\beta \cdot \tan\phi'}{\gamma_{sub} \cdot z \cdot \sin\beta \cdot \cos\beta}$$

$$\therefore F_s = \frac{C'}{\gamma_{sub} \cdot z \cdot \sin\beta \cdot \cos\beta} + \frac{\tan\phi'}{\tan\beta}$$

② 모래지반의 경우 : 점착력이 '0'이므로

$$\therefore F_s = \frac{\tan\phi'}{\tan\beta}$$

✓ 위 식은 사면의 안전율이 사면의 높이와 무관하며 내부마찰각(ϕ)이 사면의 경사(β)보다 커야 안정함을 알 수 있다.

(5) 침투수가 사면에 평행하게 흐르는 경우

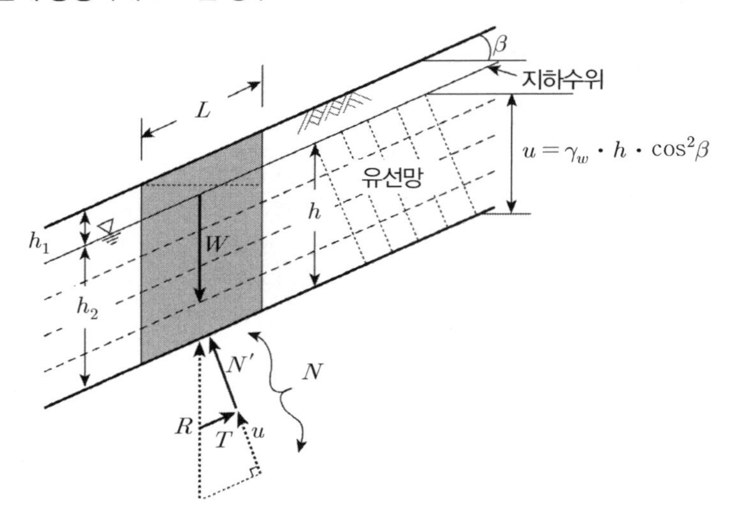

① 수직응력 $\sigma = (\gamma_t \cdot h_1 + \gamma_{sat} \cdot h_2) \cdot \cos^2\beta$

② 간극수압 $u = \gamma_w \cdot h_2 \cdot \cos^2\beta$

③ 전단응력 $\tau_d = (\gamma_t \cdot h_1 + \gamma_{sat} \cdot h_2) \cdot \cos\beta \cdot \sin\beta$

④ 안전율

$$F_s = \tau_f / \tau_d = \frac{c' + (\sigma - u)\tan\phi'}{(\gamma_t \cdot h_1 + \gamma_{sat} \cdot h_2) \cdot \cos\beta \cdot \sin\beta}$$

(6) 지하수가 수평으로 흐르는 경우

안전율 식은 일반식과 같으며 간극수압이 $u = \gamma_w \cdot z$로 대체

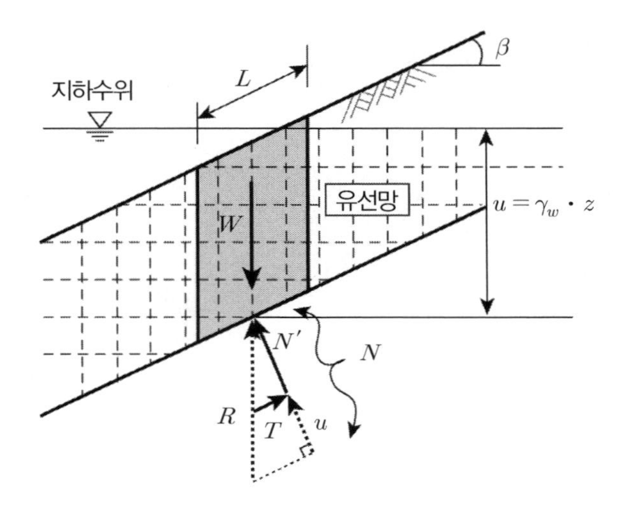

4. 정 리

(1) $C = 0$, 지하수위가 없으면 $\phi' > \beta$이어야 안정

(2) $C = 0$, 지하수위 지표면에 있으면 지하수위 없는 조건보다 안전율 $\frac{1}{2}$ 정도로 감소

(3) 위험한 순서
수평흐름 시 > 수위 지표위 > 수위 지표와 동일 > 수위가 없거나 수중상태

05 유한사면의 안정해석

[핵심] 사면안정해석의 핵심은 사면을 구성하는 흙이 어떤 지층으로 구성되어 있느냐에 따라 전체적으로 하나의 흙덩어리로 볼 경우에는 중량법을 적용하고 지층이 구분되어 있는 경우에는 절편법으로 구하기도 하며 절편의 힘을 가정하지 않고 힘과 모멘트 모두를 고려하여 해석하는 일반한계 평형법, 컴퓨터 수치해석 등 다양한 방법이 있으며 과년도 주요 문제는 중량법과 절편법의 비교, 절편법의 여러 가지 방법 중 *Fellenius* 방법과 *Bishop* 방법에 대하여 정리하여야 한다.

1. 유한사면 해석의 종류

<table>
<tr><th>구 분</th><th colspan="2">한계 평형해석</th><th>기 타</th></tr>
<tr><td rowspan="2">해석법</td><td>중량법
(사면 내 흙 균질)</td><td>절편법
(사면 내 흙 불균질)</td><td rowspan="2">• 일반한계 평형법
• 수치해석</td></tr>
<tr><td>• $\phi=0$해석
• 마찰원법
• Coshin법</td><td>• Fellenius 방법
• Bishop 방법
• Janbu 방법
• Morgenstern & price 방법
• spencer 방법</td></tr>
<tr><td>평 가</td><td colspan="3">• 한계평형 해석의 경우
– 안전율 적용 시 한계평형상태 해석으로 인한 허용안전율 이내에서의 변위에 대한 문제점을 완전히 해결하지 못함
– 절편법 적용 시 각 절편력에 대한 가정으로 인해 안전율의 일관성 부족
– 사면의 파괴가 동시에 발생한다는 개념이나 진행성 파괴가 발생하는 사면의 경우 실제와 많이 어긋남
• 일반한계 평형해석의 경우 : 편법의 경우 각 절편의 힘의 위치와 방향을 가정하였으나 일반한계 평형해석에서는 실제 절편력을 모두 반영하였으며 수계산이 곤란하고 컴퓨터에 의해 전산 해석함</td></tr>
</table>

✓ 한계평형해석

마치 시소처럼 활동이 막 발생하려는 순간의 안전율로서 *Mohr−coulomb*의 파괴포락선에 응력원이 닿는 순간 무한히 변위가 생겨 사면이 파괴될 것이라 가정한 해석방법임

2. 중량법 = 질량법(*Mass Procedure*)

해석하고자 하는 사면이 균질한 한 덩어리의 흙으로 구성된 경우 적용 가능하며 실제 자연지반의 대부분은 지층마다 물성치가 상이하므로 적용이 곤란한 이론이다.

(1) $\phi = 0$ 해석

전단강도에서 $\phi = 0$인 상태, 즉 포화점토의 비배수 상태에서의 전응력해석을 통한 강도 정수를 사용하는 급속성토에 해당되는 사면안정 해석임

① 전단강도 : C_u

② 흙덩어리 중량

$W = \gamma \cdot V = \gamma \cdot A \cdot 1m$

③ 활동원의 길이(L_a)

$L_a = 2 \cdot \pi \cdot r \cdot \left(\frac{\theta}{360°}\right)$

④ 활동 모멘트

$M_d = W \cdot a$

⑤ 저항 모멘트

$M_r = C_u \cdot L_a \cdot r$

⑥ 안전율(⑤÷④)

$$\therefore F_s = \frac{C_u \cdot L_a \cdot r}{W \cdot a}$$

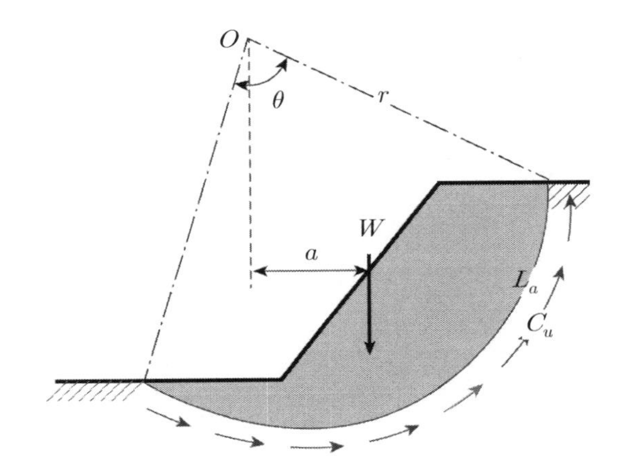

(2) 마찰원 법($\phi > 0$)

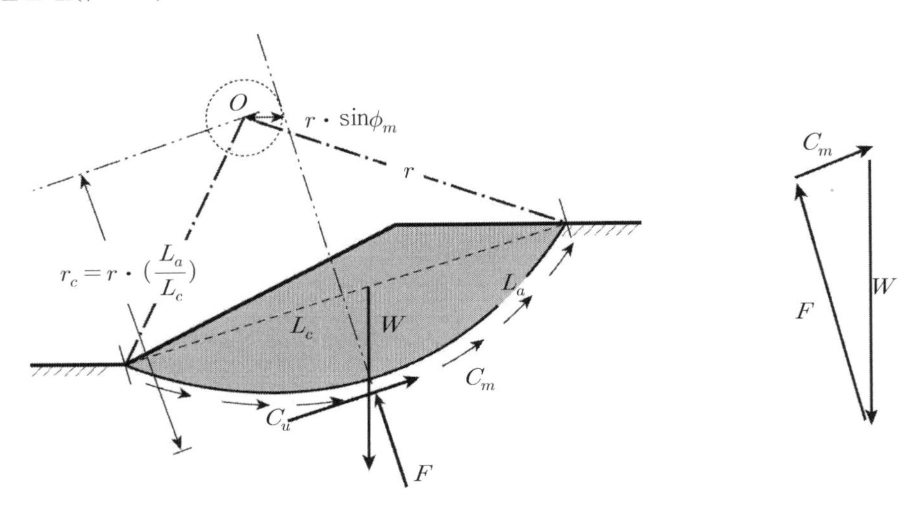

① 사면 내의 흙이 내부마찰각을 가지고 있고 활동하려고 한다면 활동원의 여러 위치에 있는 반력의 방향선을 연장하면 활동원의 중심에서 $r \cdot \sin\phi_m$ 의 반경으로 그린원에 접하게 되는데 이 원을 마찰원 또는 ϕ 원이라 한다.

② 마찰원을 이용하여 사면안정을 해석하는 방법을 마찰원법이라 한다.

③ 안전율의 개념

㉠ 활동이 발생하기 전에 마찰성분과 점착력에 대한 파괴 시 강도정수에 대한 안전율

$$F_\phi = \frac{\tan\phi}{\tan\phi_m}$$

$$F_c = \frac{C}{C_m}$$

여기서, ϕ_m 과 C_m 은 동원된 마찰각, 점착력임

㉡ 연구결과에 의하면 파괴 시 마찰력보다 점착력이 먼저 가동되어 $F_c < F_\phi$ 이지만 해석의 편의상 안전율은 같다고 본다. $F_\phi = F_c = F$

④ 해석 절차

㉠ 활동원을 임의로 가정한다.

㉡ 활동원의 호의 길이(L_a)와 현의 길이(L_c)를 구한다.

㉢ $F_\phi = \dfrac{\tan\phi}{\tan\phi_m}$, $\phi_m = \tan^{-1}\dfrac{\tan\phi}{F_\phi}$ 에서 F_ϕ 를 가정하여 ϕ_m 을 구한다.

㉣ 임의 활동원 중심에서 $r \cdot \sin\phi_m$ 의 반경을 가진 마찰원을 그린다.

㉤ 흙덩어리의 중량을 구한다 : $\gamma \cdot A \cdot 1m$

㉥ 흙덩어리의 중량과 활동원의 현과 평행한 점착력의 합력의 크기는 모르나 방향을 그려준다.

㉦ 여기서 활동원의 중심에서 현과 평행한 점착력의 방향과의 거리는 다음과 같다.
활동원의 호에 작용되는 점착력의 모멘트인 $r \cdot C_m \cdot L_a$와 도해적 해석을 위해 현과 나란한 점착력의 모멘트로 대체된 모멘트인 $r_c \cdot c_m \cdot L_c$는 같아야 하므로
$r \cdot C_m \cdot L_a = r_c \cdot c_m \cdot L_c$에서 $r_c = r \cdot (L_a/L_c)$

㉧ 그러면 흙덩어리의의 중량과 방향은 정확히 알고 있으며 가동된 점착력은 크기는 모르나 방향과 위치를 알고 있으므로 양방향의 분력을 그려보면 교점이 발생된다.

㉨ W와 C_m 의 교점에서 이미 그린 마찰원에 활동원의 반력 인 F의 분력을 접하게 선을 그려준다.

㉩ 이렇게 그린 힘의 분력을 그려주면 W는 그 크기와 방향을 알고 C_m 과 F는 작용방향만 알고 있으나 힘의 다각형의 원리에 의해 C_m 방향과 크기를 알게 된다.

㉪ 실험실에서 구한 파괴 시 점착력 c값과 가동된 점착력이 안전율이므로

$$F_c = \frac{C \cdot L_c}{C_m}$$

앞에서 안전율의 개념에서 $F_\phi = F_c = F$인 것을 만족해야 하며 만일 F_c와 F_ϕ가 일치하지 않는다면 다시 처음의 F_ϕ를 재가정하여 동일한 과정으로 되풀이하여 $F_\phi = F_c = F$를 만족하는 F값을 구한다.

㉫ 다음 그림과 같이 F_c와 F_ϕ의 관계곡선을 그리게 되면 그래프상 원점에서 45°로 그은 실선이 관계곡선과 마주치는 점이 $F_\phi = F_c = F$를 만족하는 F값이 된다.

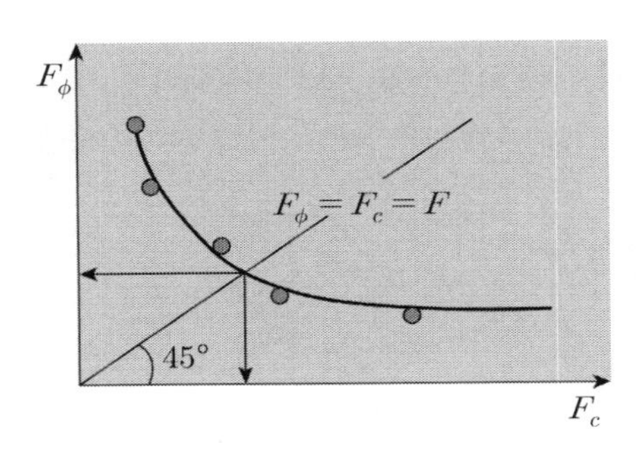

㉬ 활동원의 중심을 바꾸어 가면서 여러 개의 활동원을 가정하여 반복적으로 위의 과정을 되풀이하여 구한 안전율 중 최소의 안전율이 구하고자 하는 대상 사면의 안전율이 된다.

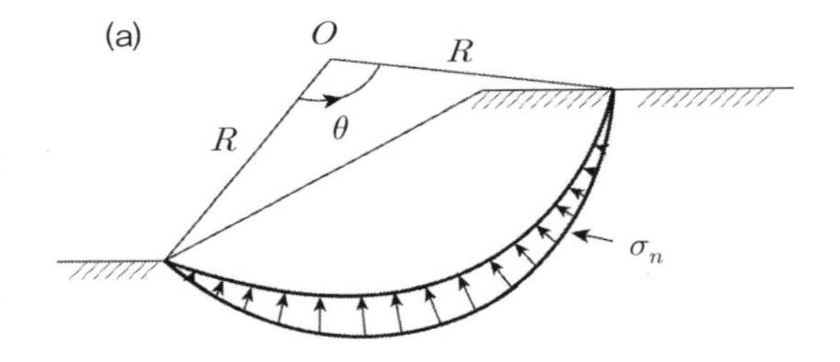

⑤ 특 징

㉠ 활동원은 원호로 가정한다.

㉡ 균질한 지층에만 적용되며 지층별 강도 특성이 다른 다층지반에는 적용이 곤란하다.

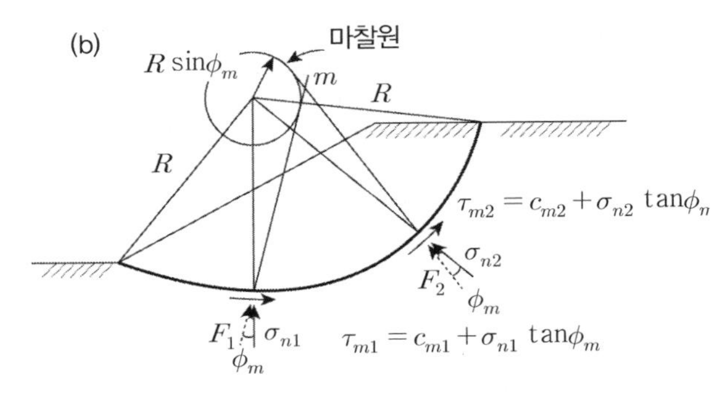

마찰원 법의 개념 (a) 수직응력의 분포 (b) 마찰원

3. 절편법 = 분할법(*Slice Method*)

앞에서 마찰원법의 경우는 파괴면 내 의 흙이 균질할 경우 적용한다고 하였다.

그러나 이질토층이고 지하수위가 존재하는 등 하나의 흙덩어리로 취급하여 해석이 곤란한 경우에는 파괴면 내의 흙을 여러 개의 절편으로 분할하여 해석하는 절편법을 사용한다. 평형방정식의 수보다 미지수가 더 많으므로 가정이 필요하며 가정조건에 따라 각 방법이 구분된다.

(1) 해석절차

임의의 활동원 그림 → 적당 간격 절편 분할 → Σ절편에 대한 활동 모멘트 계산 → Σ절편에 대한 활동 저항모멘트 계산 → 안전율 계산(활동 모멘트에 대한 저항모멘트)

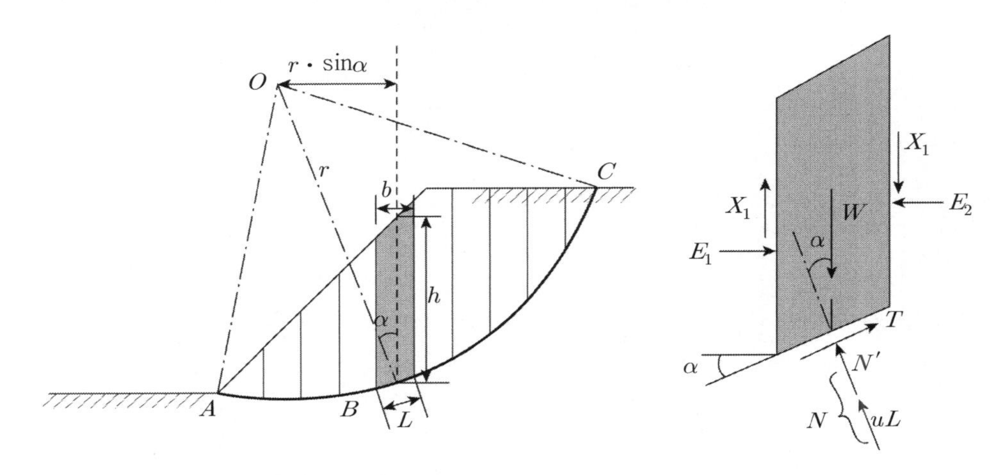

절편법

(2) 해석방법의 종류

구 분	연직방향 절편력	횡방향 절편력		
		절편력	위 치	각 도
Fellenius 방법	$X_1 - X_2 = 0$	0	–	–
Bishop 방법	$X_1 - X_2 = 0$	존 재	절편 중앙	수 평
Janbu 방법	$X_1 - X_2 = 0$	존 재	가 정	수 평
Morgenstern & price	$X_1 - X_2 = 0$	존 재	절편 중앙	가 정
spencer 방법	$X_1 - X_2 = 0$	존 재	절편 중앙	동 일

(3) 대표적 절편법에 의한 사면안정해석

① *Fellenius* 방법(스웨덴 방법)

㉠ 절편력 가정 : 절편저면과 수직방향의 힘만 고려하고 절편력은 무시

$X_1 - X_2 = 0, \quad E_1 - E_2 = 0$

㉡ 안전율

$$F_s = \frac{\sum(C'L + (W \cdot \cos\alpha - u \cdot L)\tan\phi')}{\sum W \cdot \sin\alpha}$$

㉢ 특징

- 간극수압이 큰 완만한 사면을 유효응력으로 해석하게 되면 안전율이 과소평가됨
- $\phi = 0$ 해석에서는 정해가 구해짐
- 사면의 단기 안정해석 등 전응력해석에는 정확하나 유효응력해석은 신뢰도에 의심

② *Bishop*의 간편해석

㉠ 절편력 가정 : 절편의 양측에 횡방향 구속력은 고려하나 연직방향 작용력은 무시

$X_1 - X_2 = 0$

㉡ 안전율

$$F_s = \frac{\sum(C'b + (W - u \cdot b)\tan\phi')}{\sum W \cdot \sin\alpha} \frac{1}{M_\alpha}$$

여기서, $M_\alpha = \cos\alpha\left(1 + \frac{\tan\alpha \cdot \tan\phi}{F_s}\right)$

㉢ 특 징

- 전응력, 유효응력해석 모두 신뢰성이 높음
- 사면 선단 부근에서 큰 음의 경사각을 가지는 활동면인 경우 $1 + \frac{\tan\alpha \cdot \tan\phi}{F_s}$ 로 인해 1 이하의 값이 나올 수 있기 때문에 안전율이 과대평가될 수 있음

(4) 평 가

① 평형방정식의 수보다 미지수가 많으므로 가정이 필요하고 학자마다 가정조건을 달리함

② *Fellenius*를 제외한 각 방법은 안전율이 같고 정해와 ±5% 정도의 오차범위 내 값을 가짐

③ *Bishop* 방법은 실무에서 많이 사용되며 단, 사면선단에서 활동면의 경사가 급한 경우 안전율이 과대평가됨

④ *Fellenius* 방법은 안전율이 과소평가되고 전응력해석임

⑤ $\phi = 0$ 해석은 모든 해석 결과가 동일함

06 $\phi = 0$ 해석(전응력해석)

1. 정 의

(1) 사면해석방법은 과잉간극수압 발생 여부에 따라 강도정수의 채택에 있어 전응력해석과 유효응력해석방법으로 구별된다.

(2) $\phi = 0$ 해석은 시공속도가 과잉간극수압의 소산속도보다 빠른 급속시공조건에서의 해석방법으로 전응력해석방법임

(3) 즉, 비배수 조건의 전단강도를 적용하여 해석함

$S = C_u$	$S = C_u + \sigma \tan \phi u$
포화점토	**불포화점토**

2. 전단강도를 구하는 시험

(1) 삼축압축시험(선행압밀하중 크기에 따른 전단강도시험)

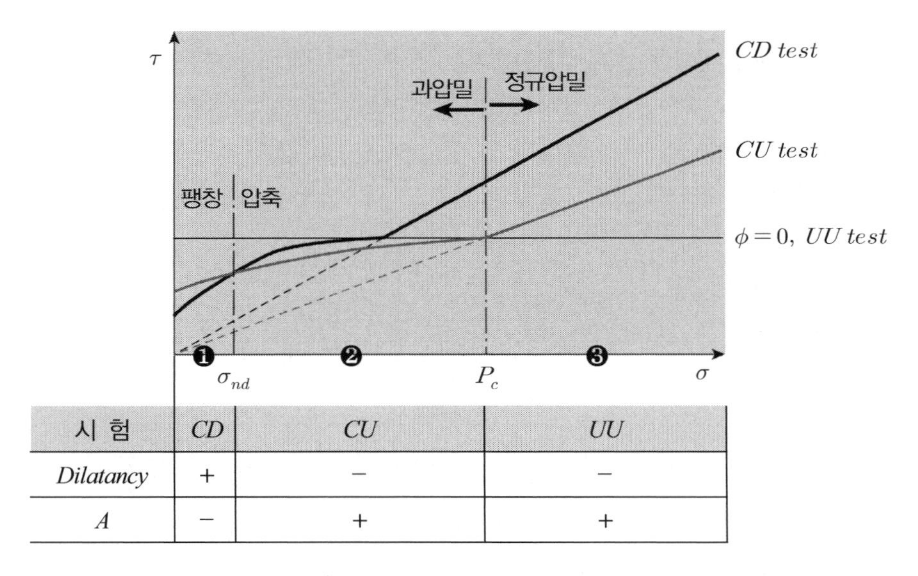

시 험	*CD*	*CU*	*UU*
Dilatancy	+	−	−
A	−	+	+

① 위 그림은 *Mikassa*에 의해 제시된 전응력해석을 통한 시험조건별 파괴포락선이다.

② 전단 및 배수조건을 달리하며 시험한 결과, 선행압밀하중에 따라 전단강도가 가장 적게 나오는 시험법을 결정하기 위한 모식도이다.

③ 즉, P_c보다 압밀하중이 큰 경우 $\phi = 0$ 해석을 시행한 강도정수를 채택한다.

(2) 일축압축시험 : 이 시험은 비배수 전단강도 시험으로 포화점토에 주로 적용한다.

측압을 받지 않은 공시체가 파괴되거나 압축 변형률이 15%가 될 때의 응력으로서 응력－변형률 곡선으로부터 최대 압축응력이 일축압축강도가 된다.

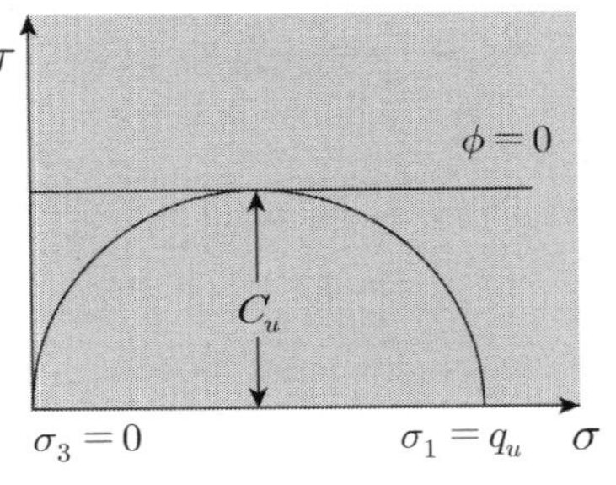

$$\sigma_1 = q_u = \frac{P}{A_o} = \frac{\frac{P}{A}}{1-\varepsilon} = \frac{P(1-\varepsilon)}{A}$$

여기서, P : 환산하중(kg)　　A_o : 환산 단면적(cm^2)

A : 환산 전 단면적　　ε : 변형률 $= \Delta H / H$

(3) 현장 시험

① *Vane Test*

② *Dutch cone*

③ *Piezo cone penetration test*

④ *dutch cone penetration test*

⑤ *Dilatometer test*

3. 안정해석 방법(예 : $\phi = 0$해석)

전단강도에서 $\phi = 0$인 상태, 즉 포화점토의 비배수 상태에서의 전응력해석을 통한 강도정수를 사용하는 급속성토에 해당되는 사면안정 해석임

① 전단강도 : C_u

② 흙덩어리 중량

$W = \gamma \cdot V = \gamma \cdot A \cdot 1m$

② 활동원의 길이(L_a)

$$L_a = 2 \cdot \pi \cdot r \cdot \left(\frac{\theta}{360°}\right)$$

④ 활동 모멘트

$M_d = W \cdot a$

⑤ 저항 모멘트

$M_r = C_u \cdot L_a \cdot r$

⑥ 안전율(⑤÷④)

$$\therefore F_s = \frac{C_u \cdot L_a \cdot r}{W \cdot a}$$

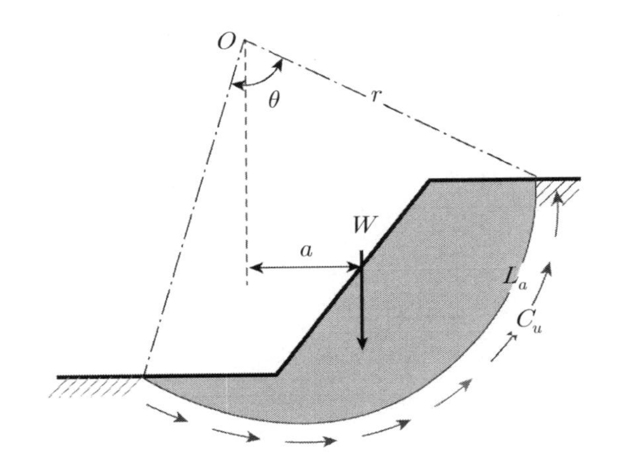

4. 적 용

(1) 급속성토 : 시공속도 > 과잉간극수압 소산속도

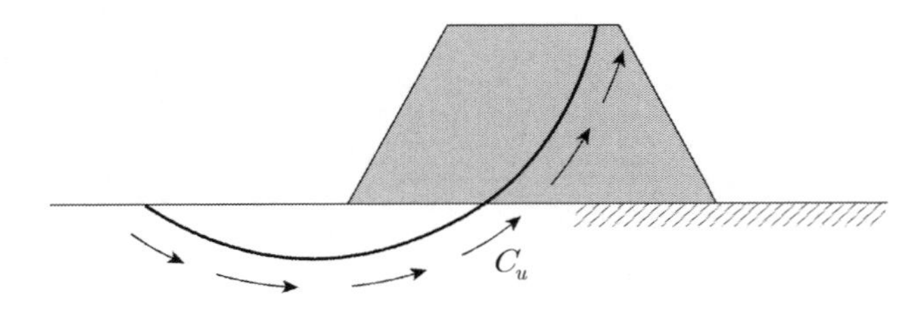

(2) 단계성토 직후 : 1차 성토에 의해 압밀된 후 2차 성토 직후

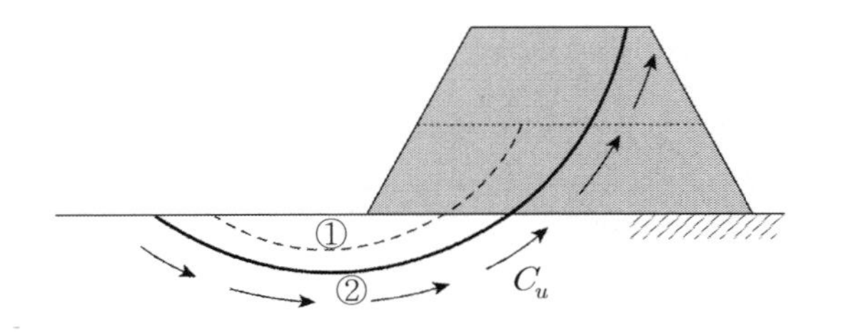

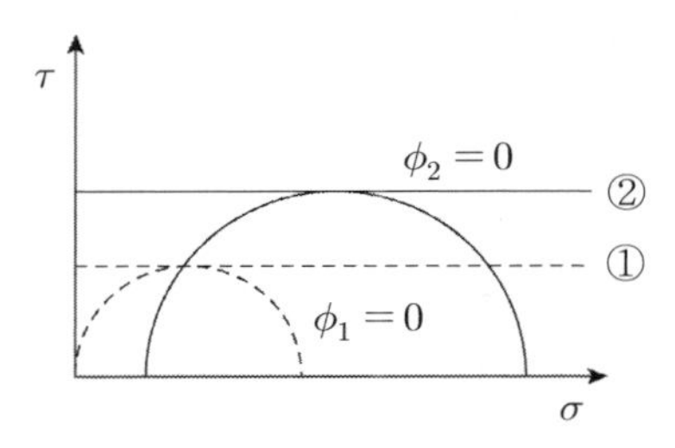

(3) 점성토 위 기초시공

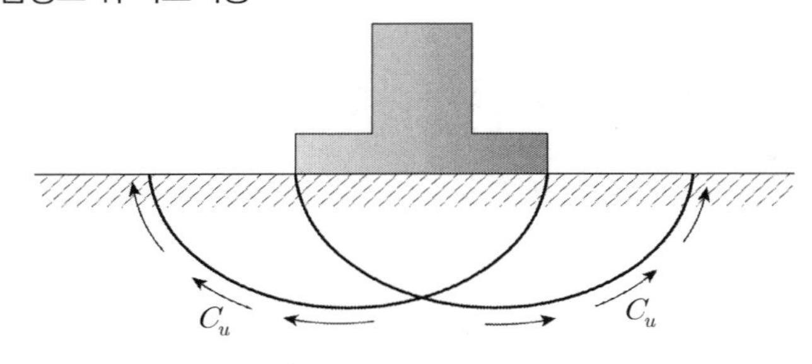

(4) 시공 초기 단기해석

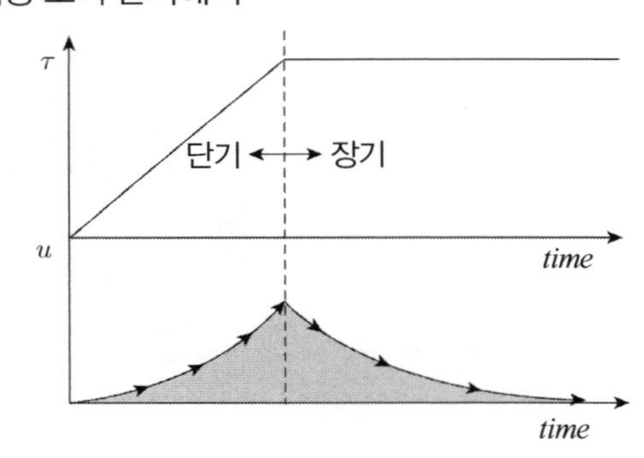

(5) 기 타

① *Pile* 기초 타입 시

② 시공속도가 빠른 경우

07 전응력해석과 유효응력해석

1. 정 의

(1) 전응력해석이란 시공속도가 과잉간극수압의 소산속도보다 빠른 경우로서 비배수 전단강도를 사용

(2) 유효응력해석이란 압밀속도에 비해 시공속도가 느린 경우로서 과잉간극수압의 소산이 발생하는 배수 조건이며 간극수압을 고려한 유효응력시험에 의한 강도정수를 사용

2. 전응력해석

(1) 전단강도와 정수

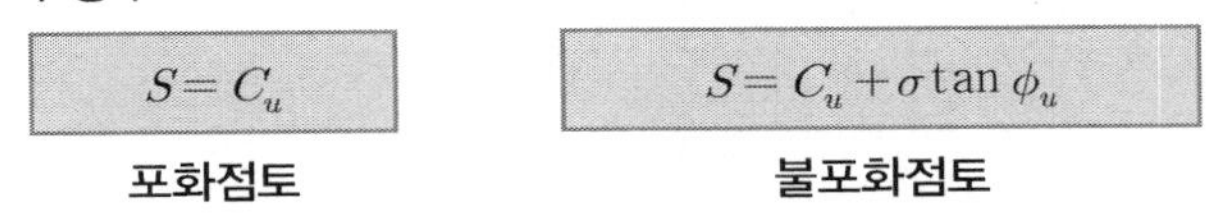

① 시험방법 : 일축압축시험, UU 삼축압축시험, 각종 정적 *Sounding*

② 사용강도정수

㉠ 포화 시 : $\phi = 0$

㉡ 불포화 : C_u, ϕ_u

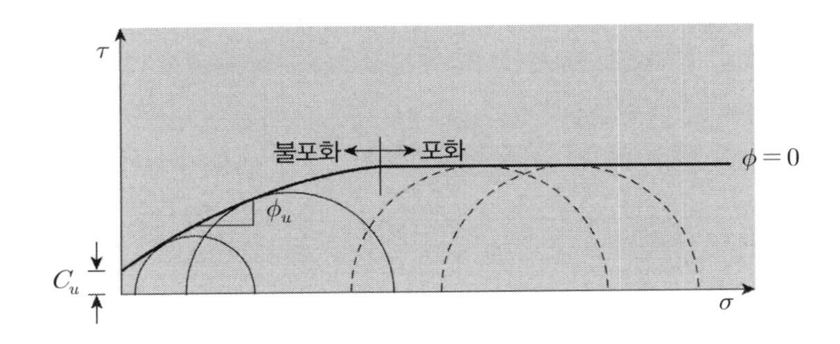

(2) 장·단점

① 사용이 간편, 간극수압 측정 불필요

② 간극수압 측정 필요시 적용 곤란

③ 현장응력체계 재현 곤란

(3) 적 용

① 급속성토, 성토직후 안정 검토

② 단계성토 직후 안정 검토

③ 점토사면 굴착

④ 점토지반 위 기초 설치

3. 유효응력해석

(1) 전단강도

$$S = C' + \sigma' \tan\phi' = C' + (\sigma - u)\tan\phi'$$

① 전단강도시험 : CU 시험, CD 시험(시험결과 동일)

② 사용 강도정수 : C', ϕ', u측정

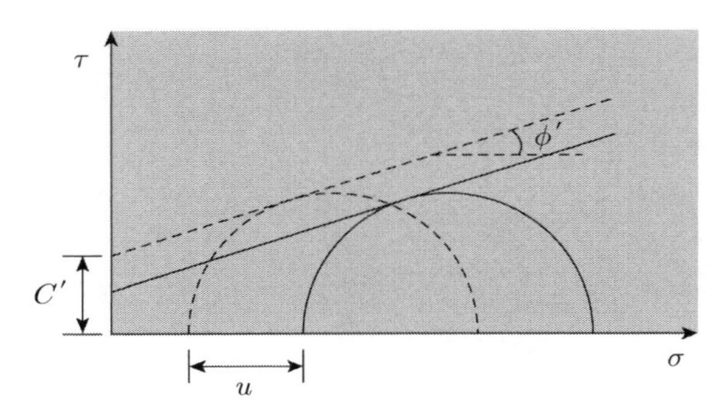

(2) 장·단점

① 시험이 복잡, 시험시간이 김

② 간극수압 측정 필요

③ 현장응력체계 재현 가능

(3) 적 용

① 완속시공

② 장기안정해석

③ 과압밀 점토사면 굴착 시

④ 정상침투 시

⑤ 단계성토

⑥ 수위 급강하

⑦ 자연사면 급속성토

4. 평 가

(1) 이론적으로 현장이 받고 있는 응력체계를 정확히 재현하여 시험한 경우에는 이론적으로 유효응력해석과 전응력해석 결과는 동일하다.

(2) 즉, 설계자가 현장응력체계를 고려한 적정한 강도정수를 사용함이 매우 중요하다.

참고자료

✓ **수위 급강하 시 사면안정**

㉠ 수위 강하속도 > 심벽 배수속도가 되므로

㉡ 심벽에 잔류수압이 존재하고 사면의 파괴면 내 중량이 무거워 지므로 사면안전율은 저하된다.

㉢ 잔류간극수압은 간극수압계를 이용하여 구하며

㉣ 이론적으로 유선망으로 결정하거나 간극수압비($\overline{B}$)로 개략적으로 결정할 수도 있다.

㉤ 제체의 안정성 평가는 유효응력해석으로 할 수도 있도 간극수압을 고려하지 않은 압밀 비배수시험으로 정한 C_{cu}, ϕ_{cu} 값을 적용하여 해석할 수도 있다.

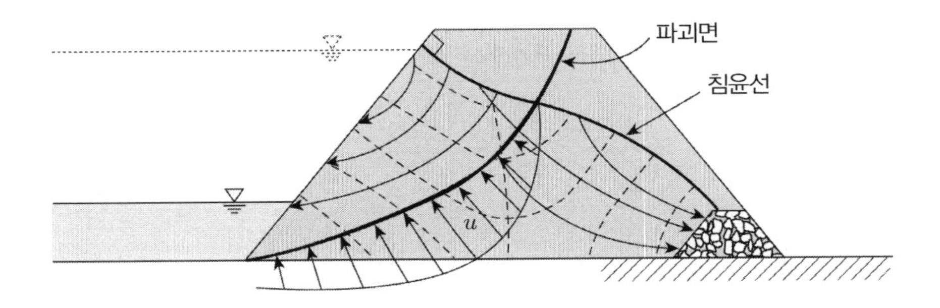

✓ **자연사면 성토**

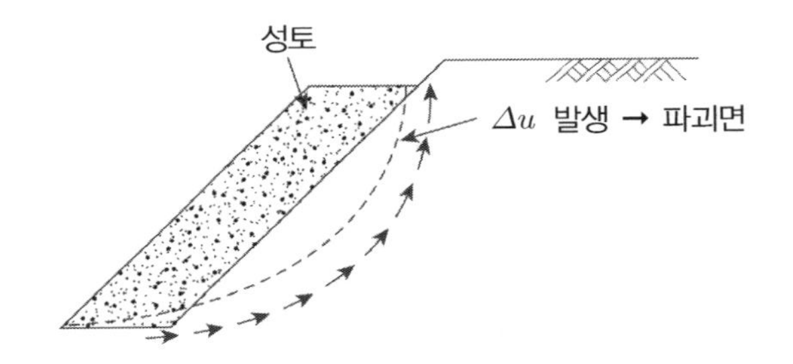

08 토사사면에서의 강우영향과 간극수압비

1. 개 요

(1) 우리나라 사면의 대부분은 풍화잔적토로 구성되어 있으며 건기 시에 지하수위 위 표층은 모관현상에 의해 (−)간극수압에 의해 안정을 유지하고 있다.

(2) 그러나 우기 시에 장기적 강우나 집중호우가 발생하면 천층파괴가 일어나게 되는데 이는 '*Soil Suction*'에 균형이 깨지면서 (−)간극수압이 강우강도에 따라 점차적으로 소멸되면서 유효응력의 감소로 전단강도가 저하되면서 사면안전율이 급격히 저하되는 현상이 발생한다.

(3) 여기서는 사면안전율에 대한 판단을 간편하게 해석하기 위한 간극수압비에 대해 기술하고자 한다.

2. 사면안전율 평가방법

(1) *Moment* 평형에 의한 평가

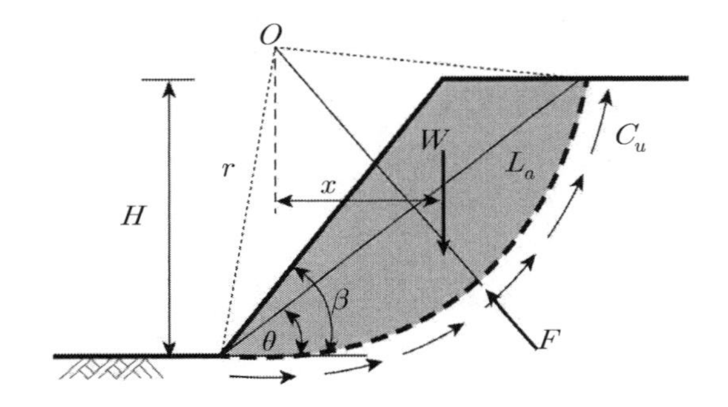

$$F_s = \frac{C_u \cdot L_a \cdot r}{W \cdot x}$$

(2) 응력과 강도에 의한 평가 : 원형 활동면에 대한 전단력의 착안

$$\text{안전율} = \frac{\text{활동면상의 전단강도의 합}}{\text{활동면상의 실제 전단응력의 합}}$$ 강도단위($tonf/m^2$)

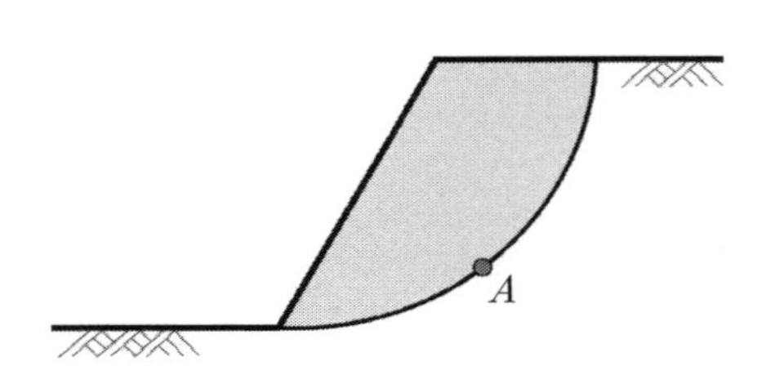

전응력 개념

$$F_s = \frac{S_u}{\tau_{required}}$$

유효응력 개념

$$F_s = \frac{C' + \sigma' \tan\phi'}{\tau_{required}}$$

(3) 힘의 평형에 의한 평가 : 활동면의 이동방향에 대해 착안

$$안전율 = \frac{활동에\ 저항하려는\ 힘}{활동을\ 일으키려는\ 힘}$$

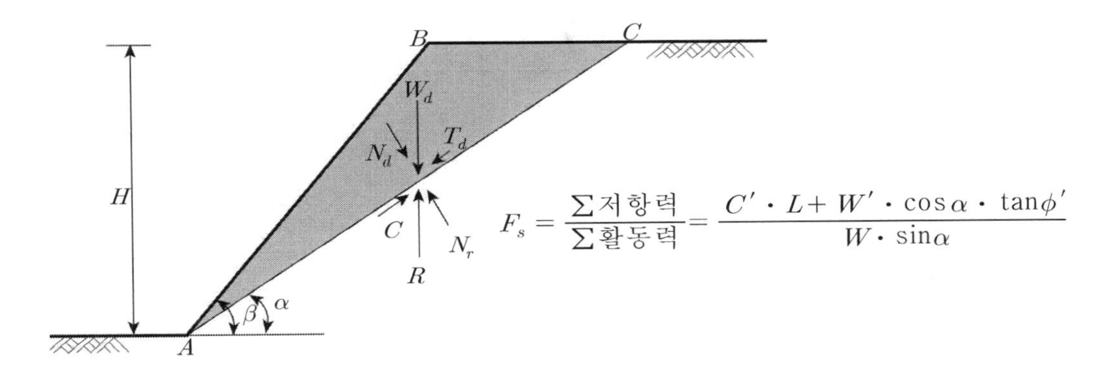

3. 강우 시 지표부 침투양상에 따른 간극수압비

(1) 정 의

① 사면해석 시 강우에 의한 간극수압에 따른 영향을 고려한 방법으로

② 사면 내 임의깊이에서의 전응력에 대한 간극수압의 비를 간극수압비(γ_u)라 한다.

$$\gamma_u = \frac{u}{\gamma_t \cdot z} = \frac{\gamma_w \cdot h_p}{\gamma_t \cdot z}$$

여기서, γ_t : 습윤단위중량, u : 간극수압(임의깊이 z 에서)

③ 간극수압비가 크면 유효응력이 감소하므로 사면붕괴의 위험이 크다.

(2) 침투양상에 따른 간극수압비(γ_u) : 가정 ($\gamma_t = 2\gamma_w$)

침투양상	개념도	간극수압비(γ_u)
연직침투	z, h_p, i, 유선, 등수두선	$h_p = \frac{z}{2}$ 로 **가정 시** $\gamma_u = \frac{\gamma_w \cdot \frac{z}{2}}{2 \cdot \gamma_w \cdot z} = \frac{1}{4}$ $= 0.25$

침투양상	개념도	간극수압비(γ_u)
지표면 평행		$i=26.5°$라 가정 시 $\gamma_u = \dfrac{\gamma_w \cdot z \cdot \cos^2 \cdot i}{2 \cdot \gamma_w \cdot z} = 0.4$
수평흐름		$\gamma_u = \dfrac{\gamma_w \cdot z}{2 \cdot \gamma_w \cdot z} = 0.5$

(3) 실무 적용

간극수압비는 0~0.5 사이이며 일반적으로 지중침투개념인 0.25를 평균적으로 적용한다.

4. 강우에 따른 지반변화

(1) 침윤전선의 변화 = 습윤대의 변화

① 침윤전선은 강우에 의해 지표부로부터 젖어 들어가는 선을 말하며 침윤전선 내의 흙의 포화도는 깊이별로 다르다.

② 강우강도가 크다 하더라도 지표로 침투되는 수량은 일정한계를 가지며 나머지는 유출된다(일반적으로 지반의 포화 시 투수계수의 4~5배 이상의 강우강도는 지표로 유출됨).

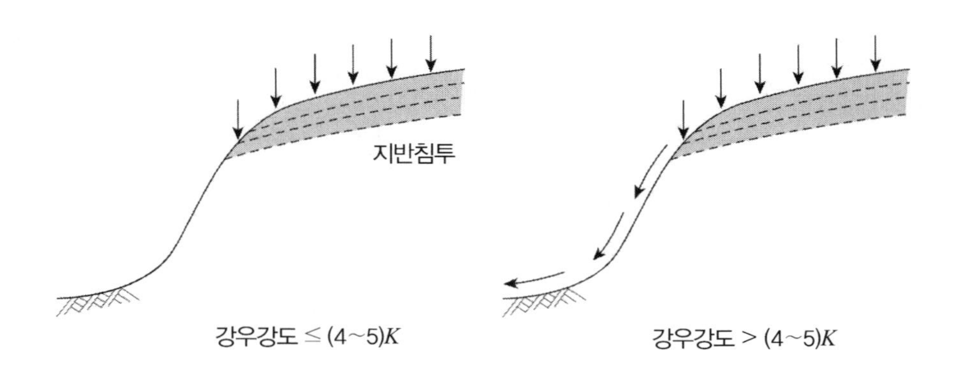

(2) 강우에 따른 지하수위의 영향

① 그림과 같이 초기강우 시에는 침윤전선이 아래로 이동하며 강우가 지속되거나 강우가 멈춘 경우라도 시간이 경과되면 사면의 먼 거리부터 지하수가 사면 쪽으로 이동하여 지하수위가 상승한다.

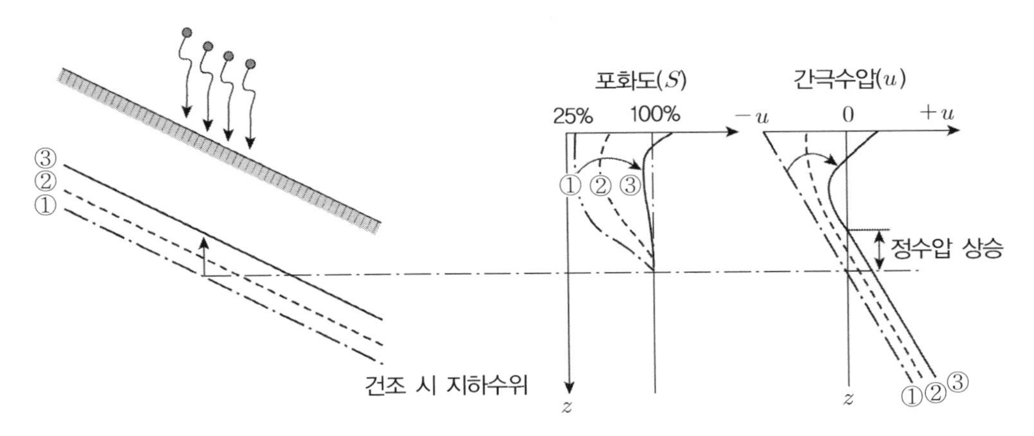

② 초기상태 : 침윤전선의 형성으로 흙의 단위중량이 증가되어 사면의 안정성은 저하되나 붕괴를 일으킬 정도의 결정적 이유는 되지 않는다.

③ 강우가 지속 시 : 강우 전 (−)간극수압 → 강우지속(습윤대 확장) → (+)간극수압 → 유효응력 감소 → 사면안전율 저하

5. 평 가

(1) 강우강도와 산사태 발생규모 관계

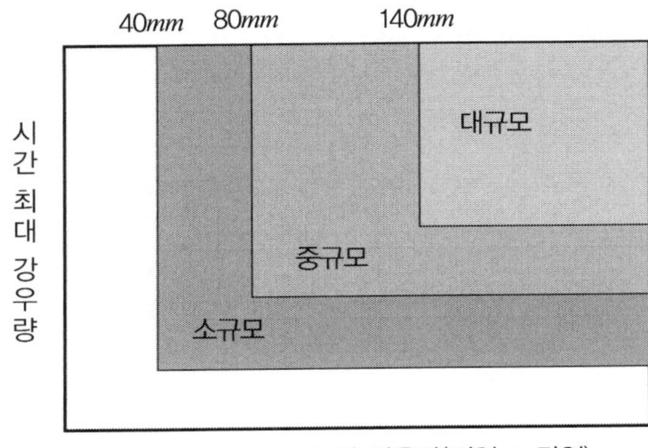

(2) 투수성에 따른 영향

강우조건 / 사면조건	집중호우 100mm/hr	장기호우 1mm×100hr	비 고
사질토 $K=10^{-3}\ cm/sec$	**파 괴**	**비파괴**	**총강우량 동일 조건임**
점성토 $K=10^{-5} cm/sec$	**비파괴**	**파 괴**	

(3) 투수성이 양호한 토사사면의 경우 집중호우 시 파괴 가능성이 크며

(4) 투수성이 낮은 점성토지반의 사면의 경우 장기적인 강우 지속 시 파괴 가능성이 크므로

(5) 강우강도와 지하수위, 지반상태를 고려한 종합적인 사면안정해석이 필요함

09 강우강도와 지속시간에 따른 파괴형태, 사면지하수위 관측

1. 기관별 지하수위 적용수준

기관명		조 건	우기 시 적용기준
건설교통부	국도건설공사설계실무요령(2004)	토층/풍화함	지하수위는 지표면에 위치
한국도로공사	도로설계실무편람(1996) – 토질 및 기초편 –	토층/풍화함	지하수위는 *G.L*(–)3.0*m*
	도로설계요령(2001) – 토공 및 배수 –	토층/풍화함	지하수위는 지표면에 위치
한국토지공사	*Koland*설계기법 연구보고서		지하수위는 *G.L*(–)3.0*m* 강우에 의한 표면파괴해석
한국철도시설공사	철도설계편람(2004) – 토목편 –		강우에 의한 사면 내 침투를 고려한 안정해석을 반드시 수행

2. 강우강도와 지속시간에 따른 파괴 형태

(1) 강우강도

① 정 의

㉠ 설계 강우강도란 설계 시 적용하는 최악조건의 경우 강우강도를 말하고

㉡ 어떤 지점의 단위시간당 강우량을 나타낸 것으로 강우지속시간을 1시간으로 환산하여 나타낸 강우량

산정식 : $I = R \times 60/t$(R : t분간 강우량, t : 지속시간)

② 설계 강우강도 산정순서 및 방법

㉠ 강우지속시간 산정

강우지속시간(강우도달시간) = 유입시간 + 유하시간

㉡ 확률년(빈도년)의 결정

ⓐ 배수구조물의 중요도에 따라 결정

ⓑ 배수시설별, 구조물별, 설계 확률년의 기준

ⓒ 설계 강우강도 산정

(2) 강우강도에 따른 파괴 형태

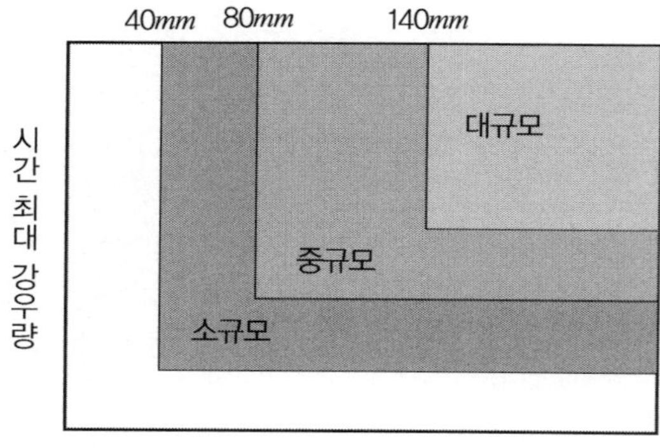

(3) 강우지속시간에 따른 파괴 형태

① 초기 파괴

㉠ 표층부분에 흙이 포화되면서 전단응력($W\sin\theta$)가 증가하면서 표층파괴가 발생한다.

㉡ 대부분 활동깊이 2.5m 이내 표층에서 파괴가 발생한다.

② 강우가 지속시간이 길 경우 : 지속시간이 길어지면 지하수위가 상승하여 간극수압이 상승함으로 인해 파괴면 전단저항이 감소하여($c'l+(w\cos\theta-ul)\tan\phi'$) 사면임계 활동면에서 파괴가 발생한다.

3. 사면지하수위 관측

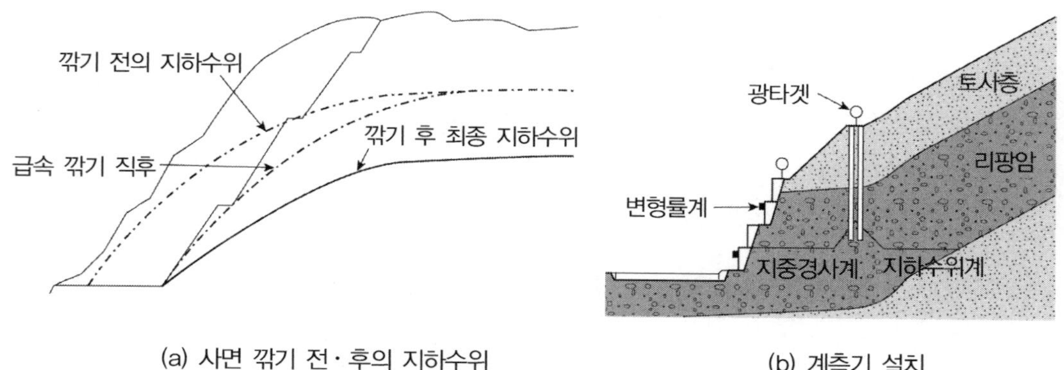

(a) 사면 깎기 전·후의 지하수위

(b) 계측기 설치

10 흙 댐에서 수위 급강하로 인한 간극수압비($\overline{B}$)

1. 정 의

(1) 균질한 흙 댐에서 수위 강하 시 사면활동에 대한 안전율을 결정하기 위해서는 활동면에 발생하는 전단강도를 산출하기 위해 유효응력해석을 하게 된다.

(2) 대규모 흙 댐에서 계산의 정도를 높이기 위해 유선망에 의한 간극수압의 결정이 합리적이나 실용적인 견지에서 간극수압비를 활용한 간극수압의 결정방법으로 *Bishop*(1954)에 의해 제안된 다음의 방법으로 정의된다.

$$\overline{B} = \frac{\Delta u}{\Delta \sigma_1}$$

여기서, B : 간극수압비(*Pore pressure ratio*)

Δu : 수위 강하에 따른 간극수압의 변화량

$\Delta \sigma_1$: 수위 강하로 인한 전응력의 변화량

2. 수위 급강하 시 간극수압 변화

(1) 수위 급강하 속도는 흙 댐에서 과잉간극수압의 소산속도보다 빠르며 이는 투수계수에 따라 달라진다. 이 경우 댐체는 큰 간극수압이 발생한다.

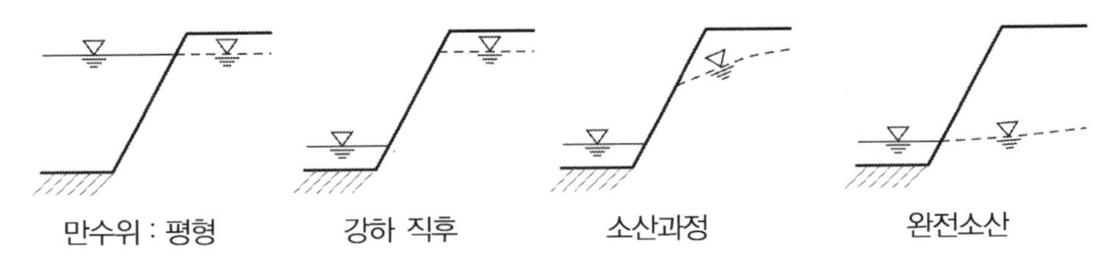

(2) 수위급강 후 간극수압은 아래 그림처럼 유선망에 의한 방법으로 구할수 있으며 실용적으로 간극수압비를 이용하여 추정이 가능하다.

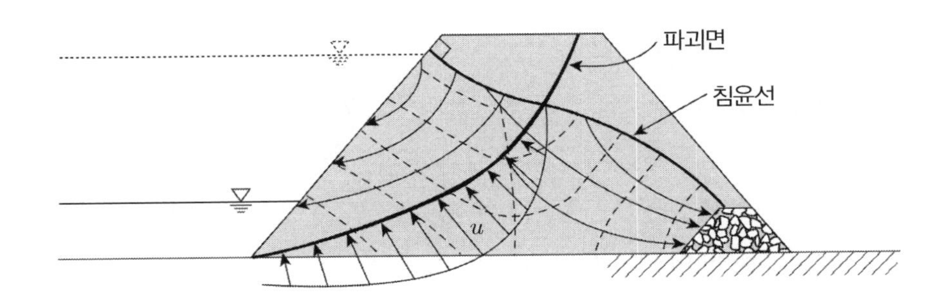

3. 간극수압비를 활용한 간극수압 결정

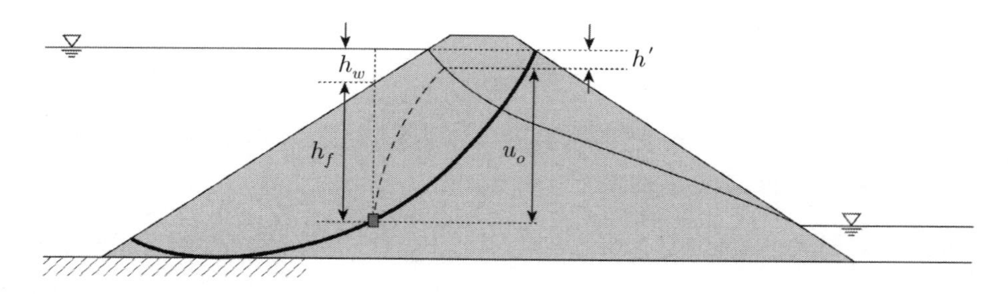

(1) 수위 강하 전 활동면 임의 지점 간극수압 : $u_o = \gamma_w (h_f + h_w - h')$

(2) 수위 강하 후 활동면 임의 지점 간극수압 : $u = u_o + \Delta u$

(3) 여기서 간극수압비는 다음의 식으로 표현

$$\overline{B} = \frac{\Delta u}{\Delta \sigma_1}$$

여기서, $\overline{B}$: 간극수압비(*Pore pressure ratio*)
Δu : 수위 강하에 따른 간극수압의 변화량
$\Delta \sigma_1$: 수위강하로 인한 전응력의 변화량(감소량)

(4) $\Delta \sigma_1 = -\gamma_w \cdot h_w$ → $\Delta u = \overline{B} \cdot \Delta \sigma_1 = -\overline{B} \cdot \gamma_w \cdot h_w$ 이므로

$u = u_o + \Delta u = \gamma_w (h_f + h_w - h') - \overline{B} \cdot \gamma_w \cdot h_w = \gamma_w (h_f + h_w(1 - \overline{B}) - h')$

✓ 위 식에서 수위 강하 후 간극수압은 간극수압비 $\overline{B}$ 에 의존함을 알 수 있다.

(5) *Bishop*은 $\overline{B} = 1$로 가정하고 $h' = 0$으로 놓고 잔류간극수압을 구하여도 공학적으로 크게 문제가 되지 않으며 사면안전율에 있어서 간극수압의 산정이 정해보다 약간 크므로 안전 측이고 실제와도 부합되므로 다음과 같이 계산된 u를 사용한다.

$$u = \gamma_w \cdot h_r$$

4. 수위 급강하 시 사면안정 해석

(1) 유효응력해석 : 간극수압 측정 가능 시
① 가상활동면을 따르는 간극수압 → 유선망에 의한 방법, 실용적 방법($u = \gamma_w \cdot h_f$)
② 강도정수 : C', ϕ' 단위중량 → 침윤선 위 γ_t, 침윤선 아래 γ_{sat}

(2) 전응력해석 : 간극수압 측정 곤란 시, 간극수압 미고려, 강도정수 C_{cu}, ϕ_{cu} 사용

(3) 간극수압의 측정 : 유선망에 의한 방법, 간극수압계 측정

11 사면안정해석에서의 간극수압비(γ_u)

1. 정 의

(1) 사면안정해석에서 유효응력해석을 위한 간극수압의 결정은 유선망에 의한 방법이 합리적이나

(2) 해석의 편리성을 위해 활동면의 임의지점 전응력(흙무게)에 대한 간극수압의 비를 간극수압비(γ_u)라 함

$$\gamma_u = \frac{u}{\gamma_t \cdot z} = \frac{\gamma_w \cdot h_p}{\gamma_t \cdot z}$$

여기서, γ_t : 습윤단위중량, u : 간극수압(임의깊이 z에서), h_p : 압력수두

2. 간극수압비 산출 (예) ※ 가정 ($\gamma_t = 2\gamma_w$)

침투양상	개념도	간극수압비(γ_u)
연직침투	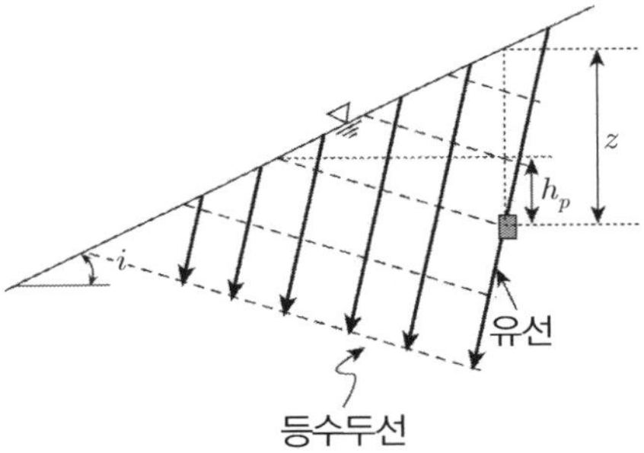	$h_p = \frac{z}{2}$로 가정 시 $\gamma_u = \frac{\gamma_w \cdot \frac{z}{2}}{2 \cdot \gamma_w \cdot z} = \frac{1}{4}$ $= 0.25$
지표면 평행	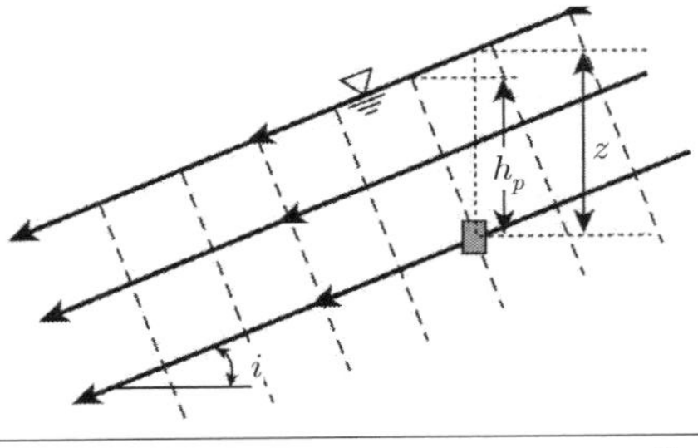	$i = 26.5°$라 가정 시 $\gamma_u = \frac{\gamma_w \cdot z \cdot \cos^2 \cdot i}{2 \cdot \gamma_w \cdot z} = 0.4$
수평흐름	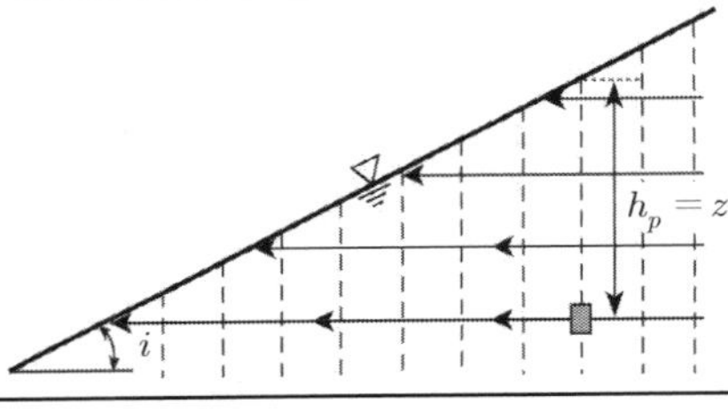	$\gamma_u = \frac{\gamma_w \cdot z}{2 \cdot \gamma_w \cdot z} = 0.5$

3. 적 용

(1) 강우에 의한 침투양상에 따른 간극수압비를 적용하여 간극수압을 산출 → 유효응력에 의한 사면해석 시행에 있어 편리성 도모(보통은 0.25 적용)

(2) 간극수압을 정확이 구하려면 유선망을 여러 번 작도해서 구하거나 현장에서 간극수압계를 매설하여 측정한 데이터를 활용함이 원칙적인 방법임

(3) 실무에서의 간극수압비 적용

$$\gamma_u = \frac{u}{\gamma_t \cdot z} = \frac{\text{면적 } ABC}{\text{면적 } ABC} \times \frac{\gamma_w}{\gamma_t} = \frac{1}{2} = 0.5$$

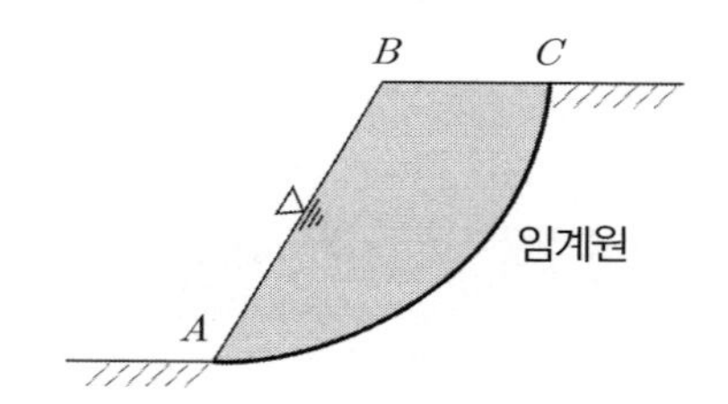

12 사면붕괴 형태, 원인, 대책

1. 개 요

(1) 사면의 종류에는 크게 자연사면과 인공사면이 있으며 사면이 붕괴는 활동하려는 전단응력이 저항하려는 전단강도를 초과하는 경우 발생한다.

(2) 자연사면의 경사면 붕괴를 산사태라 하고, 인공사면의 붕괴 현상을 사면파괴라고 한다.

(3) 사면의 붕괴 원인은 흙의 전단응력이 증가되어 발생되는 인위적인 요인과 흙의 전단강도가 감속되어 발생되는 자연적인 요인으로 구분할 수 있다.

(4) 사면붕괴의 형태를 구분하는 이유는 붕괴형태에 따라 사면안정해석의 방법과 대책 공법이 각기 상이하기 때문이다.

2. 사면의 안전율 개념

(1) 응력과 강도에 의한 평가 : 원형 활동면에 대한 전단력의 착안

(2) *Moment* 평형에 의한 평가

(3) 힘의 평형에 의한 평가 : 활동면의 이동방향에 대해 착안

3. 붕괴 형태

(1) 활 동

① 무한사면(*Land creep*)

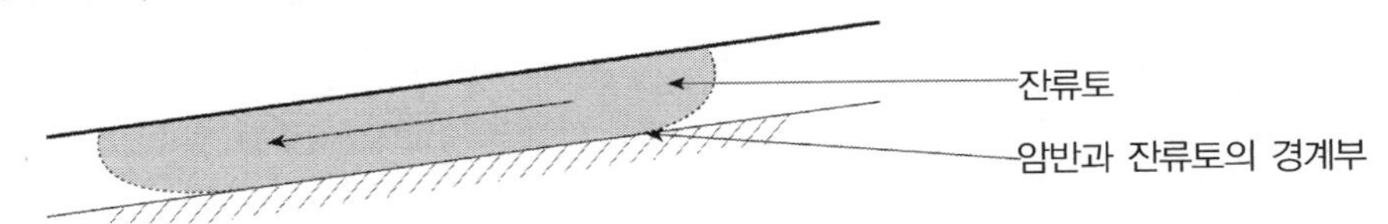

㉠ 사면길이가 활동면 깊이의 대략 10배 이상

㉡ 잔류토와 암반경계

㉢ 사질토 $\phi < i$ 인 조건 (i : 사면경사각)

② 유한사면 : 활동면의 깊이가 사면의 높이에 비해 비교적 큰 경우(제방, 댐)

㉠ 직선활동

㉡ 원호활동
- 사면 저부 파괴
- 사면 선단 파괴
- 사면 내 파괴

㉢ 비원호활동

㉣ 복합파괴활동

(2) 기 타

① 붕락(*Fall*) : 낙석　　② 유동(*Flow*)

4. 붕괴의 종류

(1) 자연사면 붕괴

① *Land creep* : 완만한 사면(20° 이내)에서 지하수위 상승이나 지표면 침식에 의해 발생

② *Land slide* : 경사가 급한 사면(30° 이상)인 경우 집중호우나 지진 등에 의해 발생

(2) 인공사면의 붕괴

① 절토사면 붕괴

㉠ 얕은 표층 붕괴 : 사질지반(침식, 세굴)

㉡ 깊은 절토면 붕괴 : 점성토, 붕적토, 파쇄대암

㉢ *Land slide*적 붕괴 : 절리 발달한 암 → 토사화 진행 → 붕괴

② 성토사면 붕괴

㉠ 사면저부 파괴 : 사면 경사완만, 점성토에서 견고한 지층이 깊은 곳

㉡ 사면선단 파괴 : 사면경사가 급한 사질지반

㉢ 사면 내 파괴 : 하부 견고층

(3) 암반사면 붕괴 : 원형파괴, 평면파괴, 쐐기파괴, 전도파괴

5. 안전율 저하 원인

내적 요인(전단강도 감소)	외적 요인(전단응력 증가)
① 흡수에 의한 점토의 팽창 : *Swelling, Slaking* ② 수축, 팽창, 인장으로 인해 발생한 미소균열 ③ 취약부 지반의 변형에 의한 진행성 파괴 ④ 간극수압의 증가 ⑤ 동결 및 융해 ⑥ 흙다짐 불량 ⑦ 느슨한 사질토의 진동에 의한 활동 ⑧ 점토의 결합력 상실 = 용탈	① 인위적인 절토, 유수에 의한 침식으로 인한 기하학적인 변화 ② 함수비 증가로 인한 단위중량의 증가 ③ 인장균열 발생과 균열 내 물의 유입으로 수압 증가 ④ 지진, 폭파 등 진동

6. 대 책

소극대책 = 사면보호공법(억제공)		적극적 대책 = 사면보강공법(억지공)	
① 표층 안전공	② 식생공	① 절토공	② 압성토공
③ 블록공	④ 배수공	③ 옹벽 또는 돌쌓기공	④ 억지 말뚝공
⑤ 뿜기공		⑤ 앵커공	⑥ *Soil Nailing*
		⑦ *Grouting* 공	

(1) 사면보호 공법

사면안전율이 감소하는 것을 방지하는 공법

① 표층안정공 : *S/C*, 비닐덮기 등 비탈면 표층을 우수로 인한 침투수로부터 유입을 방지하는 공법

② 식생공 : 떼붙임, 종자뿜기공, 식생매트공 등 우수로 인한 침투수로부터 유입을 방지하는 공법

③ 블록공 : 격자틀 블럭공, 현장타설 콘크리트 블럭공, 돌붙임 등을 설치하여 강우나 지하수로 인한 침식방지 공법

④ 배수공

㉠ 지하수 배제공 : 암거공, 집수정공, 횡 보링공 등으로 사면 내 물을 배제하는 공법

㉡ 지표수 배제공 : 수로공, 침투방지공 등으로 사면 내로 물이 침투하는 것을 방지하는 공법

⑤ 뿜기공 : 시멘트 몰탈 뿜기공, 콘크리트 뿜기공

(2) 사면보강 공법

불안정으로 판정된 사면에 대한 옹벽, 말뚝 등 구조물을 이용하여 안전율을 증가시키는 공법으로 사면파괴의 잠재적 요인을 개선시키기 위한 적극적인 대책공법이다.

① 말뚝공 : 사면에 강관말뚝 또는 *H* 말뚝을 설치하고 모르터로 충전하며 수동 말뚝 개념에 의해 검토

② 앵커공 : *Rock anchor*로 활동력에 저항하는 구조체 개념으로 법면에는 격자 콘크리트블록, *Shotcrete* 타설이 필요함

③ *Soil nailing* 공법 : 사면에 철근을 약 1.0*m* 간격으로 촘촘히 천공 타입하고 그라우팅 주입을 한 후 사면을 안정화하는 방법

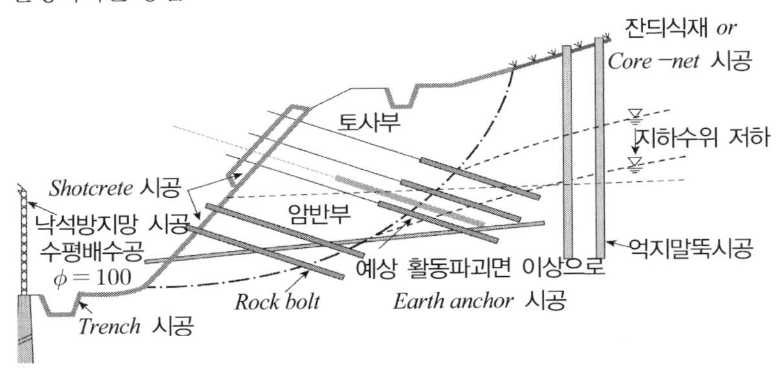

종합적 사면안정 대책(예)

7. 평 가

(1) 국내 절토사면은 화강풍화토가 대부분이며 흙의 특성상 투수계수가 크므로 집중 호우에 붕괴 가능성이 크다.

(2) 따라서 토질 특성을 고려한 사면안정공법의 채택이 중요하다.

(3) 사면안정공법의 선정 시 우선순위는 절토공을 우선 고려하고 절토공 채택이 곤란할 경우 억지공, 억제공 순으로 검토를 해야 한다.

(4) 공법 선정 후 시공 시 사면 계측기를 통한 안정성 확인을 반드시 시행하도록 시공계획에 반영함이 바람직하다.

(5) 사면 안정 해석 시 변형연화되는 특성을 갖는 사면의조건(과압밀 점토, 균열부 취약구간, 연약지반 위 성토, 활동면의 변위발생이 큰 경우)에 따라 잔류전단강도의 적용이 필요하다.

① 링전단시험 또는 직접전단시험으로 잔류강도를 구할 수 있다.

② 따라서 사면(과압밀점토 또는 암반사면에서 활동면이 발생한 사면)에서는 최대전단강도를 고려하지 말고 잔류 전단강도를 고려한 설계 검토가 필요하다.

$$F_s = \frac{\text{전단강도(잔류강도 사용)}}{\text{전단응력}}$$

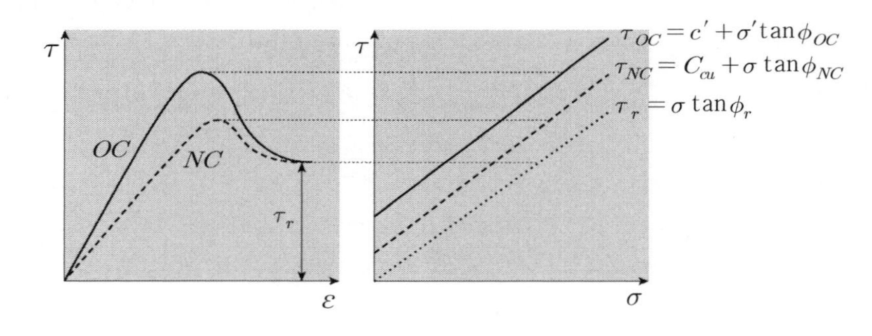

13 억지말뚝공법(Stabilized Pile)

1. 개 요

다음 그림과 같이 활동파괴면 하부의 부동층까지 말뚝을 설치하여 지반고유의 활동 저항에 더하여 *Pile*의 저항력(강성저항)으로 사면안정을 도모하는 공법이다.

$$F_s = \frac{\text{지반저항력} + Pile\text{의 저항}}{\text{활동력}}$$

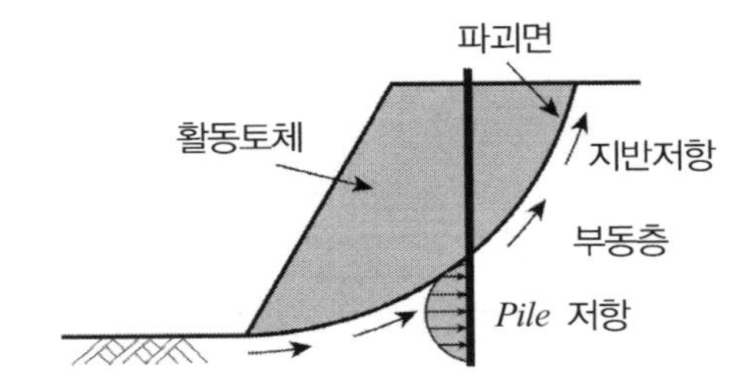

2. 사면안정 대책공법

(1) 공법의 종류

소극대책 = 사면보호공법(억제공) 안전율 감소방지	적극적 대책 = 사면보강공법(억지공) 안전율 증가
① 표층 안전공 ② 식생공 ③ 블록공 ④ 배수공 ⑤ 뿜기공	① 절토공 ② 압성토공 ③ 옹벽 또는 돌쌓기공 ④ 억지 말뚝공 ⑤ 앵커공 ⑥ *Soil nailing* ⑦ *Grouting* 공

(2) 안전율 판정

응력, 힘, 모멘트 평형개념에 의한 판정이 있으며 응력의 평형 개념에 의한 평가는 다음과 같다.

$$\text{안전율} = \frac{\text{활동면상의 전단강도의 합}}{\text{활동면상의 실제 전단응력의 합}} = \frac{\text{저항력}}{\text{활동력}}$$

강도단위($tonf/m^2$)

3. 시공방법

(1) 천공(ϕ400) − 부동층 이상 설치

✓ 사면의 활동력 → 말뚝의 수평저항력을 부동지반에 전달

(2) 말뚝($H-Pile$, 강관말뚝) 삽입 : 강관말뚝을 보통 사용(EI가 크기 때문)

(3) 콘크리트, 시멘트 그라우팅 : 영구구조물 부식 방지

(4) 두부연결(*Caping*) : 변위 억제

4. 안정검토

(1) 말뚝 안정

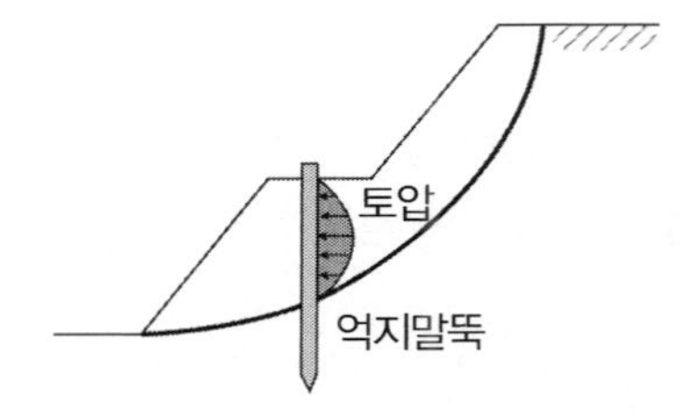

① 휨 안전율 $= \dfrac{\text{말뚝의 허용 휨응력}}{\text{발생 휨응력}} > 1$

② 전단 안전율 $= \dfrac{\text{말뚝의 전단강도}}{\text{발생 전단응력}} > 1$

(2) 사면 안정

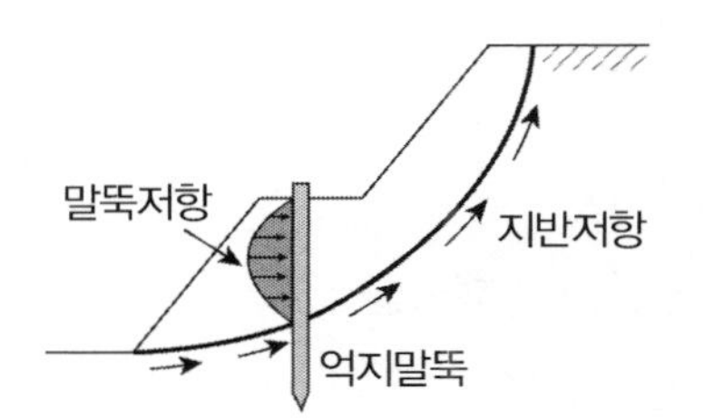

① 말뚝안정에 문제가 없으면 수평저항력을 부가하여 사면안정을 검토한다.

② $F_s = \dfrac{\text{지반저항력} + \text{말뚝저항력}}{\text{활동력}}$

(3) 주의사항

말뚝의 안정이 사면안정에 우선하여야 하고 측방토압에 대해 말뚝자체가 안전해야 한다.

✓ 측방토압(활동력)의 크기 산정과 안정성

측방 토압	말 뚝	사면 안정
크게 평가	**안 전**	**위 험**
작게 평가	**위 험**	**안 전**

5. 평 가

(1) 사면안정효과가 커서 보급이 증가되는 추세의 공법으로

(2) 대구경 *Pile*보다 소구경 *Pile*을 여러 개 설치하는 것이 효과적임 : *Arching* 효과

(3) 두부를 구속하여 강결처리하여 일체화 거동을 통한 변위 억제

(4) 계측관리 : 보강효과 확인(지표변위말뚝, 경사계, 지하수위계, 토압계 등)

(5) 충분한 조사를 통한 부동층까지 설치

14 억지말뚝 안정해석과 말뚝의 중심간격 결정

1. 억지말뚝 보강 시 안정해석 과정과 거동방정식

(1) 비탈면 전체 안정해석

① 활동 토체에 의해 말뚝에 작용하는 횡방향 토압계산

② 말뚝의 안정은 수평하중 받는 말뚝 해석법 응용한다.

③ 횡방향 토압에 의해 말뚝의 안정성 확보되면 다음 그림과 같이 말뚝에 발휘되는 수평저항력 고려하여 비탈면 전체 안정을 수행한다.

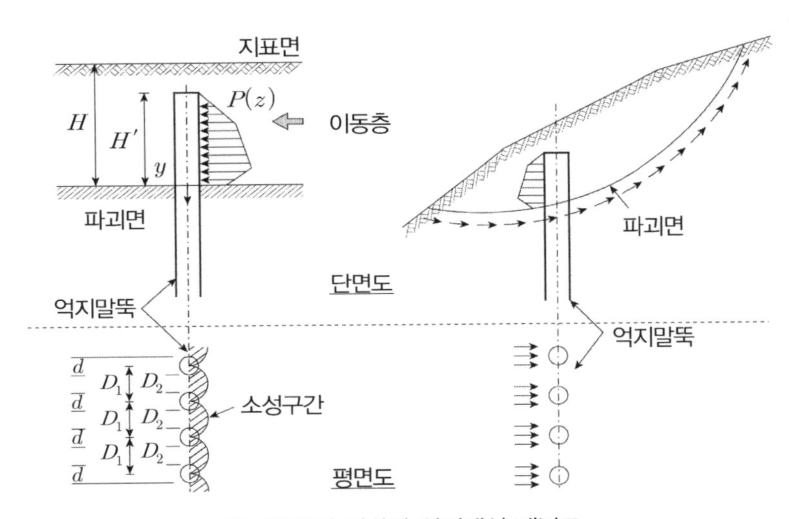

억지말뚝의 비탈면 안정해석 개념도

(2) 억지말뚝 내적 안정해석

① 억지말뚝 내적 안정은 *Moment*와 전단력에 대한 안정성 검토하여 다음 식을 만족하여야 한다.

$$M_n \geq F_s, \ \frac{S_n}{S_{\max}} \geq F_s$$

여기서, M_n : 저항모멘트

$M_{\max}$: 억지말뚝 내에 발생하는 최대 모멘트

S_n : 전단저항력

$S_{\max}$: 억지말뚝 내에 발생하는 최대 전단력

(3) 보강말뚝과 지반상호거동 방정식

$$EI\frac{d^4y}{dx^4} + E_s y = 0$$

여기서, x : 수직방향의 위치(좌표 원점으로부터의 거리)(m)

y : 억지말뚝의 수평변위(m)

E : 말뚝의 탄성계수(kN/m^2)

I : 말뚝의 단면 2차 모멘트(m^4)

E_s : 지반의 변형계수(kN/m^2)

2. 억지말뚝 중심간격 결정하는 설계과정

(1) 억지말뚝 설치간격

① 억지말뚝 사이로 파괴토체가 빠져나가지 않아야 하고, 말뚝에 발생하는 최대 *Moment*와 최대 전단력이 각각 말뚝부재의 저항 *Moment*와 전단저항력을 초과하지 않아야 한다.

② 다음 두 식 중 계산된 값 중 작은 값을 선정한다.

㉠ $D_s \geq S_a / S_{\max}$

㉡ $D_m \leq M_a / M_{\max}$

여기서, $M_{\max}$: 억지말뚝 내에 발생하는 최대 *Moment*

M_a : 억지말뚝의 저항 *Moment*

$S_{\max}$: 억지말뚝 내에 발생하는 최대 전단력

S_a : 억지말뚝의 전단저항력

(2) 억지말뚝 근입심도

① 억지말뚝 근입심도는 파괴면 단단한 지층에 횡방향 하중의 영향이 없어지는 깊이까지 충분히 근입시킨다.

$L_R \geq (1.0 \sim 1.5)\pi/\beta$

여기서, L_R : 억지말뚝의 근입심도

$1/\beta$: 말뚝의 특성장(m), $\beta = \sqrt[4]{\dfrac{E_s}{4E_pI_p}}$

E_s : 파괴면 하부 지반의 횡방향 변형계수

E_p : 말뚝 재료의 변형계수

I_p : 말뚝 단면이차모멘트

15 Soil Nailing

1. 개 요

(1) *Soil nailing*공법은 원지반의 강도최대로 이용하면서 보강재를 설치함으로써 굴착지반의 안정화를 꾀하는 개념으로 터널에서의 *NATM*과 유사하다.

(2) 굴착지반에 *Nail*을 설치하여 흙과 보강재의 마찰력을 유발 → 복합지반 형성(흙은 인장에 취약한 연약 재료이나, 강재는 인장에 강하다) → 전단강도 증대 → 횡방향 변위 억제

(3) *Soil nailing* 공법은 수동저항으로 지반의 굴착 시에 발생하는 전단강도의 상실로 인한 수평변위가 발생할 때 인장력을 받는다.

2. 용 도

(1) 흙막이 (2) 사면보강 (3) 기존 옹벽의 보수

3. 특 징

장 점	단 점
• 공기단축 • 공사비 절감 • 경량의 시공장비 • 토질변화 적응성 우수 • 내진 구조물(변위 허용)	• 수평변위 크다 절대변위 안전 • 위험 • *Nail*의 부식대책 필요 • 지반의 마찰각이 작거나 용수지반에서의 대책 필요

4. 시공순서

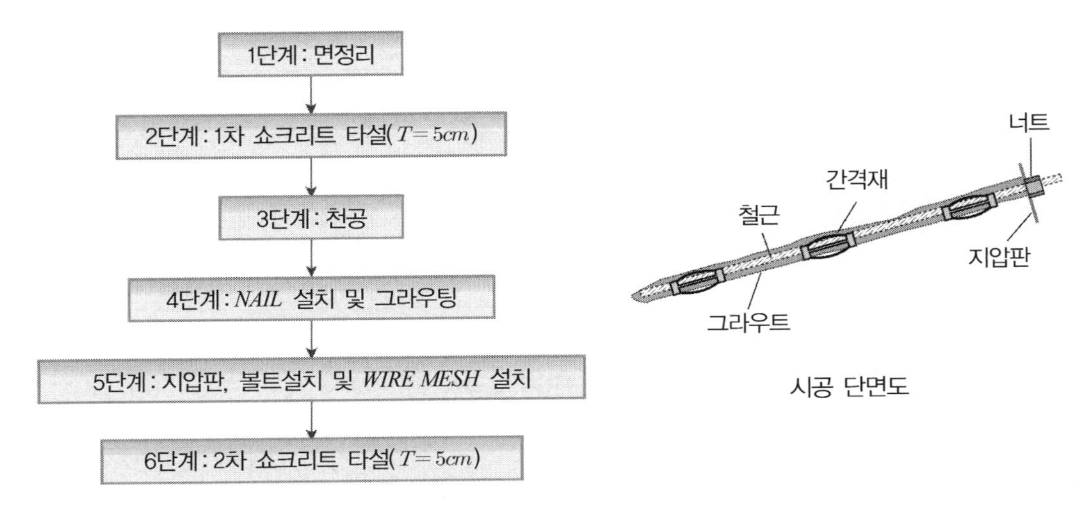

시공 단면도

5. 보강원리

(1) *Arching effect*

(2) 내부마찰각(*Hybrid soil*)

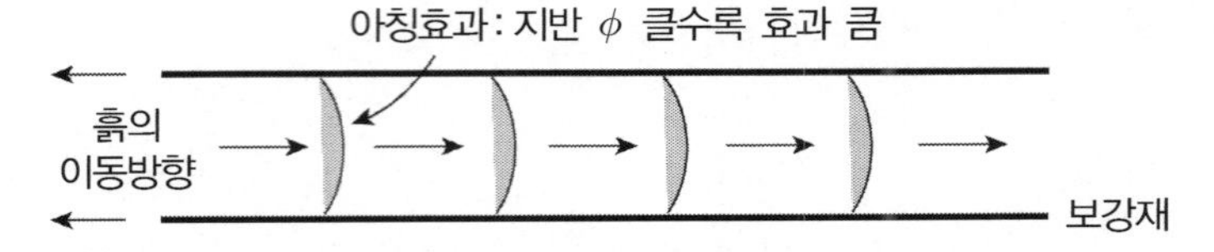

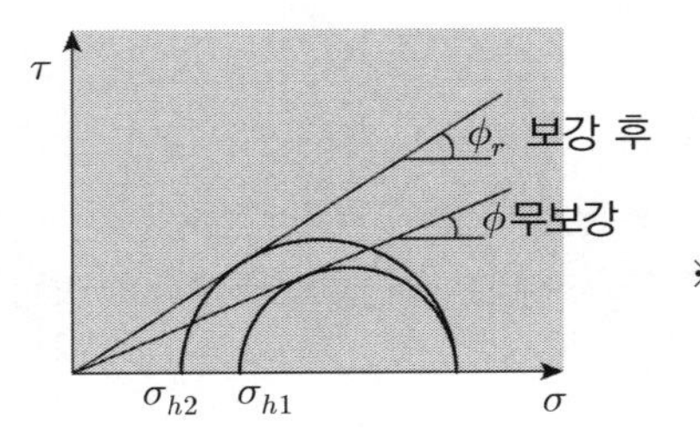

※보강 후 수평응력 감소: $\sigma_{h1} \rightarrow \sigma_{h2}$

(3) 구속응력 증대

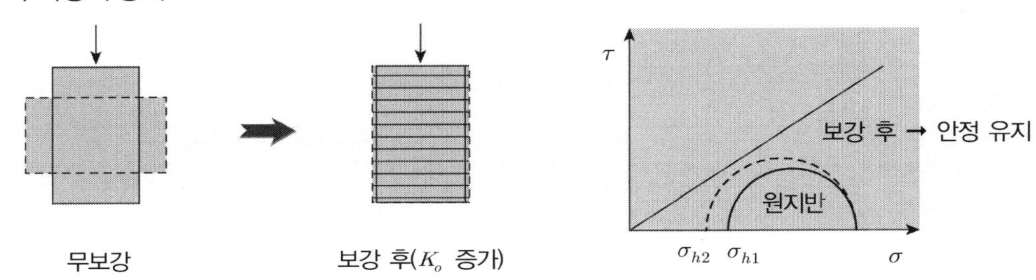

(4) 겉보기 점착력 증가

최근 지반공학분야의 연구결과 가장 타당하다고 보는 견해이며 지반 자체의 강도가 증대되는 것이 아니라는 의미에서 겉보기 점착력이라 칭함

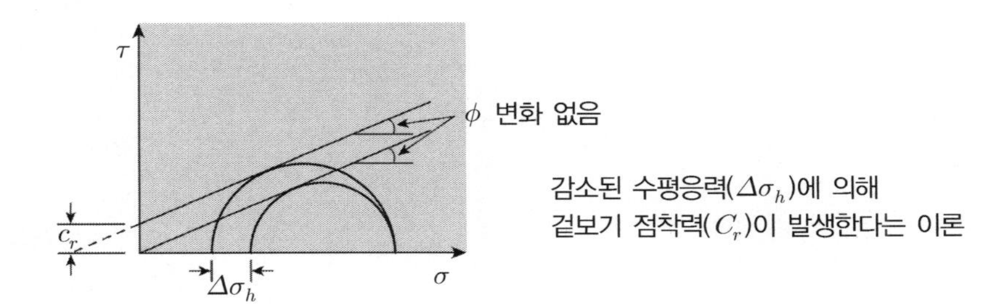

(5) 전단강도 증대

전단강도 $\tau = c + \sigma \tan \phi$ 에서 c, ϕ 증대로 전단저항 증가

6. 설계검토

(1) 임계 활동면 변화에 따른 안전율 검토

① 무보강 시의 활동파괴면에서의 안전율보다 보강 시 굴착면과 멀어진 활동파괴면에 대한 사면안정을 비교하여 검토하는 방법

② 사면안정성 검토 : 일반한계 평형해석

$$F_s = \frac{\text{지반저항력} + \text{보강재인장력}}{\text{활동력}}$$

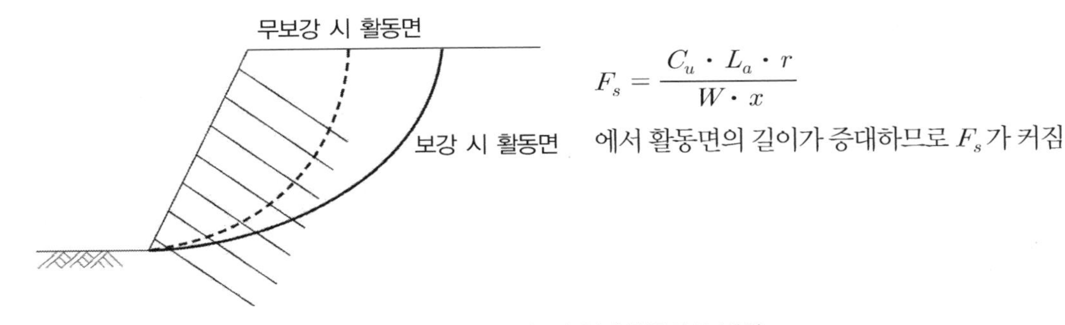

$$F_s = \frac{C_u \cdot L_a \cdot r}{W \cdot x}$$

에서 활동면의 길이가 증대하므로 F_s가 커짐

Soil nailing 보강 시 임계활동면의 변화

(2) 원호활동에 대한 안전검토

여러 개의 활동면을 가정하고 여기에 *Nail*의 간격과 설치각도를 변화시키면서 상호 대입하여 최적의 기준안전율(예 1.5)이 도출되도록 전산해석을 시행함

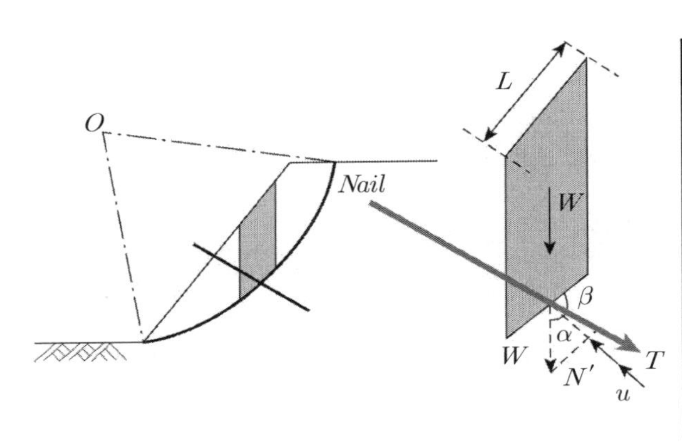

전산해석 시 입력(예)

간 격	길 이	각 도
1.0m	10m	각 경우에 대해 10°, 15°, 20°
	15m	
	20m	
1.2m	10m	
	15m	
	20m	
1.5m	10m	
	15m	
	20m	

활동면의 개념도

$$F_s = \frac{\sum (C' \cdot L + (W \cdot \cos\alpha - u \cdot L)\tan\phi' + T \cdot \cos\beta)}{\sum W \cdot \sin\alpha}$$

(3) 복합경사활동 안정검토

① 안전율은 힘의 다각형으로 구한 필요한 전체인장력 T에 대하여 실제 활동면 외측으로 설치된 각 *Nail*의 단위길이당 인장력의 합에 대한 비율이므로

② 안전율을 1.5로 정하고 힘의 다각형으로 구한 전체 필요 인장력을 알고 있으므로 *Nail*의 길이와 각도, 간격, 길이를 변화시키며 최적의 *Nail*의 소요 인장력과 활동면 외측 길이를 산출한다.

$$F_s = \frac{\sum[t(tonf/m^2) \cdot L(m)]}{T(tonf/m)}$$

여기서, t : *Nail* 인장력 L : 활동면 외측 *Nail* 길이

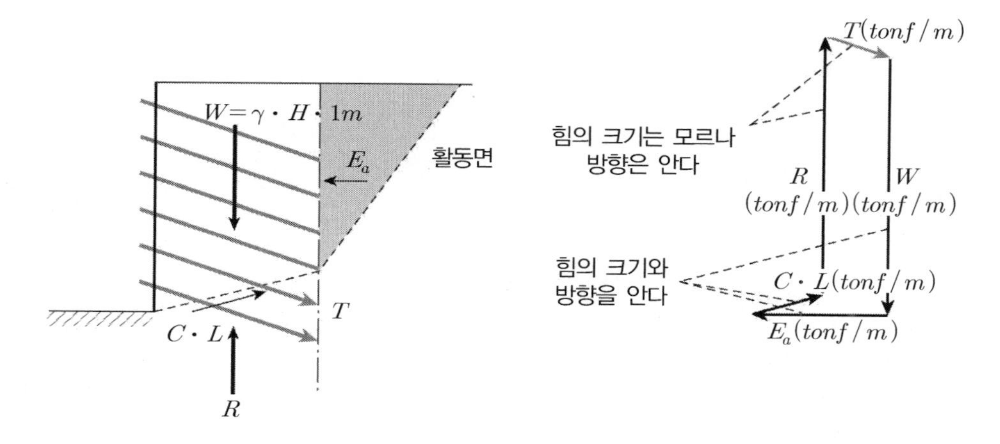

(4) 외적안정 검토 : 중력식 옹벽과 동일 개념

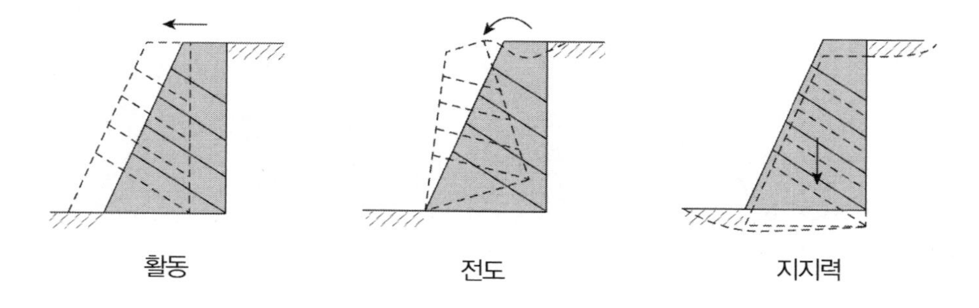

(5) 벽체변위를 고려한 *Soil nailing* 공법의 안정해석

① 벽체전면부가 발생하는 수평변위의 크기를 토대로 각 *Nail*의 축방향 인장력을 예측함

② 예측된 축방향 인장력을 활용하여 사면안정해석(힘의 평형조건 + 모멘트 평형조건)

③ 검토 기준변위 : 굴착깊이의 1/250～1/300

7. 계 측

(1) 경사계 : 굴착배면의 변위 측정 → 인근 구조물 영향, 과다변위 시 대책 검토

(2) 변형률계 : 수평변위 측정 → *Nail*의 축력 변화 검토

(3) 인발시험 : *Nail*의 부착상태 확인

(4) 지하수위계 : 수위변화에 따른 토압 재계산 → 축력 검토

8. 옹벽과 토압비교

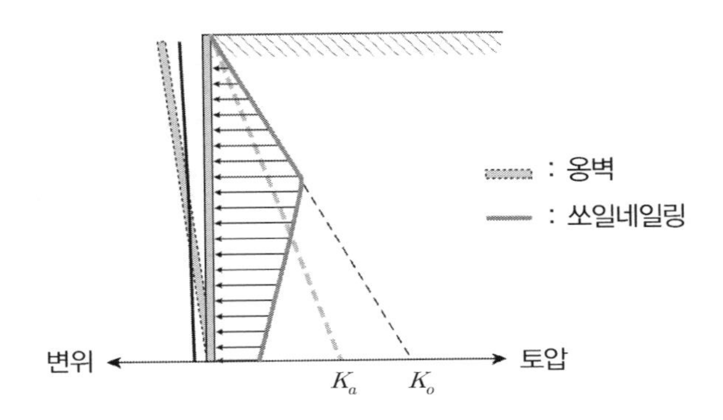

9. *Earth Anchor*와 비교

구 분	*Earth anchor*	*Soil nailing*
거 동	변위 억제	변위 허용
긴장력	유압잭 이용	흙의 변위
인장재	*PS* 강선	철 근
구조체	구조체	중력식 구조
벽 체	토류벽	*Shotcrete*

16 토사비탈면 보강을 위하여 사용되는 마찰방식앵커에 대하여 다음 사항을 설명하시오.

질문 1) 앵커의 내적안정해석
질문 2) 초기긴장력 결정 시 고려사항
질문 3) 지압판설계 주요 검토사항

1. 앵커로 보강된 비탈면의 파괴형태

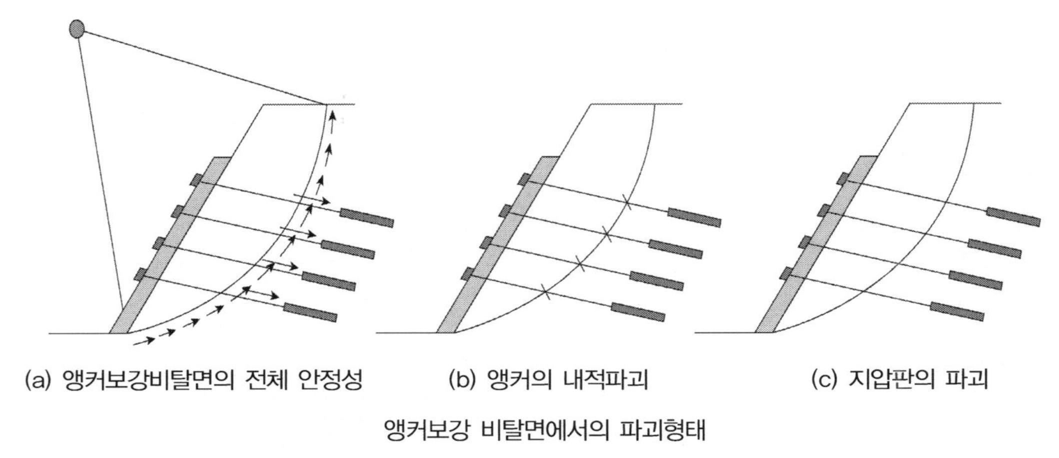

(a) 앵커보강비탈면의 전체 안정성 (b) 앵커의 내적파괴 (c) 지압판의 파괴

앵커보강 비탈면에서의 파괴형태

(1) 전체 안정성은 예상되는 파괴면에서 앵커의 보강효과를 고려하여 해석하여 판단한다.
(2) 내적안정성은 앵커체 파괴를 의미하여 앵커 긴장재의 파단 또는 정착부의 인발파괴로 구분한다.
(3) 지압판에는 앵커에 발생하는 긴장력과 동일한 힘이 작용되며, 전단 또는 *Moment*에 의해 파괴될 수 있다.

2. 앵커체의 내적 안정해석

(1) 앵커 긴장재 자체의 파단

$$T_{as} = \frac{T_{us}}{F_s} \geq P$$

여기서, T_{as} : 긴장재의 허용응력
T_{us} : 긴장재의 극한인장력
P : 긴장력
F_s : 안전율

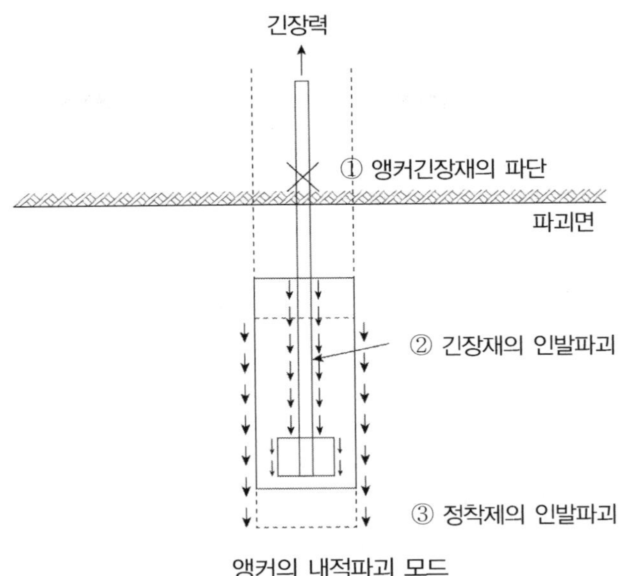

앵커의 내적파괴 모드

(2) 앵커정착부 그라우트와 주면지반 사이 파괴(인발파괴)

$$T_{ag} = \frac{T_{ug}}{F_s} \geq P$$

여기서, T_{ag} : 그라우트와 지반 사이에서 발휘되는 허용인발저항력

T_{ug} : 그라우트와 지반 사이에서 발휘되는 극한인발저항력

P : 긴장력

$$T_{ug} = \tau_u \cdot \pi \cdot D \cdot L_e$$

여기서, τ_u : 단위극한주면마찰저항력

D : 앵커의 천공직경

L_e : 앵커정착장

(3) 긴장재와 *Grout* 사이 파괴(부착력에 의한 파괴)

긴장재와 그라우트 사이의 파괴에 대한 검토는 허용부착응력에 의해 발휘되는 구속저항력을 앵커 긴장력과 비교하여 검토한다.

$$T_{ab} = c_b \cdot U \cdot L_e \geq P$$

여기서, T_{ab} : 긴장재와 그라우트와 부착력

c_b : 긴장재와 그라우트 사이의 부착응력

U : 긴장재의 원주면 길이

3. 초기긴장력 결정 시 고려사항

(1) 앵커의 저항개념

① 초기변형을 억제시키기 위하여 큰 초기 긴장력을 도입하는 경우와

② 장기적인 비탈면 변형을 고려하여 초기에는 작게 도입하고 시간이 지나면서 앵커 저항력을 증가시키는 방법이 있다.

(2) 정착 시 긴장력 저하

① *Jack*으로 초기 긴장력을 도입할 때 긴장재를 정착구에 고정시키는 동안 *Sliding*에 의해 *Relaxation*이 발생한다.

② 사전에 *Relaxation*량을 고려하여 결정한다.

(3) 지반의 *Creep* 현상

① 전체 지반의 *Creep*와 앵커정착제 주면지반에서 *creep*가 있다.

② 초기 긴장력을 긴장재 항복하중에 90% 정도 또는 설계긴장력에 1.2～1.3배의 긴장력을 일정시간 유지시킨다.

(4) 긴장재 *Relaxation*

① 긴장재 자체 내부 긴장력이 감소하는 현상을 *Relaxation*이라 한다.

② *Relaxation* 값은 *PS* 강선은 5%, 강봉은 3% 적용

4. 지압판설계 시 주요 검토사항

(1) 설치면적

앵커 긴장력이 작용해도 과대한 침하 또는 변형이 발생하지 않도록 지반 반력에 대해 충분히 설치면적을 갖도록 설계한다.

(2) 긴장재 손상

앵커력이 작용하면 지압판이 아래쪽 혹은 옆방향으로 미끄러져 긴장재가 휘거나 긴장재에 전단응력이 발생할 수 있으므로 앵커 설치방향과 지압판의 설치각도는 수직을 유지하거나 미끄러지지 않도록 설계한다.

(3) 지압판 파손

앵커긴장력이 작용하면 비탈면 표면이 고르지 않아 지압판에 국부적인 집중하중이 발생하여 지압판 파손이 발생할 수 있으므로 설계 시 고려한다.

(4) 지압판 구조

큰 앵커력이 집중하중으로 작용 시에도 충분히 안전하게 견딜 수 있는 구조 및 재질을 선정한다.

17 인장균열과 사면활동

1. 인장균열의 정의

(1) 점토지반의 사면은 (−)의 토압으로 인해 인장균열이 발생되고

(2) 강우 발생 시 인장균열의 틈으로 물이 침투하여 간극수압이 상승되므로 사면안정에 악영향을 미침

2. 사면안정에 미치는 영향

(1) 활동 파괴면

전체 사면활동 길이에서 인장균열의 깊이만큼 전단강도가 발휘 안 되므로 위 그림과 같이 점선의 파괴면만 고려함

✓ ***Moment* 평형에 의한 평가**

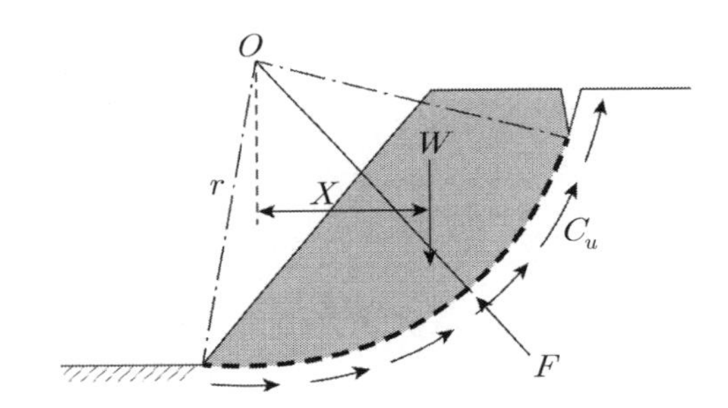

$$F_s = \frac{C_u \cdot L_a \cdot r}{W \cdot X}$$ 에서 L_a는 작아지고

W는 일정하므로 전체 F_s가 작아짐

(2) 인장균열 내 물

균열 내로 물이 채워지면 정수압이 작용 → 크기가 미미하므로 사면안정에 미치는 영향은 적음

(3) 인장균열 내 물 → 침투 → 간극수압 상승 → 유효응력 감소 → 사면안전율 저하

$$\textbf{안전율} = \frac{\text{활동면상의 전단강도의 합}}{\text{활동면상의 실제 전단응력의 합}}$$ 강도단위($tonf/m^2$)

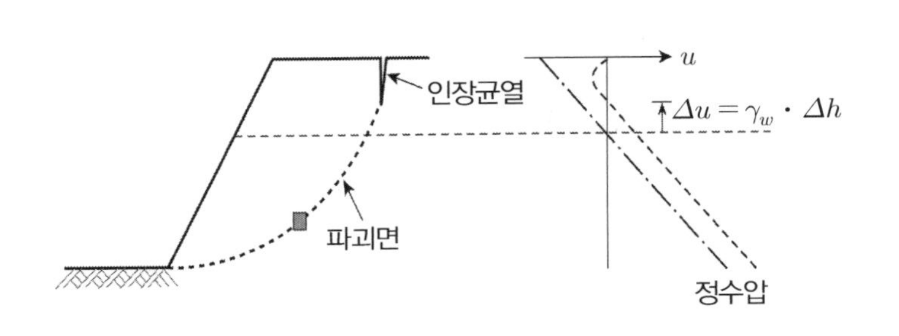

전응력 개념

$$F_s = \frac{S_u}{\tau_{required}}$$

유효응력 개념

$$F_s = \frac{C' + (\sigma - u)\tan\phi'}{\tau_{required}}$$

3. 인장균열 깊이(Z_c) = 점착고

(1) 정 의

옹벽 배면의 점성토에 의한 인장응력이 미치는 범위로써 (−)토압의 발생깊이를 말함

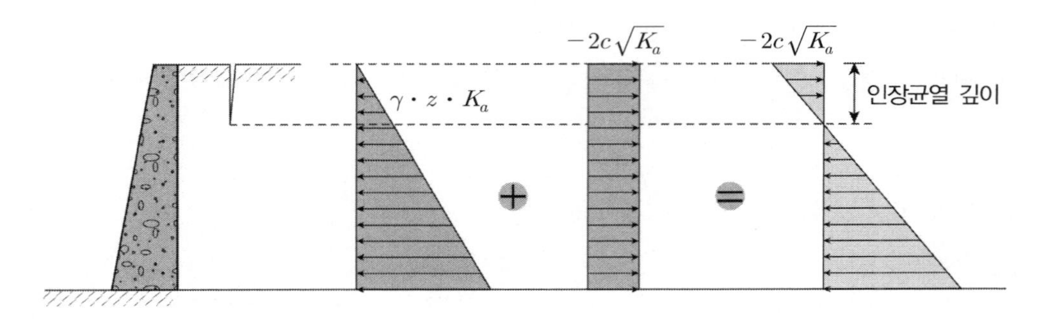

점착력이 있는 흙의 주동토압

(2) 인장균열 깊이 계산

① 단위 주동토압 $\sigma_{ha} = 0$이라 놓고 계산하면

$$\sigma_{ha} = \gamma \cdot z_c \cdot K_a - 2c\sqrt{K_a} = 0$$

$$\therefore\ Z_c = \frac{2c\sqrt{K_a}}{\gamma_t \cdot K_a} = \frac{2c}{\gamma_t \cdot \sqrt{K_a}}$$

② 만일 내부마찰각이 0인 완전 비배수 조건의 점토라면 $\phi = 0$이므로

$$\therefore\ Z_c = \frac{2c}{\gamma_t} \cdot \tan\left(45° + \frac{\phi}{2}\right) \ \Rightarrow\ Z_c = \frac{2C_u}{\gamma_t}$$

EX) $C = 2.0\,tonf/m^2,\ r_t = 2.0tonf/m^3$

$$\therefore\ Z_c = \frac{2 \times 2.0}{2.0} = 2.0m$$

4. 대 책

(1) *Cement mortar* 메꿈 또는 *Grouting* 주입

(2) 표층안정공

S/C, 비닐 덮기 등 비탈면 표층을 우수로 인한 침투수로부터 유입방지 조치

(3) 지하수 배제공 : 횡 보링공 등으로 사면 내 물을 배제하는 공법

① *Weep hole*

② 수평 보링공

5. 평 가

(1) 인장균열은 깊이에 따라 사면안전율에 영향을 미치므로 폭보다는 깊이가 중요
: 활동저항길이 감소 + 수위상승 역할

(2) 균열발생 즉시 메워서 더 이상 물이 들어가지 못하도록 조치해야 함

(3) 인장균열은 붕괴 전 가장 확실한 징후이므로 계측기 설치를 통한 변위관찰 등 적극적인 대처와 보강 조치가 필요

18 무한사면 활동

1. 무한사면의 정의

(1) 활동토괴의 두께가 전체활동길의의 1/10 정도로서 얇은 천층사면의 활동임

(2) 국내 절토사면의 대부분의 지질조건상 화강풍화토로 구성되어 있으며 빈번히 발생하는 사면활동 유형임

2. 붕괴형태별 분류

(1) 붕 락

(2) 활 동

① 무한사면 활동

② 유한사면 활동 : 직선활동, 원호활동(사면저부파괴, 사면선단파괴, 사면 내 파괴), 비원호 활동, 복합파괴 활동

3. 해석방법

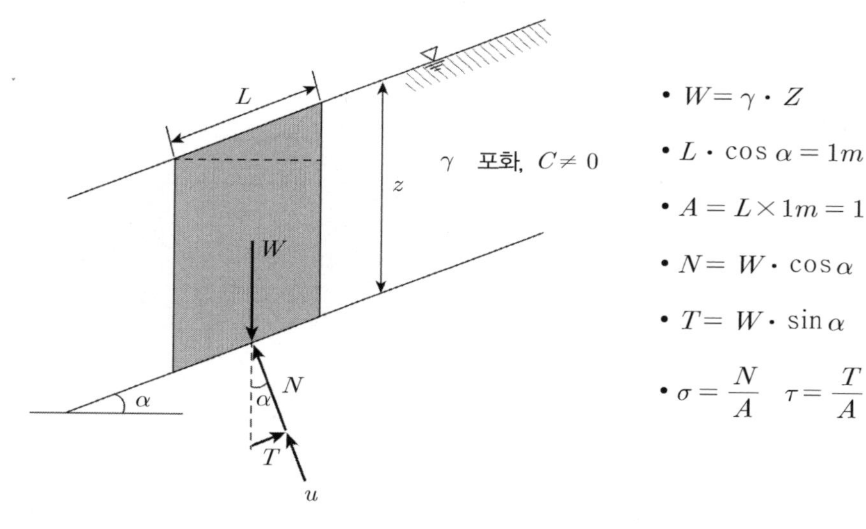

- $W=\gamma \cdot Z$
- $L \cdot \cos\alpha = 1m$
- $A = L \times 1m = 1/\cos\alpha$
- $N = W \cdot \cos\alpha$
- $T = W \cdot \sin\alpha$
- $\sigma = \dfrac{N}{A} \quad \tau = \dfrac{T}{A}$

$F_s = \dfrac{C' + (\sigma - u)\tan\phi'}{\tau}$ 에서

$\sigma = W \cdot \cos^2\alpha = \gamma \cdot z \cdot \cos^2\alpha \quad u = \gamma_w \cdot z \cdot \cos^2\alpha \quad \tau = \gamma \cdot z \cdot \sin\alpha \cdot \cos\alpha$

$$F_s = \frac{C'}{\gamma_{sat} \cdot z \cdot \sin\alpha \cdot \cos\alpha} + \frac{(\gamma_{sat} \cdot z - \gamma_w \cdot z)\cos^2\alpha \cdot \tan\phi'}{\gamma_{sat} \cdot z \cdot \sin\alpha \cdot \cos\alpha}$$

(1) 지하수위가 활동면 아래 & $C=0$인 모래지반인 경우

$$F_S = \frac{\gamma \cdot z \cdot \cos^2\alpha \cdot \tan\phi'}{\gamma \cdot z \cdot \sin\alpha \cdot \cos\alpha} = \frac{\cos\alpha \cdot \tan\phi'}{\sin\alpha} = \frac{\tan\phi'}{\tan\alpha}$$

(2) 지하수위가 지표포화 & $C=0$인 모래지반인 경우

$$F_S = \frac{\gamma_{sub} \cdot z \cdot \cos^2\alpha \cdot \tan\phi'}{\gamma_{sat} \cdot z \cdot \sin\alpha \cdot \cos\alpha} = \frac{\gamma_{sub} \cdot \cos\alpha \cdot \tan\phi'}{\gamma_{sat} \cdot \sin\alpha} = \frac{\gamma_{sub} \cdot \tan\phi'}{\gamma_{sat} \cdot \tan\alpha}$$

일반적으로 $\gamma_{sat} : \gamma_{sub} = 2:1$이므로

$$F_S = \frac{1}{2} \times \frac{\tan\phi'}{\tan\alpha}$$

4. 간극수압비에 의한 무한사면 안전율 평가

(1) 간극수압비란

① 사면 내 임의깊이에서의 전응력에 대한 간극수압의 비를 간극수압비(γ_u)라 함

$$\gamma_u = \frac{u}{\gamma_t \cdot z} = \frac{\gamma_w \cdot h_p}{\gamma_t \cdot z}$$ 여기서, γ_t : 습윤단위중량, u : 간극수압(임의깊이 z에서)

② 간극수압비가 크면 유효응력이 감소하므로 사면붕괴의 위험이 큼

(2) 침투양상에 따른 간극수압비(γ_u) : (p.759 그림 참조)

(3) 실무 적용

간극수압비는 $0 \sim 0.5$ 사이이며 일반적으로 지중침투 개념인 0.25를 평균적으로 적용한다.

5. 무한사면에서의 강우에 따른 지하수위의 영향

① 그림과 같이 초기강우 시에는 침윤전선이 아래로 이동하며 강우가 지속되거나 강우가 멈춘 경우라도 시간이 경과되면 사면의 먼 거리부터 지하수가 사면 쪽으로 이동하여 지하수위가 상승함

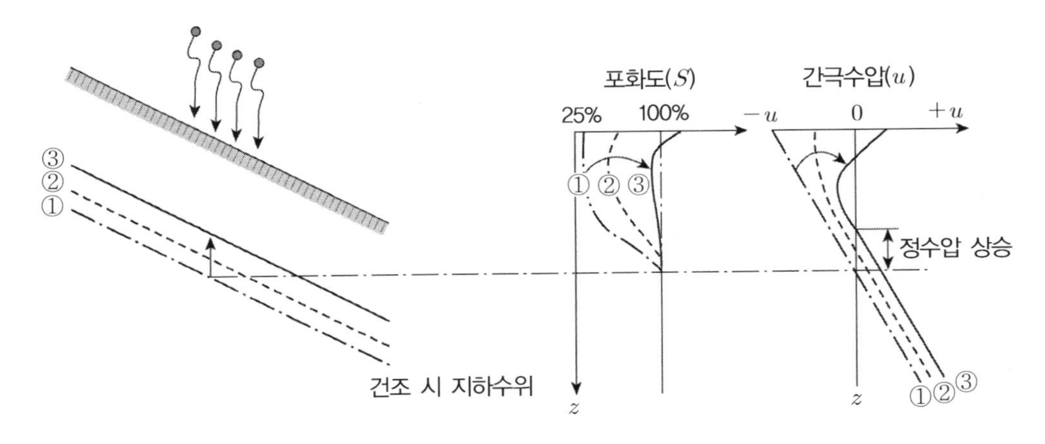

② 초기상태 : 침윤전선의 형성으로 흙의 단위중량이 증가되어 사면의 안정성은 저하되나 붕괴를 일으킬 정도의 결정적 이유는 되지 않는다.

③ 강우 지속 시 : 강우 전 (−)간극수압 → 강우지속(습윤대 확장) → (+)간극수압 → 유효응력 감소 → 사면안전율 저하

6. 발생조건

(1) 모래지반 : $\phi < \alpha$ → 내부마찰각 < 활동면 경사각

(2) 활동면 조건

① 암반과 토사층 경계

② 붕적토와 풍화대 경계

③ 상·하부층 강도차 큰 경우

7. 평 가

(1) 강우강도와 산사태(무한사면 활동) 발생규모 관계

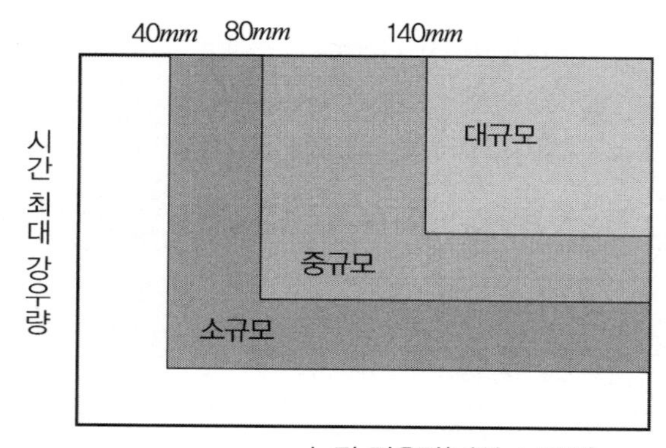

(2) 투수성이 양호한 토사사면의 경우 집중호우 시 파괴 가능성이 크며

(3) 투수성이 낮은 점성토지반의 사면의 경우 장기적인 강우 지속 시 파괴 가능성이 크므로

(4) 강우강도와 지하수위, 지반상태를 고려한 종합적인 사면안정해석이 필요함

(5) 무한사면의 경우 지하수위가 지표면과 일치할 때와 활동면 이하에 지하수위가 위치할 때와는 안전율이 약 2배 이상 차이가 나므로 무한사면의 붕괴를 방지하기 위해서는 우수의 침투방지와 배제를 위한 대책공법의 선정이 무엇보다 중요

19 산사태와 사면붕괴의 차이

1. 메커니즘 비교

(1) 산사태는 강우에 의해 지하수위가 상승하게 될때 발생되는 양압력(피압)에 의해 사면안전율이 급격히 저하되어 붕괴되는 특성이 있으며

(2) 사면붕괴는 지하수위에 따라 토괴의 유효중량이 가벼워지면서 사면안전율이 감소되면서 붕괴되는 특징이 있다.

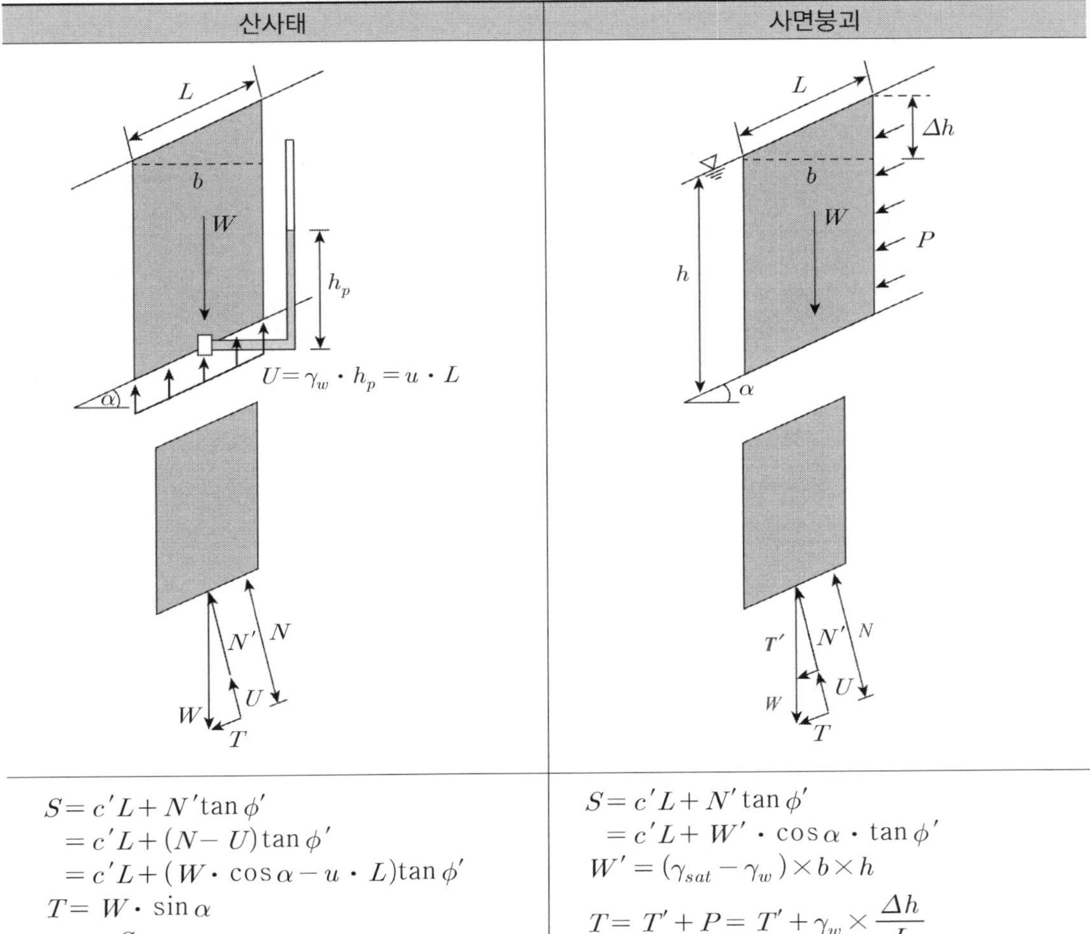

산사태	사면붕괴
$S=c'L+N'\tan\phi'$ $=c'L+(N-U)\tan\phi'$ $=c'L+(W\cdot\cos\alpha-u\cdot L)\tan\phi'$ $T=W\cdot\sin\alpha$ $F_s=\dfrac{S}{T}$ $=\dfrac{c'L+(W\cdot\cos\alpha-u\cdot L)\tan\phi'}{W\cdot\sin\alpha}$ ※ 안전율은 양압력에 좌우	$S=c'L+N'\tan\phi'$ $=c'L+W'\cdot\cos\alpha\cdot\tan\phi'$ $W'=(\gamma_{sat}-\gamma_w)\times b\times h$ $T=T'+P=T'+\gamma_w\times\dfrac{\Delta h}{L}$ $=W\cdot\sin\alpha$ $F_s=\dfrac{S}{T}=\dfrac{c'L+W'\tan\phi'}{W\cdot\sin\alpha}$ ※ 안전율은 유효하중에 지배

2. 원리별 대책공법

(1) 산사태

전단강도 S가 양압력($u \cdot \ell$)에 좌우하므로 활동면을 관통한 피압 배제공(*Weep hole*)이 유효한 공법임

(2) 사면붕괴

전단강도 S가 토괴의 유효중량에 관계($\gamma_{sat} - \gamma_w$)에 좌우하므로 자연 지하수위 저하 또는 우수침투 방지를 위한 대책공법이 유효함

20 Debris Flow(토석류, 쇄설류)

1. 개 요

(1) 토석류는 집중호우 등에 의해 산사태가 일어나는 토석이 물과 함께 하류로 세차게 밀려 떠내려가는 현상을 말한다.

(2) 피해지역은 비교적 강한 암반면 위에 얇은 토층이 형성되어 있으며, 주로 큰 암괴가 혼합된 붕적층에 주로 형성하고 있고 암괴의 크기는 매우 다양하게 분포하고 있고 규모는 수십*m* ~ 수*km*에 이르기까지 매우 다양하다.

2. 토석류의 구분

(1) 사면형 토석류(*Open slope debris flow*)

사면형 토석류는 수로에서 발생하는 것이 아니고 사면 내에서 발생하여 토석 유출에 비해 그 이동거리가 비교적 짧으며, 수로형에 비해 규모가 작고 이동거리는 주로 사면의 경사도에 좌우된다.

(2) 수로형 토석류(*Channelized debris flow*)

수로형 토석류는 수로를 기반암까지 침식시키고 발생지점에서 수십 내지 수백 킬로미터 정도까지 이동하는 토석류를 가리킨다.

이러한 토석류를 특히, '토석유출(*Debris torrents*)'로 정의(*Swantson*,1974)하였고 토석유출은 물에 포화된 굵고 거친 입자의 물질이 빠른 속도로 경사면과 수로, 협곡 등을 따라 내려오는 산사태의 일종(*Van Dine*, 1985)이라 하였다.

3. 토석류 산사태 피해 원인

(1) 강우에 의한 간극수압 상승

① 강우 침투로 침윤전선이 임계 깊이에 도달하여 음의 간극수압이 소멸되고 이로 인한 강도 감소로 인하여 파괴 발생

② 즉, 강우에 의해 지반 간극수압 상승으로 전단강도 감소 발생

(2) 유효응력 감소

① 건기 시 불포화 시에는 흙의 모관 흡수력에 의해 음의 간극수압($-Ur$)이 발생하여 유효응력이 증대되어 흙의 전단강도가 증가된다.

② 우기 시 지반 내로 우수가 침투하여 함수비가 높아지면 모관흡수력이 상실되고 유효응력이 감소되어 전단강도 감소가 발생된다.

(3) 지형의 특징

강한 암반 위에 얇은 토층이 있을 경우에 주로 발생한다.

(4) 경사도

사면이 급경사 시 집중 호우에 의해 전단응력이 증가하고, 함수비 증가에 의해 전단강도가 감소되어 경사가 급할 시 발생하기 쉽다.

(5) 파쇄가 심한 암반

암반이 파쇄가 심하여 균열을 통해 물이 침투되어 균열 내의 충전물의 전단강도가 감소되고 간극수압이 상승하여 발생한다.

4. 철도, 도로주변 토석류 대책

(1) 피암터널

① 산사태 붕괴 예상되는 지역의 도로나 철도 주변에는 피암터널을 설치하여 피해를 감소시킨다.

② 피암(避岩) 터널은 낙석방지용 덮개 구조물로서 경사면에서 흘러내리는 토사 및 암석이 도로 또는 철도상에 떨어지는 것을 방지하여 가이딩부재(*Guiding menber*)로 이루어지는 것으로 한쪽 측면이 개방된 *T*자형 사면붕괴 방지 안전 구조물이다.

③ 구성도

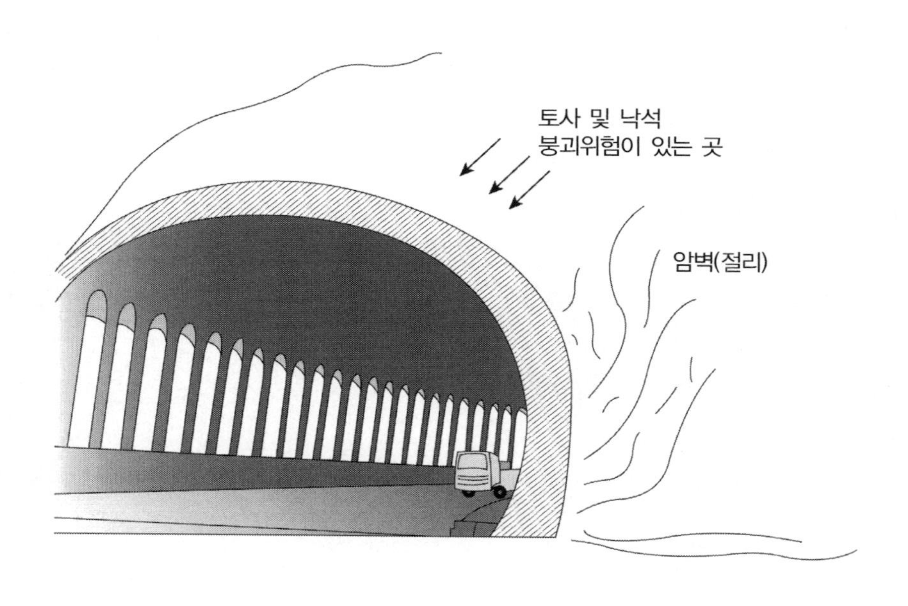

5. 산간계곡 토석류 대책

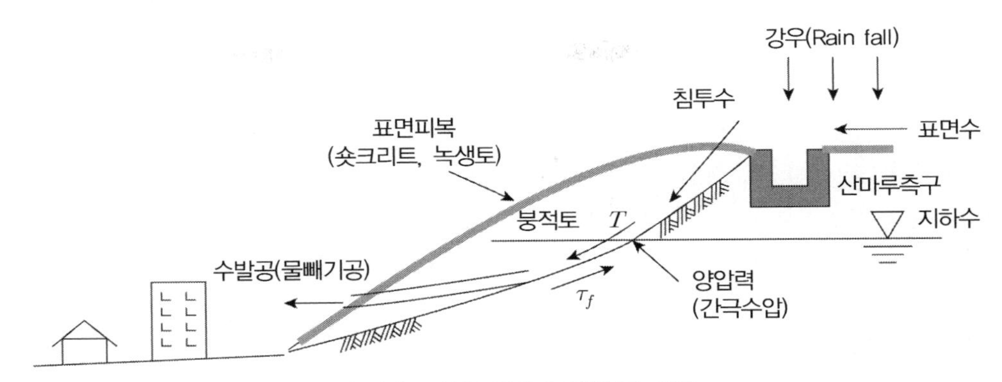

우면산 토석류 산사태 원인 및 대책

(1) 사면의 안전율

$$Fs = \frac{\tau_f(\text{저항력})}{T(\text{파괴력})} = \frac{\tau_f = C + (\sigma - u)\tan\phi}{T} > 1.2 \sim 1.5$$

(2) 원인

① 붕적토 지반

② 강우 → 지표수 유입, 침투수 → 토체무게 증가 → 파괴력(T) 증대 → Fs 감소

③ 강우 → 지하수 상승 → 간극수압 증가 → 저항력(τ_f) 감소 → Fs 감소

(3) 대책

① 산마루 측구 : 균열, 표면수 침입 방지, 수밀처리로 지표수 유입 차단

② 표면 피복 : 침투수 차단

③ 배수, 수발공 : 지하수위 상승 방지

21 지반의 활동파괴(Land Slide와 Land Creep)

1. 개 요

(1) 자연사면의 붕괴 종류에는 *Land creep*와 *Land slide*가 있다.

(2) 자연사면의 붕괴 주요인은 자연사면 내의 전단강도의 감소와 전단응력의 증가이다.

(3) *Land creep*는 사면경사가 완만한 경우 지하수위가 상승하거나 침식이 진행되는 과정에서 주로 발생하며, *Land slide*는 사면경사가 급한 경우, 집중호우 시 또는 지진 발생 시 주로 발생한다.

2. *Land Creep*, *Land Slide*의 비교

구 분	*Land creep*	*Land slide*
개념도	강우 후 시간경과 대규모 사면파괴 20° 지하수위 상승으로 전단강도 감소	강우 즉시 발생 소규모 사면파괴 30° 이상 전단응력 증가
원 인	지하수위 상승 → 전단강도 감소	호우 및 지진 → 전단응력 증가
지 형	완경사면(5~20°)	급경사면(30° 이상)
발생 시기	강우 후 시간경과 시	호우 중 또는 직후 지진 발생 시
이동 속도	느 림	빠 름
형 태	연속적, 재발생이 많음	순간적
규 모	대규모	소규모
지반 조건	토사와 암반경계	모래, 점토, 암반
대책 공법	① 지하수위 저하공법 ② 지하수 차단공법 ③ 말뚝 등의 억지공	① 절토, 압성토 ② 토류벽 설치, 옹벽 ③ *Anchor*, *Soil nailing*

3. 대책공

소극대책 = 사면보호공법(억제공)	적극적 대책 = 사면보강공법(억지공)
① 표층 안전공 ② 식생공 ③ 블록공 ④ 배수공 ⑤ 뿜기공	① 절토공 ② 압성토공 ③ 옹벽 또는 돌쌓기공 ④ 억지 말뚝공 ⑤ 앵커공 ⑥ *Soil nailing* ⑦ *Grouting* 공

22 사면계측

1. 개 요

사면계측은 주로 고속도로 및 철도 건설공사에서 설계되는 대절토사면에 대해 실시하며, 보통 사면의 경사도 측정 및 지하수위 측정, 보강 구조물에 관련된 외력 변형 등의 항목으로 계측을 수행한다. 한 지역의 3차원적 형상이나 이동 방향을 충분히 파악할 필요가 있으므로 계측 시스템은 계기류나 데이터로거, 컴퓨터 등을 온라인으로 연결한 자동 계측 집중 관리 방식을 채용하고 있다.

2. 계측목적

(1) 사면활동의 위험이 예고되어 동태관측이 필요한 경우
(2) 붕괴가 되어 사면억지공, 억제공 등 보강 후 적용공법에 대한 유효성 검증
(3) 사면붕괴 발생 시 예상시기, 발생 범위 등 거동추이 분석을 통한 복구방안, 주민대피 방안 강구 목적
(4) 계측결과를 통한 역해석 시행
(5) 사면안정성 평가를 위한 간극수압 측정 시행

3. *Sencer*별 설치위치 및 목적

Sensor	설치위치	설치목적
Wire 변위계(신축계)	사면의 상단－소단	사면의 상단－하단 혹은 사면 상단부에서 지표면 변위량 측정
변위말뚝	활동예상 지표면	변위의 진행 여부 판정
지중경사계 또는 다단식경사계	사면의 소단	사면의 지중수평 변위를 측정하여 사면의 안정성 여부 판단
간극수압계	사면의 소단	사면의 간극수압 측정
토압계	보강 구조물 배면지반	보강 구조물에 가해지는 토압 변화 측정
철근계	보강구조물	보강 구조물 부재의 응력 변화 측정
거치형 경사계	사면, 구조물	위험 사면부위와 구조물의 경사를 측정

4. 설치시기

(1) 동태 관측 시 : 붕괴조짐 발견 후 즉시 설치

(2) 대책공 실시 전 : 대책공에 대한 효과 검증 목적

5. 설치방법

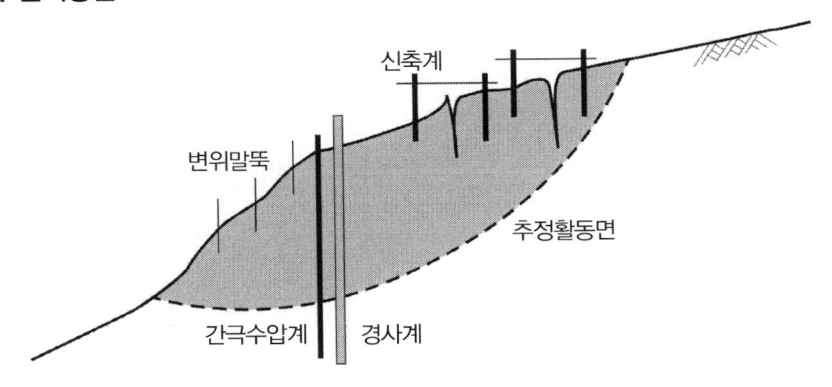

(1) 경사계 : 추정활동선 보다 깊게 설치

경사계는 활동면의 수평변위를 깊이별로 측정하기 위한 목적이므로 지층상태와 활동선을 파악하여 추정 활동면보다 깊게 설치해야 함

(2) 간극수압계

추정되는 활동면에 집중하여 배치 → 간극수압의 분포가 그려지도록 설치

※ 간극수압계는 다층 측정용으로 간극수압을 측정하는 부분과의 격리가 필요함

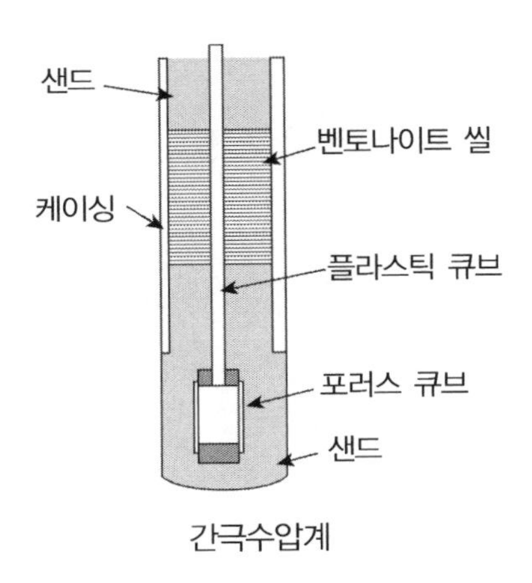

간극수압계

(3) 신축계

① 균열의 발전양상을 파악하기 위해 균열의 변화를 측정한다.

② 신축계 설치 전 설치위치에 대한 좌표와 표고를 기록하고 균열간격도 함께 기록하여 균열과 신축량과의 관계를 통해 인접균열의 간섭을 고려한 신축량을 파악한다.

(4) 변위말뚝

암반의 경우 천공 후 철근으로 박고 토사지반의 경우 말뚝으로 약 $5m$ 간격으로 설치하여 표고와 좌표를 측정함

23 한계평형상태의 해석

1. 개 념

(1) 우측 그림과 같이 토괴의 활동력과 저항하려는 전단강도가 한계평형상태로서 활동이 막 생기려는 상태로 정의된다.

(2) 이는 극한평형상태 = 정역학적 평형상태 → 안전율 $F_s = 1$인 상태로 이를 식으로 표현하면 다음과 같다.

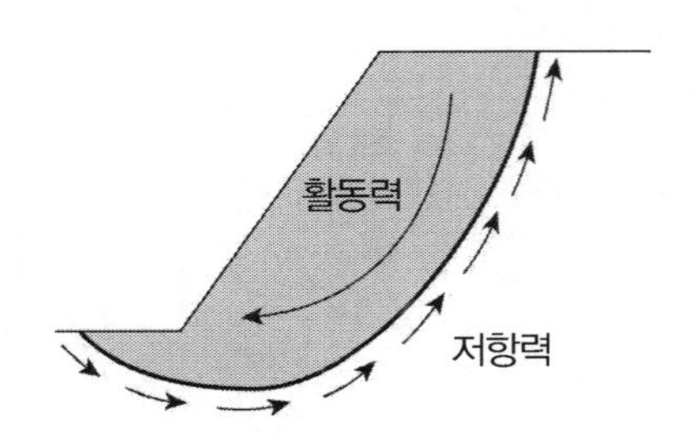

$$F_s = \frac{저항력}{활동력} = 1$$

2. 이론적 배경

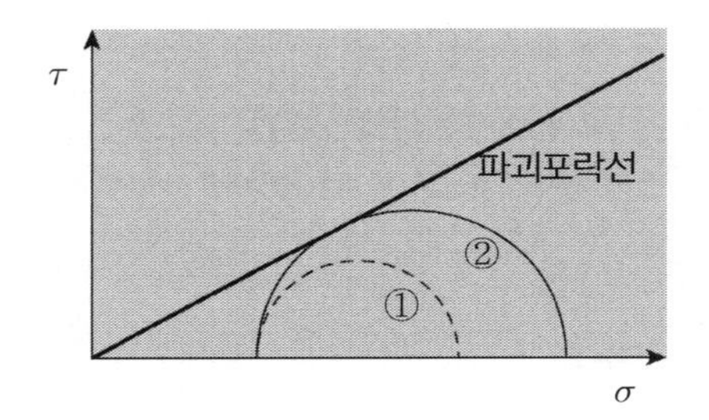

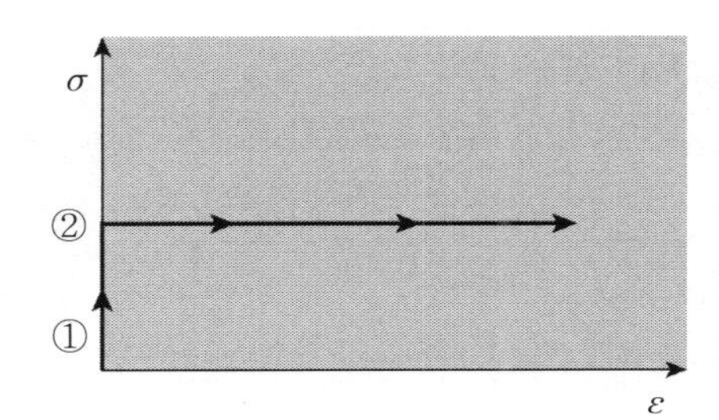

강소성체 거동

(1) 한계평형해석은 *Mohr−Coulomb* 파괴기준(위 그림 왼쪽)이 기본이론이다.

(2) 즉, 파괴포락선에 접하기 전의 ① 상태에는 파괴가 없고 안정하나 파괴포락선에 접하는 ② 상태가 되면 파괴되면서 변위가 무한하게 발생된다는 개념이다.

(3) 이는 동시파괴개념으로서 실제와는 다르다.

(4) 실제 사면의 경우에는 진행성 파괴로 인한 잔류강도만이 존재하므로 수치해석에 의한 변위검토가 필요하다.

3. 평형해석의 기본원리

(1) 활동력 $T = m \cdot g \sin\alpha$

(2) 저항력 $N = m \cdot g \cos\alpha$

∴ 평형하기 위한 조건 $T = N \cdot \mu_o$

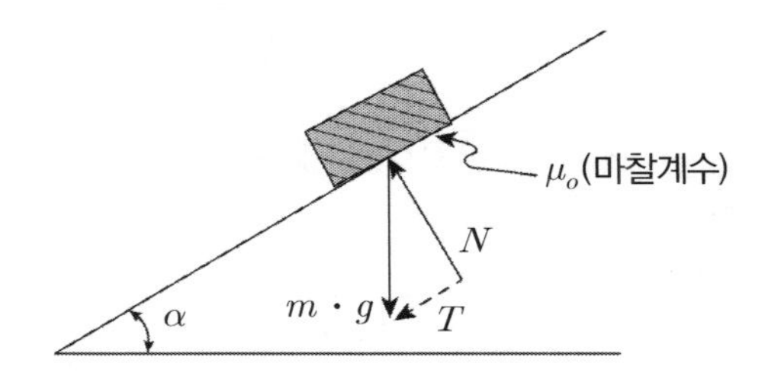

4. 한계평형해석에서의 안전율 : 한계 평형은 안전율 $F_s = 1$ 여부 평가

(1) 응력과 강도에 의한 평가 : 원형 활동면에 대한 전단력의 착안

(2) 힘의 평형에 의한 평가 : 활동면의 이동방향에 대해 착안

(3) *Moment* 평형에 의한 평가

5. 한계평형해석의 문제점

(1) 허용안전율 이내에서는 변위무시 가정(① 과정의 ε 무시) → 실제는 변위 발생

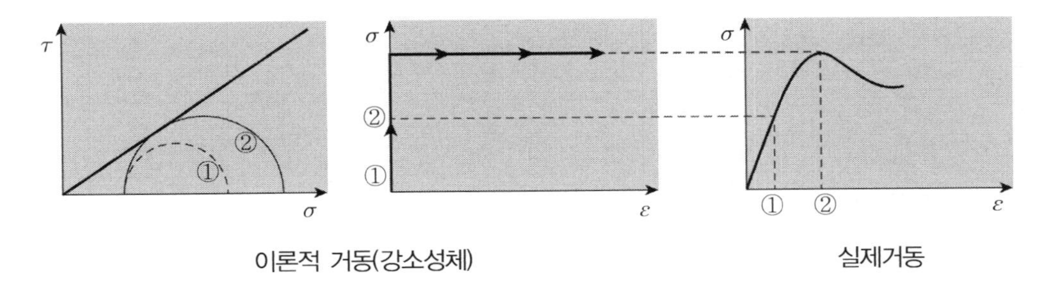

이론적 거동(강소성체)　　　　실제거동

(2) 잔류강도 무시로 인한 과소설계 우려 → 잔류강도에 의한 강도정수 결정

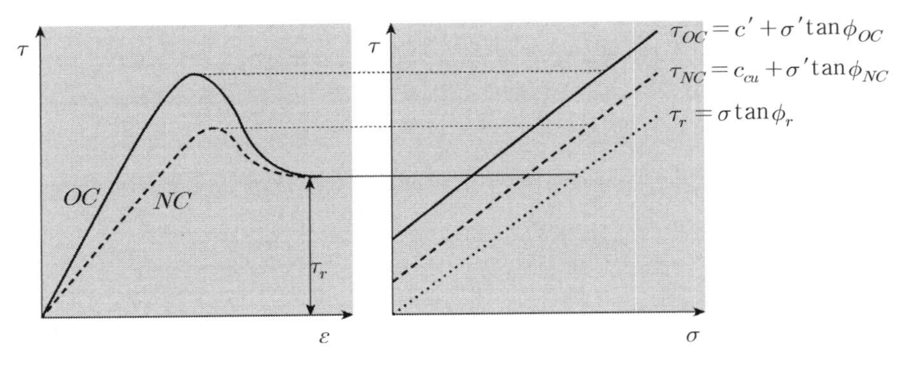

※ 잔류강도 측정 : 링 전단시험, 단순전단시험

(3) 동시파괴개념 가정 → 실제는 진행성 파괴

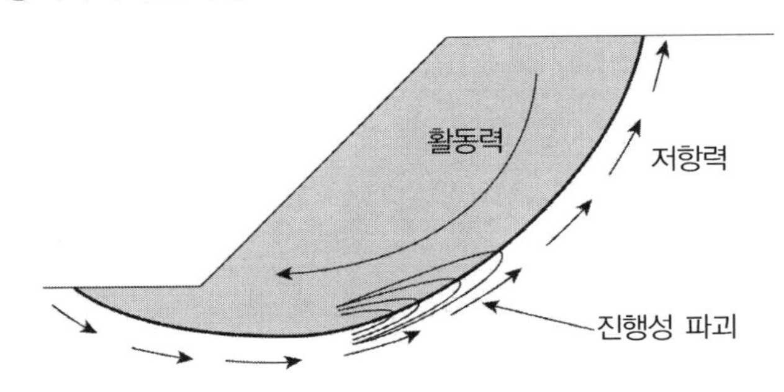

6. 사면안정해석방법 분류

구 분	한계 평형해석		기 타
	중량법 (사면 내 흙 균질)	**절편법** (사면 내 흙 불 균질)	
해석법	• $\phi=0$ **해석** • **마찰원법** • ***Coshin*** **법**	• ***Fellenius*** **방법** • ***Bishop*** **방법** • ***Janbu*** **방법** • ***Morgenstern & price*** • ***spencer*** **방법**	• **일반한계 평형법** • **수치해석**

7. 평 가

(1) 과압밀 점토사면, 국부전단파괴 기초, 연약지반 성토, 활동경력 지반, 균열부에 응력집중 등의 조건에 놓인 지반의 안정해석은 잔류강도에 의한 평가가 되어야 한다.

(2) 한계평형해석은 토압과 지지력, 사면안정 검토에 사용되는 이론으로 어느 응력에서 파괴가 될 것인가에 관심이 있으며, 파괴 전 발생 변위에 대하여는 안전율을 두므로 별 문제가 없는 것으로 판단하나 중요한 구조물의 경우에는 파괴 전 변위량도 매우 중요할 수 있으므로 수치해석에 의한 발생변위량을 예측할 필요성이 있게 된다.

(3) 사면안정 해석결과의 신뢰성은 해석방법의 선정보다 현장응력체계를 재현한 시험을 통해 도출된 강도정수의 적용이 더욱 중요하다.

(4) 지반의 투수성(비배수/배수), 잔류강도, 진행성 파괴가 고려된 전단강도를 적용한 사면안정해석이 필요하다.

✓ 잔류강도의 정의

변형연화되는 흙을 전단시험하면 응력이력과 관계없이 응력증가에 따른 변형이 직선적 비례거동을 하다가 최대 전단강도 도달 후 일정한 응력상태로 유지될 때의 전단강도를 말한다.

24 한계해석(Limit Analysis)

1. 개 요

(1) 사면안정해석 기법

① 결론적 해석기법 → 한계평행해석, 고등수치해서, 한계해석, 역해석

② 확률론적 해석기법 → 하중저항 계수법(*LRFD*)

2. 한계해석(*Limit Analysis*)

(1) 정 의

① 한계평형해석은 변형률을 고려하지 못하므로 역학적으로 엄밀하지 못하다는 단점이 있고

② 고등수치해석은 전체 안전율 산정과 이에 필요한 사면의 파괴기준 결정에 어려움이 있다.

③ 한계해석은 한계평형해석의 간편성과 고등수치 해석의 역학적 엄밀성을 모두 보장하는 안정해석 기법이다.

(2) 가정조건

① 지반을 *Mohr－Coulomb* 파괴규준 따르는 강성완전소성체로 가정

② 파괴 후 소성거동은 관련 유동법칙을 따르는 것으로 가정

(3) 안정문제 해석방법

① 경계정리(하계정리, 상계정리) 이용하여 한정해석을 실시한다.

② 사면안정 문제의 해는 파괴하중, 임계파괴면, 임계높이(혹은 깊이), 안전율 등이 될 수 있다.

③ 하계정리

㉠ 안정 : 외력에 의한 일 $\leq$ 내부에너지 소산

㉡ 정적 허용조건 : 평행조건과 응력경계조건 만족

㉢ 하계해석은 해석대상지반에 대한 정적허용 응력장을 가정하고 가정된 응력장에 가상일 원리 적용하여 하한값 산정

④ 상계정리

㉠ 불안정 : 외력에 의한 일 $\geq$ 내부에너지 소산

㉡ 동적 허용조건 : 적합조건과 속도경계조건 만족

㉢ 상계해석은 해석대상 지반에 대한 동적허용속도장을 가정하고 가정된 속도장에 가상일의 원리를 적용하여 상한값 산정

3. 가상일 원리 나타내는 일＝에너지 방정식

(1) 좌변은 외력이 한 일, 우변은 내부에너지 소산량

$$\int_v T_i u_i dA + \int_v F_i u_i dV = \int_v \sigma_{ij} \varepsilon_{ij} dv$$

여기서, T_i : 표면력

F_i : 체력

σ_{ij} : 응력

u_i : 변위

ε_{ij} : 변형률

(2) 평형조건(T_i, F_i, V_s, σ_{ij})과 적합조건(u_i V_s, ε_{ij})이 각각 독립적으로 하계 및 상계 정리에 적용됨으로써 역학적 엄밀성이 보인다.

4. 용 도

(1) 한계해석은 역학적으로 엄밀한 해의 범위를 산정해냄으로 한계평형해석이나 고등수치해석의 안정결과의 역학적 타당성을 검토하는 데 쓰일 수 있다.

(2) 한계해석은 안전율, 임계파괴면, 임계높이, 파괴하중, 파괴 시 전단강도 등도 가능하므로 역학적 도구로 적용할 수 있는 장점이 있다.

5. 실무적용이 잘 안 되는 이유

(1) 한계해석은 해석에 필요한 응력장과 속도장의 가정에 어려움이 있기 때문이다.

(2) 한계평행 해석에서 가상파괴면은 상계해석에 필요한 속도장으로 볼 수 있다.

(3) 사면조건에 적절한 물리적 의미를 갖는 응력장을 가정하는 것은 불가능한 일로서 하계해석은 거의 이루어지지 않았다.

6. 한계해석 실무적용성을 높이는 방안

(1) 해의 범위, 즉 상한값과 하한값의 차이를 줄이는 최적화하는 과정이 필요하다.

(2) 응력장 및 속도장 가정의 어려움과 최적화 문제를 해결하기 위해 수치한계해석기법이 제안되었다.

25 절편법 분류이유와 방법

1. 정 의

(1) 사면의 안전율을 구하기 위해서는 전체 파괴면에 전단응력(T)과 전단강도(S)를 구해야 한다.

(2) 그런데 파괴면 내의 흙은 지층, 토성, 지하수위 등 위치마다 지반조건이 상이하기 때문에 절편을 분할하여 각 절편에서 구한 안전율을 합하여 사면안전율로 정하게 되는데 이러한 방법을 절편법이라 하며 한계평형상태로 검토한다.

(3) 그러나 절편법에 의한 사면안정해석을 하기 위해서는 각 절편마다 작용하는 힘의 요소를 알 수 없으므로 가정조건이 필요하게 되며 각각의 가정조건에 따라 다양한 해석방법으로 구분한다.

2. 절편에 작용하는 힘(부정정 차수)

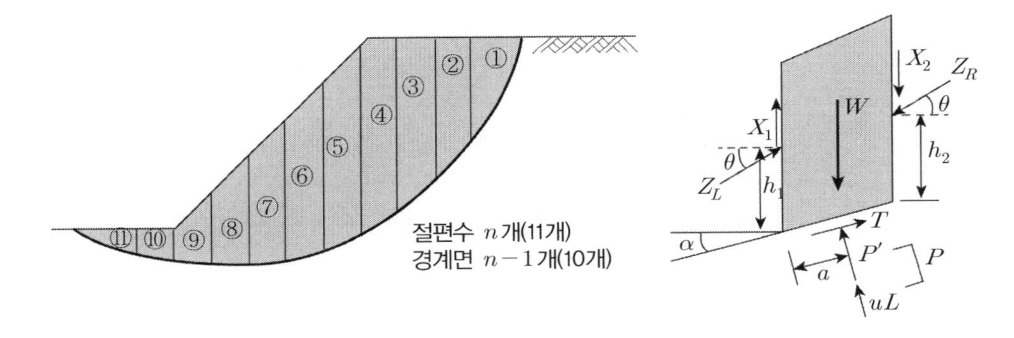

(1) 절편의 부정정 차수 : 미지수에서 기지수(알고 있는 값)를 뺀 값

(2) 기지수 : 평형 방정식의 수 $3n$(수평력, 연직력, *Moment*)

(3) 절편의 미지수(미지수 중 전체 안전율은 기지수이나 미지수에 포함)

No		기지/미지수	절편요소	비 고
힘의평형 ($3n-1$)	①	$+1$	전체 안전율	기지수
	②	n	연직력 P의 개수	미지수
	③	$n-1$	절편력(전단력 X)의 크기	
	④	$n-1$	절편력(수평력 z) 크기	
모멘트 평형 ($2n-1$)	⑤	n	연직력 P의 위치(a)	
	⑥	$n-1$	절편력(수평력 z)의 위치 : h	
계		$5n-2$		

(4) 절편의 부정정 차수 = (3) − (2) = $(5n-2)-3n=2n-2$

(5) 필요한 가정수 = $2n-2$

(6) 가정조건 제안

① P는 절편의 중앙위치 : n개
② θ, h는 좌우 동일 : $n-1$개
→ $2n-1$

(7) 평 가 : (5) − (6) = -1

필요한 가정수에 비해 제안 가능한 가정수가 1개 부족하므로 전체 해석이 가능해진다.

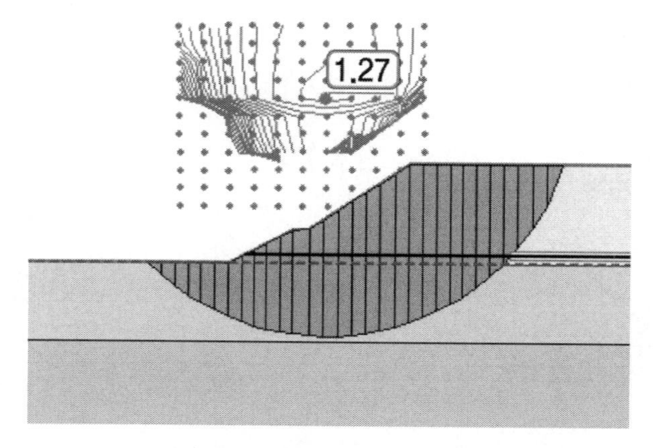

절편법의 안정성 검토결과(예)

26 절편법의 가정과 특징 = 안전율이 다른 이유

1. 개 요

(1) 사면을 여러 개의 절편으로 나누어 각 절편에 대하여 활동원의 중심에 대한 모멘트 평형을 고려하여 안전율을 산출하는 방법으로

(2) *Fellenious*, *Bishop*, *Janbu* 등 평형 방정식의 미지수에 대한 가정조건별 해석방법을 달리하고 있다.

2. 사면해석방법의 종류

구 분	한계 평형해석		기 타
	중량법 (사면 내 흙 균질)	절편법 (사면 내 흙 불균질)	
해석법	• ϕ=0 해석 • 마찰원법 • *Coshin* 법	• *Fellenius* 방법 • *Bishop* 방법 • *Janbu* 방법 • *Morgenstern* & *price* • *spencer* 방법	• 일반한계 평형법 • 수치해석

3. 절편에 대한 가정이 다른 이유

(1) 기지수 : 평형 방정식의 수 $3n$(수평력, 연직력, *Moment*)

(2) 절편의 미지수(미지수중 전체 안전율은 기지수이나 미지수에 포함)

No	기지/미지수	절편요소	비 고
①	$+1$	전체 안전율	기지수
②	n	연직력 P의 개수	미지수
③	n	연직력 P의 위치	
④	$n-1$	절편력(수평력 z) 크기	
⑤	$n-1$	절편력(수평력 z) 위치 : 작용거리 h	
⑥	$n-1$	절편력(수평력 z) 경사 크기 : θ	
計	$5n-2$		

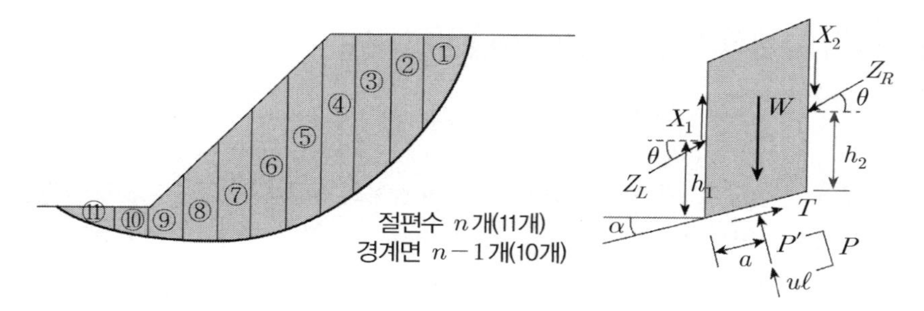

(3) 절편의 부정정 차수 = (2) − (1) = $(5n-2)-3n=2n-2$ → 필요한 가정수

(4) 필요한 가정에 따라 사면안정해석 방법별 달리 조건을 정함

① P는 절편의 중앙위치 : n개
② θ, h는 좌우 동일 : $n-1$개
→ $2n-1$

(5) 평 가 : (4) − (3) = -1

※ 필요한 가정수에 비해 제안 가능한 가정수가 1개 부족하므로 전체 해석이 가능해진다.

4. 절편법의 종류별 가정과 특징

(1) *Fellenious* 해석

① 가 정

㉠ 절편저면과 수직한 힘의 평형만 고려

$$X_1 - X_2 = 0, \quad E_1 - E_2 = 0$$
$$\text{즉, } X_1 = X_2, \quad E_1 = E_2$$

㉡ 절편의 측방향력은 각 절편의 저면과 평행

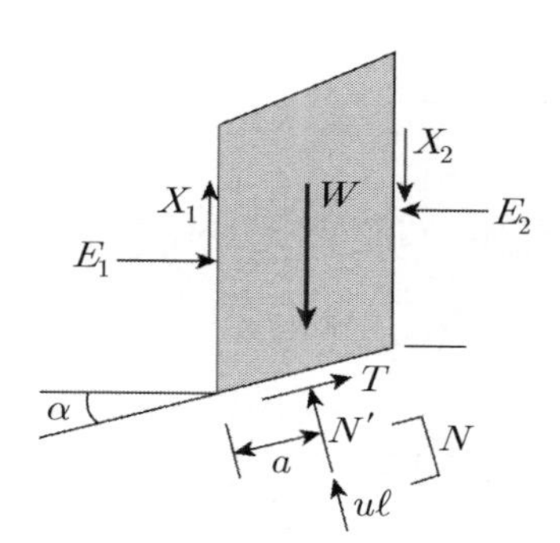

② 안전율

$$F_s = \frac{\sum(C' \cdot \ell + (N - u \cdot \ell)\tan\phi')}{\sum W \cdot \sin\alpha}$$

③ 특 징

㉠ 간극수압이 크고 완만한 사면을 유효응력으로 해석 시 안전율이 지나치게 작게 평가됨
$F_B = 1.1\ F_F$(간극수압이 작은 경우) $F_B = 1.2\ F_F$(간극수압이 큰 경우)
여기서, F_B : *Bishop*의 사면 안전율 F_F : *Fellenious*의 사면 안전율

㉡ $\phi = 0$ 해석의 현장응력 체계의 경우 정해가 구해짐

㉢ 비배수 조건인 경우 전응력해석에 비해 배수 조건의 경우에 있어서 유효응력해석의 경우 신뢰도가 떨어짐

Fellenious 안전율식 산출과정(참고)

1. 절편의 저면부 저항력 T 산출

- 파괴 시 파괴면의 전단강도 $\tau_f = c' + (\sigma - u)\tan\phi'$
- 파괴되기 전 유발 전단강도 $\tau_m = \dfrac{\tau_f}{F_s} = \dfrac{c' + (\sigma - u)\tan\phi'}{F_s}$

위 식의 단위는 $tonf/m^2$이고 저면부 저항력 T는 $tonf/m$이므로 단위의 통일을 위해

$N = \sigma \cdot \ell = W \cdot \cos\alpha,\ \ T = \tau_m \cdot \ell = W \cdot \sin\alpha$ 이므로

$$\tau_m = \frac{\tau_f}{F_s} = \frac{T}{\ell} = \frac{c' + (\sigma - u)\tan\phi'}{F_s}$$

$$\therefore\ T = \frac{c' \cdot \ell + (\sigma - u) \cdot \ell \cdot \tan\phi'}{F_s}$$

$$= \frac{c' \cdot \ell + (N - u \cdot \ell)\tan\phi'}{F_s}$$

2. 미끄러지려는 힘에 대한 모멘트 : $W \cdot \sin\alpha \cdot R$

3. 절편의 저면부 저항력에 의한 모멘트와 미끄러지려는 힘의 모멘트는 힘의 평형 방정식에서 만족해야 하므로

$$W \cdot \sin\alpha \cdot R = T \cdot R$$

$$W \cdot \sin\alpha \cdot R = \frac{(c'\ell + (N - u \cdot \ell)\tan\phi')R}{F_s}$$

각 절편의 안전율을 합한 전체 안전율은 다음과 같다.

$$F_s = \frac{\sum(c'\ell + (N - u \cdot \ell)\tan\phi')}{\sum W \cdot \sin\alpha}$$

(2) *Bishop*의 간편해석

① 가 정

㉠ 절편 양측에 작용하는 연직방향 합력 무시

$$X_1 - X_2 = 0 \rightarrow X_1 = X_2$$

㉡ 절편력 $E_1 \neq E_2$, 절편의 중앙에 수평방향 위치

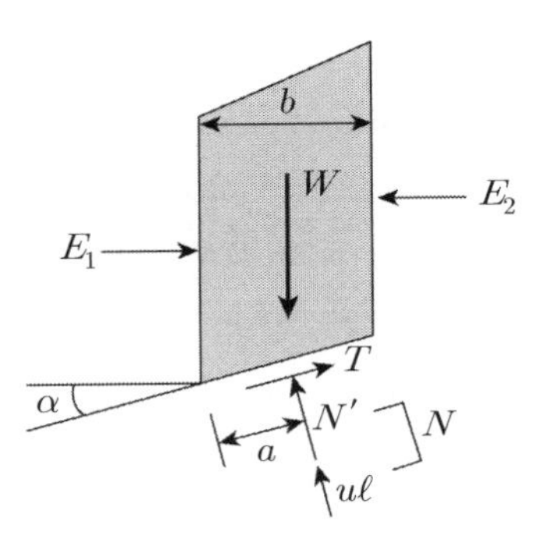

② 안전율

$$F_s = \frac{\sum (c'b + (W - u \cdot b)\tan\phi')}{\sum W \cdot \sin\alpha} \; \frac{1}{M_{(\alpha)}}$$

$$M_{(\alpha)} = \cos\alpha\left(1 + \frac{\tan\alpha \cdot \tan\phi'}{F_s}\right)$$

③ 특 징

㉠ 사면선단 부분의 활동면이 음의 경사각으로 가정하였을 경우 $1/M_{(\alpha)}$의 값이 작아지므로 안전율이 과대평가될 수 있다.

㉡ 전응력 유효응력해석이 가능하고 실용상 안전율의 산출범위는 충분하다.

(3) 기 타

① *Janbu*의 해석

㉠ 가 정

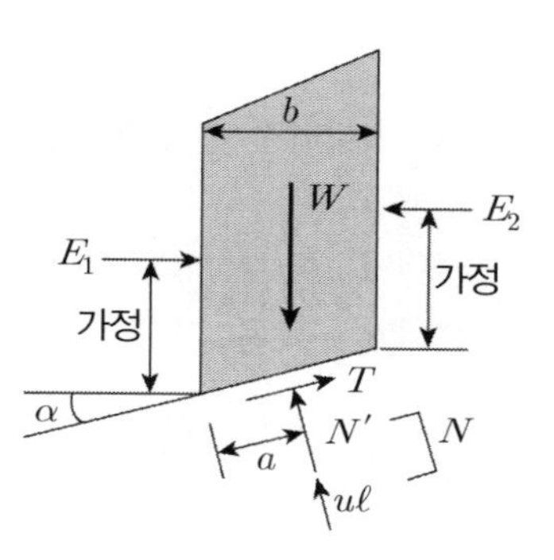

- 절편양측에 작용하는 연직방향 합력 무시

  $X_1 - X_2 = 0 \rightarrow X_1 = X_2$

- 절편력 $E_1 \neq E_2$, 절편에 작용거리를 가정하며 작용방향은 수평방향임

㉡ 특 징

- 비원호 활동파괴면에 적용 가능
- 절편의 간격을 좁게 취함이 바람직함

② *Mogenstern & Price* 해석

㉠ 가 정

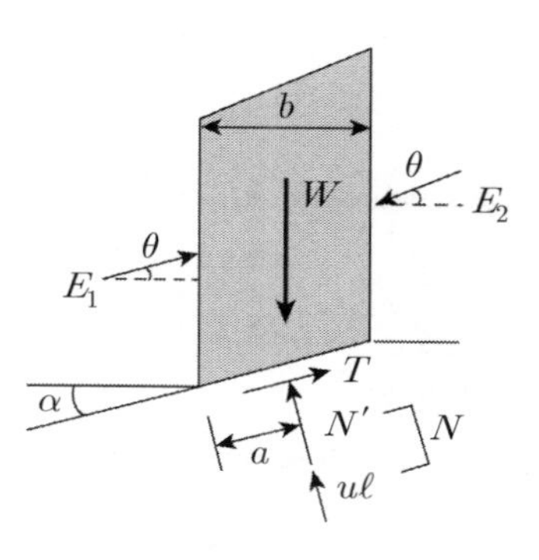

- 절편양측에 작용하는 연직방향 합력 무시

  $X_1 - X_2 = 0 \rightarrow X_1 = X_2$

- 절편력 $E_1 \neq E_2$, 절편에 작용거리는 일정하나 각각의 경사각을 가짐

㉡ 특 징

- 비원호 활동파괴면에 적용 가능
- 정해와 비교할 때 ±5% 범위 내 오차 발생

③ *Spencer* 방법

㉠ *Mogenstern & Price* 해석과 동일하나

㉡ 절편력의 작용 경사각(θ)은 모든 절편에서 동일한 것으로 가정

5. 절편법의 문제점 = 한계평형해석의 문제점

(1) 허용 안전율 이내에서는 변위 무시 가정(① 과정의 ε 무시) → 실제는 변위 발생

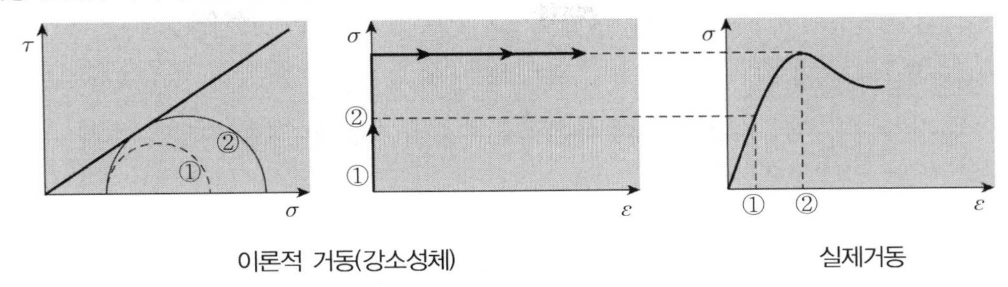

(2) 잔류강도 무시로 인한 과소설계 우려 → 동시파괴 개념

① 잔류강도에 의한 강도정수 결정

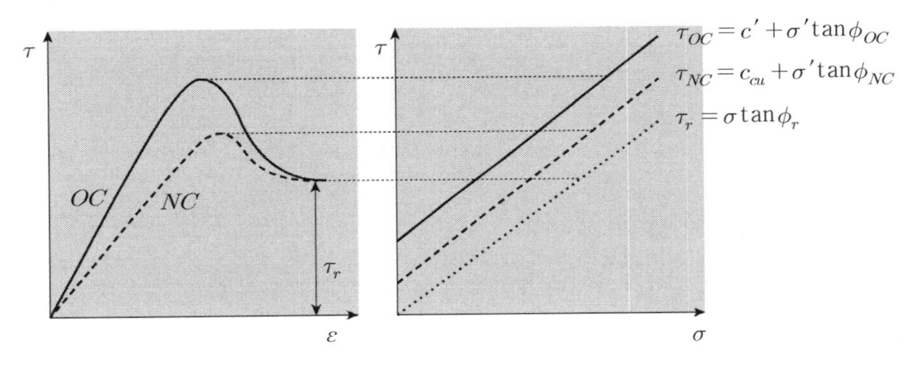

② 잔류강도 측정 : 링 전단시험, 단순전단시험

(3) 동시파괴개념 가정 → 실제는 진행성 파괴

(4) 절편 간의 힘 가정

① 절편법을 적용하기 위해서는 힘의 평형조건을 만족해야 하므로 부정정 차수가 발생함

② 부정정 차수만큼 힘의 가정이 필요하게 되며,

③ 절편력의 가정조건상 차이로 인해 *Fellenious* 방법, *Bishop* 간편법, *Janbu* 방법, *Mogenstern & Price* 해석, *Spencer* 방법 등이 사용되며 각 해석방법에 의해 구해진 안전율은 가정조건의 차이로 인해 다른 결과가 발생한다.

6. 평 가

(1) *Fellenious* 방법은 간극수압이 큰 완만한 사면에서 유효응력해석 시 과소평가 되며 전응력해석은 정해와 같다.

(2) *Bishop* 간편법은 사면선단이 음의 각을 가지는 활동면으로 가정 시 주의를 요하며 실용적으로 문제가 거의 없는 사면해석방법이다.

(3) *Janbu* 방법, *Mogenstern* & *Price* 해석, *Spencer* 방법은 사실상 안전율이 동일한 결과가 나오며 정해와 ±5% 범위 내 오차밖에 발생하지 않는다.

(4) $\phi = 0$ 해석의 경우 모든 사면해석결과가 동일하다.

(5) 절편법은 한계평형해석이므로 동시파괴의 개념으로 설계되므로 진행성 파괴를 고려한 잔류강도를 사용함이 타당하며, 절편력의 가정상 *Fellenious* 방법을 제외한 사면안정 해석결과는 거의 유사한 결과가 산출된다.

(6) 따라서 측방유동이 우려되는 사면과 같이 변위의 문제가 중요시되는 사면해석을 시행할 경우에는 수치해석을 병행한 변위검토가 시행되어야 한다.

27 사면파괴 형태의 종류와 안정해석방법

1. 토사사면

(1) 파괴형태

① 붕락 : 낙석

② 활 동

㉠ 무한사면

- 활동하려는 사면의 길이가 토체의 대략 10배 이상
- 잔류토와 암반의 경계면
- 붕적토와 암반의 경계
- 사질토의 경우 $\phi < i$ (사면경사각)

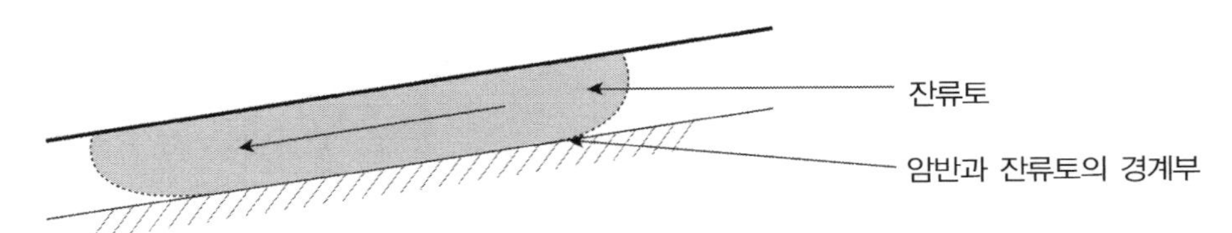

㉡ 유한사면 : 활동면의 깊이가 사면의 높이에 비해 비교적 큰 것(제방, 댐)

직선활동	원호활동	비원호 활동	복합파괴활동

✓ **원호활동의 파괴**

사면 저부파괴	사면 선단파괴	사면 내 파괴
사면경사 완만, 점성토에서 견고한 지층이 깊은 곳	사면경사가 급한 사질지반	사면 내 견고한 지층 존재

③ 유동(*Flow*) : 사면활동 현상이라기보다 소성적 거동(*Creep* 변형)으로 설명된다.

(2) 사면안정 해석

① 무한사면 해석

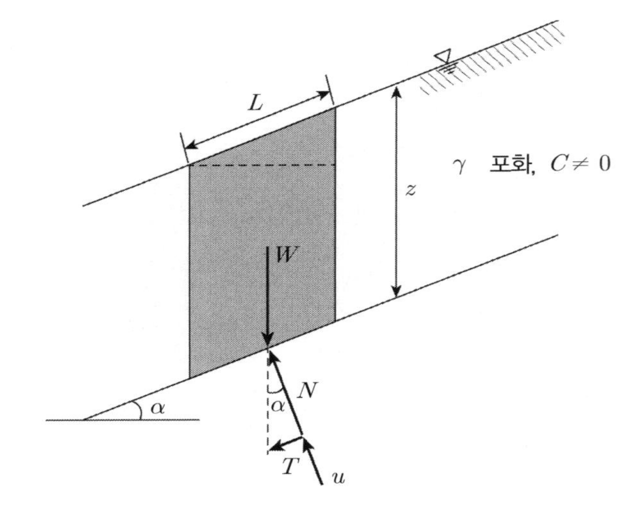

$W = \gamma \cdot Z$

$L \cdot \cos\alpha = 1m$

$A = L \times 1m = \dfrac{1}{\cos\alpha}$

$N = W \cdot \cos\alpha$

$T = W \cdot \sin\alpha$

$\sigma = \dfrac{N}{A} \quad \tau = \dfrac{T}{A}$

$F_s = \dfrac{C' + (\sigma - u)\tan\phi'}{\tau}$ 에서

$\sigma = W \cdot \cos^2\alpha = \gamma \cdot z \cdot \cos^2\alpha \quad u = \gamma_w \cdot z \cdot \cos^2\alpha \quad \tau = \gamma \cdot z \cdot \sin\alpha \cdot \cos\alpha$

$$F_s = \frac{C'}{\gamma_{sat}} \cdot z \cdot \sin\alpha \cdot \cos\alpha + \frac{(\gamma_{sat} \cdot z - \gamma_w \cdot z)\cos^2\alpha \cdot \tan\phi'}{\gamma_{sat} \cdot z \cdot \sin\alpha \cdot \cos\alpha}$$

㉠ 지하수위가 활동면 아래 & $C = 0$ 인 모래지반인 경우

$$F_s = \frac{\gamma \cdot z \cdot \cos^2\alpha \cdot \tan\phi'}{\gamma \cdot z \cdot \sin\alpha \cdot \cos\alpha} = \frac{\cos\alpha \cdot \tan\phi'}{\sin\alpha} = \frac{\tan\phi'}{\tan\alpha}$$

㉡ 지하수위가 지표포화 & $C = 0$ 인 모래지반인 경우

$$F_s = \frac{\gamma_{sub} \cdot z \cdot \cos^2\alpha \cdot \tan\phi'}{\gamma_{sat} \cdot z \cdot \sin\alpha \cdot \cos\alpha} = \frac{\gamma_{sub} \cdot \cos\alpha \cdot \tan\phi'}{\gamma_{sat} \cdot \sin\alpha} = \frac{\gamma_{sub} \cdot \tan\phi'}{\gamma_{sat} \cdot \tan\alpha}$$

※ 일반적으로 $\gamma_{sat} : \gamma_{sub} = 2 : 1$ 이므로 안전율은 ㉠경우의 절반으로 저하된다.

$$F_s = \frac{1}{2} \times \frac{\tan\phi'}{\tan\alpha}$$

② 원호, 비원호, 복합파괴 활동 해석

㉠ 지층조건이 다르고 물성치가 다르므로 절편법에 의한 한계평형 해석으로 사면 안정해석 시행

㉡ 해석 시 평형조건식의 수보다 미지수가 더 많으므로 각 절편에 작용하는 힘에 대한 가정이 필요함

㉢ 해석 방법별 가정조건의 차이

해석방법	절편력			
	수직방향 마찰력	수평방향		
		구속응력	작용거리	작용각도
Fellenious 방법	$X_1 = X_2$	$E_1 = E_2$	일 정	수 평
Bishop 간편법	$X_1 = X_2$	$E_1 \neq E_2$	일 정	수 평
Janbu 방법	$X_1 = X_2$	$E_1 \neq E_2$	가 정	수 평
Morgenstern & Price 해석	$X_1 = X_2$	$E_1 \neq E_2$	일 정	각각 가정
Spencer 방법	$X_1 = X_2$	$E_1 \neq E_2$	일 정	동 일

(3) 평 가

① 문제점

㉠ 안전율 개념 : 안전율 범위 내 변형 무시 → 변위 검토 필요시(수치해석)

㉡ 동시파괴 개념 : 진행성 파괴 → 잔류강도 적용

㉢ 절편력 가정상 차이 : 안전율 차이 발생(*Bishop* 간편법은 실용상 충분)

② 적용 *Program* : *Stable, Slope / W*

③ 사면안정 해석결과의 신뢰성은 해석방법의 선정보다 현장응력체계를 재현한 시험을 통해 도출된 강도정수의 적용이 더욱 중요하다.

④ 지반의 투수성(비배수/배수), 잔류강도, 진행성 파괴가 고려된 전단강도를 적용한 사면안정해석이 필요하다.

2. 암반사면

(1) 파괴형태

① 원형파괴

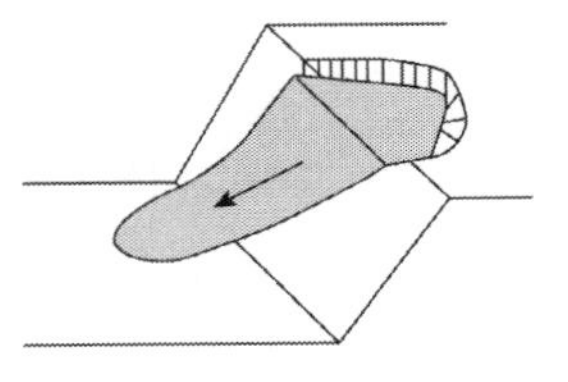

㉠ 풍화가 심해 강도가 매우 약한 암반인 경우

㉡ 불연속면이 불규칙적으로 매우 발달된 경우

㉢ 마찰원법이나 절편법에 의한 사면안정해석 시행

② 평면파괴

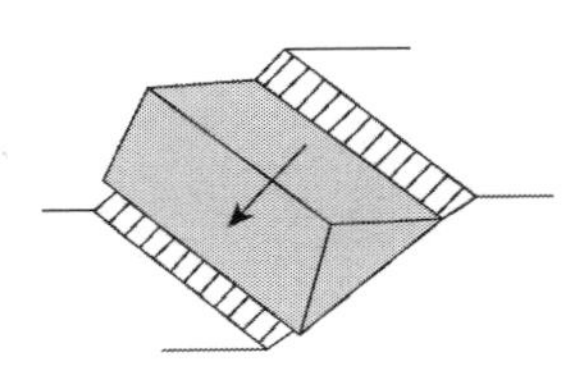

㉠ 절취면과 불연속면의 경사방향이 같음

㉡ 불연속면이 한방향으로 발달된 경우

㉢ 불연속면과 절취면의 주향차가 ±30° 이내인 경우

㉣ 절취경사 > 불연속면 경사 > 전단저항각

③ 쐐기파괴

㉠ 불연속면이 교차하여 발달된 경우

㉡ 교선이 *Daylight*할 때

㉢ 절취경사 > 교선경사 > 전단저항각

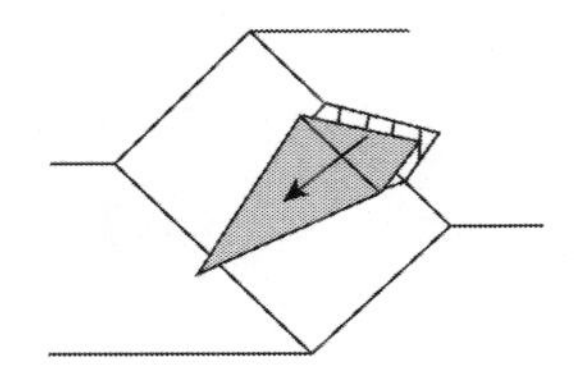

④ 전도파괴

㉠ 절취면 경사와 불연속면 경사방향이 반대

㉡ 불연속면과 절취면의 주향차가 ±30° 이내인 경우

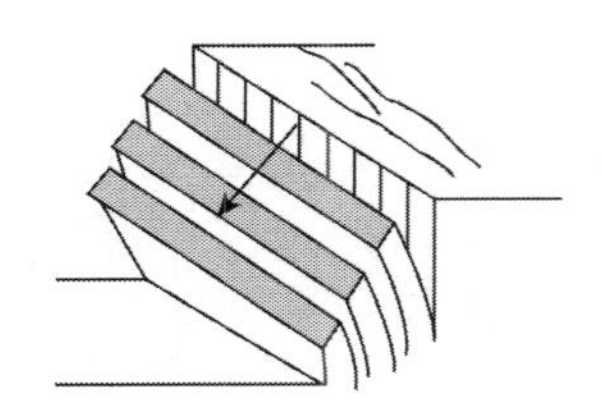

(2) 해석방법

① 평사투영법(*DIPS*), *SMR*

㉠ 평사투영해석법은 암반사면의 경우 암석 자체의 전단강도 특성보다는 암반 내에 분포하는 불연속면의 주향과 경사, 절리면의 마찰각 및 절취사면의 방향과 경사를 고려하여 사면을 개략적으로 판정

㉡ 사용프로그램 : *DIPS*

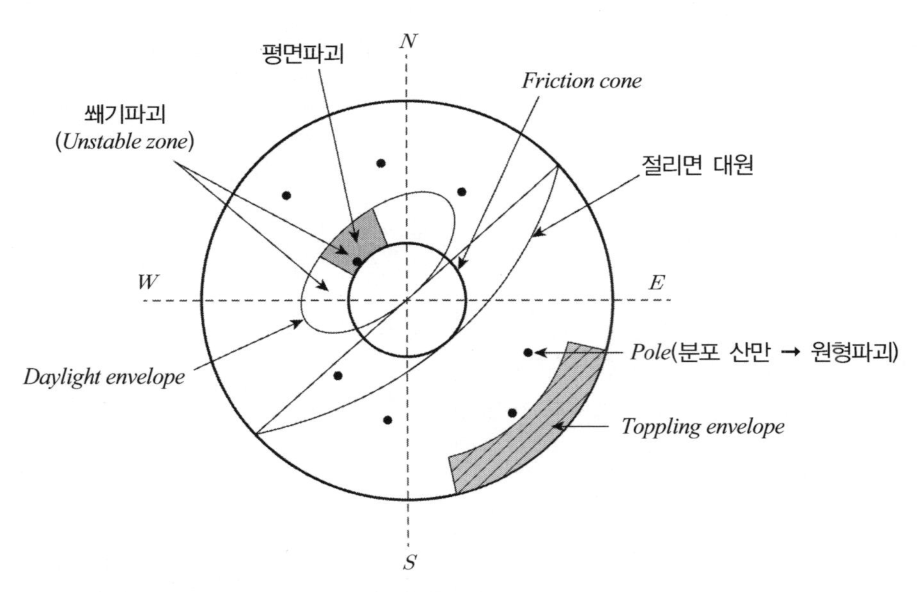

평사투영망(*Stereonet*)에 의한 예시도

㉢ 평사투영법 작도방법

- 불연속면의 *Pole*을 *Net*에 투영
- 절취면의 주향과 경사를 나타내는 대원을 작도 및 *Daylight envelope* 작도
- 암반의 내부마찰각을 반경으로 하여 *Friction cone*을 작도
- 사면의 경사각에서 내부마찰각을 뺀 값을 경사각으로 하는 대원을 작도하여 *Toppling envelope* 작도
- *Pole*의 위치에 따라 안정성을 검토

㉣ 가정과 적용한계

- 비탈면의 주향, 경사 불연속면의 주향, 경사에 큰 비중을 두고 안정성 평가
- 불연속면의 전단저항각을 제외한 점착력, 틈새크기, 충전물 등 미고려
- 지하수 또는 수압의 고려가 없음
- 절리의 방향성 위주의 평가로서 암괴의 크기, 형태, 절리연속성 미고려

㉤ 적용 시 유의사항

- 특정 불연속면 고려
- 현장상황을 고려하여 지역 구분 필요

② 한계평형해석(암반 + 토사)

㉠ 한계평형해석법(*Limit equilibrium method*)

평사투영법을 이용하여 암반사면을 개략적으로 평가한 후 결정된 붕괴형태에 따라 한계평형해석을 실시하여 안전율을 산정하는 것으로 그림의 사면 활동과 같이 토괴의 활동력과 저항하려는 전단강도가 한계평형을 이룬 상태로서 활동이 막 생기려고 하는 상태를 말함

$$F_s = \frac{\text{저항력}}{\text{활동력}} = 1$$

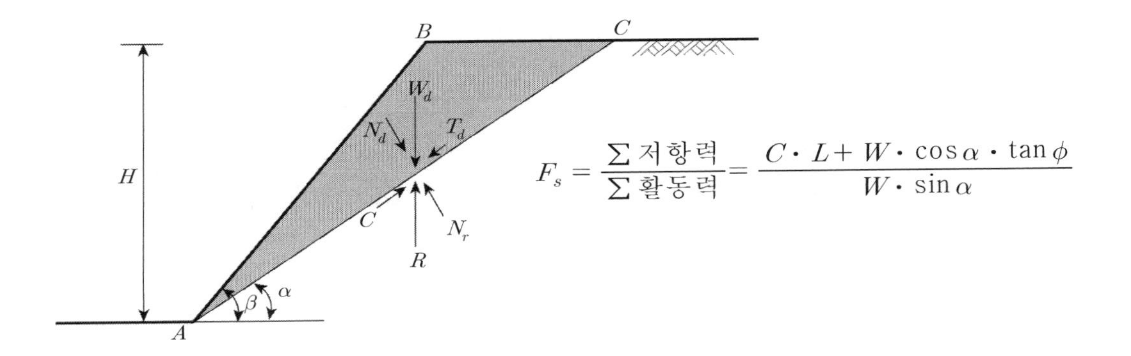

㉡ 절리면 강도(절리면 전단시험)

$$Barton \text{ 식} : \tau = \sigma \tan\left(JRC \log \frac{JCS}{\sigma} + \phi_b\right)$$

③ 수치해석법

㉠ 수치해석의 종류 : *FLAC*(연속체 해석), *UDEC*(불연속체 해석)

㉡ 연속체 개념은 암반물성치인 전단강도, 변형계수가 중요하며 불연속면이 고려된 값이 적용되어야 함

㉢ 불연속체 개념은 전단강성, 수직강성, 변형계수, 절리간격 등이 필요함

㉣ 수치해석은 전체적인 파괴, 국부적 파괴, 파괴형태, 변위 *Vecter*, 시공단계별 고려가 가능한 장점이 있으나 물성치 입력이 매우 중요함

㉤ 결론적으로 수치해석 결과를 절대치로 보기보다는 사면파괴의 경향, 범위 정도로 판단함이 타당함(정성적 평가 자료로 활용)

참고사항(주향과 경사)

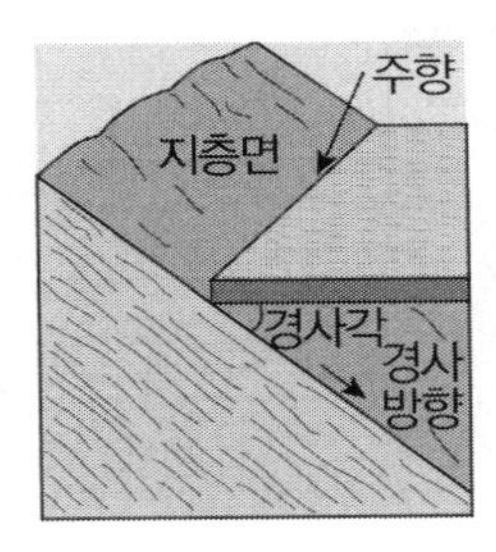

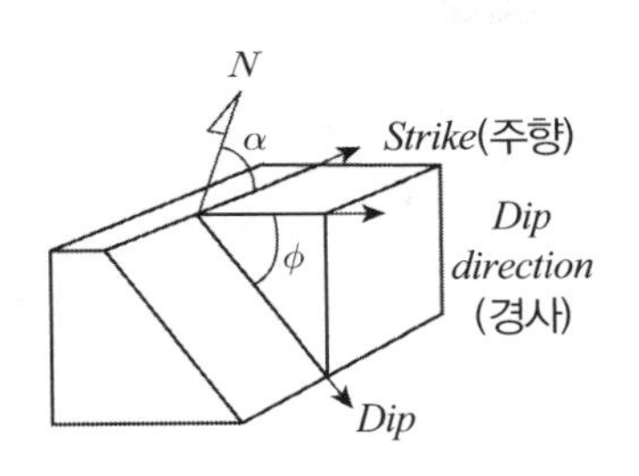

주향과 경사 표시방법

클리노 미터(브런턴 컴퍼스)

1. 주 향

지층면과 수평면의 교선방향을 진북을 기준으로 측정한 각으로 지층면과 수평면의 교선의 방향이 북쪽에서 40° 동쪽으로 기울어져 있으면 *N*40°*E*로 표시

2. 경 사

지층면과 수평면이 이루는 각으로 경사각이 40°이고 남동쪽으로 경사지면 40°*SE*

3. 평사투영해석에서의 안정성 평가

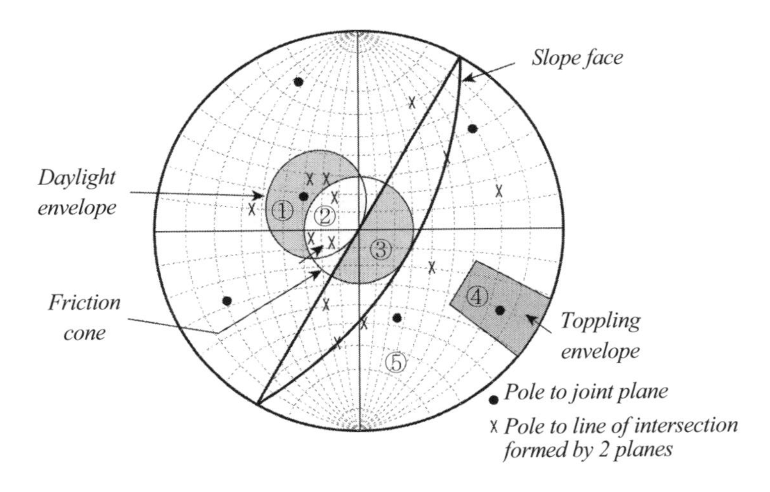

① 지역 : 불연속면의 경사각이 마찰각보다 큰 *Daylight*로서 불안정한 지역임

② 지역 : 불연속면의 경사각이 마찰각보다 작은 *Daylight*로서 안정한 지역임

③ 지역 : 불연속면의 경사각이 마찰각보다 작으며, *Daylight* 아닌 안정한 지역임

④ 지역 : 전도파괴의 가능성이 있는 불안정한 지역임

⑤ 지역 : 불연속면의 경사각이 마찰각보다 크더라도 *Daylight*나 *Toppling envelope*가 아니므로 안정한 지역임

28 일반한계평형법(GLE : General Limit Equilibrium)

1. 개 요

(1) 절편에 작용하는 수평력(구속력 E)과 수직력을 한계평형해석에서의 절편법과 같이 각각 가정치 않고 모두 고려하여 해석하는 기법으로 *Fredlund & Krahn*(1977)에 의해 제안되었다.

(2) 다음 그림과 같이 *Moment*에 대한 안전율(F_m)과 힘에 대한 안전율(F_f)을 모두 고려한다.

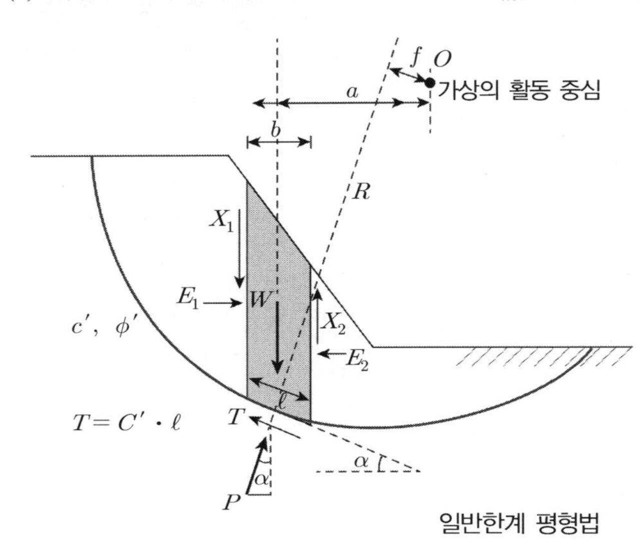

일반한계 평형법

f : P에 대한 *Moment* 팔거리

a : W에 대한 *Moment* 팔거리

$W + X_1 - X_2 = P\cos\alpha + T\sin\alpha$

수직력 $P = [W + X_1 - X_2] \times \beta$

β : 활동면 저면부에 점착력, 간극수압, 안전율을 고려한 계수

2. 해석 절차 및 방법

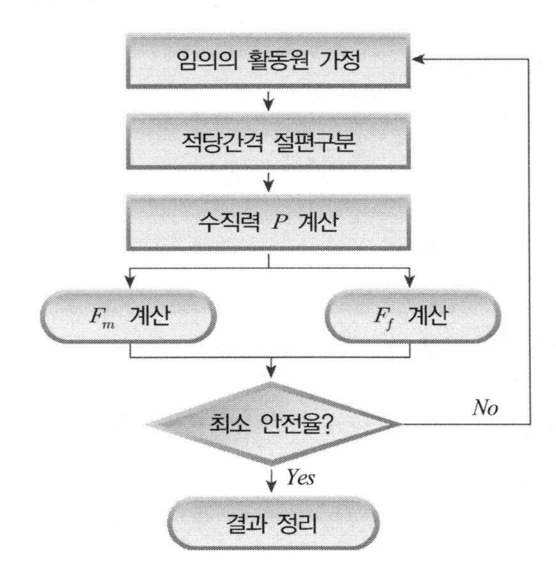

(1) 수직력 계산(P)

$$P=[W+X_1-X_2]\times\beta$$

(2) *Moment*에 대한 안전율(F_m)

$\Sigma W\cdot a=\Sigma T\cdot R-\Sigma P\cdot f$에서

$$F_m=\frac{\Sigma[c'\ell+(P-u\cdot\ell)\tan\phi']R}{\Sigma(W\cdot a-P\cdot f)}$$

(3) 힘에 대한 안전율(F_F)

가정조건

$\Sigma(E_1-E_2)=0,\ \Sigma(X_1-X_2)=0$

$$\therefore F_F=\frac{\Sigma[c'\ell+(P-u\cdot\ell)\tan\phi']\times\cos\alpha}{\Sigma P\cdot\sin\alpha}$$

3. 특 징

(1) 원호, 비원호 활동등 파괴형태에 관계없이 해석 가능하다

(2) 수계산 곤란 → *Computer* 이용(*Slop / w, Stable*)

(3) 안전율에 수직력(P)가 포함되어 있으므로 X_1, X_2의 가정에 따라 모멘트 안전율과 힘에 대한 안전율이 차이가 나므로 시행착오법으로 계산을 하여야 한다.

(4) 기존의 *Fellenious* 방법, *Bishop* 간편법, *Janbu* 방법, *Mogenstern & Price* 해석, *Spencer* 방법은 절편력에 대하여 가정조건을 취하여 계산하나 *GLE*는 실제 절편력을 전부 고려한 특수조건의 해석이다.

29 전응력해석과 유효응력해석

1. 개 요

(1) 사면안정해석을 위해 사용되는 강도정수는 간극수압의 사용 여부에 따라 전응력해석과 유효응력해석으로 구분된다.

(2) 전응력해석은 시공속도가 간극수압의 소산속도에 비해 빠른 경우이며, 과잉간극수압의 소산이 거의 이루어지지 않는 않으므로 비배수 전단강도정수(C_{cu}, ϕ_{cu})를 사용하며 간극수압을 고려하지 않는다.

(3) 유효응력해석은 시공속도가 느려 배수가 진행되고 과잉간극수압이 거의 소멸된 경우로써 $\overline{CU}$시험에 의해 구한 강도정수(C', ϕ')와 간극수압을 적용하여 해석하는 방법이다.

2. 전응력해석

(1) 전단강도

① 포화점토 : $S = C_u$

② 불포화점토 : $S = C_{cu} + \sigma \tan \phi_{cu}$

③ 시험 : $UU\ Test$

④ 사용 강도정수

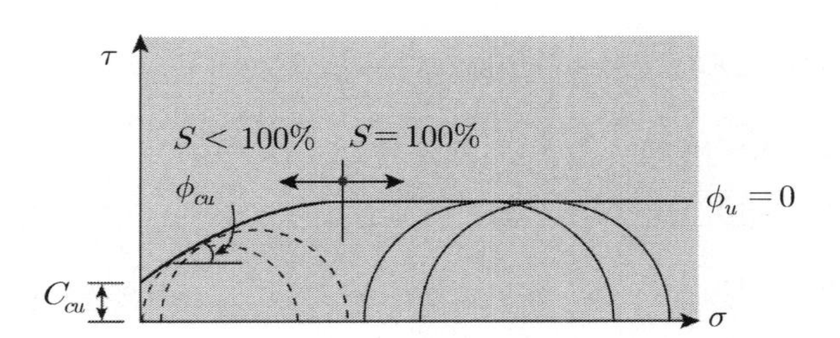

(2) 장단점

① 사용이 간편 ← 간극수압 측정 불필요

② 간극수압 측정 필요시 적용 곤란

③ 현장응력체계 재현 곤란

(3) 적 용

① 급속성토 시, 성토 직후 사면안정

② 단계성토 직후 안정 검토

③ 점토굴착

④ 점토지반 위 기초 설치

3. 유효응력해석

(1) 전단강도

① $S = C' + \sigma' \tan \phi' = C' + (\sigma - u) \tan \phi'$

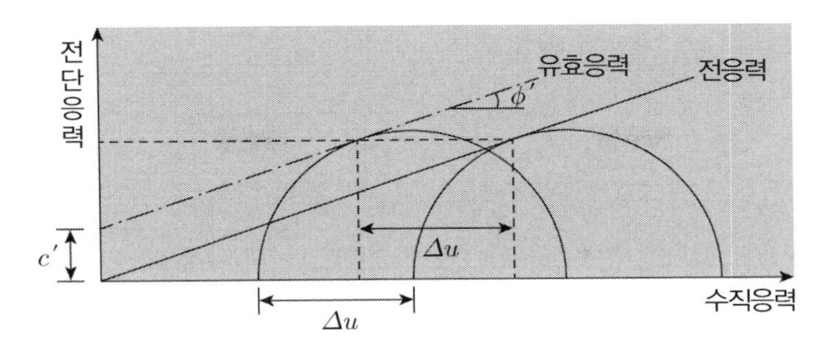

② 시험 : $\overline{CU}$ 시험(CD시험 동일)

(2) 장단점

① 시험이 복잡 ← 간극수압 측정 / 시간이 길

② 간극수압 측정 필요

③ 현장응력 체계 재현 가능

(3) 적 용

① 완속시공

② 장기사면 안정해석

③ 과압밀 점토사면 굴착

④ 정상침투 사면

⑤ 단계성토

⑥ 수위 급강하

⑦ 자연사면 급속성토

4. 평 가

(1) 사면의 상태가 어떤 상태이든 전응력해석과 유효응력해석 결과는 동일하며 문제는 현장응력상태와 동일하게 재현하여 시험할 수 있다면 각각의 강도정수가 다르다 하더라도 본질적으로 전단강도의 값은 동일하다.

(2) 즉, 설계자가 현장응력 체계를 고려한 적정한 강도정수 사용이 중요하다.

30 포화지반 절 · 성토 시 안전율의 변화

1. 개 요

(1) 성토 시

성토하중의 증가와 더불어 간극수압이 증가하게 되므로 유효응력이 급감하여 안전율은 최소가 되나 장기적으로 과잉간극수압이 소산됨에 따라 유효응력, 전단강도, 안전율은 증가된다.

(2) 절토 시

① 사면을 절취하는 동안에는 절취사면이 중력방향으로 활동하려는 전단응력이 증가되어 안전율은 감소한다.

② 한편 절취도중 간극수압은 전응력의 감소로 급격히 감소하게 되므로 안전율은 서서히 감소하나

③ 절취 이후에는 전단응력은 일정한 반면 정상침투가 발생하므로 간극수압이 절취 직후보다 상승하며 정수압상태가 되므로 절취 도중보다 유효응력의 감소로 인한 안전율은 급격히 저하된다.

④ 과압밀비가 심한 과압밀 점토를 굴착하게 되면 굴착 중 팽창으로 인해 부의 간극수압이 발생하므로 정규압밀점토보다 안전율은 높게 된다.

2. 평면변형 응력조건과 시험방법

(1) 응력 조건별 시험

구 분	① *PSA* (*Plane Strain Active*) 평면변형 주동상태	② *DSS* (*Direct Simple Shear*) 단순전단상태	③ *PSP* (*Plane Strain Passive*) 평면변형 수동상태
응력조건	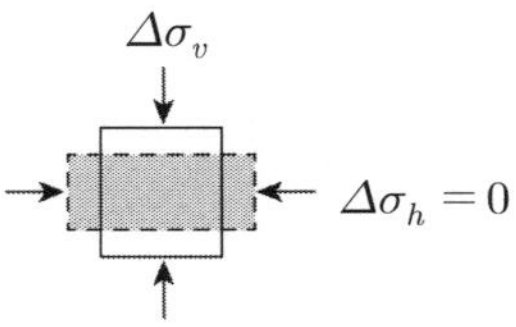 $\Delta\sigma_v$ $\Delta\sigma_h = 0$	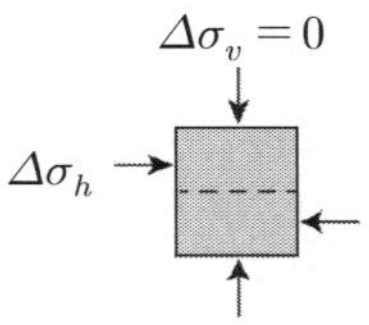 $\Delta\sigma_v = 0$ $\Delta\sigma_h$	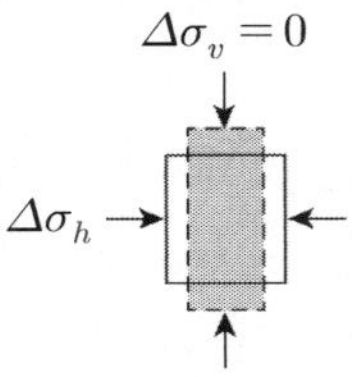 $\Delta\sigma_v = 0$ $\Delta\sigma_h$
시 험	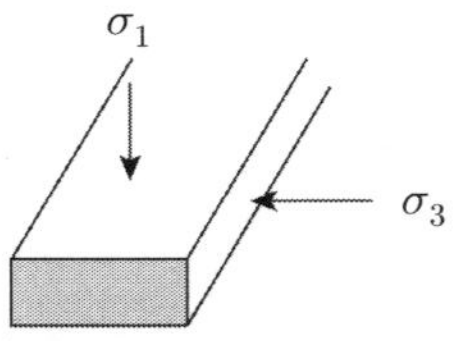 σ_1 σ_3	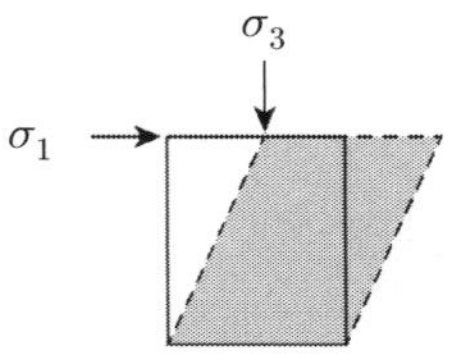 σ_3 σ_1	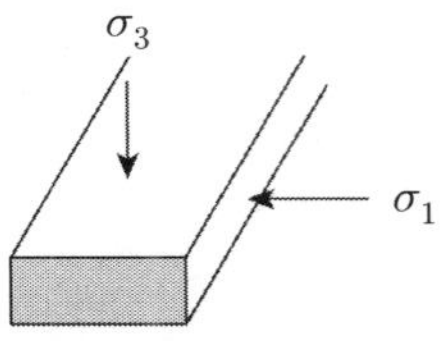 σ_3 σ_1

평면변형 주동 또는 수동조건 전단시험
: 직육면체의 공시체 양쪽 끝단을 강성 *Plate*로 고정 → 변형 억제

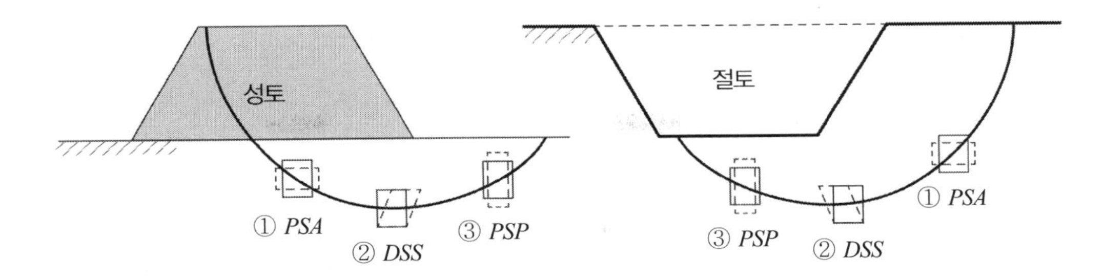

(2) 평면변형 조건시험과 삼축압축시험 결과 비교

평면변형시험은 2방향의 변형만 허용하므로 구속 조건의 차이에 의해서 평면변형 시험에 의한 강도정수가 삼축압축시험에 의한 값에 비해 더 크게 측정된다.

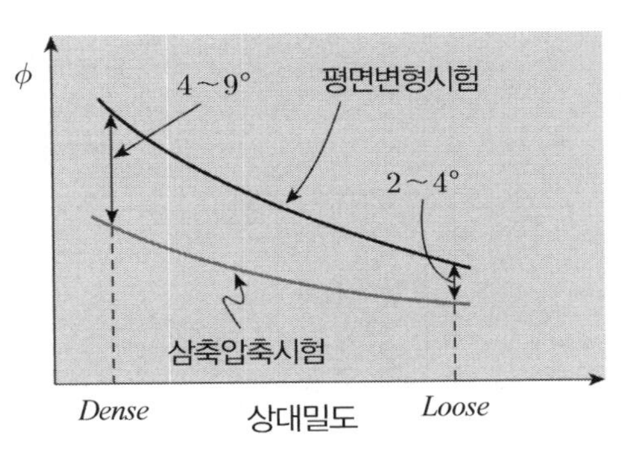

(3) 타당성

성토, 절토, 옹벽 등 선형 구조물의 경우, 축에 직각 방향으로 변위와 파괴가 발생되므로 이러한 현장 응력체계상 조건을 만족한 시험 적용이 필요하다.

3. 안전율 저하 원인

(1) 절토사면

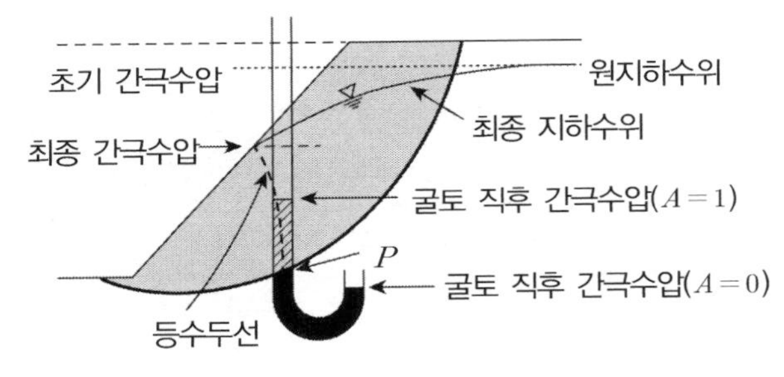

① 사면절취를 하게 되면 중력작용으로 사면활동을 일으키려는 전단응력이 증대된다.

② 이때 간극수압의 변화는 다음과 같다.

$$\Delta u = B(\Delta\sigma_3 + A(\Delta\sigma_1 - \Delta\sigma_3))$$

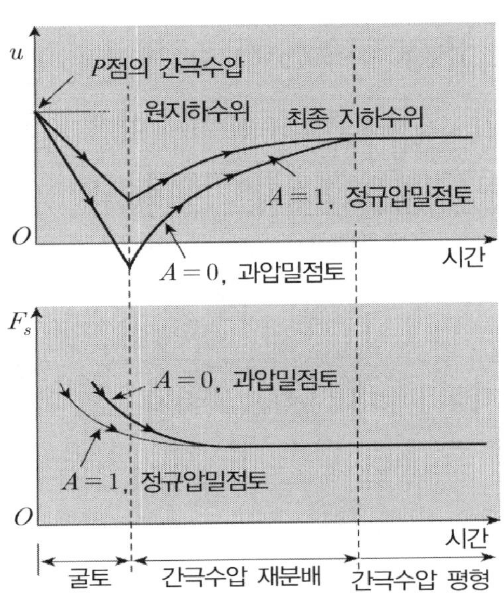

점토지반을 굴착할 때 시간에 따른 안전율의 변화

③ 점토가 완전히 포화되었다면 $B=1$이 되고 다음의 식으로 변환된다.

$$\Delta u=\frac{1}{2}(\Delta\sigma_1+\Delta\sigma_3)+\left(A-\frac{1}{2}\right)(\Delta\sigma_1-\Delta\sigma_3)$$

④ 사면절취를 하게 되면 $\Delta\sigma_1$ $\Delta\sigma_3$가 계속 감소(−)되므로 Δu는 계속 (−)값이 커지게 된다.

⑤ 절취가 종료되면 정상침투로 인해 간극수압은 상승하게 되나 원래의 지하수위에서의 간극수압으로 회복되지는 않는다.

⑥ 만일 A값이 1/2 이하이면 2항도 음이 되므로 전체 Δu는 $A > 1/2$보다 더 큰(−)의 값을 가진다.

⑦ 따라서 절취 전후 사면 안전율은 다음과 같이 변화한다.

구 분	절취 중	절취 후
전단응력	증 가	일 정
간극수압	감 소	증 가
정상침투	없 음	진 행
배수상태	비배수	진 행
전단강도	$\phi=0$	유효응력 감소로 전단강도 감소
사면안전율	약간 감소	매우 감소

(2) 성토사면

초기 성토하중 ΔP에 따라 과잉간극수압 상승 → 비배수 강도 일정 → 과잉간극수압 상승 → 성토직후 사면 안전율 최소 → 과잉간극수압 소산 → 전단강도 증가 → 안전율 상승

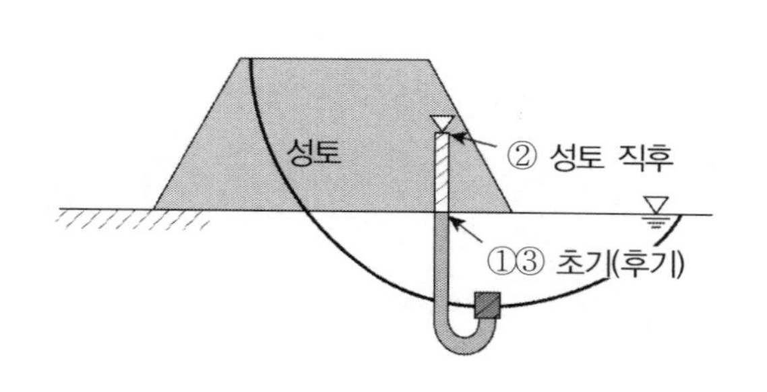

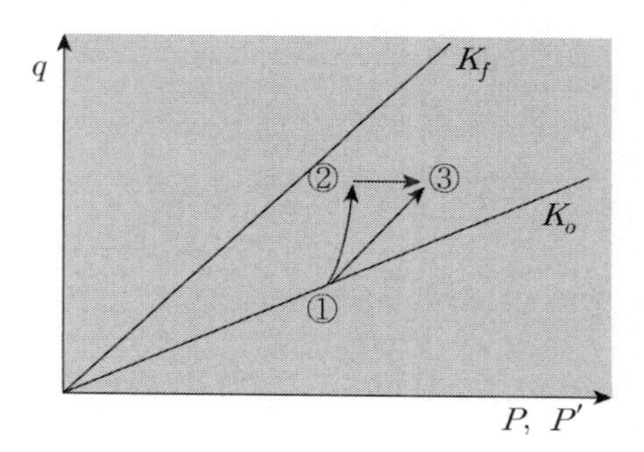

4. 안전율 변화

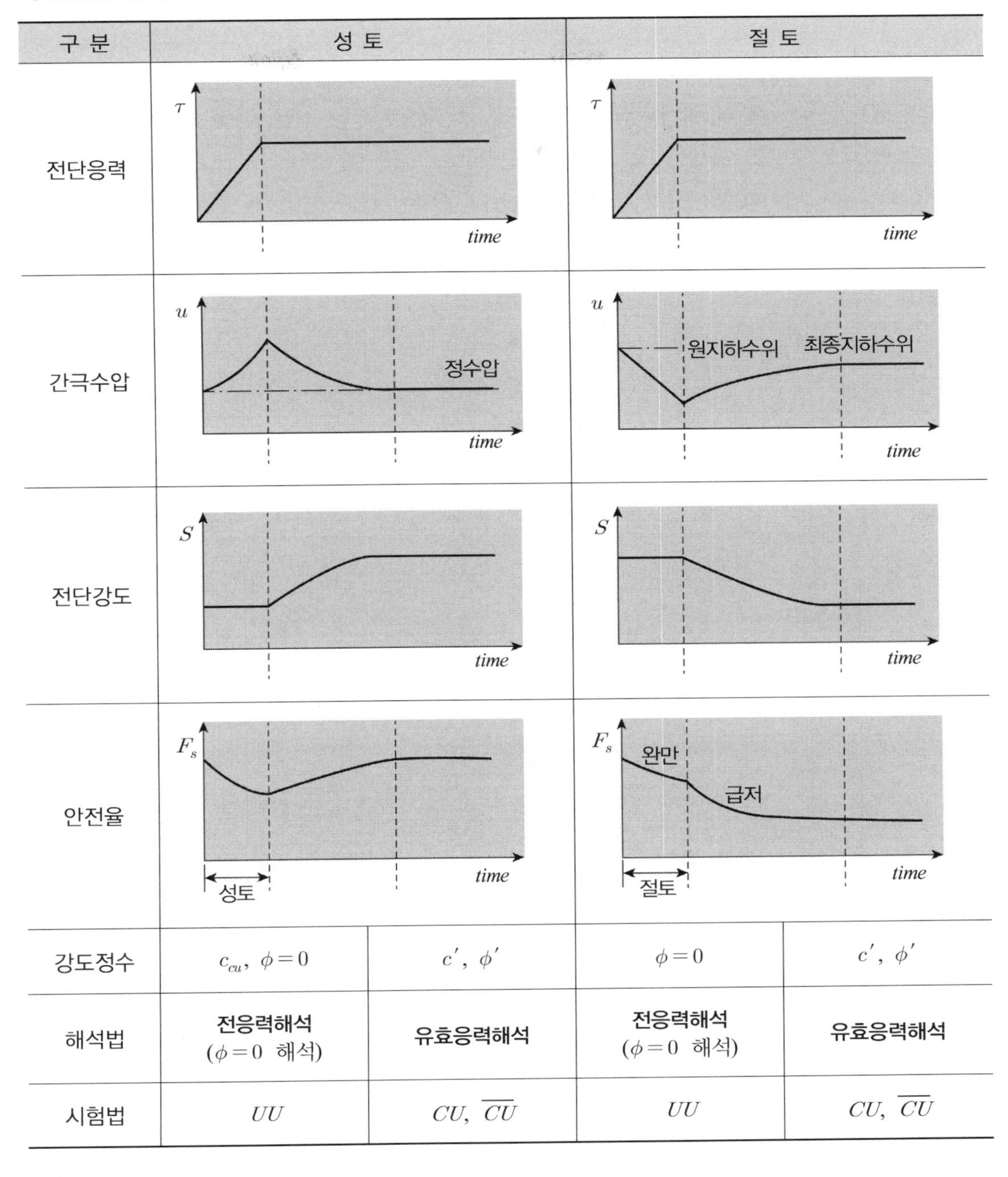

구 분	성 토		절 토	
전단응력				
간극수압				
전단강도				
안전율				
강도정수	c_{cu}, $\phi=0$	c', ϕ'	$\phi=0$	c', ϕ'
해석법	**전응력해석** ($\phi=0$ 해석)	**유효응력해석**	**전응력해석** ($\phi=0$ 해석)	**유효응력해석**
시험법	UU	CU, $\overline{CU}$	UU	CU, $\overline{CU}$

31 연약지반 저성토 문제점과 대책

1. 개 요

(1) 연약지반상 저성토($h : 2.0 \sim 3.0m$)하는 경우 지반의 연약 정도에 따라 달라지나 성토체 자체의 안정문제보다는 저면의 지지력 파괴는 발생할 수 있다.

(2) 저성토의 경우 아래와 같이 사면활동보다는 노상의 침하와 지하수 상승에 따른 다짐 시공성이 문제되므로 이에 대한 대책을 강구하여야 한다.

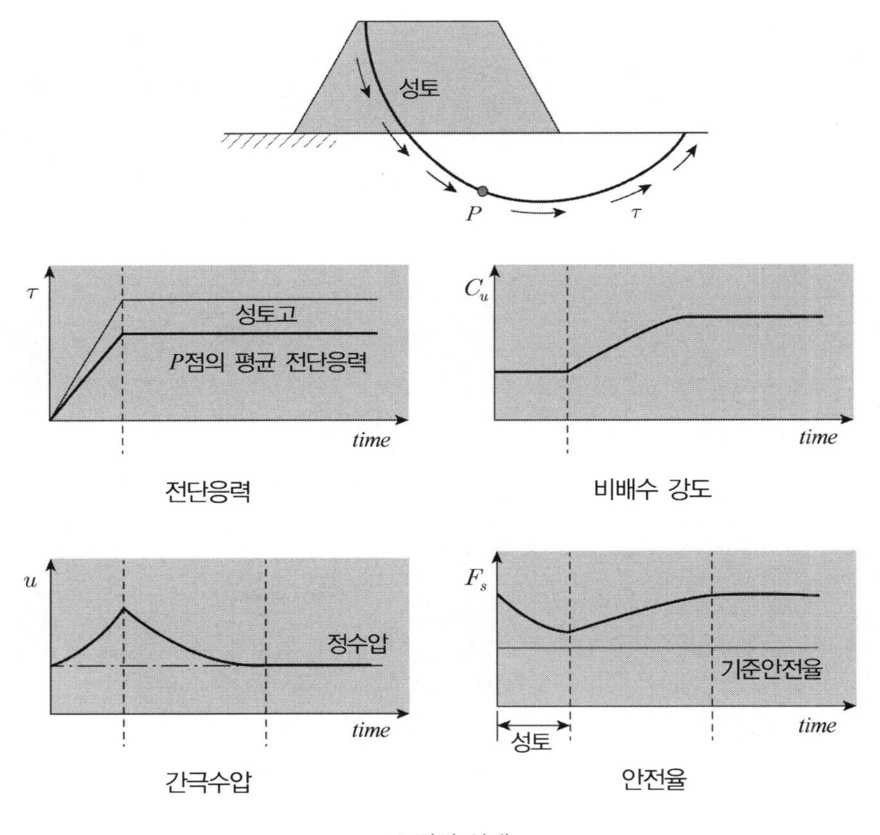

*P*점의 상태

2. 노상 시공성

(1) 문제점

① 다짐공사를 위한 장비 주행성(*Trafficability*) 확보 곤란

② 노상토 지지력비 저하

(2) 대 책

① 치환 : 양질토로 치환깊이만큼 치환하여 다짐장비의 하중분포를 통한 다짐장비 주행성 확보

※ 치환재와 원지반의 혼입방지를 위해 토목섬유를 반드시 포설

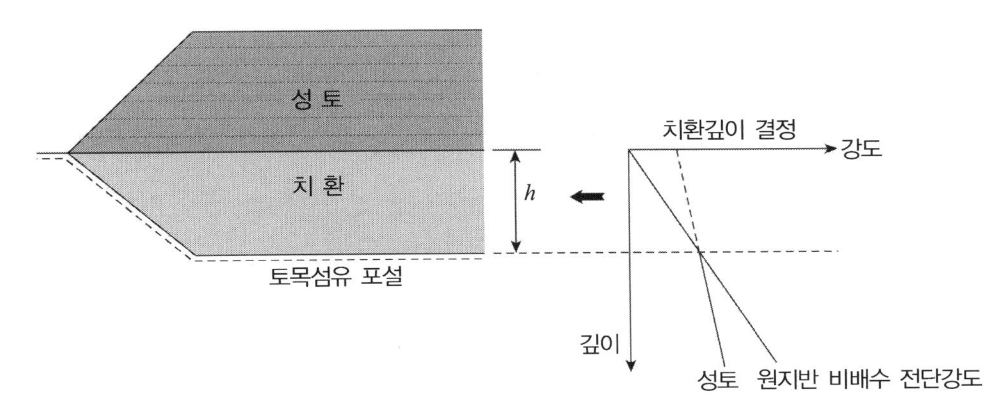

② 안정처리 = 고화처리

지반이 준설매립토와 같이 매우 깊거나 연약한 경우 안정처리함

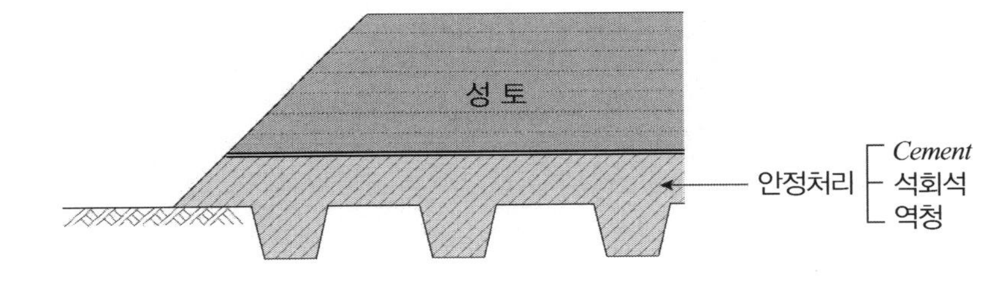

3. 지하수 상승

(1) 문제점

① 지하수에 의한 모관작용으로 인해 → 수위상승에 따른 지지력 저하

② 반복 차량하중으로 인한 → 과잉간극수압 발생 → 연약화 증대

③ 겨울철 동상, 연화현상 발생

(2) 대 책 : 지하수위 상승 억제 → *Sand mat* 부설 + *Trench* 설치

4. 부등침하 및 측방변형

(1) 문제점 : 침하 → 포장파손, 단차 → *Blow up*

(2) 대책 : 연약지반 처리 대책(지하수 저하, 탈수, 다짐, 재하, 고결, 치환, 보강)

5. 침하량 산정 시 교통하중 고려

(1) 문제점

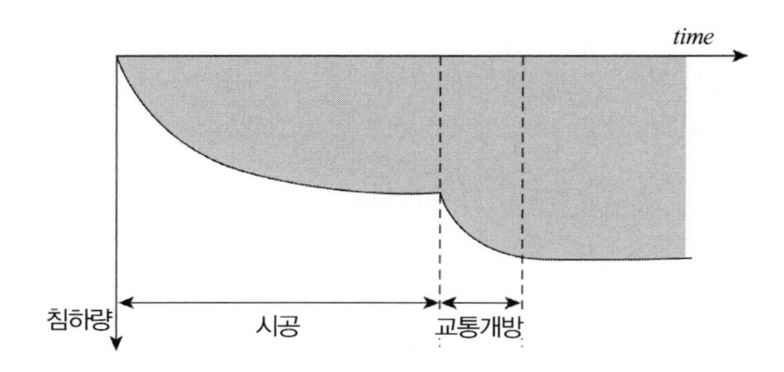

(2) 대책 : *Preloading* 공법으로 침하 사전 제거

32 연약지반 고성토 문제점과 대책

1. 개 요

(1) 연약지반상 고성토의 경우는 침하와 사면안정이 동시에 문제점으로 발생하며

(2) 이 중에서 사면안정이 우선 검토되어야 한다.

2. 주요 문제점

(1) 사면안정

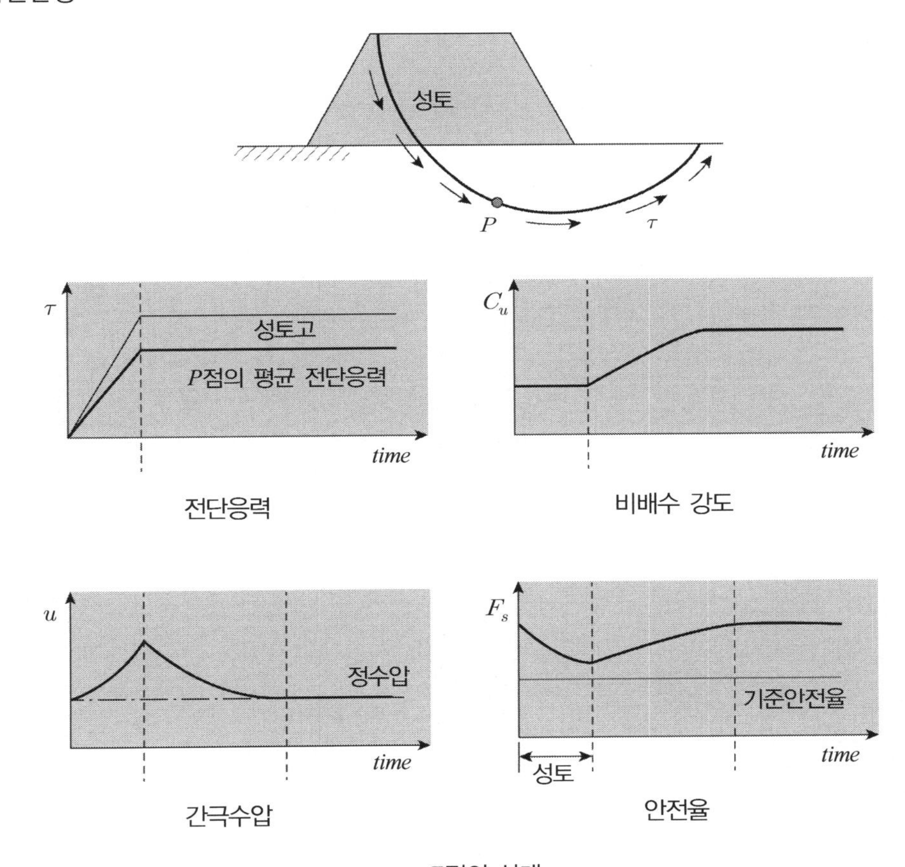

P점의 상태

(2) 침하(정규압밀점토 : $P_o = P_c$)

$$\Delta H = S = \frac{H}{1+e_o}\Delta e = \frac{C_c}{1+e_o} H \log \frac{P_o + \Delta P}{P_o}$$

3. 설계 시 고려사항

(1) 조사, 시험

① 실내시험 : 일축압축시험, 삼축압축시험, 압밀시험

※ 응력 조건별 시험

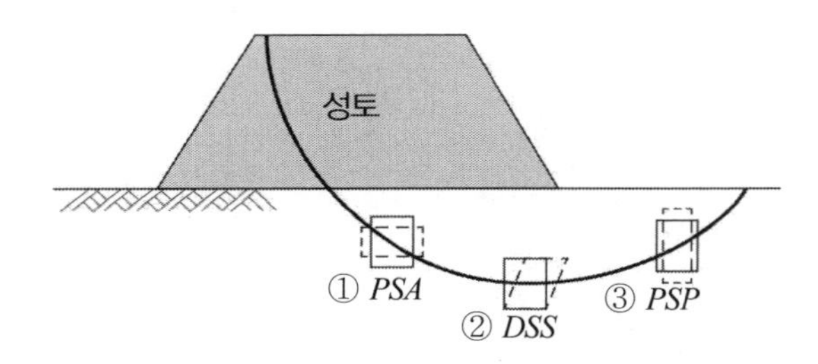

② 현장시험 : *Vane test*, *Dilatometer*, *Piezo CPT*, *Duch cone* 등

(2) 해 석

① 시공 초기 : 비배수 조건의 시험 전단강도 사용(전응력해석, $\phi = 0$ 해석)

② 시공 후기(장기안정해석) : 배수조건(*CU*)의 전단강도, 유효응력해석

(3) 사면안정 검토 → 국부, 전체로 구분하여 해석

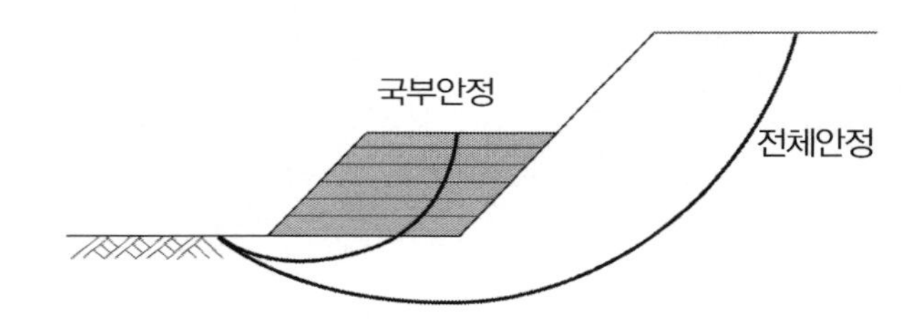

(4) 토목섬유 사용 시

$$F_s = \frac{\text{흙 저항} + \text{토목섬유저항}}{\text{활동력}}$$

(5) 강도증가율 고려 한계성토고 결정

① $C = C_o + \Delta C$

② $\Delta C = \alpha \cdot \Delta P \cdot U$

③ $$H_c = \frac{5.7\ C_u}{\gamma \cdot F_s}$$

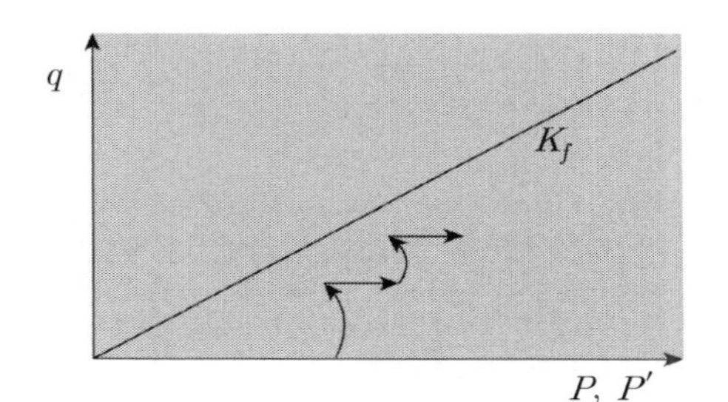

4. 문제점별 대책

(1) 침하가 과도한 경우

① *Preloading* 공법

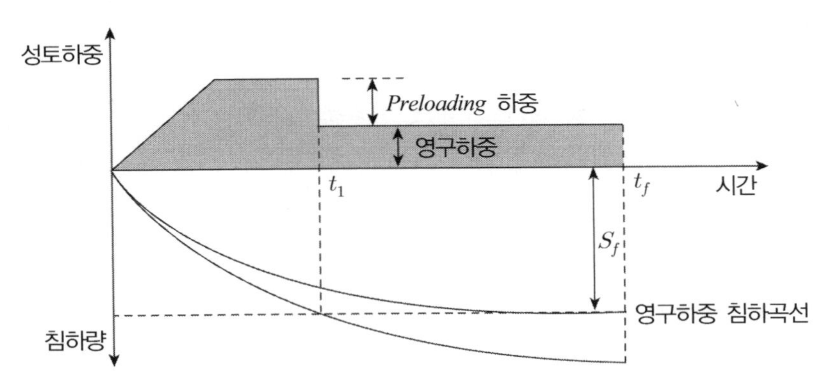

※ 영구하중으로 인한 최종침하시간 단축 $t_f \rightarrow t_1$

단, 연약층이 두꺼울 경우 적용성이 없으며 성토고가 크면 사면안정이 문제됨

② 압밀촉진 공법

배수거리 단축 → 과잉간극수압 소산속도 증대 → 압밀시간 단축

$$t = \frac{T_h \cdot {d_e}^2}{C_h}$$

여기서, d_e : 모래말뚝의 유효직경
- 삼각형 배치 : $d_e = 1.05S$
- 사각형 배치 : $d_e = 1.13S$

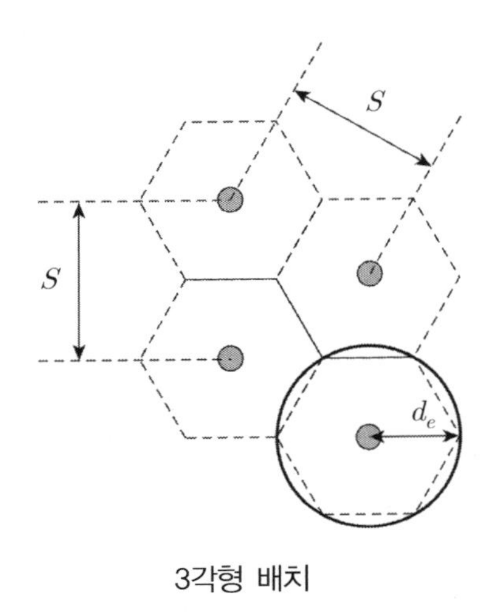

3각형 배치

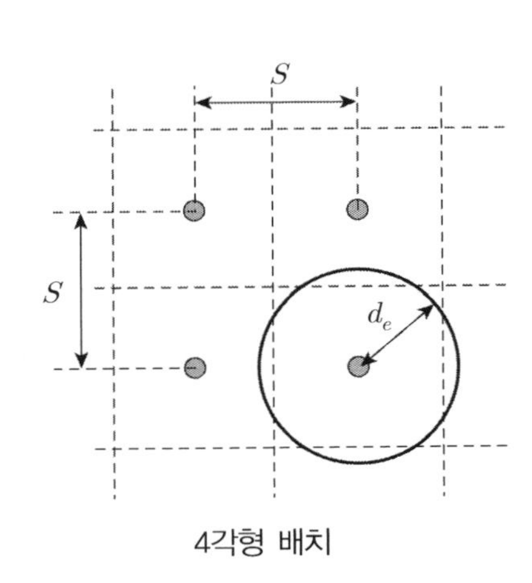

4각형 배치

③ 연약층이 두꺼운 경우 압밀소요기간이 장기화되므로 *PBD, Pack drain, Sand drain, Menard drain,* 쇄석기둥말뚝 등과 같은 압밀촉진공법을 적용하며 표층의 배수와 표층보강을 위해 *Sand mat*와 토목섬유를 포설함

(2) 침하와 사면안정이 동시에 문제가 되는 경우

① 압성토 + 압밀촉진공법

㉠ 사면안정은 압성토로 침하문제는 압밀촉진공법으로 해결함

㉡ 사면안정 검토 → 국부, 전체로 구분하여 해석

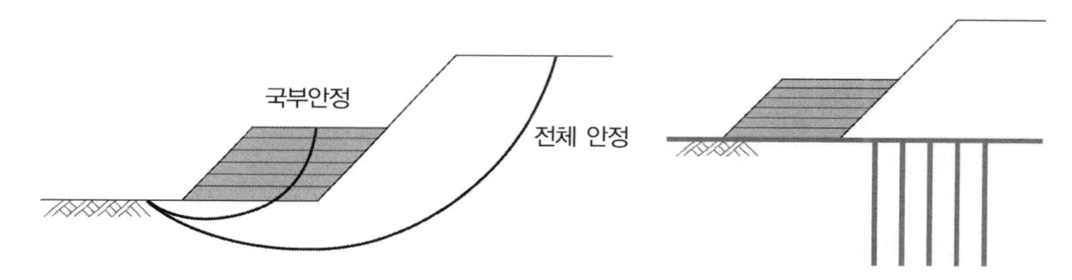

② 단계성토 + 압밀촉진공법

㉠ 단계성토고 결정

$C = C_o + \Delta C$

$\Delta C = \alpha \cdot \Delta P \cdot U$

$$H_c = \frac{5.7\ C_u}{\gamma \cdot F_s}$$

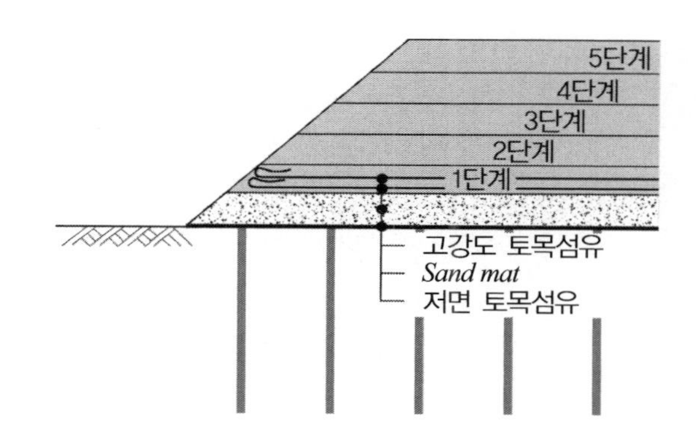

㉡ 저면 토목섬유 기능

: *Sand mat*의 원지반 혼입 방지, 지반개량 장비 주행성 확보

㉢ *Sand mat*의 기능

압밀배수통로 역할과 지반개량 장비 지지층 역할 → 배수능과 지지력에 의한 두께 결정(보통 0.5～1.0*m*임)

㉣ 고강도 토목섬유 : 사면안정 기여

$$F_s = \frac{\text{흙 저항} + \text{토목섬유저항}}{\text{활동력}}$$

㉤ 성토고 관리 중요 : K_f에 접하지 않도록 관리함

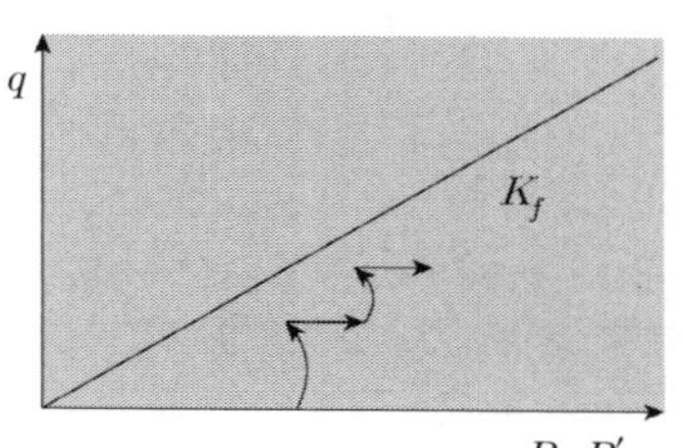

③ 모래다짐 말뚝 + 압밀촉진공법

사면안정은 *SCP*(*Sand Compaction Pile*)로 침하는 압밀촉진공법으로 대응함

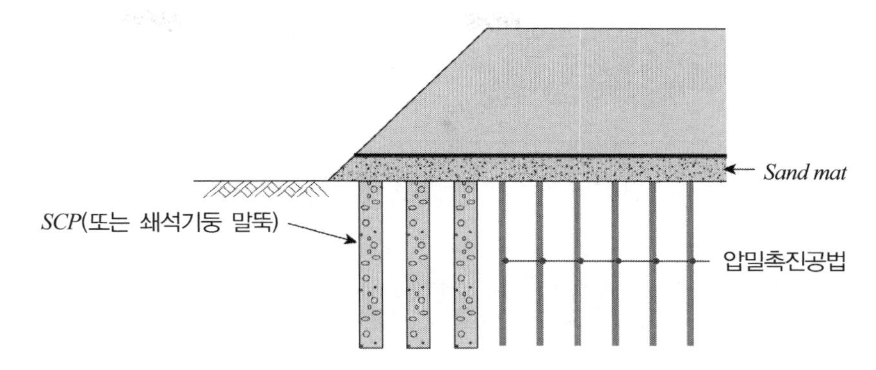

④ 심층 혼합처리 + 압밀촉진공법

㉠ 사면안정은 심층혼합처리 공법으로 침하는 압밀촉진공법으로 대응함

㉡ 고강도에 의한 소수시공보다 저 강도에 의한 다수시공이 바람직함

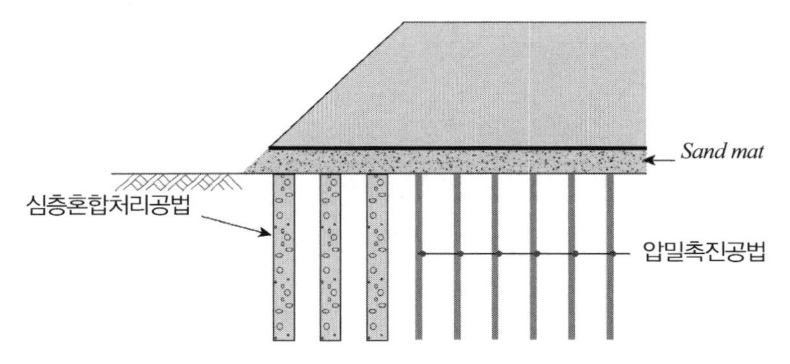

⑤ 경량성토(*EPS*) 공법 원리 : 원지반(연약지반)의 비배수 전단강도(S_u)보다 유효연직응력($\sigma_v{}'$)을 작게 하여 침하와 사면안정에 저항하는 개념임

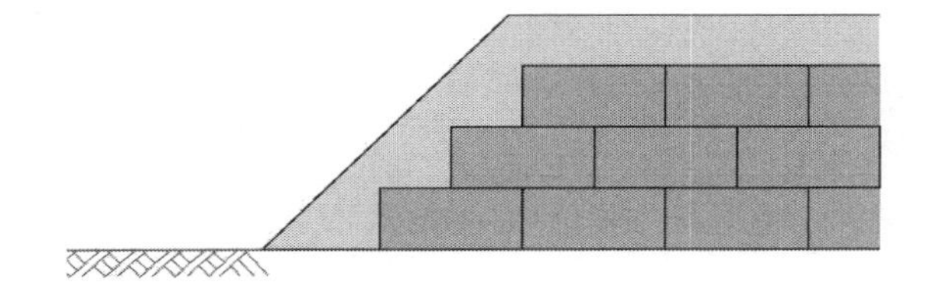

⑥ 기타 적용공법

㉠ 생석회 말뚝공법

㉡ 전기침투

㉢ 진공압밀

㉣ 동치환공법 등

5. 성토사면 안정관리

(1) $S-\delta/S$ 관리도 방법(*Matsuo* −*Kawamura* 방법)

① 성토 중앙부의 침하량(S)와 성토사면부의 수평변위량(δ)를 이용하여 파괴기준을 정립

② $S-\delta/S$의 관계 그래프를 통해 파괴 시 일정한 곡선에 근접하거나 접했을 때 파괴가 일어난다는 이론임

③ 성토지지 하중을 Q_f, 시공 중 성토하중을 Q라 할 때 하중비로 나타낸 파괴기준을 정함

㉠ 파괴기준선 : $Q/Q_f=1.0$ ㉡ 준파괴선 : $Q/Q_f=0.9$ ㉢ 위험선 : $Q/Q_f=0.8$

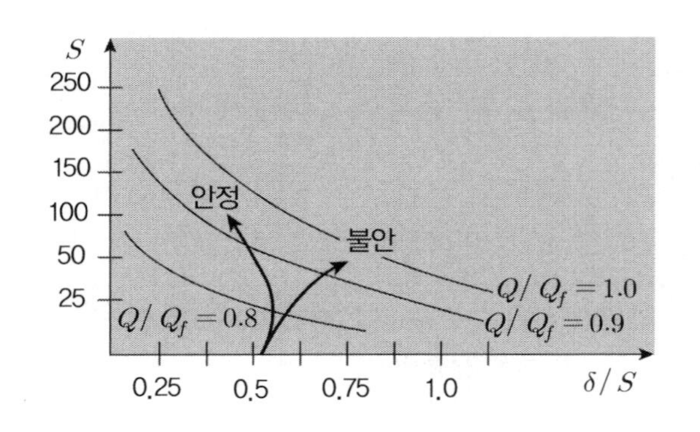

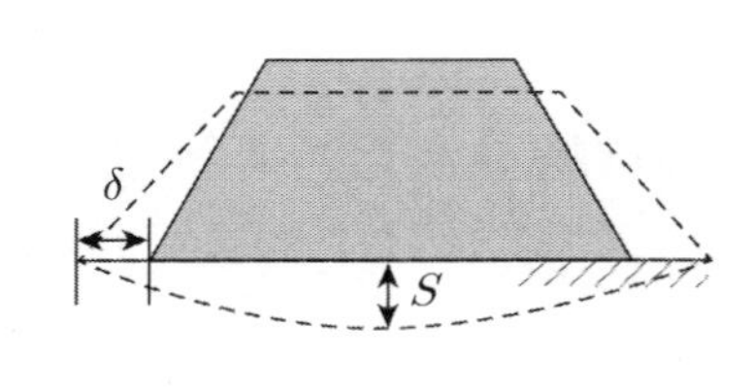

※ 불안정한 상태가 발생되는 경우의 판정법

- 성토 초기에 크게 오른쪽으로 이동하는 경우
- $Q/Q_f=0.8\sim0.9$ 부근에서 파괴기준을 향하여 오른쪽으로 이동하는 경우
- 파괴기준선 부근에 도달하는 경우

(2) $S-\delta$ 관리도 방법(*Tominaga* 방법)

① 성토 중앙부의 침하량(S)와 성토사면부의 수평변위량(δ)를 이용하여 파괴기준을 정립

② $S-\delta$의 관계를 그래프로 그려보면 기울기 α를 갖는 직선으로 표현되며 성토고가 낮은 경우는 직선이지만 성토고가 높은 경우에는 S의 증가에 비해 δ의 증가가 급격히 커짐

③ $\Delta\delta/\Delta S=\alpha$라 할 때 α값이 감소하면 안정상태, α값이 증가하면 불안정 상태임

㉠ 제1방법

$\alpha_2 \geq 0.7$이거나

$\alpha_2 \geq \alpha_1+0.5$이면 불안

㉡ 제2방법

원점으로부터 현재까지 측정결과의 1/3 시점에서 α값과 현재의 α값을 비교하여 1.25배 이상이면 불안정

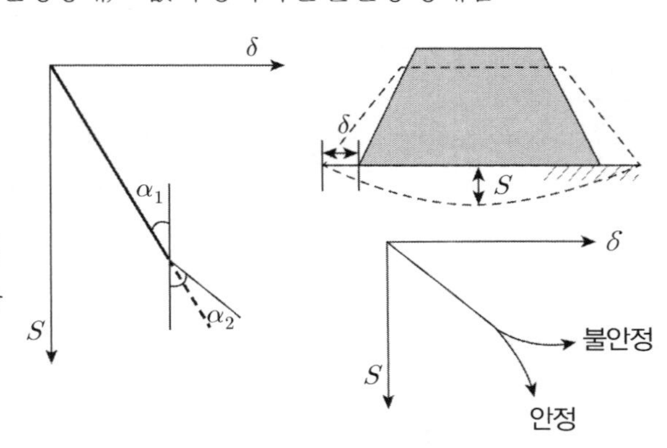

(3) $\dfrac{\Delta\delta}{\Delta t} - t$ 관리도 방법(*Kurihara* 방법)

① 이 방법은 성토사면 선단의 수평변위량 δ의 변형속도, 즉 $\Delta\delta / \Delta t$의 시간적변화를 이용하여 안정관리에 적용하는 방법이다.

② 일반적으로 초기 관리값은 $\dfrac{\Delta\delta}{\Delta t} \geq 1 \sim 2(cm/sec)$로 하며 *Kurihara*는 $\dfrac{\Delta\delta}{\Delta t} \geq 2 \sim 3(cm/sec)$이면 불안정한 것으로 제안한다.

③ 그러나 이 방법은 표층이 매우 연약한 성토 초기에 $\Delta\delta / \Delta t$의 최고치가 매우 크게 나타날 수도 있으며 성토 시 국부 파괴가 발생하기도 하나 전체 안정에는 관계가 없을 수도 있으므로 주로 성토 후반단계 공사에 권장된다.

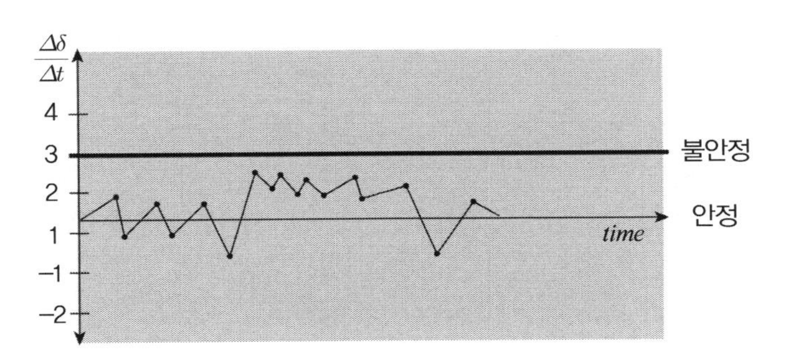

(4) $\dfrac{\Delta q}{\Delta\delta} - q$ 관리도 방법(*Shibata* −*Sekiguch*)

① 이 방법은 비배수 조건에서 재하하는 경우 성토하중 q와 $\dfrac{\Delta q}{\Delta\delta} - q$를 그래프로 작도해보면 성토하중이 작은 초기단계에서는 수평변위량이 크지만 성토하중이 어느 이상되면 거의 직선적 관계로 감소하는 경향을 나타내는 점을 이용한 것이다.

② $\Delta q / \Delta\delta$가 0이 될 때, 즉 횡축과 만나는 점에서의 성토하중 q를 파괴하중으로 본다.

③ 횡축을 q 대신 H를 사용하면 $\Delta q / \Delta\delta$는 H의 증가에 따라 일정한 감소경향을 보이는 점을 이용하여 연장선을 그으면 한계성토고를 추정할 수 있다.

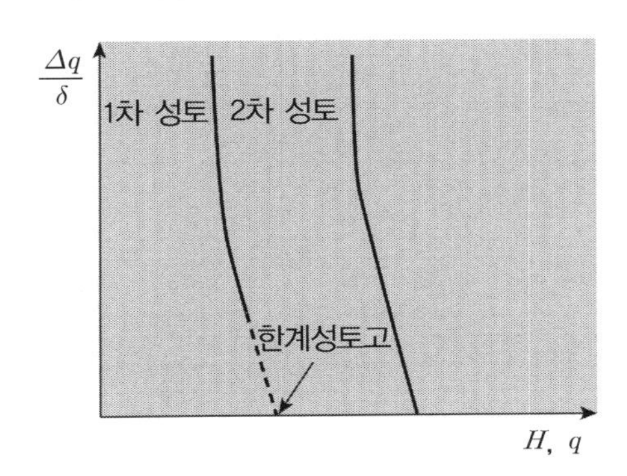

6. 평 가

(1) 단계성토+압밀촉진 공법은 남해안 고속도로, 서해안 고속도로, 국도 등에서 많이 적용한 공법이다.

(2) 압성토, 모래다짐말뚝에 의한 사면안정도모는 매우 효과적이며 압성토의 경우에는 용지에 여유가 있을 때 매우 경제적인 공법으로 추천한다.

(3) *SCP* 장비는 대형이므로 주행성을 고려하여야 하며 진동 등 진동으로 인한 민원발생에 대하여도 검토하여야 한다.

(4) *EPS*는 경제적 이유로 교대 뒤 고성토에 주로 사용되고 있다.

33 전단강도 감소기법(SSR : Shear Strength Reduction Technique)

1. 개 요

(1) 사면안정해석은 크게 한계평형해석과 수치해석으로 구분되며

(2) 전단강도감소기법은 '수치해석' 시 입력할 전단강도를 적당히 감소시켜 '파괴 시 전단강도'로 나누어 안전율을 평가하는 방법이다.

(3) 전단강도감소기법의 특징은 한계평형해석처럼 사전에 활동파괴면을 가정하지 않아도 해석결과에서 활동파괴면과 안전율, 변위를 구할 수 있다.

2. 입력전단강도와 안전율

(1) 입력할 전단강도 결정법 : 현재 지반의 전단강도

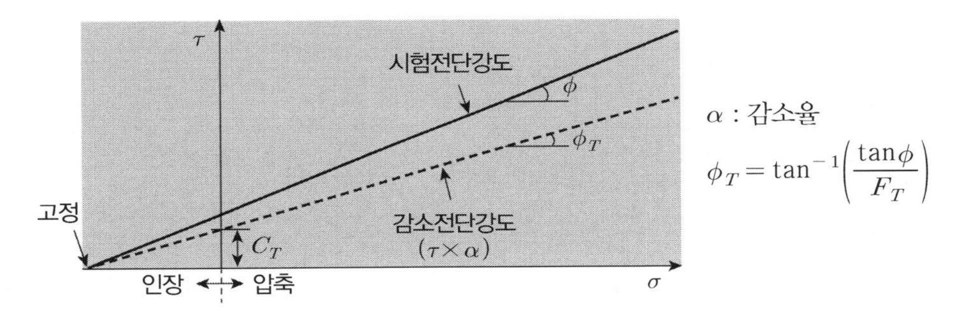

α : 감소율

$$\phi_T = \tan^{-1}\left(\frac{\tan\phi}{F_T}\right)$$

(2) 안전율

$$F = \frac{\text{실제 전단강도}}{\text{파괴 시 전단강도}} = \frac{\alpha \times \tau}{\tau_f}$$

3. 한계평형 해석과의 차이

구 분	한계평형해석	수치해석 (전단강도감소기법)
방 법	**전체 평형**	**요소와 전체평형**
파괴면	**사전 가정**	**가정 불필요**
변위확인	**불 가**	**검토 가능(요소별)**
Program	***Stable***	***Flac, Pantagon***
다층지반 적용	**곤 란**	**적용 가능**

4. 적 용

(1) 복잡한 지층 → 모든 토질에 적용
(2) 대단면의 사면해석에 적용
(3) 파괴의 형태와 범위 확인이 필요한 경우 → 변위 파악 가능
(4) 사면 외에도 옹벽, 토류벽, 터널 등 광범위 적용

5. 검토방법

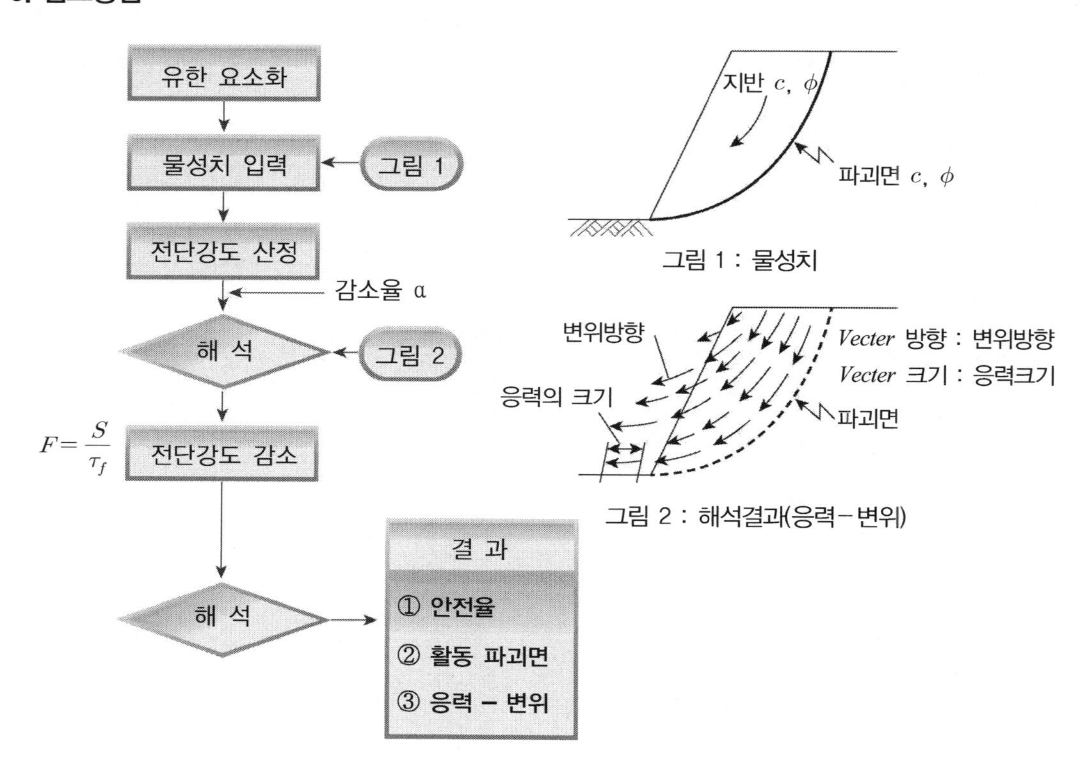

그림 1 : 물성치

그림 2 : 해석결과(응력–변위)

6. 평 가

(1) 최근에 국내에 소개된 방법으로 확대적용이 기대되며
(2) 가장 큰 장점은 기존의 한계평형해석처럼 활동파괴면의 가정이 없이도 파괴면과 안전율, 변위 등을 자동적으로 구할 수 있다는 점이다.
(3) 전단강도 감소기법은 한계평형해석에서 구한 안전율과 대체적으로 일치한다.

34 사면 허용안전율

1. 사면안정해석의 목적

(1) *Failure*에 대한 안정(파괴)

(2) *Serviceability*에 대한 안정(기능)

(3) *Deformation*에 대한 안정(변형)

2. 안전율

한계평형조건에서 활동면의 전단강도와 전단응력비

$$F_s = \frac{S}{\tau}$$

3. 허용안전율의 역할

(1) 불확실성 요소 대비
  ① 조사, 시험의 변동요인(시료교란 등)
  ② 강도의 불확실성
  ③ 하중의 변동요인(내진 고려)
  ④ 파괴모델의 불확실성(이론적 측면)

(2) 변형의 제한

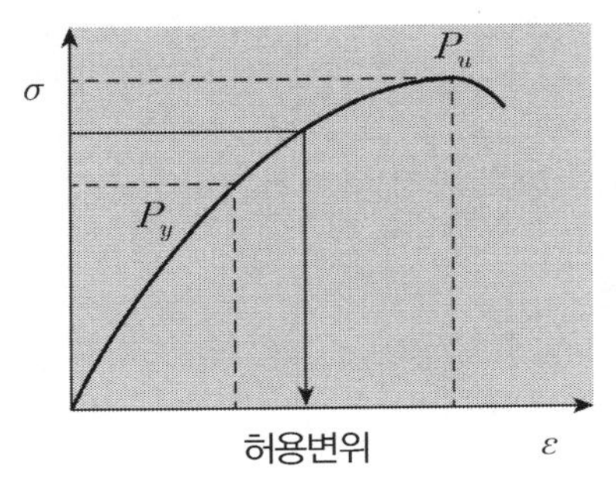

4. 허용안전율 결정 시 고려사항

(1) 전단강도와 기하학적 조건의 불확실성
(2) 절취량에 따른 공사비용(사면의 경우)
(3) 붕괴 시 피해액과 절토 및 보강공사비
(4) 임시 또는 영구 구조물 여부
(5) 민원, 주변 환경

35 정상침투 시(하류 측)와 수위 급강하 시 간극수압 결정

1. 개 요

(1) 지반 중에 물이 흐를 때 각 위치에서 시간에 흐름에 따라 유속과 흐름의 방향에 변화가 없는 흐름을 정상침투(*Steady seepage*)라 하며 반대로 시간에 따라 변화되는 흐름을 비정상침투라 한다.

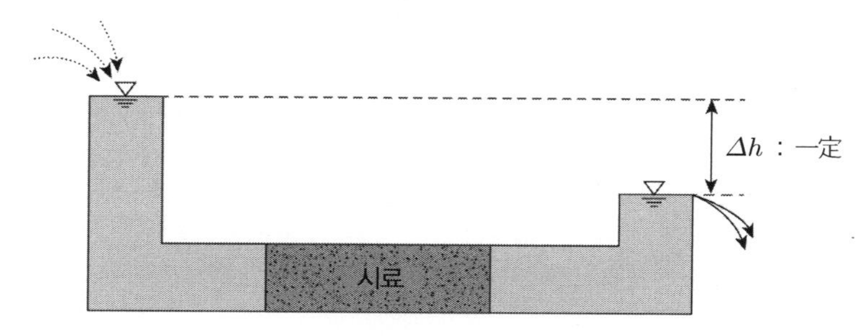

정상침투 모식도

(2) 수위 급강하란 수위의 강하속도가 제체내의 과잉간극수압의 소산속도보다 빠른 경우를 말한다.

2. 간극수압 결정

(1) 유선망법 (2) 도해법 (3) 수치해석 (4) 모형시험 (5) 실측(계측)

3. 정상침투 시 간극수압(유선망에 의한 결정)

(1) 다음 그림과 같이 제체에 유선망이 그려진다면 활동면 AB상의 한 점 C에서의 압력수두는 등수두선까지의 높이와 같으므로 C점에서의 간극수압은 $\gamma_w \cdot h$가 된다.

(2) 이와 같은 방법으로 활동면을 따라 간극수압의 분포를 그려보면 마치 도넛 모양과 같게 된다.

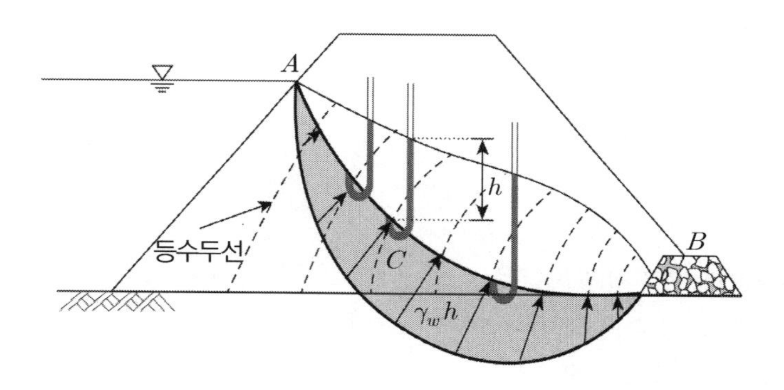

4. 수위 급강하 시 간극수압

(1) 유선망에 의한 방법

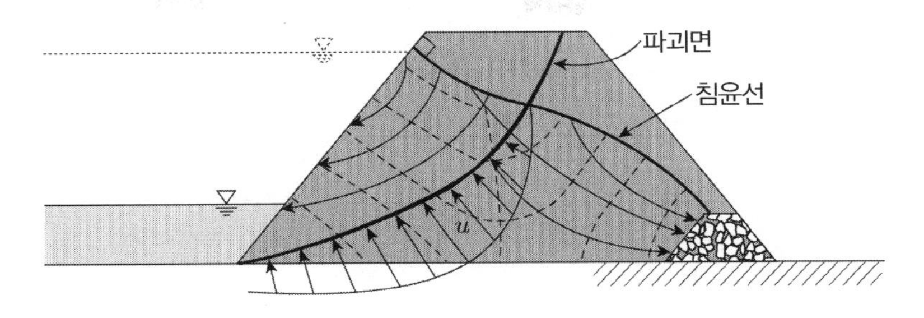

(2) 간극수압비를 활용한 방법

① 수위 강하 전 활동면 임의 지점 간극수압 : $u_o = \gamma_w(h_f + h_w - h')$

② 수위 강하 후 활동면 임의 지점 간극수압 : $u = u_o + \Delta u$

③ 여기서 간극수압비는 다음의 식으로 표현함

$$\overline{B} = \frac{\Delta u}{\Delta \sigma_1}$$

여기서, $\overline{B}$: 간극수압비(*Pore pressure ratio*)

Δu : 수위 강하에 따른 간극수압의 변화량

$\Delta \sigma_1$: 수위 강하로 인한 전응력의 변화량(감소량)

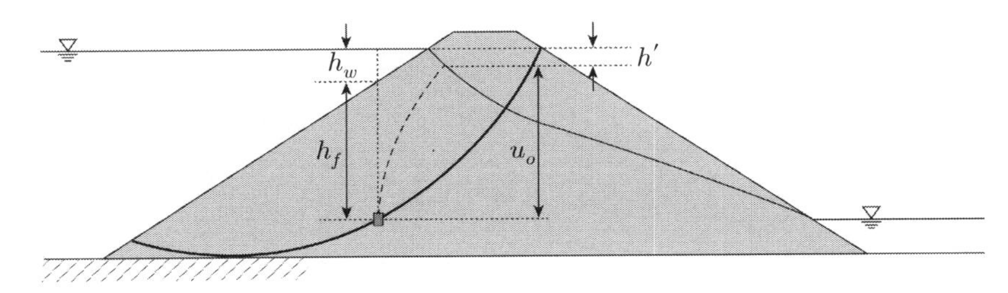

④ $\Delta \sigma_1 = -\gamma_w \cdot h_w \rightarrow \Delta u = \overline{B} \cdot \Delta \sigma_1 = -\overline{B} \cdot \gamma_w \cdot h_w$ 이므로

$u = u_o + \Delta u = \gamma_w(h_f + h_w - h') - \overline{B} \cdot \gamma_w \cdot h_w = \gamma_w(h_f + h_w(1 - \overline{B}) - h')$

✓ 위 식에서 수위 강하 후 간극수압은 간극수압비 $\overline{B}$ 에 의존함을 알 수 있다.

⑤ *Bishop*은 $\overline{B} = 1$로 가정하고 $h' = 0$으로 놓고 잔류간극수압을 구하여도 공학적으로 크게 문제가 되지 않으며 사면안전율에 있어서 간극수압의 산정이 정해보다 약간 크므로 안전측이고 실제와도 부합되므로 다음과 같이 계산된 u를 사용한다.

$u = \gamma_w \cdot h_f$

5. 평 가

수위 급강하 시 간극수압의 결정은 다음과 같다.

(1) 하류면 : 정상침투 때문에 수위 급강하와 상관없이 간극수압의 변화 없음

(2) 상류면 : 외수압이 사라지므로 전단응력이 증가($\gamma_{sub} \rightarrow \gamma_{sat}$)하게 되어 사면 안전율이 급격히 저하됨

36 불투수층에 흙 댐이 축조되었다. 만수위까지 담수된 후 수위가 급강하하는 경우 사면안정해석 시 간극압계수로 가정하면 안전 측인지 여부를 설명하시오.

$$\overline{B} = \frac{\Delta u}{\Delta \sigma_1} = B\left((1-A)\left(1-\frac{\Delta \sigma_3}{\Delta \sigma_1}\right)\right)$$

1. 간극수압비($\overline{B}$) : Bishop

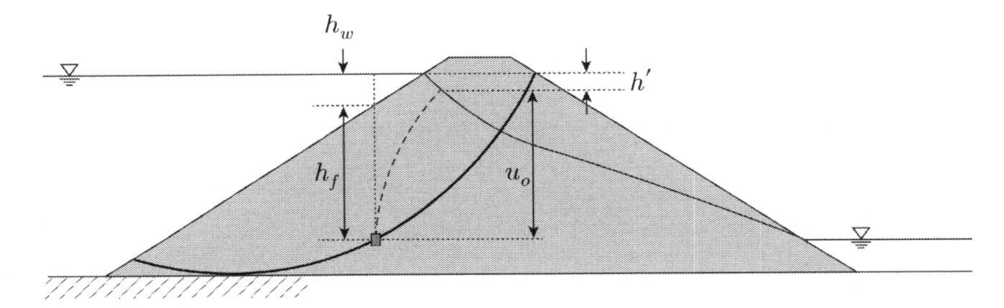

수위 급강하 전의 상류 측 제체의 간극수압

(1) 수위 급강하 이전 상류 측 간극수압(u_0)

$u_0 = \gamma_w(h_f + h_w - h')$

(2) 수위 급강하 이후 간극수압

$u = u_0 + \Delta u$

(3) 간극수압비($\overline{B}$)

① $\overline{B} = \dfrac{\Delta u}{\Delta \sigma_1}$

② $\Delta \sigma_1 = \gamma_w h_w$: 수위변화 이전 위치수압

(4) 수위변화로 간극수압 변화량(Δu)

$\Delta u = \overline{B} \quad \Delta \sigma_1 = \gamma_w \cdot h_w$

(5) 수위 급강하 후의 잔류간극수압

$u = h_0 + \Delta h = \gamma_w(h_f + h_w(1 - \overline{B})) - h'$

(6) $\overline{B} = 1$로 하면 잔류간극수압 $u = h_0 + \Delta h = \gamma_w h_w$가 된다.

2. *Skempton*의 간극수압 방정식

(1) *Dam* 완공 직후 사면 유효응력해석 시 성토하중에 의해 생성되는 과잉간극수압

① $\Delta u = B(\Delta\sigma_3 + A(\Delta\sigma_1 - \Delta\sigma_3))$

② 이 식은 공사기간 중 과잉간극수압이 소산되지 않았을 때 압밀이 전혀 진행되지 않을 때 해당하는 식이다.

(2) 위 식을 변형하면,

① $\Delta u = B(\Delta\sigma_3 - \Delta\sigma_1 + \Delta\sigma_1 + A(\Delta\sigma_1 - \Delta\sigma_3))$

$$= B\left(\frac{\Delta\sigma_1}{\Delta\sigma_1}\Delta\sigma_3 - \Delta\sigma_1 + \Delta\sigma_1 + A\Delta\sigma_1 - A\frac{\Delta\sigma_1}{\Delta\sigma_1}\Delta\sigma_3\right)$$

$$= B \cdot \Delta\sigma_1\left(\frac{\Delta\sigma_3}{\Delta\sigma_1} - 1 + 1 + A - A\frac{\Delta\sigma_3}{\Delta\sigma_1}\right)$$

$$= B \cdot \Delta\sigma_1\left(\frac{\Delta\sigma_3}{\Delta\sigma_1} - 1 + 1 + A\left(1 - \frac{\Delta\sigma_3}{\Delta\sigma_1}\right)\right)$$

$$= B\left(1 - (1 - A)\left(1 - \frac{\Delta\sigma_3}{\Delta\sigma_1}\right)\right)\Delta\sigma_1 = \overline{B} \cdot \Delta\sigma_1$$

$$\overline{B} = \frac{\Delta u}{\Delta\sigma_1} = B\left(1 - (1 - A)\left(1 - \frac{\Delta\sigma_3}{\Delta\sigma_1}\right)\right)$$

(3) A계수와 B계수

① 3축 압축시험에 의한 토질별 측정되는 간극수압 계수 $A = \dfrac{\Delta u - B\Delta\sigma_3}{B(\Delta\sigma_1 - B\Delta\sigma_3)}$

② $B = 1$이고, $\Delta\sigma_3 = 0$일 때, $\dfrac{\Delta u - B\Delta\sigma_3}{B(\Delta\sigma_1 - B\Delta\sigma_3)} = \dfrac{\Delta u}{\Delta\sigma_1}$가 된다.

3. $\overline{B} = B$ 일 때 안전 측 여부

(1) 간극수압(Δu)

$\Delta u = \overline{B} \cdot \Delta\sigma_1 = \overline{B} \cdot h_w \cdot \gamma_w$ 가 된다.

① $\overline{B} = B\left(1 - (1 - A)\left(1 - \dfrac{\Delta\sigma_3}{\Delta\sigma_1}\right)\right)$ 가 된다.

② A 계수는 $(-0.5 \sim 0.3 \sim 0.7 \sim 1.0 \sim 1.3)$로서 과 *OC* → *OC* → *NC* → 예민점토 순이다.

③ $\dfrac{\Delta\sigma_3}{\Delta\sigma_1}$는 *Dam* 축조 시 1.0 이하가 되므로, $\overline{B} \le B$가 된다.

(2) $\overline{B} = B$가 되면

간극수압이 크게 계산되므로 항상 안전측이 된다.

37 Pile 및 중량구조물 설치 시 안전율 변화

그림과 같이 기존 사면에 근접하여 중량 구조물이 설치되거나 *Pile*을 항타하게 될 때 *P*점의 시간에 따른 전단응력, 간극수압, 전단강도, 안전율, 응력경로를 표기하라.

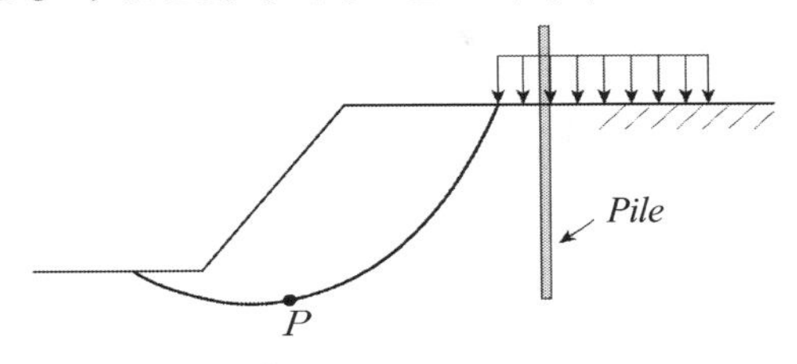

1. 안전율의 변화

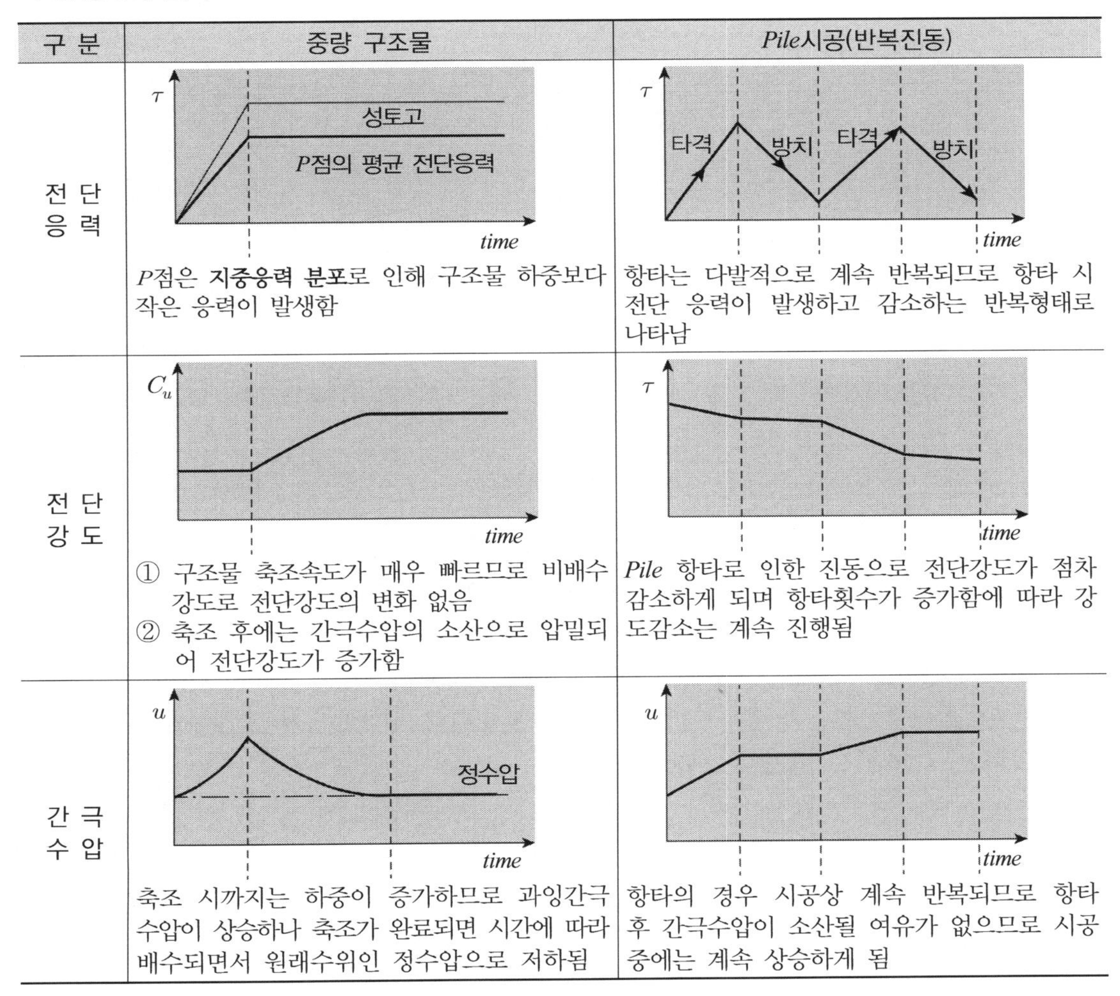

구 분	중량 구조물	*Pile*시공(반복진동)
전단응력	*P*점은 **지중응력 분포**로 인해 구조물 하중보다 작은 응력이 발생함	항타는 다발적으로 계속 반복되므로 항타 시 전단 응력이 발생하고 감소하는 반복형태로 나타남
전단강도	① 구조물 축조속도가 매우 빠르므로 비배수 강도로 전단강도의 변화 없음 ② 축조 후에는 간극수압의 소산으로 압밀되어 전단강도가 증가함	*Pile* 항타로 인한 진동으로 전단강도가 점차 감소하게 되며 항타횟수가 증가함에 따라 강도감소는 계속 진행됨
간극수압	축조 시까지는 하중이 증가하므로 과잉간극수압이 상승하나 축조가 완료되면 시간에 따라 배수되면서 원래수위인 정수압으로 저하됨	항타의 경우 시공상 계속 반복되므로 항타 후 간극수압이 소산될 여유가 없으므로 시공 중에는 계속 상승하게 됨

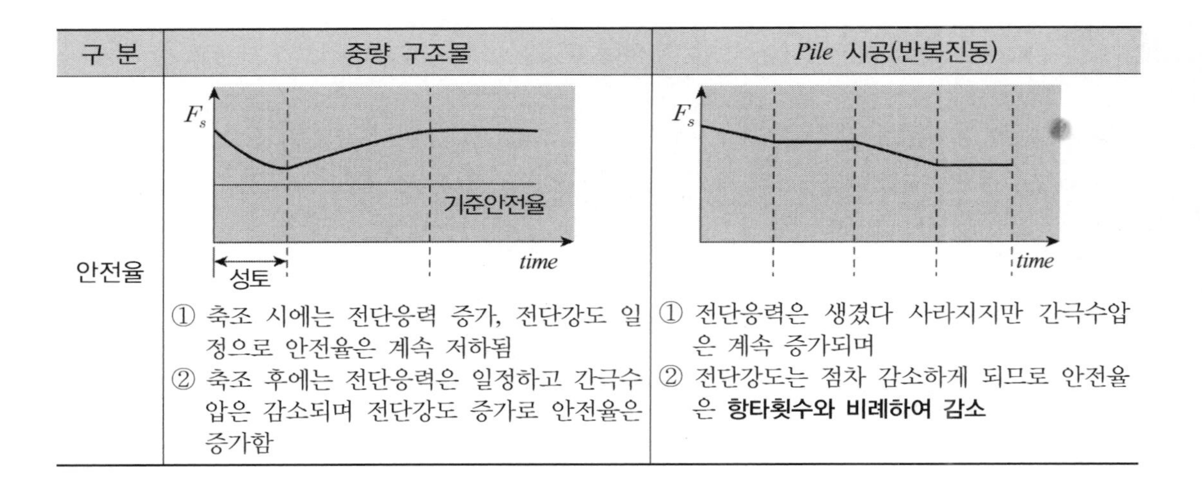

구 분	중량 구조물	*Pile* 시공(반복진동)
안전율	① 축조 시에는 전단응력 증가, 전단강도 일정으로 안전율은 계속 저하됨 ② 축조 후에는 전단응력은 일정하고 간극수압은 감소되며 전단강도 증가로 안전율은 증가함	① 전단응력은 생겼다 사라지지만 간극수압은 계속 증가되며 ② 전단강도는 점차 감소하게 되므로 안전율은 **항타횟수와 비례하여 감소**

2. 응력경로

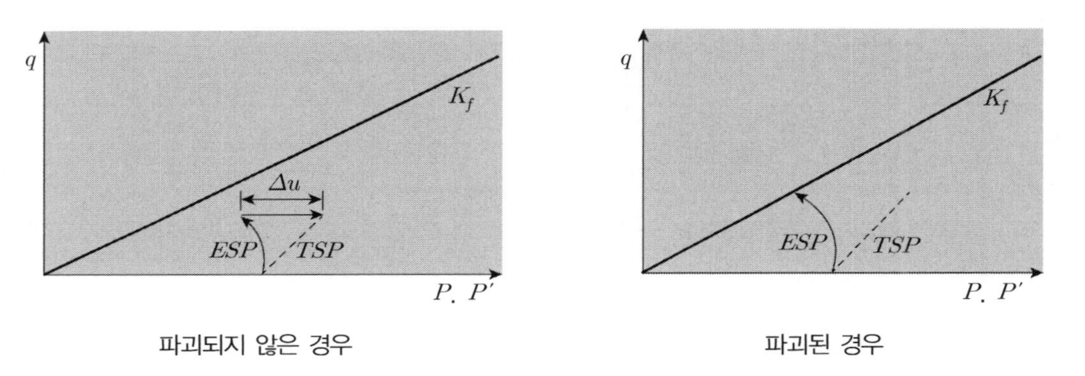

파괴되지 않은 경우　　　　파괴된 경우

3. 평 가

(1) 투수계수 K가 큰 경우 파일 항타 시 → 배수조건이므로 안전율의 영향 없음

(2) 지반의 고유 전단강도와 투수계수(K)에 따라 사면에 인접되어 구조물을 축조하거나 파일을 항타할 경우 지반에 미치는 영향을 고려한 설계검토가 요구됨

(3) 이를 위해 지반조사와 더불어 시공 전 시험시공을 추가로 검토하여야 함

(4) 결론적으로 토성에 따라 사면에 근접되어 추가하중을 하중을 가하여야 하는 경우에는 이에 따른 지반의 영향을 고려한 안전율을 판단하여야 함

38 흙 댐 사면 안전율 변화

1. 개 요

(1) 흙 댐의 안전율 변화는 댐 축조 → 담수 → 수위 급강하의 조건하에서 상하류면을 구분하여 어느 상황이 가장 위험한지에 대한 사면안정검토를 시행하여야 한다.

(2) 또한 수위급강하와 정상침투에 따른 간극수압의 변화가 상이하므로 현장응력체계에 따른 시험, 해석, 강도정수가 적용되어야 한다.

2. 안전율의 변화(시공 중 및 시공 후의 응력, 간극수압, 안전율의 변화)

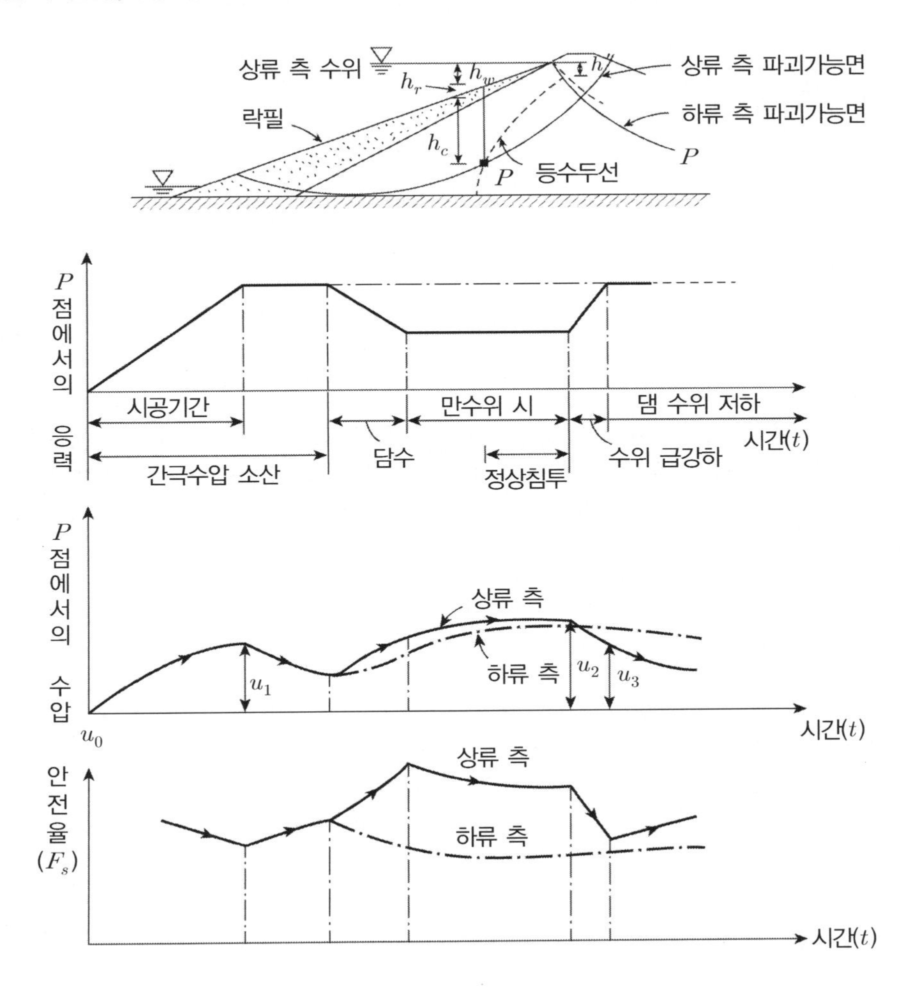

(1) 가장 위험한 시기

① 상류 사면 : 시공 직후, 수위 급강하 시

② 하류 사면 : 시공 직후, 정상침투 시

(2) 안전율의 변화

구 분		시공 중	방 치	담 수	만 수	수위 급강하
전단응력	상류 측	**하중 증가로 증가**	**변동 없음**	포화단위중량에서 수중단위중량으로 변화함에 따라 전단응력 **감소**	**담수 시와 같음**	수중단위중량이 포화단위중량으로 변화함에 따라 전단응력 **증가**
	하류 측			**변동 없음** (침투수 미도달)	**변동 없음** (정상침투 진행)	단위중량의 변화가 거의 없으므로 전단응력 **변화 없음**
간극수압	상류 측	비배수로 **증가**	간극수압 **감소** (시간경과 소산)	담수로 **증가**	담수 시와 거의 같거나 **약간 증가**	수위 급강하로 **감소**
	하류 측			담수로 **약간 증가**	담수 이후 계속 **증가**	**거의 일정**
안전율	상류 측	유효응력 감소로 안전율 **감소**	유효응력 증가로 안전율 **증가**	간극수압 증가보다 전단응력 감소가 더 크므로 안전율 **증가**	만수상태부터 계속 **감소**	간극수압은 감소하나 전단응력 급증으로 **안전율 크게 저하**
	하류 측			**약간 감소**	정상침투 시 **가장 저하**	**거의 일정**

(3) 단위중량의 변화

구 분	시공 중	담 수		수위 급강하	
		상 류	하 류	상 류	하 류
단위중량 변화	γ_t	$\gamma_t \rightarrow \gamma_{sub}$	$\gamma_t \rightarrow \gamma_{sat}$	$\gamma_{sub} \rightarrow \gamma_{sat}$	γ_{sat}

3. 강도정수 적용 및 해석

흙 댐의 경우 건설초기부터 시공 중 시공 후 담수 및 시간경과 담수 후 수위 급강하 등 흙 댐의 이력과 외적 환경에 대하여 어느 상황이 가장 위험한지를 전단응력 간극수압, 안전율과 연관시켜 판단할 수 있다.

구 분	시공 직후		담수, 정상침투	수위 급강하
	K(小)	K(大)		
시 험	UU	$\overline{CU}$	$\overline{CU}$, CD	CD
강도정수	C_u, ϕ_u	C', ϕ'	C', ϕ' / C_d, ϕ_d	C', ϕ'
해 석	**전응력**	**유효응력**	**유효응력**	**유효응력**
현장응력체계	**비배수 조건**	**배수 조건**	**배수 조건**	**배수 조건**

4. 유효응력해석 시 간극수압의 결정

(1) 정상침투 시 하류사면 간극수압(유선망에 의한 결정)

C점에서의 간극수압 = 등수두선의 높이 = $\gamma_w \cdot h$

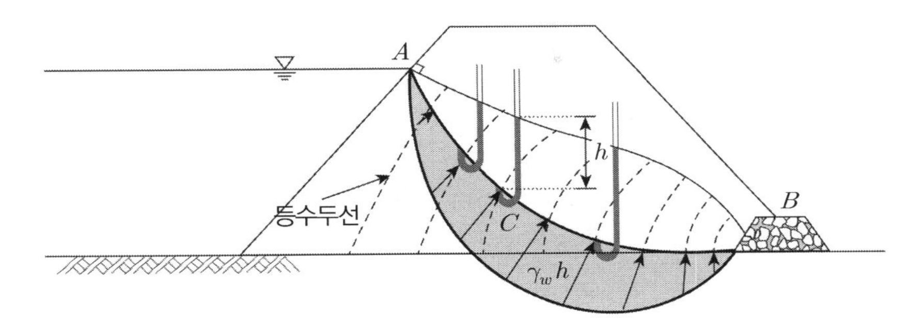

(2) 수위 급강하 시 상류사면 간극수압

① 유선망에 의한 방법

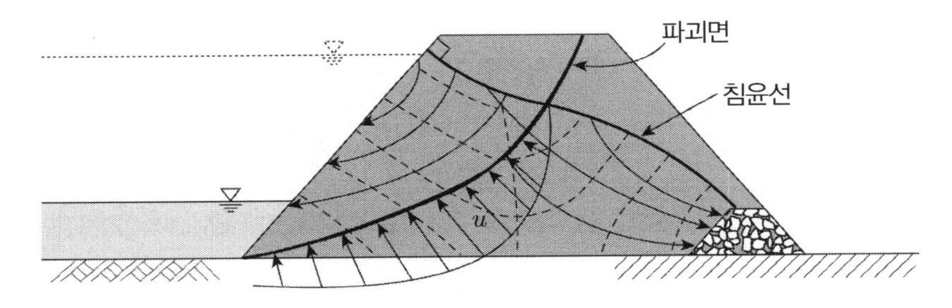

② 간극수압비를 활용한 방법

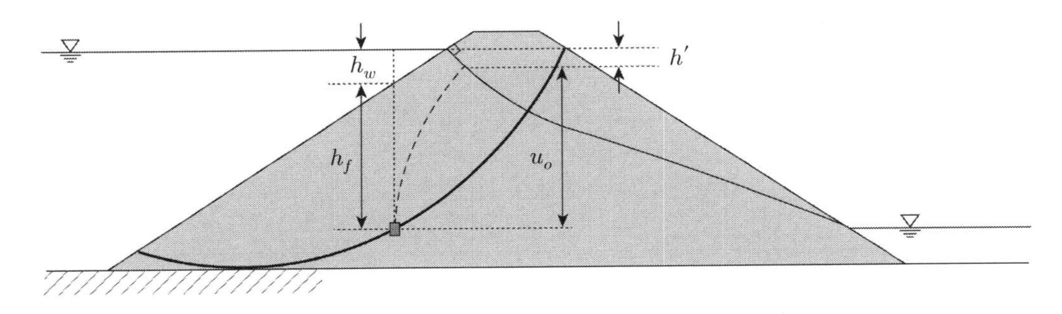

간극수압비 $\overline{B} = \dfrac{\Delta u}{\Delta \sigma_1}$

㉠ 수위 강하 전 활동면 임의 지점 간극수압 : $u_o = \gamma_w (h_f + h_w - h')$

㉡ 수위 강하 후 활동면 임의 지점 간극수압 : $u = u_o + \Delta u$

㉢ $\Delta\sigma_1 = -\gamma_w \cdot h_w \rightarrow \Delta u = \overline{B} \cdot \Delta\sigma_1 = -\overline{B} \cdot \gamma_w \cdot h_w$ 이므로

$u = u_o + \Delta u = \gamma_w(h_f + h_w - h') - \overline{B} \cdot \gamma_w \cdot h_w = \gamma_w(h_f + h_w(1 - \overline{B}) - h')$

$\overline{B} = 1$ 이고 $h' = 0$ 이라 가정하면 $u = \gamma_w \cdot h_f$

5. 사면 안정 해석 시 파괴면 내 물성치 적용

(1) 정상침투 시 하류사면

① 침윤선 아래 : 포화단위중량

② 침윤선 위 : 전체 단위중량

(2) 상류사면

① 만수 시

㉠ 침윤선 아래 : 수중단위중량

㉡ 침윤선 위 : 전체단위중량

② 수위 급강하 시 상류사면

㉠ 침윤선 아래 : 수중단위중량

㉡ 침윤선 위

- 수위강하 부위 : 포화단위중량
- 수위강하 전 침윤선 위 : 전체단위중량

6. 평 가

(1) 안전율 평가를 위한 간극수압의 소산정도에 따른 과잉간극수압의 평가가 어렵다.

(2) 즉, 유효응력해석을 위한 간극수압 평가는 실내시험, 경험상 제시된 간극수압비에 의한 평가로 얻어진 값을 채택하여 설계를 시행하므로

(3) 설계 시 가정하여 채택된 간극수압에 대하여 현장계측을 통해 검증 후 보정하기 위한 노력이 필요하다.

39 흙 댐 사면안정해석 시 내외수압 처리

1. 개 요

(1) 흙 댐에서의 내외 수압처리 방법은 제체내의 간극수압에 대한 고려 여부에 따라 전응력해석과 유효응력해석으로 구분된다.

(2) 전응력해석 : 간극수압을 고려하지 않음
비배수 전단강도로 얻은 강도정수 C_u, ϕ_u 를 사용

(3) 유효응력해석 : 간극수압을 고려함
간극수압과 C', ϕ' 를 사용

2. 외수압 처리

(1) 외수압이 작용하는 경우에는 사면활동에 저항하는 모멘트로 기여하나 침윤선이 완만하다고 가정할 경우 내수위는 외수면과 동일한 수평면상 지하수위로 볼 수 있으므로 내수압은 활동원의 중심을 통과하므로 사면활동에 전혀 기여하지 않는다.

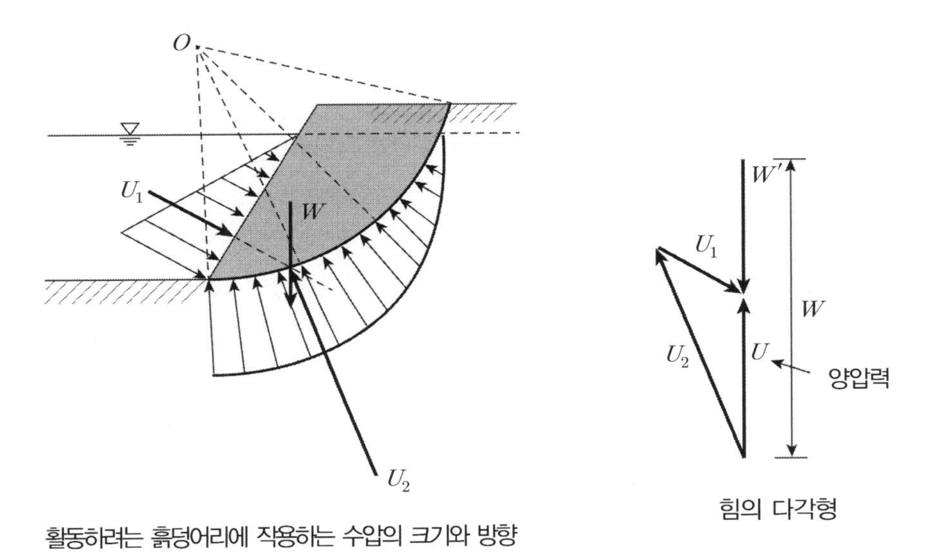

활동하려는 흙덩어리에 작용하는 수압의 크기와 방향

힘의 다각형

(2) 사면활동원이 내수압을 통과한다고 보고 외수의 물성치는 다음과 같이 간주함
$\gamma_t = \gamma_w$, $c = 0$, $\phi = 0$ 인 흙으로 가정 → 압성토 개념으로 봄

(3) 외수위에 대한 처리방법 : 어느 해석방법이든 결과는 동일

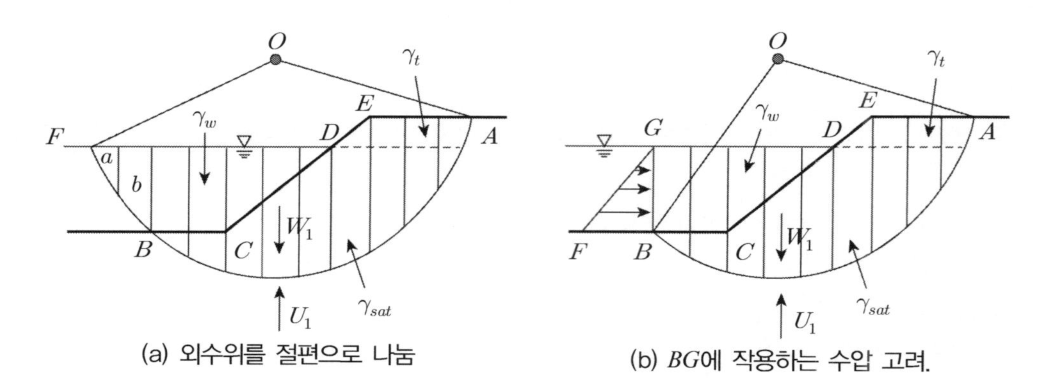

(a) 외수위를 절편으로 나눔

(b) BG에 작용하는 수압 고려.

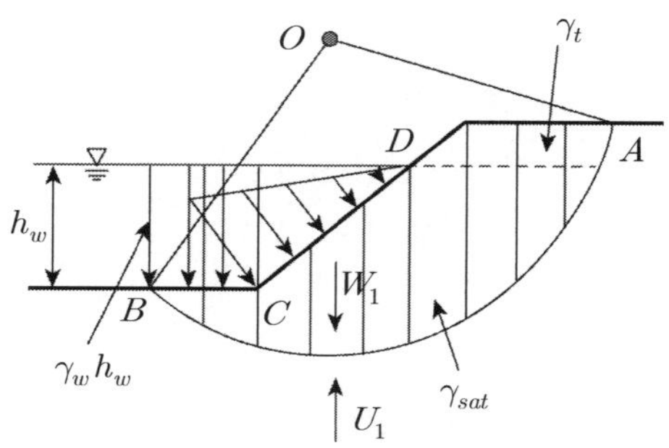

(c) 비탈 경계면에 작용하는 수압 고려

3. 내수압 처리

<table>
<tr><th colspan="2" rowspan="2">구 분</th><th colspan="2">전응력해석</th><th rowspan="2">유효응력해석</th><th rowspan="2">평 가</th></tr>
<tr><th>$\phi=0$</th><th>$\phi>0$(불포화토)</th></tr>
<tr><td colspan="2">간극수압</td><td>무 시</td><td>무 시</td><td>고 려</td><td rowspan="6">결과는
동일함</td></tr>
<tr><td colspan="2">강도정수</td><td>C_u</td><td>C_u, ϕ_u</td><td>C', ϕ' / C_d, ϕ_d</td></tr>
<tr><td colspan="2">현장응력체계</td><td>비배수 조건</td><td>배수 조건</td><td>배수 조건</td></tr>
<tr><td colspan="2">시 험</td><td colspan="2">일축, CU, UU</td><td>$\overline{CU}$, CD</td></tr>
<tr><td rowspan="2">단위
중량</td><td>수위 위</td><td>γ_t</td><td>γ_t</td><td>γ_t</td></tr>
<tr><td>수위 아래</td><td>γ_{sat}, γ_{sub}</td><td>γ_{sat}</td><td>γ_{sat}</td></tr>
</table>

4. 전응력해석에서의 단위중량 사용이 다른 이유

(1) $\phi = 0$일 때 수위 아래 단위중량은 γ_{sat}, γ_{sub} 중 어느 것을 적용하여도 무방함

(2) $\phi > 0$(불포화토)인 경우에는 γ_{sat}를 사용하는 것이 원칙임. 왜냐하면 γ_{sub}를 적용하게 되면 전단 강도가 과소평가되기 때문. 즉, 다음 그림과 같이 원래 S_b인데 S_a로 보게 된 꼴이 됨

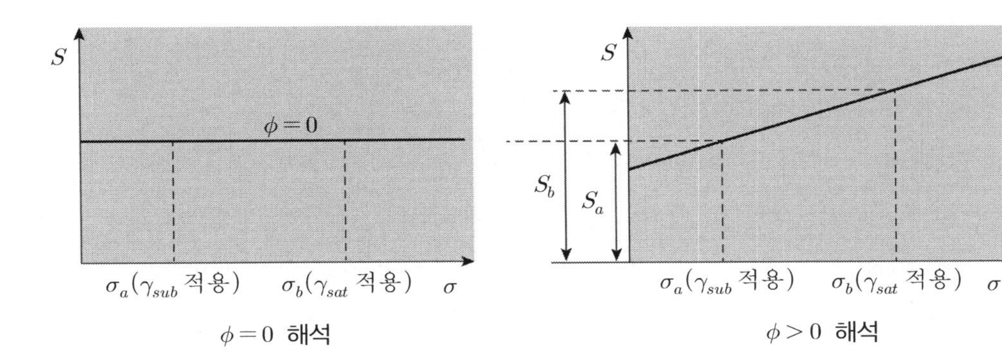

$\phi = 0$ 해석 $\phi > 0$ 해석

40 부분수중상태에서의 흙 댐 사면안정해석

1. 개 요

(1) 흙 댐에서의 내외수압처리 방법은 제체 내의 간극수압에 대한 고려 여부에 따라 전응력해석과 유효응력해석으로 구분된다.

(2) 전응력해석 : 간극수압을 고려하지 않음
비배수 전단강도로 얻은 강도정수 C_u, ϕ_u를 사용

(3) 유효응력해석 : 간극수압을 고려함
간극수압과 C', ϕ'를 사용

(4) 어느 방법을 적용하든 간에 동일한 비탈에 대한 안전율은 이론상 그 결과는 일치한다.

(5) 그러나 강도정수, 간극수압, 단위중량 등은 각 방법을 적용함에 있어서 명확하게 구별하여 정확하게 입력하여야만 한다.

2. 부분 수중 상태에 대한 상류면 입력처리

(1) 수위면 아래의 수압을 무시하는 경우
① 적용조건 : $\phi = 0$ 조건, 유효응력해석
② 단위중량 선택 : 수면 위 γ_t, 수면 아래 γ_{sub}
③ 부분수중상태에서의 수압의 크기와 방향 → 힘의 다각형

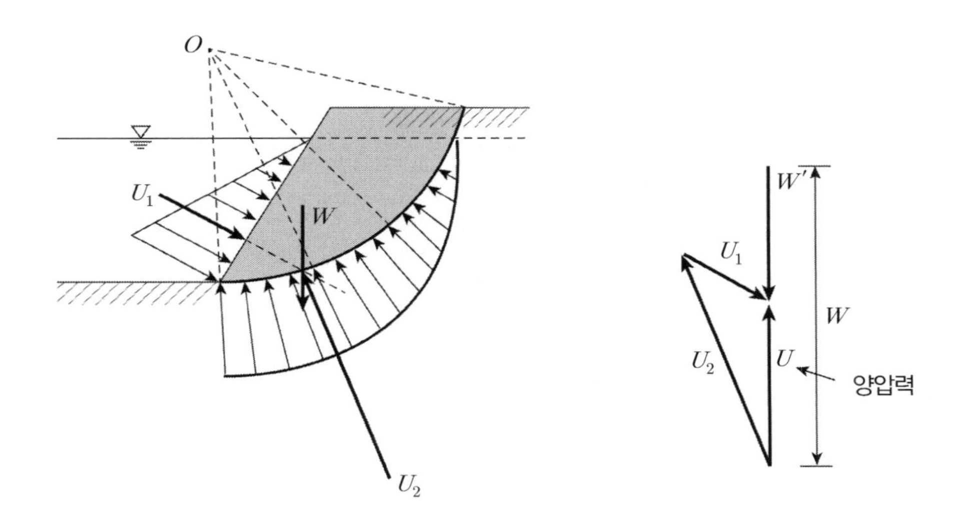

④ $\phi = 0$ 조건, 유효응력해석이 아닌 $\phi > 0$ 조건하 전응력해석의 경우 오류 수면 위 γ_t, 수면 아래 γ_{sub} 사용, *If* γ_{sub}를 사용하게 되면 전단활동면의 전단강도는 과소평가하게 된다(실제 S_b → S_a로 평가).

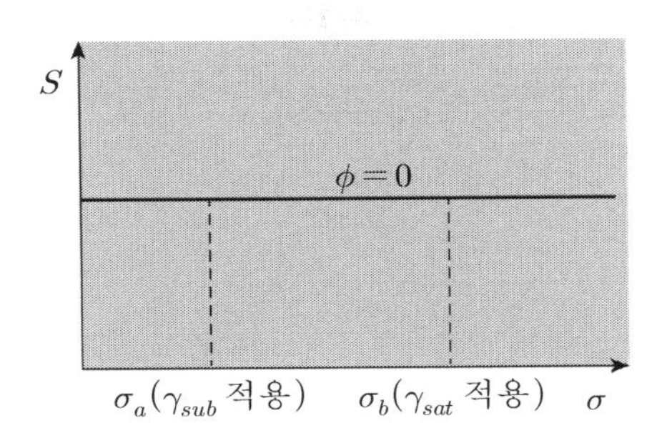

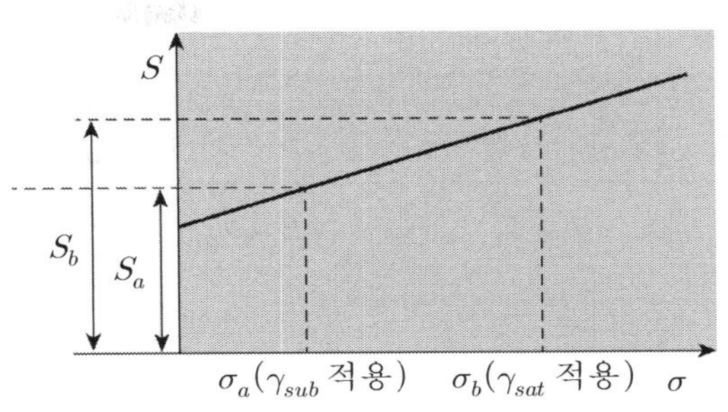

(2) 외수압을 고려하는 경우

외수압이 작용하는 경우에는 사면활동에 저항하는 모멘트로 기여하나 침윤선이 완만하다고 가정할 경우 내수위는 외수면과 동일한 수평면상 지하수위로 볼 수 있으므로 내수압은 활동원의 중심을 통과하므로 사면활동에 전혀 기여하지 않는다. 그러나 외수압(U_1)은 활동에 저항하는 모멘트가 된다.

① 해석방법 : 전응력, 유효응력해석

② 단위중량의 처리 : 수면 위 γ_t, 수면 아래 γ_{sat}

③ 외수위에 대한 처리

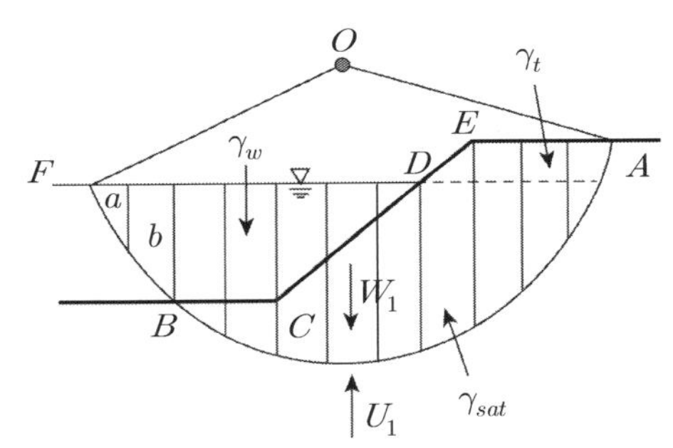

(a) 외수위를 절편으로 나눔

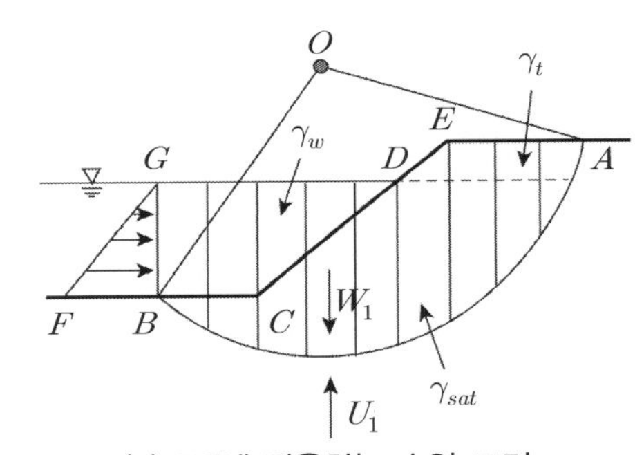

(b) *BG*에 작용하는 수압 고려.

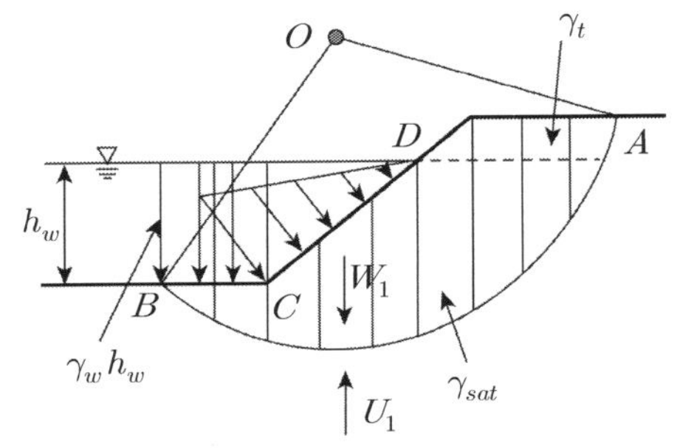

(c) 비탈 경계면에 작용하는 수압 고려

㉠ 그림 (a)와 같이 사면활동원이 외수위를 통과하고 절편으로 처리
$\gamma_t = \gamma_w$, $c = 0$, $\phi = 0$ 인 흙으로 가정 → 압성토 개념으로 봄

㉡ 그림 (b)와 같이 BG를 따라 수압이 삼각형 분포작용 : 저항모멘트로 작용

㉢ 그림 (c)와 같이 비탈면을 따라 수압 분포

④ 외수위에 대한 처리방법 : 어느 해석방법이든 결과는 동일

41 지반조건이 다른 경우 사면안정해석과 강도정수의 적용

1. 개 요

지반조건이 다른 경우 사면에 대한 안정해석은 현장의 응력조건과 배수조건에 따라 시험방법과 강도 정수를 각각 다르게 적용하여야 한다.

2. 견고한 지반이나 암반 위 성토

(1) 비점성토 성토사면

① 해 석

㉠ 기초지반이 견고하므로 사면활동은 성토체에서 발생되며 성토체 자체의 우수에 의한 침식과 세굴을 고려해야 함

㉡ 투수성이 크므로 과잉 간극수압의 발생이 없으므로 유효응력해석법을 적용

② 시험과 강도정수

㉠ 시험 : 압밀배수(*CD*) 삼축압축시험, 직접전단시험

✓ **시료의 채취, 성형 등이 곤란할 경우 상대밀도, 건조단위중량, 간극비를 고려한 전단저항각으로 추정할 수 있다.**

㉡ 강도정수 : C_d, ϕ_d

(2) 점성토 성토사면

① 해 석

㉠ 기초지반이 견고하므로 사면활동은 성토체에서 발생함

㉡ 성토재료의 특성(자갈, 모래의 함유 정도)에 따라 해석방법과 시험방법은 달라질 수 있음

㉢ 순수 점토지반으로 성토했다면

- 시공 초기 : 시공속도가 과잉간극수압의 소산속도보다 커 → UU 삼축압축시험
- 시공 후기 : 간극수압을 고려한 → 압밀 비배수 조건의 유효응력해석

② 시험과 강도정수

㉠ 시공초기 : 전응력해석 → $\phi = 0$ 해석 → UU 삼축압축시험

㉡ 시공후기 : 유효응력해석 → C', ϕ' → $\overline{CU}$ 삼축압축시험

㉢ 수위급강하 : 압밀된 후 하중조건이 급변하여 배수될 시간이 없음

→ 유효응력해석 → C', ϕ' → $\overline{CU}$ 삼축압축시험

3. 연약지반 위 성토

(1) 상부 성토체가 비점성토인 경우 성토체 자체

① 해석 : 투수계수가 크므로 배수조건의 유효응력해석

② 시험 : 압밀배수(CD) 삼축압축시험, CU 시험, 직접전단시험

✓ **시료의 채취, 성형 등이 곤란할 경우 상대밀도, 건조단위중량, 간극비를 고려한 전단저항각으로 추정할 수 있다.**

③ 강도정수 : C_d, ϕ_d

(2) 연약지반 위 점성토로 성토된 경우 : 사면활동은 연약지반을 포함하며 연약지반의 강도에 따라 사면안전율은 좌우됨

① 해 석

㉠ 시공 초기 : 시공속도 > 과잉간극수압의 소산속도 → UU 삼축압축시험

㉡ 시공 후기 : 간극수압을 고려한 → 압밀 비배수 조건의 유효응력해석

② 시험과 강도정수 : 진행성 파괴 가능성 대비 강도감소 적용

㉠ 시공 초기 : 전응력해석 → $\phi = 0$ 해석 → UU 삼축압축시험

㉡ 시공 후기 : 유효응력해석 → C', ϕ' → $\overline{CU}$ 삼축압축시험

㉢ 수위 급강하 : 압밀된 후 하중조건이 급변하여 배수될 시간이 없음 → 유효응력해석 → C', ϕ' → $\overline{CU}$ 삼축압축시험

3. 절토사면

(1) 점성토 사면

① 절토 직후

㉠ 해석 : $\phi = 0$ 해석(전응력해석)

㉡ 시험 : UU 시험

② 장기사면

㉠ 해석 : 유효응력해석

㉡ 시험 : CU 삼축압축시험

③ 점성토사면의 장기안전율이 감소하는 이유

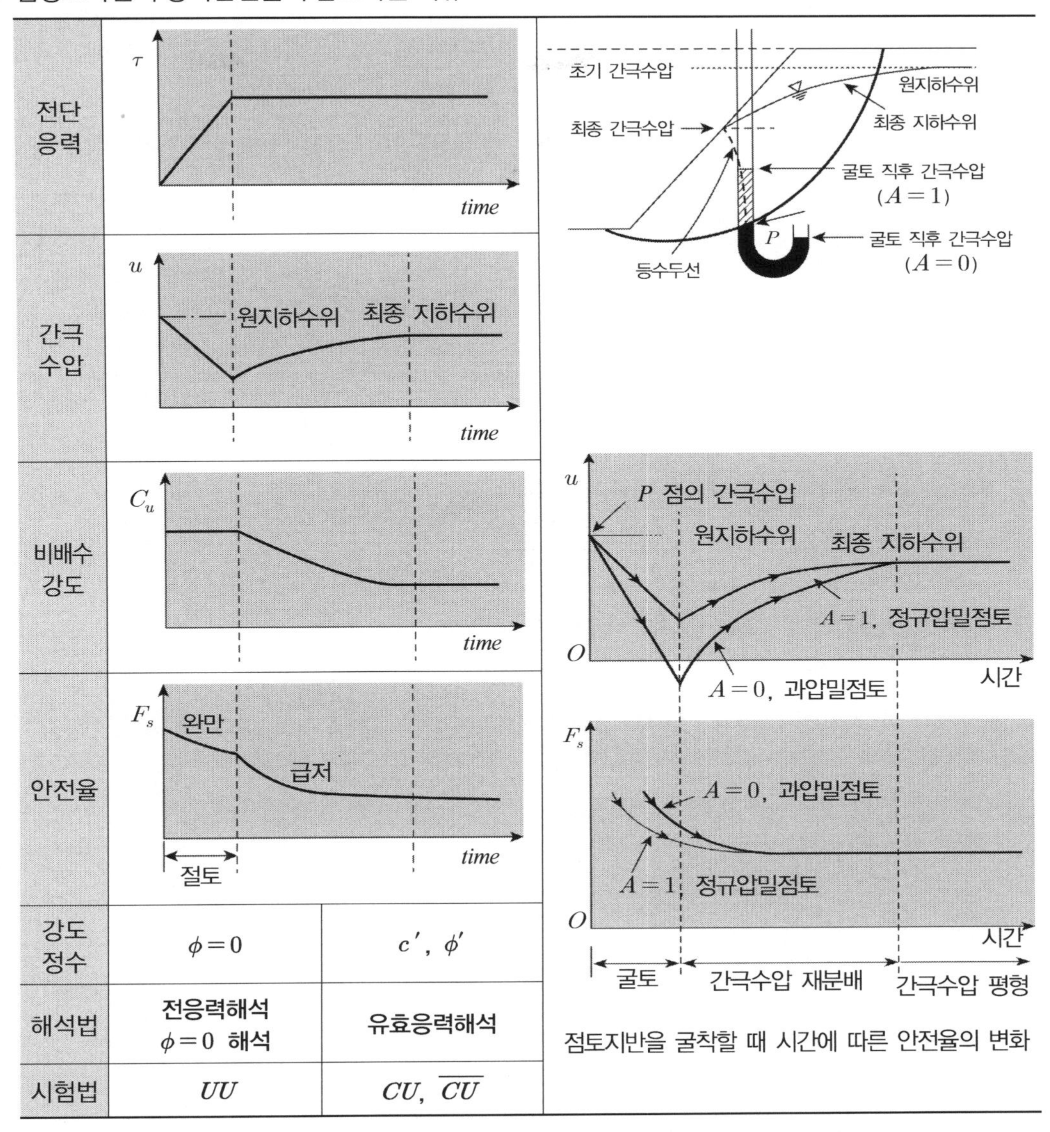

점토지반을 굴착할 때 시간에 따른 안전율의 변화

(2) 사질토 사면 : 절취 직후, 장기해석 구분 없음

① 해석 : 유효응력해석(투수계수가 크므로 간극수압 무시, 배수조건)

② 시험 : 직접전단시험, CD시험

42 SMR 분류(Slop Mass Rating)

1. 개 요

(1) *SMR*은 *Slop Mass Rating*의 약자로서 암반사면 안정성에 대한 *RMR* 해석법을 *Modified*한 것임

(2) 암반사면의 파괴형태와 보강방안에 대하여 구체적으로 제시함

2. 주요 고려사항

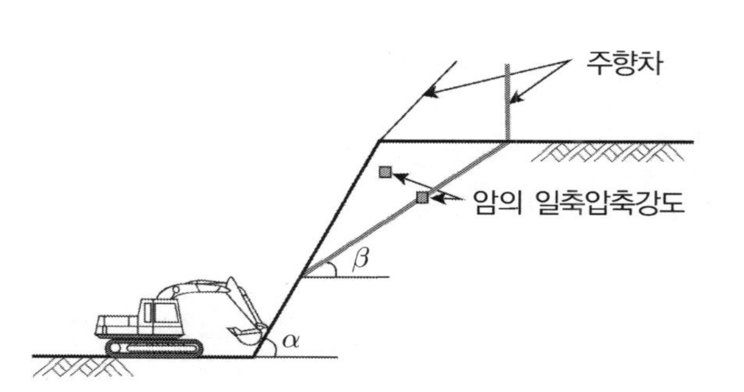

(1) 암의 일축압축강도

(2) 주향차

(3) 사면경사(절취면) : α

(4) 채굴방법
(절취방법에 따른 훼손 영향 범위)

(5) 불연속면 경사(β)

3. 분류방법 $SMR = RMR + (F_1 \times F_3 \times F_3) + F_4$

(1) RMR

암의 일축압축강도, RQD, 불연속면의 간격, 불연속면의 상태, 지하수에 따른 암반의 등급

평균점수	81~100	61~80	40~60	21~40	20 이하
암반등급	I	II	III	IV	V
암반상태	**매우 양호**	**양 호**	**보 통**	**불 량**	**매우 불량**

(2) $(F_1 \times F_2 \times F_3)$: 불연속면과 사면경사 보정값

(3) F_4: 채굴방법(기계, 발파, *Smooth blasting*)

4. 판정 및 파괴형태

구 분 \ *SMR*	81~100	61~80	40~60	21~40	20 이하
판 정	**수**	**우**	**미**	**양**	**가**
파괴형태	**파괴 없음**	**블록파괴**	**쐐기파괴**	**평면파괴**	**원호파괴**

5. *SMR*을 이용한 사면안정 대책공 처리 절차

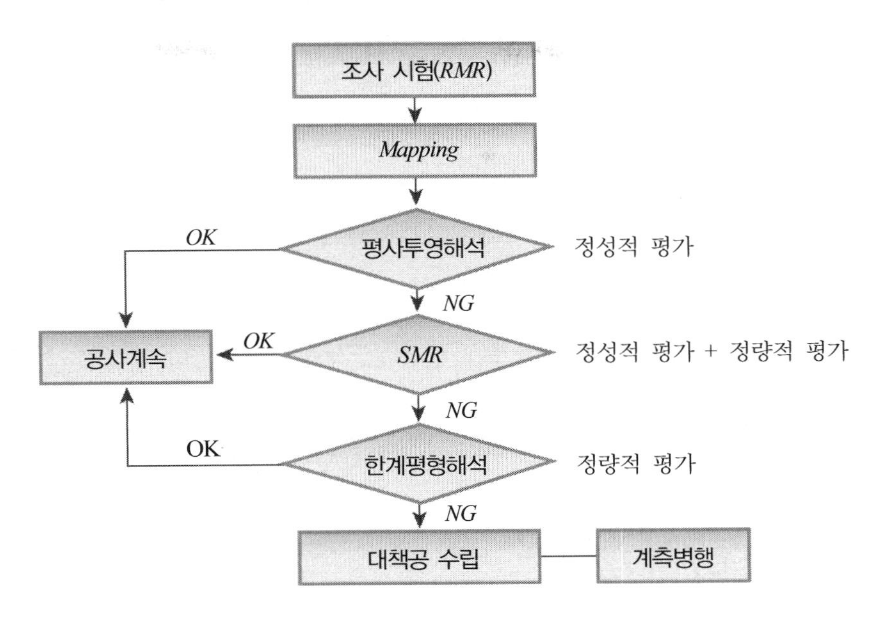

6. 특 징

(1) 채굴방법이 고려된 암반사면 판정법임

(2) 정량적 평가

(3) 보강방안 제시

(4) 파괴형태 제시

(5) 풍화상태 비고려

7. 결 론

(1) 평사투영(*DIPS*)에 의한 정성적 평가 후 한계평형해석법 적용 필요 시 시행 검토

(2) 구체적 보강방안을 제시하였으며 정량적 암반안정성 평가측면에서의 가치가 있음

(3) 해석법 자체보다는 불연속면의 전단 특성이 고려된 해석기법 적용이 더욱 중요함

43 터널갱구 비탈면 및 교량기초 설계 시 핵석층에 대한 조사방법 및 설계에 필요한 지반정수 산정방법에 대하여 설명하시오.

1. 개 요

(1) 절취사면을 굴착하는 경우 암반 절취면에서 핵석이 발달하는 경우가 절개지들 중 약 20～30%가 될 정도로 많은 편이다.

(2) 이러한 경우는 토층 내 연암이 같이 혼재하는 경우에는 굴착 전 사전에 시추 지질조사로서 판단하면 연암사면이므로 1 : 0.5 구배로 설계하는 경우가 대부분이다.

(3) 그런데 이렇게 토층사이에 연암이 핵석형태로 존재하는 사면에서 빈번히 대규모 사면붕괴가 발생한다.

(4) 사면붕괴 이후에도 사면의 안정성 분석을 위하여 강도정수를 판단하는 데 어려움이 있고 간혹 사면의 안정성 판단을 오판하는 경우가 있다.

2. 핵석층에 대한 지반조사

(1) 핵석 풍화

① 핵석이란 암반이 풍화하면서 암반의 불연속면 틈새를 따라서 열수변질 작용 및 열수광화작용을 받아 암석들이 토층 사이에 끼여져 있는 형태를 나타내는 암석이다.

② 암석이 풍화될 경우에 지표면으로부터 점이적으로 풍화되는 경우가 일반적이고 특이한 경우는 풍화토, 풍화암 내에 핵석이 관찰되는 경우가 있다.

(2) 불연속면 측정

① 불연속면 측정은 주향과 경사에 대하여 클리노미터를 사용한다.

② 측정한 결과는 평사투영망 이용한 사면안정 해석프로그램 자료로 이용한다.

(3) 현장강도 측정

① 현장의 암석의 강도측정은 슈미트 *Hammer*를 사용하여 측정한다.

② 강도측정은 현장 암반의 암질구분과 *RMR* 암반 분류를 위해 반드시 필요한 측정항목이다.

(4) 시추조사

① 해당사면의 시추조사를 실시하여 토질 분포도를 작성한다.

② 시추조사로 *Sampling* 채취하여 실내시험 실시한다.

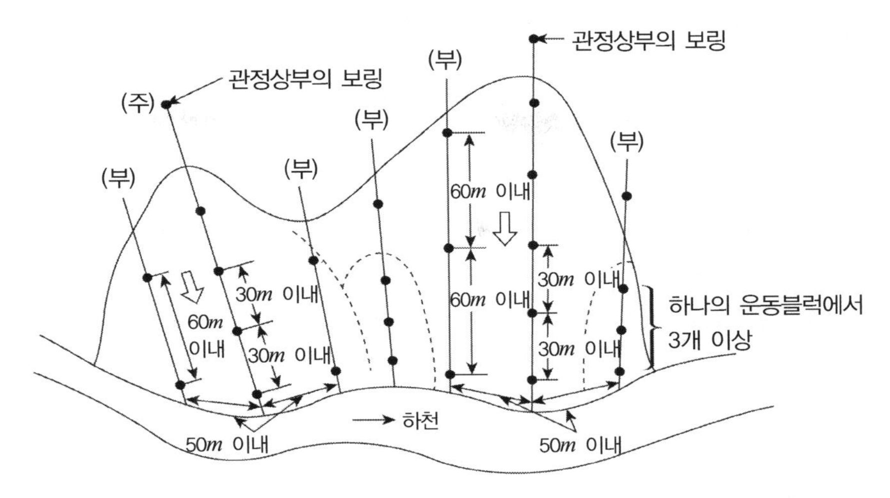

측선에 따른 보링의 배치

3. 설계에 필요한 강도정수 산정

(1) 방 법

① 암석 절리면 전단시험

② 토질 절리면 전단시험

③ *RMR* 분류 및 *GSI*를 이용한 방법

④ 상기시험을 이용하여 안전한 점착력과 마찰각 결정

(2) *RMR* 분류

*RMR*은 *RQD*, 암석강도, 지하수상태, 불연속면 강도, 불연속면 간격 등으로 0~100으로 분류한다.

(3) *GSI*(지질강도지수)

① *Heok –Brown model program* 이용한 강도정수 해석방법과 *RMR* 분류 방법 중 등급에 따른 강도 정수 해석방법 이용

② *GSI*(*Geological Strength Index*) 지질강도지수 이용하여 m_b, s 및 a 산정하여 *Heok –Brown* 해석에 이용

(4) 암석 절리면 전단시험

연암에서 경암에까지 암반에 대하여 ϕ, c값 측정 위해 직접전단시험 실시

(5) 풍화암 / 토질 전단시험

① 해석 주변 풍화토를 불교란 상태로 채취하여 직접 전단시험 실시한다.

② 풍화토와 풍화암을 분류하여 함수비 시험과 직접전단시험 실시하여 시료의 물성치와 전단강도 정수 결정한다.

4. 핵석층 사면 안정해석

(1) 한계 평형법에 의한 안전율 계산

① 건기와 우기를 구분하여 실시한다.

② 가상 파괴면을 여러 개를 산정하여 활동 *Moment*와 저항 *Moment*에 대한 최소 안전율 찾아서 예상 파괴면을 결정한다.

(2) 유한차분법에 의한 안정해석

유한차분법을 사용하는 *FLAC*를 이용하여 암반면을 연속채로 보고 사면형상과 지질조건에 따라 안정성 검토한다.

5. 보강대책

(1) *Soil nailing* 공법 적용

핵석사면에 *Soil nailing* 공법을 적용하여 보강한다.

(2) 옹벽 설치 및 *Anchor* 보강

하단에는 옹벽 설치하고 상단에는 *Anchor*로 보강하는 방법

(3) *Box* 설치 및 *Anchor* 보강

사면선단에 *Box* 설치하고 상단에는 *Anchor*로 보강하는 방법

(4) 구배 완화법

사면 절취구배 1 : 1.5로 일반적이나 절취구배를 더 완화시켜 전단응력을 감소시킨다.

6. 결 론

(1) 핵석지반은 일반적인 시추조사로 설계하는 경우에 암반으로 고려되어 가파르게 절취구배를 설계하게 된다.

(2) 그러나 실제로는 핵석지반 내 존재하는 연암－경암질 암석은 지반강도에 큰 역할을 하지 못하고 주로 핵석주면의 풍화암－풍화토에 의해서 지반강도가 결정되므로 사전에 설계단계에서 이러한 핵석지반의 강도특성에 따른 사면안정성 검토를 수행한 후 절취구배를 결정해야 한다.

44 낙석 방지공

1. 정 의

낙석방지공이란 도로의 비탈면으로부터 도로면으로 떨어질수있는 낙석 및 산사태 등으로 인한 인명의 피해 및 도로구조물의 손상 등을 막기위해 설치하는 시설물을 말한다.

2. 낙석 대책공의 분류

낙석예방공	낙석방지공	비 고
• *Rock bolt* • *Rock anchor* • *Shotcrete* • 전석 및 부석 제거	• 낙석방지벽 • 낙석방지림 • 낙석유도공 • 낙석방지망 • 피암 터널	

3. 낙석방지망

강철망, 와이어로프 등의 자재를 사용하여 비탈면 낙석우려가 있는 구간 전면을 덮어 낙석에 대처하는 시설물

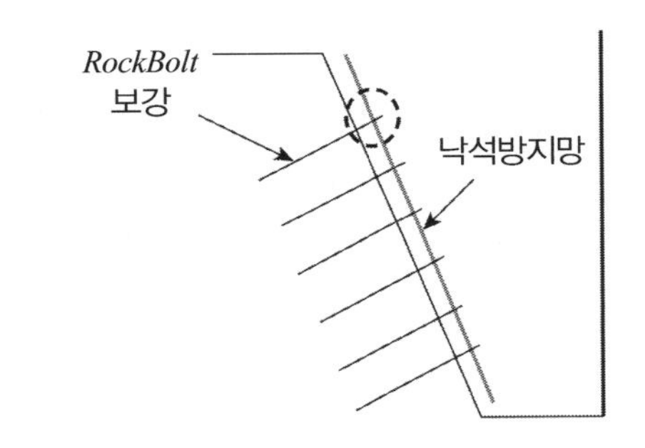

4. 피암터널

낙석으로부터 인명이나 도로 시설물을 보호하기 위해 산비탈 절취면에 주로 설치하는 구조물로서 비탈면 등에 옹벽으로 낙석을 방지하기가 곤란할 경우 터널모양의 낙석덮개를 설치하는 것을 말한다.

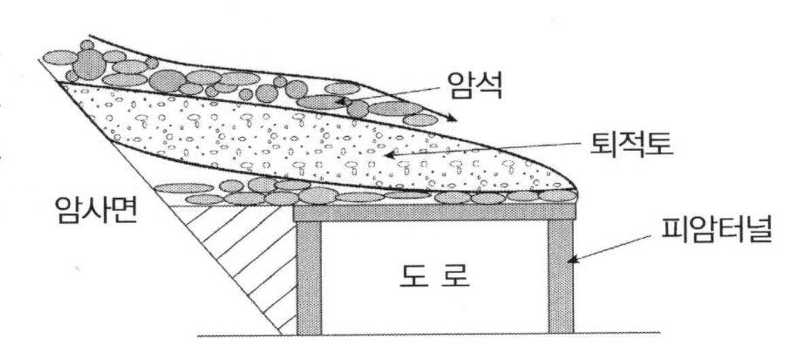

45 피암터널(Rock Shed)

1. 개 요

(1) 낙석으로부터 인명이나 도로 시설물을 보호하기 위해 산비탈 절취면에 주로 설치하는 구조물로서 비탈면 등에 옹벽으로 낙석을 방지하기가 곤란할 경우 터널모양의 낙석덮개를 설치하는 것을 말한다.

(2) 낙석을 받아내서 계곡으로 유도하여 낙석발생에 따른 피해를 방지하고자 주로 강원도 산간지에 많이 설치되어 있다.

2. 피암터널의 구성

(1) 상부구조 : 주로 RC, PC 및 강재로 구성

(2) 기초형식 : 직접기초 또는 말뚝기초 형식 구성

3. 피암터널의 설계

(1) 피암터널 형식과 규모 선정

(2) 하중(상재, 측면) 및 이에 따른 지지력, 침하, 편토압, 활동파괴에 대한 안정성 검토

(3) 낙석규모, 낙하높이 결정

(4) 충격완화구조(완충재 : 폐타이어, 자갈 등)를 고려한 하중 산정

4. 피암터널의 적용성

(1) 산악지역 및 급비탈면 경사지

(2) 낙석의 규모가 커서 옹벽, 앵커, 낙석방지 울타리 등으로 용이하지 않은 경우

(3) 암반으로 구성된 불안정 상태의 절개면

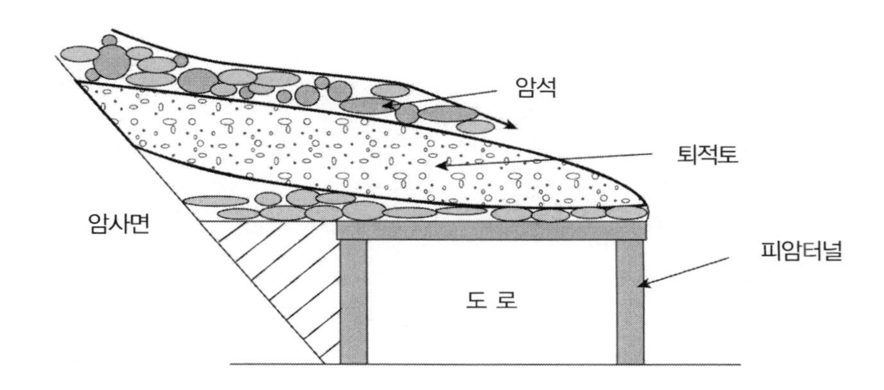

5. 피암터널 시공 시 유의사항

(1) 성토부 구간 내에 시공이 되지 않도록 할 것(침하 발생)
(2) 낙석 우려 시 뜬돌 및 부석 제거 및 낙석방지막 시공 후 피암터널 시공 검토
(3) 붕괴된 절토면 존재 시 먼저 사면보호대책 강구 후 피암터널 시공 검토

46 암반사면 안정해석

질문 1) 한계평형법(*Limit equilibrium method*)에 의하여 현재 사면의 안정성을 계산하고
질문 2) 불안정할 경우에 안전율(F_s) 1.3을 확보하는 데 필요한 보강력(T)을 결정하시오.

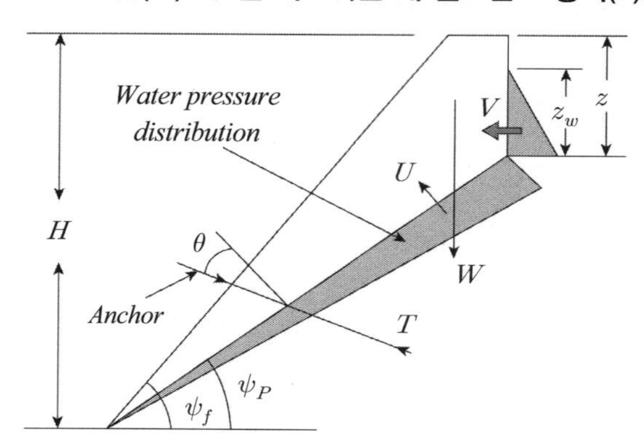

기 호	설 명	값	기 호	설 명	값
H	사면의 높이	60m	c	점착력	30kPa
Ψ_P	불연속면의 각도	35	ϕ	암반의 전단저항각	35
Ψ_f	사면의 정사각	70	θ	보강방향	20
z	인장균열의 깊이	30.0m	γ_r	암반의 단위중량	25KN/m^3
z_w	물의 깊이	10m	γ_w	물의 단위중량	10KN/m^3

1. 개 요

(1) 한계평형법(*Limit equilibrium method*) 안정성 계산법

종방향으로 단위폭당 작용되는 힘의 평형조건으로 사면파괴의 안전율을 구하여 보면 다음 식과 같게 된다.

$$F_{s(plane)} = \frac{c'A + (W\cos\beta - u - V\sin\beta)\tan\phi'}{W\sin\beta + V\cos\beta} \tag{8.3}$$

여기서,

$$A - (H - z)\mathrm{cosec}\beta \tag{8.4}$$

$$u = \frac{1}{2}\gamma_w \cdot z_w (H - z)\mathrm{cosec}\beta \tag{8.5}$$

$$V = \frac{1}{2}\gamma_w \cdot z_w^2 \tag{8.6}$$

$$W = \frac{1}{2}\gamma H^2\left(\left(1-\left(\frac{z}{H}\right)^2\right)\cot\beta - \cot\varphi\right) \tag{8.7a}$$

인장균열이 사면 정상부에 있는 경우

$$W = \frac{1}{2}\gamma H^2\left(\left(1-(\frac{z}{H})^2\right)\cot\beta(\cot\beta \cdot \tan\varphi - 1)\right) \tag{8.7b}$$

인장균열이 사면에 존재하는 경우

(2) 보강대책 시 안전율 계산법

암반사면의 안전율이 소요의 안전율에 미치지 못하여 보강대책이 필요한 겨우, 여러 가지 방법의 대책공법이 있을 수 있으나, 아래 그림 같이 가장 일반적인 방법은 록볼트(*Rock bolt*) 또는 케이블볼트(*Cable bolt*)로 보강해주는 것이다. 이때 보강재로 인하여 힘 T가 작용된다고 할 때, 안전율은 다음과 같이 구할 수 있다.

$$F_{s(plane)} = \frac{c'A + (W\cos\beta - u - V\sin\beta + T\cos\theta)\tan\phi'}{W\sin\beta + V\cos\beta - T\sin\theta} \tag{8.8}$$

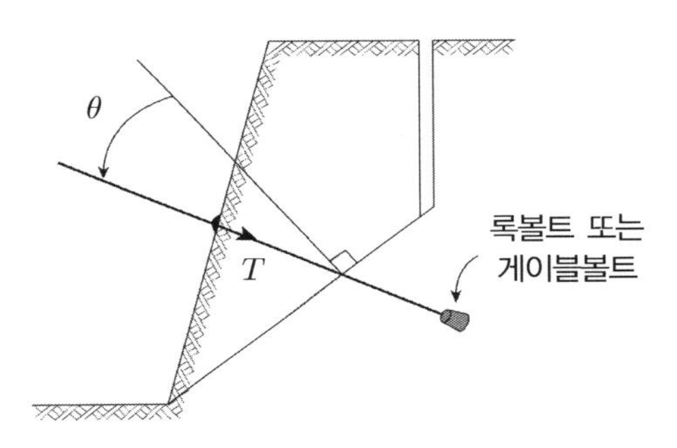

암반사면의 보강

2. 한계평형에 의한 안정성 계산

(1) $A = (H-z)\operatorname{cosec}35$
$\quad = (60-30)\operatorname{cosec}35 = 52.3m$

(2) $u = \frac{1}{2}\gamma_w Z_w \cdot (H-Z)\operatorname{cosec}\varphi_p$
$\quad = \frac{1}{2}\times 10\times 10(60-30)\operatorname{cosec}35 = 2615kN/m$

(3) $V = \frac{1}{2}\gamma_w Z_w^2 = \frac{1}{2}\times 10\times 10^2 = 500kN/m$

(4) $W = \frac{1}{2}\gamma H^2\left((1-\left(\frac{Z}{H}\right)^2\right)\cot\varphi_p - \cot\varphi_f\Big)$
$\quad = \frac{1}{2}\times 25\times 60^2\left((1-\left(\frac{30}{60}\right)^2\right)\cot 35 - \cot 70\Big) = 31950kN/m$

$$(5)\ F_s = \frac{cA + (W\cos\varphi_p - u - V\sin\varphi_p)\tan\phi}{W\sin\varphi_p + V\cos\varphi_p}$$

$$= \frac{30 \times 52.3 + (31950 \times \cos 35 - 2615 - 500\text{sin}e\ 35)\tan 35}{31950\sin 35 + 500\cos 35}$$

$$= \frac{17862}{18735} = 0.95 < 1.3 \qquad \Rightarrow \text{불안정}$$

3. F_s 1.3 확보 위한 앵커력(T) 결정

(1) F_s 공식

$$F_{s(plane)} = \frac{c'A + (W\cos\varphi - U - V\sin\varphi + T\cos\theta)\tan\phi'}{W\sin\varphi_p + V\cos\varphi - T\sin\theta} = 1.3$$

(2) 여기서, 분자항인 $Tcos\theta$는 *Anchor* 계산에서 제외시킨다. $Tcos\theta$ 작용하려면 수시로 재긴장을 할 필요가 있고 유지관리면에서 곤란하므로 일반적인 계산에서 제외시킨다.

(3) 앵커력($T\sin\theta$)

$$F_s(1.3) = \frac{cA + (W\cos 35 - u - V\sin 35)\tan 35}{W\sin 35 + V\cos 35 - T\sin 20} = \frac{17862kN/m}{18735kN/m - T\sin 20} = 1.3$$

$$\frac{cA + (W\cos 35 - u - V\sin 35)\tan 35}{F_s(1.3)} = 18735kN/m - T\sin\theta$$

$$T\sin\theta = 18735kN/m - \frac{17862}{1.3} = 4995kN$$

$$T = \frac{1}{\sin\theta}4995 = 14604kN/m$$

(4) $T\cos\theta, T\sin\theta$ 고려 시 앵커력 계산

$$1.3 = \frac{1569 + (26171 - 2615 - 2856 + T\cos 20)\tan 35}{18325 + 409 - T\sin 20}$$

$$1.3 = \frac{1569 + (23270 + T\cos 20)\tan 35}{18734 - T\sin 20}$$

$$1.3 = \frac{17858 + 0.658\,T}{18734 - 0.342\,T}$$

$$24354.2 - 0.4446\,T = 17858 + 0.658\,T$$

$$1.1026\,T = 6496.2$$

$$T = 5891.71kN/m$$

포켓식 낙석방지망의 설계

포켓식 낙석방지망은 낙석에너지와 낙석방지망의 흡수 가능 에너지를 계산하고 이 두 에너지를 비교하여 낙석방지망의 흡수 가능 에너지가 낙석에너지보다 크도록 설계한다. 낙석방지망은 망을 구성하는 각 구조(철망, 와이어로프, 지주, 기둥 로프)의 성능이 가능 한도까지 동시에 발휘하도록 함으로써 흡수 가능 에너지를 추정할 수 있다. 그러나 각 구조의 성능차이, 시공성, 유지관리 등을 감안하면 철망 이외의 모든 구조(재료)가 철망보다 먼저 파괴되지 않도록 해야 한다. 또 낙석에너지가 망의 흡수 가능 에너지보다 클 경우에는 낙석방지울타리, 낙석방지옹벽 등과 함께 사용하여야 한다. 또한 낙석방지망의 기능을 발휘하는 데 중요한 와이어로프의 지주는 와이어로프의 성능이 충분히 발휘될 때까지 강도 부족이나 이동 등이 일어나지 않도록 설계해야 한다.
포켓식 낙석방지망의 설계는 다음과 같은 순서에 의해 진행된다.

1. 낙석의 중량과 속도 등을 추정하여 낙석 에너지를 결정한다.
2. 포켓식 낙석방지망의 흡수가능 에너지를 계산한다.
3. 흡수 가능 에너지가 낙석 에너지보다 크면, 로프의 하중에 견디도록 지주의 안정성을 검토한다.

① 낙석에너지의 계산 : 낙하하는 낙석이 포켓식 낙석방지망에 다음 그림과 같이 충돌한다고 가정할 때 작용하는 낙석의 에너지(E_w)는 다음의 식을 이용하여 추정 가능하다.

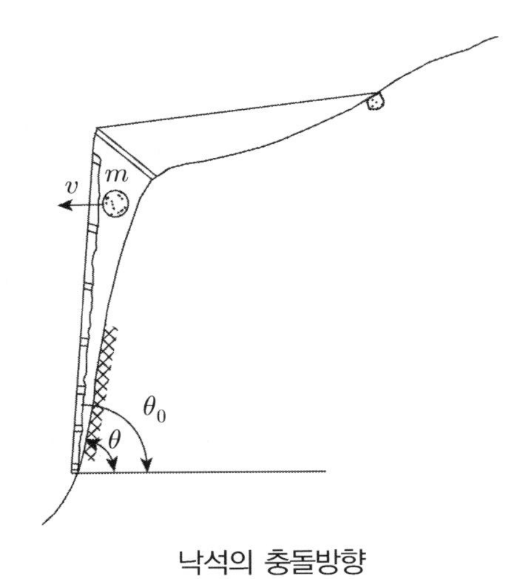

낙석의 충돌방향

$$E_w = \left(1 - \frac{\mu}{\tan\theta}\right) \cdot m \cdot g \cdot H\sin^2\theta_o$$

여기서, E_w : 낙석에너지 θ : 절개면 경사각
m : 낙석의 중량 H : 낙차
θ_o : 낙석방지망의 경사 g : 중력 가속도(보통 9.8m/sec^2)
μ : 등가 마찰 계수

상기 식을 이용하여 일반적인 국내 암반 절개면의 경사도인 1 : 0.5와 낙석의 질량 0.3 ~ 3.0톤을 대입하여 계산한 낙석의 예상 높이별 낙석에너지는 다음 표와 같다.

낙석방지망에 작용하는 낙석 에너지

낙석중량(t)	낙석예상높이(kJ)		
	10m	20m	30m
0.3	22.74	45.49	68.24
0.4	31.44	62.88	94.32
0.5	37.91	75.82	113.73
1.0	75.81	151.64	227.46
1.5	113.73	227.46	341.19
2.0	151.63	303.28	454.92
2.5	189.55	379.10	568.65
3.0	227.46	454.92	682.37

② 포켓식 낙석방지망의 흡수가능 에너지 계산 : 낙석방지망의 흡수가능 에너지(E_r)는 다음의 식에 의해 계산된다.

$$E_r = E_N + E_R + E_P + E_{HR} + E_L$$

여기서, E_N : 철망의 흡수에너지 E_R : 로프의 흡수에너지

E_P : 지주의 흡수에너지 E_{HR} : 기둥 로프의 흡수에너지

E_L : 충돌 전후의 에너지 차

CHAPTER 09

흙의 다짐

이 장의 핵심

- 흙의 다짐은 실제 토공사와 같은 공사현장의 경우 가장 빈번하게 관리되어야 할 공종으로서 학습해야 할 이론적 깊이와 양적 측면에서 타분야에 비해 비교적 쉬운 편이나 공사관리 측면에서 많이 강조되고 있는 분야이므로 출제빈도는 오히려 많은 특징을 가지고 있다.
- 이 장에서는 다짐에 대한 이론, 공학적 특성, 현장에서의 다짐관리 순으로 편성하였으며 전반적으로 골고루 출제되므로 이론적 원리와 현장 다짐관리에 중점을 두고 정리하여야 한다.

CHAPTER 09 흙의 다짐

01 다짐이론

[핵심] 다짐의 정의와 다짐에 대한 정도를 시험을 통해 어떻게 규정짓고 있으며 다짐시험을 통해 도출된 결과물에 대한 평가 순으로 이해하고 정리하여야 한다.

1. 다짐의 정의

(1) 다짐이란 흙의 함수비를 변화시키지 않고 흙에 인위적인 압력을 가하여 간극 속에 있는 공기만을 배출함으로써 입자 간 결합을 치밀하게 하고 단위중량을 증가시키는 과정이다.

(2) 다짐은 전압뿐 아니라 충격과 진동으로도 이루어지며 결과적으로 공기의 부피가 감소하여 투수성이 저하되고 흙의 밀도의 증가로 인해 전단강도의 증가를 위해 시행한다.

2. 압밀과 다짐의 차이점

구 분	다 짐	압 밀
과잉간극수압/함수비	**변화 없음**	**변화됨**
시 간	**단기**	**장기**
목 적	**• 전단강도 증가 • 압축성 감소 • 투수성 감소**	**• 침하 촉진 • 기타 다짐과 유사**

3. 다짐곡선

(1) 흙의 함수비를 바꾸어 가면서 주어진 에너지로 흙을 다짐할 때 흙의 함수비와 다져진 흙의 건조단위중량과의 관계곡선을 다짐곡선이라 한다.

(2) 실내시험을 통한 다짐곡선 작도

① 다짐방법 선정 : 시방규정(노체, 노상, 뒷채움, 댐의 심벽)과 사용재료의 최대치수를 고려하여 A, B, C, D, E 다짐방법 중 선정함

② 시료는 규정체를 통과할 정도로 공기건조하고 *Oven－dry* 시는 50°C를 넘기지 않음

③ 함수비를 달리하여 다짐시험하고 습윤단위중량과 함수비를 측정하여 다짐 곡선을 작도함

④ 건조단위중량

$$\gamma_d = \frac{\gamma_t}{1+w}$$

⑤ 영공기 간극곡선(포화도100%선)

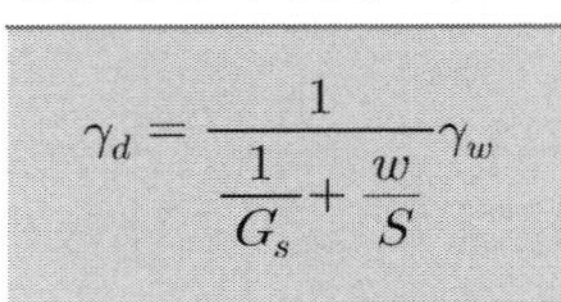

$$\gamma_d = \frac{1}{\frac{1}{G_s} + \frac{w}{S}} \gamma_w$$

여기서, γ_t : 습윤단위중량

w : 함수비

G_s : 비중

S : 포화도

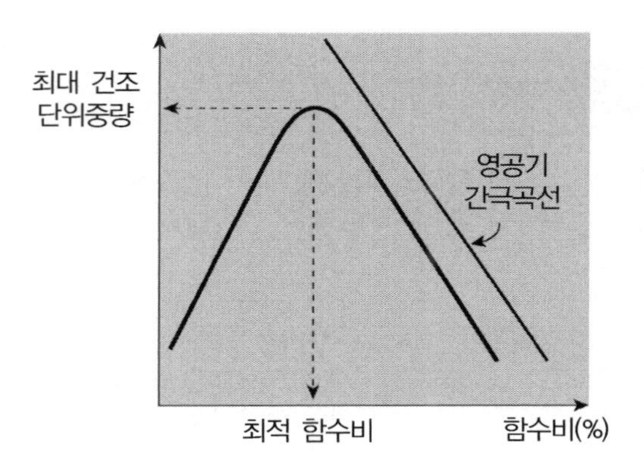

(3) 최적 함수비(*OMC : Optimum Moisture Content*)

흙이 가장 잘 다져지는 함수비 = 최대 건조 단위중량에 해당하는 함수비

(4) 최대건조단위중량(*Maximum unit weight*, γ_{dmax})

건조단위중량 − 함수비 관계곡선에서 가장 큰 건조단위중량

(5) 영공기 간극곡선(*ZAVC : Zero Air Void Curve*)

흙 속에 공기가 전혀 없는 포화도 $S = 100\%$인 건조밀도 함수비와의 관계 곡선으로 이론상 곡선임

① 위치 : 다짐곡선의 항상 오른쪽에 위치함

✓ 흙을 아무리 잘 다진다 해도 완전히 공기를 빼낼 수 없으므로 다짐곡선은 항상 영공기 간극곡선의 왼쪽에 그려진다.

② 여러 개의 다짐곡선의 꼭짓점을 연결하면 영공기 간극곡선과 대략 평행하게 그려지는데 이것을 최적 함수비선이라고 한다.

③ 곡선작도 : 비중값과 함수비를 안다면 관계곡선을 함수비에 따라 작도한다.

$$\gamma_{dsat} = \frac{G_s \cdot \gamma_w}{1+e}$$

여기서 $S \cdot e = G_s \cdot w$

$e = G_s \cdot w / S$ 로 바꾸면

$$\gamma_{dsat} = \frac{1}{\frac{1}{G_s} + w} \gamma_w$$

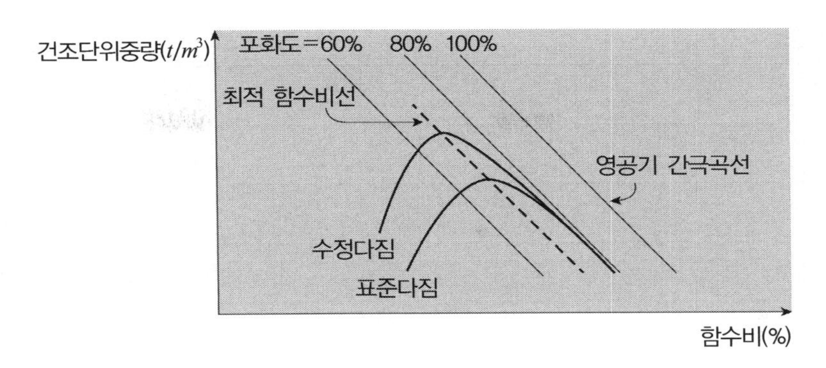

표준다짐과 수정다짐으로 얻어진 다짐곡선

(6) 다짐도(*Degree of compaction*, C_d)

실내다짐에 대한 현장다짐의 건조단위중량과의 비를 말하며 보통 90~95%의 다짐도를 요구한다.

$$\text{다짐도} = \frac{\text{현장의 } \gamma_d}{\text{실험실 } \gamma_{dmax}} \times 100(\%)$$

(7) 다짐 에너지 : 단위체적당 흙에 가해지는 에너지를 다짐 에너지라 한다.

$$E_c = \frac{W_R \cdot H \cdot N_B \cdot N_L}{V}$$

단위 : $kg \cdot cm/cm^3$

여기서, W_R : 래머의 무게(kg)　　H : 낙하고(cm)

N_B : 각 층의 다짐회수　　N_L : 다짐층수

V : 몰드의 체적(cm^3)

4. 다짐시험을 하는 이유

(1) 기상조건의 변화 : 강우로 인한 함수비의 변화

(2) 장비조건의 변화 : 다짐에너지, 장비규격, 다짐횟수

(3) 토질조건의 변화 : 토취장 변화 및 같은 토취장이라도 지층의 변화

(4) 시공조건의 변화 : 시공 숙련도

5. 다짐시험의 종류

5가지 중 시방조건과 사용재료의 최대 치수 고려 선정

(1) 실내 다짐시험을 위한 토공 다짐방법의 적용 기준

구 분	노 체		노 상			선택층 및 보조기층
19mm 잔류량	*A*	*B*	*C*	*D*	*E*	E
	30% 미만	30% 이상	10% 미만	10~30%	30% 이상	−

(2) 다짐시험의 방법(*KS F* 2312)

다짐 방법		래 머		몰드 내경	다지기		허용 최대입경
		무게(*kg*)	낙하고(*cm*)	(*mm*)	층 수	낙하횟수	(*mm*)
표 준 다짐시험	*A*	**2.5**	**30**	**100**	**3**	**25**	**19.2**
	B	2.5	30	150	3	55	37.5
수 정 다짐시험	*C*	**4.5**	**45**	**100**	**5**	**25**	**19.2**
	D	4.5	45	150	5	55	19.2
	E	4.5	45	150	3	92	37.5

✓ 위 시험방법 중 1층당 다짐횟수 가장 많은 것은 (*E*)방법이다.

6. 다짐의 원리 = 함수비 변화에 따른 흙 성상의 변화

수화단계 ⇨ 윤활단계 ⇨ 팽창단계 ⇨ 포화단계

(1) 수화단계 : 반고체 상태

반고체 상태에 흙에 가해진 수분은 흙 입자 자체에 흡수되고 나머지는 입자표면에 흡착되지만 충분한 수분이 없어 입자 간 점착력이 발행하지 않으므로 공극이 많고 건조밀도가 낮은 상태이다.

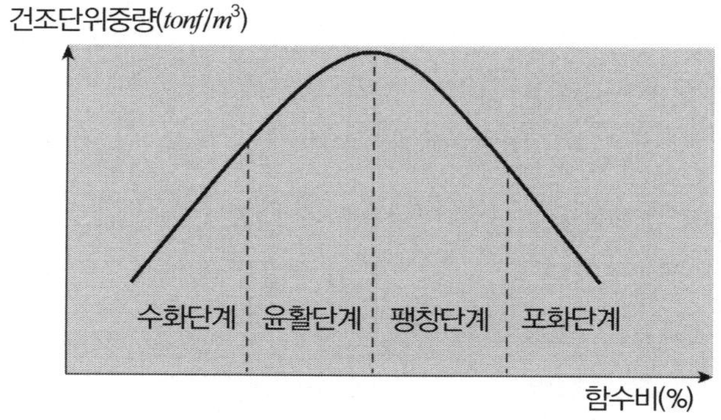

함수비 변화에 따른 흙 상태의 변화

(2) 윤활단계 : 탄성상태

수화단계에 이어 더 많은 물이 가해지면 흙 입자 사이에 윤활작용을 하여 입자의 이동이 용이하여 간극이 줄고 입자가 재배열되므로 함수비 증가에 따라 최적 함수비와 최대 건조단위중량을 이 단계에서 보인다.

(3) 팽창단계 : 소성상태

증가된 수분은 흙에 팽창을 주고 여전히 윤활기능을 발휘하지만 공기가 원활하게 배출되는 것을 방해하므로 다져지는 순간 배출되지 않은 공기가 순간적으로 압축되었다가 팽창한다.

(4) 포화단계 : 반점성상태

함수비가 더욱 증가시키면 모든 공기는 배제되고 흙은 포화상태에 있게 된다.

7. 흙의 다짐에 영향을 주는 요소

(1) 최적 함수비
(2) 토질의 종류
(3) 다짐 에너지
(4) 다짐횟수
(5) 유기불순물 함유량
(6) 토질에 따른 다짐장비의 선택

02 다짐의 성질

[핵심] 흙의 종류에 따라 다짐장비와 방법이 상이하다 이것은 점성토의 경우와 사질토의 경우로 대별하여 공학적 특성이 상이함을 의미한다. 이 장에서는 다짐에 영향을 주는 요소와 점성토의 공학적 성질에 대하여 자세히 다루었다. 다짐과 관련된 과년도 문제 중에서 출제 비중이 절반 가까이를 차지하므로 충분히 이해하여야 한다.

1. 다짐에너지에 따른 다짐특성

(1) 다짐에너지를 다르게 하여 다지는 경우(동일한 흙)
다짐에너지를 크게 할수록 최적 함수비는 감소하고 최대 건조단위중량은 증가한다.
✓ 다짐곡선이 왼쪽으로 그려진다.

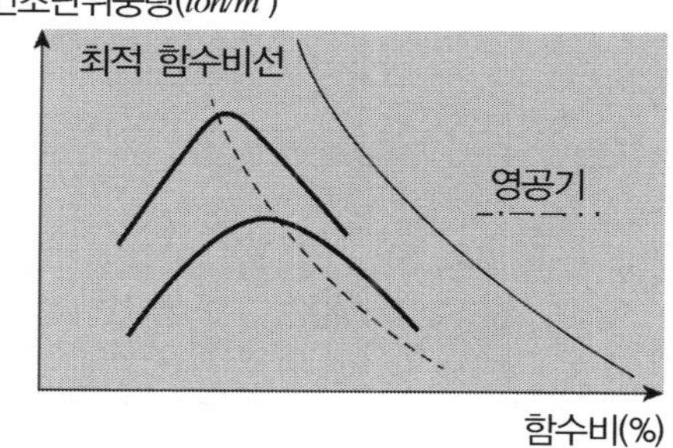

(2) 흙의 특성별(동일한 에너지)

구 분		최적 함수비	최대 건조밀도
흙 종류	조립토	작 다	크 다
	세립토	크 다	작 다
입도 분포	양 호	작 다	크 다
	불 량	크 다	작 다
점성토	소성이 큰 경우	크 다	작 다
	다짐 효과	다짐곡선이 평탄하고 최적 함수비가 높아서 다짐효과가 작음	

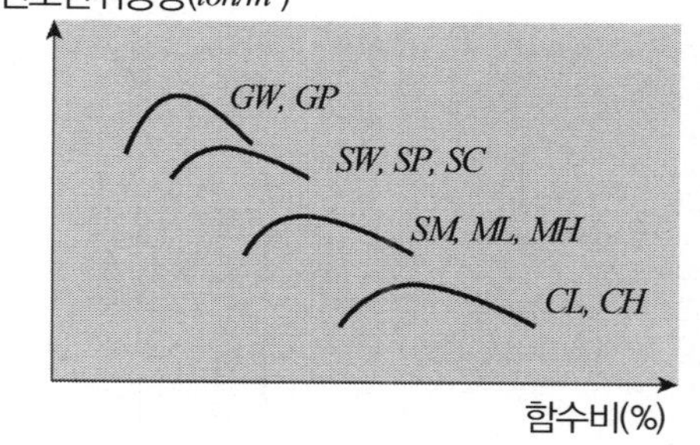

표준 다짐시험에서의 여러 흙의 다짐곡선

2. 다진 점성토의 구조와 성질

(1) 흙의 구조변화와 팽창성

① 함수비에 따라 건조 측에서 다지는 경우는 면모구조를 습윤측에서 다지는 경우는 이산구조를 가지며

② 이러한 경향은 다짐 에너지가 클수록 더욱 명확하게 구별된다.

③ 건조 측에서 다지면 팽창성이 크고 최적 함수비 부근에서 다지면 팽창이 최소가 된다.

(2) 전단강도

① 동일한 흙에 다짐 에너지를 $C \rightarrow B \rightarrow A$ 순으로 크게 하여 비 배수 전단강도를 측정한 결과 우측 그림과 같은 결과를 보임

② 이는 건조측인 경우 확연히 다짐 에너지가 클수록 전단강도는 증가하나 습윤측인 경우에 있어서 전단강도는 거의 변화가 없거나 오히려 강도의 저하현상을 나타냄

③ 따라서 다짐의 목적이 전단강도의 확보에 있다면 건조측으로 다지는 것이 유리함에 유의하여 시공계획을 작성해야 함

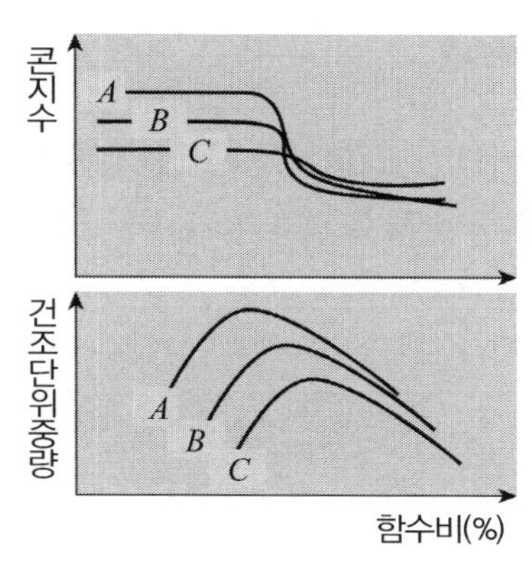

다짐 에너지와 함수비 변화에 따른 전단강도와의 관계

(3) 압축성

① 낮은 압력에서는 건조측에서 다진 흙이 압축성이 낮고
높은 압력에서는 입자가 재배열되므로 오히려 건조측에서 다진 흙의 압축성이 커진다.

② 압력이 매우 크다면 결국 건조측과 습윤측 모두 간극비가 비슷해진다.

(4) 투수성

① 건조측에서 함수비를 계속 증가시키면 투수계수는 저하되며 최적 함수비보다 약간 습윤측에서 최저 투수계수를 나타낸다.

② 그러나 함수비를 추가로 더하여 다진다면 투수계수는 다시 증가하게 된다.

③ 이는 흙의 구조가 면모구조에서 이산구조로 전환됨에 기인된 것이고 투수계수가 다시 증가하는 이유는 포화도가 상승됨으로 인하여 기포의 영향이 배제된 상태로 변화되기 때문이다.

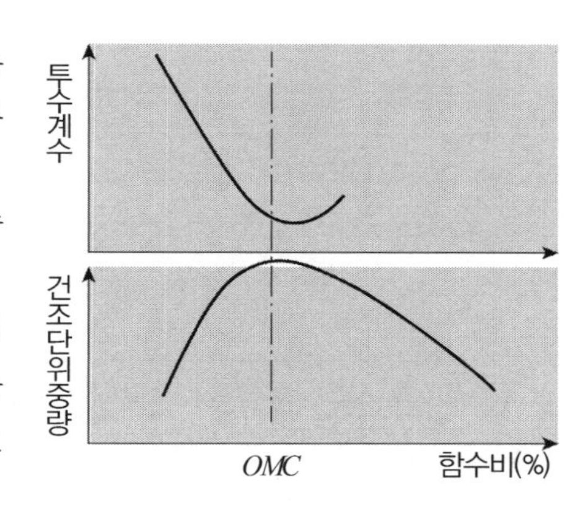

3. 화강 풍화토의 과다짐(*Over Compaction*) 현상

(1) 다짐횟수와 함수비를 결정하기 위해서는 보통 시험시공을 통해 현장에서 결정짓게 된다.

(2) 이때 다짐횟수를 규정보다 많게 하게 되면 흙 입자의 표면이 부서지게 되면서 전단파괴가 발생하게 하고 오히려 강도가 저하되고 불량시공이 된다.

(3) 이러한 현상을 과다짐 또는 과도전압(*Over compaction*)이라 한다.

(4) 우리나라에 가장 흔한 화강 풍화토에서 주로 발생하는 현상이다.

03 현장에서의 다짐관리

[핵심] 현장에서의 다짐관리는 보통 들 밀도 시험을 통해 품질의 적부 여부를 판별하며 이 외에도 여러 가지 방법이 있다. 여기서는 다짐관리 방법에 더하여 포장설계와 관련된 토질시험법에 대하여도 다루었다.

1. 다짐도(*Degree of Compaction, C_d*)

실내다짐에 대한 현장다짐의 건조단위중량과의 비를 말하며 보통 90~95%의 다짐도를 요구한다.

$$다짐도 = \frac{현장의\ \gamma_d}{실험실\ \gamma_{dmax}} \times 100(\%)$$

2. 흙의 종류별 적정 다짐공법

구 분 (원리)	다짐 방법	다짐기계
점성토 (점성입자의 교란 방지)	정적다짐	① 불도저 ② 로드롤러 ③ 탬핑롤러 ④ 타이어롤러
사질토 (상대밀도 증진)	동적다짐	① 진동롤러 ② 진동 콤펙터 ③ 진동타이어 롤러
구조물 전도, 교대등 측방유동 방지	충격식	① 램머 ② 탬퍼

✓ **니딩 다짐(*Kneading compaction*)**
연약한 점토에 마치 반죽을 하는 것과 같이 다짐하는 것으로 주로 연약지반에 적용한다.

✓ **참고** : 점성토를 동적다짐으로 다지게 되면 교란되면서 밀림현상이 생김

탬핑롤러

진동롤러

3. 다짐관리 기준

구 분		노 체	노 상
PBT *K30*(kg/cm^3)	시멘트 콘크리트 포장	10	15
	아스팔트 콘크리트 포장	15	20
1층 다짐 두께		30*cm*	20*cm*
최대 입경		300*mm* 이하	100~150*mm* 이하
Proof rolling		–	5*mm* 이하
PI		–	10 이하
다짐도		90% 이상	95% 이상
수침 *CBR*		2.5 이상	10 이상

4. 현장에서의 다짐도 판정방법

실험실에서 다진 최대건조밀도에 비해 시방서에서 요구하는 다짐도대로 시공되었는지에 대한 판정을 위한 방법으로서 주로 단위중량의 비교를 통한 들 밀도 시험이 현장에서는 행하여지고 있다.

(1) 건조밀도에 의한 방법(들밀도 시험)
(2) 포화도에 의한 방법
(3) 강도측정 방법
(4) 시험시공을 통해 규정하는 방법
(5) *Proof rolling*

5. 건조밀도에 의한 방법

(1) 시험의 종류 : 모래 치환법, *Core* 절삭법, 고무막 법
✓ 일반적으로 모래 치환법이 많이 쓰이며 일명 들밀도 시험으로 부른다.

(2) 들밀도 시험 = 모래 치환법
① 적용토질 : 최대입경 5*cm* 이내의 흙에 적용
② 시험절차와 결과의 정리
㉠ 시험용기와 모래의 체적과 무게를 측정한다.
㉡ 시험공을 파고 파낸 흙의 무게와 함수비를 측정한다.
㉢ 시험공의 체적을 결정한다.

$$\text{시험공의 체적} = \frac{\text{시험공 내 모래무게}}{\text{모래의 단위중량}}$$

들밀도 시험기

㉣ 흙의 건조단위중량 결정

$$\gamma_d = \frac{\text{파낸 흙의 건조무게}}{\text{시험공의 체적}}$$

㉤ 흙의 습윤단위중량 결정

㉥ 함수비와 습윤단위중량에 의한 건조단위중량 결정

$$\gamma_t = \frac{\text{파낸 흙의 무게}}{\text{시험공의 체적}}$$

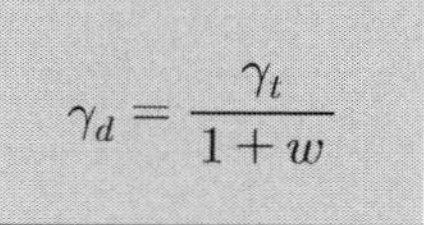

✓ **현장 들밀도 시험에서 모래를 사용하는 이유는 파낸 흙의 (체적)을 알기 위함이다.**

6. 포화도에 의한 방법

(1) 적 용

자연함수비가 다짐함수비보다 커서 건조밀도에 의한 방법적용이 곤란할 때

(2) 이 경우는 함수비가 높은 경우에도 다짐에너지에 관계없이 만족된 결과가 나올 수 있으므로 강도에 있어서 함수비가 낮은 경우에는 과도한 강도여야 합격하며, 함수비가 낮은 경우에는 규정 이하의 강도에서도 적격처리 되므로 주의하여 선택하여야 한다.

7. 강도측정에 의한 방법

(1) 적용 : 암괴, 호박돌 등 건조밀도의 측정이 곤란한 지반

✓ 함수비에 따라 강도가 변화하는 점성토의 경우에는 적용 곤란

(2) 종류 : 평판 재하시험, 현장 CBR

8. 시험시공을 통해 규정하는 방법

(1) 적 용

토질이나 함수비가 크게 변화되지 않는 현장

(2) 목 적

다짐기계의 종류와 다짐횟수의 조합에 의해 최선의 함수비에 따른 장비조합/시공 방안 선정

→ 최대 건조밀도 대비 시방규정이상을 만족하는 다짐도 확보

✓ **다짐기계의 종류와 한 층의 포설두께(3번 이상 변화) 및 다짐횟수를 결정한다.**

(3) 시험 후 K치, CBR 측정 및 최상의 포설두께, 다짐횟수 결정

9. 평판재하 시험(*PBT* : *Plate Bearing Test*)

(1) 목 적

하중－침하관계로부터 허용지지력, 변형계수, 지반반력계수, 콘크리트 포장두께 결정을 위한 시험임

(2) 시험방법

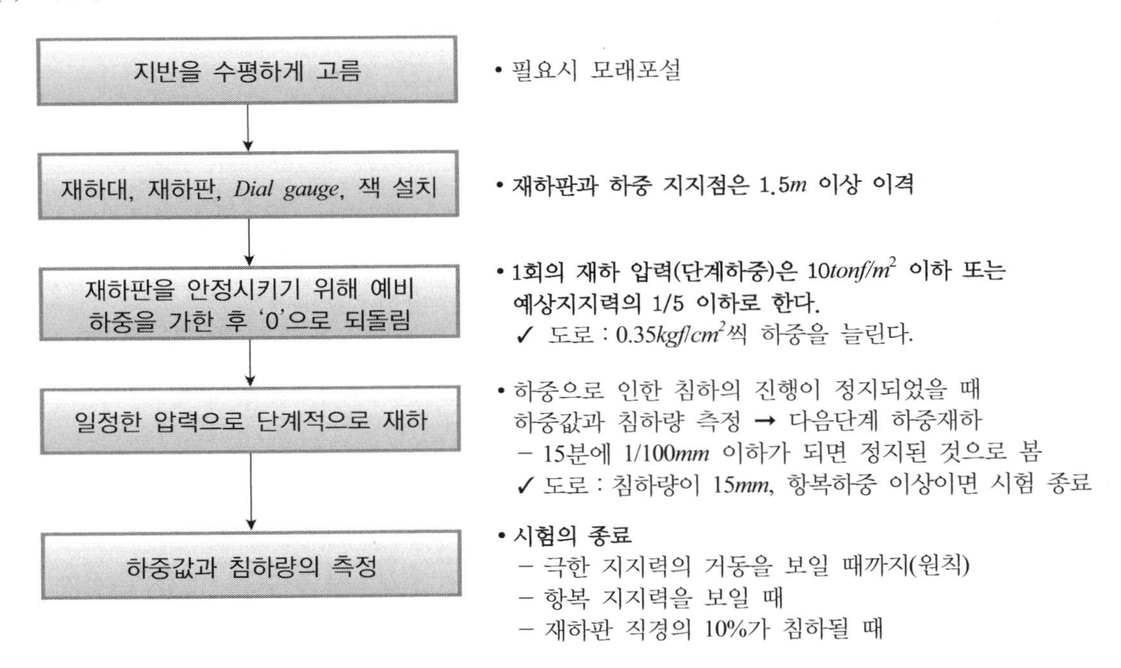

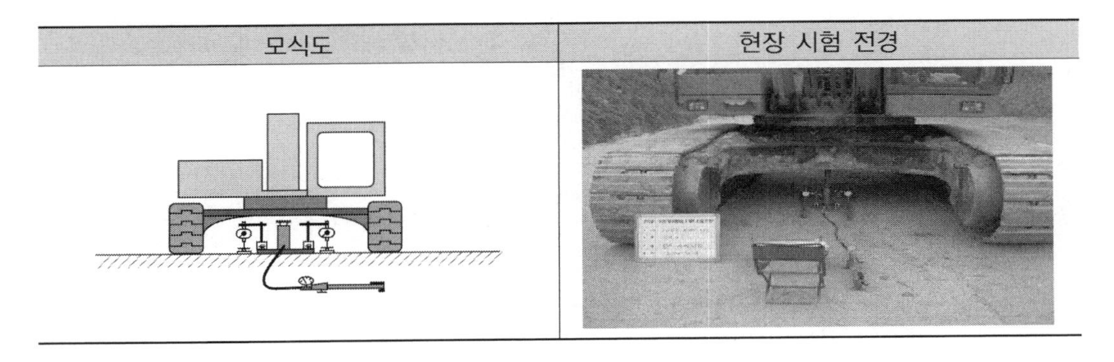

- **재하판**

  지름(30, 40, 75*cm*) 두께 2.2*cm*. 모양(정방형, 원형)

- **1회 재하 시 단계하중(도로의 경우)**

  0.35kgf/cm^2씩 증가하여 침하량이 그 단계하중의 총 침하량의 1% 이하가 될 때까지 기다려 그때의 하중과 침하량을 읽는다.

(3) 허용지지력의 결정

① 장기 허용지지력 : $q_a = q_t + \frac{1}{3}\gamma \cdot D_f \cdot N_q$

② 단기 허용지지력 : $q_a = 2 \cdot q_t + \frac{1}{3}\gamma \cdot D_f \cdot N_q$

✓ 여기서 q_t : $\frac{q_y}{2}$, $\frac{q_u}{3}$ 중 작은 값이며 위 식의 제 2항은 근입심도를 고려하였음을 의미함

(4) 항복하중의 결정방법(말뚝기초 = 얕은기초)

① 하중 - 침하 곡선법, 최대곡율법($P - S$ 법)

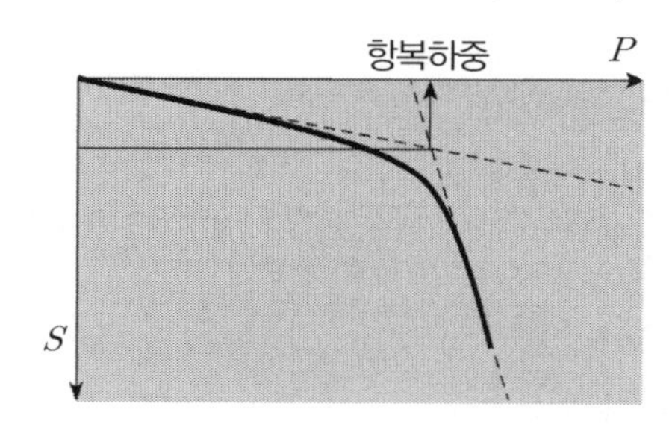

② $S - log\,t$ 법

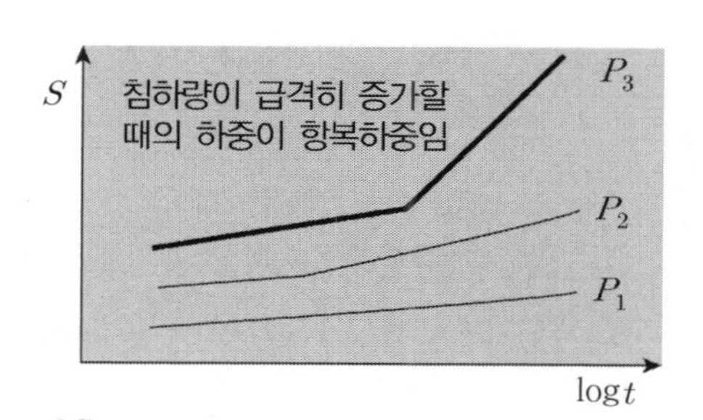

③ $log\,P - log\,S$ 법

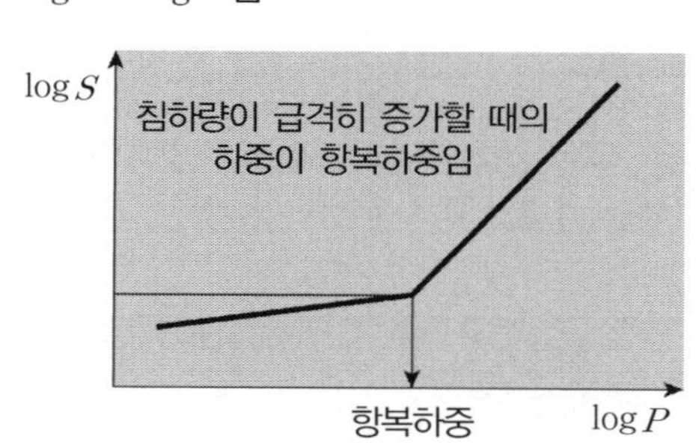

④ $\frac{dS}{d(\log t)} - P$

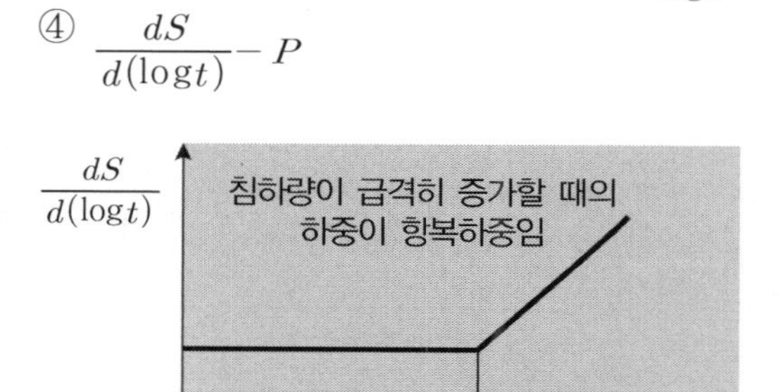

(5) 극한 하중의 결정법(얕은기초만 적용 : 깊은기초의 극한하중 결정은 깊은기초 편 참조)

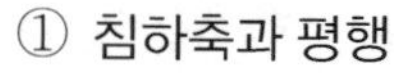

① 침하축과 평행

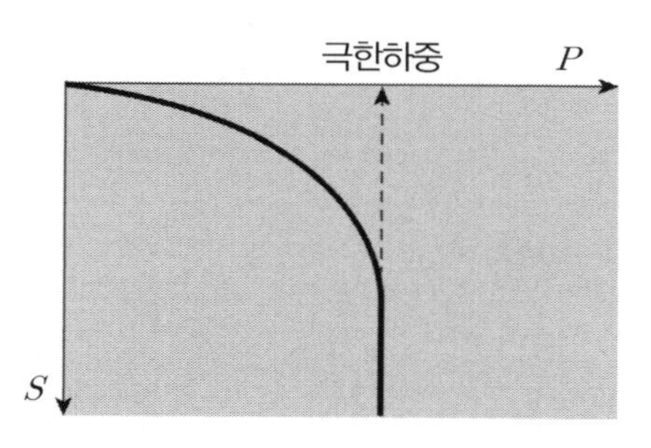

② 직선으로의 변화

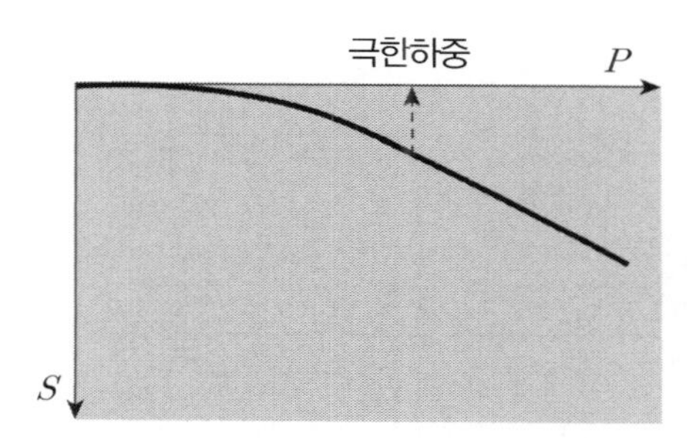

(6) 지반 반력계수(*Cofficient of subgrade reaction*)의 결정

① 지반 반력계수란 어느 침하량에 대한 그때의 하중으로서 지반의 강도를 의미

$$K = \frac{P_1}{S_1}$$

여기서, K : 지반 반력계수 = 지지력 계수(kg/cm^3), 단위에 주의

P_1 : $y(cm)$침하되기 위해 가해진 하중(kgf/cm^2)

S_1 : 침하량(표준 : 콘크리트 0.125cm, 아스팔트 0.25cm)

✓ **P_1과 S_1 측정방법**

평판재하시험 시행 → 항복하중의 1/2에 해당하는 P_1과 S_1을 구한다.

② 재하판 크기에 대한 지반반력계수 관계

$$K_{30} = 2.2K_{75}$$
$$K_{40} = 1.5K_{75}$$

여기서, $K_{30,40,75}$: 30, 40, 75cm 재하판에서의 지반반력계수를 의미함

✓ **지반반력 계수의 크기** : $K_{30} > K_{40} > K_{75}$

(7) 시험 시 고려사항

① 토질 종단상 균일 한 지반인지 알고 시험 : 지층 파악

✓ **균일한 지반인 것으로 오인하여 평판재하시험을 한 경우**

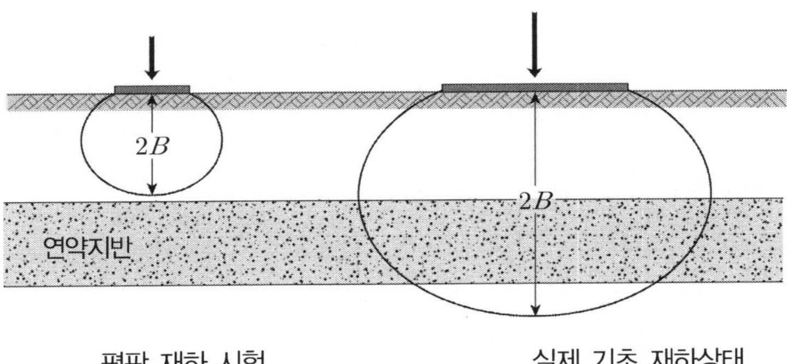

평판 재하 시험　　　　실제 기초 재하상태

② 지하수위의 변동을 고려하여야 한다.

✓ **지하수위가 지중응력 범위에 없는 상태와 있는 상태는 최대 50% 정도의 지지력의 저하가 발생함**

③ *Scale effect*를 고려하여야 한다.

재하판의 크기와 실제 기초의 크기는 다르며 이는 기초 폭에 대하여 지지력과 지중 응력 영향원의 영향범위 확대로 인한 압밀침하량에 대한 보정이 필요하게 된다.

(8) 보정 방법

구 분	지지력	침하량
점 토	$q_{u(기초)} = q_{u(재하)}$	$S_{(기초)} = S_{(재하)} \cdot \dfrac{B_{(기초)}}{B_{(재하)}}$
사질토	$q_{u(기초)} = q_{u(재하)} \cdot \dfrac{B_{(기초)}}{B_{(재하)}}$	$S_{(기초)} = S_{(재하)}\left(\dfrac{2B_{(기초)}}{B_{(기초)}+B_{(재하)}}\right)^2$
평 가	• **점토지반은 기초판 폭에 무관** • **모래지반은 기초판 폭에 비례**	• **점토지반은 기초판 폭에 비례한다.** • **모래지반은 기초판이 커지면 처음에는 커지나 재하판의 4배 이상 커지면 더 이상 침하하지 않는다.**

(9) 활 용

① 변형계수의 추정 : $E_s = K \cdot B \cdot (1-\nu^2) \cdot I$

② 연성기초의 설계

③ 침하량 추정

$$S = q \cdot B \cdot I \cdot \frac{(1-\nu^2)}{E_s}$$

10. 노상토 지지력비 시험(*CBR : California Bearing Ratio, KSF 2320*)

(1) 정 의

*CBR*은 *California Bearing Ratio*의 약자로 캘리포니아에서 생산된 쇄석을 표준강도 100으로 기준하였을 때 현장에서 시공된 포장쇄석의 강도의 비를 말한다.

$$CBR = \frac{\text{실험단위하중(실험하중)}}{\text{표준단위하중(표준단위하중)}} \times 100(\%)$$

관입량 (*mm*)	표준단위하중 (kgf/cm^2)	표준하중 (*kg*)	비 고
2.5	70	1,370	• **다짐봉은 직경 5*cm* 강봉을 사용한다.** • **공시체는 *D*, *E* 방법으로 제작한다.** • **공시체 제작 후 4일간 수침하여 팽창량을 측정하고 강봉을 이용분당 1*mm*의 속도로 관입, 즉 하중을 가한다.**
5.0	105	2,030	

✓ ***CBR* 시험의 목적은 아스팔트 포장두께를 결정하기 위함임**

(2) 수정 CBR

① 앞의 시험 방법에 따라 공시체를 각각 최적 함수비 상태로 각 층당 10회 25회 55회로 다지고 수침후 시험하면 건조밀도－CBR의 결과는 그림과 같을 것이다.

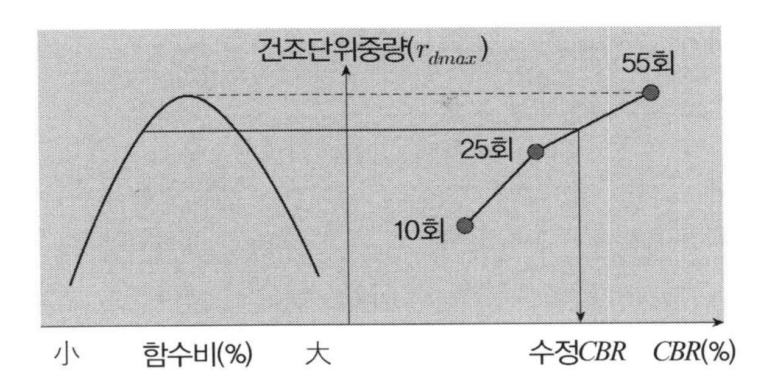

② 시방서에서 요구하는 다짐도에 해당하는 건조밀도－CBR이 수정 CBR임

③ 토취장, 절토부 등 현장에서 시험한 여러 개의 수정 CBR로부터 설계 CBR을 산출하고 이로부터 교통량, 동결심도 등을 종합적으로 고려하여 아스팔트 포장두께를 결정한다.

(3) 결과의 정리

① 팽창비(r_e)

$$\text{팽창비} = \frac{\text{다이얼 게이지 최종 읽음} - \text{다이얼 게이지 최초 읽음}}{\text{공시체의 최초 높이}} \times 100(\%)$$

② CBR 결정

㉠ $CBR_{2.5} > CBR_{5.0}$이면 2.5cm 관입 시의 CBR로 적용

㉡ $CBR_{2.5} < CBR_{5.0}$이면 재시험한다.

㉢ 재시험 결과 동일한 결과가 나오면 5.0cm 관입 시의 CBR로 적용

㉣ 재시험 결과 $CBR_{2.5} > CBR_{5.0}$이면 2.5cm 관입 시의CBR로 적용

04 과다짐(Over Compaction)

1. 개 요

(1) 흙을 다짐하여 강도 증진을 목적으로 할 때 최대 건조밀도가 얻어지는 최적 함수비의 건조측에서 다질 때 더 큰 강도를 얻을 수 있다.

(2) 대형의 다짐기계로 최적 함수비의 습윤측에서 다짐을 하게 되면 흙 입자의 표면이 부서지게 되면서 전단파괴가 발생하게 되고 오히려 강도가 저하가 되는데 이를 과전압(과다짐)이라 한다.

2. 과다짐 발생원인

(1) 한 층의 다짐 횟수가 많을 때

(2) 토질이 화강풍화토일 때(암석이 지표면 근처 자리에서 풍화되어서 그 자리에 잔류된 흙)

(3) 다짐 에너지가 너무 큰 다짐장비 사용

(4) 최적 함수비의 습윤측에서 과도한 다짐 시

(5) 고함수비 점성토

3. 과다짐 시 문제점

(1) 투수성 증가

(2) 불필요한 장비운용으로 경제성 저하 및 다짐 효율의 저하

(3) 흙의 단위중량 저하로 인한 입자의 전단파괴로 γ_{dmax} 감소

(4) 흙의 구조변화 : 면모구조 → 이산구조 → 면모구조

4. 과다짐 방지 대책

(1) 다짐 에너지 조절

(2) 다짐횟수 제한

(3) 다짐 속도 제한

(4) 다짐두께 제한

5. 최적 함수비와 현장품질관리

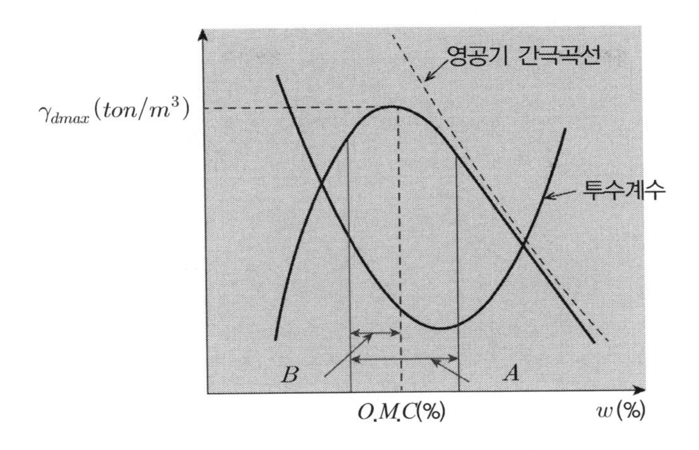

(1) A : 일부 강화된 함수비 관리 범위($OMC \pm 2\%$)

(2) B : 권장 함수비 관리 범위($OMC - 2\%$)

05 흙의 다짐 시 지중응력과 수평응력의 변화

1. 개 요

느슨한 흙을 진동, 충격 등의 외력을 가하여 다짐을 하면 지반 내 지중응력은 *Boussinesq* 식으로 다음과 같다.

$\Delta\sigma_v = i \cdot q \qquad \Delta\sigma_h = K_o \cdot \Delta\sigma_v$

여기서, i : 지중영향계수(다짐장비에 따라 결정) $\qquad q$: 장비의 하중

2. 지중응력의 변화

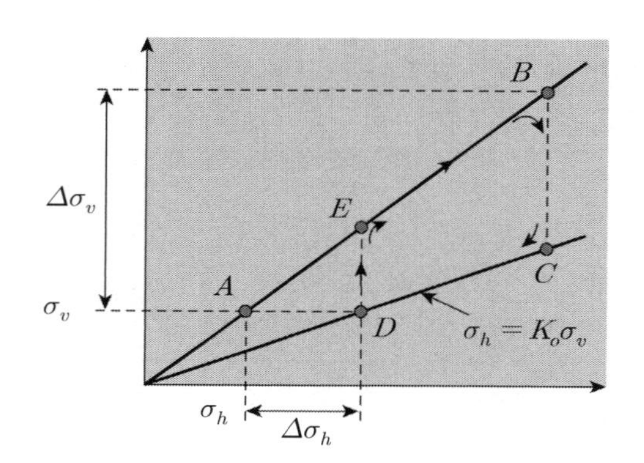

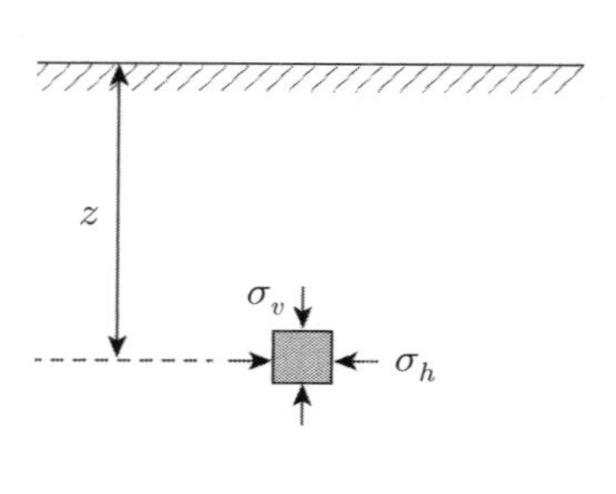

다짐에 의한 지중응력의 변화

(1) 다짐 전 초기응력 : A 점

$\sigma_v = \gamma \cdot z \qquad \sigma_h = K_o \cdot \sigma_v = K_o \cdot \gamma \cdot z$

(2) 다짐 시 : A → B점

Roller 장비 다짐 시 $\Delta\sigma_v$ 만큼 증가하고 $\Delta\sigma_h$ 도 $\Delta\sigma_v \cdot K_o$ 만큼 증가한다.

(3) *Roller* 장비 철수 시 : B → C → D점

① $\Delta\sigma_v$ 는 소멸되지만 수평응력은 잔류하게 된다(B → C).

② 최대 주응력은 감소하고 서서히 지반이 이완되어 응력은 C점에서 D점으로 이동한다. 결국, σ_v 는 다지기 전 $\gamma \cdot z$ 가 된다.

③ 다지기 전 σ_h 는 A 점이었으나 다진 후 σ_h 는 D점으로 증가된 셈이다.

(4) 재다짐 시 : D → E → B → C → D점의 과정을 반복하게 된다.

(5) 수평응력의 증가량 : $\Delta \sigma_h = K_o \cdot \sigma_v$

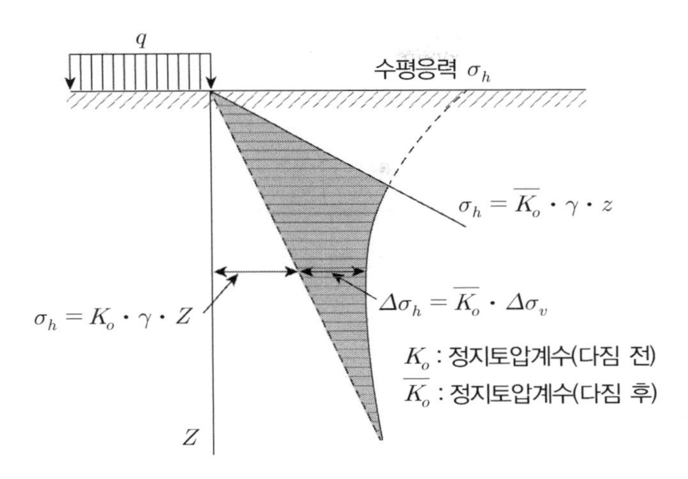

3. 층별 다짐에 의한 지중응력

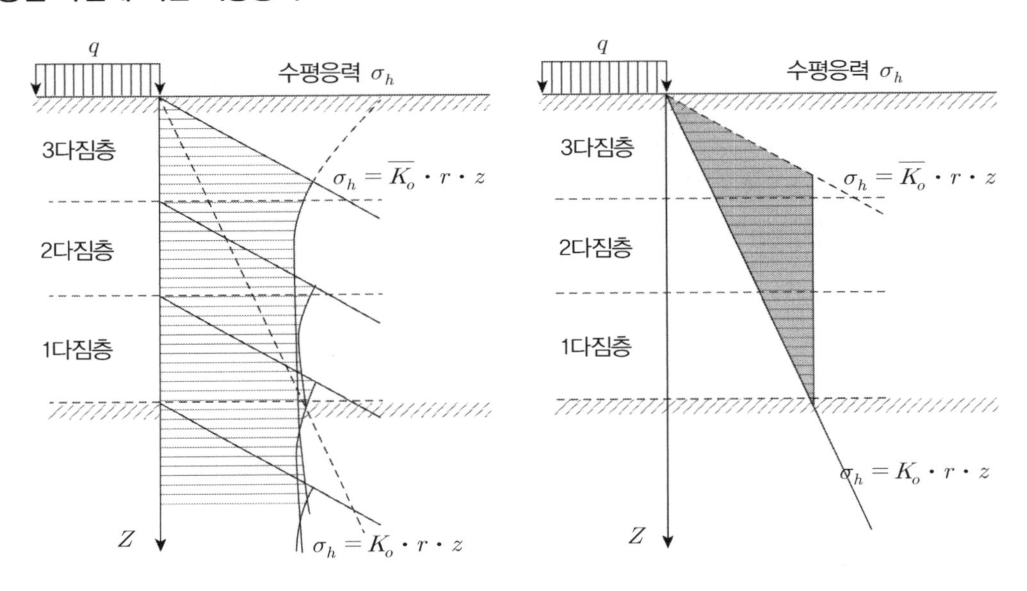

(1) 층별 다짐 시 지중응력

성토 시 층별 다짐을 시행하면 측방으로의 변위가 없는 조건이라면 증가된 수평응력은 잔류하게 되며 단순화하여 표현하면 위 그림 우측과 같게 된다.

(2) 다짐압력 존재깊이

토사의 경우 정지토압계수의 크기와의 관계상 다짐층 두께의 3배까지의 깊이까지 다짐압력이 영향을 미친다.

06 최적 함수비

1. 정 의

(1) 흙은 다지면 간극 속의 공기가 배출되어 단위중량이 달라지며,

(2) 흙 속에 공기를 배출시키기 위해 흙의 함수비를 바꾸어 가면서 다지며, 함수비가 증가함에 따라 흙 속의 물이 윤활제 역할을 하여 다짐 효과가 높아지고 건조밀도가 높아진다. 다짐효과 가장 좋을 때 최대 건조밀도가 얻어지는데, 이때 가장 잘 다져지는 함수비를 최적 함수비(*OMC*)라 한다.

2. 최적 함수비와 단위중량과의 관계

(1) 다짐시험에 의한 흙의 함수비와 다져진 흙의 건조단위중량과의 관계는 다짐곡선으로 표시(*Compaction curve*)

(2) 주어진 *Energy*로 다질 때 함수비가 증가하면 건조밀도 증가

(3) 일정한 함수비에 이르면 건조단위중량은 최대가 되나 그 이상 함수비 증가 시 건조 단위중량은 감소됨

3. 최적 함수비와 최대 건조밀도와의 관계

(1) 흙에 힘을 가하면 먼저 공기가 배출됨

(2) 2차로 흙 입자가 압력을 받아서 치밀해지면서 흙의 단위질량이 증가되고 입자 간의 결속력이 증가

(3) 그러나 *O.M.C* 초과가 되면 흙 입자 사이 공극에 물로 치환되면서 건조밀도가 감소

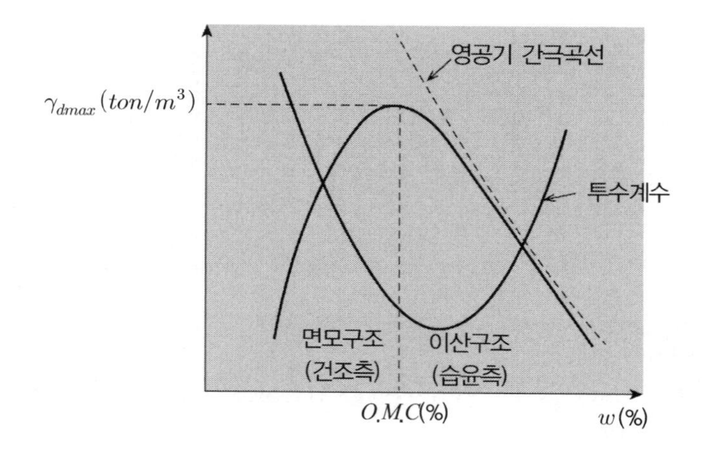

4. 최적 함수비와 현장품질관리

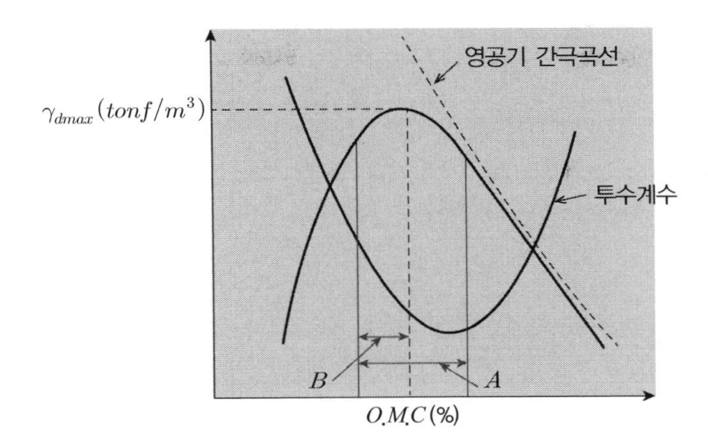

(1) A : 일부 강화된 함수비 관리 범위($OMC \pm 2\%$)

(2) B : 권장 함수비 관리 범위($OMC - 2\%$)

07 영공기 간극곡선

1. 정 의

(1) 영공기 간극곡선은 어떤 함수비에서 다짐에 의해 흙 속의 공기가 완전히 배출되면 흙은 완전 포화상태가 되어 건조단위중량이 최대가 되는 곡선

(2) 실제로는 존재할 수 없는 이론적인 곡선으로 다짐곡선의 오른쪽에 위치하며 다짐정도를 나타내는 기준이 되는 곡선임

2. 영공기 간극곡선(*Zero Air Void Curve*, 포화곡선) 산출

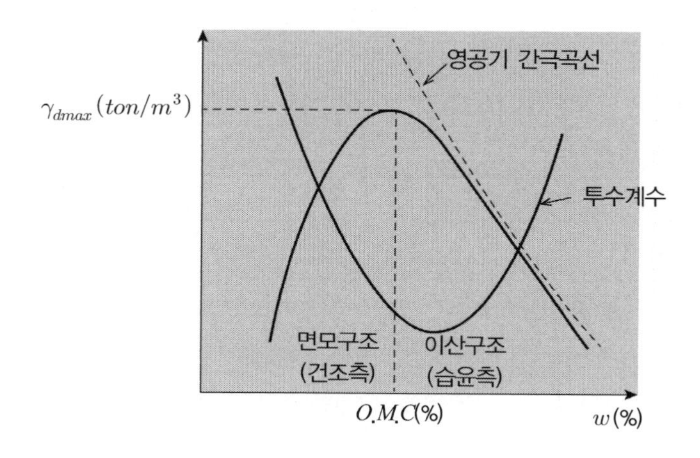

(1) 흙 속에 공기가 전혀 없는 포화도 $S=100\%$인 건조밀도 함수비와의 관계곡선으로 이론상 곡선임

(2) 위치 : 다짐곡선의 항상 오른쪽에 위치하고

✓ 흙을 아무리 잘 다진다 해도 완전히 공기를 빼낼 수 없으므로 다짐곡선은 항상 영공기 간극곡선의 왼쪽에 그려진다.

(3) 여러 개의 다짐곡선의 꼭짓점을 연결하면 영공기 간극곡선과 대략 평행하게 그려지는데 이것을 최적 함수비선이라고 한다.

(4) 영공기 간극곡선의 식

$$\gamma_d = \frac{G_s}{1+e}\gamma_w = \frac{G_s}{1+\frac{w \cdot G_s}{100}}\ \gamma_w = \frac{\gamma_w}{\frac{1}{G_s}+\frac{w}{100}}$$

여기서, $e = \dfrac{G_s \cdot w}{S}$

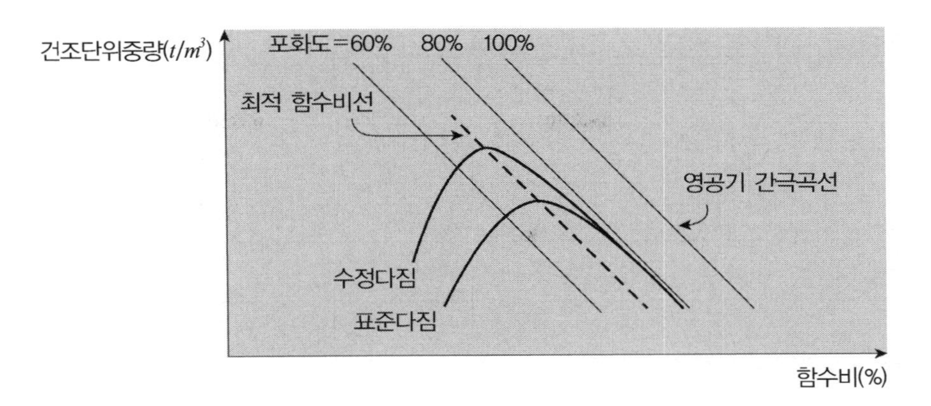

표준다짐과 수정다짐으로 얻어진 다짐곡선

3. 영공기 간극곡선의 개념

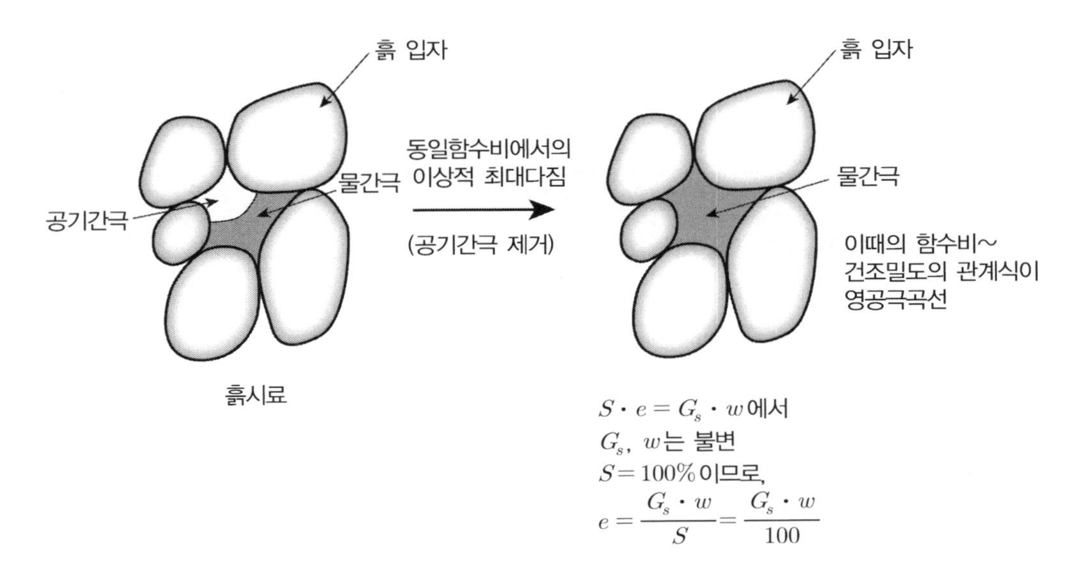

$S \cdot e = G_s \cdot w$ 에서

G_s, w는 불변

$S = 100\%$ 이므로,

$$e = \frac{G_s \cdot w}{S} = \frac{G_s \cdot w}{100}$$

08 성토재료 구비조건 및 노상다짐기준

1. 일반적인 성토재료 구비조건

(1) 전단강도 : C, ϕ 값이 큰 재료

(2) 공학적 안정성 : 압축성 및 투수성 작고 지지력 큰 재료

(3) 입도 양호할 것 : $C_u > 10, 1 < C_g < 3$

2. 노상토 재료의 구비조건 및 다짐기준

노상토 재료	노상 다짐기준
① 최대치수 : 100*mm* ② #4체(5*mm*) 통과량 : 25~100% ③ #200체(0.08*mm*) 통과량 : 0~25% ④ 소성지수 : 10 이하 ⑤ 수정*CBR* : 10 이상 ⑥ 균등계수 : 10 이상 ⑦ 곡률계수 : 1~3	① 다짐 완료 후 두께 : 200*mm* ② 다짐시험 : *C*, *D*, *E* 방법 ③ 실내최대건조밀도의 95% 이상

3. 성토재료로서 사용이 불가능한 재료

(1) 액성한계(*LL*) 50% 이상

(2) 건조밀도 1.5ton/m^3 이하

(3) 간극률 40% 이상

4. 토공재료의 품질관리 규정

구 분		노 체	노 상
PBT K30(kgf/cm^2)	시멘트 콘크리트 포장	10	15
	아스팔트 콘크리트 포장	15	20
1층 다짐 두께		30*cm*	20cm
최대 입경		300*mm*	100~150*mm*
Proof Rolling		–	5mm 이하
PI		–	10 이하
다짐도		90% 이상	95% 이상
수침 *CBR*		2.5 이상	10 이상

5. 토사 및 암 이외의 노체 사용 가능 재료

(1) *EPS* 공법

(2) 건설폐기물

(3) 건설부산물

09 다짐공법

1. 개 요

(1) 흙의 다짐이란 흙의 함수비 변화 없이 흙에 인위적으로 압력을 가해서 흙 속에 있는 공기만을 배출하여 흙 입자 간의 조직을 치밀하게 하여 단위중량의 증가를 시키는 과정

(2) 흙의 다짐에 가장 큰 영향을 주는 요인으로는 함수비, 토질상태, 다짐장비, 다짐횟수 등이 있다.

2. 다짐의 목적

(1) 압축성의 최소화

(2) 지지력의 증대

(3) 전단강도 증대

(4) 투수성 감소

3. 전압식 다짐

(1) 원리 및 적용 : *Roller* 자체중량, 점성토 고함수비 지반

(2) 종류

① *Bulldozer*

② *Road roller*(*Macadam, Tandem*)

③ *Tamping roller*

④ *Tire roller*

4. 진동식 다짐

(1) 원리 및 적용 : 자중부족 보완 – 진동

(2) 종류

① 진동 *Roller*

② 진동 *Compactor*

③ 진동 *Tire roller*

5. 충격식 다짐

(1) 원리 및 적용 : 충격하중 – 다짐

(2) 종류

① *Rammer* ② *Tamper*

(a) 불도저

(b) 머캐덤 로울러

(c) 탠덤 로울러

(d) 타이어 롤러

(e) 시프트 풋 롤러

전압식 다짐 장비

(a) 진동 롤러

(b) 플레이트 콤팩터

(c) 램머

진동식 및 충격식 다짐장비

저자 소개

류재구 柳在九

• 학력 및 경력

동아대학교 토목공학과 졸업
호남대학교 산업대학원 토목환경공학과 공학석사(토질)
상지대학교 토목공학과 공학박사(수료)
토질 및 기초 기술사
토목 시공 기술사
건축 시공 기술사

• 활동 조직 및 단체

(현) (주)한울 대표이사
(현) 경기도 설계 심의위원
(현) 강원도 건설기술 자문위원
(현) 국방부 특별건설 심의위원
(현) 강남토목건축학원 기술사 강사
(현) 사단법인 토질 및 기초기술사회 사업위원

개정판

토질 및 기초기술사 합격 바이블 1권

초판발행 2015년 11월 4일
2판 1쇄 2020년 3월 27일
2판 2쇄 2022년 12월 20일

저 자 류재구
펴 낸 이 김성배
펴 낸 곳 도서출판 씨아이알

책임편집 박영지, 최장미
디 자 인 윤지환, 운미경
제작책임 김문갑

등록번호 제2-3285호
등 록 일 2001년 3월 19일
주 소 (04626) 서울특별시 중구 필동로8길 43(예장동 1-151)
전화번호 02-2275-8603(대표)
팩스번호 02-2265-9394
홈페이지 www.circom.co.kr

I S B N 979-11-5610-822-1 (94530)
979-11-5610-821-4 (세트)
정 가 50,000원